KUSCH MATHEMATIK 3

Differentialrechnung

KUSCH MATHEMATIK 3

Differentialrechnung

Funktionen, Differentialrechnung, Folgen und Reihen
sowie Anwendungen der Differentialrechnung
mit 1600 Übungsaufgaben sowie 550 ausgerechneten
Beispielen und gelösten Problemen

Von Lothar Kusch
Hans-Joachim Rosenthal
Heinz Jung

Bearbeitet von Heinz Jung
unter Mitarbeit von Ulrich Klein
und der Verlagsredaktion

Neunte, völlig neubearbeitete Auflage

Cornelsen

Zu diesem Buch ist ein Lösungsbuch (Bestellnummer 413837) erschienen, das über den Buchhandel zu beziehen ist.

Redaktion: Dr. Horst Wedell
Herstellung: Susanne Becker, Wolf-Dieter Stark

Bestellnummer 413039
9. Auflage
Druck 4 3 2 1 / 96 95 94 93

Einbandgestaltung: Wenzel Schmidt, Essen
Satz: Universitätsdruckerei H. Stürtz AG, Würzburg
Druck: Fürst & Sohn GmbH, Berlin
Bindearbeiten: Fritzsche/Ludwig, Berlin

ISBN 3-464-41303-9

Vorwort

Diese völlige Neubearbeitung von „Band 3 – Differentialrechnung“ baut weiterhin auf den bekannten und bewährten mathematischen Lehrbüchern der Kusch-Reihe „Band 1 – Arithmetik und Algebra“ sowie „Band 2 – Geometrie und Trigonometrie“ auf. In Verbindung mit „Band 4 – Integralrechnung“ werden hier Lerninhalte der Höheren Mathematik behandelt, wie sie Ingenieure und Angehörige anderer technischer Berufe für ihre Arbeit benötigen. Demzufolge wenden sich die Bände „Differentialrechnung“ und „Integralrechnung“ an Studenten von Fachhochschulen, technischen Hochschulen, Universitäten und vergleichbaren Fachschulen. Wesentliche Inhalte sind aber auch Gegenstand des Mathematikunterrichtes in der Sekundarstufe II der Gymnasien, der beruflichen Schulen und der Kollegs. Auch dort haben die „Differentialrechnung“ sowie die „Integralrechnung“ als Lehrbücher und Repetitorien weite Verbreitung gefunden.

Dieses Buch ist ein methodisches Lehrbuch, das vor allem auch für den Selbstunterricht konzipiert ist und das dem Benutzer die Möglichkeit zum Lernen, zur Nacharbeit und Wiederholung sowie zum mathematischen Training und Üben bietet. Über 550 ausgerechnete Beispiele und gelöste Probleme mit ausführlichen Lösungswegen, mehrere hundert zweifarbige Abbildungen sowie über 1600 Übungsaufgaben erläutern und vertiefen die behandelten Lerninhalte. Über mathematische, physikalische und technische Anwendungen werden Bezüge zum Beruf hergestellt.

Der Lernerfolg läßt sich durch die Verwendung des Lösungsbuches mit ausführlichen Lösungswegen für die über 1600 Übungsaufgaben, vor allem beim Selbstunterricht, wesentlich verbessern.

Das Buch füllt insofern eine Lücke im Angebot mathematischer Lehrbücher, als didaktisch vielfach bewährte Formen der Darstellung und der Verarbeitung von Lerninhalten angewendet werden. Bemerkenswert ist die übersichtliche methodische Gestaltung durch eine Abfolge von Problemstellung, Lösung mit Begründung, Zusammenfassung von Kerninhalten in Merktexten und Formeln sowie Bearbeitung von zahlreichen Beispielen mit ausführlichen Lösungswegen. Die Struktur des Buches ist durch die sogenannte Zweispalten-Methode geprägt. Dabei wird in der rechten Spalte der mathematische Lösungsgang entwickelt, während synchron dazu in der linken Spalte eine ausführliche verbale Erläuterung erfolgt, so daß der Rechnungsgang nicht unterbrochen wird.

Durch diesen pädagogischen Aufbau ist es möglich, allen Benutzern Probleme der Höheren Mathematik in einer besonders erfolgversprechenden, anschaulichen und verständlichen Weise nahezubringen. Die Gliederung der Lerninhalte in Informationseinheiten und Übungseinheiten entspricht modernen pädagogischen Vorstellungen. Dabei wurde auf eine einfache und verständliche Ausdrucksweise besonderer Wert gelegt.

Die Verfasser freuen sich, die 9. Auflage der „Differentialrechnung“ als völlige Neubearbeitung vorlegen zu können und bedanken sich für die vielen Hinweise, die sie aus Leserkreisen erhalten haben. Auch in Zukunft gilt die Bitte um Kritik und Anregungen. Der Redaktion des Verlages gebührt besonderer Dank für die intensive Mitarbeit, für die wertvollen Anregungen sowie für die Hilfe bei der Bearbeitung dieses Buches.

Heinz Jung

Hinweise zur Benutzung dieses Buches

Dieses Buch ist ein methodisches Lehrbuch, das vor allem auch für den Selbstunterricht gestaltet ist. Es bietet Ihnen die Möglichkeit zum systematischen Lernen, zur Nacharbeit und Wiederholung sowie zum mathematischen Traning und Üben. Um das Lernen optimal zu gestalten, sind einige Hinweise zur Benutzung dieses Buches hilfreich.

Jedes Kapitel ist in pädagogisch und mathematisch sinnvolle Lernabschnitte eingeteilt, die jeweils mit einem **Problem** beginnen und dessen Lösung in kleinen Schritten entwickelt wird. Falls entbehrlich, wird auf schwierige und langwierige mathematische Beweisführungen verzichtet. Alle Problemlösungen werden dann unter **Merke** zu Regeln und Anwendungshinweisen zusammengefaßt. In vielen **Beispielen** mit ausführlichen Lösungswegen erfolgt anschließend die Anwendung und Vertiefung des Gelernten. 1600 **Übungsaufgaben**, deren Lösungswege dem im Buchhandel erhältlichen Lösungsbuch entnommen werden können, bieten dem Lernenden vielfältige Möglichkeiten zum Training.

Der Erfolg dieser Buchreihe basiert auf der angewendeten **Zweispalten-Methode**. Dabei wird in der rechten Spalte der mathematische Lösungsgang in kleinen Rechenschritten entwickelt, während synchron dazu in der linken Spalte eine ausführliche verbale Erläuterung und Begründung erfolgt, so daß der Rechnungsgang nicht unterbrochen wird. Neben den üblichen mathematischen Symbolen und Zeichen finden Sie oft ein kleines Dreieck „▶", das hier im Sinne von „Beachten Sie" oder einem nichtmathematischen „Daraus folgt" oder als „Setzen Sie" oder als Gliederung eines Rechnungsganges verwendet wird. Das nachfolgende Beispiel soll Ihnen einen einführenden Eindruck von der Zweispalten-Methode vermitteln.

Die Funktion f ist den Stellen $x_1 = -2$ und $x_2 = 2$ nicht definiert, da der Nenner des Funktionsterms für diese x-Werte gleich Null ist, d.h. die Funktion hat an diesen Stellen Definitionslücken und damit den Definitionsbereich $D(f) = \mathbb{R} \setminus \{-2; 2\}$.

Zur Berechnung der Nullstellen setzt man in der Funktionsgleichung für $f(x)$ den Wert Null und erhält die Bruchtermgleichung $\frac{p_3(x)}{q_2(x)} = 0$. Ein Bruch ist gleich Null, wenn der Zähler gleich Null ist. Deshalb setzt man den Zählerterm $p_3(x)$ gleich Null und löst die Gleichung dritten Grades. Es ergeben sich drei x-Werte, und zwar $x_3 = -1{,}5$, $x_4 = 1$ und $x_5 = 3$. Da diese Stellen zum Definitionsbereich gehören, handelt es sich um Nullstellen der Funktion, und die Nullstellenmenge heißt $N(f) = \{-1{,}5;\ 1;\ 3\}$.

Der Graph der Funktion bestätigt die Definitionslücken und die Nullstellen.

$$f(x) = \frac{x^3 - 2{,}5x^2 - 3x + 4{,}5}{5x^2 - 20} = \frac{p_3(x)}{q_2(x)} \quad ▶ \quad q_2(x) = 0$$

$$5x^2 - 20 = 0 \Rightarrow x^2 = 4 \Rightarrow |x| = 2$$

$$\Rightarrow x_1 = -2;\ x_2 = 2 \Rightarrow \underline{\underline{D(f) = \mathbb{R} \setminus \{-2; 2\}}}$$

$$f(x) = \frac{p_3(x)}{q_2(x)} \quad ▶ \quad f(x) = 0$$

$$p_3(x) = 0 \quad ▶ \quad x^3 - 2{,}5x^2 - 3x + 4{,}5 = 0$$

$$(x + 1{,}5)(x - 1)(x - 3) = 0$$

$\Rightarrow x_3 = \underline{\underline{-1{,}5}};\ x_4 = \underline{\underline{1}};\ x_3 = \underline{\underline{3}}$ ▶ Nullstellen

$\Rightarrow N(f) = \{-1{,}5;\ 1;\ 3)$ ▶ Nullstellenmenge

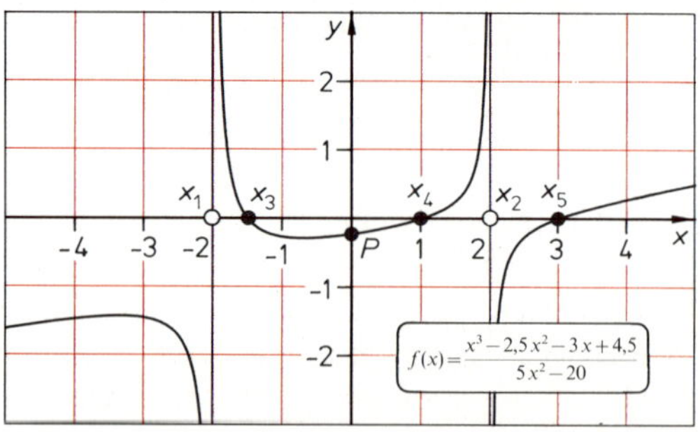

Die Verfasser wünschen Ihnen bei der Arbeit mit diesem Buch viel Freude und Erfolg.

Inhalt

1	**Funktionen**	9
1.1	**Grundbegriffe**	9
1.1.1	Zahlensysteme – Zahlenmengen	9
1.1.2	Koordinatensysteme	12
1.1.3	Funktionen – Relationen	19
1.1.4	Umkehrfunktionen – Umkehrrelationen	31
1.1.5	Nullstellen – Achsenschnittpunkte	35
1.1.6	Monotonieverhalten von Funktionen	38
1.1.7	Symmetrie von Funktionen	41
1.1.8	Verknüpfung von Funktionen	44
1.1.9	Funktionen mit mehreren Variablen	52
1.1.10	Funktionen in Polarkoordinatendarstellung	59
1.1.11	Parameterdarstellung von Kurven	66
1.1.12	Funktionen und Relationen in impliziter Darstellung	71
	Übungen	77
1.2	**Funktionsarten – Funktionseigenschaften**	82
1.2.1	Polynome	82
1.2.2	Polynomfunktionen – Ganze rationale Funktionen	85
1.2.3	Grenzwerte	115
1.2.4	Stetigkeit	144
1.2.5	Gebrochene rationale Funktionen	155
1.2.6	Wurzelfunktionen	172
1.2.7	Potenzfunktionen	183
1.2.8	Abschnittsweise definierte Funktionen	186
	Übungen	196
2	**Differentialrechnung**	202
2.1	**Grundbegriffe**	202
2.1.1	Ableitung von Funktionen	205
2.1.2	Differenzierbarkeit von Funktionen	213
2.1.3	Ableitungen höherer Ordnung	223
	Übungen	228
2.2	**Regeln zur Differentiation von Funktionen**	230
2.2.1	Potenzregel	230
2.2.2	Konstantenregel – Faktorregel	235
2.2.3	Summenregel	237
2.2.4	Produktregel	239
2.2.5	Quotientenregel – Kehrwertregel	243
2.2.6	Kettenregel	247
2.2.7	Umkehrregel	259
2.2.8	Differentiation von Exponentialfunktionen	261
2.2.9	Differentiation von Logarithmusfunktionen	268
2.2.10	Differentiation von trigonometrischen Funktionen	278
2.2.11	Differentiation von Arkusfunktionen	301
2.2.12	Differentiation von Hyperbelfunktionen	317
2.2.13	Differentiation von Areahyperbelfunktionen	326
	Übungen	337

2.3 Besondere Differentiationsregeln . . . 348
2.3.1 Differentiation von abschnittsweise definierten Funktionen . . . 348
2.3.2 Logarithmische Differentiation . . . 353
2.3.3 Differentiation von Funktionen in Polarkoordinatendarstellung . . . 356
2.3.4 Differentiation von Funktionen in Parameterdarstellung . . . 363
Übungen . . . 367

3 Folgen und Reihen . . . 369
3.1 Folgen . . . 369
3.1.1 Folgen als besondere Funktionen . . . 369
3.1.2 Monotonieverhalten und Grenzwerte von Folgen . . . 372
3.1.3 Grenzwertsätze . . . 375
3.1.4 Konvergenzkriterium von Cauchy . . . 378
Übungen . . . 380
3.2 Funktionenreihen . . . 381
3.2.1 Grundbegriffe . . . 381
3.2.2 Konvergenzkriterien . . . 385
3.2.3 Folgen und Reihen von Funktionen . . . 391
3.2.4 Potenzreihen . . . 393
3.2.5 MacLaurin-Reihe – Satz von Taylor . . . 399
3.2.6 Reihen nichtrationaler Funktionen . . . 407
Übungen . . . 420

4 Anwendungen der Differentialrechnung . . . 423
4.1 Newtonsches Näherungsverfahren . . . 423
Übungen . . . 427
4.2 Untersuchung von Funktionseigenschaften mit Hilfe der Differentialrechnung . . . 428
Übungen . . . 447
4.3 Diskussion von Funktionen . . . 448
Übungen . . . 487
4.4 Maxima-Minima-Probleme . . . 488
Übungen . . . 525
4.5 Regeln von de L'Hospital . . . 528

5 Zusammenstellung wichtiger Funktionen, Ableitungen und Reihen . . . 537
5.1 Funktionen . . . 537
5.2 Ableitungen von Funktionen . . . 544
5.3 Reihen . . . 546

Stichwortverzeichnis . . . 549

1 Funktionen

1.1 Grundbegriffe

1.1.1 Zahlensysteme — Zahlenmengen

Der Mensch hat aus der Notwendigkeit zum Zählen im Laufe seiner Geschichte verschiedene **Zahlensysteme** entwickelt, die zum Teil heute noch nebeneinander verwendet werden.

Das **römische Zahlensystem** ist z. B. ein **dekadisches Additionssystem**, bei dem das Zahlzeichen für eine Zahl aus sieben verschiedenen Zeichen gebildet werden kann, wobei jedes Zeichen einen definierten Zahlenwert hat. Der Wert der Zahl ergibt sich durch Addition und Subtraktion des Zahlenwertes der einzelnen Zeichen.

$I \triangleq 1;\ V \triangleq 5;\ X \triangleq 10;\ L \triangleq 50$
$C \triangleq 100;\ D \triangleq 500;\ M \triangleq 1000$ } Zeichen und Zahlenwerte im römischen Zahlensystem

$$\mathrm{CXXXVII} = 100 + 10 + 10 + 10 + 5 + 1 + 1 = \underline{\underline{137}}$$

$$\mathrm{MCMXCI} = 1000 + (1000 - 100) + (100 - 10) + 1 = \underline{\underline{1991}}$$

Das heute gebräuchliche **Dezimalsystem** ist ein **dekadisches Positionssystem** bzw. **Stellenwertsystem**, bei dem das Zahlzeichen für eine **Dezimalzahl** aus zehn verschiedenen Ziffern gebildet werden kann. Der Zahlenwert einer Ziffer hängt dabei von ihrer Position im Zahlzeichen ab. Der Wert der Zahl ergibt sich durch Addition des Zahlenwertes der einzelnen Ziffern.

0; 1; 2; 3; 4; 5; 6; 7; 8; 9 ► Ziffern des Dezimalsystems

$$\mathbf{1\,3\,7} = \mathbf{1} \cdot 10^2 + \mathbf{3} \cdot 10^1 + \mathbf{7} \cdot 10^0$$

10^0, 10^1, 10^2 } Positionen im Dezimalsystem

$$\mathbf{2} \cdot 10^3 + \mathbf{0} \cdot 10^2 + \mathbf{4} \cdot 10^1 + \mathbf{8} \cdot 10^0 = \underline{\underline{\mathbf{2048}}}$$

In der Informatik und der Computertechnik wird das **Dualsystem** bzw. **Binärsystem**, ein Positionssystem mit zwei verschiedenen Ziffern, verwendet. Zur Bildung einer **Dualzahl** bzw. **Binärzahl** werden in der Regel die Ziffern 1 und 0 verwendet. Dadurch ist es möglich, die Schaltungszustände „EIN" und „AUS" eines elektronischen Systems nachzubilden.

1 und 0 bzw. L und 0 ► Zeichen des Dualsystems

$$\mathbf{1\,0\,0\,1\,1} = \mathbf{1} \cdot 2^4 + \mathbf{0} \cdot 2^3 + \mathbf{0} \cdot 2^2 + \mathbf{1} \cdot 2^1 + \mathbf{1} \cdot 2^0 = \underline{\underline{19}}$$

2^0, 2^1, 2^2, 2^3, 2^4 } Positionen im Dualsystem

$$87_{(10)} = \mathbf{1} \cdot 2^6 + \mathbf{0} \cdot 2^5 + \mathbf{1} \cdot 2^4 + \mathbf{0} \cdot 2^3 + \mathbf{1} \cdot 2^2 + \mathbf{1} \cdot 2^1 + \mathbf{1} \cdot 2^0 = \mathbf{1010111}_{(2)}$$

Eine Abwandlung des Dualsystems ist das **Sechzehnersystem** oder **Hexadezimalsystem**. Es handelt sich um ein alphanumerisches Positionssystem mit 16 verschiedenen Zeichen (10 Ziffern und 6 Buchstaben).

0; 1; 2; 3; 4; 5; 6; 7; 8; 9
$A \triangleq 10;\ B \triangleq 11;\ C \triangleq 12;$
$D \triangleq 13;\ E \triangleq 14;\ F \triangleq 15$ } Zeichen des Hexadezimalsystems

Hexadezimalzahlen (Hexadezimalcode) werden hauptsächlich in der Computertechnik angewendet, da man mit ihnen aus einer Kombination von nur zwei Zeichen 256 verschiedene Dezimalzahlen bzw. deren Bedeutung (ASCII-Code) eingeben kann.

$\mathbf{3\,B\,7} = \mathbf{3} \cdot 16^2 + \mathbf{11} \cdot 16^1 + \mathbf{7} \cdot 16^0 = 951$

16^0, 16^1, 16^2 – Positionen im Hexadezimalsystem

$16\,173_{(10)} = \mathbf{3} \cdot 16^3 + \mathbf{15} \cdot 16^2 + \mathbf{2} \cdot 16^1 + \mathbf{13} \cdot 16^0$
$= \mathbf{3F2D}_{(16)}$

Im Dezimalsystem bezeichnet man Zahlen, die man zum Zählen von Elementen einer Menge verwendet, als **natürliche Zahlen**. Die natürlichen Zahlen heißen auch **Kardinalzahlen**.

$\mathbb{N} = \{0;\ 1;\ 2;\ 3;\ 4;\ 5;\ 6;\ \ldots\}$
$\mathbb{N}^* = \mathbb{N} \setminus \{0\} = \{1;\ 2;\ 3;\ 4;\ 5;\ 6;\ \ldots\}$

Die Menge der ganzen Zahlen $\mathbb{Z}$ besteht aus der Menge der negativen ganzen Zahlen $\mathbb{Z}_-$ und der Menge der nichtnegativen ganzen Zahlen $\mathbb{Z}_+$.
Die Menge der natürlichen Zahlen ist eine Teilmenge der ganzen Zahlen.

$\mathbb{Z}_- = \{-1;\ -2;\ -3;\ -4;\ -5;\ -6;\ -7;\ \ldots\}$
$\mathbb{Z}_+ = \{0;\ 1;\ 2;\ 3;\ 4;\ 5;\ 6;\ 7;\ 8;\ \ldots\} = \mathbb{N}$
$\mathbb{Z} = \mathbb{Z}_- \cup \mathbb{Z}_+$ ► $\mathbb{N} \subset \mathbb{Z}$
$\mathbb{Z}_+^* = \mathbb{Z}_+ \setminus \{0\} = \{1;\ 2;\ 3;\ 4;\ 5;\ 6;\ \ldots\} = \mathbb{N}^*$

Die Mengen der ganzen Zahlen und der gebrochenen Zahlen, d.h. solcher Zahlen, die sich durch Brüche darstellen lassen, bilden zusammen die Menge der rationalen Zahlen $\mathbb{Q}$. Jeder Bruch läßt sich auch als endliche oder unendliche periodische Dezimalzahl schreiben.

$\{-5;\ -1{,}7;\ -\frac{1}{2};\ 0;\ \frac{1}{3};\ 2{,}863;\ 6;\ 9{,}1\overline{2}\} \subset \mathbb{Q}$
$\{1;\ \frac{3}{4};\ 2{,}73;\ 10;\ 23\} \subset \mathbb{Q}_+^*$
► $\mathbb{N} \subset \mathbb{Z};\ \mathbb{Z} \subset \mathbb{Q} \Rightarrow \mathbb{N} \subset \mathbb{Z} \subset \mathbb{Q}$

Ergänzt man die Menge der rationalen Zahlen $\mathbb{Q}$ um unendlich-nichtperiodische Dezimalbrüche, wie z.B. $\sqrt{2}$, π, e, ln 7, sin 60°, so erhält man die Menge der reellen Zahlen $\mathbb{R}$.

$\{-7;\ -\pi;\ -\sqrt[3]{2};\ 0;\ \sin 60°;\ 1{,}\overline{5};\ \frac{10}{3};\ \sqrt{3{,}9}\} \subset \mathbb{R}$
$\{-7;\ -\sqrt{33};\ -\pi;\ -e;\ -1{,}2;\ -\frac{1}{2}\} \subset \mathbb{R}_-^*$
► $\mathbb{N} \subset \mathbb{Z} \subset \mathbb{Q} \subset \mathbb{R}$

Die Menge der reellen Zahlen $\mathbb{R}$ kann man auf einer Zahlengerade veranschaulichen. Jeder Punkt auf dieser Zahlengerade stellt eine reelle Zahl x dar.

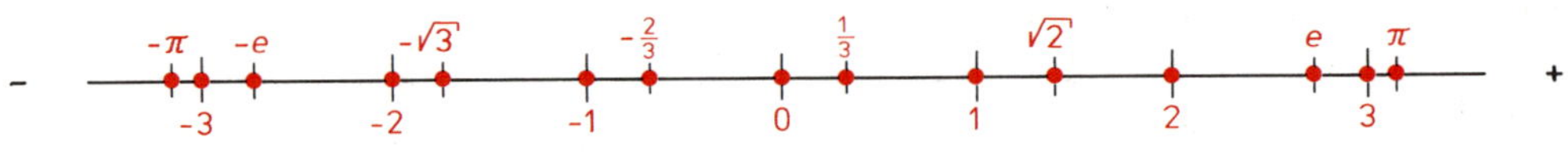

Die Menge aller reellen Zahlen, die zwischen zwei Zahlen a und b liegt, wird als **Intervall** I bezeichnet. Intervalle sind demnach zusammenhängende Teilmengen von $\mathbb{R}$, die durch die **Intervallgrenzen** a und b beschränkt sind. Die Grenzen a und b heißen **Randpunkte** oder **Endpunkte** des Intervalls. Aus der Differenz $b-a$ ergibt sich die **Intervallänge**. Je nachdem, ob die Intervallgrenzen zum Intervall gehören oder nicht, unterscheidet man verschiedene Intervallarten.

$I=[a;b]$ ist die Bezeichnung für ein **(beschränktes) abgeschlossenes Intervall von *a* bis *b***, d.h. die Intervallgrenzen (Randpunkte) a und b gehören zum Intervall I. Zwischen den Randpunkten a und b liegen alle Elemente x des Intervalls $[a;b]$.

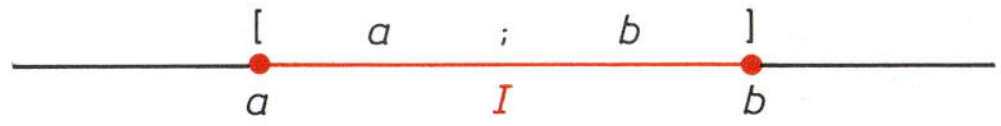

$x\in[a;b] \Rightarrow a\leq x\leq b$

$I=(a;b)$ nennt man **(beschränktes) offenes Intervall von *a* bis *b***, da die Intervallgrenzen (Randpunkte) a und b nicht zum Intervall I gehören. Zwischen den Randpunkten a und b liegen alle Elemente x des offenen Intervalls $(a;b)$.

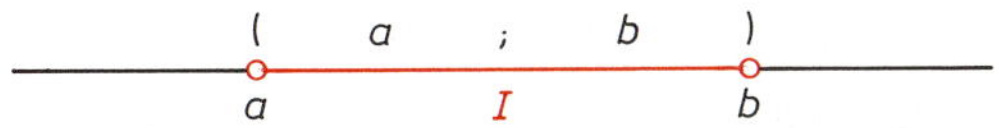

$x\in(a;b) \Rightarrow a<x<b$

Das Intervall $I=(a;b]$ ist durch die Intervallgrenzen a und b beschränkt. Es wird als **linksseitig offen und rechtsseitig abgeschlossen** bezeichnet **(nach links halboffenes Intervall)**. $I=[a;b)$ heißt demzufolge **linksseitig abgeschlossen und rechtsseitig offen (nach rechts halboffenes Intervall)**.
Bei halboffenen Intervallen gehört ein Randpunkt nicht zum Intervall.

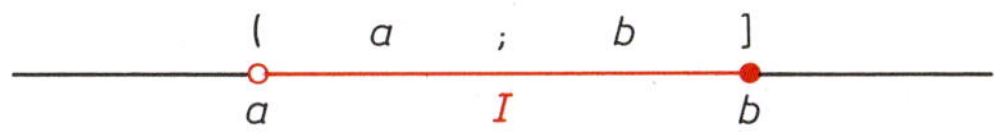

$x\in(a;b] \Rightarrow a<x\leq b$

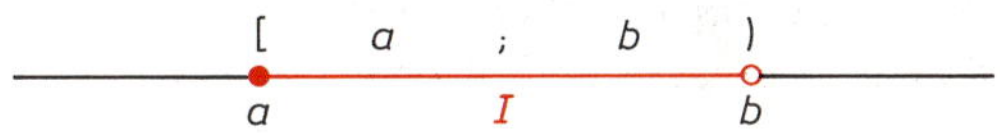

$x\in[a;b) \Rightarrow a\leq x<b$

Einige Intervalle sind von besonderer Bedeutung, da sie nach einer Seite oder nach beiden Seiten unbeschränkt sind.
So wird z.B. das Intervall $I=[a;\infty)$ als **linksseitig abgeschlossenes und rechtsseitig unbeschränktes Intervall** bezeichnet.
Dabei ist zu beachten, daß die Symbole $-\infty$ und ∞ keine reellen Zahlen sind, sondern bedeuten, daß zum Intervall auch jede beliebig kleine bzw. jede beliebig große reelle Zahl gehört.

Beispiele:

$x\in[a;\infty)$	▶	$a\leq x<\infty$
$x\in(-\infty;b]$	▶	$-\infty<x\leq b$
$x\in(c;\infty)$	▶	$c<x<\infty$
$x\in(-\infty;d]$	▶	$-\infty<x\leq d$
$x\in(-\infty;\infty)$	▶	$-\infty<x<\infty$

Neben der Menge der reellen Zahlen $\mathbb{R}$ existiert die Menge der **imaginären Zahlen *I***. Imaginäre Zahlen sind definiert als Produkt aus einer reellen Zahl und der **imaginären Einheit i**, die der Bedingung $i^2=-1$ genügt.

$i^2=-1$ ▶ imaginäre Zahleneinheit

$\{-5i;\ -\pi\cdot i;\ -0{,}5i;\ i;\ \sqrt{2i};\ e\cdot i;\ 8i\}\subset \mathbf{I}$
$\{-\sqrt{i};\ 2a\cdot i;\ 13\pi\cdot i\}\subset \mathbf{I}$

Die Summe aus einer reellen Zahl und einer imaginären Zahl nennt man **komplexe Zahl**. Diese besteht also aus einem **Realteil *Re*** und einem **Imaginärteil *Im***. Die Menge der komplexen Zahlen wird mit $\mathbb{C}$ bezeichnet.

$3+2i \Rightarrow \underbrace{a}_{Re}+\underbrace{bi}_{Im}$ ▶ komplexe Zahl

$\Rightarrow \mathbb{N}\subset\mathbb{Z}\subset\mathbb{Q}\subset\mathbb{R}\subset\mathbb{C}$

$\{3i+4;\ -i+9;\ \sqrt{2}-\pi\cdot i;\ i-1\}\subset\mathbb{C}$
$\{\sqrt{4i+7};\ 27i+\pi;\ e+\pi\cdot i\}\subset\mathbb{C}$

Imaginäre und komplexe Zahlen werden zum Beispiel für Berechnungen in der Elektrotechnik benötigt.

1.1.2 Koordinatensysteme

In der Mathematik, besonders aber in Naturwissenschaft und Technik, ist es notwendig, Punkte in der Ebene oder im Raum eindeutig zu bestimmen und zu benennen. So macht zum Beispiel die Festlegung von Punkten in einer technischen Zeichnung oder auf einem Computerbildschirm die Entwicklung eines **ebenen Koordinatensystems** notwendig, in dem jeder Punkt durch entsprechende **Koordinaten** definiert ist.

Bei computergesteuerten Fertigungs- und Meßmaschinen zum Beispiel ist es notwendig, einen Punkt im Raum eindeutig festzulegen, was die Entwicklung eines **räumlichen Koordinatensystems** erforderlich macht.

Ebene Koordinatensysteme

Das gebräuchlichste ebene Koordinatensystem ist das **rechtwinklige Koordinatensystem**, das auch **kartesisches Koordinatensystem** heißt. Es besteht aus zwei im **Nullpunkt (Koordinatenursprung)** senkrecht aufeinanderstehenden Zahlengeraden, den **Koordinatenachsen**, die ein **Achsenkreuz** bilden. Entsprechend den darzustellenden Größen erhalten die Koordinatenachsen eine Bezeichnung und einen Maßstab, der für jede Achse verschieden gewählt werden kann. Es ist üblich, die horizontale Achse als **Abszissenachse** oder **x-Achse**, die vertikale Achse als **Ordinatenachse** oder **y-Achse zu bezeichnen.**

Jeder Punkt P im Koordinatensystem ist durch zwei Koordinaten, eine **x-Koordinate (Abszisse)** sowie eine **y-Koordinate (Ordinate)** eindeutig festgelegt und wird mit $P\langle x|y\rangle$ bezeichnet. $\langle x|y\rangle$ heißt **geordnetes Paar**, d.h. die erste Komponente des Zahlenpaares ist ein Wert auf der Abszissenachse, die zweite Komponente ein Wert auf der Ordinatenachse.

Die zwischen den Koordinatenachsen liegenden Felder heißen Quadranten und werden im Gegenuhrzeigersinn mit I, II, III und IV bezeichnet.

Zeichnet man die Parallelen zur y-Achse im Abstand x und zur x-Achse im Abstand y, so erhält man $P\langle x|y\rangle$ als Schnittpunkt dieser Parallelen.

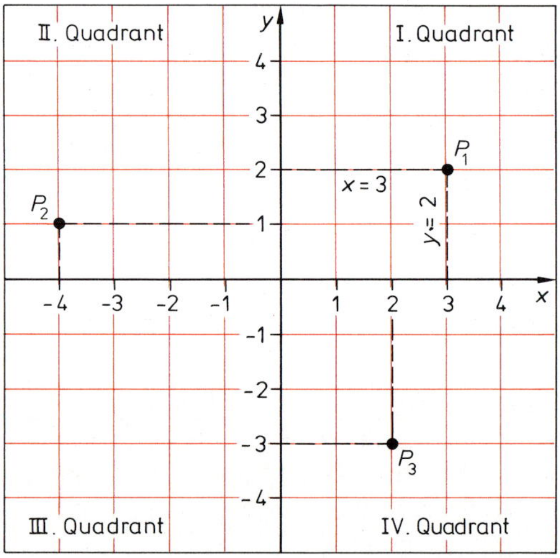

rechtwinkliges Koordinatensystem

$P_1\langle x_1|y_1\rangle$ ► $x_1=3$; $y_1=2$ $\Rightarrow P_1\langle 3|2\rangle$
$P_2\langle x_2|y_2\rangle$ ► $x_2=-4$; $y_2=1$ $\Rightarrow P_2\langle -4|1\rangle$
$P_3\langle x_3|y_3\rangle$ ► $x_3=2$; $y_3=-3$ $\Rightarrow P_3\langle 2|-3\rangle$

Beim computerunterstützten Konstruieren (CAD), aber auch bei vielen anderen technischen Prozessen, ist es erforderlich, die in ein Koordinatensystem eingezeichneten Punkte und die daraus resultierenden geometrischen Gebilde zu verlagern.

Dies kann einmal durch **Parallelverschiebung (Translation)** des Koordinatensystems erfolgen, indem man die x-Achse in Richtung der y-Achse und/oder die y-Achse in Richtung der x-Achse verschiebt. Oft ist es auch notwendig, das gesamte Koordinatensystem um einen bestimmten Winkel zu drehen. Außerdem ist es manchmal sinnvoll, im transformierten Koordinatensystem andere Einheiten auf den Koordinatenachsen zu wählen.

So erhalten zum Beispiel die Ansichten in einer technischen Zeichnung durch Drehung und/oder Parallelverschiebung eine neue Lage.

Eine andere Anwendung ist das Spannen von Werkstücken in beliebiger Lage, ohne sie also vorher auszurichten. Bei computergesteuerten Fertigungsmaschinen (CNC-Fertigung) kann man mit Sensoren die Lage von zwei Bezugsflächen ermitteln. Dadurch wird das ursprüngliche Koordinatensystem, auf dessen Basis alle Werkstück- und Fertigungsdaten gespeichert waren, verschoben, und alle Daten werden vom Computer auf die neue Lage des Koordinatensystems umgerechnet.

Wird ein rechtwinkliges $x-y$-Koordinatensystem um a Einheiten in Richtung der positiven x-Achse und um b Einheiten in Richtung der positiven y-Achse verschoben, so gelten für die Berechnung der neuen Koordinaten x' und y' folgende Gleichungen: $x'=x-a \Rightarrow x=x'+a$

$y'=y-b \Rightarrow y=y'+b.$

Für das Beispiel erhält man bei einer Verschiebung des Koordinatensystems um die Einheiten $a=3$ und $b=2$ aus den Punkten P_1, P_2 und P_3 die verschobenen Punkte P_1', P_2' und P_3'.

$$P_1\langle x_1|y_1\rangle=P_1\langle 5|4\rangle \Rightarrow P_1'\langle x_1'|y_1'\rangle=P_1'\langle 2|2\rangle$$
$$P_2\langle x_2|y_2\rangle=P_2\langle 7|7\rangle \Rightarrow P_2'\langle x_2'|y_2'\rangle=P_2'\langle 4|5\rangle$$
$$P_3\langle x_3|y_3\rangle=P_3\langle 4|8\rangle \Rightarrow P_3'\langle x_3'|y_3'\rangle=P_3'\langle 1|6\rangle$$

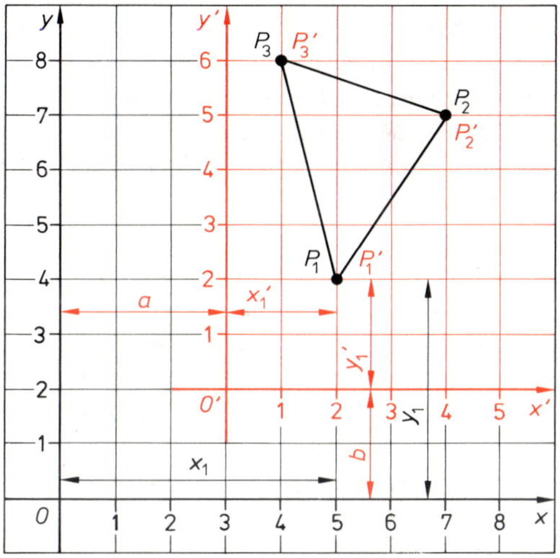

Wird ein rechtwinkliges $x-y$-Koordinatensystem um a Einheiten in Richtung der positiven x-Achse sowie um b Einheiten in Richtung der positiven y-Achse verschoben und anschließend das durch Parallelverschiebung entstandene $x'-y'$-Koordinatensystem um den Winkel α gedreht, so gelten zwischen den alten Koordinaten $\langle x|y\rangle$ und den neuen Koordinaten $\langle x''|y''\rangle$ eines Punktes folgende Beziehungen:

$$x''=(x-a)\cdot\cos\alpha+(y-b)\cdot\sin\alpha$$
$$y''=-(x-a)\cdot\sin\alpha+(y-b)\cdot\cos\alpha$$
$$\Rightarrow \begin{cases} x=x''\cdot\cos\alpha-y''\cdot\sin\alpha+a \\ y=x''\cdot\sin\alpha+y''\cdot\cos\alpha+b. \end{cases}$$

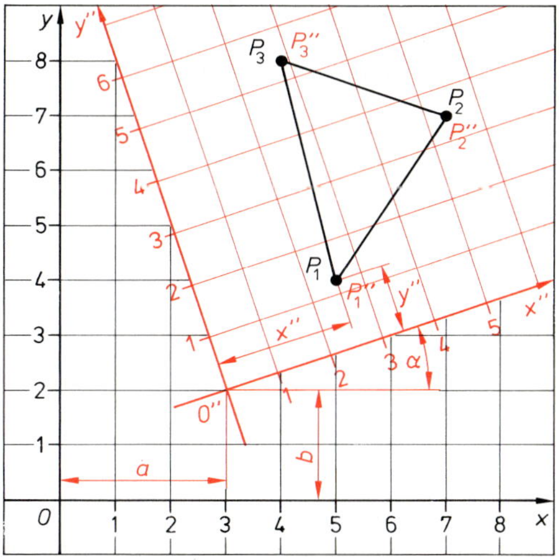

Bezogen auf das Beispiel erhält man bei einer Verschiebung des Koordinatensystems um $a=3$ und $b=2$ Einheiten sowie einer Drehung um $\alpha=18{,}5°$ die transformierten Koordinaten für die Punkte P_1, P_2 und P_3:

$P_1\langle 5|4\rangle$ ► $P_1''\langle 2{,}53|1{,}26\rangle$

$P_2\langle 7|7\rangle$ ► $P_2''\langle 5{,}38|3{,}47\rangle$

$P_3\langle 4|8\rangle$ ► $P_3''\langle 2{,}85|5{,}37\rangle$.

Bei der Transformation rechtwinkliger Koordinaten durch Drehung ohne Parallelverschiebung werden die Verschiebungskoeffizienten a und b gleich Null, und man erhält vereinfachte Gleichungen.

$x_1''=(x_1-a)\cdot\cos\alpha+(y-b)\cdot\sin\alpha$

► $a=3;\ b=2;\ \alpha=18{,}5°;\ x_1=5;\ y_1=4$

$x_1''=(5-3)\cdot\cos 18{,}5°+(4-2)\cdot\sin 18{,}5°=\underline{\underline{2{,}53}}$

$y_1''=-(x-a)\cdot\sin\alpha+(y-b)\cdot\cos\alpha$

$\quad=-(5-3)\cdot\sin 18{,}5°+(4-2)\cdot\cos 18{,}5°=\underline{\underline{1{,}26}}$

► $P_1''\langle x''|y''\rangle=P_1''\langle 2{,}53|1{,}26\rangle$

$x''=(x-a)\cdot\cos\alpha+(y-b)\cdot\sin\alpha$ ► $a=0;\ b=0$

$y''=-(x-a)\cdot\sin\alpha+(y-b)\cdot\cos\alpha$ ► $a=0;\ b=0$

$\underline{\underline{x''=x\cdot\cos\alpha+y\cdot\sin\alpha;\ y''=-x\cdot\sin\alpha+y\cdot\cos\alpha}}$

$\Rightarrow \underline{\underline{x=x''\cdot\cos\alpha-y''\cdot\sin\alpha;\ y=x''\cdot\sin\alpha+y''\cdot\cos\alpha}}$

Merke:

Für die Transformation rechtwinkliger Koordinaten durch Parallelverschiebung und Drehung gelten folgende Gleichungen:

- Parallelverschiebung: $x'=x-a$ und $y'=y-b \Rightarrow x=x'+a$ und $y=y'+b$
- Drehung: $\begin{matrix} x''=x\cdot\cos\alpha+y\cdot\sin\alpha \\ y''=-x\cdot\sin\alpha+y\cdot\cos\alpha \end{matrix} \Rightarrow \begin{cases} x=x''\cdot\cos\alpha-y''\cdot\sin\alpha \\ y=x''\cdot\sin\alpha+y''\cdot\cos\alpha \end{cases}$
- Parallelverschiebung und Drehung:

$$\begin{matrix} x''=(x-a)\cdot\cos\alpha+(y-b)\cdot\sin\alpha \\ y''=-(x-a)\cdot\sin\alpha+(y-b)\cdot\cos\alpha \end{matrix} \Rightarrow \begin{cases} x=x''\cdot\cos\alpha-y''\cdot\sin\alpha+a \\ y=x''\cdot\sin\alpha+y''\cdot\cos\alpha+b \end{cases}$$

Anmerkung:

Neben dem rechtwinkligen Koordinatensystem, bei dem die Koordinatenachsen einen Winkel von 90° bilden, finden auch **schiefwinklige Koordinatensysteme** Verwendung. Entsprechend dem Anwendungszweck bilden die Achsen einen Winkel zwischen 0° und 180°.

Beispiel: Transformieren Sie die rechtwinkligen Koordinaten des Punktes $P\langle -2|3\rangle$ durch Parallelverschiebung in Richtung der positiven x-Achse um $a=2{,}7$ und in Richtung der positiven y-Achse um $b=5{,}4$ sowie durch Drehung um $\alpha=42{,}9°$.

Zur Transformation der Koordinaten des Punktes $P\langle -2|3\rangle$ setzt man die Ausgangskoordinaten -2 und 3 für x bzw. y, die Verschiebungskoeffizienten $a=2{,}7$ und $b=-5{,}2$ sowie den Drehwinkel $\alpha=42{,}9°$ in die Gleichungen für x'' und y'' ein, und man erhält den Punkt $P''\langle 2{,}07|9{,}13\rangle$.

$P\langle -2|3\rangle$ ► $P''\langle 2{,}07|9{,}13\rangle$

$x''=(x-a)\cdot\cos\alpha+(y-b)\cdot\sin\alpha$

► $x=-2;\ y=3;\ a=2{,}7;\ b=-5{,}1;\ \alpha=42{,}9°$

$x''=(-2-2{,}7)\cdot\cos 42{,}9°+[3-(-5{,}1)]\cdot\sin 42{,}9°$

$\quad=\underline{\underline{2{,}07}}$

$y''=-(x-a)\cdot\sin\alpha+(y-b)\cdot\cos\alpha$

$\quad=-(-2-2{,}7)\cdot\sin 42{,}9°+[3-(-5{,}1)]\cdot\cos 42{,}9°$

$\quad=\underline{\underline{9{,}13}}$

Um optimale Darstellungs- und Ablesemöglichkeiten zu erzielen, werden Paarmengen oft in einem rechtwinkligen Koordinatensystem mit **logarithmischem Maßstab** dargestellt. Dazu erhalten x-Achse und/oder y-Achse keine **lineare Teilung**, sondern eine **logarithmische Teilung**. Zur Erleichterung der Darstellung kann man hierbei einfach-logarithmisches oder doppelt-logarithmisches Millimeterpapier verwenden.

Die Beispiele zeigen, wie sich die Darstellungen von Punkten und Kurven verändern können. So können z. B. aus Kurven im rechtwinkligen Koordinatensystem mit linear geteilten Achsen im Koordinatensystem mit doppelt-logarithmischer Teilung Geraden werden, was Ablesung und Interpretation erleichtert.

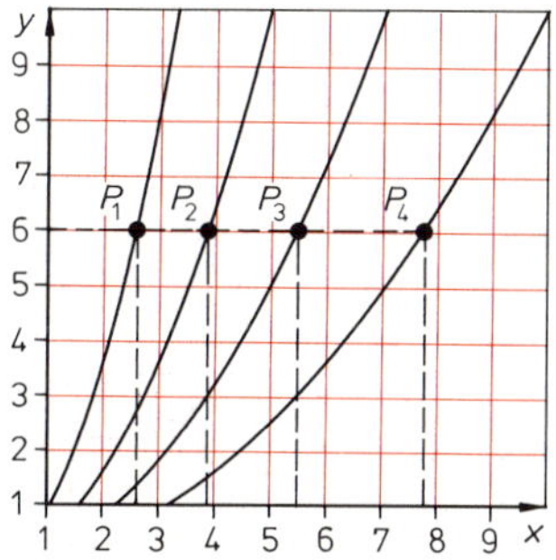

lineare Achsenteilung

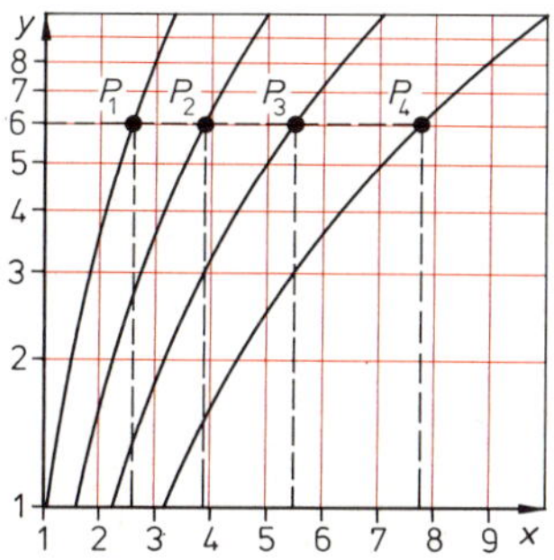

logarithmische Teilung der y-Achse

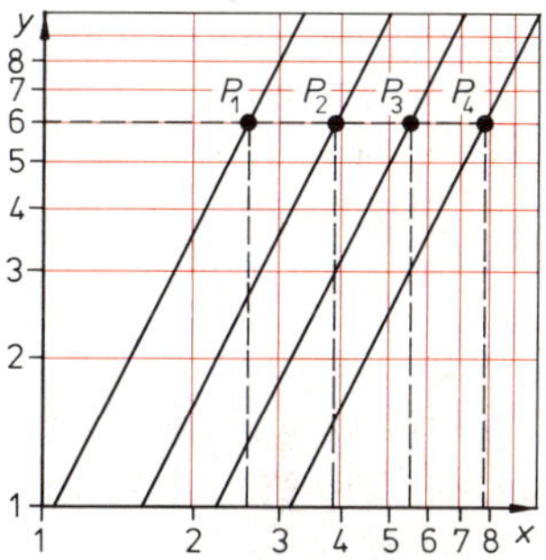

logarithmische Teilung der x- und y-Achse

Ein weiteres ebenes Koordinatensystem, das in Mathematik und Technik häufig Anwendung findet, ist das **Polarkoordinatensystem**. Dieses System ist besonders dann vorteilhaft, wenn mit gerichteten Größen (Vektoren) gerechnet wird. Es ist gekennzeichnet durch einen festen Anfangspunkt O, den man auch als **Pol** bezeichnet und die von diesem Pol ausgehende **Polarachse** p.

Jeder vom Pol verschiedene Punkt im Polarkoordinatensystem ist durch zwei **Polarkoordinaten,** und zwar durch den **Polarradius** $r \geq 0$ **(Polabstand, Radiusvektor, Leitstrahl)** und den **Polarwinkel** φ $(0° \leq \varphi < 360°)$ eindeutig festgelegt. Ein Punkt P wird im Polarkoordinatensystem durch ein geordnetes Paar $\langle r|\varphi\rangle$ beschrieben und mit $P\langle r|\varphi\rangle$ bezeichnet.

Zeichnet man an die Polarachse p den Polarwinkel im Gegenuhrzeigersinn und trägt auf dem freien Schenkel den Polarradius r ab, so erhält man $P\langle r|\varphi\rangle$.

Zur Darstellung verwendet man zweckmäßig **Polarkoordinatenpapier**, das aus vorgedruckten konzentrischen Kreisen um den Pol O und einem davon ausgehenden Strahlenbüschel besteht.

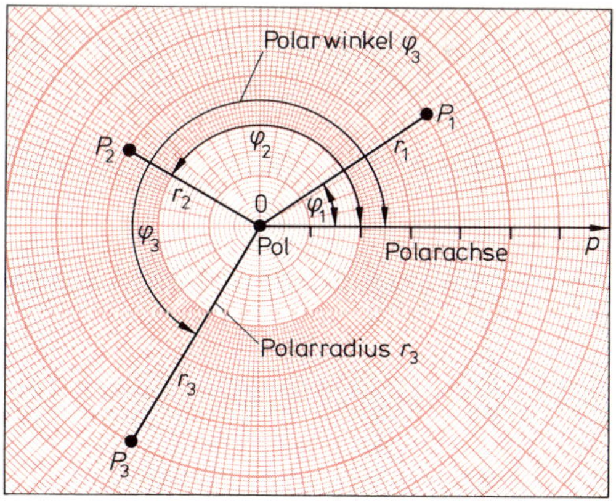

Polarkoordinatensystem

$r_1 = 4$; $\varphi_1 = 35°$ ► $P_1\langle 4|35°\rangle$

$r_2 = 3$; $\varphi_2 = 150°$ ► $P_2\langle 3|150°\rangle$

$r_3 = 5$; $\varphi_3 = 240°$ ► $P_3\langle 5|240°\rangle$

Da das rechtwinklige Koordinatensystem und das Polarkoordinatensystem nebeneinander benutzt werden, ist es notwendig, rechtwinklige Koordinaten in Polarkoordinaten und Polarkoordinaten in rechtwinklige Koordinaten zu transformieren, d.h. umzurechnen.

Bringt man die Nullpunkte beider Koordinatensysteme sowie x-Achse und Polarachse zur Deckung, so lassen sich die Beziehungen zwischen rechtwinkligen Koordinaten und Polarkoordinaten ableiten.

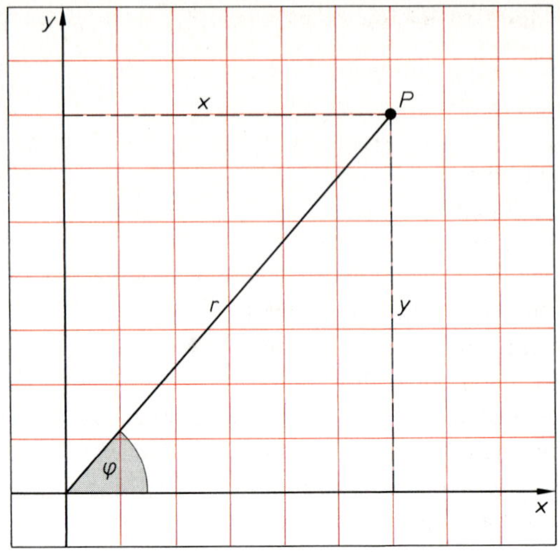

Sind rechtwinklige Koordinaten gegeben, so kann man den Polarradius r und den Polarwinkel φ durch Einsetzen der Werte für x und y in die Gleichungen für r und $\tan\varphi$ berechnen.
Die rechtwinkligen Koordinaten x und y erhält man durch Einsetzen der Werte für r und φ.

$$x^2+y^2=r^2 \Rightarrow r=\sqrt{x^2+y^2}$$

$$\tan\varphi=\frac{y}{x} \Rightarrow \varphi=\operatorname{Arctan}\frac{y}{x}$$

$$\cos\varphi=\frac{x}{r} \Rightarrow x=r\cdot\cos\varphi$$

$$\sin\varphi=\frac{y}{r} \Rightarrow y=r\cdot\sin\varphi$$

Merke:

Transformation von rechtwinkligen Koordinaten in Polarkoordinaten:

$$r=\sqrt{x^2+y^2};\qquad \tan\varphi=\frac{y}{x} \Rightarrow \varphi=\operatorname{Arctan}\frac{x}{x}$$

Transformation von Polarkoordinaten in rechtwinklige Koordinaten:

$$x=r\cdot\cos\varphi;\qquad y=r\cdot\sin\varphi$$

Beispiel: Transformieren Sie die rechtwinkligen Koordinaten des Punktes $P_1\langle 4|3\rangle$ in Polarkoordinaten, die Polarkoordinaten des Punktes $P_2\langle 6|30°\rangle$ in rechtwinklige Koordinaten.

$P_1\langle 4|3\rangle$ ► $x_1=4;\ y_1=3$

$$r_1=\sqrt{x_1^2+y_1^2} \;\blacktriangleright\; x_1=4;\ y_1=3$$
$$=\sqrt{4^2+3^2}=\underline{\underline{5}}$$

$$\tan\varphi_1=\frac{y_1}{x_1}=\frac{3}{4}=\underline{\underline{0{,}75}} \Rightarrow \varphi_1=\underline{\underline{36{,}87°}}$$

$P_2\langle 6|30°\rangle$ ► $r_2=6;\ \varphi_2=30°$

$$x_2=r_2\cdot\cos\varphi_2 \;\blacktriangleright\; r_2=6;\ \varphi_2=30°$$
$$=6\cdot\cos 30°=\underline{\underline{5{,}196}}$$

$$y_2=r_2\cdot\sin\varphi_2=6\cdot\sin 30°=\underline{\underline{3}}$$

Räumliche Koordinatensysteme

Will man Punkte im Raum darstellen, so benötigt man ein **räumliches Koordinatensystem**. Räumliche Koordinatensysteme werden zur Darstellung und Untersuchung von räumlichen Gebilden (z. B. von Werkstücken), in der CAD-Technik, in der CNC-Fertigung, in der Computersimulation und in vielen anderen Bereichen benötigt und angewendet. Auch bei den räumlichen Koordinatensystemen unterscheidet man mehrere Arten. Gebräuchlich sind Systeme mit rechtwinkligen Koordinaten, mit Kugel- oder Polarkoordinaten und mit Zylinderkoordinaten.

Das **rechtwinklig-räumliche Koordinatensystem** wird von drei Zahlengeraden gebildet, die in ihrem Nullpunkt aufeinander senkrecht stehen. Für die Bezeichnung und Lage der Achsen gibt es verschiedene Möglichkeiten. Die nebenstehende Bezeichnung und Lage der x-Achse, der y-Achse und der z-Achse ist eine in der Mathematik übliche Variante.

$x_1=3$; $y_1=4$; $z_1=3$ ► $P_1\langle 3|4|3\rangle$
$x_2=2$; $y_2=-3$; $z_2=5$ ► $P_2\langle 2|-3|5\rangle$
$x_3=1$; $y_3=2$; $z_3=5$ ► $P_3\langle 1|2|5\rangle$
$x_4=3$; $y_4=4$; $z_4=-2$ ► $P_4\langle 3|4|-2\rangle$

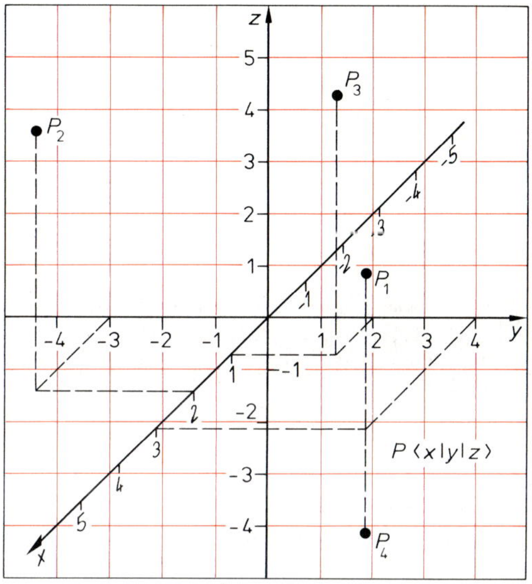

rechtwinklig-räumliches Koordinatensystem

Das **räumliche Polarkoordinatensystem** oder **Kugelkoordinatensystem**, bei dem jeder Punkt P auf der Oberfläche einer Kugel liegt, ist gekennzeichnet durch einen festen Zentralpunkt O (Pol) und die von diesem Pol ausgehende Polarachse, die der positiven Richtung der x-Achse entspricht.

Ein Punkt P in diesem Koordinatensystem ist durch drei Polarkoordinaten definiert, und zwar durch den Polarradius $r \geq 0$ sowie die beiden Polarwinkel φ $(-90° \leq \varphi \leq 90°)$ (geographische Breite) und λ $(0 \leq \lambda < 360°)$ (geographische Länge). Man kennzeichnet einen solchen Punkt mit $P\langle r|\varphi|\lambda\rangle$.

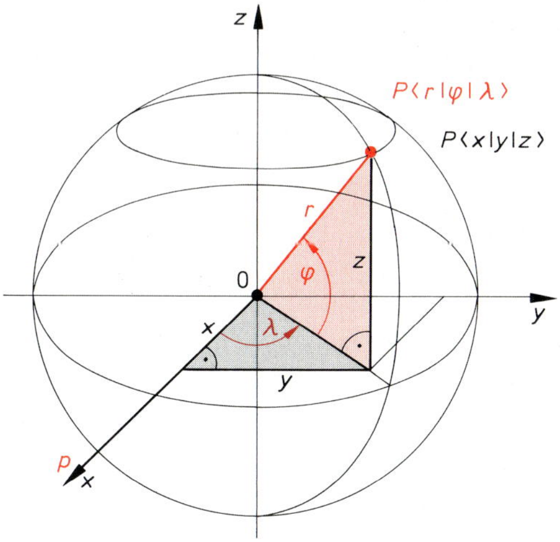

räumliches Polarkoordinatensystem – Kugelkoordinatensystem

Rechtwinklige Raumkoordinaten $\langle x|y|z\rangle$ können in Kugelkoordinaten $\langle r|\varphi|\lambda\rangle$ transformiert werden und umgekehrt. Die entsprechenden Gleichungen ergeben sich aus dem Modell des räumlichen Polarkoordinatensystems.

$P\langle x|y|z\rangle \rightarrow P\langle r|\varphi|\lambda\rangle$

$$r=\sqrt{x^2+y^2+z^2}$$

$$\varphi=\operatorname{Arctan}\frac{z}{\sqrt{x^2+y^2}}$$

$$\lambda=\operatorname{Arctan}\frac{y}{x}$$

$P\langle r|\varphi|\lambda\rangle \rightarrow P\langle x|y|z\rangle$

$$x=r\cdot\cos\varphi\cdot\cos\lambda$$

$$y=r\cdot\cos\varphi\cdot\sin\lambda$$

$$z=r\cdot\sin\varphi$$

Das **räumliche Zylinderkoordinatensystem**, bei dem jeder Punkt P auf der Oberfläche eines Zylinders liegt, ist gekennzeichnet durch einen festen Zentralpunkt O (Pol), der dem Zentralpunkt eines rechtwinklig-räumlichen Koordinatensystems entspricht. Die von diesem Pol ausgehende Polarachse entspricht der positiven Richtung der x-Achse.

Jeder Punkt P im Zylinderkoordinatensystem ist durch drei Koordinaten definiert, und zwar durch den Polarradius $r\geq 0$, den Polarwinkel $\varphi(0°\leq\varphi<360°)$ und die Koordinate z; man schreibt $P\langle r|\varphi|z\rangle$.

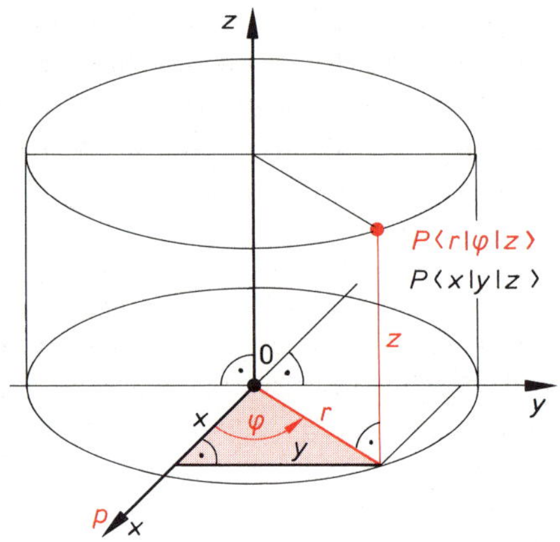

räumliches Zylinderkoordinatensystem

Rechtwinklige Raumkoordinaten $\langle x|y|z\rangle$ können in Zylinderkoordinaten $\langle r|\varphi|z\rangle$ transformiert werden und umgekehrt. Die entsprechenden Gleichungen ergeben sich aus dem Modell des Zylinderkoordinatensystems.

$P\langle x|y|z\rangle \rightarrow P\langle r|\varphi|z\rangle$

$$r=\sqrt{x^2+y^2}$$

$$\varphi=\operatorname{Arccos}\frac{x}{\sqrt{x^2+y^2}} \quad \text{oder}$$

$$\varphi=\operatorname{Arcsin}\frac{y}{\sqrt{x^2+y^2}}$$

$P\langle r|\varphi|z\rangle \rightarrow P\langle x|y|z\rangle$

$$x=r\cdot\cos\varphi$$

$$y=r\cdot\sin\varphi$$

$$z=z$$

Merke:

Für die Transformation von Koordinaten in räumlichen Koordinatensystemen gelten die folgenden Beziehungen:

- Rechtwinklig-räumliches Koordinatensystem ↔ Kugelkoordinatensystem

$$r=\sqrt{x^2+y^2+z^2};\ \varphi=\operatorname{Arctan}\frac{z}{\sqrt{x^2+y^2}};\ \lambda=\operatorname{Arctan}\frac{y}{x}$$

$$\Leftrightarrow x=r\cdot\cos\varphi\cdot\cos\lambda;\ y=r\cdot\cos\varphi\cdot\sin\lambda;\ z=r\cdot\sin\varphi$$

- Rechtwinklig-räumliches Koordinatensystem ↔ Zylinderkoordinatensystem

$$r=\sqrt{x^2+y^2};\ \varphi=\operatorname{Arccos}\frac{x}{\sqrt{x^2+y^2}}=\operatorname{Arcsin}\frac{y}{\sqrt{x^2+y^2}};\ \Leftrightarrow x=r\cdot\cos\varphi;\ y=r\cdot\sin\varphi;\ z=z$$

1.1.3 Funktionen – Relationen

Aus den vielfältigen Vorgängen zum Beispiel in der Natur, der Naturwissenschaft und der Technik lassen sich durch Beobachtungen, Messungen und Überlegungen Gesetzmäßigkeiten und Regeln ableiten sowie Zusammenhänge zwischen ihnen feststellen. Solche Gesetze und Regeln beschreiben in unterschiedlicher Form die Beziehungen zwischen verschiedenen Größen sowie deren Abhängigkeit voneinander.

So kann man zum Beispiel die Leistung eines Motors bei verschiedenen Umdrehungsfrequenzen (Drehzahlen) messen, damit die Abhängigkeit der Leistung von der Umdrehungsfrequenz empirisch ermitteln und diese Abhängigkeit als Leistungskurve in einem Koordinatensystem graphisch darstellen.

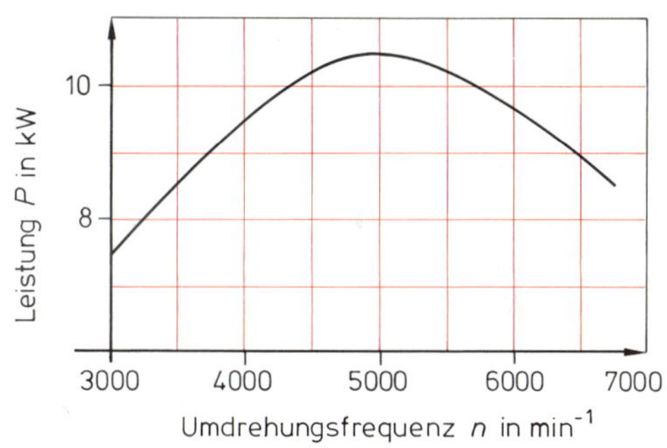

Ein anderes Beispiel für die empirische Untersuchung von Abhängigkeiten zwischen Größen ist die Messung der Temperatur zu verschiedenen Tageszeiten, um damit die Abhängigkeit der Temperatur von der Zeit festzustellen.

Neben solchen empirisch festgestellten Zusammenhängen gibt es Abhängigkeiten unterschiedlicher Größen aufgrund formaler Gesetze.

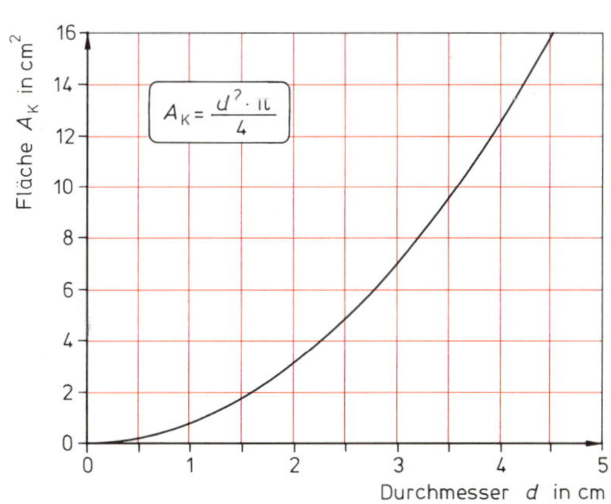

So ist z.B. die Größe der Kreisfläche A_K aufgrund der Gesetzmäßigkeit $A_K=\frac{d^2\cdot\pi}{4}$ von der variablen Größe des Kreisdurchmessers d sowie den konstanten Zahlenwerten π und $\frac{1}{4}$ abhängig.

Solche Abhängigkeiten unterschiedlicher Größen lassen sich mathematisch beschreiben.

Allen vorstehenden Beispielen ist gemeinsam, daß stets einem Element einer Ausgangsmenge A, z.B. dem Durchmesser d_1 eines Kreises, durch eine **Zuordnungsvorschrift**, z.B. $A_K = \frac{d^2 \cdot \pi}{4}$, eindeutig nur ein Element einer Zielmenge Z, z.B. die Größe der Kreisfläche A_{K1}, zugeordnet wird.

Solche Zuordnungen lassen sich anschaulich in einem **Pfeildiagramm** darstellen.

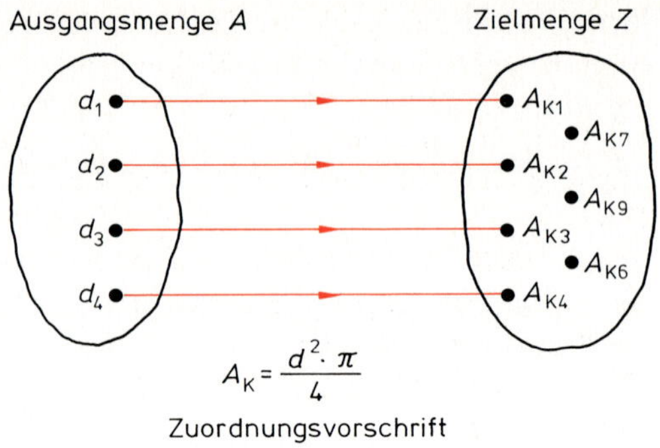

Eine Zuordnung, die jedem Element x einer Ausgangsmenge A ($x \in A$) in eindeutiger Weise nur ein Element y einer Zielmenge Z ($y \in Z$) zuordnet, heißt **Funktion** $\boldsymbol{f}$ oder **Abbildung** von A nach Z (auch: Abbildung von A in Z). Die Menge dieser x-Werte wird als **Definitionsmenge** oder **Definitionsbereich** $\boldsymbol{D(f)}$ (gelesen: „D von f") der Funktion f bezeichnet.

Die Elemente des Definitionsbereiches $D(f)$ heißen **Urbilder** oder **Argumente** der Funktion.

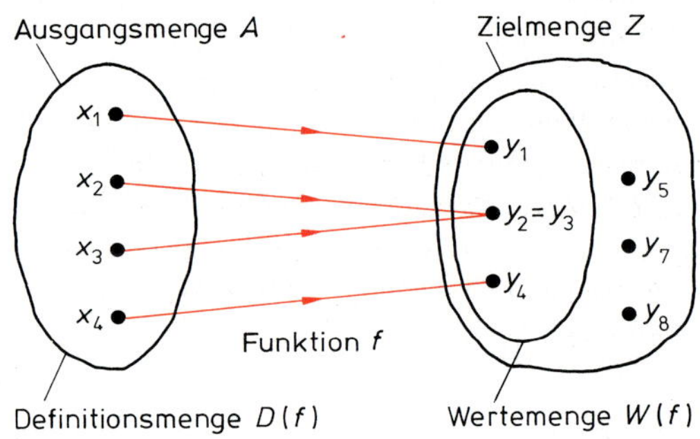

Das einem Element $x \in D(f)$ zugeordnete Element $y \in Z$ wird mit $f(x)$ (gelesen: „f von x") bezeichnet und heißt **Bild** oder **Funktionswert** der Funktion f an einer Stelle x. Die Menge aller $f(x)$-Werte wird als **Wertemenge** oder **Wertebereich** $\boldsymbol{W(f)}$ bezeichnet; sie ist eine Teilmenge der Zielmenge ($W(f) \subseteq Z$).

Oft werden die Elemente der Definitionsmenge bzw. der Zielmenge mit Indizes gekennzeichnet, z.B. $x_0, x_1, x_2, x_3, y_0, y_1, y_2$.

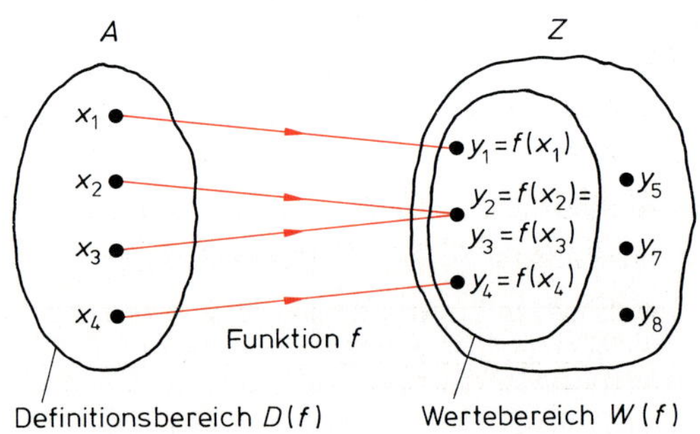

Besteht der Definitionsbereich einer Funktion f mit den Argumenten $x \in D(f)$ nur aus den aufeinanderfolgenden natürlichen Zahlen 1; 2; 3; 4; 5; ..., gilt also $D(f) \subseteq \mathbb{N}^*$, so wird eine solche Funktion als **Folge** bezeichnet. Folgen sind demnach spezielle Funktionen.

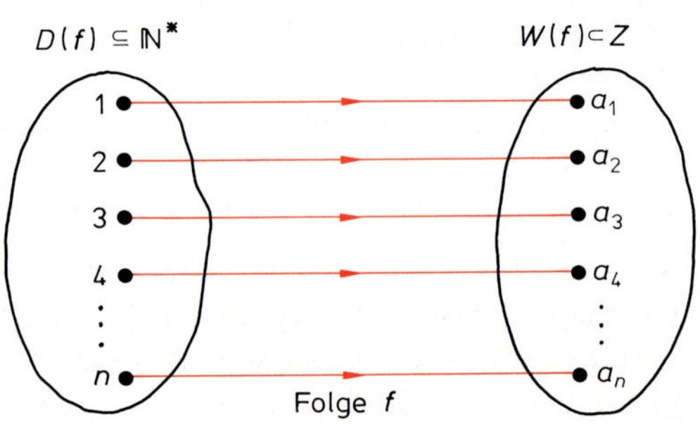

Sind einem Element der Definitionmenge D mehrere Elemente der Zielmenge Z und damit auch der Wertemenge W zugeordnet, so handelt es sich nicht um eine eindeutige Zuordnung und damit nicht mehr um eine Funktion.
Im Diagramm sind z.B. dem Argument x_1 der Definitionsmenge D die beiden verschiedenen Werte y_1 und y_2 der Wertemenge W zugeordnet.
Jede Zuordnung nennt man eine **Relation *R***; nur eindeutige Zuordnungen heißen Funktionen.

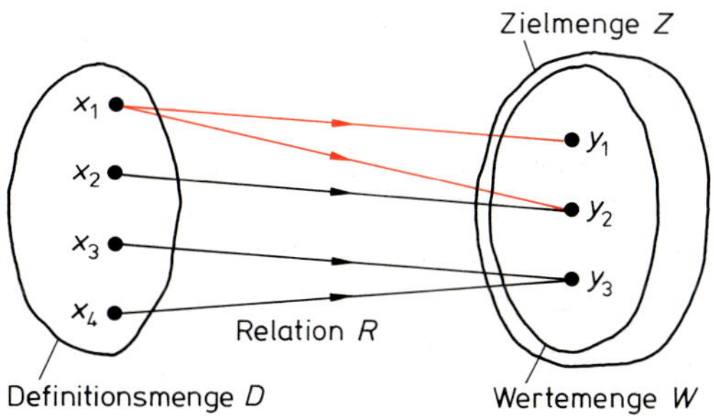

Einander zugeordnete Elemente von Definitions- und Wertebereich bilden **geordnete Paare**. Die erste Komponente eines geordneten Paares ist ein Element des Definitionsbereiches und wird auch als **unabhängige Variable** bezeichnet. Die zweite Komponente ist das zugeordnete Element des Wertebereiches und heißt auch **abhängige Variable**.

Funktion:
$f=\{\langle x_1|f(x_1)\rangle;\ \langle x_2|f(x_2)\rangle;\ \langle x_3|f(x_3)\rangle;\ \langle x_4|f(x_4)\rangle\}$

Folge:
$f=\{\langle 1|a_1\rangle;\ \langle 2|a_2\rangle;\ \langle 3|a_3\rangle;\ \langle 4|a_4\rangle;\ \ldots;\ \langle n|a_n\rangle\}$

Relation ($y_1 \neq y_2$):
$R=\{\langle x_1|y_1\rangle;\ \langle x_1|y_2\rangle;\ \langle x_2|y_2\rangle;\ \langle x_3|y_3\rangle;\ \langle x_4|y_3\rangle\}$

Jede Relation läßt sich daher als eine Menge von geordneten Paaren auffassen. Nur solche Relationen sind Funktionen, bei denen jedes Element des Definitionsbereiches genau einmal als erste Komponente der geordneten Paare auftritt.

Merke:

- Ist jedem Element einer Definitionsmenge jeweils nur ein einziges Element einer Zielmenge zugeordnet, so bezeichnet man eine solche Zuordnung als Funktion.
- Sind Elementen einer Definitionsmenge jeweils ein oder mehrere Elemente einer Zielmenge zugeordnet, so heißt eine solche Zuordnung Relation.
- Eine Funktion f, deren Definitionsmenge $D(f)$ nur aus den aufeinanderfolgenden natürlichen Zahlen 1; 2; 3; 4; 5; ... besteht, wird als Folge bezeichnet.

Anmerkung:

Im folgenden werden in der Regel, wenn anderes nicht ausdrücklich gesagt wird, nur **reelle Funktionen** und **reelle Relationen** betrachtet. Diese haben stets die Menge der reellen Zahlen $\mathbb{R}$ als Zielmenge, d.h. diese Funktionen und Relationen sind **reellwertig**, und ihre Definitionsmengen (auch Definitionsbereiche genannt) sind Teilmengen von $\mathbb{R}$. Bei solchen Funktionen und Relationen reicht daher die Angabe der Definitionsmengen aus.

Wenn in Anwendungssituationen und von der Regel abweichend andere Definitions- und/oder Zielmengen verwendet werden (zum Beispiel Mengen von physikalischen Größen, wie Umdrehungsfrequenzen und Leistungen, Zeitpunkte und Temperaturen, Längen- und Flächenmaße), so geht dies aus dem Textzusammenhang hervor. Auch in diesen Fällen lassen sich die Funktionen und Relationen als reelle Funktionen und reelle Relationen deuten, wenn man nur die Zahlenwerte der beteiligten Größen betrachtet, also die Einheiten (zum Beispiel $\min^{-1}$ und kW, h und °C, cm und cm^2) unberücksichtigt läßt. In diesen Fällen erfolgt dann die Beschriftung der Koordinatenachsen für Größen und Einheiten in Bruchform. Statt z.B. „Umdrehungsfrequenz in $\min^{-1}$" schreibt man $\frac{\text{„Umdrehungsfrequenz"}}{\min^{-1}}$ und statt „Leistung in kW" schreibt man $\frac{\text{„Leistung"}}{\text{kW}}$.

Schreibweise von Funktionen und Relationen

Für die Schreibweise von Funktionen und Relationen gibt es verschiedene zum Teil genormte Möglichkeiten.

$f\colon x \mapsto f(x)$ oder $f = \langle x \mapsto f(x) \rangle$

Funktionen können z.B. durch spitze Klammern und den **Funktionsbildungsoperator** dargestellt werden, der durch einen besonderen Pfeil $\mapsto$ symbolisiert wird. Vor dem Funktionsbildungsoperator steht das Argument x, dahinter der Funktionswert oder **Funktionsterm** $\boldsymbol{f(x)}$, d.h. $x \mapsto f(x)$ ist die Zuordnungsvorschrift der Funktion f.

$$f = \langle x \mapsto f(x) \mid x \in D(f) \wedge f(x) \in W(f) \rangle$$

- $x \mapsto f(x)$: Zuordnungsvorschrift
- $W(f)$: Wertebereich $W(f)$
- $D(f)$: Definitionsbereich $D(f)$
- $f(x)$: Funktionsterm
- $\mapsto$: Funktionsbildungsoperator
- x: Argument
- f: Funktionsname

Zusätzlich können innerhalb der spitzen Klammern hinter der Zuordnungsvorschrift nach einem senkrechten Strich der Definitionsbereich $D(f)$ und der Wertebereich $W(f)$ angegeben werden.

gelesen:
„f ist die Funktion x auf $f(x)$ mit $x \in D(f)$ und $f(x) \in W(f)$"

Ist in einer Funktion $f = \langle x \mapsto f(x) \rangle$ bzw. $f\colon x \mapsto f(x)$ der allgemeine Funktionsterm $f(x)$ durch einen konkreten Term, z.B. $2x^3+5$, definiert, so kann man die Funktion f auch in der Form $f\colon f(x) = 2x^3+5$ darstellen (vgl. auch obige Anmerkung). Diese Schreibweise wird in diesem Buch vorzugsweise verwendet.

$f\colon x \mapsto f(x)$ ► $f(x) = 2x^3+5;\ x \in \mathbb{R}$

$\Rightarrow f\colon x \mapsto 2x^3+5 \mid x \in \mathbb{R}$

oder

$f = \langle x \mapsto 2x^3+5 \mid x \in \mathbb{R} \rangle$

$f\colon f(x) = 2x^3+5;\ D(f) = \mathbb{R}$ ► Funktion

$f(x) = 2x^3+5;\ x \in \mathbb{R}$ ► Funktionsgleichung

Die Gleichung $f(x) = 2x^3+5$ wird als **Funktionsgleichung** bezeichnet. Durch Einsetzen des Wertes für x an einer Stelle x_0 erhält man den entsprechenden Funktionswert $f(x_0)$.

$x_0 = 3$ ► $f(3) = 2 \cdot 3^3 + 5 = 59$ ► Funktionswert an der Stelle $x_0 = 3$

$x_0 = 0$ ► $f(0) = 2 \cdot 0 + 5 = 5$ ► Funktionswert an der Stelle $x_0 = 0$

Da Relationen mehrdeutige Zuordnungen sind, kann es z.B. bei der Schreibweise von Wurzelrelationen zu Verständnisschwierigkeiten kommen. Um die Mehrdeutigkeit einer Zuordnung deutlich zu machen, wird oft eine abgekürzte Plus-Minus-Schreibweise ($\pm$) verwendet. Diese ergibt sich bei der Zusammenfassung von zwei Gleichungen.

$y^2 = x+1$ ► Relationsgleichung

$\Leftrightarrow |y| = \sqrt{x+1}$

$\Leftrightarrow y = \sqrt{x+1}$ und $y = -\sqrt{x+1}$

$\Leftrightarrow y = \pm\sqrt{x+1}$ ► Relationsgleichung

Die Schreibweise von Relationen und Relationsgleichungen erfolgt entsprechend der Darstellung von Funktionen.

$y=R(x)$ ▶ $R(x)=\pm\sqrt{x+1}$ ▶ Relationsgleichung

$R\colon R(x)=\pm\sqrt{x+1}$ ▶ Relation

Funktionen, Relationen und Variable können mit beliebigen Buchstaben bezeichnet werden.

$g\colon g(z)=2z^6-z^2+7$ ▶ $g(z)=2z^6-z^2+7$

$R\colon R(u)=u^2\pm\sqrt{u^2-4}$ ▶ $R(u)=u^2\pm\sqrt{u^2-4}$

Beispiele: Berechnen Sie zu den folgenden Funktionen und Relationen die Funktions- bzw. Relationswerte für die gegebenen Argumente.

- $f\colon f(z)=\dfrac{z^2+3z}{z^3+3z^2-10z};\ z\in\{-4{,}5;\ 1\}$

Zur Berechnung der Funktionswerte $f(z)$ setzt man für die Argumente z_1 und z_2 die gegebenen Werte $-4{,}5$ und 1 in die Funktionsgleichung ein und erhält die entsprechenden Funktionswerte $f(z_1)$ sowie $f(z_2)$.

$$f(z)=\frac{z^2+3z}{z^3+3z^2-10z} \blacktriangleright z_1=-4{,}5;\ z_2=1$$

$$f(z_1)=f(-4{,}5)=\frac{(-4{,}5)^2+3\cdot(-4{,}5)}{(-4{,}5)^3+3\cdot(-4{,}5)^2-10\cdot(-4{,}5)}=\underline{\underline{0{,}462}}$$

$$f(z_2)=f(1)=\frac{1^2+3\cdot 1}{1^3+3\cdot 1^2-10\cdot 1}=\underline{\underline{-0{,}667}}$$

- $R\colon R(x)=\pm\sqrt{\dfrac{1-x}{1+x}};\ x\in\{-0{,}5;\ 1\}$

Zur Berechnung der Relationswerte $R(x)$ setzt man für die Argumente x_1 und x_2 die gegebenen Werte $-0{,}5$ und 1 in die Relationsgleichung ein.
Für x_1 erhält man die beiden Relationswerte $R_1(x_1)=1{,}732$ und $R_2(x_1)=-1{,}732$; $x_2=1$ führt auf den einzigen Relationswert $R(x_2)=0$.

$$R(x)=\pm\sqrt{\frac{1-x}{1+x}} \blacktriangleright x_1=-0{,}5;\ x_2=1$$

$$R(x_1)=R(-0{,}5)=\pm\sqrt{\frac{1-(-0{,}5)}{1+(-0{,}5)}}$$

$$\Rightarrow R_1(x_1)=\underline{\underline{1{,}732}};\ R_2(x_1)=\underline{\underline{-1{,}732}}$$

$$R(x_2)=R(1)=\pm\sqrt{\frac{1-1}{1+1}}=\underline{\underline{0}}$$

Darstellung von Funktionen und Relationen in Tabellenform

Zur Darstellung von Funktionen bzw. Relationen in Tabellenform ermittelt man einige für die Funktion bzw. Relation charakteristische Wertepaare.

Dazu werden aus dem jeweiligen Definitionsbereich entsprechende Argumente (z. B. z-Werte bzw. x-Werte) ausgewählt. Mit Hilfe der Funktions- bzw. Relationsgleichung berechnet man dann für die Werte der unabhängigen Variablen die zugehörigen Werte der abhängigen Variablen, d. h. die Funktionswerte $g(z)$ bzw. die Relationswerte $R(x)$.

Die Zusammenfassung der Wertepaare in Tabellenform heißt **Wertetabelle**.

$g(z)=0{,}1\,z^3;\ D(g)=\mathbb{R}$

$D(g)$	z	…	-2	$-0{,}5$	0	0,5	1	2	…
$W(g)$	$g(z)$	…	$-0{,}8$	$-0{,}0125$	0	0,0125	0,1	0,8	…

$R(x)=\pm\sqrt{-(x+1)};\ D(R)=(-\infty;\ -1]$

$D(R)$	x	…	-5	-4	-3	$-2{,}5$	-2	$-1{,}5$	-1
$W(R)$	$R(x)$	…	± 2	$\pm 1{,}73$	$\pm 1{,}41$	$\pm 1{,}23$	± 1	$\pm 0{,}71$	0

$f(x)=\dfrac{x+2}{x-2};\ D(f)=\mathbb{R}\setminus\{2\}$

$D(f)$	x	…	-3	-2	-1	0	1	~~2~~	3	…
$W(f)$	$f(x)$	…	0,2	0	$-\frac{1}{3}$	-1	-3	–	5	…

Darstellung von Funktionen und Relationen als Graph in einem rechtwinkligen Koordinatensystem

Da graphische Darstellungen von Funktionen bzw. Relationen übersichtlich und instruktiv sind, werden sie z. B. in der Technik vielfältig eingesetzt.

Das nebenstehende Leistungsschaubild eines Ottomotors zeigt die Abhängigkeit der Leistung P (abhängige Variable) von der Umdrehungsfrequenz (Drehzahl) n (unabhängige Variable), also $P=f(n)$.

Bei $n=3000\ \text{min}^{-1}$ leistet der Motor 7,5 kW. Seine höchste Leistung von 10,5 kW erreicht er bei 5000 Umdrehungen pro Minute. Bei noch höheren Umdrehungsfrequenzen sinkt die Leistung wegen der abnehmenden Zylinderfüllung wieder ab.

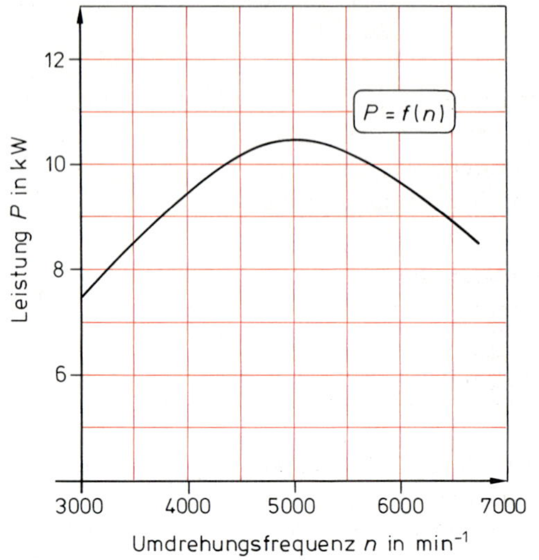

Zur Darstellung einer Funktion bzw. einer Relation in einem rechtwinkligen Koordinatensystem stellt man eine Wertetabelle auf und zeichnet die den Wertepaaren $\langle x|f(x)\rangle$ bzw. $\langle x|R(x)\rangle$ entsprechenden Punkte in das Koordinatensystem (siehe Kapitel „Koordinatensysteme").

In der Regel werden die Argumente (x-Werte) auf der Abszissenachse (x-Achse) und die zugehörigen Funktionswerte ($f(x)$-Werte) bzw. Relationswerte ($R(x)$-Werte) auf der Ordinatenachse (y-Achse) eingezeichnet. Verbindet man nebeneinanderliegende Punkte, so erhält man eine Linie, die einen Abschnitt einer Funktion bzw. Relation graphisch veranschaulicht und als **Graph *G*** bezeichnet wird.

Um einen möglichst genauen Verlauf des Graphen zu erhalten, ist es zweckmäßig, an Stellen starker **Krümmung** eine dichtere Punktfolge zu wählen.

$R(x)=\pm\sqrt{-(x+1)};\ D(R)=(-\infty;\ 1]$

$D(R)$	x	-7	-6	-5	-3	-2	$-1{,}5$	$-1{,}25$	-1
$W(R)$	$R(x)$	$\pm 2{,}45$	$\pm 2{,}24$	± 2	$\pm 1{,}41$	± 1	$\pm 0{,}71$	$\pm 0{,}5$	0

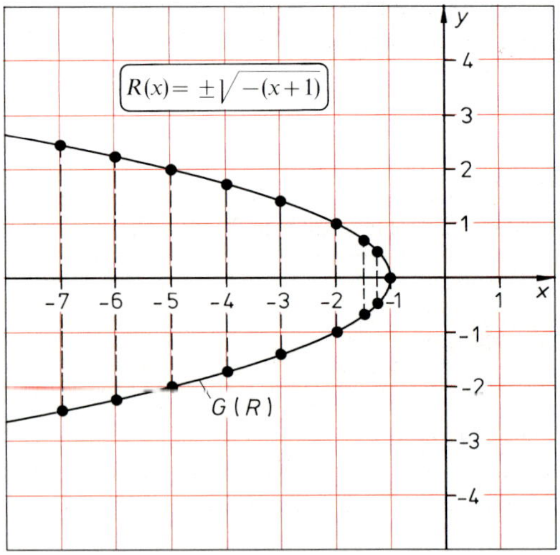

Der Graph einer Funktion bzw. Relation ist die **Punktmenge** $G(f)$ bzw. $G(R)$, mit der eine Funktion bzw. Relation in einem Koordinatensystem dargestellt werden kann. Statt $G(f)$ bzw. $G(R)$ kann man vereinfachend auch nur f oder R an den Graphen schreiben.

Beispiel: Zeichnen Sie den Graphen der Funktion f: $f(x)=\frac{x+3}{x^2+3x-10}$ für das Intervall $[-8;\ 5]$ in ein rechtwinkliges Koordinatensystem, und charakterisieren Sie seinen Verlauf.

Im gegebenen Intervall $[-8;5]$, stellt man die charakteristischen Abschnitte des Graphen fest. Wie man beim Aufstellen der Wertetabelle erkennt, lassen sich an den Stellen -5 und 2 keine Funktionswerte berechnen. Deshalb werden in der Umgebung dieser Stellen mehr Funktionswerte berechnet als im restlichen Intervall.

Wertetabelle:

$D(f)$	x	-8	-7	-6	$-5{,}5$	~~-5~~	$-4{,}5$	-4	-3	-2	-1	0	0,5	1	1,5	~~2~~	2,5	3	4	5
$W(f)$	$f(x)$	$-0{,}17$	$-0{,}22$	$-0{,}38$	$-0{,}67$	–	0,46	0,17	0	$-0{,}08$	$-0{,}17$	$-0{,}3$	$-0{,}42$	$-0{,}67$	$-1{,}39$	–	1,47	0,75	0,39	0,27

Der Graph $G(f)$ ist keine geschlossene Linie; er besteht vielmehr aus drei Zweigen in den Intervallen $[-8;\ -5)$, $(-5;\ 2)$ und $(2;\ 5]$.

An der Stelle $x_1=-3$ schneidet er die x-Achse, d.h. es gilt $f(-3)=0$.

Je mehr sich die x-Werte den Stellen $x_2=-5$ und $x_3=2$ von links bzw. von rechts nähern, desto mehr streben die zugehörigen $f(x)$-Werte gegen eine beliebig kleine negative Zahl $(-\infty)$ bzw. gegen eine beliebig große positive Zahl (∞). Der Graph nähert sich an diesen Stellen mehr und mehr den Geraden mit den Gleichungen $x=-5$ bzw. $x=2$.

Die Funktion f ist an den Stellen $x_2=-5$ und $x_3=2$ offensichtlich nicht definiert.

$f(x)=\frac{x+3}{x^2+3x-10}$; $D(f)=\mathbb{R}\setminus\{-5;\ 2\}$

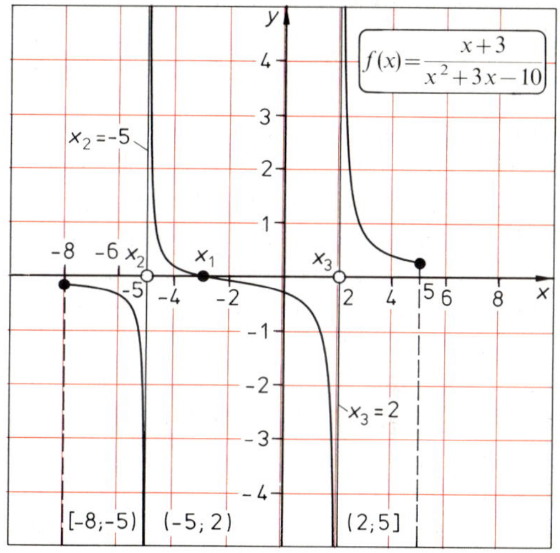

Beispiel: Stellen Sie die Relation R: $R(x)=\pm\sqrt{x^2+1}$ für das Intervall $[-4;\ 4]$ in Tabellenform dar, und zeichnen Sie den Graphen in ein rechtwinkliges Koordinatensystem.

Man erstellt für das Intervall $[-4;\ 4]$ eine Wertetabelle. Nach Einzeichnen der berechneten Punkte in ein rechtwinkliges Koordinatensystem kann man nebeneinanderliegende Punkte zu zwei Linien, dem Graphen der Relation R, verbinden.

Wertetabelle:

$D(R)$	x	-4	-3	-2	-1	$-0{,}5$	0	0,5	1	2	3	4
$W(R)$	$R(x)$	$\pm 4{,}12$	$\pm 3{,}16$	$\pm 2{,}24$	$\pm 1{,}41$	$\pm 1{,}12$	± 1	$\pm 1{,}12$	$\pm 1{,}41$	$\pm 2{,}24$	$\pm 3{,}16$	$\pm 4{,}12$

R: $R(x) = \pm\sqrt{x^2+1}$; $D(R) = [-4; 4]$

Der Graph der Relation R besteht aus je einem Zweig oberhalb und unterhalb der x-Achse. Er wird als Hyperbel bezeichnet.

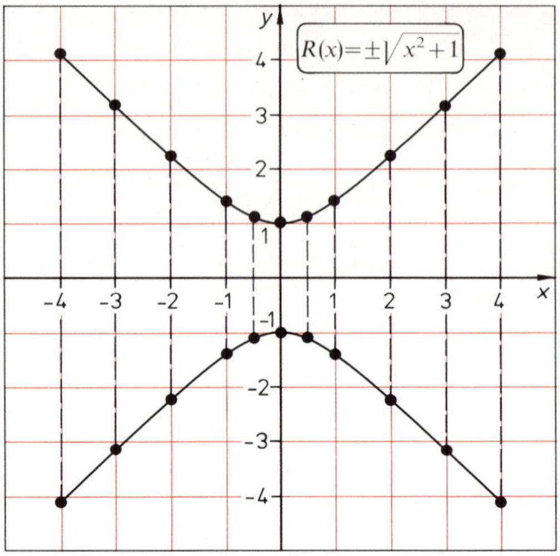

Definitions- und Wertebereich von Funktionen und Relationen

Zur vollständigen Beschreibung einer reellen Funktion bzw. einer reellen Relation gehört die Angabe der Definitionsbereiche $D(f)$ bzw. $D(R)$. Sehr häufig wird jedoch der Definitionsbereich nicht ausdrücklich angegeben, insbesondere dann nicht, wenn die Funktion bzw. die Relation durch einen konkreten Term erklärt ist. In diesen Fällen ist es üblich, als Grundmenge die reellen Zahlen $\mathbb{R}$ anzunehmen und den Definitionsbereich als maximal mögliche Teilmenge von $\mathbb{R}$, $D(f) \subseteq \mathbb{R}$ bzw. $D(R) \subseteq \mathbb{R}$, zu bestimmen, die dieser Funktionsterm bzw. der Relationsterm zuläßt. Man erhält den Definitionsbereich einer Funktion bzw. Relation für diejenigen $x \in \mathbb{R}$, die beim Einsetzen in die Funktions- bzw. Relationsgleichung reelle Funktionswerte $f(x) \in \mathbb{R}$ bzw. reelle Relationswerte $R(x) \in \mathbb{R}$ ergeben.

Bei den Funktionen f und g erhält man für jedes $x \in (-\infty; \infty)$ bzw. $x \in \mathbb{R}$ einen reellen Funktionswert, d.h. es gelten die Definitionsbereiche $D(f) = \mathbb{R}$ bzw. $D(g) = \mathbb{R}$.

Bei der Funktion h findet man dagegen nicht für jedes $x \in \mathbb{R}$ einen reellen Funktionswert $h(x)$. Der Funktionsterm $\frac{x}{x+3}$ von h stellt nämlich nur dann eine reelle Zahl dar, wenn für x eine reelle Zahl eingesetzt wird, die von -3 verschieden ist. Das Einsetzen von -3 für x liefert zwar formal den Ausdruck $\frac{-3}{0}$, dieser läßt sich aber nicht als reelle Zahl erklären, denn durch Null darf man nicht dividieren. Somit gehört $x_0 = -3$ nicht zum Definitionsbereich der Funktion h, wohl aber jede reelle Zahl, die links oder rechts von $x_0 = -3$ liegt.

- f: $f(x) = x^2 + 27x$ ► $x \in (-\infty; \infty)$ ► $D(f) = \mathbb{R}$
- g: $g(x) = \dfrac{x^3}{x^2+1}$ ► $x \in (-\infty; \infty)$ ► $D(g) = \mathbb{R}$
- h: $h(x) = \dfrac{x}{x+3}$ ► $D(h) = ?$

$\dfrac{x}{x+3}$ ► -3 für x

➡ $\dfrac{-3}{-3+3} = \dfrac{-3}{0}$ ► Schreibfigur ohne mathematische Bedeutung

h: $h(x) = \dfrac{x}{x+3}$ ► $-3 \notin D(h)$

► $\underline{\underline{D(h) = (-\infty; \infty) \setminus \{-3\} = \mathbb{R} \setminus \{-3\}}}$

$x_0 = -3$ ► Definitionslücke der Funktion h

Eine Stelle x_0, an der eine Funktion nicht definiert ist, wohl aber an jeder Stelle unmittelbar links oder rechts davon, heißt **Definitionslücke** der Funktion.
Die Funktion h hat also an der Stelle $x_0 = -3$ eine Definitionslücke.

Hat man den Definitionsbereich $D(f)$ einer Funktion ermittelt, so läßt sich meist auch der Wertebereich $W(f)$ angeben. Dazu bestimmt man für x-Werte des Definitionsbereiches mit Hilfe der Funktionsgleichung charakteristische Werte, z. B. maximale und minimale Funktionswerte, und untersucht, in welchem Bereich alle Funktionswerte liegen. Bei Relationen verfährt man entsprechend. Aus dem Verlauf des Graphen einer Funktion bzw. Relation kann man oft den Wertebereich abschätzen. Graphen lassen sich mit Hilfe von Computerprogrammen leicht darstellen.

- $f\colon f(x) = -\frac{1}{3}x^2 + 2x - 1;\ D(f) = \mathbb{R}$

Aus dem Verlaufe des Graphen $G(f)$ erkennt man, daß es keinen Funktionswert $f(x)$ gibt, der größer als 2 ist. Der maximale Funktionswert liegt an der Stelle $x_0 = 3$, es ist $f(3) = 2$. Für alle anderen x-Werte des Definitionsbereiches sind die $f(x)$-Werte kleiner als 2.

Streben die x-Werte gegen $-\infty$ bzw. ∞, so streben die zugehörigen Funktionswerte $f(x)$ in beiden Fällen gegen $-\infty$.

Die Funktion f hat demnach den Wertebereich $W(f) = (-\infty; 2]$.

$f\colon f(x) = -\frac{1}{3}x^2 + 2x - 1;\ D(f) = \mathbb{R}$ ▶ $W(f) = ?$
$f(x) \leq 2$ für alle $x \in \mathbb{R}$
$x_0 = 3 \Rightarrow f(3) = -\frac{1}{3} \cdot 3^2 + 2 \cdot 3 - 1 = \underline{\underline{2}}$
für x gegen $-\infty$ ▶ $f(x)$-Werte streben gegen $-\infty$
für x gegen ∞ ▶ $f(x)$-Werte streben gegen $-\infty$
$\Rightarrow W(f) = (-\infty; 2]$ ▶ Wertebereich von f

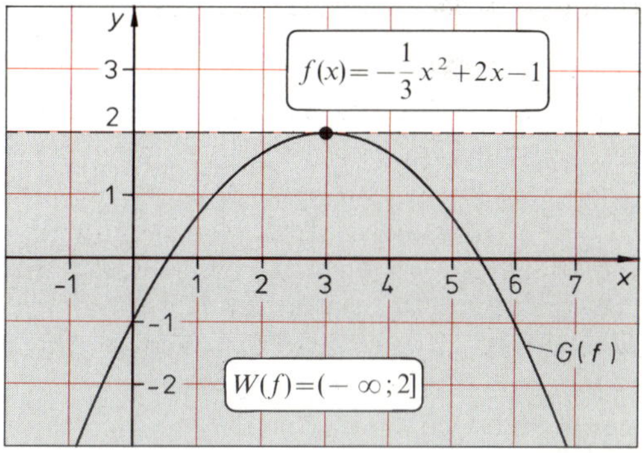

- $R : R(x) = \pm\sqrt{x^2+1} + 1;\ D(R) = \mathbb{R}$

Der Graph $G(R)$ der Relation R besteht aus zwei Kurvenstücken. Aus seinem Verlauf ist zu erkennen, daß alle Relationswerte $R(x)$ offensichtlich kleiner als 0 und größer als 2 sind.

Streben die x-Werte gegen $-\infty$, so streben die zugehörigen Relationswerte $R(x)$ gegen $-\infty$ bzw. gegen ∞. Streben die x-Werte gegen ∞, so streben auch hier die entsprechenden Relationswerte $R(x)$ gegen $-\infty$ bzw. gegen ∞.

Die Relation R hat demnach den Wertebereich $W(f) = \mathbb{R} \setminus (0; 2)$.

$R : R(x) = \pm\sqrt{x^2+1} + 1;\ D(R) = \mathbb{R}$ ▶ $W(R) = ?$
$0 \geq R(x) \geq 2$ für alle $x \in \mathbb{R}$
$x_0 = 0 \Rightarrow R_1(0) = 0$ und $R_2(0) = 2$
für x gegen $-\infty$ ▶ $R(x)$-Werte streben gegen $\pm\infty$
für x gegen ∞ ▶ $R(x)$-Werte streben gegen $\pm\infty$
$\Rightarrow W(R) = \mathbb{R} \setminus (0; 2)$ ▶ Wertebereich von R

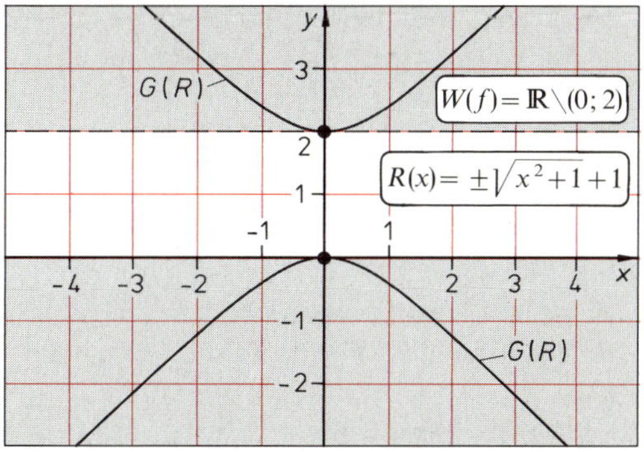

- g: $g(x) = 0{,}2x^2 - 2{,}5$
- h: $h(x) = \dfrac{0{,}2x^3 - 0{,}4x^2 - 2{,}5x + 5}{x - 2}$

Die Funktionen g und h haben die Definitionsbereiche $D(g) = \mathbb{R}$ bzw. $D(h) = \mathbb{R} \setminus \{2\}$, die Funktion h hat also an der Stelle $x_0 = 2$ eine Definitionslücke.

Zeichnet man die Graphen beider Funktionen, so stellt man fest, daß diese bis auf die Definitionslücke übereinstimmen. Alle Funktionswerte $g(x)$ und $h(x)$ sind also für $x \in \mathbb{R} \setminus \{2\}$ gleich, obwohl die Funktionsterme von g und h verschieden sind.

Funktionen sind gleich, wenn sie in demselben Definitionsbereich D an allen Stellen $x \in D$ gleiche Funktionswerte haben. Dabei brauchen ihre Funktionsterme nicht übereinzustimmen.

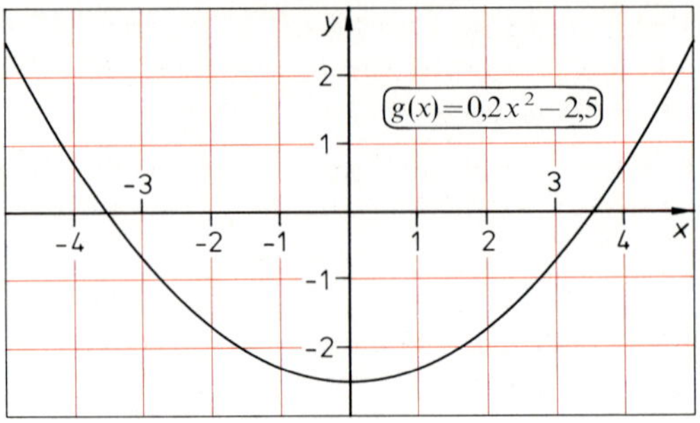

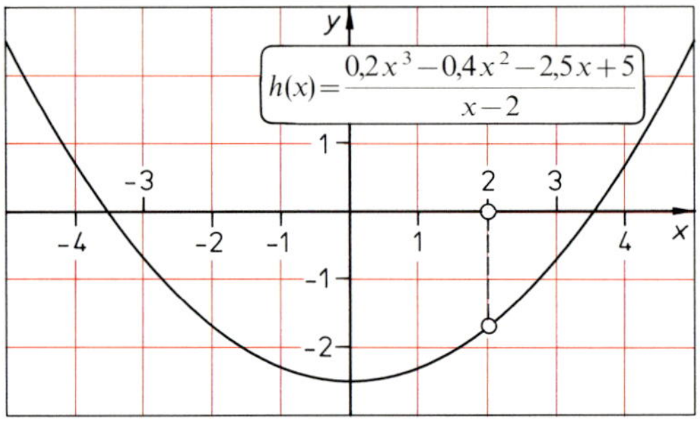

- f: $f(x) = 0{,}1x^3 - 0{,}2x^2 - 0{,}5x + 0{,}6$ mit $D(f) = \mathbb{R}$
- g: $g(x) = 0{,}1x^3 - 0{,}2x^2 - 0{,}5x + 0{,}6$ mit $D(g) = (-3;\ 4{,}5]$

Funktionen und Relationen können jedoch unabhängig von einem maximal möglichen Definitionsbereich D, auch in einer Teilmenge (Intervall) von D definiert sein.

Die Funktion f zum Beispiel hat den maximal möglichen Definitionsbereich $D(f) = \mathbb{R}$. Die Funktion g hat den gleichen Funktionsterm wie die Funktion f, jedoch ist ihr Definitionsbereich auf das Intervall $I = (-3;\ 4{,}5]$ beschränkt, d.h. es gilt $D(g) = (-3;\ 4{,}5]$.

Hat eine Funktion bzw. Relation z.B. das beschränkte Intervall $(-3;\ 4{,}5]$ als Definitionsbereich, so sind die Grenzen dieses Intervalls $x_L = -3$ und $x_R = 4{,}5$ **Randstellen** der Funktion bzw. Relation.

Die linke Randstelle $x_L = -3$ und der zugehörige **Randpunkt** $P_1\langle -3 \mid -2{,}4\rangle$ gehört nicht zum Definitionsbereich bzw. zum Graphen der Funktion g, die rechte Randstelle $x_R = 4{,}5$ und der Randpunkt $P_2\langle 4{,}5 \mid 3{,}41\rangle$ dagegen gehören jeweils dazu.

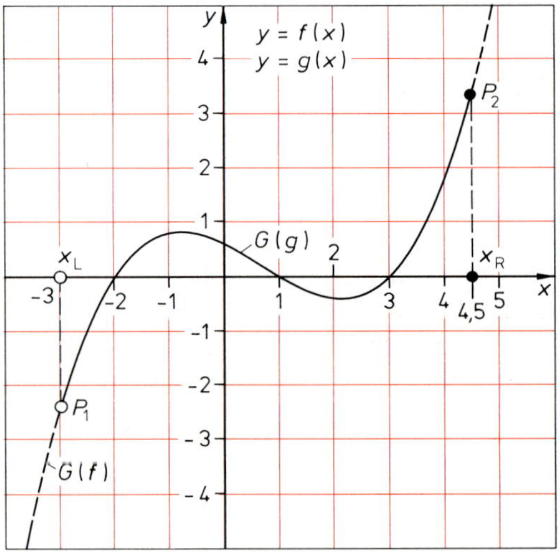

$x_L = -3$ ▶ Randstelle, die nicht zu $D(g)$ gehört

$P_1\langle -3 \mid -2{,}4\rangle$ ▶ Randpunkt, der nicht zum Graphen $G(g)$ gehört

$x_R = 4{,}5$ ▶ Randstelle, die zu $D(g)$ gehört

$P_2\langle 4{,}5 \mid 3{,}41\rangle$ ▶ Randpunkt, der zum Graphen $G(g)$ gehört

Funktionen bzw. Relationen haben oft miteinander verbundene Definitionsintervalle, zu denen jeweils derselbe Funktionsterm gehört. Dabei können Randstellen innerhalb oder außerhalb des Definitionsbereiches liegen.

Ist eine Funktion bzw. Relation in einem Intervall definiert, das nach einer Seite unbeschränkt ist, z. B. $I=[x_0;\ \infty)$, so ist nur x_0 Randstelle.

● h: $h(x)=1-\frac{1}{x}$; $D(h)=[1;\ 3)\cup[6;\ \infty)$

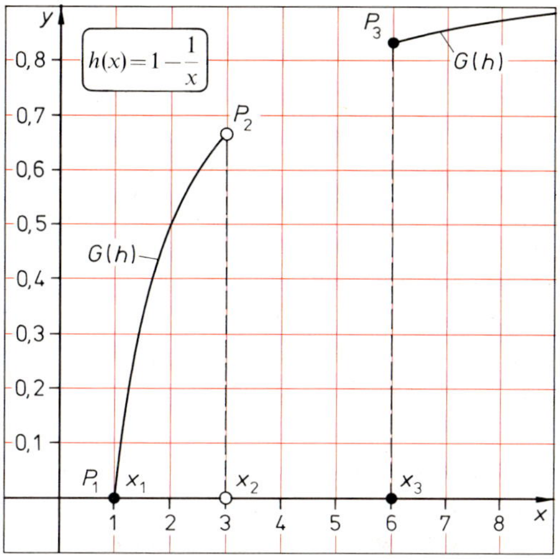

$x_1=1$; $x_3=6$ ▶ Randstellen, die zu $D(h)$ gehören

$x_2=3$ ▶ Randstelle, die nicht zu $D(h)$ gehört

▶ $P_1\langle 1|0\rangle$; $P_3\langle 6|0{,}833\rangle$ ▶ Randpunkte von $G(h)$

▶ $P_2\langle 3|0{,}667\rangle$ ▶ Randpunkt, der nicht zu $G(h)$ gehört

Funktionen können aber auch in mehreren Abschnitten definiert sein, wobei zu jedem Abschnitt ein anderer Funktionsterm gehört. Hierfür gilt eine besondere Schreibweise.

Man spricht dann von **abschnittsweise definierten Funktionen** bzw. **abschnittsweise definierten Relationen** (siehe auch Kapitel: „Abschnittsweise definierte Funktionen").

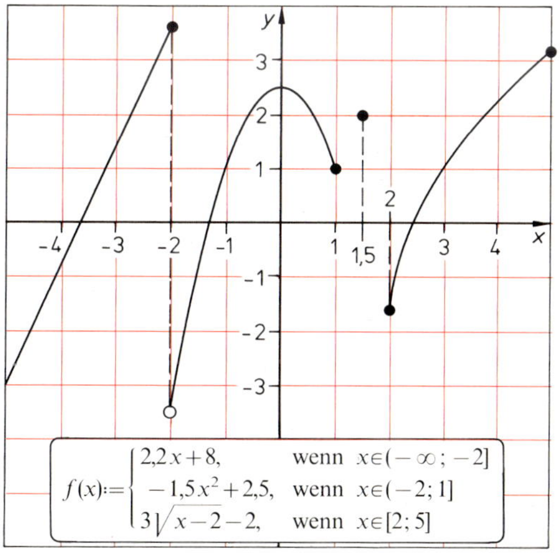

● f: $f(x):=\begin{cases}2{,}2x+8, & \text{wenn } x\in(-\infty;\ -2]\\ -1{,}5x^2+2{,}5, & \text{wenn } x\in(-2;\ 1]\\ 2, & \text{wenn } x\in\{1{,}5\}\\ 3\sqrt{x-2}-2, & \text{wenn } x\in[2;\ 5]\end{cases}$

Zeichnet man den Graphen der Funktion f und den Graphen ihrer Umkehrfunktion f^{-1} in ein und dasselbe rechtwinklige $x-y$-Koordinatensystem, so stellt man fest, daß der Graph der Umkehrfunktion f^{-1} eine Spiegelung des Graphen von f an der Winkelhalbierenden des I. und III. Quadranten ist.

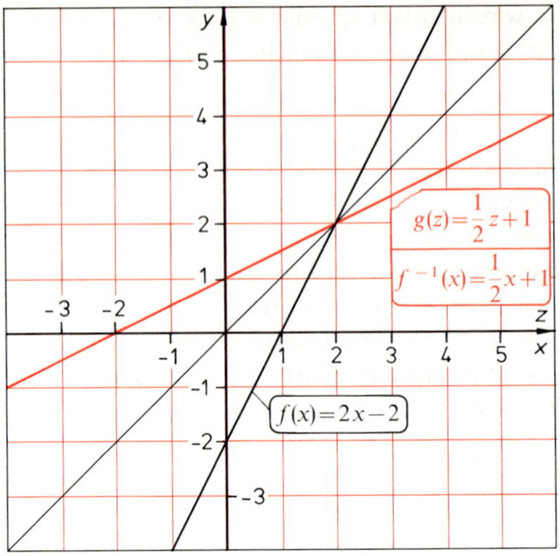

Problem: Untersuchen Sie, ob die Funktion f: $f(x)=0{,}5\,x^2$ eine Umkehrfunktion f^{-1} hat, und zeichnen Sie gegebenenfalls beide Graphen zusammen in ein rechtwinkliges Koordinatensystem.

f: $f(x)=0{,}5\,x^2$; $D(f)=\mathbb{R}$; $W(f)=\mathbb{R}_+$

Die Funktion f: $f(x)=0{,}5\,x^2$ hat den Definitionsbereich $D(f)=\mathbb{R}$ und den Wertebereich $W(f)=\mathbb{R}_+$.

Zur Bildung der Umkehrfunktion wählt man als Definitionsbereich $D(g)$ einer neuen Funktion $g: z \mapsto g(z)$ den Wertebereich $W(f)$, d.h. $D(g)=\mathbb{R}_+$.
Bei der Umkehrung erkennt man, daß die Gleichung $z=0{,}5\cdot[g(z)]^2$ bei der Auflösung nach $g(z)$ auf die neue Gleichung $g(z)=\pm\sqrt{2z}$ und damit also auf die Relation g: $g(z)=\pm\sqrt{2z}$ mit $D(g)=\mathbb{R}_+$ sowie $W(g)=\mathbb{R}$ führt. Das bedeutet, daß jedem Element des Definitionsbereiches $D(g)$ jeweils zwei Elemente $g(z)$ des Wertebereiches $W(g)$ zugeordnet sind. Damit steht fest, daß g keine Funktion sondern eine Relation ist.

Aus der Funktion f: $f(x)=0{,}5\,x^2$ läßt sich also keine Umkehrfunktion f^{-1} bilden, sondern nur eine Umkehrrelation, und zwar R^{-1}: $R^{-1}(x)=\pm\sqrt{2x}$. Auch der Graph $G(R)$ der Umkehrrelation macht dies deutlich, denn jedem x-Wert sind zwei Relationswerte $R^{-1}(x)$ zugeordnet.

$f(x)=0{,}5\,x^2$

$W(f)=D(g)$ ► $f(x)=z$; $x=g(z)$

$z=0{,}5\cdot[g(z)]^2$

$\sqrt{2z}=|g(z)| \Rightarrow g(z)=\pm\sqrt{2z}$ ► g ist mehrdeutig

R^{-1}: $R^{-1}(x)=\pm\sqrt{2x}$ ► Umkehrrelation

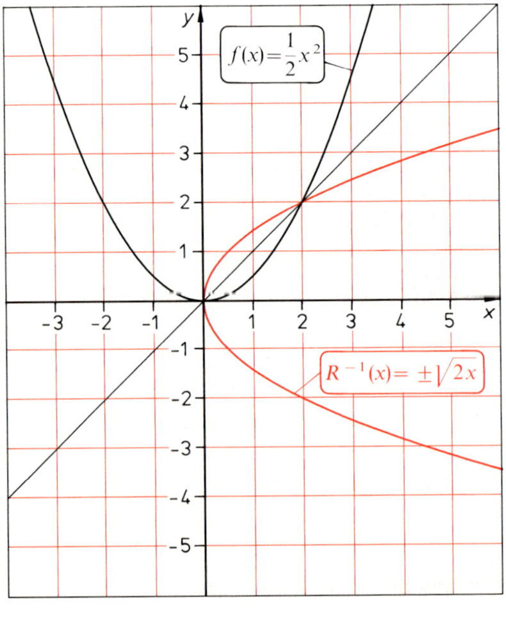

Es wird deutlich, daß nicht alle Funktionen eine Umkehrfunktion haben. Es muß daher untersucht werden, unter welchen Bedingungen eine Funktion umkehrbar ist.

Ist bei einer Funktion f jedem x-Wert des Definitionsbereiches $D(f)$ ein Funktionswert $f(x)$ des Wertebereiches $W(f)$ in der Weise zugeordnet, daß jedem $f(x)$-Wert nur ein einziger x-Wert entspricht, so handelt es sich um eine **eineindeutige Funktion**. Das bedeutet, daß verschiedenen x-Werten auch verschiedene $f(x)$-Werte entsprechen.

Eine eineindeutige Funktion f ist auf $W(f)$ umkehrbar, d.h. ihre Umkehrung ist eine Funktion. Die Bedingung der Eineindeutigkeit ist für die **Umkehrbarkeit** einer Funktion auf ihre Wertemenge notwendig und hinreichend.

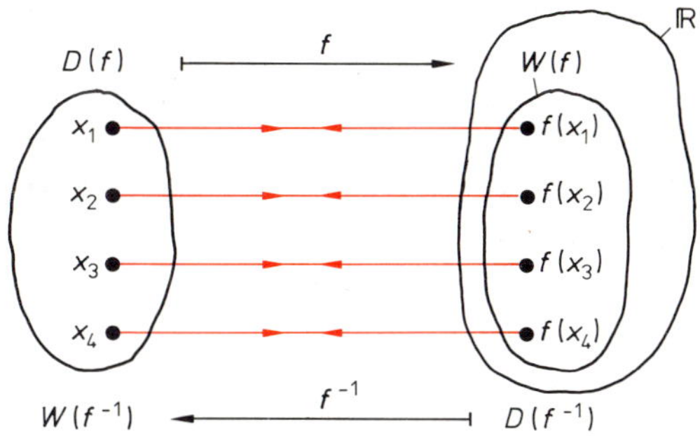

Für alle $x_1, x_2 \in D(f)$ mit $x_1 \neq x_2 \Rightarrow f(x_1) \neq f(x_2)$
bzw. aus $f(x_1) = f(x_2) \Rightarrow x_1 = x_2$
► f ist eine eineindeutige Funktion

Durch $f: f(x) = 0{,}5\,x^2$ wird jedem x-Wert aus $D(f)$ genau ein $f(x)$-Wert aus $W(f)$ zugeordnet, d.h. die Bedingung für die Funktionseigenschaft ist erfüllt; f ist eine Funktion. Dabei kann verschiedenen x-Werten der gleiche $f(x)$-Wert zugeordnet sein. Das ist auch aus dem Pfeildiagramm ersichtlich.

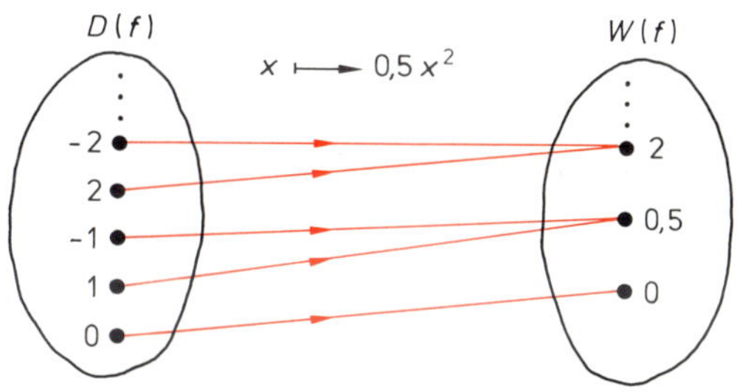

nicht umkehrbare Funktion f

Würde eine Umkehrfunktion f^{-1} existieren, so dürfte jedem Element des neuen Definitionsbereiches $D(f^{-1}) = W(f)$ auch nur ein Element des neuen Wertebereiches $W(f^{-1}) = D(f)$ zugeordnet werden können. Aus dem Pfeildiagramm der Umkehrung wird aber deutlich, daß jedem Element des alten Wertebereiches $W(f)$ zwei Elemente aus $D(f)$ zugeordnet sind. Da diese Zuordnung der Umkehrung also nicht eindeutig ist, liegt keine Umkehrfunktion vor.

Dennoch ist eine Umkehrung möglich. Die entstandene Zuordnung ist aber eine Relation und wird als **Umkehrrelation** R^{-1} der Funktion f bezeichnet.

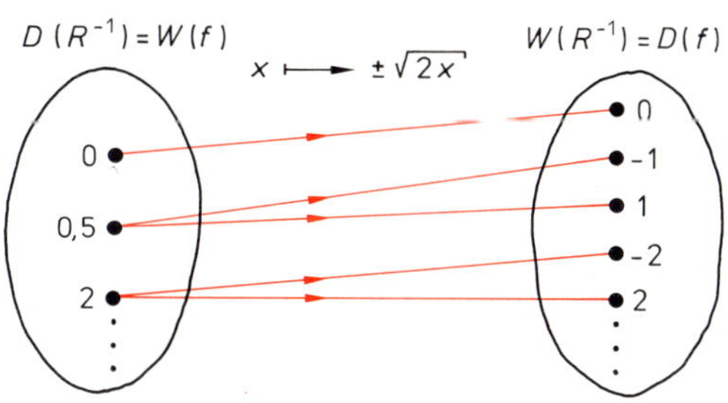

Umkehrrelation R^{-1} der Funktion f

Eine Funktion hat stets eine Umkehrrelation, selbst dann, wenn keine Umkehrfunktion existiert.

Problem: Bilden Sie zu den Relationen R_1: $R_1(x) = \pm\sqrt{2x}$ und R_2: $R_2(x) = \pm\sqrt{x^2+1}$ die entsprechenden Umkehrrelationen.

- R_1: $R_1(x) = \pm\sqrt{2x}$; $D(R_1) = \mathbb{R}_+$

Die gegebene Relation R_1 hat den Definitionsbereich $D(R_1) = \mathbb{R}_+$ und den Wertebereich $W(R_1) = \mathbb{R}$.

Bildet man die Umkehrrelation R_1^{-1}, indem man als Definitionsbereich $D(R_1^{-1})$ der Umkehrung den Wertebereich $W(R_1) = \mathbb{R}$ wählt, so erhält man die Umkehrrelation R_1^{-1}: $R_1^{-1}(x) = 0{,}5\,x^2$ mit dem Definitionsbereich $D(R_1^{-1}) = \mathbb{R}$ und dem Wertebereich $W(R_1^{-1}) = \mathbb{R}_+$.

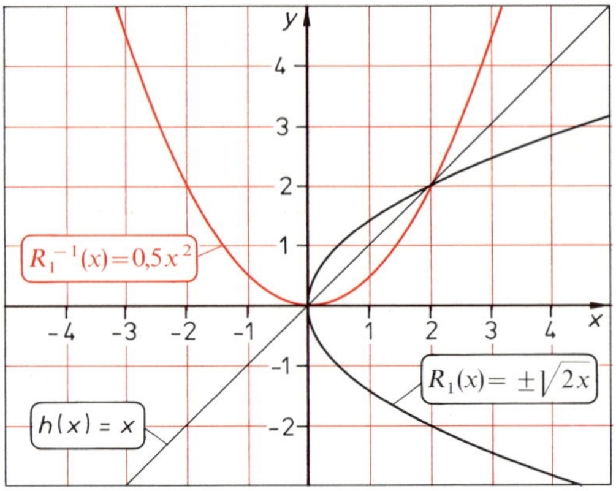

Da bei der Umkehrrelation R_1^{-1} jedem x-Wert des Definitionsbereiches genau ein Wert $R_1(x)$ des Wertebereiches zugeordnet ist, handelt es sich bei dieser Umkehrrelation um eine Umkehrfunktion.

- R_2: $R_2(x) = \pm\sqrt{x^2+1}$: $D(R_2) = \mathbb{R}$

Die Relation R_2 hat den Definitionsbereich $D(R_2) = \mathbb{R}$ und den Wertebereich $W(R_2) = \mathbb{R} \setminus (-1;\ 1)$.

Bildet man die Umkehrrelation R_2^{-1}, indem man als Definitionsbereich $D(R_2^{-1})$ der Umkehrung den Wertebereich $W(R_2) = \mathbb{R} \setminus (-1;\ 1)$ wählt, so erhält man aus der Relation R_2 die Umkehrrelation R_2^{-1}: $R_2^{-1}(x) = \pm\sqrt{x^2-1}$ mit dem Definitionsbereich $D(R_2^{-1}) = \mathbb{R} \setminus (-1;\ 1)$ und dem Wertebereich $W(R_2^{-1}) = \mathbb{R}$.

Bei der Umkehrrelation R_2^{-1} sind jedem x-Wert des Definitionsbereiches zwei Relationswerte $R_2^{-1}(x)$ des Wertebereiches zugeordnet, d.h. es handelt sich in diesem Falle nicht um eine Umkehrfunktion, sondern um eine Umkehrrelation.

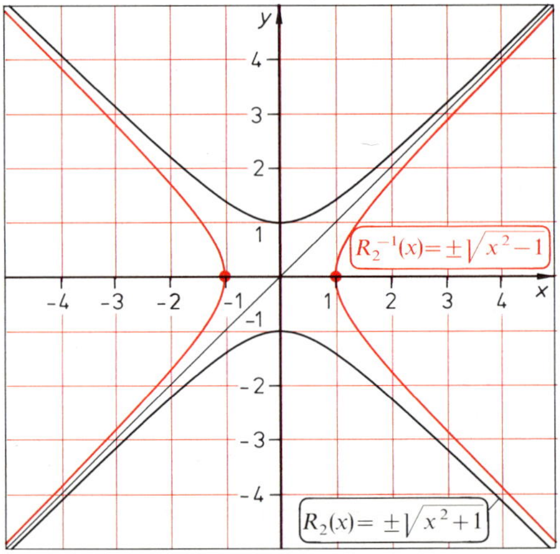

Die Umkehrung einer Relation kann also sowohl zu einer Umkehrrelation als auch zu einer Umkehrfunktion führen.

Merke:

- Ist eine Funktion f eineindeutig, so hat sie eine Umkehrfunktion f^{-1}. Umkehrfunktionen werden gebildet, indem man den Wertebereich $W(f)$ zum Definitionsbereich $D(f^{-1})$ der Umkehrfunktion macht.
- Zu einer Relation R kann man stets eine Umkehrrelation R^{-1} bilden.

Beispiele: Bilden Sie zu den gegebenen Funktionen bzw. Relationen mögliche Umkehrfunktionen bzw. Umkehrrelationen.

• $f\colon f(x)=\frac{x}{x+1}$

Die Funktion f ist eine eineindeutige Funktion, denn aus $f(x_1)=f(x_2)$ folgt $x_1=x_2$. Es existiert demnach eine Umkehrfunktion f^{-1}.

Zur Bildung von f^{-1} wählt man als Definitionsbereich $D(f^{-1})$ den Wertebereich $W(f)$, d.h. man setzt in der Funktionsgleichung z für $f(x)$ sowie $f^{-1}(z)$ für x und löst nach $f^{-1}(z)$ auf.

$f(x)=\frac{x}{x+1}$; $D(f)=\mathbb{R}\setminus\{-1\}$; $W(f)=\mathbb{R}\setminus\{1\}$

▶ $W(f)=D(f^{-1})$ ▶ $f(x)=z$; $x=f^{-1}(z)$

$$f(x)=\frac{x}{x+1} \Rightarrow z=\frac{f^{-1}(z)}{f^{-1}(z)+1} \Rightarrow f^{-1}(z)=\frac{z}{1-z}$$

▶ $f^{-1}\colon f^{-1}(z)=\frac{z}{1-z}$ ▶ $z=x$

▶ $\underline{\underline{f^{-1}\colon f^{-1}(x)=\frac{x}{1-x}}}$ mit $D(f^{-1})=\mathbb{R}\setminus\{1\}$ und $W(f^{-1})=\mathbb{R}\setminus\{-1\}$

• $R\colon R(x)=\pm\sqrt{3-x}$

Die Umkehrrelation R^{-1} wird gebildet, indem man als Definitionsbereich $D(R^{-1})$ den Wertebereich $W(f)$ wählt, in der Relationsgleichung z für $R(x)$ sowie $R^{-1}(z)$ für x setzt und nach $R^{-1}(z)$ auflöst.

In diesem Falle ist die Umkehrrelation eine Funktion.

$R(x)=\pm\sqrt{3-x}$; $D(R)=(-\infty;3]$; $W(R)=\mathbb{R}$

▶ $W(R)=D(R^{-1})$ ▶ $R(x)=z$; $x=R^{-1}(z)$

$z=\pm\sqrt{3-R^{-1}(z)} \Rightarrow R^{-1}(z)=3-z^2$

▶ $R^{-1}\colon R^{-1}(z)=3-z^2$ ▶ $z=x$

▶ $R^{-1}\colon R^{-1}(x)=3-x^2$

▶ $\underline{\underline{f^{-1}\colon f^{-1}(x)=3-x^2}}$ mit $D(f^{-1})=\mathbb{R}$ und $\underline{\underline{W(f^{-1})=(-\infty;3]}}$

1.1.5 Nullstellen — Achsenschnittpunkte

Problem: Ermitteln Sie für die Funktionen $f\colon f(x)=2x+4$ sowie $g\colon g(x)=0{,}5x^3-3x^2+4{,}5x$ mögliche Schnittpunkte der Graphen mit der x-Achse und der y-Achse.

• $f\colon f(x)=2x+4$; $D(f)=\mathbb{R}$

Der Graph $G(f)$ schneidet die x-Achse an der Stelle $x_1=-2$. An dieser Stelle ist der Funktionswert $f(x_1)$ gleich Null. Der Schnittpunkt $P_1\langle x_1|f(x_1)\rangle$ hat somit die Koordinaten $\langle -2|0\rangle$.

Der Graph der Funktion schneidet die y-Achse an der Stelle $x_2=0$. Man erhält für $x_2=0$ den Funktionswert $f(0)=4$ und damit den Schnittpunkt $P_2\langle x_2|f(x_2)\rangle$ mit den Koordinaten $\langle 0|f(0)\rangle$ bzw. $\langle 0|4\rangle$.

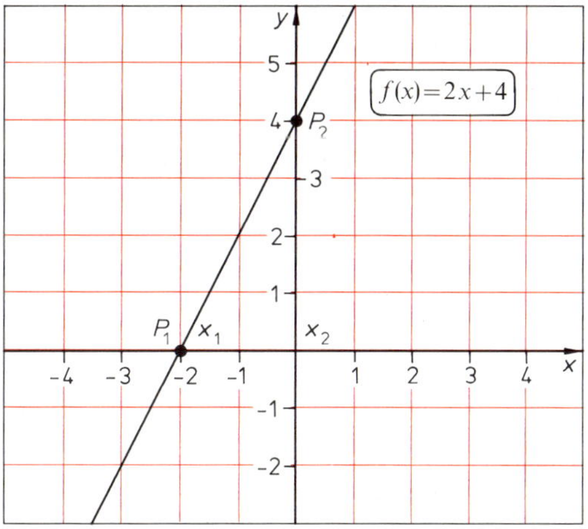

Will man Schnittpunkte des Graphen mit der x-Achse berechnen, so muß man in der Funktions- bzw. Relationsgleichung für $f(x)$ bzw. für $R(x)$ den Wert Null setzen und die Gleichung nach x lösen. x-Werte einer Funktion bzw. Relation, für die der Funktions- bzw. Relationswert Null ist, heißen **Nullstellen**. Die Menge aller Nullstellen einer Funktion f bzw. Relation R ist die **Nullstellenmenge** $\boldsymbol{N(f)}$ bzw. $\boldsymbol{N(R)}$.

Schnittpunkte mit der x-Achse:

$f(x)=2x+4$ ► $f(x)=0$

► $0=2x+4 \Rightarrow x_1=-\underline{\underline{2}}$

$x_1=-2$ ► Nullstelle ► $P_1\langle -2|0\rangle$

$N(f)=\{-2\}$ ► Nullstellenmenge

Schnittpunkte des Graphen mit der y-Achse berechnet man, indem man in der Funktions- bzw. Relationsgleichung für x den Wert Null setzt und $f(0)$ bzw. $R(0)$ bestimmt. Schnittpunkte des Graphen mit der y-Achse haben keine besondere Bezeichnung.

Schnittpunkte mit der y-Achse:

$f(x)=2x+4$ ► 0 für x

► $f(0)=2\cdot 0+4$

$=\underline{\underline{4}}$

$P_2\langle 0|4\rangle$ ► Schnittpunkt mit der y-Achse

● g: $g(x)=0{,}5x^3-3x^2+4{,}5x$; $D(g)=\mathbb{R}$

Der Graph der Funktion g schneidet die x-Achse im Punkte P_1 und berührt sie im Punkte P_2.

Da auch im Berührungspunkt der Funktionswert Null ist, hat die Funktion offensichtlich zwei Nullstellen.

Der Punkt P_1 ist gleichzeitig auch Schnittpunkt mit der y-Achse.

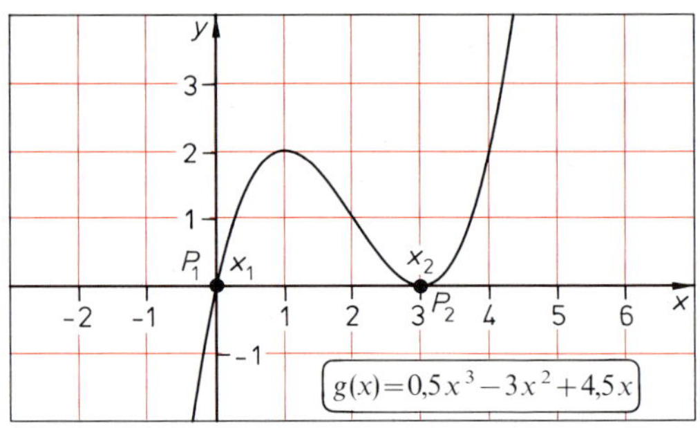

Zur Berechnung der Nullstellen setzt man in der Funktionsgleichung für $g(x)$ den Wert Null ein und löst die Bestimmungsgleichung $0{,}5x^3-3x^2+4{,}5x=0$.

Als Lösungen erhält man die beiden Nullstellen $x_1=0$ und $x_2=3$ und damit die Schnittpunkte $P_1\langle 0|0\rangle$ und $P_3\langle 3|0\rangle$.

Schnittpunkte mit der x-Achse:

$g(x)=0{,}5x^3-3x^2+4{,}5x$ ► $g(x)=0$

► $0=0{,}5x^3-3x^2+4{,}5x$

$=x(0{,}5x^2-3x+4{,}5)$

$=0{,}5\cdot(x-3)^2$

$=x(x-3)(x-3)$ ► $x=0$ oder $x-3=0$

$\Rightarrow x_1=0;\ x_2=\underline{\underline{3}}$ ► Nullstellen

$N(g)-\{0;3\}$ ► Nullstellenmenge

$P_1\langle 0|0\rangle$; $P_2\langle 0|3\rangle$ ► Schnittpunkte mit der x-Achse

Zur Berechnung des Schnittpunktes von Graph und y-Achse setzt man in der Funktionsgleichung für x den Wert Null und erhält $g(0)=0$.

Der Schnittpunkt hat die Koordinaten $\langle 0|0\rangle$ und ist identisch mit dem Punkt $P_1\langle 0|0\rangle$.

Schnittpunkte mit der y-Achse:

$g(x)=0{,}5x^3-3x^2+4{,}5x$ ► 0 für x

► $g(0)=0{,}5\cdot 0-3\cdot 0+4{,}5\cdot 0 \Rightarrow g(0)=0$

$P_1\langle 0|0\rangle$ ► Schnittpunkt mit der y-Achse

Merke:

- Schnittpunkte und Berührungspunkte eines Graphen mit der Abszissenachse (x-Achse) heißen Nullstellen. An Nullstellen ist der Funktionswert $f(x)$ bzw. der Relationswert $R(x)$ gleich Null. Die Menge aller Nullstellen nennt man Nullstellenmenge $N(f)$ bzw. $N(R)$. Zur Berechnung von Nullstellen setzt man in der Funktions- bzw. Relationsgleichung für $f(x)$ bzw. $R(x)$ den Wert Null und bestimmt die x-Werte, die diese Gleichung erfüllen.
- Der Graph einer Funktion bzw. Relation hat Schnittpunkte bzw. Berührungspunkte mit der Ordinatenachse (y-Achse) an der Stelle $x_0=0$. Zur Ermittlung dieser Punkte setzt man in der Funktions- bzw. Relationsgleichung für x den Wert Null, bestimmt $f(0)$ bzw. $R(0)$ und erhält so die Ordinaten der Schnittpunkte $P\langle 0|f(0)\rangle$ bzw. $P\langle 0|R(0)\rangle$. Funktionen haben höchstens einen Schnittpunkt mit der y-Achse.

Beispiele: Bestimmen Sie für die Funktion $g\colon g(x)=\dfrac{0{,}2x^2-0{,}3x-1{,}4}{x-1}$ und für die Relation $R\colon R(x)=2{,}5\pm 0{,}6\cdot\sqrt{-x^2+4x-21}$ die Schnittpunkte der Graphen mit den Koordinatenachsen.

- $g\colon g(x)=\dfrac{0{,}2x^2-0{,}3x-1{,}4}{x-1}$

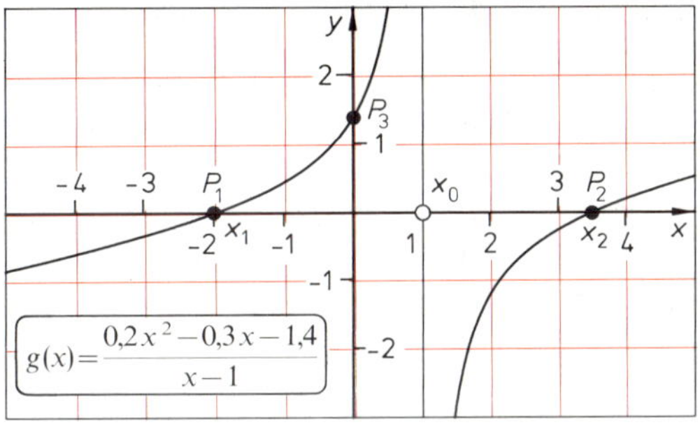

Die Funktion g hat den Definitionsbereich $D(g)=\mathbb{R}\setminus\{1\}$, d.h. sie hat an der Stelle $x_0=1$ eine Definitionslücke.

Es liegen offensichtlich zwei Schnittpunkte mit der x-Achse vor (P_1 und P_2), d.h. die Funktion hat zwei Nullstellen.

Im Punkte P_3 schneidet der Graph außerdem die $f(x)$-Achse.

Zur Berechnung der Nullstellen setzt man in der Funktionsgleichung für $g(x)$ Null und erhält die Bruchgleichung $\dfrac{Z(x)}{N(x)}=0$.

Der Bruchterm ist gleich Null, wenn an einer Stelle für $x\in D(g)$ der Zähler $Z(x)$ gleich Null ist. Deshalb setzt man den Zähler $Z(x)$ gleich Null und löst die quadratische Gleichung.
Die Lösung ergibt die Nullstellen $x_1=-2$ und $x_2=3{,}5$.

$g(x)=\dfrac{0{,}2x^2-0{,}3x-1{,}4}{x-1}=\dfrac{Z(x)}{N(x)}$ ▶ $g(x)=0$

▶ $Z(x)=0$

$0{,}2x^2-0{,}3x-1{,}4=0$

$x^2-1{,}5x-7=0$ ▶ quadratische Gleichung

$\Rightarrow x_1=\underline{\underline{-2}};\ x_2=\underline{\underline{3{,}5}}$

▶ $N(g)=\underline{\underline{\{-2;\ 3{,}5\}}}$ ▶ Nullstellenmenge

Zur Berechnung des Schnittpunktes von Graph und y-Achse setzt man in der Funktionsgleichung für x den Wert 0 und erhält $f(0)=1{,}4$. Der Schnittpunkt P_3 hat somit die Koordinaten $\langle 0|1{,}4\rangle$.

$g(x)=\dfrac{0{,}2x^2-0{,}3x-1{,}4}{x-1}$ ▶ 0 für x

$\Rightarrow g(0)=\dfrac{0{,}2\cdot 0-0{,}3\cdot 0-1{,}4}{0-1}=\underline{\underline{1{,}4}}$

▶ $P_3\langle 0|1{,}4\rangle$ ▶ Schnittpunkt mit der y-Achse

● R: $R(x)=2{,}5\pm0{,}6\cdot\sqrt{-x^2+4x+21}$

Die Relation R hat den Definitionsbereich $D(R)=[-3;7]$ und damit Randstellen bei -3 und 7.

$$R(x)=2{,}5\pm0{,}6\cdot\sqrt{-x^2+4x+21} \blacktriangleright R(x)=0$$
$$0=2{,}5\pm0{,}6\cdot\sqrt{-x^2+4x+21}$$
$$\left(\mp\frac{2{,}5}{0{,}6}\right)^2=-x^2+4x+21$$
$$0=-x^2+4x+21-17{,}361$$
$$0=x^2-4x-3{,}639$$
$$\Rightarrow x_1=\underline{\underline{-0{,}76}};\ x_2=\underline{\underline{4{,}76}} \blacktriangleright \text{Nullstellen}$$
$$\blacktriangleright N(R)=\{-0{,}76;\ 4{,}76\} \blacktriangleright \text{Nullstellenmenge}$$

Zur Ermittlung der Nullstellen setzt man in der Relationsgleichung für $R(x)$ den Wert Null und löst die Gleichung nach x auf.
Es ergeben sich die Nullstellen $x_1=-0{,}76$ und $x_2=4{,}76$, d.h. die Nullstellenmenge der Relation lautet $N(R)=\{-0{,}76;4{,}76\}$.

Da es sich um eine Relation handelt, können mehrere Schnittpunkte des Graphen mit der y-Achse existieren.
Zur Berechnung setzt man in der Funktionsgleichung für x den Wert Null und erhält die Relationswerte $R_1(0)=5{,}25$ sowie $R_2(0)=-0{,}25$.
Damit ergeben sich die beiden Schnittpunkte $P_1\langle 0|5{,}25\rangle$ und $P_2\langle 0|-0{,}25\rangle$.

$$R(x)=2{,}5\pm0{,}6\cdot\sqrt{-x^2+4x+21} \blacktriangleright 0 \text{ für } x$$
$$\Rightarrow R(0)=2{,}5\pm0{,}6\sqrt{-0^2+4\cdot0+21}$$
$$=2{,}5\pm0{,}6\sqrt{21}$$
$$\Rightarrow R_1(0)=\underline{\underline{5{,}25}};\ R_2(0)=\underline{\underline{-0{,}25}}$$

$\blacktriangleright P_1\langle 0|5{,}25\rangle;\ P_2\langle 0|-0{,}25\rangle$ ► Schnittpunkte mit der y-Achse

1.1.6 Monotonieverhalten von Funktionen

Untersucht man den Verlauf des Graphen einer Funktion f in verschiedenen Intervallen, so stellt man fest, daß er in einzelnen Intervallen steigt oder fällt oder parallel zur Abszissenachse (x-Achse) verläuft.

I_1, I_3 ► Graph steigt
I_4, I_6 ► Graph fällt
I_2, I_5 ► Graph verläuft waagerecht

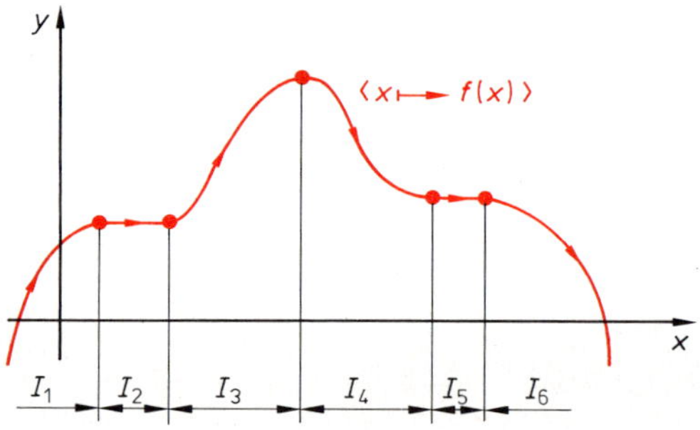

Steigt der Graph einer Funktion f in einem Intervall $I=[a;b]$, so wachsen die Funktionswerte, d.h. für $x_1<x_2$ ist auch $f(x_1)<f(x_2)$.

In diesem Falle heißt die Funktion **streng monoton steigend** im Intervall I. Steigt der Graph nicht nur im Intervall I, sondern im gesamten Definitionsbereich $D(f)$, so heißt die Funktion streng monoton steigend.

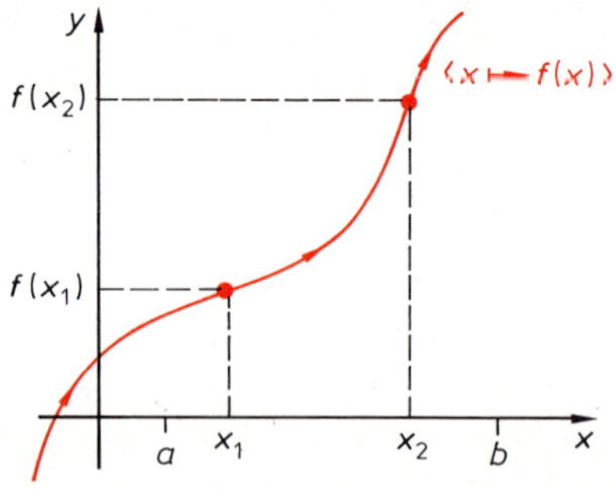

$x_1<x_2 \Rightarrow f(x_1)<f(x_2)$ ► f steigt streng monoton

Fällt der Graph einer Funktion f in einem Intervall $I=[a;b]$, so nehmen die Funktionswerte ab, d.h. für $x_1<x_2$ ist $f(x_1)>f(x_2)$.

In diesem Falle heißt die Funktion **streng monoton fallend** im Intervall I. Fällt der Graph nicht nur im Intervall I sondern im gesamten Definitionsbereich $D(f)$, so heißt die Funktion streng monoton fallend.

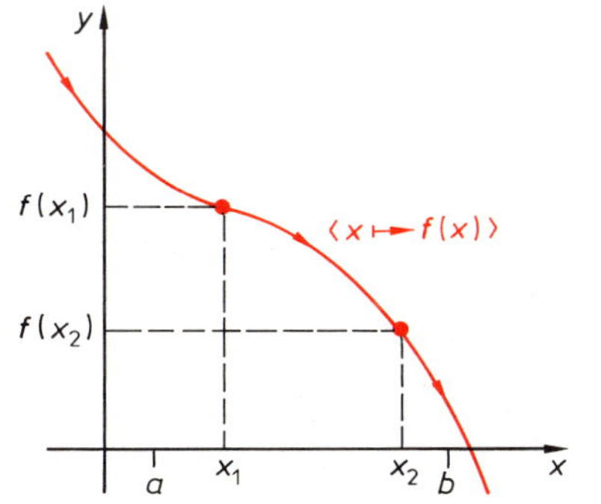

$x_1<x_2 \Rightarrow f(x_1)>f(x_2)$ ▶ f fällt streng monoton

Enthält ein Intervall, in dem der Graph der Funktion ansonsten steigt bzw. fällt, auch waagerechte Kurvenstücke, d.h. gilt dort für $x_1<x_2$ die Aussage $f(x_1)=f(x_2)$, so heißt die Funktion **monoton steigend** bzw. **monoton fallend** im Intervall I.

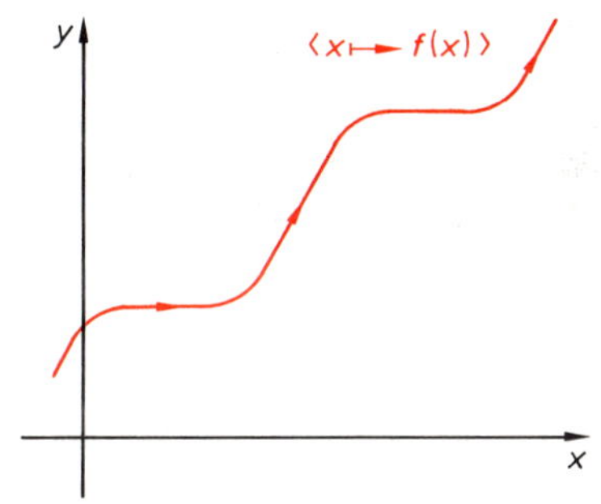

$x_1<x_2 \Rightarrow f(x_1)\leq f(x_2)$ ▶ f steigt monoton

$x_1<x_2 \Rightarrow f(x_1)\geq f(x_2)$ ▶ f fällt monoton

Merke:

Für das Monotonieverhalten einer Funktion f in einem Intervall $I=[a;b]$ gilt:

- für alle $x_1<x_2 \Rightarrow f(x_1)<f(x_2)$ ▶ Funktion f steigt streng monoton
- für alle $x_1<x_2 \Rightarrow f(x_1)>f(x_2)$ ▶ Funktion f fällt streng monoton
- für alle $x_1<x_2 \Rightarrow f(x_1)\leq f(x_2)$ ▶ Funktion f steigt monoton
- für alle $x_1<x_2 \Rightarrow f(x_1)\geq f(x_2)$ ▶ Funktion f fällt monoton

Anmerkung:

Ergänzende Betrachtungen zur Monotonie von Funktionen werden im Kapitel „Untersuchung von Funktionseigenschaften mit Hilfe der Differentialrechnung“ angestellt.

Beispiel: Untersuchen Sie das Monotonieverhalten der Funktion h: $h(x)=4x^3-12x$.

Zeichnet man den Graphen der Funktion h, so ist aus seinem Verlauf ersichtlich, daß die Funktion im Intervall $I_1=(-\infty; -1)$ steigt, im Intervall $I_2=(-1; 1)$ fällt und im Intervall $I_3=(1; \infty)$ wieder steigt.

An den Stellen $x_1=-1$ und $x_2=1$ läßt sich nicht entscheiden, ob der Graph steigt oder fällt.

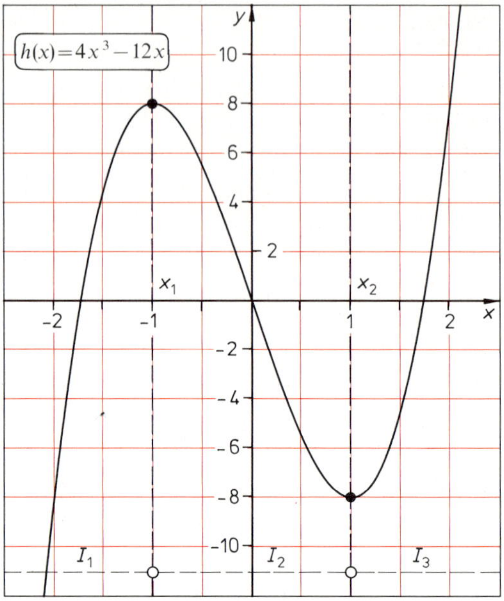

Zur rechnerischen Überprüfung der aus dem Graphen gewonnenen Erkenntnisse werden in jedem Intervall je zwei x-Werte ausgewählt und die entsprechenden Funktionswerte miteinander verglichen.
Für diese in den einzelnen Intervallen ausgewählten x-Werte bestätigen sich die aus den Graphen gewonnenen Erkenntnisse über das Monotonieverhalten der Funktion h.

Allerdings reicht dieses Verfahren in der Regel nicht aus, um das Monotonieverhalten einer Funktion im ganzen Intervall festzustellen, denn dazu müßten alle x-Werte aus dem Intervall herangezogen werden.
Insbesondere dann, wenn man den Verlauf des Graphen einer Funktion nicht kennt, sollten bei Monotonieuntersuchungen einer Funktion mehrere x-Werte zugrunde gelegt werden. Eine sichere Aussage über das Monotonieverhalten der Funktion ist aber auch dann nur in den seltensten Fällen auf diese Weise möglich. Hierzu stellt die Differentialrechnung andere Verfahren bereit.

h: $h(x)=4x^3-12x$ ► $h(x)=4x^3-12x$

$I_1=(-\infty; 1)$ ► $x_3=-2$; $x_4=-1{,}5$

$h(-2)=4\cdot(-2)^3-12\cdot(-2)=\underline{-8}$

$h(-1{,}5)=4(-1{,}5)^3-12\cdot(-1{,}5)=\underline{4{,}5}$

► $-2<-1{,}5 \Rightarrow \underline{\underline{h(-2)<h(-1{,}5)}}$ ► steigend

$x_3<x_4 \Rightarrow h(x_3)<h(x_4)$

$I_2=(-1; 1)$ ► $x_5=-0{,}2$; $x_6=0{,}5$

$h(-0{,}2)=4\cdot(-0{,}2)^3-12\cdot(-0{,}2)=\underline{2{,}37}$

$h(0{,}5)=4\cdot 0{,}5^3-12\cdot 0{,}5=\underline{-5{,}5}$

► $-0{,}2<0{,}5 \Rightarrow \underline{\underline{h(-0{,}2)>h(0{,}5)}}$ ► fallend

$I_3=(1; \infty)$ ► $x_7=1{,}2$; $x_8=2{,}5$

$h(1{,}2)=4\cdot 1{,}2^3-12\cdot 1{,}2=\underline{-7{,}49}$

$h(2{,}5)=4\cdot 2{,}5^3-12\cdot 2{,}5=\underline{32{,}5}$

► $1{,}2<2{,}5 \Rightarrow \underline{\underline{h(1{,}2)<h(2{,}5)}}$ ► steigend

1.1.7 Symmetrie von Funktionen

Problem: Untersuchen Sie die Graphen der Funktionen f: $f(x)=-0{,}25x^6-0{,}25x^4+x^2+1$, g: $g(x)=0{,}3x^3-3x$ und h: $h(x)=x^6-1{,}2x^5-9x^4$ auf Symmetrie.

- f: $f(x)=-0{,}25x^6-0{,}25x^4+x^2+1$ mit $D(f)=\mathbb{R}$

Zeichnet man den Graphen der Funktion f mit Hilfe einer Wertetabelle in ein rechtwinkliges Koordinatensystem, so stellt man fest, daß es zu jedem Punkte P_L einen spiegelbildlich zur y-Achse liegenden Punkt P_R gibt, d.h. die y-Achse ist **Symmetrieachse**, und der Graph ist **achsensymmetrisch**.

Alle Punkte mit den Koordinaten $\langle -x|f(-x)\rangle$ und $\langle x|f(x)\rangle$ liegen spiegelbildlich zur y-Achse und es gilt für jeden beliebigen x-Wert die Gleichung $f(-x)=f(x)$.

Funktionen, deren Graphen im rechtwinkligen Koordinatensystem achsensymmetrisch zur y-Achse liegen, heißen **gerade Funktionen**.

$f(x)=-0{,}25x^6-0{,}25x^4+x^2+1;\ x\in\mathbb{R}$

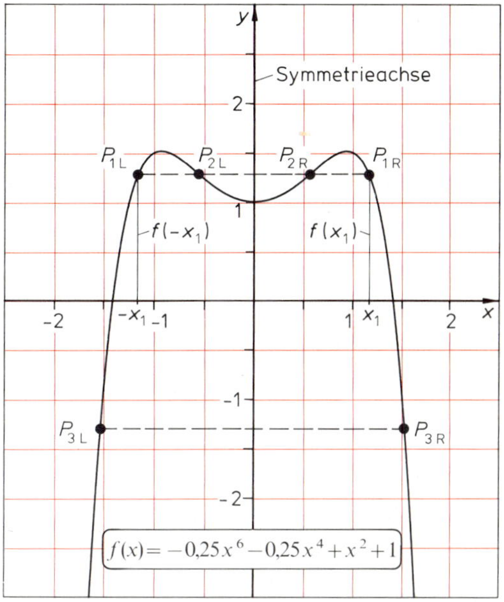

- g: $g(x)=0{,}3x^3-3x$; $D(g)=\mathbb{R}$

Beim Graphen der Funktion g stellt man fest, daß es zu jedem Punkte P_L einen spiegelbildlich zum Nullpunkt P_S des Koordinatensystems liegenden Punkt P_R gibt, d.h. der Punkt P_S ist **Symmetriepunkt**, und der Graph ist **punktsymmetrisch** bzw. **zentralsymmetrisch**.

Alle Punkte mit den Koordinaten $\langle -x|g(-x)\rangle$, und $\langle x|g(x)\rangle$ liegen punktsymmetrisch zum Nullpunkt des rechtwinkligen Koordinatensystems, und es gilt $g(-x)=-g(x)$ bzw. $-g(-x)=g(x)$ für jeden beliebigen x-Wert.

Funktionen, deren Graphen punktsymmetrisch zum Nullpunkt sind, heißen **ungerade Funktionen**.

$g(x)=0{,}3x^3-3x;\ x\in\mathbb{R}$

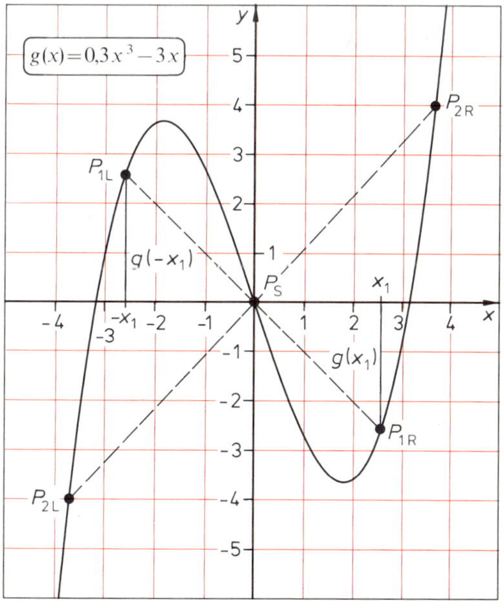

● h: $h(x)=x^6-1{,}2x^5-9x^4$; $D(h)=\mathbb{R}$

Die Funktion h ist weder eine gerade noch eine ungerade Funktion.

$h(x)=x^6-1{,}2x^5-9x^4$; $x\in\mathbb{R}$

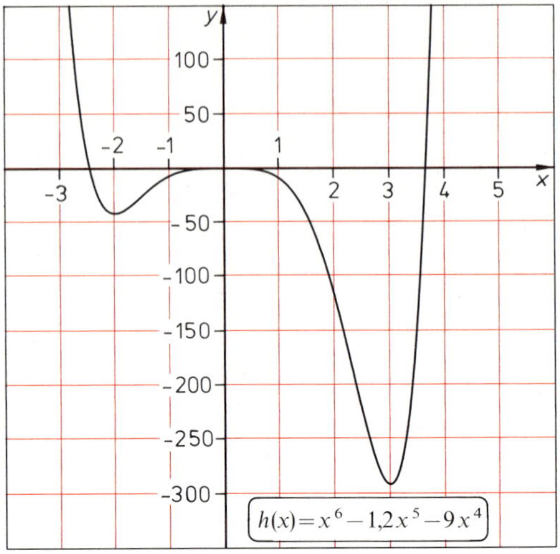

Vergleicht man die Funktionen f, g und h, so stellt man fest, daß die Symmetrieeigenschaften offensichtlich von den Exponenten der Variablen x im Funktionsterm abhängen:
Die Variable x im Funktionsterm $f(x)$ hat nur gerade Exponenten; der Graph ist deshalb achsensymmetrisch zur y-Achse.
Die Exponenten der Variablen x im Funktionsterm $g(x)$ sind ungerade; der Graph ist deshalb punktsymmetrisch zum Nullpunkt.
Die Variable x im Funktionsterm $h(x)$ hat sowohl ungerade als auch gerade Exponenten, ihr Graph ist deshalb weder punktsymmetrisch zum Nullpunkt noch achsensymmetrisch zur y-Achse.

Bei einer „achsensymmetrischen Funktion" kann die Symmetrieachse des Graphen auch eine Parallele $x=a$ zur y-Achse sein. Im rechtwinkligen Koordinatensystem gelten dann die Gleichungen $f(a-x)=f(a+x)$ bzw. $f(2a-x)=f(x)$ für alle $x\in D(f)$.

Bei einer „punktsymmetrischen Funktion" kann ein beliebiger Punkt $P_S\langle a|b\rangle$ des Koordinatensystems Symmetriepunkt des Graphen sein. Für ein rechtwinkliges Koordinatensystem gelten dann die Gleichungen $f(a-x)-b=-f(a+x)+b$ bzw. $f(2a-x)-2b=-f(x)$ für alle $x\in D(f)$.

Merke:

Für die Symmetrie des Graphen einer Funktion f im rechtwinkligen Koordinatensystem gilt:

$f(-x)=f(x)$; für alle $x\in D(f)$ ► f ist eine gerade Funktion
► Graph ist achsensymmetrisch zur y-Achse

$f(-x)=-f(x)$; für alle $x\in D(f)$ ► f ist eine ungerade Funktion
► Graph ist punktsymmetrisch zum Nullpunkt $\langle 0|0\rangle$

$f(a-x)=f(a+x)$ bzw. $f(2a-x)=f(x)$; für alle $x\in D(f)$
► Graph ist achsensymmetrisch zur Geraden $x=a$

$f(a-x)-b=-f(a+x)-b$ bzw. $f(2a-x)-2b=-f(x)$; für alle $x\in D(f)$
► Graph ist punktsymmetrisch zum Punkt $P_S\langle a|b\rangle$

Beispiele: Untersuchen Sie die Symmetrieeigenschaften der Funktionen $f: f(x) = -0{,}1\,x^5 + x^3$ sowie g: $g(x) = 0{,}1\,x^3 - 0{,}2\,x^2 - 0{,}5\,x + 0{,}6$.

- $f: f(x) = -0{,}1\,x^5 + x^3$; $D(f) = \mathbb{R}$

Der Funktionsterm $f(x) = -0{,}1\,x^5 + x^3$ hat nur ungerade Exponenten. Es kann also ein zentralsymmetrischer Graph, d.h. eine ungerade Funktion vorliegen.

Durch den Graphen der Funktion wird dies bestätigt.

Um die vermutete Punktsymmetrie zum Ursprung P_S des Koordinatensystems zu beweisen, überprüft man, ob die Gleichung für Punktsymmetrie $f(-x) = -f(x)$ für alle $x \in D(f)$ gilt:

$$f(-x) = -0{,}1(-x)^5 + (-x)^3$$
$$= 0{,}1\,x^5 - x^3 \blacktriangleright f(x) = -0{,}1\,x^5 + x^3$$
$$= -f(x).$$

Da dies der Fall ist, ist der Graph der Funktion zentralsymmetrisch.

► $f(-x) = -f(x)$ für alle $x \in D(f)$

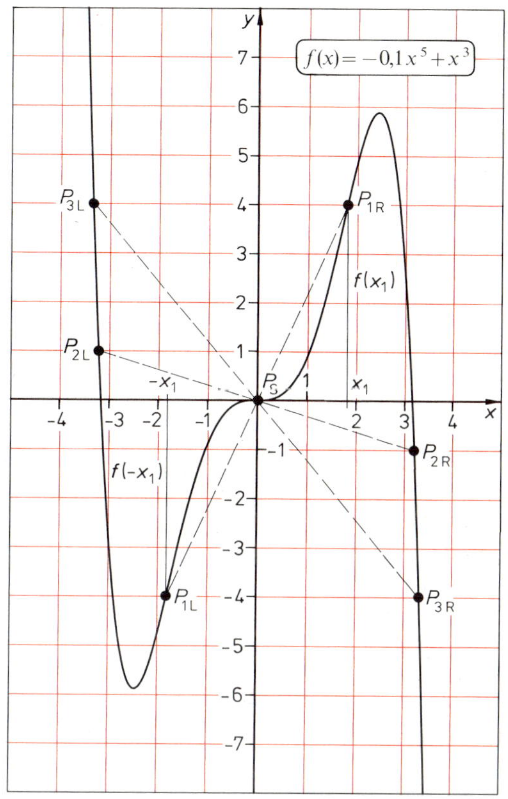

- g: $g(x) = 0{,}2\,x^3 - x^2 - 0{,}4\,x + 4{,}8$ mit $D(g) = \mathbb{R}$

Das Ersetzen von x durch $-x$ in einem Funktionsterm wie im vorigen Beispiel kann zu schwierigen Umformungen führen.

Gegebenenfalls läßt sich aber durch Wahl eines beliebigen x-Wertes ausschließen, daß Achsensymmetrie zur y-Achse oder Punktsymmetrie zum Nullpunkt des Koordinatensystems vorliegt. Sind nämlich die Bedingungen

$f(-x) = f(x)$ bzw. $f(-x) = -f(x)$

für einen einzigen x-Wert nicht erfüllt, so ist diese Art von Symmetrie ausgeschlossen.

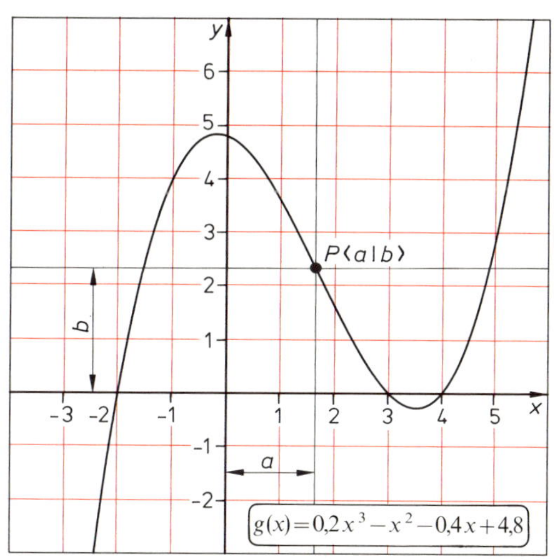

Wegen $g(-1) \neq g(1)$ und $g(-1) \neq -g(1)$ handelt es sich weder um eine gerade noch um eine ungerade Funktion, d.h. es liegt keine Achsensymmetrie zur y-Achse und keine Punktsymmetrie zum Nullpunkt des Koordinatensystems vor.

$g(x)=0{,}2x^3-x^2-0{,}4x+4{,}8$ ▶ $x_1=-1$; $x_2=1$

▶ $g(-1)=\underline{\underline{4}}$; $g(1)=\underline{\underline{3{,}6}}$

▶ $g(-1) \neq g(1)$ ▶ keine gerade Funktion

▶ $g(-1) \neq -g(1)$ ▶ keine ungerade Funktion

Durch die Rechnung wurde also nur gezeigt, daß g weder eine gerade noch eine ungerade Funktion ist.

Der Verlauf des Graphen läßt aber erkennen, daß es einen vom Nullpunkt verschiedenen Punkt $P\langle a|b\rangle$ gibt, zu dem der Graph punktsymmetrisch ist.

$g(2a-x)-2b=-g(x)$

$\Rightarrow 2b=g(2a-x)+g(x)$ ▶ $g(x)=0{,}2x^3-x^2-0{,}4x+4{,}8$

$2b=0{,}2(2a-x)^3-(2a-x)^2-0{,}4(2a-x)+4{,}8+g(x)$

$x_1=0 \Rightarrow g(0)=\underline{\underline{4{,}8}}$; $x_2=3 \Rightarrow g(3)=\underline{\underline{0}}$

Um die Koordinaten eines solchen Punktes zu berechnen, setzt man in der Gleichung $g(2a-x)-2b=-g(x)$ für x bzw. $g(x)$ die Koordinaten für zwei bekannte Punkte ein und löst das Gleichungssystem mit zwei Variablen mit der Gleichsetzungsmethode.

I: $2b=0{,}2(2a-0)^3-(2a-0)^2-0{,}4(2a-0)+4{,}8+4{,}8$

$2b=1{,}6a^3-4a^2-0{,}8a+9{,}6$

II: $2b=0{,}2(2a-3)^3-(2a-3)^2-0{,}4(2a-3)+4{,}8+0$

▶ I = II ▶ $a_1=\frac{3}{2}$; $a_2=\frac{5}{3}$ ▶ mögliche erste Koordinaten des Symmetriepunktes

Man erhält auf diese Weise die Koordinaten von zwei Punkten, die als Symmetriepunkte für den Graphen von g in Frage kommen.

$2b=1{,}6\cdot(\frac{3}{2})^3-4\cdot(\frac{3}{2})^2-0{,}8\cdot\frac{3}{2}+9{,}6$ ▶ $b_1=\underline{\underline{\frac{12}{5}}}$

$2b=1{,}6\cdot(\frac{5}{3})^3-4\cdot(\frac{5}{3})^2-0{,}8\cdot\frac{5}{3}+9{,}6$ ▶ $b_2=\underline{\underline{\frac{308}{135}}}$

▶ $b_1=\frac{12}{5}$; $b_2=\frac{308}{135}$ ▶ mögliche zweite Koordinaten des Symmetriepunktes

Nur die Koordinaten $a_2=\frac{5}{3}=1{,}67$ und $b_2=\frac{308}{135}=2{,}28$ des Punktes $P\langle a|b\rangle$ erfüllen die Gleichung $g(2a-x)-2b=-g(x)$ für alle $x \in \mathbb{R}$, wie man durch Nachrechnen feststellen kann, so daß $P\langle 1{,}67|2{,}28\rangle$ Symmetriepunkt ist.

$$\left.\begin{aligned} P\langle a|b\rangle &= P\langle \tfrac{5}{3}|\tfrac{308}{135}\rangle \\ &= P\langle 1{,}67|2{,}28\rangle \end{aligned}\right\} \text{Symmetriepunkt}$$

1.1.8 Verknüpfung von Funktionen

Funktionen lassen sich mit Hilfe der Grundrechnungsarten Addition, Subtraktion, Multiplikation und Division oder durch Verkettung miteinander verknüpfen. Die entstandenen Funktionen unterscheiden sich zum Teil wesentlich von ihren Ausgangsfunktionen.

Verknüpfung von Funktionen durch Grundrechnungsarten

Problem: Bilden Sie aus den beiden Ausgangsfunktionen g: $g(x)=-0{,}3x+1$ und h: $h(x)=-0{,}5x-3$ durch Subtraktion die Verknüpfung $f=g-h$.

g: $g(x)=-0{,}3x+1$; $D(g)=\mathbb{R}$

h: $h(x)=-0{,}5x-3$; $D(h)=\mathbb{R}$

$f=g-h$

$\Rightarrow f(x)=[g-h](x)$

$=g(x)-h(x)$ ▶ $g(x)=-0{,}3x+1$

▶ $h(x)=-0{,}5x-3$

Bildet man aus den Ausgangsfunktionen die Differenz $g-h$ durch Subtraktion der Funktionsterme $g(x)-h(x)$, so erhält man den Funktionsterm der **Verknüpfung** $f(x)=[g-h](x)=g(x)-h(x)$.
Der Definitionsbereich $D(f)=\mathbb{R}$ der Verknüpfung stimmt mit den Definitionsbereichen $D(g)$ und $D(h)$ der Ausgangsfunktionen überein.

Neben dieser rechnerischen Lösung kann man die Verknüpfung auch zeichnerisch durchführen. Dazu bildet man mit Hilfe der Graphen $G(g)$ und $G(h)$ an einer Stelle x_0 die Differenz der Funktionswerte $g(x_0)-h(x_0)$ und zeichnet das Ergebnis als Funktionswert $f(x_0)$ in das Koordinatensystem ein. Durch die Wahl geeigneter x-Werte ergibt sich der Graph $G(f)$ der Verknüpfung.

$f(x)=(-0{,}3x+1)-(-0{,}5x-3)$
$\quad=0{,}2x+4;\ x\in\mathbb{R}$

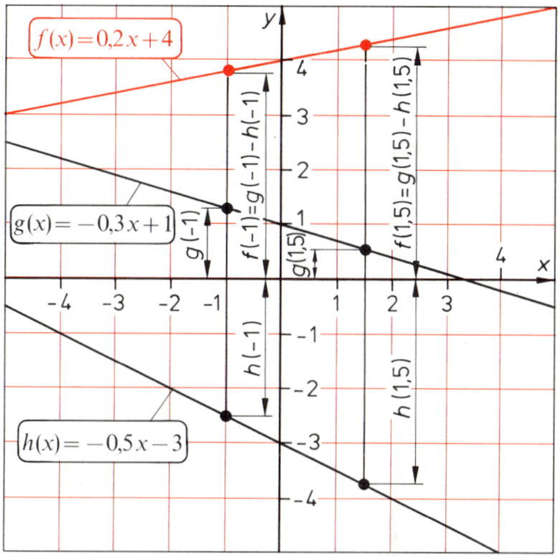

f: $f(x)=0{,}2x+4;\ D(f)=\mathbb{R}$

Problem: Verknüpfen Sie die Funktionen g: $g(x)=0{,}4x^2-4{,}5$ und h: $h(x)=2\cdot\sqrt{x+2}$ durch Addition. Bestimmen Sie den Definitionsbereich $D(f)$ der Verknüpfung $f=g+h$.

g: $g(x)=0{,}4x^2-4{,}5;\ D(g)=\mathbb{R}$
h: $h(x)=2\cdot\sqrt{x+2};\ D(h)=[-2;\infty)$

Bildet man aus den Ausgangsfunktionen die Summe $g+h$ durch Addition der Funktionsterme $g(x)+h(x)$, so erhält man $f(x)=[g+h](x)=0{,}4x^2-4{,}5+2\cdot\sqrt{x+2}$.

In diesem Falle stimmt der Definitionsbereich $D(f)=[-2;\infty)$ der Verknüpfung nur mit dem Definitionsbereich $D(h)$ der Ausgangsfunktion h überein, nicht jedoch mit $D(g)=\mathbb{R}$ der Ausgangsfunktion g.

Der Definitionsbereich der Verknüpfung ist offensichtlich die Schnittmenge der Definitionsbereiche der Ausgangsfunktionen.

$D(f)=D(g)\cap D(h)=(-\infty;\infty)\cap[-2;\infty)$
$\quad=[-2;\infty)$

$f=g+h$
$\Rightarrow f(x)=[g+h](x)$
$\quad=g(x)+h(x)$ ► $g(x)=0{,}4x^2-4{,}5$
► $h(x)=2\cdot\sqrt{x+2}$
$f(x)=0{,}4x^2-4{,}5+2\cdot\sqrt{x+2};\ x\in[-2;\infty)$

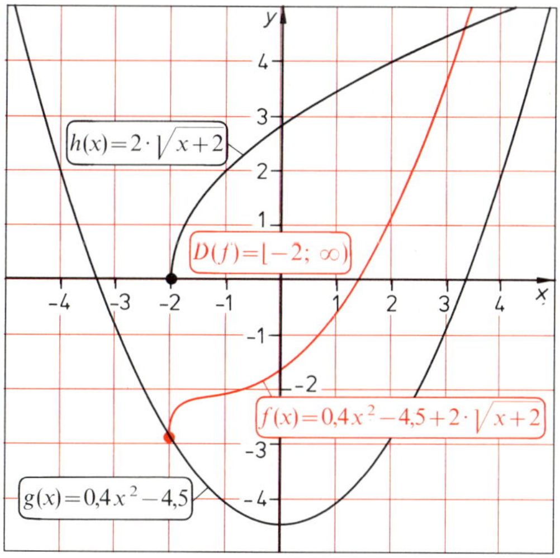

f: $f(x)=0{,}4x^2-4{,}5+2\sqrt{x+2};\ D(f)=[-2;\infty)$

Problem: Verknüpfen Sie die nachstehenden Funktionen durch Division bzw. Multiplikation, und bestimmen Sie jeweils den Definitionsbereich der Verknüpfung.

- g: $g(x)=\sqrt{x+4}$; $D(g)=[-4;\infty)$
  h: $h(x)=x-2$; $D(h)=\mathbb{R}$

Bildet man aus den Ausgangsfunktionen g und h die Verknüpfung $\frac{g}{h}$ durch Division der Funktionsterme, so erhält man den Funktionsterm der Verknüpfung:

$$f(x)=\left[\frac{g}{h}\right](x)=\frac{g(x)}{h(x)}=\frac{\sqrt{x+4}}{x-2};\ x-2\neq 0$$

In diesem Falle stimmt der Definitionsbereich $D(f)=[-4;\infty)\setminus\{2\}$ der Verknüpfung weder mit $D(g)$ noch mit $D(h)$ der Ausgangsfunktionen überein.
Der Definitionsbereich der Verknüpfung wird aus der Schnittmenge der Definitionsbereiche der Ausgangsfunktionen entwikkelt.

$$D(g)\cap D(h)=[-4;\infty)\cap(-\infty;\infty)$$
$$=[-4;\infty)$$

Da der Nenner im Funktionsterm von f nicht Null sein darf, liegt bei $x_0=2$ eine Definitionslücke vor. Damit gilt der Definitionsbereich $D(f)=[-4;\infty)\setminus\{2\}$.

$$f=\frac{g}{h}$$
$$\Rightarrow f(x)=\left[\frac{g}{h}\right](x)$$
$$=\frac{g(x)}{h(x)}$$ ► $g(x)=\sqrt{x+4}$; $h(x)=x-2$

$$f(x)=\frac{\sqrt{x+4}}{x-2};\ x\in[-4;\infty)\setminus\{2\}$$

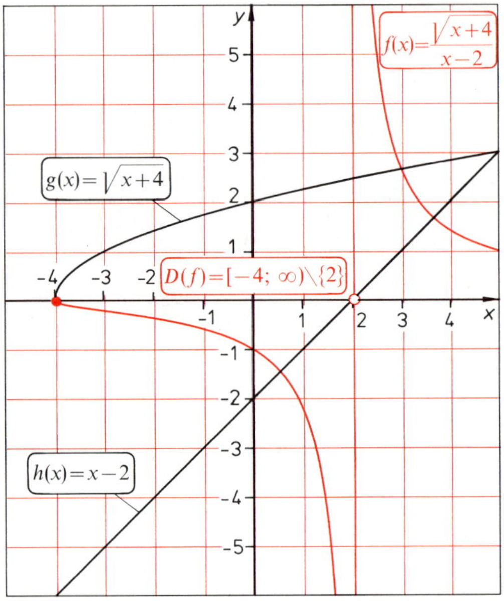

$$f\text{: } f(x)=\frac{\sqrt{x+4}}{x-2};\ D(f)=[-4;\infty)\setminus\{2\}$$

- u: $u(x)=1{,}5\sqrt{-(x+0{,}5)}$ mit $D(u)=(-\infty;-0{,}5]$
  v: $v(x)=-2\cdot\sqrt{x-1}$; $D(v)=[1;\infty)$

Die Verknüpfung $w=u\cdot v$ erhält man durch Multiplikation der Funktionsterme $u(x)\cdot v(x)$. In diesem Falle ist ein Weiterrechnen nach den Wurzelgesetzen nicht möglich, denn nach diesen Regeln darf nur dann ausmultipliziert werden, wenn die Radikanden beider Faktoren zugleich nicht negativ sind. Das ist aber für kein $x\in\mathbb{R}$ erreichbar.

$$w=u\cdot v$$
$$\Rightarrow w(x)=[u\cdot v](x)$$
$$=u(x)\cdot v(x)$$

► $u(x)=1{,}5\cdot\sqrt{-(x+0{,}5)}$
► $v(x)=-2\cdot\sqrt{x-1}$

$$w(x)=1{,}5\cdot\sqrt{-(x+0{,}5)}\cdot(-2\cdot\sqrt{x-1})$$
$$=-3\cdot\sqrt{-(x+0{,}5)}\cdot\sqrt{x-1};\ x\in\{\ \}$$

Die bedenkenlose Anwendung der Wurzelgesetze würde zu folgender falschen Gleichung führen:

$$1{,}5\sqrt{-(x+0{,}5)}\cdot(-2\sqrt{x-1})=$$
$$=-3\sqrt{-x^2+0{,}5x+0{,}5}.$$

Während z.B. der Wurzelterm auf der rechten Seite der „Gleichung“ für alle $x\in[-0{,}5;1]$ definiert ist, ist dies für den Produktterm auf der linken Seite nicht der Fall.

Auch bei der Ermittlung des Definitionsbereiches $D(w)$ erkennt man, daß die Schnittmenge $D(u)\cap D(v)$ leer ist.
Das wird auch aus den Graphen $G(u)$ und $G(v)$ der Ausgangsfunktionen deutlich.

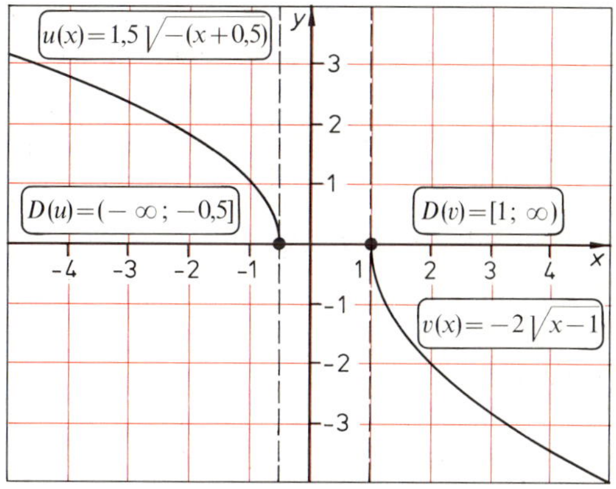

$D(u)\cap D(v)=(-\infty;-0{,}5]\cap[1;\infty)=\{\ \}$

$w\colon w(x)=\underline{\underline{-3\sqrt{-(x+0{,}5)}\cdot\sqrt{x-1};\ D(w)=\varnothing}}$

Merke:

$f=g\pm h$ ▶ $f(x)=[g\pm h](x)=g(x)\pm h(x)$ ▶ $D(f)=D(g)\cap D(h)$

$f=g\cdot h$ ▶ $f(x)=[g\cdot h](x)=g(x)\cdot h(x)$ ▶ $D(f)=D(g)\cap D(h)$

$f=\frac{g}{h}$ ▶ $f(x)=\left(\frac{g}{h}\right)(x)=\frac{g(x)}{h(x)}$ ▶ $D(f)=[D(g)\cap D(h)]\setminus$Nullstellenmenge von h

Verknüpfung von Funktionen durch Verkettung

Problem: Verknüpfen Sie die Funktionen $g\colon g(z)=2\sqrt{1-z}$ und $h\colon h(x)=x^2-8$ zu einer neuen Funktion f, indem Sie die Variable z in der Funktion g durch den Funktionsterm $h(x)=x^2-8$ der Funktion h ersetzen.

Wird in der Funktion $g\colon g(z)=2\sqrt{1-z}$ die Variable z durch den Funktionsterm $h(x)=x^2-8$ einer Funktion h substituiert, so erhält man die neue Funktion $f\colon g[h(x)]=f\colon f(x)=2\sqrt{9-x^2}$. Eine solche Verknüpfung von Funktionen bezeichnet man als **Verkettung**.

Man nennt die Funktion g, in der die Variable z durch den Funktionsterm $h(x)$ ersetzt wird, auch **äußere Funktion,** die Funktion h heißt entsprechend **innere Funktion**.

Die Rechenanweisung zur Verkettung von Funktionen lautet $f=g\circ h$ (gelesen: „f gleich g nach h“), wobei g die äußere, h die innere Funktion ist.

$g\colon g(z)=2\sqrt{1-z}$ ▶ $D(g)=(-\infty;1];\ W(g)=\mathbb{R}_+$

$h\colon h(x)=x^2-8$ ▶ $D(h)=\mathbb{R};\ W(h)=[-8;\infty)$

$g(z)=2\sqrt{1-z}$ ▶ $z=h(x)=x^2-8$

▶ $g[h(x)]=2\sqrt{1-(x^2-8)}$

$=\underline{\underline{2\sqrt{9-x^2}}}$ ▶ $g[h(x)]=f(x)$

▶ $f(x)=[g\circ h](x)=g[h(x)]=2\sqrt{9-x^2}$

$f=g\circ h$ ▶ $f\colon[g\circ h](x)=f\colon g[h(x)]$

$=2\sqrt{9-x^2}$ ▶ $D(f)=?$

innere Funktion (über h) — Funktionsterm der inneren Funktion (über $h(x)$)

$f=g\circ h$ ▶ $f(x)=g[h(x)]$

äußere Funktion (unter g) — Funktionsterm der äußeren Funktion (unter $g[h(x)]$)

Eine Verkettung der äußeren Funktion g mit der inneren Funktion h zur Funktion $f=g\circ h$ bedeutet, daß man Funktionswerte $h(x)$ der inneren Funktion h zu Argumenten der äußeren Funktion g macht. Der Wertebereich $W(h)$ der inneren Funktion h muß daher ganz oder teilweise zum Definitionsbereich der äußeren Funktion g gehören, soll durch die Verkettung wirklich etwas abgebildet werden. Die Verkettung $f=g\circ h$ hat dann den Funktionswert $g[h(x)]$ bzw. $f(x)$.

Die Verkettung von zwei Funktionen g und h läßt sich mit Hilfe eines Mengendiagramms veranschaulichen.

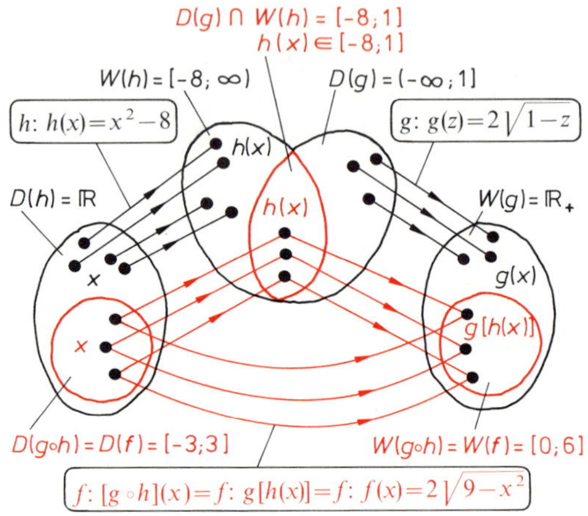

Im vorliegenden Fall gehört nur ein Teil der $h(x)$-Werte zum Definitionsbereich $D(g)$, d.h. es werden nur solche $h(x)$-Werte durch g abgebildet, für die $h(x)\in D(g)$ gilt.
Diese $h(x)$-Werte sind Elemente der Schnittmenge $D(g)\cap W(h)=[-8;1]$.

Es werden somit nur diejenigen x-Werte aus $D(h)$ durch die Verkettung $g\circ h$ abgebildet, für die $h(x)\in D(g)$ ist:

$$D(f)=D(g\circ h)=\{x\in D(h)\,|\,h(x)\in D(g)\}.$$

Um den Definitionsbereich $D(f)$ der Verkettung $f=g\circ h$ zu berechnen, muß man also alle x-Werte aus $D(h)$ ermitteln, für die $h(x)\in D(g)$ gilt.

Im Beispiel gilt einerseits:

$x\in D(h) \Rightarrow x\in\mathbb{R}$,

sowie andererseits:

$h(x)\in D(g) \Rightarrow x^2-8\in(-\infty;1] \Rightarrow x^2-8\leq 1$
$\Rightarrow x^2\leq 9 \Rightarrow x\in[-3;3]$.

Die Schnittmenge aus $\mathbb{R}$ und $[-3;3]$, also $\mathbb{R}\cap[-3;3]$, ergibt den Definitionsbereich $D(f)=[-3;3]$.

g: $g(z)=2\sqrt{1-z}$; $D(g)=(-\infty;1]$; $W(g)=\mathbb{R}_+$

h: $h(x)=x^2-8$; $D(h)=\mathbb{R}$; $W(h)=[-8;\infty)$

► $D(g)\cap W(h)=(-\infty;1]\cap[-8;\infty)$
$=[-8;1]$ ► $h(x)\in[-8;1]$

$$\begin{aligned}D(g\circ h)=D(f)&=\{x\in D(h)\,|\,h(x)\in D(g)\}\\&=\{x\in\mathbb{R}\,|\,x^2-8\in(-\infty;1]\\&=\{x\in\mathbb{R}\,|\,x^2\leq 9\}\\&=\{x\in\mathbb{R}\,|\,|x|\leq 3\}\\&=\{x\in\mathbb{R}\,|\,x\in[-3;3]\}\\&=\mathbb{R}\cap[-3;3]\\&=\underline{\underline{[-3;3]}}\end{aligned}$$

Aus den Funktionen g und h läßt sich aber auch die Verkettung $j=h\circ g$ bilden, d.h. jetzt ist h die äußere und g die innere Funktion. Ersetzt man in der äußeren Funktion h: $h(x)=x^2-8$ die Variable x durch den Funktionsterm $g(z)=2\sqrt{1-z}$ der inneren Funktion, so erhält man die Verkettung $h\circ g$.

$h(x)=x^2-8$ ► $x=g(z)=2\sqrt{1-z}$

► $[h\circ g](z)=h[g(z)]$
$=(2\sqrt{1-z})^2-8$ ► $z\in(-\infty;1]$
$=4(1-z)-8$
$=\underline{\underline{-4z-4;\ z\in(-\infty;1]}}$

► $j(z)=[h\circ g](z)=h[g(z)=-4z-4$

$j=h\circ g$ ► j: $[h\circ g](z)=j$: $h[g(z)]$
$=-4z-4$ ► $D(j)=?$

Um den Definitionsbereich $D(j)$ der Verkettung $j=h\circ g$ festzustellen, ermittelt man alle z-Werte aus $D(g)$ mit $g(z)\in D(h)$.

Hier gilt einerseits:

$z\in D(g) \Rightarrow z\in(-\infty;1]$,

sowie andererseits:

$g(z)\in D(h) \Rightarrow 2\sqrt{1-z}\in\mathbb{R} \Rightarrow z\in(-\infty;1]$.

Da beide Intervalle übereinstimmen, lautet der Definitionsbereich $D(j)=(-\infty;1]$.

$$\begin{aligned} D(h\circ g)=D(j)&=\{z\in D(g)\,|\,g(z)\in D(h)\}\\ &=\{z\in(-\infty;1]\,|\,2\sqrt{1-z}\in\mathbb{R}\}\\ &=\{z\in(-\infty;1]\,|\,z\in(-\infty;1]\}\\ &=(-\infty;1]\cap(-\infty;1]\\ &=\underline{\underline{(-\infty;1]}}\end{aligned}$$

Der Definitionsbereich der Verkettung j ist auf $D(j)=(-\infty;1]$ eingeschränkt, obwohl der Term $(-4z-4)$ auch Funktionsterm einer auf $\mathbb{R}$ definierten Funktion k: $k(z)=-4z-4$ sein könnte. Der Definitionsbereich einer Verkettung muß daher aus den Definitionsbereichen der Ausgangsfunktionen ermittelt werden.

Aus den beiden Beispielen ist ersichtlich, daß bei einer Verkettung von Funktionen die Richtung der Verkettung von Bedeutung ist, denn eine Verkettung $g\circ h$ führt in der Regel auf eine andere Funktion als die Verkettung $h\circ g$. Die nachstehenden Diagramme zeigen jeweils die Graphen der beiden Ausgangsfunktionen g und h sowie die entsprechende Verkettung $f=g\circ h$ bzw. $j=h\circ g$.

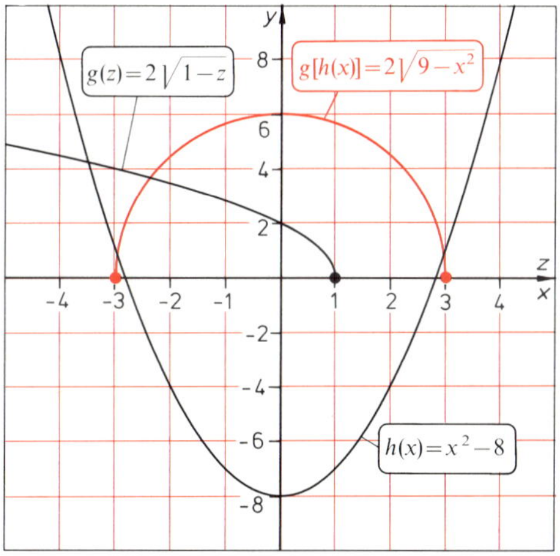

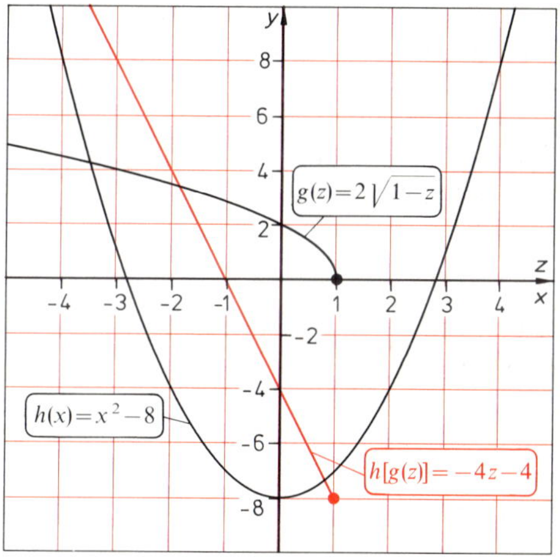

Merke:

Funktionen werden miteinander verkettet, indem man im Funktionsterm der äußeren Funktion die unabhängige Variable durch den Funktionsterm der inneren Funktion ersetzt. Für den Definitionsbereich von verketteten Funktionen gilt:

$$g\colon z\mapsto g(z) \text{ und } h\colon x\mapsto h(x) \blacktriangleright \begin{cases} f_1=g\circ h \blacktriangleright D(f_1)=\{x\in D(h)\,|\,h(x)\in D(g)\}\\ f_2=h\circ g \blacktriangleright D(f_2)=\{z\in D(g)\,|\,g(z)\in D(h)\}.\end{cases}$$

Funktionen lassen sich nur dann sinnvoll verketten, wenn die Schnittmenge aus dem Definitionsbereich der äußeren Funktion und dem Wertebereich der inneren Funktion nicht die leere Menge ist.

Beispiele: Bilden Sie aus den folgenden Funktionen g: $g(z)=\sqrt{z}$, h: $h(y)=\sqrt[3]{y}-2$ sowie i: $i(x)=0{,}5\,x+2$ die Verkettungen $f=g\circ h$ sowie $k=(g\circ h)\circ i$.

- g: $g(z)=\sqrt{z}$; $D(g)=\mathbb{R}_+$
  h: $h(y)=\sqrt[3]{y}-2$; $D(h)=\mathbb{R}_+$

Die Verkettung $f=g\circ h$ erhält man, indem man die unabhängige Variable z in der Funktionsgleichung $g(z)=\sqrt{z}$ durch den Funktionsterm $\sqrt[3]{y}-2$ der Funktionsgleichung $h(y)=\sqrt[3]{y}-2$ ersetzt.

$g(z)=\sqrt{z}$; $z\in\mathbb{R}_+$ ► $z=h(y)=\sqrt[3]{y}-2$; $y\in\mathbb{R}_+$

► $[g\circ h](y)=g[h(y)]=\sqrt{\sqrt[3]{y}-2}$ ► $g[h(y)]=f(y)$

f: $[g\circ h](y)=f$: $g[h(y)]=\sqrt{\sqrt[3]{y}-2}$; $D(f)=?$

Um den Definitionsbereich $D(f)$ der Verkettung $f=g\circ h$ festzustellen, ermittelt man alle y-Werte aus $D(h)$ mit $h(y)\in D(g)$.

Im Beispiel gilt einerseits:

$y\in D(h) \Rightarrow y\in\mathbb{R}_+$,

sowie andererseits:

$h(y)\in D(g) \Rightarrow \sqrt[3]{y}-2\in\mathbb{R}_+ \Rightarrow \sqrt[3]{y}-2\geq 0$
$\Rightarrow y\geq 8 \Rightarrow y\geq 8 \Rightarrow y\in[8;\infty)$.

Die Schnittmenge aus $\mathbb{R}_+$ und $[8;\infty)$ ergibt den Definitionsbereich $D(f)=[8;\infty)$.

$$
\begin{aligned}
D(g\circ h)=D(f)&=\{y\in D(h)\,|\,h(y)\in D(g)\}\\
&=\{y\in\mathbb{R}_+\,|\,h(y)\in\mathbb{R}_+\}\\
&=\{y\in\mathbb{R}_+\,|\,\sqrt[3]{y}-2\in\mathbb{R}_+\}\\
&=\{y\in\mathbb{R}_+\,|\,\sqrt[3]{y}-2\geq 0\}\\
&=\{y\in\mathbb{R}_+\,|\,y\geq 8\}\\
&=\{y\in\mathbb{R}_+\,|\,y\in[8;\infty)\}\\
&=\mathbb{R}_+\cap[8;\infty)\\
&=\underline{\underline{[8;\infty)}}
\end{aligned}
$$

- f: $[g\circ h](y)=\sqrt{\sqrt[3]{y}-2}$; $D(f)=[8;\infty)$
  i: $i(x)=0{,}5\,x+2$; $D(i)=\mathbb{R}$

Die Verkettung $k=(g\circ h)\circ i$ wird gebildet, indem man die Verkettung $f=g\circ h$ mit der Funktion i verkettet.

$f(y)=\sqrt{\sqrt[3]{y}-2}$; $y\in[8;\infty)$
► $y=i(x)=0{,}5\,x+2$; $x\in\mathbb{R}$

Dazu ersetzt man die Variable y in der Gleichung $g[h(y)]=f(y)=\sqrt{\sqrt[3]{y-2}}$ durch den Funktionsterm $0{,}5\,x+2$ der Funktionsgleichung $i(x)=0{,}5\,x+2$.

► $[f\circ i](x)=f[i(x)]=\sqrt{\sqrt[3]{0{,}5\,x+2}-2}$
► $f[i(x)]=k(x)$

k: $[f\circ i](x)=k$: $f[i(x)]=\sqrt{\sqrt[3]{0{,}5\,x+2}-2}$
► $D(k)=?$

Um den Definitionsbereich $D(k)$ der Verkettung $k=(g\circ h)\circ i=f\circ i$ festzustellen, ermittelt man alle x-Werte aus $D(i)$ mit $i(x)\in D(f)$.

Im Beispiel gilt einerseits:

$x\in D(i) \Rightarrow x\in\mathbb{R}$,

sowie andererseits:

$i(x)\in D(f) \Rightarrow 0{,}5\,x+2\in[8;\infty)$
$\Rightarrow 0{,}5\,x+2\geq 8 \Rightarrow x\geq 12 \Rightarrow x\in[12;\infty)$.

Die Schnittmenge aus $\mathbb{R}$ und $[12;\infty)$ ergibt den Definitionsbereich $D(k)=[12;\infty)$.

$$
\begin{aligned}
D(f\circ i)=D(h)&=\{x\in D(i)\,|\,i(x)\in D(f)\}\\
&=\{x\in\mathbb{R}\,|\,i(x)\in[8;\infty)\}\\
&=\{x\in\mathbb{R}\,|\,0{,}5\,x+2\in[8;\infty)\}\\
&=\{x\in\mathbb{R}\,|\,0{,}5\,x+2\geq 8\}\\
&=\{x\in\mathbb{R}\,|\,x\geq 12\}\\
&=\{x\in\mathbb{R}\,|\,x\in[12;\infty)\}\\
&=\mathbb{R}\cap[12;\infty)\\
&=\underline{\underline{[12;\infty)}}
\end{aligned}
$$

Problem: Verketten Sie die Funktion g: $g(x)=2x+3$ mit ihrer Umkehrfunktion g^{-1}, und zwar zu $f_1=g\circ g^{-1}$ und $f_2=g^{-1}\circ g$.

Man entwickelt aus der Funktion g die Umkehrfunktion g^{-1} (siehe Kapitel „Umkehrfunktionen – Umkehrrelationen“).

g: $g(x)=2x+3$; $D(g)=\mathbb{R}$
$\Rightarrow g^{-1}$: $g^{-1}(x)=0{,}5x-1{,}5$; $D(g^{-1})=\mathbb{R}$

Die beiden Verkettungen, also sowohl $f_1=g\circ g^{-1}$ als auch $f_2=g^{-1}\circ g$, ergeben die Funktion $x\mapsto x$.

Eine Funktion, die jedes Element ihrer Definitionsmenge auf sich selbst abbildet, heißt **identische Funktion** auf $D(f)$ mit f: $f(x)=x$. Bei ihr stimmen Definitionsbereich und Wertebereich überein.

Bei der Verkettung einer linearen Funktion mit ihrer Umkehrfunktion bzw. bei der Verkettung einer linearen Umkehrfunktion mit ihrer Ausgangsfunktion hat die sich ergebende identische Funktion stets den Definitionsbereich $\mathbb{R}$.

● **Verkettung $g\circ g^{-1}$**

$g(x)=2x+3$ ► $x=g^{-1}(x)=0{,}5x-1{,}5$

► $[g\circ g^{-1}](x)=g[g^{-1}(x)]$
$=2(0{,}5x-1{,}5)+3$
$=x$; $x\in\mathbb{R}$ ► identische Funktion auf $\mathbb{R}$

► $f_1=g\circ g^{-1}$ ► f_1: $f_1(x)=x$ mit
$D(g\circ g^{-1})=D(f_1)=\mathbb{R}$; $W(f_1)=\mathbb{R}$

● **Verkettung $g^{-1}\circ g$**

$g^{-1}(x)=0{,}5x-1{,}5$ ► $x=g(x)=2x+3$

► $[g^{-1}\circ g](x)=g^{-1}[g(x)]$
$=0{,}5(2x+3)-1{,}5$
$=x$; $x\in\mathbb{R}$ ► identische Funktion auf $\mathbb{R}$

► $f_2=g^{-1}\circ g$ ► f_2: $f_2(x)=x$ mit
$D(g^{-1}\circ g)=D(f_2)=\mathbb{R}$; $W(f_2)=\mathbb{R}$

Problem: Verketten Sie die Funktion h: $h(x)=x^2+4$ im Intervall $[0;\infty)$ mit ihrer Umkehrfunktion h^{-1}, und zwar zu $f_1=h\circ h^{-1}$ und zu $f_2=h^{-1}\circ h$.

Die Funktion h: $h(x)=x^2+4$, $x\in\mathbb{R}$ ist nicht eindeutig und deshalb nicht umkehrbar (siehe Kapitel „Umkehrfunktionen – Umkehrrelationen“). Schränkt man jedoch den Definitionsbereich $D(h)$ auf $\mathbb{R}_-$ oder $\mathbb{R}_+$ ein, so läßt sich jeweils eine Umkehrfunktion bilden.

Im Beispiel wird $D(h)=\mathbb{R}_+$ gewählt und die entsprechende Umkehrfunktion h^{-1} gebildet:

h: $h(x)=x^2+4$; $D(h)=\mathbb{R}_+$
$\Rightarrow h^{-1}$: $h^{-1}(x)=\sqrt{x-4}$; $D(h^{-1})=[4;\infty)$.

Als Verkettung $f_1=h\circ h^{-1}$ erhält man die identische Funktion auf $[4;\infty)$, und zwar f_1: $f_1(x)=x$.
Deshalb gilt: $D(f_1)=[4;\infty)$. Das wird auch durch die Rechnung bestätigt.

Der Definitionsbereich der Verkettung $h\circ h^{-1}$ ist gleich dem Definitionsbereich der inneren Funktion h^{-1}.

● **Verkettung $h\circ h^{-1}$**

$h(x)=x^2+4$; $x\in\mathbb{R}_+$ ► $x=h^{-1}(x)=\sqrt{x-4}$

► $[h\circ h^{-1}](x)=h[h^{-1}(x)]$
$=(\sqrt{x-4})^2+4$
$=x$ ► $h[h^{-1}(x)]=f_1(x)$

► f_1: $[h\circ h^{-1}](x)=f_1[h[h^{-1}(x)]=x$; $D(f_1)=[4;\infty)$

$$
\begin{aligned}
D(h\circ h^{-1})=D(f_1) &=\{x\in D(h^{-1})\,|\,h^{-1}(x)\in D(h)\}\\
&=\{x\in[4;\infty)\,|\,h^{-1}(x)\in\mathbb{R}_+\}\\
&=\{x\in[4;\infty)\,|\,\sqrt{x-4}\in\mathbb{R}_+\}\\
&=\{x\in[4;\infty)\,|\,\sqrt{x-4}\geq 0\}\\
&=\{x\in[4;\infty)\,|\,x\geq 4\}\\
&=\{x\in[4;\infty)\,|\,x\in[4;\infty)\}\\
&=[4;\infty) \;►\; D(h\circ h^{-1})=D(h^{-1})
\end{aligned}
$$

Als Verkettung $f_2 = h^{-1} \circ h$ erhält man die identische Funktion auf $\mathbb{R}_+$: f_2: $f_2(x) = x$.

Deshalb gilt: $D(f_2) = \mathbb{R}_+$. Das wird auch durch die Rechnung bestätigt.

Der Definitionsbereich der Verkettung $h^{-1} \circ h$ ist gleich dem Definitionsbereich der inneren Funktion h.

- **Verkettung $h^{-1} \circ h$**

$h^{-1}(x) = \sqrt{x-4}$; $x \in [4; \infty)$ ▶ $x = h(x) = x^2 + 4$; $x \in \mathbb{R}_+$

▶ $[h^{-1} \circ h](x) = h^{-1}[h(x)] = \sqrt{(x^2+4)-4}$

$= \sqrt{x^2}$

$= |x|$ ▶ $x \in \mathbb{R}_+$

$= \underline{\underline{x}}$ ▶ $h^{-1}[h(x)] = f_2(x)$

▶ f_2: $[h^{-1} \circ h](x) = f_2$: $h^{-1}[h(x)] = x$; $D(f_2) = \mathbb{R}_+$

$D(h^{-1} \circ h) = D(f_2) = \{x \in D(h) \mid h(x) \in D(h^{-1})\}$

$= \{x \in \mathbb{R}_+ \mid h(x) \in [4; \infty)\}$

$= \{x \in \mathbb{R}_+ \mid x^2 + 4 \in [4; \infty)\}$

$= \{x \in \mathbb{R}_+ \mid x^2 + 4 \geq 4\}$

$= \{x \in \mathbb{R}_+ \mid x \in \mathbb{R}_+\}$

$= \underline{\underline{\mathbb{R}_+}}$ ▶ $D(h^{-1} \circ h) = D(h)$

Merke:

Bildet man aus einer Funktion f: $x \mapsto f(x)$ und ihrer Umkehrfunktion f^{-1}: $x \mapsto f^{-1}(x)$ die Verkettungen $f \circ f^{-1}$ bzw. $f^{-1} \circ f$, so erhält man stets identische Funktionen.

$f \circ f^{-1}$ ▶ $f[f^{-1}(x)] = x$; $x \in D(f^{-1})$

$f^{-1} \circ f$ ▶ $f^{-1}[f(x)] = x$; $x \in D(f)$

Die identische Funktion hat den gleichen Definitionsbereich wie die innere Funktion. Bei einer identischen Funktion stimmen Definitionsbereich und Wertebereich überein.

1.1.9 Funktionen mit mehreren Variablen

Bei allen bisher behandelten Funktionen waren die Definitionsmengen stets Teilmengen von $\mathbb{R}$ oder konnten im Sinne der Anmerkung im Kapitel „Funktionen – Relationen" als solche verstanden werden. Der Funktionswert $f(x)$ einer Funktion f hing nur von der einen unabhängigen Variablen $x \in D(f)$ ab. Solche Funktionen heißen daher auch **Funktionen mit einer Variablen**.

In Naturwissenschaft und Technik existieren jedoch viele Beispiele, bei denen eine Größe von mehreren – durchaus auch unterschiedlichen – variablen Größen funktionell abhängig ist. Dabei werden – oft durch empirisch gefundene Gesetzmäßigkeiten – mehrere variable Größen in eindeutiger Weise einer anderen von ihnen abhängigen Größe zugeordnet. Läßt man bei diesen Zuordnungen die Einheiten der Größen unberücksichtigt, betrachtet also nur denen Zahlenwerte, so werden diese reellen Veränderlichen eindeutig einer von ihnen

Funktionen mit einer Variablen:

f: $f(x) = x^2 + \sqrt{x} - 8$; $x \in \mathbb{R}$

A: $A(d) = \dfrac{d^2 \cdot \pi}{4}$ ▶ Kreisfläche

V: $V(d) = \dfrac{d^3 \cdot \pi}{6}$ ▶ Kugelvolumen

Funktionen mit zwei Variablen:

f: $f(x; y) = 2x^7 - 3y^2 + xy - 4$; x; $y \in \mathbb{R}$

U: $U(I; R) = I \cdot R$ ▶ Ohmsches Gesetz

V: $V(d; h) = \dfrac{d^2 \cdot \pi \cdot h}{12}$ ▶ Kegelvolumen abhängigen reellen Veränderlichen zugeordnet. Solche Zuordnungen heißen daher auch **Funktionen mit mehreren Variablen**.

Die Schreibweise von Funktionen mit mehreren Variablen entspricht grundsätzlich der bisherigen Art.
Da jedoch bei einer größeren Anzahl von Variablen die Schreibweise mit unterschiedlichen Buchstaben unzweckmäßig ist, verwendet man auch Indizes zur Unterscheidung der Variablen. So werden z.B. x, y, u, v, w durch x_1, x_2, x_3, x_4, x_5 ersetzt, d.h. Variablenname und Indizes werden hier in einem anderen Sinne als bisher verwendet.

Will man den Definitionsbereich $D(f)$ einer Funktion mit zwei Variablen bestimmen, z.B. von $f: f(x; y)=x^2+y^2$ mit $x\in\mathbb{R}$ und $y\in\mathbb{R}$, so muß man die Menge aller Zahlenpaare $\langle x|y\rangle$ ermitteln, die man mit x und y bilden kann.

Funktionen mit drei Variablen:

$V: V(l; b; h)=l\cdot b\cdot h$ ▶ Prismenvolumen

$P: P(F; s; t)=\frac{F\cdot s}{t}$ ▶ Leistung

$f: \langle x|y\rangle \mapsto f(x; y)$ ▶ 2 Variable
z.B. $f(x; y)=3x^2-30y+8$

$f: \langle x|y|z\rangle \mapsto f(x; y; z)$ ▶ 3 Variable
z.B. $f(x; y; z)=\sqrt[3]{x}-2z^3+2y-7$

$f: \langle x_1|x_2|x_3|x_4|x_5\rangle \mapsto f(x_1; x_2; x_3; x_4; x_5)$
z.B. $f(x_1; x_2; x_3; x_4; x_5)=$
$=3x_1^2-\sqrt{x_2}+x_3x_1-4x_4^5-\frac{5}{x_5}$

$f: f(x; y)=x^2+y^2;\ x\in\mathbb{R};\ y\in\mathbb{R}$ ▶ $D(f)=?$

$D(f)=\{\langle x_1|y_1\rangle; \langle x_1|y_2\rangle; \langle x_1|y_3\rangle; \langle x_2|y_1\rangle; \langle x_2|y_2\rangle; \ldots\}$
$=\{\langle x|y\rangle | x\in\mathbb{R} \text{ und } y\in\mathbb{R}\}$
$=\mathbb{R}\times\mathbb{R}$
$=\mathbb{R}^2$ ▶ Definitionsbereich von f

Die Menge der geordneten Wertepaare $\langle x|y\rangle$, die man aus $x\in\mathbb{R}$ und $y\in\mathbb{R}$ bilden kann, bezeichnet man als **Produktmenge (kartesisches Produkt)** $\mathbb{R}\times\mathbb{R}$ (gelesen: „R Kreuz R“). Für $\mathbb{R}\times\mathbb{R}$ kann man auch $\mathbb{R}^2$ schreiben. Der Definitionsbereich im vorstehenden Beispiel lautet daher $D(f)=\mathbb{R}\times\mathbb{R}=\mathbb{R}^2$.

Den Definitionsbereich kann man im rechtwinkligen ebenen Koordinatensystem als Menge aller Punkte $\langle x|y\rangle$ mit reellen Koordinaten veranschaulichen.

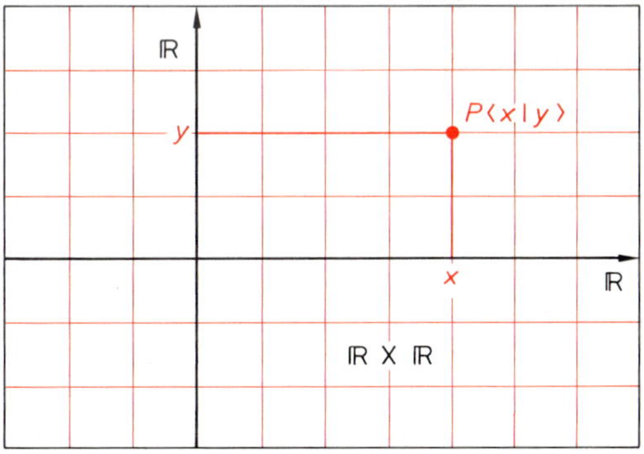

$\mathbb{R}\times\mathbb{R}=\mathbb{R}^2$ ist der maximale Definitionsbereich und somit die Grundmenge einer Funktion mit zwei Variablen, d.h. es gilt stets $D(f)\subseteq\mathbb{R}^2$.
Entsprechend gilt bei Funktionen mit n Variablen $(n\geq 2)$ für den Definitionsbereich $D(f)\subseteq\mathbb{R}^n$.

$g: g(x; y)=x^3+3y$ ▶ $x\in\mathbb{R};\ y\in\mathbb{R}$

▶ $D(g)=\mathbb{R}\times\mathbb{R}=\mathbb{R}^2 \Rightarrow D(g)\subseteq\mathbb{R}^2$

$h: h(x; y; z)=2x^5-y^3+z$ ▶ $x\in\mathbb{R};\ y\in\mathbb{R};\ z\in\mathbb{R}$

▶ $D(h)=\mathbb{R}\times\mathbb{R}\times\mathbb{R}=\mathbb{R}^3 \Rightarrow D(h)\subseteq\mathbb{R}^3$

Teilmengen von $\mathbb{R}^n$ spielen besonders dann eine Rolle, wenn eine Funktion durch einen Funktionsterm mit mehreren Variablen definiert ist, die nur für Teilmengen von $\mathbb{R}$ erklärt sind.

$f(x;\, y)=\frac{1}{x^2}-\sqrt{y}$ ▶ $x\in\mathbb{R}^*;\, y\in\mathbb{R}_+$

▶ $D(f)=\mathbb{R}^*\times\mathbb{R}_+ \Rightarrow D(f)\subset\mathbb{R}^2$

$g(u;\, v;\, w)=3x+2y^2-\sqrt{w+8};\, x\in\mathbb{R};\, y\in\mathbb{R};\, w\in[-8;\, \infty)$

▶ $D(g)=\mathbb{R}\times\mathbb{R}\times[-8;\, \infty)=\mathbb{R}^2\times[-8;\, \infty)$ ▶ $D(g)\subset\mathbb{R}^3$

Beispiele: Ermitteln Sie für die nachstehenden Funktionen mit mehreren Variablen jeweils den Definitionsbereich.

- $f\colon f(x;\, y)=\frac{x+2}{x-2}-\sqrt{y}$

Die Funktion ist für alle $x\in\mathbb{R}\setminus\{2\}$ und für alle $y\in\mathbb{R}_+$ definiert. Der Definitionsbereich ist damit also die Produktmenge $D(f)=(\mathbb{R}\setminus\{2\})\times\mathbb{R}_+$.

$f(x,\, y)=\frac{x+2}{x-2}-\sqrt{y}$ ▶ $x\in\mathbb{R}\setminus\{2\};\, y\in\mathbb{R}_+$

▶ $D(f)=(\mathbb{R}\setminus\{2\})\times\mathbb{R}_+$

- $g\colon g(u;\, v;\, w)=u^2-\sqrt[3]{v}+\sqrt{16-w}$

Bei einer Funktion mit vielen Variablen ist es zweckmäßig, die Variablen mit x_1, x_2, x_3, … zu bezeichnen.

$D(g)$ wird ermittelt, indem man aus den einzelnen Definitionsbereichen die Produktmenge bildet.

$g\colon g(u;\, v;\, w)=u^2-\sqrt[3]{v}+\sqrt{16-w}$ ▶ $u=x_1;\, v=x_2;\, w=x_3$

$\Rightarrow g\colon g(x_1;\, x_2;\, x_3)=x_1^2-\sqrt[3]{x_2}+\sqrt{16-x_3}$

▶ $x_1\in\mathbb{R};\, x_2\in\mathbb{R}_+;\, x_3\in(-\infty;\, 16]$

▶ $D(g)=\mathbb{R}\times\mathbb{R}_+\times(-\infty;\, 16]$

- $f\colon f(x;\, y)=\sqrt{x^2-y^2}+x^2$

Sind in den Gliedern eines Funktionsterms mehrere Variable vorhanden, so muß der Definitionsbereich der Funktion aus den einzelnen Glieder ermittelt werden.

$f(x;\, y)=\sqrt{x^2-y^2}+x^2$ ▶ $x\in\mathbb{R}\wedge y\in\mathbb{R}\wedge x^2-y^2\geq 0$

▶ $D(f)=\{\langle x|y\rangle\in\mathbb{R}\times\mathbb{R}\,|\,x^2-y^2\geq 0\}$
$=\{\langle x|y\rangle\in\mathbb{R}^2\,|\,x^2-y^2\geq 0\}$

Wie bei Funktionen mit einer Variablen ist auch bei Funktionen mit zwei Variablen x, y eine geometrische Veranschaulichung möglich.

Zur Darstellung verwendet man in der Regel rechtwinklig-räumliche Koordinatensysteme mit x-Achse, y-Achse und z-Achse. Zu jedem Wertepaar $\langle x|y\rangle$ wird mit Hilfe der Funktionsgleichung der Funktionswert $f(x;\, y)$ ermittelt und über dem Punkt $P\langle x|y\rangle$ als z-Wert eingetragen.

In diesem Falle ist der Graph der Funktion mit zwei Variablen eine im Raum liegende Fläche.

Bei Funktionen mit mehr als zwei Variablen ist eine analoge geometrische Veranschaulichung im allgemeinen nicht mehr möglich.

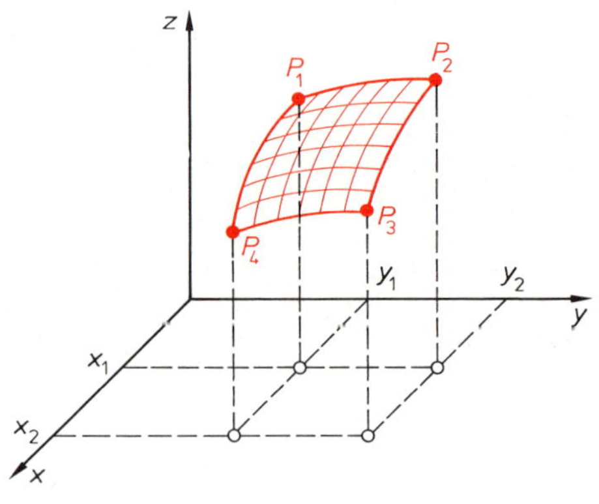

$\langle x_1|y_1\rangle$ ▶ $f(x_1;\, y_1)$ ▶ $P_1\langle\langle x_1|y_1\rangle|f(x_1;\, y_1)\rangle$
$\langle x_1|y_2\rangle$ ▶ $f(x_1;\, y_2)$ ▶ $P_2\langle\langle x_1|y_2\rangle|f(x_1;\, y_2)\rangle$
$\langle x_2|y_2\rangle$ ▶ $f(x_2;\, y_2)$ ▶ $P_3\langle\langle x_2|y_2\rangle|f(x_2;\, y_2)\rangle$
$\langle x_2|y_1\rangle$ ▶ $f(x_2;\, y_1)$ ▶ $P_4\langle\langle x_2|y_1\rangle|f(x_2;\, y_1)\rangle$

Um die Funktion f: $f(x; y) = x^2 + y^2$ mit $x^2 + y^2 \leq 4$ graphisch darzustellen, bestimmt man zunächst den Definitionsbereich $D(f)$.

Wegen $x^2 + y^2 \leq 4$ gilt:

$x^2 \leq 4 - y^2 \Rightarrow |x| \leq \sqrt{4-y^2} \Rightarrow |y| \leq 2$

$y^2 \leq 4 - x^2 \Rightarrow |y| \leq \sqrt{4-x^2} \Rightarrow |x| \leq 2$

$\Rightarrow -2 \leq x \leq 2$ und $-2 \leq y \leq 2$.

Wegen der Beziehung $r^2 = x^2 + y^2$ ist $D(f)$ eine Kreisfläche mit dem Radius $r = 2$.

Mit Hilfe der Funktionsgleichung berechnet man für $|x| \leq 2$ und $|y| \leq 2$ eine notwendige Anzahl von $f(x; y)$-Werten und zeichnet den Graphen der Funktion, ein Paraboloid mit der Höhe $h = 4$, in ein rechtwinklig-räumliches Koordinatensystem.

● $f(x; y) = x^2 + y^2$ mit $x^2 + y^2 \leq 4$

▶ $x^2 \leq 4 - y^2 \Rightarrow |x| \leq 2$; $y^2 \leq 4 - x^2 \Rightarrow |y| \leq 2$

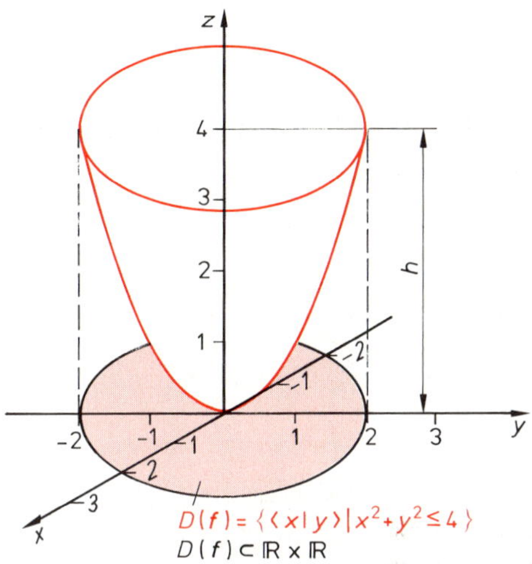

Räumliche Darstellungen von Funktionen mit zwei Variablen werden in der Wissenschaft und in der Technik oft angewendet. Dabei wird den Anwendern heutzutage das zeitraubende Zeichnen einer 3-dimensionalen Graphik durch leistungsfähige Computerprogramme abgenommen.

Das nebenstehende Diagramm zeigt ein sogenanntes Belastungsgebirge, das die abgegebene elektrische Leistung eines Elektrizitätswerkes für jeden Zeitpunkt des Jahres darstellt.

Die Leistung hängt nicht nur von der Tageszeit ab (Maximalleistung gegen 18 Uhr), sondern auch von der Jahreszeit (Maximalleistung im Dezember).
Für eine bestimmte Tageszeit, z. B. um 0 Uhr, kann die elektrische Arbeit des Jahres in kWh abgelesen werden (graue Fläche). Die rote Fläche stellt die elektrische Arbeit an einem Tag im Januar über 24 Stunden dar.

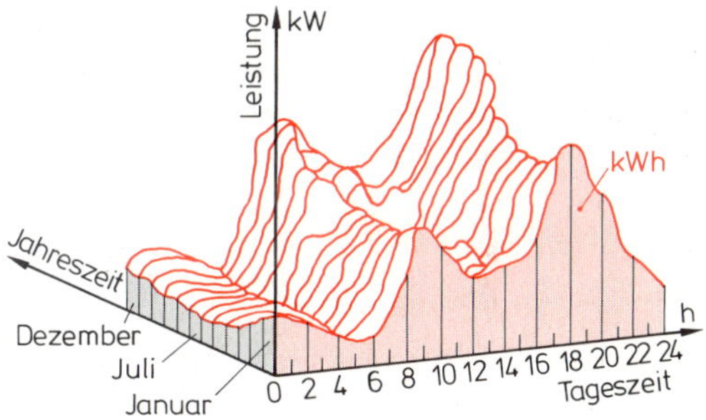

Belastungsgebirge eines Elektrizitätswerkes

Da räumliche Darstellungen von Funktionen mit zwei Variablen ohne geeignete Hilfsmittel vielfach sehr schwierig zu zeichnen und Informationen nicht einfach abzulesen sind, werden solche Schaubilder oft auf Darstellungen im ebenen, rechtwinkligen Koordinatensystem, d. h. auf Funktionen mit einer Variablen, zurückgeführt. Dies geschieht, indem man eine der Variablen als Parameter behandelt, während man die verbleibende Variable als unabhängige Funktionsvariable beibehält. Zur Funktion f: $f(x; y) = x^2 + y^2$ mit $x^2 + y^2 \leq 4$ erhält man z.B. bei Wahl von y als Parameter zu jedem $y \in [-2; 2]$ eine Funktion f_y: $f_y(x) = x^2 + y^2$ mit $D(f_y) = [-2; 2]$, deren Graph eine Parabel ist. In dieser Darstellung wird also die Variable y gegenüber der Variablen x relativ fest gehalten.

Wählt man als Beispiel die graphische Darstellung der Funktion der Schnittgeschwindigkeit v_c mit der Funktionsgleichung:

$$v_c = \frac{d \cdot \pi \cdot n}{1000}; \left[\frac{\text{m}}{\text{min}}\right],$$

so ist es zweckmäßig, die Umdrehungsfrequenz (Drehzahl) n als Parameter zu behandeln. Dadurch wird die Funktion mit zwei Variablen $v_c\colon \langle d|n\rangle \mapsto v_c(d, n)$ für jede Umdrehungsfrequenz n zurückgeführt auf eine Funktion mit nur einer Variablen $v_{c,n}\colon d \mapsto v_{c,n}(d)$.

Für jede einstellbare Umdrehungsfrequenz, im Beispiel sind das die Umdrehungsfrequenzen

22,4 – 35,5 – 56 – 90 – 140
224 – 355 – 560 – 900 – 1400 min^{-1},

erhält man als Graphen der Funktion $v_{c,n}$ eine Gerade, an der man für jeden Durchmesser d die entsprechende Schnittgeschwindigkeit v_c ablesen kann.

Stellt man die Graphen dieser Funktionen in einem doppeltlogarithmisch geteilten, rechtwinkligen Koordinatensystem dar, so erhält man eine Schar paralleler Geraden, die ein leichteres Ablesen der Schnittgeschwindigkeit v_c im unteren Bereich ermöglicht.

Diese Art der graphischen Darstellung ist deshalb besonders häufig als Schaubild auf Werkzeugmaschinen zu finden.

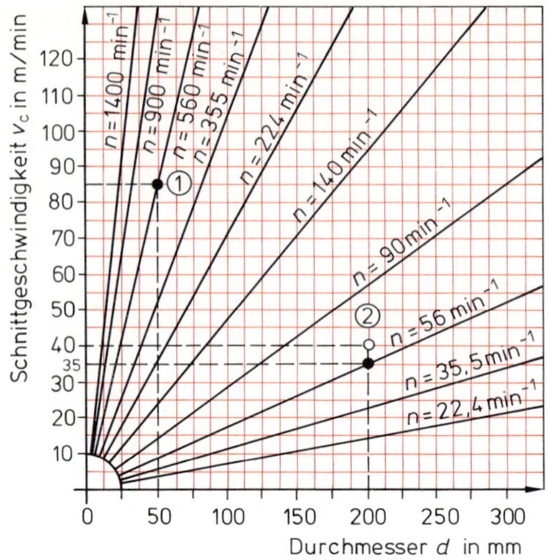

Darstellung von $v_{c,n}\colon d \mapsto v_{c,n}(d)$ im linear geteilten rechtwinkligen Koordinatensystem

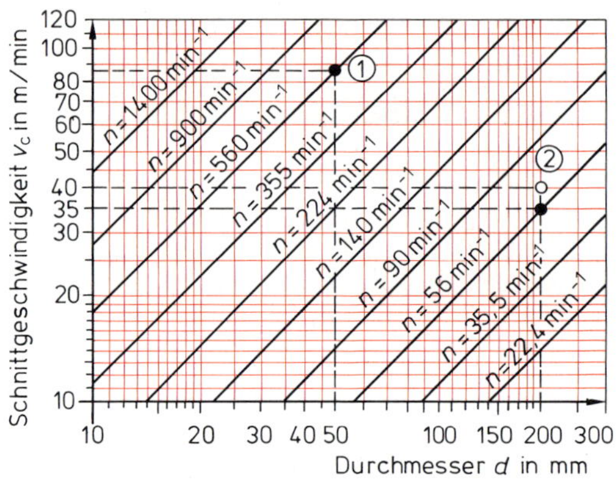

Darstellung von $v_{c,n}\colon d \mapsto v_{c,n}(d)$ im doppeltlogarithmisch geteilten rechtwinkligen Koordinatensystem

In der Regel wird aber zu einer gewählten Schnittgeschwindigkeit v_c und zu einem gegebenen Durchmesser d die einzustellende Umdrehungsfrequenz n gesucht.

Im Ablesebeispiel (1), also für $d = 50$ mm und $v_c = 85$ m/min erhält man einen Schnittpunkt, der einer Umdrehungsfrequenz von 560 min^{-1} entspricht.

Im Ablesebeispiel (2) mit $d = 200$ mm und $v_c = 40$ m/min liegt der Schnittpunkt zwischen $n = 56\ \text{min}^{-1}$ und $n = 90\ \text{min}^{-1}$. Um Überlastungen des Drehmeißels zu vermeiden, wird die kleinere Umdrehungsfrequenz gewählt, was einer Schnittgeschwindigkeit von 35 m/min entspricht.

Beispiel: Ermitteln Sie den Definitionsbereich der Funktion f: $f(x;y)=\sqrt{9-x^2-y^2}$, und zeichnen Sie den Graphen in ein rechtwinklig-räumliches Koordinatensystem.

Zunächst wird der Definitionsbereich $D(f)$ ermittelt, d.h. man muß feststellen, für welche $\langle x|y\rangle$-Paare die Funktion f definiert ist. Wandelt man den Radikanden in die Form $9-(x^2+y^2)$ um, so wird deutlich, daß die Wurzel nur für $x^2+y^2\leq 9$ definiert ist. Diese Ungleichung ist nur lösbar, wenn sowohl x als auch y Elemente des Intervalls $[-3;3]$ sind. Damit ist $D(f)$ als Teilmenge der Produktmenge $[-3;3]\times[-3;3]$ durch die zusätzliche Bedingung $x^2+y^2\leq 9$ festgelegt.

Zum Zeichnen des Graphen stellt man eine Wertetabelle für die $\langle x|y\rangle$-Paare des Definitionsbereiches $D(f)$ auf. Dazu ist es sinnvoll, eine Variable relativ konstant zu halten (z.B. 0 für y) und für verschiedene x-Werte (z.B. $x\in\{-3;-2;-1;0;1;2;3\}$) die entsprechenden $f(x;y)$-Werte zu berechnen. Dieses Verfahren wiederholt man für $f(x;1)$, $f(x;2)$... bzw. $f(0;y)$, $f(1;y)$, $f(2;y)$....

Die ermittelten $f(x;y)$-Werte des Wertebereiches $W(f)$ werden in das räumliche Koordinatensystem über den Punkten $P\langle x|y\rangle$ als z-Werte eingezeichnet. Der Graph der Funktion ist die Oberfläche einer Halbkugel mit dem Radius $r=3$. Alle $\langle x|y\rangle$-Paare liegen innerhalb eines Kreises mit $r=3$, d.h. diese Kreisfläche stellt den Definitionsbereich der Funktion f dar.

$$f(x,y)=\sqrt{9-x^2-y^2}$$
$$=\sqrt{9-(x^2+y^2)} \blacktriangleright x^2+y^2\leq 9$$

$x\in[-3;3]$ und $y\in[-3;3]$ und $x^2+y^2\leq 9$

$\blacktriangleright$ $D(f)=\{\langle x|y\rangle\in[-3;3]\times[-3;3] \mid x^2+y^2\leq 9\}$

$W(f)=[0;3]$

	P_1	P_2	P_3	P_4	P_5	P_6	P_7	P_8	P_9	P_{10}	P_{11}	P_{12}	P_{13}	P_{14}
x	−3	−2	−1	0	1	2	3	0	0	0	0	0	0	0
y	0	0	0	0	0	0	0	−3	−2	−1	0	1	2	3
$f(x;y)$	0	$\sqrt{5}$	$\sqrt{8}$	3	$\sqrt{8}$	$\sqrt{5}$	0	0	$\sqrt{5}$	$\sqrt{8}$	3	$\sqrt{8}$	$\sqrt{5}$	0

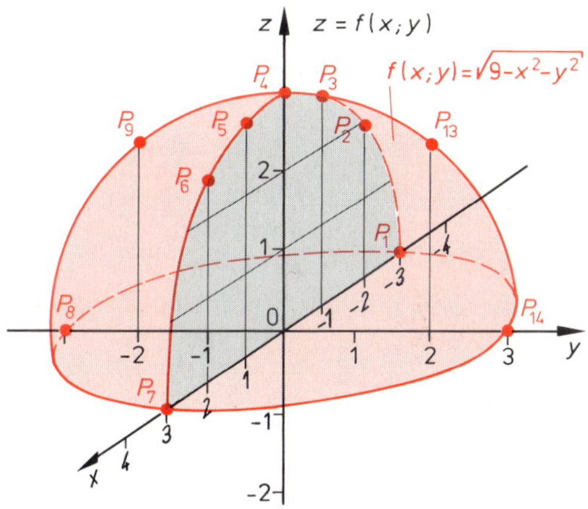

Beispiele: Zeichnen Sie die Graphen der nachstehenden Funktionen mit zwei Variablen jeweils für $x\in[-5;5]$ und $y\in[-5;5]$.

- $f: f(x;y)=\frac{y^2}{5}-3\cdot|x|$;
  $D(f)=[-5;5]\times[-5;5]$

Da die Funktion sowohl für $x\in\mathbb{R}$ als auch für $y\in\mathbb{R}$ definiert ist, ergibt sich der maximale Definitionsbereich $D(f)=\mathbb{R}\times\mathbb{R}$.
Um den Graphen der Funktion im gewünschten Bereich zu zeichnen, stellt man eine Wertetabelle für verschiedene Werte

$$f(x;y)=\frac{y^2}{5}-3\cdot|x|;\ \langle x|y\rangle\in[-5;5]\times[-5;5]$$

	P_1	P_2	P_3	P_4	P_5	P_6	P_7	P_8	P_9	P_{10}	P_{11}	...
x	0	0	0	0	−1	−1	−2	−2	−5	−5	5	...
y	0	5	−3	−5	0	3	−3	5	−5	0	−5	...
$f(x;y)$	0	5	1,8	5	−3	−1,2	−4,2	−1	−10	−15	−10	...

von x und y auf, wobei jeweils eine Variable relativ konstant gehalten wird, d.h. man bildet z.B. $f(x;0)$, $f(x;\pm 1)$, $f(x;\pm 2)\ldots$ bzw. $f(0;y)$, $f(\pm 1;y)$, $f(\pm 2;y)\ldots$.

Die ermittelten $f(x;y)$-Werte zeichnet man im räumlichen $x-y-z$-Koordinatensystem über den Punkten $P\langle x|y\rangle$ als z-Werte ein. Man erhält dann die Raumpunkte $P\langle x|y|z\rangle$. Verbindet man von diesen Punkten alle Punkte mit gleichen x-Koordinaten sowie alle Punkte mit gleichen y-Koordinaten zu einem Raster und läßt die verdeckten Kanten weg, so erhält man den Eindruck einer im Raum liegenden Fläche, die in diesem Falle die Form eines geschwungenen Satteldaches hat.

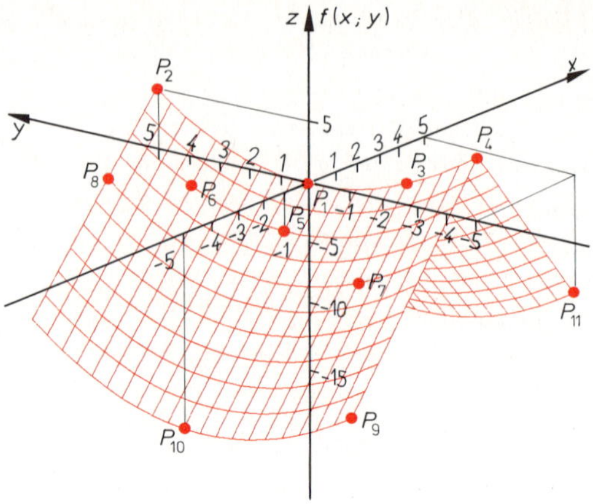

- g: $g(x;y)=\dfrac{\cos\left(\dfrac{x^2}{4}+\dfrac{y^2}{4}\right)}{x^2+y^2+5}$ mit $D(g)=[-5;5]\times[-5;5]$

Die Funktion g ist sowohl für $x\in\mathbb{R}$ als auch für $y\in\mathbb{R}$ definiert, d.h. sie hat den maximalen Definitionsbereich $D(g)=\mathbb{R}\times\mathbb{R}$. Um den Graphen der Funktion im gewünschten Bereich zu zeichnen, trägt man die ermittelten $g(x;y)$-Werte über den Punkten $P\langle x|y\rangle$ als z-Werte des räumlichen $x-y-z$-Koordinatensystems ein. Man erhält dann die Raumpunkte $P\langle x|y|z\rangle$. Die Menge dieser Punkte ergibt den Eindruck einer im Raum liegenden Fläche, die in diesem Falle die Form eines Hutes hat. Es ist sinnvoll, die verdeckten Kanten wegzulassen.

Der nebenstehende Graph wurde mit Hilfe eines Computerprogramms gezeichnet.

$$g(x;y)=\frac{\cos\left(\frac{x^2}{4}+\frac{y^2}{4}\right)}{x^2+y^2+5};\ \langle x|y\rangle\in[-5;5]\times[-5;5]$$
$$=\frac{\cos(0{,}25\,x^2+0{,}25\,y^2)}{x^2+y^2+5}$$

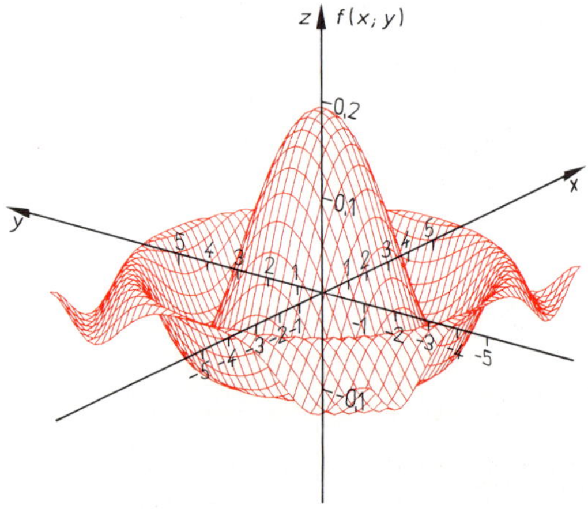

Anmerkung:

Das zeitaufwendige Darstellen von Graphen in räumlichen Koordinatensystemen kann mit Hilfe von entsprechenden Computerprogrammen abgekürzt werden.

1.1.10 Funktionen in Polarkoordinatendarstellung

Es ist oft sinnvoll, Punktmengen, die Graphen von Funktionen oder Relationen sind, nicht durch rechtwinklige Koordinaten, sondern durch Polarkoordinaten anzugeben.

Die Umrechnung von rechtwinkligen Koordinaten in Polarkoordinaten und umgekehrt wurde im Kapitel „Koordinatensysteme" behandelt.

Eine Funktion $f: x \mapsto f(x)$ mit rechtwinkligen Koordinaten, deren Graph nicht durch den Nullpunkt geht, läßt sich in eine Funktion $F: \varphi \mapsto F(\varphi)$ mit Polarkoordinaten umwandeln und in der Form $r = F(\varphi)$ schreiben. Durch die Funktion F wird also jedem Polarwinkel φ ein Polarradius r und damit ein Punkt $P\langle r|\varphi\rangle$ im Polarkoordinatensystem zugeordnet. Man spricht dann von **Funktionen in Polarkoordinatendarstellung**.

Bei Punkten im Polarkoordinatensystem wird in spitzen Klammern zuerst der Polarradius r (Funktionswert), dann der Polarwinkel φ (Funktionsvariable) angegeben.

Zur Umwandlung von Funktionen in eine Polarkoordinatenschreibweise setzt man in der Funktionsgleichung von f für $f(x)$ den Term $F(\varphi)\cdot\sin\varphi$ und für x den Term $F(\varphi)\cdot\cos\varphi$ ein und stellt – wenn möglich – nach $F(\varphi)$ um.

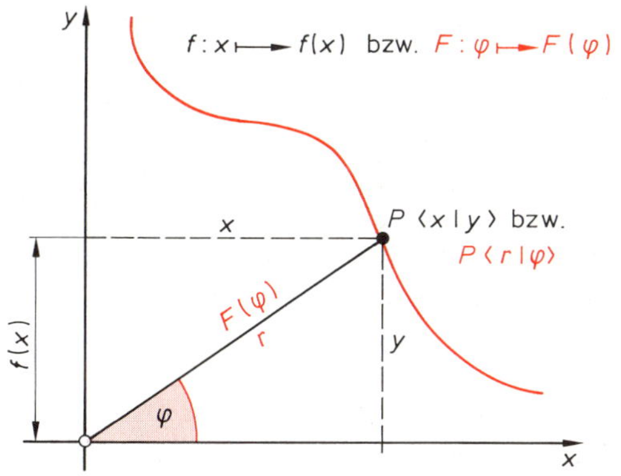

$f: x \mapsto f(x)$ ► $F: \varphi \mapsto F(\varphi)$ mit $r = F(\varphi)$

$x = r\cdot\cos\varphi$ ► $x = F(\varphi)\cdot\cos\varphi$

$y = r\cdot\sin\varphi$ ► $f(x) = F(\varphi)\cdot\sin\varphi$

► $F(\varphi) = \sqrt{x^2 + [f(x)]^2}$ bzw. $F(\varphi) = \sqrt{x^2 + [R(x)]^2}$

$\tan\varphi = \frac{x}{y}$ ► $\tan\varphi = \frac{x}{f(x)}$ bzw. $\tan\varphi = \frac{x}{R(x)}$

Beispiel:

$f(x) = x + 10$ ► $f(x) = F(\varphi)\cdot\sin\varphi$; $x = F(y)\cdot\cos\varphi$

$$F(\varphi)\cdot\sin\varphi = F(\varphi)\cdot\cos\varphi + 10$$
$$F(\varphi)\cdot\sin\varphi - F(\varphi)\cdot\cos\varphi = 10$$
$$F(\varphi)\cdot(\sin\varphi - \cos\varphi) = 10$$
$$r = F(\varphi) = \frac{10}{\sin\varphi - \cos\varphi}$$

Problem: Stellen Sie die Funktion $f: f(x) = 1{,}5x + 3{,}5$; $D(f) = \mathbb{R}$ als Funktion F in Polarkoordinaten dar, und zeichnen Sie die Graphen $G(f)$ und $G(F)$ für das Intervall $[-5; 1]$ in ein rechtwinkliges Koordinatensystem bzw. in ein Polarkoordinatensystem. Ermitteln Sie den Definitionsbereich $D(F)$ sowie das Intervall $I \subseteq D(F)$, dem in kartesischen Koordinaten das Intervall $[-5; 1]$ entspricht.

Um die Funktion F in Polarkoordinatendarstellung zu erhalten, ersetzt man in der Funktionsgleichung $f(x) = 1{,}5x + 3{,}5$ den Funktionswert $f(x)$ durch $F(\varphi)\cdot\sin\varphi$ sowie die Variable x durch $F(\varphi)\cdot\cos\varphi$ und stellt die Gleichung nach $F(\varphi)$ um.

$f(x) = 1{,}5x + 3{,}5$ ► $f(x) = F(\varphi)\cdot\sin\varphi$; $x = F(\varphi)\cdot\cos\varphi$

$$F(\varphi)\cdot\sin\varphi = 1{,}5\cdot F(\varphi)\cdot\cos\varphi + 3{,}5$$
$$F(\varphi)\cdot\sin\varphi - 1{,}5\cdot F(\varphi)\cdot\cos\varphi = 3{,}5$$
$$F(\varphi)\cdot(\sin\varphi - 1{,}5\cdot\cos\varphi) = 3{,}5$$
$$\Rightarrow F(\varphi) = \frac{3{,}5}{\sin\varphi - 1{,}5\cdot\cos\varphi}$$ ► $D(F) = ?$

Der maximale Definitionsbereich $D(F)$, der $D(f)=\mathbb{R}$ entspricht, ist nur vom Nennerterm der Funktionsgleichung abhängig.
Definitionslücken existieren an solchen Stellen, an denen der Nennerterm Null ist. Wegen $0° \leq \varphi < 360°$ und der Periodizität der Tangensfunktion mit der Periode 180° erhält man aus der zugehörigen Gleichung zwei Definitionslücken.
Da der Polarradius $r=F(\varphi)$ stets positiv ist, muß $\sin\varphi - 1{,}5\cdot\cos\varphi > 0$ bzw. $\sin\varphi > 1{,}5\cdot\cos\varphi$ gelten.
Ungleichungen mit nichtrationalen Termen sind manchmal sehr schwierig zu lösen. Daher ist es oft hilfreich, die Graphen von Funktionen oder Teilfunktionen zu zeichnen und aus dem Verlauf der Graphen die Lösung zu bestimmen oder anzunähern.
So zeigen die Graphen von g: $g(\varphi)=\sin\varphi$ und h: $h(\varphi)=1{,}5\cdot\cos\varphi$, daß $\sin\varphi > 1{,}5\cdot\cos\varphi$ nur im Intervall (56,31°; 236,31°) gilt, d.h. die Funktion F hat den maximalen Definitionsbereich $D(F)=(56{,}31°;\ 236{,}31°)$.
Um für das Intervall $[x_1; x_2]=[-5; 1]$ die entsprechenden φ-Werte zu ermitteln, berechnet man zunächst die Funktionswerte für die Intervallgrenzen $x_1=-5$ und $x_2=1$ zu $f(-5)=-4$ und $f(1)=5$.
Setzt man die Werte für $f(x)$ und x in die Gleichung $\tan\varphi=\dfrac{f(x)}{x}$ ein, so erhält man unter Beachtung der Periode 180° für die Tangensfunktion die entsprechenden Tangenswerte.
Man erhält dann vier Winkel, von denen jedoch nur die Winkel $\varphi_5=78{,}69°$ und $\varphi_4=218{,}66°$ im maximalen Definitionsbereich $D(F)=(56{,}31°;\ 236{,}31°)$ liegen. Dem Intervall $[-5; 1]$ bei der Darstellung in rechtwinkligen Koordinaten entspricht demnach der Bereich [78,69°; 218,66°] bei der Darstellung in Polarkoordinaten.
Durch Einsetzen dieser Winkel in die Funktionsgleichung erhält man die zugehörigen Funktionswerte (Polarradien) $F(\varphi)$, und zwar $F(78{,}69°)=5{,}10$ (Randpunkt $P_1\langle 5{,}10 \mid 78{,}69°\rangle$) sowie $F(218{,}66°)=6{,}40$ (Randpunkt $P_2\langle 6{,}40 \mid 218{,}66°\rangle$).

$\sin\varphi - 1{,}5\cdot\cos\varphi = 0$ für $0° \leq \varphi < 360°$

$$\sin\varphi = 1{,}5\cdot\cos\varphi$$

$$\frac{\sin\varphi}{\cos\varphi} = 1{,}5$$

$$\tan\varphi = \underline{\underline{1{,}5}}$$

$\Rightarrow \varphi_1 = \underline{\underline{56{,}31°}};\ \varphi_2=\varphi_1+180° \Rightarrow \varphi_2=\underline{\underline{236{,}31°}}$

$\varphi_1=56{,}31°;\ \varphi_2=236{,}31°$ ► Definitionslücken

$\sin\varphi - 1{,}5\cdot\cos\varphi > 0 \Rightarrow \sin\varphi > 1{,}5\cdot\cos\varphi$

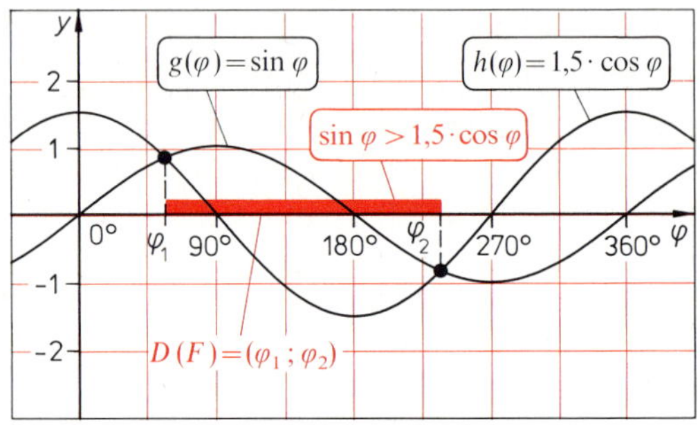

$\sin\varphi > 1{,}5\cdot\cos\varphi$ für $\varphi\in(56{,}31°;\ 236{,}31°)$

► $\underline{\underline{D(F)=(56{,}31°;\ 236{,}31°)}}$

f: $f(x)=1{,}5x+3{,}5;\ x\in[-5; 1]$

$$F\colon F(\varphi)=\frac{3{,}5}{\sin\varphi - 1{,}5\cdot\cos\varphi};\ \varphi\in ?$$

$x_1=-5$ ► $f(-5)=1{,}5\cdot(-5)+3{,}5=\underline{-4}$

$$\tan\varphi=\frac{f(x_1)}{x_1}=\frac{-4}{-5}=\underline{0{,}8}$$

$\Rightarrow \varphi_3=\underline{38{,}66°}$ ► $\varphi_3\notin D(F)$

$\varphi_4=\varphi_3+180° \Rightarrow \varphi_4=\underline{\underline{218{,}66°}}$ ► $\varphi_4\in D(F)$

$x_2=1$ ► $f(1)=1{,}5\cdot 1+3{,}5=\underline{5}$

$$\tan\varphi=\frac{f(x_2)}{x_2}=\frac{5}{1}=\underline{5}$$

$\Rightarrow \varphi_5=\underline{\underline{78{,}69°}}$ ► $\varphi_5\in D(F)$

$\varphi_6=\varphi_5+180° \Rightarrow \varphi_6=258{,}69°$ ► $\varphi_6\notin D(F)$

► $x\in[-5; 1]$ ► $\underline{\underline{\varphi\in[78{,}69°;\ 218{,}66°]}}$

$$F(\varphi)=\frac{3{,}5}{\sin\varphi - 1{,}5\cdot\cos\varphi}$$ ► $\varphi_5=78{,}69°;\ \varphi_4=218{,}66°$

$$F(78{,}69°)=\frac{3{,}5}{\sin 78{,}69° - 1{,}5\cdot\cos 78{,}69°}=\underline{\underline{5{,}10}}$$

$$F(218{,}69°)=\frac{3{,}5}{\sin 218{,}66° - 1{,}5\cdot\cos 218{,}66°}=\underline{\underline{6{,}40}}$$

► $P_1\langle 5{,}10 \mid 78{,}69°\rangle$ und $P_2\langle 6{,}40 \mid 218{,}66°\rangle$

Zur graphischen Darstellung im Polarkoordinatensystem ist es sinnvoll, mit Hilfe der Funktionsgleichung für $F(\varphi)$ eine Wertetabelle aufzustellen.

Die ermittelten Wertepaare werden dann auf Polarkoordinatenpapier übertragen.

Wertetabelle für $F(\varphi)=\dfrac{3{,}5}{\sin\varphi-1{,}5\cdot\cos\varphi}$

φ	78,69°	90°	110°	130°	150°	180°	200°	218,66°
$F(\varphi)$	5,10	3,50	2,41	2,02	1,95	2,33	3,28	6,40

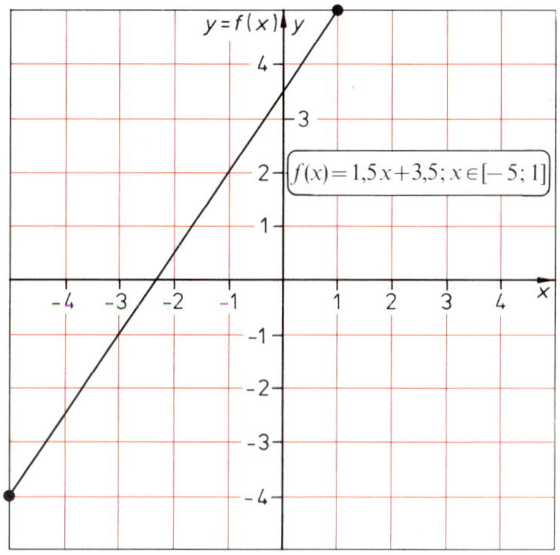

Darstellung im rechtwinkligen Koordinatensystem

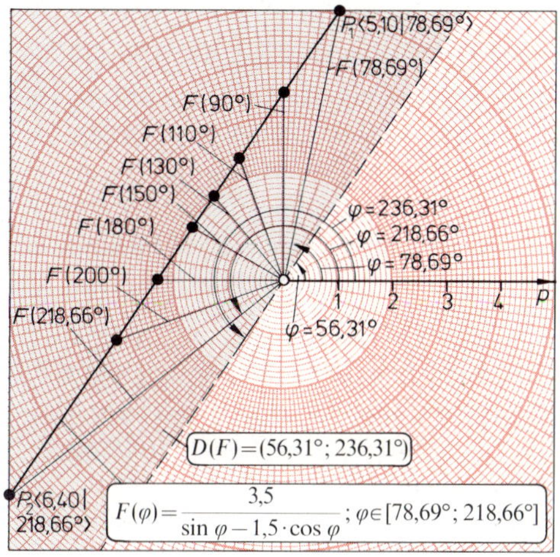

Darstellung im Polarkoordinatensystem

Problem: Transformieren Sie die Funktion F: $F(\varphi)=\dfrac{4\cdot\cos(2\varphi)}{\cos\varphi}$ für $\varphi\in[0°; 360°)$ in rechtwinklige Koordinaten, bestimmen Sie $D(F)$ sowie $D(f)$, und zeichnen Sie die Graphen $G(F)$ sowie $G(f)$.

Zuerst wird untersucht, ob die Funktion F im gesamten gegebenen Intervall $[0°; 360°)$ definiert ist. Die Untersuchungsmethode ergibt sich aus der Erkenntnis, daß der Nennerterm $\cos\varphi$ nicht Null sein darf ($\cos\varphi\neq 0$) und daß der Polarradius $r=F(\varphi)$ stets größer oder gleich Null sein muß ($F(\varphi)\geq 0$).

Da für $\varphi_1=90°$ und $\varphi_2=270°$ der Nennerterm $\cos\varphi$ Null ist, hat die Funktion F an diesen Stellen Definitionslücken.

Die Bedingung $F(\varphi)\geq 0$ ist nur für zwei Fälle erfüllt, und zwar für:

$4\cdot\cos(2\varphi)\geq 0$ und $\cos\varphi>0$ ► (Fall A)

$4\cdot\cos(2\varphi)\leq 0$ und $\cos\varphi<0$ ► (Fall B).

Um festzustellen, für welche φ-Werte diese Bedingungen erfüllt sind, ermittelt man zu-

$F(\varphi)=\dfrac{4\cdot\cos(2\varphi)}{\cos\varphi}$ ► $\cos\varphi\neq 0$

► $\varphi_1=90°$; $\varphi_2=270°$ ► Definitionslücken

$4\cdot\cos\varphi(2\varphi)=0 \Rightarrow \cos(2\varphi)=0$

$\Rightarrow 2\varphi=90°$ oder $2\varphi=270°$

$\Rightarrow \varphi_3=\underline{\underline{45°}}$; $\varphi_4=\underline{\underline{135°}}$.

$\cos\varphi=\cos(-\varphi)$ und $\cos\varphi=\cos(\varphi+360°)$

► für jedes $\varphi\in[0°; 360°)$

$\Rightarrow \varphi_5=-45°+360°=\underline{\underline{315°}}$,

$\varphi_6=-135°+360°=\underline{\underline{225°}}$.

► $4\cdot\cos(2\varphi)=0$ für $\varphi\in\{45°; 135°; 225°; 315°\}$

► $\cos\varphi=0$ für $\varphi\in\{90°; 270°\}$

nächst die Winkel, für die $4 \cdot \cos(2\varphi) = 0$ gilt. Man erhält $\varphi_3 = 45°$ sowie $\varphi_4 = 135°$. Wegen $\cos\varphi = \cos(-\varphi)$ für jedes $\varphi \in [0°; 360°)$ und der Periodizität der Kosinusfunktion mit der Periode 360° ergeben sich außerdem die Winkel $\varphi_5 = 315°$ sowie $\varphi_6 = 225°$.

Auch hier ist die rechnerische Lösung der beiden Gleichungssysteme nicht einfach.
Die Graphen von g: $g(\varphi) = 4 \cdot \cos(2\varphi)$ und h: $h(\varphi) = \cos\varphi$ sind deshalb eine gute Hilfe, denn man kann leicht feststellen, wo beide Graphen oberhalb (Fall A) bzw. unterhalb (Fall B) der x-Achse verlaufen.
Das trifft auf die Intervalle $[0°; 45°]$ und $[315°; 360°)$ (Fall A) sowie auf die Intervalle $(90°; 135°]$ und $[225°; 270°)$ (Fall B) zu.

Zur rechnerischen Lösung ermittelt man diejenigen φ-Werte, für die $4 \cdot \cos(2\varphi) \geq 0$ und $\cos\varphi > 0$ gilt, bildet die Schnittmenge der sich ergebenden Intervalle und erhält die Vereinigungsmenge $[0°; 45°] \cup [315°; 360°)$.

Führt man die gleiche Rechnung für die beiden Ungleichungen $4 \cdot \cos(2\varphi) \leq 0$ und $\cos\varphi < 0$ durch, so erhält man die Vereinigungsmenge $(90°; 135°] \cup [225°; 270°)$.

Die Vereinigungsmenge der Intervalle $[0°; 45°]$, $(90°; 135°]$, $[225°; 270°)$ und $[315°; 360°)$ bildet den Definitionsbereich $D(F)$.

Nachdem der Definitionsbereich $D(F)$ ermittelt ist, kann man den Graphen $G(F)$ der Funktion F zeichnen. Dazu ist es hilfreich, zuerst die Definitionsintervalle zu kennzeichnen.

Mit Hilfe einer Wertetabelle werden dann charakteristische Punkte des Graphen bestimmt und in das Polarkoordinatensystem eingezeichnet.

φ	0°	10°	20°	30°	45°	90°	116°	120°	125°	135°
	360°	350°	340°	330°	315°	270°	244°	240°	235°	225°
$F(\varphi)$	4	3,82	3,26	2,31	0	–	5,62	4	2,39	0

An den Definitionslücken $\varphi_1 = 90°$ und $\varphi_2 = 270°$ strebt $G(F)$ gegen ∞.

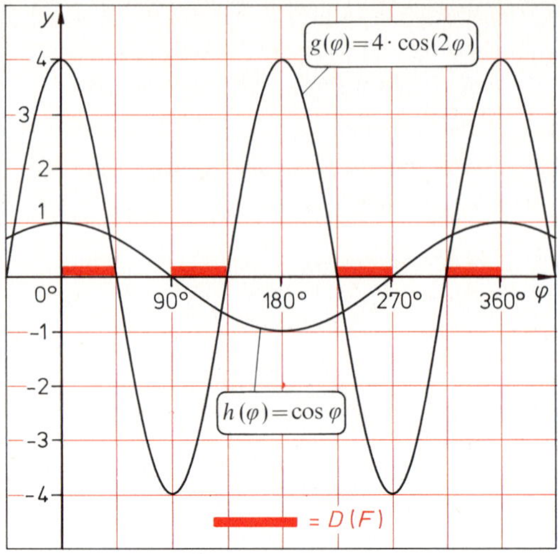

$4 \cdot \cos(2\varphi) \geq 0$ für $\varphi \in [0°; 45°] \cup [135°; 225°] \cup [315°; 360°)$
$\cos\varphi > 0$ für $\varphi \in [0°; 90°) \cup (270°; 360°)$

$\Rightarrow 4 \cdot \cos(2\varphi) \geq 0$ und $\cos\varphi > 0$ für:

$$([0°; 45°] \cup [135°; 225°] \cup [315°; 360°)) \cap ([0°; 90°) \cup (270°; 360°)) = \underline{\underline{[0°; 45°] \cup [315°; 360°)}}$$

$4 \cdot \cos(2\varphi) \leq 0$ für $\varphi \in [45°; 135°] \cup [225°; 315°]$
$\cos\varphi < 0$ für $\varphi \in (90°; 270°)$

$\Rightarrow 4 \cdot \cos(2\varphi) \leq 0$ und $\cos\varphi < 0$ für:

$$([45°; 135°) \cup [225°; 315°]) \cap (90°; 270°) = \underline{\underline{(90°; 135°] \cup [225°; 270°)}}$$

$$\underline{\underline{D(F) = [0°; 45°] \cup (90°; 135°] \cup [225°; 270°) \cup [315°; 360°)}}$$

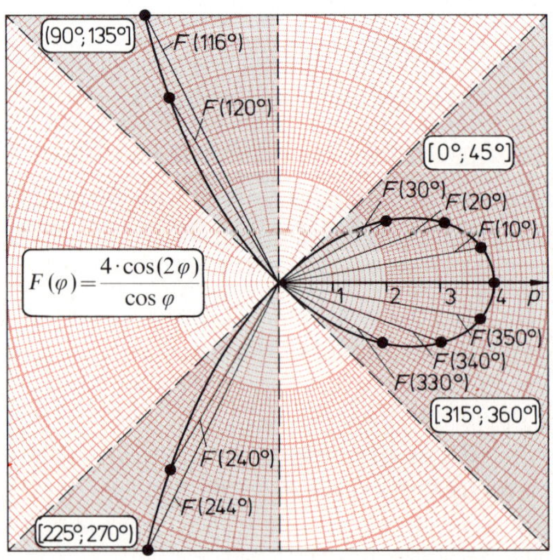

Zur Transformation der Funktion F in rechtwinklige Koordinaten benutzt man die Transformationsgleichungen:

$$F(\varphi)\cdot\cos\varphi = x$$
$$F(\varphi)\cdot\sin\varphi = R(x)$$
$$F(\varphi) = \sqrt{x^2+[R(x)]^2}$$

Um diese Gleichungen verwenden zu können, muß die gegebene Funktionsgleichung umgewandelt werden.

Hierzu ersetzt man $\cos(2\varphi)$ durch $\cos^2\varphi-\sin^2\varphi$, um auf $F(\varphi)$, $\cos^2\varphi$ und $\sin^2\varphi$ die Transformationsgleichungen anzuwenden.

So erhält man eine Gleichung, in der nur noch x sowie $R(x)$ enthalten sind und die dann weiter vereinfacht werden kann.

Die Transformation von Polarkoordinaten in rechtwinklige Koordinaten führt auf eine Relation mit dem Definitionsbereich $D(R)=(-4;\,4]$.

$$R\colon R(x) = \pm|x|\sqrt{\frac{4-x}{4+x}};\quad D(R)=(-4;\,4]$$

Mit Hilfe der gewonnenen Relation R und ihrem Definitionsbereich $D(R)$ läßt sich der Graph $G(R)$ zeichnen.

Es wird bestätigt, daß $R(x)$ gegen $-\infty$ bzw. gegen ∞ strebt wenn x gegen -4 strebt und daß 4 eine Randstelle der Relation ist, die zum Definitionsbereich gehört.

$$F(\varphi) = \frac{4\cdot\cos(2\varphi)}{\cos\varphi} \quad \blacktriangleright\ \cos(2\varphi)=\cos^2\varphi-\sin^2\varphi$$

$$= \frac{4\cdot\cos^2\varphi-4\cdot\sin^2\varphi}{\cos\varphi} \quad \blacktriangleright\ F(\varphi)\cdot\cos\varphi = x$$

$$x = 4\cdot\cos^2\varphi-4\cdot\sin^2\varphi \quad \blacktriangleright\ \cos\varphi=\frac{x}{F(\varphi)};\ \sin\varphi=\frac{R(x)}{F(\varphi)}$$

$$= 4\cdot\frac{x^2}{[F(\varphi)]^2}-4\cdot\frac{[R(x)]^2}{[F(\varphi)]^2}$$

$$= \frac{4x^2-4[R(x)]^2}{[F(\varphi)]^2} \quad \blacktriangleright\ F(\varphi)=\sqrt{x^2+[R(x)]^2}$$

$$= \frac{4x^2-4[R(x)]^2}{x^2+[R(x)]^2}$$

$$\Rightarrow x^3+x\cdot[R(x)]^2 = 4x^2-4[R(x)]^2$$

$$[R(x)]^2\cdot(x+4) = 4x^2-x^3$$

$$[R(x)]^2 = \frac{4x^2-x^3}{x+4}$$

$$|R(x)| = \sqrt{\frac{4x^2-x^3}{x+4}}$$

$$\underline{\underline{R(x) = \pm|x|\sqrt{\frac{4-x}{4+x}};\ x\in(-4;\,4]}}$$

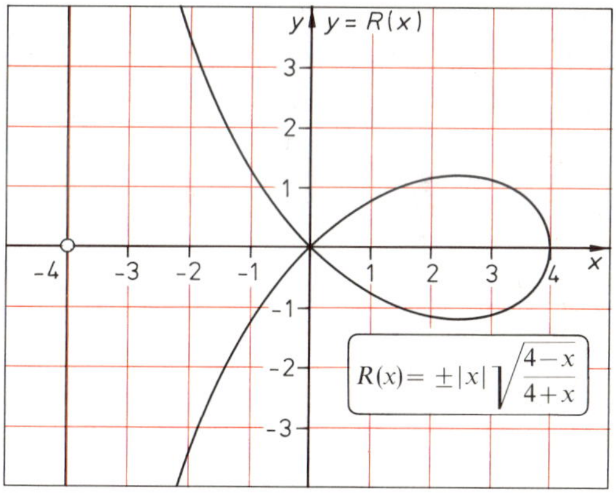

Merke:

Für die Transformation von Funktionen $f\colon x\mapsto f(x)$ bzw. Relationen $R\colon x\mapsto R(x)$ mit rechtwinkligen Koordinaten in Funktionen $F\colon \varphi\mapsto F(\varphi)$ mit Polarkoordinaten gilt:

$$F(\varphi)=\sqrt{x^2+[f(x)]^2} \text{ und } \tan\varphi=\frac{f(x)}{x} \quad \text{bzw.} \quad F(\varphi)=\sqrt{x^2+[R(x)]^2} \text{ und } \tan\varphi=\frac{R(x)}{x}$$

Für die Transformation von Funktionen mit Polarkoordinaten in Funktionen bzw. Relationen mit rechtwinkligen Koordinaten gilt:

$$x=F(\varphi)\cdot\cos\varphi \text{ und } f(x)=F(\varphi)\cdot\sin\varphi \quad \text{bzw.} \quad R(x)=F(\varphi)\cdot\sin\varphi$$

Beispiel: Transformieren Sie die Relation R: $R(x)=\pm\frac{3}{4}\sqrt{16-x^2}$; $D(R)=[-4;4]$ in Polarkoordinaten, ermitteln Sie den Definitionsbereich $D(F)$, und zeichnen Sie den Graphen der Funktion.

R: $R(x)=\pm\frac{3}{4}\sqrt{16-x^2}$; $D(R)=[-4;4]$

Um die Relation R in Polarkoordinatendarstellung zu erhalten, setzt man in der Relationsgleichung $R(x)=\pm\frac{3}{4}\sqrt{16-x^2}$ für $R(x)$ den Term $F(\varphi)\cdot\sin\varphi$ und für die Variable x den Term $F(\varphi)\cdot\cos\varphi$.

Für $|F(\varphi)|$ kommt nur der positive Term in Frage, da der Polarradius $F(\varphi)$ stets größer oder gleich Null ist.

$$R(x)=\pm\tfrac{3}{4}\sqrt{16-x^2} \blacktriangleright x=F(\varphi)\cdot\cos\varphi;\quad R(x)=F(\varphi)\cdot\sin\varphi$$

$$F(\varphi)\cdot\sin\varphi=\pm\tfrac{3}{4}\sqrt{16-[F(\varphi)]^2\cdot\cos^2\varphi}$$

$$[F(\varphi)]^2\cdot\sin^2\varphi=\tfrac{9}{16}(16-[F(\varphi)]^2\cdot\cos^2\varphi)$$

$$16\cdot[F(\varphi)]^2\cdot\sin^2\varphi=144-9\cdot[F(\varphi)]^2\cdot\cos^2\varphi$$

$$\Rightarrow [F(\varphi)]^2(16\cdot\sin^2\varphi+9\cdot\cos^2\varphi)=144$$

$$\Rightarrow |F(\varphi)|=\sqrt{\frac{144}{16\cdot\sin^2\varphi+9\cdot\cos^2\varphi}} \blacktriangleright F(\varphi)\geq 0$$

$$\Rightarrow F(\varphi)=\sqrt{\frac{144}{16\cdot\sin^2\varphi+9\cdot\cos^2\varphi}} \blacktriangleright D(F)=?$$

Die Funktion F kann nur für solche Winkel $\varphi\in[0°;360°)$ Definitionslücken besitzen, für die $16\cdot\sin^2\varphi+9\cdot\cos^2\varphi=0$ gilt.

Da kein solcher Winkel existiert, hat die Funktion F den maximalen Definitionsbereich $D(F)=[0°;360°)$.

$$\blacktriangleright 16\cdot\sin^2\varphi+9\cdot\cos^2\varphi=0$$

$$16\cdot\sin^2\varphi=-9\cos^2\varphi$$

$$\tan^2\varphi=-916 \blacktriangleright \text{keine Lösung}$$

$$\blacktriangleright \underline{\underline{D(F)=[0°;360°)}}$$

Zum Zeichnen des Graphen wählt man geeignete φ-Werte aus und berechnet die zugehörigen $F(\varphi)$-Werte.

Der Graph $G(F)$ ist eine Ellipse mit dem kleinsten Polarradius $F(\varphi)=3$ bei den Winkeln $\varphi_1=90°$ und $\varphi_2=270°$ und dem größten Polarradius $F(\varphi)=4$ bei den Winkeln $\varphi_3=0°$ und $\varphi_4=180°$ (siehe auch Kapitel „Differentiation von Funktionen in Polarkoordinatendarstellung“).

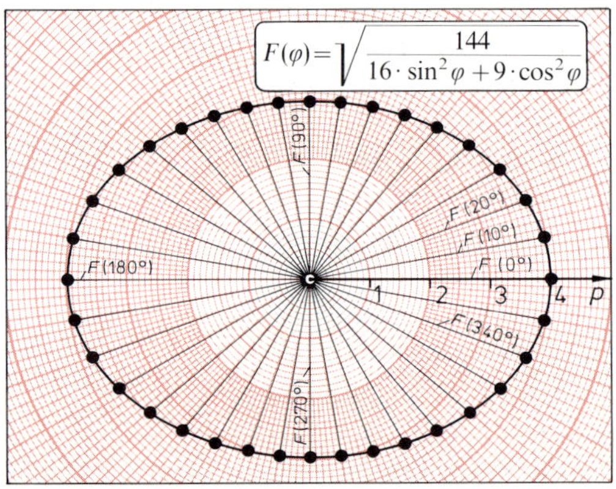

Problem: Zeichnen Sie die Graphen der in Polarkoordinaten gegebenen Funktionen $F_1(\varphi)=\dfrac{\varphi}{4}$ sowie $F_2(\varphi)=|10\cdot\sin\varphi\cdot\cos\varphi|$ für die Intervalle [0°; 360°], [0; 720°] sowie [0°; 1080°], und untersuchen Sie jeweils die Zusammenhänge zwischen dem Verlauf des Graphen und dem Definitionsbereich.

- F_1: $F_1(\varphi)=\dfrac{\varphi}{4}=0{,}25\cdot\varphi$

  ► $D_1(F_1)=[0°;360°]=[0;2\pi]$

  ► $D_2(F_1)=[0°;720°]=[0;4\pi]$

  ► $D_3(F_1)=[0°;1080°]=[0;6\pi]$

$\varphi=0°$ ► $\varphi=0$ ► $F_1(0)=0{,}25\cdot 0=0$

$\varphi=360°$ ► $\varphi=2\pi$ ► $F_1(2\pi)=0{,}25\cdot 2\pi=1{,}57$

$\varphi=720°$ ► $\varphi=4\pi$ ► $F_1(4\pi)=0{,}25\cdot 4\pi=3{,}14$

$\varphi=1080°$ ► $\varphi=6\pi$ ► $F_1(6\pi)=0{,}25\cdot 6\pi=4{,}71$

Zum Zeichen des Graphen $G(F_1)$ erstellt man eine Wertetabelle für die einzelnen Intervalle. Da der Funktionsterm keine Winkelfunktion enthält, muß φ im Bogenmaß eingesetzt werden.

Der Graph beginnt im Punkte $P_1\langle 0|0°\rangle$ und beschreibt eine Spirale um den Pol im Gegenuhrzeigersinn, die auch **archimedische Spirale** heißt.

Mit wachsendem Winkel φ wird der Funktionswert $r=F_1(\varphi)$ immer größer und alle Funktionswerte $F_1(\varphi)$ sind voneinander verschieden.

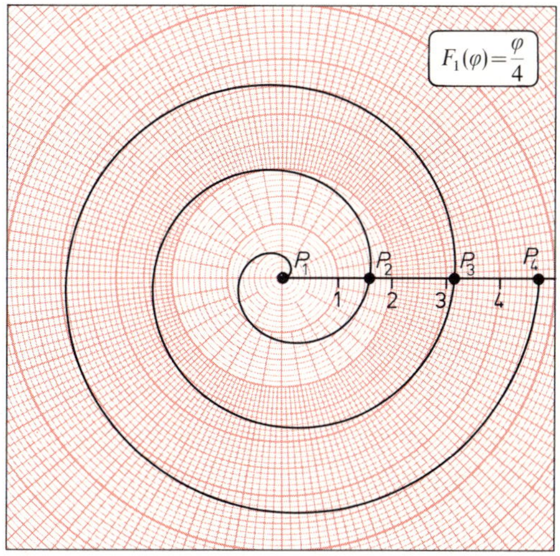

$P_2\langle 1{,}57|360°\rangle$; $P_3\langle 3{,}14|720°\rangle$; $P_4\langle 4{,}71|1080°\rangle$

- F_2: $F_2(\varphi)=|10\cdot\sin\varphi\cdot\cos\varphi|$
  - ▶ $D_1(F_2)=[0°;360°]\ =[0;2\pi]$
  - ▶ $D_2(F_2)=[0°;720°]\ =[0;4\pi]$
  - ▶ $D_3(F_2)=[0°;1080°]=[0;6\pi]$

Der Graph von $F_2=|10\cdot\sin\varphi\cdot\cos\varphi|$ mit $D_1(F_2)=[0°;360°]$ ist eine kleeblattförmige Kurve. Er beginnt im Punkte $P_1\langle 0|0°\rangle$ und beschreibt im Gegenuhrzeigersinn für je 90° ein Blatt des Kleeblatts.
Mit wachsendem Winkel φ wird der Funktionswert $r=F_2(\varphi)$ immer größer bis zu einem Maximalwert $F_2(\varphi)=5$, der jeweils bei 45°, 135°, 225° und 315° erreicht wird, um bei 90°, 180°, 270° und 360° wieder auf Null abzusinken. Der Pol wird insgesamt viermal berührt. Für $D_2(F_2)=[0°;720°]$ werden diese Funktionswerte zweimal und der Pol achtmal durchlaufen. Für $D_3(F_2)=[0°;1080°]$ existieren die Funktionswerte dreimal und der Pol zwölfmal.

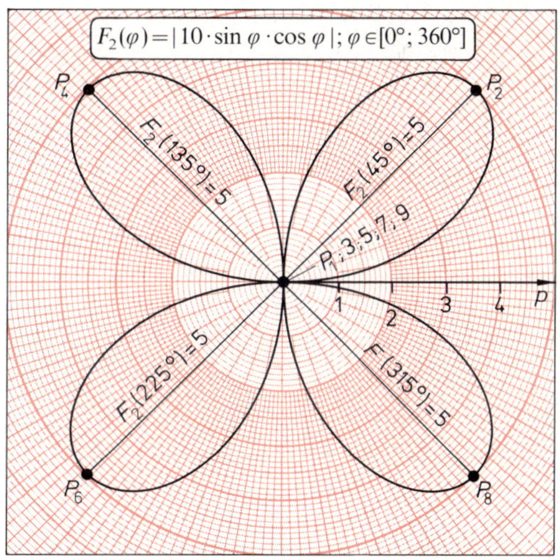

Charakteristische Punkte in $D_1(F_2)=[0°;360°]$:
$P_1\langle 0|0°\rangle$; $P_2\langle 5|45°\rangle$; $P_3\langle 0|90°\rangle$
$P_4\langle 5|135°\rangle$; $P_5\langle 0|180°\rangle$; $P_6\langle 5|225°\rangle$
$P_7\langle 0|270°\rangle$; $P_8\langle 5|315°\rangle$; $P_9\langle 0|360°\rangle$

Merke:

- Läßt sich eine in rechtwinkligen Koordinaten gegebene Funktion $f\colon x\mapsto f(x)$ oder Relation $R\colon x\mapsto R(x)$ in Polarkoordinaten transformieren, so erhält man in der Regel eine Funktion $F\colon \varphi\mapsto F(\varphi)$.
- Bei Funktionen in Polarkoordinatendarstellung können infolge der Periodizität der Winkelfunktionen bei verschiedenen Winkeln φ gleiche Funktionswerte $F(\varphi)$ auftreten.
- In Polarkoordinatendarstellung können voneinander verschiedene Funktionen denselben Graphen besitzen.

1.1.11 Parameterdarstellung von Kurven

Die Relation $R: R(x) = \pm\sqrt{1-x^2}$ mit $D(R) = [-1; 1]$ hat im rechtwinkligen $x-y$-Koordinatensystem den Einheitskreis $(r=1)$ um den Nullpunkt als Graphen.

Denselben Graphen erhält man unter Verwendung von Polarkoordinaten für die Funktion F: $F(\varphi) = 1$ mit $D(F) = [0; 2\pi)$.

Eine weitere Möglichkeit besteht darin, den Graphen durch die Menge der Punkte $\langle x | y \rangle \in \mathbb{R} \times \mathbb{R}$ zu beschreiben, für die $x = \cos t$ und $y = \sin t$ mit $t \in [0; 2\pi)$ gilt. Denn aus $x^2 + y^2 = \cos^2 t + \sin^2 t$ sowie $\cos^2 t + \sin^2 t = 1$ folgt $x^2 + y^2 = 1$ und damit $y = \pm\sqrt{1-x^2}$, d.h. es wird tatsächlich der Einheitskreis dargestellt.

Bei dieser Auffassung ist demnach der Einheitskreis der Graph der Abbildung $f: t \mapsto \langle f_1(t) | f_2(t) \rangle$ mit $D(f) = [0; 2\pi)$, $f_1(t) = \cos t$ und $f_2(t) = \sin t$.

Die Koordinaten x und y eines Punktes $P\langle x | y \rangle$ auf dem Einheitskreis sind also beide selbst wieder von derselben Variablen t funktional abhängig. Man bezeichnet t als **Hilfsvariable** oder **Parameter** und die Darstellung $x = \cos t$ und $y = \sin t$ mit $t \in [0; 2\pi)$ bzw. $\left.\begin{matrix} x = \cos t \\ y = \sin t \end{matrix}\right\} t \in [0; 2\pi)$ als **Parameterdarstellung** des Einheitskreises.

Im Unterschied zu den bisher betrachteten Funktionen hat die Abbildung (Funktion) $f: t \mapsto \langle f_1(t) | f_2(t) \rangle$ nicht mehr die Menge $\mathbb{R}$ als Zielmenge, sondern die Menge $\mathbb{R} \times \mathbb{R}$. Dagegen ist der Definitionsbereich $D(f)$, wie bei den bisher betrachteten Funktionen, eine Teilmenge von $\mathbb{R}$ oder kann als solche verstanden werden.

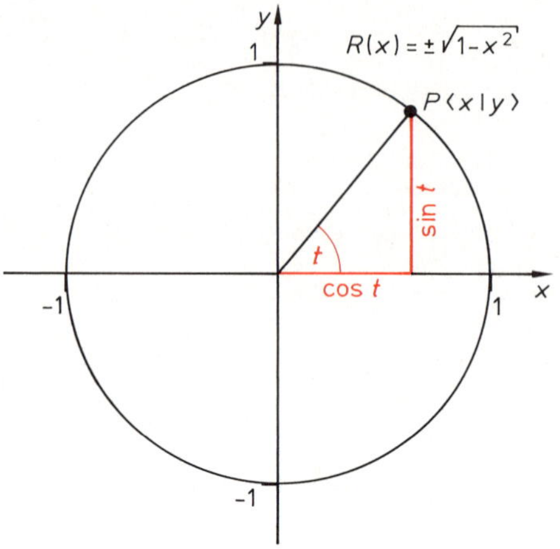

► Darstellung in rechtwinkligen Koordinaten:
R: $R(x) = \pm\sqrt{1-x^2}$; $D(R) = [-1; 1]$

► Polarkoordinatendarstellung:
F: $F(\varphi) = 1$; $D(F) = [0; 2\pi)$

► Parameterdarstellung:
$x = \cos t$ und $y = \sin t$; $t \in [0; 2\pi)$

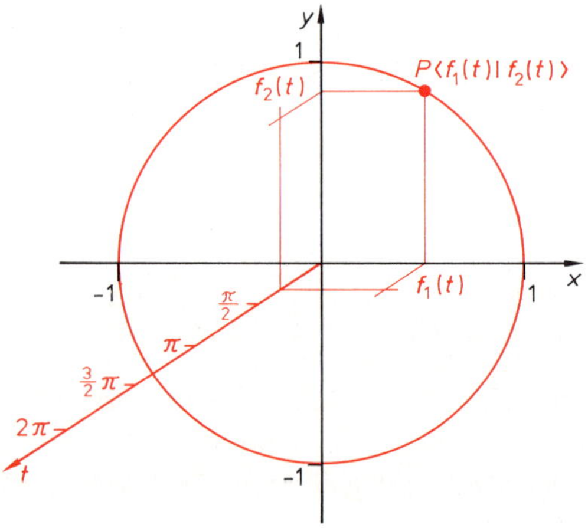

Merke:

Lassen sich alle Punkte $\langle x | y \rangle$ einer ebenen Punktmenge M (Kurve) in der Form $x = f_1(t)$ und $y = f_2(t)$ durch Funktionen f_1 und f_2 mit $t \in \mathbb{R}$ und $t \in D(f_1) \cap D(f_2)$ beschreiben, so nennt man diese Darstellung eine Parameterdarstellung von M mit dem Parameter t.

$$\left.\begin{matrix} x = f_1(t) \\ y = f_2(t) \end{matrix}\right\} t \in \mathbb{R} \text{ und } t \in D(f_1) \cap D(f_2)$$ ► Parameterdarstellung

- $\left.\begin{array}{l} x=t-1 \\ y=0{,}1\,t^3-t \end{array}\right\} t\in\mathbb{R}$

In Parameterform gegebene Graphen lassen sich in einem rechtwinkligen Koordinatensystem darstellen.

Ist zum Beispiel $f_1(t)=t-1;\ t\in\mathbb{R}$ und $f_2(t)=0{,}1\,t^3-t;\ t\in\mathbb{R}$, gilt demnach also $f\colon t\mapsto\langle t-1|0{,}1\,t^3-t\rangle$, so kann man eine Wertetabelle für t und charakteristische Wertepaare $\langle f_1(t)|f_2(t)\rangle$ bzw. $\langle t-1|0{,}1\,t^3-t\rangle$ erstellen.

Dann zeichnet man die berechneten Werte für $f_1(t)=t-1=x$ auf der Abszissenachse (x-Achse) und diejenigen Werte für $f_2(t)=\ 0{,}1\,t^3-t=y$ auf der Ordinatenachse (y-Achse) ein.

Verbindet man die zu gleichen t-Werten gehörenden Punkte miteinander, so erhält man den Graphen $G(f)$.

Bei Verwendung von Computerprogrammen muß keine Wertetabelle erstellt werden, da man $f_1(t)$ und $f_2(t)$ in der Regel unmittelbar eingeben kann.

Setzt man in $y=f_2(t)=0{,}1\,t^3-t$ für t den Term $t=x+1$ ein, so erhält man eine parameterfreie Darstellung, in der nur noch die Variablen x und y vorkommen.

Faßt man die Punktmenge als Graph einer Funktion h auf, ist also $y=h(x)$, so ergibt sich eine Polynomfunktion dritten Grades:

$h\colon h(x)=0{,}1\,x^3+0{,}3\,x^2-0{,}7\,x-0{,}9$ mit $D(h)=\mathbb{R}$.

Der Graph von h ist mit dem von f identisch.

$f\colon t\mapsto\langle t-1|0{,}1\,t^3-t\rangle;\ D(f)=\mathbb{R}\times\mathbb{R}$

$f_1(t)=t-1;\ t\in\mathbb{R}\ \blacktriangleright\ t-1=x$

$f_2(t)=0{,}1\,t^3-t;\ t\in\mathbb{R}\ \blacktriangleright\ 0{,}1\,t^3-t=y$

Wertetabelle:

t	-4	-3	-2	-1	0	1	2	3	4	5
$t-1=x$	-5	-4	-3	-2	-1	0	1	2	3	4
$0{,}1t^3-t=y$	$-2{,}4$	0,3	1,2	0,9	0	$-0{,}9$	$-1{,}2$	$-0{,}3$	2.4	7,5

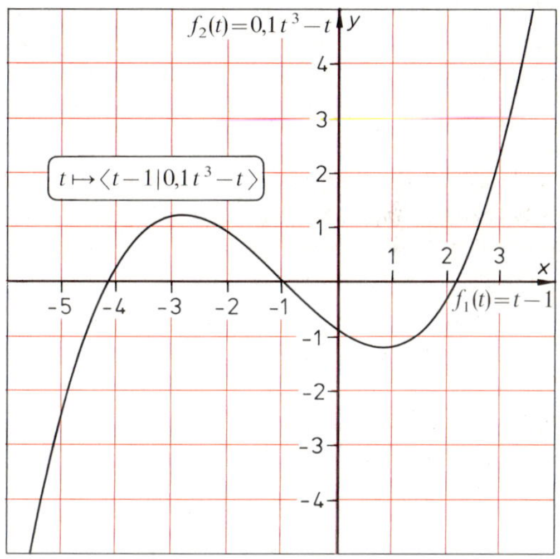

$f_2(t)=y=0{,}1\,t^3-t\ \blacktriangleright\ f_1(t)=x=t-1\ \Rightarrow\ t=x+1$

$\Rightarrow\ y=0{,}1\,(x+1)^3-(x+1)$

$\quad=0{,}1\,(x^2+2x-9)(x+1)$

$\quad=0{,}1\,x^3+0{,}3\,x^2-0{,}7\,x-0{,}9\ \blacktriangleright\ y=h(x)$

$\Rightarrow\ \underline{\underline{h(x)=0{,}1\,x^3+0{,}3\,x^2-0{,}7\,x-0{,}9;\ x\in\mathbb{R}}}$

Anmerkung:

Bei der vorstehenden Umwandlung in eine parameterfreie Darstellung wurde die Gleichung $f_1(t)=x;\ t\in I$ nach t aufgelöst, was jedoch nicht immer möglich ist. Außerdem muß $f_1'(t_0)\neq 0;\ t_0\in I$ gelten (siehe auch Kapitel „Differentiation von Funktionen in Parameterdarstellung"), damit die Gleichung $f_1(t)=x$ wenigstens in einer Umgebung von t_0 nach t aufgelöst werden kann. Ist dies der Fall, so erhält man durch Einsetzen in $y=f_2(t)$ die explizite Form $y=h(x)$. Für $f_2'(t_0)\neq 0$ ergibt sich entsprechend $x=h(y)$ als explizite Form.

Problem: Zeichnen Sie die Graphen der Abbildungen $f\colon t \mapsto \langle 3\cdot\cos t \,|\, 3\cdot\sin t\rangle$; $t\in[0;\, 2\pi)$ sowie $g\colon t \mapsto \langle 3\cdot\cos(2t) \,|\, 3\cdot\sin(2t)\rangle$; $t\in[0;\, \pi)$, vergleichen Sie die Graphen miteinander, und geben Sie parameterfreie Darstellungen der Graphen an.

Obwohl die Abbildungen f und g verschieden sind, haben sie dieselben Graphen, nämlich einen Kreis um den Nullpunkt mit dem Radius $r=3$. Neben diesen beiden Beispielen lassen sich beliebig viele Abbildungen z. B. mit den Argumenten $3t$, $4t$, $5t$ finden, die alle denselben Graphen haben.
Eine ebene Punktmenge (Kurve), wie z. B. der Kreis mit dem Radius $r=3$, kann also verschiedene Parameterdarstellungen besitzen, d. h. zu verschiedenen Abbildungen können dieselben Graphen gehören.
Das wird auch deutlich, wenn man die verschiedenen Parameterdarstellungen kinematisch betrachtet. Während bei der Abbildung f ein Punkt $P\langle x|y\rangle$ den Kreisumfang in der Zeit 2π durchläuft, geschieht dies bei der Abbildung g in der halben Zeit π. Ein Punkt auf dem Kreisumfang hat also im zweiten Fall die doppelte „Geschwindigkeit" wie im ersten Fall.

Um eine parameterfreie Darstellung des Graphen von $f\colon t\mapsto\langle 3\cdot\cos t\,|\,3\cdot\sin t\rangle$ zu erhalten, substituiert man in der Gleichung $y=3\cdot\sin t$ den Term $\sin t$ durch $\pm\sqrt{1-\cos^2 t}$.

Wegen $3\cdot\cos t = x \Rightarrow \cos t = \frac{x}{3}$ kann $\cos t$ durch einen Term in x ausgedrückt werden, wodurch der Parameter t eliminiert wird.
Man erhält eine Relationsgleichung des Kreises in rechtwinkligen Koordinaten.

Um eine parameterfreien Darstellung des Graphen von $g\colon t\mapsto\langle 3\cdot\cos(2t)\,|\,3\cdot\sin(2t)\rangle$ zu erhalten, substituiert man in der Gleichung $y=3\cdot\sin(2t)$ den Term $\sin(2t)$ durch $\pm\sqrt{1-\cos^2(2t)}$.

Wegen $3\cdot\cos(2t)=x \Rightarrow \cos(2t)=\frac{x}{3}$ kann $\cos(2t)$ durch einen Term in x ausgedrückt werden, wodurch der Parameter t eliminiert wird. Auch diese Umwandlung führt auf die Relationsgleichung des Kreises in rechtwinkligen Koordinaten.

- $f\colon t\mapsto\langle 3\cdot\cos t\,|\,3\cdot\sin t\rangle$; $t\in[0;\, 2\pi)$
- $g\colon t\mapsto\langle 3\cdot\cos(2t)\,|\,3\cdot\sin(2t)\rangle$; $t\in[0;\, \pi)$

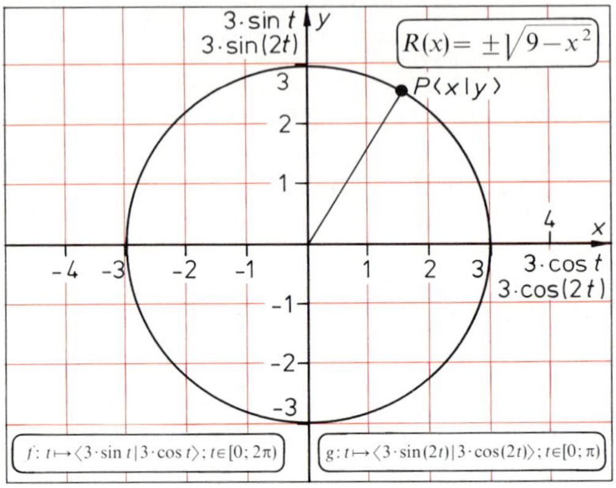

$$\left.\begin{matrix} y=3\cdot\sin t \\ x=3\cdot\cos t \end{matrix}\right\}\, t\in[0;\, 2\pi); \qquad \left.\begin{matrix} y=3\cdot\sin(2t) \\ x=3\cdot\cos(2t) \end{matrix}\right\}\, t\in[0;\, \pi)$$

- $y=3\cdot\sin t$ ► $\sin t=\sqrt{1-\cos^2 t}$ für $t\in[0;\, \pi]$
  $\sin t=-\sqrt{1-\cos^2 t}$ für $t\in[\pi;\, 2\pi)$

$$=\pm 3\cdot\sqrt{1-\cos^2 t} \;\blacktriangleright\; \cos t=\frac{x}{3}$$

$$=\pm 3\cdot\sqrt{1-\frac{x^2}{9}}$$

$$=\pm\sqrt{9-x^2} \;\blacktriangleright\; y=R(x)$$

► $\underline{\underline{R(x)=\pm\sqrt{9-x^2};\; x\in[-3;\, 3].}}$

- $y=3\cdot\sin(2t)$ ► $\sin(2t)=\sqrt{1-\cos^2(2t)}$ für $t\in\left[0;\, \frac{\pi}{2}\right]$
  $\sin(2t)=-\sqrt{1-\cos^2(2t)}$ für $t\in\left[\frac{\pi}{2};\, \pi\right)$

$$=\pm 3\cdot\sqrt{1-\cos^2(2t)} \;\blacktriangleright\; \cos(2t)=\frac{x}{3}$$

$$=\pm 3\cdot\sqrt{1-\frac{x^2}{3}}$$

$$=\pm\sqrt{9-x^2} \;\blacktriangleright\; y=R(x)$$

► $\underline{\underline{R(x)=\pm\sqrt{9-x^2};\; x\in[-3;\, 3]}}$

Merke:

Eine ebene Punktmenge (ebene Kurve) M mit den Punkten $P\langle x|y\rangle$ kann durch beliebig viele verschiedene Parameterdarstellungen $x=f_1(t)$ und $y=f_2(t)$ mit $t\in D(f_1)\cap D(f_2)$ beschrieben werden.

Beispiel: Ermitteln Sie den Definitionsbereich für $f\colon t\mapsto\langle 4\sqrt{t}|12\sqrt{1-t}\rangle$, und geben Sie eine parameterfreie Darstellung des Graphen in rechtwinkligen Koordinaten an.

Aus der Paarmenge $\langle 4\sqrt{t}|12\sqrt{1-t}\rangle$ ermittelt man zunächst die Definitionsbereiche $D(f_1)$ und $D(f_2)$. $D(f)$ erhält man, als Schnittmenge $D(f_1)\cap D(f_2)=[0;\,1]$.

x, y und t sind über die Beziehungen $4\sqrt{t}=x$ und $12\sqrt{1-t}=y$ verknüpft.

Man erhält die Darstellung $y=h(x)$ in rechtwinkligen Koordinaten, wenn man t aus $4\sqrt{t}=x$ ermittelt und in die Gleichung $y=12\sqrt{1-t}$ einsetzt.

Wegen $D(f)=[0;\,1]$ gilt $t\in[0;\,1]$, und aus der Verknüpfung $4\sqrt{t}=x$ folgt demnach $x\in[0;\,4]$. $h\colon h(x)=3\sqrt{16-x^2}$ hat also nicht den maximal möglichen Definitionsbereich $[-4;\,4]$, sondern ist eingeschränkt auf $D(h)=[0;\,4]$.

$f\colon t\mapsto\langle 4\sqrt{t}|12\sqrt{1-t}\rangle$ ► $4\sqrt{t}=f_1(1)=x$
$12\sqrt{1-t}=f_2(t)=y$

$f_1(t)=4\sqrt{t}$ ► $D(f_1)=\mathbb{R}_+$

$f_2(t)=12\sqrt{1-t}$ ► $D(f_2)=(-\infty;\,1]$

► $D(f)=D(f_1)\cap D(f_2)=\mathbb{R}_+\cap(-\infty;\,1]=\underline{\underline{[0;\,1]}}$

$y=12\sqrt{1-t}$ ► $x=4\sqrt{t}\Rightarrow x^2=16t\Rightarrow t=\dfrac{x^2}{16}$

$$y=12\sqrt{1-\frac{x^2}{16}}$$

$y=3\sqrt{16-x^2}$ ► $y=h(x)$

$\Rightarrow h(x)=3\sqrt{16-x^2}$

$x=4\sqrt{t};\ t\in[0;\,1]$ ► $x\in[0;\,4]$

► $\underline{\underline{h\colon h(x)=3\sqrt{16-x^2};\ D(h)=[0;\,4]}}$

Beispiel: Zeichnen Sie den Graphen für $f\colon t\mapsto\left\langle\dfrac{3(t^2-1)}{t^2+1}\middle|\dfrac{3t(t^2-1)}{t^2+1}\right\rangle$, und geben Sie für den Graphen eine parameterfreie Darstellung in rechtwinkligen Koordinaten an.

$$f\colon t\mapsto\left\langle\frac{3(t^2-1)}{t^2+1}\middle|\frac{3t(t^2-1)}{t^2+1}\right\rangle;\ D(f)=\mathbb{R}$$

$f_1(t)=\dfrac{3(t^2-1)}{t^2+1};\quad D(f_1)=\mathbb{R}$

$f_2(t)=\dfrac{3t(t^2-1)}{t^2+1};\quad D(f_2)=\mathbb{R}$

$D(f)=\mathbb{R}\cap\mathbb{R}=\mathbb{R}$

Um den Graphen $G(f)$ zu zeichnen, wählt man zunächst die zur Darstellung notwendigen t-Werte aus dem Definitionsbereich $D(f)=\mathbb{R}$ aus und berechnet damit jeweils $f_1(t)$ sowie $f_2(t)$. Bei Verwendung von Computerprogrammen muß keine Wertetabelle erstellt werden, da man $f_1(t)$ und $f_2(t)$ in der Regel unmittelbar eingeben kann.

t	-10	-2	$-1{,}5$	-1	$-0{,}7$	$-0{,}4$	0	0,4	0,7	1	1,5	2	10
$f_1(t)=\frac{3(t^2-1)}{t^2+1}$	2,9	1,8	1,2	0	$-1{,}0$	$-2{,}2$	-3	$-2{,}2$	$-1{,}0$	0	1,2	1,8	2,9
$f_2(t)=\frac{3t(t^2-1)}{t^2+1}$	$-29{,}4$	$-3{,}6$	$-1{,}7$	0	0,7	0,9	0	$-0{,}9$	$-0{,}7$	0	1,7	3,6	29,4

Anschließend werden die Punkte $P\langle x|y\rangle$ bzw. $P\langle f_1(t)|f_2(t)\rangle$ in ein rechtwinkliges $x-y$-Koordinatensystem eingezeichnet und zum Graphen $G(f)$ verbunden.

Aus dem Graphen erkennt man, daß für $f_1(t)\in\{-3;0\}$ Nullstellen vorliegen und $x_1=-3$ eine Randstelle ist. Strebt $f_1(t)$ gegen 3, so strebt $G(f)$ gegen $-\infty$ bzw. ∞, d.h. die Gerade mit der Gleichung $x=3$ ist vertikale Asymptote des Graphen von f.

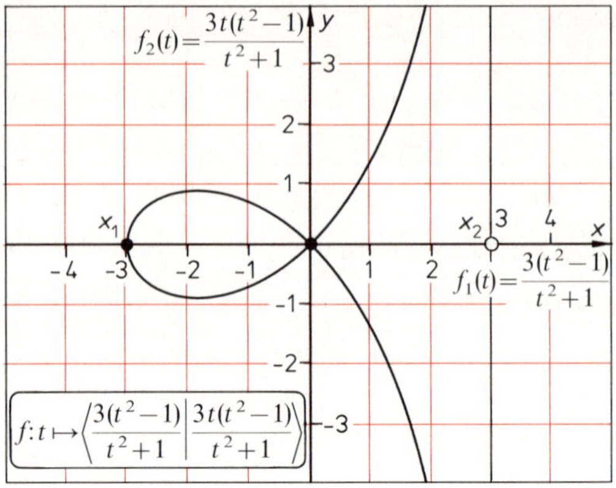

Zur Entwicklung einer parameterfreien Darstellung muß man zunächst aus der Gleichung $f_1(t)=x$ den Parameter t berechnen, indem man die Gleichung nach t umstellt.

Da der Radikand nicht negativ sein darf, gilt $x\in[-3;\,3)$.

$$\frac{3(t^2-1)}{t^2+1}=f_1(t) \blacktriangleright f_1(t)=x$$

$$3t^2-3=xt^2+x$$

$$3t^2-xt^2=x+3$$

$$t^2(3-x)=x+3$$

$$t^2=\frac{x+3}{3-x}$$

$$|t|=\sqrt{\frac{x+3}{3-x}}$$

$$t=\pm\sqrt{\frac{3+x}{3-x}};\ x\in[-3;\,3)$$

Setzt man den für t ermittelten Term in die Gleichung $f_2(t)=y=\frac{3t(t^2-1)}{t^2+1}$ ein, so erkennt man, daß eine Relation R vorliegt.

Die Relation hat die rechtwinkligen Koordinaten $\langle x|R(x)\rangle$, den Definitionsbereich $D(R)=[-3;\,3)$, bei $x_1=-3$ eine Randstelle und bei $x_2=3$ eine einseitige Unendlichkeitsstelle mit Vorzeichenwechsel.

$$y=f_2(t)=\frac{3t(t^2-1)}{t^2+1} \blacktriangleright \frac{3(t^2-1)}{t^2+1}=x$$

$$=x\cdot t \blacktriangleright t=\pm\sqrt{\frac{3+x}{3-x}}$$

$$=\pm x\sqrt{\frac{3+x}{3-x}} \blacktriangleright y=R(x)$$

$$\Rightarrow R\colon R(x)=\pm x\sqrt{\frac{3+x}{3-x}};\ D(R)=[-3;\,3)$$

Beispiel: Zeichnen Sie die Graphen für $f\colon t\mapsto\langle 4\cdot\cos^3 t|4\cdot\sin^3 t\rangle;\ t\in[-\pi;\,\pi]$ sowie für $g\colon t\mapsto\langle 1{,}3t\cdot\sin(2t)|1{,}3t\cdot\cos(2t)\rangle;\ t\in[-2\pi;\,2\pi]$ in ein rechtwinkliges Koordinatensystem.

f und g haben jeweils den maximalen Definitionsbereich $D(f)=\mathbb{R}$ bzw. $D(g)=\mathbb{R}$, die Graphen sollen jedoch nur für eine Teilmenge von $\mathbb{R}$ gezeichnet werden. Zur Darstellung von $G(f)$ bzw. $G(g)$ wählt man zunächst die zur Darstellung notwendigen t-Werte aus den Definitionsbereichen aus und berechnet damit jeweils $f_1(t)$ und $f_2(t)$ bzw. $g_1(t)$ und $g_2(t)$. Dann zeichnet man diese Werte

auf der Abszissenachse bzw. auf der Ordinatenachse ein und verbindet die zu gleichem t gehörenden Punkte miteinander zum gesuchten Graphen.
Bei Anwendung von Computerprogrammen ist in der Regel die direkte Eingabe der Parameterdarstellung möglich, so daß die Erstellung von Wertetabellen entfällt.

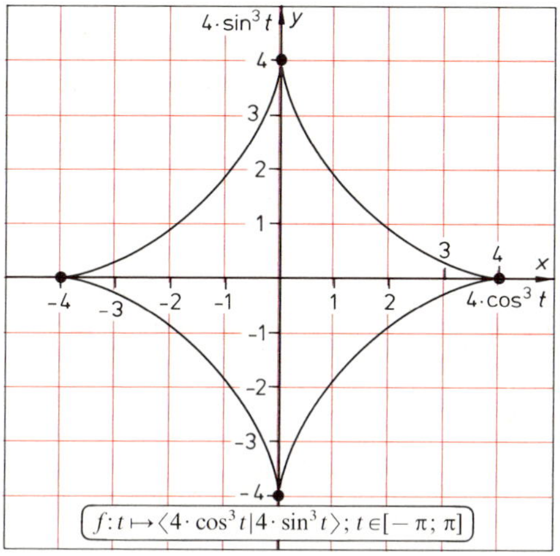

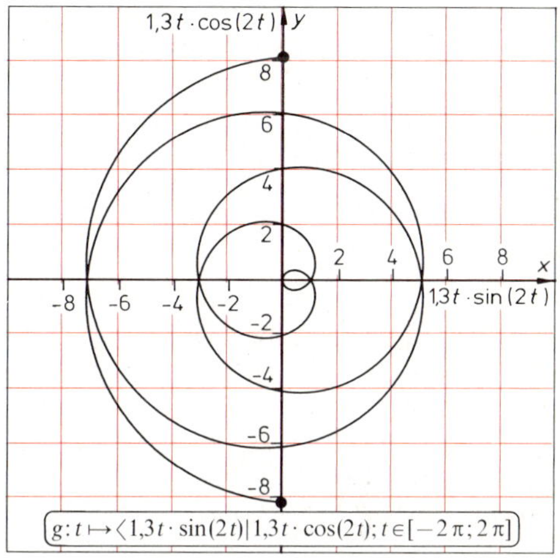

1.1.12 Funktionen und Relationen in impliziter Darstellung

Funktionen mit einer oder mehreren unabhängigen Variablen werden nach Möglichkeit **explizit** dargestellt, das heißt, die Glieder mit und ohne Funktionsvariablen stehen auf der einen Seite der Funktionsgleichung und der Funktionswert auf der anderen Seite.
Man spricht dann auch von **expliziten Funktionen** oder besser von **explizit definierten Funktionen**.

Explizite Darstellungen:

- $f(x) = 3x^2 - \sin x + \sqrt{x}$
- h: $h(x) = \text{Arcsin}\, x - \dfrac{x^2}{3x^2 - 8} + \sin x$
- $g(x; y) = 3y^2 - x + \sqrt{y}$
- f: $f(x; y; z) = z^2 - \dfrac{\sin x}{\sin(2x)} + 2y$

Zusammenhänge zwischen mehreren Variablen, z. B. zwischen x und y, können aber auch so in einer Gleichung dargestellt werden, daß die Glieder mit x und y auf beiden Seiten der Gleichung stehen, ohne daß erkennbar ist, ob x oder y die unabhängige Variable ist.
Man spricht dann von einer **impliziten Darstellung** bzw. von **impliziten Funktionen und Relationen** oder von **implizit definierten Funktionen und Relationen.** Dabei können mehrere Fälle unterschieden werden.

Implizite Darstellungen:

- $x^4 = -x^2 \cdot \ln \sqrt{y} - y\, x^2 + x$
- $4xy^2 - x^4 = 2x^3 - \sin x \cdot \cos x$
- $x^5 + y^5 = xy^2 + x^2 y$
- $x^3 - z^2 + xy = 0$
- $\sin x = z + x + y - x^2 y^2 z^2$
- $\tan y - \ln z = \dfrac{x}{y} \cdot \sin z$

$$\frac{x^2 + y^2}{x^2 - y^2} = 2xyz$$

- $x^4 = -x^2 \cdot \ln \sqrt{y};\ x \in \mathbb{R};\ y \in \mathbb{R}_+$

Geht man davon aus, daß x die unabhängige Variable ist, so gibt es implizite Darstellungen die sich durch Umstellen nach y bzw. $f(x)$ leicht in die Funktionsgleichung einer explizit definierten Funktion umwandeln lassen.

Im Beispiel stellt man die Gleichung der implizit definierten Funktion nach $\ln y$ um und benutzt dann die Exponentialschreibweise.

Für $y = f(x)$ ergibt sich die übliche Schreibweise einer Funktionsgleichung.

$x^4 = -x^2 \cdot \ln \sqrt{y}$ ▶ implizite Darstellung

$-x^2 = \ln \sqrt{y}$

$-x^2 = \frac{1}{2} \ln y$

$-2x^2 = \ln y \Leftrightarrow e^{-2x^2} = y$ ▶ $y = f(x)$

▶ $\underline{\underline{f(x) = e^{-2x^2}}};\ x \in \mathbb{R}$ ▶ explizite Darstellung

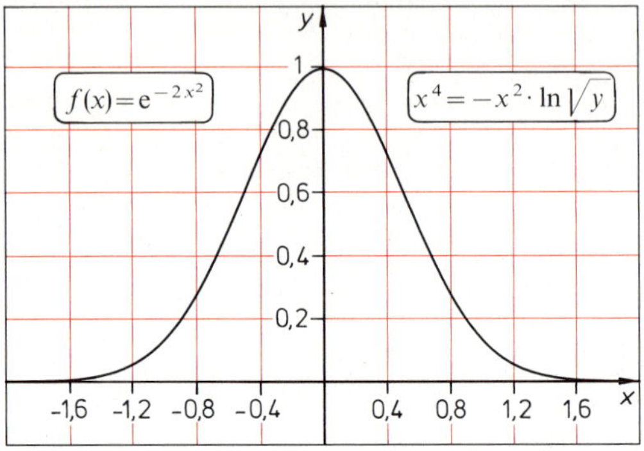

- $4xy^2 - x^4 = 2x^3;\ x \in ?;\ y \in ?$

Daneben existieren aber auch implizite Darstellungen, die sich nur in Gleichungen explizit definierter Relationen umwandeln lassen.

Da die Gleichung $4xy^2 - x^4 = 2x^3$ auch von jedem $y \in \mathbb{R}$ erfüllt wird, wenn 0 für x eingesetzt wird, gehört auch die y-Achse zum Graphen der Relation.

$4xy^2 - x^4 = 2x^3$ ▶ implizite Darstellung

Für $x \neq 0 \Rightarrow y^2 = \frac{1}{4}(x^3 + 2x^2)$

$|y| = \frac{1}{2}\sqrt{x^3 + 2x^2}$ ▶ $y = R(x)$

$\Rightarrow R(x) = \pm \frac{|x|}{2} \sqrt{x+2}$ ▶ explizite Darstellung

▶ $D(\mathbb{R}) = [-2;\ \infty) \setminus \{0\}$

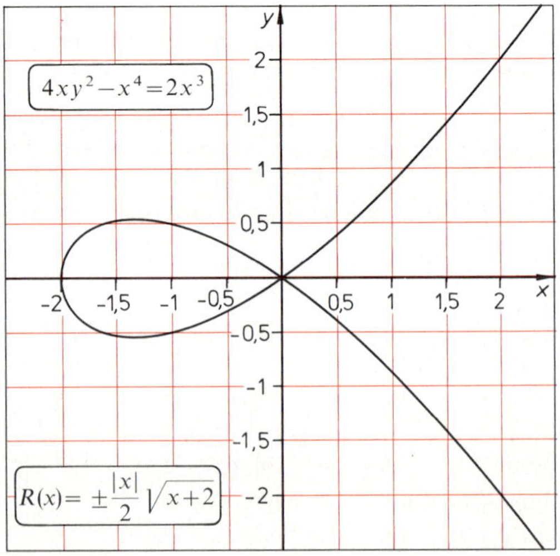

Darüber hinaus gibt es Gleichungen von implizit definierten Funktionen oder Relationen, zum Beispiel die Gleichung $x^5+y^5=xy^2$, die nicht in eine explizite Darstellung einer Funktion oder Relation umgewandelt werden können, da sich diese Gleichungen weder nach x noch nach y auflösen lassen.

Lösungen der Gleichung lassen sich in der Regel nur durch Probieren finden, indem man Wertepaare $\langle x|y\rangle$ sucht, welche die Gleichung erfüllen. Bei solchen Gleichungen muß man für jedes x bzw. y untersuchen, ob einem Element der Definitionsmenge ein oder mehrere Elemente der Wertemenge zugeordnet sind. Eine Hilfe bieten Computerprogramme, die diese zeitaufwendige Arbeit erleichtern.

Die Gleichung $x^5+y^5=xy^2$ läßt sich mit den üblichen Methoden nicht nach x oder y auflösen. Durch punktweise Berechnungen sind jedoch Teillösungen möglich. Dazu wählt man einen x-Wert (z.B. $x_2=0{,}5$), setzt ihn ein und erhält so die Gleichung $R(0{,}5;\ y)=0{,}5^5+y^5-0{,}5\,y^2=0$, in der nur noch die Variable y vorkommt. Die Lösungen dieser Gleichung, also die Nullstellen von $R_{0,5}\colon y\mapsto R(0{,}5;\ y)$ ergeben dann die dem x-Wert zugeordneten y-Werte. Für $x_2=0{,}5$ erhält man so $y_1=-0{,}246$; $y_2=0{,}254$ und $y_3=0{,}764$.

$x^5+y^5=xy^2 \Rightarrow x^5+y^5-xy^2=0=R(x;y)$

► $R(x;y)=x^5+y^5-xy^2;\ x\in\mathbb{R};\ y\in\mathbb{R}$

$x_2=0{,}5$

► $R(0{,}5;\ y)=0{,}5^5+y^5-0{,}5\,y^2=0$

$\Rightarrow y_1=\underline{\underline{-0{,}246}};\ y_2=\underline{\underline{0{,}254}};\ y_3=\underline{\underline{0{,}764}}$

► $P_1\langle 0{,}5|-0{,}246\rangle;\ P_2\langle 0{,}5|0{,}254\rangle;\ P_3\langle 0{,}5|0{,}764\rangle$

$x_3=0{,}714$

► $R(0{,}714;\ y)=0{,}714^5+y^5-0{,}714\,y^2=0$

$\Rightarrow y_1=\underline{\underline{-0{,}475}};\ y_2=\underline{\underline{0{,}658}}$

► $P_4\langle 0{,}714|-0{,}475\rangle;\ P_5\langle 0{,}714|0{,}658\rangle$

$x_4=1$

► $R(1;\ y)=1+y^5-y^2=0$

$\Rightarrow y=\underline{\underline{-0{,}809}}$ ► $P_6\langle 1|-0{,}809\rangle$

Da in diesem Falle eine Gleichung fünften Grades zu lösen ist, erfolgt die Bestimmung der Nullstellen und die Erstellung der Wertetabelle für die graphische Darstellung mit Hilfe eines Computerprogrammes.

Wertetabelle:

x	−1,5	−1	−0,714	−0,5	−0,25	0	0,25	0,5	0,714	1	1,5
y_1	1,368	0,809	−0,658	−0,764	−0,628	0	−0,063	−0,264	−0,457	−0,809	−1,368
y_2			0,475	−0,254	−0,063	0	0,063	0,254	0,658		
y_3				0,264	0,063	0	0,628	0,764			

So kann man zum Beispiel leicht feststellen, wo der Graph $G(h)$ die x-Achse schneidet, d.h. wo Nullstellen von h und damit Definitionslücken der Funktion F vorliegen.

Der Radikand und damit auch $F(\varphi)$ müssen stets größer oder gleich Null sein.

Fall A:

► $\sin\varphi\cdot\cos\varphi\geq 0$ und $\cos^4\varphi-\sin^4\varphi>0$

Fall B:

► $\sin\varphi\cdot\cos\varphi\leq 0$ und $\cos^4\varphi-\sin^4\varphi<0$

Anhand des Schaubildes stellt man fest, in welchen Intervallen die Graphen $G(g)$ und $G(h)$ beide oberhalb (Fall A) bzw. beide unterhalb (Fall B) der x-Achse verlaufen.
Die Vereinigungsmenge dieser Intervalle bildet den Definitionsbereich $D(F)$.

► $\cos^4\varphi-\sin^4\varphi=0 \Rightarrow \varphi\in\{45°;\ 135°;\ 225°;\ 315°\}$

► Definitionslücken:

$\varphi_1=45°;\ \varphi_2=135°;\ \varphi_3=225°;\ \varphi_4=315°$

► $-\sin\varphi\cdot\cos\varphi=0$

$\Rightarrow \varphi\in\{0°;\ 90°;\ 180°;\ 270°\}$

► $-\sin\varphi\cdot\cos\varphi\geq 0$ und $\cos^4\varphi-\sin^4\varphi>0$

► $\varphi\in(135°,\ 180°]\cup(315°;\ 360°)$

► $-\sin\varphi\cdot\cos\varphi\leq 0$ und $\cos^4\varphi-\sin^4\varphi<0$

► $\varphi\in(45°;\ 90°]\cup(225°;\ 270°]$

$D(F)=(45°;\ 90°]\cup(135°;\ 180°]\cup(225°;\ 270°]\cup(315°;\ 360°)$

Den Graphen der Funktion F entwickelt man auf Polarkoordinatenpapier, indem man zuerst die Definitionsintervalle kennzeichnet. Dann werden mit Hilfe einer Wertetabelle charakteristische Punkte des Graphen berechnet, in das Diagramm eingezeichnet und die Punkte zum Graphen verbunden.

Wertetabelle:

$\varphi\in(45°;\ 90°]$		$\varphi\in(135°;\ 180°]$		$\varphi\in(225°;\ 270°]$		$\varphi\in(315°;\ 360°)$	
φ	$F(\varphi)$	φ	$F(\varphi)$	φ	$F(\varphi)$	φ	$F(\varphi)$
46°	3,78	136°	3,78	226°	3,78	316°	3,78
50°	1,68	140°	1,29	230°	1,08	320°	1,29
60°	0,93	150°	0,81	240°	0,47	330°	0,81
70°	0,65	160°	0,61	250°	0,22	340°	0,61
80°	0,43	170°	0,42	260°	0,07	350°	0,42
89°	0,13	179°	0,13	269°	0,13	359°	0,13

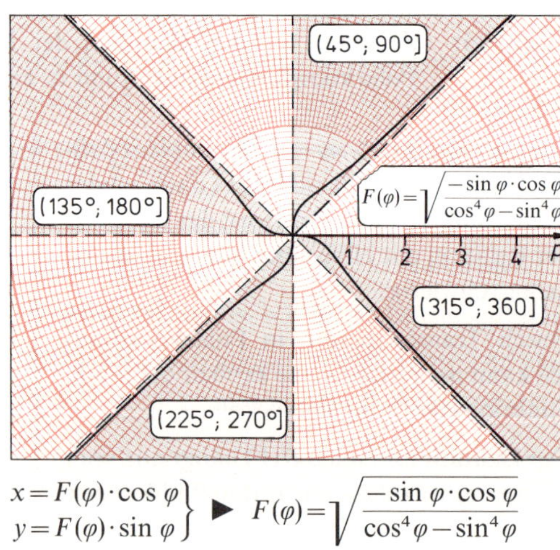

$$\left.\begin{aligned}x&=F(\varphi)\cdot\cos\varphi\\ y&=F(\varphi)\cdot\sin\varphi\end{aligned}\right\}\ \blacktriangleright\ F(\varphi)=\sqrt{\frac{-\sin\varphi\cdot\cos\varphi}{\cos^4\varphi-\sin^4\varphi}}$$

Faßt man $\left.\begin{aligned}x&=F(\varphi)\cdot\cos\varphi\\ y&=F(\varphi)\cdot\sin\varphi\end{aligned}\right\}\ \varphi\in[0°;\ 360°)$ als Parameterdarstellung auf, so erhält man damit eine Parameterdarstellung der implizit durch die Gleichung $x^4+xy=y^4$ definierten Relation.

Parameterdarstellung:

$$x=\cos\varphi\cdot\sqrt{\frac{-\sin\varphi\cdot\cos\varphi}{\cos^4\varphi-\sin^4\varphi}}$$

$$y=\sin\varphi\cdot\sqrt{\frac{-\sin\varphi\cdot\cos\varphi}{\cos^4\varphi-\sin^4\varphi}}$$

mit $\varphi\in[0°;\ 360°)$

Um den Graphen zu zeichnen, entwickelt man eine Wertetabelle für charakteristische φ-Werte. Computerprogramme erlauben in der Regel die unmittelbare Eingabe der beiden Parametergleichungen und somit eine einfache Darstellung des Graphen.

Wertetabelle:

φ	46°	47°	51°	66°	90°	136°	138°	144°	175°	180°
x	2,6	1,8	1,0	0,3	0	−2,7	−1,6	−1,0	−0,3	0
y	2,7	2,0	1,2	0,7	0	2,6	1,5	0,7	2,6	0

φ	226°	228°	231°	246°	270°	316°	318°	324°	355°
x	−2,6	−1,5	−1,0	−0,3	0	2,7	1,6	1,0	0,3
y	−2,7	−1,6	−1,2	−0,7	0	−2,6	−1,5	−0,7	−2,6

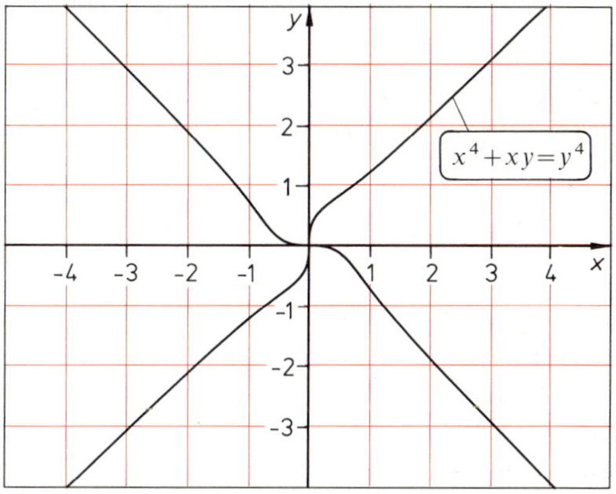

Übungen

1 Funktionen

1.1 Grundbegriffe

1.1.1 Zahlensysteme — Zahlenmengen

Geben Sie die folgenden Dezimalzahlen mit Hilfe der Zahlzeichen des römischen Zahlensystems als römische Zahlen an.

1. 1990 **2.** 857 **3.** 2345 **4.** 89

5. 253 **6.** 548 **7.** 421 **8.** 2003

Stellen Sie die folgenden Dezimalzahlen unter Verwendung der Ziffern 1 und 0 als Dualzahlen im Dualsystem dar.

9. 19 **10.** 57 **11.** 1989 **12.** 1871

Stellen Sie die folgenden Dezimalzahlen unter Verwendung der Zeichen des Hexadezimalsystems als Hexadezimalzahlen dar.

13. 224 **14.** 51 **15.** 1917 **16.** 2000

Stellen Sie in einer Tabelle die folgenden Dezimalzahlen den entsprechenden Dualzahlen und Hexadezimalzahlen gegenüber.

17. 35 **18.** 225 **19.** 361 **20.** 1991

Charakterisieren Sie die folgenden Intervalle.

21. $(-1{,}5; 2)$ **22.** $[a; b]$ **23.** $(-7; 5]$ **24.** $[u; v)$

1.1.2 Koordinatensysteme

Tragen Sie die nachstehenden Punkte in entsprechende Koordinatensysteme ein.

1. $P_1\langle 4|-7\rangle$ $P_2\langle -6|9\rangle$ $P_3\langle 3|\frac{1}{2}\rangle$

2. $P_4\langle 8|20°\rangle$ $P_5\langle 4|260°\rangle$ $P_6\langle 2|720°\rangle$

3. $P_7\langle 2|5|3\rangle$ $P_8\langle 3|-4|5\rangle$ $P_9\langle -4|3|2\rangle$

4. $P_{10}\langle a|b\rangle$ $P_{11}\langle 2a|6b\rangle$ $P_{12}\langle -3a|2b\rangle$

Verschieben Sie ein rechtwinkliges $x-y$-Koordinatensystem in Richtung der x-Achse um $a=2{,}5$ Einheiten und in Richtung der y-Achse um $b=3{,}5$ Einheiten. Berechnen Sie für die folgenden Punkte die neuen Koordinaten x' und y'.

5. $P\langle 3|8\rangle$ **6.** $Q\langle 5{,}5|4{,}5\rangle$ **7.** $R\langle 0|0\rangle$ **8.** $S\langle 0|2\rangle$

Verschieben Sie ein rechtwinkliges $x-y$-Koordinatensystem in Richtung der x-Achse um $a=-2$ Einheiten sowie in Richtung der y-Achse um $b=3$ Einheiten, und drehen Sie gleichzeitig das durch Verschiebung entstandene $x'-y'$-Koordinatensystem um $\alpha=20°$. Berechnen Sie für die folgenden Punkte die neuen Koordinaten im verschobenen und gedrehten $x''-y''$-Koordinatensystem.

9. $P_1\langle 4|2{,}8\rangle$ **10.** $P_2\langle -1{,}5|2{,}5\rangle$ **11.** $P_3\langle 5|-2{,}5\rangle$ **12.** $P_4\langle 2|-1\rangle$

Transformieren Sie die rechtwinkligen Koordinaten der Punkte P_1 bis P_8 in Polarkoordinaten.

13. $P_1\langle 3|7\rangle$ **14.** $P_2\langle -4|-9\rangle$ **15.** $P_3\langle 12|-11\rangle$ **16.** $P_4\langle -6|-8\rangle$

17. $P_5\langle 6|0\rangle$ **18.** $P_6\langle 0|-6\rangle$ **19.** $P_7\langle -2|-2\rangle$ **20.** $P_8\langle 1{,}5|-1{,}5\rangle$

Berechnen Sie Kugel- und Zylinderkoordinaten für die nachfolgenden Punkte, die in rechtwinklig-räumlichen Koordinaten gegeben sind.

21. $P_1\langle 1|-4|5\rangle$ **22.** $P_2\langle -2|2|3\rangle$ **23.** $P_3\langle 1{,}5|3|-4\rangle$ **24.** $P_4\langle 2{,}5|-1|-2\rangle$

1.1.3 Funktionen — Relationen

Berechnen Sie zu den folgenden Funktionen und Relationen die Funktions- bzw. Relationswerte für die gegebenen Argumente.

1. $R\colon R(x)=\pm\sqrt{2{,}25-x^2}$, $x\in\{0{,}7;\ 1{,}1;\ 1{,}5\}$

2. $R\colon R(x)=\pm\sqrt{36-4x^3}$, $x\in\{-1{,}5;\ 0;\ 2\}$

3. $f\colon f(x)=\sqrt[3]{x+2}$, $x\in\{1;\ 1{,}2;\ 2{,}3\}$

4. $f\colon f(x)=\dfrac{x}{x-1}$, $x\in\{-1;\ 0{,}1;\ 7{,}3\}$

Stellen Sie die folgenden Funktionen und Relationen in Tabellenform dar, und zeichnen Sie den Graphen in ein rechtwinkliges Koordinatensystem.

5. $R\colon R(x)=\pm\frac{1}{2}x\sqrt{x}$ **6.** $R\colon R(x)=\pm\sqrt{x-1{,}5}$ **7.** $R\colon R(x)=\pm\sqrt{\dfrac{x-1}{x+1}}$

8. $f\colon f(x)=\dfrac{x}{3-x^2}$ **9.** $f\colon f(x)=\dfrac{1}{x}-\dfrac{1}{x-2}$ **10.** $f\colon f(x)=\dfrac{x^2-2x+1}{x^2+1}$

11. $R\colon R(x)=\pm\sqrt{x^2+1}$ **12.** $f\colon f(x)=2x(x-1)(x-2)(x-3)$ **13.** $f\colon f(x)=x^2\sqrt{9-x^2}$

Berechnen Sie zu den folgenden Funktionen und Relationen jeweils den Definitions- und Wertebereich.

14. $R\colon R(x)=3\pm\sqrt{6{,}25-x^3}$ **15.** $R\colon R(x)=\pm\sqrt{4-x^2+x^4}$ **16.** $f\colon f(x)=\sqrt{\dfrac{1-x}{1+x}}$

17. $f\colon f(x)=\dfrac{1}{1+x^2}$ **18.** $f\colon f(x)=\dfrac{\sqrt{x^2-1}}{x^2-1}$ **19.** $f\colon f(x)=\dfrac{x^3-x^2-x-1}{x^3+x^2+x+1}$

20. $f\colon f(x)=\dfrac{x-1}{\sqrt{-x-1}}$ **21.** $f\colon f(x)=\dfrac{x^2-2x+9}{x^2-4}$ **22.** $f\colon f(x)=\dfrac{\sqrt{x^2-16}}{\sqrt{x^2+16}}$

1.1.4 Umkehrfunktionen — Umkehrrelationen

Bilden Sie zu den gegebenen Funktionen bzw. Relationen mögliche Umkehrfunktionen oder Umkehrrelationen, und berechnen Sie jeweils den Definitions- und Wertebereich.

1. $f\colon f(x)=3x+2$ **2.** $f\colon f(x)=-\frac{3}{2}x+1$ **3.** $f\colon f(x)=-2x-1$ **4.** $f\colon f(x)=x^2+x$

5. $f\colon f(x)=\frac{1}{2}(x-3)^2$ **6.** $f\colon f(x)=\frac{1}{2}x^2+2$ **7.** $f\colon f(x)=\frac{3}{5}x^2-x$ **8.** $f\colon f(x)=x\sqrt{x}$

9. $f\colon f(x)=\dfrac{x^2+1}{x^2-1}$ **10.** $R\colon R(x)=\pm\sqrt{x}$ **11.** $R\colon R(x)=\pm\sqrt{x^2-3}$ **12.** $R\colon R(x)=\pm\sqrt{\dfrac{x+2{,}5}{x-2{,}5}}$

1.1.5 Nullstellen — Achsenschnittpunkte

Ermitteln Sie für die nachfolgenden Funktionen bzw. Relationen vorhandene Nullstellen und Schnittpunkte der Graphen mit der y-Achse.

1. $f\colon f(x)=\dfrac{x^2-2x+1}{x^2+1}$ **2.** $f\colon f(x)=\dfrac{1}{x^2}$ **3.** $R\colon R(x)=\pm\frac{1}{5}\sqrt{25-x^2}$

4. $R\colon R(x)=2\pm\sqrt{\sqrt{x}+x-1}$ **5.** $R\colon R(x)=-1{,}5\pm\sqrt{9+3x^2}$ **6.** $R\colon R(x)=3\pm\sqrt{16-x^2+2x}$

7. $R\colon R(x)=4\pm\sqrt{9+x^2-x}$ **8.** $f\colon f(x)=\dfrac{x^3-7x+5}{6}$ **9.** $f\colon f(x)=\dfrac{x^2-5x}{3}$

10. $g\colon g(x)=(x+1)^2-2{,}5$ **11.** $h\colon h(x)=-3(x+0{,}5)^2$ **12.** $i\colon i(x)=x^2+x+1$

1.1.6 Monotonieverhalten von Funktionen

Untersuchen Sie das Monotonieverhalten der nachfolgenden Funktionen.

1. $f\colon f(x)=\frac{1}{10}x^3-\frac{9}{10}x$ **2.** $g\colon g(x)=(x+2)^2-1{,}5$ **3.** $h\colon h(x)=0{,}4x^3-2x^2+2{,}5x+1$

4. $g\colon g(x)=1-x^2$ **5.** $h\colon h(x)=\sqrt{4-x^2}$ **6.** $f\colon f(x)=\sqrt[3]{x^2-5}$

7. $g\colon g(x)=(3-x)^2+2$ **8.** $i\colon i(x)=\sqrt[4]{16-x^4}$ **9.** $f\colon f(x)=\sqrt{x+1}-\sqrt{x^2+1}$

1.1.7 Symmetrie von Funktionen

Untersuchen Sie die Symmetrieeigenschaften der Graphen von nachstehenden Funktionen.

1. $f\colon f(x)=x^2-1{,}5$ **2.** $g\colon g(x)=(x-1{,}5)^2$ **3.** $h\colon h(x)=x^3-2$ **4.** $i\colon i(x)=(x-2)^3$

5. $f\colon f(x)=\frac{1}{4}x^4-2x^2+2$ **6.** $g\colon g(x)=\dfrac{1}{x^2}$ **7.** $f\colon f(x)=4x-5x^3+x^5$ **8.** $g\colon g(x)=x^3-4x$

1.1.8 Verknüpfung von Funktionen

Bilden Sie aus den nachstehenden Funktionen g und h die Verknüpfungen $g+h$, $g-h$, $\dfrac{g}{h}$ sowie $g\cdot h$, und bestimmen Sie die entsprechenden Definitionsbereiche.

1. $g\colon g(x)=2x^2+5$ **2.** $g\colon g(x)=\dfrac{x-2}{2-x}$ **3.** $g\colon g(x)=-\frac{2}{3}\sqrt{x+3}$ **4.** $g\colon g(x)=x^2-2$

$h\colon h(x)=3x-2$ $h\colon h(x)=2x^2+2$ $h\colon h(x)=2+\sqrt{x}$ $h\colon h(x)=x^2+4x+4$

Bilden Sie aus den Funktionen g und h die Verkettungen $g \circ h$ sowie $h \circ g$, und bestimmen Sie die entsprechenden Definitionsbereiche.

5. $g: g(x) = 2x^2 + 5$, $h: h(x) = 3x - 2$

6. $g: g(x) = -2x - 3$, $h: h(x) = \sqrt{\frac{x^2+1}{x^2-1}}$

7. $g: g(x) = x^5$, $h: h(x) = \sqrt[3]{x}$

8. $g: g(x) = x^2 + x$, $h: h(x) = \sqrt{x}$

9. $g: g(x) = \sqrt{-x}$, $h: h(x) = x^2$

10. $g: g(x) = \frac{3-x^2}{x+1}$, $h: h(x) = \frac{1}{2}x - 5$

11. $g: g(x) = x^3$, $h: h(x) = \sqrt{x}$

12. $g: g(x) = (x^2+1)\sqrt{x}$, $h: h(x) = \sqrt{x-2}$

Bilden Sie aus den Funktionen g, h und i die Verkettungen $g \circ h \circ i$.

13. $g: g(x) = 2x - 5$, $h: h(x) = \sqrt{x}$, $i: i(x) = x^3$

14. $g: g(x) = \sqrt[3]{x}$, $h: h(x) = 3 - 2x$, $i: i(x) = x^5$

15. $g: g(x) = \sqrt{x-2}$, $h: h(x) = x^2 + 1$, $i: i(x) = -2x - 3$

16. $g: g(x) = 3 + \sqrt{x}$, $h: h(x) = x^2 + 4$, $i: i(x) = \frac{x-3}{3-x}$

Verketten Sie die angegebenen Funktionen mit ihren Umkehrfunktionen, falls diese existieren.

17. $f: f(x) = 5x^2 + 7$ **18.** $g: g(x) = x^3 + 2x - 3$ **19.** $h: h(x) = \sqrt{x^2-1}$ **20.** $i: i(x) = \sqrt[3]{3{,}375 - x}$

1.1.9 Funktionen mit mehreren Variablen

Ermitteln Sie für die nachstehenden Funktionen mit mehreren Variablen jeweils den Definitionsbereich.

1. $f: f(x; y) = x \cdot y - \sqrt{y}$ **2.** $g: g(x; y) = \frac{x \cdot y}{x^2 + y^2}$ **3.** $h: h(x; y) = \frac{x^2+1}{\sqrt{y}}$ **4.** $i: i(x; y) = \frac{\sqrt[3]{y}}{1 - x^2}$

Ermitteln Sie den Definitionsbereich der nachstehenden Funktionen, und zeichnen Sie die Graphen in ein rechtwinklig-räumliches Koordinatensystem.

5. $f: f(x; y) = x + y$ **6.** $g: g(x; y) = x^2 + y^2$ **7.** $h: h(x; y) = \sqrt{5 + 2x - x^2 - y^2}$

8. $i: i(x; y) = y^2 - x^2$ **9.** $j: j(x; y) = |x| + |y|$ **10.** $k: k(x; y) = x^2 - \sqrt{y}$

1.1.10 Funktionen in Polarkoordinatendarstellung

Stellen Sie die in rechtwinkligen Koordinaten gegebenen Funktionen in Polarkoordinaten dar, und ermitteln Sie die Definitionsbereiche $D(F)$ der umgewandelten Funktionen für die angegebenen Definitionsbereiche $D(f)$.

1. $f: f(x) = \frac{1}{2}x - 2$, $D(f) = [-1; 5]$

2. $f: f(x) = 2x^2 + 1$, $D(f) = [-2; 3]$

3. $f: f(x) = \sqrt{x^2 - 1}$, $D(f) = [1; 4]$

4. $f: f(x) = 0{,}2x^3 + 1$, $D(f) = [-2; 2{,}5]$

Stellen Sie die in Polarkoordinaten gegebenen Funktionen in rechtwinkligen Koordinaten dar, und ermitteln Sie die jeweiligen Definitionsbereiche.

5. $F: F(\varphi) = \sqrt{\frac{\sin\varphi}{2 \cdot \cos^3\varphi}}$ **6.** $F: F(\varphi) = \frac{\tan^2\varphi}{\cos\varphi}$ **7.** $F: F(\varphi) = \frac{1 + \cos\varphi}{\sin\varphi(1 - \cos\varphi)}$

8. $F: F(\varphi) = \frac{20}{\sqrt{25 \cdot \cos^2\varphi + 16 \cdot \sin^2\varphi}}$ **9.** $F: F(\varphi) = \frac{e^{\varphi} \cdot \sin\varphi}{e^{\varphi} \cdot \tan\varphi}$ **10.** $F: F(\varphi) = \frac{\sin(2\varphi) \cdot \cos\varphi}{\varphi}$

Transformieren Sie die angegebenen Relationen $R(x)$ in Polarkoordinaten, ermitteln Sie die Definitionsbereiche $D(R)$, und zeichnen Sie die entsprechenden Graphen.

11. $R: R(x) = \pm\sqrt{4x + 4}$ **12.** $R: R(x) = \pm\sqrt{x - x^2}$ **13.** $R: R(x) = \frac{1}{2}\sqrt{14 - x^2}$

14. $R: R(x) = x \cdot \tan(\ln\sqrt{x^2 + y^2})$ **15.** $R: R(x) = e^x \cdot \sin x$ **16.** $R: R(x) = \ln\sqrt{x^2 + 4}$

Untersuchen Sie die nachstehenden Funktionen im Intervall $I=[0°; 360°)$, geben Sie jeweils den Definitionsbereich an, und zeichnen Sie die Graphen.

17. $F: F(\varphi)=1+\cos\varphi$ **18.** $F: F(\varphi)=1+\sin\varphi$ **19.** $F: F(\varphi)=\tan(2\varphi)$ **20.** $F: F(\varphi)=\sqrt{\cos(2\varphi)}$

1.1.11 Parameterdarstellung von Kurven

Ermitteln Sie die Definitionsbereiche der nachstehenden in Parameterdarstellung gegebenen ebenen Punktmengen, und zeichnen Sie diese Kurven.

1. $f_1(t)=\frac{1}{2}t^2+2$, $f_2(t)=\frac{3}{4}t^2+1$

2. $f_1(t)=\frac{1}{4}t-2$, $f_2(t)=\frac{1}{10}t^2$

3. $f_1(t)=t^2$, $f_2(t)=t^3$

4. $f_1(t)=\sqrt{t}$, $f_2(t)=t^2-2$

5. $f_1(t)=\dfrac{t^2}{t-1}$, $f_2(t)=\dfrac{t}{t^2-1}$

6. $f_1(t)=\dfrac{2+t^2}{1+t^2}$, $f_2(t)=t-\dfrac{t}{1+t^2}$

7. $f_1(t)=t\sqrt{t}$, $f_2(t)=\dfrac{1}{\sqrt{t}}$

8. $f_1(t)=\dfrac{1}{\sqrt{t-1}}$, $f_2(t)=t^2-4$

9. $f_1(t)=\dfrac{\sqrt{t+1}}{\sqrt{t-1}}$, $f_2(t)=t^2-1$

10. $f_1(t)=\dfrac{t^2}{t^2-1}$, $f_2(t)=\dfrac{t^2+1}{\sqrt{t^2-1}}$

11. $f_1(t)=\sin t\cdot\cos t$, $f_2(t)=\sin^2 t$

12. $f_1(t)=\cosh t$, $f_2(t)=\sinh t$

1.1.12 Funktionen und Relationen in impliziter Darstellung

Wandeln Sie, wenn möglich, die nachfolgenden durch Gleichungen gegebenen implizit definierten Funktionen oder Relationen in eine explizite Darstellung um. Benutzen Sie hierzu gegebenenfalls die Transformation in Polarkoordinaten oder in eine Parameterdarstellung.

1. $x^2-6y+8=0$ **2.** $x^2-y^2-6y-27=0$ **3.** $\sqrt{x^2-y^2}=5$ **4.** $e^x=xy$

5. $\dfrac{x^2}{9}+\dfrac{y^2}{4}=1$ **6.** $\dfrac{4x^2}{25}-\dfrac{4y^2}{9}=1$ **7.** $\sqrt{4x^2+8x+4y^2}=12$ **8.** $\ln y=x^2$

Ermitteln Sie den Definitionsbereich der nachstehenden implizit definierten Funktionen oder Relationen. Zeichnen Sie jeweils den Graphen, gegebenenfalls nach Transformation in Polarkoordinaten oder in eine Parameterdarstellung.

9. $(x^2+y^2)^2=xy$ **10.** $x^4+y^4=8xy^2$ **11.** $x^4+y^4=x^2+y^2$ **12.** $x^4+y^4=625$

13. $(x^2+y^2)^3=64x^2y^2$ **14.** $x^3-2x^2+x-y^2=0$ **15.** $x^4-3x^2y=3-y^3$ **16.** $y^3+x=3y$

1.2 Funktionsarten — Funktionseigenschaften

1.2.1 Polynome

Werden Terme der Form $a \cdot x^m$ mit $a \neq 0$ addiert oder subtrahiert, so entstehen mehrgliedrige Terme, die **Polynome** genannt werden.

Polynome werden nach der höchsten bei der Variablen x vorkommenden Potenz m, dem **Grad des Polynoms**, benannt und mit kleinen Buchstaben p; q; r; … bezeichnet. Die Zahl m ist stets eine natürliche Zahl.

a_0; a_1; a_2; … heißen **Koeffizienten des Polynoms**; es sind stets reelle Konstanten.

Sind alle Koeffizienten gleich Null, so liegt das **Nullpolynom** vor. Dem Nullpolynom wird kein Grad zugeordnet.

Beispiele:

$T_1 = 3x^2$ ▶ $a = 3$; $m = 2$

$T_2 = -5x^4$ ▶ $a = -5$; $m = 4$

$T_3 = x^7$ ▶ $a = 1$; $m = 7$

$T_4 = 22$ ▶ $a = 22$; $m = 0$

$p_0(x) = 7$ ▶ $a_0 = 7$; $m = 0$ ▶ Polynom 0. Grades

$p_1(x) = a_1 x + a_0$; $a_1 \neq 0$ ▶ Polynom 1. Grades in x

$p_2(x) = a_2 x^2 + a_1 x - a_0$; $a_2 \neq 0$ ▶ Polynom 2. Grades in x

$r_3(u) = a_3 u^3 - a_1 u$; $a_3 \neq 0$ ▶ Polynom 3. Grades in u

$q_7(y) = a_7 y^7 + a_3 y^3 - a_0$; $a_7 \neq 0$ ▶ Polynom 7. Grades in y

Merke:

$p_m(x) = a_m x^m + a_{m-1} x^{m-1} + \ldots + a_2 x^2 + a_1 x + a_0$; $m \in \mathbb{N}$; $a_i \in \mathbb{R}$; $a_m \neq 0$ ▶ Polynom m-ten Grades

Beispiele:

- $m = 0$ ▶ Polynom 0. Grades:
  $p_0(x) = a_0$; $a_0 \neq 0$ ▶ $a_0 = 6$ $\Rightarrow$ $\underline{\underline{p_0(x) = 6}}$

- $m = 1$ ▶ Polynom 1. Grades:
  $p_1(x) = a_1 x + a_0$; $a_1 \neq 0$ ▶ $a_1 = 2$; $a_0 = 5$ $\Rightarrow$ $\underline{\underline{p_1(x) = 2x + 5}}$

- $m = 2$ ▶ Polynom 2. Grades:
  $p_2(x) = a_2 x^2 + a_1 x + a_0$; $a_2 \neq 0$ ▶ $a_2 = -7$; $a_1 = 0$; $a_0 = 3$ $\Rightarrow$ $\underline{\underline{p_2(x) = -7x^2 + 3}}$

- $m = 3$ ▶ Polynom 3. Grades:
  $p_3(x) = a_3 x^3 + a_2 x^2 + a_1 x + a_0$; $a_3 \neq 0$ ▶ $a_3 = 5$; $a_2 = 0$; $a_1 = 1$; $a_0 = -1$ $\Rightarrow$ $\underline{\underline{p_3(x) = 5x^3 + x - 1}}$

- $m = 6$ ▶ Polynom 6. Grades:
  $p_6(x) = a_6 x^6 + a_5 x^5 + a_4 x^4 + a_3 x^3 + a_2 x^2 + a_1 x + a_0$; $a_6 \neq 0$ ▶ $a_6 = -2$; $a_5 = 1$; $a_4 = 0{,}3$; $a_3 = 7{,}4$; $a_2 = 1$; $a_1 = 0$; $a_0 = 0$
  $\Rightarrow$ $\underline{\underline{p_6(x) = -2x^6 + x^5 + 0{,}3x^4 + 7{,}4x^3 + x^2}}$

Problem: Bilden Sie aus den Polynomen $p_3(x)=x^3+2x^2-1$ und $q_2(x)=3x^2+x+2$ die Summe $p_3(x)+q_2(x)$ und die Differenz $p_3(x)-q_2(x)$.

Will man Polynome addieren oder subtrahieren, so behandelt man sie wie algebraische Summen, d.h. man addiert oder subtrahiert gleichartige Terme gliedweise.

Summen oder Differenzen von Polynomen ergeben wieder Polynome.

$$p_3(x)=x^3+2x^2-1;\; q_2(x)=3x^2+x+2$$

$$\begin{aligned}p_3(x)+q_2(x)&=(x^3+2x^2-1)+(3x^2+x+2)\\&=x^3+2x^2+3x^2+x-1+2\\&=\underline{\underline{x^3+5x^2+x+1}}\end{aligned}$$

$$\begin{aligned}p_3(x)-q_2(x)&=(x^3+2x^2-1)-(3x^2+x+2)\\&=x^3+2x^2-3x^2-x-1-2\\&=\underline{\underline{x^3-x^2-x-3}}\end{aligned}$$

Merke:

Polynome werden wie algebraische Summen addiert bzw. subtrahiert und ergeben wieder Polynome.

Problem: Bilden Sie aus den Polynomen $p_3(x)=x^3+2x^2-1$ und $q_2(x)=3x^2+x+2$ das Produkt $p_3(x)\cdot q_2(x)$.

Will man ein **Produktpolynom** bilden, so behandelt man die Ausgangspolynome wie algebraische Summen, d.h. man multipliziert jedes Glied des einen mit jedem Glied des anderen Polynoms.

$$\begin{aligned}p_3(x)\cdot q_2(x)&=(x^3+2x^2-1)\cdot(3x^2+x+2)\\&=x^3\cdot 3x^2+2x^2\cdot 3x^2+(-1)\cdot 3x^2+x^3\cdot x+2x^2\cdot x+(-1)\cdot x+x^3\cdot 2+2x^2\cdot 2+(-1)\cdot 2\\&=3x^5+6x^4-3x^2+x^4+2x^3-x+2x^3+4x^2-2\\&=\underline{\underline{3x^5+7x^4+4x^3+x^2-x-2}}\end{aligned}$$

Merke:

Produkte von Polynomen ergeben wieder Polynome. Der Grad des Produktpolynoms ist gleich der Summe der Grade der Ausgangspolynome.

Brüche mit Polynomen in Zähler und Nenner heißen **Polynombrüche**; dabei darf im Nenner nicht das Nullpolynom stehen.

Ist der Grad des Zählerpolynoms größer als der des Nennerpolynoms ($m>n$) oder gleich dem des Nennerpolynoms ($m=n$), so handelt es sich um einen **unechten Polynombruch**, der sich durch Division vereinfachen läßt. Ist der Grad des Zählerpolynoms dagegen kleiner als der des Nennerpolynoms ($m<n$) so handelt es sich um einen **echten Polynombruch**.

$$\frac{p_m(x)}{q_n(x)}=\frac{a_m x^m+a_{m-1}x^{m-1}+\ldots+a_2x^2+a_1x+a_0}{b_nx^n+b_{n-1}x^{n-1}+\ldots+b_2x^2+b_1x+b_0}$$

$\dfrac{3x^5-2x^3+x-4}{x^2-x+1} \Rightarrow m>n$ ▶ unechter Polynombruch

$\dfrac{7x^4+x^3-5}{2x^4-x^2+3} \Rightarrow m=n$ ▶ unechter Polynombruch

$\dfrac{x^3-1}{x^5+2x^3-x^2+1} \Rightarrow m<n$ ▶ echter Polynombruch

Merke:

$$\frac{p_m(x)}{q_n(x)}=\frac{a_m x^m+a_{m-1} x^{m-1}+\ldots+a_2 x^2+a_1 x+a_0}{b_n x^n+b_{n-1} x^{n-1}+\ldots+b_2 x^2+b_1 x+b_0};\ m;\ n\in\mathbb{N};\ a_i,\ b_k\in\mathbb{R};\ a_m,\ b_n\neq 0 \blacktriangleright \text{Polynombruch}$$

$m\geq n$ ▶ unechter Polynombruch; $m<n$ ▶ echter Polynombruch

Problem: Dividieren Sie das Polynom $p_3(x)=x^3+6x^2+12x+8$ durch das Polynom $q_1(x)=x+2$.

$\frac{p_3(x)}{q_1(x)}$ ist wegen $m>n$ ein unechter Polynombruch, so daß man den Bruch durch **Polynomdivision** vereinfachen kann.

In diesem Falle lassen sich die Polynome $p_3(x)$ und $q_1(x)$ ohne Rest dividieren. Der Quotient ist dann wieder ein Polynom.

$$p_3(x):q_1(x)=\,?$$

$$
\begin{array}{l}
(x^3+6x^2+12x+8):(x+2)=\underline{\underline{x^2+4x+4}} \blacktriangleright \text{Polynom}\\
\underline{x^3+2x^2}\\
\quad 4x^2+12x\\
\quad \underline{4x^2+\ 8x}\\
\qquad 4x+8\\
\qquad \underline{4x+8}\\
\qquad 0\ \ +0 \blacktriangleright \text{kein Rest}
\end{array}
$$

Problem: Vereinfachen Sie die Polynombrüche $\frac{p_5(x)}{q_2(x)}=\frac{3x^5+7x^4+4x^3+x^2-3x-3}{3x^2+x+2}$ und $\frac{p_3(x)}{q_3(x)}=\frac{5x^3-x^2+3x-3}{x^3+3x}$ durch Division.

- $$\frac{p_5(x)}{q_2(x)}=(3x^5+7x^4+4x^3+x^2-3x-3):(3x^2+x+2)=\underline{\underline{x^3+2x^2-1+\frac{-2x-1}{3x^2+x+2}}}=p_3(x)+\frac{r_1(x)}{q_2(x)}$$

$$
\begin{array}{l}
-\underline{(3x^5+\ x^4+2x^3)} \longleftarrow x^3\cdot\\
\quad 6x^4+2x^3+\ x^2\\
\quad -\underline{(6x^4+2x^3+4x^2)} \longleftarrow 2x^2\cdot\\
\qquad -3x^2-3x-3\\
\qquad -\underline{(-3x^2-\ x-2)} \longleftarrow (-1)\cdot\\
\qquad\quad -2x-1 \blacktriangleright \text{Restpolynom } r_1(x)
\end{array}
$$

Die Polynome $p_5(x)$ und $q_2(x)$ lassen sich nicht ohne Rest dividieren, es verbleibt ein **Restpolynom** $r_1(x)=-2x-1$. Das Ergebnis ist eine Summe, bestehend aus einem Polynom $p_3(x)=x^3+2x^2-1$ und einem echten Polynombruch $\frac{r_1(x)}{q_2(x)}=\frac{-2x-1}{3x^2+x+2}$, dessen Zähler gleich dem Restpolynom $r_1(x)$ und dessen Nenner gleich dem gegebenen Nennerpolynom $q_2(x)$ ist.

Der Grad des Polynoms $p_3(x)$ ist offensichtlich gleich der Differenz der Grade des Zählerpolynoms $p_5(x)$ und des Nennerpolynoms $q_2(x)$.

- Der Polynombruch $\frac{p_3(x)}{q_3(x)}$ ist wegen $m=n$ ebenfalls unecht gebrochen und kann durch Division vereinfacht werden.

  Die Erkenntnisse entsprechen denen des vorausgegangenen Problems.

$$\frac{p_3(x)}{q_3(x)}=\frac{5x^3-x^2+3x-3}{x^3+3x}$$

$$
\begin{array}{l}
=(5x^3-x^2+\ 3x-3):(x^3+3x)=\underline{\underline{5+\frac{-x^2-12x-3}{x^3+3x}}}\\
\quad -\underline{(5x^3\qquad +15x)}\\
\qquad -x^2-12x-3 \blacktriangleright \text{Restpolynom } r_2(x)
\end{array}
$$

Merke:

Polynome werden wie algebraische Summen dividiert. Unechte Polynombrüche ($m \geq n$) kann man durch Division vereinfachen. Läßt sich die Division ohne Rest durchführen, so erhält man ein Polynom, andernfalls die Summe aus einem Polynom und einem echten Polynombruch.

$$\frac{p_m(x)}{q_n(x)} = \frac{a_m x^m + a_{m-1} x^{m-1} + \ldots + a_2 x^2 + a_1 x + a_0}{b_n x^n + b_{n-1} x^{n-1} + \ldots + b_2 x^2 + b_1 x + b_0} \quad \text{und} \quad m \geq n \Rightarrow \frac{p_m(x)}{q_n(x)} = p_{m-n}(x) + \frac{r(x)}{q_n(x)}$$

Der Grad des Restpolynoms $r(x)$ ist dabei kleiner als n.

1.2.2 Polynomfunktionen – Ganze rationale Funktionen

Eine Funktion f, deren Funktionsterm $f(x)$ ein Polynom ist, heißt **Polynomfunktion** oder **ganze rationale Funktion**. Aus dem Funktionsterm, also aus dem Polynom, lassen sich wichtige Funktionseigenschaften ableiten. Dazu gehören zum Beispiel Nullstellen, Achsenschnittpunkte, Monotonieverhalten, Symmetrieeigenschaften und Extremwerte.

Polynomfunktionen werden in der Regel nach dem Funktionsgrad eingeteilt. Dabei entspricht der Grad der Funktion dem Grad des Polynoms. In der Mathematik spielen Polynomfunktionen eine wichtige Rolle, da sich viele Funktionen durch sie approximieren lassen.

$p_1(x) = -7x + 2$ ► Polynom 1. Grades
f_1: $f_1(x) = -7x + 2$ ► Polynomfunktion 1. Grades

$p_2(x) = a_2 x^2 + a_1 x + a_0,\ a_2 \neq 0$ ► Polynom 2. Grades
f_2: $f_2(x) = a_2 x^2 + a_1 x + a_0,\ a_2 \neq 0$ ► Polynomfunktion 2. Grades

$p_3(x) = 2x^3 + 5x - 1$ ► Polynom 3. Grades
f_3: $f_3(x) = 2x^3 + 5x - 1$ ► Polynomfunktion 3. Grades

Merke:

Funktionen f: $x \mapsto f(x)$, bei denen der Funktionsterm $f(x)$ ein Polynom m-ten Grades ist, heißen Polynomfunktionen oder ganze rationale Funktionen m-ten Grades in x.

$p_m(x) = a_m x^m + a_{m-1} x^{m-1} + \ldots + a_2 x^2 + a_1 x + a_0$ ► Polynom
► f: $f(x) = a_m x^m + a_{m-1} x^{m-1} + \ldots + a_2 x^2 + a_1 x + a_0$; $m \in \mathbb{N}$; $a_i \in \mathbb{R}$; $a_m \neq 0$ ► Polynomfunktion

Beispiele:

- Funktion 0. Grades:
  f: $f(x) = a_0$; $a_0 \neq 0$ ► $a_0 = 6 \Rightarrow f$: $f(x) = 6$
- Funktion 1. Grades:
  f: $f(x) = a_1 x + a_0$; $a_1 \neq 0$ ► $a_1 = 2$; $a_0 = -5 \Rightarrow f$: $f(x) = 2x - 5$
- Funktion 2. Grades:
  f: $f(x) = a_2 x^2 + a_1 x + a_0$; $a_2 \neq 0$ ► $a_2 = 0{,}7$; $a_1 = -4$; $a_0 = 5 \Rightarrow f$: $f(x) = 0{,}7 x^2 - 4x + 5$
- Funktion 3. Grades:
  f: $f(x) = a_3 x^3 + a_2 x^2 + a_1 x + a_0$; $a_3 \neq 0$ ► $a_3 = -4$; $a_2 = -1$; $a_1 = 3$; $a_0 = 0$
  $\Rightarrow f$: $f(x) = -4x^3 - x^2 + 3x$
- Funktion 4. Grades:
  f: $f(x) = a_4 x^4 + a_3 x^3 + a_2 x^2 + a_1 x + a_0$; $a_4 \neq 0$ ► $a_4 = 2{,}3$; $a_3 = -7$; $a_2 = 0$; $a_1 = 0$; $a_0 = 1$
  $\Rightarrow f$: $f(x) = 2{,}3 x^4 - 7x^3 + 1$

Nullfunktion, Funktionen 0. und 1. Grades — Lineare Funktionen

Problem: Zeichnen Sie den Graphen der Nullfunktion sowie die Graphen der Funktion 0. Grades $f: f(x)=a_0$ für $a_0 \in \{-4; -2{,}5; 1{,}5; 3\}$, und beschreiben Sie den Verlauf der Graphen.

Die Graphen der Funktionen 0. Grades mit der Funktionsgleichung $f(x)=a_0$ $(a_0 \neq 0)$ sind Geraden, die im Abstand a_0 von der x-Achse parallel zur dieser verlaufen.

Der Graph der Funktion $f: f(x)=0$, also der Nullfunktion, entspricht der x-Achse.

Alle Funktionen mit der gleichen allgemeinen Funktionsgleichung sind miteinander verwandt. So sind z.B. die Graphen der Funktion $f(x)=a_0$ Geraden, die im Abstand a_0 parallel zur x-Achse verlaufen. Die Menge dieser Graphen bezeichnet man auch als **Graphenschar**, die entsprechenden Funktionen als **Scharfunktionen**.

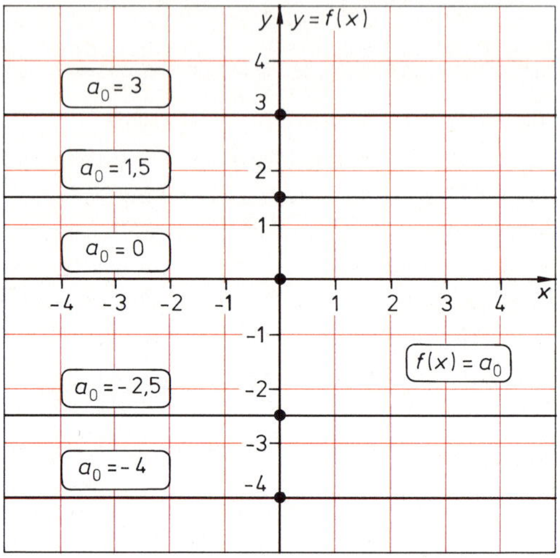

Problem: Zeichnen Sie die Graphen der Polynomfunktion ersten Grades $f: f(x)=a_1 x$ für die Koeffizienten $a_1 \in \{-4; -0{,}5; 0{,}5; 1; 2\}$, und beurteilen Sie den Einfluß des Koeffizienten a_1 auf den Verlauf der Graphen.

Die Graphen der Funktion 1. Grades mit der Funktionsgleichung $f(x)=a_1 x$ $(a_1 \neq 0)$ bilden eine Schar von Geraden, die durch den Nullpunkt des Koordinatensystems verlaufen. Zu der Graphenschar gehört aber weder die x-Achse noch die y-Achse.

Vom Koeffizienten a_1 hängt offensichtlich die Lage der Graphen ab. Für $a_1>0$ verlaufen die Geraden im ersten und dritten Quadranten, für $a_1<0$ im zweiten und vierten Quadranten.

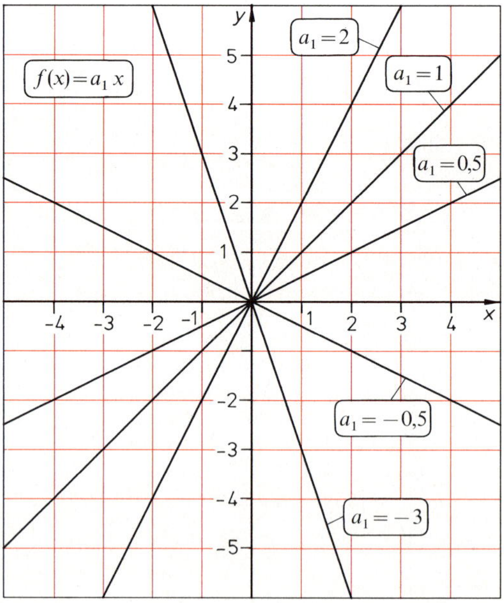

Um genauer festzustellen, wie der Verlauf der Geraden vom Koeffizienten a_1 abhängt, stellt man die Funktionsgleichung für $x \neq 0$ nach a_1 um. Demnach ist a_1 stets der Quotient $\frac{f(x)}{x}$, d.h. das Verhältnis von Funktionswert zu Argument der Funktion. Dieser Quotient $\frac{f(x)}{x} = a_1$ heißt **Steigung** der Geraden. Da die Gerade mit der positiven Richtung der x-Achse den **Steigungswinkel α** bildet, kann man die Steigung a_1 auch als Tangens des Steigungswinkels ausdrükken, d.h. $a_1 = \tan\alpha$.

$f(x) = a_1 \cdot x;\ a_1 \neq 0$ ► $x \neq 0$

$\Rightarrow a_1 = \frac{f(x)}{x}$ ► $\frac{f(x)}{x} = \tan\alpha$

$\Rightarrow a_1 = \tan\alpha$ ► Steigung

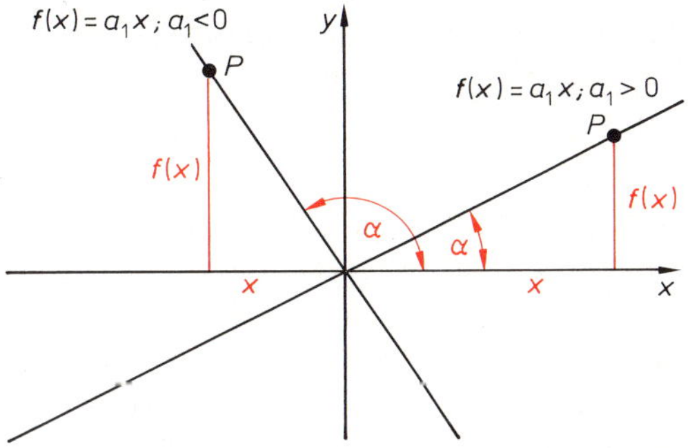

Der Koeffizient a_1 ist also ein Maß für die Steigung und heißt deshalb auch **Steigungsfaktor** oder **Proportionalitätsfaktor**.

Liegt α zwischen 0° und 90°, so ist die Steigung der Geraden positiv, und es gilt $a_1 > 0$; liegt α zwischen 90° und 180°, so hat die Gerade eine negative Steigung, und es gilt $a_1 < 0$.

$0° < \alpha < 90° \Rightarrow \tan\alpha > 0$

$\Rightarrow a_1 > 0$ ► Steigung positiv

$90° < \alpha < 180° \Rightarrow \tan\alpha < 0$

$\Rightarrow a_1 < 0$ ► Steigung negativ

Anmerkung:

Auch für $\alpha = 90°$ läßt sich eine Gerade zeichnen, die mit der y-Achse zusammenfällt. Diese Gerade ist aber nicht Graph einer Funktion f, weil zum x-Wert Null unendlich viele y-Werte gehören. Außerdem läßt sich dieser Geraden keine Steigung eindeutig zuordnen.

Problem: Zeichnen Sie die Graphen der Polynomfunktion ersten Grades $f: f(x) = 0{,}5\,x + a_0$ für $a_0 \in \{-3; -1; 1{,}5; 3\}$, und beurteilen Sie den Einfluß von a_0 auf den Verlauf der Graphen.

Die Graphen der Funktion 1. Grades mit der Funktionsgleichung $f(x) = 0{,}5\,x + a_0$ bilden eine Schar von Geraden, die alle die Steigung $a_1 = 0{,}5$ haben und parallel zueinander verlaufen.

Die Geraden schneiden die y-Achse bei $f(0) = a_0$ mit $a_0 \in \{-3;\ -1;\ 1{,}5;\ 3\}$, d.h. a_0 ist jeweils die Ordinate des Schnittpunktes $P\langle 0 | a_0 \rangle$ von Graph und y-Achse.

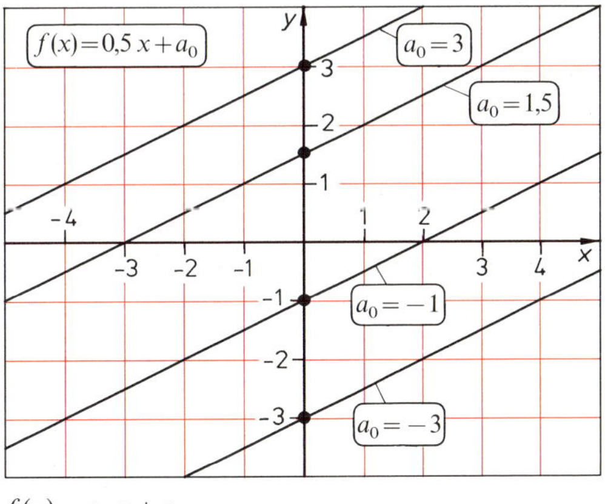

Die Steigung des Graphen erhält man für $x \neq 0$ durch Umstellen der Funktionsgleichung $f(x) = a_1 x + a_0$ nach a_1.

$f(x) = a_1\,x + a_0$

$\Rightarrow \frac{f(x) - a_0}{x} = a_1 = \tan\alpha$ ► Steigung

Merke:

- Funktionen 0. und 1. Grades werden als lineare Funktionen bezeichnet, ihre Graphen sind Geraden.
- Der Koeffizient a_0 ist die Ordinate des Schnittpunktes $P\langle 0|a_0\rangle$ von Gerade und y-Achse.
- Der Koeffizient a_1 gibt die Steigung der Geraden an, d.h. für $a_1>0$ steigt die Gerade, für $a_1<0$ fällt sie.

$f\colon f(x)=a_0;\ a_0\neq 0$ ► $f(0)=a_0$ ► Funktion 0. Grades

$f\colon f(x)=a_1x+a_0;\ a_1\neq 0$ ► $a_1=\tan\alpha=\dfrac{f(x)-a_0}{x};\ f(0)=a_0$ ► Funktion 1. Grades

Beispiel: Untersuchen Sie bei der Funktion $f\colon f(x)=\frac{2}{3}x-2$ das Monotonieverhalten und die Symmetrieeigenschaften. Ermitteln Sie Achsenschnittpunkte sowie den Steigungswinkel α, und zeichnen Sie den Graphen der Funktion.

Zur Berechnung der Nullstellen setzt man in der Funktionsgleichung für $f(x)$ den Wert 0 ein und löst die Gleichung.
Funktionen 1. Grades haben immer nur eine Nullstelle.

Nullstellen

$f(x)=\frac{2}{3}x-2$ ► $f(x)=0$

$0=\frac{2}{3}x-2$

$\frac{2}{3}x=2 \Rightarrow x_1=\underline{\underline{3}}$ ► Nullstelle

Die Ordinate des Schnittpunktes von Graph und y-Achse kann direkt aus dem Koeffizienten $a_0=-2$ abgelesen werden, d.h. der Schnittpunkt ist $P\langle 0|-2\rangle$.
Die identische rechnerische Lösung erhält man an der Stelle $x_2=0$ mit $P\langle 0|f(0)\rangle$ nach Berechnung von $f(0)$.

Schnittpunkt mit der y-Achse

$f(x)=\frac{2}{3}x-2$ ► $a_0=-2$ ► $x_2=0$

$f(0)=\frac{2}{3}\cdot 0-2$

$=\underline{\underline{-2}}$ ► Schnittpunkt bei $P\langle 0|-2\rangle$

Um das Monotonieverhalten einer Funktion festzustellen, müßte man untersuchen, ob für alle Stellen x_3 und x_4 aus $D(f)$ mit $x_3<x_4$ stets $f(x_3)<f(x_4)$ oder $f(x_3)>f(x_4)$ gilt. Bei linearen Funktionen genügt eine Untersuchung an nur zwei Stellen, um zu zeigen, ob der Graph der Funktion steigt oder fällt.
Im Beispiel erhält man für die gewählten x-Werte $x_3=-3$ und $x_4=1$ das Ergebnis $f(x_3)<f(x_4)$, d.h. der Graph $G(f)$ steigt streng monoton. Das kann man hier auch direkt aus dem Koeffizienten $a_1=\frac{2}{3}$ ablesen, denn wegen $a_1>0$ hat der Graph eine positive Steigung.

Monotonieverhalten

$x_3<x_4$ ► $f(x_3)<f(x_4)$ oder $f(x_3)>f(x_4)$

$f(x)=\frac{2}{3}x-2$ ► $x_3=-3$

$\Rightarrow f(-3)=\frac{2}{3}\cdot(-3)-2$

$=\underline{\underline{-4}}$

$f(x)=\frac{2}{3}x-2$ ► $x_4=1$

$\Rightarrow f(1)=\frac{2}{3}\cdot 1-2$

$=\underline{\underline{-\frac{4}{3}}}$

$-4<-\frac{4}{3} \Rightarrow f(-3)<f(1)$

$\Rightarrow f(x_3)<f(x_4)$ ► Graph steigt streng monoton

$f(x)=\frac{2}{3}x-2$ ► $a_1=\frac{2}{3} \Rightarrow a_1>0$ ► Graph steigt

Funktionen 1. Grades sind keine geraden Funktionen, und ihre Graphen können deshalb höchstens punktsymmetrisch zum Nullpunkt des Koordinatensystems sein.

Punktsymmetrie

$f(-x)=-f(x)$ für alle $x\in D(f)$

Um festzustellen, ob Punktsymmetrie zum Nullpunkt gegeben ist, muß die Gleichung $f(-x) = -f(x)$ für alle $x \in D(f)$ gelten. Da diese Bedingung bereits für das gewählte $x_5 = 6$ nicht erfüllt ist, liegt keine Punktsymmetrie vor.

Der Steigungswinkel α wird aus der Steigung $a_1 = \tan\alpha = \frac{2}{3}$ berechnet und beträgt 33,7°.

Der Verlauf des Graphen bestätigt die ermittelten Werte.

$f(x) = \frac{2}{3}x - 2$ ► $x_5 = 6$

$\Rightarrow f(-x_5) = f(-6) = \frac{2}{3} \cdot (-6) - 2 = \underline{\underline{-6}}$

$-f(x_5) = -f(-6) = -(\frac{2}{3} \cdot 6 - 2) = \underline{\underline{-2}}$

► $f(-6) \neq -f(6)$ ► keine Punktsymmetrie

Steigung des Graphen in Grad

$a_1 = \frac{2}{3}$ ► $\tan\alpha = \frac{2}{3} \Rightarrow \alpha = \text{Arctan}\,\frac{2}{3} = \underline{\underline{33{,}7°}}$

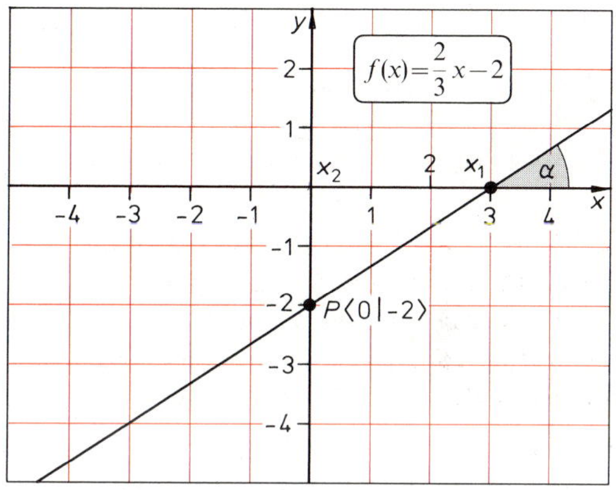

Beispiel: Bestimmen Sie rechnerisch und zeichnerisch den Schnittpunkt der Graphen der Funktionen f: $f(x) = 2x - 4$ und g: $g(x) = -\frac{2}{3}x + 4$.

Falls sich die Graphen der Funktionen f und g im Punkte $S\langle x_S | y_S \rangle$ schneiden, so stimmen die Funktionswerte der beiden Funktionen an der Stelle x_S überein, d. h. für den Schnittpunkt gilt $f(x_S) = g(x_S) = y_S$.

Deshalb findet man die Lösung, indem man beide Funktionsgleichungen gleichsetzt und die entstandene Gleichung löst. Die Lösung $x_S = 3$ wird dann in eine der beiden Funktionsgleichungen eingesetzt, und man erhält $f(3) = 2$ bzw. $g(3) = 2$.

Der Schnittpunkt der Graphen hat die Koordinaten $\langle 3 | 2 \rangle$.

Die zeichnerische Lösung ergibt sich, wenn man beide Graphen in ein rechtwinkliges Koordinatensystem zeichnet und die Koordinaten des Schnittpunktes S abliest. Sie stimmt mit dem Ergebnis der rechnerischen Lösung überein.

$f(x) = 2x - 4$; $g(x) = -\frac{2}{3}x + 4$ ► $f(x) = g(x)$

► $2x - 4 = -\frac{2}{3}x + 4 \Rightarrow \frac{8}{3}x = 8 \Rightarrow x_s = \underline{\underline{3}}$

$f(3) = 2 \cdot 3 - 4 = \underline{\underline{2}}$ und $g(3) = -\frac{2}{3} \cdot 3 + 4 = \underline{\underline{2}}$

► $S\langle 3 | 2 \rangle$ ► Schnittpunkt der Graphen

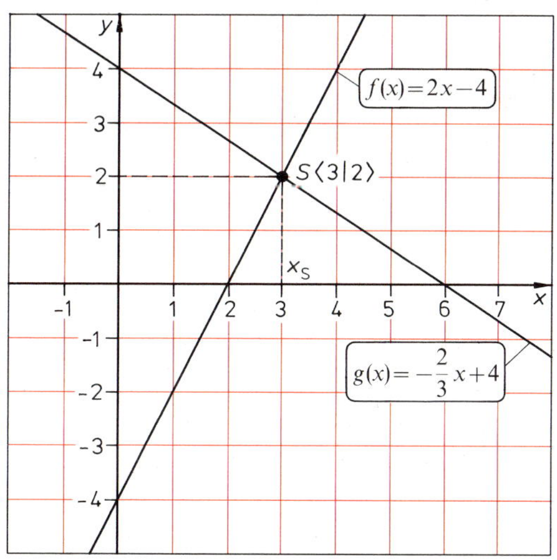

Beispiel: Von einer ganzen rationalen Funktion ersten Grades sind die Nullstelle $x_1 = -4$ und der Punkt $P\langle 4|6\rangle$ ihres Graphen bekannt. Ermitteln Sie die Funktionsgleichung.

Die gegebene Nullstelle $x_1 = -4$ führt auf $f(x_1) = f(-4) = 0$, der gegebene Punkt $P\langle 4|6\rangle$ des Graphen auf $x_2 = 4$ und $f(x_2) = f(4) = 6$.

Nach Einsetzen dieser Werte in die allgemeine Funktionsgleichung der linearen Funktion ersten Grades erhält man zwei Gleichungen, aus denen sich $a_0 = 3$ und dann $a_1 = 0{,}75$ berechnen lassen.
Damit lautet die gesuchte Funktionsgleichung: $f(x) = 0{,}75x + 3$.

Nullstelle bei $x_1 = 4$ ► $f(x_1) = f(-4) = 0$

Punkt $P\langle 4|6\rangle$ ► $x_2 = 4$ und $f(x_2) = f(4) = 6$

► $f(x) = a_1 x + a_0$ ► $x_1 = -4;\ f(x_1) = 0$ ► I
$x_2 = 4;\ f(x_2) = 6$ ► II

$$\left.\begin{array}{l} \text{I: } 0 = a_1 \cdot (-4) + a_0 \\ \text{II: } 6 = a_1 \cdot 4 + a_0 \end{array}\right\} \Rightarrow 2a_0 = 6 \Rightarrow \underline{a_0 = 3}$$

► $f(x_2) = a_1 x_2 + a_0$ ► $x_2 = 4;\ f(x_2) = 6;\ a_0 = 3$
$\Rightarrow 6 = a_1 \cdot 4 + 3 \Rightarrow 4a_1 = 3 \Rightarrow a_1 = \underline{0{,}75}$

$\underline{\underline{f(x) = 0{,}75x + 3}}$ ► Funktionsgleichung

Beispiel: Von einer ganzen rationalen Funktion ersten Grades sind der Steigungswinkel $\alpha = 157°$ und der Punkt $P\langle 4{,}2|-1{,}5\rangle$ ihres Graphen bekannt. Ermitteln Sie ihre Funktionsgleichung.

Der gegebene Punkt $P\langle 4{,}2|-1{,}5\rangle$ des Graphen führt auf $x_1 = 4{,}2$ und $f(x_1) = -1{,}5$.

Aus dem Steigungswinkel α berechnet man $\tan\alpha = -0{,}4245$, d.h. $a_1 = -0{,}4245$.

Nach Einsetzen dieser Werte in die allgemeine Funktionsgleichung 1. Grades erhält man den Koeffizienten $a_0 = 0{,}2829$, so daß sich die gesuchte Funktionsgleichung der linearen Funktion bilden läßt.

$P\langle 4{,}2|-1{,}5\rangle$ ► $x_1 = 4{,}2$ und $f(x_1) = f(4{,}2) = -1{,}5$

$\alpha = 157° \Rightarrow \tan 157° = -0{,}4245$ ► $a_1 = \underline{-0{,}4245}$

$f(x) = a_1 x + a_0$ ► $f(x_1) = -1{,}5$
$x_1 = 4{,}2$
$a_1 = -0{,}4245$

$\Rightarrow -1{,}5 = -0{,}4245 \cdot 4{,}2 + a_0 \Rightarrow \underline{a_0 = 0{,}2829}$

► $\underline{\underline{f(x) = -0{,}4245x + 0{,}2829}}$ ► Funktionsgleichung

Problem: Untersuchen Sie, ob ganze rationale Funktionen ersten Grades umkehrbar sind.

Für ganze rationale Funktionen ersten Grades $f: f(x) = a_1 x + a_0$ mit $x \in \mathbb{R}$ gilt stets: $x_1 \neq x_2 \Rightarrow f(x_1) \neq f(x_2)$.

D.h. die Funktion f ist eineindeutig und damit umkehrbar.

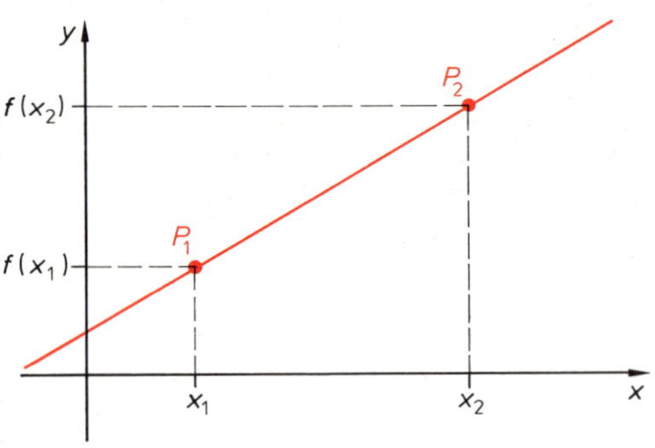

Merke:

Jede lineare Funktion $f: f(x) = a_1 x + a_0;\ a_1 \neq 0$ ist umkehrbar, und es gilt $f^{-1}: f^{-1}(x) = \frac{1}{a_1} x - \frac{a_0}{a_1}$.

Beispiel: Bilden Sie für die lineare Funktion $f: f(x) = 2x - 2$ die Umkehrfunktion f^{-1}, und stellen Sie beide Funktionen graphisch dar.

Aus der gegebenen Funktionsgleichung $f(x) = 2x - 2$ entnimmt man $a_1 = 2$ und $a_0 = -2$.

Setzt man diese Werte in die allgemeine Funktionsgleichung für f^{-1} ein, so erhält man die gesuchte Umkehrfunktion.

$f: f(x) = 2x - 2$ ► $a_1 = 2;\ a_0 = -2$

$f^{-1}(x) = \frac{1}{a_1} x - \frac{a_0}{a_1}$ ► $a_1 = 2;\ a_0 = -2$

$= \frac{x}{2} - \frac{-2}{2} \Rightarrow f^{-1}: f^{-1}(x) = \frac{x}{2} + 1$

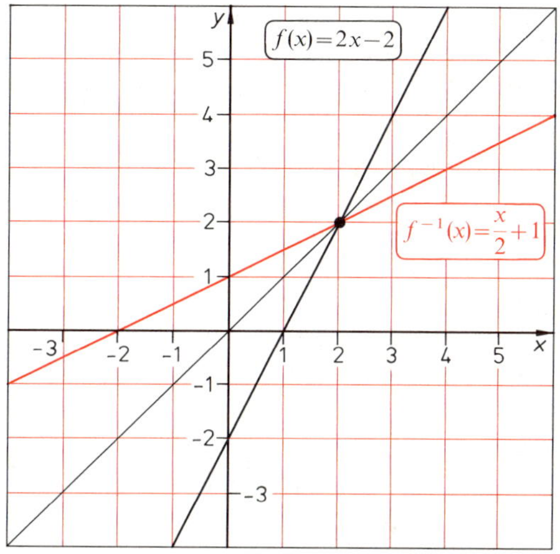

Funktionen 2. Grades — Quadratische Funktionen

Problem: Zeichnen Sie die Graphen der Polynomfunktion zweiten Grades $f: f(x) = a_2 x^2$ für $a_2 \in \{-1;\ 0{,}5;\ 1;\ 2\}$, und beurteilen Sie den Einfluß von a_2 auf den Verlauf der Graphen.

Die Graphen der Funktionen 2. Grades mit der Funktionsgleichung $f(x) = a_2 x^2$ bilden eine Schar von Kurven, die **Parabeln** genannt werden und die alle symmetrisch zur y-Achse liegen.

Der Scheitelpunkt dieser **Parabelschar** ist stets der Nullpunkt des rechtwinkligen Koordinatensystems.

Für positive a_2-Werte, d.h. für $a_2 > 0$, sind die Parabeln zur positiven Richtung der y-Achse geöffnet, für negative a_2-Werte, d.h. für $a_2 < 0$, zur negativen Richtung.

Durch die Größe des Koeffizienten a_2 wird außerdem die Form der Parabel beeinflußt. Für $a_2 = 1$ heißt der Graph der Funktion **Normalparabel.** Für $|a_2| < 1$ und $|a_2| \to 0$ wird die Form gegenüber der Normalparabel immer flacher; für $|a_2| > 1$ und $|a_2| \to \infty$ dagegen immer steiler.

$f: f(x) = a_2 x^2;\ D(f) = \mathbb{R};\ a_2 \in \{-1;\ 0{,}5;\ 1;\ 2\}$

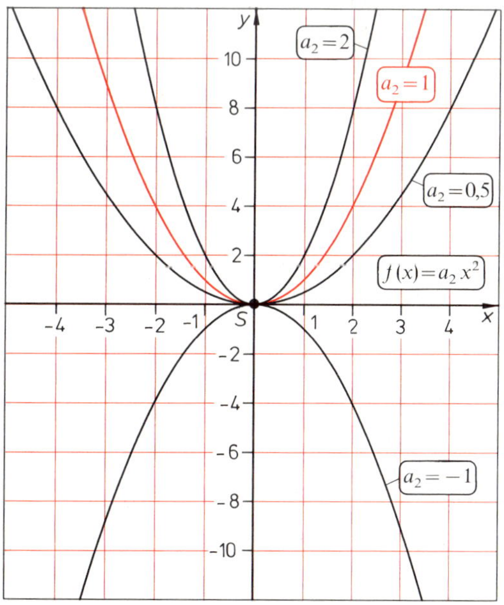

Will man den Einfluß des Koeffizienten a_2 genauer untersuchen, so betrachtet man Parabeln mit verschiedenen a_2-Werten, an einer Stelle x_0.

Hier werden drei Graphen der Funktion $f: f(x) = a_2 x^2$ mit $a_2 \in \{0{,}05; 0{,}1; 0{,}3\}$ an der Stelle $x_0 = 4$ betrachtet. Dort hat jeder der drei Graphen eine bestimmte Steigung.

Um die Steigung eines gekrümmten Graphen in einem Punkte zu bestimmen, zeichnet man in diesem Punkte die Tangente an den Graphen. Die Steigung der Tangente in einem Punkte des Graphen wird als **Steigung des Graphen** in diesem Punkte bzw. als Steigung des Graphen an einer Stelle x_0 definiert. Der gekrümmte Graph hat offensichtlich in jedem Punkte eine andere Steigung.

Werden in $f(x) = a_2 x^2$ für a_2 die Koeffizienten $a_2 \in \{0{,}05; 0{,}1; 0{,}3\}$ sowie für x der Wert 4 eingesetzt, so erhält man die Funktionswerte $f_1(4)$, $f_2(4)$ und $f_3(4)$ sowie die Graphenpunkte P_1, P_2 und P_3. Zeichnet man in diesen Punkten die Tangenten an die Graphen, so ergeben sich Steigungsdreiecke mit den Steigungswinkeln τ_1, τ_2 und τ_3 sowie den Gegenkatheten $f_1(4)$, $f_2(4)$ und $f_3(4)$. Man kann jetzt die Steigung $\tan \tau$ der Tangenten und damit die Steigung der Graphen an der Stelle $x_0 = 4$ berechnen.

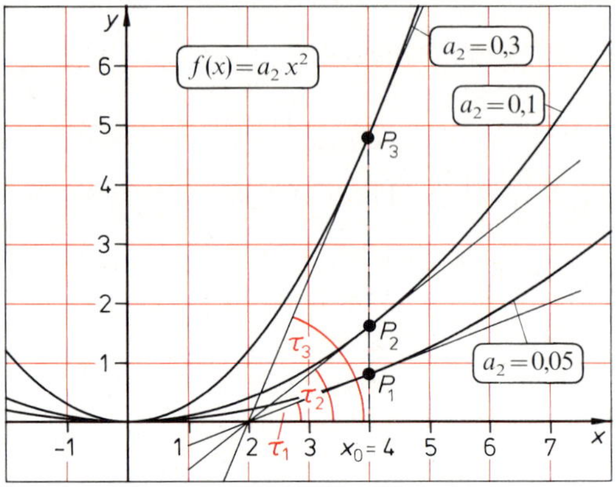

$f_1(x) = a_2 x^2$ ► $x_0 = 4$; $a_2 = 0{,}05$
$\Rightarrow f_1(4) = 0{,}05 \cdot 4^2 = 0{,}8$ ► $P_1\langle 4 | 0{,}8\rangle$

$f_2(x) = a_2 x^2$ ► $x_0 = 4$; $a_2 = 0{,}1$
$\Rightarrow f_2(4) = 0{,}1 \cdot 4^2 = 1{,}6$ ► $P_2\langle 4 | 1{,}6\rangle$

$f_3(x) = a_2 x^2$ ► $x_0 = 4$; $a_2 = 0{,}3$
$\Rightarrow f_3(4) = 0{,}3 \cdot 4^2 = 4{,}8$ ► $P_3\langle 4 | 4{,}8\rangle$

$P_1\langle 4 | 0{,}8\rangle$ ► $\tau_1 = \underline{\underline{21{,}8°}}$ ► $\tan 21{,}8° = \underline{\underline{0{,}4}}$
$P_2\langle 4 | 1{,}6\rangle$ ► $\tau_2 = \underline{\underline{38{,}7°}}$ ► $\tan 38{,}7° = \underline{\underline{0{,}8}}$
$P_3\langle 4 | 4{,}8\rangle$ ► $\tau_3 = \underline{\underline{67{,}4°}}$ ► $\tan 67{,}4° = \underline{\underline{2{,}4}}$

In einer Funktion 2. Grades vom Typ $f: f(x) = a_2 x^2$ hängt die Steigung des Graphen der Funktion an einer Stelle x_0 vom Koeffizienten a_2 ab. Im Abschnitt „Differentialrechnung" wird die rechnerische Ermittlung der Steigung von gekrümmten Graphen an einer beliebigen Stelle x_0 behandelt.

Merke:

Funktionen zweiten Grades vom Typ $f: f(x) = a_2 x^2$; $a_2 \neq 0$ haben folgende Eigenschaften:

- Alle Graphen der Funktion sind achsensymmetrisch zur y-Achse und heißen Parabeln zweiten Grades.
- Scheitelpunkt aller Graphen ist der Nullpunkt $S\langle 0 | 0\rangle$ des rechtwinkligen Koordinatensystems, d.h. alle Funktionen haben bei $x_0 = 0$ eine Nullstelle.
- Der Koeffizient a_2 beeinflußt die Steigung und damit auch die Form der Parabeln:

$a_2 > 0$ ► Öffnung der Parabeln zur positiven Richtung der y-Achse
$a_2 < 0$ ► Öffnung der Parabeln zur negativen Richtung der y-Achse
$|a_2| = 1$ ► Normalparabel
$|a_2| < 1$ ► Parabel verläuft flacher (gestaucht) im Vergleich zur Normalparabel
$|a_2| > 1$ ► Parabel verläuft steiler (gestreckt) im Vergleich zur Normalparabel

Problem: Zeichnen Sie die Graphen der Polynomfunktion zweiten Grades $f\colon f(x)=0{,}5\,x^2+a_0$ für $a_0\in\{-3;\ 0;\ 3\}$, und beurteilen Sie den Einfluß von a_0 auf den Verlauf der Graphen gegenüber dem einer Normalparabel.

Aus der Polynomfunktion zweiten Grades $f\colon f(x)=0{,}5\,x^2+a_0$ erhält man nach Einsetzen der a_0-Werte $a_0\in\{-3;\ 0;\ 3\}$ die Funktionen f_1, f_2 und f_3. Ihre Graphen haben eine Form, die den Graphen vom Funktionstyp $h\colon h(x)=a_2\,x^2$ entspricht.

Alle Graphen sind achsensymmetrisch zur y-Achse.

a_0 bewirkt offensichtlich eine Verschiebung des Scheitelpunktes einer Parabel vom Funktionstyp $h\colon h(x)=a_2\,x^2$ auf der y-Achse um a_0, d.h. mit $a_0\in\{-3;\ 0;\ 3\}$ kann man unmittelbar die Scheitelpunkte der Parabeln zu den Funktionen f_1, f_2 und f_3 als $S_1\langle 0|-3\rangle$, $S_2\langle 0|0\rangle$ und $S_3\langle 0|3\rangle$ angeben. Der Scheitelpunkt hat also stets die Koordinaten $S\langle 0;\ a_0\rangle$.

Funktionen dieses Typs haben für $a_0=0$ immer eine Nullstelle bei $x_0=0$ (S_2).

Für $a_0>0$ gilt:

$a_2<0$ ► zwei Nullstellen

$a_2>0$ ► keine Nullstellen

Für $a_0<0$ gilt:

$a_2>0$ ► zwei Nullstellen

$a_2<0$ ► keine Nullstellen

$f\colon f(x)=a_2\,x^2+a_1\,x+a_0$ ► $a_1=0$

$f\colon f(x)=a_2\,x^2+a_0$ ► $a_0\in\{-3;\ 0;\ 3\}$; $a_2=0{,}5$

$a_2=0{,}5;\ a_0=-3$ ► $\underline{\underline{f_1(x)=0{,}5\,x^2-3}}$

$a_2=0{,}5;\ a_0=0$ ► $\underline{\underline{f_2(x)=0{,}5\,x^2}}$

$a_2=0{,}5;\ a_0=3$ ► $\underline{\underline{f_3(x)=0{,}5\,x^2+3}}$

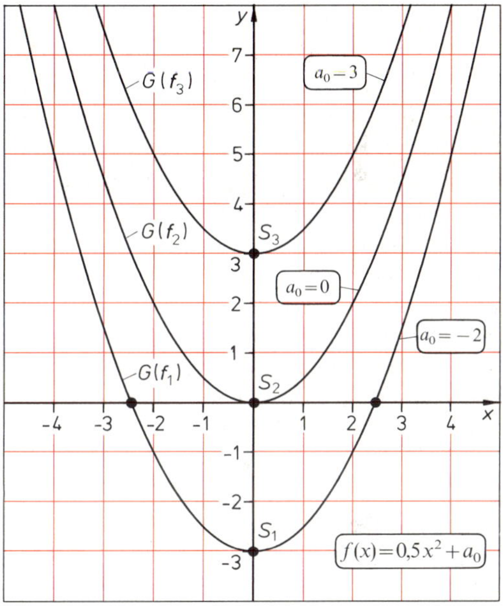

Merke:

Funktionen zweiten Grades vom Typ $f\colon f(x)=a_2\,x^2+a_0;\ a_2\neq 0$ haben folgende Eigenschaften:

- Alle Graphen der Funktion sind achsensymmetrisch zur y-Achse.
- Der Scheitelpunkt S eines Graphen $G(f)$ ist gegenüber dem der Normalparabel um a_0 in Richtung der y-Achse verschoben. S hat die Koordinaten $\langle 0|a_0\rangle$.
- Die Anzahl der Nullstellen von f hängt von a_0 und a_2 ab:

$a_0=0$ ► eine Nullstelle ($G(f)$ berührt die x-Achse im Koordinatennullpunkt $S\langle 0|0\rangle$)

$a_0>0$ und $a_2<0$ ► zwei Nullstellen

$a_0>0$ und $a_2>0$ ► keine Nullstellen

$a_0<0$ und $a_2>0$ ► zwei Nullstellen

$a_0<0$ und $a_2<0$ ► keine Nullstellen

Problem: Zeichnen Sie die Graphen der Polynomfunktion f: $f(x)=0{,}6x^2+a_1x$ sowie g: $g(x)=-0{,}6x^2+a_1x$ für $a_1\in\{-3;\ -2;\ -1;\ 1;\ 2;\ 3\}$, und beurteilen Sie den Einfluß von a_1 auf den Verlauf der Graphen gegenüber dem einer Normalparabel.

Aus der Polynomfunktion zweiten Grades vom Typ f: $f(x)=0{,}6x^2+a_1x$ erhält man für $a_1\in\{-3;\ -2;\ -1;\ 1;\ 2;\ 3\}$ die Funktionen f_1 bis f_6. Ihre Graphen (Parabeln) haben eine Form, die dem Graphen vom Funktionstyp h: $h(x)=a_2x^2$ entspricht (hier h_1: $h_1(x)=0{,}6x^2$).

Wegen $a_2>0$ sind alle Parabeln in Richtung der positiven y-Achse geöffnet und wegen $|a_2|<1$ flacher als eine Normalparabel.
Der Koeffizient a_1 bewirkt eine Verschiebung des Scheitelpunktes einer Parabel vom Funktionstyp h: $h(x)=a_2x^2$ in Richtung der x-Achse, und zwar für $a_1<0$ in Richtung der positiven x-Achse, für $a_1>0$ in negativer Richtung. Außerdem hat a_1 eine Verschiebung dieses Scheitelpunktes in Richtung der negativen y-Achse zur Folge.

Die Scheitelpunkte S_1 bis S_6 liegen auf einer Parabel mit der Funktionsgleichung $h_2(x)=-0{,}6x^2$.

Aus der Polynomfunktion zweiten Grades vom Typ g: $g(x)=-0{,}6x^2+a_1x$ erhält man für $a_1\in\{-3;\ -2;\ -1;\ 1;\ 2;\ 3\}$ die Funktionen g_1 bis g_6. Ihre Graphen (Parabeln) haben eine Form, die dem Graphen vom Funktionstyp h: $h(x)=-a_2x^2$ entspricht (hier h_2: $h_2(x)=-0{,}6x^2$).

Wegen $a_2<0$ sind alle Parabeln in Richtung der negativen y-Achse geöffnet und wegen $|a_2|<1$ flacher als eine Normalparabel.
a_1 bewirkt eine Verschiebung des Scheitelpunktes einer Parabel vom Funktionstyp h: $h(x)=-a_2x^2$ in Richtung der x-Achse, und zwar für $a_1<0$ in Richtung der negativen x-Achse, für $a_1>0$ in positiver Richtung. Außerdem hat a_1 eine Verschiebung dieses Scheitelpunktes in Richtung der positiven y-Achse zur Folge.

Die Scheitelpunkte S_1 bis S_6 liegen auf einer Parabel mit der Funktionsgleichung $h_1(x)=0{,}6x^2$.

● $f(x)=0{,}6x^2+a_1x$ ► $a_1\in\{-3;\ -2;\ -1;\ 1;\ 2;\ 3\}$

$f_1(x)=0{,}6x^2-3x$; $f_2(x)=0{,}6x^2-2x$

$f_3(x)=0{,}6x^2-x$; $f_4(x)=0{,}6x^2+x$

$f_5(x)=0{,}6x^2+2x$; $f_6(x)=0{,}6x^2+3x$

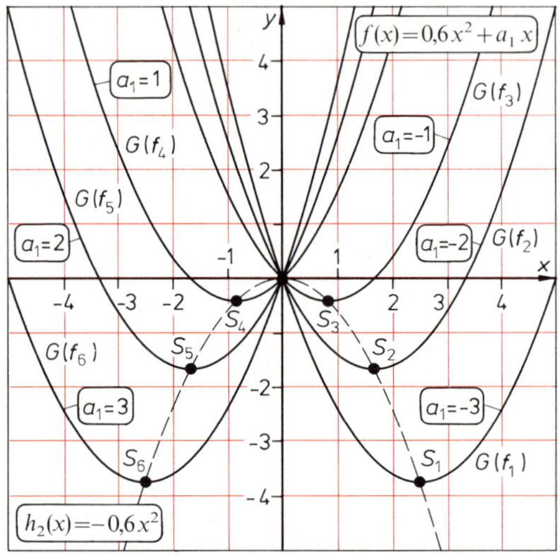

● $g(x)=-0{,}6x^2+a_1x$ ► $a_1\in\{-3;\ -2;\ -1;\ 1;\ 2;\ 3\}$

$g_1(x)=-0{,}6x^2-3x$; $g_2(x)=-0{,}6x^2-2x$

$g_3(x)=-0{,}6x-x$; $g_4(x)=-0{,}6x^2+x$

$g_5(x)=-0{,}6x+2x$; $g_6(x)=-0{,}6x^2+3x$

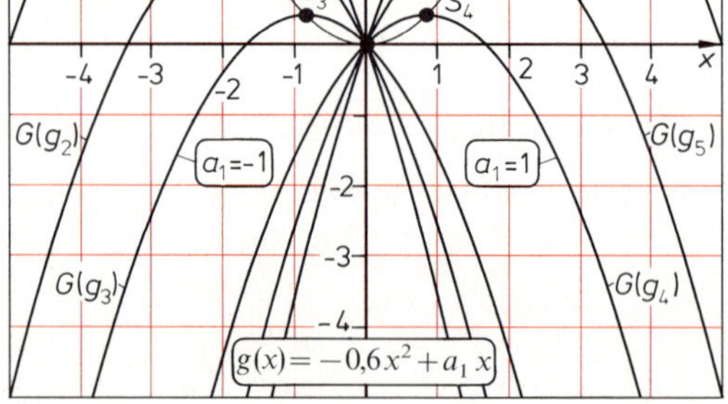

Funktionen des Typs $f: f(x)=a_2 x^2+a_1 x$ mit $a_2 \neq 0$ und $a_1 \neq 0$ haben immer zwei Nullstellen, und zwar eine davon stets an der Stelle $x_0=0$.

Um die Verschiebung des Scheitelpunktes einer Parabel vom Funktionstyp $h: h(x)=a_2 x^2$ in Richtung der x-Achse und der y-Achse zu berechnen, formt man die Funktionsgleichung $f(x)=a_2 x^2+a_1 x$ mit Hilfe der **quadratischen Ergänzung** um.

Die umgeformte Funktionsgleichung erlaubt es, die Verschiebung in beiden Richtungen unmittelbar abzulesen, und zwar gilt:

$-\frac{a_1}{2a_2}$ ▶ Verschiebung in Richtung der x-Achse

$-\frac{a_1^2}{4a_2}$ ▶ Verschiebung in Richtung der y-Achse

$$f(x)=a_2 x^2+a_1 x$$
$$=a_2\left[x^2+\frac{a_1}{a_2}x\right]$$
$$=a_2\left[x^2+\frac{a_1}{a_2}x+\left(\frac{a_1}{2a_2}\right)^2-\left(\frac{a_1}{2a_2}\right)^2\right] \quad \text{▶ quadratische Ergänzung}$$
$$=a_2\left[\left(x+\frac{a_1}{2a_2}\right)^2-\left(\frac{a_1}{2a_2}\right)^2\right]$$
$$=a_2\left(x+\frac{a_1}{2a_2}\right)^2-\frac{a_1^2}{4a_2}$$

$$S\left(-\frac{a_1}{2a_2}\middle|-\frac{a_1^2}{4a_2}\right) \quad \text{▶ Scheitelpunkt}$$

Man berechnet die beiden Nullstellen, indem man in der Funktionsgleichung für $f(x)$ den Wert Null setzt, den Term $a_2 x^2+a_1 x$ faktorisiert und die Gleichung löst.

$f(x)=a_2 x^2+a_1 x$ ▶ $f(x)=0$

$0=a_2 x^2+a_1 x$

$0=x(a_2 x+a_1) \Rightarrow x=0$ oder $a_2 x+a_1=0$

$\Rightarrow x_1=0;\ x_2=-\frac{a_1}{a_2}$ ▶ Nullstellen

Merke:

Funktionen zweiten Grades vom Typ $f: f(x)=a_2 x^2+a_1 x$ mit $a_1; a_2 \neq 0$ haben folgende Eigenschaften:

- Alle Graphen der Funktion sind achsensymmetrisch zu Parallelen der y-Achse.
- Der Scheitelpunkt S eines Graphen $G(f)$ ist gegenüber dem der Normalparabel um $-\frac{a_1}{2a_2}$ in Richtung der x-Achse und um $-\frac{a_1^2}{4a_2}$ in Richtung der y-Achse verschoben. S hat die Koordinaten $\left(-\frac{a_1}{2a_2}\middle|-\frac{a_1^2}{4a_2}\right)$.
- Funktionen dieses Typs haben die Nullstellen $x_1=0$ und $x_2=-\frac{a_1}{a_2}$.

Problem: Zeichnen Sie die Graphen der Polynomfunktion $f: f(x)=x^2+a_1 x+a_0$ für $a_1 \in \{-6; 6\}$ sowie für $a_0 \in \{7; 9; 11\}$, und beurteilen Sie den Einfluß von a_1 und a_0 auf den Verlauf der Graphen gegenüber dem einer Normalparabel.

Aus der Polynomfunktion 2. Grades vom Typ $f: f(x)=x^2+a_1 x+a_0$ erhält man nach Einsetzen der gegebenen Werte für a_1 und a_0 die Funktionen f_1 bis f_6.

$f(x)=x^2+a_1 x+a_0$ ▶ $a_1 \in \{-6; 6\};\ a_0 \in \{7; 9; 11\}$

$a_1=6;\ a_0=11$ ▶ $f_1(x)=x^2+6x+11$

$a_1=6;\ a_0=7$ ▶ $f_2(x)=x^2+6x+7$

$a_1=-6;\ a_0=11$ ▶ $f_3(x)=x^2-6x+11$

$a_1=-6;\ a_0=7$ ▶ $f_4(x)=x^2-6x+7$

$a_1=6;\ a_0=9$ ▶ $f_5(x)=x^2+6x+9$

$a_1=-6;\ a_0=9$ ▶ $f_6(x)=x^2-6x+9$

Alle Graphen haben eine Form, die dem Graphen vom Funktionstyp h: $h(x)=a_2\,x^2$ entspricht und wegen $a_2=1$ die Form einer Normalparabel.

Wegen $a_2>0$ sind sie in Richtung der positiven y-Achse geöffnet.

Für $a_2>0$ (hier: $a_2=1$) bewirkt der Koeffizient a_1 eine Verschiebung des Scheitelpunktes des Graphen von h in Richtung der x-Achse, und zwar für $a_1<0$ (hier: $a_1=-6$) in Richtung der positiven x-Achse, für $a_1>0$ (hier: $a_1=6$) in Richtung der negativen x-Achse.

Außerdem verschiebt a_1 für $a_2>0$ diesen Scheitelpunkt in Richtung der negativen y-Achse.

Durch a_0 wird für $a_0>0$ (hier für die Werte: $a_0\in\{7;\,9;\,11\}$) der Funktionswert $f(x)$ vergrößert, für $a_0<0$ dagegen verkleinert. Das bedeutet, daß der Scheitelpunkt einer Parabel, der nur durch die Koeffizienten a_1 und a_2 bestimmt war, um den Wert a_0 in Richtung der y-Achse (hier: in positiver Richtung) weiter verschoben wird.

Dabei kann sich dieser Scheitelpunkt so verschieben, daß es für den Graphen von f keine Schnittpunkte mit der x-Achse gibt (keine Nullstellen) oder nur ein Berührungspunkt mit der x-Achse vorhanden ist (eine Nullstelle).

Im Beispiel existieren für $a_0=7$ zwei Nullstellen, für $a_0=9$ eine Nullstelle und für $a_0=11$ keine Nullstellen der Funktion f.

Um die Verschiebung des Scheitelpunktes einer Parabel vom Funktionstyp h: $h(x)=a_2\,x^2$ in Richtung der x-Achse und der y-Achse zu berechnen, formt man die Funktionsgleichung $f(x)=a_2\,x^2+a_1\,x+a_0$ mit Hilfe der quadratischen Ergänzung um. Die umgeformte Funktionsgleichung erlaubt es, die Verschiebung in beiden Richtungen unmittelbar abzulesen, und zwar gilt:

$-\dfrac{a_1}{2a_2}$ ▶ Verschiebung in Richtung der x-Achse

$\dfrac{4a_0\,a_2-a_1^2}{4a_2}$ ▶ Verschiebung in Richtung der y-Achse

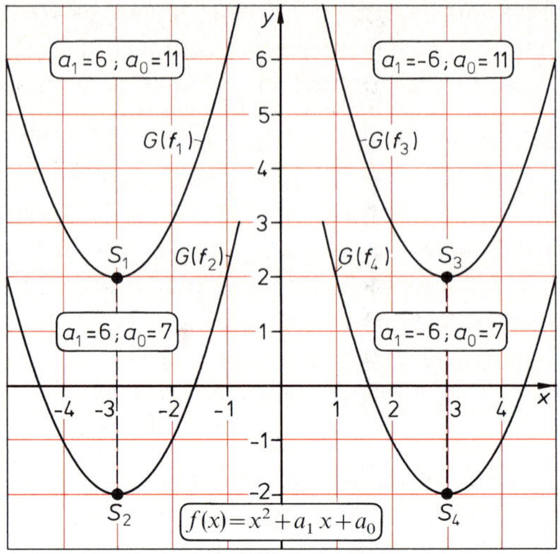

$f_1(x)=x^2+6x+11 \Rightarrow f_1(x)=(x+3)^2+2$ ▶ $S_1\langle -3|2\rangle$

$f_2(x)=x^2+6x+7 \Rightarrow f_2(x)=(x+3)^2-2$ ▶ $S_2\langle -3|-2\rangle$

$f_3(x)=x^2-6x+11 \Rightarrow f_2(x)=(x-3)^2+2$ ▶ $S_3\langle 3|2\rangle$

$f_4(x)=x^2-6x+7 \Rightarrow f_3(x)=(x-3)^2-2$ ▶ $S_4\langle 3|-2\rangle$

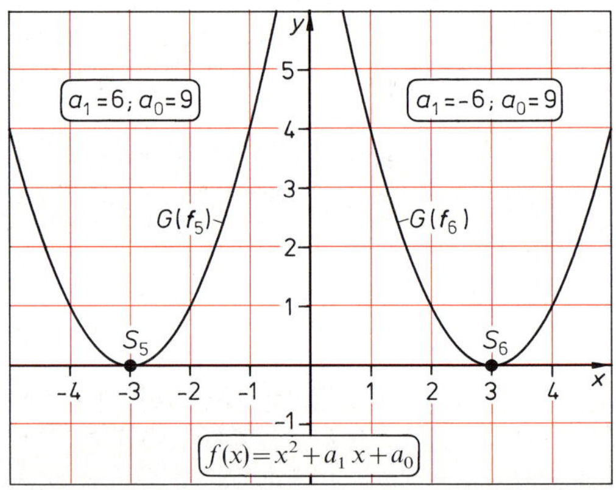

$f_5(x)=x^2+6x+9 \Rightarrow f_5(x)=(x+3)^2$ ▶ $S_5\langle -3|0\rangle$

$f_6(x)=x^2-6x+9 \Rightarrow f_6(x)=(x-3)^2$ ▶ $S_6\langle 3|0\rangle$

$$\begin{aligned} f(x)&=a_2\,x^2+a_1\,x+a_0\\ &=a_2\left(x^2+\frac{a_1}{a_2}x+\frac{a_0}{a_2}\right)\\ &=a_2\left[\left(x^2+\frac{a_1}{a_2}x+\left(\frac{\boldsymbol{a_1}}{\boldsymbol{2a_2}}\right)^2\right)+\frac{a_0}{a_2}-\left(\frac{\boldsymbol{a_1}}{\boldsymbol{2a_2}}\right)^2\right]\\ &=a_2\left[\left(x+\frac{a_1}{2a_2}\right)^2+\frac{4a_0\,a_2-a_1^2}{4a_2^2}\right]\\ &=a_2\left(x+\frac{a_1}{2a_2}\right)^2+\frac{4a_0\,a_2-a_1^2}{4a_2}\end{aligned}$$

Da die umgeformte Funktionsgleichung die Koordinaten des Scheitelpunktes enthält, heißt sie auch **Scheitelpunktsgleichung der Parabel**.

$S\left\langle -\frac{a_1}{2a_2} \middle| \frac{4a_0 a_2 - a_1^2}{4a_2} \right\rangle$ ► Scheitelpunkt

$f(x) = a_2\left(x + \frac{a_1}{2a_2}\right)^2 + \frac{4a_0 a_2 - a_1^2}{4a_2}$ ► Scheitelpunktsgleichung

Merke:

Funktionen zweiten Grades vom Typ $f: f(x) = a_2 x^2 + a_1 x + a_0$ mit $a_0; a_1; a_2 \neq 0$ haben folgende Eigenschaften:

- Alle Graphen der Funktionen verlaufen achsensymmetrisch zu Parallelen der y-Achse.
- Der Scheitelpunkt S eines Graphen $G(f)$ ist gegenüber dem der Normalparabel um $-\frac{a_1}{2a_2}$ in Richtung der x-Achse und um $\frac{4a_0 a_2 - a_1^2}{4a_2}$ Richtung der y-Achse verschoben. S hat die Koordinaten $\left\langle -\frac{a_1}{2a_2} \middle| \frac{4a_0 a_2 - a_1^2}{4a_2} \right\rangle$.
- $f(x) = a_2\left(x + \frac{a_1}{2a_2}\right)^2 + \frac{4a_0 a_2 - a_1^2}{4a_2}$ ► Scheitelpunktsgleichung der Parabel

Beispiel: Berechnen Sie für die Funktion $f: f(x) = 12x^2 - 8x + 20$ die Koordinaten des Scheitelpunktes der Parabel, und ermitteln Sie die Scheitelpunktsgleichung.

Aus der Funktionsgleichung werden die Werte für a_0, a_1 und a_2 entnommen.

$f(x) = 12x^2 - 8x + 20$ ► $a_2 = 12;\ a_1 = -8;\ a_0 = 20$

$S\left\langle -\frac{a_1}{2a_2} \middle| \frac{4a_0 a_2 - a_1^2}{4a_2} \right\rangle$ ► $a_2 = 12;\ a_1 = -8;\ a_0 = 20$

Nach Einsetzen dieser Werte erhält man die gesuchten Scheitelpunktskoordinaten und die Scheitelpunktsgleichung der Funktion $f: f(x) = 12x^2 - 8x + 20$.

$S\left\langle -\frac{-8}{2 \cdot 12} \middle| \frac{4 \cdot 20 \cdot 12 - (-8)^2}{4 \cdot 12} \right\rangle \Rightarrow \underline{\underline{S\left\langle \frac{1}{3} \middle| \frac{56}{3} \right\rangle}}$

$$f(x) = a_2\left(x + \frac{a_1}{2a_2}\right)^2 + \frac{4a_0 a_2 - a_1^2}{4a_2}$$

$$= 12\left(x + \frac{-8}{2 \cdot 12}\right)^2 + \frac{4 \cdot 20 \cdot 12 - (-8)^2}{4 \cdot 12}$$

$$= \underline{\underline{12\left(x - \frac{1}{3}\right)^2 + \frac{56}{3}}}$$ ► Scheitelpunktsgleichung

Problem: Entwickeln Sie eine Gleichung zur Berechnung der Nullstellen quadratischer Funktionen vom Typ $f: f(x) = a_2 x^2 + a_1 x + a_0$ mit $a_2; a_1; a_0 \in \mathbb{R}$, und untersuchen Sie die Anzahl der Nullstellen.

Zur Berechnung der Nullstellen setzt man in der Funktionsgleichung für $f(x)$ den Wert Null und ermittelt die Lösungsmenge für x.

$f(x) = a_2 x^2 + a_1 x + a_0$ ► $f(x) = 0$

$0 = a_2 x^2 + a_1 x + a_0$ ► $a_2 \neq 0$

$0 = x^2 + \frac{a_1}{a_2} x + \frac{a_0}{a_2}$ ► $\frac{a_1}{a_2} = p;\ \frac{a_0}{a_2} = q$

Bei f: $f(x)=a_2 x^2+a_1 x+a_0$ führt dies auf die Lösung einer quadratischen Gleichung vom Typ $x^2+px+q=0$ mit $p=\frac{a_1}{a_2}$ und $q=\frac{a_0}{a_2}$.

$$0=x^2+px+q$$
$$=x^2+px+\left(\frac{p}{2}\right)^2-\left(\frac{p}{2}\right)^2+q$$ ► quadratische Ergänzung durch $\left(\frac{p}{2}\right)^2$
$$=\left(x+\frac{p}{2}\right)^2-\left(\frac{p}{2}\right)^2+q$$
$$\Rightarrow \left(x+\frac{p}{2}\right)^2=\left(\frac{p}{2}\right)^2-q$$
$$\left|x+\frac{p}{2}\right|=\sqrt{\left(\frac{p}{2}\right)^2-q}$$

Die Auflösung dieser Gleichung ergibt eine allgemeine Gleichung zur Ermittlung existierender Nullstellen bei Funktionen zweiten Grades.

$$\Rightarrow x_{1;2}=-\frac{p}{2}\pm\sqrt{\left(\frac{p}{2}\right)^2-q}$$ ► $p=\frac{a_1}{a_2}$; $q=\frac{a_0}{a_2}$
$$=-\frac{a_1}{2a_2}\pm\sqrt{\frac{a_1^2}{4a_2^2}-\frac{a_0}{a_2}}$$
$$=-\frac{a_1}{2a_2}\pm\sqrt{\frac{a_1^2-4a_0a_2}{4a_2^2}}$$

Die Zahl der Nullstellen hängt von dem Wert des Terms unter der Wurzel, also vom Wert der sogenannten **Diskriminante *D*** ab, und zwar gilt:

$\sqrt{\frac{a_1^2-4a_0a_2}{4a_2^2}}$ ► $\frac{a_1^2-4a_0a_2}{4a_2^2}=D$

$D>0$: Die Funktion hat zwei Nullstellen, d.h. die Parabel schneidet die x-Achse an zwei Stellen x_1 und x_2. ► $N(f)=\{x_1; x_2\}$

$D=0$: Die Funktion hat eine Nullstelle, d.h. die Parabel berührt die x-Achse in ihrem Scheitelpunkt S an der Stelle x_1. ► $N(f)=\{x_1\}$

$D<0$: Es existieren keine Schnittpunkte mit der x-Achse, d.h. die Parabel verläuft oberhalb oder unterhalb der x-Achse. ► $N(f)=\emptyset$

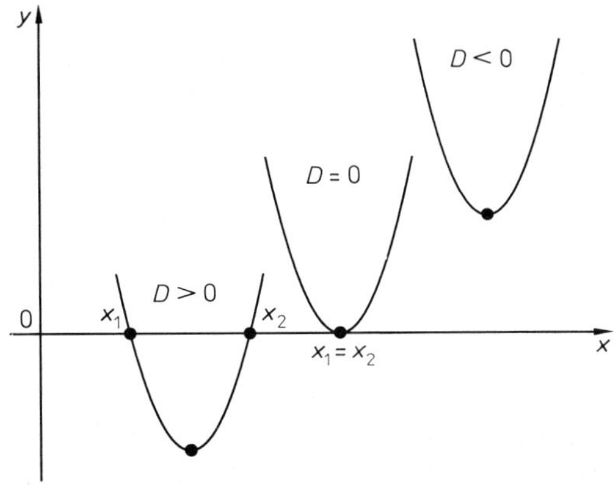

Auf die Lösungsgleichung zur Bestimmung der Nullstellen x_1 und x_2 einer quadratischen Funktion kann man den **Satz von Vieta** anwenden, der die Beziehungen zwischen den Nullstellen und den Koeffizienten einer quadratischen Gleichung beschreibt.

$$\left.\begin{aligned} x^2+px+q \quad &\Rightarrow -p=x_1+x_2 \\ &q=x_1\cdot x_2 \end{aligned}\right\}\text{ Satz von Vieta}$$

$$x^2+\frac{a_1}{a_2}x+\frac{a_0}{a_2}\Rightarrow -\frac{a_1}{a_2}=-p=x_1+x_2$$
$$\frac{a_0}{a_2}=q=x_1\cdot x_2$$

Mit Hilfe dieses Satzes kann man den Funktionsterm einer gegebenen quadratischen Funktion in **Linearfaktoren** zerlegen, wenn die Nullstellen bekannt sind.

$$f(x)=a_2x^2+a_1x+a_0$$
$$=a_2\left(x^2+\frac{a_1}{a_2}x+\frac{a_0}{a_2}\right)$$ ► $\frac{a_1}{a_2}=-(x_1+x_2)$

$$\frac{a_0}{a_2}=x_1\cdot x_2$$

Sind dagegen die Nullstellen x_1 und x_2 einer noch unbekannten quadratischen Funktion gegeben, so ist ihr Funktionsterm vom Typ $f(x)=a_2(x-x_1)(x-x_2)$. Die Funktion f ist dadurch noch nicht eindeutig bestimmt, da der Funktionsterm den Koeffizienten a_2 enthält, für den jede reelle Zahl ungleich Null gewählt werden kann.

$$\begin{aligned} f(x) &= a_2[x^2-(x_1+x_2)\cdot x+x_1\cdot x_2] \\ &= a_2(x^2-x\cdot x_1-x\cdot x_2+x_1\cdot x_2) \\ &= a_2[x(x-x_1)-x_2(x-x_1)] \\ &= \underline{\underline{a_2(x-x_1)(x-x_2)}} \blacktriangleright \text{ Linearfaktoren} \end{aligned}$$

Merke:

Funktionen zweiten Grades haben maximal zwei Nullstellen, die wie folgt berechnet werden:

$$f\colon f(x)=a_2x^2+a_1x+a_0 \text{ mit } a_0;\, a_1;\, a_2\in\mathbb{R},\, a_2\neq 0 \blacktriangleright x_{1;2}=-\frac{a_1}{2a_2}\pm\sqrt{\frac{a_1^2-4a_0a_2}{4a_2^2}}$$

Sind zwei Nullstellen x_1 und x_2 vorhanden, so gilt aufgrund des Satzes von Vieta:

$$-\frac{a_1}{a_2}=x_1+x_2;\ \frac{a_0}{a_2}=x_1\cdot x_2 \Rightarrow f(x)=a_2\left(x^2+\frac{a_1}{a_2}x+\frac{a_0}{a_2}\right)=a_2(x-x_1)(x-x_2);\ a_2\neq 0$$

Beispiel: Entwickeln Sie eine Funktionsgleichung für eine quadratische Funktion mit den Nullstellen $x_1=-3$ und $x_2=4$.

Für quadratische Funktionen gilt nach dem Satz von Vieta bei bekannten Nullstellen x_1 und x_2 die Gleichung:

$$f(x)=a_2(x-x_1)(x-x_2).$$

Setzt man die gegebenen Nullstellen $x_1=-3$ und $x_2=4$ in diese Gleichung ein, so ergibt sich nach Ausmultiplizieren ein Term der gesuchten Funktion, der allerdings noch den Koeffizienten a_2 als Variable enthält. Für beliebig gewählte a_2-Werte erhält man beliebig viele Funktionsgleichungen.

$$\begin{aligned} f(x) &= a_2x^2+a_1x+a_0 \blacktriangleright a_0;\, a_1;\, a_2=?\\ &= a_2\cdot(x-x_1)\cdot(x-x_2);\ a_2\neq 0 \blacktriangleright x_1=-3;\ x_2=4\\ &= a_2[x-(-3)](x-4)\\ &= a_2(x^2-x-12)\\ &= \underline{\underline{a_2x^2-a_2x-a_2\cdot 12;\ a_2\neq 0}} \end{aligned}$$

$a_2=5 \blacktriangleright f(x)=5x^2-5x-60$
$\Rightarrow a_0=-60;\ a_1=-5$

$a_2=-2 \blacktriangleright f(x)=-2x^2+2x+24$
$\Rightarrow a_0=24;\ a_1=2$

Beispiel: Bestimmen Sie Scheitelpunkt, Scheitelpunktsgleichung und Achsenschnittpunkte der quadratischen Funktion $f\colon f(x)=3x^2+2x-5$. Untersuchen Sie die Funktion auf Symmetrie sowie Monotonieverhalten, und zeichnen Sie die Parabel.

Aus der Funktionsgleichung werden die Werte für a_2, a_1 und a_0 entnommen und in die allgemeinen Terme für die Koordinaten des Scheitelpunktes eingesetzt.

Der Scheitelpunkt der Parabel liegt bei $x_1=-\frac{1}{3}$ und $f(x_1)=-\frac{16}{3}$.

Scheitelpunkt des Graphen:

$f\colon f(x)=3x^2+2x-5 \blacktriangleright a_2=3;\ a_1=2;\ a_0=-5$

$$S\left\langle-\frac{a_1}{2a_2}\middle|\frac{4a_0a_2-a_1^2}{4a_2}\right\rangle \blacktriangleright a_2=3;\ a_1=2;\ a_0=-5$$

$$S\left\langle-\frac{2}{2\cdot 3}\middle|\frac{4\cdot(-5)\cdot 3-2^2}{4\cdot 3}\right\rangle \blacktriangleright \underline{\underline{S\left\langle-\frac{1}{3}\middle|-\frac{16}{3}\right\rangle}}$$

Die Scheitelpunktsgleichung ergibt sich nach Einsetzen dieser Werte in die allgemeine Scheitelpunktsgleichung der Parabel.

Scheitelpunktsgleichung:

$$f(x)=a_2\left(x+\frac{a_1}{2a_2}\right)^2+\frac{4a_0a_2-a_1^2}{4a_2} \quad \blacktriangleright\ a_2=3;\ a_1=2;\ a_0=-5$$

$$=3\left(x+\frac{2}{2\cdot 3}\right)^2+\frac{4\cdot(-5)\cdot 3-2^2}{4\cdot 3}$$

$$=3\left(x+\frac{1}{3}\right)^2-\frac{16}{3}$$

Zur Berechnung der Nullstellen einer Funktion setzt man in der Funktionsgleichung für $f(x)$ den Wert Null ein und bestimmt die Lösungsmenge der Gleichung.
In diesem Falle wird die Lösungsgleichung für die Nullstellen einer quadratischen Funktion verwendet, in der man für a_0, a_1 und a_2 die entsprechenden Werte einsetzt.

Man erhält die Nullstellen $x_2=-\frac{5}{3}$ sowie $x_3=1$ und damit die Schnittpunkte der Parabel mit der x-Achse $P_2\langle -\frac{5}{3}|0\rangle$ und $P_3\langle 1|0\rangle$.

Nullstellen:

$$x_{2;3}=-\frac{a_1}{2a_2}\pm\sqrt{\frac{a_1^2-4a_0a_2}{4a_2^2}} \quad \blacktriangleright\ a_0=-5;\ a_1=2;\ a_2=3$$

$$=-\frac{2}{2\cdot 3}\pm\sqrt{\frac{2^2-4\cdot(-5)\cdot 3}{4\cdot 3^2}}$$

$$=-\frac{1}{3}\pm\sqrt{\frac{16}{9}}$$

$$\Rightarrow x_2=-\frac{5}{3};\ x_3=1 \quad \blacktriangleright \text{ Nullstellen}$$

$$\blacktriangleright\ N(f)=\left\{-\frac{5}{3};\ 1\right\} \quad \blacktriangleright \text{ Nullstellenmenge}$$

Der Schnittpunkt mit der y-Achse ergibt sich, wenn man in der Funktionsgleichung für x den Wert Null einsetzt und $f(0)$ berechnet. Man erhält $P_4\langle 0|-5\rangle$.

Schnittpunkt mit der y-Achse:

$f(x)=3x^2+2x-5$ ▶ $x_0=0$

$f(0)=3\cdot 0+2\cdot 0-5$

$=-5$ ▶ $P_4\langle 0|-5\rangle$ ▶ Schnittpunkt mit der y-Achse

Die Graphen von Funktionen 2. Grades sind immer achsensymmetrisch zu ihrer Symmetrieachse, so daß sich eine Nachprüfung erübrigt. Da die Symmetrieachse durch den Scheitelpunkt der Parabel verläuft, lautet ihre Gleichung $x=-\frac{1}{3}$.

Durch den Scheitelpunkt $S\langle -\frac{1}{3}|-\frac{16}{3}\rangle$ sind diejenigen Intervalle $I_1=(-\infty;\ -\frac{1}{3})$ und $I_2=(-\frac{1}{3};\ \infty)$ vorgegeben, in denen es sinnvoll ist, das Monotonieverhalten zu untersuchen. Da eine quadratische Funktion in den Intervallen I_1 und I_2 stets streng monoton verläuft, genügt es, in jedem Intervall ein Wertepaar auszuwählen und das Monotonieverhalten zu untersuchen.

Achsensymmetrie:

$f: f(x)=3x^2+2x-5$ ▶ Graph ist achsensymmetrisch

$S\langle -\frac{1}{3}|-\frac{16}{3}\rangle$ ▶ Scheitelpunkt der Parabel

▶ $x=-\frac{1}{3}$ ▶ Gleichung der Symmetrieachse

Monotonieverhalten:

$I_1=(-\infty;\ -\frac{1}{3})$ ▶ $x_5=-3;\ x_6=-1$ ▶ $x_5<x_6$

$f(-3)=3\cdot(-3)^2+2\cdot(-3)-5=16$

$f(-1)=3\cdot(-1)^2+2\cdot(-1)-5=-4$

▶ $f(-3)>f(-1)$ ▶ Funktion fällt streng monoton

$I_2=(-\frac{1}{3};\ \infty)$ ▶ $x_7=2;\ x_8=5$ ▶ $x_7<x_8$

$f(2)=3\cdot 2^2+2\cdot 2-5=11$

$f(5)=3\cdot 5^2+2\cdot 5-5=80$

▶ $f(2)<f(5)$ ▶ Funktion steigt streng monoton

Es zeigt sich, daß die Funktion im Intervall $I_1=(-\infty; -\frac{1}{3})$ streng monoton fällt und im Intervall $I_2=(-\frac{1}{3}; \infty)$ streng monoton steigt.

Der Graph wird mit Hilfe einer Wertetafel sowie der berechneten Punkte S, P_2, P_3 und P_4 gezeichnet.

Sein Verlauf bestätigt die Ergebnisse der Untersuchung.

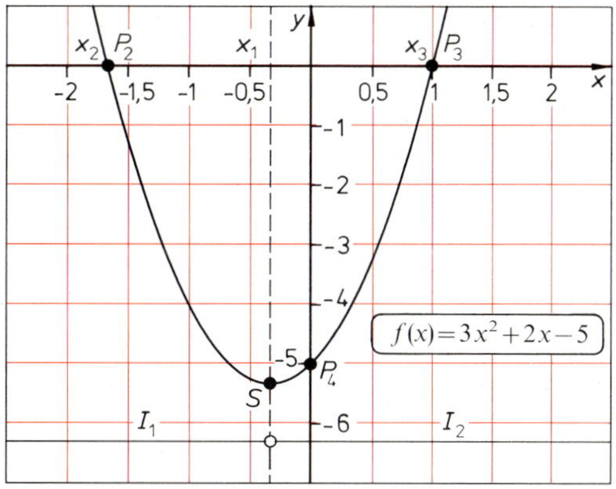

Beispiel: Ermitteln Sie für die quadratischen Funktionen g: $g(x)=0{,}25x^2-0{,}5x-0{,}75$ und h: $h(x)=x^2-4x+1$ Scheitelpunkte, Scheitelpunktsgleichungen, Achsenschnittpunkte sowie mögliche Schnittpunkte der Graphen. Stellen Sie beide Funktionen graphisch dar.

Aus der Funktionsgleichung der Funktion g werden die Werte für a_2, a_1 und a_0, aus der Funktionsgleichung der Funktion h die Werte für b_2, b_1 und b_0 entnommen. Man setzt sie in den allgemeinen Term für die Koordinaten des Scheitelpunktes ein, und berechnet die Scheitelpunkte S_1 sowie S_2.

Die Scheitelpunkte der Parabeln heißen $S_1\langle 1|-1\rangle$ und $S_2\langle 2|-3\rangle$.

Scheitelpunkte:

g: $g(x)=0{,}25x^2-0{,}5x-0{,}75$ ► $a_2=0{,}25$; $a_1=-0{,}5$; $a_0=-0{,}75$

h: $h(x)=x^2-4x+1$ ► $b_2=1$; $b_1=-4$; $b_0=1$

$$S_1\left\langle -\frac{a_1}{2a_2}\middle|\frac{4a_0a_2-a_1^2}{4a_2}\right\rangle \blacktriangleright\ a_2=0{,}25;\ a_1=-0{,}5;\ a_0=-0{,}75$$

$$S_1\left\langle -\frac{-0{,}5}{2\cdot 0{,}25}\middle|\frac{4\cdot(-0{,}75)\cdot 0{,}25-(-0{,}5)^2}{4\cdot 0{,}25}\right\rangle = \underline{\underline{S_1\langle 1|-1\rangle}}$$

$$S_2\left\langle -\frac{b_1}{2b_2}\middle|\frac{4b_0b_2-b_1^2}{4b_2}\right\rangle \blacktriangleright\ b_2=1;\ b_1=-4;\ b_0=1$$

$$S_2\left\langle -\frac{-4}{2\cdot 1}\middle|\frac{4\cdot 1\cdot 1-(-4)^2}{4\cdot 1}\right\rangle \blacktriangleright\ \underline{\underline{S_2\langle 2|-3\rangle}}$$

Die Scheitelpunktsgleichungen erhält man nach Einsetzen der Werte für a_0, a_1 und a_2 bzw. b_0, b_1 und b_2 in die allgemeine Scheitelpunktsgleichung der Parabel.

Scheitelpunktsgleichungen:

$$g(x)=a_2\left(x+\frac{a_1}{2a_2}\right)^2+\frac{4a_0a_2-a_1^2}{4a_2}$$

► $a_2=0{,}25$; $a_1=-0{,}5$; $a_0=-0{,}75$

$$=0{,}25\left(x+\frac{-0{,}5}{2\cdot 0{,}25}\right)^2+\frac{4\cdot(-0{,}75)\cdot 0{,}25-(-0{,}5)^2}{4\cdot 0{,}25}$$

$=\underline{\underline{0{,}25(x-1)^2-1}}$ ► Scheitelpunktsgleichung

$$h(x)=b_2\left(x+\frac{b_1}{2b_2}\right)^2+\frac{4b_0b_2-b_1^2}{4b_2} \blacktriangleright\ b_2=1;\ b_1=-4;\ b_0=1$$

$=\underline{\underline{(x-2)^2-3}}$ ► Scheitelpunktsgleichung

Zur Berechnung der Nullstellen wird die allgemeine Lösungsgleichung für die Nullstellen einer quadratischen Funktion verwendet, in die man die Werte für a_0, a_1 und a_2 bzw. b_0, b_1 und b_2 einsetzt.

Man erhält die Nullstellen $x_1=-1$ und $x_2=3$ ($P_1\langle -1|0\rangle$ und $P_2\langle 3|0\rangle$) sowie $x_3=0{,}2679$ und $x_4=3{,}7321$ ($P_3\langle 0{,}2679|0\rangle$ und $P_4\langle 3{,}7321|0\rangle$).

Nullstellen:

$$x_{1;2}=-\frac{a_1}{2a_2}\pm\sqrt{\frac{a_1^2-4a_0a_2}{4a_2^2}} \quad ▶ \; a_0=-0{,}75;\; a_1=-0{,}5;\; a_2=0{,}25$$

$$=-\frac{-0{,}5}{2\cdot 0{,}25}\pm\sqrt{\frac{(-0{,}5)^2-4\cdot(-0{,}75)\cdot 0{,}25}{4\cdot 0{,}25^2}}$$

$$\Rightarrow x_1=\underline{\underline{-1}} \; ▶ \; P_1\langle -1|0\rangle;\; x_2=\underline{\underline{3}} \; ▶ \; P_2\langle 3|0\rangle$$

$$x_{3;4}=-\frac{b_1}{2b_2}\pm\sqrt{\frac{b_1^2-4b_0b_2}{4b_2^2}} \quad ▶ \; b_0=1;\; b_1=-4;\; b_2=1$$

$$=-\frac{-4}{2\cdot 1}\pm\sqrt{\frac{(-4)^2-4\cdot 1\cdot 1}{4\cdot 1^2}}$$

$$\Rightarrow x_3=\underline{\underline{0{,}2679}} \; ▶ \; P_3\langle 0{,}2679|0\rangle \quad \text{und}$$

$$x_4=\underline{\underline{3{,}7321}} \; ▶ \; P_4\langle 3{,}7321|0\rangle$$

Beide Graphen haben je einen Schnittpunkt mit der Ordinatenachse. Man ermittelt diese Punkte $P\langle 0|f(0)\rangle$, indem man in der Funktionsgleichung für x den Wert Null einsetzt und $f(0)$ bestimmt. Für die Funktion g existiert der Schnittpunkt $P_5\langle 0|-0{,}75\rangle$, für die Funktion h der Schnittpunkt $P_6\langle 0|1\rangle$.

Schnittpunkte mit der Ordinatenachse:

$$g(x)=0{,}25x^2-0{,}5x-0{,}75 \; ▶ \; x_0=0$$

$$g(0)=0{,}25\cdot 0^2-0{,}5\cdot 0-0{,}75$$

$$=\underline{\underline{-0{,}75}} \; ▶ \; P_5\langle 0|-0{,}75\rangle$$

$$h(x)=x^2-4x+1 \; ▶ \; x_0=0$$

$$h(0)=0^2-4\cdot 0+1=\underline{\underline{1}} \; ▶ \; P_6\langle 0|1\rangle$$

Falls Schnittpunkte der Graphen $G(g)$ und $G(h)$ existieren, so sind die Funktionswerte der beiden Funktionen an diesen Schnittpunkten gleich, d. h. es gilt dort $g(x)=h(x)$.

Deshalb setzt man beide Funktionsgleichungen gleich und löst die neue Gleichung. Hier ergeben sich zwei x-Werte, d. h. es existieren zwei Schnittpunkte der Graphen.

$x_7=4{,}0972$ und $x_8=0{,}5695$ werden in eine der beiden Funktionsgleichungen eingesetzt, und man erhält die entsprechenden Funktionswerte.

Die Schnittpunkte der Graphen haben damit die Koordinaten $P_7\langle 4{,}0972|1{,}3982\rangle$ und $P_8\langle 0{,}5695|-0{,}9537\rangle$.

Schnittpunkte der Graphen $G(g)$ und $G(h)$:

$$g(x)=h(x)$$

$$0{,}25x^2-0{,}5x-0{,}75=x^2-4x+1$$

$$\Rightarrow 0{,}75x^2-3{,}5x+1{,}75=0$$

$$x^2-\frac{14}{3}x+\frac{7}{3}=0$$

$$\Rightarrow x_{7;8}=\frac{7}{3}\pm\sqrt{\left(\frac{7}{3}\right)^2-\frac{7}{3}}$$

$$\Rightarrow x_7=\underline{\underline{4{,}0972}} \; ▶ \; g(4{,}0972)=\underline{\underline{1{,}3982}}$$

$$▶ \; P_7\langle 4{,}0972|1{,}3982\rangle \; ▶ \; \text{Schnittpunkt}$$

$$x_8=\underline{\underline{0{,}5695}} \; ▶ \; h(0{,}5695)=\underline{\underline{-0{,}9537}}$$

$$▶ \; P_8\langle 0{,}5695|-0{,}9537\rangle \; ▶ \; \text{Schnittpunkt}$$

Der Verlauf der beiden Graphen bestätigt die rechnerischen Ergebnisse.

$S_1\langle 1|-1\rangle$ ▶ Scheitelpunkt von $G(g)$
$S_2\langle 2|-3\rangle$ ▶ Scheitelpunkt von $G(h)$
$P_1\langle -1|0\rangle$, $P_2\langle 3|0\rangle$ } Schnittpunkt von $G(g)$ mit der x-Achse
$P_3\langle 0{,}2679|0\rangle$, $P_4\langle 3{,}7321|0\rangle$ } Schnittpunkt von $G(h)$ mit der x-Achse
$P_5\langle 0|-0{,}75\rangle$ ▶ Schnittpunkt von $G(g)$ mit der y-Achse
$P_6\langle 0|1\rangle$ ▶ Schnittpunkt von $G(h)$ mit der y-Achse
$P_7\langle 4{,}0972|1{,}3982\rangle$, $P_8\langle 0{,}5695|-0{,}9537\rangle$ } Schnittpunkte der Graphen

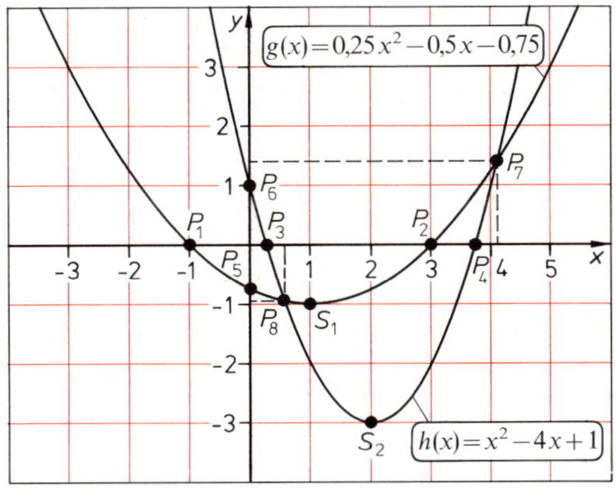

Problem: Untersuchen Sie am Beispiel der Funktion f: $f(x)=2x^2-4x-2{,}5$, ob quadratische Funktionen (Funktionen 2. Grades) umkehrbar sind.

Die Funktion f: $f(x)=2x^2-4x-2{,}5$ hat den Definitionsbereich $D(f)=\mathbb{R}$ und den Wertebereich $W(f)=[-4{,}5;\,\infty)$, der sich aus dem Scheitelpunkt $S_1\langle 1|-4{,}5\rangle$ der nach oben geöffneten Parabel ergibt.

$f(x)=2x^2-4x-2{,}5$ ▶ $a_2=2;\ a_1=-4;\ a_0=-2{,}5$

$S\left\langle -\frac{a_1}{2a_2}\middle|\frac{4a_0a_2-a_1^2}{4a_2}\right\rangle$ ▶ $a_0=-2{,}5;\ a_1=-4;\ a_2=2$

$S_1\left\langle -\frac{-4}{2\cdot 2}\middle|\frac{4\cdot(-2{,}5)\cdot 2-(-4)^2}{4\cdot 2}\right\rangle$

$\Rightarrow S_1\langle 1|-4{,}5\rangle$ ▶ $W(f)=[-4{,}5;\,\infty)$

Zur Bildung einer Umkehrfunktion wird der Wertebereich $W(f)$ zum Definitionsbereich $D(g)$ einer neuen Funktion g: $z\mapsto g(z)$ gemacht.

Bei der Umkehrung erkennt man, daß die Gleichung $z=2\cdot[g(z)]^2-4\cdot g(z)-2{,}5$ bei der Auflösung nach $g(z)$ auf die neue Gleichung $g(z)=1\pm\sqrt{2{,}25+0{,}5z}$ und damit auf die Umkehrrelation R^{-1} mit dem Definitionsbereich $D(R^{-1})=[-4{,}5;\,\infty)$ und dem Wertebereich $W(R^{-1})=\mathbb{R}$ führt. Das bedeutet, daß für jedes Element x des Definitionsbereiches $D(R^{-1})$ jeweils zwei Elemente $R^{-1}(x)$ im Wertebereich $W(R^{-1})$ existieren.

$f(x)=2x^2-4x-2{,}5$ ▶ $W(f)=D(g)$ ▶ $f(x)=z;\ x=g(z)$

$z=2\cdot[g(z)]^2-4\cdot g(z)-2{,}5$

$\Rightarrow [g(z)]^2-2\cdot g(z)-1{,}25-0{,}5z=0$

$\Rightarrow g(z)=1\pm\sqrt{2{,}25+0{,}5z}$

$=1\pm\sqrt{2{,}25+0{,}5z}$ ▶ $z=x$

R^{-1}: $R^{-1}(x)=1\pm\sqrt{2{,}25+0{,}5x}$ ▶ Umkehrrelation

Aus der Funktion f: $f(x)=2x^2-4x-0{,}25$ läßt sich also keine Umkehrfunktion f^{-1}, sondern nur eine Umkehrrelation bilden, und zwar R^{-1}: $R^{-1}(x)=1\pm\sqrt{2{,}25+0{,}5x}$.

Auch aus dem Graphen $G(R^{-1})$ der Umkehrrelation ist dies zu erkennen, denn jedem x-Wert sind zwei $R^{-1}(x)$-Werte zugeordnet.

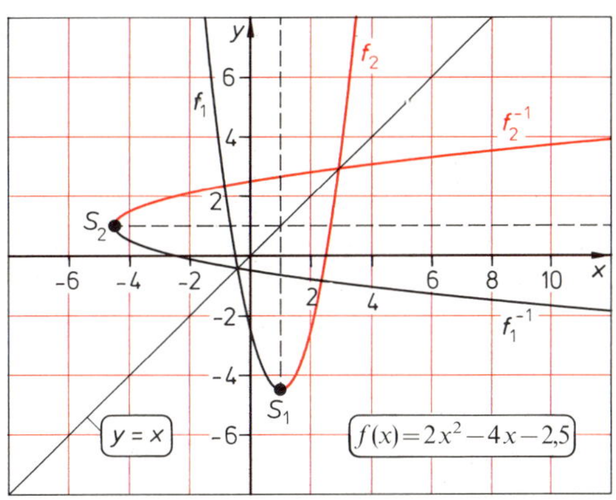

Es wird damit deutlich, daß Funktionen 2. Grades (quadratische Funktionen) im allgemeinen keine Umkehrfunktion haben, denn sie sind im allgemeinen nicht eineindeutig. Teilt man den Definitionsbereich $D(f)=\mathbb{R}$ der Funktion f in die Definitionsbereiche $D(f_1)=(-\infty;\ 1]$ und $D(f_2)=[1;\ \infty)$ auf, so erhält man die Funktionen f_1 und f_2.

f_1: $f_1(x)=2x^2-4x-2{,}5$; $D(f_1)=(-\infty; 1]$
$W(f_1)=[-4{,}5; \infty)$

f_2: $f_2(x)=2x^2-4x-2{,}5$; $D(f_2)=[1; \infty)$
$W(f_2)=[-4{,}5; \infty)$

f_1^{-1}: $f_1^{-1}(x)=1-\sqrt{2{,}25+0{,}5x}$; $D(f_1^{-1})=[-4{,}5; \infty)$
$W(f_1^{-1})=(-\infty; 1]$

f_2^{-1}: $f_2^{-1}(x)=1+\sqrt{2{,}25+0{,}5x}$; $D(f_2^{-1})=[-4{,}5; \infty)$
$W(f_2^{-1})=[1; \infty)$

Die Funktionen f_1 und f_2 sind eineindeutig, denn zu jedem Funktionswert $f_1(x)$ bzw. $f_2(x)$ existiert jeweils nur ein Argument x ihres Definitionsbereiches. Für die Funktionen f_1 und f_2 lassen sich deshalb auch die entsprechenden Umkehrfunktionen f_1^{-1} und f_2^{-1} bilden.

Merke:

Funktionen zweiten Grades vom Typ f: $f(x)=a_2x^2+a_1x+a_0$; $D(f)=\mathbb{R}$ sind im allgemeinen nicht eineindeutig und damit nicht umkehrbar. Durch Einschränkung des Definitionsbereiches $D(f)$ kann Umkehrbarkeit erreicht werden.

Funktionen dritten und höheren Grades

Bei der Behandlung der ganzen rationalen Funktionen ersten und zweiten Grades wurde systematisch dargestellt, wie man Funktionen analysiert. Solche Analysen heißen auch **Kurvendiskussionen**. Dabei werden Achsenschnittpunkte, d.h. Schnittpunkte mit der Abszissen- und der Ordinatenachse sowie Schnittpunkte von Graphen und Scheitelpunkte von Parabeln berechnet. Außerdem werden das Monotonieverhalten von Funktionen und die Symmetrie von Graphen untersucht. Bei Funktionen dritten und höheren Grades lassen sich solche Analysen in gleicher Weise durchführen. Wegen der Vielzahl der Varianten werden in diesem Abschnitt an ausgewählten Beispielen typische Merkmale behandelt und Gesetzmäßigkeiten erläutert.

Problem: Zeichnen Sie die Graphen der Funktionen f: $f(x)=0{,}1x^3-0{,}2x^2-0{,}5x+0{,}6$, g: $g(x)=x^4-6x^2+5$ sowie h: $h(x)=0{,}9x^5-4x^3+3x+0{,}5$, und bestimmen Sie Anzahl und Größe der Nullstellen rechnerisch oder zeichnerisch.

- f: $f(x)=0{,}1x^3-0{,}2x^2-0{,}5x+0{,}6$ mit $D(f)=\mathbb{R}$

Die Funktion f ist eine Polynomfunktion dritten Grades. Zur Berechnung der Nullstellen setzt man in der Funktionsgleichung für $f(x)$ den Wert Null ein und löst dann die entstehende Gleichung 3. Grades **(Polynomgleichung 3. Grades)**.

$f(x)=0{,}1x^3-0{,}2x^2-0{,}5x+0{,}6$ ► $f(x)=0$

$0{,}1x^3-0{,}2x^2-0{,}5x+0{,}6=0$

$x^3-2x^2-5x+6=0$

$\Rightarrow x_1=\underline{\underline{-2}};\ x_2=\underline{\underline{1}};\ x_3=\underline{\underline{3}}$ ► Nullstellen

$\Rightarrow \underline{\underline{N(f)=\{-2; 1; 3\}}}$ ► Nullstellenmenge

Während sich Gleichungen 3. und 4. Grades mit Hilfe bestimmter Methoden immer lösen lassen, gibt es für Gleichungen höheren Grades keine allgemeingültigen Lösungsverfahren. Solche Gleichungen kann man aber mit Näherungsverfahren oder mit entsprechenden Computerprogrammen lösen.

Die vorliegende Polynomgleichung hat die drei Lösungen $x_1 = -2$; $x_2 = 1$ und $x_3 = 3$.

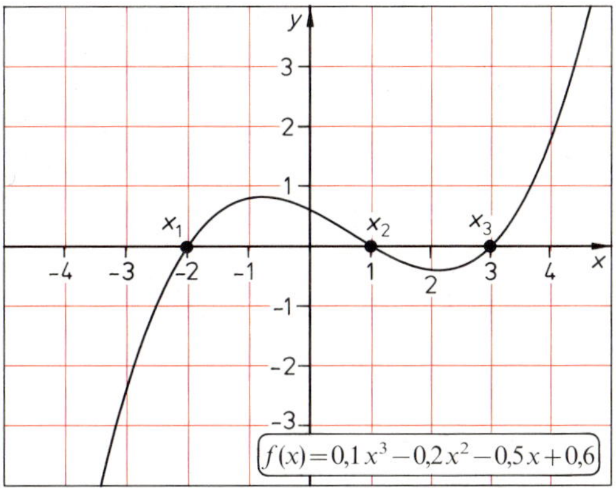

Hat eine Polynomgleichung *m*-ten Grades die Lösungen x_1, x_2; x_3; …; x_m, so kann man sie nach dem **Nullstellensatz für Polynome (Fundamentalsatz der Algebra)** als Produkt aus Linearfaktoren darstellen.

$a_m x^m + a_{m-1} x^{m-1} + a_{m-2} x^{m-2} + \ldots + a_1 x + a_0 = 0;\ a_m \neq 0$

$\Rightarrow a_m(x - x_1)(x - x_2)(x - x_3) \cdot \ldots \cdot (x - x_m) = 0$

$x^3 - 2x^2 - 5x + 6 = (x+2)(x-1)(x-3)$

▶ $\underline{\underline{f(x) = 0{,}1 \cdot (x+2)(x-1)(x-3)}}$

● $g\colon g(x) = x^4 - 6x^2 + 5;\ D(g) = \mathbb{R}$

g ist eine Polynomfunktion 4. Grades vom Typ $g\colon g(x) = a_4 x^4 + a_2 x^2 + a_0$, die also nur die Koeffizienten a_4 und a_2 sowie a_0 enthält.

Setzt man in der Funktionsgleichung für $g(x)$ den Wert Null, so läßt sich die Gleichung 4. Grades algebraisch lösen, indem man z für x^2 setzt und die quadratische Gleichung $z^2 - 6z + 5 = 0$ löst. Man erhält $z_1 = 5$ sowie $z_2 = 1$ und wegen der Beziehung $x^2 = z \Leftrightarrow |x| = \sqrt{z}$ die vier Nullstellen x_1, x_2, x_3 und x_4.

Solche Gleichungen haben die allgemeine Form $a_{2m} x^{2m} + a_m x^m + a_0 = 0;\ m \in \mathbb{N}^* \setminus \{1\}$, heißen **biquadratische Gleichungen** und sind stets durch geeignete Substitution lösbar.

$g(x) = x^4 - 6x^2 + 5$ ▶ $g(x) = 0$

$x^4 - 6x^2 + 5 = 0$ ▶ $x^2 = z$

$z^2 - 6z + 5 = 0$

$\Rightarrow z_{1;2} = 3 \pm \sqrt{9-5} \Rightarrow z_1 = 5;\ z_2 = 1$ ▶ $z = x^2$

$x^2 = 5 \Rightarrow |x| = \sqrt{5} \Rightarrow x_1 = \underline{\underline{-\sqrt{5}}};\ x_2 = \underline{\underline{\sqrt{5}}}$

$x^2 = 1 \Rightarrow |x| = \sqrt{1} \Rightarrow x_3 = \underline{\underline{-1}};\ x_4 = \underline{\underline{1}}$

$N(f) = \{-\sqrt{5};\ -1;\ 1;\ \sqrt{5}\}$ ▶ Nullstellenmenge

▶ $g(x) = x^4 - 6x^2 + 5$

$\Rightarrow \underline{\underline{g(x) = (x+\sqrt{5})(x+1)(x-1)(x-\sqrt{5})}}$

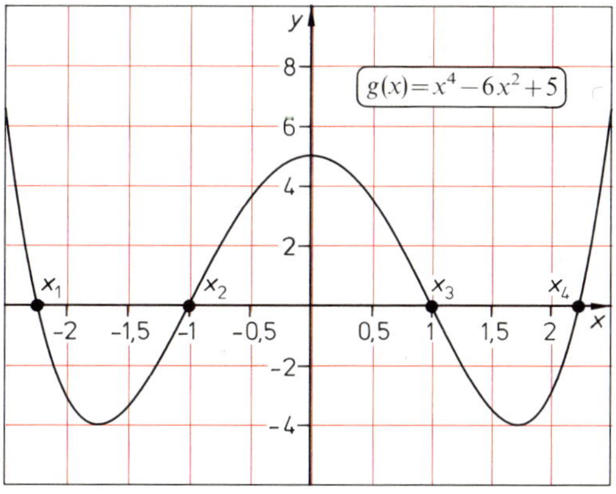

- h: $h(x) = 0{,}9\,x^5 - 4\,x^3 + 3\,x + 0{,}5$

Zur Berechnung der Nullstellen wird in der Funktionsgleichung für $h(x)$ der Wert Null gesetzt.

Diese Gleichung fünften Grades läßt sich nur noch mit Näherungsverfahren lösen. Ein entsprechendes Computerprogramm führt hier auf 5 Lösungen und damit auf 5 Nullstellen.

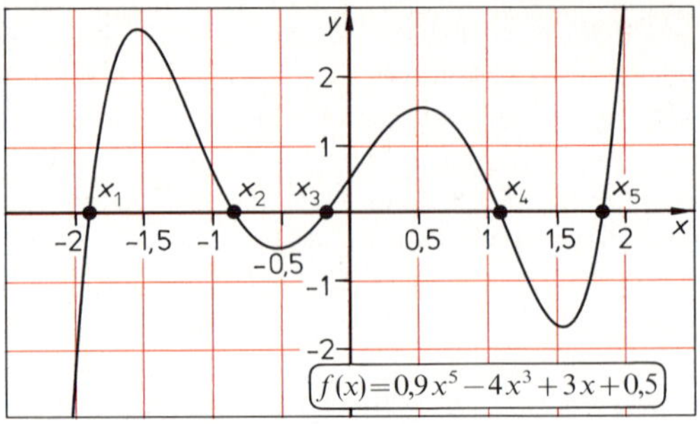

$$\left.\begin{array}{ll} x_1 = -1{,}897313; & x_2 = -0{,}847829 \\ x_3 = -0{,}173589; & x_4 = 1{,}084828 \\ x_5 = 1{,}833934 & \end{array}\right\}\text{ Nullstellen}$$

Merke:

Zur Ermittlung der Nullstellen einer Polynomfunktion m-ten Grades setzt man in der entsprechenden Funktionsgleichung m-ten Grades für $f(x)$ den Wert Null ein und löst die Gleichung mit geeigneten Verfahren. Die Anzahl k der Lösungen dieser Gleichung ist höchstens gleich dem Grad der Polynomfunktion: $0 \leq k \leq m$. Die Lösungen bilden die Nullstellenmenge $N(f)$ der Funktion.

$$f(x) = a_m\,x^m + a_{m-1}\,x^{m-1} + \ldots + a_2\,x^2 + a_1 x + a_0 = 0 \;\blacktriangleright\; N(f) = \{x_1\,;\,x_2\,;\,x_3\,;\,\ldots\,;\,x_k\}$$

Ist eine Funktion in vollständiger Linearfaktoren-Schreibweise gegeben, so kann man vorhandene Nullstellen unmittelbar ablesen.

$$f\colon f(x) = (x - x_1)(x - x_2)(x - x_3) \cdot \ldots \cdot (x - x_m) \;\blacktriangleright\; N(f) = \{x_1\,;\,x_2\,;\,x_3\,;\,\ldots\,;\,x_m\}$$

Anmerkung:

Bis auf wenige Ausnahmen können Gleichungen höheren Grades nur noch mit Hilfe von Näherungsverfahren (siehe Kapitel „Newtonsches Näherungsverfahren") oder Computerprogrammen berechnet werden.

Beispiel: Bestimmen Sie die Nullstellen der Funktion f: $f(x) = (x-2)\,(x+3)\,(x-1{,}5)\,(x^2+1)$, und geben Sie den Funktionsterm in Polynomschreibweise an.

Zur Bestimmung der Nullstellen setzt man für $f(x)$ den Wert Null. Da ein Produkt nur dann Null sein kann, wenn das für wenigstens einen seiner Faktoren gilt, setzt man nacheinander die einzelnen Faktoren Null. Auf diese Weise erhält man die Nullstellenmenge $N(f) = \{-3;\ 1{,}5;\ 2\}$, d.h. die Funktion hat drei Nullstellen. Für $x^2 + 1 = 0$ existiert keine reelle Lösung, d.h. aus diesem Faktor ergibt sich keine Nullstelle der Funktion f.

Die Polynomschreibweise erhält man durch Ausmultiplizieren der Klammern.

$f(x) = (x-2)(x+3)(x-1{,}5)(x^2+1) \;\blacktriangleright\; f(x) = 0$

$(x-2)(x+3)(x-1{,}5)(x^2+1) = 0$

$x - 2 = 0 \Rightarrow x_1 = \underline{\underline{2}}$

$x + 3 = 0 \Rightarrow x_2 = \underline{\underline{-3}}$

$x - 1{,}5 = 0 \Rightarrow x_3 = \underline{\underline{1{,}5}}$

$x^2 + 1 = 0 \Rightarrow x^2 = \underline{\underline{-1}}$ ► keine Lösung

► $x_1 = 2;\ x_2 = -3;\ x_3 = 1{,}5$ ► Nullstellen

► $N(f) = \underline{\underline{\{-3;\ 1{,}5;\ 2\}}}$ ► Nullstellenmenge

► $\underline{\underline{f\colon f(x) = x^5 - 0{,}5\,x^4 - 6{,}5\,x^3 + 8{,}5\,x^2 - 7{,}5\,x + 9}}$

Beispiel: Von einer ganzen rationalen Funktion vierten Grades kennt man die Nullstellenmenge $N(f)=\{-3;\ -1;\ 2;\ 4\}$ und den Funktionswert $f(3)=96$. Wie lautet ihre Funktionsgleichung?

Nach dem Fundamentalsatz der Algebra kann man mit Hilfe der gegebenen Nullstellen einer Funktion die Funktionsgleichung entwickeln.

Dazu setzt man die Nullstellen in die allgemeine Funktionsgleichung ein und berechnet a_m. Da $f(3)=96$ gegeben ist, kann man in der Funktionsgleichung 3 für x sowie 96 für $f(x)$ setzen und erhält damit $a_4=-4$.

Durch Ausmultiplizieren ergibt sich die gesuchte Funktionsgleichung.

$f(x)=a_m(x-x_1)(x-x_2)(x-x_3)(x-x_4)$

$N(f)=\{-3;\ -1;2;4\}$ ► $x_1=-3;\ x_2=-1;\ x_3=2;\ x_4=4$

$f(x)=a_m(x-x_1)(x-x_2)(x-x_3)(x-x_4)$ ► $a_m=a_4$

$f(x)=a_4(x+3)(x+1)(x-2)(x-4)$ ► $f(3)=96$

$96=a_4(3+3)(3+1)(3-2)(3-4)$

$96=a_4\cdot(-24) \Rightarrow a_4=\underline{\underline{-4}}$

► $f(x)=-4(x+3)(x+1)(x-2)(x-4)$

$=\underline{\underline{-4x^4+8x^3+52x^2-56x-96}}$

Problem: Bestimmen Sie die Nullstellen der Funktion $u: u(x)=0{,}3x^4-0{,}3x^3-0{,}6x-1{,}2$ zeichnerisch und rechnerisch.

Im vorangegangenen Problem wurden die Polynomfunktionen f, g und h auf Nullstellen untersucht. Dabei entsprach die Anzahl der Nullstellen dem Grad der Funktion.

- $f(x)=0{,}1x^3-0{,}2x^2-0{,}5x+0{,}6$ ► 3 Nullstellen
- $g(x)=x^4-6x^2+5$ ► 4 Nullstellen
- $h(x)=0{,}9x^5-4x^3+3x+0{,}5$ ► 5 Nullstellen

Die vorliegende Polynomfunktion u ist eine Funktion vierten Grades. Die graphische Darstellung zeigt jedoch nur zwei Nullstellen bei $x_1=-1$ und $x_2=2$. Eine Erklärung hierfür ergibt sich aus der Zerlegung des Funktionsterms in Linearfaktoren. Durch die ablesbaren Nullstellen erhält man die beiden Linearfaktoren $(x-x_1)=(x+1)$ und $(x-x_2)=(x-2)$. Dividiert man den Funktionsterm durch diese beiden Linearfaktoren, so erhält man den dritten Faktor (x^2+2). Damit läßt sich der Funktionsterm als Produkt aus drei Faktoren darstellen.

- $u(x)=0{,}3x^4-0{,}3x^3-0{,}6x-1{,}2$ ► $u(x)=0$

$0{,}3x^4-0{,}3x^3-0{,}6x-1{,}2=0$

$x^4-x^3-2x-4=0$

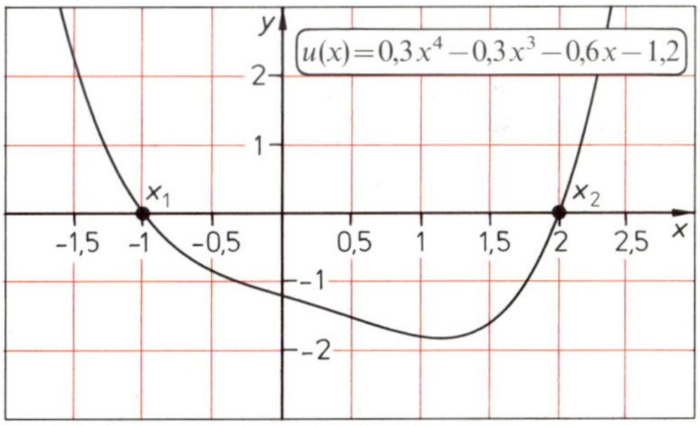

$x_1=-1;\ x_2=2$ ► aus $G(u)$ ablesbare Nullstellen

$x_1=-1$ ► $(x-x_1)=(x+1)$ }
$x_2=2$ ► $(x-x_2)=(x-2)$ } Linearfaktoren

$(x^4-x^3-2x-4):(x+1)(x-2)=\underline{x^2+2}$

Setzt man in der faktorisierten Funktionsgleichung für $u(x)$ den Wert Null ein, so lassen sich die Nullstellen bestimmen, indem man die Faktoren nacheinander Null setzt und die Gleichungen löst. Man erhält die Nullstellen $x_1=-1$ und $x_2=2$, die mit dem zeichnerischen Ergebnis übereinstimmen. Für den Fall $(x^2+2)=0$ existiert keine Lösung.

Die Funktion u hat also die Nullstellenmenge $N(u)=\{-1;2\}$.

$u(x)=0{,}3(x+1)(x-2)(x^2+2)$ ► $u(x)=0$

$0{,}3(x+1)(x-2)(x^2+2)=0$

$\Rightarrow x+1=0$ oder $x-2=0$ oder $x^2+2=0$

► $(x+1)=0 \Rightarrow x_1=\underline{\underline{-1}}$

► $(x-2)=0 \Rightarrow x_2=\underline{\underline{2}}$

► $x^2+2=0 \Rightarrow x^2=-2$ ► keine Lösung

Problem: Zeichnen Sie in ein rechtwinkliges Koordinatensystem die Graphen der Funktionen vom Typ $f\colon f(x)=0{,}25\,x^4-0{,}25\,x^3-3{,}5\,x^2+0{,}5\,x+b_0$ für $b_0\in\{-6;\ 0;\ 6;\ 12;\ 20\}$ sowie $g\colon g(x)=x^5-5\,x^3+4\,x+a_0$ für $a_0\in\{-5;\ -2;\ 0;\ 2;\ 5\}$. Untersuchen Sie den Zusammenhang zwischen der Anzahl der Nullstellen und a_0 bzw. b_0.

- $f\colon f(x)=0{,}25\,x^4-0{,}25\,x^3-3{,}5\,x^2+0{,}5\,x+b_0$ mit $D(f)=\mathbb{R}$

$b_0=-6$ ▶ Funktion hat 2 Nullstellen
$b_0=\ \ 0$ ▶ Funktion hat 3 Nullstellen
$b_0=\ \ 6$ ▶ Funktion hat 4 Nullstellen
$b_0=\ 12$ ▶ Funktion hat 2 Nullstellen
$b_0=\ 20$ ▶ Funktion hat keine Nullstellen

Die Anzahl der Nullstellen einer Polynomfunktion m-ten Grades hängt offensichtlich nicht nur vom Grad m der Funktion, sondern auch von b_0 ab. b_0 bewirkt eine Verschiebung des Graphen in Richtung der y-Achse und beeinflußt damit die Anzahl der Nullstellen. Außerdem läßt sich mit b_0 der Schnittpunkt $P\langle 0|b_0\rangle$ des Graphen mit der y-Achse angeben.

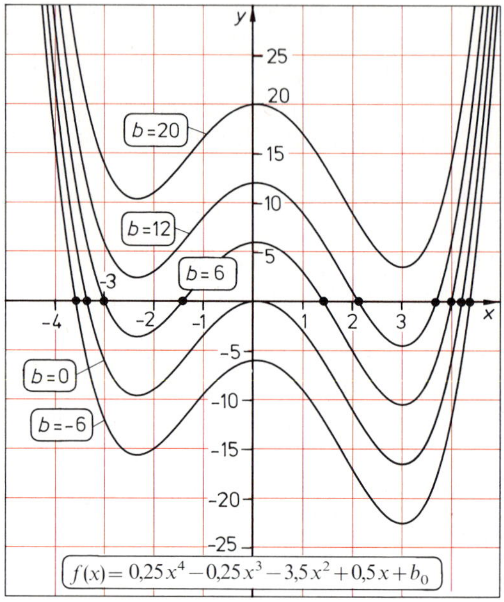

- $g\colon g(x)=x^5-5\,x^3+4\,x+a_0$; $D(g)=\mathbb{R}$

$a_0=-5$ ▶ Funktion hat 1 Nullstelle
$a_0=-2$ ▶ Funktion hat 3 Nullstellen
$a_0=\ \ 0$ ▶ Funktion hat 5 Nullstellen
$a_0=\ \ 2$ ▶ Funktion hat 3 Nullstellen
$a_0=\ \ 5$ ▶ Funktion hat 1 Nullstelle

Aus den Graphen der beiden Funktionen läßt sich noch ein weiteres Ergebnis ableiten.

Die Anzahl der Nullstellen liegt bei Polynomfunktionen, bei denen der Grad m eine gerade Zahl ist, zwischen 0 und m. Ist der Grad m ungerade, so liegt die Anzahl der Nullstellen zwischen 1 und m.

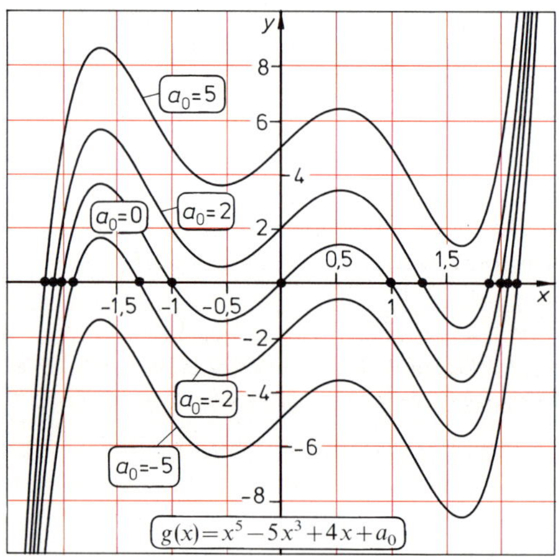

Merke:

- Eine Polynomfunktion m-ten Grades besitzt höchstens m Nullstellen.
- Ist m eine gerade Zahl, so liegt die Anzahl der Nullstellen zwischen 0 und m. Ist m eine ungerade Zahl, so liegt die Anzahl der Nullstellen zwischen 1 und m. D.h. jede Polynomfunktion von ungeradem Grad besitzt wenigstens eine Nullstelle.

Problem: Für $f\colon f(x)=0{,}01\,(x^7-2x^6-24x^5+50x^4+155x^3-288x^2-324x+432)$ ist der Graph zu zeichnen. Bestimmen Sie außerdem die Nullstellen, und entwickeln Sie die Darstellung in Linearfaktoren.

Aus der graphischen Darstellung ist ersichtlich, daß die Funktion f nur vier Nullstellen hat, obwohl eine rationale Funktion 7. Grades sieben Nullstellen haben könnte. Der Graph schneidet die x-Achse bei $x_1=-4$, $x_3=1$ und $x_4=3$ und berührt sie bei $x_2=-2$.

Während die Nullstellen bei x_1 und x_3 dadurch gekennzeichnet sind, daß die Steigung des Graphen dort größer oder kleiner als Null ist, hat der Graph an der Stelle $x_4=3$ eine horizontale Tangente, d.h. die Steigung ist dort Null. Auch an der Nullstelle $x_2=-2$, also dort, wo der Graph die x-Achse berührt, ist die Steigung Null.

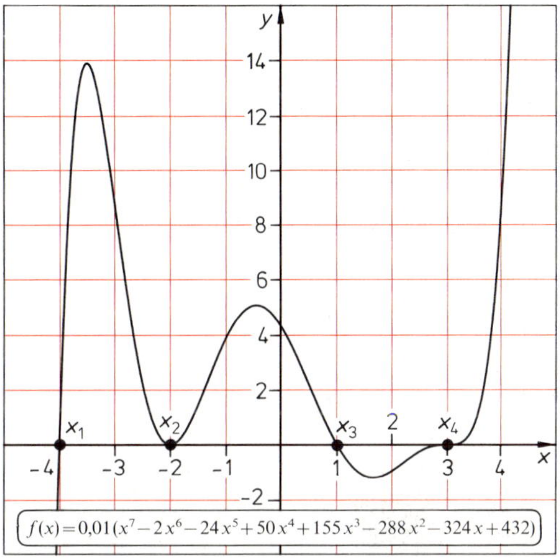

Mit Hilfe der abgelesenen Nullstellen erhält man vier Linearfaktoren.

$x_1=-4;\ x_2=-2;\ x_3=1;\ x_4=3$ ▶ aus der Zeichnung abgelesene Nullstellen

▶ $N(f)=\{-4;\ -2;\ 1;\ 3\}$ ▶ Nullstellenmenge

Der Funktionsterm läßt sich zweimal durch $(x+2)$ und dreimal durch $(x-3)$ dividieren. Man erhält eine Funktionsgleichung, in der $(x+2)$ wegen $(x+2)^2$ doppelt und $(x-3)$ wegen $(x-3)^3$ dreifach vorkommen.

$(x-x_1)$ ▶ $x_1=-4$ ▶ $(x-x_1)=(x+4)$
$(x-x_2)$ ▶ $x_2=-2$ ▶ $(x-x_2)=(x+2)$
$(x-x_3)$ ▶ $x_3=1$ ▶ $(x-x_3)=(x-1)$
$(x-x_4)$ ▶ $x_4=3$ ▶ $(x-x_4)=(x-3)$
} Linearfaktoren

▶ $f(x)=0{,}01\,(x+4)(x+2)^2(x-1)(x-3)^3$

Bei der vorliegenden Funktion 7. Grades kann man also durchaus von sieben Nullstellen sprechen, nämlich von zwei einfachen, einer doppelten und einer dreifachen Nullstelle.

$(x+4)$ ▶ $x_1=-4$ ▶ einfache Nullstelle ($k=1$)
$(x+2)^2$ ▶ $x_2=-2$ ▶ zweifache Nullstelle ($k=2$)
$(x-1)$ ▶ $x_3=\ \ 1$ ▶ einfache Nullstelle ($k=1$)
$(x-3)^3$ ▶ $x_4=\ \ 3$ ▶ dreifache Nullstelle ($k=3$)

Solche Nullstellen werden **mehrfache** oder ***k*-fache Nullstellen** ($k>1$) genannt. Man spricht von der **Vielfachheit einer Nullstelle**. Ist k eine gerade Zahl, so ergibt sich die **vielfache Nullstelle** als Berührungsstelle des Graphen mit der x-Achse. Ist k eine ungerade Zahl, so entsteht die vielfache Nullstelle als Schnittstelle von Graph und x-Achse. Die Tangente an den Graphen verläuft im zugehörigen Schnittpunkt waagerecht.

Merke:

Kommt in einer Polynomfunktion ein Linearfaktor $(x-x_0)$ mehrfach (k-fach) vor, so heißt die entsprechende Nullstelle x_0 mehrfache bzw. k-fache Nullstelle der Funktion.

$k=1$ ▶ einfache Nullstelle ▶ Graph schneidet x-Achse
$k>1$ und k gerade ▶ k-fache Nullstelle ▶ Graph berührt x-Achse (Tangente waagerecht)
$k>1$ und k ungerade ▶ k-fache Nullstelle ▶ Graph schneidet x-Achse (Tangente waagerecht)

Beispiel: Bestimmen Sie für die Funktion f: $f(x) = 0{,}2(x^5 - 3x^4 + 4x^3 - 4x^2 + 3x - 1)$ alle existierende Nullstellen.

Obwohl es sich um eine Polynomfunktion fünften Grades handelt, läßt sich aus der graphischen Darstellung nur eine Nullstelle bei $x_1 = 1$ ablesen.

Der Funktionsterm muß sich deshalb durch den Linearfaktor $(x - x_1) = (x - 1)$ teilen lassen.

Da der Graph an der Stelle $x_1 = 1$ nicht nur die x-Achse schneidet, sondern an dieser Stelle offensichtlich die Steigung Null hat, liegt vermutlich eine dreifache oder eine fünffache Nullstelle vor.

Zur Überprüfung dividiert man den Funktionsterm durch den Linearfaktor $(x - 1)$. Diese Division läßt sich insgesamt dreimal durchführen bis der Rest $(x^2 + 1)$ übrigbleibt.

Der Funktionsterm kann damit als Produkt aus fünf Faktoren geschrieben werden, von denen sich die Glieder $(x - 1)$ zu $(x - 1)^3$ zusammenfassen lassen. Damit wird eine dreifache Nullstelle bei $x_1 = 1$ bestätigt.

Für $x^2 + 1 = 0 \Rightarrow x^2 = -1$ existiert keine Lösung.

Es liegt demnach nur eine dreifache Nullstelle bei $x_1 = 1$ vor.

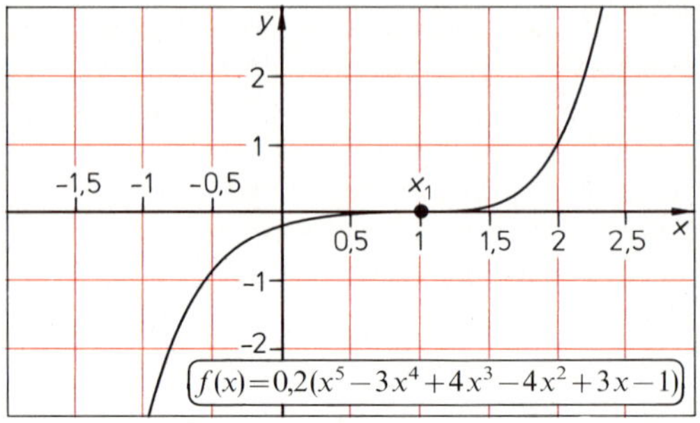

$x_1 = 1$ ► Nullstelle ► $(x - x_1) = (x - 1)$

$0{,}2(x^5 - 3x^4 + 4x^3 - 4x^2 + 3x - 1) : (x - 1) =$
$= \underline{\underline{0{,}2(x^4 - 2x^3 + 2x^2 - 2x + 1)}}$

► $f(x) = 0{,}2(x^4 - 2x^3 + 2x^2 - 2x + 1)(x - 1)$

$0{,}2(x^4 - 2x^3 + 2x^2 - 2x + 1) : (x - 1) =$
$= \underline{\underline{0{,}2(x^3 - x^2 + x - 1)}}$

► $f(x) = 0{,}2(x^3 - x^2 + x - 1)(x - 1)(x - 1)$

$0{,}2(x^3 - x^2 + x - 1) : (x - 1) = \underline{\underline{0{,}2(x^2 + 1)}}$

► $f(x) = 0{,}2(x^2 + 1)(x - 1)(x - 1)(x - 1)$
$= \underline{\underline{0{,}2(x^2 + 1)(x - 1)^3}}$

$\Rightarrow x^2 + 1 = 0 \Rightarrow x^2 = -1$ ► keine Lösung

► $\underline{\underline{N(f) = \{1\}}}$ ► dreifache Nullstelle

Problem: Stellen Sie g_1: $g_1(x) = \frac{1}{6}x^4 - 2x^2 + 2{,}5$ sowie g_2: $g_2(x) = -0{,}01x^6 + 0{,}1x^4 + 0{,}2x^2 + 0{,}5$ graphisch dar, und untersuchen Sie die Symmetrieeigenschaften der beiden Graphen.

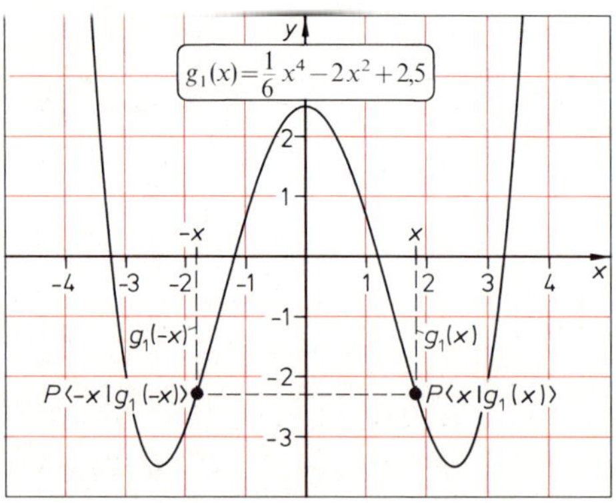

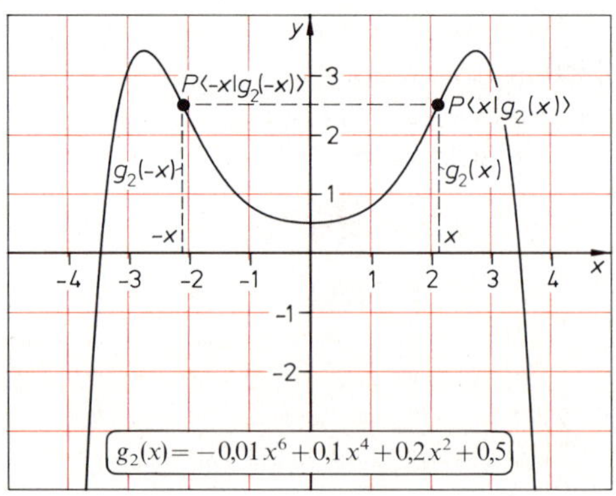

Die Graphen der Funktionen vierten Grades und sechsten Grades verlaufen symmetrisch zur y-Achse, denn für beide Funktionen gilt stets $g(-x)=g(x)$ für alle $x \in \mathbb{R}$. Es handelt sich also um gerade Funktionen (siehe Kapitel „Symmetrie von Funktionen“). Achsensymmetrie liegt immer dann vor, wenn alle Glieder des Funktionsterms nur gerade Exponenten haben, d.h. wenn die Koeffizienten $a_1, a_3, a_5, \ldots$, Null sind. In einer Polynomfunktion beeinflußt a_0 die Symmetrie zur y-Achse nicht, sondern bewirkt nur eine Verschiebung des Graphen in Richtung der Ordinatenachse um a_0.

Problem: Stellen Sie die Funktionen u_1: $u_1(x)=0{,}3x^3-3x$ sowie u_2: $u_2(x)=-x^5+3{,}5x^3$ graphisch dar, und untersuchen Sie die Symmetrieeigenschaften der beiden Graphen.

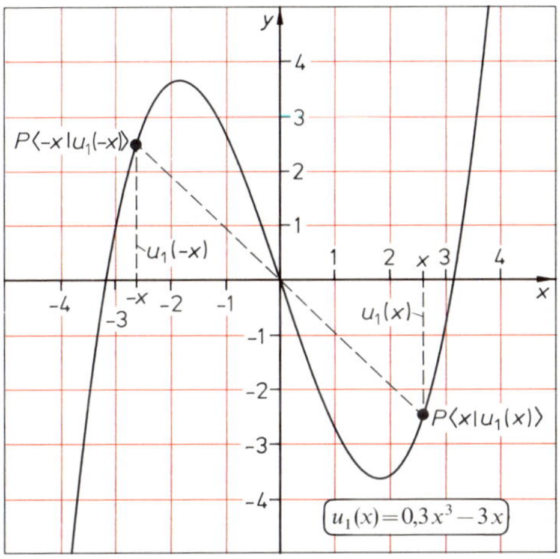

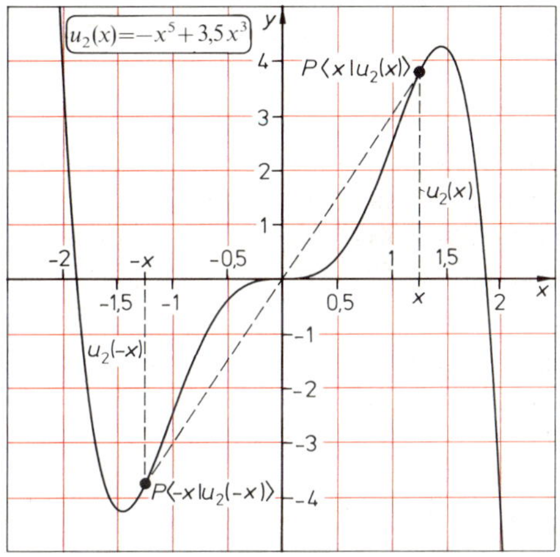

Die Graphen der Funktionen dritten Grades und fünften Grades liegen punktsymmetrisch zum Nullpunkt des Koordinatensystems, denn für beide Funktionen gilt stets $u(-x)=-u(x)$ für alle $x \in \mathbb{R}$, es handelt sich demnach um ungerade Funktionen. Punktsymmetrie liegt also immer dann vor, wenn alle Glieder des Funktionsterms nur ungerade Exponenten haben, d.h. wenn die Koeffizienten $a_2, a_4, a_6, \ldots$ Null sind. a_0 beeinflußt die Punktsymmetrie nicht, sondern bewirkt nur eine Verschiebung des Graphen und damit eine Verschiebung des Symmetriepunktes in Richtung der Ordinatenachse um a_0.

Merke:

- Enthält der Funktionsterm einer Polynomfunktion m-ten Grades nur Glieder mit geraden Exponenten von x, so handelt es sich um eine gerade Funktion. Der Graph der Funktion ist symmetrisch zur y-Achse, und es gilt $f(-x)=f(x)$ für alle $x \in \mathbb{R}$. a_0 beeinflußt die Achsensymmetrie des Graphen nicht.
- Enthält der Funktionsterm einer Polynomfunktion m-ten Grades nur Glieder mit ungeraden Exponenten von x und gilt $a_0=0$, so handelt es sich um eine ungerade Funktion. Der Graph der Funktion ist punktsymmetrisch zum Nullpunkt des Koordinatensystems, und es gilt $f(-x)=-f(x)$ für alle $x \in \mathbb{R}$. Für $a_0 \neq 0$ wird der Symmetriepunkt des Graphen in Richtung der Ordinatenachse verschoben, so daß $f(-x)-2a_0=-f(x)$ für alle $x \in \mathbb{R}$ gilt.

Beispiel: Der Graph einer ganzen rationalen Funktion 3. Grades verläuft durch die Punkte $P_1\langle 1|-21\rangle$, $P_2\langle -2|45\rangle$, $P_3\langle -3|47\rangle$ und $P_4\langle 3|5\rangle$. Bestimmen Sie die Funktionsgleichung.

Aus den Punkten $P_1 \ldots P_4$, die Elemente des Graphen sind, ergeben sich die entsprechenden Wertepaare $\langle x|f(x)\rangle$.

Mit jedem Wertepaar kann man durch Einsetzen der x-Werte und $f(x)$-Werte in die Funktionsgleichung 3. Grades eine Gleichung erstellen, so daß ein Gleichungssystem von vier Gleichungen zur Bestimmung von a_3, a_2, a_1 und a_0 entsteht.

$f(x)=a_3x^3+a_2x^2+a_1x+a_0$ ▶ Funktionsgleichung 3. Grades

$P_1\langle 1|-21\rangle$ ▶ $x_1=1 \Rightarrow f(1)=-21$
▶ $-21=a_3+a_2+a_1+a_0$ ▶ 1.

$P_2\langle -2|45\rangle$ ▶ $x_2=-2 \Rightarrow f(-2)=45$
▶ $45=-8a_3+4a_2-2a_1+a_0$ ▶ 2.

$P_3\langle -3|47\rangle$ ▶ $x_3=-3 \Rightarrow f(-3)=47$
▶ $47=-27a_3+9a_2-3a_1+a_0$ ▶ 3.

$P_4\langle 3|5\rangle$ ▶ $x_4=3 \Rightarrow f(3)=5$
▶ $5=27a_3+9a_2+3a_1+a_0$ ▶ 4.

Das Gleichungssystem aus den vier Gleichungen wird stufenweise gelöst. Durch Kombinieren der Gleichungen **1.** und **2.**, **1.** und **3.** sowie **2.** und **4.** erhält man mit der Additionsmethode die neuen Gleichungen **5.**, **6.** und **7.** Hierdurch wird die Bestimmung von den vier Werten für a_3, a_2, a_1 und a_0 auf die Bestimmung von zunächst drei reduziert.

1.	$-21=a_3+a_2+a_1+a_0$	$\vert\cdot(-1)$
2.	$45=-8a_3+4a_2-2a_1+a_0$	
	$21=-a_3-a_2-a_1-a_0$	+
	$45=-8a_3+4a_2-2a_1+a_0$	
5.	$66=-9a_3+3a_2-3a_1$	

1.	$-21=a_3+a_2+a_1+a_0$	$\vert\cdot(-1)$
3.	$47=-27a_3+9a_2-3a_1+a_0$	
	$21=-a_3-a_2-a_1-a_0$	+
	$47=-27a_3+9a_2-3a_1+a_0$	
6.	$68=-28a_3+8a_2-4a_1$	

2.	$45=-8a_3+4a_2-2a_1+a_0$	
4.	$5=27a_3+9a_2+3a_1+a_0$	$\vert\cdot(-1)$
	$45=-8a_3+4a_2-2a_1+a_0$	+
	$-5=-27a_3-9a_2-3a_1-a_0$	
7.	$40=-35a_3-5a_2-5a_1$	

Aus den Gleichungen **5.** und **6.** erhält man mit Hilfe der Additionsmethode die Gleichung **8.** Die Kombination der Gleichung **6.** und **7.** ergibt sofort die Lösung $a_2=3$. Setzt man $a_2=3$ in die Gleichung **8.** ein, so findet man die Lösung $a_3=2$.

5.	$66=-9a_3+3a_2-3a_1$	$\vert\cdot(-4)$
6.	$68=-28a_3+8a_2-4a_1$	$\vert\cdot 3$
	$-264=36a_3-12a_2+12a_1$	+
	$204=-84a_3+24a_2-12a_1$	
8.	$-60=-48a_3+12a_2$	

6.	$68=-28a_3+8a_2-4a_1$	$\vert\cdot 5$
7.	$40=-35a_3-5a_2-5a_1$	$\vert\cdot(-4)$
	$340=-140a_3+40a_2-20a_1$	+
	$-160=140a_3+20a_2+60a_1$	
	$180=60a_2$	
9.	$a_2=3$	

▶

8.	$-60=-48a_3+12a_2$
9.	$a_2=3$
	$-60=-48a_3+36$
10.	$a_3=2$

Setzt man in die Gleichung **5.** die Lösungen $a_2=3$ und $a_3=2$ ein, so erhält man das Ergebnis $a_1=-25$.
Werden die Lösungen für a_3, a_2 und a_1 in die Gleichung **1.** eingesetzt, so ergibt sich $a_0=-1$.
Damit sind die Werte für a_3, a_2, a_1 und a_0 bestimmt.

5. $66=-9a_3+3a_2-3a_1$ ▶ $a_2=3;\ a_3=2$
$66=-9\cdot 2+3\cdot 3-3a_1 \Rightarrow a_1=\underline{\underline{-25}}$

1. $-21=a_3+a_2+a_1+a_0$ ▶ $a_1=-25;\ a_2=3;\ a_3=2$
$-21=2+3-25+a_0 \Rightarrow a_0=\underline{\underline{-1}}$

▶ $f(x)=2x^3+3x^2-25x-1$

▶ $\underline{\underline{f\colon f(x)=2x^3+3x^2-25x-1;\ D(f)=\mathbb{R}}}$

Beispiel: Aus einem rechteckigen Blech mit den Abmessungen $l \cdot b$ sollen an den Ecken vier gleich große Quadrate mit der Seitenlänge h so herausgeschnitten werden, daß nach Abkanten der Seitenteile ein offener Behälter entsteht. Entwickeln Sie das Volumen V des Behälters als Funktion seiner Höhe h.

Aus der Zeichnung für die Abwicklung des Behälters ergeben sich seine Länge $l-2h$ und Breite $b-2h$. Damit läßt sich die Grundfläche und mit der Höhe h auch das Volumen V berechnen. Da die Höhe h eine Variable ist, kann man den Funktionsterm $V(h)$ und damit die Funktion V aufstellen.

Aus der Zeichnung ergibt sich eine Nebenbedingung, die man zur Ermittlung des Definitionsbereiches $D(V)$ benötigt. Da die Blechlänge l größer als die Blechbreite b sein soll ($l>b$), muß die Seitenlänge h eines herausgeschnittenen Quadrates kleiner als die Hälfte der Blechbreite sein ($h<0{,}5b$).
Die Höhe h des Behälters soll natürlich auch nicht Null werden ($h>0$).
Damit erhält man den Definitionsbereich der Funktion V mit $D(V)=(0;\,0{,}5b)$.

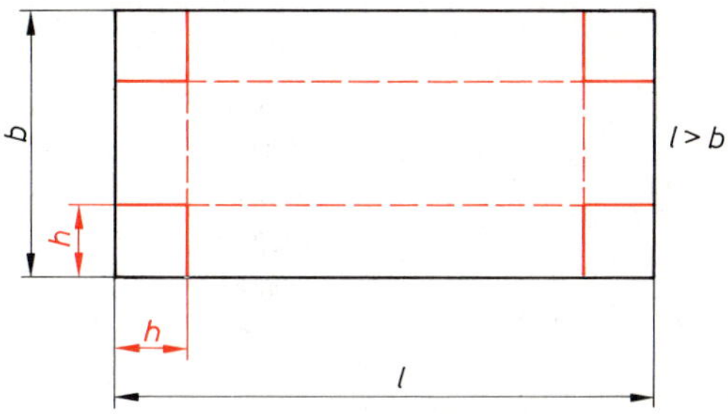

$V=$ Grundfläche $\cdot$ Höhe

$= \quad l \quad \cdot \quad b \quad \cdot \quad h$

$=(l-2h)\cdot(b-2h)\cdot \; h$

$=4h^3-(2l+2b)\,h^2+lbh$ ► h ist Variable

► $V(h)=4h^3-(2l+2b)\,h^2+lbh$ ► Funktionsgleichung

V: $V(h)=4h^3-(2l+2b)\,h^2+lbh;\; D(V)=\left(0;\,\frac{b}{2}\right)$

Funktionen der Form $c\cdot x^m$

Sind bei einer Polynomfunktion m-ten Grades f: $f(x)=a_m\,x^m+a_{m-1}\,x^{m-1}+\ldots+a_2\,x^2+a_1\,x+a_0$ alle Koeffizienten (außer a_m) gleich Null, so sind auch alle Glieder bis auf $a_m\,x^m$ gleich Null. Es handelt sich bei dieser Polynomfunktion vom Typ f: $f(x)=c\cdot x^m$ mit $c\in\mathbb{R}^*$ und $m\in\mathbb{N}^*$ ($a_m=c$) um eine spezielle **Potenzfunktion** des allgemeinen Typs f: $f(x)=x^r$ mit $x\in D(f)$ und $r\in\mathbb{R}$ (siehe Kapitel „Potenzfunktionen").

Merke:

f: $f(x)=c\cdot x^m$; $D(f)=\mathbb{R}$ mit $c\in\mathbb{R}^*$ und $m\in\mathbb{N}^*$ ► spezielle Potenzfunktion m-ten Grades

Problem: Zeichnen Sie die Graphen der Potenzfunktionen f: $f(x)=c\,x^m$ für $m\in\{2;\,3;\,4;\,5\}$ sowie für $c=1$, und untersuchen Sie den Einfluß des Exponenten m auf den Verlauf der Graphen.

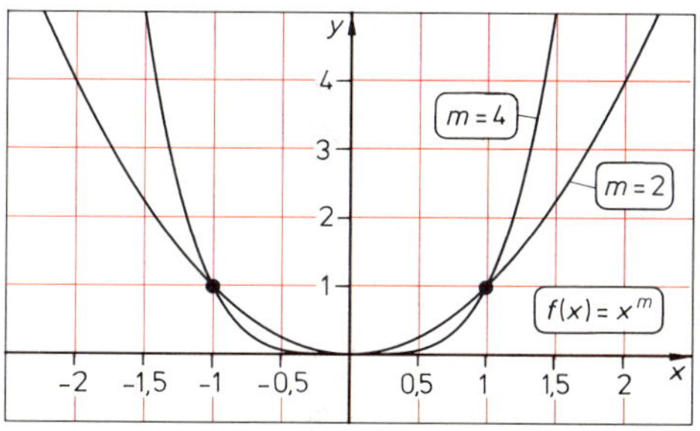

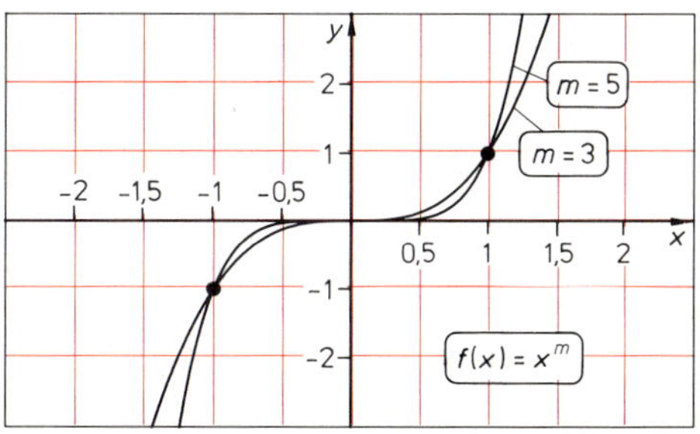

Merke:

- Die Graphen von Potenzfunktionen f: $f(x)=x^m$ mit $D(f)=\mathbb{R}$ verlaufen für gerade Exponenten ($m\in\{2; 4; 6; \ldots\}$) achsensymmetrisch zur y-Achse, dagegen für ungerade Exponenten ($m\in\{3; 5; 7; \ldots\}$) punktsymmetrisch zum Koordinatenursprung.
- Je größer m wird, desto steiler verlaufen die Graphen außerhalb des Intervalls $[-1; 1]$.

Problem: Zeichnen Sie die Graphen der Potenzfunktionen f: $f(x)=c\,x^m$ für gerade und ungerade Exponenten sowie für $c>0$ und $c<0$. Untersuchen Sie den Einfluß des Koeffizienten c auf den Verlauf der Graphen.

f: $f(x)=c\,x^m$; $c\in\mathbb{R}^*$; $m\in\mathbb{N}^*$			
$c>0$		$c<0$	
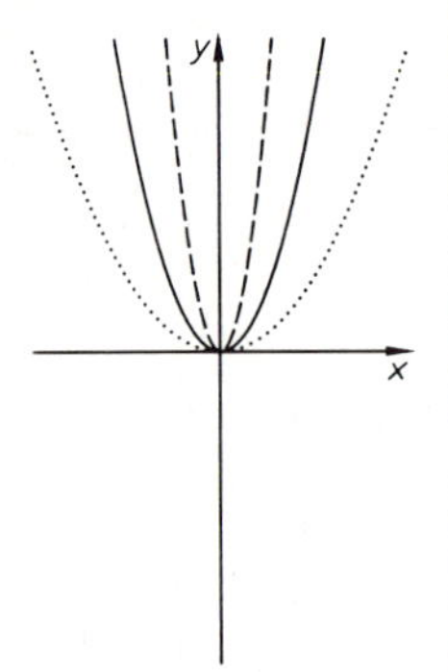	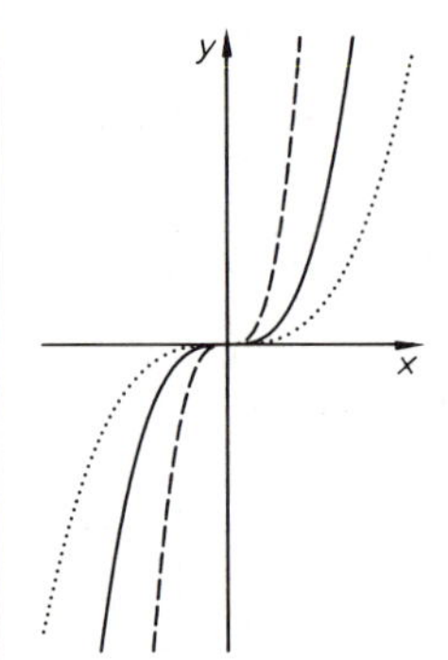	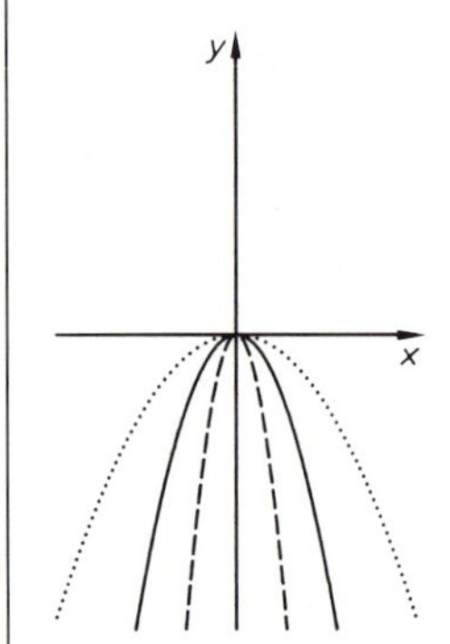	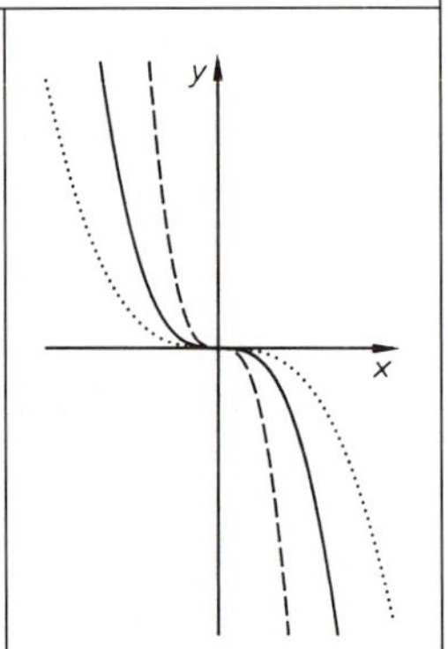
m = gerade	m = ungerade	m = gerade	m = ungerade
········ $\lvert c\rvert<1$	——— $\lvert c\rvert=1$	----- $\lvert c\rvert>1$	

Den Graphen einer Potenzfunktion f: $f(x)=c\,x^m$ kann man sich aus den Graphen der Potenzfunktionen g: $g(x)=x^m$ oder h: $h(x)=-x^m$ durch Streckung oder Stauchung entstanden denken, je nachdem, ob $c>0$ oder $c<0$ und $|c|>1$ oder $|c|<1$ gilt.

Merke:

Der Verlauf des Graphen einer Potenzfunktion f: $f(x)=c\,x^m$; $D(f)=\mathbb{R}^*$; $m\in\mathbb{N}^*$ wird durch den Koeffizienten c und den Exponenten m wie folgt beeinflußt:

$c>0$ und m = gerade ► Graph ist in Richtung der positiven y-Achse geöffnet
$c>0$ und m = ungerade ► Graph verläuft im I. und III. Quadranten
$c<0$ und m = gerade ► Graph ist in Richtung der negativen y-Achse geöffnet
$c<0$ und m = ungerade ► Graph verläuft im II. und IV. Quadranten
$|c|>1$ ► Graph verläuft steiler (gestreckt) im Vergleich zum Graphen mit $|c|=1$
$|c|<1$ ► Graph verläuft flacher (gestaucht) im Vergleich zum Graphen mit $|c|=1$

1.2.3 Grenzwerte

Die bisher behandelten Polynomfunktionen hatten in der Regel den Definitionsbereich $D(f)=\mathbb{R}$. Im Kapitel „Funktionen – Relationen“ wurden aber auch Funktionen und Relationen mit Definitionslücken vorgestellt.

Die Funktion f hat bei $x_0=2{,}5$ eine Definitionslücke. Der Funktionsterm von f ist nämlich für alle reellen Zahlen in unmittelbarer Nähe von $x_0=2{,}5$ erklärt, nicht jedoch an der Stelle $x_0=2{,}5$, denn dort ist der Nennerterm Null.

An der Stelle $x_0=2{,}5$ existiert daher kein Funktionswert, obwohl dieser aufgrund des Graphen vorhanden zu sein scheint. Es ist deshalb von Interesse, die Funktion f in der Nähe dieser Stelle genauer zu untersuchen.

- $f\colon f(x)=\dfrac{0{,}2x^3-0{,}5x^2+1{,}5x-3{,}75}{x-2{,}5}$; $D(f)=\mathbb{R}\setminus\{2{,}5\}$

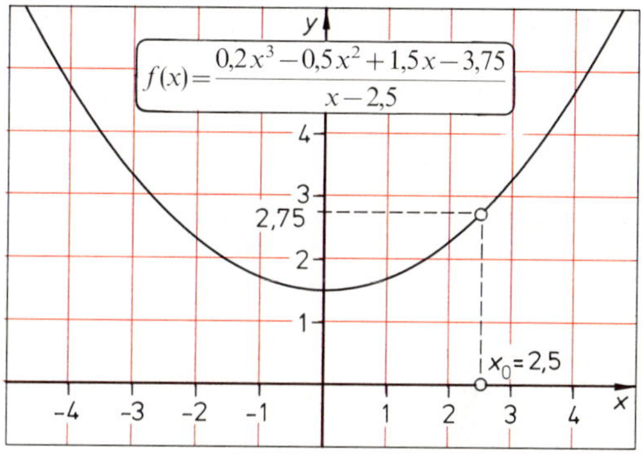

Die Funktion j hat an der Stelle $x_0=2$ eine Definitionslücke, denn alle Funktionswerte in unmittelbarer Nähe der Stelle $x_0=2$ existieren, nur der Funktionswert an der Stelle $x_0=2$ selber nicht, da dort der Nennerterm Null ist.

Wählt man für x Werte, die sich der Definitionslücke $x_0=2$ immer mehr von links nähern, so werden die zugehörigen Funktionswerte $j(x)$ immer kleiner und streben für x gegen 2 offensichtlich gegen $-\infty$. Nähert man sich der Definitionslücke von rechts, so werden die zugehörigen Funktionswerte $j(x)$ immer größer und streben für x gegen 2 offensichtlich gegen ∞. Strebt x gegen $-\infty$ bzw. gegen ∞, so nähern sich die Funktionswerte $j(x)$ offensichtlich immer mehr dem Wert 1. Der Funktionswert 1 existiert jedoch nicht, denn die Funktionsgleichung hat für $j(x)=1$ keine Lösung, d.h. es gilt $W(j)=\mathbb{R}\setminus\{1\}$.

Es erscheint deshalb sinnvoll, die Funktion j in der Nähe der Stelle $x_0=2$ und für sehr kleine bzw. sehr große Werte von x genauer zu untersuchen.

- $j\colon j(x)=\dfrac{x+1}{x-2}$; $D(j)=\mathbb{R}\setminus\{2\}$

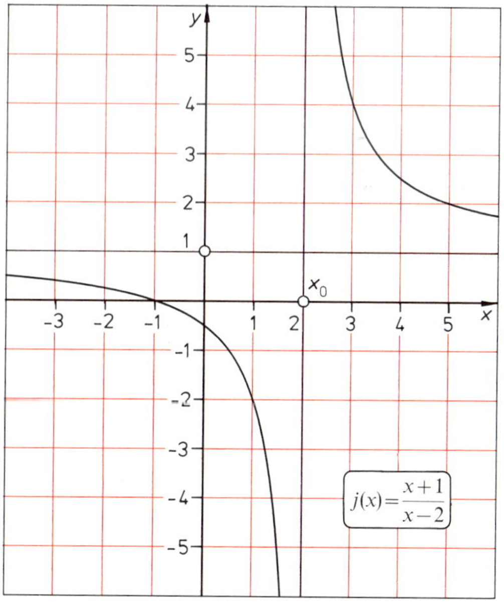

$j(x)=1 \Rightarrow 1=\dfrac{x+1}{x-2}$

$x-2=x+1$ ▶ keine Lösung

Die Funktion h ist an der Stelle $x_0 = 1{,}5$ nicht definiert, wohl aber an jeder anderen Stelle links und rechts davon, d.h. $D(h) = \mathbb{R} \setminus \{1{,}5\}$.

Wählt man für x solche Werte, die sich von der Definitionslücke $x_0 = 1{,}5$ immer mehr von links nähern, so streben die zugehörigen Funktionswerte $h(x)$ offensichtlich gegen den Wert $-1{,}7$ ($h(x) \to -1{,}7$ für $x \to 1{,}5$ und $x < 1{,}5$). Nähert man sich der Definitionslücke von rechts, so streben die zugehörigen Funktionswerte $h(x)$ offensichtlich gegen den Wert 0,7 ($h(x) \to 0{,}7$ für $x \to 1{,}5$ und $x > 1{,}5$).

Dieses Verhalten der Funktion h bei ihrer Definitionslücke $x_0 = 1{,}5$ erfordert eine genauere Untersuchung.

● h: $h(x) = \dfrac{0{,}8x^2 - 1{,}2x}{|x - 1{,}5|} - 0{,}5$; $D(h) = \mathbb{R} \setminus \{1{,}5\}$

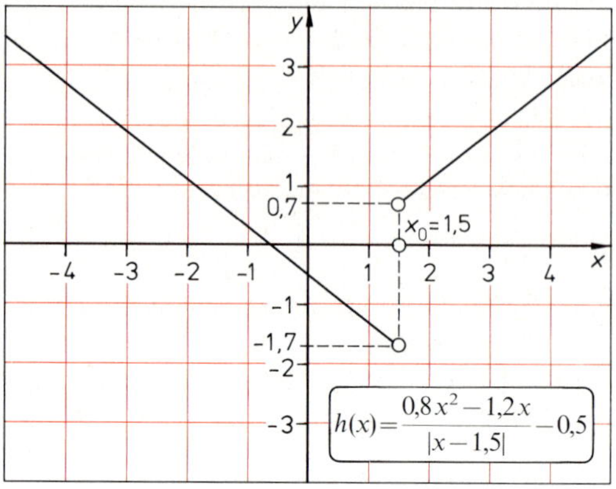

Grenzwert einer Funktion für x gegen x_0 ($x \to x_0$)

In den vorangegangenen Beispielen haben die Funktionen f, j und h an einer bestimmten Stelle x_0 eine Definitionslücke.

Setzt man z.B. in der Funktionsgleichung der Funktion f für x Werte, die sehr nahe links (x_L) bzw. rechts (x_R) neben $x_0 = 2{,}5$ liegen, so erhält man Funktionswerte $f(x_L)$ bzw. $f(x_R)$, die in der Nähe des Wertes $g = 2{,}75$ liegen.

Diesem Wert g nähert sich $f(x)$ um so mehr, je mehr sich die x-Werte von links bzw. von rechts der Stelle $x_0 = 2{,}5$ nähern.

Während man z.B. für $x_{L1} = 2$ und $x_{R1} = 3$ die Funktionswerte $f(2) = 2{,}3$ und $f(3) = 3{,}3$ erhält, liegen die Funktionswerte für die beiden Werte $x_{L3} = 2{,}49999$ und $x_{R3} = 2{,}50001$ bei $f(2{,}49999) = 2{,}749999$ und $f(2{,}50001) = 2{,}750001$, also schon sehr nahe bei $g = 2{,}75$.

Der Funktion f läßt sich scheinbar nachträglich an ihrer Definitionslücke der Wert $g = 2{,}75$ zuordnen.

$f(x) = \dfrac{0{,}2x^3 - 0{,}5x^2 + 1{,}5x - 3{,}75}{x - 2{,}5}$; $x \in \mathbb{R} \setminus \{2{,}5\}$

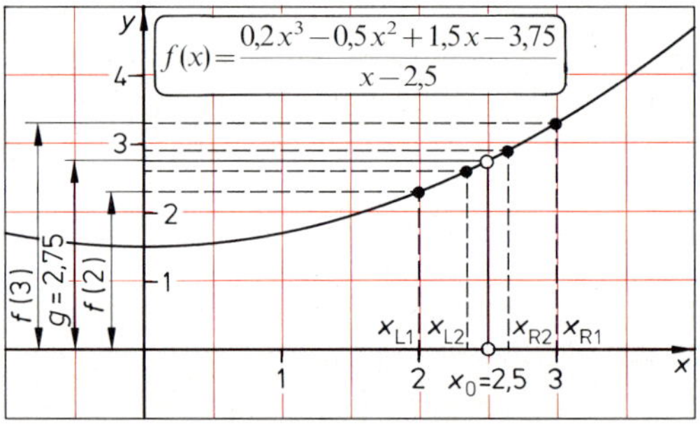

$x_{L1} = 2$ ► $f(2) = 2{,}3$

$x_{R1} = 3$ ► $f(3) = 3{,}3$

$x_{L2} = 2{,}49$ ► $f(2{,}49) = 2{,}74$

$x_{R2} = 2{,}51$ ► $f(2{,}51) = 2{,}76$

$x_{L3} = 2{,}49999$ ► $f(2{,}49999) = 2{,}749999$

$x_{R3} = 2{,}50001$ ► $f(2{,}50001) = 2{,}750001$

► $x \to x_0$ ► $x \to 2{,}5$ ► $g = 2{,}75$

Um das Verhalten einer Funktion an einer Stelle x_0 näher zu untersuchen, ist es zweckmäßig, ganz allgemein den Begriff der Umgebung einer Zahl z einzuführen.

Problem: Untersuchen Sie die konstanten Funktionen vom Typ $f: f(x)=c;\ c\in\mathbb{R};\ D(f)=\mathbb{R}$ und die identische Funktion h: $h(x)=x;\ D(h)=\mathbb{R}$ an Stellen ihrer jeweiligen Definitionsbereiche auf die Existenz von Funktionsgrenzwerten.

- $f: f(x)=c;\ c\in\mathbb{R};\ D(f)=\mathbb{R}$

Aus dem Graphen einer konstanten Funktion $f: f(x)=c$ mit $c\in\mathbb{R}$ und $D(f)=\mathbb{R}$ ist ersichtlich, daß für jedes $x_0\in D(f)$ die Aussage $\lim\limits_{x\to x_0} f(x)=f(x_0)=c$ gilt.

Die Funktion hat also an jeder Stelle $x_0\in D(f)$ den Funktionswert c als Grenzwert.

Das läßt sich durch Betrachtung der ε-Umgebungen $U_\varepsilon(c)$ beweisen.

Wählt man nämlich zu $x_0\in\mathbb{R}$, $\varepsilon>0$ ein beliebiges $\delta>0$, so gilt für jede betrachtete δ-Umgebung $U_\delta(x_0)$:

Aus $x\in(x_0-\delta;\ x_0+\delta)$ folgt $f(x)=c$ und damit $f(x)\in(c-\varepsilon;\ c+\varepsilon)$.

Der Funktionswert c ist also an jeder Stelle $x_0\in D(f)$ Grenzwert der Funktion.

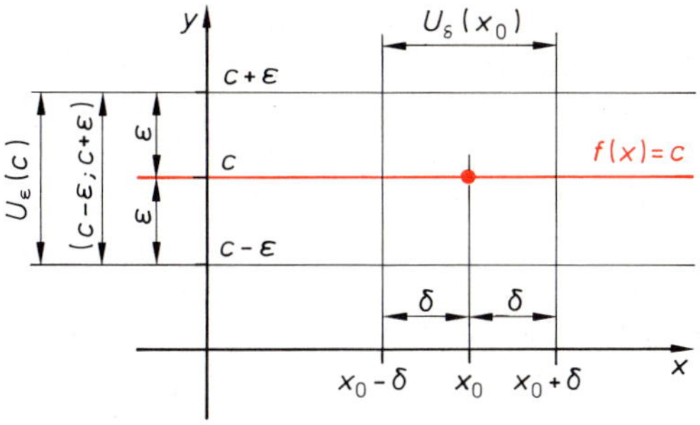

$f(x)=c;\ c\in\mathbb{R};\ D(f)=\mathbb{R}$

Für $x_0\in\mathbb{R}$ und $\varepsilon>0$ wählt man $\delta>0$ beliebig. Dann gilt:

$$x\in(x_0-\delta;\ x_0+\delta) \Rightarrow f(x)=c$$
$$\Rightarrow f(x)\in(c-\varepsilon;\ c+\varepsilon)$$
$$\Rightarrow \lim_{x\to x_0} f(x)=c=f(x_0)$$

- $h: h(x)=x;\ D(h)=\mathbb{R}$

Betrachtet man den Graphen der identischen Funktion $h: h(x)=x$ mit $D(h)=\mathbb{R}$, so kann man erkennen, daß für jedes $x_0\in D(h)$ folgende Aussage gilt:

$$\lim_{x\to x_0} h(x)=\lim_{x\to x_0} x=h(x_0)=x_0.$$

Die Funktion h hat also an jeder Stelle $x_0\in D(h)$ den Funktionswert x_0 als Grenzwert.

Das läßt sich durch Betrachtung der ε-Umgebungen $U_\varepsilon(x_0)$ beweisen. Wählt man nämlich $\varepsilon>0$, so kann man als δ-Umgebung von x_0 auf der x-Achse ebenfalls diese ε-Umgebung wählen.

Weil $h(x)=x$ ist, gilt dann nämlich für jedes $x\in U_\varepsilon(x_0)$ zugleich auch $h(x)\in U_\varepsilon(x_0)$. Nach der Erklärung des Grenzwertes einer Funktion an einer Stelle x_0 bedeutet dies, daß der Funktionswert $h(x_0)=x_0$ an jeder Stelle $x_0\in D(h)$ Grenzwert der Funktion h ist.

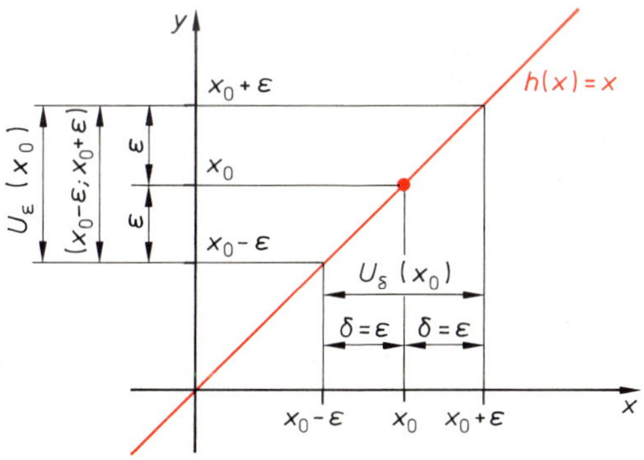

$h(x)=x;\ D(h)=\mathbb{R}$

Für $x_0\in\mathbb{R}$ und $\varepsilon>0$ wählt man $\delta=\varepsilon$. Dann gilt:

$$x\in(x_0-\varepsilon;\ x_0+\varepsilon) \blacktriangleright h(x)=x$$
$$\Rightarrow h(x)\in(x_0-\varepsilon;\ x_0+\varepsilon)$$
$$\Rightarrow \lim_{x\to x_0} h(x)=x_0=h(x_0)$$

Merke:

Die konstanten Funktionen vom Typ $f: f(x)=c;\ D(f)=\mathbb{R};\ c\in\mathbb{R}$ und die identische Funktion $f: f(x)=x;\ D(f)=\mathbb{R}$ besitzen an jeder Stelle x_0 ihres Definitionsbereiches einen Funktionsgrenzwert, der mit dem Funktionswert an dieser Stelle übereinstimmt.

- $f: f(x)=c=\text{konstant};\ D(f)=\mathbb{R};\ c\in\mathbb{R}$ ▶ $\lim\limits_{x\to x_0} f(x)=f(x_0)=c;\ x_0\in D(f);\ c\in\mathbb{R}$
- $f: f(x)=x;\ D(f)=\mathbb{R}$ ▶ $\lim\limits_{x\to x_0} f(x)=f(x_0)=x_0;\ x_0\in D(f)$

Rechnen mit Grenzwerten — Grenzwertsätze

In der Mathematik ist es oft erforderlich, Grenzwerte zu verknüpfen und mit ihnen zu rechnen. Die nachstehenden Rechenregeln, auch **Grenzwertsätze** genannt, gelten unter der Voraussetzung, daß die in einer Verknüpfung vorkommenden Einzelgrenzwerte existieren. Die Regeln gelten nicht nur für x gegen x_0 ($x\to x_0$ für $x_0\in\mathbb{R}$), sondern auch für $x\to -\infty$ bzw. $x\to\infty$. Solche Grenzwerte werden in den folgenden Abschnitten behandelt.

$\lim\limits_{x\to x_0} f_1(x)=g_1$ und $\lim\limits_{x\to x_0} f_2(x)=g_2 \Rightarrow \lim\limits_{x\to x_0}[f_1(x)+f_2(x)]=\lim\limits_{x\to x_0} f_1(x)+\lim\limits_{x\to x_0} f_2(x)=g_1+g_2$	
$\lim\limits_{x\to x_0} f_1(x)=g_1$ und $\lim\limits_{x\to x_0} f_2(x)=g_2 \Rightarrow \lim\limits_{x\to x_0}[f_1(x)-f_2(x)]=\lim\limits_{x\to x_0} f_1(x)-\lim\limits_{x\to x_0} f_2(x)=g_1-g_2$	
$\lim\limits_{x\to x_0} f_1(x)=g_1$ und $\lim\limits_{x\to x_0} f_2(x)=g_2 \Rightarrow \lim\limits_{x\to x_0}[f_1(x)\cdot f_2(x)]=\lim\limits_{x\to x_0} f_1(x)\cdot\lim\limits_{x\to x_0} f_2(x)=g_1\cdot g_2$	
$\lim\limits_{x\to x_0} f_1(x)=g_1$ und $\lim\limits_{x\to x_0} f_2(x)=g_2$ und $g_2\neq 0 \Rightarrow \lim\limits_{x\to x_0}\dfrac{f_1(x)}{f_2(x)}=\dfrac{\lim\limits_{x\to x_0} f_1(x)}{\lim\limits_{x\to x_0} f_2(x)}=\dfrac{g_1}{g_2}$	
$\lim\limits_{x\to x_0} f(x)=g \Rightarrow \lim\limits_{x\to x_0}[c\cdot f(x)]=c\cdot\lim\limits_{x\to x_0} f(x)=c\cdot g$	$\lim\limits_{x\to x_0} c=c;\ c\in\mathbb{R}$ ▶ $f(x)=c$ konstant
$\lim\limits_{x\to x_0} c^{f(x)}=c^{\lim\limits_{x\to x_0} f(x)};\ c\in\mathbb{R}$	$\lim\limits_{x\to x_0}\sqrt[n]{f(x)}=\sqrt[n]{\lim\limits_{x\to x_0} f(x)}$
$\lim\limits_{x\to x_0}[f(x)]^n=[\lim\limits_{x\to x_0} f(x)]^n$	$\lim\limits_{x\to x_0}[\log_b f(x)]=\log_b[\lim\limits_{x\to x_0} f(x)]$

Anmerkungen:

- Die vorstehenden Grenzwertsätze gelten für $x\to x_0$ nur dann, falls die in einer Verknüpfung auftretenden Einzelgrenzwerte existieren und im Nenner vorkommende Grenzwerte verschieden von Null sind. Oft wendet man die Grenzwertsätze aber formal an, ohne daß diese Voraussetzungen im Einzelfall überprüft werden. Dann können unbestimmte Ausdrücke der Form $\frac{0}{0}$, $\frac{\infty}{\infty}$, 0^0, $0\cdot\infty$, 1^∞ und ∞^0 entstehen. Grenzwerte dieser Art sind daher mit den vorstehenden Grenzwertsätzen nicht zu vereinfachen, lassen sich aber in vielen Fällen mit den Regeln von L'Hospital (siehe Kapitel „Regeln von L'Hospital“) ermitteln.
- Die Grenzwertsätze lassen sich streng beweisen. Es wird hier jedoch auf einen Beweis verzichtet, da es in diesem Buch mehr auf die Anwendung der Grenzwertsätze ankommt.
  Sieht man die Gültigkeit der Grenzwertsätze als gegeben an, so lassen sich daraus für die Praxis wertvolle Rechentechniken für die Ermittlung von Grenzwerten gewinnen.

Beispiel: Die Funktion $f\colon f(x)=x^3-\frac{x+5}{x-4}$; $D(f)=\mathbb{R}\setminus\{4\}$ hat an der Stelle $x_0=7$ den Grenzwert $g=339$. Überprüfen Sie dies mit Hilfe der Grenzwertsätze.

Bildet man den Funktionswert $f(7)$, indem man in der Funktionsgleichung für x den Wert 7 einsetzt, so erhält man $f(7)=339$, d.h. an der Stelle $x_0=7$ stimmen der Funktionswert $f(7)$ und der Grenzwert $g=339$ überein.

Überprüft man die Existenz des Grenzwertes mit Hilfe der Grenzwertsätze, durch Bildung von $\lim\limits_{x\to x_0} f(x)$, so wird $g=339$ bestätigt.

An der Stelle $x_0\in D(f)$ stimmen demnach Funktionswert $f(x_0)$ und Grenzwert g überein, so daß $\lim\limits_{x\to x_0} f(x)=f(x_0)$ gilt.

$$f(x)=x^3-\frac{x+5}{x-4};\ x\in\mathbb{R}\setminus\{4\} \blacktriangleright x_0=7$$

$$f(7)=7^3-\frac{7+5}{7-4}=\underline{\underline{339}}$$

$$\lim_{x\to x_0} f(x)=\lim_{x\to x_0}\left(x^3-\frac{x+5}{x-4}\right) \blacktriangleright x_0=7$$

$$\lim_{x\to 7}\left(x^3-\frac{x+5}{x-4}\right)=\lim_{x\to 7} x^3-\frac{\lim\limits_{x\to 7} x+\lim\limits_{x\to 7} 5}{\lim\limits_{x\to 7} x-\lim\limits_{x\to 7} 4}$$

$$=(\lim_{x\to 7} x)^3-\frac{7+5}{7-4}$$

$$=7^3-4$$

$$=\underline{\underline{339}} \blacktriangleright g=339$$

Beispiele: Untersuchen Sie unter Anwendung der Grenzwertsätze, ob die folgenden Funktionen an den angegebenen Stellen Grenzwerte besitzen.

- $f\colon f(x)=x^2+\sqrt{4-x}$; $D(f)=(-\infty;4] \blacktriangleright x_0=3$
  $=f_1(x)+f_2(x)$
  $\blacktriangleright D(f_1)=\mathbb{R} \blacktriangleright 3\in D(f_1)$
  $\blacktriangleright D(f_2)=(-\infty;4] \blacktriangleright 3\in D(f_2)$

Da an der Stelle $x_0=3$ die Grenzwerte g_1 und g_2 existieren, dürfen die Grenzwertsätze angewendet werden. In diesem Falle kann der Grenzwert der Summe aus den Grenzwerten der Summanden gebildet werden.

$$\lim_{x\to 3} f_1(x)=\lim_{x\to 3} x^2=(\lim_{x\to 3} x)^2=\underline{\underline{9}} \blacktriangleright g_1=9$$

$$\lim_{x\to 3} f_2(x)=\lim_{x\to 3}\sqrt{4-x}$$

$$=\sqrt{4-\lim_{x\to 3} x}$$

$$=\sqrt{4-3}$$

$$=\underline{\underline{1}} \blacktriangleright g_2=1$$

$$\blacktriangleright \lim_{x\to 3}(x^2+\sqrt{4-x})=\lim_{x\to 3} x^2+\lim_{x\to 3}\sqrt{4-x}$$

$$=9+1$$

$$=\underline{\underline{10}} \blacktriangleright g=g_1+g_2$$

- $f\colon f(x)=\sqrt{x}\cdot(2x-1)$; $D(f)=\mathbb{R}_+ \blacktriangleright x_0=2{,}5$
  $=f_1(x)\cdot f_2(x)$
  $\blacktriangleright D(f_1)=\mathbb{R}_+ \blacktriangleright 2{,}5\in D(f_1)$
  $\blacktriangleright D(f_2)=\mathbb{R} \blacktriangleright 2{,}5\in D(f_2)$

An der Stelle $x_0=2{,}5$ existieren die Grenzwerte g_1 und g_2, es dürfen also die Grenzwertsätze angewendet werden. In diesem Falle kann der Grenzwert des Produktes aus den Grenzwerten der Faktoren gebildet werden.

$$\lim_{x\to 2{,}5} f_1(x)=\lim_{x\to 2{,}5}\sqrt{x}=\sqrt{\lim_{x\to 2{,}5} x}=\underline{\underline{\sqrt{2{,}5}}} \blacktriangleright g_1=\sqrt{2\cdot 5}$$

$$\lim_{x\to 2{,}5} f_2(x)=\lim_{x\to 2{,}5}(2x-1)$$

$$=2\cdot\lim_{x\to 2{,}5} x-\lim_{x\to 2{,}5} 1$$

$$=2\cdot 2{,}5-1$$

$$=\underline{\underline{4}} \blacktriangleright g_2=4$$

$$\blacktriangleright \lim_{x\to 2{,}5}[\sqrt{x}\cdot(2x-1)]=\lim_{x\to 2{,}5}\sqrt{x}\cdot\lim_{x\to 2{,}5}(2x-1)$$

$$=\sqrt{2{,}5}\cdot 4$$

$$=\underline{\underline{4\sqrt{2{,}5}}} \blacktriangleright g=g_1\cdot g_2$$

Problem: Bestimmen Sie den Grenzwert der nachstehenden Polynomfunktionen an einer Stelle x_0 ihres jeweiligen Definitionsbereiches.

- $p: p(x)=3x^2+x+1;\ D(p)=\mathbb{R}$

Im Funktionsterm $p(x)$ läßt sich jeder Einzelterm wiederum als Funktionsterm einer Funktion auffassen.
Die Grenzwerte von konstanten Funktionen und von der identischen Funktion an einer Stelle x_0 ihrer Definitionsbereiche stimmen mit den jeweiligen Funktionswerten an dieser Stelle überein. Die Anwendung der Grenzwertsätze zeigt, daß diese Aussage auch auf die Polynomfunktion p für eine beliebige Stelle $x_0 \in D(p)$ zutrifft, d. h. es gilt $\lim\limits_{x \to x_0} p(x)=p(x_0)$.

$p(x)=3x^2+x+1$ ▶ $3x^2=f_1(x)$, $x=f_2(x)$, $1=f_3(x)$

$$\Rightarrow p(x)=f_1(x)+f_2(x)+f_3(x)$$

$$\begin{aligned}\lim_{x \to x_0} p(x) &= \lim_{x \to x_0} f_1(x)+\lim_{x \to x_0} f_2(x)+\lim_{x \to x_0} f_3(x)\\ &= \lim_{x \to x_0} 3x^2+\lim_{x \to x_0} x+\lim_{x \to x_0} 1\\ &= 3\cdot(\lim_{x \to x_0} x)^2+x_0+1\\ &= \underline{\underline{3\cdot x_0^2+x_0+1=p(x_0)}}\end{aligned}$$

$$\Rightarrow \lim_{x \to x_0} p(x)=p(x_0)$$

- $p: p(x)=a_m x^m+a_{m-1}x^{m-1}+\ldots+a_1x+a_0$ mit $D(p)=\mathbb{R}$

Die Erkenntnisse aus dem vorstehenden Beispiel lassen sich auch auf die allgemeine Polynomfunktion p übertragen. Für Polynomfunktionen gilt demnach, daß an jeder Stelle $x_0 \in D(p)$ ein Funktionsgrenzwert existiert, der gleich dem Funktionswert $p(x_0)$ an dieser Stelle ist.

$$p(x)=a_m x^m+a_{m-1}x^{m-1}+\ldots+a_1x+a_0$$

$$\begin{aligned}\lim_{x \to x_0} p(x) &= \lim_{x \to x_0}(a_m\cdot x^m)+\lim_{x \to x_0}(a_{m-1}\cdot x^{m-1})+\ldots+\\ &\quad+\lim_{x \to x_0}(a_1\cdot x)+\lim_{x \to x_0} a_0\\ &= a_m\cdot\lim_{x \to x_0} x^m+a_{m-1}\cdot\lim_{x \to x_0} x^{m-1}+\ldots+\\ &\quad+a_1\cdot\lim_{x \to x_0} x+a_0\\ &= a_m\cdot(\lim_{x \to x_0} x)^m+a_{m-1}\cdot(\lim_{x \to x_0} x)^{m-1}+\ldots+\\ &\quad+a_1\cdot x_0+a_0\\ &= \underline{\underline{a_m\cdot x_0^m+a_{m-1}x_0^{m-1}+\ldots+a_1\cdot x_0+a_0}}\\ &= \underline{\underline{p(x_0)}}\end{aligned}$$

Merke:

Für jede Polynomfunktion $p: p(x)=a_m x^m+a_{m-1}x^{m-1}+\ldots+a_1x+a_0$ kann man die Bestimmung des Grenzwertes an einer Stelle $x_0 \in D(p)$ auf die Berechnung des Funktionswertes an dieser Stelle x_0 zurückführen, und zwar gilt $\lim\limits_{x \to x_0} p(x)=p(x_0)$.

Beispiel: Bestimmen Sie den Grenzwert der Polynombruchfunktion $f: f(x)=\frac{p_m(x)}{q_n(x)}$ an einer Stelle x_0 ihres Definitionsbereiches.

Zum Definitionsbereich von f gehören alle reellen Zahlen mit Ausnahme der Stellen, an denen der Nennerterm Null ist. Ist $x_0 \in D(f)$, so ist $q_n(x_0) \neq 0$ und es gilt $\lim\limits_{x \to x_0} q_n(x)=q_n(x_0)$. Daher läßt sich der Grenzwertsatz für die Division von zwei Funktionen anwenden.

$$f(x)=\frac{p_m(x)}{q_n(x)};\ x_0 \in \mathbb{R};\ q_n(x_0) \neq 0$$

$$\lim_{x \to x_0} f(x)=\lim_{x \to x_0}\frac{p_m(x)}{q_n(x)}=\frac{\lim\limits_{x \to x_0} p_m(x)}{\lim\limits_{x \to x_0} q_n(x)}=\frac{p_m(x_0)}{q_n(x_0)}=\underline{\underline{f(x_0)}}$$

Auch bei Polynombruchfunktionen stimmt also der Grenzwert an einer Stelle $x_0 \in D(f)$ mit dem Funktionswert an dieser Stelle überein.

Problem: Untersuchen Sie die Funktionen $f: f(x) = \frac{2x^2-2x-12}{x-3}$; $D(f) = \mathbb{R} \setminus \{3\}$ sowie h: $h(x) = 2x+4$; $D(h) = \mathbb{R}$ an der Stelle $x_0 = 3$ auf Grenzwerte, und verallgemeinern Sie das Ergebnis.

Es liegt nahe, den Grenzwertsatz für die Division von zwei Funktionen anzuwenden, denn es existiert sowohl der Grenzwert der Zählerpolynomfunktion $g_1 = 0$ als auch der Grenzwert der Nennerpolynomfunktion $g_2 = 0$. Das ist jedoch nicht zulässig, da dieser Grenzwertsatz auf den unbestimmten Ausdruck $\frac{0}{0}$ führt.
Faktorisiert man das Zählerpolynom der Funktion f, so kann man wegen $x \neq 3$ kürzen und erhält die Funktionsgleichung $f(x) = 2x+4$; $x \in \mathbb{R} \setminus \{3\}$.

● $f(x) = \frac{2x^2-2x-12}{x-3} = \frac{Z(x)}{N(x)}$; $x \in \mathbb{R} \setminus \{3\}$ ▶ $x \to 3$

$\lim\limits_{x \to 3} Z(x) = \lim\limits_{x \to 3} (2x^2-2x-12) = Z(3) = 0$ ▶ $g_1 = 0$

$\lim\limits_{x \to 3} N(x) = \lim\limits_{x \to 3} (x-3) = N(3)$ ▶ $g_2 = 0$

$$f(x) = \frac{2x^2-2x-12}{x-3} = \frac{(2x+4)(x-3)}{x-3} = \underline{\underline{2x+4;\ x \in \mathbb{R} \setminus \{3\}}}$$

Die Funktionen f und h haben denselben Funktionsterm aber unterschiedliche Definitionsbereiche; sie stimmen aber für $x \in \mathbb{R} \setminus \{3\}$ überein.

Da die Funktion h an der Stelle $x_0 = 3$ den Funktionswert $h(3) = 10$ und den Grenzwert $g = 10$ hat, muß auch die Funktion f an der Stelle $x_0 = 3$ den Grenzwert $g = 10$ haben, wie es sich aus der Definition des Grenzwertbegriffes unmittelbar ergibt.

● $h(x) = 2x+4$; $D(h) = \mathbb{R}$ ▶ $x \to 3$

$\lim\limits_{x \to 3} h(x) = \lim\limits_{x \to 3} (2x+4) = h(3) = \underline{\underline{10}}$ ▶ $g = 10$

▶ $f(x) = 2x+4$; $x \in \mathbb{R} \setminus \{3\}$; $h(x) = 2x+4$; $x \in \mathbb{R}$

$\Rightarrow f(x) = h(x)$ für $x \in \mathbb{R} \setminus \{3\}$

$\Rightarrow \underline{\underline{\lim\limits_{x \to 3} f(x) = \lim\limits_{x \to 3} h(x) = h(3) = 10}}$ ▶ $g = 10$

Sind also Funktionen in einer „lückenhaften" Umgebung der Stelle x_0 gleich, so stimmen dort auch ihre Grenzwerte überein, falls diese existieren. Dabei müssen die Funktionen an der Stelle x_0 selbst nicht definiert sein.

Merke:

Sind zwei Funktionen f und h in einer „lückenhaften" Umgebung der Stelle x_0 gleich, gilt dort also $f(x) = h(x)$, so stimmen an dieser Stelle auch deren Grenzwerte überein, falls diese existieren. Dabei ist es nicht notwendig, daß die Funktionen an der Stelle x_0 definiert sind. Es gilt also $\lim\limits_{x \to x_0} f(x) = \lim\limits_{x \to x_0} h(x)$.

Mit dieser Regel kann man den Grenzwert einer Funktion f an ihrer Definitionslücke x_0 oft berechnen, wenn der Funktionswert $h(x)$ der Funktion h an dieser Stelle existiert.

Es zeigt sich am Beispiel dieser Funktion f sehr deutlich, welche wesentliche Rolle der in der Grenzwertdefinition verwendete Umgebungsbegriff einer reellen Zahl x_0 spielt. Darunter versteht man ein offenes Intervall $(x_0-\delta;\ x_0+\delta)$ um x_0, wobei δ eine positive reelle Zahl ist $(\delta \in \mathbb{R}_+)$.

Betrachtet man in einem solchen Intervall nur Werte $x<x_0$, also das offene Intervall $(x_0-\delta;\ x_0)$, so spricht man von einer **linksseitigen δ-Umgebung** von x_0; betrachtet man hingegen nur Werte $x>x_0$, also das offene Intervall $(x_0;\ x_0+\delta)$, so spricht man von einer **rechtsseitigen δ-Umgebung** von x_0. Linksseitige und rechtsseitige Umgebungen von x_0 werden auch als **einseitige Umgebungen** von x_0 bezeichnet.

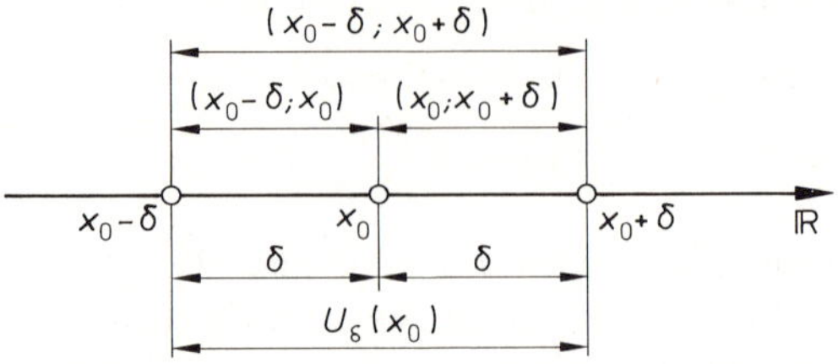

für $x_0 \in \mathbb{R}$ und $\delta \in \mathbb{R}_+$ gilt:

$(x_0-\delta;\ x_0+\delta)$ ▶ δ-Umgebung von x_0 ▶ $U_\delta(x_0)$

$(x_0-\delta;\ x_0)$ ▶ linksseitige δ-Umgebung von x_0

$(x_0;\ x_0+\delta)$ ▶ rechtsseitige δ-Umgebung von x_0

$(x_0-\delta;\ x_0);\ (x_0;\ x_0+\delta)$ ▶ einseitige δ-Umgebungen von x_0

Fordert man in der Definition des Grenzwertes einer Funktion f an einer Stelle x_0 nicht zu jedem $\varepsilon>0$ die Existenz einer vollen δ-Umgebung $U_\delta(x_0)$ mit den für sie geltenden Eigenschaften, sondern nur die Existenz einer einseitigen δ-Umgebung von x_0 mit gleichen Eigenschaften, so erhält man einen **einseitigen Grenzwert**.

Je nachdem, ob man Werte $x<x_0$ oder Werte $x>x_0$ betrachtet, spricht man von einem **linksseitigen Grenzwert** von f an der Stelle x_0 bzw. von einem **rechtsseitigen Grenzwert** von f an der Stelle x_0.

Ist $g_L \in \mathbb{R}$, und gibt es zu jedem $\varepsilon>0$ ein $\delta>0$, so daß für alle x mit $(x_0-\delta)<x<x_0$ die Ungleichung $|f(x)-g_L|<\varepsilon$ gilt, so schreibt man:

$\lim\limits_{\substack{x\to x_0\\ x<x_0}} f(x)=g_L$ ▶ linksseitiger Grenzwert von f an der Stelle x_0

Ist $g_R \in \mathbb{R}$, und gibt es zu jedem $\varepsilon>0$ ein $\delta>0$, so daß für alle x mit $x_0<x<(x_0+\delta)$ die Ungleichung $|f(x)-g_R|<\varepsilon$ gilt, so schreibt man:

$\lim\limits_{\substack{x\to x_0\\ x>x_0}} f(x)=g_R$ ▶ rechtsseitiger Grenzwert von f an der Stelle x_0

$\lim\limits_{\substack{x\to x_0\\ x<x_0}} f(x)=g_L$ bzw. $\lim\limits_{\substack{x\to x_0\\ x>x_0}} f(x)=g_R$ bedeuten anschaulich, daß der Funktionswert $f(x)$ beliebig nahe bei g_L bzw. bei g_R liegt, falls x hinreichend nahe links bzw. rechts von x_0 gewählt wird.

Die eingangs angestellten Überlegungen lassen vermuten, daß die Funktion f bei $x_0=1{,}5$ den linksseitigen Grenzwert $g_L=-1{,}7$ und den rechtsseitigen Grenzwert $g_R=0{,}7$ hat. Um diese Vermutung rechnerisch zu bestätigen, löst man die Betragszeichen im Nenner von $f(x)$ auf und betrachtet die Funktion abschnittsweise.

$\lim\limits_{\substack{x\to 1,5\\ x<1,5}} f(x)=-1{,}7$ und $\lim\limits_{\substack{x\to 1,5\\ x>1,5}} f(x)=0{,}7$

$$f\colon f(x)=\frac{0{,}8x^2-1{,}2x}{|x-1{,}5|}-0{,}5;\ D(f)=\mathbb{R}\setminus\{1{,}5\}$$

Da für $x<1{,}5$, also für $x\in(-\infty;\ 1{,}5)$, der Term innerhalb der Betragszeichen immer kleiner als Null ist, gilt:

$x\in(-\infty;\ 1{,}5)$ ► $|x-1{,}5|=-(x-1{,}5)$.

Faktorisiert man das Zählerpolynom der Funktion, so kann man den Funktionsterm durch $x-1{,}5$ kürzen, wenn man den Definitionsbereich beibehält.

Für $x>1{,}5$, also für $x\in(1{,}5;\ \infty)$ ist der Term innerhalb der Betragszeichen immer größer als Null, und es gilt daher:

$x\in(1{,}5;\ \infty)$ ► $|x-1{,}5|=x-1{,}5$.

Auch hier kann gekürzt werden, und man erhält $f_2(x)=0{,}8x-0{,}5;\ x\in(1{,}5;\ \infty)$.

Der Funktionsterm läßt sich damit nun betragszeichenfrei schreiben.

$$f\colon f(x)=\frac{0{,}8x^2-1{,}2x}{|x-1{,}5|}-0{,}5;\ D(f)=\mathbb{R}\setminus\{1{,}5\}$$

$$x<1{,}5 \blacktriangleright f_1(x)=\frac{0{,}8x^2-1{,}2x}{-(x-1{,}5)}-0{,}5;\ x\in(-\infty;\ 1{,}5)$$
$$=\frac{0{,}8x(x-1{,}5)}{-(x-1{,}5)}-0{,}5$$
$$=\underline{-0{,}8x-0{,}5;\ x\in(-\infty;1{,}5)}$$

$$x>1{,}5 \blacktriangleright f_2(x)=\frac{0{,}8x^2-1{,}2x}{x-1{,}5}-0{,}5;\ x\in(1{,}5;\ \infty)$$
$$=\frac{0{,}8x(x-1{,}5)}{x-1{,}5}-0{,}5$$
$$=\underline{0{,}8x-0{,}5;\ x\in(1{,}5;\ \infty)}$$

$$f(x):=\begin{cases} f_1(x)=-0{,}8x-0{,}5, \text{ wenn } x\in(-\infty;\ 1{,}5)\\ f_2(x)=\ \ 0{,}8x-0{,}5, \text{ wenn } x\in(1{,}5;\ \infty)\end{cases}$$

Die jetzt anzuschließende Grenzwertbetrachtung an der Stelle $x_0=1{,}5$ kann auf verschiedene Weise geschehen:

- Man bestätigt die Vermutungen $g_L=-1{,}7$ und $g_R=0{,}7$ anhand der einseitigen Grenzwertdefinition mit Hilfe der $\varepsilon-\delta$-Beziehungen für die Teilfunktionen f_1 und f_2.

$$\lim_{\substack{x\to 1{,}5\\ x<1{,}5}} f(x)=\lim_{\substack{x\to 1{,}5\\ x<1{,}5}} f_1(x)=g_L=\underline{\underline{-1{,}7}}$$

$$\lim_{\substack{x\to 1{,}5\\ x>1{,}5}} f(x)=\lim_{\substack{x\to 1{,}5\\ x>1{,}5}} f_2(x)=g_R=\underline{\underline{0{,}7}}$$

- Man stellt fest, daß die Grenzwertsätze auch für einseitige Grenzwerte gelten und daß auch der einseitige Grenzwert von konstanten Funktionen sowie von der identischen Funktion mit dem Funktionswert an der beobachteten Stelle übereinstimmt und wendet diese Erkenntnisse entsprechend an.

$$\lim_{\substack{x\to 1{,}5\\ x<1{,}5}} f_1(x)=\lim_{\substack{x\to 1{,}5\\ x<1{,}5}} (-0{,}8x-0{,}5)$$
$$=-0{,}8\cdot\lim_{\substack{x\to 1{,}5\\ x<1{,}5}} x-\lim_{\substack{x\to 1{,}5\\ x<1{,}5}} 0{,}5$$
$$=-0{,}8\cdot 1{,}5-0{,}5$$
$$=\underline{\underline{-1{,}7}} \blacktriangleright \text{linksseitiger Grenzwert}$$

$$\lim_{\substack{x\to 1{,}5\\ x>1{,}5}} f_2(x)=\lim_{\substack{x\to 1{,}5\\ x>1{,}5}} (0{,}8x-0{,}5)$$
$$=0{,}8\cdot\lim_{\substack{x\to 1{,}5\\ x>1{,}5}} x-\lim_{\substack{x\to 1{,}5\\ x>1{,}5}} 0{,}5$$
$$=0{,}8\cdot 1{,}5-0{,}5$$
$$=\underline{\underline{0{,}7}} \blacktriangleright \text{rechtsseitiger Grenzwert}$$

- Man benutzt die Erkenntnisse, daß der Satz „Sind zwei Funktionen in einer ‚lückenhaften' Umgebung der Stelle x_0 gleich, so haben sie an der Stelle x_0 gleiche Grenzwerte" auch für einseitige Grenzwerte gilt und daß auch der einseitige Grenzwert einer Polynomfunktion an der Stelle x_0 mit dem Funktionswert an dieser Stelle übereinstimmt.

Die Polynomfunktion $p_1\colon p_1(x)=-0{,}8x-0{,}5$ mit $x\in\mathbb{R}$ stimmt in jeder linksseitigen Umgebung von $x_0=1{,}5$ mit f überein. Also gilt:

$$\lim_{\substack{x\to 1{,}5\\ x<1{,}5}} f(x)=\lim_{\substack{x\to 1{,}5\\ x<1{,}5}} p_1(x)$$
$$=p_1(1{,}5)$$
$$=-0{,}8\cdot 1{,}5-0{,}5$$
$$=\underline{\underline{-1{,}7}} \blacktriangleright \text{linksseitiger Grenzwert}$$

An der Definitionslücke $x_0 = 1{,}5$ existiert für die Funktion f sowohl ein linksseitiger als auch ein rechtsseitiger Grenzwert. Da die beiden einseitigen Grenzwerte aber voneinander verschieden sind, kann an dieser Stelle kein Grenzwert existieren.

Die Polynomfunktion p_2: $p_2(x) = 0{,}8x - 0{,}5$ mit $x \in \mathbb{R}$ stimmt in jeder rechtsseitigen Umgebung der Stelle $x_0 = 1{,}5$ mit f überein. Also gilt:

$$\lim_{\substack{x \to 1{,}5 \\ x > 1{,}5}} f(x) = \lim_{\substack{x \to 1{,}5 \\ x > 1{,}5}} p_2(x)$$
$$= p_2(1{,}5)$$
$$= 0{,}8 \cdot 1{,}5 - 0{,}5$$
$$= \underline{\underline{0{,}7}} \quad \blacktriangleright \text{ rechtsseitiger Grenzwert}$$

$$\lim_{\substack{x \to 1{,}5 \\ x < 1{,}5}} f(x) = g_L \text{ existiert } \blacktriangleright \; g_L = -1{,}7$$

Definitionslücken, an denen endliche aber verschiedene einseitige Grenzwerte existieren, heißen **endliche Sprungstellen**.

$$\lim_{\substack{x \to 1{,}5 \\ x > 1{,}5}} f(x) = g_R \text{ existiert } \blacktriangleright \; g_L = 0{,}7$$

$$\blacktriangleright \; g_L \neq g_R \; \blacktriangleright \; \lim_{x \to 1{,}5} f(x) \text{ existiert nicht}$$

Merke:

- Beschränkt man sich bei der Betrachtung des Grenzwertes einer Funktion f an einer Stelle x_0 auf Werte $x < x_0$ bzw. $x > x_0$, so spricht man vom linksseitigen bzw. rechtsseitigen Grenzwert von f an der Stelle x_0 und schreibt dafür $\lim\limits_{\substack{x \to x_0 \\ x < x_0}} f(x) = g_L$ bzw. $\lim\limits_{\substack{x \to x_0 \\ x > x_0}} f(x) = g_R$.

  Die Stelle x_0 muß hierbei selbst nicht zum Definitionsbereich von f gehören, wohl aber muß gesichert sein, daß eine linksseitige bzw. rechtsseitige Umgebung von x_0 dazugehört. Insbesondere kann also x_0 eine Definitionslücke oder eine Randstelle der Funktion sein.
- Die Grenzwertsätze gelten auch für linksseitige und rechtsseitige Grenzwerte, d.h. für einseitige Grenzwerte.
- Hat eine Polynomfunktion an einer Stelle x_0 einen einseitigen Grenzwert, so stimmt dieser mit dem Funktionswert der Polynomfunktion an dieser Stelle überein.
- Besitzt eine Funktion f an einer Definitionslücke sowohl den linksseitigen Grenzwert g_L als auch den rechtsseitigen Grenzwert g_R und sind diese verschieden groß und endlich, so bezeichnet man eine solche Definitionslücke als endliche Sprungstelle.

Problem: Stellen Sie fest, ob die Funktion f: $f(x) = \frac{x^3 + 2x^2 - 5x - 10}{x + 2}$ an der Definitionslücke $x_0 = -2$ einseitige Grenzwerte hat, und verallgemeinern Sie das Ergebnis.

Zur Feststellung eines linksseitigen bzw. rechtsseitigen Grenzwertes an der Definitionslücke $x_0 = -2$ kann der Grenzwertsatz für die Division von zwei Funktionen nicht angewendet werden, da der Grenzwert der Nennerpolynomfunktion Null ist. Außerdem würde dieses Verfahren auf den unbestimmten Ausdruck $\frac{0}{0}$ führen.

Faktorisiert man das Zählerpolynom der Funktion, so kann man kürzen und erhält die Funktionsgleichung $f(x) = x^2 - 5$, wobei weiterhin $x \in \mathbb{R} \setminus \{-2\}$ gilt.

$$f(x) = \frac{x^3 + 2x^2 - 5x - 10}{x + 2}; \; x \in \mathbb{R} \setminus \{-2\}$$
$$= \frac{(x^2 - 5)(x + 2)}{x + 2}$$
$$= \underline{\underline{x^2 - 5; \; x \in \mathbb{R} \setminus \{-2\}}}$$

Die Polynomfunktion $h: h(x)=x^2-5$ mit $x \in \mathbb{R}$, stimmt mit der Funktion f für $x \in \mathbb{R} \setminus \{-2\}$ überein und ist zusätzlich an der Stelle $x_0=-2$ definiert. Daher stimmen die einseitigen Grenzwerte von f an der Stelle $x_0=-2$ mit den einseitigen Grenzwerten von h an dieser Stelle überein und sind gleich dem Funktionswert $h(-2)=-1$. Wegen $g_L=g_R$ ist der Wert -1 Grenzwert der Funktion h und der Funktion f.

Hat also eine Funktion an einer Stelle x_0 den linksseitigen Grenzwert g_L, sowie den rechtsseitigen Grenzwert g_R, und stimmen beide überein, so existiert an dieser Stelle der Grenzwert g. Dazu ist es nicht notwendig, daß die Funktion an der Stelle x_0 definiert ist.

Da die Funktion h auf $\mathbb{R} \setminus \{-2\}$ mit der Funktion f übereinstimmt und zusätzlich noch an der Definitionslücke von f derart erklärt ist, daß $h(-2)=\lim\limits_{x \to -2} f(x)$ gilt, setzt sie die Funktion f an der Stelle $x_0=-2$ gewissermaßen fort, d.h. sie schließt die Definitionslücke von f.

$h(x)=x^2-5;\ x \in \mathbb{R}$

$$\lim_{\substack{x \to -2 \\ x < -2}} f(x) = \lim_{\substack{x \to -2 \\ x < -2}} h(x) \quad \blacktriangleright \ h(x)=x^2-5$$
$$= h(-2)$$
$$= \underline{\underline{-1 = g_L}} \quad \blacktriangleright \ \text{linksseitiger Grenzwert}$$

$$\lim_{\substack{x \to -2 \\ x > -2}} f(x) = \lim_{\substack{x \to -2 \\ x > -2}} h(x) \quad \blacktriangleright \ h(x)=x^2-5$$
$$= h(-2)$$
$$= \underline{\underline{-1 = g_R}} \quad \blacktriangleright \ \text{rechtsseitiger Grenzwert}$$

$$g_L = g_R \quad \blacktriangleright \ \lim_{x \to 2} f(x) = \lim_{x \to 2} h(x)$$
$$= h(-2)$$
$$= \underline{\underline{-1 = g}} \quad \blacktriangleright \ \text{Grenzwert}$$

$$f: f(x)=\frac{x^3+2x^2-5x-10}{x+2};\ x \in \mathbb{R} \setminus \{-2\} \quad \blacktriangleright \ \text{Funktion mit Definitionslücke}$$

$h: h(x)=x^2-5$

$$= \begin{cases} f(x), \text{ wenn } x \in \mathbb{R} \setminus \{-2\} \\ \lim\limits_{x \to x_0} f(x), \text{ wenn } x_0=-2 \end{cases} \quad \blacktriangleright \ \text{Ergänzungsfunktion}$$

Die Funktion h wird deshalb auch **stetige Fortsetzung** der Funktion f genannt (siehe Kapitel „Stetigkeit"). h ergänzt also die Funktion f an deren Definitionslücke und heißt deshalb auch **Ergänzungsfunktion** der Funktion f. Daher heißen solche Lücken auch **stetig behebbare Definitionslücken**. Weitere Bezeichnungen sind **stetig aufhebbare** und **stetig ergänzbare Definitionslücke**.

Merke:

Ist eine Funktion $f: x \mapsto f(x)$ in einer δ-Umgebung $U_\delta(x_0)$ der Stelle x_0 definiert, so hat sie an dieser Stelle den Grenzwert g, wenn dort der linksseitige Grenzwert g_L und der rechtsseitige Grenzwert g_R existieren und übereinstimmen. Hierzu ist es nicht erforderlich, daß die Funktion an der Stelle x_0 selbst auch definiert ist.

$$\lim_{\substack{x \to x_0 \\ x < x_0}} f(x) = g_L \text{ und } \lim_{\substack{x \to x_0 \\ x > x_0}} f(x) = g_R \text{ und } g_L = g_R = g \quad \blacktriangleright \ \lim_{x \to x_0} f(x) = g \quad \blacktriangleright \ \text{Grenzwert}$$

Merke:

Hat eine Funktion $f: x \mapsto f(x)$ an einer Definitionslücke x_0 den Grenzwert g, so handelt es sich um eine stetig behebbare Definitionslücke. Solche Definitionslücken können in einer geeigneten Umgebung der Stelle x_0 durch eine Ergänzungsfunktion „geschlossen" werden.

$$\lim_{x \to x_0} f(x) = g \text{ und } x_0 \notin D(f) \quad \blacktriangleright \ \text{stetig behebbare Definitionslücke}$$

Beispiel: Untersuchen Sie, ob die Funktion $f\colon f(x)=\sqrt{x^2-1}$; $D(f)=\mathbb{R}\setminus(-1;1)$ an ihren Randstellen Grenzwerte hat.

$f\colon f(x)=\sqrt{x^2-1}$; $D(f)=\mathbb{R}\setminus(-1;1)$

Die Funktion f ist im Intervall $(-1;1)$ nicht definiert, d.h. sie hat Randstellen bei $x_1=-1$ und bei $x_2=1$.

Dort können nur einseitige Grenzwerte vorliegen, die nach dem Grenzwertsatz für Wurzelfunktionen ermittelt werden.

Bei den Radikanden handelt es sich in beiden Fällen um Terme von Polynomfunktionen. Daher stimmen ihre Grenzwerte mit den Funktionswerten an den Stellen $x_1=-1$ und $x_2=1$ überein.

An der Stelle $x_1=-1$ handelt es sich um den linksseitigen Grenzwert $g_L=0$, an der Stelle $x_2=1$ um den rechtsseitigen Grenzwert $g_R=0$.

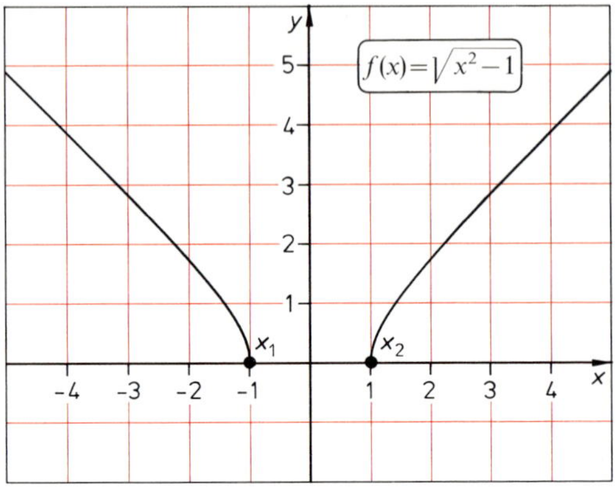

$$\lim_{\substack{x\to-1\\x<-1}}\sqrt{x^2-1}=\sqrt{\lim_{\substack{x\to-1\\x<-1}}(x^2-1)}$$

$$=\sqrt{(-1)^2-1}$$

$$=\underline{\underline{0}}$$ ► linksseitiger Grenzwert

$$\lim_{\substack{x\to1\\x>1}}\sqrt{x^2-1}=\sqrt{\lim_{\substack{x\to1\\x>1}}(x^2-1)}$$

$$=\sqrt{1^2-1}$$

$$=\underline{\underline{0}}$$ ► rechtsseitiger Grenzwert

Uneigentliche Grenzwerte einer Funktion für x gegen x_0 $(x\to x_0)$

Problem: Untersuchen Sie, ob die Funktion $f\colon f(x)=\frac{1}{x-3}$; $D(f)=\mathbb{R}\setminus\{3\}$ an der Stelle $x_0=3$ einen Grenzwert hat.

Die Funktion f hat an der Stelle $x_0=3$ eine Definitionslücke. Nähert man sich dieser von links her ($x\to3$ und $x<3$), so fallen die Funktionswerte unter jede noch so kleine negative reelle Zahl; nähert man sich dieser von rechts her ($x\to3$ und $x>3$), so wachsen die Funktionswerte über jede noch so große positive reelle Zahl. Jede vorgegebene negative reelle Zahl wird also durch einen Funktionswert links von der Stelle $x_0=3$ unterboten und jede vorgegebene positive reelle Zahl durch einen Funktionswert rechts von der Stelle $x_0=3$ übertroffen.

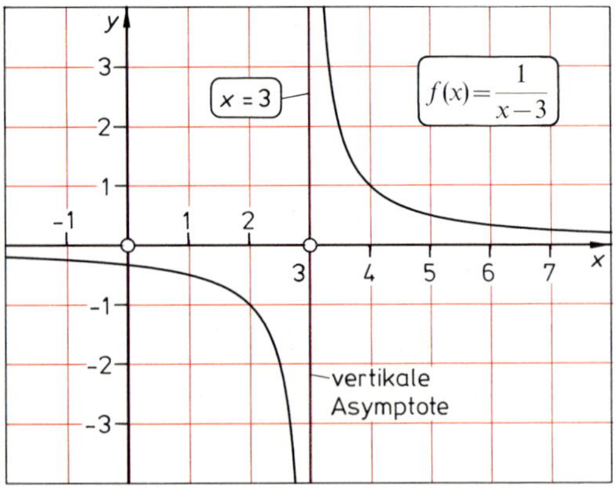

Die Funktion f kann daher an der Stelle $x_0=3$ weder eine reelle Zahl g_L als linksseitigen Grenzwert noch eine reelle Zahl g_R als rechtsseitigen Grenzwert besitzen. Sie hat deshalb an dieser Stelle auch keinen Grenzwert g mit $g \in \mathbb{R}$.

Das beschriebene Verhalten der Funktion f in der Nähe der Stelle $x_0=3$ bringt man symbolisch durch eine besondere Schreibweise zum Ausdruck.

Man bezeichnet $-\infty$ als **uneigentlichen linksseitigen Grenzwert u_L** der Funktion f an der Stelle $x_0=3$ bzw. ∞ als **uneigentlichen rechtsseitigen Grenzwert u_R** der Funktion f an der Stelle $x_0=3$. Im Unterschied zu dem bisher verwendeten (eigentlichen) Grenzwertbegriff stellen diese Schreibweisen keine reellen Zahlen dar.

$f(x)=\frac{1}{x-3};\ x \in \mathbb{R} \setminus \{3\}$

$\lim\limits_{\substack{x \to 3 \\ x<3}} f(x)=g_L;\ g_L \in \mathbb{R}$ ▶ existiert nicht

$\lim\limits_{\substack{x \to 3 \\ x>3}} f(x)=g_R;\ g_R \in \mathbb{R}$ ▶ existiert nicht

$\lim\limits_{\substack{x \to 3 \\ x<3}} f(x)=-\infty=u_L$ ▶ uneigentlicher linksseitiger Grenzwert

$\lim\limits_{\substack{x \to 3 \\ x>3}} f(x)=\infty=u_R$ ▶ uneigentlicher rechtsseitiger Grenzwert

$\left.\begin{array}{l} \lim\limits_{\substack{x \to 3 \\ x<3}} f(x)=-\infty \\ \lim\limits_{\substack{x \to 3 \\ x>3}} f(x)=\infty \end{array}\right\}$ ▶ einseitige uneigentliche Grenzwerte

▶ $x_0=3$ ▶ zweiseitige Unendlichkeitsstelle mit Vorzeichenwechsel

Da an der Stelle $x_0=3$ beidseitig uneigentliche Grenzwerte mit unterschiedlichen Vorzeichen vorliegen, nennt man diese Stelle auch **zweiseitige Unendlichkeitsstelle mit Vorzeichenwechsel**. Als andere Bezeichnungen findet man **Polstelle** oder **unendliche Sprungstelle**.

Der Graph $G(f)$ nähert sich an der zweiseitigen Unendlichkeitsstelle x_0 für x nahe x_0 mehr und mehr der Geraden mit der Gleichung $x=3$. Diese Gerade heißt **vertikale Asymptote**.

Merke:

- Eine Funktion f hat an der Stelle x_0 den uneigentlichen linksseitigen Grenzwert $\lim\limits_{\substack{x \to x_0 \\ x<x_0}} f(x)=\infty=u_L$ bzw. $\lim\limits_{\substack{x \to x_0 \\ x<x_0}} f(x)=-\infty=u_L$, wenn es zu jeder Zahl $S \in \mathbb{R}$ eine linksseitige δ-Umgebung $(x_0-\delta;\, x_0) \subset D(f)$ derart gibt, daß für alle x aus dieser δ-Umgebung $f(x)>S$ bzw. $f(x)<S$ gilt. Hierbei braucht die Funktion f an der Stelle x_0 selbst nicht definiert zu sein.
- Eine Funktion f hat an der Stelle x_0 den uneigentlichen rechtsseitigen Grenzwert $\lim\limits_{\substack{x \to x_0 \\ x>x_0}} f(x)=\infty=u_R$ bzw. $\lim\limits_{\substack{x \to x_0 \\ x>x_0}} f(x)=-\infty=u_R$, wenn es zu jeder Zahl $S \in \mathbb{R}$ eine rechtsseitige δ-Umgebung $(x_0;\, x_0+\delta) \subset D(f)$ derart gibt, daß für alle x aus dieser δ-Umgebung $f(x)>S$ bzw. $f(x)<S$ gilt. Hierbei braucht die Funktion f an der Stelle x_0 selbst nicht definiert zu sein.
- Stimmen der uneigentliche linksseitige und der uneigentliche rechtsseitige Grenzwert einer Funktion f an einer Stelle x_0 überein, so spricht man vom uneigentlichen Grenzwert der Funktion an der Stelle x_0 und schreibt dafür: $\lim\limits_{x \to x_0} f(x)=\infty=u$ bzw. $\lim\limits_{x \to x_0} f(x)=-\infty=u$.

Problem: Untersuchen Sie, ob bei der Funktion $f\colon f(x)=\dfrac{x^2+7x+7}{x^3+4x^2-3x-18}$ an ihren Definitionslücken uneigentliche Grenzwerte existieren.

Zunächst untersucht man die Funktion auf Definitionslücken. Dazu setzt man den Nennerterm Null und löst die Gleichung dritten Grades. Die Stellen $x_1=-3$ und $x_2=2$ sind Definitionslücken, d.h. $D(f)=\mathbb{R}\setminus\{-3;2\}$.

An diesen Stellen muß die Funktion f auf uneigentliche Grenzwerte untersucht werden. Das müßte eigentlich anhand der Definition des uneigentlichen Grenzwertes geschehen. Da aber die Grenzwertsätze unter Beachtung gewisser Rechenregeln auch für uneigentliche Grenzwerte gelten, lassen sie sich auch hier anwenden (siehe Abschnitt „Rechnen mit Grenzwerten – Grenzwertsätze"). Eine direkte Anwendung des Grenzwertsatzes für die Division von zwei Funktionen ist hier allerdings nicht möglich, weil an den Definitionslücken $x_1=-3$ und $x_2=2$ die einseitigen Grenzwerte der Nennerpolynomfunktion Null ergeben.

Für die Stelle $x_1=-3$ führt man aus diesem Grunde zweckmäßigerweise im Funktionsterm von f mit der Hilfsvariablen $\delta>0$ die Substitution $x=-3-\delta$ bzw. $x=-3+\delta$ durch und läßt dann statt $x\to-3$ und $x<-3$ bzw. statt $x\to-3$ und $x>-3$ die Hilfsvariable δ gegen Null streben ($\delta\to0$). Auf diese Weise führt man die Untersuchung in allen linksseitigen bzw. rechtsseitigen δ-Umgebungen der Stelle $x_1=-3$, also für $(-3-\delta;\,-3)$ bzw. $(-3;\,-3+\delta)$, durch. Außerdem läßt sich der Funktionsterm durch diese Substitution vereinfachen.

$$f(x)=\frac{x^2+7x+7}{x^3+4x^2-3x-18}=\frac{Z(x)}{N(x)} \quad ▶ \; N(x)=0$$

$$x^3+4x^2-3x-18=0 \Rightarrow \underline{\underline{x_1=-3}};\; \underline{\underline{x_2=2}}$$

$$▶ \; f\colon f(x)=\frac{x^2+7x+7}{x^3+4x^2-3x-18};\; D(f)=\mathbb{R}\setminus\{-3;2\}$$

$$\lim_{\substack{x\to-3\\x<-3}} f(x)=\lim_{\substack{x\to-3\\x<-3}}\frac{x^2+7x+7}{x^3+4x^2-3x-18} \quad ▶ \; x=-3-\delta;\; \delta>0$$

$$=\lim_{\delta\to0}\frac{(-3-\delta)^2-7(-3-\delta)+7}{(-3-\delta)^3+4(-3-\delta)^2-3(-3-\delta)-18}$$

$$=\lim_{\delta\to0}-\frac{\delta^2-\delta-5}{\delta^2(\delta+5)}$$

$$=\lim_{\delta\to0}\frac{1}{\delta^2}\cdot\lim_{\delta\to0}\frac{-\delta^2+\delta+5}{\delta+5}$$

$$=\infty\cdot\frac{\lim\limits_{\delta\to0}(-\delta^2+\delta+5)}{\lim\limits_{\delta\to0}(\delta+5)}$$

$$=\infty\cdot\frac{5}{5}$$

$$=\infty\cdot1$$

$$=\underline{\underline{\infty}}=u_L \quad ▶ \text{ linksseitiger uneigentlicher Grenzwert bei } x_1=-3$$

$$\lim_{\substack{x\to-3\\x>-3}} f(x)=\lim_{\substack{x\to-3\\x>-3}}\frac{x^2+7x+7}{x^3+4x-3x-18} \quad ▶ \; x=-3+\delta;\; \delta>0$$

$$=\lim_{\delta\to0}\frac{(-3+\delta)^2-7(-3+\delta)+7}{(-3+\delta)^3+4(-3+\delta)^2-3(-3+\delta)-18}$$

$$=\lim_{\delta\to0}\frac{\delta^2+\delta-5}{\delta^2(\delta-5)}$$

$$=\lim_{\delta\to0}\frac{1}{\delta^2}\cdot\lim_{\delta\to0}\frac{\delta^2+\delta-5}{\delta-5}$$

$$=\infty\cdot1$$

$$=\underline{\underline{\infty}}=u_R \quad ▶ \text{ rechtsseitiger uneigentlicher Grenzwert bei } x_1=-3$$

Mit Hilfe des Grenzwertsatzes für Produkte und bei richtiger Interpretation des Produktes $\infty\cdot1$ (das Produkt einer beliebig großen positiven reellen Zahl mit 1 ist beliebig groß und positiv) stellt man an der Definitionslücke $x_1=-3$ die uneigentlichen Grenzwerte $u_L=\infty$ und $u_R=\infty$ fest, d.h. die Definitionslücke ist eine Unendlichkeitsstelle. Da die beiden uneigentlichen Grenzwerte gleich sind, handelt es sich um eine **zweiseitige Unendlichkeitsstelle ohne Vorzeichenwechsel**.

An der Definitionslücke $x_2=2$ verfährt man entsprechend. Dort existieren die uneigentlichen Grenzwerte $u_L=-\infty$ und $u_R=\infty$, d.h. auch bei $x_2=2$ liegt eine Unendlichkeitsstelle vor. Da hier die beiden uneigentlichen Grenzwerte verschieden sind, handelt es sich bei dieser Definitionslücke um eine **zweiseitige Unendlichkeitsstelle mit Vorzeichenwechsel** (unendliche Sprungstelle).

$$\lim_{\substack{x\to 2\\ x<2}} f(x)=\lim_{\substack{x\to 2\\ x<2}} \frac{x^2+7x+7}{x^3+4x^2-3x-18} \quad ► \; x=2-\delta;\ \delta>0$$

$$=\lim_{\delta\to 0} -\frac{\delta^2-11\delta+25}{\delta(\delta-5)^2}$$

$$=\lim_{\delta\to 0} -\frac{1}{\delta}\cdot\lim_{\delta\to 0}\frac{\delta^2-11\delta+25}{(\delta-5)^2}$$

$$=-\infty\cdot 1$$

$$=\underline{\underline{-\infty}}=u_L \quad ► \text{ linksseitiger uneigentlicher Grenzwert bei } x_2=2$$

$$\lim_{\substack{x\to 2\\ x>2}} f(x)=\lim_{\substack{x\to 2\\ x>2}} \frac{x^2+7x+7}{x^3+4x^2-3x-18} \quad ► \; x=2+\delta;\ \delta>0$$

$$=\lim_{\delta\to 0} \frac{1}{\delta}\cdot\lim_{\delta\to 0}\frac{\delta^2+11\delta+25}{(\delta+5)^2}$$

$$=\infty\cdot 1$$

$$=\underline{\underline{\infty}}=u_R \quad ► \text{ rechtsseitiger uneigentlicher Grenzwert bei } x_2=2$$

Der Graph der Funktion bestätigt die ermittelte Unendlichkeitsstelle ohne Vorzeichenwechsel bei $x_1=-3$ sowie eine Unendlichkeitsstelle mit Vorzeichenwechsel bei $x_2=2$. Die Geraden mit den Gleichungen $x=-3$ und $x=2$ sind vertikale Asymptoten des Graphen $G(f)$.

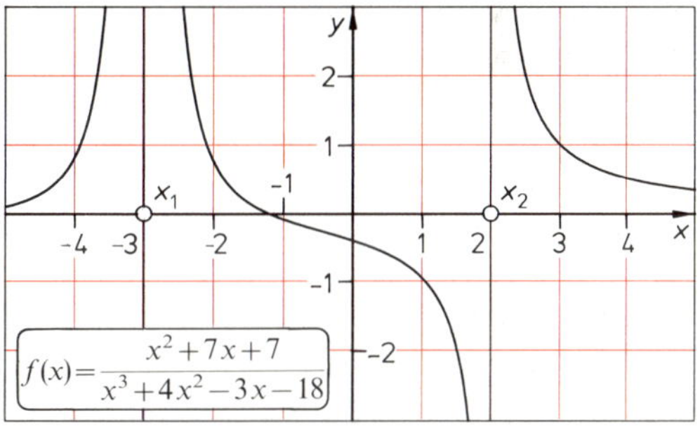

Merke:

- Eine Definitionslücke x_0 einer Funktion f, an der uneigentliche Grenzwerte existieren, heißt Unendlichkeitsstelle. Sind die uneigentlichen Grenzwerte der Funktion f an der Stelle x_0 gleich, so liegt dort eine zweiseitige Unendlichkeitsstelle ohne Vorzeichenwechsel vor, sind sie verschieden, so handelt es sich um eine zweiseitige Unendlichkeitsstelle mit Vorzeichenwechsel (unendliche Sprungstelle).
- An einer Unendlichkeitsstelle hat der Graph der Funktion eine vertikale Asymptote.

Anmerkung:

Aus den Berechnungen der Grenzwerte nach den Grenzwertsätzen läßt sich nachträglich leicht ablesen, wie groß man $\delta>0$ zu wählen hat, damit die Intervalle $(x_0-\delta;\, x_0)$ bzw. $(x_0;\, x_0+\delta)$ zu einer vorgegebenen Zahl $S\in\mathbb{R}$ die nach der Definition des uneigentlichen Grenzwertes gewünschte Eigenschaft haben.

Beispielsweise entnimmt man aus dem vorangegangenen Problem der Berechnung für die Stelle $x_0=-3$ die Beziehung $\lim\limits_{x\to -3} f(x)=\lim\limits_{\delta\to 0}\frac{1}{\delta^2}\cdot 1=\lim\limits_{\delta\to 0}\frac{1}{\delta^2}$. Löst man daher die Ungleichung $\frac{1}{\delta^2}>S$ für $S\in\mathbb{R}_+$ nach δ auf, so erhält man $\delta<\frac{1}{\sqrt{S}}$. Bei der Wahl von δ mit $0<\delta<\frac{1}{\sqrt{S}}$ ist also $U_\delta(-3)=(-3-\delta;\, -3+\delta)$ ein Intervall derart, daß für jedes $x\in U_\delta(-3)$ gilt: $f(x)>S$.

Rechnen mit beliebig kleinen ($-\infty$) bzw. beliebig großen (∞) Zahlen

Die Ermittlung von Grenzwerten hat gezeigt, daß im Verlaufe von Rechnungen sogenannte uneigentliche Grenzwerte auftreten können, die mit den Symbolen $-\infty$ bzw. ∞ bezeichnet werden. Diese Symbole sind oft auch mit reellen Zahlen verknüpft. Um solche Ausdrücke weiter zu vereinfachen, kommt es lediglich auf ihre richtige Interpretation als Grenzwertaussagen an.

Beispiele:

- $\lim\limits_{\delta\to 0} f(x) = \lim\limits_{\delta\to 0} \frac{7}{\delta^2} = \underline{\underline{\infty}}$ ▶ uneigentlicher Grenzwert
- $\lim\limits_{\substack{\delta\to 0\\ \delta>0}} f(x) = \lim\limits_{\substack{\delta\to 0\\ \delta>0}} \frac{-1}{\sqrt{\delta}} = \underline{\underline{-\infty}}$ ▶ uneigentlicher rechtsseitiger Grenzwert
- $\lim\limits_{\substack{x\to 0\\ x<0}} f(x) = \lim\limits_{\substack{x\to 0\\ x<0}} \frac{1}{x} = \underline{\underline{-\infty}}$ ▶ uneigentlicher linksseitiger Grenzwert

Bereits früher wurde dargestellt, daß sich hingegen für die sogenannten unbestimmten Ausdrücke, wie zum Beispiel $\frac{0}{0}$, $\frac{\infty}{\infty}$, 0^0, $0\cdot\infty$, $\infty-\infty$, ∞^0 und 1^∞, keine allgemeinen Aussagen jener Art machen lassen. Z. B. kann für zwei Funktionen f und g mit $f(x)\to 0$ und $g(x)\to 0$ der Grenzwert von $\frac{f(x)}{g(x)}$ – falls er überhaupt existiert – sehr verschieden ausfallen.

Verknüpfungen, wie zum Beispiel $\infty + a$, $\infty - a$, $\infty\cdot a$, $\frac{\infty}{a}$ und $\frac{a}{\infty}$, aber auch $\infty\cdot(-\infty)$ und ∞^2 lassen sich als Grenzwertaussagen durch einfache Überlegungen „berechnen“, wenn man sich $-\infty$ bzw. ∞ als eine sehr kleine bzw. als eine sehr große reelle Zahl vorstellt. Hierbei steht a stellvertretend für eine nichtnegative reelle Zahl, die bei einer Verknüpfung durch Multiplikation oder Division von Null verschieden sein muß, damit keine unbestimmten Ausdrücke entstehen. Die nachfolgenden Rechenbeispiele sollen diese Methode erläutern.

Addiert man zu einer sehr großen Zahl, also z. B. zu 10^{80}, eine relativ dazu kleine Zahl, also z. B. 15, so ist der Unterschied der Summe zu der sehr großen Zahl nur sehr gering. Addiert man analog zu ∞ eine reelle Zahl, so beträgt die Summe wieder ∞.

Analoges gilt für die Subtraktion. Entsprechend interpretiert man die Addition und Subtraktion von sehr kleinen Zahlen.

- $\infty + 15 = ?$
  ▶ $10^{80} + 15 \approx 10^{80}$ ▶ $\underline{\underline{\infty + a = \infty}}$
- $\infty - 27 = ?$
  ▶ $10^{50} - 27 \approx 10^{50}$ ▶ $\underline{\underline{\infty - a = \infty}}$
- $-\infty + 130 = ?$
  ▶ $-10^{70} + 130 \approx -10^{70}$ ▶ $\underline{\underline{-\infty + a = -\infty}}$
- $-6 - \infty = ?$
  ▶ $-6 - 10^{40} \approx -10^{40}$ ▶ $\underline{\underline{-a - \infty = -\infty}}$

Multipliziert man eine sehr große positive Zahl mit einer zu ihr relativ kleinen positiven Zahl, so ist das Produkt sehr groß und positiv.
Multipliziert man also eine positive Zahl mit ∞, so ist das Produkt ∞.

Multipliziert man eine sehr kleine negative Zahl mit einer zu ihr relativ kleinen positiven Zahl, so ist das Produkt sehr klein und negativ.

- $\infty\cdot 17 = ?$
  $10^{35}\cdot 17 \approx 10^{36}$ ▶ $\underline{\underline{\infty\cdot a = \infty}}$
- $\infty\cdot\infty = ?$
  ▶ $10^{90}\cdot 10^{80} = 10^{170}$ ▶ $\underline{\underline{\infty\cdot\infty = \infty}}$
- $-\infty\cdot 7 = ?$
  ▶ $-10^{92}\cdot 7 \approx -10^{92}$ ▶ $\underline{\underline{-\infty\cdot a = -\infty}}$
- $\infty\cdot(-\infty) = ?$
  ▶ $10^{82}\cdot(-10^{80}) = -10^{162}$ ▶ $\underline{\underline{\infty\cdot(-\infty) = -\infty}}$

Multipliziert man also $-\infty$ mit einer positiven Zahl, so ist das Produkt $-\infty$. Entsprechend interpretiert man die Ausdrücke $\infty \cdot \infty$, $-\infty \cdot \infty$ und $(-\infty)\cdot(-\infty)$.

- $-\infty \cdot (-80) = ?$

  ▶ $-10^{70} \cdot (-80) \approx 10^{72}$ ▶ $-\infty \cdot (-a) = \infty$
- $-\infty \cdot (-\infty) = ?$

  ▶ $-10^{85} \cdot (-10^{85}) = 10^{170}$ ▶ $-\infty \cdot (-\infty) = \infty$

Dividiert man eine reelle positive oder negative Zahl durch eine sehr große positive oder sehr kleine negative Zahl, so ist das Ergebnis stets nahezu Null. Divisionen durch $-\infty$ oder ∞ führen daher stets auf das Ergebnis Null.

- $\frac{28}{\infty} = ?$

  ▶ $\frac{28}{10^{60}} \approx 10^{-59} \approx 0$ ▶ $\frac{-a}{\infty} = 0$
- $\frac{110}{-\infty} = ?$

  ▶ $\frac{110}{-10^{90}} \approx -10^{-88} \approx 0$ ▶ $\frac{a}{-\infty} = 0$
- $\frac{\infty \cdot 2}{35,5} = ?$

  ▶ $\frac{10^{100} \cdot 2}{35,5} \approx 10^{99}$ ▶ $\frac{\infty}{a} = \infty$

Dividiert man $-\infty$ bzw. ∞ durch eine von Null verschiedene reelle Zahl, so ist das Ergebnis $-\infty$ bzw. ∞.

- $\frac{-\infty}{170} = ?$

  ▶ $\frac{-10^{200}}{170} \approx -10^{198}$ ▶ $\frac{-\infty}{a} = -\infty$
- $\frac{-\infty}{-1} = ?$

  ▶ $\frac{-10^{60}}{-1} \approx 10^{60}$ ▶ $\frac{-\infty}{-a} = \infty$

Potenziert man eine reelle positive Zahl größer als 1 mit einer sehr großen positiven Zahl (∞), so erhält man eine sehr große positive Zahl (∞). Potenziert man eine reelle positive Zahl größer als 1 mit einer sehr kleinen negativen Zahl ($-\infty$), so erhält man eine sehr kleine positive Zahl (0).

Analoge Aussagen lassen sich für a mit $0 < a < 1$ machen.

- $7^{\infty} = ?$

  ▶ $7^{200} \approx 10^{200}$ ▶ $a^{\infty} = \infty;\ a > 1$
- $37^{-\infty} = ?$

  ▶ $37^{-180} \approx \frac{1}{37^{180}} \approx 0$ ▶ $a^{-\infty} = 0;\ a > 1$
- $0,5^{\infty} - ?$

  ▶ $0,5^{100} = \frac{1}{2^{100}} \approx 0$ ▶ $a^{\infty} = 0;\ 0 < a < 1$
- $0,5^{-\infty} = ?$

  ▶ $0,5^{-100} = 2^{100} \approx 10^{30}$ ▶ $a^{-\infty} = \infty;\ 0 < a < 1$

Anmerkung:

Nachdrücklich wird darauf hingewiesen, daß eine Gleichung wie z.B. $\infty + a = \infty$ nur symbolischen Charakter hat. Sie steht für die Grenzwertaussage: $f(x) \to \infty$ und $g(x) \to a \Rightarrow f(x) + g(x) \to \infty$.

Beispiel: Untersuchen Sie die Funktion $f\colon f(x)=\frac{1}{2\sqrt{x+4}}+\frac{1}{2x-2}$ auf Unendlichkeitsstellen.

Der Funktionsterm der Funktion f besteht aus zwei Bruchtermen. Aufgrund des Nenners $2\cdot\sqrt{x+4}$ des ersten Bruchterms kann die Funktion nur im Intervall $(-4;\infty)$ existieren, d.h. sie hat eine Randstelle bei $x_1=-4$. Da aber wegen des Nenners $2(x-1)$ im zweiten Bruchterm noch eine Definitionslücke bei $x_2=1$ vorliegt, gilt $D(f)=(-4;\infty)\setminus\{1\}$.

Es ist daher sinnvoll, die Funktion an den Stellen $x_1=-4$ und $x_2=1$ auf einseitige Grenzwerte zu untersuchen.

$$f\colon f(x)=\frac{1}{2\sqrt{x+4}}+\frac{1}{2(x-1)};\quad D(f)=(-4;\infty)\setminus\{1\}$$

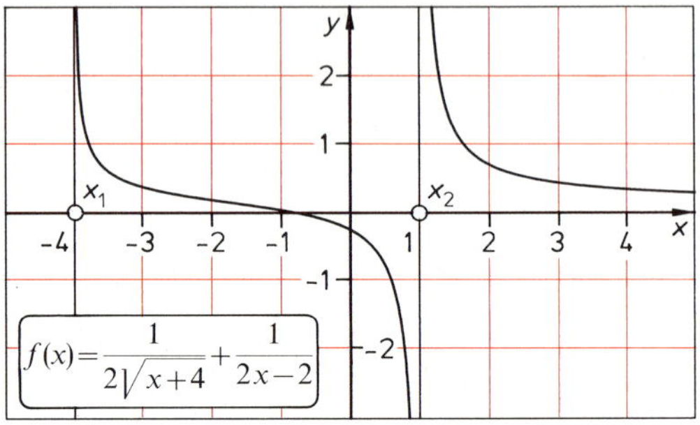

Da die Stelle $x_1=-4$ eine Randstelle der Funktion ist und dort keine linksseitige Umgebung existiert, kann hier nur ein rechtsseitiger Grenzwert vorhanden sein.

Um zu erreichen, daß die x-Werte in den rechtsseitigen δ-Umgebungen gegen x_1 streben, substituiert man zweckmäßig $x=-4+\delta$ mit $\delta>0$ und läßt dann nicht x gegen -4 sondern δ gegen 0 streben.

An der Randstelle $x_1=-4$ erhält man den uneigentlichen Grenzwert $u_R=\infty$, d.h. bei $x_1=-4$ liegt eine **einseitige Unendlichkeitsstelle** vor. Der Graph hat dort eine vertikale Asymptote mit der Gleichung $x=-4$.

$$\lim_{\substack{x\to-4\\x>-4}} f(x)=\lim_{\substack{x\to-4\\x>-4}}\left(\frac{1}{2\sqrt{x+4}}+\frac{1}{2(x-1)}\right)$$

$$=\frac{1}{2}\cdot\lim_{\substack{x\to-4\\x>-4}}\frac{1}{\sqrt{x+4}}+\frac{1}{2}\cdot\lim_{\substack{x\to-4\\x>-4}}\frac{1}{x-1}\quad\blacktriangleright\ x=-4+\delta \text{ mit } \delta>0$$

$$=\frac{1}{2}\cdot\lim_{\delta\to0}\frac{1}{\sqrt{-4+\delta+4}}+\frac{1}{2}\cdot\lim_{\delta\to0}\frac{1}{-4+\delta-1}$$

$$=\frac{1}{2}\cdot\lim_{\delta\to0}\frac{1}{\sqrt{\delta}}+\frac{1}{2}\cdot\lim_{\delta\to0}\frac{1}{\delta-5}$$

$$=\frac{1}{2}\cdot\infty+\frac{1}{2}\cdot\left(-\frac{1}{5}\right)$$

$$=\infty=u_R\quad\blacktriangleright \text{ uneigentlicher rechtsseitiger Grenzwert}$$

Da die Funktion f bis auf die Stelle x_2 in jeder Umgebung $U_\delta(x_2)$ definiert ist, wird sie dort mit Hilfe des linksseitigen und des rechtsseitigen Grenzwertes untersucht.

Um zu erreichen, daß die x-Werte in den δ-Umgebungen $U_\delta(x_2)$ von links bzw. von rechts gegen x_2 streben, substituiert man $x=1-\delta$ bzw. $x=1+\delta$ mit $\delta>0$ und läßt dann nicht x gegen 1, sondern δ gegen 0 streben.

$$\lim_{\substack{x\to1\\x<1}} f(x)=\frac{1}{2}\cdot\lim_{\substack{x\to1\\x<1}}\frac{1}{\sqrt{x+4}}+\frac{1}{2}\cdot\lim_{\substack{x\to1\\x<1}}\frac{1}{x-1}\quad\blacktriangleright\ x=1-\delta;\ \delta>0$$

$$=\frac{1}{2}\cdot\lim_{\delta\to0}\frac{1}{\sqrt{1-\delta+4}}+\frac{1}{2}\cdot\lim_{\delta\to0}\frac{1}{1-\delta-1}$$

$$=\frac{1}{2}\cdot\lim_{\delta\to0}\frac{1}{\sqrt{5-\delta}}+\frac{1}{2}\cdot\lim_{\delta\to0}\frac{1}{-\delta}$$

$$=\frac{1}{2}\cdot\frac{1}{\sqrt{5}}+\frac{1}{2}\cdot(-\infty)$$

$$=-\infty=u_L\quad\blacktriangleright \text{ uneigentlicher linksseitiger Grenzwert}$$

An der Definitionslücke $x_2=1$ existieren die uneigentlichen Grenzwerte $u_L=-\infty$ und $u_R=\infty$, d.h. bei $x_2=1$ liegt daher eine zweiseitige Unendlichkeitsstelle mit Vorzeichenwechsel (unendliche Sprungstelle) vor.

Der Graph hat dort die vertikale Asymptote mit der Gleichung $x=1$.

$$\lim_{\substack{x\to 1\\ x>1}} f(x)=\frac{1}{2}\cdot\lim_{\substack{x\to 1\\ x>1}}\frac{1}{\sqrt{x+4}}+\frac{1}{2}\cdot\lim\frac{1}{x-1} \quad \blacktriangleright\ x=1+\delta;\ \delta>0$$

$$=\frac{1}{2}\cdot\lim_{\delta\to 0}\frac{1}{\sqrt{1+\delta+4}}+\frac{1}{2}\cdot\lim_{\delta\to 0}\frac{1}{1+\delta-1}$$

$$=\frac{1}{2}\cdot\frac{1}{\sqrt{5}}+\frac{1}{2}\cdot\infty$$

$$=\infty=u_R \quad \blacktriangleright \text{ uneigentlicher rechtsseitiger Grenzwert}$$

Grenzwerte einer Funktion für $x\to-\infty$ bzw. $x\to\infty$

Ist eine Funktion f auf ganz $\mathbb{R}$, also im Intervall $(-\infty;\infty)$ definiert oder auch nur in den Intervallen $(-\infty;a]$ bzw. $[b;\infty)$ mit $a;b\in\mathbb{R}$, so ist es von Interesse, wie sich die Funktionswerte von f verhalten, wenn die x-Werte über alle Grenzen wachsen $(x\to\infty)$ bzw. unter alle Grenzen fallen $(x\to-\infty)$. Kommen dabei die Funktionswerte einer Zahl g, $g\in\mathbb{R}$, beliebig nahe, so bezeichnet man g als den Grenzwert von f für $x\to\infty$ bzw. für $x\to-\infty$ und verwendet die Schreibweisen $\lim\limits_{x\to\infty} f(x)=g$ bzw. $\lim\limits_{x\to-\infty} f(x)=g$.

Problem: Untersuchen Sie die Funktion $f\colon f(x)=\frac{x^2-1}{x^2+1}$; $D(f)=\mathbb{R}$ für $x\to-\infty$ bzw. für $x\to\infty$.

Aus dem Verlaufe des Graphen der Funktion f kann man erkennen, daß sich dieser sowohl für x gegen $-\infty$ $(x\to-\infty)$ als auch für x gegen ∞ $(x\to\infty)$ der Geraden mit der Funktionsgleichung $h(x)=1$ immer mehr nähert.

Man kann daher vermuten, daß die Funktion f für $x\to-\infty$ und für $x\to\infty$ den Grenzwert $g=1$ hat.

Um diese Vermutung auch beweisen zu können, muß präzisiert werden, was man darunter zu verstehen hat, daß die Funktionswerte einer Zahl g beliebig nahe kommen.

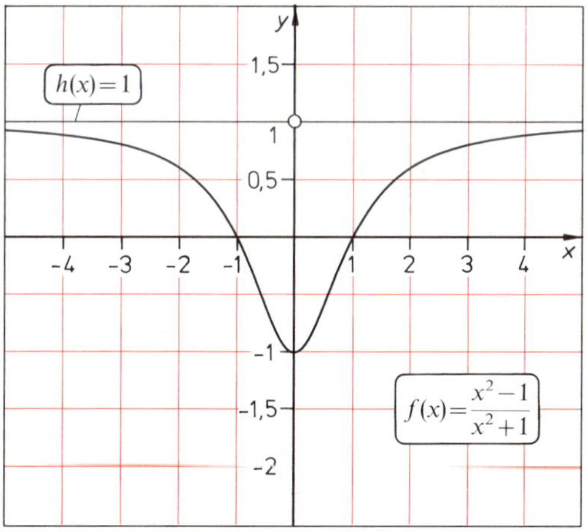

Merke:

- $\lim\limits_{x\to-\infty} f(x)=g$, $g\in\mathbb{R}$, bedeutet, daß es zu jedem $\varepsilon>0$ eine Stelle x_0 derart gibt, daß für alle $x\in(-\infty;a]$ mit $x<x_0$ die Ungleichung $|f(x)-g|<\varepsilon$ gilt.
- $\lim\limits_{x\to\infty} f(x)=g$, $g\in\mathbb{R}$, bedeutet, daß es zu jedem $\varepsilon>0$ eine Stelle x_0 derart gibt, daß für alle $x\in[b;\infty)$ mit $x>x_0$ die Ungleichung $|f(x)-g|<\varepsilon$ gilt.

Bezogen auf den Graphen der Funktion f bedeuten diese Erkenntnisse, daß der Graph nach einer Stelle x_0, die sich zu jedem Streifen um g mit der Breite 2ε parallel zur x-Achse stets finden läßt, ganz innerhalb dieses Parallelstreifens weiterverläuft.

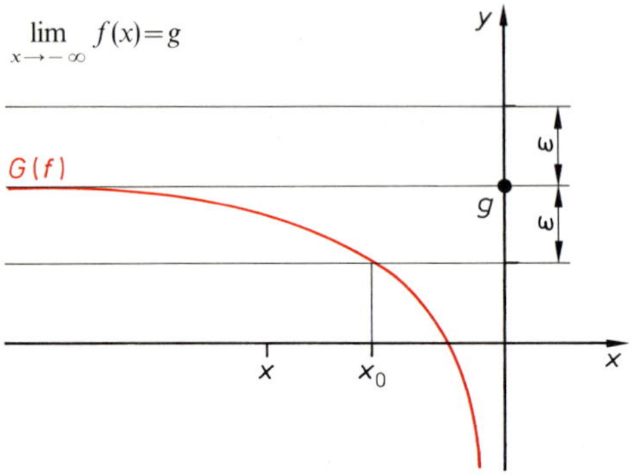

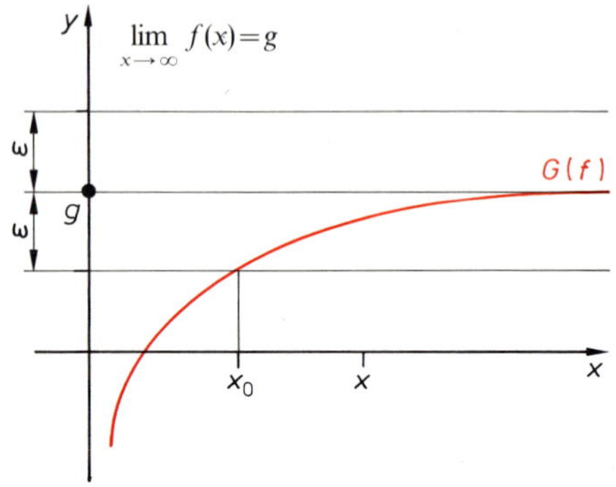

Der Funktionsterm der Funktion f kann durch Anwendung der Polynomdivision umgeformt werden. Diesem umgeformten Funktionsterm kann man entnehmen, daß $-1 \leq f(x) < 1$ für alle $x \in \mathbb{R}$ gilt.

Für $\varepsilon > 2$ verläuft daher der Graph der Funktion für alle $x \in \mathbb{R}$ ganz innerhalb der Parallelstreifen um 1 mit der Breite 2ε. Für $0 < \varepsilon \leq 2$ gewinnt man aus dem Ansatz $|f(x) - 1| < \varepsilon$ durch Auflösen dieser Ungleichung nach x die Stellen $x_0 = \sqrt{\frac{2}{\varepsilon} - 1}$ bzw. $x_0 = -\sqrt{\frac{2}{\varepsilon} - 1}$, von denen ab alle Funktionswerte für $x > 0$ bzw. für $x < 0$ sich von 1 um weniger als ε unterscheiden.

Die vermuteten Grenzwerte werden also durch die Rechnung bestätigt.

Die Gerade mit der Funktionsgleichung $h(x) = 1$; $x \in \mathbb{R}$, der sich der Graph immer mehr nähert, heißt **horizontale Asymptote** des Graphen.

Für das praktische Rechnen ist es wichtig zu wissen, daß die Grenzwertsätze auch für die Grenzübergänge $x \to -\infty$ und $x \to \infty$ gelten (siehe Abschnitt „Rechnen mit Grenzwerten – Grenzwertsätze"). Um die Ermittlung der Grenzwerte zu vereinfachen, formt man den Funktionsterm $f(x)$ gegebenenfalls in geeigneter Weise um.

$$f(x) = \frac{x^2 - 1}{x^2 + 1};\ x \in \mathbb{R}$$

$$(x^2 - 1) : (x^2 + 1) = 1 - \frac{2}{x^2 + 1}$$

▶ $f(x) = 1 - \frac{2}{x^2 + 1} \Rightarrow -1 \leq f(x) < 1$

$$|f(x) - 1| = \left|1 - \frac{2}{x^2 + 1} - 1\right| = \left|\frac{-2}{x^2 + 1}\right| = \frac{2}{x^2 + 1}$$

▶ $\frac{2}{x^2 + 1} < \varepsilon$

$\Rightarrow |x| > \sqrt{\frac{2}{\varepsilon} - 1}$ für $0 < \varepsilon \leq 2$

$\Rightarrow x_0 = \sqrt{\frac{2}{\varepsilon} - 1}$ oder $x_0 = -\sqrt{\frac{2}{\varepsilon} - 1}$

▶ $\underline{\underline{\lim\limits_{x \to -\infty} \frac{x^2 - 1}{x^2 + 1} = 1}}$ und $\underline{\underline{\lim\limits_{x \to \infty} \frac{x^2 - 1}{x^2 + 1} = 1}}$

▶ $h(x) = 1$; $x \in \mathbb{R}$ ▶ Gleichung der horizontalen Asymptote

$$\lim_{x \to \infty} f(x) = \lim_{x \to \infty} \frac{x^2 - 1}{x^2 + 1} = \lim_{x \to \infty} \left(1 - \frac{2}{x^2 + 1}\right) = \lim_{x \to \infty} 1 - \lim_{x \to \infty} \frac{2}{x^2 - 1} = 1 - 0 = \underline{\underline{1}}$$

▶ Grenzwert

$\lim\limits_{x \to -\infty} f(x) = 1$ ergibt sich analog

Beispiele: Vereinfachen Sie die nachstehenden Grenzwerte unter Anwendung der Grenzwertsätze.

- $\lim\limits_{x\to\infty} f(x) = \lim\limits_{x\to\infty} \frac{3x^3 - x^2 + x}{x^3}$

Grenzwerte für x gegen $-\infty$ bzw. ∞ kann man oft so in Summen umwandeln, daß die Variable nur noch im Nenner eines jeden Summanden auftritt. Im Beispiel dividiert man jedes Glied des Zählers durch x^3 und wendet den Grenzwertsatz für Summen an.

$$\lim_{x\to\infty} \frac{3x^3 - x^2 + x}{x^3} = \lim_{x\to\infty}\left(3 - \frac{1}{x} + \frac{1}{x^2}\right)$$
$$= \lim_{x\to\infty} 3 - \lim_{x\to\infty}\frac{1}{x} + \lim_{x\to\infty}\frac{1}{x^2}$$
$$= 3 \quad - 0 \quad + 0$$
$$= \underline{\underline{3}}$$

▶ $g = 3$ ▶ Grenzwert

- $\lim\limits_{x\to-\infty} f(x) = \lim\limits_{x\to-\infty} \frac{2x^2 + 3x + 1}{5x^2 + x + 10}$

Zur Lösung klammert man im Zähler und im Nenner x^2 aus, kürzt durch x^2 und wendet die Grenzwertsätze an.

Man erhält im Zähler den Grenzwert $g_Z = 2$, im Nenner den Grenzwert $g_N = 5$ und wegen $g_N \neq 0$ den Grenzwert $g = \frac{2}{5}$.

Bei diesem Beispiel kommt man auch nach Polynomdivision schnell zur Lösung.

$$\lim_{x\to-\infty} \frac{2x^2 + 3x + 1}{5x^2 + x + 10} = \lim_{x\to-\infty} \frac{x^2\left(2 + \frac{3}{x} + \frac{1}{x^2}\right)}{x^2\left(5 + \frac{1}{x} + \frac{10}{x^2}\right)}$$
$$= \frac{\lim\limits_{x\to-\infty}\left(2 + \frac{3}{x} + \frac{1}{x^2}\right)}{\lim\limits_{x\to-\infty}\left(5 + \frac{1}{x} + \frac{10}{x^2}\right)}$$
$$= \frac{\lim\limits_{x\to-\infty} 2 - \lim\limits_{x\to-\infty}\frac{3}{x} + \lim\limits_{x\to-\infty}\frac{1}{x^2}}{\lim\limits_{x\to-\infty} 5 + \lim\limits_{x\to-\infty}\frac{1}{x} + \lim\limits_{x\to-\infty}\frac{10}{x^2}}$$
$$= \frac{g_Z}{g_N}$$

▶ $g_Z = 2;\ g_N = 5$ ▶ $\frac{g_Z}{g_N} = \underline{\underline{\frac{2}{5}}} = g$ ▶ Grenzwert

- $\lim\limits_{x\to\infty} f(x) = \lim\limits_{x\to\infty}\left(\sqrt{1 + \frac{1}{x}} - 1\right)x$

Eine unmittelbare Anwendung des Grenzwertsatzes für Produktfunktionen ist nicht möglich, weil diese den unbestimmten Ausdruck $0 \cdot \infty$ liefert. Stattdessen gelingt die Grenzwertbestimmung nach geeigneter Umformung des Funktionstermes nach dem Grenzwertsatz für Quotienten- und Wurzelfunktionen.

$$\lim_{x\to\infty}\left(\sqrt{1 + \frac{1}{x}} - 1\right)x = \lim_{x\to\infty} \frac{\sqrt{1 + \frac{1}{x}} - 1}{\frac{1}{x}}$$

▶ erweitern mit $\sqrt{1 + \frac{1}{x}} + 1$

$$= \lim_{x\to\infty} \frac{1}{\sqrt{1 + \frac{1}{x}} + 1}$$
$$= \frac{1}{\sqrt{\lim\limits_{x\to\infty}\left(1 + \frac{1}{x}\right)} + 1}$$
$$= \underline{\underline{\frac{1}{2}}}$$

▶ $g = \frac{1}{2}$ ▶ Grenzwert

Beispiel: Untersuchen Sie, ob bei der Funktion $f\colon f(x)=\frac{2x^2}{x^2+1}$; $D(f)=\mathbb{R}$ für $x\to-\infty$ und für $x\to\infty$ Grenzwerte vorliegen. Von welcher Stelle x_0 an liegen alle Funktionswerte im Intervall $(g-\varepsilon; g+\varepsilon)$, wenn $\varepsilon=0{,}03$ gewählt wird?

$f\colon f(x)=\frac{2x^2}{x^2+1}$; $D(f)=\mathbb{R}$

Man formt den Funktionsterm $f(x)$ um, indem man den Zählerterm sowie den Nennerterm durch x^2 dividiert und anschließend die Grenzwertsätze anwendet.

$$\lim_{x\to\infty}\frac{2x^2}{x^2+1}=\lim_{x\to\infty}\frac{2}{1+\frac{1}{x^2}}$$

$$=\frac{\lim\limits_{x\to\infty}2}{\lim\limits_{x\to\infty}1+\lim\limits_{x\to\infty}\frac{1}{x^2}}$$

$$=\frac{2}{1+0}=\underline{\underline{2}}\ \blacktriangleright\ g=2\ \blacktriangleright\ \text{Grenzwert}$$

Sowohl für $x\to-\infty$ als auch für $x\to\infty$ existiert der Grenzwert $g=2$.

$$\lim_{x\to-\infty}\frac{2x^2}{x^2+1}=\underline{\underline{2}}\ \blacktriangleright\ g=2\ \blacktriangleright\ \text{Grenzwert}$$

Um zu dem vorgegebenen $\varepsilon=0{,}03$ die Stelle x_0 zu bestimmen, von der an sich sämtliche Funktionswerte $f(x)$ von der Zahl 2 um weniger als ε unterscheiden, formt man zweckmäßigerweise den Funktionsterm mittels Polynomdivision um und berechnet die Stelle aus der Ungleichung $|f(x)-2|<0{,}03$.

$$2x^2:(x^2+1)=2-\frac{2}{x^2+1}$$

$$\blacktriangleright\ f(x)=2-\frac{2}{x^2+1};\ x\in\mathbb{R}$$

$$|f(x)-2|=\left|2-\frac{2}{x^2+1}-2\right|$$

$$=\left|\frac{-2}{x^2+1}\right|$$

$$=\frac{2}{x^2+1}$$

$$\frac{2}{x^2+1}<0{,}03\Rightarrow x^2>\frac{2}{0{,}03}-1\Rightarrow x^2>\frac{197}{3}$$

Man erhält $x_0=-8{,}1035$ für $x\to-\infty$ und $x_0=8{,}1035$ für $x\to\infty$.

$$\Rightarrow |x|=\sqrt{\frac{197}{3}}\Rightarrow \underline{\underline{x_0=-\sqrt{\frac{197}{3}}=-8{,}1035,\ \text{wenn}\ x<0}}$$

$$\underline{\underline{x_0=\sqrt{\frac{197}{3}}=8{,}1035,\ \text{wenn}\ x>0}}$$

Der Verlauf des Graphen der Funktion bestätigt den Grenzwert $g=2$ für $x\to-\infty$ und $x\to\infty$. Die Gerade mit der Funktionsgleichung $h(x)=2$; $x\in\mathbb{R}$ ist horizontale Asymptote des Graphen.

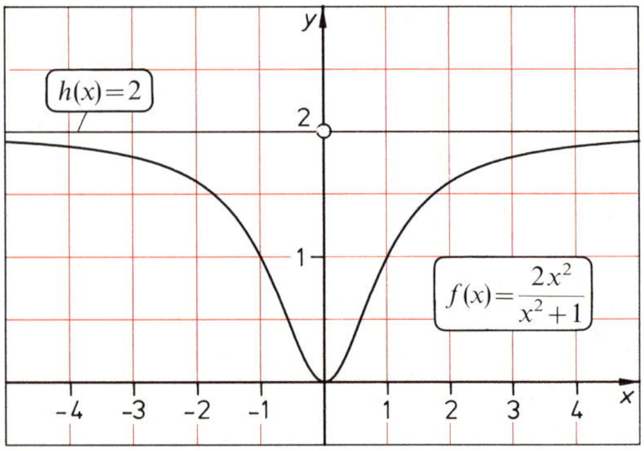

Uneigentliche Grenzwerte einer Funktion für $x \to -\infty$ bzw. für $x \to \infty$

Problem: Untersuchen Sie die Funktion $f\colon f(x)=\dfrac{x^2+3}{2x}$; $D(f)=\mathbb{R}^*$ für $x \to -\infty$ und für $x \to \infty$ auf Grenzwerte.

$f\colon f(x)=\dfrac{x^2+3}{2x}$; $D(f)=\mathbb{R}^*$

Aus dem Verlauf des Graphen ist ersichtlich:
Für $x \to -\infty$ streben die Funktionswerte offensichtlich gegen $-\infty$ ($f(x) \to -\infty$), für $x \to \infty$ strebt $f(x)$ gegen ∞ ($f(x) \to \infty$).

Für $x \to -\infty$ wird also jede noch so kleine negative reelle Zahl durch einen Funktionswert von f unterboten, und für $x \to \infty$ wird jede noch so große positive reelle Zahl durch einen Funktionswert von f übertroffen.

Dieses Verhalten der Funktion f für $x \to -\infty$ bzw. $x \to \infty$ bringt man symbolisch durch die Schreibweisen $\lim\limits_{x \to -\infty} f(x) = -\infty = u$ bzw. $\lim\limits_{x \to \infty} f(x) = \infty = u$ zum Ausdruck und man nennt $-\infty$ den **uneigentlichen Grenzwert der Funktion f beim Grenzübergang $x \to -\infty$** bzw. ∞ den **uneigentlichen Grenzwert der Funktion f beim Grenzübergang $x \to \infty$.**

Wie bei den uneigentlichen einseitigen Grenzwerten an einer Stelle x_0, $x_0 \in \mathbb{R}$, stellen diese Schreibweisen keine reellen Zahlen mehr dar. Es gelten aber auch für diese Grenzwerte die Grenzwertsätze, wenn bestimmte Regeln eingehalten werden (siehe Abschnitt „Rechnen mit beliebig kleinen bzw. mit beliebig großen Zahlen“).

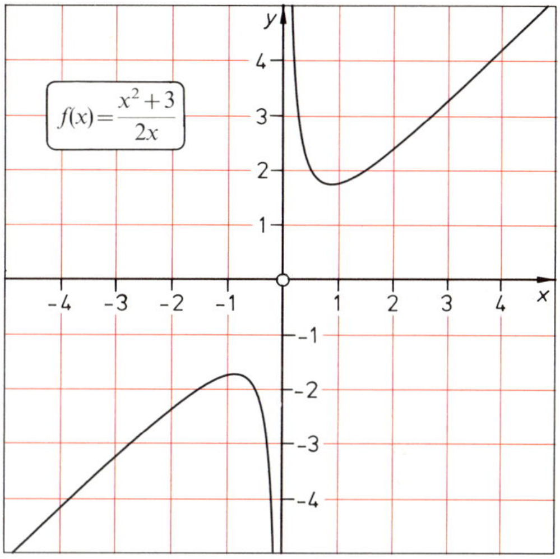

$$\lim_{x \to -\infty} \frac{x^2+3}{2x} = \lim_{x \to -\infty} \frac{x^2}{2x} + \lim_{x \to -\infty} \frac{3}{2x}$$
$$= \frac{1}{2} \cdot \lim_{x \to -\infty} x + \frac{3}{2} \cdot \lim_{x \to -\infty} \frac{1}{x}$$
$$= -\infty \quad + \quad 0$$
$$= \underline{\underline{-\infty = u}}$$ ▶ uneigentlicher Grenzwert

$$\lim_{x \to \infty} \frac{x^2+3}{2x} = \lim_{x \to -\infty} \frac{x^2}{2x} + \lim_{x \to -\infty} \frac{3}{2x}$$
$$= \frac{1}{2} \cdot \lim_{x \to \infty} x + \frac{3}{2} \lim_{x \to \infty} \frac{1}{x}$$
$$= \infty \quad + \quad 0$$
$$= \underline{\underline{\infty = u}}$$ ▶ uneigentlicher Grenzwert

Merke:

- $\lim\limits_{x \to -\infty} f(x) = -\infty$ bedeutet, zu jedem $S \in \mathbb{R}$ existiert eine Stelle x_0, so daß für alle $x \leq x_0$ die Aussage $f(x) < S$ gilt.
- $\lim\limits_{x \to \infty} f(x) = \infty$ bedeutet, zu jedem $S \in \mathbb{R}$ existiert eine Stelle x_0, so daß für alle $x \geq x_0$ die Aussage $f(x) > S$ gilt.
- Die uneigentlichen Grenzwerte $\lim\limits_{x \to -\infty} f(x) = \infty$ und $\lim\limits_{x \to \infty} f(x) = -\infty$ sind entsprechend erklärt.

Beispiel: Untersuchen Sie die Funktion f: $f(x)=\sqrt{x^2-1}$ auf uneigentliche Grenzwerte für $x \to -\infty$ bzw. $x \to +\infty$.

Die Funktion f ist im Intervall $(-1;1)$ nicht definiert und hat daher den Definitionsbereich $D(f)=\mathbb{R}\setminus(-1;1)$.

Wendet man den Grenzwertsatz für Wurzelfunktionen an, so erhält man sowohl für $x \to -\infty$ als auch für $x \to \infty$ Funktionswerte, die gegen ∞ streben. Es existieren somit die uneigentlichen Grenzwerte $u_1=\infty$ und $u_2=\infty$.

$$f(x)=\sqrt{x^2-1};\ x\in\mathbb{R}\setminus(-1;1)$$

$$\lim_{x\to-\infty}\sqrt{x^2-1}=\sqrt{\lim_{x\to-\infty}x^2-\lim_{x\to-\infty}1}=\sqrt{\infty-1}=\underline{\underline{\infty}}\ \blacktriangleright\ u_1$$

$$\lim_{x\to\infty}\sqrt{x^2-1}=\sqrt{\lim_{x\to\infty}x^2-\lim_{x\to\infty}1}=\sqrt{\infty-1}=\underline{\underline{\infty}}\ \blacktriangleright\ u_2$$

1.2.4 Stetigkeit

Um den Graphen einer reellen Funktion f darzustellen, wählt man in der Regel aus dem Definitionsbereich $D(f)$ solche x-Werte aus, die für den Graphen charakteristisch sind, berechnet die zugehörigen Funktionswerte $f(x)$ und erstellt eine Wertetabelle. Dann zeichnet man die Punkte $P\langle x|f(x)\rangle$ in ein Koordinatensystem und verbindet sie durch einen Linienzug zum Graphen.

Bei dieser Vorgehensweise ist jedoch zu beachten, daß der Verlauf des Funktionsgraphen zwischen den einzelnen Punkten auch ganz anders aussehen könnte, ja es ist sogar nicht einmal sicher, ob sich die berechneten Punkte $P\langle x|f(x)\rangle$ überhaupt durch eine Linie in einem Zuge, also ohne Absetzen des Zeichenstiftes, verbinden lassen. Der Funktionsgraph $G(f)$ könnte nämlich zum Beispiel an einer Stelle x_0 eine endliche Sprungstelle haben (siehe Kapitel „Grenzwerte").
Diese Unsicherheit über den genauen Verlauf des Graphen bleibt prinzipiell auch dann bestehen, wenn man die Zahl der berechneten Punkte erhöht, denn mit der beschriebenen Wertetabelle kann man stets nur endlich viele Punkte des Graphen bestimmen.

Berechtigt ist diese Vorgehensweise jedoch bei einer Funktion, von der man weiß, daß die einzelnen Punkte ihres Graphen stets „sehr eng nebeneinanderliegen", so daß man den Graphen als Linie in einem Zug zeichnen darf. Weil man hiermit anschaulich die Vorstellung einer stetigen Veränderung, also einer nicht sprunghaften Veränderung, verbindet, bezeichnet man eine solche Funktion als **stetig**. Dieser anschauliche Begriff der **Stetigkeit** bedarf allerdings noch einer mathematischen Präzisierung.

Stetigkeit einer Funktion an einer Stelle x_0

Problem: Berechnen Sie den Funktionswert der folgenden Funktionen jeweils an der angegebenen Stelle x_0, und vergleichen Sie diesen Funktionswert mit den an dieser Stelle eventuell vorhandenen einseitigen Grenzwerten g_L und g_R. Zeichnen Sie jeweils den Graphen der Funktion in der Nähe der Stelle x_0.

- $f\colon f(x):=\begin{cases}-1, & \text{wenn } x<0\\ 0, & \text{wenn } x=0\\ 1, & \text{wenn } x>0\end{cases}$

  ▶ Untersuchung an der Stelle $x_0=0$

$$f\colon f(x):=\begin{cases}-1, & \text{wenn } x<0 \ \blacktriangleright\ f_1\\ 0, & \text{wenn } x=0\\ 1, & \text{wenn } x>0 \ \blacktriangleright\ f_2\end{cases}$$

Die Funktion f mit $D(f)=\mathbb{R}$ ordnet gewissermaßen jedem x-Wert sein Vorzeichen zu und heißt deshalb auch **Vorzeichenfunktion** oder **Signumfunktion** (siehe Kapitel „Abschnittsweise definierte Funktionen").

An der Stelle $x_0=0$ hat f den Funktionswert $f(0)=0$. In jeder einseitigen Umgebung der Stelle x_0 ist f definiert und stimmt links der Stelle x_0 mit der konstanten Funktion $\bar{f}_1$: $\bar{f}_1(x)=-1$ mit $D(\bar{f}_1)=\mathbb{R}^*_-$ und rechts der Stelle x_0 mit der konstanten Funktion $\bar{f}_2$: $\bar{f}_2(x)=1$ mit $D(\bar{f}_2)=\mathbb{R}^*_+$ überein.

Man erhält den linksseitigen Grenzwert $g_L=-1$ und den rechtsseitigen Grenzwert $g_R=1$, d.h. es gilt $g_L \neq g_R$. Da die einseitigen Grenzwerte an der Stelle $x_0=0$ existieren, aber sowohl untereinander als auch vom Funktionswert an dieser Stelle verschieden sind, existiert an der Stelle x_0 kein Grenzwert und der Graph besitzt an dieser Stelle – wie man auch sagt – eine beidseitige endliche Sprungstelle.

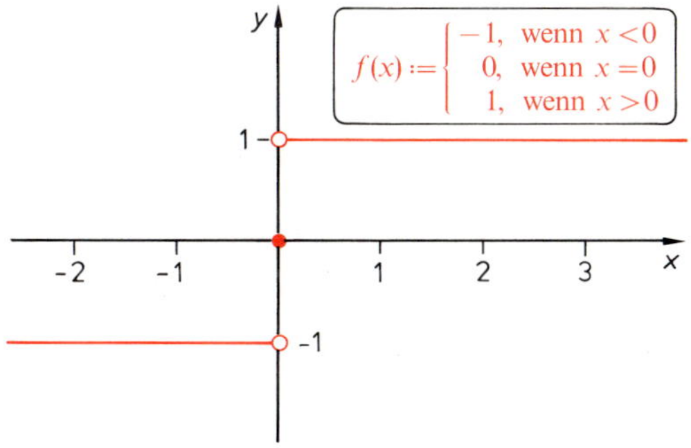

$\lim\limits_{\substack{x\to 0\\ x<0}} f(x)=f_1(0)=-1=g_L$ ► linksseitiger Grenzwert

$\lim\limits_{\substack{x\to 0\\ x>0}} f(x)=f_2(0)=1=g_R$ ► rechtsseitiger Grenzwert

► $g_L \neq g_R$ ► $\lim\limits_{x\to 0} f(x)=g$ existiert nicht

► $x_0=0$ ► endliche Sprungstelle

- f: $f(x):=\begin{cases} \frac{1}{x}, & \text{wenn } x\in\mathbb{R}^* \\ 0, & \text{wenn } x=0 \end{cases}$

  ► Untersuchung an der Stelle $x_0=0$

Die Funktion f hat den Definitionsbereich $D(f)=\mathbb{R}$ und an der Stelle $x_0=0$ den Funktionswert $f(0)=0$.

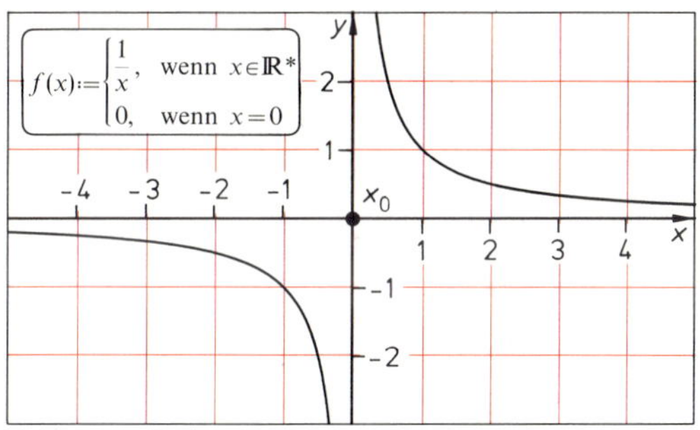

An der Stelle $x_0=0$ existiert der uneigentliche linksseitige Grenzwert $u_L=-\infty$ und der uneigentliche rechtsseitige Grenzwert $u_R - \infty$.

$$\lim_{\substack{x\to 0\\ x<0}} f(x)=\lim_{\substack{x\to 0\\ x<0}} \frac{1}{x} \quad ► \; x=0-\delta;\ \delta>0$$

$$=\lim_{\delta\to 0} \frac{1}{-\delta}$$

$$=\underline{\underline{-\infty}}=u_L \quad \text{uneigentlicher linksseitiger Grenzwert}$$

$$\lim_{\substack{x\to 0\\ x>0}} f(x)=\lim_{\substack{x\to 0\\ x>0}} \frac{1}{x} \quad ► \; x=0+\delta;\ \delta>0$$

$$=\lim_{\delta\to 0} \frac{1}{\delta}$$

$$=\underline{\underline{\infty}}=u_R \quad ► \; \text{uneigentlicher rechtsseitiger Grenzwert}$$

Die Funktion f besitzt an der Stelle $x_0=0$ also weder einen eigentlichen linksseitigen Grenzwert g_L noch einen eigentlichen rechtsseitigen Grenzwert g_R und damit auch keinen eigentlichen Grenzwert g.

Daher hat der Graph $G(f)$ an der Stelle $x_0=0$ – wie man auch sagt – eine beidseitige Unendlichkeitsstelle mit Vorzeichenwechsel, also eine beidseitige unendliche Sprungstelle.

$u_L \neq u_R$ ► unendliche Sprungstelle

- $f\colon f(x) := \begin{cases} \dfrac{x^2-1}{x-1}, & \text{wenn } x \in \mathbb{R}\setminus\{1\} \\ 3, & \text{wenn } x = 1 \end{cases}$

▶ Untersuchung an der Stelle $x_0 = 1$

Die Funktion f hat den Definitionsbereich $D(f) = \mathbb{R}$ und an der Stelle $x_0 = 1$ den Funktionswert $f(1) = 3$.

Die Polynomdivision zeigt, daß f in jeder lückenhaften Umgebung der Stelle $x_0 = 1$ mit der Funktion $h\colon h(x) = x + 1$; $D(h) = \mathbb{R}$ übereinstimmt; aber die Funktion h ist auch an der Stelle $x_0 = 1$ definiert.

Untersucht man bei der Funktion f und bei der Funktion h die Stelle $x_0 = 1$ auf einseitige Grenzwerte, so stellt man dort jeweils den linksseitigen Grenzwert $g_L = 2$ und den rechtsseitigen Grenzwert $g_R = 2$ fest. Da die beiden einseitigen Grenzwerte übereinstimmen, existiert an der Stelle $x_0 = 1$ für beide Funktionen auch der Grenzwert $g = 2$.

Der Grenzwert $g = 2$ an der Stelle $x_0 = 1$ ist aber vom Funktionswert $f(1) = 3$ an dieser Stelle verschieden, so daß der Graph von f bei $x_0 = 1$ springt. Offensichtlich ist der Funktionswert 3 an der Stelle $x_0 = 1$ für die Funktion f nicht „passend".

Um zu erreichen, daß der Graph $G(f)$ an der Stelle $x_0 = 1$ nicht springt, wäre der Funktionswert 2 und damit der Punkt $P\langle 1|2\rangle$ eine passende Wahl. Er würde sich in den übrigen Verlauf des Graphen problemlos „einfügen".

Betrachtet man daher anstelle der Funktion f die Funktion f_2, so stimmt diese auf ganz $\mathbb{R}$ mit der Funktion h überein, und es gilt an jeder Stelle x_0, daß der Grenzwert g existiert und mit dem Funktionswert $f_2(x_0)$ übereinstimmt.

$$f_1(x) = \frac{x^2-1}{x-1};\ x \in \mathbb{R}\setminus\{1\}$$

$$= \frac{(x+1)(x-1)}{x-1}$$

$$= x + 1;\ x \in \mathbb{R}\setminus\{1\}$$

$$h(x) = x + 1;\ x \in \mathbb{R}$$

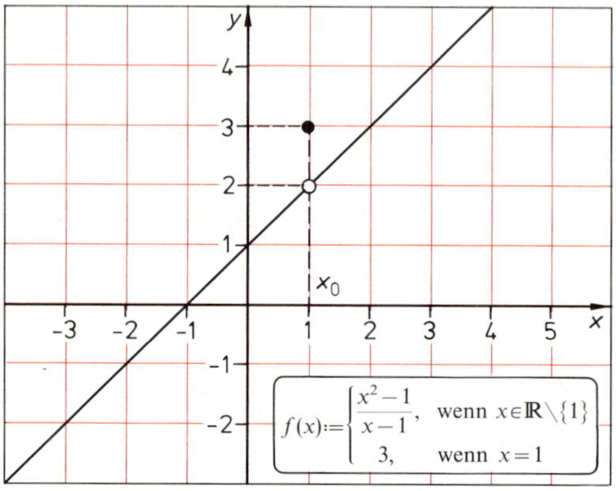

$$\lim_{\substack{x \to 1 \\ x < 1}} \frac{x^2-1}{x-1} = \lim_{\substack{x \to 1 \\ x < 1}} (x+1) = h(1) = \underline{\underline{2}} \ \blacktriangleright\ \underline{\underline{g_L = 2}}$$

$$\lim_{\substack{x \to 1 \\ x > 1}} \frac{x^2-1}{x-1} = \lim_{\substack{x \to 1 \\ x > 1}} (x+1) = h(1) = \underline{\underline{2}} \ \blacktriangleright\ \underline{\underline{g_R = 2}}$$

$$\blacktriangleright\ g_L = g_R \ \blacktriangleright\ \lim_{x \to 1} \frac{x^2-1}{x-1} = \underline{\underline{2}} \ \blacktriangleright\ \underline{\underline{g = 2}}$$

$$f(x) := \begin{cases} \dfrac{x^2-1}{x-1}, & \text{wenn } x \in \mathbb{R}\setminus\{1\} \\ 3, & \text{wenn } x = 1 \end{cases}$$

$$f_2(x) := \begin{cases} x+1, & \text{wenn } x \in \mathbb{R}\setminus\{1\} \\ 2, & \text{wenn } x = 1 \end{cases}$$

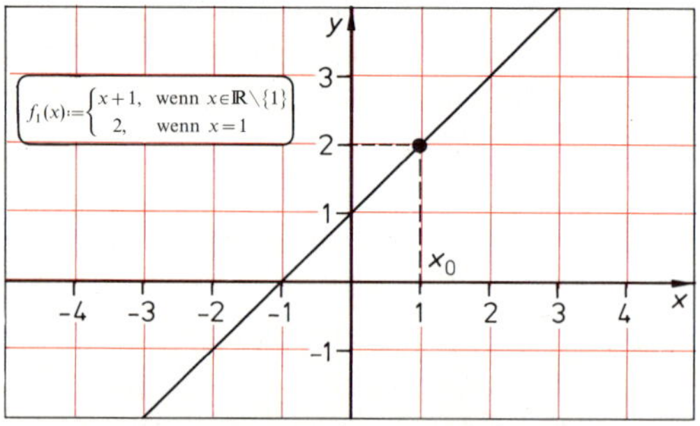

$$\lim_{x \to x_0} f_2(x) = \lim_{x \to x_0} h(x) = h(x_0) = x_0 + 1 = f_2(x_0)$$

Für das sprunghafte Verhalten des Graphen einer Funktion f an einer Stelle x_0 ihres Definitionsbereiches kann es also verschiedene Gründe geben. Entweder existiert der (eigentliche) Grenzwert $\lim\limits_{x \to x_0} f(x) = g$ nicht, oder er ist, falls er existiert, vom Funktionswert verschieden, d.h. $g \neq f(x_0)$.
Daher wird folgendes vereinbart:

Merke:

Eine Funktion f heißt an einer Stelle x_0 ihres Definitionsbereiches stetig, wenn der eigentliche Grenzwert $\lim\limits_{x \to x_0} f(x) = g$ vorhanden ist und mit dem Funktionswert von f an der Stelle x_0 übereinstimmt.

$$\lim_{x \to x_0} f(x) = f(x_0) \blacktriangleright \text{ Stetigkeit von } f \text{ an der Stelle } x_0 \in D(f)$$

Anmerkung:

Wenn für eine Stelle x_0 aus dem Definitionsbereich $D(f)$ einer Funktion f kein eigentlicher Grenzwert $\lim\limits_{x \to x_0} f(x)$ vorhanden ist oder wenn $\lim\limits_{x \to x_0} f(x) \neq f(x_0)$ gilt, so heißt die Funktion f **unstetig** an der Stelle x_0.
Die Definition des Grenzwertes (siehe Kapitel „Grenzwerte“) und die Definition der Stetigkeit hängen eng zusammen. Während es für das Grenzverhalten einer Funktion f an einer Stelle x_0 unerheblich ist, ob x_0 zum Definitionsbereich $D(f)$ gehört oder nicht, ob also der Funktionswert $f(x_0)$ existiert, muß $f(x_0)$ bei der Untersuchung auf Stetigkeit mitbetrachtet werden.
Es ist daher zu beachten, daß von **Stetigkeit** oder **Unstetigkeit** nur an einer Stelle x_0 gesprochen werden kann, an der die Funktion auch definiert ist.

Beispiele: Untersuchen Sie das Grenzverhalten der nachstehenden Funktionen an der angegebenen Stelle x_0, und entscheiden Sie, ob dort gegebenenfalls Stetigkeit oder Unstetigkeit vorliegt.

● $f\colon f(x) := \begin{cases} 0{,}5x - 2, & \text{wenn } x \leq 2 \\ 0{,}5x + 1, & \text{wenn } x > 2 \end{cases}$

▶ Untersuchung an der Stelle $x_0 = 2$

Die Funktion f stimmt für $x \leq 2$ mit der Funktion $f_1\colon f_1(x) = 0{,}5x - 2$, $D(f_1) = \mathbb{R}$, überein und hat daher an der Stelle $x_0 = 2$ den linksseitigen Grenzwert $g_L = -1$.

Sie stimmt für $x > 2$ mit der Funktion $f_2\colon f_2(x) = 0{,}5x + 1$, $D(f_2) = \mathbb{R}$, überein und hat daher an der Stelle $x_0 = 2$ den rechtsseitigen Grenzwert $g_R = 2$.

Die beiden einseitigen Grenzwerte existieren, sind aber voneinander verschieden, so daß an der Stelle $x_0 = 2$ kein Grenzwert vorliegt.

Da der Funktionswert an der Stelle $x_0 = 2$ vorhanden ist, liegt hier eine Unstetigkeitsstelle vor.

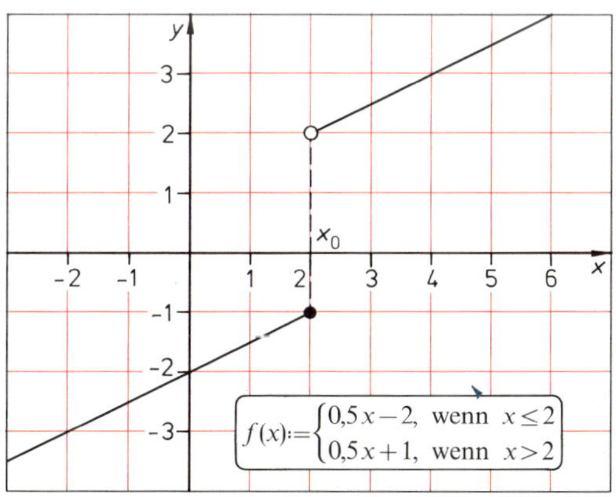

$$\lim_{\substack{x \to 0 \\ x < 2}} f(x) = \lim_{\substack{x \to 2 \\ x < 2}} f_1(x) = f_1(2) = \underline{\underline{-1}} \quad \blacktriangleright \ g_L = -1$$

$$\lim_{\substack{x \to 2 \\ x > 2}} f(x) = \lim_{\substack{x \to 2 \\ x > 2}} f_2(x) = f_2(2) = \underline{\underline{2}} \quad \blacktriangleright \ g_R = 2$$

$\blacktriangleright \ g_L \neq g_R \ \blacktriangleright$ kein Grenzwert g

● $f: f(x)=\frac{1}{x^2}$; $D(f)=\mathbb{R}^*$

▶ Untersuchung an der Stelle $x_0=0$

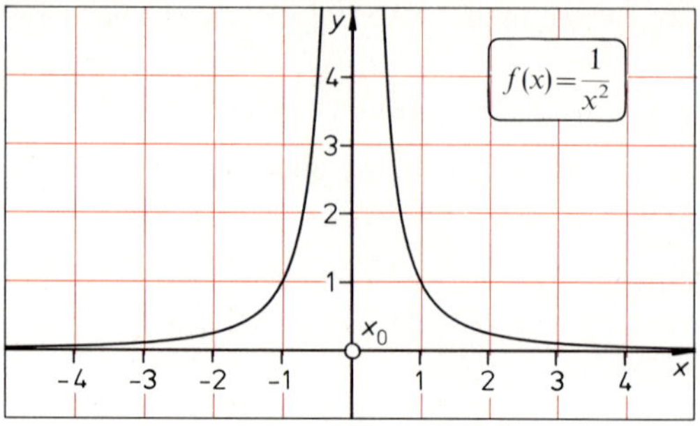

Da die Stelle $x_0=0$ nicht zum Definitionsbereich der Funktion f gehört (Definitionslücke!), kann man an dieser Stelle keine Stetigkeitsuntersuchungen durchführen.

Die einseitigen Grenzwerte $u_L=\infty$ und $u_R=\infty$ existieren nur als uneigentliche Grenzwerte.

$\lim\limits_{\substack{x\to 0\\ x<0}} \frac{1}{x^2}=\underline{\underline{\infty}}$ ▶ linksseitiger Grenzwert

$\lim\limits_{\substack{x\to 0\\ x>0}} \frac{1}{x^2}=\underline{\underline{\infty}}$ ▶ rechtsseitiger Grenzwert

● $f: f(x)=|0{,}5x^2-2|$; $D(f)=\mathbb{R}$

▶ Untersuchung an der Stelle $x_0=2$

Der Graph $G(f)$ hat an der Stelle $x_0=2$ eine Spitze.

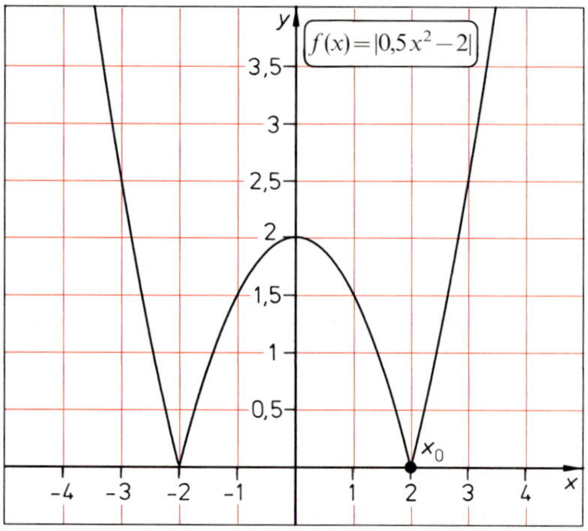

Eine Grenzbetrachtung an dieser Stelle führt auf den linksseitigen Grenzwert $g_L=0$ und auf den rechtsseitigen Grenzwert $g_R=0$, d.h. beide einseitigen Grenzwerte sind gleich und endlich. Daher existiert an der Stelle $x_0=2$ der eigentliche Grenzwert $g=0$.

Zur Durchführung der Grenzbetrachtung substituiert man zweckmäßig $x=2-\delta$; bzw. $x=2+\delta$ mit $\delta>0$ und läßt dann nicht x gegen 2, sondern δ gegen 0 streben.

Da der Grenzwert $g=2$ mit dem Funktionswert an der Stelle $x_0=2$, $f(2)=0$, übereinstimmt, ist die Funktion an der Stelle $x_0=2$ stetig.

$$\begin{aligned}\lim_{\substack{x\to 2\\ x<2}} f(x) &= \lim_{\substack{x\to 2\\ x<2}} |0{,}5x^2-2| \quad ▶\ x=2-\delta;\ \delta>0\\ &= \lim_{\delta\to 0} |0{,}5(2-\delta)^2-2|\\ &= \lim_{\delta\to 0} (2\delta+0{,}5\delta^2)\\ &= \underline{\underline{0}}=g_L \quad ▶\ \text{linksseitiger Grenzwert}\end{aligned}$$

$$\begin{aligned}\lim_{\substack{x\to 2\\ x>2}} f(x) &= \lim_{\substack{x\to 2\\ x>2}} |0{,}5x^2-2| \quad ▶\ x=2+\delta;\ \delta>0\\ &= \lim_{\delta\to 0} |0{,}5(2+\delta)^2-2|\\ &= \lim_{\delta\to 0} (2\delta+0{,}5\delta^2)\\ &= \underline{\underline{0}}=g_R \quad ▶\ \text{rechtsseitiger Grenzwert}\end{aligned}$$

▶ $g_L=g_R$ ▶ $g=0$ und $f(2)=0$ ▶ Stetigkeit

● $f: f(x)=\frac{x^2-1}{x+1}$; $D(f)=\mathbb{R}\setminus\{-1\}$

▶ Untersuchung an der Stelle $x_0=-1$

An der Stelle $x_0=1$ liegt eine Definitionslücke vor; daher läßt sich dort keine Aussage über die Stetigkeit der Funktion machen.

Da die Funktion f in jeder „lückenhaften" Umgebung der Stelle $x_0=-1$ mit der durch Polynomdivision gewonnenen Ersatzfunktion h: $h(x)=x-1$ übereinstimmt, wird diese zur Grenzwertuntersuchung benutzt.

Die Funktion h, und somit auch die Funktion f, hat an der Stelle $x_0=-1$ den Grenzwert $g=-2$. Die Funktion f läßt sich daher an dieser Stelle stetig ergänzen, und es handelt sich demnach um eine stetig behebbare Definitionslücke.

Diese Aussage wird nachfolgend noch präzisiert.

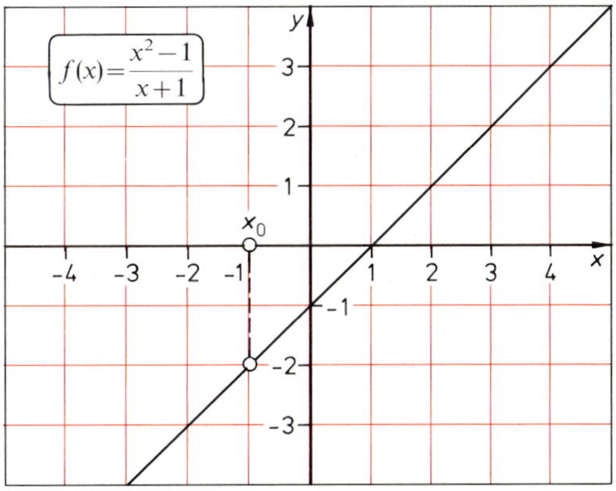

$$f(x)=\frac{x^2-1}{x+1};\; x\in\mathbb{R}\setminus\{1\}$$
$$=\frac{(x+1)(x-1)}{x+1}$$
$$=x-1;\; x\in\mathbb{R}\setminus\{-1\}$$
$$h(x)=x-1;\; x\in\mathbb{R}$$
$$\lim_{x\to-1} f(x)=\lim_{x\to-1} h(x)=h(-1)=\underline{\underline{-2}} \;\blacktriangleright\; \underline{\underline{g=-2}}$$

Merke:

Gibt es zu einer Stelle x_0 eine volle Umgebung, die, mit eventueller Ausnahme der Stelle x_0 selbst, ganz zum Definitionsbereich $D(f)$ einer Funktion f gehört, so gilt folgende Aussage:

$$\lim_{x\to x_0} f(x)=g;\; g\in\mathbb{R} \Leftrightarrow \bar{f}: \bar{f}(x):=\begin{cases} f(x), & \text{wenn } x\in D(f); \\ g, & \text{wenn } x=x_0 \end{cases} \;\bar{f} \text{ ist stetig an der Stelle } x_0$$

Die Existenz des eigentlichen Grenzwertes der Funktion f an der Stelle x_0 hat also die Stetigkeit der Funktion $\bar{f}$ an der Stelle x_0 zur Folge. Umgekehrt folgt aus der Stetigkeit der Funktion $\bar{f}$ an der Stelle x_0 die Existenz des eigentlichen Grenzwertes von f an der Stelle x_0. Die Funktion $\bar{f}$ heißt **stetige Fortsetzung** der Funktion f and der Stelle x_0.

Anmerkung:

Ein Sonderfall liegt dann vor, wenn die Funktion f bereits an der Stelle x_0 definiert ist und dort stetig ist. Dann stimmen nämlich f und $\bar{f}$ überein, weil $g=f(x_0)$ ist.

Aus der Gültigkeit der Grenzwertsätze (siehe Kapitel „Grenzwerte") läßt sich unmittelbar folgern, daß die Summe, die Differenz, das Produkt und mit Einschränkung auch der Quotient von zwei an derselben Stelle stetigen Funktionen an dieser Stelle auch stetig sind. Genauer gilt:

Merke:

Wenn die Funktionen f und h an der Stelle $x_0\in D(f)\cap D(h)$ stetig sind, dann sind auch $f+h$, $f-h$ und $f\cdot h$ an der Stelle x_0 stetig. Ist außerdem $h(x_0)\neq 0$, so ist auch $\frac{f}{h}$ an der Stelle x_0 stetig.

Beispiel: Weisen Sie für eine Stelle x_0 nach, daß die Summe von zwei an dieser Stelle stetigen Funktionen auch wieder stetig ist.

Aus der Stetigkeit der Einzelfunktionen f und h an der Stelle x_0 leitet man mit dem Grenzwertsatz für die Summenfunktion $f+h$ auch deren Stetigkeit an der Stelle x_0 ab.

$\lim\limits_{x \to x_0} f(x) = f(x_0)$ ▶ f ist stetig an der Stelle x_0

$\lim\limits_{x \to x_0} h(x) = h(x_0)$ ▶ h ist stetig an der Stelle x_0

$$\begin{aligned}\lim_{x \to x_0} [(f+h)(x)] &= \lim_{x \to x_0} [f(x)+h(x)]\\ &= \lim_{x\to x_0} f(x) + \lim_{x \to x_0} h(x)\\ &= f(x_0)+h(x_0)\\ &= \underline{\underline{(f+h)\,(x_0)}}\end{aligned}$$

▶ $f+h$ ist stetig an der Stelle x_0

Stetigkeit einer Funktion in einem Intervall

Problem: Untersuchen Sie die Funktion $f\colon f(x) = \dfrac{x^4-9x^2}{|5x^2-45|} - 1$ auf Definitionslücken und Unstetigkeitsstellen.

Zur Feststellung von Definitionslücken setzt man den Term $|5x^2-45|$ gleich Null und löst die Gleichung. Die Funktion hat Definitionslücken an den Stellen $x_1 = -3$ und $x_2 = 3$, ihr Definitionsbereich lautet also $D(f) = \mathbb{R}\setminus\{-3; 3\}$. Daraus folgt, daß die Funktion f in drei offenen Intervallen definiert ist, und zwar gilt:

$D(f) = (-\infty; -3) \cup (-3; 3) \cup (3; \infty)$.

$$\begin{aligned}|5x^2-45| &= 0\\ x^2-9 &= 0\\ x^2 &= 9\\ |x| = 3 &\Rightarrow x_1 = -3;\ x_2 = 3\end{aligned}$$

▶ $f(x) = \dfrac{x^4-9x^2}{|5x^2-45|} - 1;\ x \in \mathbb{R}\setminus\{-3; 3\}$

Zur einfacheren rechnerischen Untersuchung stellt man den Funktionsterm betragszeichenfrei dar und vereinfacht dann durch Kürzen. In den Intervallen $(-\infty; -3)$ und $(3; \infty)$ wird die Funktion f durch die Polynomfunktion f_1 beschrieben, im Intervall $(-3; 3)$ geschieht dies durch die Polynomfunktion f_2. Mit diesen Teilfunktionen kann der Funktionsterm betragszeichenfrei in drei Abschnitten dargestellt und dann in den einzelnen Abschnitten weiter untersucht werden.

$$\begin{aligned}f_1(x) &= \frac{x^4-9x^2}{5x^2-45} - 1;\ x \in (-\infty; -3) \cup (3; \infty)\\ &= \frac{x^2(x^2-9)}{5(x^2-9)} - 1\\ &= \underline{0{,}2x^2 - 1;\ x \in (-\infty; -3) \cup (3; \infty)}\end{aligned}$$

$$\begin{aligned}f_2(x) &= \frac{x^4-9x^2}{-(5x^2-45)} - 1;\ x \in (-3; 3)\\ &= \frac{x^2(x^2-9)}{-5(x^2-9)} - 1\\ &= \underline{-0{,}2x^2 - 1;\ x \in (-3; 3)}\end{aligned}$$

$$f(x) = \frac{x^4-9x^2}{|5x^2-45|} = \begin{cases} 0{,}2x^2-1, & \text{wenn } x \in (-\infty; -3)\\ -0{,}2x^2-1, & \text{wenn } x \in (-3; 3)\\ 0{,}2x^2-1, & \text{wenn } x \in (3; \infty)\end{cases}$$

Um festzustellen, von welcher Art die Definitionslücken an den Stellen $x_1 = -3$ und $x_2 = 3$ sind, untersucht man dort die einseitigen Grenzwerte. An der Stelle $x_1 = -3$ liegen der linksseitige Grenzwert $g_L = 0{,}8$ und der rechtsseitige Grenzwert $g_R = -2{,}8$ vor.

$$\lim_{\substack{x \to -3\\ x < -3}} f(x) = \lim_{\substack{x \to -3\\ x < -3}} (0{,}2x^2 - 1) = f_1(-3) = \underline{\underline{0{,}8}} = g_L$$

$$\lim_{\substack{x \to -3\\ x > -3}} f(x) = \lim_{\substack{x \to -3\\ x > -3}} (-0{,}2x^2 - 1) = f_2(-3) = \underline{\underline{-2{,}8}} = g_R$$

▶ $g_L \neq g_R$ ▶ Grenzwert g existiert nicht

▶ endliche Sprungstelle bei $x_1 = -3$

Bei $x_2=3$ existieren der linksseitige Grenzwert $g_L=-2{,}8$ und der rechtsseitige Grenzwert $g_R=0{,}8$. Da die jeweiligen einseitigen Grenzwerte existieren aber verschieden sind, gibt es an diesen Stellen keine Grenzwerte.
Die Funktion f hat an den Stellen $x_1=-3$ und $x_2=3$ endliche Sprungstellen.

$$\lim_{\substack{x\to 3\\ x<3}} f(x)=\lim_{\substack{x\to 3\\ x<3}}(-0{,}2x^2-1)=f_2(3)=\underline{\underline{-2{,}8}}=g_L$$

$$\lim_{\substack{x\to 3\\ x>3}} f(x)=\lim_{\substack{x\to 3\\ x>3}}(0{,}2x^2-1)=f_1(3)=\underline{\underline{0{,}8}}=g_R$$

▶ $g_L \neq g_R$ ▶ Grenzwert g existiert nicht

▶ endliche Sprungstelle bei $x_2=3$

Eine Funktion ist an einer Stelle x_0 ihres Definitionsbereiches stetig, wenn dort ein Grenzwert existiert und er mit dem Funktionswert an dieser Stelle übereinstimmt.

Nach der Erkenntnis, daß bei Polynomfunktionen der Grenzwert an jeder Stelle x_0 mit dem dortigen Funktionswert übereinstimmt (siehe Kapitel „Grenzwerte"), erweisen sich die Funktionen f_1 und f_2 an jeder Stelle ihrer Definitionsbereiche als stetig.

Da die Definitionslücken $x_1=-3$ und $x_2=3$ bei der Stetigkeitsuntersuchung außer Betracht bleiben, ist damit auch die Funktion f in ihrem gesamten Definitionsbereich $D(f)=\mathbb{R}\setminus\{-3;3\}$ stetig.

Der Graph der Funktion bestätigt die vorstehenden Untersuchungen.

$x_0\in(-\infty;-3)\cup(-3;3)\cup(3;\infty)$

$\Rightarrow \lim\limits_{x\to x_0} f(x)=f(x_0)$ ▶ f ist stetig an jeder Stelle $x_0\in D(f)$

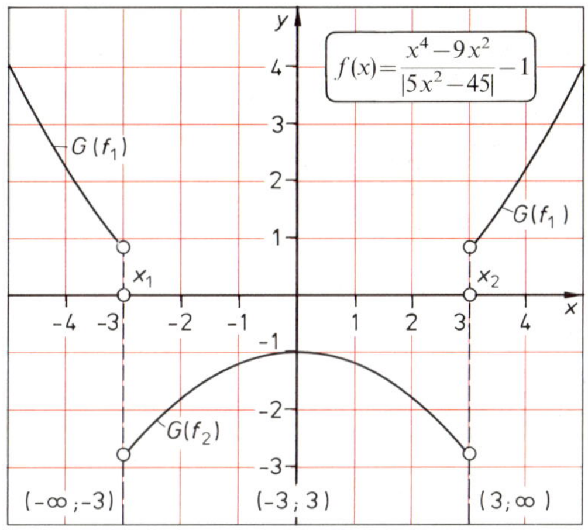

Anschließend soll die abschnittsweise definierte Funktion h, eine Variante der Funktion f, betrachtet werden.

$$h\colon h(x):=\begin{cases}\dfrac{x^4-9x^2}{|5x^2-45|}, & \text{wenn } x\in\mathbb{R}\setminus\{-3;3\}\\ 0{,}8, & \text{wenn } x=3\end{cases}$$

$$=\begin{cases}0{,}2x^2-1, & \text{wenn } x\in(-\infty;-3) & ▶\ h_1(x)\\ -0{,}2x^2-1, & \text{wenn } x\in(-3;3) & ▶\ h_2(x)\\ 0{,}8, & \text{wenn } x=3 & ▶\ h(3)\\ 0{,}2x^2-1, & \text{wenn } x\in(3;\infty) & ▶\ h_1(x)\end{cases}$$

Diese Funktion h hat im Gegensatz zur Funktion f an der Stelle $x_2=3$ den Funktionswert $h(x_2)=0{,}8$, so daß dort jetzt keine Definitionslücke mehr vorliegt.
Es soll untersucht werden, welche Folgen das für die Stetigkeit der Funktion hat.

An der Stelle $x_2=3$ ist die Funktion h definiert, und der Funktionswert $h(x_2)$ stimmt mit dem rechtsseitigen Grenzwert $g_R=0{,}8$ an dieser Stelle überein. Trotzdem existiert bei $x_2=3$ kein Grenzwert, denn die beiden einseitigen Grenzwerte $g_L=-2{,}8$ und $g_R=0{,}8$ sind voneinander verschieden. Daher ist die Funktion h an dieser Stelle unstetig, und $x_2=3$ ist eine Unstetigkeitsstelle in Form einer endlichen Sprungstelle.

$$\lim_{\substack{x\to 3\\ x<3}} h(x)=\lim_{\substack{x\to 3\\ x<3}}(-0{,}2x^2-1)$$
$$=h_2(3)$$
$$=\underline{\underline{-2{,}8}}=g_L$$ ▶ linksseitiger Grenzwert

$$\lim_{\substack{x\to 3\\ x>3}} h(x)=\lim_{\substack{x\to 3\\ x>3}}(0{,}2x^2-1)$$
$$=h_1(3)$$
$$=\underline{\underline{0{,}8}}=h(3)=g_R$$ ▶ rechtsseitiger Grenzwert

▶ $x_2=3$ ▶ Unstetigkeitsstelle (endliche Sprungstelle)

Merke:

- Eine Funktion f heißt stetig in einem offenen Intervall $(a; b) \subseteq D(f)$, wenn sie an jeder Stelle dieses Intervalles stetig ist.
- Eine Funktion heißt stetig in einem abgeschlossenen Intervall $[a; b] \subseteq D(f)$, wenn sie im Intervall $(a; b)$ stetig ist und an den Randstellen a bzw. b des Intervalles der Funktionswert $f(a)$ bzw. $f(b)$ mit dem rechtsseitigen Grenzwert (rechtsseitige Stetigkeit) bzw. mit dem linksseitigen Grenzwert (linksseitige Stetigkeit) übereinstimmt.
- Eine Funktion heißt (schlechthin) stetig, wenn sie an jeder Stelle ihres Definitionsbereiches stetig ist.

Anmerkung:

Die im Anschluß an das Problem untersuchte Funktion h ist in den offenen Intervallen $(-\infty; -3)$, $(-3; 3)$ und $(3; \infty)$ stetig. An der Unstetigkeitsstelle $x_2 = 3$ liegt außerdem rechtsseitige Stetigkeit vor. Die Funktion h ist daher auch noch in dem halboffenen Intervall $[3; \infty)$ stetig.

Beispiel: Zeigen Sie, daß jede Polynomfunktion f: $f(x) = a_m x^m + a_{m-1} x^{m-1} + \ldots + a_1 x + a_0$ und jede Funktion, die sich als Quotient von zwei Polynomfunktionen darstellen läßt, in ihrem gesamten Definitionsbereich stetig ist.

Der maximale Definitionsbereich einer Polynomfunktion ist stets $\mathbb{R}$.

$f(x) = a_m x^m + a_{m-1} x^{m-1} + \ldots + a_1 x + a_0;\ D(f) = \mathbb{R}$ ► $x_0 \in \mathbb{R}$

Durch Anwendung der Summenregel und der Produktregel für Grenzwerte sowie durch Beachtung der Tatsache, daß konstante Funktionen und die identische Funktion immer stetig sind (siehe Kapitel „Grenzwerte"), folgt die Stetigkeit jeder Polynomfunktion.

$$\lim_{x \to x_0} f(x) = \lim_{x \to x_0} (a_m x^m + a_{m-1} x^{m-1} + \ldots + a_1 x + a_0) =$$
$$= \lim_{x \to x_0} a_m x^m + \lim_{x \to x_0} a_{m-1} x^{m-1} + \ldots + \lim_{x \to x_0} a_1 x + \lim_{x \to x_0} a_0$$
$$= \lim_{x \to x_0} a_m \cdot \lim_{x \to x_0} x^m + \lim_{x \to x_0} a_{m-1} \cdot \lim_{x \to x_0} x^{m-1} + \ldots + \lim_{x \to x_0} a_1 \cdot \lim_{x \to x_0} x + \lim_{x \to x_0} a_0$$
$$= a_m (\lim_{x \to x_0} x)^m + a_{m-1} (\lim_{x \to x_0} x)^{m-1} + \ldots + a_1 \cdot \lim_{x \to x_0} x + a_0$$
$$= a_m x_0^m + a_{m-1} x_0^{m-1} + \ldots + a_1 x_0 + a_0$$
$$= f(x_0) \ \blacktriangleright\ g = f(x_0)$$

Aus der Anwendung des Grenzwertsatzes für die Division zweier Funktionen und dem eben gewonnenen Ergebnis folgt dann auch, daß der Quotient von zwei Polynomfunktionen im gesamten Definitionsbereich stetig ist. (Nicht zum Definitionsbereich gehören die Nullstellen der Nennerpolynomfunktion q.)

$h(x) = \frac{p(x)}{q(x)}$ ► $x_0 \in D(h)$

$$\lim_{x \to x_0} h(x) = \lim_{x \to x_0} \frac{p(x)}{q(x)} = \frac{\lim_{x \to x_0} p(x)}{\lim_{x \to x_0} q(x)} = \frac{p(x_0)}{q(x_0)} = h(x_0) \ \blacktriangleright\ g = h(x_0)$$

Mit dem Begriff „Stetigkeit einer Funktion in einem Intervall" läßt sich die anschauliche Vorstellung verbinden, daß sich dort ihr Graph an keiner Stelle sprunghaft ändert und man ihn sich deshalb sozusagen „ohne den Zeichenstift abzusetzen" gezeichnet denken kann. Allerdings wird diese Vorstellung dem Begriff der Stetigkeit nicht voll gerecht, da es stetige Funktionen gibt, deren Graph man „praktisch" nicht zeichnen kann.

Für Funktionen, die in einem Intervall stetig sind, lassen sich weitreichende Folgerungen ableiten, die anschaulich unmittelbar einleuchten, zu deren Nachweis es aber mathematischer Mittel bedarf, die in diesem Buch nicht zur Verfügung stehen.

Eine dieser Folgerungen ist der **Nullstellensatz von Bolzano**. Er sagt aus, daß eine in einem abgeschlossenen Intervall $[a; b]$ stetige Funktion f immer dann mindestens eine Nullstelle hat, wenn die Funktionswerte $f(a)$ und $f(b)$ verschiedene Vorzeichen haben.

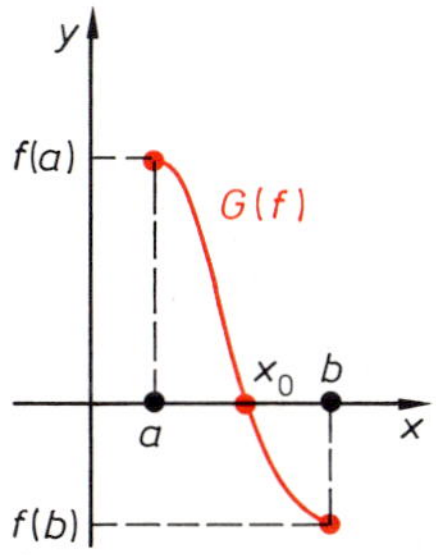

Nullstelle bei x_0

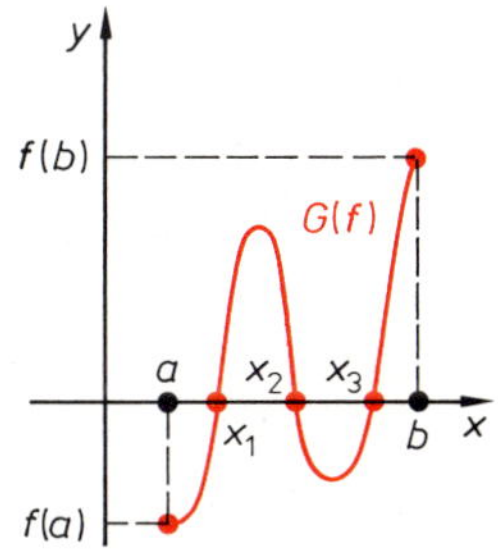

Nullstellen bei x_1, x_2, x_3

Merke:

Ist eine Funktion f in einem abgeschlossenen Intervall $[a; b]$ stetig, und ist von den Randfunktionswerten $f(a)$ sowie $f(b)$ einer positiv und der andere negativ, dann hat die Funktion f im Intervall $[a; b]$ mindestens eine Nullstelle.

Beispiel: Bestimmen Sie für die Funktion f: $f(x) = x^3 - 3x + 1$; $D(f) = \mathbb{R}$ mit Hilfe des Satzes von Bolzano Intervalle $[a; b]$, in denen genau eine Nullstelle liegt.

Die Funktion f ist eine Polynomfunktion und deshalb in ihrem gesamten Definitionsbereich $D(f) = \mathbb{R}$ stetig.
Unter Anwendung des Nullstellensatzes von Bolzano wählt man im Definitionsbereich der Funktion f verschiedene abgeschlossene Intervalle $[a; b]$ aus und bildet für die Intervallgrenzen die Funktionswerte $f(a)$ und $f(b)$. Sind die Vorzeichen der Funktionswerte verschieden, so existiert innerhalb des Intervalls mindestens eine Nullstelle.

Die gewählten Intervalle zeigen, daß Nullstellen vorhanden sind, und zwar in den Intervallen I_1, I_3 und I_4 jeweils mindestens eine. Weil sich diese Intervalle nicht überschneiden, besitzt f mindestens drei Nullstellen.

Da es sich bei f um eine Funktion dritten Grades handelt, können mehr als drei Nullstellen auch nicht auftreten. Also enthält jedes der Intervalle I_1, I_3 und I_4 genau eine Nullstelle von f und das sind auch schon alle Nullstellen.

$f(x) = x^3 - 3x + 1$; $x \in \mathbb{R}$ ► $x \in [a; b]$

$I_1 = [-2; -1]$ ► $a = -2 \Rightarrow f(-2) = -1$
$b = -1 \Rightarrow f(-1) = 3$

► $f(-2) < 0$ und $f(-1) > 0$ ► Nullstelle in $[-2; -1]$

$I_2 = [-1; 0]$ ► $a = -1 \Rightarrow f(-1) = 3$
$b = 0 \Rightarrow f(0) = 1$

► $f(-1) > 0$ und $f(0) > 0$ ► keine Aussage über Nullstellen möglich

$I_3 = [0; 1]$ ► $a = 0 \Rightarrow f(0) = 1$
$b = 1 \Rightarrow f(1) = -1$

► $f(0) > 0$ und $f(1) < 0$ ► Nullstelle in $[0; 1]$

$I_4 = [1{,}5; 2]$ ► $a = 1{,}5 \Rightarrow f(1{,}5) = -0{,}13$
$b = 2 \Rightarrow f(2) = 3$

► $f(1{,}5) < 0$ und $f(2) > 0$ ► Nullstelle in $[1{,}5; 2]$

Beispiel: Die Funktion $f: f(x) = x^3 - 3x + 1$ hat im Intervall [0; 1] genau eine Nullstelle. Ermitteln Sie diese Nullstelle durch Intervallteilung mit einer Genauigkeit von einer Stelle hinter dem Komma.

Die Funktion f hat im Intervall [0; 1] genau eine Nullstelle x_0, wie das vorangegangene Beispiel zeigt.

$f(x) = x^3 - 3x + 1$; $x \in \mathbb{R}$ ▶ $x_0 \in [0; 1]$

$f(x_0) = 0$; $x_0 = ?$

Halbiert man das Intervall [0; 1], so liegt diese Nullstelle im Intervall [0; 0,5] oder im Intervall [0,5; 1].

Nullstelle in [0; 0,5] oder [0,5; 1]

$f(0) = 1$ und $f(0{,}5) = -0{,}375$

$\Rightarrow f(0) > 0$; $f(0{,}5) < 0$ ▶ Nullstelle in [0; 0,25]

Bildet man den Funktionswert der Intervallmitte $f(0{,}5) = -0{,}375$, so ist $f(0{,}5) < 0$. Wegen $f(0) > 0$ muß demnach die Nullstelle im Intervall [0; 0,5] liegen (Nullstellensatz von Bolzano).

Nullstelle in [0; 0,25] oder [0,25; 0,5]

$f(0{,}25) = 0{,}266$ und $f(0{,}5) = -0{,}375$

$\Rightarrow f(0{,}25) > 0$; $f(0{,}5) < 0$ ▶ Nullstelle in [0,25; 0,5]

Durch mehrfache Intervallhalbierung stellt man jeweils fest, in welcher Hälfte des halbierten Intervalls die Nullstelle liegt, so daß man ihre Lage mit beliebiger Genauigkeit ermitteln kann.

Nullstelle in [0,25; 0,375] oder [0,375; 0,5]

$f(0{,}25) = 0{,}266$ und $f(0{,}375) = -0{,}072$

$\Rightarrow f(0{,}25) > 0$; $f(0{,}375) < 0$ ▶ Nullstelle in [0,25; 0,375]

Nach viermaliger Intervallteilung ergibt sich für die Funktion f, daß eine Nullstelle zwischen 0,3125 und 0,375 liegen muß, d.h. bei einer Genauigkeit von einer Stelle hinter dem Komma liegt eine Nullstelle bei $x_0 = 0{,}3$ vor.

Nullstelle in [0,25; 0,3125] oder [0,3125; 0,375]

$f(0{,}3125) = 0{,}093$ und $f(0{,}375) = -0{,}072$

$\Rightarrow f(0{,}3125) > 0$; $f(0{,}375) < 0$ ▶ Nullstelle in [0,3125; 0,375]

$\Rightarrow x_0 = 0{,}3$ ▶ Nullstelle mit der Genauigkeit von einer Stelle hinter dem Komma

Die Lösung der Gleichung 3. Grades ergibt drei Nullstellen, von denen $x_2 = 0{,}34730$ im Intervall [0,3125; 0,375] liegt.

$f(x) = x^3 - 3x + 1 = 0$

$\Rightarrow x_1 = \underline{\underline{-1{,}87938}}$; $x_2 = \underline{\underline{0{,}34730}}$; $x_3 = \underline{\underline{1{,}53208}}$

Aus dem Nullstellensatz von Bolzano läßt sich eine allgemeinere Aussage, und zwar der sogenannte **Zwischenwertsatz** ableiten:

Merke:

Wenn eine Funktion f in einem abgeschlossenen Intervall $[a; b]$ stetig ist, dann ist ihr Graph über $[a; b]$ lückenlos, d.h. zu jeder Zahl c zwischen $f(a)$ und $f(b)$ gibt es eine Stelle $x_0 \in [a; b]$, so daß $f(x_0) = c$ gilt.

Beispiel: Zeigen Sie, wie aus dem Nullstellensatz von Bolzano der Zwischenwertsatz folgt.

Aus dem Schaubild kann man entnehmen, daß $h: h(x) = f(x) - c$; $x \in D(f)$ gilt, denn der

$h(x_0) = 0$ ▶ $h(x) = f(x) - c$

$f(x_0) - c = 0 \Rightarrow f(x_0) = c$

Graph $G(h)$ ist gegenüber dem Graphen $G(f)$ um den Wert c in Richtung der negativen y-Achse verschoben.

Da die Funktion f im Intervall $[a; b]$ stetig ist, gilt dies auch für die Funktion h.

Auf die Funktion h läßt sich der Nullstellensatz von Bolzano anwenden.

Es gibt somit eine Stelle $x_0 \in [a; b]$, für die $h(x_0)=0$ gilt. Daraus folgt dann $f(x_0)=c$.

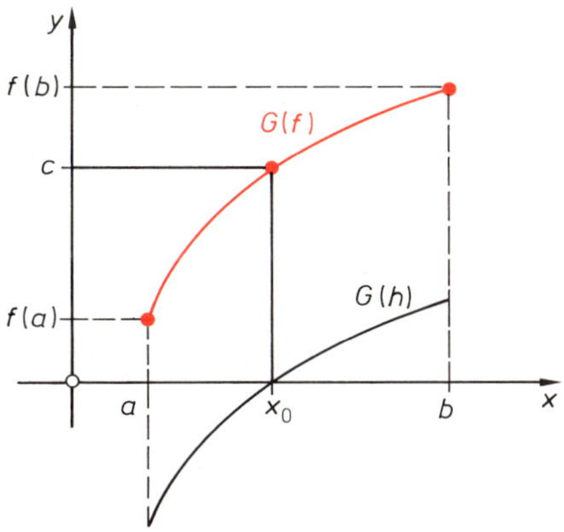

1.2.5 Gebrochene rationale Funktionen

Eine Funktion f, deren Funktionsterm $f(x)$ ein Polynombruch ist, also ein Quotient zweier Polynome, heißt **gebrochene rationale Funktion**.

$p_3(x)=7x^3-2x+0{,}7$; $q_2(x)=3x^2+4x-3$

▶ $f\colon f(x)=\dfrac{p_3(x)}{q_2(x)}=\dfrac{7x^3-2x+0{,}7}{3x^2+4x-3}$ ▶ gebrochene rationale Funktion

Abhängig vom Grad m des Zählerpolynoms $p_m(x)$ und vom Grad n des Nennerpolynoms $q_n(x)$ unterscheidet man **echt gebrochene rationale Funktionen** $(m<n)$ und **unecht gebrochene rationale Funktionen** $(m \geq n)$.

- $f\colon f(x)=\dfrac{2x^2+3x-5}{5x^3-x+9}$ ▶ $2<3$ ▶ $m<n$

▶ f ist eine echt gebrochene rationale Funktion

- $g\colon g(x)=\dfrac{x^2-1}{x^2+1}$ ▶ $2=2$ ▶ $m=n$

▶ g ist eine unecht gebrochene rationale Funktion

Bei einer unecht gebrochenen rationalen Funktion kann man den Funktionsterm durch Polynomdivision in einen ganzen rationalen Term sowie einen echt gebrochenen rationalen Term aufteilen.

$$(x^2-1):(x^2+1)=\underbrace{1}_{\text{ganzer rationaler Term}}-\underbrace{\frac{2}{x^2+1}}_{\text{echt gebrochener rationaler Term}}$$

▶ $g\colon g(x)=1-\dfrac{2}{x^2+1}$

- $h\colon h(x)=\dfrac{x^2-4x+3}{x-2}$ ▶ $2>1$ ▶ $m>n$

▶ h ist eine unecht gebrochene rationale Funktion

$$(x^2-4x+3):(x-2)=\underbrace{x-2}_{\text{ganzer rationaler Term}}-\underbrace{\frac{1}{x-2}}_{\text{echt gebrochener rationaler Term}}$$

▶ $h\colon h(x)=x-2-\dfrac{1}{x-2}$

- $f\colon f(x)=\dfrac{p_m(x)}{q_n(x)}$; $D(f)=\mathbb{R}\setminus N(q_n)$

▶ f ist an jeder Stelle $x_0 \in D(f)$ stetig.

Während Polynomfunktionen in der Regel nach dem Funktionsgrad eingeteilt werden, ist dies bei gebrochenen rationalen Funktionen nicht üblich.

Jede gebrochene rationale Funktion f ist in ihrem gesamten Definitionsbereich stetig (siehe Kapitel „Stetigkeit"). Zum Definitionsbereich von f gehören alle reellen Zahlen, außer den Stellen, an denen der Nennerterm des Funktionsterms Null ist.

Merke:

Funktionen $f: x \to f(x)$, bei denen der Funktionsterm $f(x)$ ein Polynombruch ist, heißen gebrochene rationale Funktionen; sie sind in ihrem gesamten Definitionsbereich stetig.

$$f: f(x) = \frac{p_m(x)}{q_n(x)} = \frac{a_m x^m + a_{m-1} x^{m-1} + \ldots + a_2 x^2 + a_1 x + a_0}{b_n x^n + b_{n-1} x^{n-1} + \ldots + b_2 x^2 + b_1 x + b_0}; \; m \in \mathbb{N}; \; n \in \mathbb{N}^*; \; a_i; \; b_k \in \mathbb{R}; \; a_m; \; b_n \neq 0$$

Aus dem Funktionsterm, also aus dem Polynombruch, lassen sich wichtige Funktionseigenschaften ableiten. Dazu gehören zum Beispiel Definitionsbereich, Wertebereich, Asymptoten, Nullstellen bzw. Achsenschnittpunkte, Monotonie, Symmetrie, Extremstellen und Wendestellen.

Definitionsbereich — Definitionslücken

Problem: Ermitteln Sie die Definitionsbereiche der Funktionen $f: f(x) = \frac{1}{x-3}$ und $f: f(x) = \frac{x^2}{x^3 + x}$ sowie die Art ihrer Definitionslücken. Übertragen Sie die gewonnenen Erkenntnisse auf den allgemeinen Fall $f: f(x) = \frac{p_m(x)}{q_n(x)}$.

- $f: f(x) = \frac{1}{x-3} = \frac{p_0(x)}{q_1(x)}$

Zur Ermittlung von Definitionslücken setzt man den Nennerterm $q_1(x) = x - 3$ Null und bestimmt die Nullstellenmenge der Nennerpolynomfunktion. Aus der Lösung $x_0 = 3$ folgt, daß die Funktion f dort eine Definitionslücke und damit den Definitionsbereich $D(f) = \mathbb{R} \setminus \{3\}$ hat.

Für die Ermittlung des Definitionsbereiches ist es ohne Bedeutung, von welcher Art diese Definitionslücke ist.

Um sie aber festzustellen, sind Grenzbetrachtungen an der Stelle $x_0 = 3$ notwendig.

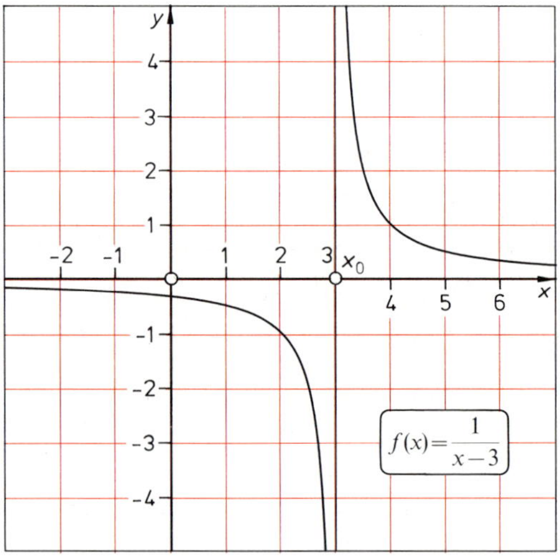

$f(x) = \frac{1}{x-3} = \frac{p_0(x)}{q_1(x)}$ ► $q_1(x) = 0$

$x - 3 = 0 \Rightarrow x_0 = 3$ ► Definitionslücke

► $D(f) = \mathbb{R} \setminus \{3\}$ ► Definitionsbereich

Dazu substituiert man zweckmäßig $x=3-\delta$ bzw. $x=3+\delta$ mit $\delta>0$ und läßt dann nicht x gegen 3, sondern δ gegen Null streben.

$$\lim_{\substack{x\to 3\\ x<3}} \frac{1}{x-3} = \lim_{\delta\to 0} \frac{1}{3-\delta-3} = -\lim_{\delta\to 0} \frac{1}{\delta} = \underline{\underline{-\infty}} = u_L$$

$$\lim_{\substack{x\to 3\\ x>3}} \frac{1}{x-3} = \lim_{\delta\to 0} \frac{1}{3+\delta-3} = \lim_{\delta\to 0} \frac{1}{\delta} = \underline{\underline{\infty}} = u_R$$

Man erhält bei $x_0=3$ den uneigentlichen linksseitigen Grenzwert $u_L=-\infty$ und den uneigentlichen rechtsseitigen Grenzwert $u_R=\infty$. Das bedeutet, bei der Stelle $x_0=3$ handelt es sich um eine zweiseitige Unendlichkeitsstelle mit Vorzeichenwechsel bzw. um eine unendliche Sprungstelle.

- $f\colon f(x)=\dfrac{x^2}{x^3+x}=\dfrac{p_2(x)}{q_3(x)}$

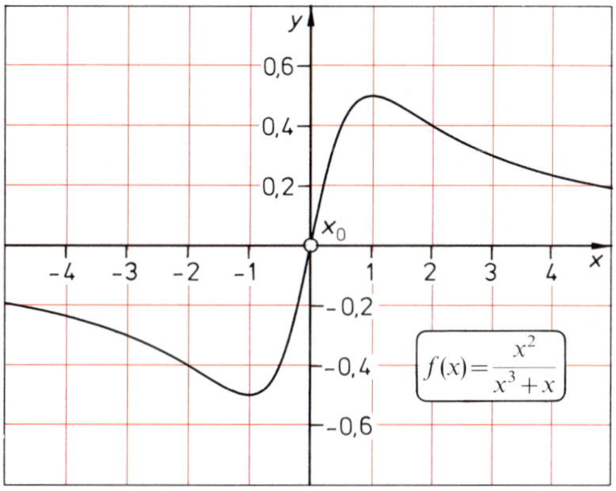

Zur Feststellung von Definitionslücken setzt man $q_3(x)=x^3+x$ Null und bestimmt die Nullstellenmenge der Nennerpolynomfunktion. Aus der Lösung $x_0=0$ folgt, daß die Funktion f dort eine Definitionslücke hat, d.h. es gilt $D(f)=\mathbb{R}^*$.

$$f(x)=\frac{x^2}{x^3+x}=\frac{x^2}{x(x^2+1)}=\frac{p_2(x)}{q_3(x)} \blacktriangleright q_3(x)=0$$

$$x(x^2+1)=0 \Rightarrow x=0 \text{ oder } x^2+1=0 \Rightarrow x_0=\underline{\underline{0}}$$

$x_0=0$ ► Definitionslücke

$D(f)=\mathbb{R}^*$ ► Definitionsbereich

Nach Kürzen des Funktionsterms der Funktion f durch x zeigt sich, daß f in jeder „lückenhaften" Umgebung der Stelle $x_0=0$ mit der Funktion $h\colon h(x)=\dfrac{x}{x^2+1}$; $D(h)=\mathbb{R}$ übereinstimmt. Die Funktion h ist aber zusätzlich auch an der Stelle $x_0=0$ definiert.

$$f(x)=\frac{x^2}{x^3+x};\ x\in\mathbb{R}^*$$
$$=\frac{x^2}{x(x^2+1)}$$
$$=\frac{x}{x^2+1};\ x\in\mathbb{R}^* \blacktriangleright h(x)=\frac{x}{x^2+1};\ x\in\mathbb{R}$$

Daher stimmen die einseitigen Grenzwerte von f an der Stelle $x_0=0$ mit den einseitigen Grenzwerten von h an dieser Stelle überein und sind gleich dem Funktionswert $h(0)=0$. Wegen $g_L=g_R$ ist der Wert 0 Grenzwert der Funktion h und damit auch der Funktion f.

$$\lim_{\substack{x\to 0\\ x<0}} f(x)=\lim_{\substack{x\to 0\\ x<0}} h(x)=h(0)=\underline{\underline{0}}=g_L$$

$$\lim_{\substack{x\to 0\\ x>0}} f(x)=\lim_{\substack{x\to 0\\ x>0}} h(x)=h(0)=\underline{\underline{0}}=g_R$$

An der Stelle $x_0=0$ liegt daher eine stetig behebbare Definitionslücke vor.

$g_L=g_R=g$ und $x_0\notin D(f)$ ► behebbare Definitionslücke bei $x_0=0$

• $f\colon f(x)=\frac{p_m(x)}{q_n(x)}$

Die Definitionslücken von f sind die Nullstellen der Nennerpolynomfunktion q_n. Bezeichnet man $N(q_n)$ als die Menge dieser Nullstellen, so ist $D(f)=\mathbb{R}\setminus N(q_n)$ der Definitionsbereich von f. Tritt eine Definitionslücke $x_0\in\mathbb{R}$ als Nullstelle der Nennerpolynomfunktion q_n k-fach $(1\leq k\leq n)$ auf, so läßt sich das Polynom $q_n(x)$ als Produkt schreiben: $q_n(x)=(x-x_0)^k\cdot q_{n-k}(x)$.
(Siehe Kapitel „Polynome" und „Polynomfunktionen — Ganze rationale Funktionen".) Hierbei bezeichnet $q_{n-k}(x)$ ein Polynom vom Grad $n-k$ für das $q_{n-k}(x_0)\neq 0$ gilt. Je nachdem, ob x_0 auch eine Nullstelle der Zählerpolynomfunktion p_m ist oder nicht, lassen sich die weiteren Untersuchungen über die Art der Definitionslücke x_0 durchführen.

Gilt $p_m(x_0)\neq 0$ (Fall A), so zeigt sich bei Anwendung der Grenzwertsätze, daß bei x_0 stets eine Unendlichkeitsstelle vorliegt. Ob diese eine Unendlichkeitsstelle mit oder ohne Vorzeichenwechsel ist, hängt davon ab, ob k ungerade oder gerade ist.

Gilt $p_m(x_0)=0$ (Fall B), so läßt sich auch das Zählerpolynom $p_m(x)$ als Produkt schreiben: $p_m(x)=(x-x_0)^l\cdot p_{m-l}(x)$; hierbei ist $1\leq l\leq m$ und $p_{m-l}(x_0)\neq 0$. In diesem Fall läßt sich der Quotient $\frac{p_m(x)}{q_n(x)}$ durch $(x-x_0)^l$ oder durch $(x-x_0)^k$ kürzen, je nachdem ob $l\leq k$ oder $k\leq l$ gilt. Für $l\leq k$ liegt dann die Situation des vorherigen Falles vor; x_0 ist eine Unendlichkeitsstelle. Für $k\leq l$ sind die einseitigen Grenzwerte beide entweder 0 oder $\frac{p_{m-l}(x_0)}{q_{n-k}(x_0)}$, je nachdem, ob $k<l$ oder $k=l$ gilt. Hier stellt x_0 dann jeweils eine stetig behebbare Definitionslücke dar.

$f\colon f(x)=\frac{p_m(x)}{q_n(x)}$; $D(f)=\mathbb{R}\setminus N(q_n)$

x_0 Definitionslücke von $f \Leftrightarrow q_n(x_0)=0$

x_0 k-fache Nullstelle von $q_n \Rightarrow$
$q_n(x)=(x-x_0)^k\cdot q_{n-k}(x)$.

Fall A: $p_m(x_0)\neq 0$

$$\lim_{\substack{x\to x_0\\ x<x_0}}\frac{p_m(x)}{q_n(x)}=\lim_{\substack{x\to x_0\\ x<x_0}}\frac{1}{(x-x_0)^k}\cdot\lim_{\substack{x\to x_0\\ x<x_0}}\frac{p_m(x)}{q_{n-k}(x)}$$
$$=\pm\infty\cdot\frac{p_m(x_0)}{q_{n-k}(x_0)}$$
$=u_L$ ▶ Unendlichkeitsstelle
$=\pm\infty$

$$\lim_{\substack{x\to x_0\\ x>x_0}}\frac{p_m(x)}{q_n(x)}=\lim_{\substack{x\to x_0\\ x>x_0}}\frac{1}{(x-x_0)^k}\cdot\lim_{\substack{x\to x_0\\ x>x_0}}\frac{p_m(x)}{q_{n-k}(x)}$$
$$=\pm\infty\cdot\frac{p_m(x_0)}{q_{n-k}(x_0)}$$
$=u_R$ ▶ Unendlichkeitsstelle
$=\pm\infty$

Fall B: $p_m(x_0)=0$ ▶ $p_m(x)=(x-x_0)^l\cdot p_{m-l}(x)$.

$$\frac{p_m(x)}{q_n(x)}=\frac{(x-x_0)^l\cdot p_{m-l}(x)}{(x-x_0)^k\cdot q_{n-k}(x)}$$

▶ $l<k$ ▶ $\frac{p_m(x)}{q_n(x)}=\frac{1}{(x-x_0)^{k-l}}\cdot\frac{p_{m-l}(x)}{q_{n-k}(x)}$

$\lim\limits_{\substack{x\to x_0\\ x<x_0}}\frac{p_m(x)}{q_n(x)}=u_L$; $\lim\limits_{\substack{x\to x_0\\ x>x_0}}\frac{p_m(x)}{q_n(x)}=u_R$ ▶ Unendlichkeitsstelle

▶ $l=k$ ▶ $\frac{p_m(x)}{q_n(x)}=\frac{p_{m-l}(x)}{q_{n-k}(x)}$

$\lim\limits_{x\to x_0}\frac{p_m(x)}{q_n(x)}=\lim\limits_{x\to x_0}\frac{p_{m-l}(x)}{q_{n-k}(x)}=\frac{p_{m-l}(x_0)}{q_{n-k}(x_0)}$ ▶ behebbare Definitionslücke

▶ $l>k$ ▶ $\frac{p_m(x)}{q_n(x)}=(x-x_0)^{l-k}\cdot\frac{p_{m-l}(x)}{q_{n-k}(x)}$

$$\lim_{x\to x_0}\frac{p_m(x)}{q_n(x)}=\lim_{x\to x_0}(x-x_0)^{l-k}\cdot\lim_{x\to x_0}\frac{p_{m-l}(x)}{q_{n-k}(x)}$$
$$=0\cdot\frac{p_{m-l}(x_0)}{q_{n-k}(x_0)}$$
$=0$ ▶ behebbare Definitionslücke

Merke:

Gebrochene rationale Funktionen haben an den Nullstellen der Nennerpolynomfunktion Definitionslücken. Um diese Definitionslücken zu ermitteln, setzt man den Nenner des Funktionsterms gleich Null und bestimmt die Lösungsmenge der Gleichung, d.h. die Nullstellenmenge der Nennerpolynomfunktion.

Ist eine gebrochene rationale Funktion f an einer Stelle x_0 nicht definiert, so können nur folgende Arten von Definitionslücken vorliegen:

$\lim\limits_{\substack{x \to x_0 \\ x < x_0}} f(x) = -\infty = u_L$ und $\lim\limits_{\substack{x \to x_0 \\ x > x_0}} f(x) = \infty = u_R$

$\lim\limits_{\substack{x \to x_0 \\ x < x_0}} f(x) = \infty = u_L$ und $\lim\limits_{\substack{x \to x_0 \\ x > x_0}} f(x) = -\infty = u_R$

▶ zweiseitige Unendlichkeitsstelle mit Vorzeichenwechsel

$\lim\limits_{\substack{x \to x_0 \\ x < x_0}} f(x) = -\infty = u_L$ und $\lim\limits_{\substack{x \to x_0 \\ x > x_0}} f(x) = -\infty = u_R$

$\lim\limits_{\substack{x \to x_0 \\ x < x_0}} f(x) = \infty = u_L$ und $\lim\limits_{\substack{x \to x_0 \\ x > x_0}} f(x) = \infty = u_R$

▶ zweiseitige Unendlichkeitsstelle ohne Vorzeichenwechsel

$\lim\limits_{\substack{x \to x_0 \\ x < x_0}} f(x) = g_L$ und $\lim\limits_{\substack{x \to x_0 \\ x > x_0}} f(x) = g_R$ und $g_L = g_R = g$, $g \in \mathbb{R}$, und $x_0 \notin D(f)$ ▶ stetig behebbare Definitionslücke

Beispiele: Bestimmen Sie die Definitionsbereiche der nachstehenden Funktionen und charakterisieren Sie vorhandene Definitionslücken.

• $f\colon f(x) = \dfrac{x-4}{x^3-3x+2} + 2$

Zur Ermittlung von Definitionslücken setzt man den Nennerterm $q_3(x)$ Null und bestimmt die Nullstellenmenge der Nennerpolynomfunktion q_3. Aus den Lösungen $x_1 = -2$ sowie $x_2 = 1$ folgt, daß die Funktion f an diesen Stellen Definitionslücken hat, so daß der Definitionsbereich $D(f) = \mathbb{R} \setminus \{-2; 1\}$ lautet.

$$f(x) = \frac{x-4}{x^3-3x+2} + 2 = \frac{p_1(x)}{q_3(x)} + 2 \;\blacktriangleright\; q_3(x) = 0$$

$$x^3 - 3x + 2 = 0$$

$$\Rightarrow (x+2)(x-1)^2 = 0$$

$$\Rightarrow x_1 = -2;\; x_2 = 1 \;\blacktriangleright\; \text{Definitionslücken}$$

$$\blacktriangleright\; \underline{\underline{D(f) = \mathbb{R} \setminus \{-2; 1\}}} \;\blacktriangleright\; \text{Definitionsbereich}$$

An den Stellen x_1 und x_2 wird die Funktion auf Grenzwerte untersucht.

Um zu erreichen, daß die x-Werte in der Umgebung von $x_1 = -2$ von links bzw. von rechts gegen x_1 streben, substituiert man $x = -2 - \delta$ bzw. $x = -2 + \delta$ mit $\delta > 0$ und läßt dann nicht x gegen -2, sondern δ gegen 0 streben.

$$\lim_{\substack{x \to -2 \\ x < -2}} f(x) = \lim_{\substack{x \to -2 \\ x < -2}} \frac{x-4}{x^3-3x+2} + 2 \;\blacktriangleright\; x = -2 - \delta;\; \delta > 0$$

$$-\lim_{\delta \to 0} \frac{\delta+6}{\delta(\delta^2+6\delta+9)} + 2$$

$$= \lim_{\delta \to 0} \frac{1}{\delta} \cdot \lim_{\delta \to 0} \frac{\delta+6}{\delta^2+6\delta+9} + 2$$

$$= \lim_{\delta \to 0} \frac{1}{\delta} \cdot \frac{\lim\limits_{\delta \to 0} (\delta+6)}{\lim\limits_{\delta \to 0} (\delta^2+6\delta+9)} + 2$$

$$= \infty \cdot \frac{6}{9} + 2$$

$$= \underline{\underline{\infty}} = u_L \;\blacktriangleright\; \text{linksseitiger uneigentlicher Grenzwert bei } x_1 = -2$$

Mit Hilfe der Grenzwertsätze für Produkte und Quotienten stellt man an der Definitionslücke $x_1=-2$ die uneigentlichen Grenzwerte $u_L=\infty$ und $u_R=-\infty$ fest, d.h. die Definitionslücke ist eine zweiseitige Unendlichkeitsstelle. Da die beiden uneigentlichen Grenzwerte verschieden sind, liegt eine zweiseitige Unendlichkeitsstelle mit Vorzeichenwechsel, also eine unendliche Sprungstelle vor.

$$\lim_{\substack{x\to -2\\ x>-2}} f(x)=\lim_{\substack{x\to -2\\ x>-2}} \frac{x-4}{x^3-3x+2}+2 \quad ▶\ x=-2+\delta;\ \delta>0$$

$$=\lim_{\delta\to 0}\frac{\delta-6}{\delta(\delta^2-6\delta+9)}+2$$

$$=\lim_{\delta\to 0}\frac{1}{\delta}\cdot\lim_{\delta\to 0}\frac{\delta-6}{\delta^2-6\delta+9}+2$$

$$=\lim_{\delta\to 0}\frac{1}{\delta}\cdot\frac{\lim\limits_{\delta\to 0}(\delta-6)}{\lim\limits_{\delta\to 0}(\delta^2-6\delta+9)}+2$$

$$=\infty\cdot\left(-\frac{6}{9}\right)+2$$

$$=\underline{\underline{-\infty}}=u_R \quad ▶\ \text{rechtsseitiger uneigentlicher Grenzwert bei } x_1=-2$$

An der Definitionslücke $x_2=1$ verfährt man entsprechend.

Dort existieren die uneigentlichen Grenzwerte $u_L=-\infty$ und $u_R=-\infty$, d.h. auch bei $x_2=1$ liegt eine zweiseitige Unendlichkeitsstelle vor.

Da die beiden uneigentlichen Grenzwerte gleich sind, handelt es sich bei dieser Definitionslücke um eine zweiseitige Unendlichkeitsstelle ohne Vorzeichenwechsel.

$$\lim_{\substack{x\to 1\\ x<1}} f(x)=\lim_{\substack{x\to 1\\ x<1}} \frac{x-4}{x^3-3x+2}+2 \quad ▶\ x=1-\delta;\ \delta>0$$

$$=\lim_{\delta\to 0}\frac{\delta+3}{\delta^2(\delta-3)}+2$$

$$=\lim_{\delta\to 0}\frac{1}{\delta^2}\cdot\lim_{\delta\to 0}\frac{\delta+3}{\delta-3}+2$$

$$=\infty\cdot\frac{3}{-3}+2$$

$$=\underline{\underline{-\infty}}=u_L \quad ▶\ \text{linksseitiger uneigentlicher Grenzwert bei } x_2=1$$

$$\lim_{\substack{x\to 1\\ x>1}} f(x)=\lim_{\substack{x\to 1\\ x>1}} \frac{x-4}{x^3-3x+2}+2 \quad ▶\ x=1+\delta;\ \delta>0$$

$$=\lim_{\delta\to 0}\frac{1}{\delta^2}\cdot\lim_{\delta\to 0}\frac{\delta-3}{\delta+3}+2$$

$$=\infty\cdot\frac{-3}{3}+2$$

$$=\underline{\underline{-\infty}}=u_R \quad ▶\ \text{rechtsseitiger uneigentlicher Grenzwert bei } x_2=1$$

Der Graph der Funktion bestätigt eine zweiseitige Unendlichkeitsstelle mit Vorzeichenwechsel bei $x_1=-2$ sowie eine zweiseitige Unendlichkeitsstelle ohne Vorzeichenwechsel bei $x_2=1$. An diesen Stellen hat der Graph vertikale Asymptoten.

Außerdem existiert offensichtlich die horizontale Asymptote mit der Gleichung $g(x)=2$. Horizontale Asymptoten und sogenannte asymptotische Kurven werden in einem besonderen Abschnitt dieses Kapitels behandelt.

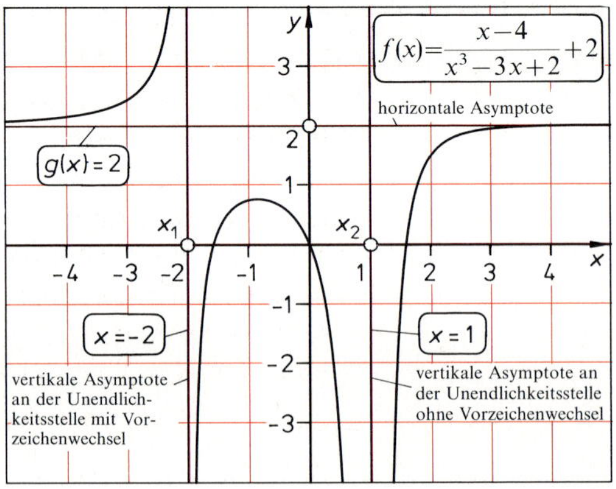

● $f\colon f(x)=\dfrac{-x-3}{x^3+7x^2+16x+12}$

Zur Ermittlung von Definitionslücken setzt man den Nennerterm $q_3(x)$ Null und bestimmt die Nullstellenmenge der Nennerpolynomfunktion q_3. Aus den Lösungen $x_1=-3$ sowie $x_2=-2$ folgt, daß die Funktion f an diesen Stellen Definitionslücken hat; ihr Definitionsbereich heißt daher $D(f)=\mathbb{R}\setminus\{-3;\ -2\}$.

$$f(x)=\frac{-x-3}{x^3+7x^2+16x+12}=\frac{p_1(x)}{q_3(x)} \blacktriangleright q_3(x)=0$$

$$x^3+7x^2+16x+12=0$$

$$\Rightarrow (x+3)(x+2)^2=0$$

$$\Rightarrow x_1=-3;\ x_2=-2 \blacktriangleright \text{Definitionslücken}$$

$$\blacktriangleright D(f)=\mathbb{R}\setminus\{-3;\ -2\} \blacktriangleright \text{Definitionsbereich}$$

An den Definitionslücken $x_1=-3$ und $x_2=-2$ untersucht man, ob dort linksseitige und rechtsseitige Grenzwerte vorliegen.

Es liegt nahe, an der Definitionslücke $x_1=-3$, den Grenzwertsatz für die Division zweier Funktionen anzuwenden. Das ist hier aber nicht zulässig, da dieses Verfahren auf den unbestimmten Ausdruck $\frac{0}{0}$ führt.

Faktorisiert man den Nennerterm, so kann man wegen $x\neq-3$ kürzen und erhält dann die Funktionsgleichung $f(x)=\dfrac{-1}{(x+2)^2}$ mit $x\in\mathbb{R}\setminus\{-3;\ -2\}$.

$$f(x)=\frac{-x-3}{x^3+7x^2+16x+12};\ x\in\mathbb{R}\setminus\{-3;\ -2\}$$

$$=\frac{-(x+3)}{(x+3)(x+2)^2}$$

$$=\frac{-1}{(x+2)^2};\ x\in\mathbb{R}\setminus\{-3;\ -2\}$$

Die Ersatzfunktion $h\colon h(x)=\dfrac{-1}{(x+2)^2}$ mit $D(h)=\mathbb{R}\setminus\{-2\}$ stimmt für $\mathbb{R}\setminus\{-3;\ -2\}$ mit der Funktion f überein, ist aber im Unterschied zu dieser auch an der Stelle $x_1=-3$ definiert und dort stetig.

$$h(x)=\frac{-1}{(x+2)^2};\ x\in\mathbb{R}\setminus\{-2\}$$

$\blacktriangleright f(x)=h(x) \blacktriangleright$ gilt in jeder „lückenhaften“ Umgebung von $x_1=-3$, nicht jedoch an der Stelle $x_1=-3$

Deshalb besitzt die Funktion f an der Stelle $x_1=-3$ den gleichen Grenzwert wie die Funktion h, nämlich $g=-1$, und dieser ist gleich dem Funktionswert $h(-3)=-1$.

$$\lim_{\substack{x\to-3\\x<-3}} f(x)=\lim_{\substack{x\to-3\\x<-3}} h(x)=h(-3)=\underline{\underline{-1}}=g_L$$

$$\lim_{\substack{x\to-3\\x>-3}} f(x)=\lim_{\substack{x\to-3\\x>-3}} h(x)=h(-3)=\underline{\underline{-1}}=g_R$$

$$\blacktriangleright g_L=g_R \blacktriangleright \lim_{x\to-3} f(x)=\underline{\underline{-1}}=g$$

$x_1=-3 \blacktriangleright$ behebbare Definitionslücke

f hat also an der Stelle $x_1=-3$ eine behebbare Definitonslücke, denn man könnte sie durch die Funktion $\bar{f}$ bzw. h an der Stelle $x_1=-3$ stetig fortsetzen (siehe die Kapitel „Grenzwerte“ und „Stetigkeit“).

$$\bar{f}\colon \bar{f}(x):=\begin{cases}\dfrac{-x-3}{x^3+7x^2+16x+12}, & \text{wenn } x\in\mathbb{R}\setminus\{-3,\ -2\}\\ -1, & \text{wenn } x=-3\end{cases}$$

Als nächstes untersucht man die Stelle $x_2=-2$. Um zu erreichen, daß die x-Werte in der Umgebung von x_2 von links bzw. von rechts gegen x_2 streben, substituiert man $x=-2-\delta$ bzw. $x=-2+\delta$ mit $\delta>0$ und läßt nicht x gegen -2 sondern δ gegen 0 streben.

$$f(x)=\frac{-1}{(x+2)^2};\ x\in\mathbb{R}\setminus\{-3;\ -2\}$$

$$\lim_{\substack{x\to-2\\x<-2}} f(x)=\lim_{\substack{x\to-2\\x<-2}} \frac{-1}{(x+2)^2} \blacktriangleright x=-2-\delta;\ \delta>0$$

$$=\lim_{\delta\to0}\frac{-1}{\delta^2}$$

$=\underline{\underline{-\infty}}=u_L \blacktriangleright$ uneigentlicher linksseitiger Grenzwert

An der Definitionslücke $x_2=-2$ existieren die uneigentlichen Grenzwerte $u_L=-\infty$ und $u_R=-\infty$, d.h. bei $x_2=-2$ liegt eine zweiseitige Unendlichkeitsstelle vor. Da die beiden uneigentlichen Grenzwerte gleich sind, handelt es sich um eine zweiseitige Unendlichkeitsstelle ohne Vorzeichenwechsel.

$$\lim_{\substack{x\to -2\\ x>-2}} f(x)=\lim_{\substack{x\to -2\\ x>-2}} \frac{-1}{(x+2)^2} \quad \blacktriangleright\ x=-2+\delta;\ \delta>0$$

$$=\lim_{\delta\to 0}\frac{-1}{\delta^2}$$

$$=\underline{\underline{-\infty}}=u_R$$ ▶ uneigentlicher rechtsseitiger Grenzwert

Die behebbare Definitionslücke bei $x_1=-3$ und die Unendlichkeitsstelle ohne Vorzeichenwechsel bei $x_2=-2$ werden durch den Verlauf des Graphen $G(f)$ bestätigt.

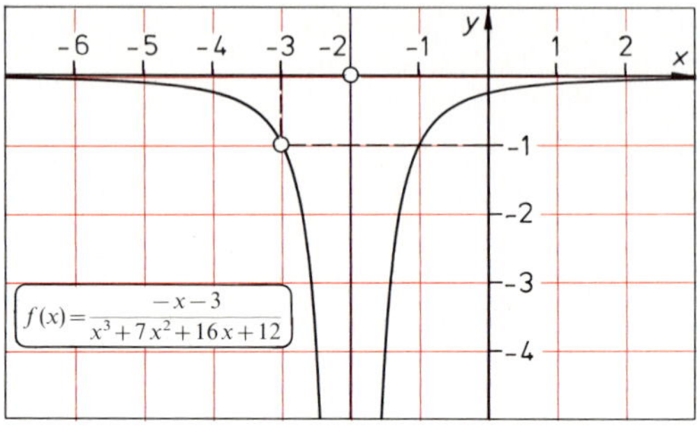

Nullstellen — Achsenschnittpunkte

Problem: Ermitteln Sie die Definitionslücken und die Nullstellen der gebrochenen rationalen Funktion f: $f(x)=\dfrac{x^3-2{,}5x^2-3x+4{,}5}{5x^2-20}$.

Die Funktion f ist den Stellen $x_1=-2$ und $x_2=2$ nicht definiert, da der Nenner des Funktionsterms für diese x-Werte gleich Null ist, d.h. die Funktion hat an diesen Stellen Definitionslücken und damit den Definitionsbereich $D(f)=\mathbb{R}\setminus\{-2;\,2\}$.

$$f(x)=\frac{x^3-2{,}5x^2-3x+4{,}5}{5x^2-20}=\frac{p_3(x)}{q_2(x)} \quad \blacktriangleright\ q_2(x)=0$$

$$5x^2-20=0 \Rightarrow x_1=\underline{\underline{-2}};\ x_2=\underline{\underline{2}}$$

$$\blacktriangleright\ \underline{\underline{D(f)=\mathbb{R}\setminus\{-2;\,2\}}}$$

Zur Berechnung der Nullstellen setzt man in der Funktionsgleichung für $f(x)$ den Wert Null und erhält die Bruchtermgleichung $\frac{p_3(x)}{q_2(x)}=0$. Ein Bruch ist gleich Null, wenn der Zähler gleich Null ist. Deshalb setzt man den Zählerterm $p_3(x)$ gleich Null und löst die Gleichung dritten Grades. Es ergeben sich drei x-Werte, und zwar $x_3=-1{,}5$, $x_4=1$ und $x_5=3$. Da diese Stellen zum Definitionsbereich gehören, handelt es sich um Nullstellen der Funktion, und die Nullstellenmenge heißt $N(f)=\{-1{,}5;\ 1;\ 3\}$.

$$f(x)=\frac{p_3(x)}{q_2(x)} \quad \blacktriangleright\ f(x)=0$$

$$p_3(x)=0 \quad \blacktriangleright\ x^3-2{,}5x^2-3x+4{,}5=0$$

$$(x+1{,}5)(x-1)(x-3)=0$$

$\Rightarrow x_3=-1{,}5;\ x_4=\underline{\underline{1}};\ x_5=\underline{\underline{3}}$ ▶ Nullstellen

$\Rightarrow N(f)=\{-1{,}5;\ 1;\ 3\}$ ▶ Nullstellenmenge

Der Graph der Funktion bestätigt die Definitionslücken und die Nullstellen.

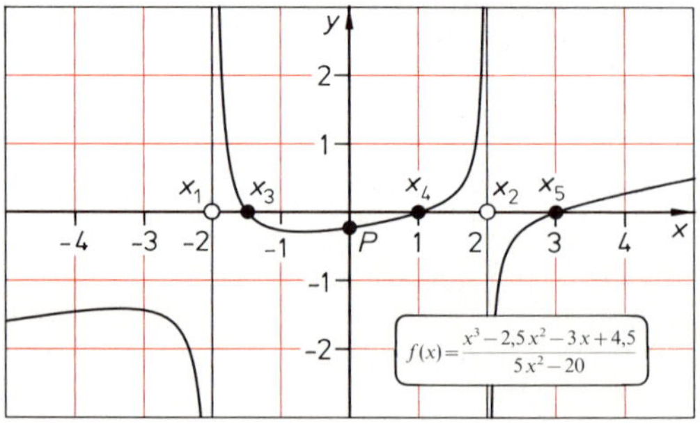

Setzt man in der Funktionsgleichung für x den Wert Null, so erhält man mit $f(0)=-0{,}225$ die Ordinate des Schnittpunktes von Graph und y-Achse und damit den Schnittpunkt $P\langle 0|-0{,}225\rangle$.

$$f(x)=\frac{x^3-2{,}5x^2-3x+4{,}5}{5x^2-20} \quad \blacktriangleright \text{ 0 für } x$$

$$f(0)=\frac{4{,}5}{-20}=\underline{\underline{0{,}225}}$$

► $P\langle 0|-0{,}225\rangle$ ► Schnittpunkt mit der y-Achse

Merke:

Ist bei einer gebrochenen rationalen Funktion $f\colon f(x)=\frac{p_m(x)}{q_n(x)}$ an einer Stelle $x_0\in D(f)$ der Zähler $p_m(x_0)$ gleich Null, so liegt dort eine Nullstelle der Funktion f vor. Zur Ermittlung der Nullstellen bildet man $p_m(x)=0$ und löst die Gleichung.

$$f\colon f(x)=\frac{p_m(x)}{q_n(x)} \;\blacktriangleright\; p_m(x_0)=0 \;\blacktriangleright\; \text{Nullstelle von } f\text{, wenn } x_0\in D(f)\text{, d.h. wenn } q_n(x_0)\neq 0$$

Beispiel: Bestimmen Sie für die Funktion g: $g(x)=\frac{2x^4+x^3-28x^2+9x+36}{2x^2+x-6}$ den Definitionsbereich und die Nullstellen. Ermitteln Sie den Schnittpunkt des Graphen mit der y-Achse.

Die gebrochene rationale Funktion g hat an den Stellen $x_1=-2$ und $x_2=1{,}5$ Definitionslücken, da der Nenner des Funktionsterms für diese x-Werte gleich Null ist.

Man erhält damit den Definitionsbereich $D(g)=\mathbb{R}\setminus\{-2;\,1{,}5\}$.

$$g(x)=\frac{2x^4+x^3-28x^2+9x+36}{2x^2+x-6}=\frac{p_4(x)}{q_2(x)} \;\blacktriangleright\; q_2(x)=0$$

$$2x^2+x-6=0 \Rightarrow x_1=\underline{\underline{-2}};\; x_2=\underline{\underline{1{,}5}}$$

► $\underline{\underline{D(g)=\mathbb{R}\setminus\{-2;\,1{,}5\}}}$

Zur Berechnung der Nullstellen setzt man den Zählerterm $p_4(x)$ gleich Null und löst die Gleichung vierten Grades.

Die Lösungsmenge hat vier x-Werte, und zwar $x_3=-4$, $x_4=-1$, $x_5=1{,}5$ sowie $x_6=3$.

An den Stellen x_3, x_4 und x_6 liegen Nullstellen vor, weil diese Stellen zum Definitionsbereich $D(f)$ gehören. Da die Funktion an der Stelle $x_5=1{,}5$ nicht definiert ist, existiert dort auch keine Nullstelle der Funktion f.

$$p_4(x)=0 \;\blacktriangleright\; 2x^4+x^3-28x^2+9x+36=0$$
$$(x+4)(x+1)(x-1{,}5)(x-3)=0$$

$$\Rightarrow (x+4)=0 \Rightarrow x_3=\underline{\underline{-4}}$$
$$(x+1)=0 \Rightarrow x_4=\underline{\underline{-1}}$$
$$(x-1{,}5)=0 \Rightarrow x_5=\underline{\underline{1{,}5}}$$
$$(x-3)=0 \Rightarrow x_6=\underline{\underline{3}}$$

$x_5=x_2=1{,}5$ ► Definitionslücke

$$\left.\begin{aligned}\Rightarrow x_3&=-4\\ x_4&=-1\\ x_6&=3\end{aligned}\right\}\ \text{Nullstellen}$$

$\Rightarrow N(f)=\{-4;\,-1;\,3\}$ ► Nullstellenmenge

Zur Berechnung des Schnittpunktes des Graphen mit der y-Achse berechnet man $g(0)$ und bestimmt $P\langle 0|g(0)\rangle$.

$$g(x)=\frac{2x^4+x^3-28x^2+9x+36}{2x^2+x-6} \quad \blacktriangleright \text{ 0 für } x$$

$$g(0)=\frac{36}{-6}=\underline{\underline{-6}}$$

► $P\langle 0|-6\rangle$ ► Schnittpunkt mit der y-Achse

Horizontale Asymptoten – schräge Asymptoten – asymptotische Kurven

Problem: Untersuchen Sie die nachstehenden Funktionen auf Grenzwerte für $x \to -\infty$ und für $x \to \infty$.

- $f\colon f(x)=\dfrac{x+3}{x^2+3x-10};\ D(f)=\mathbb{R}\setminus\{-5;2\}$

Die Funktion f ist eine echt gebrochene rationale Funktion, weil der Grad des Zählerpolynoms kleiner als der Grad des Nennerpolynoms ist. Sie hat an den Stellen $x_1=-5$ und $x_2=2$ Definitionslücken, bei denen es sich um zweiseitige Unendlichkeitsstellen mit Vorzeichenwechsel (unendliche Sprungstellen) handelt. Die Geraden mit den Gleichungen $x=-5$ und $x=2$ heißen **vertikale Asymptoten**.

Um **horizontale Asymptoten** festzustellen, prüft man, ob Grenzwerte für $x \to -\infty$ und $x \to \infty$ existieren (siehe Kapitel „Grenzwerte“).

Für $x \to -\infty$ nähert sich der Graph der Funktion immer mehr dem Wert Null, d. h. $f(x)$ strebt gegen 0. Die x-Achse ist demnach horizontale Asymptote.

Auch für $x \to \infty$ nähert sich der Graph der Funktion immer mehr dem Wert Null, d. h. $f(x)$ strebt gegen 0, und auch hier ist die x-Achse horizontale Asymptote.

Die Ergebnisse werden durch den Graphen der Funktion bestätigt.

Ist der Funktionsterm einer gebrochenen rationalen Funktion $f\colon f(x)=\dfrac{p_m(x)}{q_n(x)}$ ein echter Bruch ($m<n$), so ist der Graph der Funktion f_A mit der Funktionsgleichung $f_A(x)=0$ für alle $x\in\mathbb{R}$ horizontale Asymptote des Graphen von f.

f_A ist in diesem Fall die Nullfunktion und deren Graph wird durch die x-Achse des Koordinatensystems beschrieben.

$$f(x)=\frac{x+3}{x^2+3x-10}=\frac{p_1(x)}{q_2(x)}$$ ▶ echt gebrochene rationale Funktion

$$\lim_{x\to-\infty} f(x)=\lim_{x\to-\infty}\frac{x+3}{x^2+3x-10}$$

$$=\lim_{x\to-\infty}\frac{\frac{1}{x}+\frac{3}{x^2}}{1+\frac{3}{x}-\frac{10}{x^2}}$$

$$=\frac{\lim\limits_{x\to-\infty}\left(\frac{1}{x}+\frac{3}{x^2}\right)}{\lim\limits_{x\to-\infty}\left(1+\frac{3}{x}-\frac{10}{x^2}\right)}$$

$$=\frac{0}{1}$$

$$=\underline{\underline{0}}$$ ▶ Grenzwert

$$\lim_{x\to\infty} f(x)=\lim_{x\to\infty}\frac{x+3}{x^2+3x-10}=\underline{\underline{0}}$$ ▶ Grenzwert

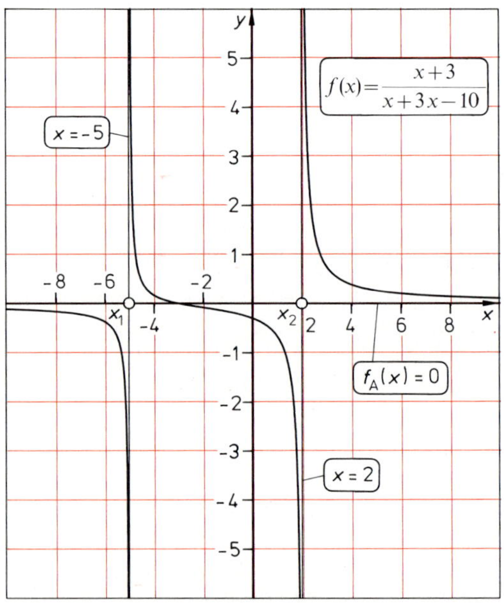

▶ $f_A: f_A(x)=0;\ x\in\mathbb{R}$ ▶ $G(f_A)$ ist horizontale Asymptote

• k: $k(x)=\frac{2x^2}{x^2+1}$; $D(k)=\mathbb{R}$

$k(x)=\frac{2x^2}{x^2+1}=\frac{p_2(x)}{q_2(x)}$ ▶ unecht gebrochene rationale Funktion

Man bildet $\lim\limits_{x\to-\infty} k(x)$ sowie $\lim\limits_{x\to\infty} k(x)$ und stellt fest, ob Grenzwerte existieren. In beiden Fällen liegt der Grenzwert $g=2$ vor.

$$\lim_{x\to-\infty} k(x)=\lim_{x\to-\infty}\frac{2x^2}{x^2+1}=\lim_{x\to-\infty}\frac{2}{1+\frac{1}{x^2}}=\underline{\underline{2}}=g$$ ▶ Grenzwert

Der Graph der Funktion k nähert sich für $x\to-\infty$ immer mehr dem Wert 2, d.h. $k(x)\to 2$. Der Graph der Funktion k_A mit der Funktionsgleichung $k_A(x)=2$, $x\in\mathbb{R}$, ist daher eine horizontale Asymptote des Graphen von k. Sie verläuft im Abstand 2 parallel zur x-Achse.

$$\lim_{x\to\infty} k(x)=\lim_{x\to\infty}\frac{2}{1+\frac{1}{x^2}}=\underline{\underline{2}}=g$$ ▶ Grenzwert

Auch für $x\to\infty$ ist diese Gerade eine horizontale Asymptote des Graphen $G(k)$.

Das Ergebnis wird durch das Schaubild bestätigt.

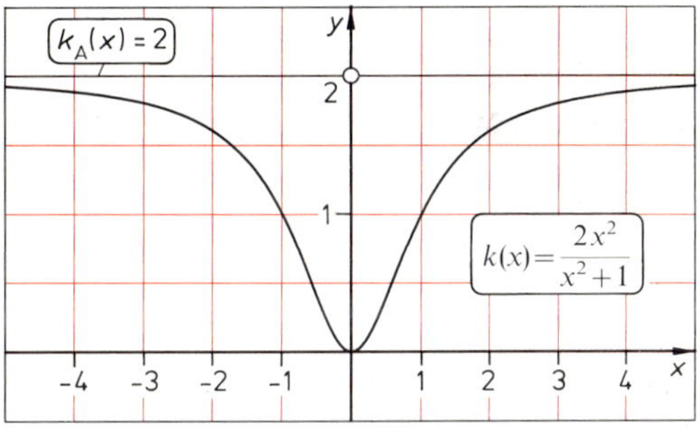

Ist bei einer unecht gebrochenen rationalen Funktion der Grad m des Zählerpolynoms und der Grad n des Nennerpolynoms gleich ($m=n$), so hat der Graph eine Asymptote, die parallel zur x-Achse verläuft (horizontale Asymptote).

$k(x)=\frac{2x^2}{x^2+1}$ ▶ $m=n$

Man kann den Funktionsterm durch Polynomdivision in eine Summe, bestehend aus dem ganzen rationalen Term 2 und einen echt gebrochenen rationalen Term, zerlegen.

$$2x^2:(x^2+1)=2-\frac{2}{x^2+1}$$
$$\frac{2x^2+2}{-2}$$

2: ganzer rationaler Term; $\frac{2}{x^2+1}$: echt gebrochener rationaler Term; -2: Restpolynom

Der ganze rationale Term ist der Funktionsterm der horizontalen Asymptote mit der Funktionsgleichung $k_A(x)=2$.

▶ k_A: $k_A(x)=2$; $x\in\mathbb{R}$ ▶ $G(k_A)$ ist Asymptote parallel zur x-Achse

• h: $h(x)=\frac{0{,}5x^2-1}{x-2}$; $D(h)=\mathbb{R}\setminus\{2\}$

$h(x)=\frac{0{,}5x^2-1}{x-2}=\frac{p_2(x)}{q_1(x)}$ ▶ unecht gebrochene rationale Funktion

Die Funktion h ist eine unecht gebrochene rationale Funktion und hat an der Stelle $x_0=2$ eine Definitionslücke. Es handelt sich dabei um eine Unendlichkeitsstelle mit Vorzeichenwechsel, wie eine Grenzwertbetrachtung zeigt. Die Gerade mit der Gleichung $x=2$ ist vertikale Asymptote des Graphen $G(h)$.

$$\lim_{\substack{x\to 2\\x<2}} h(x)=\lim_{\substack{x\to 2\\x<2}}\frac{0{,}5x^2-1}{x-2}=\underline{\underline{-\infty}}=u_L$$

$$\lim_{\substack{x\to 2\\x>2}} h(x)=\lim_{\substack{x\to 2\\x<2}}\frac{0{,}5x^2-1}{x-2}=\underline{\underline{\infty}}=u_R$$

Da der Grad m des Zählerpolynoms größer ist als der Grad n des Nennerpolynoms ($m>n$), kann man den Funktionsterm mittels Polynomdivision als Summe des ganzen rationalen Terms $0{,}5x+1$ und des echt gebrochenen rationalen Terms $\frac{1}{x-2}$ schreiben.

$$(0{,}5x^2-1):(x-2)=\underbrace{0{,}5x+1}_{\text{ganzer rationaler Term}}+\underbrace{\frac{1}{x-2}}_{\text{echt gebrochener rationaler Term}}$$

$$\begin{array}{l} \underline{0{,}5x^2-x} \\ \quad x-1 \\ \quad \underline{x-2} \\ \quad\quad 1 \end{array}$$

► Restpolynom $r(x)$

Der gebrochene rationale Term besteht aus dem Restpolynom $r(x)=1$ (Zähler) und dem Nennerpolynom $q_1(x)=x-2$.

$$h(x)=\frac{0{,}5x^2-1}{x-2}=\underbrace{0{,}5x+1}+\underbrace{\frac{1}{x-2}}$$
$$= h_A(x)+\frac{r(x)}{q_1(x)}$$

Man bildet $\lim\limits_{x\to-\infty} h(x)$ sowie $\lim\limits_{x\to\infty} h(x)$ und stellt fest, ob Grenzwerte existieren.

$$\lim_{x\to-\infty} h(x)=\lim_{x\to-\infty}\left(0{,}5x+1+\frac{1}{x-2}\right)$$
$$=\lim_{x\to-\infty}(0{,}5x+1)+\lim_{x\to-\infty}\frac{1}{x-2}$$
$$=-\infty+0$$
$$=\underline{\underline{-\infty}}$$ ► uneigentlicher Grenzwert

Der Bruchterm $\frac{1}{x-2}$ nähert sich sowohl für $x\to-\infty$ als auch für $x\to\infty$ immer mehr dem Wert Null, so daß der Unterschied zwischen den Funktionswerten $h_A(x)$ und $h(x)$ immer geringer wird. Das bedeutet, daß sich der Graph der Funktion h mehr und mehr der Geraden mit der Funktionsgleichung $h_A(x)=0{,}5x+1$ nähert.

$$\lim_{x\to\infty} h(x)=\lim_{x\to\infty}(0{,}5x+1)+\lim_{x\to\infty}\frac{1}{x-2}$$
$$=\infty+0$$
$$=\underline{\underline{\infty}}$$ ► uneigentlicher Grenzwert

► $h_A: h_A(x)=0{,}5x+1;\ x\in\mathbb{R}$; ► $G(h_A)$ ist schräge Asymptote

Dieses Ergebnis wird durch das Schaubild bestätigt, d.h. die Gerade mit der Funktionsgleichung $h_A(x)=0{,}5x+1;\ x\in\mathbb{R}$ ist **schräge Asymptote** des Graphen der Funktion h.

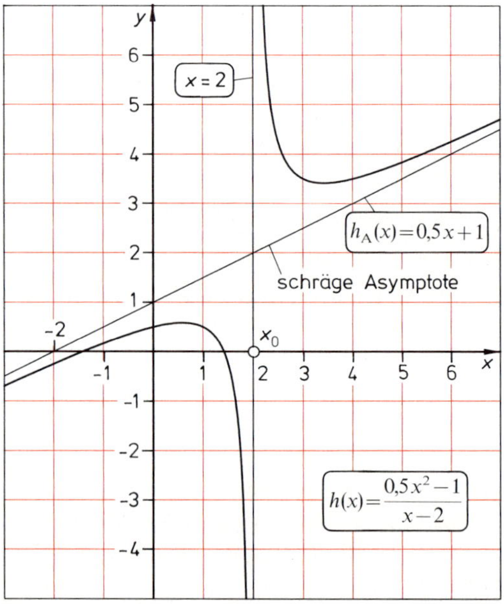

Ist der Funktionsterm einer gebrochenen rationalen Funktion h: $h(x)=\frac{p_m(x)}{q_n(x)}$ ein unechter Bruch mit $m>n$, so kann man diesen Bruch mittels Polynomdivision als Summe in einen ganzen rationalen Term und einen echt gebrochenen rationalen Term zerlegen.

Für $m-n=1$ ist der ganze rationale Term Funktionsterm einer linearen Funktion, deren Graph eine Gerade ist, die nicht parallel zur x-Achse verläuft (schräge Asymptote).

- $j\colon j(x)=\dfrac{x^4-1}{x};\ D(j)=\mathbb{R}^*$

$$j(x)=\frac{x^4-1}{x}=\frac{p_4(x)}{q_1(x)}$$ ▶ unecht gebrochene rationale Funktion

Die Funktion j ist eine unecht gebrochene rationale Funktion ($m>n$) und an der Stelle $x_0=0$ nicht definiert. Sie hat dort eine zweiseitige Unendlichkeitsstelle mit Vorzeichenwechsel, und die Gerade mit der Gleichung $x=0$ ist vertikale Asymptote.

$$\lim_{\substack{x\to 0\\ x<0}} j(x)=\lim_{\substack{x\to 0\\ x<0}}\frac{x^4-1}{x}$$ ▶ $x=0-\delta;\ \delta>0$

$$=\lim_{\delta\to 0}\frac{(-\delta)^4-1}{-\delta}=\underline{\underline{\infty}}$$

$$\lim_{\substack{x\to 0\\ x>0}} j(x)=\lim_{\substack{x\to 0\\ x>0}}\frac{x^4-1}{x}$$ ▶ $x=0+\delta;\ \delta>0$

$$=\lim_{\delta\to 0}\frac{\delta^4-1}{\delta}=\underline{\underline{-\infty}}$$

Der Funktionsterm $j(x)$ wird durch Polynomdivision in eine Summe zerlegt, und zwar in den ganzen rationalen Term $j_A(x)=x^3$ und den echt gebrochenen rationalen Term $-\dfrac{1}{x}$.

$$(x^4-1):x=\underbrace{x^3}_{\text{ganzer rationaler Term}}-\underbrace{\frac{1}{x}}_{\text{echt gebrochener rationaler Term}}$$

$$j(x)=x^3-\frac{1}{x}=j_A(x)-\frac{r(x)}{q_1(x)}$$

Man bildet $\lim\limits_{x\to-\infty} j(x)$ sowie $\lim\limits_{x\to\infty} j(x)$ und stellt fest, ob Grenzwerte existieren.

$$\lim_{x\to-\infty} j(x)=\lim_{x\to-\infty} x^3-\lim_{x\to-\infty}\frac{1}{x}$$

$$=-\infty-0$$

$$=\underline{\underline{-\infty}}$$

Der Bruchterm $-\dfrac{1}{x}$ nähert sich sowohl für $x\to-\infty$ als auch für $x\to\infty$ immer mehr dem Wert Null, so daß der Unterschied zwischen den Funktionswerten $j_A(x)$ und $j(x)$ immer geringer wird. Das bedeutet, daß sich der Graph $G(j)$ asymptotisch dem Graphen $G(j_A)$ mit der Funktionsgleichung $j_A(x)=x^3$ nähert.

$$\lim_{x\to\infty} j(x)=\lim_{x\to\infty} x^3-\lim_{x\to\infty}\frac{1}{x}$$

$$=\infty-0$$

$$=\underline{\underline{\infty}}$$

▶ $j_A: j_A(x)=x^3;\ x\in\mathbb{R}$ ▶ $G(j_A)$ ist asymptotische Kurve

Der Graph $G(j_A)$ ist in diesem Falle eine Parabel dritten Grades und wird als **asymptotische Kurve** des Graphen $G(j)$ bezeichnet.

Bei einer unecht gebrochenen rationalen Funktion $f\colon f(x)=\dfrac{p_m(x)}{q_n(x)}$ ($m>n$) läßt sich der Bruchterm mittels Polynomdivision als Summe in einen ganzen rationalen Term und einen echt gebrochenen rationalen Term zerlegen.

Gilt $m-n>1$, so ist der ganze rationale Term der Funktionsterm einer asymptotischen Kurve, an die sich der Graph der Funktion für $x\to-\infty$ bzw. für $x\to\infty$ immer mehr annähert.

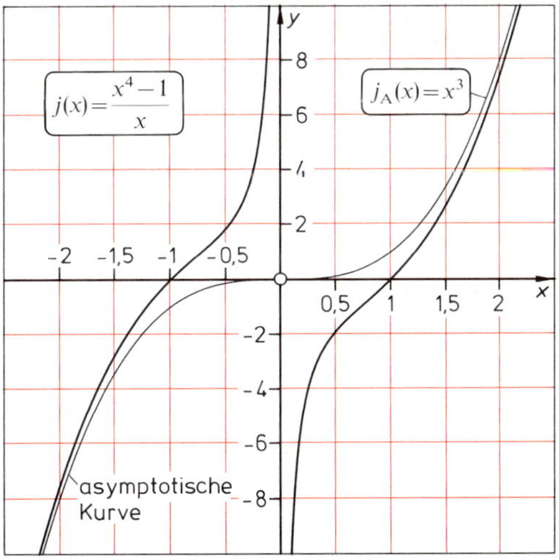

Merke:

Die Graphen von gebrochenen rationalen Funktionen $f: f(x) = \frac{p_m(x)}{q_n(x)}$ können neben vertikalen Asymptoten auch horizontale Asymptoten, schräge Asymptoten oder asymptotische Kurven haben. Mittels Polynomdivision kann man den Funktionsterm in eine Summe von Funktionstermen einer ganzen rationalen Funktion und einer echt gebrochenen rationalen Funktion zerlegen, und zwar: $f(x) = f_A(x) + \frac{r(x)}{q_n(x)}$, wobei also der Grad von $r(x)$ kleiner als n ist. Man unterscheidet folgende Fälle:

- $m < n$ ► $f_A(x) = 0$ ► $G(f_A)$, d.h. die x-Achse, ist horizontale Asymptote
- $m = n$ ► $G(f_A)$ ist horizontale Asymptote parallel zur x-Achse
- $m > n$ und $m - n = 1$ ► $G(f_A)$ ist schräge Asymptote
- $m > n$ und $m - n > 1$ ► $G(f_A)$ ist asymptotische Kurve

Anmerkung:

Vertikale Asymptoten von Funktionsgraphen an Unendlichkeitsstellen werden im Abschnitt „Definitionsbereich – Definitionslücken" behandelt.

Beispiel: Untersuchen Sie die gebrochene rationale Funktion f: $f(x) = \frac{0{,}3x^4 - 0{,}3x^3 + x - 1}{x^2 - x}$ auf Asymptoten bzw. asymptotische Kurven.

$f: f(x) = \frac{0{,}3x^4 - 0{,}3x^3 + x - 1}{x^2 - x}$; $D(f) = \mathbb{R} \setminus \{0; 1\}$

Es handelt sich um eine unecht gebrochene rationale Funktion mit $m > n$ und $m - n > 1$, d.h. es ist eine asymptotische Kurve für den Graphen von f vorhanden.

Zur Untersuchung auf asymptotische Kurven wird der Funktionsterm durch Polynomdivision in eine Summe, bestehend aus dem ganzen rationalen Term $0{,}3x^2$ und dem echt gebrochenen rationalen Term $\frac{1}{x}$ zerlegt.

Bildet man dann $\lim\limits_{x \to -\infty} f(x)$ sowie $\lim\limits_{x \to \infty} f(x)$ so nähert sich der Bruchterm $\frac{1}{x}$ sowohl für $x \to -\infty$ als auch für $x \to \infty$ immer mehr dem Wert Null, so daß der Unterschied zwischen den Funktionswerten $f_A(x)$ und $f(x)$ immer geringer wird.

Das bedeutet, daß sich der Graph $G(f)$ der Parabel $G(f_A)$ asymptotisch nähert. Die Parabel $G(f_A)$ ist also asymptotische Kurve des Graphen $G(f)$.

$$f(x) = \frac{0{,}3x^4 - 0{,}3x^3 + x - 1}{x^2 - x} = \frac{p_4(x)}{q_2(x)} \quad ► \; m > n$$

► f ist eine unecht gebrochene rationale Funktion

$$(0{,}3x^4 - 0{,}3x^3 + x - 1) : (x^2 - x) = 0{,}3x^2 + \frac{1}{x}$$

► $f(x) = 0{,}3x^2 + \frac{1}{x} = f_A(x) + \frac{r(x)}{q_1(x)}$

$$\lim_{x \to -\infty} f(x) = \lim_{x \to -\infty} \left(0{,}3x^2 + \frac{1}{x}\right) = \lim_{x \to -\infty} 0{,}3x^2 + \lim_{x \to -\infty} \frac{1}{x} = \infty + 0 = \underline{\underline{\infty}}$$

$$\lim_{x \to \infty} f(x) = \lim_{x \to \infty} 0{,}3x^2 + \lim_{x \to \infty} \frac{1}{x} = \infty + 0 = \underline{\underline{\infty}}$$

► $f_A: f_A(x) = 0{,}3x^2$; $x \in \mathbb{R}$ ► Parabel als asymptotische Kurve

Ob es für den Graphen der Funktion f auch vertikale Asymptoten gibt, hängt davon ab, welche Arten von Definitionslücken der Funktion f vorliegen. Deshalb wird das Verhalten der Funktion an diesen Stellen näher untersucht.

Die Funktion f hat an den Stellen $x_1=0$ sowie $x_2=1$ Definitionslücken. Zu deren Charakterisierung untersucht man die linksseitigen und rechtsseitigen Grenzwerte an diesen Stellen.

Um zu erreichen, daß die x-Werte in der Umgebung von x_1 von links bzw. von rechts gegen Null streben, substituiert man zweckmäßig $x=0-\delta$ bzw. $x=0+\delta$ mit $\delta>0$ und läßt nicht x gegen 0, sondern δ gegen 0 streben.

Bei $x_1=0$ liegen die uneigentlichen Grenzwerte $u_L=-\infty$ und $u_R=\infty$ vor, d.h. die Stelle $x_1=0$ ist zweiseitige Unendlichkeitsstelle mit Vorzeichenwechsel.

Die Gerade mit der Gleichung $x=0$, also die y-Achse, ist vertikale Asymptote.

Definitionslücke bei $x_1=0$

$$\lim_{\substack{x\to 0\\ x<0}} f(x)=\lim_{\substack{x\to 0\\ x<0}} \frac{0{,}3\,x^4-0{,}3\,x^3+x-1}{x^2-x} \quad \blacktriangleright\ x=0-\delta;\ \delta>0$$

$$=\lim_{\delta\to 0} \frac{0{,}3\,\delta^4+0{,}3\,\delta^3-\delta-1}{\delta(\delta+1)}$$

$$=\lim_{\delta\to 0} \frac{1}{\delta}\cdot \lim_{\delta\to 0} \frac{0{,}3\,\delta^4+0{,}3\,\delta^3-\delta-1}{\delta+1}$$

$$=\infty\cdot(-1)$$

$$=\underline{\underline{-\infty}}=u_L$$

$$\lim_{\substack{x\to 0\\ x>0}} f(x)=\lim_{\delta\to 0} \frac{1}{\delta}\cdot \lim_{\delta\to 0} \frac{0{,}3\,\delta^4-0{,}3\,\delta^3+\delta-1}{\delta-1}$$

$$=\infty\cdot 1$$

$$=\underline{\underline{\infty}}=u_R$$

Es ist nicht zulässig, an der Definitionslücke $x_2=1$ den Grenzwertsatz für gebrochene Funktionen anzuwenden, da dieses Verfahren auf den unbestimmten Ausdruck $\frac{0}{0}$ führt.

Faktorisiert man den Nennerterm, so kann man kürzen und erhält einen vereinfachten Funktionsterm, für den aber immer noch $D(f)=\mathbb{R}\setminus\{0;\,1\}$ gilt.

Die Ersatzfunktion h stimmt auf $\mathbb{R}\setminus\{0;\,1\}$ mit der Funktion f überein, ist aber, im Unterschied zu dieser, auch an der Stelle $x_2=1$ definiert und dort stetig. Daher besitzt die Funktion f an der Stelle $x_2=1$ den gleichen Grenzwert wie die Funktion h, wobei der Grenzwert g gleich dem Funktionswert $h(1)=1{,}3$ an dieser Stelle ist. Weil dieser Grenzwert als eigentlicher, d.h. als endlicher Grenzwert existiert, besitzt der Graph von f an der Definitionslücke $x_2=1$ keine vertikale Asymptote. Die Funktion f hat vielmehr an der Stelle $x_2=1$ eine behebbare Definitionslücke.

Das Schaubild mit dem Graphen der Funktion f und der Verlauf der asymptotischen Kurve mit der Gleichung $f_A(x)=0{,}3\,x^2$ bestätigen die ermittelten Ergebnisse.

Definitionslücke bei $x_2=1$

$$f(x)=\frac{0{,}3\,x^4-0{,}3\,x^3+x-1}{x^2-x};\ x\in\mathbb{R}\setminus\{0;\,1\}$$

$$=\frac{(0{,}3\,x^3+1)(x-1)}{x(x-1)}=\frac{0{,}3\,x^3+1}{x};\ x\in\mathbb{R}\setminus\{0;\,1\}$$

$$h(x)=\frac{0{,}3\,x^3+1}{x};\ x\in\mathbb{R}\setminus\{0\}$$

▶ $f(x)=h(x)$ ▶ gilt in jeder „lückenhaften" Umgebung von $x_2=1$ nicht jedoch an der Stelle $x_2=1$

▶ $\lim_{x\to 1} f(x)=\lim_{x\to 1} h(x)=h(1)=\underline{\underline{1{,}3}}=g$

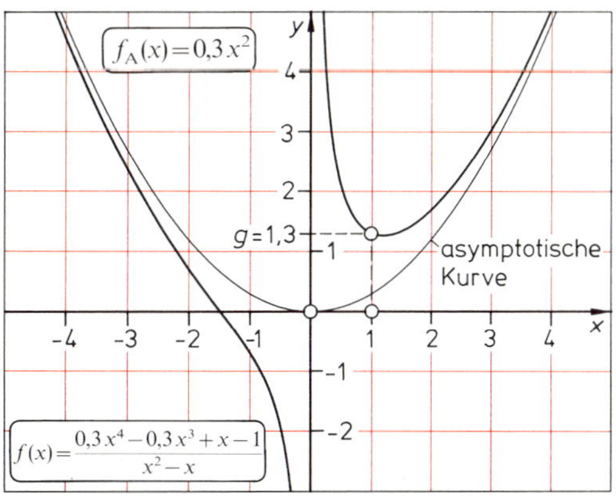

Funktionstypen

Wie bei ganzen rationalen Funktionen hängt auch bei gebrochenen rationalen Funktionen die Form der Graphen von den Graden ihrer Zähler- und Nennerpolynome sowie von deren Koeffizienten ab. Allerdings ist eine Einteilung nach Funktionstypen schwieriger. Dennoch lassen sich einige typische Merkmale herausstellen.

Problem: Zeichnen Sie die Graphen der gebrochenen rationalen Funktionen vom Typ $f: f(x)=\frac{1}{x^n}$; $x \in \mathbb{R}^*$ für die Exponenten $n \in \{1; 3; 5\}$ bzw. $n \in \{2; 4; 6\}$, und beurteilen Sie den Einfluß der Exponenten auf den Verlauf der Graphen.

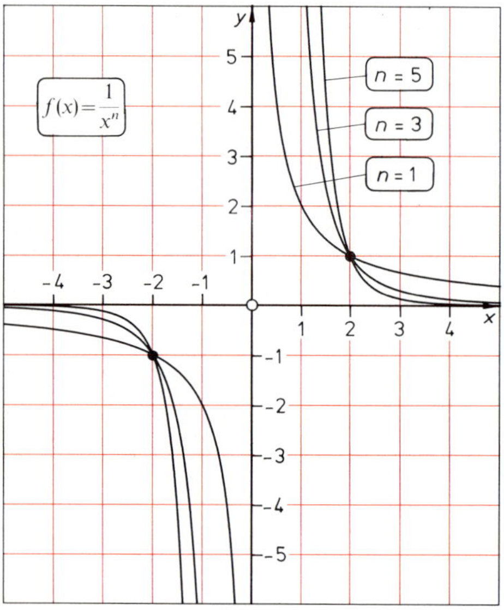

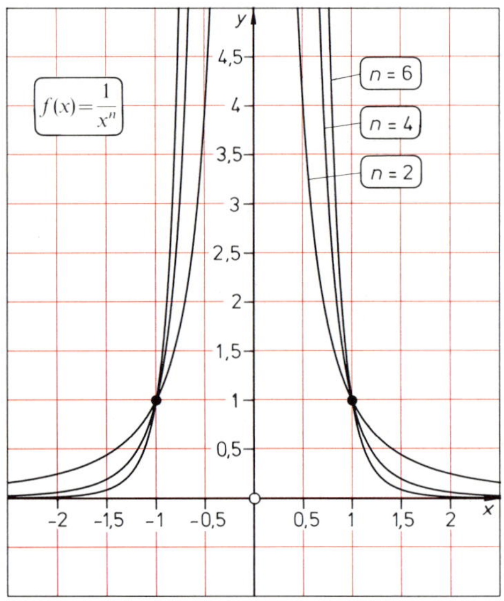

Merke:

Funktionen vom Typ f: $f(x)=\frac{1}{x^n}$ mit $x \in \mathbb{R}^*$ und $n \in \mathbb{N}^*$ heißen **Hyperbeln**. Sie haben an der Stelle $x_0=0$ eine Unendlichkeitsstelle, und zwar für ungerade Exponenten eine Unendlichkeitsstelle mit Vorzeichenwechsel, für gerade Exponenten eine Unendlichkeitsstelle ohne Vorzeichenwechsel. Die x-Achse ist horizontale Asymptote, die y-Achse vertikale Asymptote des Graphen $G(f)$. Für ungerade Exponenten verlaufen die Graphen punktsymmetrisch zum Koordinatenursprung, für gerade Exponenten achsensymmetrisch zur y-Achse.

Anmerkung:

Aufgrund der Potenzregeln lassen sich gebrochene rationale Funktionen des vorstehenden Typs $f: f(x)=\frac{1}{x^n}$ mit $x \in \mathbb{R}^*$ und $n \in \mathbb{N}^*$ (Hyperbeln) auch als spezielle Potenzfunktionen des Typs $f: f(x)=x^r$ mit $D(f)=\mathbb{R}^*$ und $r \in \mathbb{Z}^*_-$, also als Potenzfunktionen mit negativen ganzzahligen Exponenten, schreiben (siehe Kapitel „Potenzfunktionen“).

Problem: Zeichnen Sie die Graphen der gebrochenen rationalen Funktionen vom Typ $f{:}\, f(x)=c\cdot\frac{1}{x^n}$ mit $x\in\mathbb{R}^*$ für $n\in\{1;2\}$ sowie für $c\in\{-4;\,-2;\,-1;\,-0{,}5\}$ bzw. $c\in\{0{,}5;\,1;\,2;\,4\}$, und beurteilen Sie den Einfluß von n und c auf den Verlauf der Graphen.

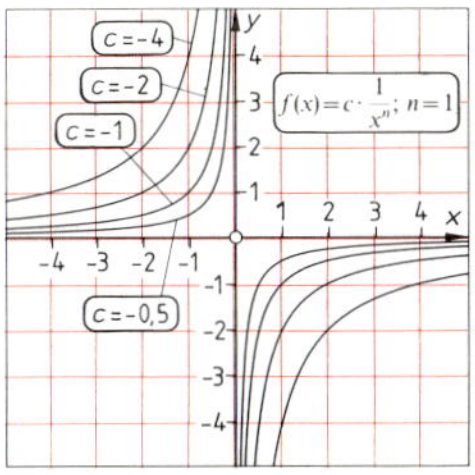

$c<0$; n ▶ ungerade

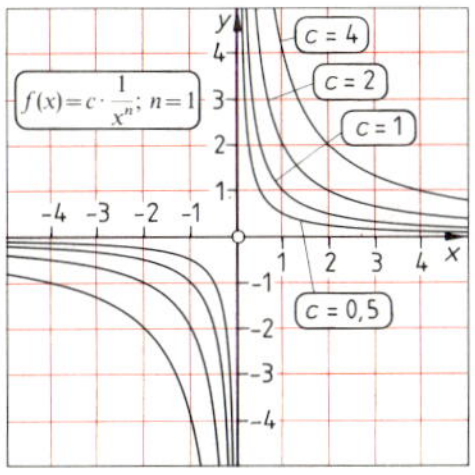

$c>0$; n ▶ ungerade

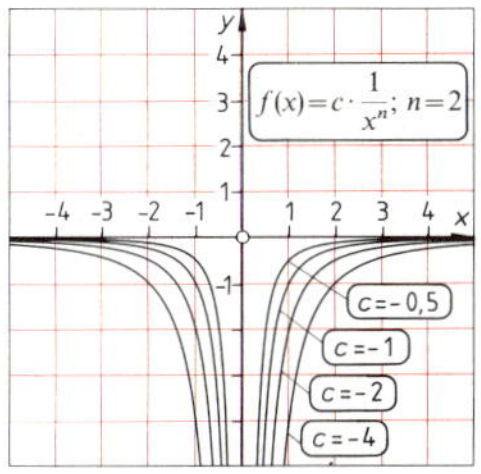

$c<0$; n ▶ gerade

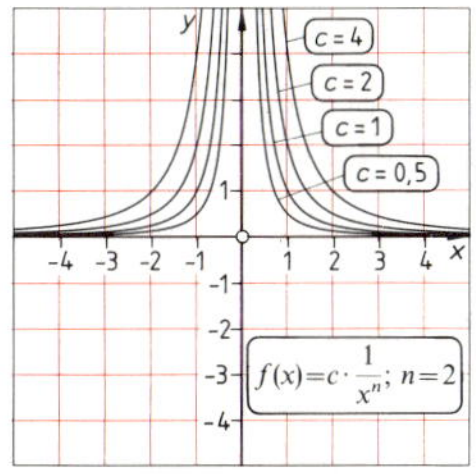

$c>0$; n ▶ gerade

Merke:

Für gebrochene rationale Funktionen vom Typ $f{:}\, f(x)=c\cdot\frac{1}{x^n}$; $D(f)=\mathbb{R}^*$ gilt:

- Ist n eine ungerade Zahl und $c<0$, so verläuft der Graph im 2. und 4. Quadranten, für $c>0$ im 1. und 3. Quadranten.
- Ist n eine gerade Zahl und $c<0$, so verläuft der Graph im 3. und 4. Quadranten, für $c>0$ im 1. und 2. Quadranten.
- Je mehr sich c dem Wert Null nähert, desto mehr schmiegen sich die Äste des Funktionsgraphen an die Achsen des Koordinatensystems.

Beispiel: Zeichnen Sie den Graphen der Funktion vom Typ $f{:}\, f(x)=\frac{3}{x+w}+v$ für $w=-2$ sowie $v=1$, und beurteilen Sie den Einfluß von v und w auf den Verlauf des Graphen.

$f{:}\, f(x)=\frac{3}{x+w}+v$ ▶ $v=1;\ w=-2$

Aus dem Graphen der Funktion f ist ersichtlich, daß die Grundform der Hyperbel mit der Gleichung $h(x)=\frac{1}{x}$ vorliegt.

Der Graph der Funktion f ist gegenüber dieser Grundform um zwei Einheiten in Richtung der positiven x-Achse ($w=-2$) und um eine Einheit in Richtung der positiven y-Achse ($v=1$) verschoben. Die vertikale Asymptote hat die Gleichung $x=2$, die horizontale Asymptote die Gleichung $f_A(x)=1$.

$f(x)=\frac{3}{x-2}+1;\ x\in\mathbb{R}\setminus\{2\}$

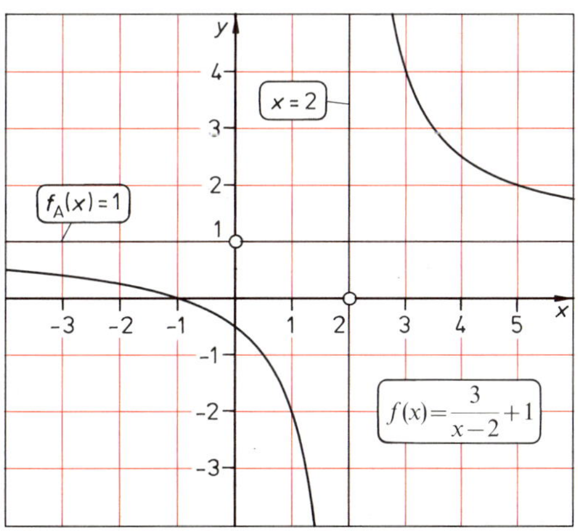

1.2.6 Wurzelfunktionen

Problem: Zeichnen Sie die Graphen der Funktionen $f: f(x)=\sqrt{2x}$ und $g: g(x)=-\sqrt{2x}$ sowie deren Umkehrfunktionen f^{-1} und g^{-1}.

Funktionen vom Typ $f: f(x)=\sqrt[n]{x}$ mit $n \in \mathbb{N}^*$ und $D(f)=\mathbb{R}_+$ heißen **Wurzelfunktionen** im engeren Sinne; hierbei gilt $\sqrt[1]{x}=x$.

$f: f(x)=\sqrt[n]{x};\ D(f)=\mathbb{R}_+$
$h: h(x)=\sqrt[7]{x};\ D(h)=\mathbb{R}_+$
} Wurzelfunktionen im engeren Sinne

Im weitesten Sinne versteht man darunter jede Verkettung solcher Funktionen mit gebrochenen rationalen Funktionen.

$f: f(x)=\sqrt{\dfrac{x+1}{x-1}};\ D(f)=\mathbb{R}\setminus[-1;1)$
$h: h(x)=\dfrac{3\sqrt{x-1}}{x^2\sqrt{x^2+1}};\ D(h)=[1;\infty)$
} Wurzelfunktionen im weitesten Sinne

Funktionen, wie z.B. $f: f(x)=\sqrt{\sin x}$ oder $h: h(x)=\sqrt{\ln x}$ sind demnach keine Wurzelfunktionen.

$f: f(x)=\sqrt{\tan x+\cot x}$
$h: h(x)=\sqrt{e^x\cdot\cos x^2}$
} Keine Wurzelfunktionen

Nach der Definition der Quadratwurzel (DIN-Norm) ist die Wurzelfunktion $f: f(x)=\sqrt{2x}$, wie auch jede andere Wurzelfunktion, nur für nichtnegative Radikanden definiert, d.h. $D(f)=\mathbb{R}_+$. Bildet man die Umkehrfunktion auf $W(f)=\mathbb{R}_+$, so gilt $f^{-1}: f^{-1}(x)=0{,}5\,x^2;\ D(f^{-1})=W(f)=\mathbb{R}_+$. Das ist der Zweig der Parabel, den man für $x \geq 0$ erhält.

Auch die Funktion $g: g(x)=-\sqrt{2x}$ ist nur für nichtnegative Radikanden definiert, d.h. $D(g)=\mathbb{R}_+$. Für ihre Umkehrfunktion auf $W(g)=\mathbb{R}_-$, nämlich $g^{-1}: g^{-1}(x)=0{,}5\,x^2$, gilt $D(g^{-1})=W(g)=\mathbb{R}_-$, es handelt sich also um den Zweig der Parabel, den man für $x \leq 0$ erhält.

$f: f(x)=\sqrt{2x};\ D(f)=\mathbb{R}_+;\ W(f)=\mathbb{R}_+$
$\Rightarrow f^{-1}: f^{-1}(x)=0{,}5\,x^2;\ D(f^{-1})=\mathbb{R}_+$
$g: g(x)=-\sqrt{2x};\ D(g)=\mathbb{R}_+;\ W(g)=\mathbb{R}_-$
$\Rightarrow g^{-1}: g^{-1}(x)=0{,}5\,x^2;\ D(g^{-1})=\mathbb{R}_-$

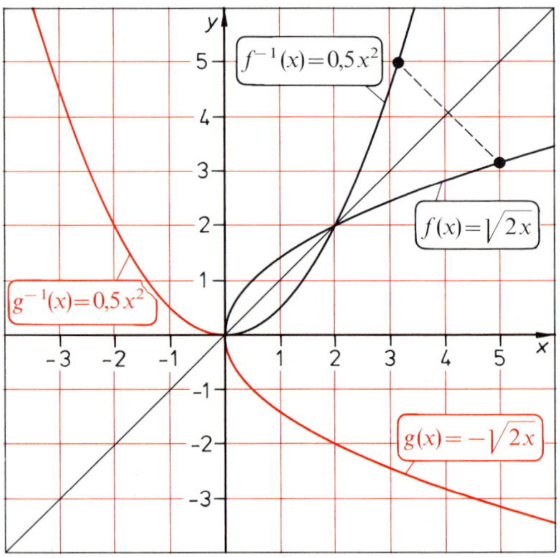

In umgekehrter Weise kann man demnach Wurzelfunktionen im engeren Sinne für gerades n auch als Umkehrfunktionen von Potenzfunktionen des Typs $f: f(x)=x^n$ mit $D(f)=\mathbb{R}_+$ bezeichnen.

Die Funktionen f und g kann man zur Relation $R: R(x)=\pm\sqrt{2x}$ mit $D(R)=\mathbb{R}_+$ zusammenfassen.
Ihre Umkehrrelation $R^{-1}: R^{-1}(x)=0{,}5\,x^2$ mit $D(R^{-1})=\mathbb{R}$ ist eine Funktion, deren Graph eine vollständige Parabel liefert.

$f: f(x)=\sqrt{2x};\quad D(f)=\mathbb{R}_+$
$g: g(x)=-\sqrt{2x};\ D(g)=\mathbb{R}_+$
$\Rightarrow R: R(x)=\pm\sqrt{2x};\ D(R)=\mathbb{R}_+$
$R^{-1}: R^{-1}(x)=0{,}5\,x^2;\ D(R^{-1})=\mathbb{R}$

Problem: Entwickeln Sie für die Funktion f: $f(x)=x^3$; $D(f)=\mathbb{R}$ die Umkehrfunktion f^{-1}, und zeichnen Sie die Graphen $G(f)$ und $G(f^{-1})$.

Versucht man, für die Funktion $f: f(x)=x^3$ rechnerisch die Umkehrfunktion f^{-1} zu bilden, so muß man beim Übergang von $z=[f^{-1}(z)]^3$ nach $f^{-1}(z)=\sqrt[3]{z}$ vorauszusetzen, daß $z\geq 0$ ist, weil Wurzeln nach DIN nur für nichtnegative Radikanden erklärt sind. Da $z=f(x)$ gesetzt wurde, wird bei dieser Vorgehensweise also zunächst nur der Teil der Funktion f umgekehrt, für den $f(x)\geq 0$, d.h. $x\geq 0$, gilt. Es handelt sich hierbei also nur um den Teil der Funktion f, dessen Graph ganz im ersten Quadranten verläuft.

Für den Restteil der Funktion f, dessen Graph also ganz im dritten Quadranten verläuft, gilt aber $z<0$.

Hier darf aus $-z$ die dritte Wurzel gezogen werden, weil $z<0$ und damit $-z>0$ ist.

Es sind hier demnach zwei Gleichungen notwendig, um die gesamte Umkehrfunktion zu beschreiben, d.h. es liegt eine abschnittsweise definierte Funktion vor (siehe Kapitel „Abschnittsweise definierte Funktionen").

$f(x)=x^3$ ► $W(f)=D(f^{-1})$ ► $f(x)=z$ und $x=f^{-1}(z)$

► $z=[f^{-1}(z)]^3$ mit $z\geq 0$

$\Rightarrow f^{-1}(z)=\sqrt[3]{z};\ z\geq 0$ ► $z=x$

$\Rightarrow f_1^{-1}(x)=\sqrt[3]{x};\ x\geq 0$ ► $x\in\mathbb{R}_+$

► $z=[f^{-1}(z)]^3$ mit $z<0$

$\Rightarrow -z=-[f^{-1}(z)]^3=(-1)^3\cdot[f^{-1}(z)]^3=[-f^{-1}(z)]^3$

$\Rightarrow -f^{-1}(z)=\sqrt[3]{-z}$

$\Rightarrow f^{-1}(z)=-\sqrt[3]{-z};\ z<0$ ► $z=x$

$\Rightarrow f_2^{-1}(x)=-\sqrt[3]{-x};\ x<0$ ► $x\in\mathbb{R}^*_-$

$$f: f(x)=x^3;\ x\in\mathbb{R} \Rightarrow f^{-1}: f^{-1}(x):=\begin{cases}\sqrt[3]{x}, & \text{wenn } x\in\mathbb{R}_+\\ -\sqrt[3]{-x}, & \text{wenn } x\in\mathbb{R}^*_-\end{cases}$$

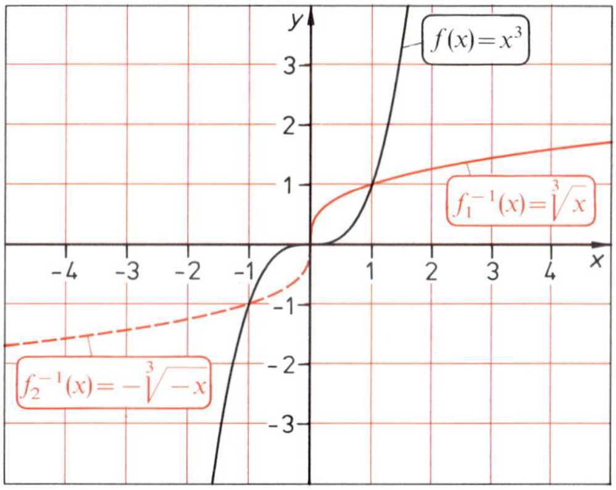

Anmerkungen:

- Auf die gleiche Weise wie im vorstehenden Problem lassen sich zu allen Potenzfunktionen vom Typ f: $f(x)=x^n$ mit $D(f)=\mathbb{R}$ und $n\in\mathbb{N}^*$ die Umkehrfunktionen f^{-1} als abschnittsweise definierte Funktionen angeben, falls n eine ungerade Zahl ist.
- Auch an der Übergangsstelle $x_0=0$ sind diese Funktionen stetig, weil nach dem Grenzwertsatz für Wurzelfunktionen gilt: $\lim\limits_{\substack{x\to 0\\ x<0}} -\sqrt[n]{-x}=-\sqrt[n]{\lim\limits_{\substack{x\to 0\\ x<0}}(-x)}=-\sqrt[n]{0}=0=\sqrt[n]{0}=f^{-1}(0)$.
- Wurzelfunktionen f: $f(x)=\sqrt[n]{x^m}$ mit $D(f)=\mathbb{R}_+$ und $m, n\in\mathbb{N}^*$ lassen sich auch in der Potenzschreibweise f: $f(x)=x^{\frac{m}{n}}$ angeben. Umgekehrt kann man eine Potenzfunktion dieses Typs auch als Wurzelfunktion schreiben.

Merke:

Umkehrfunktionen von Potenzfunktionen des Typs $g\colon g(x)=x^n$ mit $n\in\mathbb{N}^*$ heißen Wurzelfunktionen. Wurzelfunktionen bzw. Wurzelrelationen sind nur für nichtnegative Radikanden und ganzzahlige positive Wurzelexponenten definiert.

- Für gerade Wurzelexponenten $n\in\mathbb{N}^*$ gilt:

  $f\colon f(x)=\sqrt[n]{x}=x^{\frac{1}{n}}$; $D(f)=\mathbb{R}_+$; $W(f)=\mathbb{R}_+$ ist Umkehrfunktion von g mit $D(g)=\mathbb{R}_+$

  $f\colon f(x)=-\sqrt[n]{x}=-x^{\frac{1}{n}}$; $D(f)=\mathbb{R}_+$; $W(f)=\mathbb{R}_-$ ist Umkehrfunktion von g mit $D(g)=\mathbb{R}_-$

- Für ungerade Wurzelexponenten $n\in\mathbb{N}^*$ gilt:

  $f\colon f(x):=\begin{cases}-\sqrt[n]{-x}, & \text{wenn } x\in\mathbb{R}_-^* \\ \sqrt[n]{x}, & \text{wenn } x\in\mathbb{R}_+\end{cases}$; $W(f)=\mathbb{R}$ ist Umkehrfunktion von g mit $D(g)=\mathbb{R}$

Beispiel: Zeichnen Sie die Graphen der Funktion vom Typ $f\colon f(x)=c\cdot\sqrt{x}$ für die Koeffizienten $c\in\{-2;\ -1;\ -0{,}5;\ 0{,}5;\ 1;\ 2\}$, und beurteilen Sie den Einfluß von c auf den Verlauf der Graphen.

$f\colon f(x)=c\cdot\sqrt{x}$; $c\in\{-2; -1; -0{,}5; 0{,}5; 1; 2\}$

- $f_1(x)=-2\sqrt{x}$
- $f_2(x)=-\sqrt{x}$
- $f_3(x)=-0{,}5\sqrt{x}$
- $f_4(x)=0{,}5\sqrt{x}$
- $f_5(x)=\sqrt{x}$
- $f_6(x)=2\sqrt{x}$

Für alle Wurzelfunktionen vom Typ $f\colon f(x)=c\cdot\sqrt{x}$ gilt für jeden Wert des Koeffizienten c der Definitionsbereich $D(f)=\mathbb{R}_+$. Ihre Wertebereiche sind $W(f)=\mathbb{R}_-$ für $c<0$ und $W(f)=\mathbb{R}_+$ für $c>0$.

Alle Funktionen haben die Nullstelle $x_0=0$, die gleichzeitig Randstelle ist.

Durch den Koeffizienten c wird die Steigung der Graphen beeinflußt, und zwar werden die Graphen mit wachsendem $|c|$ immer steiler.

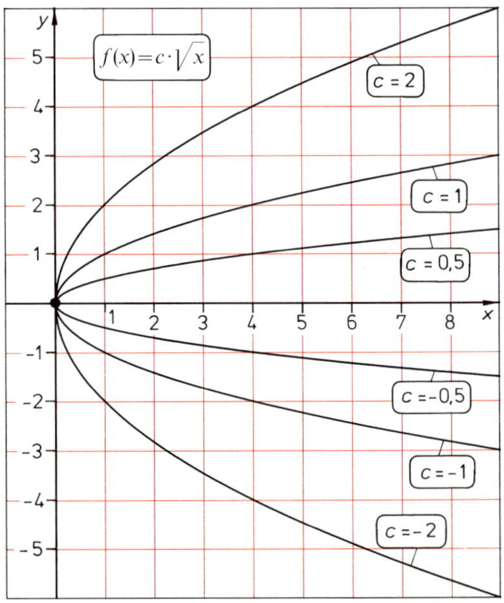

Beispiel: Zeichnen Sie die Graphen der Funktion vom Typ $f\colon f(x)=\sqrt[n]{x}$ für $n\in(2; 3; 4; 5)$, und beurteilen Sie den Einfluß des Exponenten n auf den Verlauf der Graphen.

Alle Wurzelfunktionen vom Typ $f\colon f(x)=\sqrt[n]{x}$ haben den Definitionsbereich $D(f)=\mathbb{R}_+$ und den Wertebereich $W(f)=\mathbb{R}_+$.

Bei $x_0=0$ liegt eine Nullstelle vor, die gleichzeitig Randstelle der Funktion ist. Strebt x gegen ∞, strebt auch $f(x)$ gegen ∞.

$f(x)=\sqrt[n]{x}$; $x\in\mathbb{R}_+$ ► $n\in\{2; 3; 4; 5\}$

für $n=2$ ► $f_1(x)=\sqrt[2]{x}$

für $n=3$ ► $f_2(x)=\sqrt[3]{x}$

für $n=4$ ► $f_3(x)=\sqrt[4]{x}$

für $n=5$ ► $f_4(x)=\sqrt[5]{x}$

Die Graphen dieser Wurzelfunktionen beginnen im Punkte $\langle 0|0\rangle$ und haben den gemeinsamen Punkt $\langle 1|1\rangle$.

Mit wachsendem Wurzelexponenten verläuft der jeweilige Graph immer flacher zur x-Achse.

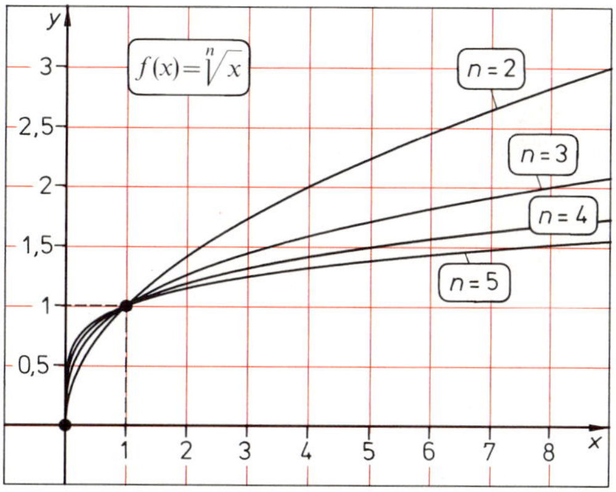

Beispiel: Zeichnen Sie die Graphen der Wurzelfunktionen vom Typ f: $f(x)=\sqrt{x+b}$ für $b\in\{-2;\ 2\}$, und beschreiben Sie den Einfluß von b auf die Lage der Graphen.

$f(x)=\sqrt{x+b}$ ► $b\in\{-2;\ 2\}$

$b=-2$ ► $f_1(x)=\sqrt{x-2};\ x\in[2;\ \infty)$;

$b=2$ ► $f_2(x)=\sqrt{x+2};\ x\in[-2;\ \infty)$

Die Funktion f_1 hat den Definitionsbereich $D(f_1)=[2;\ \infty)$ und den Wertebereich $W(f_1)=\mathbb{R}_+$. Bei der Funktion f_2 gilt $D(f_2)=[-2;\ \infty)$ und $W(f_2)=\mathbb{R}_+$.

Für $b=-2$ liegt bei $x_0=2$ eine Nullstelle der Funktion f_1 vor, die gleichzeitig Randstelle der Funktion f_1 ist. Für $b=2$ liegt bei $x_0=-2$ eine Nullstelle und Randstelle der Funktion f_2 vor.

Der Graph einer Wurzelfunktion vom Typ f: $f(x)=\sqrt{x+b}$ wird also um b in Richtung der x-Achse verschoben, und zwar für $b>0$ in Richtung der negativen x-Achse und für $b<0$ in Richtung der positiven x-Achse.

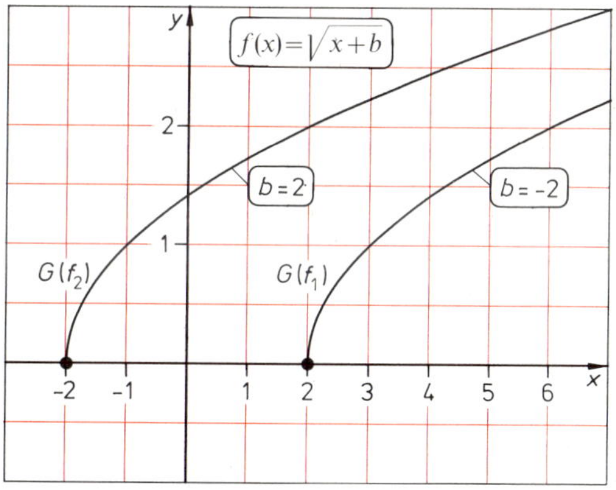

Beispiel: Zeichnen Sie die Graphen der Wurzelrelation vom Typ R: $R(x)=\pm\sqrt{r^2-x^2}$ für $r\in\{1;\ 2;\ 3;\ 4\}$, und beschreiben Sie den Einfluß von r auf die Graphen.

R: $R(x)=\pm\sqrt{r^2-x^2}$ ► $r\in\{1;\ 2;\ 3\}$

$r=1$ ► $R_1(x)=\pm\sqrt{1-x^2};\ x\in[-1;\ 1]$

$r=2$ ► $R_2(x)=\pm\sqrt{2^2-x^2};\ x\in[-2;\ 2]$

$r=3$ ► $R_3(x)=\pm\sqrt{3^2-x^2};\ x\in[-3;\ 3]$

$r=4$ ► $R_4(x)=\pm\sqrt{4^2-x^2};\ x\in[-4;\ 4]$

► $\underline{\underline{R(x)=\pm\sqrt{r^2-x^2};\ x\in[-r;\ r]}}$

Die Relation R_1 hat den Definitionsbereich $D(R_1)=[-1;\ 1]$ und den Wertebereich $W(R_1)=[-1;\ 1]$.

Für die anderen Relationen erhält man entsprechend den Definitionsbereich $D(R)=[-r;\ r]$ und den Wertebereich $W(R)=[-r;\ r]$. Alle Relationen haben zwei Nullstellen bei $x_1=-r$ und $x_2=r$.

Der Graph einer Wurzelrelation vom Typ $R: R(x) = \pm\sqrt{r^2 - x^2}$ ist ein Kreis mit dem Radius r und dem Mittelpunkt $M\langle 0|0\rangle$.

Die Relationsgleichung $R(x) = \pm\sqrt{r^2 - x^2}$ mit $x \in [-r; r]$ wird auch als **Kreisgleichung** bezeichnet.

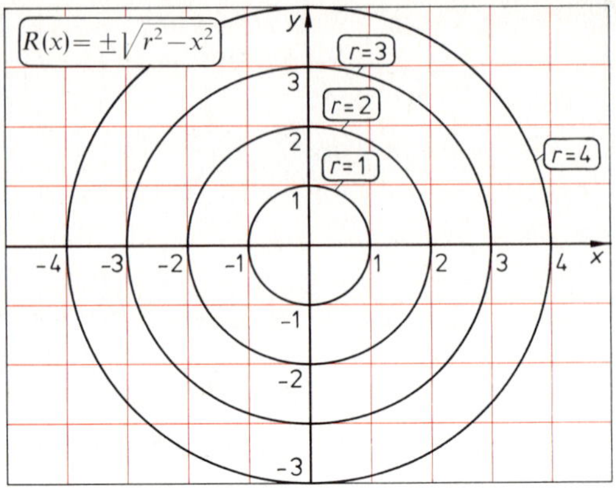

Beispiel: Zeichnen Sie für die Relationen vom Typ $R_1: R_1(x) = b \pm \sqrt{-x^2 - 5x - 2{,}25}$ für $b = 2$ sowie $R_2: R_2(x) = b \pm \sqrt{-x^2 + 6x - 5}$ für $b = -1$ die Graphen, und entwickeln Sie eine Gleichung für die Verschiebung des Kreismittelpunktes in Abhängigkeit von b und dem Radikanden.

Die Terme unter den Wurzeln der Relationen kann man durch quadratische Ergänzung vereinfachen.

Damit lassen sich die Definitionsbereiche leichter ermitteln, und zwar ist:

$D(R_1) = [-4{,}5; -0{,}5]$

$D(R_2) = [1; 5]$.

$$\begin{aligned} R_1(x) &= b \pm \sqrt{-x^2 - 5x - 2{,}25} \quad \blacktriangleright\ b = 2 \\ &= 2 \pm \sqrt{-x^2 - 5x - 6{,}25 + 4} \\ &= 2 \pm \sqrt{-(x^2 + 5x + 6{,}25) + 4} \\ &= 2 \pm \sqrt{4 - (x + 2{,}5)^2}\,;\ x \in [-4{,}5; -0{,}5] \end{aligned}$$

$$\begin{aligned} R_2(x) &= b \pm \sqrt{-x^2 + 6x - 5} \quad \blacktriangleright\ b = -1 \\ &= -1 \pm \sqrt{-x^2 + 6x - 9 + 4} \\ &= -1 \pm \sqrt{4 - (x - 3)^2}\,;\ x \in [1; 5] \end{aligned}$$

Die gewonnenen Erkenntnisse lassen sich verallgemeinern.

$$\blacktriangleright\ R(x) = b \pm \sqrt{r^2 - (x - a)^2}$$

Durch b mit $b > 0$ wird der Kreismittelpunkt M in Richtung der positiven y-Achse um b Einheiten verschoben, durch a mit $a > 0$ um a Einheiten in Richtung der positiven x-Achse.

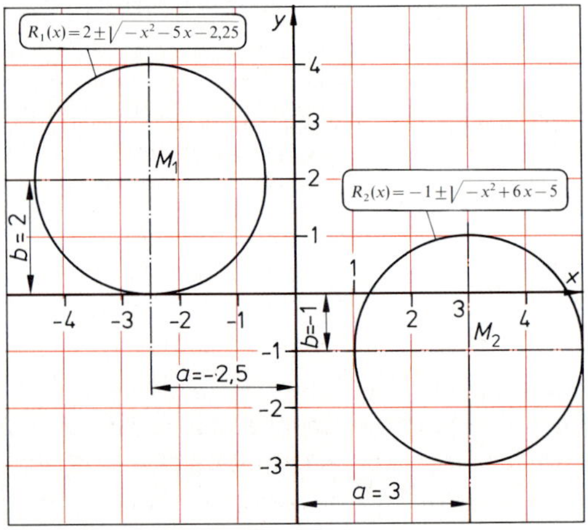

Beispiel: Zeichnen Sie den Graphen der Relation R: $R(x) = \pm\sqrt{9 - \frac{9}{16}x^2}$, und verallgemeinern Sie die daraus gewonnenen Erkenntnisse.

Der Term unter der Wurzel läßt sich durch Ausklammern von $\frac{9}{16}$ vereinfachen.

Damit ergibt sich der Definitionsbereich $D(R) = [-4; 4]$ und der Wertebereich $W(R) = [-3; 3]$.

Der Graph der Relation ist eine Ellipse mit dem Halbachsen $a = 4$ und $b = 3$.

Verallgemeinert man die Erkenntnisse, so erhält man $R(x) = \pm\frac{b}{a}\sqrt{a^2 - x^2}$ als Relationsgleichung einer Ellipse mit den Halbachsen a $(a > 0)$ und b $(b > 0)$.

$$R\colon R(x) = \pm\frac{b}{a}\sqrt{a^2 - x^2}; \quad D(R) = [-a; a];$$
$$W(R) = [-b; b]$$

$$R(x) = \pm\sqrt{9 - \tfrac{9}{16}x^2} = \pm\sqrt{\tfrac{9}{16}(16 - x^2)}$$
$$= \pm\tfrac{3}{4}\sqrt{16 - x^2}$$
$$= \pm\tfrac{3}{4}\sqrt{4^2 - x^2}; \; x \in [-4; 4]$$

► $R(x) = \pm\frac{b}{a}\sqrt{a^2 - x^2}; \; x \in [-a; a]$

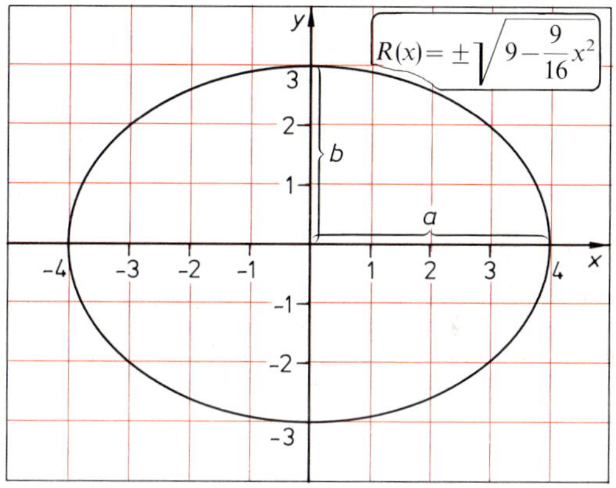

Beispiel: Zeichnen Sie die Graphen der Relationen vom Typ R: $R(x) = \pm\sqrt{a + x^2}$ für $a \in \{-1; 1\}$, und beurteilen Sie den Einfluß von a.

$R(x) = \pm\sqrt{a + x^2}$ ► $a = -1$

$R_1(x) = \pm\sqrt{x^2 - 1}$; $D(R_1) = \mathbb{R} \setminus (-1; 1)$;
$W(R_1) = \mathbb{R}$

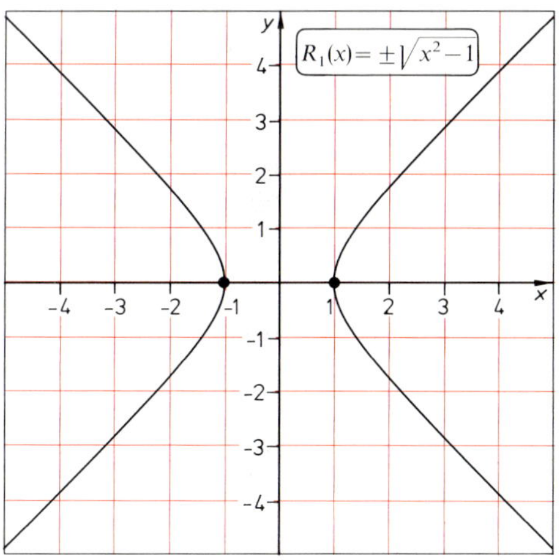

$R(x) = \pm\sqrt{a + x^2}$ ► $a = 1$

$R_2(x) = \pm\sqrt{1 + x^2}$; $D(R_2) = \mathbb{R}$;
$W(R_2) = \mathbb{R} \setminus (-1; 1)$

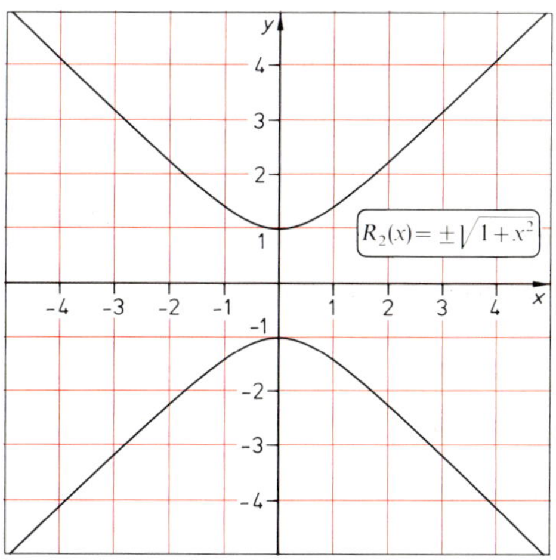

Die Graphen der Relationen sind achsensymmetrische Hyperbeln. a beeinflußt den Definitionsbereich der Relationen und die Symmetrieachse der Graphen. Für $a < 0$ ist die y-Achse, für $a > 0$ die x-Achse Symmetrieachse der Graphen.

Problem: Ermitteln Sie für die Wurzelrelation R: $R(x)=\pm\sqrt{\frac{4-x}{2+x}}$ den Definitionsbereich, den Wertebereich sowie Achsenschnittpunkte des Graphen.

Um den Definitionsbereich zu ermitteln, stellt man fest, für welche x-Werte der Radikand nicht negativ ist.
Die Fallunterscheidung ergibt, daß die Ungleichung $\frac{4-x}{2+x}\geq 0$ mit $2+x\neq 0$ nur die Lösungen $x>-2$ und $x\leq 4$ hat, d.h. es gilt $D(R)=(-2;\,4]$.
Die Relation R hat demnach an der Stelle $x_1=-2$ eine Randstelle, die nicht zum Definitionsbereich gehört, während die Randstelle $x_2=4$ ein Element von $D(R)$ ist.

$R(x)=\pm\sqrt{\frac{4-x}{2+x}}$ ► $\frac{4-x}{2+x}\geq 0$

Fall A: $4-x\geq 0$ und $2+x>0$
$\Rightarrow x\leq 4$ und $x>-2 \Rightarrow x\in(-2;\,4]$

Fall B: $4-x\leq 0$ und $2+x<0$
$\Rightarrow x\geq 4$ und $x<-2 \Rightarrow$ keine Lösung

$R(x):=\begin{cases} f_1(x) \\ f_2(x)\end{cases}$ ► $f_1(x)=\sqrt{\frac{4-x}{2+x}}$; $f_2(x)=-\sqrt{\frac{4-x}{2+x}}$

An der Randstelle $x_1=-2$ wird untersucht, ob die beiden Teilfunktionen f_1 und f_2, in die man die Relation R zerlegen kann, einseitige Grenzwerte besitzen.
Zweckmäßigerweise substituiert man dazu $x=-2+\delta$ mit $\delta>0$ und wendet den Grenzwertsatz für Wurzelfunktionen an.

Für die Teilfunktion f_1 erhält man an der Stelle $x_1=-2$ den uneigentlichen rechtsseitigen Grenzwert $u_{R_1}=\infty$.

$$\lim_{\substack{x\to -2\\ x>-2}} f_1(x)=\lim_{\substack{x\to -2\\ x>-2}}\sqrt{\frac{4-x}{2+x}} \quad ► \; x=-2+\delta;\ \delta>0$$
$$=\lim_{\delta\to 0}\sqrt{\frac{4-(-2+\delta)}{2+(-2+\delta)}}$$
$$=\lim_{\delta\to 0}\sqrt{\frac{6-\delta}{\delta}}$$
$$=\sqrt{\lim_{\delta\to 0}\frac{6}{\delta}-1}$$
$$=\sqrt{\infty-1}$$
$$=\underline{\underline{\infty}}=u_{R_1} \quad ► \text{ uneigentlicher rechtsseitiger Grenzwert}$$

Bei der Teilfunktion f_2 verfährt man genauso und erhält hier den uneigentlichen rechtsseitigen Grenzwert $u_{R_2}=-\infty$.

An der Stelle $x_1=-2$ existieren damit zwei uneigentliche rechtsseitige Grenzwerte, nämlich $u_{R_1}=\infty$ und $u_{R_2}=-\infty$. Dies bedeutet, daß die Randstelle $x_1=-2$ eine einseitige (rechtsseitige) Unendlichkeitsstelle mit Vorzeichenwechsel ist.

Die Gerade mit der Gleichung $x=-2$ ist vertikale Asymptote des Graphen $G(R)$.

$$\lim_{\substack{x\to -2\\ x>-2}} f_2(x)=\lim_{\substack{x\to -2\\ x>-2}}-\sqrt{\frac{4-x}{2+x}}$$
$$=-\lim_{\substack{x\to -2\\ x>-2}}\sqrt{\frac{4-x}{2+x}}$$
$$=-\lim_{\substack{x\to -2\\ x>-2}} f_1(x) \quad ► \lim_{\substack{x\to -2\\ x>-2}} f_1(x)=\infty$$
$$=\underline{\underline{-\infty}}=u_{R_2} \quad ► \text{ uneigentlicher rechtsseitiger Grenzwert}$$

Zur Bestimmung der Nullstellen setzt man in der Relationsgleichung für $R(x)$ den Wert Null und löst die Gleichung. $x_2=4$ ist einzige Nullstelle.

$R(x)=0$ ► $\pm\sqrt{\frac{4-x}{2+x}}=0$
$\Rightarrow x_2=4$ ► Nullstelle

Die Ordinaten von Schnittpunkten mit der y-Achse erhält man aus $R(0)$. In diesem Falle führt $R(0)$ auf die beiden Achsenschnittpunkte $P_1\langle 0|-\sqrt{2}\rangle$ und $P_2\langle 0|\sqrt{2}\rangle$.

Damit ist auch der Wertebereich der Funktion f bekannt, nämlich $W(f)=\mathbb{R}$.

$$R(0)=\pm\sqrt{\frac{4-0}{2+0}}=\underline{\underline{\pm\sqrt{2}}}$$

$\Rightarrow P_1\langle 0|-\sqrt{2}\rangle$ und $P_2\langle 0|\sqrt{2}\rangle$ ► Schnittpunkte des Graphen mit der y-Achse

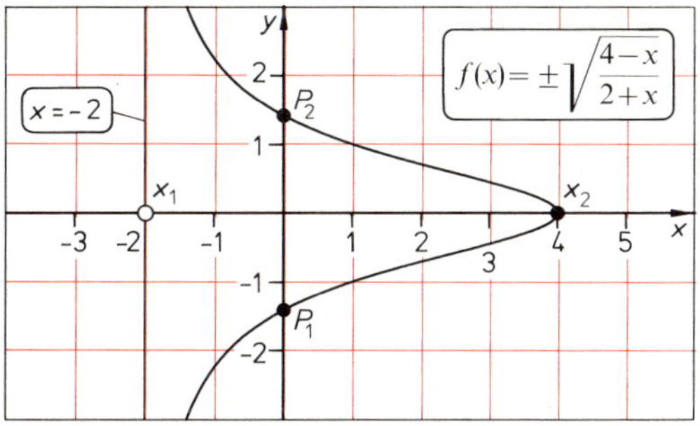

Merke:

> Bei Wurzelfunktionen müssen zur Ermittlung des Definitionsbereiches gegebenenfalls Fallunterscheidungen durchgeführt werden, um festzustellen, für welche x-Werte der Radikand nichtnegativ ist.

Beispiel: Bestimmen Sie für die Funktion f: $f(x)=0{,}5\cdot\sqrt{x^3+2x^2}$ den Definitionsbereich sowie die Nullstellen, und zeichnen Sie den Graphen.

Klammert man im Term unter der Wurzel den Faktor x^2 aus, so erhält man einen Funktionsterm, aus dem sich wegen $x^2\geq 0$ der Definitionsbereich $D(f)=[-2;\,\infty)$ unmittelbar ablesen läßt.

Zur Bestimmung der Nullstellen untersucht man, an welchen Stellen $f(x)=0$ gilt. Das ist nur dann der Fall, wenn $x^2(x+2)=0$ gilt, also für $x^2=0$ oder für $x+2=0$. Daraus ergeben sich die Nullstellen $x_1=0$ und $x_2=-2$.

Die Nullstelle $x_2=-2$ ist gleichzeitig Randstelle der Funktion.

Der Graph der Funktion bestätigt die Ergebnisse. An der Nullstelle $x_1=0$ hat der Graph eine Spitze.

$$\begin{aligned} f(x)&=0{,}5\cdot\sqrt{x^3+2x^2} && \blacktriangleright\ D(f)=?\\ &=0{,}5\cdot\sqrt{x^2(x+2)}\\ &=0{,}5\cdot|x|\cdot\sqrt{x+2} && \blacktriangleright\ x+2\geq 0\end{aligned}$$

$$\Rightarrow D(f)=[-2;\,\infty)$$

$$f(x)=0{,}5\,\sqrt{x^2(x+2)}\ \blacktriangleright\ f(x)=0$$

$$\left.\begin{aligned} x^2(x+2)=0 \Rightarrow\quad x^2&=0\Rightarrow x_1=0\\ x+2&=0\Rightarrow x_2=-2\end{aligned}\right\}\ \text{Nullstellen}$$

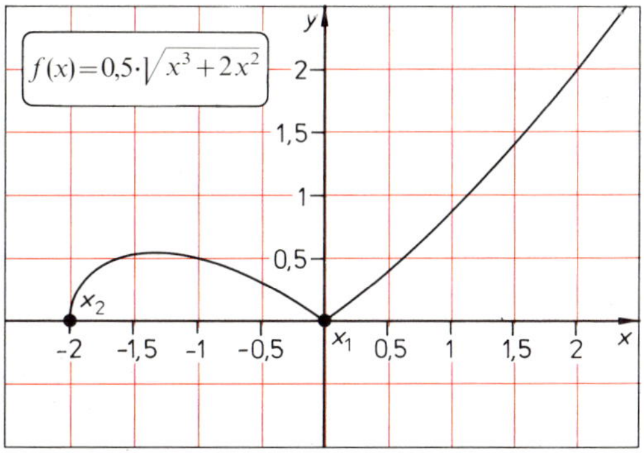

Beispiel: Ermitteln Sie für die Funktion $f: f(x)=\sqrt{x^3-4x}$ den Definitionsbereich sowie vorhandene Nullstellen, und zeichnen Sie den Graphen.

Der Radikand kann in ein Produkt aus drei Faktoren $x(x+2)(x-2)$ zerlegt werden.

Mögliche nichtnegative Radikanden erhält man durch Fallunterscheidung und Verknüpfung der einzelnen Aussagen.

Bei drei Faktoren müssen entweder alle Faktoren positiv oder jeweils zwei Faktoren negativ sein, damit der Radikand nichtnegativ wird.

Aus den möglichen Fällen ergibt sich, daß der Radikand nur für x-Werte aus den Intervallen $[-2; 0]$ und $[2; \infty)$ die Bedingung erfüllt, also nichtnegativ ist, d.h. der Definitionsbereich lautet $D(f)=[-2; 0]\cup[2; \infty)$.

$f(x)=\sqrt{x^3-4x}=\sqrt{x(x+2)(x-2)}$ ▶ $D(f)=?$

Für $x(x+2)(x-2)\geq 0$ gilt:

- $x\geq 0$ und $x+2\geq 0$ und $x-2\geq 0$
  $[0; \infty)\cap[-2; \infty)\cap[2; \infty)=\underline{[2; \infty)}$
- $x\geq 0$ und $x+2\leq 0$ und $x-2\leq 0$
  $[0; \infty)\cap(-\infty; -2]\cap(-\infty; 2]=\underline{\{\ \}}$
- $x\leq 0$ und $x+2\leq 0$ und $x-2\geq 0$
  $(-\infty; 0]\cap(-\infty; -2]\cap[2; \infty)=\underline{\{\ \}}$
- $x\leq 0$ und $x+2\geq 0$ und $x-2\leq 0$
  $(-\infty; 0]\cap[-2; \infty)\cap(-\infty; 2]=\underline{[-2; 0]}$

$D(f)=[2; \infty)\cup\{\ \}\cup[-2; 0]$

$\underline{\underline{D(f)=[-2; 0]\cup[2; \infty)}}$

Man hätte hier statt dessen auch ein Produkt aus nur zwei Faktoren und damit die Ungleichung $x(x^2-4)\geq 0$ untersuchen können. Ein weiterer Weg zur Bestimmung des Definitionsbereiches besteht darin, daß man zunächst den Graphen der Funktion h: $h(x)=x^3-4x$ zeichnet und daraus seine nichtnegativen Abschnitte abliest.

Zur Bestimmung der Nullstellen untersucht man, an welchen Stellen $f(x)=0$ gilt. Dies ist der Fall für $x=0$ oder $x+2=0$ oder $x-2=0$. Daraus ergeben sich die Nullstellen $x_1=0$, $x_2=-2$ und $x_3=2$.

Alle Nullstellen sind gleichzeitig Randstellen der Funktion.

Die Ergebnisse werden durch den Graphen der Funktion bestätigt.

$f(x)=0{,}5\sqrt{x(x+2)(x-2)}$ ▶ $f(x)=0$

$$x(x+2)(x-2)=0 \Rightarrow \quad x=0 \Rightarrow x_1=\underline{\underline{0}}$$
$$x+2=0 \Rightarrow x_2=\underline{\underline{-2}}$$
$$x-2=0 \Rightarrow x_3=\underline{\underline{2}}$$

$\Rightarrow N(f)=\{-2; 0; 2\}$ ▶ Nullstellenmenge

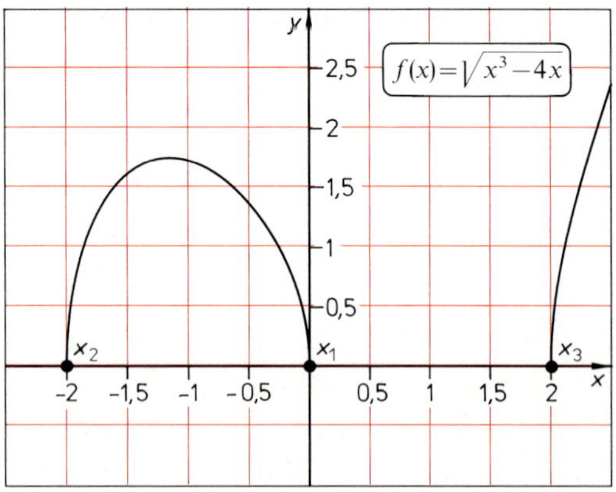

Beispiel: Bestimmen Sie für die Funktion f: $f(x)=\sqrt{x^3+4x^2+4x}$ den Definitionsbereich sowie die Nullstellen, und zeichnen Sie den Graphen.

Klammert man unter der Wurzel den Faktor x aus, so ergibt sich der Radikand $x(x+2)^2$. Um $D(f)$ zu ermitteln, muß festgestellt werden, für welche x-Werte der Radikand nichtnegativ, d.h. größer oder gleich Null ist. Ist der Radikand ein komplizierter Term, so sind in der Regel Fallunterscheidungen notwendig.

Der Produktterm $x \cdot (x+2)^2$ unter der Wurzel ist nur dann nichtnegativ, wenn beide Faktoren zugleich entweder größer/gleich Null oder kleiner/gleich Null sind.

Bildet man jeweils die Schnittmenge der gewonnenen Aussagen, so erhält man im ersten Fall $x \in [0;\infty)$ und im zweiten Fall $x \in \{-2\}$ als Definitionsmenge.

Durch Vereinigung der beiden Mengen ergibt sich der gesuchte Definitionsbereich $D(f)=\mathbb{R}_+ \cup \{-2\}$.

Die Funktion f ist also im Intervall $\mathbb{R}_+$ und an der Stelle $x_2=-2$ definiert. Zur Stelle $x_1=-2$ gibt es Umgebungen, in denen keine weitere Stelle zum Definitionsbereich von f gehört. Eine solche Stelle heißt **isolierte Stelle**, der Punkt $P\langle 0|-2\rangle$ **isolierter Punkt** oder **Einsiedlerpunkt**.

Die Funktion f hat Nullstellen bei $x_1=-2$ und $x_2=0$.

Der Graph der Funktion bestätigt die ermittelten Ergebnisse.

$f(x)=\sqrt{x^3+4x^2+4x}=\sqrt{x(x+2)^2}$ ► $D(f)=?$

$x(x+2)^2 \geq 0 \Rightarrow x \geq 0$ und $(x+2)^2 \geq 0$

$x \leq 0$ und $(x+2)^2 \leq 0$

- $x \geq 0 \Rightarrow x \in [0;\infty)$; $(x+2)^2 \geq 0 \Rightarrow x \in (-\infty;\infty)$
  $[0;\infty) \cap (-\infty;\infty) = \underline{\underline{[0;\infty)=\mathbb{R}_+}}$
- $x \leq 0 \Rightarrow x \in (-\infty;0]$; $(x+2)^2 \leq 0 \Rightarrow x \in \{-2\}$
  $(-\infty;0] \cap \{-2\} = \underline{\underline{\{-2\}}}$

► $\underline{\underline{D(f)=[0;\infty) \cup \{-2\} = \mathbb{R}_+ \cup \{-2\}}}$

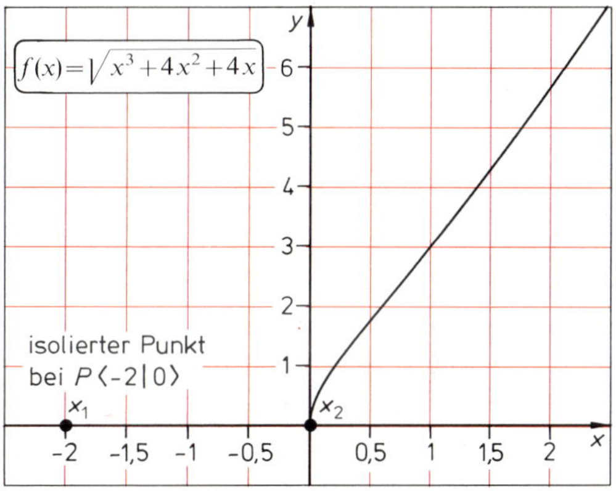

Beispiel: Bestimmen Sie für die Wurzelrelationen $R_1=\pm\sqrt{16-x^2}$ und $R_2(x)=\pm\frac{2}{3}\sqrt{4{,}5^2-x^2}$ die Schnittpunkte ihrer Graphen miteinander.

Falls die beiden Graphen Schnittpunkte besitzen, so stimmen dort ihre Relationswerte überein.

Zur Bestimmung solcher Schnittpunkte setzt man daher die beiden Relationsgleichungen gleich und berechnet aus der entstehenden Gleichung die Schnittstellen.

Löst man die Gleichung auf, so erhält man die x-Werte $x_1=-3{,}5496$ und $x_2=3{,}5496$.

$$\left.\begin{array}{ll} R_1(x)=\pm\sqrt{16-x^2}; & D(R_1)=[-4;4] \\ R_2(x)=\pm\frac{2}{3}\sqrt{4{,}5^2-x^2}; & D(R_2)=[-4{,}5;4{,}5] \end{array}\right\} \blacktriangleright R_1(x)=R_2(x)$$

$\pm\sqrt{16-x^2}=\pm\frac{2}{3}\sqrt{4{,}5^2-x^2}$

$16-x^2=\frac{4}{9}(4{,}5^2-x^2)$

$x^2=12{,}6 \Rightarrow x_1=\underline{\underline{-3{,}5496}}$; $x_2=\underline{\underline{3{,}5496}}$

$x_1=-3{,}5496$ ► $R_1(x)=\underline{\underline{\pm 1{,}8440}}$

$x_2=3{,}5496$ ► $R_1(x)=\underline{\underline{\pm 1{,}8440}}$

Da beim Auflösen der Gleichung quadriert worden ist, können Scheinlösungen entstanden sein. Daher müssen die x-Werte zur Probe in die Ausgangsgleichung eingesetzt werden. Die Probe bestätigt die beiden x-Werte.

Durch Einsetzen dieser x-Werte in eine der beiden Relationsgleichungen erhält man die zugehörigen Relationswerte und damit die vier Schnittpunkte:

$S_1 = \langle 3{,}5496 | 1{,}8440 \rangle$

$S_2 = \langle -3{,}5496 | 1{,}8440 \rangle$

$S_3 = \langle -3{,}5496 | -1{,}8440 \rangle$

$S_4 = \langle 3{,}5496 | 1{,}8440 \rangle$

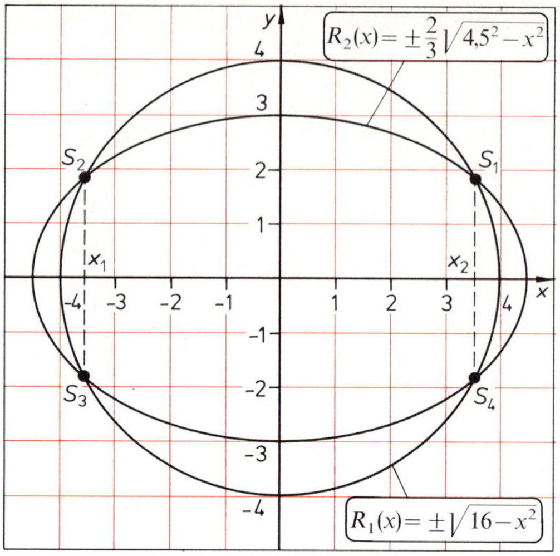

Beispiel: Zeichnen Sie die Graphen der Funktionen vom Typ $f: f(x) = x^{\frac{a}{4}}$ für $a \in \{-3; 3\}$. Bestimmen Sie Definitionsbereich, Nullstellen und Asymptoten.

Die beiden in Potenzschreibweise gegebenen Funktionen werden in die Wurzelschreibweise umgeformt.

$f(x) = x^{\frac{a}{4}}$ ► $a \in \{-3; 3\}$

$f_1 = x^{-\frac{3}{4}} = \frac{1}{x^{\frac{3}{4}}} = \frac{1}{\sqrt[4]{x^3}}$; $D(f_1) = \mathbb{R}_+^*$

$f_2 = x^{\frac{3}{4}} = \sqrt[4]{x^3}$; $D(f_2) = \mathbb{R}_+$

f_1 hat eine Definitionslücke bei $x_0 = 0$, d.h. $D(f_1) = \mathbb{R}_+$, bei der Funktion f_2 existieren keine Definitionslücken, sie hat den Definitionsbereich $D(f_2) = \mathbb{R}_+$.

Die Definitionslücke $x_0 = 0$ ist linke Intervallgrenze von $D(f_1)$. Ermittelt man dort $\lim\limits_{\substack{x \to x_0 \\ x > x_0}} f_1(x)$, so stellt man fest, daß der uneigentliche rechtsseitige Grenzwert $u_R = \infty$ existiert, d.h. es liegt eine einseitige (rechtsseitige) Unendlichkeitsstelle vor und die y-Achse ist vertikale Asymptote des Graphen.

$\lim\limits_{\substack{x \to 0 \\ x > 0}} f_1(x) = \lim\limits_{\substack{x \to 0 \\ x > 0}} \frac{1}{\sqrt[4]{x^3}} = \underline{\underline{\infty}}$ ► Unendlichkeitsstelle

Für $\lim\limits_{x \to \infty} f_1(x)$ erhält man den eigentlichen Grenzwert $g = 0$, d.h. die x-Achse ist horizontale Asymptote des Graphen.

$\lim\limits_{x \to \infty} f_1(x) = \lim\limits_{x \to \infty} \frac{1}{\sqrt[4]{x^3}} = \underline{\underline{0}}$ ► $f_A(x) = 0$

► $G(f_A)$ ist Asymptote

Die Funktion f_1 hat keine Nullstellen, die Funktion f_2 hat eine Nullstelle bei $x_0 = 0$, die gleichzeitig Randstelle der Funktion f_2 ist.

$f_2(x) = \sqrt[4]{x^3}$ ► $f_2(x) = 0$

► $\sqrt[4]{x^3} = 0 \Rightarrow x_0 = 0$ ► Nullstelle

Asymptoten gibt es bei der Funktion f_2 nicht.

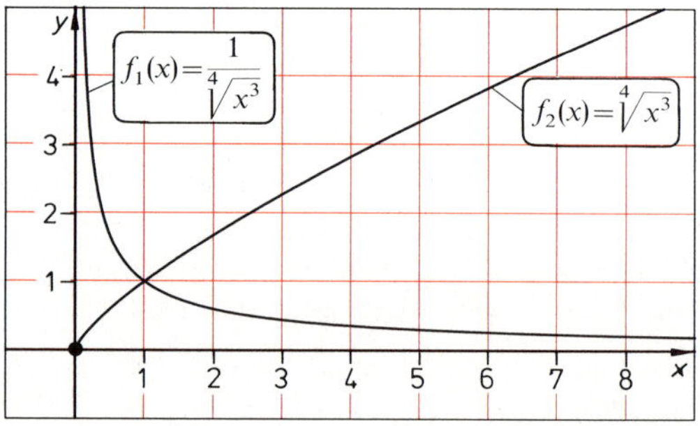

1.2.7 Potenzfunktionen

Funktionen vom Typ $f{:}\,f(x)=x^r$ mit $r\in\mathbb{R}$ heißen **Potenzfunktionen**. Ist r eine rationale Zahl ($r\in\mathbb{Q}$), so handelt es sich um **algebraische Funktionen**, anderenfalls ergeben sich **nichtalgebraische Funktionen** ($r\in\mathbb{R}\setminus\mathbb{Q}$). Algebraische Potenzfunktionen wurden schon in den Kapiteln „Ganze rationale Funktionen", „Gebrochene rationale Funktionen" und „Wurzelfunktionen" behandelt. In diesem Kapitel wird einmal eine Gesamtübersicht gegeben, zum anderen sollen nichtalgebraische Potenzfunktionen untersucht werden.

Ist der Exponent r von einer Potenzfunktion $f{:}\; f(x)=x^r$ eine natürliche Zahl $r\in\mathbb{N}$, so liegt eine ganze rationale Funktion mit $D(f)=\mathbb{R}$ als spezielle Potenzfunktion vor.

- **Potenzfunktionen als ganze rationale Funktionen**

$g{:}\, g(x)=x^7;\; D(g)=\mathbb{R}$

$f{:}\, f(x)=x^r;\; D(f)=\mathbb{R};\; r\in\mathbb{N}$

Ist der Exponent r von einer Potenzfunktion $f{:}\; f(x)=x^r$ eine negative ganze Zahl $r\in\mathbb{Z}_-$, so handelt es sich bei dieser speziellen Potenzfunktion um eine gebrochene rationale Funktion mit $D(f)=\mathbb{R}^*$.

- **Potenzfunktionen als gebrochene rationale Funktionen**

$g{:}\, g(x)=\frac{1}{x^2}=x^{-2};\; D(g)=\mathbb{R}^*$

$f{:}\, f(x)=x^r;\; D(f)=\mathbb{R}^*;\; r\in\mathbb{Z}_-$

Ist der Exponent r von einer Potenzfunktion $f{:}\, f(x)=x^r$ ein positiver bzw. negativer Bruch, so handelt es sich bei diesen speziellen Potenzfunktionen um Wurzelfunktionen mit $D(f)=\mathbb{R}_+$ bzw. $D(f)=\mathbb{R}^*_+$.

- **Potenzfunktionen als Wurzelfunktionen**

$g{:}\, g(x)=\sqrt{x}=x^{\frac{1}{2}};\; D(g)=\mathbb{R}_+$

$h{:}\, h(x)=\sqrt[5]{x^7}=x^{\frac{7}{5}};\; D(g)=\mathbb{R}_+$

$j{:}\, j(x)=\frac{1}{\sqrt[5]{x^3}}=x^{-\frac{3}{5}};\; D(j)=\mathbb{R}^*_+$

$f{:}\, f(x)=x^r \blacktriangleright \begin{cases} D(f)=\mathbb{R}_+\,;\, r\in\mathbb{Q}\setminus\mathbb{Z};\, r>0 \\ D(f)=\mathbb{R}^*_+\,;\, r\in\mathbb{Q}\setminus\mathbb{Z};\, r\leq 0 \end{cases}$

Problem: Untersuchen Sie die allgemeine Potenzfunktion $f{:}\, f(x)=x^r$ für $r\leq 0$, für $0\leq r\leq 1$ und für $r\geq 1$, indem Sie für die verschiedenen Fälle eine Schar von Graphen zeichnen und den Einfluß des Exponenten r auf den Verlauf der Graphen sowie den Definitionsbereich $D(f)$ beschreiben.

Um eine allgemeine Aussage über diese Potenzfunktion machen zu können, ist es notwendig, den Definitionsbereich auf

- $f{:}\; f(x)=x^r;\; r\leq 0 \blacktriangleright r\in\{-\sqrt{7};\; -1;\; -0{,}4;\; 0\}$

$D(f)=\mathbb{R}_+^*$ zu beschränken, denn f ist z.B. für $r=-1$ auf $\mathbb{R}^*$, für $r=-0{,}5$ aber nur auf $\mathbb{R}_+^*$ definiert.

An der Randstelle $x_0=0$ hat die Funktion f den uneigentlichen rechtsseitigen Grenzwert ∞.

Die Schar der Graphen besteht aus hyperbelförmigen Linien, die alle den Punkt $P\langle 1|1\rangle$ gemeinsam haben. Im Intervall $(0; 1)$ verlaufen die Graphen oberhalb der Geraden mit der Gleichung $g(x)=1$, im Intervall $(1; \infty)$ liegen sie unterhalb dieser Geraden.

Die y-Achse ist vertikale, die x-Achse waagerechte Asymptote der Graphen.

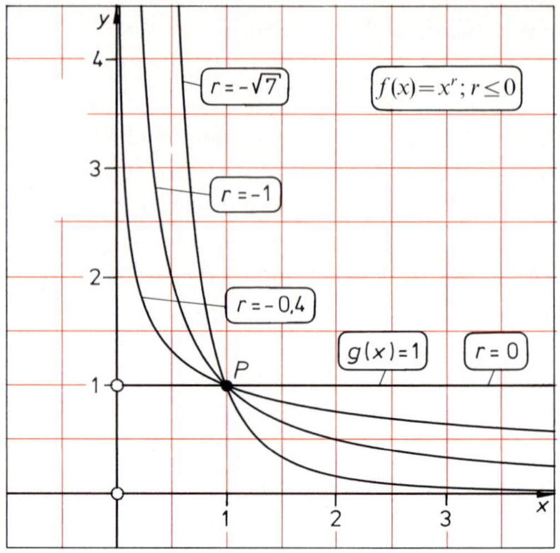

● $f\colon f(x)=x^r;\ 0\leq r\leq 1$ ► $r\in\left\{0;\ 0{,}3;\ \frac{\pi}{5};\ 1\right\}$

Diese Funktionen sind für alle $x\in\mathbb{R}_+^*$ definiert, sie haben also bei $x_0=0$ eine linke Randstelle, die nicht zum Definitionsbereich gehört.

Die Schar der Graphen hat die Form der Graphen von Wurzelfunktionen des Typs $h\colon h(x)=\sqrt[n]{x}$. Alle Graphen schneiden sich im Punkte $P\langle 1|1\rangle$. Im Intervall $[0; 1)$ verlaufen die Graphen unterhalb der Geraden mit der Gleichung $g(x)=1$, im Intervall $(1; \infty)$ liegen sie oberhalb dieser Geraden.

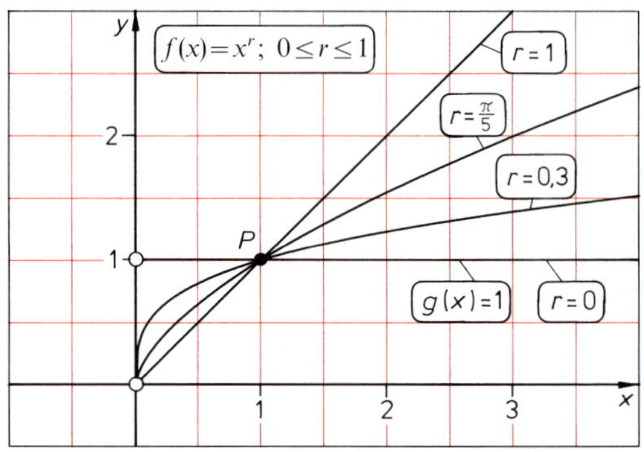

● $f\colon f(x)=x^r;\ x\geq 1$ ► $r\in\{1;\ \sqrt{3};\ e;\ 5\}$

Diese Funktionen sind für alle $x\in\mathbb{R}_+$ definiert und haben bei $x_0=0$ eine linke Randstelle, die zum Definitionsbereich gehört.

Die Schar der Graphen besteht aus parabelförmigen Linien, die alle den Punkt $P\langle 1|1\rangle$ gemeinsam haben. Im Intervall $[0; 1)$ verlaufen die Graphen unterhalb der Geraden mit der Gleichung $g(x)=1$, im Intervall $(1; \infty)$ liegen sie oberhalb dieser Geraden.

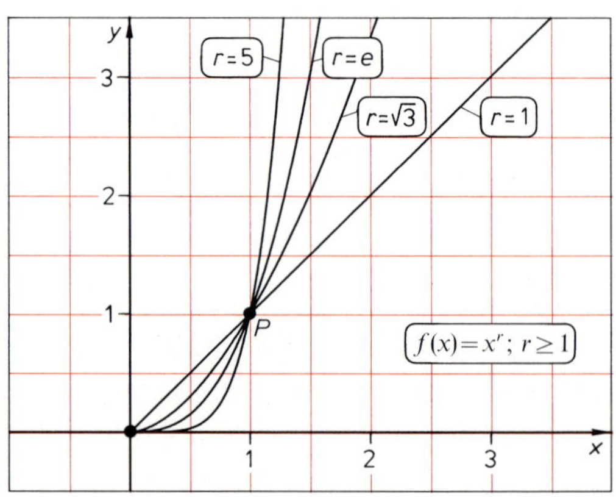

Aus den vorstehenden Aussagen gewinnt man die Erkenntnis, daß eine einheitliche Aussage über den Definitionsbereich von allen Potenzfunktionen der Form $f\colon f(x)=x^r$ mit $r\in\mathbb{R}$ nur gemacht werden können, wenn man den Definitionsbereich auf $D(f)=\mathbb{R}_+^*$ einschränkt.

Merke:

$f\colon f(x)=x^r$; $D(f)=\mathbb{R}_+^*$ und $r\in\mathbb{R}$ ▶ allgemeine Potenzfunktion

Beispiel: Ermitteln Sie für die Funktion $f\colon f(x)=(0{,}1\,x^3-0{,}2\,x^2-x+1{,}5)^{\sqrt{\pi}}$ den Definitionsbereich; bestimmen Sie Schnittpunkte mit den Koordinatenachsen, und zeichnen Sie den Graphen.

Die Funktion f ist zwar keine „reine" Potenzfunktion im Sinne der vorstehenden Definition, man kann Sie jedoch als eine Funktion $f\colon f(x)=b(x)^{\sqrt{\pi}}$ mit der Basis $b(x)=0{,}1\,x^3-0{,}2\,x^2-x+1{,}5$ auffassen. Hierbei sind zunächst nur solche x-Werte zugelassen, für die $b(x)>0$ gilt. Da in diesem Fall auch $0^{\sqrt{\pi}}=0$ erklärt ist, dürfen nachträglich auch die Nullstellen der ganzrationalen Funktion b noch zugelassen werden.

Zur Feststellung des Definitionsbereiches $D(f)$ und gegebenenfalls vorhandener Nullstellen ist es sinnvoll, zunächst den Graphen der ganzrationalen Funktion b zu zeichnen. Es zeigt sich, daß der Graph nur zwischen den Nullstellen x_1 und x_2 und nach der Stelle x_3 ganz oberhalb der x-Achse verläuft.

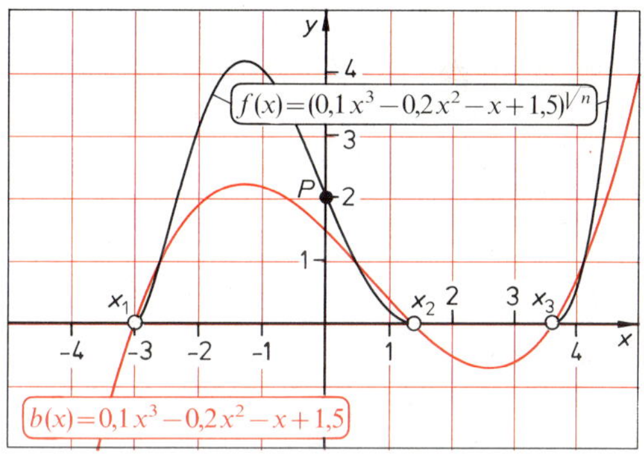

Um rechnerisch zu ermitteln, wo $b(x)\geq 0$ gilt, müßte man die entsprechende Ungleichung lösen. Dazu faktorisiert man die Basis $b(x)$ und berechnet dann die Lösungen. Da hierzu mehrere Fallunterscheidungen notwendig wären, ist es hier einfacher, nur die Gleichung $b(x)=0$ zu lösen und an Hand des Graphen zu entscheiden, wo $b(x)\geq 0$ gilt.

Man erhält die Lösungen x_1, x_2 und x_3, aus denen man mit Hilfe des Graphen den Definitionsbereich $D(f)$ ermittelt.

$$f(x)=(0{,}1\,x^3-0{,}2\,x^2-x+1{,}5)^{\sqrt{\pi}}$$
$$=[b(x)]^{\sqrt{\pi}} \;\blacktriangleright\; b(x)\geq 0$$
$$\Rightarrow 0{,}1\,x^3-0{,}2\,x^2-x+1{,}5\geq 0$$
$$\Rightarrow (x+3)(2x+\sqrt{5}-5)(2x-\sqrt{5}-5)\geq 0$$
$$(x+3)(2x+\sqrt{5}-5)(2x-\sqrt{5}-5)=0$$
$$\Rightarrow \underline{\underline{x_1=-3;\; x_2=1{,}382;\; x_3=3{,}618}}$$
$$\blacktriangleright\; x_1\geq -3;\; x_2\leq 1{,}382;\; x_3\geq 3{,}618$$
$$\Rightarrow \underline{\underline{D(f)=[-3;\;1{,}382]\cup[3{,}618;\;\infty)}}$$

Der Schnittpunkt P mit der y-Achse ergibt sich aus $f(0)=1{,}5^{\sqrt{\pi}}=2{,}052$ zu $P\langle 0|2{,}052\rangle$.

$$f(x)=(0{,}1\,x^3-0{,}2\,x^2-x+1{,}5)^{\sqrt{\pi}}$$
$$\Rightarrow f(0)=(0{,}1\cdot 0^3-0{,}2\cdot 0^2-0+1{,}5)^{\sqrt{\pi}}$$
$$=1{,}5^{\sqrt{\pi}}$$
$$=\underline{\underline{2{,}052}} \;\blacktriangleright\; P\langle 0|2{,}052\rangle$$

▶ Schnittpunkt mit der y-Achse

1.2.8 Abschnittsweise definierte Funktionen

Problem: Eine Bank bietet für Spareinlagen bis 20000 DM jährlich 3% Zinsen, über 20000 DM bis 50000 DM jährlich 4,5% Zinsen und über 50000 DM jährlich 5,5% Zinsen. Entwickeln Sie eine Funktion, die diesen Sachverhalt wiedergibt, und zeichnen Sie den Graphen der Funktion.

Aus der Zinsfunktion Z: $Z(K)=0{,}01\cdot p\cdot K$ lassen sich für die gegebenen Prozentsätze $p_1=3$, $p_2=4{,}5$ und $p_3=5{,}5$ drei verschiedene Funktionen Z_1, Z_2 und Z_3 bilden, die den Sachverhalt der Problemstellung beschreiben. Jede dieser Funktionen ist jedoch nur für einen bestimmten Abschnitt der Variablen K definiert, denn es gelten die Bedingungen:

$p_1=3$, wenn $K\leq 20000$ DM

$p_2=4{,}5$, wenn 20000 DM $<K\leq 50000$ DM

$p_3=5{,}5$, wenn $K>50000$ DM.

Für jeden Definitionsabschnitt gilt also eine andere Funktionsgleichung, nämlich:

$Z_1(K)=0{,}03\cdot K$, wenn $K\leq 20000$

$Z_2(K)=0{,}045\cdot K$, wenn $20000<K\leq 50000$

$Z_3(K)=0{,}055\cdot K$, wenn $K>50000$.

Will man den gesamten Zusammenhang in einer Funktion darstellen, so ist dies mit einer besonderen Schreibweise möglich.

Solche Funktionen heißen **abschnittsweise definierte Funktionen**.

$$Z(K)=\frac{K\cdot p}{100}=0{,}01\,p\cdot K$$ ► $K=$ Kapital

$Z_1(K)=0{,}03\cdot K$, $Z_2(K)=0{,}045\cdot K$, $Z_3(K)=0{,}055\cdot K$

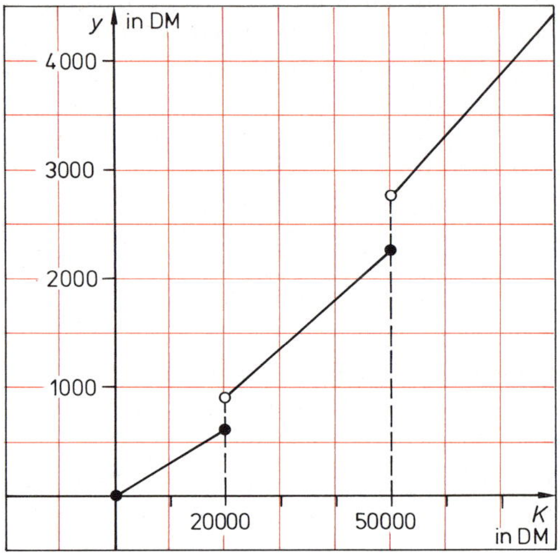

$$Z(K):=\begin{cases}0{,}03\,K, & \text{wenn } K\leq 20000\\ 0{,}045\,K, & \text{wenn } 20000<K\leq 50000\\ 0{,}055\,K, & \text{wenn } K>50000\end{cases}$$

Beispiel: Stellen Sie die Funktion $f: f(x)=2|x-1|-4$ ohne Betragszeichen als abschnittsweise definierte Funktion dar, und zeichnen Sie den Graphen.

Die Funktion f hat den Definitionsbereich $D(f)=\mathbb{R}$. $W(f)=[-4;\infty)$ ist der Wertebereich.

Der Graph der Funktion besteht aus zwei Geraden, die im Punkte $\langle 1\,|\,-4\rangle$ eine Spitze bilden.

Im Intervall $(-\infty;1)$ ist die Steigung der Geraden negativ, im Intervall $[1;\infty)$ dagegen positiv.

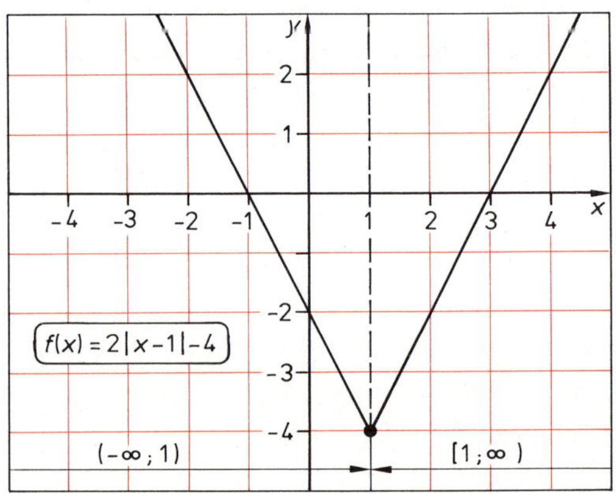

Will man die Betragszeichen weglassen, so muß man untersuchen, für welche x-Werte der Term $(x-1)$ innerhalb der Betragszeichen negativ oder nichtnegativ ist.

Für $x \geq 1$ ist der Term innerhalb der Betragszeichen immer positiv, so daß man für diesen Definitionsabschnitt die Betragszeichen weglassen kann.
Für $x<1$ ist der Term innerhalb der Betragszeichen immer negativ, sein Betrag selbst aber positiv. Will man daher auch für diesen Definitionsabschnitt der Funktion f die Betragszeichen weglassen, so muß der Term innerhalb der Betragszeichen mit (-1) multipliziert werden, damit er auch positiv ist.
Damit erhält man eine abschnittsweise Darstellung der Funktion f.

$f(x)=2|x-1|-4$

$x \geq 1$ ► $f_1(x)=2(x-1)-4$
$=2x-6$

$\Rightarrow f_1: f_1(x)=2x-6;\ D(f_1)=[1;\ \infty)$

$x<1$ ► $f_2(x)=2\cdot[-(x-1)]-4$
$=-2x-2$

$\Rightarrow f_2: f_2(x)=-2x-2;\ D(f_2)=(-\infty;\ 1)$

$$f: f(x):=\begin{cases} 2x-6, & \text{wenn } x \geq 1 \\ -2x-2, & \text{wenn } x<1 \end{cases}$$

Betragsfunktion — Absolutfunktion

Problem: Zeichnen Sie den Graphen der Funktion f: $f(x)=|x|$, und geben Sie eine betragszeichenfreie Darstellung durch abschnittsweise Definition an.

Die Funktion f: $f(x)=|x|$ hat den Definitionsbereich $D(f)=\mathbb{R}$ und den Wertebereich $W(f)=\mathbb{R}_+$.

Für den Definitionsabschnitt $x \geq 0$ der Funktion kann man die Betragszeichen weglassen, für den Definitionsabschnitt $x<0$ der Funktion erhält man den Funktionsterm $f(x)=-x$.

Damit läßt sich die Funktion abschnittsweise darstellen.

Der Graph der Funktion besteht aus zwei Geraden mit einer Spitze im Punkte $\langle 0|0 \rangle$.

Funktionen, in deren Funktionsgleichungen die Funktionsvariable innerhalb von Betragszeichen steht, heißen **Betragsfunktionen** oder **Absolutfunktionen**.

Für die Betragsfunktion sind mehrere Schreibweisen gebräuchlich.

Die Betragsschreibweise kann man durch eine betragszeichenfreie Schreibweise ersetzen.

$f(x)=|x|;\ x \in \mathbb{R}$ ► $|x|=x$, wenn $x \geq 0$
$|x|=-x$, wenn $x<0$

$$\blacktriangleright\ f(x):=\begin{cases} x, & \text{wenn } x \geq 0 \\ -x, & \text{wenn } x<0 \end{cases}$$

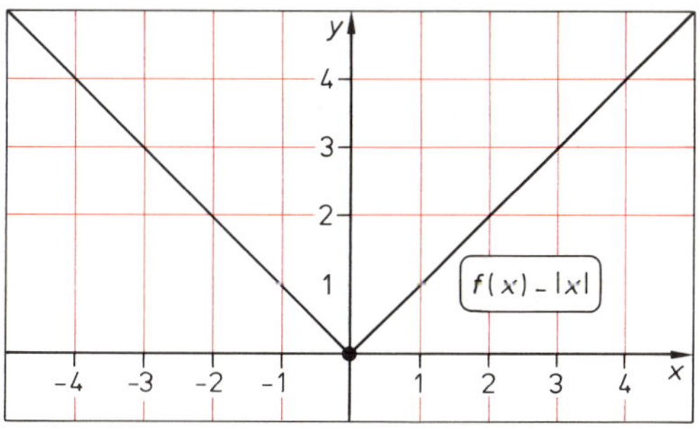

$$f(x)=|x|=\mathrm{ABS}(x)=\begin{cases} x, & \text{wenn } x \geq 0 \\ -x, & \text{wenn } x<0 \end{cases}$$

$|a|=a$ für $a>0$
$|a|=0$ für $a=0$
$|a|=-a$ für $a<0$

Merke:

Für die Betragsfunktion (Absolutfunktion) sind mehrere, zum Teil genormte Schreibweisen gebräuchlich.

$$f\colon f(x)=|x|=\mathrm{ABS}(x);\; D(f)=\mathbb{R} \Leftrightarrow f\colon f(x):=\begin{cases} x, & \text{wenn } x\geq 0 \\ -x, & \text{wenn } x<0 \end{cases} \Leftrightarrow f\colon f(x)=_{\text{def}}\begin{cases} x, & \text{wenn } x\geq 0 \\ -x, & \text{wenn } x<0 \end{cases}$$

Beispiel: Stellen Sie die Funktion $f\colon f(x)=\frac{3}{2}\sqrt{|x^2-1|}$ in betragszeichenfreier Schreibweise dar, und zeichnen Sie den Graphen der Funktion.

Die Betragsfunktion f hat den Definitionsbereich $D(f)=\mathbb{R}$ und den Wertebereich $W(f)=\mathbb{R}_+$.

An den Stellen $x_1=-1$ sowie $x_2=1$ liegen Nullstellen der Funktion vor. An diesen Stellen hat der Graph der Funktion Spitzen.

Löst man die Betragszeichen auf, so ergeben sich zwei Terme für den Radikanden, nämlich $-(x^2-1)=1-x^2$ und x^2-1.

Untersucht man die Definitionsbereiche der Funktionen mit diesen beiden Termen, so ergeben sich drei Definitionsabschnitte, und zwar:

$f_1(x)=\frac{3}{2}\sqrt{x^2-1}$, wenn $x\in(-\infty;\,-1)$
$f_2(x)=\frac{3}{2}\sqrt{1-x^2}$, wenn $x\in[-1;\,1]$
$f_3(x)=\frac{3}{2}\sqrt{x^2-1}$, wenn $x\in(1;\,\infty)$.

Daraus ergibt sich die abschnittsweise Darstellung der Betragsfunktion f.

$f(x)=\frac{3}{2}\sqrt{|x^2-1|}=\frac{3}{2}\sqrt{\mathrm{ABS}(x^2-1)}$; $x\in\mathbb{R}$

$x<-1$ ► $f(x)=\frac{3}{2}\sqrt{x^2-1}$

$-1\leq x\leq 1$ ► $f(x)=\frac{3}{2}\sqrt{-(x^2-1)}=\frac{3}{2}\sqrt{1-x^2}$

$x>1$ ► $f(x)=\frac{3}{2}\sqrt{x^2-1}$

$$\blacktriangleright\; f\colon f(x):=\begin{cases} \frac{3}{2}\sqrt{x^2-1}, & \text{wenn } x\in(-\infty;\,-1) \\ \frac{3}{2}\sqrt{1-x^2}, & \text{wenn } x\in[-1;\,1] \\ \frac{3}{2}\sqrt{x^2-1}, & \text{wenn } x\in(1;\,\infty) \end{cases}$$

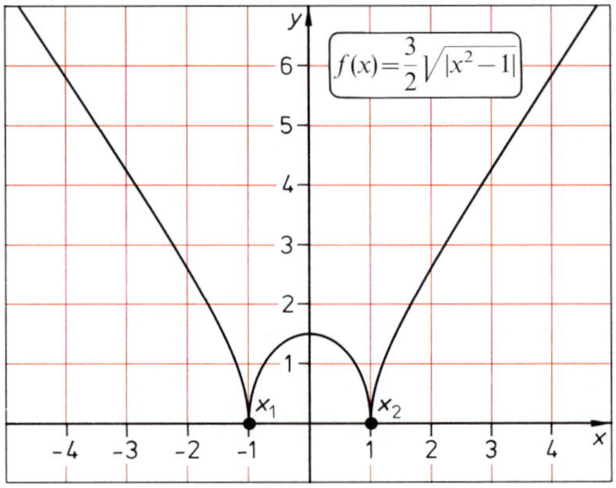

Beispiel: Bestimmen Sie für die Funktion $f\colon f(x)=\frac{0{,}3x^3-0{,}3x^2-2{,}5x+2{,}5}{|x-1|}-1$ den Definitionsbereich, und charakterisieren Sie vorhandene Definitionslücken.

Die Funktion f ist an der Stelle $x_0=1$ nicht definiert, d.h. $D(f)=\mathbb{R}\setminus\{1\}$.

Um mit dem Funktionsterm $f(x)$ rechnen zu können, ist es sinnvoll, die Betragszeichen aufzulösen.

$$f(x)=\frac{0{,}3x^3-0{,}3x^2-2{,}5x+2{,}5}{|x-1|}-1=\frac{Z(x)}{N(x)}-1$$

► $N(x)=0$ $|x-1|=0 \Rightarrow x_0=1$ ► Definitionslücke

► $D(f)=\mathbb{R}\setminus\{1\}$ ► Definitionsbereich

Da für $x<1$ der Term innerhalb der Betragszeichen immer kleiner als Null ist, gilt dort:

$|x-1|=-(x-1)$ ► $f_1(x)$

Für $x>1$ ist der Term innerhalb der Betragszeichen immer größer als Null, so daß die Betragszeichen weggelassen werden können, d.h. es gilt dort:

$|x-1|=x-1$ ► $f_2(x)$.

Für die beiden Teilfunktionen f_1 und f_2 kann man jetzt unter Zuhilfenahme von Ersatzfunktionen h_1 bzw. h_2 den linksseitigen und den rechtsseitigen Grenzwert an der Stelle $x_0=1$ ermitteln.

Da die Ersatzfunktion h_1 eine Polynomfunktion ist, ist der Grenzwert an der Stelle $x_0=1$ gleich dem Funktionswert an dieser Stelle $h_1(1)=1{,}2$, d.h. man erhält den linksseitigen Grenzwert $g_L=1{,}2$.

Auch die Ersatzfunktion h_2 ist eine Polynomfunktion. Deshalb sind der rechtsseitige Grenzwert g_R und der Funktionswert $h_2(1)$ an der Stelle $x_0=1$ gleich, d.h. es gilt $h_2(1)=1{,}2=g_R$.

Da an der Stelle $x_0=1$ der linksseitige Grenzwert g_L und der rechtsseitige Grenzwert g_R verschieden, beide aber endlich sind, liegt eine endliche Sprungstelle vor.

Der Graph der Funktion bestätigt die ermittelten Ergebnisse.

$$f_1(x)=\frac{(0{,}3x^2-2{,}5)(x-1)}{-(x-1)}-1;\ x<1$$
$$=\underline{\underline{-0{,}3x^2+1{,}5;\ x<1}}$$

$h_1(x)=-0{,}3x^2+1{,}5;\ x\in\mathbb{R}$

$$\lim_{\substack{x\to 1\\ x<1}} f_1(x)=\lim_{\substack{x\to 1\\ x<1}} h_1(x)=\lim_{\substack{x\to 1\\ x<1}}(-0{,}3x^2+1{,}5)$$
$$=h_1(1)$$
$$=\underline{\underline{1{,}2}}=g_L$$ ► linksseitiger Grenzwert

$$f_2(x)=\frac{(0{,}3x^2-2{,}5)(x-1)}{x-1}-1;\ x>1$$
$$=\underline{\underline{0{,}3x^2-3{,}5;\ x>1}}$$

$h_2(x)=0{,}3x^2-3{,}5;\ x\in\mathbb{R}$

$$\lim_{\substack{x\to 1\\ x>1}} f_2(x)=\lim_{\substack{x\to 1\\ x>1}} h_2(x)=\lim_{\substack{x\to 1\\ x>1}}(0{,}3x^2-3{,}5)$$
$$=h_2(1)$$
$$=\underline{\underline{-3{,}2}}=g_R$$ ► rechtsseitiger Grenzwert

► $g_L \neq g_R$ und $g_L;\ g_R\in\mathbb{R}$ ► endliche Sprungstelle

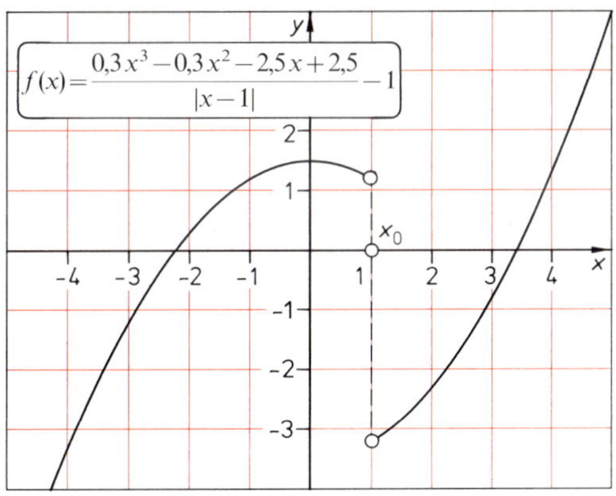

Signumfunktion — Vorzeichenfunktion

Problem: Zeichnen Sie die abschnittsweise definierte Funktion f: $f(x):=\begin{cases}-1, & \text{wenn } x<0\\ 0, & \text{wenn } x=0.\\ 1, & \text{wenn } x>0\end{cases}$

Bei der Funktion f wird jedem Element des Definitionsbereiches die Zahl 1 für $x>0$, die Zahl 0 für $x=0$ und die Zahl -1 für $x<0$ zugeordnet, d.h. der Wertebereich enthält nur die Elemente -1; 0 und 1, es ist also

$$f(x):=\begin{cases}-1, & \text{wenn } x<0\\ 0, & \text{wenn } x=0\\ 1, & \text{wenn } x>0\end{cases}$$
$$=\operatorname{sgn} x$$ ► Signumfunktion

$W(f) = \{-1; 0; 1\}$. Diese Funktion ordnet jeder reellen Zahl gewissermaßen ihr Vorzeichen zu und heißt deshalb auch **Vorzeichenfunktion** oder **Signumfunktion**. Sie wird mit sgn x bezeichnet (gelesen: „Signum von x“).

Die Signumfunktion hat an der Stelle $x_0 = 0$ eine Unstetigkeitsstelle, und zwar eine endliche Sprungstelle.

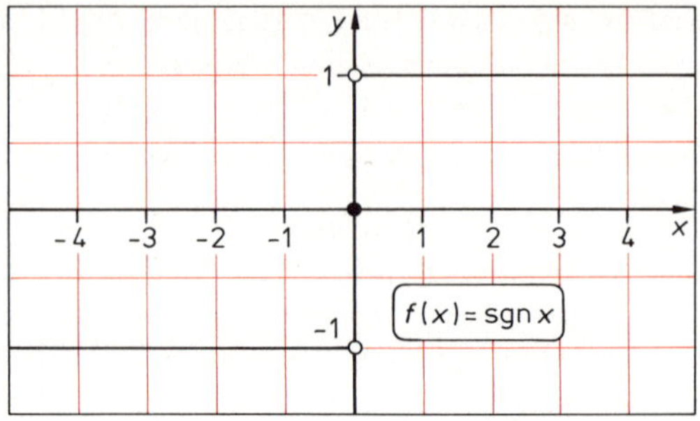

$\lim\limits_{\substack{x \to 0 \\ x < 0}} f(x) = -1$; $\lim\limits_{\substack{x \to 0 \\ x > 0}} f(x) = 1$ und $f(0) = 0$

Merke:

$$\operatorname{sgn} x := \begin{cases} -1, & \text{wenn } x < 1 \\ 0, & \text{wenn } x = 0 \\ 1, & \text{wenn } x > 1 \end{cases} \Leftrightarrow \operatorname{sgn} x := \begin{cases} \dfrac{x}{|x|}, & \text{wenn } x \in \mathbb{R}^* \\ 0, & \text{wenn } x = 0 \end{cases}$$ ► Signumfunktion, Vorzeichenfunktion

Beispiel: Zeichnen Sie den Graphen der Funktion $f: f(x) = (0{,}25\,x^2 + 0{,}5\,x - 1) \cdot \operatorname{sgn} x$, und geben Sie eine abschnittsweise Definition der Funktion an.

Da jeder Faktor im Funktionsterm von f für alle $x \in \mathbb{R}$ definiert ist, gilt dies auch für die Funktion f selbst, d.h. $D(f) = \mathbb{R}$.

$$f(x) = (0{,}25\,x^2 + 0{,}5\,x - 1) \cdot \operatorname{sgn} x \;\blacktriangleright\; \operatorname{sgn} x := \begin{cases} -1, & \text{wenn } x < 0 \\ 0, & \text{wenn } x = 0 \\ 1, & \text{wenn } x > 0 \end{cases}$$

Mit Hilfe der abschnittsweisen Erklärung der Signumfunktion erhält man auch für die Funktion f eine abschnittsweise Darstellung.

$$f(x) := \begin{cases} -0{,}25\,x^2 - 0{,}5\,x + 1, & \text{wenn } x < 0 \;\blacktriangleright\; f_1(x) \\ 0, & \text{wenn } x = 0 \\ 0{,}25\,x^2 + 0{,}5\,x - 1, & \text{wenn } x > 0 \;\blacktriangleright\; f_2(x) \end{cases}$$

Aus dem Graphen der Funktion ist ersichtlich, daß an der Stelle $x_0 = 0$ eine Unstetigkeitsstelle existiert, und zwar eine endliche Sprungstelle.

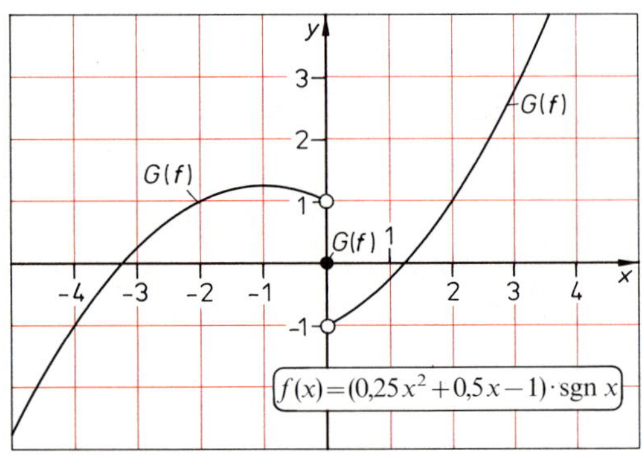

Man bildet $\lim\limits_{\substack{x \to 0 \\ x < 0}} f(x)$ sowie $\lim\limits_{\substack{x \to 0 \\ x > 0}} f(x)$, und stellt fest, welche einseitigen Grenzwerte existieren. In diesem Falle liegt der linksseitige Grenzwert $g_L = 1$ sowie der rechtsseiti-

$$\lim\limits_{\substack{x \to 0 \\ x < 0}} f_1(x) = \lim\limits_{\substack{x \to 0 \\ x < 0}} (-0{,}25\,x^2 - 0{,}5\,x + 1)$$

$$= -0{,}25 \cdot 0^2 - 0{,}25 \cdot 0 + 1$$

$$= \underline{\underline{1}} = g_L$$ ► linksseitiger Grenzwert

ge Grenzwert $g_R = -1$ vor, d.h. die einseitigen Grenzwerte sind endlich und verschieden, so daß wegen $f(0)=0$ die Unstetigkeitsstelle als endliche Sprungstelle bestätigt wird.

$$\lim_{\substack{x\to 0\\ x>0}} f_2(x) = \lim_{\substack{x\to 0\\ x>0}} (0{,}25x^2 + 0{,}5x - 1)$$
$$= 0{,}25\cdot 0^2 + 0{,}5\cdot 0 - 1$$
$$= \underline{\underline{-1}} = g_R$$ ► rechtsseitiger Grenzwert

$g_L \neq g_R$ und g_L; $g_R \in \mathbb{R}$ ► endliche Sprungstelle

Gaußklammerfunktion — Integerfunktion

In der Mathematik, z.B. in Computerprogrammen, ist es oft notwendig, reelle Zahlen, z.B. Dezimalbrüche, in ganze Zahlen zu überführen.

Eine Funktion, die Dezimalbrüche in ganze Zahlen umwandelt, ist die **Gaußklammerfunktion** oder **Integerfunktion**, geschrieben $f: f(x) = [x] = \mathrm{INT}(x) = \mathrm{ent}(x)$.
($[x]$ wird gelesen: „größte ganze Zahl kleiner oder gleich x").

Die Gaußklammerfunktion wird auch als **Ganzzahlfunktion** bezeichnet und hat den Definitionsbereich $D(f)=\mathbb{R}$ sowie den Wertebereich $W(f)=\mathbb{Z}$.

Der Graph der Funktion hat die Form einer „Treppe" mit „Stufen", die parallel zur x-Achse liegen. Man spricht deshalb auch von einer **Treppenfunktion**. Sie ist an jeder Stelle $x_0 \in \mathbb{Z}$ unstetig (Sprungstelle mit der „Stufenhöhe" 1), aber stetig in jedem Intervall, das keine ganze Zahl enthält.

Beispiele:

$x_1 = 2{,}79$ ► $f(x_1) = [2{,}79] = \underline{\underline{2}}$

$x_2 = -3{,}03$ ► $f(x_2) = [-3{,}03] = \underline{\underline{-4}}$

z.B.	2,5	wird umgewandelt in	2
	−2,5	wird umgewandelt in	−3
	2,0	bleibt	2
	−2,0	bleibt	−2
	−0,001	wird umgewandelt in	−1
	0,01	wird umgewandelt in	0
	0	bleibt	0

$f: f(x) = [x] = \mathrm{INT}(x) = \mathrm{ent}(x)$; $D(f)=\mathbb{R}$; $W(f)=\mathbb{Z}$

$$f(x)=[x] \blacktriangleright -2 \le x < 3 \blacktriangleright f(x) := \begin{cases} -2, \text{ wenn } -2 \le x < -1 \\ -1, \text{ wenn } -1 \le x < 0 \\ 0, \text{ wenn } 0 \le x < 1 \\ 1, \text{ wenn } 1 \le x < 2 \\ 2, \text{ wenn } 2 \le x < 3 \end{cases}$$

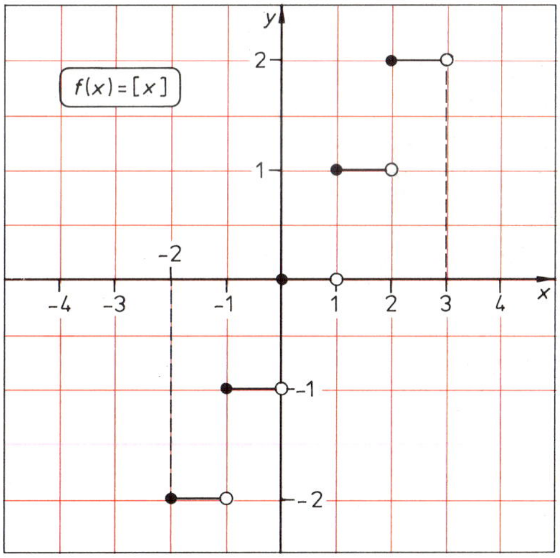

Merke:

Der Term $[x]$ (Gaußklammer) ist definiert als größte ganze Zahl $k \in \mathbb{Z}$, die kleiner oder gleich x ist. Die entsprechende Funktion heißt Ganzzahlfunktion, Gaußklammerfunktion oder Integerfunktion.

$f: f(x) = [x] = \mathrm{INT}(x) = \mathrm{ent}(x)$; $D(f)=\mathbb{R}$; $W(f)=\mathbb{Z}$ ► Ganzzahlfunktion, Integerfunktion

Anmerkung:

In manchen Taschenrechnern stimmt die Funktion „INT“ nicht mit der o.a. genormten Definition der Integerfunktion überein. Für negative Argumente wird manchmal nicht die größte ganze Zahl, die kleiner oder gleich x ist angezeigt, es wird vielmehr die größte ganze Zahl, die größer oder gleich x ist, berechnet. Als Anzeige erhält man dann z.B. $\text{INT}(-2{,}43)=-2$ und nicht das richtige Ergebnis $\text{INT}(-2{,}43)=-3$.

Beispiel: Zeichnen Sie den Graphen der Gaußklammerfunktion $f: f(x)=[0{,}5x-1]-1$ im Intervall $[-2; 4]$.

$f: f(x)=[0{,}5x-1]-1;\ x\in[-2; 4]$

Zur Ermittlung von Funktionswerten im Intervall $[-2; 4]$ berechnet man zunächst den Term $0{,}5x-1$ innerhalb der Gaußklammer, dann die Gaußklammer und danach den ganzen Funktionsterm.

Die Funktion hat im beobachteten Intervall nur die Funktionswerte: -3; -2; -1 und 0.

Der Graph besteht aus drei Parallelen zur x-Achse und dem singulären Punkt $\langle 4|0\rangle$.

x	-2	$-1{,}6$	-1	$-0{,}6$	0	0,6	1	1,6	2	3	4
$0{,}5x-1$	-2	$-1{,}8$	$-1{,}5$	$-1{,}3$	-1	$-0{,}7$	$-0{,}5$	$-0{,}2$	0	0,5	1
$[0{,}5x-1]$	-2	-2	-2	-2	-1	-1	-1	-1	0	0	1
$[0{,}5x-1]-1$	-3	-3	-3	-3	-2	-2	-2	-2	-1	-1	0

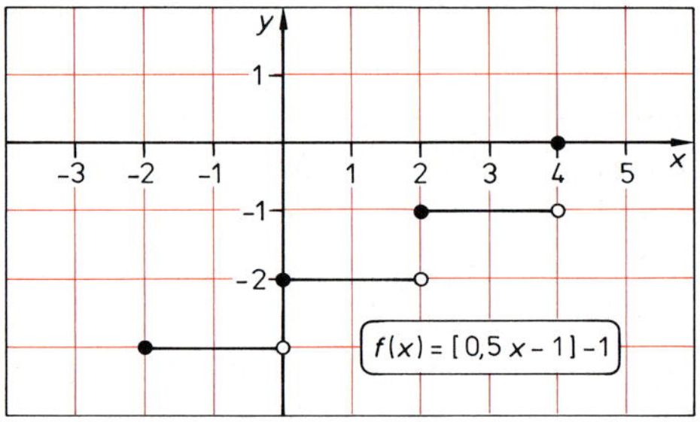

Beispiel: Zeichnen Sie den Graphen der Gaußklammerfunktion $f: f(x)=[x]+0{,}25(x-2)^2$ im Intervall $[-4{,}5; 4{,}5]$.

$f: f(x)=[x]+0{,}25(x-2)^2;\ x\in[-4{,}5; 4{,}5]$

Zur Ermittlung von Funktionswerten im Intervall $[-4{,}5; 4{,}5]$ berechnet man zunächst den Term $0{,}25x^2-x+1$ und addiert dann jeweils die Gaußklammer $[x]$ hinzu.

Für $x\in[-4{,}5; 4{,}5]$ erhält man die Funktionswerte $f(x)\in[0; 5{,}65]$.

Der Graph besteht nur aus einzelnen Kurventeilen von Parabeln.

$f(x)=[x]+0{,}25(x-2)^2=[x]+0{,}25x^2-x+1$

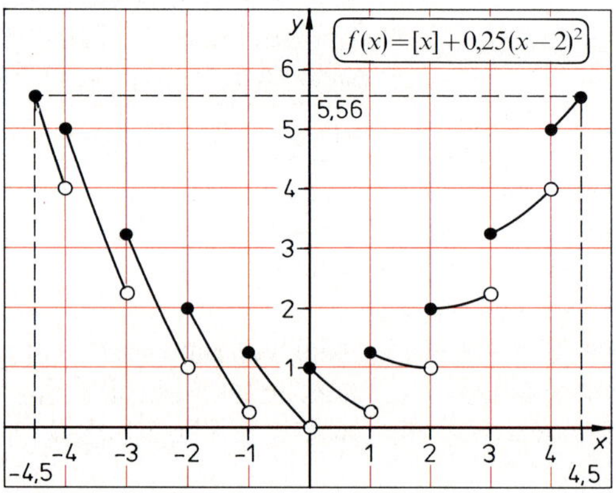

Problem: Entwickeln Sie eine Funktion, durch die bei einer Dezimalzahl alle Stellen hinter dem Komma abgeschnitten werden, so daß nur eine ganze Zahl übrigbleibt. Zeichnen Sie den Graphen der Funktion.

Die Problemstellung verlangt, daß im Gegensatz zur Gaußklammerfunktion nicht der nächstkleinere ganzzahlige Teil einer Zahl übrigbleiben soll, sondern daß alle Stellen rechts vom Komma abgeschnitten werden. Das bedeutet, daß bei negativen Zahlen, im Gegensatz zur Gaußklammerfunktion, der ganzzahlige Teil erhalten bleiben muß.

Mit Hilfe der Gaußklammerfunktion berechnet man zunächst $[|x|]$ und multipliziert das Ergebnis mit $\operatorname{sgn} x$.

Die Funktion $f: f(x) = [|x|] \cdot \operatorname{sgn} x$ wird auch als **Vorkommateil-Funktion** bezeichnet. In der Programmiersprache PASCAL heißt sie **TRUNC-Funktion**.

Die Funktion „INT“ auf Taschenrechnern stimmt oft mit der hier entwickelten Funktion überein, steht damit aber im Gegensatz zur genormten Definition der Ganzzahlfunktion.

$f: f(x) = [|x|] \cdot \operatorname{sgn} x;\ D(f) = \mathbb{R}$

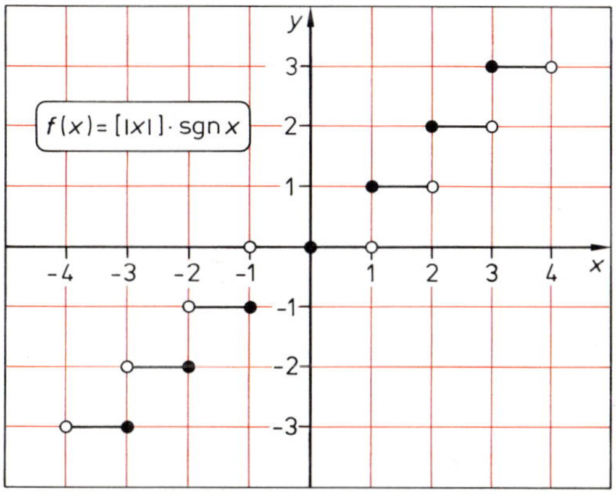

Beispiele:

$x_0 = 3{,}47 \Rightarrow f(3{,}47) = [|3{,}47|] \cdot \operatorname{sgn} 3{,}47 = 3 \cdot 1 = \underline{\underline{3}}$

$x_0 = -2{,}02 \Rightarrow f(-2{,}02) = [|-2{,}02|] \cdot \operatorname{sgn}(-2{,}02) = 2 \cdot -1 = \underline{\underline{-2}}$

Problem: Entwickeln Sie eine Funktion, durch die bei einer Dezimalzahl der Vorkommateil ohne das Vorzeichen abgeschnitten wird, so daß nur der Nachkommateil der Dezimalzahl übrigbleibt. Zeichnen Sie den Graphen der Funktion.

Aus der Problemstellung ergibt sich, daß eine Dezimalzahl die Summe ihres ganzzahligen Teils und ihres Nachkommateils sein soll.
Soll daher nur der Nachkommateil übrigbleiben und das Vorzeichen nicht verändert werden, so muß man von der Dezimalzahl ihren ganzzahligen Teil subtrahieren.
Da der ganzzahlige Teil im vorangegangenen Problem mit $[|x|] \cdot \operatorname{sgn} x$ ermittelt wurde, muß er demnach von einer Dezimalzahl x subtrahiert werden, um den Nachkommateil zu erhalten.

Diese Funktion heißt auch **Nachkommateil-Funktion**. Man findet Sie manchmal auf Taschenrechnern unter der Bezeichnung „FRAC“.

$f: f(x) = x - [|x|] \cdot \operatorname{sgn} x;\ D(f) = \mathbb{R}$

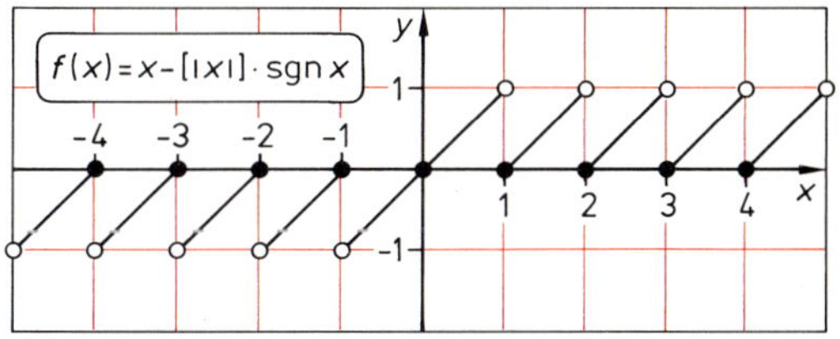

Beispiele:

$x_0 = 8{,}39 \Rightarrow f(8{,}39) = 8{,}39 - [|8{,}39|] \cdot \operatorname{sgn} 8{,}39$
$= 8{,}39 - 8 \cdot 1$
$= \underline{\underline{0{,}39}}$

$x_0 = -3{,}76 \Rightarrow f(-3{,}76) = -3{,}76 - [|-3{,}76|] \cdot \operatorname{sgn}(-3{,}76)$
$= -3{,}76 - 3 \cdot (-1)$
$= \underline{\underline{-0{,}76}}$

Merke:

$f: f(x) = [\|x\|] \cdot \operatorname{sgn} x;\ D(f) = \mathbb{R}$ ► Vorkommateil-Funktion
$f: f(x) = x - [\|x\|] \cdot \operatorname{sgn} x;\ D(f) = \mathbb{R}$ ► Nachkommateil-Funktion

Rundungsfunktionen

Problem: Entwickeln Sie Funktionen r_n zum Runden von Dezimalzahlen auf n Nachkommastellen ($n \in \mathbb{N}^*$) für folgende in der Praxis häufig verwendete Rundungsregel:

- Steht an der $(n+1)$-ten Nachkommastelle eine der Ziffern 0, 1, 2, 3 oder 4, so wird abgerundet, d.h. die Ziffern vor der $(n+1)$-ten Stelle bleiben so wie sie sind und die Ziffern nach der n-ten Stelle fallen weg.
- Steht an der $(n+1)$-ten Nachkommastelle eine der Ziffern 5, 6, 7, 8 oder 9, so wird aufgerundet, d.h. die Ziffer an der n-ten Stelle wird um 1 erhöht und die Ziffern nach der n-ten Stelle fallen weg.

Zur Entwicklung von **Rundungsfunktionen** r_n für die o.a. Rundungsregel verwendet man die bereits entwickelte Funktion $f: f(x) = [|x|] \cdot \operatorname{sgn} x$, durch die die Nachkommastellen einer Dezimalzahl abgeschnitten werden. Bei der Entwicklung dieser Funktionen geht man in folgenden Schritten vor:

Zahlenbeispiel: Die Zahl $x_0 = 9{,}12348$ ist auf die vierte Dezimalstelle hinter dem Komma zu runden ($n = 4$).

• Man verschiebt das Komma in der zu rundenden Dezimalzahl x_0 nach rechts hinter die zu rundende n-te Dezimalstelle, indem man x_0 mit 10^n multipliziert.	$x_0 \cdot 10^n$ ► $x_0 = 9{,}12348;\ n = 4$ ► $9{,}12348 \cdot 10^4 = \underline{91\,234{,}8}$
• Zum Betrag der Zahl $x_0 \cdot 10^n$ addiert man 0,5 und erhält $\|x_0 \cdot 10^n\| + 0{,}5$.	$\|x_0 \cdot 10^n\| + 0{,}5$ ► $\|91\,234{,}8\| + 0{,}5 = \underline{91\,235{,}3}$
• Vom Teilergebnis $\|x_0 \cdot 10^n\| + 0{,}5$ verwendet man den ganzzahligen Teil, indem man die Gaußklammer anwendet, und man erhält $[\|x_0 \cdot 10^n\| + 0{,}5]$.	$[\|x_0 \cdot 10^n\| + 0{,}5]$ ► $[91\,235{,}3] = \underline{91\,235}$
• In dem jetzt vorliegenden ganzzahligen Anteil verschiebt man das Komma wieder um n Stellen nach links. Das erreicht man durch Multiplikation mit 10^{-n}, und man erhält $10^{-n} \cdot [\|x_0 \cdot 10^n\| + 0{,}5]$.	$10^{-n} \cdot [\|x_0 \cdot 10^n\| + 0{,}5]$ ► $10^{-4} \cdot 91\,235 = \underline{9{,}1235}$
• Wird dann $10^{-n} \cdot [\|x_0 \cdot 10^n\| + 0{,}5]$ mit dem Vorzeichen von x_0 versehen, was durch Multiplizieren mit $\operatorname{sgn} x_0$ erfolgt, so erhält man die auf die n-te Stelle gerundete Dezimalzahl: $10^{-n} \cdot [\|x_0 \cdot 10^n\| + 0{,}5] \cdot \operatorname{sgn} x_0$.	$10^{-n} \cdot [\|x_0 \cdot 10^n\| + 0{,}5] \cdot \operatorname{sgn} x_0$ ► $9{,}1235 \cdot \operatorname{sgn} 9{,}12348 = \underline{\underline{9{,}1235}}$

allgemeine Lösung: $r_n: r_n(x) = 10^{-n} \cdot [|x_0 \cdot 10^n| + 0{,}5] \cdot \operatorname{sgn} x;\ D(r_n) = \mathbb{R};\ n \in \mathbb{N}^*$

Beispiele:

- $x_0 = -5{,}8367;\ n = 3$ ▶ Runden auf die 3. Dezimalstelle

  $r(x_0) = 10^{-3} \cdot [|-5{,}8367 \cdot 10^3| + 0{,}5] \cdot \operatorname{sgn}(-5{,}8367) = 10^{-3}[5837{,}2] \cdot (-1) = \underline{\underline{-5{,}837}}$

- $x_0 = 243{,}14;\ n = 1$ ▶ Runden auf die 1. Dezimalstelle

  $r(x_0) = 10^{-1} \cdot [|243{,}14 \cdot 10| + 0{,}5] \cdot \operatorname{sgn} 243{,}14 = 10^{-1} \cdot [2431{,}9] \cdot 1 = \underline{\underline{243{,}1}}$

Merke:

> Mit den Rundungsfunktionen $r_n: r_n(x) = 10^{-n} \cdot [|x \cdot 10^n| + 0{,}5] \cdot \operatorname{sgn} x;\ D(r_n) = \mathbb{R}$ und $n \in \mathbb{N}^*$ läßt sich jede Dezimalzahl für x auf eine vorgegebene Stellenzahl n hinter dem Komma runden.

Anmerkungen:

- Statt vom Runden einer Dezimalzahl auf die erste, zweite, ... Dezimalstelle zu sprechen, sagt man auch, sie wird auf Zehntel, Hundertstel, ... gerundet, weil die erste, zweite, ... Dezimalstelle einer Dezimalzahl die Zehntel, Hundertstel, ... der Dezimalzahl angibt.
- Läßt man für n auch $n \in \mathbb{Z}$ zu, so kann eine Dezimalzahl durch die Rundungsfunktionen r_n nach den Rundungsregeln auch auf Einer und Stellen der Dezimalzahl vor dem Komma gerundet werden, also auf Zehner, Hunderter, ...

  Beispiel: $x_0 = 1952{,}12$ ist zu runden auf Einer, Zehner, Hunderter und Tausender

  Auf Einer gerundet ▶ $n = 0$ ▶ $r_0(x_0) = 10^0 \cdot [|1952{,}12 \cdot 10^0| + 0{,}5] \cdot \operatorname{sgn} 1952{,}12 = \underline{1952}$

  Auf Zehner gerundet ▶ $n = -1$ ▶ $r_{-1}(x_0) = 10^1 \cdot [|1952{,}12 \cdot 10^{-1}| + 0{,}5] \cdot \operatorname{sgn} 1952{,}12 = \underline{1950}$

  Auf Hunderter gerundet ▶ $n = -2$ ▶ $r_{-2}(x_0) = 10^2 \cdot [|1952{,}12 \cdot 10^{-2}| + 0{,}5] \cdot \operatorname{sgn} 1952{,}12 = \underline{2000}$

  Auf Tausender gerundet ▶ $n = -3$ ▶ $r_{-3}(x_0) = 10^3 \cdot [|1952{,}12 \cdot 10^{-3}| + 0{,}5] \cdot \operatorname{sgn} 1952{,}12 = \underline{2000}$

- Diese Rundungsfunktionen werden in Computerprogrammen oft zum Runden von Dezimalzahlen verwendet. In der Programmiersprache PASCAL steht die Funktion r_0 als Funktion ROUND für das ganzzahlige Runden zur Verfügung.

Heavyside-Funktion

Eine weitere abschnittsweise definierte Funktion ist die **Heavyside-Funktion**. Bei dieser Funktion ist der Funktionswert für $x \leq 0$ stets 0, für $x > 0$ dagegen immer 1. Sie ist an der Stelle $x_0 = 0$ unstetig und hat dort eine endliche Sprungstelle.

Mit der Heavyside-Funktion lassen sich zum Beispiel negative Spannungen und die Spannung 0 dem digitalen Signal 0 (AUS) und positive Spannungen dem Signal 1 (EIN) zuordnen. Deshalb hat diese Funktion in der Mikroprozessortechnik sowie in der Steuerungs- und Regelungstechnik große Bedeutung.

$$H: H(x) := \begin{cases} 0, & \text{wenn } x \leq 0 \\ 1, & \text{wenn } x > 0 \end{cases} = \begin{cases} 0, & \text{wenn } x \in \mathbb{R}_- \\ 1, & \text{wenn } x \in \mathbb{R}_+^* \end{cases}$$

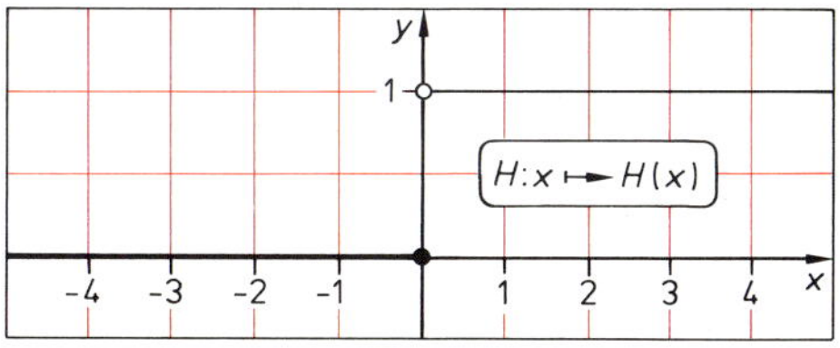

Übungen

1.2 Funktionsarten — Funktionseigenschaften

1.2.1 Polynome

Bilden Sie aus den Polynomen $p_m(x)$ und $q_n(x)$ das Summenpolynom $p_m(x)+q_n(x)$, das Differenzpolynom $p_m(x)-q_n(x)$ und das Produktpolynom $p_m(x)\cdot q_n(x)$.

1. $p_3(x)=x^3+x^2+x+1$
$q_2(x)=x^2-x+1$

2. $p_4(x)=x^4+x-3$
$q_3(x)=x^3+2x+1$

3. $p_7(x)=x^7-3x^2+5$
$q_4(x)=x_4+3x^3-5x^2+3x+4$

4. $p_8(x)=x^8-1$
$q_1(x)=x-1$

Führen Sie die nachstehenden Polynomdivisionen durch.

5. $(4x^3-1):(x^3+1)$ **6.** $(x^5+4x^3-1):(-2x^2+3x)$ **7.** $(2x^4-2x^3+7x^2-5x+5):(x^2-x+1)$

8. $(x^8)+1):(x-1)$ **9.** $(x^8-1):(x-1)$ **10.** $(x^6-x^3+4x+1):(x^2+3x-5)$

11. $(81x^8-16z^4):(3x^2+2z)$ **12.** $(a^4-b^4):(a-b)$ **13.** $\dfrac{9ab^2x^2+6ab^2x^3+15ac^3x^2+10ac^3x^3}{3x^2+2x^3}$

14. $\dfrac{12a^2-2ab-24b^2}{6a+8b}$ **15.** $\dfrac{16x^4-9b^4+30b^2c-25c^2}{4x^2-3b^2+5c}$ **16.** $\dfrac{24x^2+73xz+24z^2}{8x+3z}$

1.2.2 Polynomfunktionen — Ganze rationale Funktionen

Untersuchen Sie die folgenden Funktionen ersten Grades auf Achsenschnittpunkte und Monotonieverhalten. Berechnen Sie den Steigungswinkel α, und zeichnen Sie den Graphen der Funktion.

1. $f: f(x)=\frac{7}{5}x$ **2.** $f: f(x)=x-2{,}5$ **3.** $f: f(x)=3x+1{,}5$ **4.** $f: f(x)=-2x+1$

5. $f: f(x)=2x-1$ **6.** $f: f(x)=\frac{7}{5}x-2$ **7.** $f: f(x)=-1{,}5x+1{,}5$ **8.** $f: f(x)=2x+10$

Bestimmen Sie für die Funktionen f und g den Schnittpunkt ihrer Graphen, und zwar rechnerisch

9. $f: f(x)=-2x+3$
$g: g(x)=3x$

10. $f: f(x)=-5x-1$
$g: g(x)=2x+1$

11. $f: f(x)=0{,}3x-3$
$g: g(x)=-2{,}5x$

12. $f: f(x)=2{,}5x-1$
$g: g(x)=-x+3{,}5$

Ermitteln Sie die Funktionsgleichungen der Geraden, die durch folgende Punkte verlaufen, berechnen Sie die Nullstellen, und zeichnen Sie die Graphen.

13. $P_1\langle 0|2{,}5\rangle$
$P_2\langle 2{,}5|0\rangle$

14. $P_1\langle -2|4\rangle$
$P_2\langle 3|-3\rangle$

15. $P_1\langle -0{,}5|6\rangle$
$P_2\langle 1|4\rangle$

16. $P_1\langle -2{,}5|4\rangle$
$P_2\langle 4{,}5|0\rangle$

Von einer Polynomfunktion ersten Grades sind der Steigungswinkel und ein Punkt des Graphen bekannt. Ermitteln Sie die entsprechende Funktionsgleichung.

17. $\alpha=45°$
$P\langle 0|0\rangle$

18. $\alpha=60°$
$P\langle 3|7\rangle$

19. $\alpha=135°$
$P\langle -3|2\rangle$

20. $\alpha=170°$
$P\langle 2{,}5|-1\rangle$

Wie heißen die Umkehrfunktionen der nachstehenden ganzen rationalen Funktionen ersten Grades?

21. $f: f(x)=2x-3$ **22.** $g: g(x)=-x-2$ **23.** $h: h(x)=-1{,}5x+2{,}5$ **24.** $i: i(x)=0{,}6x+4$

Bestimmen Sie die Nullstellenmenge der quadratischen Funktionen, und zeichnen Sie den Graphen.

25. $f: f(x)=x^2-4x+5$ **26.** $f: f(x)=x^2+5x+4$ **27.** $g: g(x)=-x^2-6x-9$ **28.** $g: g(x)=-x^2+7x-5$

Lösen Sie die nachstehenden quadratischen Gleichungen zeichnerisch und rechnerisch.

29. $4x^2+12x-8=0$ **30.** $x^2-4x+14=0$ **31.** $3x^2-2x-3=0$ **32.** $\dfrac{x^2}{2}-4x+20=0$

Untersuchen Sie die Funktionen zweiten Grades auf Achsenschnittpunkte, Monotonieverhalten und Symmetrie. Ermitteln Sie Scheitelpunkt sowie Scheitelgleichung, und zeichnen Sie den Graphen.

33. $f\colon f(x) = -x^2 + 4x - 3{,}5$ **34.** $f\colon f(x) = x^2 + 5x + 2$ **35.** $f\colon f(x) = x^2 - 7x + 9$

36. $f\colon f(x) = x^2 - 2x + 3{,}5$ **37.** $g\colon g(x) = x^2 - 5x + 6{,}25$ **38.** $g\colon g(x) = 3x^2 + 2x - 1$

39. $g\colon g(x) = -\frac{1}{2}x^2 + 3x + 2$ **40.** $g\colon g(x) = -7x^2 - 30x - 28$ **41.** $h\colon h(x) = (x+3{,}5)^2 + 7x - 3{,}25$

In welchen Punkten schneiden sich die Graphen der folgenden Polynomfunktionen ersten und zweiten Grades?

42. $f(x) = x^2 + x - 6$, $g(x) = -0{,}5x$
43. $f(x) = -\frac{1}{4}x^2 + \frac{1}{2}x + 2$, $g(x) = 2x + 1$
44. $f(x) = \frac{1}{3}(x-1)(x+4)$, $g(x) = \frac{1}{2}x + 2{,}5$
45. $f(x) = x^2 - 7$, $g(x) = -\frac{1}{3}x - 2{,}5$

Untersuchen Sie die nachstehenden Funktionen dritten und höheren Grades auf Achsenschnittpunkte, Monotonieverhalten sowie Symmetrie zu y-Achse und zum Koordinatenursprung. Zeichnen Sie den Graphen.

46. $f\colon f(x) = x^3 - 0{,}1x^5$ **47.** $f\colon f(x) = 9x^2 - x^4$ **48.** $f\colon f(x) = \frac{1}{4}(x^4 - x^3 - 14x^2 + 2x + 24)$

49. $f\colon f(x) = \frac{1}{5}(x+2)(x+5)(x-4)(x-3)$ **50.** $f\colon f(x) = 0{,}05(x^2-4)^2$ **51.** $f\colon f(x) = (x^2-1)(x^2-4)x$

Zeichnen Sie die Graphen der nachstehenden Funktionen, bestimmen Sie die Nullstellen und deren Vielfachheit, und stellen Sie die Funktionsgleichung in Linearfaktoren dar.

52. $f\colon f(x) = 9x^5 - 48x^4 + 73x^3 - 6x - 36x - 8$ **53.** $f\colon f(x) = -2x^5 + 7{,}5x^3 - 2{,}5x^2 - 7{,}5x + 4{,}5$

54. $g\colon g(x) = x^6 - 2x^5 + 3x^4 - 4x^3 + 3x^2 - 2x + 1$ **55.** $g\colon g(x) = x^7 + 2x^6 - \frac{75x^5}{4} - \frac{125x^4}{4} + 108x^3 + 116x^2 - 176x + 48$

Bestimmen Sie die Nullstellenmenge folgender Funktionen, und beschreiben Sie den Verlauf des Graphen im Koordinatensystem.

56. $f\colon f(x) = -x^2 + x + 2$ **57.** $f\colon f(x) = x^2 - 4x + 4$

58. $f\colon f(x) = x^3 - 9x^2 + 27x - 27$ **59.** $f\colon f(x) = -x^4 + 2x^3 + 19x^2 - 8x - 60$

60. Der Graph einer ganzen rationalen Funktion 5. Grades verläuft durch die Punkte $P_1\langle -3|0\rangle$; $P_2\langle -2{,}5|1{,}5\rangle$, $P_3\langle -1|0\rangle$, $P_4\langle 0|4{,}5\rangle$, $P_5\langle 1|3{,}6\rangle$ und $P_6\langle 2|-3\rangle$. Ermitteln Sie die Funktionsgleichung.

61. Wie heißt die ganze rationale Funktion vierten Grades mit der Nullstellenmenge $N(f) = \{-2;\ -1;\ 1;\ 2\}$, deren Graph durch den Punkt $P\langle 0|1\rangle$ verläuft?

62. Aus vier Zeltstäben mit $l = 1{,}6$ m soll ein pyramidenförmiges Zelt mit quadratischer Grundfläche gebaut werden. Stellen Sie das Volumen V des Zeltes als Funktion der Höhe graphisch dar. Bei welcher Zelthöhe ergibt sich das größtmögliche Volumen?

63. Ein parabolischer Brückenbogen hat die Spannweite 40 m und die Scheitelhöhe 6 m. Berechnen Sie die Ordinaten von Meter zu Meter!

64. Ein mit der Geschwindigkeit v unter dem Winkel α gegen den Horizont schief aufwärts abgeschossenes Projektil beschreibt (unter Vernachlässigung des Luftwiderstandes) eine Parabel; die Gleichung der Parabel lautet:

$$f(x) = -\frac{g}{2v^2 \cdot \cos^2\alpha} \cdot x^2 + x \cdot \tan\alpha.$$

Bestimmen Sie den Scheitelpunkt und die Wurfweite!

65. Ein an zwei 20 m hohen Masten befestigtes Seil bildet annähernd die Form einer Parabel. Bestimmen Sie die Stelle des stärksten Durchhangs!

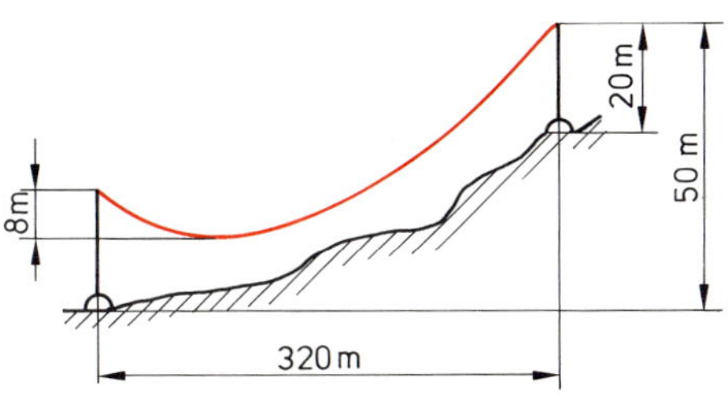

66. Aus den Ecken eines quadratischen Bleches mit der Seite $l=100$ mm sollen gleiche Quadrate ausgeschnitten und aus dem Reststück ein oben offener Kasten hergestellt werden. Wie groß müssen die Seiten der auszuschneidenden Quadrate gemacht werden, wenn ein möglichst großer Inhalt des Kastens erzielt werden soll? (Graphische Lösung!) Das gleiche Problem ist zu lösen für eine Blechplatte von 400 mm · 600 mm bzw. 1000 mm · 1500 mm.

67. Bei einer Schraubenfeder ist die Verlängerung l eine Funktion der Belastung F und dieser proportional. Stellen Sie die Federcharakteristik $l=f(F)$ graphisch dar, wenn die Federkonstante $c=4\,\mathrm{N\cdot cm^{-1}}$ beträgt.

68. Stellen Sie in einem Schaubild den Zinszuwachs Z eines Kapitals K innerhalb eines Jahres dar ($Z=p\cdot K$) für die Zinssätze $p=4\%$, $p=8\%$, $p=10\%$.

1.2.3 Grenzwerte

Berechnen Sie die nachstehenden Grenzwerte für x gegen x_0.

1. $\lim\limits_{x\to x_0}\dfrac{5x^2-5}{x-1}$; $x_0=1$ **2.** $\lim\limits_{x\to x_0}\dfrac{(x+3)^2}{x+3}$; $x_0=-3$ **3.** $\lim\limits_{x\to x_0}\dfrac{x^2-2x-3}{x-3}$; $x_0=3$

4. $\lim\limits_{x\to x_0}\dfrac{6x^2+9x-15}{x-1}$; $x_0=1$ **5.** $\lim\limits_{x\to x_0}\dfrac{-x^4+26x-25}{x^2-1}$; $x_0=1$ **6.** $\lim\limits_{x\to x_0}\dfrac{x^3+7x^2+x+7}{x+7}$; $x_0=-7$

Untersuchen Sie, ob die Funktionen an der Stelle x_0 einen Grenzwert besitzen. Geben Sie zum angegebenen ε eine passende „lückenhafte“ δ-Umgebung an.

7. $f(x)=\dfrac{3x+2}{2x+3}$, $x_0=-1{,}5$, $\varepsilon=0{,}02$

8. $f(x)=\dfrac{x-4}{2x-3}$, $x_0=1{,}5$, $\varepsilon=0{,}01$

9. $f(x)=\dfrac{1}{x-4}$, $x_0=5$, $\varepsilon=0{,}004$

10. $f(x)=\dfrac{x}{x^2+1}$, $x_0=0$, $\varepsilon=0{,}05$

Untersuchen Sie die nachstehenden Funktionen auf uneigentliche Grenzwerte an einer Stelle x_0.

11. $f\colon f(x)=\dfrac{x}{x-1}$ **12.** $f\colon f(x)=\dfrac{x-3}{x+2}$ **13.** $f\colon f(x)=\dfrac{x^2+1}{x}$ **14.** $f\colon f(x)=\dfrac{x^3-1}{x^2}$

Bilden Sie jeweils den linksseitigen und den rechtsseitigen Grenzwert an der Stelle x_0.

15. $f\colon f(x)=\dfrac{x^4+1}{x^2}$, $x_0=0$

16. $f\colon f(x)=\dfrac{x^2-3x+2}{x^2-6x+9}$, $x_0=3$

17. $f\colon f(x)=\dfrac{1}{1+x^2}$, $x_0=2$

18. $f\colon f(x)=\dfrac{(x-2)(x+4)(3x-4)}{2(x+2)(x-1)}$, $x_0=-2$

Untersuchen Sie, ob und an welchen Stellen die folgenden Funktionen uneigentliche Grenzwerte haben.

19. $f\colon f(x)=\dfrac{x^3+x+2}{4-x^2}$ **20.** $f\colon f(x)=\dfrac{(1-x)^2}{(1+x)^2}$ **21.** $f\colon f(x)=\dfrac{x+2}{(1-x)^2}$ **22.** $f\colon f(x)=\dfrac{x+2}{1-x^2}$

Untersuchen Sie die nachstehenden Funktionen für x gegen $-\infty$ und für x gegen ∞.

23. $f\colon f(x)=\dfrac{x-4}{2x-3}$ **24.** $f\colon f(x)=\dfrac{x+1}{x-3}$ **25.** $f\colon f(x)=\dfrac{3x+2}{2x+3}$ **26.** $f\colon f(x)=\dfrac{10}{x^2+1}$

27. $f\colon f(x)=\sqrt{x}-\dfrac{3}{x}$ **28.** $f\colon f(x)=\sqrt{x^2-2x}-x$ **29.** $f\colon f(x)=\sqrt{4+x}-\sqrt{x}$ **30.** $f\colon f(x)=\dfrac{\sqrt{1+x^2}}{1+x}$

Stellen Sie fest, ob die folgenden Funktionen Asymptoten bzw. asymptotische Kurven haben, und bestimmen Sie gegebenenfalls ihre Gleichung.

31. $f\colon f(x)=\dfrac{x+1}{x-1}$ **32.** $f\colon f(x)=\dfrac{x-4}{2x-3}$ **33.** $f\colon f(x)=\dfrac{x^4+1}{x^2}$ **34.** $f\colon f(x)=\dfrac{x^3+1}{x}$

Vereinfachen Sie die folgenden Grenzwerte mit Hilfe der Grenzwertsätze.

35. $\lim\limits_{x\to 1}\dfrac{6x^2+9x-15}{x-1}$ **36.** $\lim\limits_{x\to 2}\dfrac{x^4-16}{x-2}$ **37.** $\lim\limits_{x\to 0}\dfrac{\sqrt{x^2-4}}{x}$ **38.** $\lim\limits_{x\to 0}\left(2x^4+\dfrac{x^2+9}{x}\right)$

1.2.4 Stetigkeit

Untersuchen Sie die nachstehenden Funktionen an der Stelle x_0 auf Stetigkeit.

1. $f\colon f(x)=\dfrac{x-4}{2x-3}$, $x_0=2$ **2.** $f\colon f(x)=\dfrac{|3x-6|}{2x+3}$, $x_0=2$ **3.** $f\colon f(x)=\dfrac{x^2-3x+2}{|x^2+2x-3|}$, $x_0=3$ **4.** $f\colon f(x)=\dfrac{x^3-3x^2-4x+12}{x^2+5x+6}$, $x_0=-1$

Stellen Sie fest, ob die Funktionen in den angegebenen Intervallen stetig sind.

5. $f\colon f(x)=\dfrac{2x-3}{3x+2}$, $I=[-2;1)$ **6.** $f\colon f(x)=\dfrac{x+1}{x-1}$, $I=[2;4]$ **7.** $f\colon f(x)=x+\dfrac{1}{x}$, $I=(0;2]$ **8.** $f\colon f(x)=\dfrac{x^2-3x+2}{x^2+2x-3}$, $I=[-5;2]$

Untersuchen Sie die folgenden Funktionen auf Stetigkeit.

9. $f\colon f(x)=\dfrac{|x^3-2|}{x}$ **10.** $f\colon f(x)=\dfrac{x+2}{1-x^2}$ **11.** $f\colon f(x)=\dfrac{x+2}{|(1-x)^2|}$ **12.** $f\colon f(x)=\dfrac{|x|}{x^2+1}$

Bestimmen Sie mit Hilfe des Nullstellensatzes von Bolzano solche Intervalle, in denen die Funktion Nullstellen hat.

13. $f\colon f(x)=x^2-2x-3$ **14.** $f\colon f(x)=x^3-\frac{1}{10}x^5$ **15.** $f\colon f(x)=\frac{1}{3}x^3-3x$

16. $f\colon f(x)=\frac{1}{4}(x^4-x^3-14x^2+2x+24)$ **17.** $f\colon f(x)=x^3-6x^2-13x+42$ **18.** $f\colon f(x)=x^3-5x^2-9x+45$

1.2.5 Gebrochene rationale Funktionen

Bestimmen Sie den Definitionsbereich der nachstehenden Funktionen, charakterisieren Sie Definitionslücken, geben Sie Nullstellen an, und zeichnen Sie den Graphen.

1. $f\colon f(x)=\dfrac{x+1}{x-3}$ **2.** $f\colon f(x)=\dfrac{3x+2}{2x+3}$ **3.** $f\colon f(x)=\dfrac{2x-3}{3x+2}$ **4.** $f\colon f(x)=\dfrac{x+1}{x-1}$

5. $g\colon g(x)=\dfrac{x-4}{2x-3}$ **6.** $g\colon g(x)=\dfrac{x}{x-1}$ **7.** $g\colon g(x)=\dfrac{x-2}{x}$ **8.** $g\colon g(x)=\dfrac{1}{x-4}$

9. $h\colon h(x)=\dfrac{x-3}{x+2}$ **10.** $h\colon h(x)=\dfrac{x}{x^2+1}$ **11.** $h\colon h(x)=x^2+\dfrac{1}{x^2}$ **12.** $h\colon h(x)=\dfrac{10}{x^2-1}$

13. $f\colon f(x)=x+\dfrac{1}{x}$ **14.** $f\colon f(x)=\dfrac{x-3x+2}{x^2-6x+9}$ **15.** $f\colon f(x)=\dfrac{x-1}{x^2+1}$ **16.** $f\colon f(x)=\dfrac{(1+x)^2}{1+x^2}$

17. $g\colon g(x)=\dfrac{x^3+x+2}{4-x}$ **18.** $g\colon g(x)=\dfrac{(1-x)^2}{(1+x)^2}$ **19.** $g\colon g(x)=\dfrac{(x+1)^4-1}{(x+1)^2}$ **20.** $g\colon g(x)=\dfrac{x^2-x^4}{(x^2+1)(x+2)}$

Ermitteln Sie den Definitionsbereich der nachstehenden Funktionen, charakterisieren Sie Definitionslücken, untersuchen Sie die Funktionen auf Monotonieverhalten, Symmetrie zur y-Achse und zum Koordinatenursprung, bestimmen Sie Achsenschnittpunkte, Asymptoten und asymptotische Kurven, und zeichnen Sie den Graphen.

21. $f\colon f(x)=\dfrac{3x-6}{2x+3}$ **22.** $f\colon f(x)=\dfrac{x^2-x-6}{x^2+x-6}$ **23.** $f\colon f(x)=\dfrac{x^2-1}{x+1}$ **24.** $f\colon f(x)=\dfrac{x^2-2x-15}{x-5}$

25. $f\colon f(x)=\dfrac{1}{1+x^2}$ **26.** $f\colon f(x)=\dfrac{1-x^2}{1+x^2}$ **27.** $f\colon f(x)=\dfrac{x+2}{1-x^2}$ **28.** $f\colon f(x)=\dfrac{x+2}{(1-x)^2}$

29. $g\colon g(x)=\dfrac{x^3-x^2}{(x+2)^2}$ **30.** $g\colon g(x)=\dfrac{x^3-2}{x}$ **31.** $g\colon g(x)=\dfrac{x}{1+x^2}$ **32.** $h\colon h(x)=x-\dfrac{1}{x^2}$

33. $g\colon g(x)=\dfrac{x^3-3x^2-4x+12}{x^2+5x+6}$ **34.** $f\colon f(x)=\dfrac{x^4-6x^3+11x^2-6x}{x^3-6x^2+11x-6}$ **35.** $h\colon h(x)=\dfrac{x^2-3x+2}{x^2+2x-3}$

36. $h\colon h(x)=\dfrac{x^2-6x+5}{x-3}$ **37.** $h\colon h(x)=\dfrac{x^4-2x^3+4x^2-5x+6}{x^2-5x+7}$ **38.** $f\colon f(x)=\dfrac{(x-2)(x+4)(3x-4)}{2(x+2)(x-1)}$

39. $f\colon f(x)=\dfrac{x^4-2x^3+4x^2-5x+6}{x^2-5x+7}$ **40.** $f\colon f(x)=\dfrac{3x^3-7x^2+9x+10}{3x+2}$ **41.** $f\colon f(x)=\dfrac{2x^5-x^4-10x^3+11x^2}{2x^2-1}$

Entwickeln Sie aus den nachstehenden Daten einer Funktion die entsprechende Funktionsgleichung:

42. Nullstellen bei $x_1=1$ und $x_2=2$, Unendlichkeitsstellen bei $x_3=3$ und $x_4=5$.

43. Nullstellen bei $x_1=-2$ und $x_2=2$, Unendlichkeitsstellen bei $x_3=-3$ und $x_4=3$, eine behebbare Definitionslücke bei $x_5=1$ und einen Schnittpunkt mit der y-Achse bei $P\langle 0|4\rangle$.

44. Eine Nullstelle bei $x_1=-1$, eine Unendlichkeitsstelle bei $x_2=2$ und eine asymptotische Kurve mit der Gleichung $f_A(x)=x^2$.

45. Eine Nullstelle bei $x_1=-2$, Unendlichkeitsstellen bei $x_2=-1$ und $x_3=1$ sowie eine Asymptote mit der Gleichung $f_A(x)=0$.

46. Bei der physikalischen Untersuchung einer Gasmenge ist von $V=4\text{ dm}^3$ und $p=1$ bar ausgegangen worden. Zwischen den Variablen p (Druck) und V (Volumen) besteht der Zusammenhang $p\cdot V=\text{konstant}$. Zeichnen Sie das Druck-Volumen-Diagramm dieser Funktion mit der Gleichung $p=f(V)$ bei konstant gehaltener Temperatur!

47. Die Kraft, mit der sich zwei Schiffe mit der Masse $m_1=1{,}02\cdot 10^6$ kg und $m_2=2{,}04\cdot 10^6$ kg anziehen, ist als Funktion des Abstandes r ihrer Schwerpunkte graphisch darzustellen.
$\left(\text{Newtons Gravitationsgesetz: } F=f\cdot\dfrac{m_1\cdot m_2}{r^2};\ f=6{,}68\cdot 10^{11}\,\dfrac{\text{m}^3}{\text{kg}\cdot\text{s}^2}\right)$

48. Für die Herstellung von Litermaßen aus Blech interessiert der funktionale Zusammenhang zwischen Durchmesser d und Höhe h der herzustellenden Zylinder. Stellen Sie die Funktionsgleichung auf, und zeichnen Sie das Diagramm!

49. Die Beleuchtungsstärke E einer Fläche ist umgekehrt proportional dem Quadrat der Entfernung x der Lichtquelle von der angestrahlten Fläche. Die Lichtstärke I der Lichtquelle wird dabei in Candela (cd) und x in Metern (m) gemessen.
Stellen Sie für eine Lampe von 50 cd die Abhängigkeit $E=\dfrac{I}{x^2}$ in einem Schaubild dar!

50. Bei der skizzierten Wheatstoneschen Brücke sind der unbekannte Widerstand R_1 und der bekannte Widerstand $R_2=1$ Ohm eingeschaltet. Der Schieber S ist auf dem Meßdraht (Meßstrecke $=1$ m) so eingestellt, daß das Meßinstrument des Brückendrahtes keinen Strom anzeigt.
Stellen Sie den Widerstand R_1 als Funktion des Meßdrahtabschnittes x dar, wenn sich $R_1:1=x:(1-x)$ verhält. Zeichnen Sie den Graphen für die Werte $x=0$ bis $x=1$.

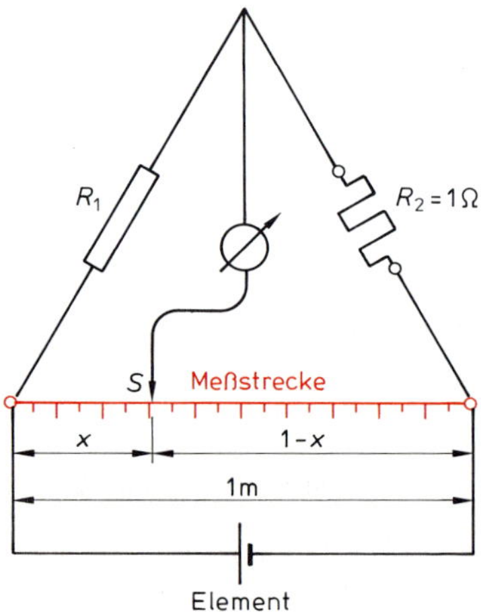

1.2.6 Wurzelfunktionen

Untersuchen Sie die nachstehenden Funktionen auf Umkehrbarkeit, und bilden Sie gegebenenfalls die Umkehrfunktion bzw. die Umkehrrelation.

1. $f\colon f(x)=x^3$ **2.** $f\colon f(x)=x^2(x-4)$ **3.** $f\colon f(x)=x^{-3}+7$ **4.** $f\colon f(x)=\frac{1}{2}x^2+3$

5. $f\colon f(x)=\frac{3}{2}x^3-x^2$ **6.** $f\colon f(x)=x^2-1$ **7.** $f\colon f(x)=\sqrt{25-x^2}$ **8.** $f\colon f(x)=\dfrac{1-\sqrt{1+4x}}{1+\sqrt{1+4x}}$

Bestimmen Sie den Definitionsbereich nachstehender Relationen bzw. Funktionen, und zeichnen Sie jeweils den Graphen. Untersuchen Sie sie auf Stetigkeit, und geben Sie an, ob es sich bei vorhandenen Definitionslücken um Unendlichkeitsstellen, stetig behebbare Definitionslücken oder endliche Sprungstellen handelt.

9. $R\colon R(x)=\frac{1}{2}x\pm\sqrt{\frac{1}{4}x^2-1}$ **10.** $f\colon f(x)=x^2-2\sqrt{x^2}$ **11.** $R\colon R(x)=x\pm\sqrt{x}$

12. $f\colon f(x)=\frac{1}{10}\sqrt{x^3}-\sqrt{x}$ **13.** $f\colon f(x)=x\sqrt{16-x^2}$ **14.** $f\colon f(x)=\frac{4}{x}\sqrt{2x-1}$

15. $f\colon f(x)=\frac{x+2}{\sqrt{x}}$ **16.** $R\colon R(x)=\pm\sqrt{1+x^3}$ **17.** $f\colon f(x)=\sqrt{x^3+x^2-9x-9}-1{,}5$

Ermitteln Sie den Definitionsbereich der folgenden Relationen bzw. Funktionen, charakterisieren Sie vorhandene Definitionslücken, untersuchen Sie sie auf Monotonieverhalten sowie auf Symmetrie zur y-Achse und zum Koordinatenursprung.

18. $f\colon f(x)=2x^{\frac{2}{3}}$ **19.** $R\colon R(x)=\pm\frac{3}{4}\sqrt{16-x^2}$ **20.** $f\colon f(x)=\frac{x^2}{3+\sqrt{x}}$

21. $f\colon f(x)=\sqrt[3]{5+\sqrt{2+3x^4}}$ **22.** $R\colon R(x)=\pm\sqrt{10x-x^2}$ **23.** $R\colon R(x)=4\pm\sqrt{2x+10}$

24. $R\colon R(x)=\pm\sqrt{2x^2+10x+4}$ **25.** $R\colon R(x)=\pm\sqrt{\frac{1}{8}(x+2)^3}$ **26.** $R\colon R(x)=\pm\sqrt{\frac{1}{4}x^4-x^2}$

27. $R\colon R(x)=\pm\frac{1}{3}\sqrt{6x^3-x^4}$ **28.** $f\colon f(x)=\sqrt{-1-x^2}$ **29.** $f\colon f(x)=\sqrt{(x+3)^3}$

30. $f\colon f(x)=\sqrt{-(x-2)^2}$ **31.** $f\colon f(x)=\sqrt{3+\frac{1}{2}x-\frac{1}{2}x^2}$ **32.** $f\colon f(x)=\sqrt{\frac{x}{1+x^2}}$

33. $f\colon f(x)=\sqrt{\frac{x}{1-x}}$ **34.** $f\colon f(x)=\sqrt{\frac{2x+3}{x}}$ **35.** $f\colon f(x)=\frac{3x}{\sqrt{x^2+9}}$

Stellen Sie die Gleichung des Kreises auf, wenn der Mittelpunkt des Kreises $M\langle a|b\rangle$ und der Durchmesser d gegeben sind. Zeichnen Sie den Kreis in ein rechtwinkliges Koordinatensystem.

36. $a=4,\ b=3$, $d=12$ **37.** $a=-3,\ b=3$, $d=8$ **38.** $a=-2,\ b=-3$, $d=12$ **39.** $a=2,\ b=-4$, $d=8$

1.2.7 Potenzfunkionen

Ermitteln Sie den Definitionsbereich der nachstehenden Funktionen, bestimmen Sie Achsenschnittpunkte, und zeichnen Sie den Graphen.

1. $f\colon f(x)=(x+3{,}5)^{2{,}7}$ **2.** $f\colon f(x)=(x-2)^{-\sqrt{2}}$ **3.** $f\colon f(x)=x^{(2-\sqrt{3})}$

4. $f\colon f(x)=(x^2-2x+1)^{-\pi}$ **5.** $f\colon f(x)=(7-x^4)^{-5{,}3}$ **6.** $f\colon f(x)=(-x^4+x^3-4)^{-\sqrt{e}}$

7. $f\colon f(x)=(\sqrt{x^2+7})^{-2{,}13}$ **8.** $f\colon f(x)=[(x^2-x)(x^2+x)]^{3{,}2}$ **9.** $f\colon f(x)=\left(\frac{1}{x^3-5}\right)^{-\sqrt{7}}$

1.2.8 Abschnittsweise definierte Funktionen

Bestimmen Sie den Definitionsbereich der nachstehenden Funktionen, und zeichnen Sie jeweils den Graphen. Untersuchen Sie die Funktionen auf Stetigkeit, und stellen Sie fest, von welcher Art die gegebenenfalls vorhandenen Definitionslücken sind.

1. $f\colon f(x)=|-x|$ **2.** $f\colon f(x):=\begin{cases} x+3, \text{ wenn } x\geq -3 \\ -x-3, \text{ wenn } x<-3 \end{cases}$ **3.** $f\colon f(x):=\begin{cases} x^2-4, \text{ wenn } x\in(-\infty;-2) \\ 4-x^2, \text{ wenn } x\in[-2;2] \\ x^2-4, \text{ wenn } x\in(2;\infty) \end{cases}$

4. $f\colon f(x)=x+|x|$ **5.** $f\colon f(x)=\sqrt{|x^2-4|}$ **6.** $f\colon f(x)=2x+|x^2-4|$

7. $f\colon f(x)=|2x^4-40x^2-128|$ **8.** $f\colon f(x)=\frac{|x|}{x-3}$ **9.** $f\colon f(x)=[0{,}5x]$

10. $f\colon f(x)=[x^3]+2$ **11.** $f\colon f(x)=[x]\cdot x$ **12.** $f\colon f(x)=\operatorname{sgn}(2x)$

13. $f\colon f(x)=x^3\cdot\operatorname{sgn} x$ **14.** $f\colon f(x)=\operatorname{sgn} x(x^2-4)$ **15.** $f\colon f(x)=x\cdot H(x)$

2 Differentialrechnung

2.1 Grundbegriffe

Viele funktionale Zusammenhänge in Natur, Technik und Wirtschaft lassen sich durch mathematische Funktionen beschreiben und graphisch darstellen. Oft liegt sogar nur die graphische Darstellung als Ergebnis einer empirischen Untersuchung vor. Dabei ist es besonders wichtig, Informationen über die Änderung eines Vorganges zu erhalten, d.h. Änderungen im Verlaufe des Graphen zu untersuchen. Mathematisch bedeutet dies, man will feststellen, wie sich die Funktionswerte [$f(x)$-Werte] ändern, wenn die Argumente (x-Werte) größer oder kleiner werden.

Man möchte z.B. nicht nur wissen, an welcher Stelle der Flugbahn sich eine Rakete zu einem bestimmten Zeitpunkt befindet, sondern auch, ob sie noch steigt oder schon fällt, wie groß ihre Geschwindigkeit in jedem Moment ist und wann ihre Beschleunigung sich verändert.

So ist es z.B. interessant, nicht nur den gegenwärtigen Kurs einer Aktie zu kennen, sondern zu wissen, ob der Kurs steigt oder fällt und welche Tendenzen erkennbar sind, um daraus gegebenenfalls eine Prognose möglich zu machen.

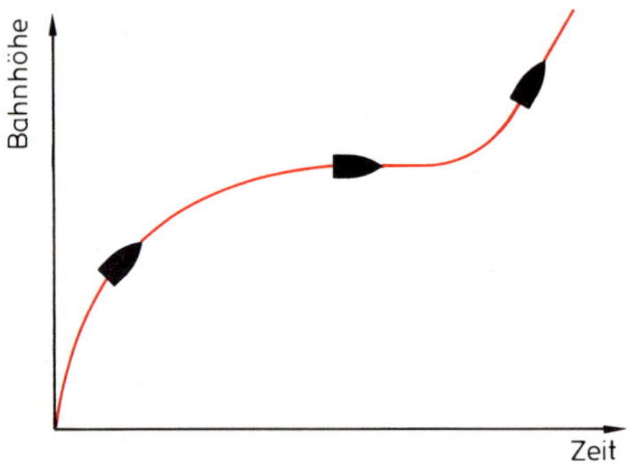

Verlauf einer Raketenbahn

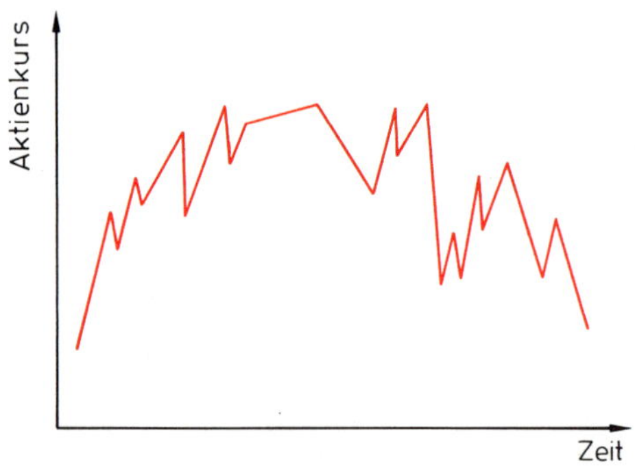

Entwicklung eines Aktienkurses

Solche funktionalen Zusammenhänge lassen sich mit Hilfe der Differentialrechnung untersuchen und rechnerisch erfassen. Die Differentialrechnung ist ein Teil der sogenannten Infinitesimalrechnung oder Analysis. Dabei bringt der Name „Infinitesimalrechnung" zum Ausdruck, daß man sich in diesem Teilgebiet der Mathematik mit den „infiniten" Prozessen im Bereich der reellen Zahlen beschäftigt, was letztlich die Einbeziehung des Unendlichen in die Rechnung bedeutet.

Die Analysis wurde von Leibniz (1646...1716) und Newton (1643...1727) fast gleichzeitig entwikkelt und später durch Cauchy (1789...1857) verfeinert und fortgeführt. Viele Forschungsergebnisse wären ohne die Analysis nicht möglich gewesen.

Einige Beispiele sollen die typischen Problemstellungen der Differentialrechnung verdeutlichen.

Beispiel: Ermitteln Sie die Steigung des Graphen der Funktion $f\colon f(x)=\sqrt{x-2}$; $D(f)=[2;\infty)$ an der Stelle $x_0=3{,}5$ zeichnerisch und rechnerisch.

Zeichnerisch ergibt sich $\alpha\approx 22°$ als Steigungswinkel der Tangente.

Eine rechnerisch exakte Lösung ist hier noch nicht möglich. Man kann jedoch die Steigung angenähert ermitteln, wenn man das Kurvenstück zwischen den Punkten P_1 und P_2, die links und rechts von P_0 liegen, durch die Sehne $\overline{P_1 P_2}$ ersetzt. Aus dem Steigungsdreieck erhält man einen Näherungswert für $\tan\alpha$ mit Hilfe der Gleichung:

$$\tan\alpha=\frac{f(x_2)-f(x_1)}{x_2-x_1}.$$

Die Annäherung ist um so genauer, je näher die Punkte P_1 und P_2 am Punkte $P_0\langle 3{,}5\,|\,\sqrt{1{,}5}\rangle$ liegen.

Eine Aufgabe der Differentialrechnung ist es, solche Steigungen rechnerisch exakt zu bestimmen.

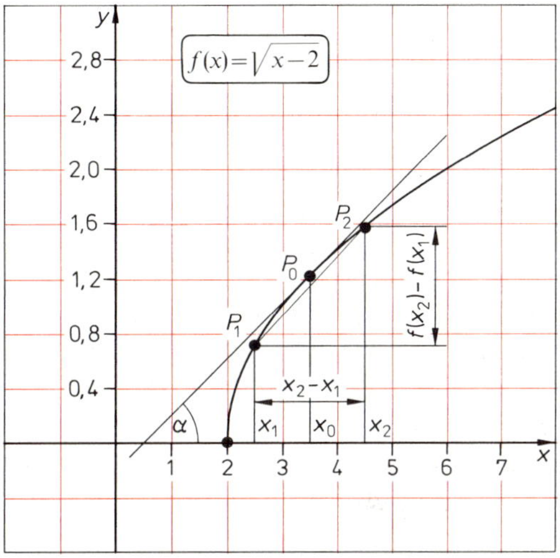

$$\tan\alpha\approx\frac{f(x_2)-f(x_1)}{x_2-x_1} \quad ▶\ f(x)=\sqrt{x-2}$$

$$\approx\frac{\sqrt{x_2-2}-\sqrt{x_1-2}}{x_2-x_1} \quad ▶\ x_1=2{,}5;\ x_2=4{,}5$$

$$\approx\frac{\sqrt{4{,}5-2}-\sqrt{2{,}5-2}}{4{,}5-2{,}5}$$

$$\approx\underline{\underline{0{,}43702}} \Rightarrow \alpha\approx\underline{\underline{23{,}606°}}$$

$$x_1=3{,}49;\ x_2=3{,}51\ ▶\ \tan\alpha\approx\frac{\sqrt{3{,}51-2}-\sqrt{3{,}49-2}}{3{,}51-3{,}49}$$

$$\approx\underline{\underline{0{,}40825}} \Rightarrow \alpha\approx\underline{\underline{22{,}208°}}$$

Beispiel: Bestimmen Sie die durchschnittliche (mittlere) Geschwindigkeit v_m eines Körpers im freien Fall ($v_0=0$) während der ersten 2,5 Sekunden sowie die Momentangeschwindigkeit v_t bei 2,5 Sekunden.

Beim freien Fall gelten die Gleichungen $s=0{,}5\cdot g\cdot t^2$ für den Fallweg und $v_m=\frac{s}{t}$ für die mittlere Geschwindigkeit, wenn man den Luftwiderstand vernachlässigt.

Die durchschnittliche (mittlere) Fallgeschwindigkeit v_m eines Körpers ergibt sich, wenn man den Fallweg s durch die Fallzeit t dividiert. Aus ihr erhält man jedoch keine Aussage über die Momentangeschwindigkeit v_{t_0} für einen beliebigen Zeitpunkt t_0.

$$v_m=\frac{s}{t} \quad ▶\ s=0{,}5\cdot g\cdot t^2$$

$$=0{,}5\cdot g\cdot t \quad ▶\ t=2{,}5\ \text{s}$$

$$=0{,}5\cdot 9{,}81\,\frac{\text{m}}{\text{s}^2}\cdot 2{,}5\ \text{s}=\underline{\underline{12{,}26\,\frac{\text{m}}{\text{s}}}}$$

Um diese Momentangeschwindigkeit v_{t_0} wenigstens annäherungsweise zu bestimmen, geht man von der Weg-Zeit-Funktion des freien Falls $s: t \mapsto s(t)$ aus, deren Graph eine gestreckte Normalparabel ist.

Man wählt ein Zeitintervall $[t_1; t_2]$, bei dem t_1 und t_2 möglichst dicht links und rechts bei t_0 liegen. Dividiert man die entsprechende Wegdifferenz $s(t_2)-s(t_1)$ durch die Zeitdifferenz t_2-t_1, so ergibt der **Differenzenquotient** einen Näherungswert für die Momentangeschwindigkeit zum Zeitpunkt t_0.

Bei der Weg-Zeit-Funktion kann man also mit Hilfe des Differenzenquotienten an jeder beliebigen Stelle $t_0 \in \mathbb{R}_+$ die Momentangeschwindigkeit v_{t_0} angenähert ermitteln und damit eine Aussage über die Änderung der Fallgeschwindigkeit machen.

Eine Aufgabe der Differentialrechnung ist es, solche Änderungsraten mathematisch exakt zu bestimmen.

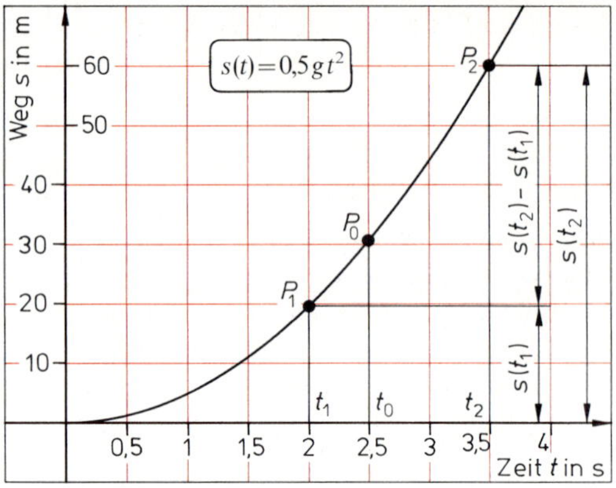

$$v_{t_0} \approx \frac{s(t_2)-s(t_1)}{t_2-t_1} \quad \blacktriangleright\ s(t)=0{,}5\,g\,t^2$$

$$\approx \frac{0{,}5\cdot g\cdot(t_2^2-t_1^2)}{t_2-t_1} \quad \blacktriangleright\ t_0=2{,}5\,\text{s};\ t_1=2\,\text{s};\ t_2=3{,}5\,\text{s}$$

$$v_{2,5} \approx \frac{0{,}5\cdot 9{,}81\,\frac{\text{m}}{\text{s}^2}\,[(3{,}5\,\text{s})^2-(2\,\text{s})^2]}{3{,}5\,\text{s}-2\,\text{s}} \approx \underline{\underline{26{,}98\,\frac{\text{m}}{\text{s}}}}$$

▶ Momentangeschwindigkeit nach 2,5 s

Beispiel: Mit einem 100 m langen Zaun soll in einem Gelände eine möglichst große, rechteckige Grundstücksfläche eingezäunt werden. Stellen Sie eine Funktionsgleichung auf, und lösen Sie das Problem zeichnerisch.

Die Größe der Fläche A hängt von der Länge l und der Breite b des rechteckigen Grundstückes ab. Da der Umfang der Grundstücksfläche 100 m betragen soll, gilt $100=2l+2b$, und es läßt sich die Funktionsgleichung $A(l)=50l-l^2$ aufstellen, mit der A aus l berechnet werden kann.

Der Graph hat an der Stelle $l_0=25$ m einen Maximalpunkt, d.h. der Flächeninhalt A ist an dieser Stelle am größten. Wegen $b=50-l$ ist $b_0=l_0=25$ m. Die größtmögliche Fläche ist also ein Quadrat mit einem Flächeninhalt von $25\text{ m}\cdot 25\text{ m}=625\text{ m}^2$.

Es ist sehr umständlich und ungenau, den Maximalpunkt des Graphen aus einer Zeichnung zu entnehmen. Die Differentialrechnung stellt Verfahren bereit, die eine schnelle und exakte Berechnung von Maximal- bzw. Minimalwerten erlauben.

$A=l\cdot b \quad \blacktriangleright\ 100=2l+2b \Rightarrow b=50-l$

$A=l(50-l)$

$\underline{\underline{A=A(l)=50l-l^2}} \quad \blacktriangleright$ Funktionsgleichung

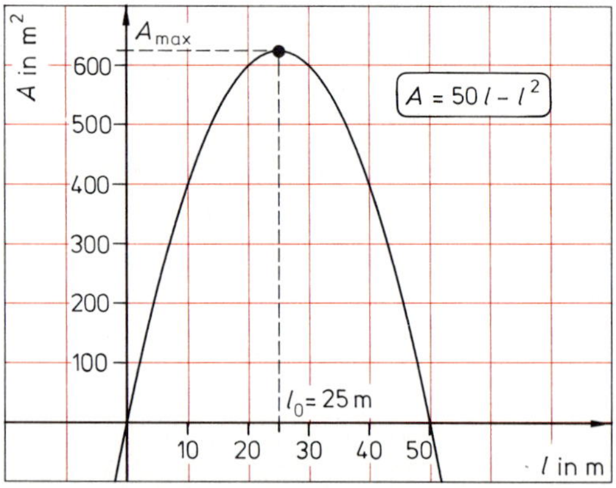

$A=l\cdot b \quad \blacktriangleright\ l_0=25\text{ m};\ b_0=25\text{ m}$

$A_{max}=25\text{ m}\cdot 25\text{ m}=\underline{\underline{625\text{ m}^2}}$

2.1.1 Ableitung von Funktionen

Problem: Bestimmen Sie für die Funktion $f\colon f(x)=0{,}2x^2$ die durchschnittliche (mittlere) Steigung des Graphen in den Intervallen $I_1=[1;\ 2]$, $I_2=[2;\ 4]$ sowie $I_3=[4;\ 6]$, und berechnen Sie näherungsweise die Steigung des Graphen an der Stelle $x_0=5{,}5$.

Mit den Grenzen der Intervalle I_1, I_2 und I_3 werden die Punkte P_1 bis P_4 des Graphen $G(f)$ berechnet. Verbindet man benachbarte Punkte geradlinig miteinander, so erhält man eine Annäherung des Graphen durch die Strecken $\overline{P_1P_2}$, $\overline{P_2P_3}$ und $\overline{P_3P_4}$.

Die gesuchte durchschnittliche (mittlere) Steigung m des Graphen in einem Intervall I ist gleich der Steigung der entsprechenden Sekante und heißt **Sekantensteigung (Intervallsteigung)**. Man berechnet die Steigung $m=\tan\alpha_1$ ($\tan\alpha_2$, $\tan\alpha_3$) aus dem Steigungsdreieck mittels der Gleichung:

$$m=\tan\alpha_1=\frac{f(x_2)-f(x_1)}{x_2-x_1}.$$

Wegen $5{,}5\in[4;\ 6]$ gilt für die Steigung des Graphen an der Stelle $x_0=5{,}5$ näherungsweise $\alpha_3=63{,}44°$.

$I_1=[1;\ 2]$ ▶ $x_1=1;\ x_2=2$

▶ $\tan\alpha_1=\dfrac{f(x_2)-f(x_1)}{x_2-x_1}$ ▶ $f(x)=0{,}2\,x^2$

$=\dfrac{0{,}2\,x_2^2-0{,}2\,x_1^2}{x_2-x_1}$ ▶ $x_1=1;\ x_2=2$

$=\dfrac{0{,}2\cdot 2^2-0{,}2\cdot 1^2}{2-1}$

$=\underline{\underline{0{,}6}} \Rightarrow \alpha_1=\underline{\underline{30{,}96°}}$

$I_2=[2;\ 4]$ ▶ $x_2=2;\ x_3=4$

▶ $\tan\alpha_2=\dfrac{0{,}2\,x_3^2-0{,}2\,x_2^2}{x_3-x_2}$

$=\underline{\underline{1{,}2}} \Rightarrow \alpha_2=\underline{\underline{50{,}19°}}$

$I_3=[4;\ 6]$ ▶ $x_3=4;\ x_4=6$

▶ $\tan\alpha_3=\dfrac{0{,}2\,x_4^2-0{,}2\,x_3^2}{x_4-x_3}$

$=\underline{\underline{2}} \Rightarrow \alpha_3=\underline{\underline{63{,}44°}}$

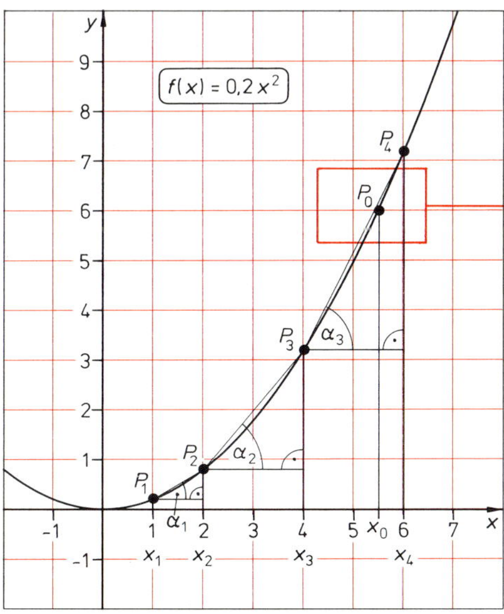

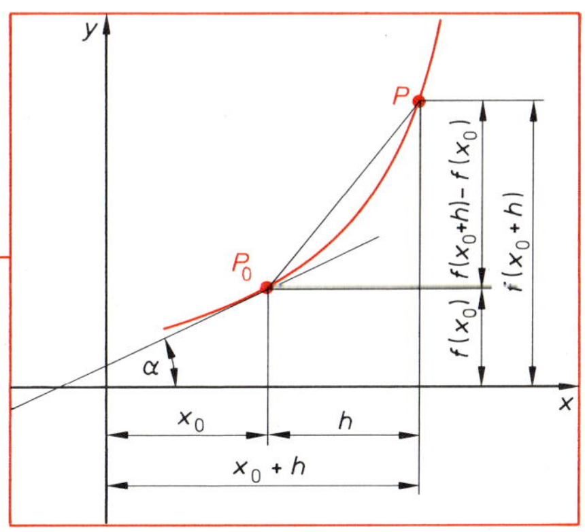

Um die Steigung des Graphen im Punkte P_0, z.B. an der Stelle $x_0 = 5{,}5$ noch genauer zu ermitteln, kann man statt der Intervallmethode auch eine andere Strategie anwenden, indem man den Punkt P_0 selbst und einen zu ihm benachbarten Punkt P an der Stelle $x_0 + h$ mit $h \neq 0$ verwendet.

Je kleiner der Wert h, z.B. für $h > 0$, gewählt wird, je näher also P rechts von P_0 liegt, um so besser ist die Annäherung.

Aus den Beispielen erkennt man, daß die Steigung im Punkte P_0 mit kleiner werdendem h offensichtlich immer mehr gegen den Wert $\tan\alpha = 2{,}2$ strebt.

Aus den gewonnenen Erkenntnissen läßt sich eine Gleichung zur Berechnung der Steigung einer Sekante durch den Punkt $P_0\langle x_0 | f(x_0)\rangle$ aufstellen. Eine Sekante ist als Gerade bereits durch zwei Punkte auf dem Graphen der Funktion definiert, und zwar durch $P_0\langle x_0 | f(x_0)\rangle$ und durch einen von diesem verschiedenen Punkt $P\langle x | f(x)\rangle$.

Die Sekantensteigung, also die Steigung der Geraden durch die Punkte P_0 und P, ergibt sich als Quotient der Differenz der Funktionswerte $f(x) - f(x_0)$ und der Differenz der Argumente $x - x_0$. Dieser Quotient heißt **Differenzenquotient**. Setzt man $h := x - x_0$, so erhält man eine andere gebräuchliche Schreibweise des Differenzenquotienten. Hierbei gilt $h \neq 0$, weil $x \neq x_0$ gelten soll.

Faßt man den Differenzenquotienten als Funktionsterm mit der Variablen x bzw. mit der Hilfsvariablen h auf, so erhält man die **Differenzenquotientenfunktion s_{x_0} (Sekantensteigungsfunktion)** der Funktion f zur Stelle x_0. Diese ist bis auf die Stelle x_0 selbst für alle $x \in D(f)$ bzw. für alle $h \in \mathbb{R}^*$ definiert. Die Stelle x_0 bzw. $h_0 = 0$ ist eine Definitionslücke der Differenzenquotientenfunktion s_{x_0}.

$$\tan\alpha \approx \frac{f(x_0+h) - f(x_0)}{(x_0+h) - x_0}$$

$$\approx \frac{f(x_0+h) - f(x_0)}{h} \quad ► \; f(x) = 0{,}2x^2;\; h \neq 0$$

$$\approx \frac{0{,}2(x_0+h)^2 - 0{,}2x_0^2}{h} \quad ► \; x_0 = 5{,}5;\; h_1 = 0{,}1$$

$$\tan\alpha_1 = \frac{0{,}2 \cdot 5{,}6^2 - 0{,}2 \cdot 5{,}5^2}{0{,}1} = \underline{\underline{2{,}22}} \Rightarrow \alpha_1 = \underline{\underline{65{,}75°}}$$

$h_2 = 0{,}001$ ► $\tan\alpha_2 = \underline{\underline{2{,}2002}}$ $\Rightarrow \alpha_2 = \underline{\underline{65{,}558°}}$

$h_3 = 0{,}00001$ ► $\tan\alpha_3 = \underline{\underline{2{,}200002}}$ $\Rightarrow \alpha_3 = \underline{\underline{65{,}55606°}}$

$h_4 = 0{,}0000001$ ► $\tan\alpha_4 = \underline{\underline{2{,}20000002}}$ $\Rightarrow \alpha_4 = \underline{\underline{65{,}55604°}}$

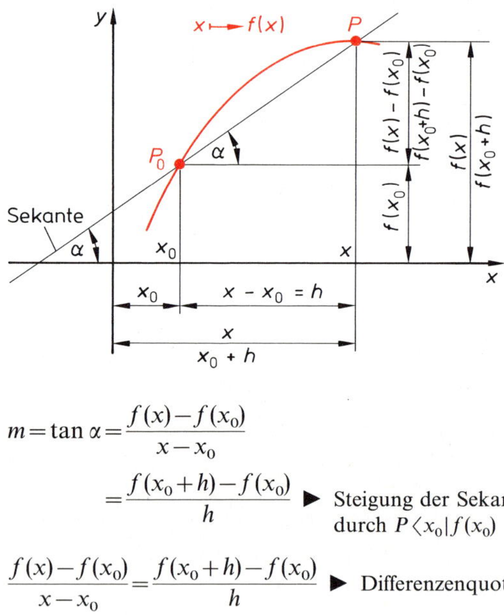

$$m = \tan\alpha = \frac{f(x) - f(x_0)}{x - x_0}$$

$$= \frac{f(x_0+h) - f(x_0)}{h} \quad ► \text{ Steigung der Sekante durch } P\langle x_0 | f(x_0)\rangle$$

$$\frac{f(x) - f(x_0)}{x - x_0} = \frac{f(x_0+h) - f(x_0)}{h} \quad ► \text{ Differenzenquotient}$$

$$s_{x_0}\colon s_{x_0}(x) = \frac{f(x) - f(x_0)}{x - x_0}$$

$$s_{x_0}\colon s_{x_0}(x_0+h) = \frac{f(x_0+h) - f(x_0)}{h}$$

} Differenzenquotientenfunktion der Funktion f zur Stelle x_0

Es erscheint sinnvoll, das Verhalten der Funktion s_{x_0} in der Nähe ihrer Definitionslücke durch Grenzwertbetrachtungen näher zu untersuchen (siehe Kapitel „Grenzwerte“).

Merke:

Der Quotient aus der Differenz der Funktionswerte und der Differenz der Argumente einer Funktion f wird als Differenzenquotient bezeichnet, die entsprechende Funktion ist die Differenzenquotientenfunktion der Funktion f für eine Stelle x_0.

$m=\tan\alpha=\frac{f(x)-f(x_0)}{x-x_0}$; $x \neq x_0$; x_0; $x \in D(f)$ ► Steigung der Sekante durch $P\langle x_0 | f(x_0)\rangle$ und $P\langle x | f(x)\rangle$

$\frac{f(x)-f(x_0)}{x-x_0}$ oder $\frac{f(x_0+h)-f(x_0)}{h}$; $x \neq x_0$; $h \neq 0$; x; x_0; $x_0+h \in D(f)$ ► Differenzenquotient

$$\left.\begin{aligned} s_{x_0}&: s_{x_0}(x)=\frac{f(x)-f(x_0)}{x-x_0} \\ s_{x_0}&: s_{x_0}(x_0+h)=\frac{f(x_0+h)-f(x_0)}{h} \end{aligned}\right\}$$

$x \neq x_0$; $h \neq 0$; x; x_0; $x_0+h \in D(f)$ ► Differenzenquotientenfunktion

Beispiel: Bilden Sie zur Funktion f: $f(x)=\frac{2x}{1+x^2}$ die Differenzenquotientenfunktionen für die Stellen $x_1=-1$; $x_2=0$ sowie $x_3=2$, und berechnen Sie jeweils die Sekantensteigung wenn $h=0{,}001$ gilt.

Aus dem Graphen der Funktion ist ersichtlich:

- In der Nähe von P_1 ist die Steigung einer Sekante durch P_1 etwa Null, d.h. sie verläuft fast waagerecht.
- Der Steigungswinkel einer Sekante durch P_2 in der Nähe von P_2 beträgt ungefähr 60°.
- In der Nähe von P_3 ist die Steigung einer Sekante durch P_3 negativ, und der Steigungswinkel ist etwa 165°.

Zur rechnerischen Lösung entwickelt man zunächst an den Stellen x_1 bis x_3 die entsprechenden Differenzenquotientenfunktionen (Sekantensteigungsfunktionen), indem man jeweils in der allgemeinen Funktionsgleichung für die Differenzenquotientenfunktion den speziellen Funktionsterm $f(x)=\frac{2x}{1+x^2}$ verwendet.

Man erhält drei verschiedene Differenzenquotientenfunktionen.

Mit diesen Funktionen und beliebigen Werten für $h \in \mathbb{R}^*$ kann man die Steigungen der Sekanten berechnen, die jeweils durch die

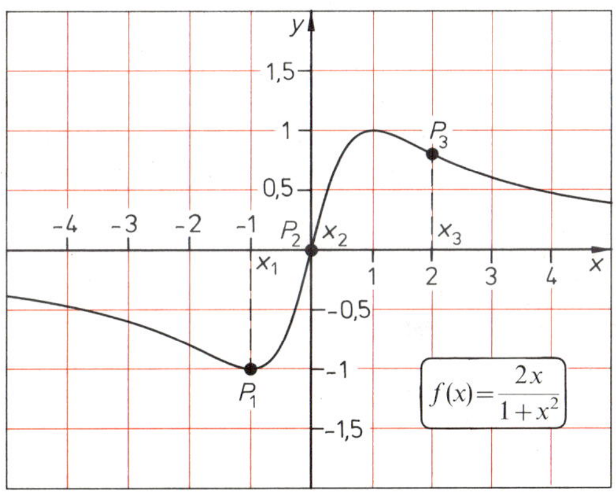

$s_{x_0}(x_0+h)=\frac{f(x_0+h)-f(x_0)}{h}$ ► $f(x)=\frac{2x}{1+x^2}$

$=\frac{2}{h}\left(\frac{x_0+h}{1+(x_0+h)^2}-\frac{x_0}{1+x_0^2}\right)$ ► $x_0=x_1=-1$

$s_{x_1}(x_1+h)=\underline{\underline{\frac{2}{h}\left(\frac{h-1}{1+(-1)^2}+0{,}5\right)}}$ ► $h=0{,}001$

$=\underline{\underline{0{,}0005}}$

► $\tan\alpha=0{,}0005 \Rightarrow \alpha=\underline{\underline{0{,}02865°}}$

$x_2=0$ ► $s_{x_2}(x_2+h)=\underline{\underline{\frac{2}{h}\left(\frac{0+h}{1+(0+h)^2}-\frac{0}{1+0^2}\right)}}$

$=\frac{2}{h}\cdot\frac{h}{1+h^2}$

Punkte P_1, P_2 und P_3 verlaufen. Je näher h bei Null gewählt wird (im Beispiel gilt $h=0{,}001$), desto mehr nähert sich die jeweilige Sekantensteigung der Steigung der Tangente im betrachteten Punkt.

Die Rechenergebnisse bestätigen die aus dem Graphen gewonnenen Werte.

$$s_{x_2}(x_2+h)=\frac{2}{1+h^2} \quad \blacktriangleright\ h=0{,}001$$

$$=\underline{\underline{1{,}999998}}$$

$\blacktriangleright$ $\tan\alpha=1{,}999998 \Rightarrow \alpha=\underline{\underline{63{,}43493°}}$

$$x_3=2 \quad \blacktriangleright\ s_{x_3}(x_3+h)=\frac{2}{h}\left(\frac{2+h}{1+(2+h)^2}-0{,}4\right) \quad \blacktriangleright\ h=0{,}001$$

$$=\underline{\underline{-0{,}239968}}$$

$\blacktriangleright$ $\tan\alpha=-0{,}239968 \Rightarrow \alpha=\underline{\underline{166{,}506°}}$

Problem: Entwickeln Sie für die Funktion f: $f(x)=0{,}05x^3+2$; $D(f)=\mathbb{R}$ die Differenzenquotientenfunktion zur Stelle $x_0=1{,}5$, und berechnen Sie die Sekantensteigungen für $h\in\{3;\ 2;\ 1;\ 0{,}001\}$. Welchen Grenzwert hat die Differenzenquotientenfunktion an der Stelle $h_0=0$?

Da $h>0$ gewählt werden soll, liegen die zu betrachtenden Punkte P_1, P_2, P_3 und P_4 rechts von P_0.

Mit Hilfe der Differenzenquotientenfunktion läßt sich die Steigung der Sekanten durch zwei Punkte P_0 und P_1 auf dem Funktionsgraphen $G(f)$ in einem Intervall $[x_0;\ x_0+h_1]$ ermitteln. Wird dieses Intervall verkleinert, indem man h immer kleiner werden läßt (h_2, h_3, h_4), so verringert sich auch der Abstand zwischen P_0 und P_1 bzw. zwischen P_0 und den Punkten P_2, P_3 und P_4 (P_4 ist nicht eingezeichnet).

f: $f(x)=0{,}05x^3+2$; $D(f)=\mathbb{R}$

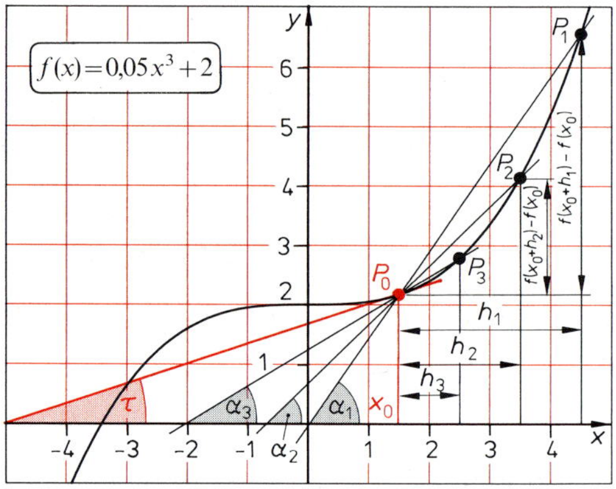

Je kleiner h wird, desto mehr nähern sich diese Punkte von rechts dem Punkte P_0, d.h. die Steigungen der Sekanten nähern sich immer mehr der Steigung der Tangente an den Funktionsgraphen im Punkte P_0. Strebt h gegen Null, so wird schließlich die Sekante zur Tangente. Wählt man für h negative Werte, so bedeutet das eine Annäherung an P_0 von links.

Der geometrische Sachverhalt läßt vermuten, daß der Grenzwert der Differenzenquotientenfunktion an der Stelle $x_0=1{,}5$ die Steigung $\tan\tau$ der Tangente an den Graphen der Funktion f im Punkte P_0 ist.

Um das zu zeigen, verwendet man im Funktionsterm für die allgemeine Differenzenquotientenfunktion $s_{x_0}(x)$ an der Stelle $x_0=1{,}5$, also in $s_{1,5}(x)$, für $f(x)$ den Term $0{,}05x^3+2$.

$$s_{x_0}(x)=\frac{f(x)-f(x_0)}{x-x_0} \quad \blacktriangleright\ \text{Substitution } x=x_0+h$$

$$s_{x_0}(x_0+h)=\frac{f(x_0+h)-f(x_0)}{h} \quad \blacktriangleright\ f(x)=0{,}05x^3+2$$

$$=\frac{1}{h}\,[0{,}05(x_0+h)^3+2-(0{,}05x_0^3+2)]$$

$$=\frac{0{,}05}{h}\,[(x_0+h)^3-x_0^3] \quad \blacktriangleright\ x_0=1{,}5$$

Aus dem Schaubild ist der Verlauf des Graphen der Funktion f: $f(x)=x^2$ und der der beiden Tangenten in den Punkten $P_1\langle x_1|f(x_1)\rangle$ und $P_2\langle x_2|f(x_2)\rangle$, d.h. an den Stellen $x_1=-1$ und $x_2=2$ zu ersehen.

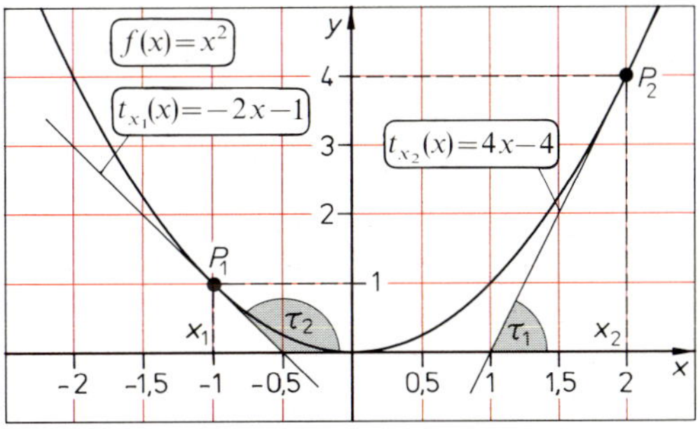

2.1.2 Differenzierbarkeit von Funktionen

Differenzierbarkeit an einer Stelle x_0

Hat die Differenzenquotientenfunktion s_{x_0} einer Funktion f an der Stelle $x_0 \in D(f)$ einen eigentlichen (endlichen) Grenzwert g, existiert also die Ableitung $f'(x_0)$, so heißt die Funktion f an der Stelle x_0 **differenzierbar**. An der Stelle x_0 ist ein eigentlicher Funktionsgrenzwert immer dann vorhanden, wenn der linksseitige Grenzwert g_L und der rechtsseitige Grenzwert g_R an dieser Stelle endlich sind und übereinstimmen (siehe Kapitel „Grenzwerte").

Existieren sowohl der linksseitige Grenzwert als auch der rechtsseitige Grenzwert der Differenzenquotientenfunktion, so nennt man diese einseitigen Grenzwerte auch die **linksseitige Ableitung** bzw. die **rechtsseitige Ableitung** der Funktion f an der Stelle x_0 und bezeichnet sie mit $f'_L(x_0)$ bzw. mit $f'_R(x_0)$. Sind diese beiden einseitigen Ableitungen gleich, so existiert damit an der Stelle x_0 die Ableitung $f'(x_0)$.

Das wird am Beispiel der Quadratfunktion f: $f(x)=x^2$ für eine beliebige Stelle $x_0 \in \mathbb{R}$ gezeigt. Um deutlich zu machen, daß die x-Werte in der Umgebung von x_0 von links bzw. von rechts gegen x_0 streben, substituiert man zweckmäßig $x=x_0-\delta$ bzw. $x=x_0+\delta$ mit $\delta>0$ und läßt dann nicht x gegen x_0, sondern δ gegen 0 streben.

Auf diese Weise erhält man die linksseitige Ableitung $f'_L(x_0)=2x_0$ und die rechtsseitige Ableitung $f'_R(x_0)=2x_0$ der Funktion f an einer Stelle x_0. Weil die einseitigen Ableitungen übereinstimmen, ist $f'(x_0)=2x_0$ die Ableitung der Funktion f an der Stelle x_0.

Da $x_0 \in \mathbb{R}$ eine beliebige Stelle war, ist die Ableitung $f'(x_0)=2x_0$ für jedes $x_0 \in \mathbb{R}$ definiert, d.h. die Funktion f ist an jeder Stelle x_0 ihres Definitionsbereiches $D(f)=\mathbb{R}$ differenzierbar.

$$s_{x_0}(x)=\frac{f(x)-f(x_0)}{x-x_0} \quad \blacktriangleright \; f(x)=x^2;\; f(x_0)=x_0^2;\; x \neq x_0$$

$$=\frac{x^2-x_0^2}{x-x_0}=\frac{(x+x_0)(x-x_0)}{x-x_0}=\underline{x+x_0;\; x \in \mathbb{R}^*}$$

$$\lim_{\substack{x \to x_0 \\ x<x_0}} s_{x_0}(x)=\lim_{\substack{x \to x_0 \\ x<x_0}}(x+x_0) \quad \blacktriangleright \; x=x_0-\delta;\; \delta>0$$

$$=\lim_{\delta \to 0}(x_0-\delta+x_0)$$

$$=\underline{\underline{2x_0;\; x_0 \in \mathbb{R}}}$$

$\blacktriangleright$ $2x_0=g_L=f'_L(x_0)$ $\blacktriangleright$ linksseitige Ableitung

$$\lim_{\substack{x \to x_0 \\ x>x_0}} s_{x_0}(x)=\lim_{\substack{x \to x_0 \\ x>x_0}}(x+x_0) \quad \blacktriangleright \; x=x_0+\delta;\; \delta>0$$

$$=\lim_{\delta \to 0}(x_0+\delta+x_0)$$

$$=\underline{\underline{2x_0;\; x_0 \in \mathbb{R}}}$$

$\blacktriangleright$ $2x_0=g_R=f'_R(x_0)$ $\blacktriangleright$ rechtsseitige Ableitung

$\blacktriangleright$ $f'_L(x_0)=f'_R(x_0)=f'(x_0)$

$\Rightarrow \underline{\underline{f'(x_0)=2x_0;\; x_0 \in \mathbb{R}}}$ $\blacktriangleright$ Ableitung von f an der Stelle x_0

Problem: Untersuchen Sie die Differenzierbarkeit der Funktionen u: $u(x)=\sqrt{x+3}-2$ und v: $v(x)=0{,}3\cdot\sqrt{(x+3)^3}-2$ jeweils an der Stelle $x_0=-3$.

Beide Funktionen sind nur in dem Intervall $[-3;\ \infty)$ definiert; sie haben bei $x_0=-3$, also an ihrem linken Rand, eine Randstelle.

Das bedeutet, daß dort nur eine Untersuchung auf rechtsseitige (einseitige) Grenzwerte möglich ist.

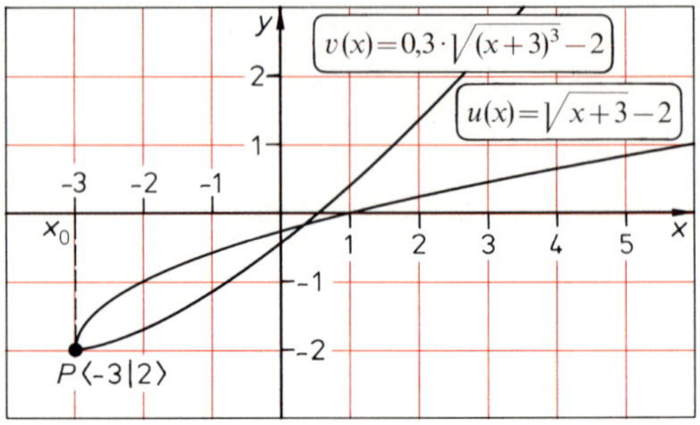

Zunächst bildet man für die gegebenen Funktionen u und v jeweils die Differenzenquotientenfunktion.

Dann wird untersucht, ob an der Stelle $x_0=-3$ die rechtsseitigen Ableitungen $u'_R(x_0)$ bzw. $v'_R(x_0)$ existieren.

Um zu erreichen, daß die x-Werte in der Umgebung von x_0 von rechts gegen x_0 streben, substituiert man zweckmäßig $x=-3+\delta$ mit $\delta>0$ und läßt dann nicht x gegen x_0, sondern δ gegen 0 streben.

$$s_{x_0}(x)=\frac{u(x)-u(x_0)}{x-x_0} \quad ▶\ u(x)=\sqrt{x+3}-2$$

$$\lim_{\substack{x\to x_0\\x>x_0}} s_{x_0}(x)=\lim_{\substack{x\to x_0\\x>x_0}}\frac{\sqrt{x+3}-2-(\sqrt{x_0+3}-2)}{x-x_0}$$

$$=\lim_{\substack{x\to x_0\\x>x_0}}\frac{\sqrt{x+3}-\sqrt{x_0+3}}{x-x_0} \quad ▶\ x_0=-3$$

$$=\lim_{\substack{x\to -3\\x>-3}}\frac{\sqrt{x+3}-\sqrt{-3+3}}{x-(-3)} \quad ▶\ x=-3+\delta;\ \delta>0$$

$$=\lim_{\delta\to 0}\frac{\sqrt{-3+\delta+3}}{-3+\delta+3}$$

$$=\lim_{\delta\to 0}\frac{\sqrt{\delta}}{\delta}$$

$$=\lim_{\delta\to 0}\frac{1}{\sqrt{\delta}}$$

$$=\underline{\underline{\infty}} \quad ▶\ \text{rechtsseitige Ableitung existiert nicht als endlicher Wert}$$

Für die Funktion u existiert an der Randstelle $x_0=-3$ keine rechtsseitige Ableitung, d.h. die Funktion ist dort **nicht rechtsseitig differenzierbar**.

Das ist auch aus dem Graphen ersichtlich, denn die Funktion u hat im Punkte $P\langle -3|-2\rangle$ des Graphen eine sogenannte „senkrechte Tangente“, die es beim analytischen Tangentenbegriff nicht gibt.

$$s_{x_0}(x)=\frac{v(x)-v(x_0)}{x-x_0} \quad ▶\ v(x)=0{,}3\sqrt{(x+3)^3}-2$$

$$\lim_{\substack{x\to x_0\\x>x_0}} s_{x_0}(x)=\lim_{\substack{x\to x_0\\x>x_0}}\frac{0{,}3\sqrt{(x+3)^3}-2-(0{,}3\sqrt{(x_0+3)^3}-2)}{x-x_0}$$

$$=0{,}3\cdot\lim_{\substack{x\to x_0\\x>x_0}}\frac{\sqrt{(x+3)^3}-\sqrt{(x_0+3)^3}}{x-x_0} \quad ▶\ x_0=-3$$

$$=0{,}3\cdot\lim_{\substack{x\to -3\\x>-3}}\frac{\sqrt{(x+3)^3}-\sqrt{0}}{x+3} \quad ▶\ x=-3+\delta;\ \delta>0$$

$$=\lim_{\delta\to 0}\frac{\sqrt{\delta^3}}{\delta}$$

$$=\lim_{\delta\to 0}\frac{|\delta|\cdot\sqrt{\delta}}{\delta} \quad ▶\ \delta>0$$

$$=\lim_{\delta\to 0}\sqrt{\delta}=\underline{\underline{0}}$$

$$▶\ v'_R(-3)=0 \quad ▶\ \text{rechtsseitige Ableitung an der Randstelle } x_0=-3$$

Die Funktion v hat an der Randstelle $x_0=-3$ die rechtsseitige Ableitung $v'_R(-3)=0$, d.h. sie ist dort **rechtsseitig differenzierbar**. Im Punkte $P\langle -3|-2\rangle$ existiert also eine Tangente mit der Steigung Null, d.h. die Tangente verläuft parallel zur x-Achse.

Problem: Untersuchen Sie die Differenzierbarkeit der Funktion $f: f(x)=|0{,}1\,x^3+2{,}7|-2$ mit $D(f)=\mathbb{R}$ an der Stelle $x_0=-3$.

Zeichnet man den Graphen der Funktion f, so erkennt man, daß sie an der Stelle $x_0=-3$ eine Spitze hat.

Um die Differenzierbarkeit an dieser Stelle festzustellen, prüft man, ob die zugehörige Differenzenquotientenfunktion dort einen Grenzwert hat. Dazu untersucht man, ob an der Stelle $x_0=-3$ eine linksseitige Ableitung $f_L'(x_0)$ und eine rechtsseitige Ableitung $f_R'(x_0)$ vorliegen und ob beide übereinstimmen.

Es ist zweckmäßig, die Funktion in eine betragszeichenfreie Darstellung umzuwandeln. Dazu bestimmt man diejenigen Stellen der Funktion, an denen der Term innerhalb der Betragszeichen sein Vorzeichen wechselt.
Das ist nur an der Stelle $x_0=-3$ der Fall, so daß man $D(f)$ in zwei Definitionsabschnitte $D(f_1)=(-\infty;\,-3]$ und $D(f_2)=[-3;\,\infty)$ zerlegen kann:

$$x\leq -3 \;\blacktriangleright\; f_1(x)=-0{,}1\,x^3-2{,}7-2$$
$$=-0{,}1\,x^3-4{,}7$$

$$x\geq -3 \;\blacktriangleright\; f_2(x)=0{,}1\,x^3+2{,}7-2$$
$$=0{,}1\,x^3+0{,}7$$

Die Stelle $x_0=-3$ ist rechte Randstelle der Teilfunktion f_1 und linke Randstelle der Teilfunktion f_2, so daß dort für sie jeweils nur einseitige Ableitungen möglich sind.

Man bildet die beiden zugehörigen Differenzenquotientenfunktionen durch Einsetzen der entsprechenden Funktionsterme in den Term der allgemeinen Differenzenquotientenfunktion.
Die linksseitige Ableitung $f_{1L}(-3)$ der Teilfunktion f_1 hat den Wert $-2{,}7$, die rechtsseitige Ableitung $f_{2R}(-3)$ der Teilfunktion f_2 hat den Wert 2,7.

Da die beiden einseitigen Ableitungen (Grenzwerte) nicht übereinstimmen, ist die Funktion f an der Stelle $x_0=-3$ nicht differenzierbar.

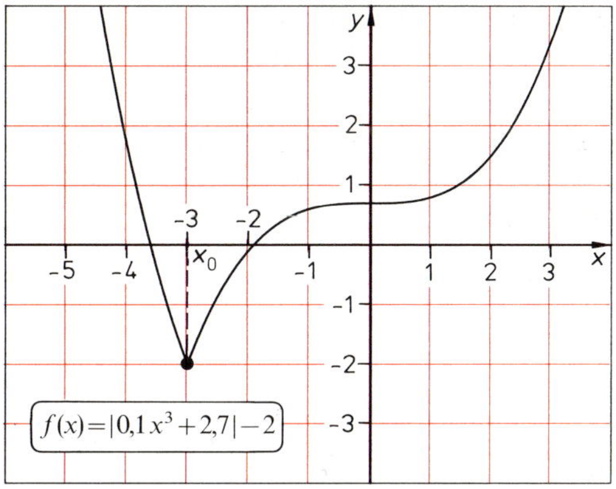

$$s_{x_0}(x)=\frac{f_1(x)-f(x_0)}{x-x_0} \;\blacktriangleright\; f_1(x)=-0{,}1\,x^3-4{,}7$$
$$=\frac{(-0{,}1\,x^3-4{,}7)-(0{,}1\,x_0^3-4{,}7)}{x-x_0}$$
$$=\frac{-0{,}1\,(x^3-x_0^3)}{x-x_0} \;\blacktriangleright\; x_0=-3$$

$$\lim_{\substack{x\to-3\\x<-3}} s_{-3}(x)=-0{,}1\cdot\lim_{\substack{x\to-3\\x<-3}}\frac{x^3-27}{x+3} \;\blacktriangleright\; x=-3-\delta;\ \delta>0$$
$$=-0{,}1\cdot\lim_{\delta\to0}\frac{(-3-\delta)^3-27}{-3-\delta+3}$$
$$=-0{,}1\cdot\lim_{\delta\to0}\frac{-\delta^3-9\delta^2-27\delta}{-\delta}$$
$$=-0{,}1\cdot\lim_{\delta\to0}(\delta^2+9\delta^2+27)$$
$$=\underline{\underline{-2{,}7}} \;\blacktriangleright\; \underline{\underline{f_{1L}'(-3)=-2{,}7}}$$

$$s_{x_0}(x)=\frac{f_2(x)-f_2(x_0)}{x-x_0} \;\blacktriangleright\; f_2(x)=0{,}1\,x^3+0{,}7$$
$$=\frac{0{,}1\,(x^3-x_0^3)}{x-x_0} \;\blacktriangleright\; x_0=-3$$

$$\lim_{\substack{x\to-3\\x>-3}} s_{-3}(x)=0{,}1\cdot\lim_{\substack{x\to-3\\x>-3}}\frac{x^3-27}{x+3} \;\blacktriangleright\; x=-3+\delta;\ \delta>0$$
$$=0{,}1\cdot\lim_{\delta\to0}(\delta^2+9\delta+27)$$
$$=\underline{\underline{2{,}7}} \;\blacktriangleright\; \underline{\underline{f_{2R}'(-3)=2{,}7}}$$

$$\blacktriangleright\; f_{1L}'(-3)\neq f_{2R}'(-3) \;\blacktriangleright\; \underline{\underline{f'(-3)\text{ existiert nicht}}}$$

Merke:

- Eine Funktion f ist an einer Stelle $x_0 \in D(f)$ differenzierbar, wenn an dieser Stelle ein eigentlicher (endlicher) Grenzwert ihrer Differenzenquotientenfunktion s_{x_0} existiert, d. h. wenn dort eine linksseitige Ableitung $f_L'(x_0)$ sowie eine rechtsseitige Ableitung $f_R'(x_0)$ vorhanden sind und beide übereinstimmen:

$$\lim_{\substack{x \to x_0 \\ x < x_0}} s_{x_0}(x) = \lim_{\substack{x \to x_0 \\ x < x_0}} \frac{f(x)-f(x_0)}{x-x_0} = f_L'(x_0) = \lim_{\substack{x \to x_0 \\ x > x_0}} s_{x_0}(x) = \lim_{\substack{x \to x_0 \\ x > x_0}} \frac{f(x)-f(x_0)}{x-x_0} = f_R'(x_0).$$

- Hat eine Funktion an einer Randstelle ihres Definitionsbereiches eine linksseitige Ableitung $f_L'(x_0)$ bzw. eine rechtsseitige Ableitung $f_R'(x_0)$, so heißt sie dort linksseitig bzw. rechtsseitig differenzierbar.
- Eine Funktion f kann nur an solchen Stellen x_0 differenziert werden, an denen sie auch definiert ist, d. h. es muß $x_0 \in D(f)$ gelten.

Anmerkung:

Die zuletzt genannte Bedingung ergibt sich daraus, daß die Differenzierbarkeit einer Funktion f an einer Stelle x_0 dort die Stetigkeit der Funktion zur Folge hat, d. h. es gilt:

$$\lim_{x \to x_0} \frac{f(x)-f(x_0)}{x-x_0} = f'(x_0) \Rightarrow \lim_{x \to x_0} f(x) = f(x_0).$$

Von Stetigkeit oder Unstetigkeit einer Funktion an einer Stelle x_0 kann man aber nur dann sprechen, wenn die Funktion dort auch definiert ist (siehe Kapitel „Stetigkeit“). Diese Folgerung läßt sich sehr einfach beweisen. Es ist: $f(x) = \frac{f(x)-f(x_0)}{x-x_0} \cdot (x-x_0) + f(x_0)$. Die Anwendung der Grenzwertsätze hierauf liefert dann: $\lim\limits_{x \to x_0} f(x) = f'(x_0) \cdot 0 + f(x_0) \Rightarrow \lim\limits_{x \to x_0} f(x) = f(x_0)$.

Differenzierbarkeit einer Funktion — Ableitungsfunktion

Problem: Bestimmen Sie für $f\colon f(x) = |0{,}1\,x^3 + 2{,}7| - 2$ mit $D(f) = \mathbb{R}$ alle Stellen x_0, an denen die Funktion differenzierbar ist.

Um die Funktion f in ihrem gesamten Definitionsbereich $D(f) = \mathbb{R}$ auf Differenzierbarkeit zu untersuchen, ist es zweckmäßig, sie betragszeichenfrei darzustellen. Dazu teilt man ihren Definitionsbereich in zwei Definitionsabschnitte auf, in denen sich die Funktion f betragszeichenfrei durch die Teilfunktionen f_1 und f_2 beschreiben läßt.

Die Funktion f ist im gesamten Definitionsbereich $D(f) = \mathbb{R}$ stetig, weil dies für jede der Teilfunktionen als ganze rationale Funktionen gilt und außerdem $f_1(-3) = f_2(-3)$ ist.

$$f\colon f(x) = |0{,}1\,x^3 + 2{,}7| - 2;\ x \in \mathbb{R}$$

$$= \begin{cases} -(0{,}1\,x^3 + 2{,}7) - 2, & \text{wenn } x \in (-\infty; -3] \\ (0{,}1\,x^3 + 2{,}7) - 2, & \text{wenn } x \in [-3; \infty) \end{cases}$$

$$= \begin{cases} -0{,}1\,x^3 - 4{,}7, & \text{wenn } x \in (-\infty; -3] \quad \blacktriangleright f_1(x) \\ 0{,}1\,x^3 + 0{,}7, & \text{wenn } x \in [-3; \infty) \quad \blacktriangleright f_2(x) \end{cases}$$

Bei der Funktion f wurde bereits im vorausgegangenen Problem die Differenzierbarkeit an der Stelle $x_0 = -3$ untersucht. Sie ist an dieser Stelle nicht differenzierbar, denn dort ist die linksseitige Ableitung $f'_{1L}(-3)$ der Teilfunktion f_1 verschieden von der rechtsseitigen Ableitung $f'_{2R}(-3)$ der Teilfunktion f_2:

$f'_{1L}(-3) = -2{,}7$ und $f'_{2R}(-3) = 2{,}7$

Da die Funktion f an der Stelle $x_0 = -3$ stetig, jedoch nicht differenzierbar ist, ist die Stetigkeit einer Funktion offensichtlich keine hinreichende Bedingung für ihre Differenzierbarkeit.

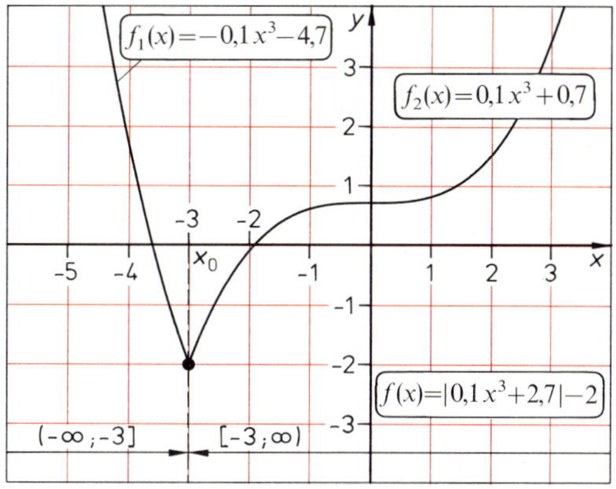

$f'_{1L}(-3) \neq f'_{2R}(-3)$ ▶ f ist nicht differenzierbar an der Stelle $x_0 = -3$

Nachdem festgestellt worden ist, daß die Funktion f an der Stelle $x_0 = -3$ nicht differenzierbar ist, muß noch ihre Differenzierbarkeit in den offenen Intervallen $(-\infty; -3)$ und $(-3; \infty)$ untersucht werden.

Dazu bildet man für f_1 bzw. für f_2 die entsprechenden Differenzenquotientenfunktionen und wählt ein beliebiges $x_0 \in (-\infty; -3)$ bzw. $x_0 \in (-3; \infty)$. Die Bezeichnung $s_{x_0}(x)$ wird hier für f, f_1 und f_2 verwendet, da keine Verwechslung möglich ist.

Als Grenzwert der Differenzenquotientenfunktion für $x \to x_0$ erhält man für $x_0 \in (-\infty; -3)$ den Term $-0{,}3x^2$ und für $x_0 \in (-3; \infty)$ den Term $0{,}3x^2$.

Diese beiden Terme stellen jeweils für jedes $x_0 \in (-\infty; -3)$ bzw. für jedes $x_0 \in (-3; \infty)$ eine reelle Zahl $f'(x_0)$ dar, so daß die Teilfunktionen f_1 und f_2 an jeder Stelle ihrer offenen Definitionsintervalle differenzierbar sind, und es gilt demnach:

$x \in (-\infty; -3)$ ▶ $f'_1(x) = -0{,}3x^2$

$x \in (-3; \infty)$ ▶ $f'_2(x) = 0{,}3x^2$

$f'_1(x)$ und $f'_2(x)$ sind dabei selbst wieder Funktionsterme.

Diejenige Teilmenge von $D(f)$ für die eine Funktion f differenzierbar ist, heißt ihr **Differenzierbarkeitsbereich** $D'(f)$, es gilt also $D'(f) \subseteq D(f)$.

▶ $s_{x_0}(x) = \dfrac{f(x) - f(x_0)}{x - x_0}$ ▶ $f_1(x) = -0{,}1x^3 - 4{,}7$ für $x \in (-\infty; -3)$

$$= \frac{-0{,}1x^3 - 4{,}7 - 0{,}1x_0^3 + 4{,}7}{x - x_0};\ x \neq x_0$$

$$= \frac{-0{,}1(x^3 - x_0^3)}{x - x_0}$$

$$= \frac{-0{,}1(x^2 + x \cdot x_0 + x_0^2)(x - x_0)}{x - x_0}$$

$$= -0{,}1(x^2 + x \cdot x_0 + x_0^2);\ x \neq x_0$$

$$\lim_{x \to x_0} s_{x_0}(x) = -0{,}1 \cdot \lim_{x \to x_0} (x^2 + x \cdot x_0 + x_0^2)$$

$$= -0{,}1 \cdot 3x_0^2$$

$= -0{,}3x_0^2;\ x_0 \in (-\infty; -3)$ ▶ $f'_1(x_0)$

$\Rightarrow f'_1(x) = -0{,}3x^2;\ x \in (-\infty; -3)$ ▶ Ableitung der Teilfunktion f_1

▶ $s_{x_0}(x) = \dfrac{f(x) - f(x_0)}{x - x_0}$ ▶ $f_2(x) = 0{,}1x^3 + 0{,}7;\ x \in (-3; \infty)$

$$= \frac{0{,}1x^3 + 0{,}7 - 0{,}1x_0^3 - 0{,}7}{x - x_0};\ x \neq x_0$$

$$= \frac{0{,}1(x^2 + x \cdot x_0 + x_0^2)(x - x_0)}{x - x_0}$$

$$= 0{,}1(x^2 + x \cdot x_0 + x_0^2);\ x \neq x_0$$

$$\lim_{x \to x_0} s_{x_0}(x) = 0{,}1 \cdot \lim_{x \to x_0} (x^2 + x \cdot x_0 + x_0^2)$$

$= 0{,}3x_0^2;\ x_0 \in (-3; \infty)$ ▶ $f'_2(x_0)$

$\Rightarrow f'_2(x) = 0{,}3x^2;\ x \in (-3; \infty)$ ▶ Ableitung der Teilfunktion f_2

$f'\colon f(x) := \begin{cases} -0{,}3x^2, & \text{wenn } x \in (-\infty; -3) \\ 0{,}3x^2, & \text{wenn } x \in (-3; \infty) \end{cases}$ ▶ Ableitungsfunktion

Wird daher allen Stellen x_0, an denen eine Funktion f differenzierbar ist, ihre Ableitung $f'(x_0)$ zugeordnet, so stellt diese Zuordnung selbst wieder eine Funktion dar und wird mit f' bezeichnet. Es gilt also: $f': x \mapsto f'(x)$ mit $D'(f)=D(f')$. Die Funktion f' heißt **Ableitungsfunktion** der Funktion f.

Die Ableitungsfunktion der Funktion $f: f(x)=|0{,}1\,x^3+2{,}7|-2$ besteht aus den zwei Teilableitungsfunktionen f_1' und f_2', die man zu einer abschnittsweise definierten Ableitungsfunktion f' zusammenfassen kann.

Anmerkung:

Die Beziehung $f_1'(x)=-0{,}3\,x^2$ bzw. $f_2'(x)=0{,}3\,x^2$ gilt auch noch für die Randstelle $x_0=-3$ der beiden Teilfunktionen f_1 bzw. f_2, wenn man dort die Ableitung f_1' als einseitige Ableitung f_{1L}' bzw. f_2' als einseitige Ableitung f_{2R}' interpretiert. Obwohl damit jede der Teilfunktionen in ihrem gesamten Definitionsbereich differenzierbar ist, gilt dies für die Funktion f selbst nicht, weil $f_1'(-3) \neq f_2'(-3)$ ist. Es gilt: $D'(f)=\mathbb{R}\setminus\{-3\}$.

Beispiel: Entwickeln Sie zur Funktion $f: f(x)=0{,}5\,x^2$ die Differenzenquotientenfunktionen s_{x_0} für $x_0 \in \{-5; -4; -3; -2; -1; 0; 1; 2; 3; 4; 5\}$, bilden sie die Ableitung $f'(x_0)$, und zeichnen Sie die Graphen der Differenzenquotientenfunktionen sowie der Ableitung f'.

Verwendet man in der allgemeinen Differenzenquotientenfunktion s_{x_0} für $f(x)$ den Funktionsterm $0{,}5\,x^2$ von der Funktion $f: f(x)=0{,}5\,x^2$, so erhält man zu jeder Stelle x_0 die spezielle Differenzenquotientenfunktion s_{x_0}: $s_{x_0}(x)=0{,}5\,x+0{,}5\,x_0$ für die Funktion f.

Setzt man in $s_{x_0}(x)$ die speziellen Werte $x_0 \in \{-5; -4; -3; -2; -1; 0; 1; 2; 3; 4; 5\}$ ein, so stellen die Graphen der Funktionen eine Schar von Geraden dar, die jeweils an der Stelle x_0 eine behebbare Definitionslücke haben.

$$s_{x_0}: s_{x_0}(x)=\frac{f(x)-f(x_0)}{x-x_0};\ D(s_{x_0})=\mathbb{R}\setminus\{x_0\} \quad \blacktriangleright\ f(x)=0{,}5\,x^2$$

$$=\frac{0{,}5\,x^2-0{,}5\,x_0^2}{x-x_0}$$

$$=\frac{0{,}5(x+x_0)(x-x_0)}{x-x_0}$$

$$=\underline{\underline{0{,}5\,x+0{,}5\,x_0}}$$

$\blacktriangleright\ x_0 \in \{-5; -4; -3; -2; -1; 0; 1; 2; 3; 4; 5\}$

$$s_{-5}(x)=0{,}5\,x+0{,}5\cdot(-5)=\underline{\underline{0{,}5\,x-2{,}5;\ x\in\mathbb{R}\setminus\{-5\}}}$$

$$s_{-4}(x)=0{,}5\,x+0{,}5\cdot(-4)=\underline{\underline{0{,}5\,x-2;\ x\in\mathbb{R}\setminus\{-4\}}}$$

$$s_{-3}(x)=0{,}5\,x+0{,}5\cdot(-3)=\underline{\underline{0{,}5\,x-1{,}5;\ x\in\mathbb{R}\setminus\{-3\}}}$$

$$s_{-2}(x)=0{,}5\,x+0{,}5\cdot(-2)=\underline{\underline{0{,}5\,x-1;\ x\in\mathbb{R}\setminus\{-2\}}}$$

$$s_{-1}(x)=0{,}5\,x+0{,}5\cdot(-1)=\underline{\underline{0{,}5\,x-0{,}5;\ x\in\mathbb{R}\setminus\{-1\}}}$$

$$s_0(x)=0{,}5\,x+0{,}5\cdot 0=\underline{\underline{0{,}5\,x;\ x\in\mathbb{R}\setminus\{0\}}}$$

$$s_1(x)=0{,}5\,x+0{,}5\cdot 1=\underline{\underline{0{,}5\,x+0{,}5;\ x\in\mathbb{R}\setminus\{1\}}}$$

$$s_2(x)=0{,}5\,x+0{,}5\cdot 2=\underline{\underline{0{,}5\,x+1;\ x\in\mathbb{R}\setminus\{2\}}}$$

$$s_3(x)=0{,}5\,x+0{,}5\cdot 3=\underline{\underline{0{,}5\,x+1{,}5;\ x\in\mathbb{R}\setminus\{3\}}}$$

$$s_4(x)=0{,}5\,x+0{,}5\cdot 4=\underline{\underline{0{,}5\,x+2;\ x\in\mathbb{R}\setminus\{4\}}}$$

$$s_5(x)=0{,}5\,x+0{,}5\cdot 5=\underline{\underline{0{,}5\,x+2{,}5;\ x\in\mathbb{R}\setminus\{5\}}}$$

Die Grenzwerte der einzelnen Differenzenquotientenfunktionen an den verschiedenen Stellen x_0 ergeben stets x_0. Das gilt sogar für jedes $x_0 \in \mathbb{R}$. Daher ist f: $f'(x) = x$ mit $D'(f) = \mathbb{R}$ die Ableitungsfunktion f' der Funktion f.

Zeichnet man die Graphen der Differenzenquotientenfunktionen für die angegebenen Stellen x_0 in ein x-y-Koordinatensystem, so erhält man eine Schar von Geraden, die jeweils an der Stelle x_0 eine Lücke haben.

Der Graph der Ableitungsfunktion f' der Funktion f ist eine Gerade, die durch alle diese Lücken verläuft.

$$\lim_{x \to x_0} s_{x_0}(x) = \lim_{x \to x_0} (0{,}5\,x + 0{,}5\,x_0)$$
$$= 0{,}5\,x_0 + 0{,}5\,x_0$$
$$= x_0;\; x_0 \in \mathbb{R} \;\blacktriangleright\; f'(x_0)$$

▶ f': $f'(x) = x$; $D(f') = \mathbb{R}$ ▶ Ableitungsfunktion

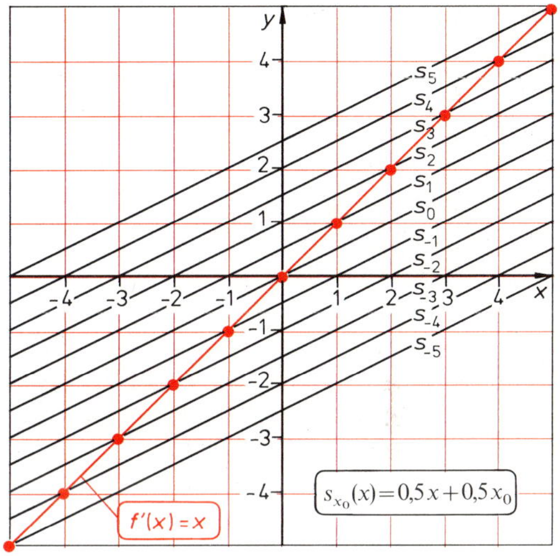

Merke:

- Eine Funktion f heißt differenzierbar in einem offenen Intervall $(a; b) \subseteq D(f)$, wenn sie an jeder Stelle dieses Intervalls differenzierbar ist.
- Eine Funktion f heißt differenzierbar in einem abgeschlossenen Intervall $[a; b] \subseteq D(f)$, wenn sie im Intervall $(a; b)$ differenzierbar ist und an den Randstellen a bzw. b rechtsseitig bzw. linksseitig differenzierbar ist.
- Eine Funktion f heißt (schlechthin) differenzierbar, wenn sie an jeder Stelle ihres Definitionsbereiches $D(f)$ differenzierbar ist.
- Die Menge aller Stellen, an denen eine Funktion f differenzierbar ist, bildet den Differenzierbarkeitsbereich $D'(f)$. $D'(f)$ ist die Definitionsmenge der Ableitungsfunktion f': $x \mapsto f'(x)$ von f, d.h. es gilt $D'(f) = D(f')$.
- Eine stetige Funktion f braucht nicht an jeder Stelle x_0 ihres Definitionsbereiches $D(f)$ differenzierbar zu sein. Stetigkeit ist also nur eine notwendige jedoch keine hinreichende Bedingung für die Differenzierbarkeit einer Funktion. Ist eine Funktion f jedoch an jeder Stelle $x_0 \in D(f)$ differenzierbar, so ist sie auch stetig.

Anmerkung:

Der Begriff „Ableitung" wird sowohl für die Ableitungsfunktion f' einer Funktion f als auch für den Ableitungsterm $f'(x_0)$ an der Stelle x_0 verwendet. Auf mögliche Verwechslungen ist daher zu achten.

Beispiel: Ermitteln Sie für die Funktion f: $f(x)=x^3-2x+1$ mit $D(f)=\mathbb{R}$ die Ableitung $f'(x_0)$ für eine beliebige Stelle $x_0 \in \mathbb{R}$.

Für sehr viele Funktionen f läßt sich die Ableitung an einer Stelle $x_0 \in D(f)$ mit dem sogenannten **Kürzungsverfahren** bestimmen.

Dazu bildet man den Differenzenquotienten $s_{x_0}(x)$ der Funktion f zur Stelle x_0, der jedoch nur für $\mathbb{R}\setminus\{x_0\}$ definiert ist.

Dann vereinfacht man den Zähler, kürzt durch $x-x_0$ und setzt dann in den gekürzten Term x_0 für x ein.

Dieses Verfahren ist z. B. bei allen ganzen rationalen Funktionen (Polynomfunktionen) anwendbar, weil der mittels Polynomdivision gekürzte Term selbst wieder eine ganze rationale Funktion $\bar{s}_{x_0}$ in der Variablen x definiert.

Die Funktion $\bar{s}_{x_0}$ stimmt für $x \neq x_0$ mit der Differenzenquotientenfunktion s_{x_0} überein, ist aber zusätzlich an der Stelle x_0 erklärt. Sie ist die stetige Fortsetzung der Funktion s_{x_0} an der Stelle x_0 und deren Ersatzfunktion (siehe Kapitel „Grenzwerte“ und „Stetigkeit“). Daher gilt:

$$f'(x_0)=\lim_{x \to x_0} s_{x_0}(x)=\bar{s}_{x_0}(x_0).$$

Ableiten von $f(x)=x^3-2x+1$ mit dem Kürzungsverfahren:

1. Differenzenquotient bilden:

$$s_{x_0}(x)=\frac{x^3-2x+1-(x_0^3-2x_0+1)}{x-x_0}$$

2. Zähler vereinfachen:

$$s_{x_0}(x)=\frac{(x^3-x_0^3)-2(x+x_0)}{x-x_0}$$

3. Durch $(x-x_0)$ kürzen:

$$s_{x_0}(x)=x^2+x\cdot x_0+x_0^2-2$$

4. Ersatzfunktion $\bar{s}_{x_0}$ bilden:

$$\bar{s}_{x_0}\colon \bar{s}_{x_0}(x)=x^2+x\cdot x_0+x_0^2-2;\; D(\bar{s}_{x_0})=\mathbb{R}$$

5. Funktionswert von $\bar{s}_{x_0}$ an der Stelle x_0 bilden:

$$\bar{s}_{x_0}(x_0)=x_0^2+x_0\cdot x_0+x_0^2-2$$
$$=3x_0^2-2$$

$\Rightarrow f'(x_0)=\underline{\underline{3x_0^2-2 \text{ für jedes } x_0 \in \mathbb{R}}}$

$\Rightarrow f'\colon \underline{\underline{f'(x)=3x^2-2;\; D(f')=\mathbb{R}}}$

Anmerkung:

Ist f eine ganze rationale Funktion vom Grad m, gilt also $f(x)=a_m x^m+a_{m-1} x^{m-1}+\ldots+a_0$, so ergibt die Vereinfachung des Zählers im Term $s_{x_0}(x)$ immer, daß man diesen Zähler in der Form $f(x)-f(x_0)=a_m(x^m-x_0^m)+\ldots+a_1(x-x_0)$ schreiben kann. Jeder Summand der Form $a_k(x^k-x_0^k)$ läßt sich dann mittels Polynomdivision durch den Term $x-x_0$ teilen, denn es gilt:

$$\frac{x^k-x_0^k}{x-x_0}=x^{k-1}+x^{k-2}\cdot x_0+x^{k-3}\cdot x_0^2+\ldots+x\cdot x_0^{k-2}+x_0^{k-1} \quad \text{bzw.} \quad x^k-x_0^k=(x-x_0)(x^{k-1}+\ldots+x_0^{k-1}).$$

Ganze rationale Funktionen (Polynomfunktionen) sind also stets an jeder Stelle $x_0 \in \mathbb{R}$ differenzierbar.

Merke:

Ganze rationale Funktionen (Polynomfunktionen) sind für alle $x \in \mathbb{R}$ differenzierbar.

Beispiel: Untersuchen Sie die Funktion $f\colon f(x)=\frac{|x^4+x^3-x-1|}{x+1}+0{,}5$ auf Differenzierbarkeit, und bilden Sie die Ableitung.

Die Funktion f wird derart in Definitionsabschnitte aufgeteilt, daß eine abschnittsweise und betragszeichenfreie Darstellung möglich ist. Dazu bestimmt man diejenigen Stellen der Funktion, an denen der Term innerhalb der Betragsstriche sein Vorzeichen wechselt, an denen er also den Wert Null annimmt.
Bei der Funktion f ist das an den Stellen $x_1=-1$ und $x_2=1$ der Fall.

Der Funktionsterm der Funktion f läßt sich wegen $x \neq -1$ mittels Polynomdivision durch $x+1$ vereinfachen und damit die Funktion f in drei Definitionsabschnitten betragszeichenfrei darstellen:

$f_1(x)=\quad x^3-0{,}5$, wenn $x\in(-\infty;-1)$
$f_2(x)=-x^3+1{,}5$, wenn $x\in(-1;1]$
$f_3(x)=\quad x^3-0{,}5$, wenn $x\in[1;\infty)$.

An der Stelle $x_1=-1$ hat die Funktion f eine Definitionslücke. An einer Definitionslücke läßt sich aber keine Aussage zur Differenzierbarkeit machen.

Die Teilfunktionen f_1, f_2 und f_3 sind als ganze rationale Funktionen in den offenen Intervallen $(-\infty;\ -1)$, $(-1;\ 1)$ und $(1;\ \infty)$ differenzierbar, so daß f höchstens an der Stelle $x_2=1$ nicht differenzierbar sein kann. Aus dem Verlauf des Graphen ist ersichtlich, daß die Funktion an dieser Stelle eine Spitze hat. Da die Funktion f dort stetig ist, muß man die linksseitige Ableitung $f'_{2L}(1)$ im Intervall $(-1;\ 1]$ und die rechtsseitige Ableitung $f'_{3R}(1)$ im Intervall $[1;\ \infty)$ untersuchen.

Für die linksseitige Ableitung substituiert man zweckmäßigerweise $x=1-\delta$ mit $\delta>0$ und läßt dann nicht $x\to 1$, sondern $\delta\to 0$ streben.
Die linksseitige Ableitung existiert und ergibt $f'_{2L}(1)=-3$.

Für die rechtsseitige Ableitung substituiert man zweckmäßigerweise $x=1+\delta$ mit $\delta>0$

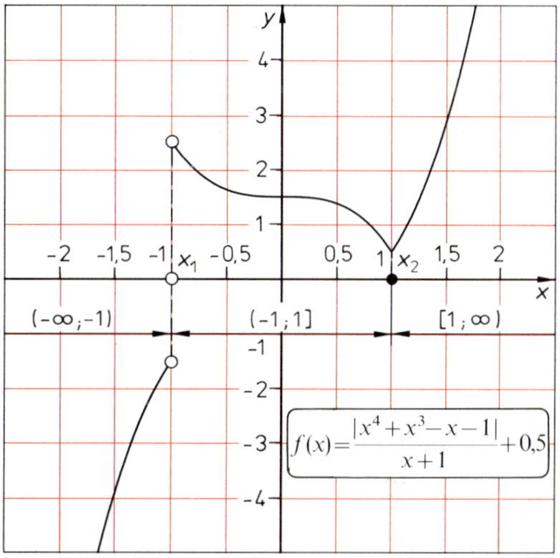

$$f\colon f(x)=\frac{|x^4+x^3-x-1|}{x+1}+0{,}5;\ D(f)=\mathbb{R}\setminus\{-1\}$$

$$f\colon f(x):=\begin{cases} x^3-0{,}5, \text{ wenn } x\in(-\infty;-1) & \blacktriangleright\ f_1(x)\\ -x^3+1{,}5, \text{ wenn } x\in(-1;1] & \blacktriangleright\ f_2(x)\\ x^3-0{,}5, \text{ wenn } x\in[1;\infty) & \blacktriangleright\ f_3(x)\end{cases}$$

$$s_{x_0}(x)=\frac{f_2(x)-f_2(x_0)}{x-x_0}\ \blacktriangleright\ f_2(x)=-x^3+1{,}5;\quad x\in(-1;1]$$

$$\lim_{\substack{x\to x_0\\x<x_0}} s_{x_0}(x)=\lim_{\substack{x\to x_0\\x<x_0}}\frac{-x^3+1{,}5-(-x_0^3+1{,}5)}{x-x_0}$$

$$=\lim_{\substack{x\to x_0\\x<x_0}}\frac{-x^3+x_0^3}{x-x_0}\ \blacktriangleright\ x_0=1$$

$$=\lim_{\substack{x\to 1\\x<1}}\frac{-x^3+1}{x-1}\ \blacktriangleright\ x=1-\delta;\ \delta>0$$

$$=\lim_{\delta\to 0}\frac{-(1-\delta)^3+1}{1-\delta-1}$$

$$=\lim_{\delta\to 0}\frac{\delta^3-3\delta^2+3\delta}{-\delta}$$

$$=\lim_{\delta\to 0}(-\delta^2+3\delta-3)$$

$$=\underline{\underline{-3}}\ \blacktriangleright\ \underline{\underline{f'_{2L}(1)=-3}}$$

$$s_{x_0}(x)=\frac{f_3(x)-f_3(x_0)}{x-x_0}\ \blacktriangleright\ f_3(x)=x^3-0{,}5;\ x\in[1;\infty)$$

und läßt dann nicht $x \to 1$, sondern $\delta \to 0$ streben.

An der Stelle $x_2 = 1$ existiert auch eine rechtsseitige Ableitung, und zwar $f'_{3R}(1) = 3$.

$$\lim_{\substack{x \to x_0 \\ x > x_0}} s_{x_0}(x) = \lim_{\substack{x \to x_0 \\ x > x_0}} \frac{x^3 - 0{,}5 - (x_0^3 - 0{,}5)}{x - x_0}$$

$$= \lim_{\substack{x \to x_0 \\ x > x_0}} \frac{x^3 - x_0^3}{x - x_0} \quad ► \ x_0 = 1 \text{ und } x = 1 + \delta;\ \delta > 0$$

$$= \lim_{\delta \to 0} \frac{(1+\delta)^3 - 1}{1 + \delta - 1}$$

$$= \lim_{\delta \to 0} \frac{\delta^3 + 3\delta^2 + 3\delta}{\delta}$$

$$= \lim_{\delta \to 0} (\delta^3 + 3\delta^2 + 3)$$

$$= \underline{\underline{3}} \quad ► \ \underline{\underline{f'_{3R}(1) = 3}}$$

Da die beiden einseitigen Ableitungen verschieden sind, hat die Differenzenquotientenfunktion an der Stelle $x_2 = 1$ keinen Grenzwert. Die Funktion f ist also dort nicht differenzierbar.

► $f'_{2L}(1) \neq f'_{3R}(1)$ ► $\underline{\underline{f'(1) \text{ existiert nicht}}}$

Um die Ableitung in den offenen Intervallen $(-\infty;\ -1)$, $(-1;\ 1)$ und $(1;\ \infty)$ zu bilden, setzt man den für das jeweilige Intervall gültigen Funktionsterm in die Differenzenquotientenfunktion ein und ermittelt die Ableitung für eine beliebige Stelle x_0 aus dem jeweiligen Intervall. Die Ableitung erfolgt mit dem Kürzungsverfahren.

Es darf jeweils durch $(x - x_0)$ gekürzt werden, weil in den Intervallen der ungekürzte und der gekürzte Funktionsterm für $x \neq x_0$ dieselbe Funktion darstellen.

Dieses Verfahren wird für alle drei Intervalle wiederholt, so daß man für jedes Intervall die entsprechende Ableitung erhält.

► $s_{x_0}(x) = \dfrac{f_1(x) - f_1(x_0)}{x - x_0}$ ► $f_1(x) = x^3 - 0{,}5$ für $x \in (-\infty;\ -1)$

$$= \frac{x^3 - 0{,}5 - (x_0^3 - 0{,}5)}{x - x_0}$$

$$= \frac{x^3 - x_0^3}{x - x_0}$$

$$= \frac{(x^2 + x x_0 + x_0^2)(x - x_0)}{x - x_0}$$

$$= x^2 + x x_0 + x_0^2;\ x \in (-\infty;\ -1)$$

$$\lim_{x \to x_0} s_{x_0}(x) = \lim_{x \to x_0} (x^2 + x \cdot x_0 + x_0^2) = \bar{s}_{x_0}(x_0)$$

$$= x_0^2 + x_0 \cdot x_0 + x_0^2$$

$$= \underline{\underline{3x_0^2;\ x \in (-\infty;\ -1)}} \quad ► \ f'_1(x_0)$$

$f'_1(x) = \underline{\underline{3x^2;\ x \in (-\infty;\ -1)}}$ ► Ableitung von f_1

► $s_{x_0}(x) = \dfrac{f_2(x) - f_2(x_0)}{x - x_0}$ ► $f_2(x) = -x^3 + 1{,}5$ für $x \in (-1; 1)$

$$= -(x^2 + x \cdot x_0 + x_0^2);\ x \in (-1;\ 1)$$

$$\lim_{x \to x_0} s_{x_0}(x) = -\lim_{x \to x_0} (x^2 + x \cdot x_0 + x_0^2) = \bar{s}_{x_0}(x_0)$$

$$= \underline{\underline{-3x_0^2;\ x \in (-1;\ 1)}} \quad ► \ f'_2(x_0)$$

$f'_2(x) = \underline{\underline{-3x^2;\ x \in (-1;\ 1)}}$ ► Ableitung von f_2

► $f_1(x) = f_3(x) \Rightarrow f'_3(x) = \underline{\underline{3x^2;\ x \in (1;\ \infty)}}$ ► Ableitung von f_3

Da man für jedes Intervall eine andere Ableitung erhält, muß man die Ableitungsfunktion f' abschnittsweise definiert angeben.

$$\underline{\underline{f' : f'(x) := \begin{cases} 3x^2, \text{ wenn } x \in (-\infty;\ -1) \\ -3x^2, \text{ wenn } x \in (-1;\ 1) \\ 3x^2, \text{ wenn } x \in (1;\ \infty) \end{cases}}} \quad ► \text{ Ableitung von } f$$

2.1.3 Ableitungen höherer Ordnung

Problem: Bilden Sie die Ableitungsfunktion f' der Funktion f: $f(x)=x^4-6x^2+5$, $D(f)=\mathbb{R}$, differenzieren Sie diese falls möglich erneut, und wiederholen Sie das Ableitungsverfahren gegebenenfalls mehrfach. Zeichnen Sie die Graphen der einzelnen Ableitungsfunktionen.

Die Funktion f hat den Definitionsbereich $D(f)=\mathbb{R}$ und ist als ganze rationale Funktion an jeder Stelle $x_0 \in D(f)$ differenzierbar. Man kann daher ihre Ableitungsfunktion f': $f'(x)=4x^3-12x$ mit $D(f')=\mathbb{R}$ bilden.

$$s_{x_0}(x)=\frac{f(x)-f(x_0)}{x-x_0} \blacktriangleright f(x)=x^4-6x^2+5;\ x\in\mathbb{R}$$

$$=\frac{x^4-6x^2+5-(x_0^4-6x_0^4+5)}{x-x_0}$$

$$=\frac{x^4-6x^2-x_0^4+6x_0^2}{x-x_0}$$

$$=x^3+x^2\cdot x_0+x\cdot x_0^2-6x+x_0^3-6x_0;\ x\in\mathbb{R}$$

$$\lim_{x\to x_0} s_{x_0}(x)=\lim_{x\to x_0}(x^3+x^2\cdot x_0+x\cdot x_0^2-6x+x_0^3-6x_0)$$

$$=\bar{s}_{x_0}(x_0)$$

$$=x_0^3+x_0^2\cdot x_0+x_0\cdot x_0^2-6x_0+x_0^3-6x_0$$

$$=\underline{\underline{4x_0^3-12x_0;\ x_0\in\mathbb{R}}} \blacktriangleright f'(x_0)$$

Die Ableitung $f'(x_0)$ der Funktion f an einer Stelle x_0 bzw. die Ableitungsfunktion f' der Funktion f wird auch als **Ableitung erster Ordnung** oder als **erste Ableitung** bezeichnet.

$\blacktriangleright$ $\underline{\underline{f'(x)=4x^3-12x;\ x\in\mathbb{R}}}$ $\blacktriangleright$ erste Ableitung

Da auch die erste Ableitung f' als ganze rationale Funktion in ihrem gesamten Definitionsbereich $D(f')=\mathbb{R}$ differenzierbar ist, kann f' nochmals abgeleitet werden:

$$f'(x)=4x^3-12x \Rightarrow (f')'(x)=\underline{\underline{f''(x)=12x^2-12}}$$

Die so durch zweimaliges Differenzieren der Funktion f gewonnene Ableitung heißt **Ableitung zweiter Ordnung** bzw. **zweite Ableitung**. Sie wird mit f'' (gelesen: „f-zwei-Strich“) und ihr Funktionsterm mit $f''(x)$ bezeichnet.

Auch die Funktion f'': $f''(x)-12x^2-12$ mit $D(f'')=\mathbb{R}$ ist als ganze rationale Funktion in ihrem gesamten Definitionsbereich differenzierbar. Deshalb kann man die zweite Ableitung f'' wiederum ableiten und erhält die dritte Ableitung von f als **Ableitung dritter Ordnung (dritte Ableitung)**. Man bezeichnet sie mit f''' (gelesen: „f-drei-Strich“) und ihren Funktionsterm mit $f'''(x)$.

$$f''(x)=12x^2-12 \Rightarrow (f'')'(x)=\underline{\underline{f'''(x)=24x}}$$

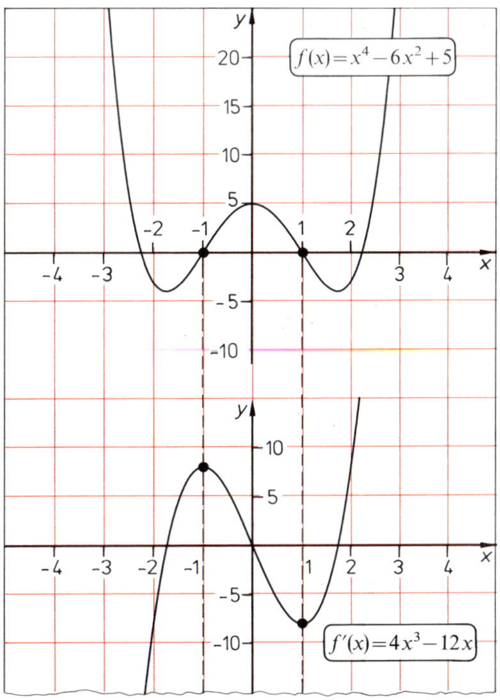

Auch die dritte Ableitung läßt sich in diesem Falle noch einmal ableiten. Man erhält dann die **Ableitung vierter Ordnung (vierte Ableitung)** $f^{(4)}$ (gelesen: „f-vier-Strich“) bzw. ihren Funktionsterm $f^{(4)}(x)$.

$f'''(x) = 24x \Rightarrow (f''')'(x) = \underline{\underline{f^{(4)}(x) = 24}}$

Die vierte Ableitung ist eine konstante Funktion.

Die fünfte Ableitung der Funktion f ergibt $f^{(5)}(x) = 0$ für alle $x \in \mathbb{R}$, also wieder eine konstante Funktion. Weitere Ableitungen sind zwar möglich, ergeben aber stets die Nullfunktion.

Aus dem Graphen der Funktion f und ihren Ableitungen kann man interessante Zusammenhänge erkennen, die im Kapitel „Anwendungen der Differentialrechnung“ genauer untersucht werden.

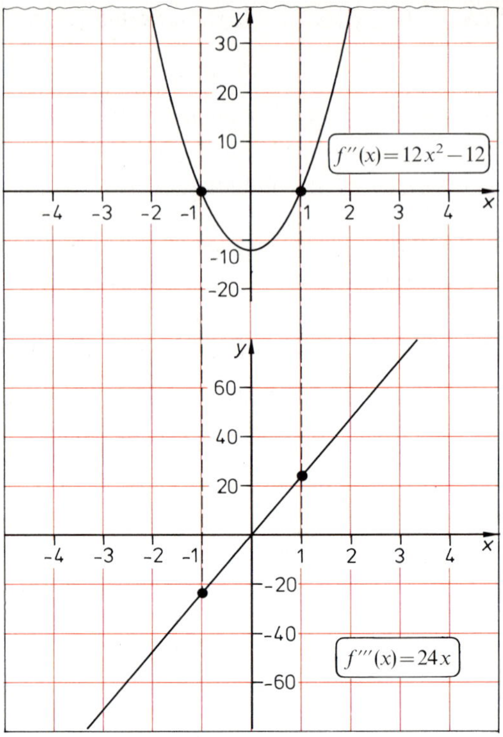

Auch für die höheren Ableitungen werden noch andere genormte Schreibweisen verwendet, z. B.:

$\left.\frac{d^2 f(x)}{dx^2}\right|_{x_0}$ ► gelesen: „d zwei $f(x)$ nach dx^2 an der Stelle x_0“

$\left.\frac{d^2}{dx^2} f(x)\right|_{x_0}$ ► gelesen: „d zwei nach dx^2 von $f(x)$ an der Stelle x_0“

$$f''(x_0) = \left.\frac{d^2 f(x)}{dx^2}\right|_{x_0} = \left.\frac{d^2}{dx^2} f(x)\right|_{x_0}$$

$$f'''(x_0) = \left.\frac{d^3 f(x)}{dx^3}\right|_{x_0} = \left.\frac{d^3}{dx^3} f(x)\right|_{x_0}$$

$$f^{(n)}(x_0) = \left.\frac{d^n f(x)}{dx^n}\right|_{x_0} = \left.\frac{d^n}{dx^n} f(x)\right|_{x_0}$$

Merke:

Ist die Ableitungsfunktion f' (erste Ableitung) einer Funktion f in $D(f')$ wieder differenzierbar, so kann man die zweite Ableitungsfunktion $f'' := (f')'$ (zweite Ableitung) der Funktion f bilden. Die Zahl $f''(x_0)$ gibt dann die Steigung der Ableitungsfunktion f' an der Stelle x_0 an. Ist auch f'' differenzierbar, so kann man die dritte Ableitungsfunktion $f''' := (f'')'$ (dritte Ableitung) bilden.

Allgemein erhält man die n-te Ableitungsfunktion $f^{(n)}$ als Ableitung der $(n-1)$-ten Ableitungsfunktion, sofern diese differenzierbar ist, und es gilt: $f^{(n)} := (f^{(n-1)})'$. Man spricht in diesem Falle von höheren Ableitungsfunktionen (höheren Ableitungen).

Statt f'''', f''''', ..., schreibt man $f^{(4)}$, $f^{(5)}$, ... Unter $f^{(0)}$ versteht man dann die Funktion f selbst.

Beispiele: Bilden Sie bei den nachfolgenden Funktionen jeweils alle möglichen Ableitungen.

- $f\colon f(x)=7x^4-3x^2+15x-3;\ D(f)=\mathbb{R}$

Die Funktion f mit $D(f)=\mathbb{R}$ ist als ganze rationale Funktion an jeder Stelle $x_0\in D(f)$ differenzierbar.
Um die erste Ableitung zu bilden, verwendet man für $f(x)$ im Differenzenquotienten $s_{x_0}(x)$ den gegebenen Funktionsterm $f(x)$, vereinfacht den Zähler und kürzt durch $x-x_0$.
Der gekürzte Funktionsterm definiert eine Funktion $\bar{s}_{x_0}$, die auch an der Stelle x_0 erklärt ist und im übrigen mit der Funktion s_{x_0} übereinstimmt. Daher gilt $\lim\limits_{x\to x_0} s_{x_0}(x)=\bar{s}_{x_0}(x_0)$.
Man erhält so die erste Ableitung:

$f'\colon f'(x)=28x^3-6x+15;\ D(f')=\mathbb{R}.$

▶ $s_{x_0}(x)=\dfrac{f(x)-f(x_0)}{x-x_0}$ ▶ $f(x)=7x^4-3x^2+15x-3$
▶ $D(f)=\mathbb{R}$
▶ $D(s_{x_0})=\mathbb{R}\setminus\{x_0\}$

$$=\frac{7x^4-3x^2+15x-3-(7x_0^4-3x_0^2+15x_0-3)}{x-x_0};\ x\neq x_0$$

$$=\frac{(x-x_0)(7x^3+7x^2\cdot x_0+7x\cdot x_0^2-3x+7x_0^3-3x_0+1{,}5}{x-x_0}$$

$$=7x^3+7x^2x_0+7xx_0^2-3x+7x_0^3-3x_0+15$$

$$\lim_{x\to x_0} s_{x_0}(x)=\lim_{x\to x_0}(7x^3+7x^2\cdot x_0+7x\cdot x_0^2-3x+7x_0^3+$$
$$-3x_0+15)=\bar{s}_{x_0}(x_0)$$
$$=\underline{\underline{28x_0^3-6x_0+15 \text{ für jedes } x_0\in\mathbb{R}}}$$ ▶ $f'(x_0)$

$$\Rightarrow \underline{\underline{f'\colon f'(x)=28x^3-6x+15;\ D(f')=\mathbb{R}}}$$ ▶ erste Ableitung

Da auch die erste Ableitung f' als ganze rationale Funktion differenzierbar ist, kann man f' nochmals ableiten, und es ergibt sich dann die zweite Ableitung $f''\colon f''(x)=84x^2-6$ mit $D(f'')=\mathbb{R}$.

▶ $s'_{x_0}(x)=\dfrac{f'(x)-f'(x_0)}{x-x_0}$ ▶ $f'(x)=28x^3-6x+15$
▶ $D(f')=\mathbb{R}$
▶ $D(s'_{x_0})=\mathbb{R}\setminus\{x_0\}$

$$=\frac{28x^3-6x+15-(28x_0^3-6x_0+15)}{x-x_0};\ x\neq x_0$$
$$=28x^2+28x\cdot x_0+28x_0^2-6$$

$$\lim_{x\to x_0} s'_{x_0}(x)=\lim_{x\to x_0}(28x^2+28x\cdot x_0+28x_0^2-6)=\bar{s}'_{x_0}(x_0)$$
$$=\underline{\underline{84x_0^2-6 \text{ für jedes } x_0\in\mathbb{R}}}$$ ▶ $f''(x_0)$

$$\Rightarrow \underline{\underline{f''\colon f''(x)=84x^2-6;\ D(f'')=\mathbb{R}}}$$ ▶ zweite Ableitung

Auch die Funktion $f''\colon f''(x)=84x^2-6$ ist als ganze rationale Funktion differenzierbar. Deshalb kann man die zweite Ableitung f'' wieder ableiten und erhält die dritte Ableitung $f'''\colon f'''(x)=168x$ mit $D(f''')=\mathbb{R}$.

▶ $s''_{x_0}(x)=\dfrac{f''(x)-f''(x_0)}{x-x_0}$ ▶ $f''(x)=84x^2-6$
▶ $D(f'')-\mathbb{R}$
▶ $D(s''_{x_0})=\mathbb{R}\setminus\{x_0\}$

$$=\frac{84x^2-6-(84x_0^2-6)}{x-x_0};\ x\neq x_0$$
$$=84x+84x_0$$

$$\lim_{x\to x_0} s''_{x_0}(x)=\lim_{x\to x_0}(84x+84x_0)=\bar{s}''_{x_0}(x_0)$$
$$=\underline{\underline{168x_0 \text{ für jedes } x_0\in\mathbb{R}}}$$ ▶ $f'''(x_0)$

$$\Rightarrow \underline{\underline{f'''\colon f'''(x)=168x;\ D(f''')=\mathbb{R}}}$$ ▶ dritte Ableitung

Auch die dritte Ableitung f''' läßt sich wieder ableiten, und man erhält aus ihr die vierte Ableitung $f^{(4)}$: $f^{(4)}(x)=168$.

$$\blacktriangleright\ s'''_{x_0}(x)=\frac{f'''(x)-f'''(x_0)}{x-x_0} \quad \blacktriangleright\ f'''(x)=168x \quad \blacktriangleright\ D(f''')=\mathbb{R} \quad \blacktriangleright\ D(s'''_{x_0})=\mathbb{R}\setminus\{x_0\}$$

$$=\frac{168x-168x_0}{x-x_0};\ x\neq x_0$$

$$=168 \quad \blacktriangleright\ \bar{s}'''_{x_0}(x_0) \quad \blacktriangleright\ f^{(4)}(x_0)$$

Die fünfte Ableitung und alle weiteren Ableitungen ergeben für jedes $x\in\mathbb{R}$ den Wert Null, also die Nullfunktion.

$$\Rightarrow \underline{\underline{f^{(4)}: f^{(4)}(x)=168}} \quad \blacktriangleright\ \text{vierte Ableitung}$$

$$\Rightarrow f^{(5)}=0 \Rightarrow f^{(6)}=0 \quad \blacktriangleright\ \text{Nullfunktion}$$

• f: $f(x)=|x^3|-1$; $D(f)=\mathbb{R}$

Die Funktion f kann betragszeichenfrei als abschnittsweise definierte Funktion dargestellt werden, und zwar durch die Teilfunktionen f_1 und f_2:

$$f\colon f(x):=\begin{cases} -x^3-1, \text{ wenn } x\in(-\infty;0] & \blacktriangleright\ f_1(x) \\ x^3-1, \text{ wenn } x\in[0;\infty) & \blacktriangleright\ f_2(x)\end{cases}$$

Jede der Teilfunktionen f_1 und f_2 ist als ganze rationale Funktion im Intervall $(-\infty;0]$ bzw. im Intervall $[0;\infty)$ differenzierbar.

$$\blacktriangleright\ s_{x_0}(x)=\frac{f_1(x)-f_1(x_0)}{x-x_0} \quad \blacktriangleright\ f_1(x)=-x^3-1;\ x\in(-\infty;0]$$

$$=\frac{-x^3-1-(-x_0^3-1)}{x-x_0};\ x\neq x_0$$

$$=\frac{-(x^2+x\cdot x_0+x_0^2)(x-x_0)}{x-x_0}$$

$$=-(x^2+x\cdot x_0+x_0^2);\ x\in(-\infty;0]$$

$$\lim_{x\to x_0} s_{x_0}(x)=-\lim_{x\to x_0}(x^2+x\cdot x_0+x_0^2)$$

$$=-3x_0^2;\ x_0\in(-\infty;0] \quad \blacktriangleright\ f_1'(x_0)$$

$$\Rightarrow \underline{\underline{f_1'\colon f_1'(x)=-3x^2;\ x\in(-\infty;0]}} \quad \blacktriangleright\ \text{Ableitung von } f_1$$

Da die Stelle $x_0=0$ für beide Teilfunktionen Randstelle ist, liegt an dieser Stelle für f_1 nur rechtsseitige und für f_2 nur linksseitige Differenzierbarkeit vor.

$$\blacktriangleright\ s_{x_0}(x)=\frac{f_2(x)-f_2(x_0)}{x-x_0} \quad \blacktriangleright\ f_2(x)=x^3-1;\ x\in[0;\infty)$$

$$=\frac{x^3-1-(x_0^3-1)}{x-x_0};\ x\neq x_0$$

$$=\frac{(x^2+x\cdot x_0+x_0^2)(x-x_0)}{x-x_0}$$

$$=x^2+x\cdot x_0+x_0^2;\ x\in[0;\infty)$$

Die Funktion f ist also mindestens in den offenen Intervallen $(-\infty;0)$ sowie $(0;\infty)$ differenzierbar, und sie kann deshalb höchstens an der Stelle $x_0=0$ nicht differenzierbar sein.

$$\lim_{x\to x_0} s_{x_0}(x)=\lim_{x\to x_0}(x^2+x\cdot x_0+x_0^2)$$

$$=3x_0^2;\ x_0\in[0;\infty) \quad \blacktriangleright\ f_2'(x_0)$$

$$\Rightarrow \underline{\underline{f_2'\colon f_2'(x)=3x^2;\ x\in[0;\infty)}} \quad \blacktriangleright\ \text{Ableitung von } f_2$$

Daher muß die Differenzierbarkeit an der Stelle $x_0=0$ durch Bildung der linksseitigen Ableitung $f_{1L}'(0)$ und der rechtsseitigen Ableitung $f_{2R}'(0)$ untersucht werden.

Da sowohl die linksseitige Ableitung $f_{1L}'(0)=0$ als auch die rechtsseitige Ableitung $f_{2R}'(0)=0$ existieren und beide übereinstimmen, ist die Funktion f auch an der Stelle $x_0=0$ differenzierbar. Sie kann daher für alle $x_0\in\mathbb{R}$ abgeleitet werden, d.h. sie hat den Differenzierbarkeitsbereich $D'(f)=\mathbb{R}$.

$$\blacktriangleright\ f_1'(x)=-3x^2;\ x\in(-\infty;0]$$

$$\Rightarrow f_1'(0)=f_{1L}'(0)=-3\cdot 0^2=\underline{\underline{0}}$$

$$f_2'(x)=3x^2;\ x\in[0;\infty)$$

$$\Rightarrow f_2'(0)=f_{2R}'(0)=3\cdot 0^2=\underline{\underline{0}}$$

$$\Rightarrow f_{1L}'(0)=f_{2R}'(0) \quad \blacktriangleright\ f \text{ ist differenzierbar bei } x_0=0$$

Durch Zusammenfassung der Ableitungen f_1' und f_2' der beiden Teilfunktionen f_1 und f_2 erhält man die erste Ableitung f' als abschnittsweise definierte Funktion, die stetig ist. Das Ergebnis kann auch mit der Signumfunktion oder der Betragsfunktion geschrieben werden.

$$\Rightarrow f': f'(x) := \begin{cases} -3x^2, \text{ wenn } x \in (-\infty; 0] & \blacktriangleright f_1'(x) \\ 3x^2, \text{ wenn } x \in [0; \infty) & \blacktriangleright f_2'(x) \end{cases}$$

$$= 3x^2 \cdot \operatorname{sgn} x;\ D(f') = \mathbb{R}$$

$$= 3x \cdot |x|;\ D(f') = \mathbb{R}$$

Jede der Teilfunktionen f_1' und f_2' ist als ganze rationale Funktion wiederum in $(-\infty; 0]$ bzw. $[0; \infty)$ differenzierbar. Dabei liegt an der gemeinsamen Randstelle $x_0 = 0$ jeweils nur einseitige Differenzierbarkeit vor.

$$\blacktriangleright\ s'_{x_0}(x) = \frac{f_1'(x) - f_1'(x_0)}{x - x_0} \quad \blacktriangleright f_1'(x) = -3x^2;\ x \in (-\infty; 0]$$

$$= \frac{-3x^2 - (-3x_0^2)}{x - x_0}$$

$$= \frac{-3(x + x_0)(x - x_0)}{x - x_0}$$

$$= -3(x + x_0)$$

Durch Bildung der entsprechenden Differenzenquotientenfunktionen, Einsetzen von $f_1'(x)$ bzw. $f_2'(x)$, Kürzen und anschließende Grenzwertermittlung erhält man die zweiten Ableitungen f_1'' und f_2'' für die Teilfunktionen f_1' und f_2'.

$$\lim_{x \to x_0} s'_{x_0}(x) = -3 \cdot \lim_{x \to x_0} (x - x_0)$$

$$= -6x_0;\ x_0 \in (-\infty; 0] \quad \blacktriangleright f_1''(x_0)$$

$$\Rightarrow f_1''(x) = -6x;\ x \in (-\infty; 0] \quad \blacktriangleright \text{Ableitung von } f_1'$$

Da auch hier die linksseitige Ableitung $f''_{1L}(0) = 0$ und die rechtsseitige Ableitung $f''_{2R}(0) = 0$ existieren und beide gleich sind, ist die erste Ableitung f' auch an der Stelle $x_0 = 0$ differenzierbar.

$$\blacktriangleright\ s'_{x_0}(x) = \frac{f_2'(x) - f_2'(x_0)}{x - x_0} \quad \blacktriangleright f_2'(x) = 3x^2;\ x \in [0; \infty)$$

$$= \frac{3(x + x_0)(x - x_0)}{x - x_0}$$

$$= 3(x + x_0)$$

Sie kann daher für alle $x_0 \in \mathbb{R}$ erneut abgeleitet werden, d.h. sie hat den Differenzierbarkeitsbereich $D'(f') = \mathbb{R}$.

$$\lim_{x \to x_0} s'_{x_0}(x) = 3 \cdot \lim_{x \to x_0} (x + x_0)$$

$$= 6x_0;\ x \in [0; \infty) \quad \blacktriangleright f_2''(x_0)$$

$$\Rightarrow f_2''(x) = 6x;\ x \in [0; \infty) \quad \blacktriangleright \text{Ableitung von } f_2'$$

$$\blacktriangleright\ f''_{1L}(0) = 0 \quad \text{und} \quad f''_{2R}(0) = 0$$

$$\Rightarrow f''_{1L} = f''_{2R} \quad \blacktriangleright f' \text{ ist differenzierbar bei } x_0 = 0$$

Die Ableitungen f_1'' und f_2'' der Teilfunktionen f_1' und f_2' können zur abschnittsweise definierten zweiten Ableitung f'' zusammengefaßt werden. Auch hier kann man das Ergebnis mit der Signumfunktion oder der Betragsfunktion darstellen.

$$\Rightarrow f'': f''(x) := \begin{cases} -6x, \text{ wenn } x \in (-\infty; 0] & \blacktriangleright f_1''(x) \\ 6x, \text{ wenn } x \in [0; \infty) & \blacktriangleright f_2''(x) \end{cases}$$

$$= 6x \cdot \operatorname{sgn} x;\ D(f) = \mathbb{R}$$

$$= 6 \cdot |x|;\ D(f) = \mathbb{R}$$

Auch die Teilfunktionen f_1'' und f_2'' sind als ganze rationale Funktionen erneut differenzierbar in $(-\infty; 0]$ bzw. in $[0; \infty)$, und wieder liegt an der gemeinsamen Randstelle $x_0 = 0$ jeweils nur einseitige Differenzierbarkeit vor.

$$\blacktriangleright\ s''_{x_0}(x) = \frac{f_1''(x) - f_1''(x_0)}{x - x} \quad \blacktriangleright f_1''(x) = -6x;\ x \in (-\infty; 0]$$

$$= \frac{-6x - (-6x_0)}{x - x_0}$$

$$= \frac{-6(x - x_0)}{x - x_0}$$

$$= -6$$

Für die Teilfunktionen f_1'' und f_2'' erhält man die dritten Ableitungen $f_1'''(x)=-6$ mit $x\in(-\infty;0]$ und $f_2'''(x)=6$ mit $x\in[0;\infty)$.

In diesem Falle stimmen an der Stelle $x_0=0$ die linksseitige Ableitung $f_{1L}'''(0)=-6$ und die rechtsseitige Ableitung $f_{2R}'''(0)=6$ nicht überein, d.h. die zweite Ableitung f'' ist an der Stelle $x_0=0$ nicht differenzierbar. Der Differenzierbarkeitsbereich von f'' und damit der Definitionsbereich von f''' ist also nicht mehr $\mathbb{R}$, sondern nur $\mathbb{R}^*$.

$\lim\limits_{x\to x_0} s_{x_0}''(x)=-6$ ► $f_1'''(x_0)$

$\Rightarrow \underline{\underline{f_1'''(x)=-6;\ x\in(-\infty;0]}}$ ► Ableitung von f_1''

► $s_{x_0}''(x)=\dfrac{f_2''(x)-f_2''(x_0)}{x-x_0}$ ► $f_2''(x)=6x;\ x\in[0;\infty)$

$=\dfrac{6(x-x_0)}{x-x_0}$

$=6$

$\lim\limits_{x\to x_0} s_{x_0}''(x)=6$ ► $f_2'''(x_0)$

$\Rightarrow \underline{\underline{f_2'''(x)=6;\ x\in[0;\infty)}}$ ► Ableitung von f_2'''

► $f_{1L}'''(0)=-6$ und $f_{2R}'''(0)=6$

$\Rightarrow f_{1L}'''(0)\neq f_{2R}'''(0)$ ► f'' ist nicht differenzierbar bei $x_0=0$

$$\Rightarrow f''':\ f'''(x):=\begin{cases}-6, \text{ wenn } x\in(-\infty;0) & \blacktriangleright\ f_1'''(x)\\ 6, \text{ wenn } x\in(0;\infty) & \blacktriangleright\ f_2'''(x)\end{cases}$$

Auch hier kann man die Ableitungen f_1''' und f_2''' der Teilfunktionen f_1'' und f_2'' zur abschnittsweise definierten dritten Ableitung f''' zusammenfassen.

Die vierte Ableitung $f^{(4)}$ und alle weiteren Ableitungen ergeben die Nullfunktion auf $\mathbb{R}$.

Der Graph der Funktion f sowie die Graphen ihrer Ableitungen f', f'' und f''' sind nebenstehend in ein Schaubild eingetragen.

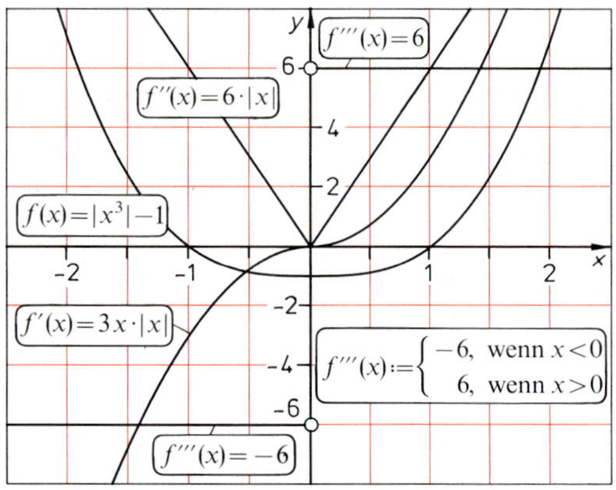

Übungen

2.1 Grundbegriffe

2.1.1 Ableitung von Funktionen

Ermitteln Sie die mittlere Steigung des Graphen in den angegebenen Intervallen für die nachstehenden Funktionen.

1. $f:\ f(x)=x^2$, $I=[0;3]$

2. $f:\ f(x)=x^2-1$, $I=[-0{,}5;1{,}5]$

3. $f:\ f(x)=3-x^2$, $I=[-1;1]$

4. $f:\ f(x)=x^3$, $I=[-1;0]$

5. $f:\ f(x)=\dfrac{1}{x}$, $I=[-2;-1]$

6. $f:\ f(x)=\sqrt{x}$, $I=[2;3]$

7. $f:\ f(x)=2x^2-x+1$, $I=[-0{,}4;1{,}2]$

8. $f:\ f(x)=\dfrac{0{,}4x^3-2{,}5x}{|x-2|}$, $I=[-0{,}8;1{,}2]$

Bilden Sie zu den folgenden Funktionen an den angegebenen Stellen x_1 und x_2 die zugehörigen Differenzenquotientenfunktionen s_{x_1}: $s_{x_1}(x_1+h)$ sowie s_{x_2}: $s_{x_2}(x_2+h)$, und berechnen Sie jeweils die Steigung der Sekante für $h=0{,}1$ und $h=0{,}001$ sowie die Steigung der Tangente für h gegen Null.

9. f: $f(x)=x^2-4x+20$; $x_1=-2$; $x_2=1$

10. f: $f(x)=-\frac{1}{4}x^2+\frac{1}{2}x+2$; $x_1=-1$; $x_2=4$

11. f: $f(x)=x^2-7$; $x_1=-1{,}5$; $x_2=3$

12. f: $f(x)=x^3-\frac{1}{10}x^5$; $x_1=1$; $x_2=2$

13. f: $f(x)=\frac{x}{x^2+1}$; $x_1=0{,}5$; $x_2=1{,}5$

14. f: $f(x)=\frac{x}{x-1}$; $x_1=2$; $x_2=5$

15. f: $f(x)=\sqrt[3]{x}$; $x_1=0{,}8$; $x_2=3{,}5$

16. f: $f(x)=\sqrt{x+1}$; $x_1=-0{,}5$; $x_2=2{,}5$

Bilden Sie die Ableitung der folgenden Funktionen, und ermitteln Sie jeweils Steigung und Steigungswinkel sowie die Gleichung der Tangente an den angegebenen Stellen.

17. f: $f(x)=\frac{1}{3}(x-1)(x+4)$; $x_0=-5$

18. f: $f(x)=-\frac{1}{2}(x-2)(x+3)$; $x_0=-2$

19. f: $f(x)=4-\frac{1}{6}x^3$; $x_0=2$

20. f: $f(x)=\frac{1}{2}x^3-4x^2+8$; $x_0=2{,}5$

21. f: $f(x)=x^2-4$; $x_0=0{,}8$

22. f: $f(x)=\frac{1}{3}x^3$; $x_0=1{,}5$

23. f: $f(x)=5-x^2$; $x_0=-1$

24. f: $f(x)=0{,}1x^4$; x_1-2; $x_2=2$

2.1.2 Differenzierbarkeit von Funktionen

Untersuchen Sie, ob die nachstehenden Funktionen an den angegebenen Stellen differenzierbar sind.

1. f: $f(x)=\sqrt{x-1}$; $x_0=2$

2. f: $f(x)=|x-1|$; $x_0=1$

3. f: $f(x)=|x+2|+3$; $x_0=-2$

4. f: $f(x)=|0{,}2x^2-1|+2$; $x_0=\sqrt{5}$

5. f: $f(x)=\sqrt[3]{x^2}$; $x_0=0$

6. f: $f(x)=\sqrt[3]{x}$; $x_0=0$

7. f: $f(x)=\sqrt{x^2}$; $x_0=0$

8. f: $f(x)=\sqrt{2x-6}$; $x_0=3$

Sind die folgenden Funktionen in den angegebenen Intervallen differenzierbar?

9. f: $f(x)=\frac{x}{x-1}$; $I_1=(-\infty; 1)$; $I_2=(1; \infty)$

10. f: $f(x)=\frac{1}{x-4}$; $I_1=(-\infty; 4)$; $I_2=(4; \infty)$

11. f: $f(x)=\frac{10}{x^2+1}$; $I=[-4; 4]$

12. f: $f(x)=\frac{x^3+1}{x^2}$; $I_1=(-\infty; 0)$; $I_2=(0; \infty)$

13. f: $f(x)=|x+4|\cdot(x-1{,}5)$; $I=[-5; 2{,}5]$

14. f: $f(x)=(|x+2|-3)\cdot|x+3|$; $I=[-8; 10]$

15. f: $f(x)=|x-3|+|x-1|$; $I=[0; 5]$

16. f: $f(x)=(3-x)\cdot|x|$; $I=(-1; 4)$

17. f: $f(x)=\sqrt{9-x^2}$; $I=[-3; 3]$

Sind die folgenden Funktionen differenzierbar? Bilden Sie gegebenenfalls die Ableitungsfunktion.

18. f: $f(x)=x^2-2x+3$

19. f: $f(x)=0{,}2x^3-2{,}5$

20. f: $f(x)=x\sqrt{x}$

21. f: $f(x)=x^2-\sqrt{|x|}$

22. f: $f(x)=|x^2-5x|$

23. f: $f(x)=|8-2x^2|+|x|$

24. f: $f(x)=(x+1)(x-4)$

25. f: $f(x)=|x+1|\cdot|x-4|$

26. f: $f(x)=\frac{1}{x}\sqrt{9-x}$

2.1.3 Ableitungen höherer Ordnung

Untersuchen Sie die folgenden Funktionen auf Differenzierbarkeit, und bilden Sie, soweit möglich, die erste, zweite und dritte Ableitung.

1. f: $f(x)=\frac{1}{6}x^3$

2. f: $f(x)=-4\sqrt{x}$

3. f: $f(x)=\frac{1}{x+3}$

4. f: $f(x)=\frac{1}{(x-2)^2}$

5. f: $f(x)=x^3-4x+2$

6. f: $f(x)=0{,}2(x^4-3x^2+7)$

7. f: $f(x)=|0{,}6x^2-0{,}2x^3|$

8. f: $f(x)=x^4+5$

2.2 Regeln zur Differentiation von Funktionen

2.2.1 Potenzregel

Problem: Bilden Sie die erste Ableitung der Potenzfunktion vom Typ $f\colon f(x)=x^m$; $D(f)=\mathbb{R}$; $m\in\mathbb{N}^*$ an einer Stelle x_0, und verallgemeinern Sie.

Ganze rationale Funktionen (Polynomfunktionen) vom Typ $f\colon f(x)=x^m$ mit $D(f)=\mathbb{R}$ sind für jedes $x_0\in\mathbb{R}$ differenzierbar. Die Ableitung läßt sich mit dem Kürzungsverfahren bestimmen (siehe Kapitel „Differenzierbarkeit von Funktionen").

Dazu verwendet man in der Differenzenquotientenfunktion s_{x_0} für $f(x)$ den Funktionsterm x^m, klammert im Zähler $(x-x_0)$ aus und kürzt durch $(x-x_0)$. Der Grenzwert der Differenzenquotientenfunktion führt auf die **Potenzregel** zur Differentiation von Polynomfunktionen.

$$s_{x_0}(x)=\frac{f(x)-f(x_0)}{x-x_0} \quad \blacktriangleright\ f(x)=x^m;\ x\in\mathbb{R};\ m\in\mathbb{N}^*$$
$$=\frac{x^m-x_0^m}{x-x_0};\ x\neq x_0$$
$$=\frac{(x-x_0)(x^{m-1}+x_0\cdot x^{m-2}+x_0^2\cdot x^{m-3}+\ldots+x_0^{m-2}\cdot x+x_0^{m-1})}{x-x_0}$$
$$=x^{m-1}+x_0+x^{m-2}+x_0^2\cdot x^{m-3}+\ldots+x_0^{m-2}\cdot x+x_0^{m-1}$$
$$\lim_{x\to x_0} s_{x_0}(x)=\lim_{x\to x_0}(x^{m-1}+x_0\cdot x^{m-2}+x_0^2\cdot x^{m-3}+\ldots$$
$$\ldots+x_0^{m-2}\cdot x+x_0^{m-1})$$
$$=x_0^{m-1}+x_0\cdot x_0^{m-2}+x_0^2\cdot x_0^{m-3}+\ldots+x_0^{m-2}\cdot x_0+x_0^{m-1}$$
$$=m\cdot x_0^{m-1};\ x_0\in\mathbb{R};\ m\in\mathbb{N}^* \quad \blacktriangleright\ f'(x_0)$$
$$\Rightarrow\ \underline{\underline{f'\colon f'(x)=m\cdot x^{m-1};\ D(f')=\mathbb{R};\ m\in\mathbb{N}^*}} \quad \blacktriangleright\ \text{Potenzregel}$$

Die Potenzregel wurde hier nur für die speziellen Potenzfunktionen vom Typ $f\colon f(x)=x^m$ mit $m\in\mathbb{N}^*$ und $D(f)=\mathbb{R}$ abgeleitet. Sie gilt jedoch auch für Potenzfunktionen vom Typ $f\colon f(x)=x^n$ mit $n\in\mathbb{Z}^*_-$ und $D(f)=\mathbb{R}^*$ sowie mit Einschränkungen für allgemeine Potenzfunktionen vom Typ $f\colon f(x)=x^r$ mit $r\in\mathbb{R}$ und $D(f)=\mathbb{R}^*_+$ bzw. $D(f)=\mathbb{R}_+$, was an dieser Stelle jedoch nicht bewiesen wird (siehe auch Kapitel „Potenzfunktionen" und „Logarithmusfunktionen").

Merke:

Für die Ableitung von Potenzfunktionen gilt die Potenzregel. Dabei sind die nachstehenden Bedingungen für den Definitionsbereich $D(f)$ und den Differenzierbarkeitsbereich $D'(f)$ zu beachten.

$f\colon f(x)=x^r$ mit $r\in\mathbb{N}^*$ und $D(f)=\mathbb{R}$	$\Rightarrow f'\colon f'(x)=r\cdot x^{r-1}$ mit $D'(f)=\mathbb{R}$
$f\colon f(x)=x^r$ mit $r\in\mathbb{Z}^*_-$ und $D(f)=\mathbb{R}^*$	$\Rightarrow f'\colon f'(x)=r\cdot x^{r-1}$ mit $D'(f)=\mathbb{R}^*$
$f\colon f(x)=x^r$ mit $r\in(-\infty;0]$; $r\notin\mathbb{Z}$ und $D(f)=\mathbb{R}^*_+$	$\Rightarrow f'\colon f'(x)=r\cdot x^{r-1}$ mit $D'(f)=\mathbb{R}^*_+$
$f\colon f(x)=x^r$ mit $r\in(0;1]$; $r\notin\mathbb{Z}$ und $D(f)=\mathbb{R}_+$	$\Rightarrow f'\colon f'(x)=r\cdot x^{r-1}$ mit $D'(f)=\mathbb{R}^*_+$
$f\colon f(x)=x^r$ mit $r\in[1;\infty)$; $r\notin\mathbb{Z}$ und $D(f)=\mathbb{R}_+$	$\Rightarrow f'\colon f'(x)=r\cdot x^{r-1}$ mit $D'(f)=\mathbb{R}_+$

Anmerkung:

In vielen Fällen lassen sich Wurzelfunktionen vom Typ $f\colon f(x)=\sqrt[n]{x^m}$ mit $m\in\mathbb{N}$ und $n\in\mathbb{N}^*$ nach der Potenzregel ableiten, und zwar dann, wenn mit $x^m\in\mathbb{R}_+$ auch $x\in\mathbb{R}_+$ gilt. Dann nämlich ist $D(f)=\mathbb{R}_+$, und man darf $\sqrt[n]{x^m}=x^{\frac{m}{n}}$ schreiben.

Das gilt zum Beispiel für die Wurzelfunktion $f\colon f(x)=\sqrt[3]{x^2}$ mit $D(f)=\mathbb{R}$ nicht. Für ihren Funktionsterm ist nur die Schreibweise $\sqrt[3]{x^2}=(x^2)^{\frac{1}{3}}$, nicht aber die Schreibweise $\sqrt[3]{x^2}=x^{\frac{2}{3}}$ erlaubt, denn während man in den Term $\sqrt[3]{x^2}$ für x auch negative Zahlen einsetzen darf, gilt das für $x^{\frac{2}{3}}$ nicht.

Bei bedenkenloser Anwendung der Potenzregel auch in diesem Falle wird nur ein Teil der Funktion differenziert, und man erhält daher auch nicht ihre (volle) Ableitungsfunktion. Ist also $m\in\mathbb{N}$ eine gerade Zahl und $f\colon f(x)=\sqrt[n]{x^m}$, so gilt $\sqrt[n]{x^m}=(x^m)^{\frac{1}{n}}$ für alle $x\in\mathbb{R}$. Solche Funktionen werden nicht nach der Potenzregel, sondern nach der Kettenregel differenziert (siehe Kapitel „Kettenregel“).

Beispiele: Bilden Sie die erste Ableitung der nachstehenden Funktionen unter Anwendung der Potenzregel. Bestimmen Sie gegebenenfalls vorher den Differenzierbarkeitsbereich $D'(f)\subseteq D(f)$.

- $f\colon f(x)=x^9;\ D(f)=\mathbb{R}$

Die Funktion f ist als Potenzfunktion (ganze rationale Funktion) in $D'(f)=\mathbb{R}$ differenzierbar.

$f(x)=x^9$ ► $r=9 \Rightarrow r\in\mathbb{N}^*$

$\Rightarrow f'(x)=r\cdot x^{r-1}=9x^8$ ► $D'(f)=\mathbb{R}$

$\Rightarrow \underline{\underline{f'\colon f'(x)=9x^8;\ D(f')=\mathbb{R}}}$

- $f\colon f(x)=\dfrac{4}{3x^2};\ D(f)=\mathbb{R}^*$

Wegen $r\in\mathbb{Z}^*$ gilt nach der Potenzregel $D'(f)=\mathbb{R}^*$.
Man kann aber auch an jeder Stelle $x_0\in D(f)$ die linksseitige sowie die rechtsseitige Ableitung bilden und stellt dann fest, daß beide Ableitungen jeweils übereinstimmen. Das bedeutet, daß f in $D'(f)=D(f)=\mathbb{R}^*$ differenzierbar ist.

$f(x)=\dfrac{4}{3x^2}=\dfrac{4}{3}x^{-2}$ ► $r=-2 \Rightarrow r\in\mathbb{Z}^*_-$

$\Rightarrow f'(x)=(-2)\cdot\dfrac{4}{3}\cdot x^{-2-1}$

$=-\dfrac{8}{3}x^{-3}$

$=\dfrac{-8}{3x^3}$ ► $D'(f)=\mathbb{R}^*$

$\Rightarrow \underline{\underline{f'\colon f'(x)=\dfrac{-8}{3x^3};\ D(f')=\mathbb{R}^*}}$

- $f\colon f(x)=\sqrt{x};\ D(f)=\mathbb{R}_+$

Die Funktion f ist im Intervall $[0;\infty)$ definiert und im offenen Intervall $(0;\infty)$ differenzierbar. An der Randstelle $x_0=0$ kann f also höchstens rechtsseitig differenzierbar sein. Der rechtsseitige Grenzwert der Differenzenquotientenfunktion existiert aber nur als uneigentlicher Grenzwert $\lim\limits_{\substack{x\to 0\\ x>0}} s_{x_0}(x)=\infty$.

$f(x)=\sqrt{x}=x^{\frac{1}{2}}$ ► $r=\dfrac{1}{2} \Rightarrow r\in(0;1]$

$\Rightarrow f'(x)=\dfrac{1}{2}x^{\frac{1}{2}-1}$

$=\dfrac{1}{2}x^{-\frac{1}{2}}$

$=\dfrac{1}{2\sqrt{x}}$ ► $D'(f)=\mathbb{R}^*_+$

$\Rightarrow \underline{\underline{f'\colon f'(x)=\dfrac{1}{2\sqrt{x}};\ D(f')=\mathbb{R}^*_+}}$

Bei $x_0=0$ hat der Graph also eine senkrechte Tangente im geometrischen Sinne, die aber keine Tangente im analytischen Sinne ist. Also ist die Funktion f an der Stelle $x_0=0$ rechtsseitig nicht differenzierbar, und es gilt $D'(f)=(0;\infty)=\mathbb{R}^*_+$.

• $f\colon f(x)=x^{2a+3};\ D(f)=\mathbb{R};\ a\in\mathbb{N}^*$

Die Funktion f ist als Potenzfunktion (ganze rationale Funktion) in $D'(f)=\mathbb{R}$ differenzierbar.

$f(x)=x^{2a+3}$ ► $r=2a+3 \Rightarrow r\in\mathbb{N}^*$

$\Rightarrow f'(x)=r\cdot x^{r-1}=(2a+3)\cdot x^{2a+2}$ ► $D'(f)=\mathbb{R}$

$\Rightarrow f'\colon f(x)=(2a+3)\cdot x^{2a+2};\ D(f')=\mathbb{R};\ a\in\mathbb{N}^*$

• $f\colon f(x)=\sqrt{x^3};\ D(f)=\mathbb{R}_+$

Auch diese Funktion ist im Intervall $[0;\infty)$ definiert und im offenen Intervall $(0;\infty)$ differenzierbar. Im Unterschied zum vorigen Beispiel existiert aber an der Randstelle $x_0=0$ der rechtsseitige Grenzwert der Differenzenquotientenfunktion als eigentlicher Grenzwert $\lim\limits_{\substack{x\to 0\\ x>0}} s_{x_0}=0$.

$f(x)=\sqrt{x^3}=x^{\frac{3}{2}}$ ► $r=\frac{3}{2}\Rightarrow r\in[1;\infty)$

$$\Rightarrow f'(x)=\frac{3}{2}x^{\frac{3}{2}-1}=\frac{3}{2}x^{\frac{1}{2}}=\frac{3}{2}\sqrt{x}$$ ► $D'(f)=\mathbb{R}_+$

$\Rightarrow f'\colon f'(x)=\frac{3}{2}\sqrt{x};\ D(f')=\mathbb{R}_+$

Bei $x_0=0$ hat der Graph also eine waagerechte Tangente. Gemäß der Definition der Differenzierbarkeit in einem Intervall (siehe Kapitel „Differenzierbarkeit von Funktionen“) ist also diese Funktion in $[0;\infty)$ differenzierbar, d.h. es gilt $D'(f)=D(f')=\mathbb{R}_+$.

• $f\colon f(x)=\sqrt[3]{x^2};\ D(f)=\mathbb{R}$

Die Funktion $f\colon f(x)=\sqrt[3]{x^2}$ mit $D(f)=\mathbb{R}$ kann nicht als Potenzfunktion mit dem Funktionsterm $f(x)=x^{\frac{2}{3}}$ geschrieben werden, denn sie wäre dann nur für $\mathbb{R}_+$ definiert, d.h. das Definitionsintervall $(-\infty;0)$ ginge verloren.
Sie kann aber als abschnittsweise definierte Potenzfunktion mit den Teilfunktionen f_1 und f_2 dargestellt werden. Da sich die Teilfunktion f_1 mit der Basis $(-x)$ jedoch auch nicht mit der Potenzregel differenzieren läßt, muß an dieser Stelle auf das Kapitel „Kettenregel“ verwiesen werden.

$f(x)=\sqrt[3]{x^2}\neq x^{\frac{2}{3}}$, weil $D(f)=\mathbb{R}$

$$f(x)=\sqrt[3]{x^2}=\begin{cases}(-x)^{\frac{2}{3}}, & \text{wenn } x\in\mathbb{R}_- \blacktriangleright f_1(x)\\ x^{\frac{2}{3}}, & \text{wenn } x\in\mathbb{R}_+ \blacktriangleright f_2(x)\end{cases}$$

► $f_1(x)=(-x)^{\frac{2}{3}};\ x\in\mathbb{R}$ ► nicht differenzierbar mit der Potenzregel

► $f_2(x)=x^{\frac{2}{3}};\ x\in\mathbb{R}_+$

$$\Rightarrow f_2'(x)=\frac{2}{3}\cdot x^{-\frac{1}{3}}=\frac{2}{3\sqrt[3]{x}};\ x\in\mathbb{R}_+^*$$

$\Rightarrow f(x)=\sqrt[3]{x^2}$ ► nicht differenzierbar mit der Potenzregel

► Kettenregel verwenden!

• $f\colon f(x)=x^{\frac{5}{6}};\ D(f)=\mathbb{R}_+$

An der Randstelle $x_0=0$ existiert keine rechtsseitige Ableitung. Die Funktion f ist daher an dieser Stelle nicht differenzierbar, obwohl sie dort definiert ist. An allen anderen Stellen des Definitionsbereiches ist die Funktion differenzierbar. Der Differenzierbarkeitsbereich lautet daher $D'(f)=\mathbb{R}_+^*$.

Wegen $r\in(0;1]$ gilt $D'(f)=\mathbb{R}_+^*$ auch nach der Potenzregel.

$f(x)=x^{\frac{5}{6}}$ ► $r=\frac{5}{6}\Rightarrow r\in(0;1]$

$$\Rightarrow f'(x)=\frac{5}{6}x^{\frac{5}{6}-1}=\frac{5}{6}x^{-\frac{1}{6}}=\frac{5}{6\cdot\sqrt[6]{x}}$$ ► $D'(f)=\mathbb{R}_+^*$

$\Rightarrow f'\colon f'(x)=\frac{5}{6\cdot\sqrt[6]{x}};\ D(f')=\mathbb{R}_+^*$

● $f\colon f(x)=\frac{5}{\sqrt[5]{x^9}}$; $D(f)=\mathbb{R}_+^*$

Die Funktion f ist differenzierbar in $D'(f)=D(f)=\mathbb{R}_+^*$, da man an jeder Stelle $x_0\in\mathbb{R}_+^*$ die linksseitige und die rechtsseitige Ableitung bilden kann und diese jeweils übereinstimmen.

Wegen $r\in(-\infty;0]$ gilt auch nach der Potenzregel $D'(f)=\mathbb{R}_+^*$.

$$f(x)=\frac{5}{\sqrt[5]{x^9}}=5\cdot x^{-\frac{9}{5}} \blacktriangleright r=-\frac{9}{5}\Rightarrow r\in(-\infty;0]$$

$$\Rightarrow f'(x)=\frac{9}{5}\cdot 5\cdot x^{-\frac{14}{5}}$$

$$=\frac{-9}{\sqrt[5]{x^{14}}} \blacktriangleright D'(f)=\mathbb{R}_+^*$$

$$\Rightarrow f'\colon f'(x)=\frac{-9}{\sqrt[5]{x^{14}}};\ D(f')=\mathbb{R}_+^*$$

● $f\colon f(x)=2{,}5\cdot x^{2,3}$; $D(f)=\mathbb{R}_+$

Für $f\colon f(x)=2{,}5\,x^{2,3}$ läßt sich der Definitionsbereich $D(f)=\mathbb{R}_+$ leicht ablesen, wenn man die Potenzfunktion als Wurzelfunktion schreibt.

Wegen $r\in[1;\infty)$ gilt nach der Potenzregel $D'(f)=\mathbb{R}_+$.

$$f(x)=2{,}5\,x^{2,3}=2{,}5\,x^{\frac{23}{10}}=2{,}5\cdot\sqrt[10]{x^{23}};\ x\in\mathbb{R}_+$$

$$f(x)=2{,}5\,x^{2,3} \blacktriangleright r=2{,}3\Rightarrow r\in[1;\infty)$$

$$\Rightarrow f'(x)=2{,}3\cdot 2{,}5\cdot x^{1,3}$$

$$=5{,}75\,x^{1,3}$$

$$=5{,}75\cdot\sqrt[10]{x^{13}} \blacktriangleright D'(f)=\mathbb{R}_+$$

$$\Rightarrow f'\colon f'(x)=5{,}75\,x^{1,3};\ D(f')=\mathbb{R}_+$$

Bevor man die Ableitung einer Funktion f bildet, muß untersucht werden, ob und gegebenenfalls in welchem Differenzierbarkeitsbereich $D'(f)$ sie abgeleitet werden kann.
In der Praxis wird jedoch häufig nicht nach diesem Grundsatz verfahren. Oft wird nämlich eine Funktion f **ohne** vorherige Feststellung ihres Differenzierbarkeitsbereiches $D'(f)$ formal abgeleitet. Anschließend wird dann der Definitionsbereich des sich bei der Ableitung ergebenden Terms ermittelt, der mit dem Differenzierbarkeitsbereich $D'(f)$ übereinstimmen kann, aber nicht übereinstimmen muß.
Diese Vorgehensweise kann zu Fehlern führen, da auch die Möglichkeit besteht, daß $D'(f)$ und damit $D(f')$ kleiner als der Definitionsbereich dieses Terms ist. Denn nur diejenigen x-Werte aus dem Definitionsbereich dieses Terms gehören zu $D(f')$, für die $x\in D(f)$ gilt.
Falls man aber beim Differenzieren doch diese in der Praxis übliche Vorgehensweise wählt, so sollte man die nachfolgenden Hinweise beachten, um Fehler zu vermeiden. Als Beispiel dient die Funktion $f\colon f(x)=\sqrt{x}$ mit $D(f)=\mathbb{R}_+$.

1. Die durch einen Term, hier zum Beispiel „$\sqrt{x}$“, gegebene Funktion f mit dem Definitionsbereich $D(f)$ wird formal nach der Potenzregel abgeleitet.

1. $f(x)=\sqrt{x}=x^{\frac{1}{2}}$; $D(f)=\mathbb{R}_+$

$$\Rightarrow f'(x)=\frac{1}{2}x^{-\frac{1}{2}}=\frac{1}{2\sqrt{x}}$$

2. Dann wird der Definitionsbereich des durch Ableitung entstandenen Terms, hier „$\frac{1}{2\sqrt{x}}$“, ermittelt.

2. $f'(x)=\frac{1}{2\sqrt{x}}\Rightarrow D\left(\frac{1}{2\sqrt{x}}\right)=\mathbb{R}_+^*$

3. Stimmt dieser Definitionsbereich mit $D(f)$ überein, so gilt $D'(f)=D(f)$, und $f'(x)$ ist für alle $x\in D(f)$ erklärt, d.h. es gilt $D(f')=D(f)$.

3. $D\left(\frac{1}{2\sqrt{x}}\right)=\mathbb{R}_+^*$ und $D(f)=\mathbb{R}_+$

$$\Rightarrow D\left(\frac{1}{2\sqrt{x}}\right)\neq D(f)$$

4. Sollte dieser Definitionsbereich nicht mit $D(f)$ übereinstimmen, so wird seine Schnittmenge mit $D(f)$ gebildet. Man erhält dann eine Teilmenge D von $D(f)$, in der die Funktion f mindestens differenzierbar ist.

4. $D\left(\frac{1}{2\sqrt{x}}\right)\cap D(f)=\mathbb{R}_+^*\cap\mathbb{R}_+=\mathbb{R}_+^*$

$\Rightarrow \mathbb{R}_+^*=D$

5. Um den vollständigen Differenzierbarkeitsbereich $D'(f)$ der Funktion f zu erhalten, müssen dann noch für alle Stellen $x_0\in D(f)\setminus D$ gesonderte Differenzierbarkeitsuntersuchungen durchgeführt werden.

Im Beispiel muß daher an der Stelle $x_0=0$ der rechtsseitige Grenzwert der Differenzenquotientenfunktion untersucht werden. Da dort der uneigentliche Grenzwert ∞ vorliegt, ist die Funktion f an der Stelle $x_0=0$ nicht differenzierbar. Damit ist $D'(f)=\mathbb{R}_+^*$ – und somit $D(f')=\mathbb{R}_+^*$ – der Differenzierbarkeitsbereich der Funktion f.

5. $D(f)\setminus D=\mathbb{R}_+\setminus\mathbb{R}_+^*=\{0\}$

$$s_{x_0}(x)=\frac{f(x)-f(x_0)}{x-x_0} \quad ▶\ f(x)=\sqrt{x};\ x_0=0$$

$$=\frac{\sqrt{x}-0}{x-0}$$

$$=\frac{\sqrt{x}}{x} \quad ▶\ \text{erweitern mit } \sqrt{x}$$

$$=\frac{1}{\sqrt{x}}$$

$$\lim_{\substack{x\to 0\\ x>0}}\frac{1}{\sqrt{x}}=\underline{\underline{\infty}} \quad ▶\ \text{Ableitung existiert nicht}$$

$\Rightarrow f$ ist an der Stelle $x_0=0$ nicht differenzierbar, und es gilt $D'(f)=\mathbb{R}_+^*$

In diesem Buch werden beide Verfahren zur Ermittlung der Ableitung bzw. des Differenzierbarkeitsbereiches einer Funktion angewendet, also auch die vorstehend beschriebene abgekürzte Methode.

Beispiel: Ermitteln Sie für die Stellen $x_1=1$ und $x_2=125$ diejenigen Punkte, an denen die Tangenten den Graphen der Funktion f: $f(x)=\sqrt[3]{x}$, $D(f)=\mathbb{R}_+$ berühren, und bestimmen Sie die Gleichungen dieser Tangenten sowie ihre Steigungswinkel.

Die Koordinaten der Berührungspunkte P_1 und P_2 erhält man, indem man die Funktionswerte $f(1)$ bzw. $f(125)$ berechnet.

$f(x)=\sqrt[3]{x}$ ▶ $x_1=1;\ x_2=125$

$f(1)=\sqrt[3]{1}=1$ ▶ $\underline{\underline{P_1\langle 1|1\rangle}}$

$f(125)=\sqrt[3]{125}=5$ ▶ $\underline{\underline{P_2\langle 125|5\rangle}}$

Man bildet den Funktionsterm $f'(x)$, der für jede Stelle $x\in D'(f)=\mathbb{R}_+^*$ die Steigung der Tangente im Punkte $P\langle x|f(x)\rangle$ angibt.

$f(x)=\sqrt[3]{x}=x^{\frac{1}{3}};\ x\in\mathbb{R}_+$

$$\Rightarrow f'(x)=\frac{1}{3}x^{\frac{1}{3}-1}=\underline{\underline{\frac{1}{3\sqrt[3]{x^2}};\ x\in\mathbb{R}_+^*}}$$

Für die Stellen $x_1=1$ und $x_2=125$ erhält man aus $f'(1)$ und $f'(125)$ die Steigungen der Tangenten in den Punkten P_1 und P_2.

Die Steigungswinkel, die die Tangenten mit der positiven x-Achse bilden, werden aus den zugehörigen Tangenswerten ermittelt.

$$▶\ x_1=1\ ▶\ f'(1)=\frac{1}{3\sqrt[3]{1^2}}=\underline{\underline{\frac{1}{3}}} \quad ▶\ \text{Steigung}$$

$$▶\ \tan\tau_1=\frac{1}{3}\Rightarrow \tau_1=\underline{\underline{18{,}43°}} \quad ▶\ \text{Steigungswinkel}$$

$$t_{x_1}(x)=f'(x_1)\cdot[x-x_1]+f(x_1)$$

$$▶\ x_1=1;\ f'(x_1)=\frac{1}{3};\ f(x_1)=1$$

$$=\frac{1}{3}(x-1)+1=\underline{\underline{\frac{1}{3}x+\frac{2}{3}}} \quad ▶\ \text{Tangentengleichung für } P_1$$

Setzt man in die allgemeine Gleichung für die Tangente die entsprechenden Werte ein, so ergeben sich die Gleichungen der beiden Tangenten, die den Graphen $G(f)$ in den Punkten P_1 bzw. P_2 berühren.

▶ $x_2=125$ ▶ $f'(125)=\dfrac{1}{3\sqrt[3]{125^2}}=\underline{\underline{\dfrac{1}{75}}}$ ▶ Steigung

▶ $\tan\tau_2=\dfrac{1}{75} \Rightarrow \tau_2=\underline{\underline{0{,}764°}}$ ▶ Steigungswinkel

$t_{x_2}(x)=f'(x_2)\cdot[x-x_2]+f(x_2)$

▶ $x_2=125;\ f'(x_2)=\dfrac{1}{75};\ f(x_2)=5$

$=\dfrac{1}{75}(x-125)+5$

$=\underline{\underline{\dfrac{1}{75}x+\dfrac{10}{3}}}$ ▶ Tangentengleichung für P_2

Beispiel: Bestimmen Sie die Koordinaten solcher Punkte, in denen Tangenten mit dem Steigungswinkel $\tau=135°$ den Graphen der Funktion f: $f(x)=\dfrac{1}{x}$; $D(f)=\mathbb{R}^*$ berühren.

Aus dem Ableitungsterm $f'(x)=\dfrac{-1}{x^2}$ und $\tau=135° \Rightarrow \tan\tau=-1$ berechnet man die x-Werte $x_1=-1$ sowie $x_2=1$.

Die zugehörigen $f(x)$-Werte erhält man aus der Funktionsgleichung nach Einsetzen dieser Werte für x.

Damit sind auch die Koordinaten der Berührungspunkte P_1 und P_2 festgelegt.

$f(x)=\dfrac{1}{x};\ x\in\mathbb{R}^* \Rightarrow f'(x)=\dfrac{-1}{x^2};\ x\in\mathbb{R}^*$

$\tau=135° \Rightarrow \tan 135°=\underline{-1}$

$f'(x)=\dfrac{-1}{x^2}=-1 \Rightarrow x^2=1$

$|x|=1 \Rightarrow \underline{\underline{x_1=-1;\ x_2=1}}$

$f(x)=\dfrac{1}{x}$ ▶ $x_1=-1$ ▶ $f(-1)=-1$ ▶ $\underline{\underline{P_1\langle -1|-1\rangle}}$

▶ $x_2=1$ ▶ $f(1)=1$ ▶ $\underline{\underline{P_2\langle 1|1\rangle}}$

2.2.2 Konstantenregel — Faktorregel

Problem: Bilden Sie die erste Ableitung der konstanten Funktion vom Typ f: $f(x)=k$ mit $D(f)=\mathbb{R}$ und $k\in\mathbb{R}$. Verallgemeinern Sie die Lösung.

Die Graphen von konstanten Funktionen sind Geraden, die parallel zur x-Achse verlaufen. Ihre Steigungen sind daher sämtlich Null.

Das wird auch durch die Rechnung bestätigt, denn an jeder Stelle $x_0\in\mathbb{R}$ ist bereits der Differenzenquotient einer solchen Funktion Null, also auch die Ableitung.

Die Ableitungsfunktion einer jeden konstanten Funktion ist daher die Nullfunktion f': $f'(x)=0$ für alle $x\in\mathbb{R}$. Diese Ableitungsregel heißt **Konstantenregel**.

$s_{x_0}(x)=\dfrac{f(x)-f(x_0)}{x-x_0}$ ▶ $f(x)=k$

$=\dfrac{k-k}{x-x_0};\ x\neq x_0$

$=\dfrac{0}{x-x_0}$

$=\underline{\underline{0}}$

$\Rightarrow \lim\limits_{x\to x_0} s_{x_0}(x)=0$ ▶ $f'(x_0)$

$\Rightarrow \underline{\underline{f'\colon f'(x)=0;\ D(f')=\mathbb{R}}}$

Merke:

f: $f(x)=k$; $D(f)=\mathbb{R}$ und $k\in\mathbb{R} \Rightarrow f'$: $f'(x)=0$; $D(f')=\mathbb{R}$ ▶ Konstantenregel

Beispiel: Ermitteln Sie die erste Ableitung der nachstehenden Funktionen. a und b stehen stellvertretend für (konstante) reelle Zahlen.

- $f\colon f(x)=37a+b^2$
- $f\colon f(x)=\sqrt{8b}-a$

$f(x)=37a+b^2 \Rightarrow \underline{\underline{f'(x)=0}}$

$f(x)=\sqrt{8b}-a \Rightarrow \underline{\underline{f'(x)=0}}$

Problem: Bilden Sie die erste Ableitung der Funktion vom Typ $f\colon f(x)=c\cdot g(x)$ mit $c\in\mathbb{R}$, wobei $g(x)$ der Funktionsterm einer differenzierbaren Funktion g ist. Beurteilen Sie den Einfluß des konstanten Faktors c beim Differenzieren.

Um die erste Ableitung zu erhalten, bildet man für eine beliebige Stelle $x_0\in\mathbb{R}$ den Differenzenquotienten $s_{x_0}(x)$ der Funktion f und ermittelt anschließend den Grenzwert $\lim\limits_{x\to x_0} s_{x_0}(x)$. Dabei verwendet man den Grenzwertsatz für das Produkt von zwei Funktionen.

Aus der Ableitung ist ersichtlich, daß der konstante Faktor c beim Differenzieren beibehalten wird, denn es gilt $(c\cdot g)'=c\cdot g'$.

Diese Regel wird als **Faktorregel** bezeichnet.

$$s_{x_0}(x)=\frac{f(x)-f(x_0)}{x-x_0} \quad \blacktriangleright\ f(x)=c\cdot g(x)$$

$$=\frac{c\cdot g(x)-c\cdot g(x_0)}{x-x_0}$$

$$=c\cdot\frac{g(x)-g(x_0)}{x-x_0}$$

$$\lim_{x\to x_0} s_{x_0}(x)=c\cdot\lim_{x\to x_0}\frac{g(x)-g(x_0)}{x-x_0}$$

$$=c\cdot g'(x_0) \quad \blacktriangleright\ f'(x_0)$$

$$\blacktriangleright\ f\colon f(x)=c\cdot g(x) \Rightarrow \underline{\underline{f'\colon f'(x)=c\cdot g'(x)}} \quad \blacktriangleright\ \text{Faktorregel}$$

Merke:

> Ist die Funktion g an einer Stelle x_0 differenzierbar, und ist c eine Konstante, dann ist auch die Funktion $f\colon f(x)=c\cdot g(x)$ an der Stelle x_0 differenzierbar, und es gilt:
>
> $$f\colon f(x)=c\cdot g(x);\ c\in\mathbb{R} \Rightarrow f'\colon f'(x_0)=c\cdot g'(x_0);\ c\in\mathbb{R} \quad \blacktriangleright\ \text{Faktorregel}$$

Beispiele: Differenzieren Sie die nachstehenden Funktionen unter Verwendung der Faktorregel.

- $f\colon f(x)=27x^3;\ D(f)=\mathbb{R}$

f ist als ganze rationale Funktion und als Potenzfunktion an jeder Stelle $x_0\in\mathbb{R}$ differenzierbar.

$f(x)=27x^3 \quad \blacktriangleright\ c=27;\ g(x)=x^3;\ r=3$

$\Rightarrow f'(x)=27\cdot 3x^2$

$\Rightarrow \underline{\underline{f'\colon f'(x)=81x^2;\ D(f')=\mathbb{R}}}$

- $f\colon f(x)=\dfrac{2b}{x^5};\ b\in\mathbb{R};\ D(f)=\mathbb{R}^*$

Die Funktion f ist als verallgemeinerte Potenzfunktion in $\mathbb{R}^*$ differenzierbar.

$f(x)=\dfrac{2b}{x^5}=2bx^{-5} \quad \blacktriangleright\ c=2b;\ g(x)=x^{-5};\ r=-5$

$\Rightarrow f'(x)=2b\cdot(-5)\,x^{-5-1}$

$=\dfrac{-10b}{x^6}$

$\Rightarrow \underline{\underline{f'\colon f'(x)=\dfrac{-10b}{x^6};\ D(f')=\mathbb{R}^*;\ b\in\mathbb{R}}}$

- $f: f(x)=8\sqrt{x}$; $D(f)=\mathbb{R}_+$

Die Funktion f ist als verallgemeinerte Potenzfunktion in $\mathbb{R}_+^*$ differenzierbar. An der Randstelle $x_0=0$ existiert der rechtsseitige Grenzwert der Differenzenquotientenfunktion nur als uneigentlicher Grenzwert. Daher ist die Funktion an ihrer Randstelle nicht differenzierbar, und es gilt $D'(f)=\mathbb{R}_+^*$.

$$f(x)=8\sqrt{x}=8x^{\frac{1}{2}} \blacktriangleright c=8;\ g(x)=x^{\frac{1}{2}};\ r=\tfrac{1}{2}$$
$$\Rightarrow f'(x)=8\cdot\frac{1}{2}\cdot x^{\frac{1}{2}-1}$$
$$=\frac{4}{\sqrt{x}}$$
$$\Rightarrow f': f'(x)=\frac{4}{\sqrt{x}};\ D(f')=\mathbb{R}_+^*$$

- $f: f(x)=\dfrac{120}{\sqrt[12]{x^5}}$; $D(f)=\mathbb{R}_+^*$

Die Funktion f ist als verallgemeinerte Potenzfunktion in $D'(f)=\mathbb{R}_+^*$ differenzierbar.

$$f(x)=\frac{120}{\sqrt[12]{x^5}}=120x^{-\frac{5}{12}} \blacktriangleright c=120;\ g(x)=x^{-\frac{5}{12}};\ r=-\frac{5}{2}$$
$$\Rightarrow f'(x)=120\cdot\left(-\frac{5}{12}\right)\cdot x^{-\frac{5}{12}-1}$$
$$=-50x^{-\frac{17}{12}}$$
$$=\frac{-50}{\sqrt[12]{x^{17}}}$$
$$\Rightarrow f': f'(x)=\frac{-50}{\sqrt[12]{x^{17}}};\ D(f')=\mathbb{R}_+^*$$

2.2.3 Summenregel

Problem: Fassen Sie eine differenzierbare Funktion f als Summe der beiden ebenfalls differenzierbaren Funktionen u und v auf, und entwickeln Sie eine Differentiationsregel für die Summe $f=u+v$ zweier differenzierbarer Funktionen.

Faßt man eine Funktion f mit $D(f)=\mathbb{R}$ als Summe der Funktionen u und v auf, so gilt $f: f(x)=u(x)+v(x)$ für alle $x\in\mathbb{R}$. Damit berechnet man dann den Differenzenquotienten $s_{x_0}(x)$ der Funktion f an einer Stelle x_0. Dort müssen u und v differenzierbar sein.

Nach Umordnen der Glieder im Zähler erhält man den Differenzenquotienten von f als Summe der Differenzenquotienten von u und v. Wendet man darauf den Grenzwertsatz für die Summe zweier Funktionen an, so ergibt sich die Ableitung $f'(x_0)$ als Summe der Ableitungen $u'(x_0)$ und $v'(x_0)$.

Sind u und v nicht nur lokal an einer Stelle x_0, sondern in den Differenzierbarkeitsbereichen $D'(u)$ bzw. $D'(v)$ differenzierbar, so ist die Funktion f in der Schnittmenge $D=D'(u)\cap D'(v)$ differenzierbar, falls $D'(u)\cap D'(v)\neq\emptyset$ gilt.

$$s_{x_0}(x)=\frac{f(x)-f(x_0)}{x-x_0} \blacktriangleright f(x)=u(x)+v(x)$$
$$=\frac{[u(x)+v(x)]-[u(x_0)+v(x_0)]}{x-x_0}$$
$$=\frac{u(x)-u(x_0)}{x-x_0}+\frac{v(x)-v(x_0)}{x-x_0}$$
$$\Rightarrow \lim_{x\to x_0} s_{x_0}(x)=\lim_{x\to x_0}\frac{u(x)-u(x_0)}{x-x_0}+\lim_{x\to x_0}\frac{v(x)-v(x_0)}{x-x_0}$$
$$=u'(x_0)+v'(x_0) \blacktriangleright f'(x_0)$$
$$\Rightarrow f'(x_0)=u'(x_0)+v'(x_0)$$

Die Ableitung einer Summenfunktion ist also gleich der Summe der Ableitungen der einzelnen Summanden. Diese Regel wird als **Summenregel** bezeichnet.

▶ $u'(x);\ x \in D'(u)$ und $v'(x);\ x \in D'(v)$

$\Rightarrow f\colon f'(x) = u'(x) + v'(x);\ x \in D'(u) \cap D'(v)$

Merke:

Sind die beiden Funktionen u und v an einer Stelle x_0 differenzierbar, so ist auch die Funktion $f\colon f(x) = u(x) + v(x)$ an dieser Stelle x_0 differenzierbar, und es gilt:

$$f(x) = u(x) + v(x) \Rightarrow f'(x_0) = u'(x_0) + v'(x_0)$$ ▶ Summenregel

Sind die beiden Funktionen u und v in D differenzierbar, dann ist auch die Funktion $f\colon f(x) = u(x) + v(x)$ in D differenzierbar.

Anmerkungen:

- Sind $D'(u)$ bzw. $D'(v)$ die Differenzierbarkeitsbereiche der Funktionen u bzw. v, und ist $D'(u) \cap D'(v) \neq \emptyset$, dann ist die Summenfunktion $f = u + v$ in jedem Falle in $D = D'(u) \cap D'(v)$ mit $D \subseteq D'(f)$ differenzierbar. $D = D'(u) \cap D'(v)$ muß aber nicht der maximale Differenzierbarkeitsbereich $D'(f)$ sein. Um $D'(f)$ zu bestimmen, muß man gegebenenfalls auch noch alle $x \in D(f) \setminus D$ auf Differenzierbarkeit untersuchen.
- Eine entsprechende Summenregel gilt auch für den Fall von mehr als zwei Summanden.

Beispiele: Ermitteln Sie den Differenzierbarkeitsbereich und die erste Ableitung für die folgenden Funktionen.

- $f\colon f(x) = 7x^3 - 120x^2;\ D(f) = \mathbb{R}$

Die Funktionen u, v und f sind als ganze rationale Funktionen jeweils in ihrem maximalen Definitionsbereich $\mathbb{R}$ differenzierbar:

$D'(u) = D(u) = \mathbb{R} \Rightarrow D(u') = \mathbb{R}$

$D'(v) = D(v) = \mathbb{R} \Rightarrow D(v') = \mathbb{R}$

$D'(f) = D(f) = \mathbb{R} \Rightarrow D(f') = \mathbb{R}.$

Die Ableitung erfolgt mit Hilfe der Summenregel.

$f(x) = 7x^3 - 120x^2$

$= u(x) + v(x)$

▶ $u(x) = 7x^3 \Rightarrow u'(x) = \underline{21x^2};\ x \in \mathbb{R}$

▶ $v(x) = -120x^2 \Rightarrow v'(x) = \underline{-240x};\ x \in \mathbb{R}$

$f'(x) = u'(x) + v'(x)$

$= 21x^2 - 240x;\ x \in \mathbb{R}$

$\underline{\underline{f'\colon f'(x) = 21x^2 - 240x;\ D(f') = \mathbb{R}}}$

- $f\colon f(x) = 3x^7 - \sqrt{x} + 2\sqrt{x^3};\ D(f) = \mathbb{R}_+$

$D'(f)$ wird hier mit dem im Kapitel „Potenzregel" erläuterten verkürzten Verfahren bestimmt.

Danach wird zunächst nach der Summenregel formal die Ableitung $f'(x)$ gebildet. Der durch Ableitung entstandene Term für $f'(x)$ hat den Definitionsbereich $\mathbb{R}_+^*$.

$f(x) = 3x^7 - \sqrt{x} + 2\sqrt{x^3}$

$= 3x^7 - x^{\frac{1}{2}} + 2x^{\frac{3}{2}}$

$= u(x) + v(x) + w(x)$

▶ $u(x) = 3x^7 \Rightarrow u'(x) = \underline{21x^6};\ x \in \mathbb{R}$

▶ $v(x) = -x^{\frac{1}{2}} \Rightarrow v'(x) = -\frac{1}{2}x^{-\frac{1}{2}} = \underline{-\frac{1}{2\sqrt{x}}};\ x \in \mathbb{R}_+^*$

▶ $w(x) = 2x^{\frac{3}{2}} \Rightarrow w'(x) = 3x^{\frac{1}{2}} = \underline{3\sqrt{x}};\ x \in \mathbb{R}_+$

Die Schnittmenge aus $\mathbb{R}_+^*$ und $D(f)=\mathbb{R}_+$ ist die Teilmenge D, in der die Funktion f mindestens differenzierbar ist.

$\mathbb{R}_+^* \cap \mathbb{R}_+ = \mathbb{R}_+^* = D$ ▶ $D(f)\setminus D = \mathbb{R}_+ \setminus \mathbb{R}_+^* = \{0\}$

$$f'(x) = u'(x) + v'(x) + w'(x)$$
$$= 21x^6 - \frac{1}{2\sqrt{x}} + 3\sqrt{x};\ x \in \mathbb{R}_+^*$$
$$f'\colon f'(x) = 21x^6 - \frac{1}{2\sqrt{x}} + 3\sqrt{x};\ D(f') = \mathbb{R}_+^*$$

Für die Differenzmenge $D(f)\setminus D = \{0\}$, also an der Randstelle $x_0 = 0$, muß f dann gesondert auf Differenzierbarkeit untersucht werden. Da dort die Differenzenquotientenfunktion s_{x_0} den uneigentlichen Grenzwert $-\infty$ hat, ist f an der Stelle $x_0 = 0$ nicht differenzierbar, und es gilt $D'(f) = D(f') = \mathbb{R}_+^*$.

● $f\colon f(x) = \frac{1}{x^2} - \frac{1}{\sqrt[5]{x^3}};\ D(f) = \mathbb{R}_+^*$

Ermittelt man die Ableitung $f'(x)$ bzw. den Differenzierbarkeitsbereich $D'(f)$ mit dem abgekürzten Verfahren, so wird zunächst nach der Summenregel formal abgeleitet.

Da in diesem Beispiel der Definitionsbereich $\mathbb{R}_+^*$ des durch Ableitung entstandenen Terms mit dem Definitionsbereich $D(f) = \mathbb{R}_+^*$ der Funktion f übereinstimmt, gilt $D'(f) = D(f) = \mathbb{R}_+^* \Rightarrow D(f') = \mathbb{R}_+^*$.

$$f(x) = \frac{1}{x^2} - \frac{1}{\sqrt[5]{x^3}}$$
$$= x^{-2} - x^{-\frac{3}{5}}$$
$$= u(x) + v(x)$$

▶ $u(x) = x^{-2} \Rightarrow u'(x) = -2x^{-3} = \underline{\frac{-2}{x^3}};\ x \in \mathbb{R}^*$

▶ $v(x) = -x^{-\frac{3}{5}} \Rightarrow v'(x) = \frac{3}{5}x^{-\frac{8}{5}} = \underline{\frac{3}{5\cdot\sqrt[5]{x^8}}};\ x \in \mathbb{R}_+^*$

$$f'(x) = u'(x) + v'(x)$$
$$= \frac{-2}{x^3} + \frac{3}{5\cdot\sqrt[5]{x^8}};\ x \in \mathbb{R}_+^*$$
$$f'\colon f'(x) = \frac{-2}{x^3} + \frac{3}{5\cdot\sqrt[5]{x^8}};\ D(f') = \mathbb{R}_+^*$$

2.2.4 Produktregel

Problem: Entwickeln Sie eine Differentiationsregel für differenzierbare Funktionen des Typs $f\colon f(x) = u(x)\cdot v(x)$, und überprüfen Sie dann diese Regel, indem Sie die Funktion $f\colon f(x) = x^7$, $D(f) = \mathbb{R}$ als Produkt der beiden Funktionen $u\colon u(x) = x^3$ und $v\colon v(x) = x^4$ auffassen.

Aufgrund der im vorigen Kapitel abgeleiteten Summenregel könnte man vermuten, daß eine entsprechende Regel auch für ein Produkt von Funktionen gilt, was bedeuten würde, daß sich eine solche Produktfunktion faktorweise differenzieren ließe.

Die Anwendung dieser Vermutung auf die Funktion $f\colon f(x) = x^3\cdot x^4 = x^7$ zeigt, daß dem nicht so ist und daher eine andere Lösung gefunden werden muß.

$u(x) = x^3;\ D'(u) = \mathbb{R} \Rightarrow u'(x) = \underline{3x^2};\ x \in \mathbb{R}$

$v(x) = x^4;\ D'(v) = \mathbb{R} \Rightarrow v'(x) = \underline{4x^3};\ x \in \mathbb{R}$

$f(x) = x^7;\ D'(f) = \mathbb{R} \Rightarrow \underline{f'(x) = 7x^6;\ x \in \mathbb{R}}$

$f(x) = x^7 = x^3\cdot x^4 = u(x)\cdot v(x)$

$u'(x)\cdot v'(x) = 3x^2\cdot 4x^3 = 12x^5$ aber $f'(x) = 7x^6$

$\Rightarrow u'(x)\cdot v'(x) \neq f'(x)$

Um zu einer allgemeinen Lösung zu gelangen, verwendet man in der Differenzenquotientenfunktion s_{x_0} für $f(x)$ den Funktionsterm $[u \cdot v](x)$ der Produktfunktion.

Dann addiert man zum Zähler den Term $u(x_0) \cdot v(x) - u(x_0) \cdot v(x) = 0$. Dadurch läßt sich der Zähler so umordnen, daß der Bruchterm als Summe zweier Terme geschrieben werden kann, die Differenzenquotienten enthalten.

Mit Hilfe des Grenzwertsatzes für Summen erhält man als Ableitung der Differenzenquotientenfunktion eine Summe von zwei Grenzwerten und damit eine Ableitungsregel für Produkte von Funktionen, die sogenannte **Produktregel**.

$$s_{x_0}(x) = \frac{f(x) - f(x_0)}{x - x_0} \quad \blacktriangleright \; f(x) = u(x) \cdot v(x)$$

$$= \frac{u(x) \cdot v(x) - u(x_0) \cdot v(x_0)}{x - x_0} \quad \blacktriangleright \; + u(x_0) \cdot v(x) - u(x_0) \cdot v(x)$$

$$= \frac{u(x) \cdot v(x) - u(x_0) \cdot v(x_0) + u(x_0) \cdot v(x) - u(x_0) \cdot v(x)}{x - x_0}$$

$$= \frac{[u(x) - u(x_0)] \cdot v(x) + u(x_0) \cdot [v(x) - v(x_0)]}{x - x_0}$$

$$= \frac{u(x) - u(x_0)}{x - x_0} \cdot v(x) + u(x_0) \cdot \frac{v(x) - v(x_0)}{x - x_0}$$

$$\lim_{x \to x_0} s_{x_0}(x) = \lim_{x \to x_0} \frac{u(x) - u(x_0)}{x - x_0} \cdot v(x) + \lim_{x \to x_0} u(x_0) \frac{v(x) - v(x_0)}{x - x_0}$$

$$= u'(x_0) \cdot v(x_0) + u(x_0) \cdot v'(x_0) \quad \blacktriangleright \; f'(x_0)$$

$$\blacktriangleright \; \underline{\underline{f'(x_0) = u'(x_0) \cdot v(x_0) + u(x_0) \cdot v'(x_0)}} \quad \blacktriangleright \text{ Produktregel}$$

Die Produktregel gilt unter der Voraussetzung, daß die Funktionen u und v jeweils an der gleichen Stelle x_0 differenzierbar sind. Sind u und v nicht nur lokal an einer Stelle x_0, sondern in den Differenzierbarkeitsbereichen $D'(u)$ bzw. $D'(v)$ differenzierbar, so ist die Funktion f in jedem Fall in der Schnittmenge $D = D'(u) \cap D'(v)$ differenzierbar, falls $D'(u) \cap D'(v) \neq \emptyset$ gilt.

Wendet man die Produktregel auf die gegebene Funktion $[u \cdot v](x) = x^3 \cdot x^4$ an, so erhält man das gleiche Ergebnis, das sich bei Anwendung der Potenzregel auf die Funktion $f\colon f(x) = x^7$ ergibt.

$$f(x) = x^3 \cdot x^4 = u(x) \cdot v(x); \; x \in \mathbb{R}$$

$$\blacktriangleright \; u(x) = \underline{x^3} \Rightarrow u'(x) = \underline{3x^2}; \; x \in \mathbb{R}$$

$$\blacktriangleright \; v(x) = \underline{x^4} \Rightarrow v'(x) = \underline{4x^3}; \; x \in \mathbb{R}$$

$$f'(x) = u'(x) \cdot v(x) + u(x) \cdot v'(x)$$

$$= 3x^2 \cdot x^4 + x^3 \cdot 4x^3$$

$$= \underline{\underline{7x^6; \; D(f') = \mathbb{R}}}$$

Merke:

Sind die beiden Funktionen u und v an einer Stelle x_0 differenzierbar, so ist auch die Funktion $f\colon f(x) = u(x) \cdot v(x)$ an der gleichen Stelle x_0 differenzierbar, und es gilt:

$$f\colon f(x) = u(x) \cdot v(x) \Rightarrow f'(x_0) = u'(x_0) \cdot v(x_0) + u(x_0) \cdot v'(x_0) \quad \blacktriangleright \text{ Produktregel}$$

Sind die beiden Funktionen u und v in D differenzierbar, dann ist auch die Funktion $f\colon f(x) = u(x) \cdot v(x)$ in D differenzierbar.

Anmerkung:

Sind $D'(u)$ bzw. $D'(v)$ die Differenzierbarkeitsbereiche der Funktionen u bzw. v, und ist $D'(u) \cap D'(v) \neq \emptyset$, dann ist die Produktfunktion $f = u \cdot v$ in jedem Falle in $D = D'(u) \cap D'(v) \subseteq D'(f)$ differenzierbar. $D = D'(u) \cap D'(v)$ muß aber nicht der maximale Differenzierbarkeitsbereich $D'(f)$ sein. Um $D'(f)$ zu bestimmen, sind gegebenenfalls auch noch alle $x \in D(f) \setminus D$ auf Differenzierbarkeit zu untersuchen.

Beispiele: Ermitteln Sie den Differenzierbarkeitsbereich und die erste Ableitung für die folgenden Funktionen.

● $f\colon f(x)=x^3(x^2+x-4);\ D(f)=\mathbb{R}$

Nach formaler Ableitung der Funktion $f=u\cdot v$ mit der Produktregel erhält man für $f'(x)$ einen Term, der für $x\in\mathbb{R}$ definiert ist. Da dieser Definitionsbereich $\mathbb{R}$ mit dem Definitionsbereich $D(f)=\mathbb{R}$ der Funktion f übereinstimmt, gilt: $D'(f)=D(f)=\mathbb{R} \Rightarrow D(f')=\mathbb{R}$. Definitionsbereich $D(f)$, Differenzierbarkeitsbereich $D'(f)$ und Definitionsbereich $D(f')$ der Ableitung f' stimmen also überein.

$$f(x)=x^3(x^2+x-4) = u(x)\cdot v(x)$$

▶ $u(x)=\underline{x^3} \Rightarrow u'(x)=\underline{3x^2};\ x\in\mathbb{R}$

▶ $v(x)=\underline{x^2+x-4} \Rightarrow v'(x)=\underline{2x+1};\ x\in\mathbb{R}$

$$\begin{aligned} f'(x) &= u'(x)\cdot v(x)+u(x)\cdot v'(x) \\ &= 3x^2\cdot(x^2+x-4)+x^3\cdot(2x+1) \\ &= 5x^4+4x^3-12x^2;\ x\in\mathbb{R} \end{aligned}$$

$$\underline{\underline{f'\colon f'(x)=5x^4+4x^3-12x^2;\ D(f')=\mathbb{R}}}$$

● $f\colon f(x)=(x^2+a)\,(x^2-a);\ D(f)=\mathbb{R};\ a\in\mathbb{R}$

Nach formaler Ableitung der Funktion $f=u\cdot v$ mit der Produktregel erhält man auch hier für $f'(x)$ einen Term, der für $x\in\mathbb{R}$ definiert ist.
Da dieser Definitionsbereich $\mathbb{R}$ mit dem Definitionsbereich $D(f)=\mathbb{R}$ der Funktion f übereinstimmt, gilt auch hier:

$D'(f)=D(f)=\mathbb{R} \Rightarrow D(f')=\mathbb{R}$.

$$f(x)=(x^2+a)\,(x^2-a)=u(x)\cdot v(x)$$

▶ $u(x)=\underline{x^2+a} \Rightarrow u'(x)=\underline{2x};\ x\in\mathbb{R}$

▶ $v(x)=\underline{x^2-a} \Rightarrow v'(x)=\underline{2x};\ x\in\mathbb{R}$

$$\begin{aligned} f'(x) &= u'(x)\cdot v(x)+u(x)\cdot v'(x) \\ &= 2x\cdot(x^2-a)+(x^2+a)\cdot 2x \\ &= 2x^3-2ax+2x^3+2ax \\ &= \underline{\underline{4x^3;\ D(f')=\mathbb{R}}} \end{aligned}$$

● $f\colon f(x)=\dfrac{3x^3-7}{7\cdot\sqrt[5]{x^7}};\ D(f)=\mathbb{R}_+^*$

Leitet man die Funktion $f=u\cdot v$ mit der Produktregel formal ab, so erhält man für $f'(x)$ einen Term, der für $x\in\mathbb{R}_+^*$ definiert ist. Da dieser Definitionsbereich $\mathbb{R}_+^*$ des Ableitungsterms mit dem Definitionsbereich $D(f)=\mathbb{R}_+^*$ der Funktion f übereinstimmt, gilt: $D'(f)=D(f)=\mathbb{R}_+^* \Rightarrow D(f')=\mathbb{R}_+^*$.

$$f(x)=\frac{3x^3-7}{7\cdot\sqrt[5]{x^7}}=u(x)\cdot v(x)$$

▶ $u(x)=\underline{3x^3-7} \Rightarrow u'(x)=\underline{9x^2};\ x\in\mathbb{R}$

▶ $v(x)=\underline{\dfrac{1}{7\cdot\sqrt[5]{x^7}}}=\dfrac{1}{7}\cdot x^{-\frac{7}{5}}$

$$\Rightarrow v'(x)=-\frac{7}{5}\cdot\frac{1}{7}\cdot x^{-\frac{12}{5}}=\underline{\frac{-1}{5\cdot\sqrt[5]{x^{12}}}};\ x\in\mathbb{R}_+^*$$

$$\begin{aligned} f'(x) &= u'(x)\cdot v(x)+u(x)\cdot v'(x) \\ &= 9x^2\cdot\frac{1}{7\cdot\sqrt[5]{x^7}}+(3x^3-7)\cdot\frac{-1}{5\cdot\sqrt[5]{x^{12}}} \\ &= \frac{9x^2\cdot 5\cdot\sqrt[5]{x^{12}}-(3x^3-7)\cdot 7\cdot\sqrt[5]{x^7}}{35\cdot\sqrt[5]{x^{12}}\cdot\sqrt[5]{x^7}};\ x\in\mathbb{R}_+^* \\ &= \frac{45x^3\cdot\sqrt[5]{x^7}-(21x^3-49)\cdot\sqrt[5]{x^7}}{35\cdot\sqrt[5]{x^{12}}\cdot\sqrt[5]{x^7}} \\ &= \underline{\underline{\frac{24x^3+49}{35\cdot\sqrt[5]{x^{12}}};\ D(f')=\mathbb{R}_+^*}} \end{aligned}$$

- $f\colon f(x)=(2-x^4)\sqrt{x};\ D(f)=\mathbb{R}_+$

Nach formaler Ableitung der Funktion $f=u\cdot v$ mit der Produktregel erhält man für $f'(x)$ einen Term, der für $x\in\mathbb{R}_+^*$ definiert ist. Da $\mathbb{R}_+^*$ nicht mit $D(f)=\mathbb{R}_+$ übereinstimmt, müssen an der Stelle $x_0=0$ noch gesonderte Differenzierbarkeitsuntersuchungen durchgeführt werden.

Da die Differenzenquotientenfunktion s_{x_0} an der Stelle $x_0=0$ den uneigentlichen Grenzwert ∞ besitzt, ist f dort nicht differenzierbar, und es gilt somit der Differenzierbarkeitsbereich $D'(f)=\mathbb{R}_+^* \Rightarrow D(f')=\mathbb{R}_+^*$.

$$f(x)=(2-x^4)\sqrt{x} = u(x)\cdot v(x)$$

► $u(x)=\underline{2-x^4} \Rightarrow u'(x)=\underline{-4x^3};\ x\in\mathbb{R}$

► $v(x)=\underline{\sqrt{x}} \Rightarrow v'(x)=\underline{\dfrac{1}{2\sqrt{x}}};\ x\in\mathbb{R}_+^*$

$$\begin{aligned} f'(x)&=u'(x)\cdot v(x)+u(x)\cdot v'(x)\\ &=-4x^3\cdot\sqrt{x}+(2-x^4)\cdot\frac{1}{2\sqrt{x}}\\ &=\frac{-4x^3\cdot 2x+2-x^4}{2\sqrt{x}};\ x\in\mathbb{R}_+^* \end{aligned}$$

$$s_{x_0}(x)=\frac{f(x)-f(x_0)}{x-x_0} \quad ►\ f(x)=(2-x^4)\sqrt{x};\ x_0=0$$

$$\Rightarrow s_0(x_0)=\frac{(2-x^4)\sqrt{x}}{x}=\frac{2}{\sqrt{x}}-x^3\sqrt{x}$$

$$\Rightarrow \lim_{\substack{x\to 0\\ x>0}}\left(\frac{2}{\sqrt{x}}-x^3\cdot\sqrt{x}\right)=\underline{\underline{\infty}}$$

$$\underline{\underline{f'\colon f'(x)=\frac{2-9x^4}{2\sqrt{x}};\ D(f')=\mathbb{R}_+^*}}$$

Problem: Entwickeln Sie eine Ableitungsregel für eine Funktion, deren Funktionsterm aus drei Faktoren besteht. Benutzen Sie dazu die Produktregel für zwei Faktoren.

Man faßt eine Funktion $f=u\cdot v\cdot w$ als Produkt aus zwei Funktionen $f=[u\cdot v]\cdot w$ auf und wendet darauf die bekannte Produktregel für zwei Faktoren an.

$$f(x)=u(x)\cdot v(x)\cdot w(x)=[u\cdot v]\,(x)\cdot w(x)$$

$$\begin{aligned} \Rightarrow f'(x_0)&=[u\cdot v]'\,(x_0)\cdot w(x_0)+[u\cdot v]\,(x_0)\cdot w'(x_0) \quad ►\ [u\cdot v]'\,(x_0)=u'(x_0)\cdot v(x_0)+u(x_0)\cdot v'(x_0)\\ &=[u'(x_0)\cdot v(x_0)+u(x_0)\cdot v'(x_0)]\cdot w(x_0)+[u(x_0)\cdot v(x_0)]\cdot w'(x_0)\\ &=\underline{\underline{u'(x_0)\cdot v(x_0)\cdot w(x_0)+u(x_0)\cdot v'(x_0)\cdot w(x_0)+u(x_0)\cdot v(x_0)\cdot w'(x_0)}} \end{aligned}$$

Auch die Produktregel für drei Faktoren gilt unter der Voraussetzung, daß die Teilfunktionen u, v und w jeweils an der gleichen Stelle x_0 differenzierbar sind.

Merke:

Sind in einer Funktion $f\colon f(x)=u(x)\cdot v(x)\cdot w(x)$ die Funktionen u, v und w an der gleichen Stelle x_0 differenzierbar, so gilt die Produktregel für drei Faktoren:

$$f\colon f(x)=u(x)\cdot v(x)\cdot w(x) \Rightarrow f'(x_0)=u'(x_0)\cdot v(x_0)\cdot w(x_0)+u(x_0)\cdot v'(x_0)\cdot w(x_0)+u(x_0)\cdot v(x_0)\cdot w'(x_0)$$

Sind die drei Funktionen u, v und w in D differenzierbar, dann ist auch die Funktion $f\colon f(x)=u(x)\cdot v(x)\cdot w(x)$ in D differenzierbar.

Beispiele: Ermitteln Sie den Differenzierbarkeitsbereich und die erste Ableitung für die folgenden Funktionen.

• f: $f(x)=(x-1)(x^2-2)(x^3-3)$; $D(f)=\mathbb{R}$

Die Funktionen u, v und w sind als ganze rationale Funktionen jeweils in ihrem maximalen Definitionsbereich $\mathbb{R}$ differenzierbar, und es gilt somit:

$D'(u)=D(u)=\mathbb{R} \Rightarrow D(u')=\mathbb{R}$
$D'(v)=D(v)=\mathbb{R} \Rightarrow D(v')=\mathbb{R}$
$D'(w)=D(w)=\mathbb{R} \Rightarrow D(w')=\mathbb{R}$
$\Rightarrow D'(f)=D(f)=\mathbb{R} \Rightarrow D(f')=\mathbb{R}$

$f(x)=(x-1)(x^2-2)(x^3-3)=u(x)\cdot v(x)\cdot w(x)$

▶ $u(x)=\underline{x-1} \Rightarrow u'(x)=\underline{1}$; $x\in\mathbb{R}$
▶ $v(x)=\underline{x^2-2} \Rightarrow v'(x)=\underline{2x}$; $x\in\mathbb{R}$
▶ $w(x)=\underline{x^3-3} \Rightarrow w'(x)=\underline{3x^2}$; $x\in\mathbb{R}$

$$\begin{aligned} f'(x) &= u'(x)\cdot v(x)\cdot w(x)+u(x)\cdot v'(x)\cdot w(x)+u(x)\cdot v(x)\cdot w'(x) \\ &= 1\cdot(x^2-2)\cdot(x^3-3)+(x-1)\cdot 2x\cdot(x^3-3)+ \\ &\quad +(x-1)\cdot(x^2-2)\cdot 3x^2 \\ &= \underline{\underline{6x^5-5x^4-8x^3-3x^2+6x+6;\ D(f')=\mathbb{R}}} \end{aligned}$$

• $f(x)=(x^2-1)(x^3-2)\sqrt{x^3}$; $D(f)=\mathbb{R}_+$

Nach formaler Ableitung der Funktion $f=u\cdot v\cdot w$ mit der Produktregel für drei Faktoren erhält man für $f'(x)$ einen Term, der für $x\in\mathbb{R}_+$ definiert ist.

Da dieser Definitionsbereich $\mathbb{R}_+$ mit dem Definitionsbereich $D(f)=\mathbb{R}_+$ der Funktion f übereinstimmt gilt:

$D'(f)=D(f)=\mathbb{R}_+ \Rightarrow D(f')=\mathbb{R}_+$.

$f(x)=(x^2-1)(x^3-2)\sqrt{x^3}=u(x)\cdot w(x)\cdot v(x)$

▶ $u(x)=\underline{x^2-1} \Rightarrow u'(x)=\underline{2x}$; $x\in\mathbb{R}$
▶ $v(x)=\underline{x^3-2} \Rightarrow v'(x)=\underline{3x^2}$; $x\in\mathbb{R}$
▶ $w(x)=\underline{\sqrt{x^3}} \Rightarrow w'(x)=\underline{\frac{3}{2}\sqrt{x}}$; $x\in\mathbb{R}_+$

$$\begin{aligned} f'(x) &= u'(x)\cdot v(x)\cdot w(x)+u(x)\cdot v'(x)\cdot w(x)+u(x)\cdot v(x)\cdot w'(x) \\ &= 2x\cdot(x^3-2)\cdot\sqrt{x^3}+(x^2-1)\cdot 3x^2\cdot\sqrt{x^3}+ \\ &\quad +(x^2-1)\cdot(x^3-2)\cdot\frac{3}{2}\sqrt{x} \\ &= \underline{\underline{0{,}5\sqrt{x}(13x^5-9x^3-14x^2+6);\ D(f')=\mathbb{R}_+}} \end{aligned}$$

2.2.5 Quotientenregel — Kehrwertregel

Problem: Entwickeln Sie eine Regel zur Differentiation von differenzierbaren Funktionen, deren Funktionsterm ein Quotient aus zwei Funktionen ist, indem Sie die Produktregel anwenden.

Stellt man die Funktionsgleichung für $f(x)$ nach $u(x)$ um, so erhält man auf der rechten Seite ein Produkt, daß mit der Produktregel zu $u'(x_0)$ abgeleitet werden kann, falls f, u und v an der gleichen Stelle x_0 differenzierbar sind. Wird dann nach $f'(x_0)$ umgestellt, so erhält man die **Quotientenregel**, mit der man Funktionen, deren Funktionsterm ein Quotient aus zwei Funktionen ist, differenzieren kann.

$$f(x)=\frac{u(x)}{v(x)} \Rightarrow u(x)=f(x)\cdot v(x)$$

$$u'(x_0)=f'(x_0)\cdot v(x_0)+f(x_0)\cdot v'(x_0)$$

$$\Rightarrow f'(x_0)\cdot v(x_0)=u'(x_0)-f(x_0)\cdot v'(x_0) \quad ▶\ f(x_0)=\frac{u(x_0)}{v(x_0)}$$

$$\Rightarrow f'(x_0)=\frac{u'(x_0)-\frac{u(x_0)}{v(x_0)}\cdot v'(x_0)}{v(x_0)}$$

$$=\underline{\underline{\frac{u'(x_0)\cdot v(x_0)-u(x_0)\cdot v'(x_0)}{[v(x_0)]^2}}} \quad ▶\ \text{Quotientenregel}$$

Die Quotientenregel gilt unter der Voraussetzung, daß u und v an der gleichen Stelle x_0 differenzierbar sind und daß $v(x_0)\neq 0$ ist. Sind u und v nicht nur lokal an einer Stelle x_0, sondern in $D'(u)$ und $D'(v)$ differenzierbar, und ist $v(x)\neq 0$, so ist die Funktion f in jedem Falle in der Schnittmenge $D=D'(u)\cap D'(v)$ differenzierbar, falls $D'(u)\cap D'(v)\neq\emptyset$ gilt.

Merke:

Sind die Funktionen u und v an einer Stelle x_0 differenzierbar und gilt $v(x_0) \neq 0$, so ist auch die Funktion $f\colon f(x)=\frac{u(x)}{v(x)}$ an der gleichen Stelle x_0 differenzierbar, und es gilt:

$$f\colon f(x)=\frac{u(x)}{v(x)} \Rightarrow f'(x_0)=\frac{u'(x_0)\cdot v(x_0)-u(x_0)\cdot v'(x_0)}{[v(x_0)]^2};\ v(x_0)\neq 0$$ ▶ Quotientenregel

Sind die Funktionen u und v in D differenzierbar und ist dort $v(x) \neq 0$, so ist auch die Funktion $f\colon f(x)=\frac{u(x)}{v(x)}$ in D differenzierbar.

Anmerkung:

Sind $D'(u)$ bzw. $D'(v)$ die Differenzierbarkeitsbereiche der Funktionen u bzw. v, und ist $D'(u) \cap D'(v) \neq \emptyset$, dann ist die Quotientenfunktion $f=\frac{u}{v}$ in jedem Falle differenzierbar in $D=D'(u)\cap D'(v) \subseteq D'(f)$. $D=D'(u)\cap D'(v)$ muß aber nicht der maximale Differenzierbarkeitsbereich $D'(f)$ sein. Um $D'(f)$ zu bestimmen, sind gegebenenfalls auch noch alle $x \in D(f)\setminus D$ auf Differenzierbarkeit zu untersuchen.

Beispiele: Ermitteln Sie jeweils den Differenzierbarkeitsbereich und die erste Ableitung für die folgenden Funktionen.

- $f\colon f(x)=\frac{x^2+4}{x^2-4};\ D(f)=\mathbb{R}\setminus\{-2;2\}$

Nach formaler Ableitung der Funktion $f=\frac{u}{v}$ mit der Quotientenregel erhält man für $f'(x)$ einen Term, der für $x\in\mathbb{R}\setminus\{-2;2\}$ definiert ist.
Da $\mathbb{R}\setminus\{-2;2\}$ mit dem Definitionsbereich $D(f)=\mathbb{R}\setminus\{-2;2\}$ der Funktion f übereinstimmt, gilt für den Differenzierbarkeitsbereich: $D'(f)=D(f)=\mathbb{R}\setminus\{-2;2\}$ $\Rightarrow D(f')=\mathbb{R}\setminus\{-2;2\}$.

$$f(x)=\frac{x^2+4}{x^2-4}=\frac{u(x)}{v(x)}$$

▶ $u(x)=\underline{x^2+4} \Rightarrow u'(x)=\underline{2x};\ x\in\mathbb{R}$

▶ $v(x)=\underline{x^2-4} \Rightarrow v'(x)=\underline{2x};\ x\in\mathbb{R}$

$$f'(x)=\frac{u'(x)\cdot v(x)-u(x)\cdot v'(x)}{[v(x)]^2}$$
$$=\frac{2x\cdot(x^2-4)-(x^2+4)\cdot 2x}{(x^2-4)^2};\ x\in\mathbb{R}\setminus\{-2;2\}$$
$$=\underline{\underline{\frac{-16x}{(x^2-4)^2};\ D(f')=\mathbb{R}\setminus\{-2;2\}}}$$

- $f\colon f(x)=\frac{x^5+5}{x+5};\ D(f)=\mathbb{R}\setminus\{-5\}$

Leitet man die Funktion f mit der Quotientenregel formal ab, so ergibt sich für $f'(x)$ ein Term, der für $x\in\mathbb{R}\setminus\{-5\}$ definiert ist.
Da dieser Definitionsbereich $\mathbb{R}\setminus\{-5\}$ des Ableitungsterms mit dem Definitionsbereich $D(f)=\mathbb{R}\setminus\{-5\}$ der Funktion f übereinstimmt, gilt:

$D'(f)=D(f)=\mathbb{R}\setminus\{-5\} \Rightarrow D(f')=\mathbb{R}\setminus\{-5\}$.

$$f(x)=\frac{x^5+5}{x+5}=\frac{u(x)}{v(x)}$$

▶ $u(x)=\underline{x^5+5} \Rightarrow u'(x)=\underline{5x^4};\ x\in\mathbb{R}$

▶ $v(x)=\underline{x+5} \Rightarrow v'(x)=\underline{1};\ x\in\mathbb{R}$

$$f'(x)=\frac{u'(x)\cdot v(x)-u(x)\cdot v'(x)}{[v(x)]^2}$$
$$=\frac{5x^4(x+5)-(x^5+5)\cdot 1}{(x+5)^2};\ x\in\mathbb{R}\setminus\{-5\}$$
$$=\underline{\underline{\frac{4x^5+25x^4-5}{(x+5)^2};\ D(f')=\mathbb{R}\setminus\{-5\}}}$$

● $f\colon f(x)=\dfrac{x^3}{\sqrt{x}-x^2};\ D(f)=\mathbb{R}_+^*\setminus\{1\}$

Die formale Ableitung der Funktion f mit der Quotientenregel ergibt für $f'(x)$ einen Term, der für $x\in\mathbb{R}_+^*\setminus\{1\}$ definiert ist.

Da der Definitionsbereich $\mathbb{R}_+^*\setminus\{1\}$ des Ableitungsterms mit dem Definitionsbereich $D(f)=\mathbb{R}_+^*\setminus\{1\}$ der Funktion f übereinstimmt, gilt für den Differenzierbarkeitsbereich der Funktion f und für den Definitionsbereich der Ableitung f':

$D'(f)=D(f)=\mathbb{R}_+^*\setminus\{1\} \Rightarrow D(f')=\mathbb{R}_+^*\setminus\{1\}$.

$$f(x)=\frac{x^3}{\sqrt{x}-x^2}=\frac{u(x)}{v(x)}$$

► $u(x)=\underline{x^3} \Rightarrow u'(x)=\underline{3x^2};\ x\in\mathbb{R}$

► $v(x)=\underline{\sqrt{x}-x^2} \Rightarrow v'(x)=\underline{\dfrac{1}{2\sqrt{x}}-2x};\ x\in\mathbb{R}_+^*$

$$f'(x)=\frac{u'(x)\cdot v(x)-u(x)\cdot v'(x)}{[v(x)]^2}$$

$$=\frac{3x^2\cdot(\sqrt{x}-x^2)-x^3\cdot\left(\dfrac{1}{2\sqrt{x}}-2x\right)}{(\sqrt{x}-x^2)^2};\ x\in\mathbb{R}_+^*\setminus\{1\}$$

$$=\frac{3x^2\sqrt{x}-3x^4-\dfrac{x^3}{2\sqrt{x}}+2x^4}{(\sqrt{x}-x^2)^2}$$

$$=\frac{\dfrac{6x^3-6x^4\sqrt{x}-x^3+4x^4\sqrt{x}}{2\sqrt{x}}}{(\sqrt{x}-x^2)^2}$$

$$=\underline{\underline{\frac{5x^3-2x^4\sqrt{x}}{2\sqrt{x}(\sqrt{x}-x^2)^2};\ D(f')=\mathbb{R}_+^*\setminus\{1\}}}$$

● $f\colon f(x)=\dfrac{1-\sqrt{x}}{1+\sqrt{x}};\ D(f)=\mathbb{R}_+$

Nach formaler Ableitung von f mit der Quotientenregel erhält man einen Term, der für $x\in\mathbb{R}_+^*$ definiert ist. Da $\mathbb{R}_+^*$ mit $D(f)=\mathbb{R}_+$ nicht übereinstimmt, müssen an der Stelle $x_0=0$ noch gesonderte Differenzierbarkeitsuntersuchungen durchgeführt werden:

$s_{x_0}(x)=\dfrac{f(x)-f(x_0)}{x-x_0}$ ► $f(x)=\dfrac{1-\sqrt{x}}{1+\sqrt{x}};\ x_0=0$

$$s_0(x)=\frac{\dfrac{1-\sqrt{x}}{1+\sqrt{x}}-1}{x}=\frac{1-\sqrt{x}-(1+\sqrt{x})}{x}=\frac{-2}{\sqrt{x}}$$

$\lim\limits_{\substack{x\to 0\\ x>0}}\dfrac{-2}{\sqrt{x}}=\underline{\underline{-\infty}}$ ► Ableitung an der Stelle $x_0=0$ existiert nicht

Da die Differenzenquotientenfunktion s_{x_0} an der Stelle $x_0=0$ den uneigentlichen Grenzwert $-\infty$ besitzt, ist f dort nicht differenzierbar, und es gilt somit $D'(f)=D(f')=\mathbb{R}_+^*$.

$$f(x)=\frac{1-\sqrt{x}}{1+\sqrt{x}}=\frac{u(x)}{v(x)}$$

► $u(x)=\underline{1-\sqrt{x}} \Rightarrow u'(x)=\underline{\dfrac{-1}{2\sqrt{x}}};\ x\in\mathbb{R}_+^*$

► $v(x)=\underline{1+\sqrt{x}} \Rightarrow v'(x)=\underline{\dfrac{1}{2\sqrt{x}}};\ x\in\mathbb{R}_+^*$

$$f'(x)=\frac{u'(x)\cdot v(x)-u(x)\cdot v'(x)}{[v(x)]^2}$$

$$=\frac{\dfrac{-1}{2\sqrt{x}}(1+\sqrt{x})-(1-\sqrt{x})\dfrac{1}{2\sqrt{x}}}{(1+\sqrt{x})^2};\ x\in\mathbb{R}_+^*$$

$$=\frac{-1-\sqrt{x}-1+\sqrt{x}}{2\sqrt{x}(1+\sqrt{x})^2}$$

$$=\frac{-1}{\sqrt{x}(1+\sqrt{x})^2}$$

$$\underline{\underline{f'\colon f'(x)=\frac{-1}{\sqrt{x}(1+\sqrt{x})^2};\ D(f')=\mathbb{R}_+^*}}$$

• $f\colon f(x)=\dfrac{\sqrt{x}+\sqrt{x^3}}{\sqrt{x^3}-\sqrt{x}};\ D(f)=\mathbb{R}_+^*\setminus\{1\}$

Leitet man die Funktion f formal mit der Quotientenregel ab, so erhält man für $f'(x)$ einen Term, der für $x\in\mathbb{R}_+^*\setminus\{1\}$ definiert ist.

Da $\mathbb{R}_+^*\setminus\{1\}$ mit dem Definitionsbereich $D(f)=\mathbb{R}_+^*\setminus\{1\}$ übereinstimmt, erhält man für den Differenzierbarkeitsbereich $D'(f)$ der Funktion f und für den Definitionsbereich $D(f')$ der Ableitung f':

$D'(f)=D(f)=\mathbb{R}_+^*\setminus\{1\} \Rightarrow D(f')=\mathbb{R}_+^*\setminus\{1\}$.

$$f(x)=\frac{\sqrt{x}+\sqrt{x^3}}{\sqrt{x^3}-\sqrt{x}}=\frac{u(x)}{v(x)}$$

► $\underline{u(x)=\sqrt{x}+\sqrt{x^3}} \Rightarrow \underline{u'(x)=\dfrac{1}{2\sqrt{x}}+\dfrac{3}{2}\sqrt{x}};\ x\in\mathbb{R}_+^*$

► $\underline{v(x)=\sqrt{x^3}-\sqrt{x}} \Rightarrow \underline{v'(x)=\dfrac{3}{2}\sqrt{x}-\dfrac{1}{2\sqrt{x}}};\ x\in\mathbb{R}_+^*$

$$f'(x)=\frac{u'(x)\cdot v(x)-u(x)\cdot v'(x)}{[v(x)]^2}$$

$$=\frac{\left(\frac{1}{2\sqrt{x}}+\frac{3}{2}\sqrt{x}\right)(\sqrt{x^3}-\sqrt{x})-(\sqrt{x}+\sqrt{x^3})\left(\frac{3}{2}\sqrt{x}-\frac{1}{2\sqrt{x}}\right)}{(\sqrt{x^3}-\sqrt{x})^2}$$

$$=\frac{-2x}{x^3-2x^2+x};\ x\in\mathbb{R}_+^*\setminus\{1\}$$

$$=\frac{-2}{(x-1)^2}$$

$$\underline{\underline{f'\colon f'(x)=\frac{-2}{(x-1)^2};\ D(f')=\mathbb{R}_+^*\setminus\{1\}}}$$

Problem: Gegeben ist eine differenzierbare Funktion g. Entwickeln Sie mit Hilfe der Quotientenregel eine Regel zur Differentiation der Kehrwertfunktion $f=\dfrac{1}{g}$.

Man setzt $u(x)=1$ sowie $v(x)=g(x)$ und wendet die Quotientenregel an. Dabei wird die Differenzierbarkeit der Funktion g an einer Stelle x_0 sowie $g(x_0)\neq 0$ vorausgesetzt.

Die Lösung führt auf die **Kehrwertregel**, deren Anwendung dann sinnvoll ist, wenn die zu differenzierende Funktion als Kehrwert einer Funktion gegeben ist.

$$f(x)=\frac{1}{g(x)}=\frac{u(x)}{v(x)}$$

► $u(x)=\underline{1} \Rightarrow u'(x)=\underline{0}$

► $v(x)=\underline{g(x)} \Rightarrow v'(x_0)=\underline{g'(x_0)}$

$$f'(x_0)=\frac{u'(x_0)\cdot v(x_0)-u(x_0)\cdot v'(x_0)}{[v(x_0)]^2}$$

$$=\frac{0\cdot g(x_0)-1\cdot g'(x_0)}{[g(x_0)]^2}$$

$$\underline{\underline{=-\frac{g'(x_0)}{[g(x_0)]^2};\ g(x_0)\neq 0}}$$

Merke:

Ist die Funktion g an einer Stelle x_0 differenzierbar, und gilt $g(x_0)\neq 0$, so ist auch die Funktion $f=\dfrac{1}{g}$ an der gleichen Stelle x_0 differenzierbar, und es gilt:

$$f\colon f(x)=\frac{1}{g(x)} \Rightarrow f'(x_0)=-\frac{g'(x_0)}{[g(x_0)]^2};\ g(x_0)\neq 0$$ ► Kehrwertregel

Ist die Funktion g in D differenzierbar, so ist auch die Funktion f in D differenzierbar, falls $g(x)\neq 0$ für alle $x\in D$ gilt.

Beispiele: Ermitteln Sie den Differenzierbarkeitsbereich und die erste Ableitung für die folgenden Funktionen.

- $f\colon f(x)=\dfrac{1}{x^3-2x^2};\ D(f)=\mathbb{R}^*\setminus\{2\}$

Nach formaler Ableitung der Funktion f mit der Kehrwertregel erhält man für $f'(x)$ einen Term, der für $x\in\mathbb{R}^*_+\setminus\{2\}$ definiert ist. Da dieser Definitionsbereich $\mathbb{R}^*_+\setminus\{2\}$ mit dem Definitionsbereich $D(f)=\mathbb{R}^*_+\setminus\{2\}$ der Funktion f übereinstimmt, gilt:

$D'(f)=D(f)=\mathbb{R}^*_+\setminus\{2\}\Rightarrow D(f')=\mathbb{R}^*_+\setminus\{2\}$.

$$f(x)=\frac{1}{x^3-2x^2}=\frac{1}{g(x)}$$

► $\underline{g(x)=x^3-2x^2}\Rightarrow \underline{g'(x)=3x^2-4x}$; $x\in\mathbb{R}$

$$\begin{aligned}f'(x)&=-\frac{g'(x)}{[g(x)]^2}\\&=-\frac{3x^2-4x}{(x^3-2x^2)^2}\\&=\frac{x(4-3x)}{x^4(x^2-4x+4)};\ x\in\mathbb{R}^*\setminus\{2\}\\&=\underline{\underline{\frac{4-3x}{x^3(x-2)^2};\ D(f')=\mathbb{R}^*\setminus\{2\}}}\end{aligned}$$

- $f\colon f(x)=\dfrac{1}{1+\sqrt[4]{x}};\ D(f)=\mathbb{R}_+$

Die formale Ableitung von f mit der Kehrwertregel führt auf einen Term, der für $x\in\mathbb{R}^*_+$ definiert ist. Da $\mathbb{R}^*_+$ nicht mit $D(f)=\mathbb{R}_+$ übereinstimmt, müssen an der Stelle $x_0=0$ noch gesonderte Differenzierbarkeitsuntersuchungen durchgeführt werden.
Da die Differenzenquotientenfunktion s_{x_0} an der Stelle $x_0=0$ den uneigentlichen Grenzwert $-\infty$ hat, ist f dort nicht differenzierbar, und es gilt somit $D'(f)=D(f')=\mathbb{R}^*_+$.

$$f(x)=\frac{1}{1+\sqrt[4]{x}}=\frac{1}{g(x)}$$

► $\underline{g(x)=1+\sqrt[4]{x}}\Rightarrow \underline{g'(x)=\dfrac{1}{4\sqrt[4]{x^3}}}$; $x\in\mathbb{R}^*_+$

$$\begin{aligned}f'(x)&=-\frac{g'(x)}{[g(x)]^2}\\&=-\frac{\dfrac{1}{4\cdot\sqrt[4]{x^3}}}{(1+\sqrt[4]{x})^2}\\&=\underline{\underline{\frac{-1}{4\sqrt[4]{x^3}(1+\sqrt[4]{x})^2};\ D(f')=\mathbb{R}^*_+}}\end{aligned}$$

2.2.6 Kettenregel

Die bisherigen Ableitungsregeln erlauben es nicht, relativ einfache Funktionen wie z.B. die Wurzelfunktion $f\colon f(x)=\sqrt{x^3+2}$ zu differenzieren. Andere Funktionen wie z.B. die Funktion $f\colon f(x)=(x^3-4x^2+5)^{23}$ lassen sich erst nach umständlichem Ausmultiplizieren unter Verwendung der Potenzregel und der Summenregel ableiten. Bei diesen Beispielen handelt es sich um solche Funktionen, die man sich aus anderen Funktionen durch Verkettung entstanden denken kann, so z.B. $f\colon f(x)=g[h(x)]$ mit $h\colon h(x)=x^3+2$ und $g\colon g(z)=\sqrt{z}$ oder z.B. $f\colon f(x)=g[h(x)]$ mit $h\colon h(x)=x^3-4x^2+5$ und $g\colon g(z)=z^{23}$.

Da solche Funktionen sehr häufig vorkommen, ist es sinnvoll, für sie eine Differentiationsregel zu entwickeln. Die Verkettung von Funktionen und die Ermittlung ihres Definitionsbereiches wurden im Kapitel „Verknüpfung von Funktionen“ behandelt.

Problem: Entwickeln Sie eine Regel zur Differentiation der Verkettung zweier Funktionen, und überprüfen Sie die Regel am Beispiel von $f\colon f(x)=(x^3+1)^2=x^6+2x^3+1$.

Die Funktion f wird als Verkettung $f=g\circ h$ einer äußeren Funktion $g\colon z\mapsto g(z)$ und einer inneren Funktion $h\colon x\mapsto h(x)$ aufgefaßt. Für alle $x\in D(f)$ soll also $f(x)=g[h(x)]$ gelten. Dabei muß vorausgesetzt werden, daß $D(f)$ nicht die leere Menge ist, es also Funktionswerte $h(x)$ gibt, die als Argumente $z=h(x)$ der Funktion g auftreten.

Zur Entwicklung einer Differentiationsregel für die Funktion f wird die zu einer Stelle $x_0\in D(f)$ zugehörige Differenzenquotientenfunktion s_{x_0} gebildet und ihr Funktionsterm so umgeformt, daß der Grenzwert $\lim\limits_{x\to x_0} s_{x_0}(x)$ gebildet werden kann.

Das ist der Fall, wenn die Funktion h an der Stelle x_0 und die Funktion g an der Stelle $z_0=h(x_0)$ differenzierbar sind. Ist die Funktion h an der Stelle x_0 differenzierbar, so ist sie dort auch stetig (siehe Kapitel „Differenzierbarkeit von Funktionen"), d.h. es gilt: $\lim\limits_{x\to x_0}[h(x)-h(x_0)]=\lim\limits_{x\to x_0}(z-z_0)=0$.

Daher darf man die Bedingung $x\to x_0$ durch die Bedingung $z\to z_0$ ersetzen, wenn man den Grenzwert $g'(z_0)$ bildet.

$g'(z_0)$ ist die Ableitung der äußeren Funktion g nach z an der Stelle $z_0=h(x_0)$ und $h'(x_0)$ die Ableitung der inneren Funktion h nach x an der Stelle x_0.

$$f=g\circ h \quad ▶ \quad f\colon f(x)=g[h(x)];\ D(f)\neq\emptyset$$

$$\begin{aligned}
s_{x_0}(x)&=\frac{f(x)-f(x_0)}{x-x_0} && ▶\ f(x)=g[h(x)]\\
&=\frac{g[h(x)]-g[h(x_0)]}{x-x_0} && ▶\ h(x)=z;\ h(x_0)=z_0\\
&=\frac{g(z)-g(z_0)}{x-x_0} && ▶\ \text{erweitern mit } z-z_0\neq 0\\
&=\frac{g(z)-g(z_0)}{x-x_0}\cdot\frac{z-z_0}{z-z_0}\\
&=\frac{g(z)-g(z_0)}{z-z_0}\cdot\frac{z-z_0}{x-x_0}
\end{aligned}$$

$$\lim_{x\to x_0} s_{x_0}(x)=\lim_{x\to x_0}\frac{g(z)-g(z_0)}{z-z_0}\cdot\lim_{x\to x_0}\frac{z-z_0}{x-x_0} \quad ▶\ z=h(x),\ z_0=h(x_0)$$

$$\begin{aligned}
▶\ \lim_{x\to x_0}\frac{g(z)-g(z_0)}{z-z_0}&=\lim_{x\to x_0}\frac{g[h(x)]-g[h(x_0)]}{h(x)-h(x_0)}\\
&=\lim_{z\to z_0}\frac{g(z)-g(z_0)}{z-z_0}\\
&=\underline{g'(z_0)} \quad ▶\ \text{äußere Ableitung}
\end{aligned}$$

$$\begin{aligned}
▶\ \lim_{x\to x_0}\frac{z-z_0}{x-x_0}&=\lim_{x\to x_0}\frac{h(x)-h(x_0)}{x-x_0}\\
&=\underline{h'(x_0)} \quad ▶\ \text{innere Ableitung}
\end{aligned}$$

$$\Rightarrow f'(x_0)=\underline{\underline{g'(z_0)\cdot h'(x_0);\ z_0=h(x_0)}} \quad ▶\ \text{Kettenregel}$$

$$=\underline{\underline{\text{äußere Ableitung}\cdot\text{innere Ableitung}}}$$

Man erhält also die Ableitung $f'(x)$ einer Verkettung $f\colon f(x)=g[h(x)]$, indem man die Ableitung der äußeren Funktion $g'(z)=g'[h(x)]$ **(äußere Ableitung)** mit der Ableitung der inneren Funktion $h'(x)$ **(innere Ableitung)** multipliziert. Die entwickelte Differentiationsregel heißt **Kettenregel**.

Anmerkungen:

- Man muß beachten, daß der Ableitungsstrich jeweils die Ableitung nach dem angegebenen Argument bezeichnet. Im Ausdruck $g'[h(x)]$ wird also g nach $h(x)$ abgeleitet und nicht etwa nach x.
- Die vorstehende Herleitung der Kettenregel gelingt nur, falls $z-z_0\neq 0$, also $h(x)\neq h(x_0)$, vorausgesetzt wird, weil nur in diesem Falle der Differenzenquotient von f zur Stelle x_0 mit $z-z_0$ erweitert werden kann. Wie auch die Graphen zeigen, ist diese Bedingung immer dann erfüllt, wenn z. B. h eine streng monoton steigende oder eine streng monoton fallende Funktion ist, sie

braucht aber im allgemeinen nicht zu gelten. Trotzdem behält die Kettenregel auch für den allgemeinen Fall ihre Gültigkeit, wie sich durch einen aufwendigen Beweis zeigen ließe.

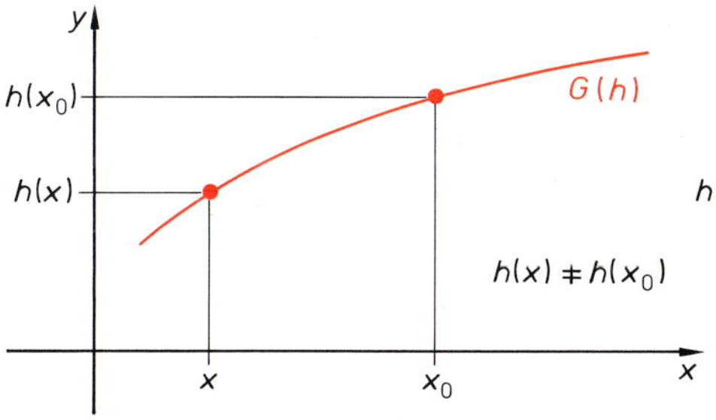

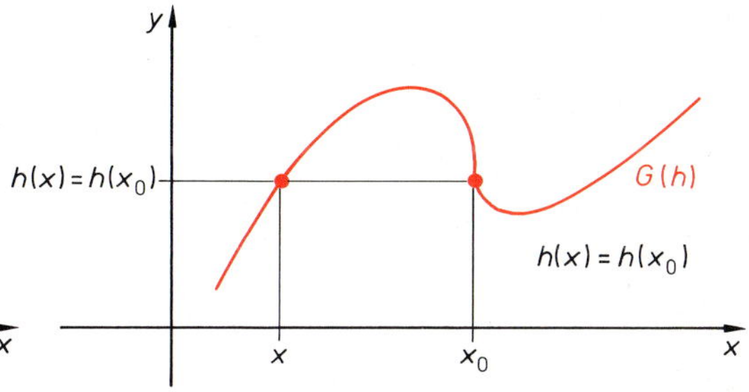

Überprüft man die Kettenregel, indem man sie auf die Funktion $f: f(x)=(x^3+1)^2$ anwendet, so erhält man das gleiche Ergebnis, wie bei der Ableitung der ausmultiplizierten Form $f: f(x)=x^6+2x^3+1$ mit Hilfe der Potenzregel:

$f(x)=x^6+2x^3+1 \Rightarrow f'(x)=6x^5+6x^2$.

$f(x)=(x^3+1)^2=g[h(x)]$

▶ $g(z)=z^2 \Rightarrow g'(z)=\underline{2z}$ ▶ äußere Ableitung nach z

▶ $h(x)=x^3+1 \Rightarrow h'(x)=\underline{3x^2}$ ▶ innere Ableitung nach x

$f'(x)= g'(z) \cdot h'(x)$
$=$ äußere Ableitung · innere Ableitung
$= 2z \cdot 3x^2$ ▶ $z=h(x)=x^3+1$
$=2(x^3+1)\cdot 3x^2$
$=\underline{\underline{6x^5+6x^2;\ D(f')=\mathbb{R}}}$ ▶ Ableitung von f

Problem: Untersuchen Sie die Funktion $f: f(x)=\sqrt{9-x^2}$ mit $D(f)=[-3;3]$ auf Differenzierbarkeit, und bilden Sie gegebenenfalls die Ableitung f' mit Hilfe der Kettenregel.

Die Funktion f läßt sich als Verkettung $f=g\circ h$ der Funktionen $g: g(z)=\sqrt{z}$ und $h: h(x)=9-x^2$ auffassen. Dementsprechend kann der Definitionsbereich $[-3;3]$ der Funktion f auch durch die Definitionsbereiche der Funktionen g und h beschrieben werden.

Nach der Kettenregel ist f an einer Stelle $x_0\in D(f)$ differenzierbar, wenn h an der Stelle $x_0\in D(h)$ und g an der Stelle $h(x_0)\in D(g)$ differenzierbar ist. f ist dann in der Menge $D=\{x\in D'(h)\,|\,h(x)\in D'(g)\}$ differenzierbar.

Die Wurzelfunktion g ist mit Ausnahme der Randstelle $z_0=0$ an jeder Stelle ihres Definitionsbereiches $\mathbb{R}_+=[0;\infty)$ differenzierbar (siehe Kapitel „Differenzierbarkeit von Funktionen"). Also gilt $D'(g)=\mathbb{R}_+=(0;\infty)$.

$f: f(x)=\sqrt{9-x^2}$ ▶ $D(f)=[-3;3]$

▶ $g(z)=\sqrt{z}$ ▶ $D(g)=\mathbb{R}_+$

▶ $h(x)=9-x^2$ ▶ $D(h)=\mathbb{R}$

$\Rightarrow f: f(x)=g[h(x)]$

▶ $D(f)=\{x\in D(h)\,|\,h(x)\in D(g)\}$

$g'(z_0)\cdot h'(x_0)=g'[h(x_0)]\cdot h'(x_0)=f'(x_0)$

▶ $x_0\in D'(h)$ und $h(x_0)\in D'(g) \Rightarrow x_0\in D'(f)$

$\Rightarrow D=\{x\in D'(h)\,|\,h(x)\in D'(g)\} \Rightarrow D\subset D'(f)$

$f(x)=\sqrt{9-x^2}=g[h(x)]$

▶ $g(z)=\sqrt{z}$ ▶ $D'(g)=\mathbb{R}_+^*=(0;\infty)$

$\Rightarrow \underline{g'(z)=\frac{1}{2\sqrt{z}}}$ ▶ $D(g')=\underline{\underline{D'(g)=\mathbb{R}_+^*}}$

Die Funktion h ist als ganze rationale Funktion in $D'(h)=D(h)=\mathbb{R}$ differenzierbar.

▶ $h(x)=9-x^2$ ▶ $D'(h)=D(h)=\mathbb{R}$

$\Rightarrow \underline{h'(x)=-2x}$ ▶ $\underline{D(h')=D'(h)=\mathbb{R}}$

Mit den Differenzierbarkeitsbereichen $D'(h)=\mathbb{R}$ und $D'(g)=\mathbb{R}_+^*$ der Funktionen h bzw. g läßt sich berechnen, daß die Funktion f im offenen Intervall $(-3;3)$ differenzierbar ist. An den Randstellen -3 und 3 des Definitionsbereiches von f ist die Funktion f nicht (einseitig) differenzierbar, weil ihr Graph (Halbkreis um den Ursprung des Koordinatensystems) dort senkrechte Tangenten besitzt und somit die einseitigen Ableitungen nicht existieren.

Daher gilt $D'(f)=(-3;3)$, d.h. die Ableitungsfunktion f' hat den Definitionsbereich $D(f')=D'(f)=(-3;3)$.

▶ $D=\{x\in D'(h)\,|\,h(x)\in D'(g)\}$ ▶ $D'(h)=\mathbb{R}$; $D'(g)=\mathbb{R}_+^*$

$$
\begin{aligned}
&=\{x\in\mathbb{R}\,|\,h(x)\in\mathbb{R}_+^*\}\\
&=\{x\in\mathbb{R}\,|\,9-x^2>0\}\\
&=\{x\in\mathbb{R}\,|\,x^2<9\}\\
&=\{x\in\mathbb{R}\,|\,|x|<3\}\\
&=\{x\in\mathbb{R}\,|\,x\in(-3;3)\}\\
&=\mathbb{R}\cap(-3;3)\\
&=\underline{(-3;3)}
\end{aligned}
$$

▶ $D=D'(f)=D(f')$

Wendet man dann die Kettenregel an, indem man die äußere Ableitung $g'(z)$ mit der inneren Ableitung $h'(x)$ multipliziert, so erhält man die gesuchte Ableitung $f'(x)$ der Funktion f bzw. die Ableitungsfunktion f'.

$$
\begin{aligned}
f'(x)&=g'(z)\cdot h'(x)\\
&=\frac{1}{2\sqrt{z}}\cdot(-2x) \quad ▶\ z=h(x)=9-x^2\\
&=\frac{-x}{\sqrt{9-x^2}};\ x\in(-3;\,3)
\end{aligned}
$$

$$\Rightarrow \underline{\underline{f'\colon f'(x)=\frac{-x}{\sqrt{9-x^2}};\ D(f')=(-3;\,3)}}$$

Merke:

Ist die Funktion h an der Stelle x_0 und die Funktion g an der Stelle $h(x_0)$ differenzierbar, so ist die Verkettung $f=g\circ h$ an der Stelle x_0 differenzierbar, und es gilt:

$$f\colon f(x)=g[h(x)] \Rightarrow f'(x_0)=\underset{\left[\begin{smallmatrix}\text{äußere}\\ \text{Ableitung}\end{smallmatrix}\right]}{g'(z_0)}\cdot\underset{\left[\begin{smallmatrix}\text{innere}\\ \text{Ableitung}\end{smallmatrix}\right]}{h'(x_0)} \quad \text{mit } z_0=h(x_0)$$

▶ Kettenregel

Die Funktion f ist für alle $x\in D$ mit $D=\{x\in D'(h)\,|\,h(x)\in D'(g)\}\subseteq D'(f)$ differenzierbar.

Anmerkung:

Das vorstehende Problem zeigt, daß bei der Ableitung von Verkettungen die Bestimmung des Differenzierbarkeitsbereiches $D'(f)$ mit großem Rechenaufwand verbunden ist.

In der Praxis erfolgt daher auch hier oft zunächst die formale Ableitung der Funktion $f=g\circ h$ mit der Kettenregel. Anschließend wird dann der Definitionsbereich des sich bei der Ableitung ergebenden Terms ermittelt, der mit dem Differenzierbarkeitsbereich $D'(f)$ übereinstimmen kann, aber nicht übereinstimmen muß. Diese Vorgehensweise kann zu Fehlern führen, da auch die Möglichkeit besteht, daß $D'(f)$ und damit $D(f')$ kleiner als der Definitionsbereich dieses Terms ist. Denn nur diejenigen x-Werte aus dem Definitionsbereich dieses Terms gehören zu $D(f')$, für die $x\in D(f)$ gilt. Die richtige Handhabung dieser Methode wurde im Kapitel „Potenzregel" beschrieben.

Im vorstehenden Problem liefert die formale Anwendung der Kettenregel den Term $\frac{-x}{\sqrt{9-x^2}}$. Dieser Term ist nur für $x \in (-3; 3)$ erklärt, und damit ist seine Definitionsmenge in $D(f)=[-3; 3]$ enthalten. Die Funktion f ist demnach mindestens in $D=(-3; 3) \cap [-3; 3]=(-3; 3)$ differenzierbar. Die Elemente der Differenzmenge $D(f) \setminus D=[-3; 3] \setminus (-3; 3)=\{-3; 3\}$, also die Randstellen -3 und 3 der Funktion f, müssen daher gesondert auf Differenzierbarkeit untersucht werden.

Beispiele: Ermitteln Sie jeweils den Differenzierbarkeitsbereich und die erste Ableitung für die folgenden Funktionen.

- $f: f(x)=(ax+b)^n$; $D(f)=\mathbb{R}$; $a, b \in \mathbb{R}$; $n \in \mathbb{N}^*$

Man kann f als Verkettung $g \circ h$ der äußeren Funktion $g: g(z)=z^n$ und der inneren Funktion vom Typ h: $h(x)=ax+b$ auffassen.
h und g sind als ganze rationale Funktionen in $\mathbb{R}$ differenzierbar. Daher ist auch die Funktion f in $D'(f)=\mathbb{R}$ differenzierbar. Multipliziert man $g'(z)$ mit $h'(x)$, so erhält man die Ableitung $f'(x)$.

$f(x)=(ax+b)^n=g[h(x)]$

► $g(z)=z^n \Rightarrow g'(z)=\underline{n \cdot z^{n-1}}$; $z \in \mathbb{R}$
► $h(x)=ax+b \Rightarrow h'(x)=\underline{a}$; $x \in \mathbb{R}$

$$f'(x)=g'(z) \cdot h'(x)$$
$$=n \cdot z^{n-1} \cdot a \quad \blacktriangleright \; z=h(x)=ax+b$$
$$=an(ax+b)^{n-1}; \; x \in \mathbb{R}; \; a; \; b \in \mathbb{R}; \; n \in \mathbb{N}^*$$

$\underline{\underline{f': f'(x)=an(ax+b)^{n-1}; \; D(f')=\mathbb{R}; \; a; \; b \in \mathbb{R}; \; n \in \mathbb{N}^*}}$

- $f: f(x)=\frac{1}{(x^2+3)^4}$; $D(f)=\mathbb{R}$

Die Funktion f läßt sich als Verkettung $f=g \circ h$ der äußeren Funktion g: $g(z)=z^{-4}$ und der inneren Funktion h: $h(x)=x^2+3$ auffassen.

Vor einer Ableitung mit der Kettenregel werden die Teilfunktionen g und h sowie die Verkettung $f=g \circ g$ auf Differenzierbarkeit untersucht. Die Funktion g: $g(z)=\frac{1}{z^4}$ hat bei $z_0=0$ eine Definitionslücke und ist in $D(g)=D'(g)=\mathbb{R}^*$ differenzierbar.
Die Funktion h: $h(x)=x^2+3$ ist als ganze rationale Funktion differenzierbar in $D(h)=D'(h)=\mathbb{R}$.
Die Funktion f ist daher differenzierbar in $D=\{x \in D'(h) \mid h(x) \in D'(g)\}=\mathbb{R}$.

Multipliziert man die äußere Ableitung $g'(z)$ mit der inneren Ableitung $h'(x)$, so erhält man die Ableitung $f'(x)$.

$f(x)=\frac{1}{(x^2+3)^4}=g[h(x)]$

► $g(z)=\frac{1}{z^4}=z^{-4} \Rightarrow g'(z)=\underline{\frac{-4}{z^5}}$ ► $D(g)=D'(g)=\mathbb{R}^*$

► $h(x)=x^2+3 \Rightarrow h'(x)=\underline{2x}$ ► $D(h)=D'(h)=\mathbb{R}$

► $D=\{x \in D'(h) \mid h(x) \in D'(g)\}$ ► $D'(h)=\mathbb{R}$; $D'(g)=\mathbb{R}^*$

$$=\{x \in \mathbb{R} \mid x^2+3 \in \mathbb{R}^*\}$$
$$=\{x \in \mathbb{R} \mid x \in \mathbb{R}\}$$
$$=\mathbb{R} \cap \mathbb{R}$$
$$=\underline{\underline{\mathbb{R}}} \quad \blacktriangleright \; D=D(f)=\mathbb{R}$$
$$\Rightarrow D'(f)=\mathbb{R} \Rightarrow D(f')=\mathbb{R}$$

$$f'(x)=g'(z) \cdot h'(x)$$
$$=\frac{-4}{z^5} \cdot 2x \quad \blacktriangleright \; z=h(x)=x^2+3$$
$$=\frac{-8x}{(x^2+3)^5}; \; x \in \mathbb{R}$$

$\underline{\underline{f': f'(x)=\frac{-8x}{(x^2+3)^5}; \; D(f')=\mathbb{R}}}$

● f: $f(x)=\sqrt[5]{5x-2}$; $D(f)=[0{,}4;\infty)$

Nach formaler Ableitung der Funktion $f=g[h(x)]$ mit der Kettenregel erhält man für $f'(x)$ einen Term, der für $x\in(0{,}4;\infty)$ definiert ist. Da dieser Definitionsbereich $(0{,}4;\infty)$ nicht mit $D(f)=[0{,}4;\infty)$ übereinstimmt, müssen an der Stelle $x_0=0{,}4$ noch gesonderte Differenzierbarkeitsuntersuchungen durchgeführt werden.

$f(x)=\sqrt[5]{5x-2}=g[h(x)]$

► $g(z)=\sqrt[5]{z} \Rightarrow g'(z)=\underline{\dfrac{1}{5\cdot\sqrt[5]{z^4}}}$; $z\in\mathbb{R}_+^*$

► $h(x)=5x-2 \Rightarrow h'(x)=\underline{5}$; $x\in\mathbb{R}$

$$f'(x)=g'(z)\cdot h'(x)$$
$$=\frac{1}{5\cdot\sqrt[5]{z^4}}\cdot 5 \quad ► \; z=h(x)=5x-2$$
$$=\frac{1}{\sqrt[5]{(5x-2)^4}};\; x\in(0{,}4;\infty)$$

Dazu ermittelt man den Grenzwert der Differenzenquotientenfunktion an der Stelle $x_0=0{,}4$.

$$s_{x_0}(x)=\frac{f(x)-f(x_0)}{x-x_0} \quad ► \; f(x)=\sqrt[5]{5x-2};\; x_0=0{,}4$$

$$\Rightarrow s_{0,4}(x)=\frac{\sqrt[5]{5x-2}-f(0{,}4)}{x-0{,}4}=\frac{\sqrt[5]{5x-2}-0}{x-0{,}4}$$

Es ist zweckmäßig $x=0{,}4+\delta$ mit $\delta>0$ zu substituieren und dann nicht $x\to x_0$, sondern $\delta\to 0$ streben zu lassen.

$$\lim_{\substack{x\to 0,4\\ x>0,4}} s_{0,4}(x)=\lim_{\substack{x\to 0,4\\ x>0,4}}\frac{\sqrt[5]{5x-2}}{x-0{,}4} \quad ► \; x=0{,}4+\delta;\; \delta>0$$

Man erhält an der Stelle $x_0=0{,}4$ den uneigentlichen Grenzwert ∞, die Funktion f ist also dort nicht differenzierbar, und es gilt somit $D'(f)=D(f')=(0{,}4;\infty)$.

$$\Rightarrow \lim_{\delta\to 0}\frac{\sqrt[5]{5(0{,}4+\delta)-2}}{0{,}4+\delta-0{,}4}=\lim_{\delta\to 0}\frac{\sqrt[5]{5\delta}}{\delta}=\lim_{\delta\to 0}\frac{\sqrt[5]{5}}{\sqrt[5]{\delta^4}}=\underline{\underline{\infty}}$$

$$\underline{\underline{f':\; f'(x)=\frac{1}{\sqrt[5]{(5x-2)^4}};\; D(f')=(0{,}4;\infty)}}$$

● f: $f(x)=(x^2-1)\sqrt{(x+2)^3}$ mit $D(f)=[-2;\infty)$

Leitet man die Funktion f formal mit Hilfe der Produktregel und der Kettenregel ab, so erhält man für $f'(x)$ einen Term, der für $x\in[-2;\infty)$ definiert ist.

Da dieser Definitionsbereich $[-2;\infty)$ des Ableitungsterms mit dem Definitionsbereich $D(f)=[-2;\infty)$ der Funktion f übereinstimmt gilt:

$D'(f)=D(f)=[-2;\infty)\Rightarrow D(f')=[-2;\infty)$.

$f(x)=(x^2-1)\sqrt{(x+2)^3}=u(x)\cdot v(x)$

► $u(x)=\underline{x^2-1} \Rightarrow u'(x)=\underline{2x}$; $x\in\mathbb{R}$

► $v(x)=\underline{\sqrt{(x+2)^3}}=(x+2)^{\frac{3}{2}}=g[h(x)]$

► $g(z)=z^{\frac{3}{2}} \Rightarrow g'(z)=\dfrac{3}{2}\cdot z^{\frac{1}{2}}=\underline{\dfrac{3}{2}\sqrt{z}}$; $z\in\mathbb{R}_+$

► $h(x)=x+2 \Rightarrow h'(x)=\underline{1}$; $x\in\mathbb{R}$

$$v'(x)=g'(z)\cdot h'(x)$$
$$=\frac{3}{2}\sqrt{z}\cdot 1 \quad ► \; z=h(x)=x+2$$
$$=\underline{\frac{3}{2}\sqrt{x+2};\; x\in[-2;\infty)}$$

$$f'(x)=u'(x)\cdot v(x)+u(x)\cdot v'(x)$$
$$=2x\cdot\sqrt{(x+2)^3}+(x^2-1)\cdot\frac{3}{2}\sqrt{x+2};\; x\in[-2;\infty)$$
$$=2x(x+2)\sqrt{x+2}+1{,}5(x^2-1)\sqrt{x+2}$$
$$=\underline{\underline{\sqrt{x+2}\,(3{,}5x^2+4x-1{,}5);\; D(f')=[-2;\infty)}}$$

● $f\colon f(x)=\dfrac{x^4}{\sqrt{x^2-4}}$; $D(f)=\mathbb{R}\setminus[-2;2]$

Die formale Ableitung der Funktion f mit der Produktregel und der Kettenregel ergibt für $f'(x)$ einen Term, der für $x\in\mathbb{R}\setminus[-2;2]$ definiert ist.

$$f(x)=\frac{x^4}{\sqrt{x^2-4}}=\frac{u(x)}{v(x)}$$

► $u(x)=\underline{x^4} \Rightarrow u'(x)=\underline{4x^3}$; $x\in\mathbb{R}$

► $v(x)=\underline{\sqrt{x^2-4}}=g[h(x)]$

► $g(z)=\sqrt{z} \Rightarrow g'(z)=\underline{\dfrac{1}{2\sqrt{z}}}$; $z\in\mathbb{R}^*_+$

► $h(x)=x^2-4 \Rightarrow h'(x)=\underline{2x}$; $x\in\mathbb{R}$

$$v'(x)=g'(z)\cdot h'(x)$$

$$=\frac{1}{2\sqrt{z}}\cdot 2x \quad ► \ z=h(x)=x^2-4$$

$$=\underline{\frac{x}{\sqrt{x^2-4}}};\ x\in\mathbb{R}\setminus[-2;2]$$

Da $\mathbb{R}\setminus[-2;2]$ mit dem Definitionsbereich $D(f)=\mathbb{R}\setminus[-2;2]$ der Funktion f übereinstimmt, gilt für den Differenzierbarkeitsbereich $D'(f)$ und für den Definitionsbereich $D(f')$ der Ableitung f':

$$D'(f)=D(f)=\mathbb{R}\setminus[-2;2] \Rightarrow D(f')=\mathbb{R}\setminus[-2;2].$$

$$f'(x)=\frac{u'(x)\cdot v(x)-u(x)\cdot v'(x)}{[v(x)]^2}$$

$$=\frac{4x^3\cdot\sqrt{x^2-4}-x^4\cdot\dfrac{x}{\sqrt{x^2-4}}}{(\sqrt{x^2-4})^2};\ x\in\mathbb{R}\setminus[-2;2]$$

$$=\frac{4x^3(x^2-4)-x^5}{(x^2-4)\sqrt{x^2-4}}$$

$$=\underline{\underline{\frac{x^3(3x^2-16)}{\sqrt{(x^2-4)^3}};\ D(f')=\mathbb{R}\setminus[-2;2]}}$$

Problem: Es gibt Funktionen, die sich nur durch mehrfache Anwendung der Kettenregel differenzieren lassen. Dies soll nachfolgend gezeigt werden. Fassen Sie deshalb die Funktion $f\colon f(x)=\frac{1}{2}\cdot\sqrt{(\sqrt{8}-\sqrt{x^3})^3}$ als Verkettung $f=g\circ h\circ i$ mit $g\colon g(z)=\frac{1}{2}\cdot\sqrt{z}$, $h\colon h(t)=t^3$ und $i\colon i(x)=\sqrt{8}-\sqrt{x^3}$ auf. Untersuchen Sie f auf Differenzierbarkeit, bilden Sie die Ableitung mit Hilfe der Kettenregel, und verallgemeinern Sie das Ergebnis.

$f\colon f(x)=\frac{1}{2}\cdot\sqrt{(\sqrt{8}-\sqrt{x^3})^3}$; $D(f)=[0;2]$

Zur Ermittlung des Definitionsbereiches $D(f)$ untersucht man den Radikanden. Damit dieser erklärt ist, muß $x^3\geq 0$ gelten. Außerdem muß auch noch die Bedingung $(\sqrt{8}-\sqrt{x^3})^3\geq 0$ erfüllt sein. Aus den Lösungen der Ungleichungen erhält man $D(f)=[0;2]$.

$$f(x)=\frac{1}{2}\cdot\sqrt{(\sqrt{8}-\sqrt{x^3})^3}$$

► $x^3\geq 0$ und $(\sqrt{8}-\sqrt{x^3})^3\geq 0$

$x^3\geq 0 \Rightarrow \underline{x_1\geq 0}$

$(\sqrt{8}-\sqrt{x^3})^3\geq 0 \Rightarrow \sqrt{8}-\sqrt{x^3}\geq 0$

$\Rightarrow \sqrt{x^3}\leq\sqrt{8} \Rightarrow x^3\leq 8 \Rightarrow \underline{x_2\leq 2}$

$\Rightarrow x\in[0;2] \Rightarrow D(f)=[0;2]$

Die Funktion f wird als Verkettung $f=g\circ(h\circ i)=g\{h[i(x)]\}$ aufgefaßt. Da die hergeleitete Kettenregel nur für eine Verkettung von zwei Funktionen gilt, wird in zwei Schritten differenziert.

$$f(x)=\frac{1}{2}\cdot\sqrt{(\sqrt{8}-\sqrt{x^3})^3}=g[j(x)]$$

► $(\sqrt{8}-\sqrt{x^3})^3=j(x)=z$

Dazu faßt man den Radikanden z als Funktion $j: j(x)=(\sqrt{8}-\sqrt{x^3})^3$ auf, wendet die Kettenregel auf $g[j(x)]$ an und erhält $f'(x)=g'(z)\cdot j'(x)$ als Zwischenergebnis, wobei $j'(x)$ noch unbekannt ist.

$$\blacktriangleright\ g(z)=\frac{1}{2}\cdot\sqrt{z} \Rightarrow \underline{g'(z)=\frac{1}{4\sqrt{z}}};\ z\in\mathbb{R}_+^*$$

$$\blacktriangleright\ j(x)=(\sqrt{8}-\sqrt{x^3})^3 \Rightarrow j'(x)=?$$

$$\Rightarrow f'(x)=g'(z)\cdot j'(x)=?\ \blacktriangleright\ z=j(x)$$

Wird dann die Funktion j als Verkettung $j=h\circ i$ betrachtet und j erneut mit der Kettenregel abgeleitet, so ergibt sich die Ableitung f' mit $f'(x)=g'(z)\cdot h'(t)\cdot i'(x)$.

$$j(x)=(\sqrt{8}-\sqrt{x^3})^3=h[i(x)]$$

$$\blacktriangleright\ \sqrt{8}-\sqrt{x^3}=i(x)=t$$

$$\blacktriangleright\ h(t)=t^3 \Rightarrow \underline{h'(t)=3t^2};\ t\in\mathbb{R}$$

$$\blacktriangleright\ i(x)=\sqrt{8}-\sqrt{x^3} \Rightarrow \underline{i'(x)=-\frac{3}{2}\sqrt{x}};\ x\in\mathbb{R}_+$$

$$\Rightarrow j'(x)=h'(t)\cdot i'(x)$$
$$\underline{=3t^2\cdot\left(-\frac{3}{2}\sqrt{x}\right)}\ \blacktriangleright\ t=i(x)$$

$$f'(x)=g'(z)\cdot j'(x)\ \blacktriangleright\ j'(x)=h'(t)\cdot i'(x)$$
$$=g'(z)\cdot h'(t)\cdot i'(x)$$
$$=\frac{1}{4\sqrt{z}}\cdot 3t^2\cdot\left(-\frac{3}{2}\sqrt{x}\right)\ \blacktriangleright\ z=(\sqrt{8}-\sqrt{x^3})^3,\quad t=\sqrt{8}-\sqrt{x^3}$$
$$=\frac{1}{4\cdot\sqrt{(\sqrt{8}-\sqrt{x^3})^3}}\cdot 3(\sqrt{8}-\sqrt{x^3})^2\cdot\left(-\frac{3}{2}\sqrt{x}\right)$$
$$=\frac{-9\sqrt{x}\cdot(\sqrt{8}-\sqrt{x^3})^2}{8\cdot\sqrt{(\sqrt{8}-\sqrt{x^3})^3}};\ x\in[0;2)$$
$$=-\frac{9}{8}\sqrt{x}\cdot\sqrt{\sqrt{8}-\sqrt{x^3}};\ x\in[0;2)$$

Für die Differenzierbarkeitsbereiche der Funktionen g, h und i gilt:

g: $g(z)=\frac{1}{2}\cdot\sqrt{z} \Rightarrow g'(z)=\frac{1}{\sqrt{x}}$ ▶ $D'(g)=\mathbb{R}_+^*$

h: $h(t)=t^3 \Rightarrow h'(t)=3t^2$ ▶ $D'(h)=\mathbb{R}$

i: $i(x)=\sqrt{8}-\sqrt{x^3} \Rightarrow i'(x)=-\frac{3}{2}\sqrt{x}$ ▶ $D'(i)=\mathbb{R}_+$

Daraus ermittelt man den Bereich D der Funktion f, in dem f mindestens differenzierbar ist.

$$D=\{x\in D'(i)\,|\,i(x)\in D'(h) \text{ und } h[i(x)]\in D'(g)\}$$
$$=\{x\in\mathbb{R}_+\,|\,\sqrt{8}-\sqrt{x^3}\in\mathbb{R} \text{ und } (\sqrt{8}-\sqrt{x^3})^3\in\mathbb{R}_+^*\}$$
$$=\{x\in\mathbb{R}_+\,|\,x\in\mathbb{R}_+ \text{ und } (\sqrt{8}-\sqrt{x^3})^3>0\}$$
$$=\{x\in\mathbb{R}_+\,|\,x\in\mathbb{R}_+ \text{ und } \sqrt{8}-\sqrt{x^3}>0\}$$
$$=\{x\in\mathbb{R}_+\,|\,x\in\mathbb{R}_+ \text{ und } \sqrt{x^3}<\sqrt{8}\}$$
$$=\{x\in\mathbb{R}_+\,|\,x\in\mathbb{R}_+ \text{ und } 0\le x^3<8\}$$
$$=\{x\in\mathbb{R}_+\,|\,x\in\mathbb{R}_+ \text{ und } 0\le x<2\}$$
$$=\mathbb{R}_+\cap\mathbb{R}_+\cap[0;2)$$
$$=[0;2)\ \blacktriangleright\ D\subseteq D'(f)\ \blacktriangleright\ D\subseteq D(f)$$

Die vorstehende Berechnung läßt sich abkürzen, wenn man das im Kapitel „Potenzregel" beschriebene Verfahren wählt, bei dem zunächst formal abgeleitet und erst anschließend D bestimmt wird.

Da $D=[0;2)$ in $D(f)=[0;2]$ echt enthalten ist, könnte f zusätzlich noch an der Randstelle $x_2=2$ (linksseitig) differenzierbar sein. Daher muß f an dieser Stelle gesondert auf Differenzierbarkeit untersucht werden.

Um eine Aussage über die Differenzierbarkeit von f an der Stelle $x_2=2$ zu machen, müßte dort der Grenzwert der Differenzenquotientenfunktion untersucht werden. Dazu wäre hier großer Rechenaufwand notwendig.

Oft ist aber auch die Bestimmung des Grenzwertes mit einfachen Mitteln gar nicht möglich. In solchen Fällen kann man sich mit numerischen oder graphischen Näherungen behelfen, aus denen man Tendenzen ablesen und Vermutungen ableiten kann. Das Ergebnis solcher Überlegungen kann natürlich nicht als mathematischer Beweis gewertet werden.

In diesem Falle soll nun einmal mit Hilfe der Graphen $G(f)$ und $G(f')$ eine Aussage für die Stelle $x_2=2$ gemacht werden, wobei zu beachten ist, daß der Graph $G(f')$ nur für das Intervall $[0; 2)$ bestätigt ist.

Der Verlauf von $G(f)$ läßt vermuten, daß im Punkte $P\langle 2|0\rangle$ keine senkrechte Tangente vorliegt und damit die Funktion f an der Stelle $x_0=2$ differenzierbar ist. Wählt man in der Umgebung der Stelle $x_2=2$ für die x-Achse einen anderen Maßstab, so erkennt man, daß $G(f)$ im Punkte $P\langle 2|0\rangle$ sogar waagerecht zu verlaufen scheint.

Das ist auch tatsächlich so, wie sich rechnerisch beweisen ließe. Die Funktion f ist daher auch an der Stelle $x_2=2$ noch linksseitig differenzierbar, und damit gilt für den Differenzierbarkeitsbereich $D'(f)=[0; 2]$.

Auch der Graph $G(f')$ bestätigt diese Vermutung, denn er nähert sich für $x \to 2$ mit $x<2$ dem Punkte $P\langle 2|0\rangle$ beliebig nahe, d.h. es gilt offensichtlich: $\lim\limits_{\substack{x\to 2\\ x<2}} f'(x)=0$.

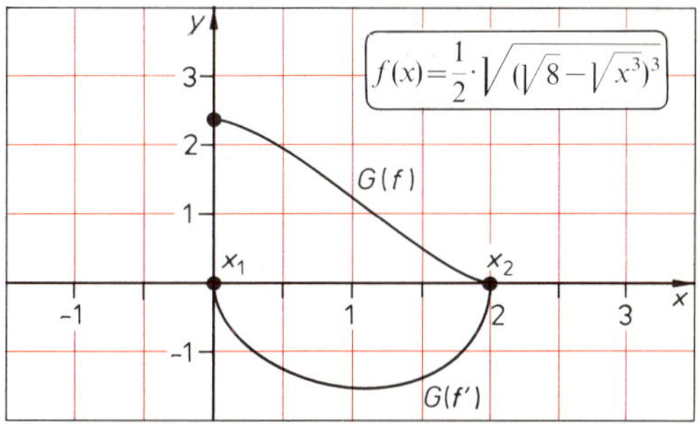

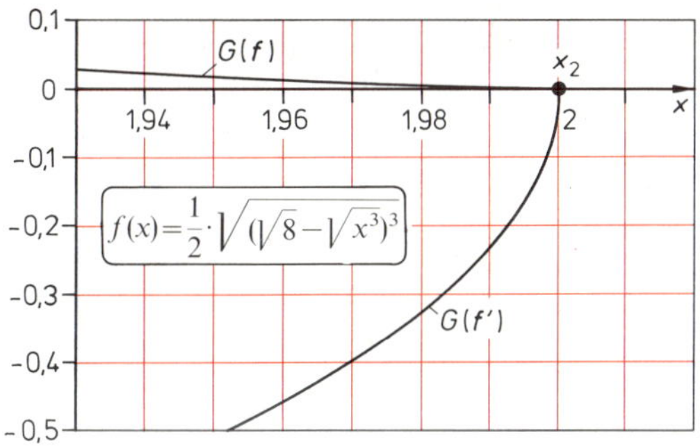

f': $f'(x)=-\frac{9}{8}\sqrt{x}\cdot\sqrt{\sqrt{8}-\sqrt{x^3}}$; $D(f')=[0; 2]$

Merke:

Ist die Funktion i an der Stelle x_0, die Funktion h an der Stelle $i(x_0)$ und die Funktion g an der Stelle $h[i(x_0)]$ differenzierbar, so ist die Verkettung $f=g\circ h\circ i$ an der Stelle x_0 differenzierbar, und es gilt:

$$f\colon f(x)=[g\circ h\circ i](x) \Rightarrow f'(x_0)=g'\{h[i(x_0)]\}\cdot h'[i(x_0)]\cdot i'(x_0)$$ ► Kettenregel

Man kann f aber auch als Verkettung mit einer Potenzfunktion auffassen:

$f\colon f(x)=\frac{1}{2}\cdot(\sqrt{8}-\sqrt{x^3})^{\frac{3}{2}}$

$\Rightarrow g\colon g(z)=\frac{1}{2}\cdot z^r$; $D(g)=\mathbb{R}_+$; $r\in[1; \infty)$.

Nach der Potenzregel hat die Funktion g für $r\in[1; \infty)$ den Differenzierbarkeitsbereich $D'(g)=\mathbb{R}_+$ (siehe Kapitel „Potenzregel").

$$f(x)=\frac{1}{2}\sqrt{(\sqrt{8}-\sqrt{x^3})^3}=\frac{1}{2}\cdot(\sqrt{8}-\sqrt{x^3})^{\frac{3}{2}}=g[h(x)]$$

► $g\colon g(z)=\frac{1}{2}z^{\frac{3}{2}}=\frac{1}{2}z^r$ ► $r\geq 1 \Rightarrow D(g)=\mathbb{R}_+$

$\Rightarrow g'(z)=\frac{1}{2}\cdot\frac{3}{2}\cdot z^{\frac{1}{2}}=\frac{3}{4}\sqrt{z}$; $z\in\mathbb{R}_+$

► $h\colon h(x)=\sqrt{8}-\sqrt{x^3} \Rightarrow h'(x)=-\frac{3}{2}\sqrt{x}$; $x\in\mathbb{R}_+$

Berechnet man dann die Ableitung $f'(x)$ mit der einfachen Kettenregel, so erhält das gleiche Ergebnis wie bei der Ableitung mit der mehrfachen Kettenregel. Hier ergibt sich jedoch unmittelbar $D=D(f)$ und somit als Differenzierbarkeitsbereich:

$D'(f)=D(f)=[0;2] \Rightarrow D(f')=[0;2]$.

$$f'(x)=g'(z)\cdot h'(x) \quad \blacktriangleright\ z=h(x)$$
$$=\frac{3}{4}\sqrt{z}\cdot\left(-\frac{3}{2}\sqrt{x}\right) \quad \blacktriangleright\ z=\sqrt{8}-\sqrt{x^3}$$
$$=-\frac{9}{8}\sqrt{x}\cdot\sqrt{\sqrt{8}-\sqrt{x^3}};\ D(f')=[0;2]$$

Der Bereich D, in dem eine Funktion f mindestens differenzierbar ist, hängt also offensichtlich davon ab, wie man f als Verkettung auffaßt. Daher muß insbesondere immer dann die Funktion f an den Stellen $x\in D(f)\setminus D$ auf Differenzierbarkeit gesondert untersucht werden, wenn D in $D(f)$ als Teilmenge echt enthalten ist.

Bei einer dritten Lösungsmethode quadriert man zunächst die beiden Gleichungsseiten und differenziert anschließend auf beiden Seiten der Gleichung mit Hilfe der Kettenregel.

Durch Umstellen der Gleichung nach $f'(x)$ erhält man dann den gesuchten Ableitungsterm. Dieser ist zunächst nur für alle $x\in[0;2)$ erklärt, obwohl der gekürzte Ableitungsterm auch noch die Stelle $x_0=2$ zuläßt. Trotzdem muß f an dieser Stelle gesondert auf Differenzierbarkeit untersucht werden. Da f an dieser Stelle noch linksseitig differenzierbar ist, gilt also:

$D'(f)=D(f)=[0;2] \Rightarrow D(f')=[0;2]$

und der hergeleitete Ableitungsterm ist für alle $x\in D(f)$ gültig.

$$f(x)=\frac{1}{2}\cdot\sqrt{(\sqrt{8}-\sqrt{x^3})^3} \quad \blacktriangleright\ \text{quadrieren}$$
$$\Rightarrow [f(x)]^2=\frac{1}{4}\cdot(\sqrt{8}-\sqrt{x^3})^3 \quad \blacktriangleright\ \text{beide Seiten differenzieren}$$
$$\Rightarrow 2\cdot f(x)\cdot f'(x)=\frac{1}{4}\cdot 3\cdot(\sqrt{8}-\sqrt{x^3})^2\cdot\left(-\frac{3}{2}\sqrt{x}\right)$$
$$\Rightarrow f'(x)=\frac{\frac{3}{4}\cdot(\sqrt{8}-\sqrt{x^3})^2\cdot\left(-\frac{3}{2}\sqrt{x}\right)}{2\cdot f(x)} \quad \blacktriangleright\ x\in[0;2)$$
$$=\frac{-9\cdot\sqrt{x}\cdot(\sqrt{8}-\sqrt{x^3})^2}{8\cdot 2\cdot\frac{1}{2}\cdot\sqrt{(\sqrt{8}-\sqrt{x^3})^3}}$$
$$=-\frac{9}{8}\sqrt{x}\cdot\sqrt{\sqrt{8}-\sqrt{x^3}};\ D(f')=[0;2]$$

Beispiel: Fassen Sie die Funktion $f: f(x)=\sqrt[3]{(\sqrt{x^3}-8)^2}$ als Verkettung $f=g\circ(h\circ i)$ mit $g: g(z)=\sqrt[3]{z}$, $h: h(t)=t^2$ und $i: i(x)=\sqrt{3}-8$ auf. Untersuchen Sie f auf Differenzierbarkeit, und bilden Sie die Ableitung mit Hilfe der Kettenregel.

$f: f(x)=\sqrt[3]{(\sqrt{x^3}-8)^2};\ D(f)=\mathbb{R}_+$

Die Funktion f wird als Verkettung $f=g\circ(h\circ i)=g\{h[i(x)]\}$ aufgefaßt und zum Differenzieren die abgeleitete Kettenregel für drei Funktionen verwendet: $f'(x)=g'(z)\cdot h'(t)\cdot i'(x)$.

$$f(x)=\sqrt[3]{(\sqrt{x^3}-8)^2}=g\{h[i(x)]\}$$

▶ $g(z)=\sqrt[3]{z}=z^{\frac{1}{3}} \Rightarrow g'(z)=\dfrac{1}{3\cdot\sqrt[3]{z^2}};\ z\in\mathbb{R}_+^*$

▶ $h(t)=t^2 \Rightarrow h'(t)=2t;\ t\in\mathbb{R}$

▶ $i(x)=\sqrt{x^3}-8 \Rightarrow i'(x)=\frac{3}{2}\sqrt{x};\ x\in\mathbb{R}_+$

Nach formaler Ableitung der Funktion f mit der Kettenregel erhält man für $f'(x)$ einen Term, der für $x \in \mathbb{R}_+ \setminus \{4\}$ definiert ist. Da sein Definitionsbereich $\mathbb{R}_+ \setminus \{4\}$ nicht mit dem Definitionsbereich $D(f) = \mathbb{R}_+$ der Funktion f übereinstimmt, müssen an der Stelle $x_0 = 4$ noch gesonderte Differenzierbarkeitsuntersuchungen durchgeführt werden.

Da die Ermittlung des Grenzwertes der Differenzenquotientenfunktion s_{x_0} an der Stelle $x_0 = 4$ mit großem Rechenaufwand verbunden wäre, wird hier eine Näherung mit Hilfe des Graphen $G(f)$ vorgenommen.

Der Graph $G(f)$ hat an der Stelle $x_0 = 4$ eine Spitze. Da eine Funktion an einer solchen Stelle nicht differenzierbar ist, gilt also:

$D'(f) = D(f') = \mathbb{R}_+ \setminus \{4\}$.

Diese Erkenntnis wird auch aus dem Graphen der Ableitung $G(f')$ im Bereich $D = \mathbb{R}_+ \setminus \{4\}$ deutlich, denn $G(f')$ strebt für $x \to 4$ mit $x < 4$ offensichtlich gegen $-\infty$ und für $x \to 4$ mit $x > 4$ gegen ∞. An der Stelle $x_0 = 4$ existiert also keine Ableitung der Funktion f.

$$f'(x) = g'(z) \cdot h'(t) \cdot i'(x)$$

$$= \frac{1}{3 \cdot \sqrt[3]{z^2}} \cdot 2t \cdot \frac{3}{2}\sqrt{x} \quad \blacktriangleright\ z = (\sqrt{x^3} - 8)^2$$

$$\blacktriangleright\ t = \sqrt{x^3} - 8$$

$$= \frac{1}{3 \cdot \sqrt[3]{(\sqrt{x^3} - 8)^4}} \cdot 2(\sqrt{x^3} - 8) \cdot \frac{3}{2}\sqrt{x};$$

$$= \frac{\sqrt{x}(\sqrt{x^3} - 8)}{\sqrt[3]{(\sqrt{x^3} - 8)^4}}; \ x \in \mathbb{R}_+ \setminus \{4\}$$

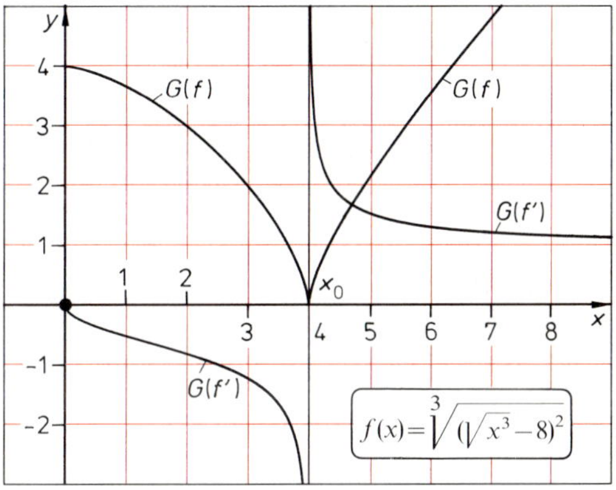

$$f': f'(x) = \frac{\sqrt{x}(\sqrt{x^3} - 8)}{\sqrt[3]{(\sqrt{x^3} - 8)^4}}; \ D(f') = \mathbb{R}_+ \setminus \{4\}$$

Beispiel: Stellen Sie den Definitionsbereich von f: $f(x) = \sqrt{x^3 + 4 + \sqrt{8 - x^3}}$ fest, untersuchen Sie die Funktion auf Differenzierbarkeit, und bilden Sie gegebenenfalls die Ableitung.

Um den Definitionsbereich zu finden, untersucht man die Radikanden, die nicht negativ werden dürfen. Das ist der Fall für $x^3 + 4 + \sqrt{8 - x^3} \geq 0$ und für $8 - x^3 \geq 0$.

Aus $8 - x^3 \geq 0$ erhält man $x \leq 2$.

Die Ungleichung $x^3 + 4 + \sqrt{8 - x^3} \geq 0$ löst man, indem man die Gleichung $x^3 + 4 + \sqrt{8 - x^3} = 0$ löst; es ergeben sich die „Lösungen" $x_1 = -2$ und $x_2 = -1$. Durch Einsetzen von Testwerten prüft man anschließend, ob die Ungleichung für die x-Werte links oder rechts der ermittelten „Nullstellen" erfüllt wird.

f: $f(x) = \sqrt{x^3 + 4 + \sqrt{8 - x^3}}$; $D(f) = ?$

$\Rightarrow 8 - x^3 \geq 0$ oder $x^3 + 4 + \sqrt{8 - x^3} \geq 0$

▶ $8 - x^3 \geq 0 \Rightarrow x^3 \leq 8 \Rightarrow \underline{\underline{x \leq 2}}$

▶ $x^3 + 4 + \sqrt{8 - x^3} \geq 0$

$x^3 + 4 + \sqrt{8 - x^3} = 0$

$\Rightarrow x^3 + 4 = -\sqrt{8 - x^3}$ ▶ quadrieren

$\Rightarrow x^6 + 9x^3 + 8 = 0$

$\Rightarrow x^3 = -8$ oder $x^3 = -1$

$\Rightarrow x_1 = -2;\ x_2 = -1$

Da durch das Quadrieren Scheinlösungen entstanden sein könnten, muß in einer Probe geprüft werden, ob $x_1 = -2$ und $x_2 = -1$ tatsächlich Lösungen der Ausgangsgleichung sind. Hier erfüllt nur $x_1 = -2$ die Ausgangsgleichung, $x_2 = -1$ ist also eine Scheinlösung.

$$x^3+4+\sqrt{8-x^3}=0 \blacktriangleright x_1=-2$$
$$(-2)^3+4+\sqrt{8-(-2)^3}=0$$
$$x^3+4+\sqrt{8-x^3}=0 \blacktriangleright x_2=-1$$
$$(-1)^3+4+\sqrt{8-(-1)^3}=6 \Rightarrow 6 \neq 0 \blacktriangleright \text{keine Lösung}$$

Ein Test mit dem x-Wert 0 zeigt, daß die Ungleichung durch 0 erfüllt wird. Da 0 rechts von der Stelle $x_1 = -2$ liegt, wird die Ungleichung also für alle $x \in \mathbb{R}$ mit $x \geq -2$ erfüllt.

$$0 \text{ für } x \blacktriangleright 0^3+4+\sqrt{8-0^3}=4+\sqrt{8}$$
$$\blacktriangleright 4+\sqrt{8} \geq 0$$
$$x^3+4+\sqrt{8-x^3} \geq 0 \Rightarrow \underline{\underline{x_1 \geq -2}}$$

Für die Funktion f gilt daher für ihren Definitionsbereich zugleich $x \geq -2$ und $x \leq 2$, d.h. ihr Definitionsbereich lautet $D(f) = [-2; 2]$.

$$x \geq -2 \text{ und } x \leq 2 \Rightarrow x \in [-2; 2]$$
$$\Rightarrow \underline{\underline{D(f)=[-2;2]}}$$

Die Funktion f kann als Verkettung $g \circ h$ aufgefaßt werden. Dabei wird die Teilfunktion h als Verknüpfung $u+v$ und die Teilfunktion v als Verkettung $j \circ i$ betrachtet.

$$f(x)=\sqrt{x^3+4+\sqrt{8-x^3}}=g[h(x)]$$
$$\blacktriangleright g(z)=\sqrt{z} \Rightarrow \underline{g'(z)=\frac{1}{2\sqrt{z}}};\ z \in \mathbb{R}^*_+$$

Die Ableitung von f erfolgt formal mit der Kettenregel, anschließend mit der Summenregel und dann wieder mit der Kettenregel.

$$\blacktriangleright h(x)=x^3+4+\sqrt{8-x^3}=u(x)+v(x) \blacktriangleright h'(x)=?$$
$$\blacktriangleright u(x)=x^3+4 \Rightarrow \underline{u'(x)=3x^2};\ x \in \mathbb{R}$$
$$\blacktriangleright v(x)=\sqrt{8-x^3}=j[i(x)] \blacktriangleright v(x)=?$$
$$\blacktriangleright j(t)=\sqrt{t} \Rightarrow \underline{j'(t)=\frac{1}{2\sqrt{t}}};\ t \in \mathbb{R}^*_+$$
$$\blacktriangleright i(x)=8-x^3 \Rightarrow \underline{i'(x)=-3x^2};\ x \in \mathbb{R}$$

Nach formaler Ableitung der Funktion f erhält man für $f'(x)$ einen Term, der für $x \in (-2; 2)$ definiert ist. Da $(-2; 2)$ nicht mit $D(f) = [-2; 2]$ übereinstimmt, müssen noch gesonderte Differenzierbarkeitsuntersuchungen durchgeführt werden:

$$(-2;2) \cap [-2;2] = (-2;2) = D$$
$$\blacktriangleright D(f) \setminus D = [-2;2] \setminus (-2;2) = \{-2; 2\}.$$

$$v'(x)=j'(t) \cdot i'(x)$$
$$=\frac{1}{2\sqrt{t}} \cdot (-3x^2) \blacktriangleright t=8-x^3$$
$$=\underline{\frac{-3x^2}{2 \cdot \sqrt{8-x^3}}};\ x \in (-\infty; 2)$$

Die Funktion f ist demnach mindestens in $D = (-2; 2)$ differenzierbar, und die Stellen $x_1 = -2$ und $x_3 = 2$ müssen gesondert auf Differenzierbarkeit untersucht werden.

Auch bei dieser komplizierten Funktion wird die Differenzierbarkeit an den Stellen $x_1 = -2$ und $x_3 = 2$ mit Hilfe des Graphen $G(f)$ sowie des Graphen $G(f')$ im Intervall $(-2; 2)$ ermittelt.

$$h'(x)=u'(x)+v'(x)$$
$$=\underline{3x^2-\frac{3x^2}{2\sqrt{8-x^3}}};\ x \in (-\infty; 2)$$

Hierbei ist allerdings zu beachten, daß diese anschauliche Vorgehensweise keinen Ersatz für einen strengen mathematischen Beweis darstellt. Denn obwohl es der Anschauung

$$f'(x)=g'(z) \cdot h'(x)$$
$$=\frac{1}{2\sqrt{z}} \cdot \left(3x^2-\frac{3x^2}{2\sqrt{8-x^3}}\right)$$
$$=\frac{3x^2}{2\sqrt{z}}\left(1-\frac{1}{2\sqrt{8-x^3}}\right) \blacktriangleright z=x^3+4+\sqrt{8-x^3}$$

widerspricht, braucht die Ableitungsfunktion einer in einem Intervall überall differenzierbaren Funktion f nicht stetig zu sein, d.h. die Tangenten an den Graphen von f können ihre Richtung auch unstetig ändern.

Im Punkte $P\langle -2|f(-2)\rangle = P\langle -2|0\rangle$ verläuft die Tangente an den Graphen $G(f)$ offenbar senkrecht. Das wird auch durch den Graphen $G(f')$ im Intervall $(-2; 2)$ bestätigt: $f'(x)$ strebt nämlich für $x \to -2$ mit $x > -2$ offensichtlich gegen ∞, und die Funktion f ist somit an der Stelle $x_1 = -2$ nicht (rechtsseitig) differenzierbar.

Im Punkte $P\langle 2|f(2)\rangle = P\langle 2|\sqrt{12}\rangle$ scheint die Tangente an den Graphen von f eine endliche Steigung zu besitzen.

Allerdings zeigt der Graph von f' im Intervall $(-2; 2)$, daß $f'(x)$ für $x \to 2$ mit $x < 2$ gegen $-\infty$ strebt.

Zeichnet man $G(f)$ in der Umgebung der Stelle $x_3 = 2$ in einem anderen Maßstab, so erkennt man, daß auch im Punkte $P\langle 2|\sqrt{12}\rangle$ die Tangente an den Graphen $G(f)$ senkrecht zu verlaufen scheint und f somit auch an der Stelle $x_3 = 2$ nicht (linksseitig) differenzierbar ist. Das läßt sich durch Rechnungen bestätigen. Damit gilt $D = D'(f) = D(f') = (-2; 2)$.

$$= \frac{3x^2}{2\sqrt{x^3+4+\sqrt{8-x^3}}}\left(1 - \frac{1}{2\sqrt{8-x^3}}\right); x \in (-2; 2)$$

$$= \frac{6x^2\sqrt{8-x^3} - 3x^2}{4\cdot\sqrt{x^3+4+\sqrt{8-x^3}}\cdot\sqrt{8-x^3}}$$

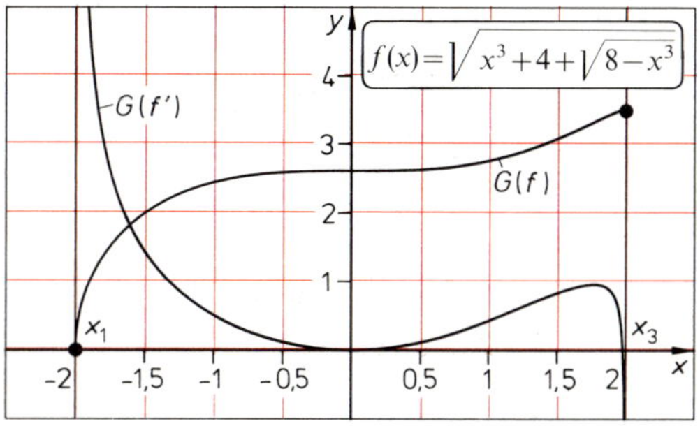

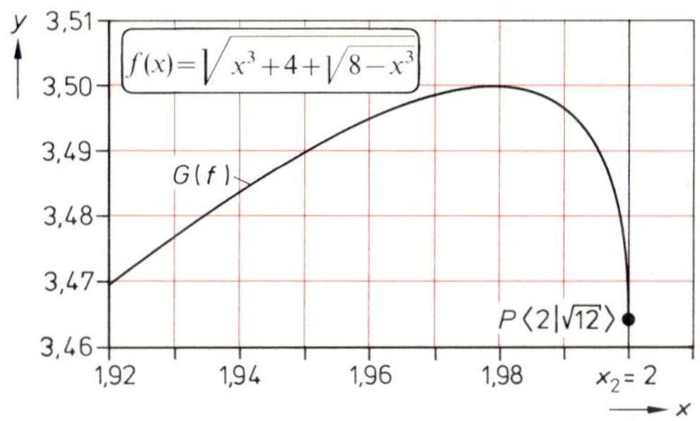

$$f': f'(x) = \frac{6x^2\cdot\sqrt{8-x^3} - 3x^2}{4\cdot\sqrt{x^3+4+\sqrt{8-x^3}}\cdot\sqrt{8-x^3}}; \; D(f') = (-2; 2)$$

2.2.7 Umkehrregel

Problem: Entwickeln Sie eine Regel zur Differentiation von Umkehrfunktionen am Beispiel der Funktion $f: f(x) = \sqrt{x}$; $D(f) = \mathbb{R}_+$, und verallgemeinern Sie das Ergebnis.

$f: f(x) = \sqrt{x}$ ist eine streng monoton steigende Funktion und daher auf $D(f) = \mathbb{R}_+ = [0; \infty)$ umkehrbar. Die Funktion f hat den Differenzierbarkeitsbereich $D'(f) = \mathbb{R}_+^* = (0; \infty)$.

Ihre Umkehrfunktion f^{-1} ist die Potenzfunktion $f^{-1}: f^{-1}(z) = z^2$ mit dem Differenzierbarkeitsbereich $D'(f^{-1}) = \mathbb{R}_+$.

$f(x) = \sqrt{x}$; $D(f) = \mathbb{R}_+$ ► $D'(f) = \mathbb{R}_+^*$

$f^{-1}(z) = z^2$; $D(f^{-1}) = W(f) = \mathbb{R}_+$

► $D'(f^{-1}) = D(f^{-1}) = \mathbb{R}_+$

$$[f^{-1}\circ f](x) = f^{-1}[f(x)]$$
$$= (\sqrt{x})^2$$
$$= \underline{\underline{x}} \quad ► \; x \in \mathbb{R}_+$$

$\Rightarrow [f^{-1}\circ f]'(x) = \underline{\underline{1}}$ für alle $x \in \mathbb{R}_+$

Die Verkettung $f^{-1} \circ f$ ist die identische Funktion auf $\mathbb{R}_+$ mit dem Differenzierbarkeitsbereich $\mathbb{R}_+$, deren Ableitung stets den Wert 1 ergibt.
Man kann die Verkettung $f^{-1} \circ f$ aber auch für $x \in D'(f)$ mit der Kettenregel ableiten und erhält dann $[f^{-1}]'(z) = \frac{1}{f'(x)}$.

$[f^{-1} \circ f]'(x) = 1$

$\Rightarrow [f^{-1}]'(z) \cdot f'(x) = 1$ ► $z = f(x)$; $x \in \mathbb{R}_+^*$

$\Rightarrow [f^{-1}]'(z) = \frac{1}{f'(x)}$ ► $z = f(x)$ ► Umkehrregel

Verallgemeinert man das Ergebnis, so wird man auf die **Umkehrregel** geführt.

Merke:

Besitzt eine Funktion f in einer Umgebung der Stelle $x_0 \in D(f)$ eine Umkehrfunktion f^{-1} und ist f an der Stelle x_0 differenzierbar und gilt dort $f'(x_0) \neq 0$, so ist die Funktion f^{-1} an der Stelle $z_0 = f(x_0)$ differenzierbar, und es gilt:

$$[f^{-1}]'(z_0) = \frac{1}{f'(x_0)}; \; z_0 = f(x_0) \text{ und } f'(x_0) \neq 0 \quad ► \text{ Umkehrregel}$$

Anmerkungen:

- Ohne Verwendung der Kettenregel folgt die Umkehrregel aus dem folgenden Ansatz und anschließender Grenzwertbildung:

$$\frac{f^{-1}(z) - f^{-1}(z_0)}{z - z_0} = \frac{x - x_0}{f(x) - f(x_0)} = \frac{1}{\frac{f(x) - f(x_0)}{x - x_0}} \quad \text{mit } z = f(x) \Rightarrow [f^{-1}]'(z_0) = \frac{1}{f'(x_0)}$$

- Das vorstehende Beispiel zeigt, daß die Verkettung $f^{-1} \circ f$ auch an der Stelle $x_0 = 0$ differenzierbar ist (dort existiert noch die rechtsseitige Ableitung der identischen Funktion auf $\mathbb{R}_+$, obwohl diese Stelle bei Anwendung der Kettenregel zunächst ausgeschlossen werden muß). An dieser Stelle ist nämlich die Funktion f nicht (einseitig) differenzierbar.

Oft läßt sich die Umkehrfunktion f^{-1} einfacher differenzieren als die Funktion f selbst. In diesen Fällen ist es zweckmäßig, zum Differenzieren der Funktion f die Umkehrregel in der nach $f'(x_0)$ aufgelösten Form zu verwenden.

Merke:

$$f\colon x \mapsto f(x) \;►\; f^{-1}\colon z \mapsto f^{-1}(z) \Rightarrow f'(x_0) = \frac{1}{[f^{-1}]'(z_0)} \quad \text{mit } z_0 = f(x_0) \text{ und } [f^{-1}]'(z_0) \neq 0$$

Beispiel: Entwickeln Sie mit Hilfe der Umkehrregel eine Gleichung zum Differenzieren von Wurzelfunktionen des Typs $f\colon f(x) = \sqrt[n]{x}$ mit $D(f) = \mathbb{R}_+$ und $n \in \mathbb{N}^*$.

Die Funktionen vom Typ $f\colon f(x) = \sqrt[n]{x}$ mit $D(f) = \mathbb{R}_+$ und $n \in \mathbb{N}^*$ sind in ihren gesamten Definitionsbereichen umkehrbar, jedoch nur im Intervall $\mathbb{R}_+^*$ differenzierbar.

$f\colon f(x) = \sqrt[n]{x}$; $D(f) = \mathbb{R}_+$; $W(f) = \mathbb{R}_+$; $n \in \mathbb{N}^*$

$f(x) = \sqrt[n]{x}$ ► $W(f) = D(f^{-1})$ ► $x = f^{-1}(z)$; $f(x) = z$

$\Rightarrow z = \sqrt[n]{f^{-1}(z)} \Rightarrow f^{-1}(z) = z^n$

$\Rightarrow f^{-1}\colon f^{-1}(z) = z^n$; $D(f^{-1}) = W(f) = \mathbb{R}_+$

Bei den entsprechenden Umkehrfunktionen handelt es sich um Potenzfunktionen vom Typ f^{-1}: $f^{-1}(z)=z^n$ mit $D(f^{-1})=\mathbb{R}_+$ und $n\in\mathbb{N}^*$.

Mit Hilfe der Umkehrregel läßt sich also die Ableitung von Wurzelfunktionen auf die Ableitung von Potenzfunktionen zurückführen.

$$f^{-1}(z)=z^n \Rightarrow [f^{-1}]'(z)=n\cdot z^{n-1}$$

$$f'(x)=\frac{1}{[f^{-1}]'(z)} \blacktriangleright [f^{-1}]'(z)=n\cdot z^{n-1}$$

$$=\frac{1}{n\cdot z^{n-1}} \blacktriangleright z=f(x)=\sqrt[n]{x}$$

$$=\frac{1}{n\cdot\sqrt[n]{x^{n-1}}};\; x^{n-1}\in\mathbb{R}_+^*;\; n\in\mathbb{N}^*$$

2.2.8 Differentiation von Exponentialfunktionen

Exponentialfunktionen

Problem: Zeichnen Sie die Graphen der Funktionen f: $f(x)=b^x$ für $b\in\{1; 2; 3; 10\}$ sowie g: $g(x)=b^x$ für $b\in\{0{,}5; 0{,}7; 0{,}8\}$, und beurteilen Sie den Einfluß von b auf den Verlauf der Graphen.

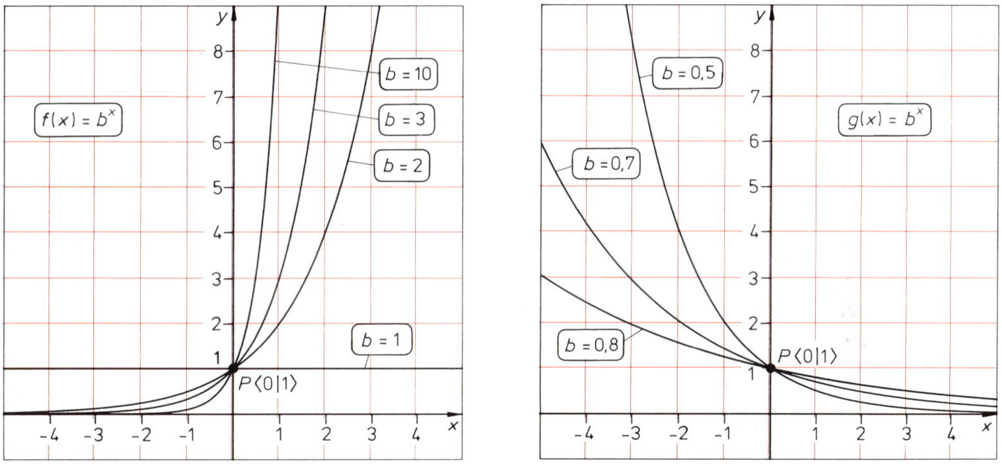

Funktionen vom Typ f: $f(x)=b^x$, bei denen die Funktionsvariable im Exponenten auftritt, heißen **Exponentialfunktionen**. Exponentialfunktionen sind nur für $b\in\mathbb{R}_+^*$, also für positive Basen b definiert (siehe Kapitel „Potenzfunktionen") und haben den Definitionsbereich $\mathbb{R}$ sowie den Wertebereich $\mathbb{R}_+^*$. Für $b\in(1;\infty)$ verläuft der Graph mit wachsendem x von links nach rechts steigend, für $b=1$ ist er eine Gerade, und für $b\in(0;1)$ verläuft der Graph mit wachsendem x von links nach rechts fallend. Alle Graphen haben den Punkt $P\langle 0|1\rangle$ gemeinsam, die x-Achse ist horizontale Asymptote.

Eine wichtige Exponentialfunktion ist die Funktion f: $f(x)=\mathrm{e}^x$. Sie hat die **Eulersche Zahl** $\mathrm{e}=2{,}718281828459\ldots$ als Basis und wird oft auch durch den Funktionsterm $\exp(x)=\mathrm{e}^x$ dargestellt. Viele Vorgänge in Natur, Wirtschaft und Technik beruhen auf Gesetzmäßigkeiten, die durch Exponentialfunktionen beschrieben werden können. Hierzu gehören zum Beispiel natürliches Wachstum, Wahrscheinlichkeitsgesetze und Kettenreaktionen.

Die Eulersche Zahl e erhält man als unendliche Reihe $e = 1 + \frac{1}{1!} + \frac{1}{2!} + \frac{1}{3!} + \frac{1}{4!} + \ldots$ oder als Grenzwert $\lim_{h \to 0} (1+h)^{\frac{1}{h}} = e$ bzw. $\lim_{n \to \infty} \left(1 + \frac{1}{n}\right)^n = e$.

Problem: Zeichnen Sie die Graphen der Funktionen vom Typ $f\colon f(x) = 1{,}5^{ax}$ für $a \in \{-1; 1\}$, und beurteilen Sie den Einfluß von a auf den Verlauf des Graphen.

Bei der Funktion vom Typ $f\colon f(x) = b^{ax}$ beeinflußt a den Verlauf des Graphen in folgender Weise:

$a > 0$ ▶ Graph der Funktion steigt,

$a < 0$ ▶ Graph der Funktion fällt.

$f\colon f(x) = 1{,}5^{ax}$ ▶ $a \in \{-1; 1\}$

$\Rightarrow f_1(x) = 1{,}5^x$ und $f_2(x) = 1{,}5^{-x} = \frac{1}{1{,}5^x}$

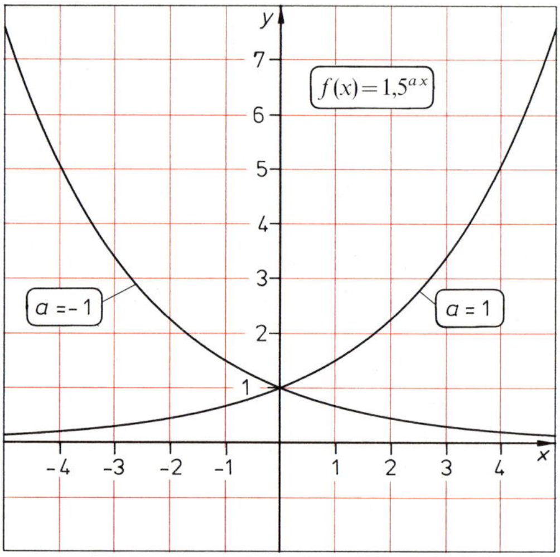

Merke:

$f\colon f(x) = b^x$; $D(f) = \mathbb{R}$; $b \in \mathbb{R}_+^*$	▶ Exponentialfunktion mit der Basis b
$f\colon f(x) = e^x = \exp(x)$; $D(f) = \mathbb{R}$	▶ Exponentialfunktion mit der Basis $e = 2{,}718281828459\ldots$

Anmerkungen:

- Auch bei Funktionen vom Typ $f\colon f(x) = b^{h(x)}$ mit $b \in \mathbb{R}_+^*$ spricht man häufig von Exponentialfunktionen (im weiteren Sinne), obwohl es sich bei diesen Funktionen genauer um die Verkettung einer Funktion h mit einer Exponentialfunktion $z \mapsto b^z$ handelt. Der Funktionsterm jeder dieser Funktionen läßt sich auch mit e als Basis schreiben: $f\colon f(x) = b^{h(x)} = e^{h(x) \cdot \ln b}$; hierbei nennt man $\ln b$ den (natürlichen) Logarithmus von b zur Basis e (siehe Kapitel „Logarithmusfunktionen").
- Bei Funktionen des Typs $f\colon f(x) = g(x)^{h(x)}$, also zum Beispiel bei $f\colon f(x) = x^x$, $f\colon f(x) = x^{\sqrt{x}}$, $f\colon f(x) = (x^2 + x + 2)^{\sin x}$, kommt die unabhängige Variable x sowohl in der Basis $g(x)$ als auch im Exponenten $h(x)$ vor. Funktionen dieses Typs können weder den Potenzfunktionen ($f\colon f(x) = x^m$) noch den Exponentialfunktionen ($f\colon f(x) = b^x$) zugeordnet werden. Die Ableitung solcher Funktionen wird im Kapitel „Logarithmische Differentiation" behandelt.

Beispiel: Bestimmen Sie den Definitionsbereich der Funktion $f: f(x)=3^{-x^3+2x}$, stellen Sie fest, ob Asymptoten vorliegen, und zeichnen Sie den Graphen der Funktion.

Die Funktion f hat den Definitionsbereich $D(f)=\mathbb{R}$.

Nullstellen sind nicht vorhanden.

Den Schnittpunkt des Graphen mit der y-Achse erhält man aus $f(0)=1$ zu $P\langle 0|1\rangle$.

$f: f(x)=3^{-x^3+2x}$; $D(f)=\mathbb{R}$

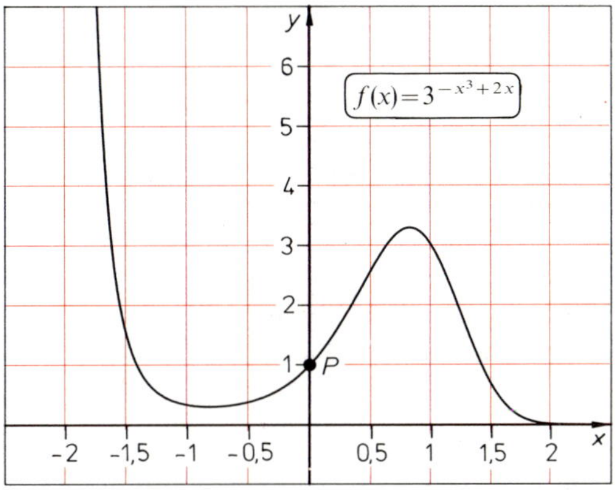

Um festzustellen, ob horizontale Asymptoten vorhanden sind, untersucht man f auf Grenzwerte für $x \to -\infty$ und für $x \to \infty$ (siehe Kapital „Grenzwerte").
Mit Hilfe der Grenzwertsätze erhält man für $x \to -\infty$ den uneigentlichen Grenzwert ∞, d.h. $f(x)$ strebt gegen ∞. Für $x \to \infty$ strebt $f(x)$ gegen 0, d.h. die x-Achse ist horizontale Asymptote des Graphen.

$$\lim_{x \to -\infty} 3^{-x^3+2x} = 3^{\lim\limits_{x \to -\infty}(-x^3+2x)}$$
$$= 3^{\lim\limits_{x \to -\infty}\left[-x^3\left(1-\frac{2}{x^2}\right)\right]}$$
$$= 3^{\infty}$$
$$= \underline{\underline{\infty}}$$

$$\lim_{x \to \infty} 3^{-x^3+2x} = 3^{\lim\limits_{x \to \infty}\left[-x^3\left(1-\frac{2}{x^2}\right)\right]}$$
$$= 3^{-\infty}$$
$$= \underline{\underline{0}}$$ ► horizontale Asymptote

Beispiel: Ermitteln Sie für die Funktion $f: f(x)=e^{\frac{1}{x-3}}-2$ den Definitionsbereich sowie gegebenenfalls vorhandene Achsenschnittpunkte, vertikale und horizontale Asymptoten. Zeichnen Sie den Graphen $G(f)$.

An der Stelle $x_1=3$ ist der Exponent des Funktionsterms nicht definiert, so daß die Funktion an dieser Stelle eine Definitionslücke hat. Daraus folgt der Definitionsbereich $D(f)=\mathbb{R}\setminus\{3\}$.

Um festzustellen, von welcher Art diese Definitionslücke ist, werden an der Stelle $x_1=3$ der linksseitige und der rechtsseitige Grenzwert untersucht. Dazu substituiert man zweckmäßig $x=3-\delta$ bzw. $x=3+\delta$ mit $\delta>0$ und läßt dann nicht $x \to 3$, sondern $\delta \to 0$ streben.

$f: f(x)=e^{\frac{1}{x-3}}-2$; $D(f)=\mathbb{R}\setminus\{3\}$

$$\lim_{\substack{x \to 3\\ x<3}} f(x) = \lim_{\substack{x \to 3\\ x<3}} \left(e^{\frac{1}{x-3}}-2\right)$$ ► $x=3-\delta;\ \delta>0$
$$= \lim_{\delta \to 0} e^{\frac{1}{-\delta}}-2$$
$$= e^{-\lim\limits_{\delta \to 0}\frac{1}{\delta}}-2$$
$$= e^{-\infty}-2$$ ► $e^{-\infty}=\frac{1}{e^{\infty}}=0$
$$= \underline{\underline{-2}} = g_L$$ ► linksseitiger Grenzwert

An der Stelle $x_1=3$ existieren der linksseitige Grenzwert $g_L=-2$ und der rechtsseitige uneigentliche Grenzwert $u_R=\infty$, d.h. bei der Definitionslücke handelt es sich um eine einseitige unendliche Sprungstelle.

$$\lim_{\substack{x\to 3\\ x>3}} f(x)=\lim_{\substack{x\to 3\\ x>3}} e^{\frac{1}{x-3}}-2 \quad \blacktriangleright\ x=3+\delta;\ \delta>0$$
$$=\lim_{\delta\to 0} e^{\frac{1}{\delta}}-2$$
$$=e^{\lim_{\delta\to 0}\frac{1}{\delta}}-2$$
$$=e^{\infty}-2 \quad \blacktriangleright\ e^{\infty}=\infty$$
$$=\underline{\underline{\infty}}=u_R \quad \blacktriangleright\ \text{rechtsseitiger uneigentlicher Grenzwert}$$

Zur Berechnung der Nullstellen setzt man für $f(x)$ den Wert 0. Die sich ergebende Exponentialgleichung wird durch Logarithmieren gelöst (siehe Kapitel „Differentiation von Logarithmusfunktionen").

$$f(x)=e^{\frac{1}{x-3}}-2 \quad \blacktriangleright\ f(x)=0$$
$$0=e^{\frac{1}{x-3}}-2$$
$$2=e^{\frac{1}{x-3}} \quad \blacktriangleright\ \text{logarithmieren}$$
$$\Rightarrow \ln 2=\frac{1}{x-3}\ln e \quad \blacktriangleright\ \ln e=1$$
$$x=\frac{1}{\ln 2}+3=\underline{\underline{4{,}44}} \quad \blacktriangleright\ \text{Nullstelle}$$

Demnach liegt an der Stelle $x_2=4{,}44$ eine Nullstelle vor.

Der Schnittpunkt mit der y-Achse ergibt sich aus $f(0)=-1{,}28$ zu $P_2\langle 0|-1{,}28\rangle$.

$$f(x)=e^{\frac{1}{x-3}}-2 \quad \blacktriangleright\ x_0=0$$
$$f(0)=e^{-\frac{1}{3}}-2$$
$$=\underline{\underline{-1{,}28}} \quad \blacktriangleright\ P_2\langle 0|-1{,}28\rangle$$

Um die Existenz horizontaler Asymptoten festzustellen, untersucht man, ob Grenzwerte für $x\to-\infty$ bzw. $x\to\infty$ vorliegen.

Sowohl für $x\to-\infty$ als auch für $x\to\infty$ erhält man den Grenzwert $g=-1$.

Das bedeutet, die Gerade mit der Gleichung $g(x)=-1$ ist horizontale Asymptote des Graphen.

Für den rechten Zweig des Graphen $G(f)$ ist die Gerade mit der Gleichung $x=3$ vertikale Asymptote, denn dort existiert der rechtsseitige uneigentliche Grenzwert ∞.

Der Graph der Funktion bestätigt die ermittelten Ergebnisse.

$$\lim_{x\to-\infty}\left(e^{\frac{1}{x-3}}-2\right)=e^{\lim_{x\to-\infty}\frac{1}{x-3}}-2$$
$$=e^{0}-2 \quad \blacktriangleright\ e^{0}=1$$
$$=\underline{\underline{-1}}=g \quad \blacktriangleright\ \text{Grenzwert}$$

$$\lim_{x\to\infty}\left(e^{\frac{1}{x-3}}-2\right)=e^{\lim_{x\to\infty}\frac{1}{x-3}}-2$$
$$=e^{0}-2$$
$$=\underline{\underline{-1}}=g \quad \blacktriangleright\ \text{Grenzwert}$$

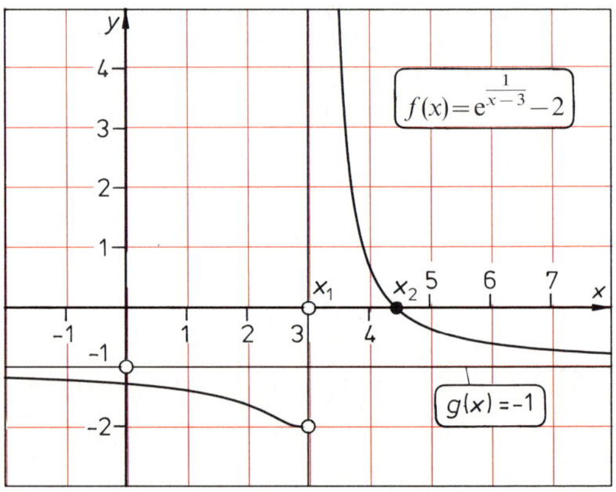

Differentiationsregeln

Problem: Entwickeln Sie die Ableitung der Exponentialfunktion $f\colon f(x)=b^x$ mit $D(f)=\mathbb{R}$ und $b\in\mathbb{R}_+^*$.

$f\colon f(x)=b^x;\ D(f)=\mathbb{R};\ b\in\mathbb{R}_+^*$

Zur Bildung der ersten Ableitung verwendet man in dem Term der Differenzenquotientenfunktion für $f(x)$ den Funktionsterm b^x. Klammert man b^{x_0} aus und substituiert $x-x_0=h$, so strebt h gegen 0, wenn x gegen x_0 strebt.

Somit reduziert sich das Problem auf die Ermittlung von $\lim\limits_{h\to 0}\dfrac{b^h-1}{h}$.

Setzt man $b^h-1=k$, so gilt aufgrund der Logarithmengesetze (siehe Kapitel „Differentiation von Logarithmusfunktionen"):

$b^h-1=k \Leftrightarrow h=\log_b(1+k)$.

Mit $h\to 0$ strebt auch $k\to 0$ und umgekehrt. Daher kann man den Grenzübergang $h\to 0$ durch den Grenzübergang $k\to 0$ ersetzen.

Mit Hilfe der Logarithmengesetze (siehe Kapitel „Differentiation von Logarithmusfunktionen") kann vereinfacht werden, und zwar gilt: $\log_b \mathrm{e}=x \Leftrightarrow b^x=\mathrm{e}$

$$\Rightarrow x\cdot\ln b=\ln \mathrm{e} \quad \blacktriangleright\ \ln \mathrm{e}=1$$
$$x\cdot\ln b=1$$
$$x=\frac{1}{\ln b}\Rightarrow \log_b \mathrm{e}=\frac{1}{\ln b}.$$

$$\lim_{x\to x_0} s_{x_0}(x)=\lim_{x\to x_0}\frac{f(x)-f(x_0)}{x-x_0} \quad \blacktriangleright\ f(x)=b^x$$
$$=\lim_{x\to x_0}\frac{b^x-b^{x_0}}{x-x_0}$$
$$=b^{x_0}\cdot\lim_{x\to x_0}\frac{b^{x-x_0}-1}{x-x_0} \quad \blacktriangleright\ x-x_0=h$$
$$=b^{x_0}\cdot\lim_{h\to 0}\frac{b^h-1}{h} \quad \blacktriangleright\ \begin{cases} b^h-1=k\\ h-\log_b(1+k)\end{cases}$$
$$=b^{x_0}\cdot\lim_{k\to 0}\frac{k}{\log_b(1+k)}$$
$$=b^{x_0}\cdot\lim_{k\to 0}\frac{1}{\frac{1}{k}\cdot\log_b(1+k)} \quad \blacktriangleright\ a\cdot\log x=\log x^a$$
$$=b^{x_0}\cdot\lim_{k\to 0}\frac{1}{\log_b(1+k)^{\frac{1}{k}}}$$
$$=b^{x_0}\cdot\frac{1}{\log_b[\lim\limits_{k\to 0}(1+k)^{\frac{1}{k}}]} \quad \blacktriangleright\ \lim_{k\to 0}(1+k)^{\frac{1}{k}}=\mathrm{e}$$
$$=b^{x_0}\cdot\frac{1}{\log_b e} \quad \blacktriangleright\ \log_b e=\frac{1}{\ln b}$$
$$=b^{x_0}\cdot\ln b;\ \text{für jedes } x_0\in\mathbb{R};\ b\in\mathbb{R}_+^*$$

$$\Rightarrow f'\colon f'(x)=b^x\cdot\ln b;\ D'(f)=D(f')=\mathbb{R};\ b\in\mathbb{R}_+^*$$

Speziell für $b=e$ ergibt sich, daß die Funktion $f\colon f(x)=\mathrm{e}^x$ mit ihrer Ableitungsfunktion $f'\colon f'(x)=\mathrm{e}^x$ übereinstimmt. Die Funktion $f\colon f(x)=\mathrm{e}^x$ ist die einzige Funktion dieser Art.

$$f'(x)=b^x\cdot\ln b \quad \blacktriangleright\ b=\mathrm{e}$$
$$=\mathrm{e}^x\cdot\ln \mathrm{e} \quad \blacktriangleright\ \ln \mathrm{e}=1$$
$$=\mathrm{e}^x;\ x\in\mathbb{R}$$

$f\colon f(x)=\mathrm{e}^x;\ D(f)=\mathbb{R}$
$\Rightarrow f'\colon f'(x)=\mathrm{e}^x;\ D(f')=\mathbb{R}$

Merke:

$f\colon f(x)=b^x;\ D(f)=\mathbb{R};\ b\in\mathbb{R}_+^* \Rightarrow f'\colon f'(x)=b^x\cdot\ln b;\ D(f')=\mathbb{R};\ b\in\mathbb{R}_+^*$
$f\colon f(x)=\mathrm{e}^x=\exp(x);\ D(f)=\mathbb{R} \Rightarrow f'\colon f'(x)=\mathrm{e}^x;\ D(f')=\mathbb{R}$

Beispiele: Exponentialfunktionen werden häufig mit anderen Funktionen verknüpft bzw. verkettet. Untersuchen Sie die nachstehenden Funktionen auf Differenzierbarkeit, und bilden Sie gegebenenfalls die Ableitungsfunktion.

● $f\colon f(x)=b^{3x^2-10};\ D(f)=\mathbb{R};\ b\in\mathbb{R}_+^*$

Die Funktion f kann als Verkettung $g\circ h$ aufgefaßt werden.

Entsprechend dem im Kapitel „Potenzregel" beschriebenen Verfahren wird die Funktion f mit der Kettenregel formal abgeleitet. Man erhält dann für $f'(x)$ einen Term, der für $x\in\mathbb{R}$ definiert ist. Da $\mathbb{R}$ mit dem Definitionsbereich $D(f)=\mathbb{R}$ der Funktion f übereinstimmt, gilt hier:

$D'(f)=D(f)=\mathbb{R} \Rightarrow D(f')=\mathbb{R}$.

$f(x)=b^{3x^2-10}=g[h(x)]$

► $g(z)=b^z \Rightarrow g'(z)=\underline{b^z\cdot\ln b};\ z\in\mathbb{R}$

► $h(x)=3x^2-10 \Rightarrow h'(x)=\underline{6x};\ x\in\mathbb{R}$

$$\begin{aligned} f'(x)&=g'(z)\cdot h'(x)\\ &=b^z\cdot\ln b\cdot 6x \quad ►\ z=3x^2-10\\ &=b^{3x^2-10}\cdot\ln b\cdot 6x;\ x\in\mathbb{R}\\ &=\underline{\underline{\ln b\cdot 6x\cdot b^{3x^2-10};\ D(f')=\mathbb{R};\ b\in\mathbb{R}_+^*}} \end{aligned}$$

● $f\colon f(x)=5^x\cdot x^5;\ D(f)=\mathbb{R}$

Die Funktion f kann als Verknüpfung $f=u\cdot v$ aufgefaßt werden.

Leitet man f mit der Produktregel formal ab, so erhält man für $f'(x)$ einen Term, der für $x\in\mathbb{R}$ definiert ist. Da dieser Definitionsbereich $\mathbb{R}$ des Ableitungsterms mit dem Definitionsbereich $D(f)=\mathbb{R}$ der Funktion f übereinstimmt, gilt:

$D'(f)=D(f)=\mathbb{R} \Rightarrow D(f')=\mathbb{R}$.

$f(x)=5^x\cdot x^5=u(x)\cdot v(x)$

► $u(x)=\underline{5^x} \Rightarrow u'(x)=\underline{5^x\cdot\ln 5};\ x\in\mathbb{R}$

► $v(x)=\underline{x^5} \Rightarrow v'(x)=\underline{5x^4};\ x\in\mathbb{R}$

$$\begin{aligned} f'(x)&=u'(x)\cdot v(x)+u(x)\cdot v'(x)\\ &=5^x\cdot\ln 5\cdot x^5+5^x\cdot 5x^4;\ x\in\mathbb{R}\\ &=x^4\cdot 5^x(\ln 5\cdot x+5) \quad ►\ \ln 5=1{,}61\\ &=\underline{\underline{x^4\cdot 5^x(1{,}61\,x+5);\ D(f')=\mathbb{R}}} \end{aligned}$$

● $f\colon f(x)=e^{-x}\cdot 2^x\cdot\sqrt{x^3};\ D(f)=\mathbb{R}_+$

Die Funktion f kann als Verknüpfung $u\cdot v\cdot w$ aufgefaßt werden.

Nach formaler Ableitung mit Hilfe der Produktregel für drei Faktoren ergibt sich für $f'(x)$ ein Term, der für $x\in\mathbb{R}_+$ definiert ist.

Da dieser Definitionsbereich $\mathbb{R}_+$ mit dem Definitionsbereich $D(f)=\mathbb{R}_+$ der Funktion f übereinstimmt, gilt hier:

$D'(f)=D(f)=\mathbb{R}_+ \Rightarrow D(f')=\mathbb{R}_+$.

$f(x)=e^{-x}\cdot 2^x\cdot\sqrt{x^3}=u(x)\cdot v(x)\cdot w(x)$

► $u(x)=\underline{e^{-x}} \Rightarrow u'(x)=\underline{-e^{-x}};\quad x\in\mathbb{R}$

► $v(x)=\underline{2^x} \Rightarrow v'(x)=\underline{2^x\cdot\ln 2};\quad x\in\mathbb{R}$

► $w(x)=\underline{\sqrt{x^3}} \Rightarrow w'(x)=\underline{\frac{3}{2}\sqrt{x}};\quad x\in\mathbb{R}_+$

$$\begin{aligned} f'(x)&=u'(x)\cdot v(x)\cdot w(x)+u(x)\cdot v'(x)\cdot w(x)+u(x)\cdot v(x)\cdot w'(x)\\ &=-e^{-x}\cdot 2^x\cdot\sqrt{x^3}+e^{-x}\cdot 2^x\cdot\ln 2\cdot\sqrt{x^3}+e^{-x}\cdot 2^x\cdot\frac{3}{2}\sqrt{x}\\ &=\underline{\underline{e^{-x}\cdot 2^x(-\sqrt{x^3}+\sqrt{x^3}\cdot\ln 2+1{,}5\sqrt{x});\ D(f')=\mathbb{R}_+}} \end{aligned}$$

• $f\colon f(x)=\frac{a^{\sqrt{x}}}{\sqrt[3]{x^2}}$; $D(f)=\mathbb{R}_+^*$; $a\in\mathbb{R}_+^*$

Die Funktion f kann als Verknüpfung $f=\frac{u}{v}$ aufgefaßt werden, wobei die Teilfunktion u als Verkettung $u=g\circ h$ betrachtet wird.

Nach formaler Ableitung der Funktion f mit der Kettenregel und der Quotientenregel ergibt sich für $f'(x)$ ein Term, der für $x\in\mathbb{R}_+^*$ definiert ist.

Da die Menge $\mathbb{R}_+^*$ mit dem Definitionsbereich $D(f)=\mathbb{R}_+^*$ der Funktion f übereinstimmt, gilt hier für den Differenzierbarkeitsbereich:

$D'(f)=D(f)=\mathbb{R}_+^* \Rightarrow D(f')=\mathbb{R}_+^*$.

$$f(x)=\frac{a^{\sqrt{x}}}{\sqrt[3]{x^2}}=\frac{u(x)}{v(x)}$$

► $u(x)=\underline{a^{\sqrt{x}}}=g[h(x)]$

► $g(z)=a^z \Rightarrow g'(z)=\underline{a^z\cdot\ln a}$; $z\in\mathbb{R}$

► $h(x)=\sqrt{x} \Rightarrow h'(x)=\underline{\frac{1}{2\sqrt{x}}}$; $x\in\mathbb{R}_+^*$

$$\begin{aligned}u'(x)&=g'(z)\cdot h'(x)\\&=a^z\cdot\ln a\cdot\frac{1}{2\sqrt{x}} \quad ►\ z=\sqrt{x}\\&=\underline{\frac{a^{\sqrt{x}}\cdot\ln a}{2\sqrt{x}}};\ x\in\mathbb{R}_+^*\end{aligned}$$

► $v(x)=\underline{\sqrt[3]{x^2}} \Rightarrow v'(x)=\underline{\frac{2}{3\sqrt[3]{x}}}$; $x\in\mathbb{R}_+^*$

$$\begin{aligned}f'(x)&=\frac{u'(x)\cdot v(x)-u(x)\cdot v'(x)}{[v(x)]^2}\\&=\frac{\frac{a^{\sqrt{x}}\cdot\ln a}{2\sqrt{x}}\cdot\sqrt[3]{x^2}-a^{\sqrt{x}}\cdot\frac{2}{3\sqrt[3]{x}}}{(\sqrt[3]{x^2})^2};\ x\in\mathbb{R}\\&=\underline{\underline{a^{\sqrt{x}}\cdot\left(\frac{\ln a}{2\cdot\sqrt[6]{x^7}}-\frac{2}{3\cdot\sqrt[3]{x^5}}\right);\ D(f')=\mathbb{R}_+^*;\ a\in\mathbb{R}_+^*}}\end{aligned}$$

• $f\colon f(x)=\sqrt{x^3}\cdot e^{1-x^2}-2$; $D(f)=\mathbb{R}_+$

Die Funktion f kann als Verknüpfung $f=u\cdot v+k$ und die Teilfunktion v als Verkettung $v=g\circ h$ aufgefaßt werden.

Nach formaler Ableitung der Teilfunktion v mit der Kettenregel und der Funktion f mit der Produktregel erhält man für $f'(x)$ einen Term, der für $x\in\mathbb{R}_+$ definiert ist.

Da die Menge $\mathbb{R}_+$ mit dem Definitionsbereich $D(f)=\mathbb{R}_+$ der Funktion f übereinstimmt, gilt hier für den Differenzierbarkeitsbereich der Funktion f:

$D'(f)=D(f)=\mathbb{R}_+ \Rightarrow D(f')=\mathbb{R}_+$.

$$f(x)=\sqrt{x^3}\cdot e^{1-x^2}-2=u(x)\cdot v(x)+k(x)$$

► $u(x)=\underline{\sqrt{x^3}} \Rightarrow u'(x)=\underline{\frac{3}{2}\sqrt{x}}$; $x\in\mathbb{R}_+$

► $v(x)=\underline{e^{1-x^2}}=g[h(x)]$

► $g(z)=e^z \Rightarrow g'(z)=\underline{e^z}$; $z\in\mathbb{R}$

► $h(x)=1-x^2 \Rightarrow h'(x)=\underline{-2x}$; $x\in\mathbb{R}$

$$\begin{aligned}v'(x)&=g'(z)\cdot h'(x)\\&=e^z\cdot(-2x) \quad ►\ z=1-x^2\\&=\underline{-2x\cdot e^{1-x^2}};\ x\in\mathbb{R}\end{aligned}$$

► $k(x)=-2 \Rightarrow k'(x)=0$

$$\begin{aligned}f'(x)&=u'(x)\cdot v(x)+u(x)\cdot v'(x)+k'(x)\\&=\frac{3}{2}\sqrt{x}\cdot e^{1-x^2}+\sqrt{x^3}\cdot(-2x\cdot e^{1-x^2})+0;\ x\in\mathbb{R}_+\\&=\underline{\underline{\sqrt{x}\cdot e^{1-x^2}\cdot(1{,}5-2x^2);\ D(f')=\mathbb{R}_+}}\end{aligned}$$

2.2.9 Differentiation von Logarithmusfunktionen

Logarithmusfunktionen

Problem: Zeichnen Sie die Graphen der Funktionen $f\colon f(x)=\log_b x$ für $b\in\{0{,}2;\,0{,}4;\,0{,}7\}$ sowie $g\colon g(x)=\log_b x$ für $b\in\{2;\,\mathrm{e};\,5;\,10\}$, und beurteilen Sie den Einfluß der Basis b auf den Verlauf der Graphen.

Funktionen vom Typ $f\colon f(x)=\log_b x$, bei denen die Funktionsvariable Numerus eines Logarithmus ist, heißen **Logarithmusfunktionen**. Dabei versteht man unter dem Logarithmus von a zur Basis b für positive Zahlen a und b mit $b\neq 1$ die Lösung der Gleichung $b^z=a$ und bezeichnet sie als $\log_b a$. Der Logarithmus von a zur Basis b ist also diejenige Zahl, mit der man b potenzieren muß, um a zu erhalten, und es gilt demnach: $b^z=a \Leftrightarrow z=\log_b a$.

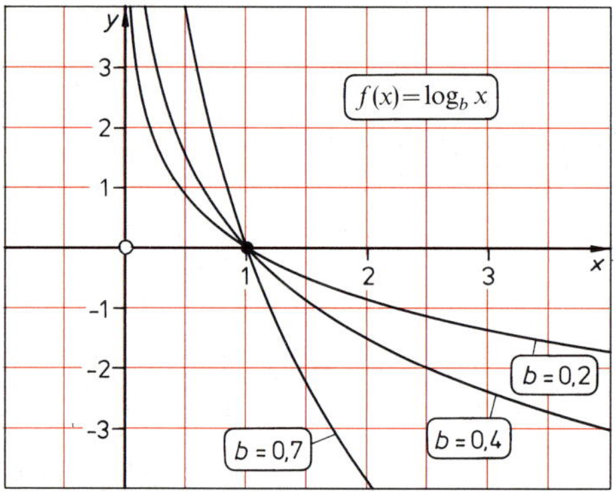

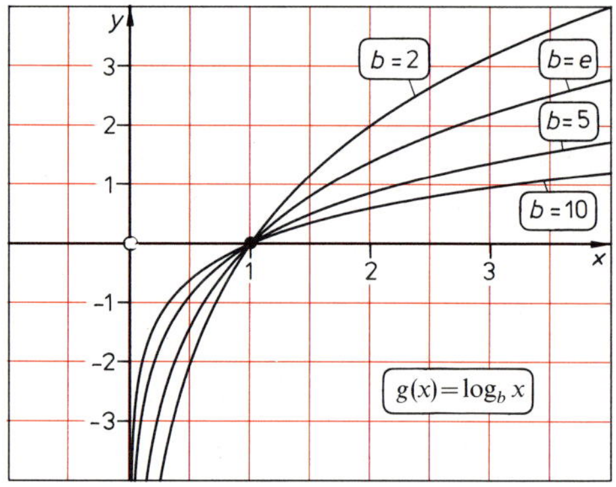

Logarithmusfunktionen vom Typ $f\colon f(x)=\log_b x$ sind also für positive reelle Zahlen b mit $b\neq 1$ erklärt und haben den Definitionsbereich $D(f)=\mathbb{R}_+^*$, und ihr Wertebereich ist $\mathbb{R}$.

Für $b\in(0;\,1)$ verläuft der Graph mit wachsendem x von links nach rechts streng monoton fallend, für $b\in(1;\,\infty)$ steigt er mit wachsendem x von links nach rechts streng monoton. Alle Graphen haben den Punkt $P\langle 1\,|\,0\rangle$ gemeinsam und die y-Achse als senkrechte Asymptote.

Logarithmusfunktionen mit den Basen 2, e und 10 haben eine besondere Bedeutung und werden entsprechend gekennzeichnet.

Merke:

$f\colon f(x)=\log_b x;\ D(f)=\mathbb{R}_+^*;\ b\in\mathbb{R}_+^*\setminus\{1\}$		▶ Logarithmusfunktion
$b=2$	▶ $f\colon f(x)=\log_2 x:=\operatorname{lb} x$	▶ binäre Logarithmusfunktion
$b=\mathrm{e}$	▶ $f\colon f(x)=\log_{\mathrm{e}} x:=\ln x$	▶ natürliche Logarithmusfunktion
$b=10$	▶ $f\colon f(x)=\log_{10} x:=\lg x$	▶ dekadische Logarithmusfunktion

Anmerkung:

Auch bei Funktionen vom Typ $f\colon f(x)=\log_b h(x)$ spricht man häufig noch von Logarithmusfunktionen (im weiteren Sinne), obwohl es sich bei diesen Funktionen genauer um die Verkettung einer Funktion h mit einer Logarithmusfunktion $z\mapsto\log_b z$ handelt.

• Rechnen mit Logarithmen

Ein Produkt wird logarithmiert, indem man die Logarithmen der Faktoren addiert.

$$\log_b(u \cdot v) = \log_b u + \log_b v;\ u \in \mathbb{R}_+^*;\ v \in \mathbb{R}_+^*$$

Beispiel:

$$f(x) = \log_8(3x \cdot \sqrt{x-1}) = \log_8(3x) + \log_8\sqrt{x-1};\ x \in (1; \infty)$$

Ein Quotient wird logarithmiert, indem man vom Logarithmus des Zählers den Logarithmus des Nenners subtrahiert.

$$\log_b \frac{u}{v} = \log_b u - \log_b v;\ u \in \mathbb{R}_+^*;\ v \in \mathbb{R}_+^*$$

Beispiel:

$$f(x) = \ln \frac{x-4}{2-x^3} = \ln(x-4) - \ln(2-x^3);\ x \in (\sqrt[3]{2}; 4)$$

Eine Potenz wird logarithmiert, indem man den Potenzexponenten mit dem Logarithmus der Potenzbasis multipliziert.

$$\log_b u^r = r \cdot \log_b u;\ u \in \mathbb{R}_+^*;\ r \in \mathbb{R}$$

Beispiel:

$$f(x) = \lg x^{a+1} = (a+1) \cdot \lg x;\ x \in \mathbb{R}_+^*;\ a \in \mathbb{R}$$

Wurzeln werden logarithmiert, indem man sie als Potenzen auffaßt und die Regel für das Logarithmieren von Potenzen anwendet.

$$\log_b \sqrt[n]{z^m} = \log_b (z^m)^{\frac{1}{n}} = \frac{1}{n} \log_b z^m = \frac{m}{n} \log_b z;$$
$$z \in \mathbb{R}_+;\ z^m \in \mathbb{R}_+;\ n \in \mathbb{N}^*$$

Beispiel:

$$f(x) = x \cdot \ln \sqrt{x^3} = x \cdot \ln x^{\frac{3}{2}} = \tfrac{3}{2} x \cdot \ln x;\ x \in \mathbb{R}_+^*$$

• Zusammenhänge zwischen Logarithmen unterschiedlicher Basen

Will man Funktionswerte $f(x)$ einer Logarithmusfunktion f für eine beliebige Basis b berechnen, so ist es vorteilhaft, wenn man diese Berechnung auf Logarithmen zurückführen kann, deren Werte aus Tabellen entnommen bzw. von Rechnern ermittelt werden können.

Da Rechner in der Regel über natürliche Logarithmen (Basis e) und dekadische Logarithmen (Basis 10) verfügen, bedient man sich bei der Umrechnung oft dieser beiden speziellen Logarithmensysteme.

Logarithmen mit der Basis b_1 kann man leicht in solche mit der Basis b_2 umrechnen.

$f(x) = \log_b x \Leftrightarrow b^{f(x)} = x$ ▶ logarithmieren

$f(x) \cdot \ln b = \ln x$ ▶ Lösung mit natürlichen Logarithmen

$$\Rightarrow f(x) = \frac{\ln x}{\ln b} \Rightarrow \boxed{\log_b x = \frac{\ln x}{\ln b}}$$

$f(x) \cdot \lg b = \lg x$ ▶ Lösung mit dekadischen Logarithmen

$$\Rightarrow f(x) = \frac{\lg x}{\lg b} \Rightarrow \boxed{\log_b x = \frac{\lg x}{\lg b}}$$

$$\log_{b_1} x = \frac{\ln x}{\ln b_1} \text{ und } \log_{b_2} x = \frac{\ln x}{\ln b_2}$$

$$\Rightarrow \frac{\log_{b_1} x}{\log_{b_2} x} = \frac{\ln b_2}{\ln b_1}$$

Logarithmen verschiedener Basen unterscheiden sich nämlich nur durch einen konstanten Faktor.

$$\Rightarrow \boxed{\log_{b_2} x = \log_{b_1} x \cdot \frac{\ln b_1}{\ln b_2}} \quad \blacktriangleright \quad \frac{\ln b_1}{\ln b_2} = \log_{b_2} b_1$$

$$\Rightarrow \boxed{\log_{b_2} x = \log_{b_2} b_1 \cdot \log_{b_1} x}$$

So kann man z.B. sehr einfach $\log_{15} x$ in $\log_7 x$ umrechnen.

z.B. gegeben: $\log_{15} x$ ▶ gesucht: $\log_7 x$

$$\log_7 x = \log_{15} x \cdot \frac{\ln 15}{\ln 7} \quad \blacktriangleright \quad \frac{\ln 15}{\ln 7} = 1{,}39$$

$$= \underline{\underline{1{,}39 \cdot \log_{15} x}}$$

Problem: Stellen Sie fest, ob die Funktion $f: f(x) = 2^x$; $D(f) = \mathbb{R}$ umkehrbar ist, bilden Sie gegebenenfalls die Umkehrfunktion f^{-1}, und zeichnen Sie die Graphen der beiden Funktionen in ein rechtwinkliges Koordinatensystem.

Die Funktion $f: f(x) = 2^x$ steigt streng monoton und ist daher umkehrbar.

Man bildet die Umkehrfunktion, indem man den Wertebereich $W(f) = \mathbb{R}_+^*$ der Funktion f zum Definitionsbereich einer neuen Funktion $f^{-1}: z \mapsto f^{-1}(z)$ macht.

Wird die unabhängige Variable z wieder mit x bezeichnet, dann erhält man die übliche Schreibweise der Umkehrfunktion mit $f^{-1}: f^{-1}(x) = \log_2 x$.

Die Exponentialfunktion $f: f(x) = 2^x$ hat demnach als Umkehrfunktion die Logarithmusfunktion $f^{-1}: f^{-1}(x) = \log_2 x$.

$f: f(x) = 2^x$; $D(f) = \mathbb{R}$; $W(f) = \mathbb{R}_+^*$

$f(x) = 2^x$ ▶ $W(f) = D(f^{-1})$ ▶ $f(x) = z$; $x = f^{-1}(z)$

$z = 2^{f^{-1}(z)}$ ▶ Umstellen nach $f^{-1}(z)$

$f^{-1}(z) = \log_2 z$ ▶ neue Funktionsgleichung

$f^{-1}(z) = \log_2 z$; $z \in \mathbb{R}_+^*$ ▶ $z = x$

$\underline{\underline{f^{-1}: f^{-1}(x) = \log_2 x;\ D(f^{-1}) = \mathbb{R}_+^*;\ W(f^{-1}) = \mathbb{R}}}$

Wertetabelle der Funktion f

$D(f)$	x	…	-4	-3	-2	-1	0	1	2	…
$W(f)$	$f(x)$	…	0,063	0,125	0,25	0,5	1	2	4	…

Wertetabelle der Umkehrfunktion f^{-1}

$D(f^{-1})$	z	…	0	1	2	3	4	5	6	…	x
$W(f^{-1})$	$f^{-1}(z)$	…	–	0	1	1,58	2	2,32	2,58	…	$f^{-1}(x)$

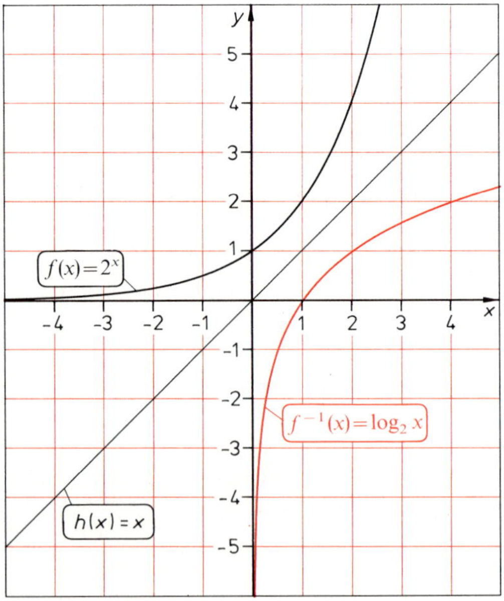

Der Graph der Logarithmusfunktion entsteht durch Spiegelung des Graphen der Exponentialfunktion an der Geraden (Winkelhalbierenden) mit der Gleichung $h(x) = x$.

Merke:

Logarithmusfunktionen und Exponentialfunktionen sind bei gleicher Basis Umkehrfunktionen voneinander.

$$f\colon f(x)=b^x;\ D(f)=\mathbb{R};\ W(f)=\mathbb{R}_+^* \Leftrightarrow f^{-1}\colon f^{-1}(x)=\log_b x;\ D(f^{-1})=\mathbb{R}_+^*;\ W(f^{-1})=\mathbb{R}$$

Beispiel: Bestimmen Sie für die Funktion $f\colon f(x)=1+\ln|x^2-1|$ Definitionsbereich sowie Achsenschnittpunkte, und zeichnen Sie den Graphen.

Da der Term $|x^2-1|$ für $x_1=-1$ und $x_2=1$ Null wird, der Logarithmus für Null aber nicht definiert ist, hat die Funktion f an diesen Stellen Definitionslücken, d.h. $D(f)=\mathbb{R}\setminus\{-1;1\}$.

Um festzustellen, von welcher Art diese Definitionslücken sind, untersucht man dort die einseitigen Grenzwerte. Dazu substituiert man zweckmäßig:

$$\left.\begin{matrix} x_1=-1\colon x=-1-\delta \text{ bzw. } x=-1+\delta \\ x_2=1\colon\quad x=1-\delta \quad \text{bzw. } x=1+\delta \end{matrix}\right\}\delta>0.$$

Dann läßt man nicht $x\to-1$ bzw. $x\to1$, sondern $\delta\to0$ streben.

An beiden Definitionslücken existiert jeweils der uneigentliche linksseitige Grenzwert $-\infty$ und der uneigentliche rechtsseitige Grenzwert $-\infty$, d.h. es handelt sich jeweils um zweiseitige Unendlichkeitsstellen ohne Vorzeichenwechsel.

$f\colon f(x)=1+\ln|x^2-1|;\ D(f)=\mathbb{R}\setminus\{-1;1\};\ W(f)=\mathbb{R}$

$$\lim_{\substack{x\to-1\\x<-1}} f(x)=\lim_{\substack{x\to-1\\x<-1}}[1+\ln|x^2-1|] \blacktriangleright x=-1-\delta;\ \delta>0$$
$$=1+\lim_{\delta\to0}[\ln|(-1-\delta)^2-1|]$$
$$=1+\lim_{\delta\to0}[\ln|2\delta+\delta^2|]$$
$$=\underline{\underline{-\infty}} \blacktriangleright u_L$$

$$\lim_{\substack{x\to-1\\x>-1}} f(x)=\lim_{\substack{x\to-1\\x>-1}}[1+\ln|x^2-1|] \blacktriangleright x=-1+\delta;\ \delta>0$$
$$=1+\lim_{\delta\to0}[\ln|-2\delta+\delta^2|]$$
$$=\underline{\underline{-\infty}} \blacktriangleright u_R$$

$$\lim_{\substack{x\to1\\x<1}}[1+\ln x^2-1]=1+\lim_{\delta\to0}[\ln|-2\delta+\delta^2|]$$
$$=\underline{\underline{-\infty}} \blacktriangleright u_L$$

$$\lim_{\substack{x\to1\\x>1}}[1+\ln x^2-1]=1+\lim_{\delta\to0}[\ln|2\delta+\delta^2|]$$
$$=\underline{\underline{-\infty}} \blacktriangleright u_R$$

Zur Berechnung der Nullstellen setzt man in der Funktionsgleichung für $f(x)$ den Wert Null und löst die Gleichung.

Die Funktion f hat vier Nullstellen, und zwar bei:

$x_1=-1{,}1696$

$x_2=\ \ 1{,}1696$

$x_3=-0{,}7951$

$x_4=\ \ 0{,}7951.$

$f(x)=1+\ln|x^2-1| \blacktriangleright f(x)=0$

$\Rightarrow \ln|x^2-1|=-1 \Rightarrow |x^2-1|=e^{-1}$

$\Rightarrow x^2-1=e^{-1}$ oder $-(x^2-1)=e^{-1}$

$\blacktriangleright\ x^2-1=e^{-1}$

$x^2=e^{-1}$

$|x|=\sqrt{e^{-1}+1} \Rightarrow x_1=\underline{\underline{-1{,}1696}};\ x_2=\underline{\underline{1{,}1696}}$

$\blacktriangleright\ -(x^2-1)=e^{-1}$

$x^2=1-e^{-1}$

$|x|=\sqrt{1-e^{-1}} \Rightarrow x_3=\underline{\underline{-0{,}7951}};\ x_4=\underline{\underline{0{,}7951}}$

Den Schnittpunkt $P_5\langle0|1\rangle$ mit der y-Achse erhält man, wenn man in der Funktionsgleichung für x den Wert Null setzt.

$f(x)=1+\ln|x^2-1| \blacktriangleright 0$ für x

$=1+\ln|0-1|$

$=\underline{\underline{1}} \blacktriangleright P\langle0|1\rangle \blacktriangleright$ Schnittpunkt mit der y-Achse

Der Graph der Funktion bestätigt die berechneten Werte:

$\left.\begin{array}{l} P_1\langle -1{,}1696|0\rangle \\ P_2\langle 1{,}1696|0\rangle \\ P_3\langle -0{,}7951|0\rangle \\ P_4\langle 0{,}7951|0\rangle \end{array}\right\}$ Schnittpunkte mit der x-Achse

$P_5\langle 0|1\rangle$ ▶ Schnittpunkt mit der y-Achse

$\left.\begin{array}{l} x_1=-1 \\ x_2=\ \ 1 \end{array}\right\}$ zweiseitige Unendlichkeitsstellen ohne Vorzeichenwechsel (senkrechte Asymptoten)

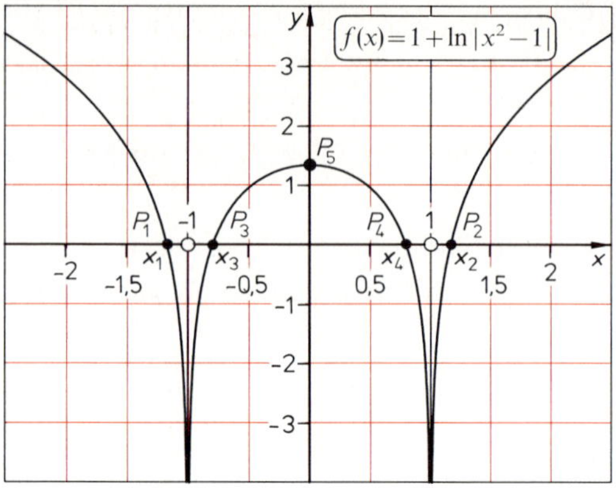

Beispiel: Logarithmusfunktionen werden häufig mit anderen Funktionen verknüpft bzw. verkettet. Ermitteln Sie den Definitionsbereich der Funktion $f\colon f(x)=\dfrac{1}{\ln(x+3)}-1$, bestimmen Sie Achsenschnittpunkte sowie Asymptoten, und zeichnen Sie den Graphen.

Der Term $\ln(x+3)$ ist für $x_1 \leq -3$ nicht erklärt, d.h. die Funktion f ist für $x_1 \leq -3$ nicht definiert.

Da $x_1=-3$ Randstelle der Funktion ist, muß untersucht werden, ob an dieser Stelle ein rechtsseitiger Grenzwert vorhanden ist. Es existiert der rechtsseitige Grenzwert $g_R=-1$, d.h. die Funktionswerte $f(x)$ nähern sich für x gegen -3 immer mehr dem Wert -1.

An der Stelle $x_2=-2$ hat die Funktion eine Definitionslücke, denn für $x_2=-2$ hat der Nenner den Wert $\ln(1)=0$, d.h. es liegt dort eine Unendlichkeitsstelle vor. Um festzustellen, von welcher Art diese Unendlichkeitsstelle ist, untersucht man dort den linksseitigen und den rechtsseitigen Grenzwert. Es existieren die uneigentlichen Grenzwerte $u_L=-\infty$ und $u_R=\infty$, d.h. es handelt sich um eine zweiseitige Unendlichkeitsstelle mit Vorzeichenwechsel. Damit ergibt sich der Definitionsbereich $D(f)=(-3;\infty)\backslash\{-2\}$.

$$f\colon f(x)=\frac{1}{\ln(x+3)}-1;\ D(f)=?$$

$$\lim_{\substack{x\to-3\\x>-3}} f(x)=\lim_{\substack{x\to-3\\x>-3}}\left[\frac{1}{\ln(x+3)}-1\right] \blacktriangleright\ x=-3+\delta;\ \delta>0$$

$$=\lim_{\delta\to 0}\frac{1}{\ln\delta}-1$$

$$=0-1 \Rightarrow \underline{\underline{g_L=-1}}$$

$$\lim_{\substack{x\to-2\\x<-2}} f(x)=\lim_{\substack{x\to-2\\x<-2}}\left[\frac{1}{\ln(x+3)}-1\right] \blacktriangleright\ x=-2-\delta;\ \delta>0$$

$$=\lim_{\delta\to 0}\frac{1}{\ln(1-\delta)}-1$$

$=\underline{\underline{-\infty}}=u_L$ ▶ uneigentlicher linksseitiger Grenzwert

$$\lim_{\substack{x\to-2\\x>-2}} f(x)=\lim_{\substack{x\to-2\\x>-2}}\left[\frac{1}{\ln(x+3)}-1\right] \blacktriangleright\ x=-2+\delta;\ \delta>0$$

$$=\lim_{\delta\to 0}\frac{1}{\ln(1+\delta)}-1$$

$=\underline{\underline{\infty}}=u_R$ ▶ uneigentlicher rechtsseitiger Grenzwert

Zur Berechnung der Nullstellen setzt man in der Funktionsgleichung für $f(x)$ den Wert Null und löst die Gleichung.

Die Funktion f hat eine Nullstelle bei $x_3 = -0{,}2817$.

$$f(x) = \frac{1}{\ln(x+3)} - 1; \quad \blacktriangleright\ f(x) = 0$$

$$\frac{1}{\ln(x+3)} - 1 = 0$$

$$\ln(x+3) = 1$$

$$x + 3 = e$$

$$x_3 = e - 3 = \underline{\underline{-0{,}2817}} \quad \blacktriangleright \text{ Nullstelle}$$

Der Schnittpunkt mit der y-Achse ergibt sich aus $f(0)$. Setzt man also in der Funktionsgleichung für x den Wert Null, so erhält man als Ergebnis den Schnittpunkt $P_3\langle 0 \mid -0{,}0898\rangle$.

$$f(x) = \frac{1}{\ln(x+3)} - 1; \quad \blacktriangleright\ 0 \text{ für } x$$

$$f(0) = \frac{1}{\ln(0+3)} - 1$$

$$= \underline{\underline{-0{,}0898}} \quad \blacktriangleright\ P_3\langle 0 \mid -0{,}0898\rangle$$

Um festzustellen, ob waagerechte Asymptoten, schräge Asymptoten oder asymptotische Kurven vorhanden sind, untersucht man die Grenzwert für $x \to -\infty$ und für $x \to \infty$.

Da die Funktion bei -3 eine Randstelle hat, muß nur der Grenzwert für $x \to \infty$ untersucht werden. Man erhält den Grenzwert $g = -1$, d.h. die Gerade mit der Gleichung $g(x) = -1$ ist waagerechte Asymptote des Graphen.

Der Graph der Funktion bestätigt die berechneten Werte.

$$\lim_{x \to \infty} \left[\frac{1}{\ln(x+3)} - 1\right] = \lim_{x \to \infty} \frac{1}{\ln(x+3)} - 1$$

$$= 0 - 1$$

$$= \underline{\underline{-1}}$$

$$\Rightarrow g(x) = -1 \quad \blacktriangleright \text{ waagrechte Asymptote}$$

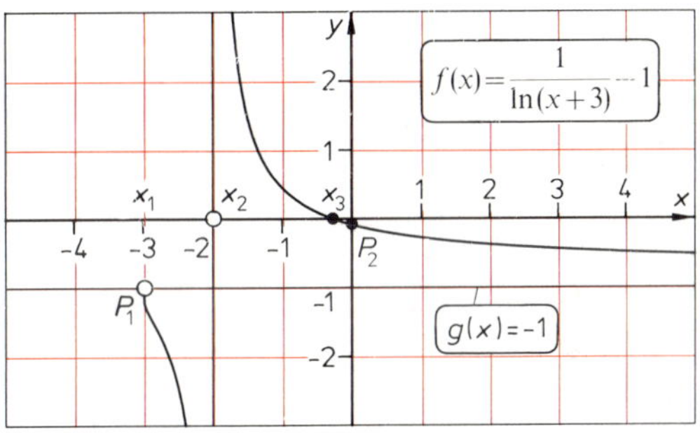

Differentiationsregeln

Problem: Entwickeln Sie die Ableitung der Logarithmusfunktion mit Hilfe der Ableitung der Exponentialfunktion.

Da Logarithmusfunktionen und Exponentialfunktionen Umkehrfunktionen voneinander sind, kann man zur Entwicklung der Ableitung die Umkehrregel anwenden:

$$[f^{-1}]'(z) = \frac{1}{f'(x)}; \; z = f(x).$$

$$f\colon f(x) = \log_b x; \; D(f) = \mathbb{R}_+^* \quad \blacktriangleright \text{ Ausgangsfunktion}$$

$$f^{-1}\colon f^{-1}(z) = b^z; \; D(f^{-1}) = \mathbb{R} \quad \blacktriangleright \text{ Umkehrfunktion}$$

$$[f^{-1}]'(z) = \ln b \cdot b^z$$

$$\blacktriangleright\ \ln b \cdot b^z = \frac{1}{f'(x)}$$

Man löst die Gleichung und verwendet die sich aus der Definition des Logarithmus ergebende Beziehung $b^{\log_b x} = x$.

$$\Rightarrow f'(x) = \frac{1}{\ln b \cdot b^z} \quad \blacktriangleright\ z = \log_b x$$

$$= \frac{1}{\ln b \cdot b^{\log_b x}} \quad \blacktriangleright\ b^{\log_b x} = x$$

$$= \frac{1}{\ln b \cdot x};\ x \in \mathbb{R}_+^*;\ b \in \mathbb{R}_+^* \setminus \{1\}$$

Setzt man als Basis b die Eulersche Zahl e ein, so erhält man die Ableitung der Funktion f: $f(x) = \ln x$.

$$f'(x) = \frac{1}{\ln b \cdot x} \quad \blacktriangleright\ b = \mathrm{e}$$

$$= \frac{1}{\ln \mathrm{e} \cdot x} \quad \blacktriangleright\ \ln \mathrm{e} = 1$$

$$= \frac{1}{x};\ x \in \mathbb{R}_+^*$$

Merke:

$$f\colon f(x) = \log_b x;\ b \in \mathbb{R}_+^* \setminus \{1\};\ D(f) = \mathbb{R}_+^* \Rightarrow f'\colon f'(x) = \frac{1}{x \cdot \ln b};\ b \in \mathbb{R}_+^* \setminus \{1\};\ D(f') = \mathbb{R}_+^*$$

$$f\colon f(x) = \ln x;\ D(f) = \mathbb{R}_+^* \Rightarrow f'\colon f'(x) = \frac{1}{x};\ D(f') = \mathbb{R}_+^*$$

Beispiele: Logarithmusfunktionen werden oft mit anderen Funktionen verknüpft bzw. verkettet. Untersuchen Sie die folgenden Funktionen auf Differenzierbarkeit, und bilden Sie gegebenenfalls deren Ableitung.

- $f\colon f(x) = \lg \sqrt{x^3};\ D(f) = \mathbb{R}_+^*$

Man wandelt den Funktionsterm mit Hilfe der Logarithmusgesetze um und wendet dann die Ableitungsformel für Logarithmusfunktionen an.

$$f(x) = \lg \sqrt{x^3} = \log_{10} x^{\frac{3}{2}} = \frac{3}{2} \log_{10} x$$

$$\Rightarrow f'(x) = \frac{3}{2} \cdot \frac{1}{x \cdot \ln 10}$$

$$= 0{,}6514 \cdot \frac{1}{x};\ D(f') = \mathbb{R}_+^*$$

- $f\colon f(x) = \dfrac{\operatorname{lb} x^4}{x^3};\ D(f) = \mathbb{R}^*$

Leitet man die Funktion f mit der Quotientenregel formal ab, so erhält man für $f'(x)$ einen Term, der für $x \in \mathbb{R}^*$ definiert ist.

Da die Menge $\mathbb{R}^*$ mit dem Definitionsbereich $D(f) = \mathbb{R}^*$ der Funktion f übereinstimmt, gilt:

$D'(f) = D(f) = \mathbb{R}^* \Rightarrow D(f') = \mathbb{R}^*$.

$$f(x) = \frac{\operatorname{lb} x^4}{x^3} = \frac{\log_2 x^4}{x^3} = \frac{u(x)}{v(x)}$$

$\blacktriangleright\ u(x) = \underline{\operatorname{lb} x^4} \Rightarrow u'(x) = \underline{\dfrac{4}{x \cdot \ln 2}};\ x \in \mathbb{R}^*$

$\blacktriangleright\ v(x) = \underline{x^3} \Rightarrow v'(x) = \underline{3x^2};\ x \in \mathbb{R}$

$$f'(x) = \frac{u'(x) \cdot v(x) - u(x) \cdot v'(x)}{[v(x)]^2}$$

$$= \frac{\frac{4}{x \cdot \ln 2} \cdot x^3 - \operatorname{lb} x^4 \cdot 3x^2}{x^6};\ x \in \mathbb{R}^*$$

$$= \frac{5{,}7708}{x} - \frac{3 \cdot \operatorname{lb} x^4}{x^4};\ D(f') = \mathbb{R}^*$$

● $f\colon f(x)=x^2\cdot\log_4 x^2;\ D(f)=\mathbb{R}^*$

Entsprechend dem im Kapitel „Potenzregel“ beschriebenen Verfahren leitet man die Funktion $f=u\cdot v$ formal mit der Produktregel ab und erhält dann für $f'(x)$ einen Term, der für $x\in\mathbb{R}^*$ definiert ist. Da dieser Definitionsbereich $\mathbb{R}^*$ mit dem Definitionsbereich $D(f)=\mathbb{R}^*$ der Funktionen f übereinstimmt, gilt:

$D'(f)=D(f)=\mathbb{R}^* \Rightarrow D(f')=\mathbb{R}^*$.

$f(x)=x^2\cdot\log_4 x^2=u(x)\cdot v(x)$

► $u(x)=\underline{x^2} \Rightarrow u'(x)=\underline{2x};\ x\in\mathbb{R}$

► $v(x)=\underline{\log_4 x^2} \Rightarrow v'(x)=\underline{\dfrac{2}{x\cdot\ln 4}};\ x\in\mathbb{R}^*$

$$\begin{aligned} f'(x)&=u'(x)\cdot v(x)+u(x)\cdot v'(x)\\ &=2x\cdot\log_4 x^2+x^2\cdot\frac{2}{x\cdot\ln 4};\ x\in\mathbb{R}^*\\ &=\underline{\underline{2x\cdot\log_4 x^2+1{,}4427x;\ D(f')=\mathbb{R}^*}} \end{aligned}$$

● $f\colon f(x)=x^3\cdot\ln(3x);\ D(f)=\mathbb{R}^*_+$

Nach formaler Ableitung der Funktion f mit der Produktregel erhält man für $f'(x)$ einen Term, der für $x\in\mathbb{R}^*_+$ definiert ist.

Da $\mathbb{R}^*_+$ mit dem Definitionsbereich $D(f)=\mathbb{R}^*_+$ der Funktion f übereinstimmt, gilt für den Differenzierbarkeitsbereich:

$D'(f)=D(f)=\mathbb{R}^*_+ \Rightarrow D(f')=\mathbb{R}^*_+$.

$f(x)=x^3\cdot\ln(3x)=u(x)\cdot v(x)$

► $u(x)=\underline{x^3} \Rightarrow u'(x)=\underline{3x^2};\ x\in\mathbb{R}$

► $v(x)=\ln(3x)=\underline{\ln 3+\ln x} \Rightarrow v'(x)=\underline{\dfrac{1}{x}};\ x\in\mathbb{R}^*_+$

$$\begin{aligned} f'(x)&=u'(x)\cdot v(x)+u(x)\cdot v'(x)\\ &=3x^2\cdot\ln(3x)+x^3\cdot\frac{1}{x};\ x\in\mathbb{R}^*_+\\ &=\underline{\underline{3x^2\cdot\ln(3x)+x^2;\ D(f')=\mathbb{R}^*_+}} \end{aligned}$$

● $f\colon f(x)=\dfrac{\ln x^2}{\sqrt{4-x}};\ D(f)=(-\infty;4)\setminus\{0\}$

Die Funktion f kann als Verknüpfung $\dfrac{u}{v}$ und die Teilfunktion v als Verkettung $g\circ h$ aufgefaßt werden.

Nach formaler Ableitung der der Teilfunktion v mit der Kettenregel und anschließender Ableitung der Funktion f mit der Quotientenregel ergibt sich für $f'(x)$ ein Term, der für $x\in(-\infty;4)\setminus\{0\}$ definiert ist.

Da dieser Bereich $(-\infty;4)\setminus\{0\}$ mit dem Definitionsbereich $D(f)=(-\infty;4)\setminus\{0\}$ der Funktion f übereinstimmt, gilt für den Differenzierbarkeitsbereich $D'(f)$:

$D'(f)=D(f)=(-\infty;4)\setminus\{0\}$
$\Rightarrow D(f')=(-\infty;4)\setminus\{0\}$.

$f(x)=\dfrac{\ln x^2}{\sqrt{4-x}}=\dfrac{u(x)}{v(x)}$

► $u(x)=\underline{\ln x^2} \Rightarrow u'(x)=\underline{\dfrac{2}{x}};\ x\in\mathbb{R}^*$

► $v(x)=\underline{\sqrt{4-x}}=g[h(x)]$

► $g(z)=\sqrt{z} \Rightarrow g'(z)=\underline{\dfrac{1}{2\sqrt{z}}};\ z\in\mathbb{R}^*_+$

► $h(x)=4-x \Rightarrow h'(x)=\underline{-1};\ x\in\mathbb{R}$

$$\begin{aligned} v'(x)&=g'(z)\cdot h'(x)\\ &=\frac{1}{2\sqrt{z}}\cdot(-1) \quad ►\ z=4-x\\ &=\underline{\frac{-1}{2\sqrt{4-x}}};\ x\in(-\infty;4) \end{aligned}$$

$$\begin{aligned} f'(x)&=\frac{u'(x)\cdot v(x)-u(x)\cdot v'(x)}{[v(x)]^2}\\ &=\frac{\frac{2}{x}\cdot\sqrt{4-x}-\ln x^2\cdot\frac{-1}{2\sqrt{4-x}}}{(\sqrt{4-x})^2};\ x\in(-\infty;4)\setminus\{0\}\\ &=\underline{\underline{\frac{2}{x\sqrt{4-x}}+\frac{\ln x^2}{2\sqrt{(4-x)^3}};\ D(f')=(-\infty;4)\setminus\{0\}}} \end{aligned}$$

● $f\colon f(x)=\ln(x^3-8);\ D(f)=(2;\infty)$

Die Funktion $f\colon f(x)=\ln(x^3-8)$ ist nur für $x^3-8\geq 0$ definiert und hat daher den Definitionsbereich $D(f)=(2;\infty)$.

Faßt man die Funktion f als Verkettung $g\circ h$ auf, so erhält man nach formaler Ableitung mit der Kettenregel für $f'(x)$ einen Term, der für $x\in(2;\infty)$ definiert ist.

Da $(2;\infty)$ mit dem Definitionsbereich $D(f)=(2;\infty)$ der Funktion f übereinstimmt, gilt für den Differenzierbarkeitsbereich:

$D'(f)=D(f)=(2;\infty)\Rightarrow D(f')=(2;\infty)$.

$f(x)=\ln(x^3-8)=g[h(x)]$

► $g(z)=\ln z\Rightarrow g'(z)=\underline{\frac{1}{z}};\ z\in\mathbb{R}_+^*$

► $h(x)=x^3-8\Rightarrow h'(x)=\underline{3x^2};\ x\in\mathbb{R}$

$$\begin{aligned}f'(x)&=g'(z)\cdot h'(x)\\&=\frac{1}{z}\cdot 3x^2 \quad ►\ z=x^3-8\\&=\frac{1}{x^3-8}\cdot 3x^2;\ x\in(2;\infty)\\&=\underline{\underline{\frac{3x^2}{x^3-8};\ D(f')=(2;\infty)}}\end{aligned}$$

Beispiel: Mit Hilfe der Exponentialfunktionen und der Logarithmusfunktionen lassen sich viele mathematische Beweise einfach führen. Beweisen Sie, daß die Potenzregel $f\colon f(x)=x^r\Rightarrow f'\colon f'(x)=r\cdot x^{r-1}$ mit $x\in\mathbb{R}_+^*$ für jedes $r\in\mathbb{R}$ gilt.

Ohne es zu beweisen wurde im Kapitel „Potenzregel" festgestellt, daß die Potenzregel $f'(x)=r\cdot x^{r-1}$ mit $x\in\mathbb{R}_+^*$ für jedes $r\in\mathbb{R}$ gilt. Das kann jetzt hier mit Hilfe der Kettenregel und der Regeln für die Differentiation von Exponentialfunktionen und Logarithmusfunktionen bewiesen werden.

Dazu schreibt man die Funktion f in der Form $f\colon f(x)=x^r=e^{r\cdot\ln(x)}$ und faßt sie als Verkettung $g\circ h$ auf.

Die Ableitung beweist die Gültigkeit der Potenzregel für $r\in\mathbb{R}$.

$x^r=e^{\ln x^r}=e^{r\cdot\ln x}$

$f(x)=x^r=e^{r\cdot\ln x}=g[h(x)]$ ► $r\in\mathbb{R}$

► $g(z)=e^z\Rightarrow g'(z)=\underline{e^z};\ z\in\mathbb{R}$

► $h(x)=r\cdot\ln x\Rightarrow h'(x)=r\cdot\underline{\frac{1}{x}};\ x\in\mathbb{R}_+^*$

$$\begin{aligned}f'(x)&=g'(z)\cdot h'(x)\\&=e^z\cdot\frac{r}{x} \quad ►\ z=r\cdot\ln x\\&=e^{r\cdot\ln x}\cdot\frac{r}{x} \quad ►\ e^{r\cdot\ln x}=x^r\\&=x^r\cdot\frac{r}{x}\\&=\underline{\underline{r\cdot x^{r-1};\ D(f')=\mathbb{R}_+^*;\ r\in\mathbb{R}}}\end{aligned}$$

Beispiel: Bestimmen Sie den Definitionsbereich $D(f)$ und den Differenzierbarkeitsbereich $D'(f)$ der Funktion $f\colon f(x)=\ln(x\cdot\sqrt{2}+\sqrt{4-2x})$, bilden Sie gegebenenfalls die Ableitung f', und zeichnen Sie die Graphen $G(f)$ und $G(f')$.

Da Wurzeln nur für nichtnegative Radikanden definiert sind, gilt $4-2x\geq 0\Rightarrow x\leq 2$. Außerdem ist der Numerus eines Logarithmus immer größer als Null, es muß also auch $x\sqrt{2}+\sqrt{4-2x}>0\Rightarrow x>-2$ gelten.

$4-2x\geq 0$ und $x\cdot\sqrt{2}+\sqrt{4-2x}>0$

► $4-2x\geq 0\Rightarrow 2x\leq 4\Rightarrow \underline{\underline{x\leq 2}}$

► $x\sqrt{2}+\sqrt{4-2x}>0\Rightarrow x+\sqrt{2-x}>0$
$\Rightarrow x^2+x-2>0\Rightarrow \underline{\underline{x>-2}}$

Damit ergibt sich der Definitionsbereich $D(f)=(-2;2]$, d.h. die Funktion hat Randstellen bei $x_1=-2$ und $x_2=2$.

$\Rightarrow x>-2$ und $x\leq 2 \Rightarrow \underline{\underline{D(f)=(-2;2]}}$

Die Funktion f wird als Verkettung $g\circ h$, die Teilfunktion h als Verknüpfung $u+v$ und die Teilfunktion v als Verkettung $j\circ i$ betrachtet.

Auch hier wird zunächst formal differenziert, und zwar die Teilfunktion v mit der Kettenregel, die Teilfunktion h mit der Summenregel und die Funktion f wiederum dann mit der Kettenregel.

$f(x)=\ln(x\cdot\sqrt{2}+\sqrt{4-2x})=g[h(x)]$

▶ $g(z)=\ln z \Rightarrow g'(z)=\underline{\frac{1}{z}}$; $z\in\mathbb{R}_+^*$

▶ $h(x)=u(x)+v(x)$

▶ $u(x)=\underline{x\cdot\sqrt{2}} \Rightarrow u'(x)=\underline{\sqrt{2}}$; $x\in\mathbb{R}$

▶ $v(x)=\underline{\sqrt{4-2x}}=j[i(x)]$

▶ $j(x)=\sqrt{t} \Rightarrow j'(t)=\underline{\frac{1}{2\sqrt{t}}}$; $t\in\mathbb{R}_+^*$

▶ $i(x)=4-2x \Rightarrow i'(x)=\underline{-2}$; $x\in\mathbb{R}$

Nach der formalen Ableitung der Funktion f erhält man für $f'(x)$ einen Term, der für $x\in(-2;2)$ definiert ist. Da das Intervall $(-2;2)$ nicht mit dem Definitionsbereich $D(f)=(-2;2]$ übereinstimmt, könnte f noch an der Stelle $x_2=2$ differenzierbar sein. Daher muß die Differenzierbarkeit an dieser Stelle gesondert untersucht werden.

$$v'(x)=j'(t)\cdot i'(x)$$
$$=\frac{1}{2\sqrt{t}}\cdot(-2) \quad ▶\ t=4-2x$$
$$=\underline{\frac{-1}{\sqrt{4-2x}}};\ x\in(-2;2)$$

$$h'(x)=u'(x)+v'(x)$$
$$=\underline{\sqrt{2}+\frac{-1}{\sqrt{4-2x}}};\ x\in(-2;2)$$

Bei dieser komplizierten Funktion erfolgt diese Untersuchung mit Hilfe des Graphen $G(f)$ sowie des Graphen $G(f')$ im Intervall $(-2;2)$.

$$f'(x)=g'(z)\cdot h'(x)$$
$$=\frac{1}{z}\cdot\left(\sqrt{2}-\frac{1}{\sqrt{4-2x}}\right) \quad ▶\ z=x\cdot\sqrt{2}+\sqrt{4-2x}$$
$$=\frac{\sqrt{2}}{x\sqrt{2}+\sqrt{4-2x}}-\frac{1}{x\sqrt{2}\cdot(\sqrt{4-2x})^2};\ x\in(-2;2)$$
$$=\underline{\underline{\frac{\sqrt{2-x}-0{,}5}{x\sqrt{2-x}-x+2};\ D(f')=(-2;2)}}$$

Im Punkte $P\langle 2|f(2)\rangle=P\langle 2|\ln 2\sqrt{2}\rangle$ scheint die Tangente an den Graphen von f eine endliche Steigung zu besitzen.

Allerdings zeigt der Graph von f' im Intervall $(-2;2)$, daß $f'(x)$ für $x\to 2$ und $x<2$ offensichtlich gegen $-\infty$ strebt.

Würde man $G(f)$ in der Umgebung der Stelle $x_2=2$ in einem anderen Maßstab zeichnen, so könnte man erkennen, daß auch im Punkte $P\langle 2|\ln 2\sqrt{2}\rangle$ die Tangente an den Graphen $G(f)$ senkrecht verläuft und f somit auch an der Stelle $x_2=2$ offensichtlich nicht (linksseitig) differenzierbar ist, was sich durch eine Rechnung bestätigen ließe.

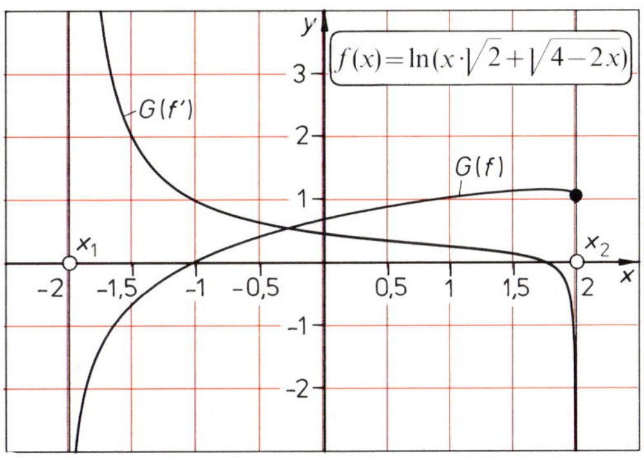

Damit gilt $D=D'(f)=D(f')=(-2;2)$.

2.2.10 Differentiation von trigonometrischen Funktionen

Trigonometrische Funktionen

Im rechtwinkligen Dreieck werden Proportionen (Streckenverhältnisse) zwischen Ankathete, Gegenkathete und Hypotenuse wie folgt definiert:

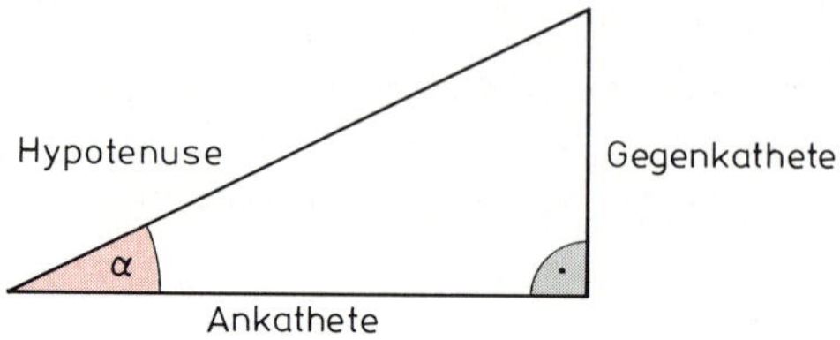

$\frac{\text{Gegenkathete}}{\text{Hypotenuse}} = \sin\alpha$ ► Sinus α

$\frac{\text{Ankathete}}{\text{Hypotenuse}} = \cos\alpha$ ► Kosinus α

$\frac{\text{Gegenkathete}}{\text{Ankathete}} = \tan\alpha$ ► Tangens α

$\frac{\text{Ankathete}}{\text{Gegenkathete}} = \cot\alpha$ ► Kotangens α

Diese Proportionen lassen sich auch mit Hilfe des Einheitskreises veranschaulichen. Als **Einheitskreis** wird ein Kreis bezeichnet, der den Radius $r = 1$ hat.

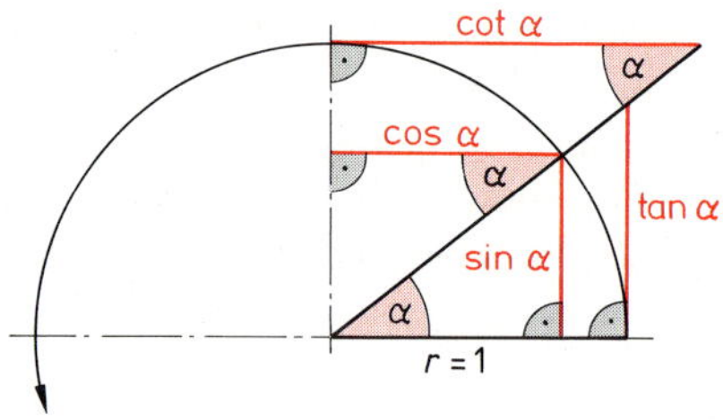

In jedem Kreis kann man zwischen dem Kreisumfang $2\pi r$, dem Vollwinkel 360°, dem Kreisbogen b und dem zum Kreisbogen gehörigen Zentriwinkel α eine Proportion aufstellen.

Daraus folgt, daß das Verhältnis $\frac{b}{r}$ nur von der Größe des Zentriwinkels α abhängt.

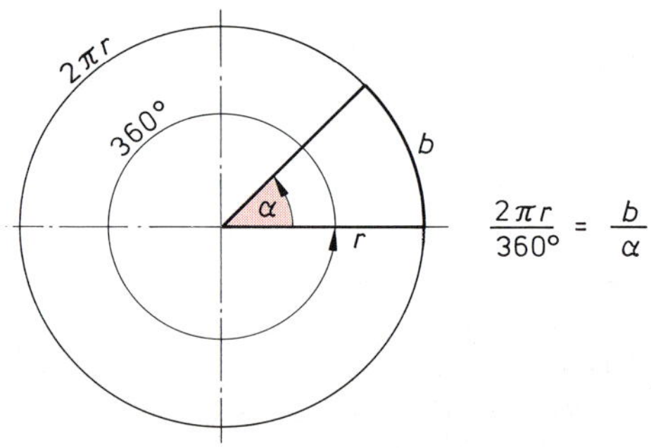

Deshalb kann dieses Längenverhältnis zum Messen der Größe des entsprechenden Zentriwinkels α (in Grad) benutzt werden.

$$\frac{b_1}{r_1} = \frac{b_2}{r_2} = \frac{b_3}{r_3} = \ldots = \frac{\pi}{180°} \cdot \alpha$$

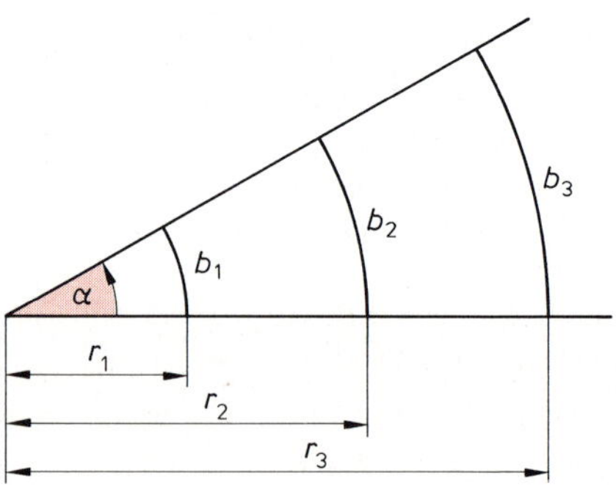

Man bezeichnet das Verhältnis $\frac{b}{r}$ als **Bogenmaß** x des Winkels α und ordnet diesem dimensionslosen Quotienten die Einheit **Radiant** (Zeichen: „rad") zu.

Damit entspricht 1 rad demjenigen Winkel, für den das Verhältnis von Bogen b zum Radius r gleich 1 ist, für den also Bogen und Radius gleich groß sind.

$$\frac{b}{r}=1 \Rightarrow x=1 \text{ rad} \Rightarrow \alpha=57{,}29578°$$

Andere Bezeichnungen für das Bogenmaß eines Winkels α sind „x^{rad}", „Arcus α" und „arc α". Dem Winkel 360° für α entspricht das Bogenmaß 2π für x.

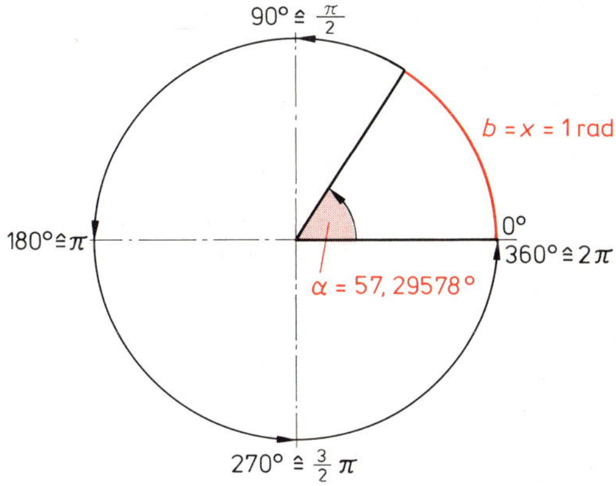

$$\text{arc}\,\alpha=x=\frac{\pi}{180°}\cdot\alpha \Rightarrow \alpha=\frac{180°}{\pi}\cdot x$$

$$\frac{b}{r}=x \Rightarrow b=r\cdot x$$

$$\text{arc}\,\alpha=x=\frac{\pi}{180°}\cdot\alpha$$

$$\alpha=\frac{180°}{\pi}\cdot x$$

Folgende Umrechnungen zwischen α und x werden häufig benötigt:

α	360°	270°	180°	90°	60°	57,29578°	45°	30°	22,5°	20°	15°	10°	1°
x	2π	$\frac{3}{2}\pi$	π	$\frac{\pi}{2}$	$\frac{\pi}{3}$	1	$\frac{\pi}{4}$	$\frac{\pi}{6}$	$\frac{\pi}{8}$	$\frac{\pi}{9}$	$\frac{\pi}{12}$	$\frac{\pi}{18}$	$\frac{\pi}{180}$

Da zu jedem Winkel α bzw. zu jedem Bogen x genau ein Wert $\sin\alpha$ bzw. $\sin x$ gehört, ist $\sin\alpha$ bzw. $\sin x$ der Funktionswert einer Funktion $\alpha \mapsto \sin\alpha$ bzw. $x \mapsto \sin x$. Das gleiche gilt für die Proportionen Kosinus, Tangens und Kotangens.
Funktionen dieser Art heißen **trigonometrische Funktionen** oder **Winkelfunktionen,** und wegen der Beziehungen am Einheitskreis spricht man auch von **Kreisfunktionen.**

Das Argument einer Winkelfunktion kann entweder im **Gradmaß** oder im **Bogenmaß** angegeben werden. Um Verwechslungen zu vermeiden, wird in der Regel beim Gradmaß mit der Variablen α und beim Bogenmaß mit der Variablen x gerechnet.
Bei der Benutzung von Taschenrechnern ist darauf zu achten, daß bei Winkelfunktionen der richtige Eingabemodus (Gradmaß oder Bogenmaß) gewählt wird.

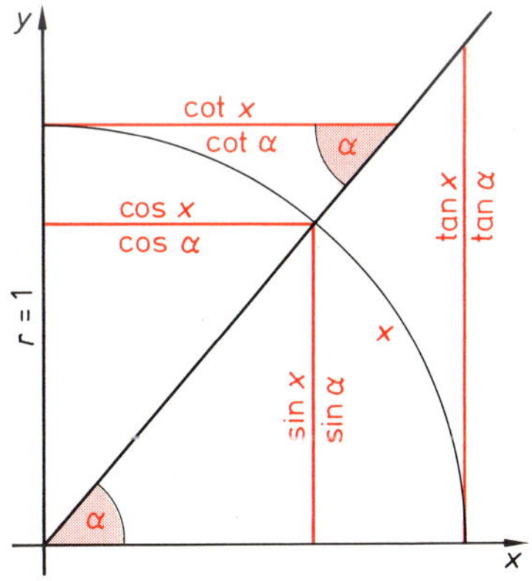

$f\colon f(x)=\sin x;\ D(f)=\left(0;\frac{\pi}{2}\right)$
$f\colon f(\alpha)=\sin\alpha;\ D(f)=(0°;90°)$
▶ Sinusfunktion

$f\colon f(x)=\cos x;\ D(f)=\left(0;\frac{\pi}{2}\right)$
$f\colon f(\alpha)=\cos\alpha;\ D(f)=(0°;90°)$
▶ Kosinusfunktion

Bisher sind die Winkelfunktionen nur für Winkel α mit $0° < \alpha < 90°$ erklärt worden.

f: $f(x) = \tan x$; $D(f) = \left(0; \frac{\pi}{2}\right)$
f: $f(\alpha) = \tan \alpha$; $D(f) = (0°; 90°)$
▶ Tangensfunktion

f: $f(x) = \cot x$; $D(f) = \left(0; \frac{\pi}{2}\right)$
f: $f(\alpha) = \cot \alpha$; $D(f) = (0°; 90°)$
▶ Kotangensfunktion

Mit Hilfe des Einheitskreises kann man die trigonometrischen Funktionen aber auch für Winkel α mit $0° \leq \alpha \leq 360°$ erklären, wenn man die gleichen Definitionen auf alle Quadranten überträgt und den Kathetenlängen der rechtwinkligen Dreiecke – nach der Lage im Koordinatensystem – die entsprechenden Vorzeichen zuweist. Dabei ist die Länge der Hypotenuse stets gleich dem Radius des Einheitskreises.

Bewegt man den freien Schenkel des Winkels α im Gegenuhrzeigersinn um den Mittelpunkt M des Einheitskreises, so erhält man innerhalb der vier Quadranten I, II, III und IV beliebig viele rechtwinklige Dreiecke. So sind zum Beispiel die Funktionswerte der Sinusfunktion innerhalb der Quadranten I und II positiv, innerhalb der Quadranten III und IV dagegen negativ.

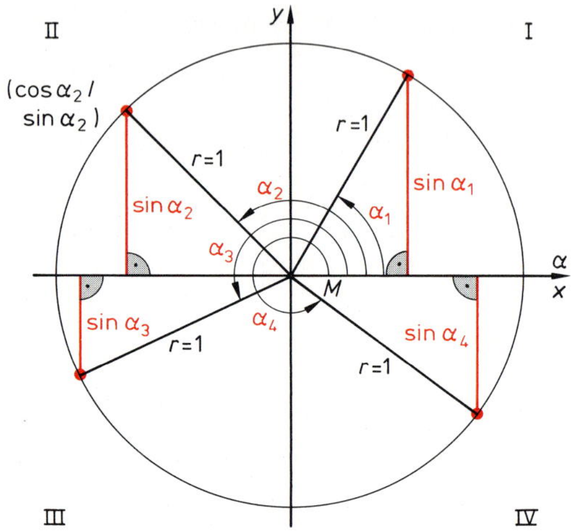

Damit lassen sich die Vorzeichen der Funktionswerte der trigonometrischen Funktionen innerhalb der vier Quadranten des rechtwinkligen Koordinatensystems zusammenstellen.

Funktion	Quadrant I	II	III	IV
$\sin x$	+	+	–	–
$\cos x$	+	–	–	+
$\tan x$	+	–	+	–
$\cot x$	+	–	+	–

Das Verhalten der Funktionen bei den Übergängen zwischen den einzelnen Quadranten – also für die Winkelgrößen 0°, $90° \left(\frac{\pi}{2}\right)$, $180° (\pi)$, $270° \left(\frac{3}{2}\pi\right)$ und $360° (2\pi)$ – läßt sich nach dem vorstehenden Verfahren jetzt durch Grenzwertbetrachtungen bestimmen. Während man der Sinus- und der Kosinusfunktion für jede dieser Winkelgrößen einen eigentlichen Grenzwert zuweisen kann, ist das bei der Tangens- und Kotangensfunktion nicht immer der Fall.

Winkelgröße α	0°	90°	180°	270°	360°
	0	$\frac{\pi}{2}$	π	$\frac{3\pi}{2}$	2π
$\sin \alpha$	0	1	0	−1	0
$\cos \alpha$	1	0	−1	0	1
$\tan \alpha$	0	–	0	–	0
$\cot \alpha$	–	0	–	0	–

Die Tangensfunktion läßt sich für die Winkelgrößen 90° und 270° nicht definieren. Hier besitzt sie zweiseitige Unendlichkeitsstellen mit Vorzeichenwechsel.

$$\lim_{\substack{\alpha \to 90^\circ \\ \alpha < 90^\circ}} \tan \alpha = u_L = \infty$$

$$\lim_{\substack{\alpha \to 90^\circ \\ \alpha > 90^\circ}} \tan \alpha = u_R = -\infty$$

Die Kotangensfunktion läßt sich für die Winkelgrößen 0° und 180° nicht definieren. Hier besitzt auch sie zweiseitige Unendlichkeitsstellen mit Vorzeichenwechsel.

$$\lim_{\substack{\alpha \to 180^\circ \\ \alpha < 180^\circ}} \cot \alpha = u_L = -\infty$$

$$\lim_{\substack{\alpha \to 180^\circ \\ \alpha > 180^\circ}} \cot \alpha = u_R = \infty$$

Auch für negative Winkel (Argumente) lassen sich die trigonometrischen Funktionen am Einheitskreis erklären, und zwar gilt:

$\sin(-\alpha) = -\sin\alpha$	$\tan(-\alpha) = -\tan\alpha$
$\cos(-\alpha) = +\cos\alpha$	$\cot(-\alpha) = -\cot\alpha$

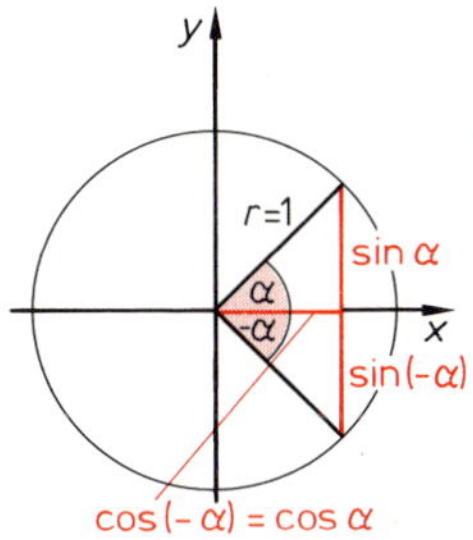

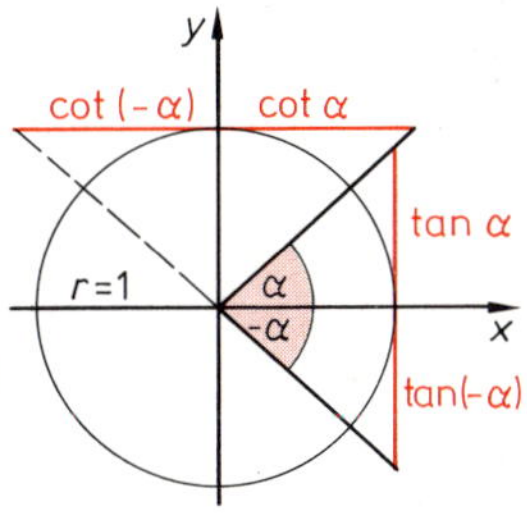

Man kann am Einheitskreis aber auch Beziehungen zwischen verschiedenen Winkelfunktionen in den vier Quadranten aufzeigen. So hat zum Beispiel der Funktionswert sin α im Quadranten I die gleiche Größe wie der Funktionswert cos(90°+α) im Quadranten II:

$\sin\alpha = \cos(90° + \alpha)$ bzw. $\sin x = \cos\left(\frac{\pi}{2} + x\right)$.

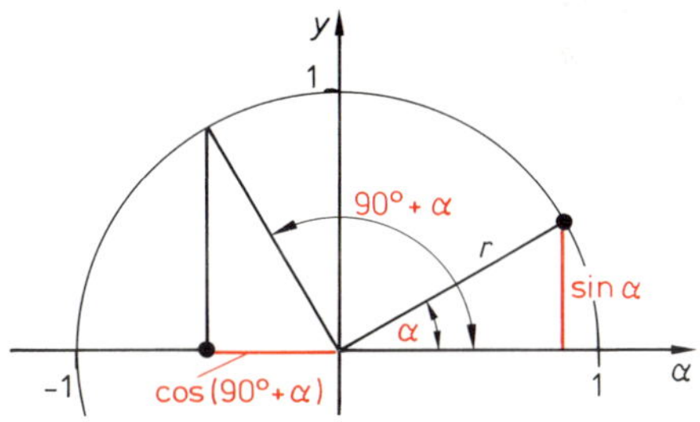

Solche Beziehungen lassen sich für alle trigonometrischen Funktionen in den vier Quadranten aufstellen:

Quadrant	I	II		III		IV	
	$z=\frac{\pi}{2}-x$	$z=\frac{\pi}{2}+x$	$z=\pi-x$	$z=\pi+x$	$z=\frac{3}{2}\pi-x$	$z=\frac{3}{2}\pi+x$	$z=2\pi-x$
$\sin z=$	$\cos x$	$\cos x$	$\sin x$	$-\sin x$	$-\cos x$	$-\cos x$	$-\sin x$
$\cos z=$	$\sin x$	$-\sin x$	$-\cos x$	$-\cos x$	$-\sin x$	$\sin x$	$\cos x$
$\tan z=$	$\cot x$	$-\cot x$	$-\tan x$	$\tan x$	$\cot x$	$-\cot x$	$-\tan x$
$\cot z=$	$\tan x$	$-\tan x$	$-\cot x$	$\cot x$	$\tan x$	$-\tan x$	$-\cot x$

Durch die folgenden Festsetzungen lassen sich die trigonometrischen Funktionen auch für andere Winkel α bzw. $x \in \mathbb{R}$ definieren:

$$\left.\begin{array}{l} \sin(\alpha + k\cdot 360°) := \sin\alpha \text{ bzw. } \sin(x + k\cdot 2\pi) := \sin x \\ \cos(\alpha + k\cdot 360°) := \cos\alpha \text{ bzw. } \cos(x + k\cdot 2\pi) := \cos x \\ \tan(\alpha + k\cdot 180°) := \tan\alpha \text{ bzw. } \tan(x + k\cdot \pi) := \tan x \\ \cot(\alpha + k\cdot 180°) := \cot\alpha \text{ bzw. } \cot(x + k\cdot \pi) := \cot x \end{array}\right\} k \in \mathbb{Z}.$$

• Sinusfunktionen – Kosinusfunktionen

Problem: Ermitteln Sie jeweils den Definitionsbereich und den Wertebereich für die Sinusfunktion $f\colon f(x)=\sin x$ sowie für die Kosinusfunktion $f\colon f(x)=\cos x$, und zeichnen Sie die Graphen für $x\in[-2{,}5\cdot\pi;\,2{,}5\cdot\pi]$.

Die Funktionswerte $f(x)$ kann man entweder aus Tabellen entnehmen oder mit Rechnern ermitteln, die diese Funktionen festprogrammiert enthalten. Eine Berechnung der Funktionswerte ist auch unter Anwendung von unendlichen Reihen möglich (siehe Kapitel „Funktionsreihen").
Mit Hilfe des Einheitskreises lassen sich die Funktionswerte auch zeichnerisch ermitteln, indem man die Sinuswerte bzw. die Kosinuswerte am Einheitskreis bestimmt und in Abhängigkeit vom Winkel in ein rechtwinkliges Koordinatensystem überträgt.

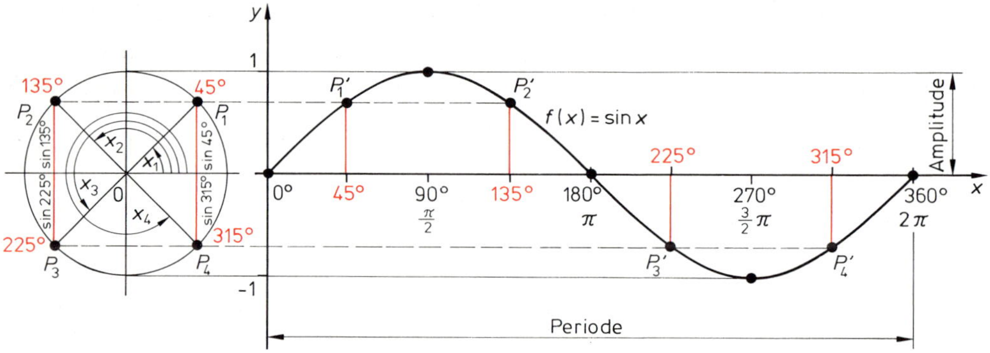

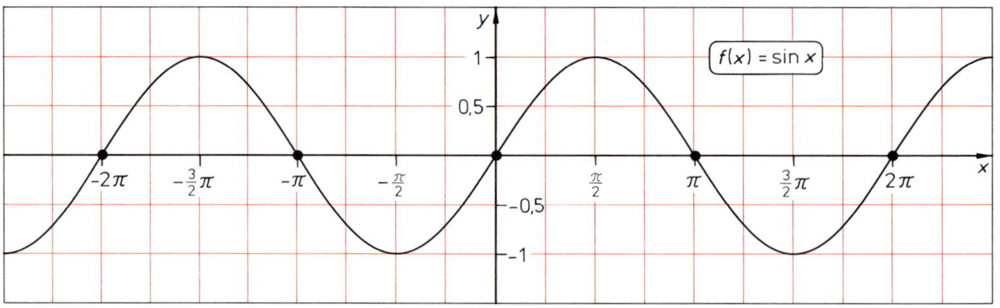

Der Graph der Sinusfunktion $f\colon f(x)=\sin x$ charakterisiert Vorgänge, die sich nach Ablauf einer bestimmten Zeit wiederholen und ist in Naturwissenschaft und Technik von besonderer Bedeutung. Vorgänge dieser Art sind z. B. Kreisbewegungen (Kurbeltrieb) und Schwingungen (Wechselstrom).
Die Sinusfunktion ist für alle $x\in\mathbb{R}$ definiert, d. h. es gilt $D(f)=\mathbb{R}$. Da sich der Graph periodisch jeweils nach 360°, also nach 2π wiederholt, gilt $\sin(x+2\pi)=\sin x$ für alle $x\in\mathbb{R}$, und man nennt 2π die **Periode** der Sinusfunktion. Bei Schwingungsvorgängen bezeichnet man die Anzahl der Perioden in einer Zeiteinheit als **Frequenz**. Nullstellen existieren jeweils für $x\in\{k\cdot\pi\,|\,k\in\mathbb{Z}\}$. Alle Funktionswerte $f(x)$ liegen zwischen -1 und 1, d. h. es gilt $W(f)=[-1;\,1]$. Der Betrag des größten Funktionswertes heißt **Amplitude**. Für $f(x)=\sin x$ hat die Amplitude den Wert 1.

Um den Graphen der Kosinusfunktion $f\colon f(x)=\cos x$ zu zeichnen, werden, wie bei der Sinusfunktion, charakteristische x-Werte aus dem Intervall $[-2{,}5\cdot\pi;\,2{,}5\cdot\pi]$ ausgewählt. Die entsprechenden Funktionswerte $f(x)$ ermittelt man dann mit Hilfe von Tabellen oder einem Rechner.

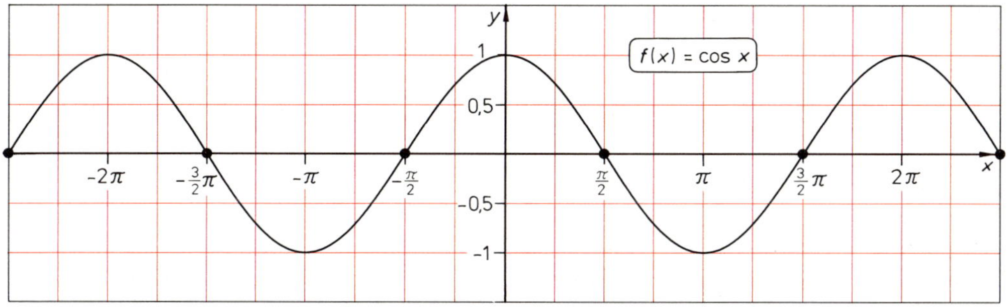

Der Graph der Kosinusfunktion entspricht dem Graphen der Sinusfunktion, ist aber um 90°, also um $\frac{\pi}{2}$ in Richtung der negativen x-Achse verschoben, es gilt also $\cos x = \sin\left(\frac{\pi}{2} - x\right)$. Die Kosinusfunktion ist ebenfalls für alle $x \in \mathbb{R}$ definiert, es ist also $D(f) = \mathbb{R}$. Auch die Kosinusfunktion ist periodisch mit der Periode 2π, d.h. es gilt $\cos(x + 2\pi) = \cos x$ für alle $x \in \mathbb{R}$. Nullstellen existieren jeweils für $x \in \left\{\frac{\pi}{2} + k \cdot \pi \middle| k \in \mathbb{Z}\right\}$. Alle Funktionswerte $f(x)$ liegen zwischen -1 und 1, d.h. es gilt $W(f) = [-1; 1]$.

Merke:

$f\colon f(x) = \sin x;\ D(f) = \mathbb{R};\ W(f) = [-1; 1]$ ► Sinusfunktion
$f\colon f(x) = \cos x;\ D(f) = \mathbb{R};\ W(f) = [-1; 1]$ ► Kosinusfunktion

Anmerkung:

Auch bei Funktionen vom Typ $f\colon f(x) = \sin h(x)$ spricht man häufig noch von Sinusfunktionen (im weiteren Sinne), obwohl es sich dabei genauer um die Verkettung einer Funktion h mit einer Sinusfunktion $z \mapsto \sin z$ handelt. Diese Aussage gilt entsprechend für die Kosinusfunktion.

Problem: Zeichnen Sie die Graphen der Funktion $f\colon f(x) = \sin(x + a)$ für $a \in \left\{-\frac{\pi}{4}; 0; \frac{\pi}{4}\right\}$ im Intervall $[-0{,}25\,\pi;\ 2{,}25\,\pi]$, und beurteilen Sie den Einfluß von a.

Durch a wird der Graph der Sinusfunktion um a in Richtung der x-Achse verschoben. Für $a < 0$ erfolgt die Verschiebung in Richtung der positiven x-Achse, für $a > 0$ in Richtung der negativen x-Achse.

Eine entsprechende Aussage läßt sich auch für $g\colon g(x) = \cos(x + a)$ machen.

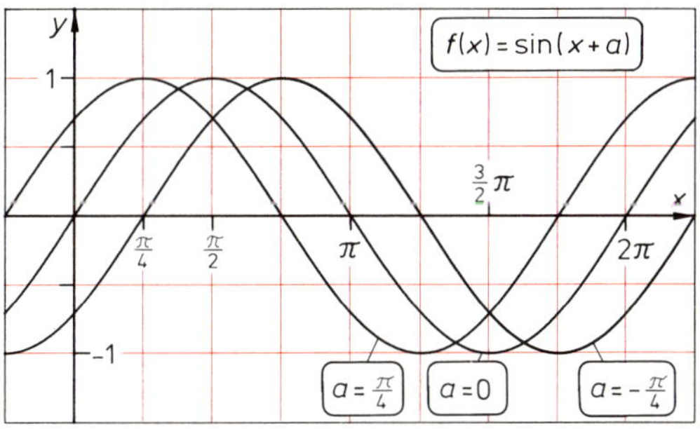

Merke:

Der Graph der Funktion $f\colon f(x) = \sin(x + a)$ bzw. $g\colon g(x) = \cos(x + a)$ ist gegenüber dem der Funktion $f\colon f(x) = \sin x$ bzw. $g\colon g(x) = \cos x$ um a in Richtung der x-Achse verschoben, und zwar für $a < 0$ in Richtung der positiven x-Achse, für $a > 0$ in Richtung der negativen x-Achse.

Problem: Zeichnen Sie die Graphen der Funktion $f: f(x)=\sin(bx)$ für $b \in \{1; 2; 3\}$ im Intervall $[0; 2\pi]$, und beurteilen Sie den Einfluß von b auf den Verlauf des Graphen.

Der Koeffizient b in $\sin(bx)$ beeinflußt die Länge der Periode, und zwar in folgender Weise:

Länge der Periode $= \left|\frac{2\pi}{b}\right|$; $b \in \mathbb{R}^*$.

Durch b wird also auch die Frequenz, d. h. die Anzahl der Perioden im betrachteten Intervall verändert.

Eine entsprechende Aussage läßt sich auch für $g: g(x)=\cos(bx)$ machen.

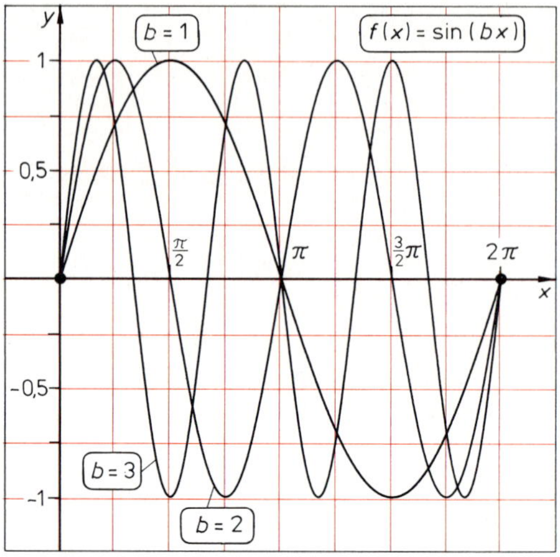

Merke:

> Der Graph der Funktionen $f: f(x)=\sin(bx)$ bzw. $g: g(x)=\cos(bx)$ hat gegenüber der Funktion $f: f(x)=\sin x$ bzw. $g: g(x)=\cos x$ die Periode $\left|\frac{2\pi}{b}\right|$ mit $b \in \mathbb{R}^*$, d. h. b verändert die Frequenz.

Problem: Zeichnen Sie die Graphen der Funktion $g: g(x)=a \cdot \cos x$ für $a \in \{0{,}5; 1; 1{,}5\}$ im Intervall $[0; 2\pi]$, und beurteilen Sie den Einfluß von a auf den Verlauf des Graphen.

Der Faktor a in $a \cdot \cos x$ beeinflußt die Größe des Funktionswertes und damit die Größe der Amplitude. Für $|a|>1$ wird sie vergrößert, für $0<|a|<1$ verkleinert.

Eine entsprechende Aussage gilt auch für die Funktion f: $f(x)=a \cdot \sin x$.

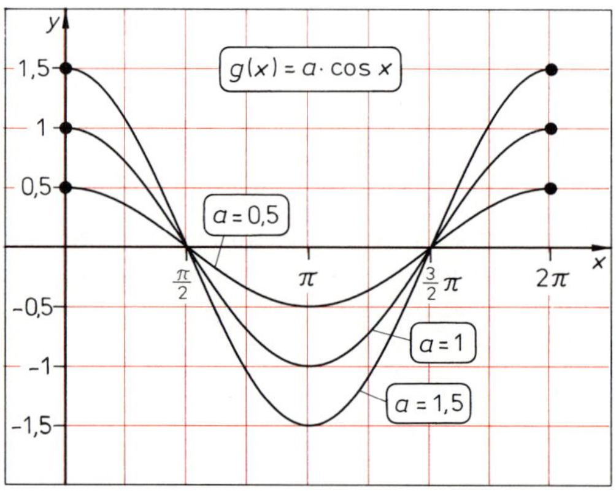

Merke:

> In den Funktionen $f: f(x)=a \cdot \sin x$ bzw. $g: g(x)=a \cdot \cos x$ beeinflußt der Faktor a die Größe der Amplitude. Für $|a|>1$ wird die Amplitude vergrößert, für $0<|a|<1$ verkleinert.

Beispiel: Zeichnen Sie die Graphen der Funktionen vom Typ $f: f(x) = (\sin x)^n := \sin^n(x)$ für $n \in \{1; 2\}$ im Intervall $[0; 2\pi]$, und beurteilen Sie den Einfluß des Exponenten n auf den Verlauf der Graphen.

Die Funktionen vom Typ $f: f(x) = \sin^n x$ haben für gerade n-Werte mit $n \in \mathbb{N}^*$ den Wertebereich $W(f) = [0; 1]$, denn die Funkationswerte sind wegen des geraden Exponenten stets nicht negativ.

Für ungerade n-Werte haben sie den Wertebereich $W(f) = [-1; 1]$.

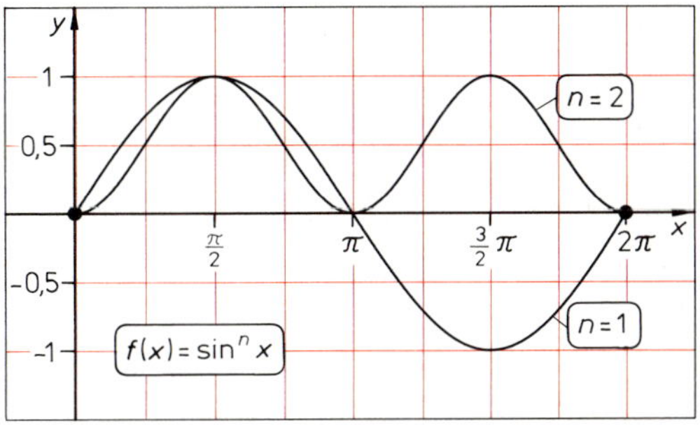

Beispiel: Häufig werden Sinusfunktionen und Kosinusfunktionen mit anderen Funktionen verknüpft bzw. verkettet. Ermitteln Sie den Definitionsbereich und den Wertebereich für die Funktion $f: f(x) = \dfrac{0{,}5}{\sin x}$, und zeichnen Sie den Graphen der Funktion.

Die Funktion f hat an solchen Stellen Definitionslücken, an denen die Sinusfunktion Nullstellen hat. Das ist stets der Fall für $x \in \{0; \pm\pi; \pm 2\pi; \pm 3\pi; \ldots\}$, also für $x \in \{k \cdot \pi \mid k \in \mathbb{Z}\}$.

$$f: f(x) = \frac{0{,}5}{\sin x} \quad \blacktriangleright \ \sin x = 0 \Rightarrow x \in \{k \cdot \pi \mid k \in \mathbb{Z}\}$$

$$\blacktriangleright \ D(f) = \underline{\underline{\mathbb{R} \setminus \{k\pi \mid k \in \mathbb{Z}\}}}$$

Um festzustellen, von welcher Art diese Definitionslücken sind, untersucht man dort, also zum Beispiel an der Stelle $x_0 = \pi$, den linksseitigen und den rechtsseitigen Grenzwert.

Dazu substituiert man zweckmäßig $x = \pi - \delta$ bzw. $x = \pi + \delta$ mit $\delta > 0$ und läßt dann nicht $x \to \pi$, sondern $\delta \to 0$ streben.

$$\lim_{\substack{x \to \pi \\ x < \pi}} f(x) = \lim_{\substack{x \to \pi \\ x < \pi}} \frac{0{,}5}{\sin x} \quad \blacktriangleright \ x = \pi - \delta;\ \delta > 0$$

$$= \lim_{\delta \to 0} \frac{0{,}5}{\sin(\pi - \delta)} \quad \blacktriangleright \ \sin(\pi - \delta) = \sin \delta$$

$$= \lim_{\delta \to 0} \frac{0{,}5}{\sin \delta} \quad \blacktriangleright \ \sin 0 = 0$$

$$= \underline{\underline{\infty}} = u_L \quad \blacktriangleright \ \text{linksseitiger uneigentlicher Grenzwert}$$

An der Stelle $x_0 = \pi$ und auch an allen anderen Definitionslücken liegen jeweils die uneigentlichen Grenzwerte $u_L = \infty$ und $u_R = -\infty$ vor.

Alle Definitionslücken der Funktion f sind daher zweiseitige Unendlichkeitsstellen mit Vorzeichenwechsel.

$$\lim_{\substack{x \to \pi \\ x > \pi}} f(x) = \lim_{\substack{x \to \pi \\ x > \pi}} \frac{0{,}5}{\sin x} \quad \blacktriangleright \ x = \pi + \delta;\ \delta > 0$$

$$= \lim_{\delta \to 0} \frac{0{,}5}{\sin(\pi + \delta)} \quad \blacktriangleright \ \sin(\pi + \delta) = -\sin \delta$$

$$= \lim_{\delta \to 0} \frac{-0{,}5}{\sin \delta} \quad \blacktriangleright \ \sin 0 = 0$$

$$= \underline{\underline{-\infty}} = u_R \quad \blacktriangleright \ \text{rechtsseitiger uneigentlicher Grenzwert}$$

Der Wertebereich $W(f)$ ist einmal durch die uneigentlichen Grenzwerte $-\infty$ und ∞ an den Definitionslücken von f festgelegt. Da $\sin x$ stets zwischen -1 und 1 liegt $(-1 \leq \sin x \leq 1)$, erhält man für die Funk-

$$f(x) = \frac{0{,}5}{\sin x} \quad \blacktriangleright \ -1 \leq \sin x \leq 1$$

$$\Rightarrow f(x) \leq -0{,}5 \text{ oder } f(x) \geq 0{,}5$$

$$\Rightarrow W(f) = \underline{\underline{\mathbb{R} \setminus (-0{,}5; 0{,}5)}}$$

tionswerte $f(x) \leq -0{,}5$ oder $f(x) \geq 0{,}5$. Damit ergibt sich für die Funktion f der Wertebereich $W(f) = \mathbb{R} \setminus (-0{,}5; 0{,}5)$.

Der Graph der Funktion bestätigt die Untersuchungsergebnisse.

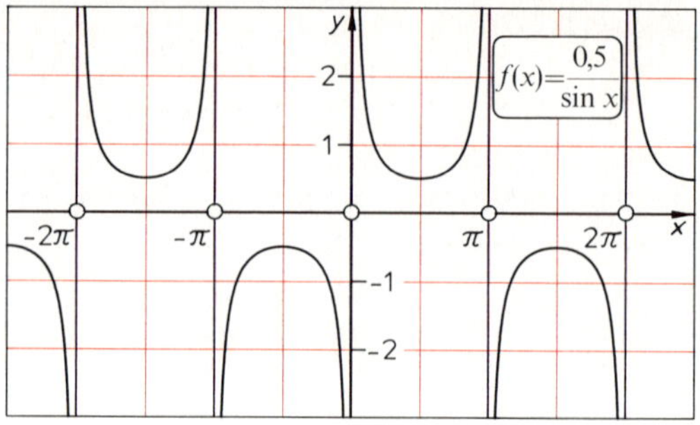

Beispiel: Ermitteln Sie für die Funktion $f: f(x) = \sin \frac{1}{x}$ den Definitionsbereich und den Wertebereich, und untersuchen Sie f auf Asymptoten sowie auf Nullstellen.

Die Funktion f ist an der Stelle $x_0 = 0$ nicht definiert. Je mehr man sich der Stelle $x_0 = 0$ nähert, desto öfter wechselt der Funktionswert zwischen den Grenzen -1 und 1 hin und her. Die Funktion besitzt daher an der Stelle $x_0 = 0$ keinen Grenzwert.

Eine Stelle mit dieser „Wechseleigenschaft“ heißt **Oszillationsstelle** und der Punkt, um den die Funktionswerte „schwingen“ (oszillieren), **Oszillationspunkt**.

Da für $D(f) = \mathbb{R}^*$ alle Funktionswerte zwischen -1 und 1 liegen, ergibt sich daraus der Wertebereich $W(f) = [-1; 1]$.

Zur Ermittlung von waagerechten Asymptoten wird die Funktion für $x \to -\infty$ und für $x \to \infty$ untersucht. Da man in beiden Fällen den Grenzwert Null erhält, ist die x-Achse waagerechte Asymptote des Graphen.

Die Nullstellen einer Funktion werden berechnet, indem man in der Funktionsgleichung für $f(x)$ den Wert Null setzt und die Gleichung in x löst. Die Gleichung ist für $\frac{1}{x} \in \{k\pi \mid k \in \mathbb{Z}\}$ erfüllt. Daraus ergeben sich die Nullstellen $x \in \left\{\frac{1}{k\pi} \middle| k \in \mathbb{Z}^*\right\}$. Die Funktion hat also zwischen den Nullstellen $x_1 = -\frac{1}{\pi}$ und $x_2 = \frac{1}{\pi}$ unendlich viele weitere Nullstellen.

$f: f(x) = \sin \frac{1}{x}$; $D(f) = \mathbb{R}^*$

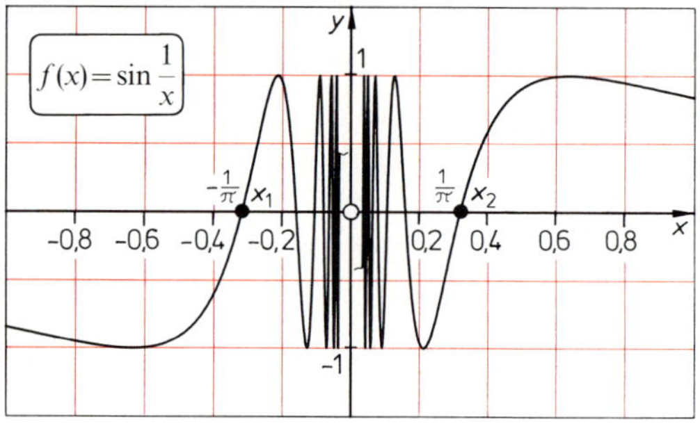

$x \in \mathbb{R}^* \Rightarrow -1 \leq f(x) \leq 1 \Rightarrow W(f) = [-1; 1]$

$$\left.\begin{array}{l} \lim\limits_{x \to -\infty} \sin \frac{1}{x} = \sin 0 = \underline{\underline{0}} \\ \lim\limits_{x \to \infty} \sin \frac{1}{x} = \sin 0 = \underline{\underline{0}} \end{array}\right\} \text{Grenzwerte}$$

► x-Achse ist waagerechte Asymptote

$f(x) = \sin \frac{1}{x}$ ► $f(x) = 0$

$\sin \frac{1}{x} = 0$ ► $x = ?$

$\Rightarrow \frac{1}{x} \in \{k\pi \mid k \in \mathbb{Z}\}$

$\Rightarrow \underline{\underline{x \in \left\{\frac{1}{k\pi} \middle| k \in \mathbb{Z}^*\right\}}}$ ► Nullstellen

Beispiel: Ermitteln Sie für die Funktion $f: f(x) = x \cdot \sin \frac{1}{x}$ den Definitionsbereich und den Wertebereich. Bestimmen sie gegebenenfalls vorhandene Asymptoten und Nullstellen.

Die Funktion f hat an der Stelle $x_0 = 0$ eine Definitionslücke und oszilliert in der Umgebung von $x_0 = 0$ unbeschränkt oft um die x-Achse. Allerdings liegen ihre Funktionswerte im Unterschied zu der Funktion $f: f(x) = \sin \frac{1}{x}$ bei Annäherung an die Stelle x_0 sehr „dicht" bei Null. Zur Charakterisierung der Definitionslücke untersucht man, ob bei $x_0 = 0$ ein Grenzwert vorliegt.

Aus dem vorangegangenen Beispiel ist bekannt, daß alle Funktionswerte der Funktion $f: f(x) = \sin \frac{1}{x}$ zwischen -1 und 1 liegen. Multipliziert man die sich daraus ergebende Ungleichung mit x und vergleicht die Grenzwerte, so erkennt man, daß an der Stelle $x_0 = 0$ der Grenzwert $g = 0$ vorliegt. $x_0 = 0$ ist demnach eine stetig behebbare Definitionslücke.

$f: f(x) = x \cdot \sin \frac{1}{x}$; $D(f) = \mathbb{R}^*$

$\Rightarrow x_0 = 0$ ► Definitionslücke als Oszillationsstelle

$-1 \leq \sin \frac{1}{x} \leq 1$ ► mit x multiplizieren

$$\Rightarrow -1 \cdot x \leq x \cdot \sin \frac{1}{x} \leq 1 \cdot x$$

$$\Rightarrow \lim_{x \to 0} (-x) \leq \lim_{x \to 0} \left(x \cdot \sin \frac{1}{x} \right) \leq \lim_{x \to 0} x$$

$$0 \leq \lim_{x \to 0} \left(x \cdot \sin \frac{1}{x} \right) \leq 0$$

$\Rightarrow \lim_{x \to 0} \left(x \cdot \sin \frac{1}{x} \right) = 0$ ► behebbare Definitionslücke bei $x_0 = 0$

Zur Ermittlung waagerechter Asymptoten werden die Grenzwerte für $x \to -\infty$ und für $x \to \infty$ untersucht. Eine Lösung erhält man, wenn man $x = \frac{1}{z}$ substituiert und dann nicht $x \to -\infty$ bzw. $x \to \infty$, sondern $z \to 0$ für $z < 0$ bzw. $z > 0$ streben läßt. Wegen $\sin(-z) = -\sin z$ stimmen die beiden einseitigen Grenzwerte überein, d.h. $\lim\limits_{\substack{z \to 0 \\ z < 0}} \frac{\sin z}{z} = \lim\limits_{\substack{z \to 0 \\ z > 0}} \frac{\sin z}{z}$, und man kann sich daher auf die Untersuchung von $\lim\limits_{\substack{z \to 0 \\ z > 0}} \frac{\sin z}{z}$ beschränken.

$\lim\limits_{x \to -\infty} \left(x \cdot \sin \frac{1}{x} \right)$ ► $x = \frac{1}{z} \Rightarrow \lim\limits_{z \to 0} \frac{\sin z}{z} = ?$ ► $z > 0$

Aus einer Betrachtung am Einheitskreis kann man erkennen, daß für $0 < z < \frac{\pi}{2}$ der Flächeninhalt des Kreissektors stets zwischen den Flächeninhalten der Dreiecke MAB und MCD liegt.

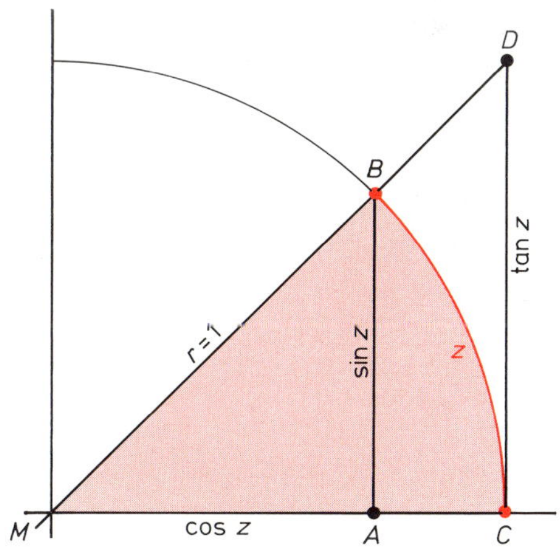

$A_{MAB} = \frac{\cos z \cdot \sin z}{2}$ und $A_{MCD} = \frac{\tan z}{2}$

A_{MCB}: $z = \pi \cdot r^2 : 2\pi r$ ► $r = 1 \Rightarrow A_{MCB} = \frac{z}{2}$

Daraus ergibt sich eine Ungleichungskette, aus der sich nach Umformung der Grenzwert $\lim\limits_{\substack{z \to 0 \\ z > 0}} \frac{\sin z}{z} = 1$ leicht ablesen läßt.

$$\frac{\cos z \cdot \sin z}{2} < \frac{z}{2} < \frac{\tan z}{2} \quad \blacktriangleright \tan z = \frac{\sin z}{\cos z}$$

$$\Rightarrow \frac{1}{\cos z} < \frac{\sin z}{z} < \cos z \quad \blacktriangleright \lim_{\substack{z \to 0 \\ z > 0}} \cos z = 1$$

$$\Rightarrow 1 < \lim_{\substack{z \to 0 \\ z > 0}} \frac{\sin z}{z} < 1 \Rightarrow \underline{\underline{\lim_{\substack{z \to 0 \\ z > 0}} \frac{\sin z}{z} = 1}}$$

Man erhält also sowohl für $x \to -\infty$ als auch für $x \to \infty$ den Grenzwert $g = 1$, die Gerade mit der Gleichung $u(x) = 1$ ist also eine waagerechte Asymptote des Graphen.

Durch die Asymptote mit der Gleichung $u(x) = 1$ ist die obere Grenze des Wertebereiches $W(f)$ festgelegt.

$$\Rightarrow \lim_{z \to 0} \frac{\sin z}{z} = \underline{\underline{1}} \quad \blacktriangleright z = \frac{1}{x}$$

$$\Rightarrow \lim_{x \to -\infty} \left(x \cdot \sin \frac{1}{x}\right) = 1 \text{ und } \lim_{x \to \infty} \left(x \cdot \sin \frac{1}{x}\right) = 1$$

$\Rightarrow u(x) = 1$ ▶ Gleichung der waagerechten Asymptote

Nullstellen werden berechnet, indem man in der Funktionsgleichung für $f(x)$ den Wert Null setzt und die Gleichung in x löst. Die Gleichung ist erfüllt für $x_0 = 0$ oder $\sin \frac{1}{x} = 0$.

$$f(x) = x \cdot \sin \frac{1}{x} \quad \blacktriangleright f(x) = 0$$

$$\Rightarrow x_0 = 0 \text{ oder } \sin \frac{1}{x} = 0$$

▶ Lösung $x_0 = 0$ entfällt wegen $D(f) = \mathbb{R}^*$

▶ $\sin \frac{1}{x} = 0 \Rightarrow \underline{\underline{x \in \left\{ \frac{1}{k \cdot \pi} \middle| k \in \mathbb{Z}^* \right\}}}$ ▶ Nullstellen

Die untere Grenze des Wertebereiches ist bei dieser Funktion durch zwei übereinstimmende kleinste Funktionswerte (Minimalwerte, Minima) gegeben. Diese Minimalwerte kann man mit Hilfe der Differentialrechnung ermitteln (siehe Kapitel „Untersuchung von Funktionseigenschaften mit Hilfe der Differentialrechnung").
Sie liegen bei $f(x_1) = f(x_2) = -0{,}217$. Die Funktion hat demnach den Wertebereich $W(f) = [-0{,}217; 1)$.
Für $x < 0$ liegen alle Funktionswerte unterhalb der Geraden mit der Gleichung $h(x) = -x$, für $x > 0$ unterhalb der Geraden mit der Gleichung $g(x) = x$.

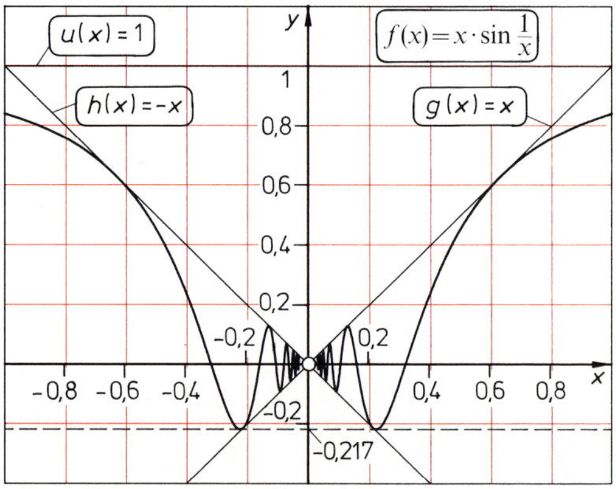

Beispiel: Ermitteln Sie den Definitionsbereich der Funktion f: $f(t) = 3 \cdot e^{\frac{-2t}{\pi}} \cdot \cos(10t)$, bestimmen Sie Nullstellen sowie Asymptoten, und zeichnen Sie den Graphen für das Intervall $[0; 2\pi]$.

Es gilt $D(f) = \mathbb{R}$ und $W(f) = \mathbb{R}$, denn je mehr die t-Werte gegen $-\infty$ streben desto größer werden die Amplituden.

$$f\colon f = 3 \cdot e^{\frac{-2t}{\pi}} \cdot \cos(10t);\ D(f) = \mathbb{R};\ W(f) = \mathbb{R}$$

Die Nullstellen der Funktion f werden berechnet, indem man in der Funktionsgleichung für $f(t)$ den Wert Null setzt und die Gleichung in t löst.

$$f(t) = 3 \cdot e^{\frac{-2t}{\pi}} \cdot \cos(10t) \quad \blacktriangleright f(t) = 0$$

$$\Rightarrow 3 \cdot e^{\frac{-2t}{\pi}} = 0 \text{ oder } \cos(10t) = 0$$

Für $3 \cdot e^{-\frac{2t}{\pi}} = 0$ existiert keine Lösung, da es keine reelle Zahl für t gibt, für die die Potenz Null wird.

▶ $3 \cdot e^{\frac{-2t}{\pi}} = 0$ ▶ es existiert keine Lösung

Aus der Gleichung $\cos(10t) = 0$ erhält man beliebig viele Nullstellen im Abstand $\frac{\pi}{10}$.

▶ $\cos(10t) = 0$

$$\Rightarrow 10t \in \left\{\frac{\pi}{2} + k \cdot \pi \,\middle|\, k \in \mathbb{Z}\right\}$$

$$\underline{\underline{t \in \left\{\frac{\pi}{20} + k \cdot \frac{\pi}{10} \,\middle|\, k \in \mathbb{Z}\right\}}}$$ ▶ Nullstellen

Zur Feststellung von Asymptoten untersucht man die Grenzwerte für $t \to -\infty$ und für $t \to \infty$. Es existiert nur der Grenzwert für $t \to \infty$, und zwar $g = 0$.

$\lim\limits_{t \to -\infty} [3 \cdot e^{\frac{-2t}{\pi}} \cdot \cos(10t)] = ?$ ▶ eigentlicher Grenzwert existiert nicht

$$\lim_{t \to \infty} [3 \cdot e^{\frac{-2t}{\pi}} \cdot \cos(10t)] = \lim_{t \to \infty} \left[\frac{3}{e^{\frac{2t}{\pi}}} \cdot \cos(10t)\right]$$

$$= \underline{\underline{0}}$$ ▶ x-Achse ist waagerechte Asymptote

Die positive x-Achse ist demnach waagerechte Asymptote des Graphen.

Der Graph der Funktion veranschaulicht eine gedämpfte Schwingung, wenn man die Variable t als Zeit deutet. Mit zunehmender Zeit t werden die Amplituden immer kleiner. Eine Schwingung hat die konstante Periode $\frac{2\pi}{10}$, d.h. auch die Frequenz ist konstant.

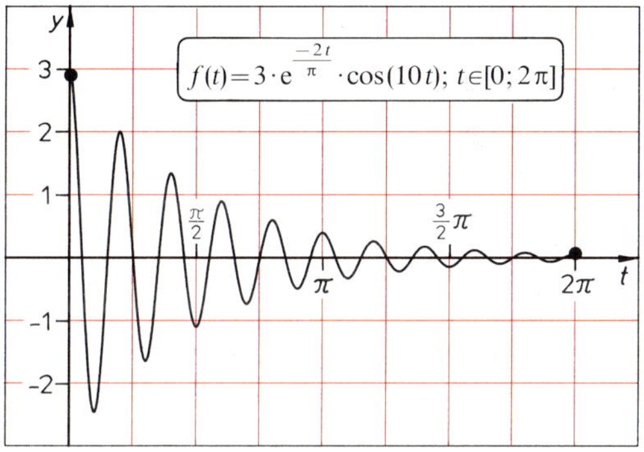

● Tangensfunktionen – Kotangensfunktionen

Problem: Ermitteln Sie jeweils den Definitionsbereich und den Wertebereich für die Tangensfunktion f: $f(x) = \tan x$ sowie für die Kotangensfunktion f: $f(x) = \cot x$, und zeichnen Sie die Graphen für das Intervall $x \in [-2{,}5 \cdot \pi; 2{,}5 \cdot \pi]$.

Auch die Funktionswerte der Tangensfunktion und der Kotangensfunktion kann man mit Hilfe von Tabellen, dem Taschenrechner oder mit Funktionsreihen ermitteln.

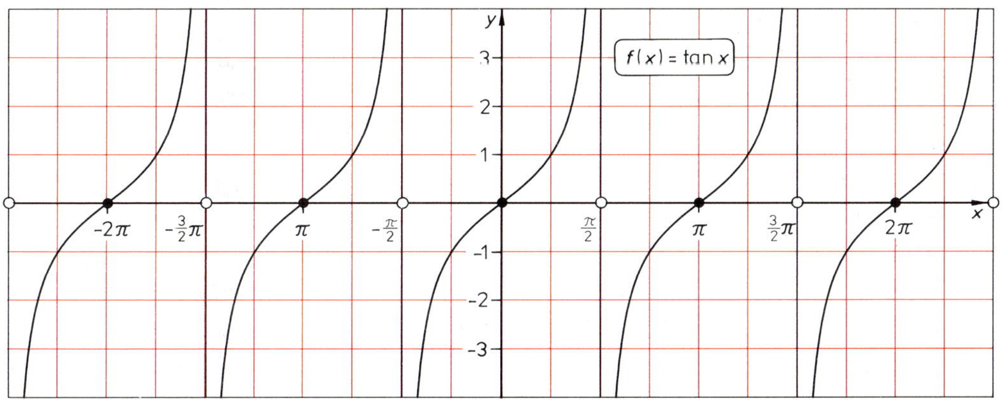

Die Tangensfunktion hat den Definitionsbereich $D(f)=\mathbb{R}\setminus\left\{\frac{\pi}{2}+k\cdot\pi \,\middle|\, k\in\mathbb{Z}\right\}$. Bei den Definitionslücken handelt es sich um zweiseitige Unendlichkeitsstellen mit Vorzeichenwechsel. Da sich der Graph periodisch jeweils nach 180°, also nach π wiederholt, gilt $\tan(x+\pi)=\tan x$ für alle $x\in D(f)$, und man nennt π die Periode der Tangensfunktion. Die Tangensfunktion hat Nullstellen für $x\in\{k\cdot\pi \mid k\in\mathbb{Z}\}$. Alle Funktionswerte $f(x)$ liegen im Intervall $(-\infty;\infty)$, d.h. es gilt $W(f)=\mathbb{R}$.

Der Graph der Kotangensfunktion $f\colon f(x)=\cot x$ wird wie bei der Tangensfunktion entwickelt, indem man für den Graphen charakteristische x-Werte aus dem Intervall $[-2{,}5\cdot\pi; 2{,}5\cdot\pi]$ auswählt und die entsprechenden Funktionswerte mit dem Rechner ermittelt.

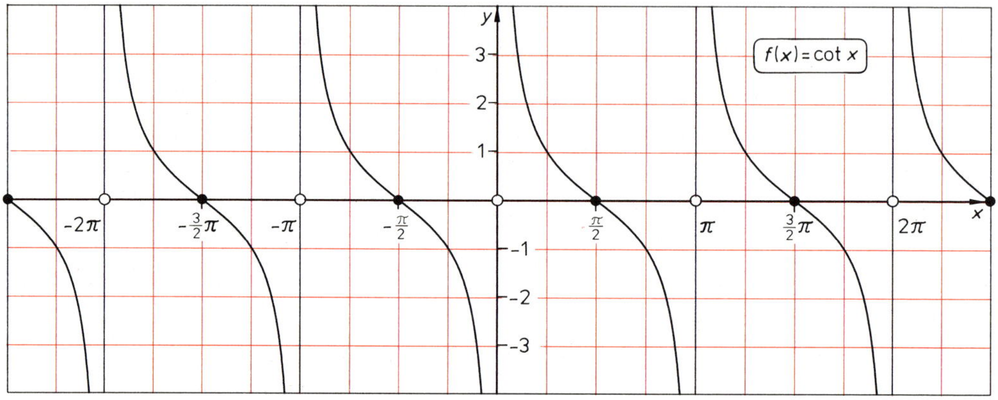

Die Kotangensfunktion hat den Definitionsbereich $D(f)=\mathbb{R}\setminus\{k\cdot\pi \mid k\in\mathbb{Z}\}$. Bei den Definitionslükken handelt es sich um zweiseitige Unendlichkeitsstellen mit Vorzeichenwechsel. Auch die Kotangensfunktion ist periodisch mit der Periode π, und es gilt $\cot(x+\pi)=\cot x$ für alle $x\in D(f)$.

Die Kotangensfunktion hat Nullstellen für $x\in\left\{\frac{\pi}{2}+k\cdot\pi \,\middle|\, k\in\mathbb{Z}\right\}$. Alle Funktionswerte $f(x)$ liegen im Intervall $(-\infty;\infty)$, d.h. es gibt $W(f)=\mathbb{R}$.

Merke:

$f\colon f(x)=\tan x;\ D(f)=\mathbb{R}\setminus\left\{\frac{\pi}{2}+k\pi \,\middle|\, k\in\mathbb{Z}\right\};\ W(f)=\mathbb{R}$ ► Tangensfunktion

$f\colon f(x)=\cot x;\ D(f)=\mathbb{R}\setminus\{k\pi \mid k\in\mathbb{Z}\};\ W(f)=\mathbb{R}$ ► Kotangensfunktion

Anmerkung:

Auch bei Funktionen vom Typ $f\colon f(x)=\tan h(x)$ spricht man häufig noch von Tangensfunktionen (im weiteren Sinne), obwohl es sich dabei genauer um die Verkettung einer Funktion h mit einer Tangensfunktion $z\mapsto\tan z$ handelt. Diese Aussage gilt entsprechend für die Kotangensfunktion.

Zwischen den trigonometrischen Funktionen bestehen vielfältige mathematische Zusammenhänge, die hier nicht bewiesen werden. Oft benötigte Beziehungen sind nachstehend aufgeführt.

$\tan x=\frac{\sin x}{\cos x}$	$\frac{1}{\sin^2 x}=1+\cot^2 x$	$\sin^2 x+\cos^2 x=1$
$\cot x=\frac{\cos x}{\sin x}$	$\frac{1}{\cos^2 x}=1+\tan^2 x$	$\tan x\cdot\cot x=1$

$\sin x =$	$\cos x =$	$\tan x =$	$\cot x =$
$\sqrt{1-\cos^2 x}$	$\sqrt{1-\sin^2 x}$	$\dfrac{\sin x}{\sqrt{1-\sin^2 x}}$	$\dfrac{\sqrt{1-\sin^2 x}}{\sin x}$
$\dfrac{\tan x}{\sqrt{1+\tan^2 x}}$	$\dfrac{1}{\sqrt{1+\tan^2 x}}$	$\dfrac{\sqrt{1-\cos^2 x}}{\cos x}$	$\dfrac{\cos x}{\sqrt{1-\cos^2 x}}$
$\dfrac{1}{\sqrt{1+\cot^2 x}}$	$\dfrac{\cot x}{\sqrt{1+\cot^2 x}}$	$\dfrac{1}{\cot x}$	$\dfrac{1}{\tan x}$

$\sin^2 x =$	$\cos^2 x =$	$\tan^2 x =$	$\cot^2 x =$
$1-\cos^2 x$	$1-\sin^2 x$	$\dfrac{\sin^2 x}{1-\sin^2 x}$	$\dfrac{1-\sin^2 x}{\sin^2 x}$
$\dfrac{\tan^2 x}{1+\tan^2 x}$	$\dfrac{1}{1+\tan^2 x}$	$\dfrac{1-\cos^2 x}{\cos^2 x}$	$\dfrac{\cos^2 x}{1-\cos^2 x}$
$\dfrac{1}{1+\cot^2 x}$	$\dfrac{\cot^2 x}{1+\cot^2 x}$	$\dfrac{1}{\cot^2 x}$	$\dfrac{1}{\tan^2 x}$

Beispiel: Trigonometrische Funktionen werden oft mit anderen Funktionen verknüpft bzw. verkettet. Hier ist die Funktion $f: f(x) = 1 - \tan\frac{x}{3} - 2\cdot\cos(3x)$ im Intervall $(-2{,}5\pi; 2{,}5\pi)$ auf Definitionslücken und Nullstellen zu untersuchen. Außerdem ist der Graph zu zeichnen.

Der Funktionsterm besteht aus den drei Summanden 1; $-\tan\frac{x}{3}$ und $-2\cdot\cos(3x)$.

Von diesen Summanden hat nur der Term $-\tan\frac{x}{3}$ Definitionslücken, denn die Grundfunktion $g: g(z) = \tan z$ hat für $z \in \left\{\frac{\pi}{2} + k\cdot\pi \,\middle|\, k \in \mathbb{Z}\right\}$ beliebig viele Definitionslücken. Dabei handelt es sich um zweiseitige Unendlichkeitsstellen mit Vorzeichenwechsel. Die Funktion f muß dann für $x = 3\cdot z$ Definitionslücken haben, also für $x \in \{1{,}5\cdot\pi + k\cdot 3\pi \mid k \in \mathbb{Z}\}$.

Durch Einsetzen verschiedener Werte für k erhält man die existierenden Definitionslücken der Funktion f.

$f(x) = 1 - \tan\frac{x}{3} - 2\cdot\cos(3x)$ ► $\tan\frac{x}{3} = \tan z$

$z \in \left\{\frac{\pi}{2} + k\cdot\pi \,\middle|\, k \in \mathbb{Z}\right\}$ ► $z = \frac{x}{3}$

$\Rightarrow \frac{x}{3} \in \left\{\frac{\pi}{2} + k\cdot\pi \,\middle|\, k \in \mathbb{Z}\right\} \Rightarrow x \in \{1{,}5\pi + k\cdot 3\pi \mid k \in \mathbb{Z}\}$

$k = -3$ ► $x = 1{,}5\pi - 9\pi = -7{,}5\pi$ ► $x_1 = \underline{-7{,}5\pi}$

$k = -2$ ► $x = 1{,}5\pi - 6\pi = -4{,}5\pi$ ► $x_2 = \underline{-4{,}5\pi}$

$k = -1$ ► $x = 1{,}5\pi - 3\pi = -1{,}5\pi$ ► $x_3 = \underline{-1{,}5\pi}$

$k = 0$ ► $x = 1{,}5\pi - 0 = 1{,}5\pi$ ► $x_4 = \underline{1{,}5\pi}$

$k = 1$ ► $x = 1{,}5\pi + 3\pi = 4{,}5\pi$ ► $x_5 = \underline{4{,}5\pi}$

$k = 2$ ► $x = 1{,}5\pi + 6\pi = 7{,}5\pi$ ► $x_6 = \underline{7{,}5\pi}$

$I = (-2{,}5; 2{,}5)$ ► $x_3 = \underline{\underline{-1{,}5\pi}}$;

$x_4 = \underline{\underline{1{,}5\pi}}$

Überprüft man diese Berechnungen zum Beispiel an der Stelle $x_4 = 1{,}5$, indem man dort den linksseitigen und den rechtsseitigen Grenzwert bildet, so ergeben sich auch hier, wie bei der Grundfunktion $\tan z$, die uneigentlichen Grenzwerte $u_L = -\infty$ und $u_R = \infty$, d. h. es handelt sich um zweiseitige Unendlichkeitsstellen mit Vorzeichenwechsel.

$$\lim_{\substack{x \to 1{,}5\pi \\ x < 1{,}5\pi}} \left[1 - \tan\frac{x}{3} - 2\cdot\cos(3x)\right] =$$

$$= 1 - \lim_{\substack{x \to 1{,}5\pi \\ x < 1{,}5\pi}} \tan\frac{x}{3} - \lim_{\substack{x \to 1{,}5\pi \\ x < 1{,}5\pi}} [2\cdot\cos(3x)]$$

$$= 1 - \lim_{\substack{x \to 1{,}5\pi \\ x < 1{,}5\pi}} \tan\frac{x}{3} - 0$$

$$= \underline{\underline{-\infty}} = u_L$$

$$\lim_{\substack{x \to 1{,}5\pi \\ x > 1{,}5\pi}} \left[1 - \tan\frac{x}{3} - 2\cdot\cos(3x)\right] = \underline{\underline{\infty}} = u_L$$

Zur Berechnung von Nullstellen setzt man in der Funktionsgleichung für $f(x)$ den Wert Null und bestimmt die Lösungen der Gleichung.

$$f(x) = 1 - \tan\frac{x}{3} - 2\cdot\cos(3x) \quad \blacktriangleright \quad f(x) = 0$$

$$\Rightarrow 1 - \tan\frac{x}{3} - 2\cdot\cos(3x) = 0$$

Die Lösung nichtrationaler Gleichungen mit algebraischen Methoden ist schwierig und oft nicht möglich.

In diesem Falle wurden die Nullstellen, die im Intervall $(-2{,}5\pi; 2{,}5\pi)$ liegen, mit Hilfe eines Computerprogramms ermittelt.

$$\Rightarrow x_7 = \underline{\underline{-6{,}8350}}$$
$$x_8 = \underline{\underline{-2{,}1998}}$$
$$x_9 = \underline{\underline{-1{,}9249}}$$
$$x_{10} = \underline{\underline{-0{,}3275}}$$
$$x_{11} = \underline{\underline{0{,}3727}}$$
$$x_{12} = \underline{\underline{1{,}6367}}$$
$$x_{13} = \underline{\underline{2{,}6551}}$$
$$x_{14} = \underline{\underline{3{,}4454}}$$

Man kann den Graphen $G(f)$ entweder mit Hilfe einer Wertetabelle oder unter Verwendung eines Computerprogramms zeichnen.

Es werden sowohl die beiden Definitionslücken bei $x_3 = -1{,}5\pi$ und $x_4 = 1{,}5\pi$ als auch die berechneten acht Nullstellen bestätigt.

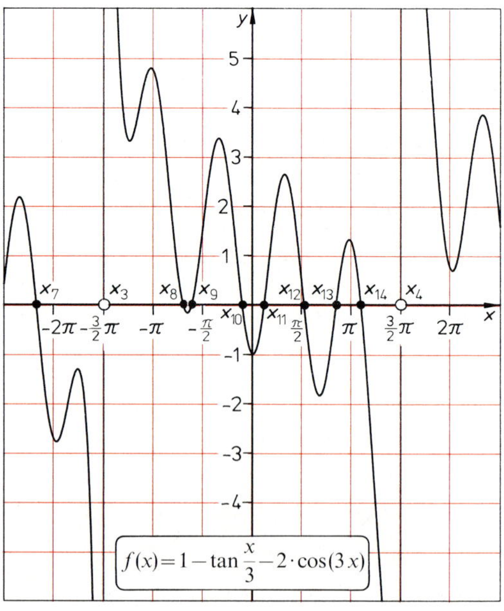

Differentiationsregeln

Problem: Entwickeln Sie eine Regel zur Differentiation der Funktion $f: f(x)=\sin x$; $D(f)=\mathbb{R}$, und differenzieren Sie mit deren Hilfe die Funktion $f: f(x)=\cos x$; $D(f)=\mathbb{R}$.

● $f: f(x)=\sin x;\ D(f)=\mathbb{R}$

Man verwendet in der zugehörigen Differenzenquotientenfunktion für $f(x)$ den Funktionsterm $\sin x$ und formt diesen mit Hilfe der nachstehenden Gleichung um (siehe Kapitel „Zusammenstellung wichtiger Funktionen, Ableitungen und Reihen"):

$$\sin x-\sin x_0=2\cdot\sin\frac{x-x_0}{2}\cdot\cos\frac{x+x_0}{2}.$$

Dann zerlegt man den Term in zwei Faktoren und substituiert im ersten Faktor $\frac{x-x_0}{2}=z$.

Für $x\to x_0$ strebt $z\to 0$ und umgekehrt, daher kann man $x\to x_0$ durch $z\to 0$ ersetzen. $\lim\limits_{z\to 0}\frac{\sin z}{z}=1$ wurde zu Beginn des Kapitels in einem Beispiel entwickelt.

$$\lim_{x\to x_0} s_{x_0}=\lim_{x\to x_0}\frac{f(x)-f(x_0)}{x-x_0} \quad ▶\ f(x)=\sin x$$

$$=\lim_{x\to x_0}\frac{\sin x-\sin x_0}{x-x_0}$$

$$=\lim_{x\to x_0}\frac{2\cdot\sin\frac{x-x_0}{2}\cdot\cos\frac{x+x_0}{2}}{x-x_0}$$

$$=\lim_{x\to x_0}\frac{\sin\frac{x-x_0}{2}}{\frac{x-x_0}{2}}\cdot\cos\frac{x+x_0}{2} \quad ▶\ \frac{x-x_0}{2}=z$$

$$=\lim_{z\to 0}\frac{\sin z}{z}\cdot\lim_{x\to x_0}\cos\frac{x+x_0}{2}$$

$$=1\cdot\cos x_0$$

$$=\underline{\cos x_0;\ x_0\in\mathbb{R}}$$

$$\Rightarrow \underline{\underline{f': f'(x)=\cos x;\ D(f')=\mathbb{R}}}$$

Als Ableitung der Sinusfunktion an der Stelle x_0 erhält man somit die Kosinusfunktion an der Stelle x_0. Das gilt für jedes $x_0\in\mathbb{R}$.

● $f: f(x)=\cos x;\ D(f)=\mathbb{R}$

In der Funktionsgleichung $f(x)=\cos x$ kann $\cos x$ durch $\sin\left(\frac{\pi}{2}-x\right)$ ersetzt werden.

Danach differenziert man formal mit der Kettenregel. Zwischen der Kosinusfunktion und der Sinusfunktion besteht die Beziehung $\cos\left(\frac{\pi}{2}-x\right)=\sin x$.

Man erhält $f'(x)=-\sin x$ als Ableitung der Kosinusfunktion für jedes $x\in\mathbb{R}$. Da dieser Definitionsbereich $\mathbb{R}$ mit dem Definitionsbereich $D(f)=\mathbb{R}$ übereinstimmt, gilt: $D'(f)=D(f)=\mathbb{R}\Rightarrow D(f')=\mathbb{R}$.

$$f(x)=\cos x=\sin\left(\frac{\pi}{2}-x\right)=g[h(x)]$$

▶ $g(z)=\sin z \Rightarrow g'(z)=\underline{\cos z};\ z\in\mathbb{R}$

▶ $h(x)=\frac{\pi}{2}-x \Rightarrow h'(x)=\underline{-1};\ x\in\mathbb{R}$

$$f'(x)=g'(z)\cdot h'(x)$$

$$=\cos z\cdot(-1) \quad ▶\ z=\frac{\pi}{2}-x$$

$$=-\cos\left(\frac{\pi}{2}-x\right) \quad ▶\ \cos\left(\frac{\pi}{2}-x\right)=\sin x$$

$$=\underline{-\sin x;\ x\in\mathbb{R}}$$

$$\Rightarrow \underline{\underline{f': f'(x)=-\sin x;\ D(f')=\mathbb{R}}}$$

Merke:

$f: f(x)=\sin x;\ D(f)=\mathbb{R} \Rightarrow f': f'(x)=\cos x;\quad D(f')=\mathbb{R}$

$f: f(x)=\cos x;\ D(f)=\mathbb{R} \Rightarrow f': f'(x)=-\sin x;\ D(f')=\mathbb{R}$

Beispiele: Untersuchen Sie die Differenzierbarkeit der nachstehenden Funktionen, bei denen Sinus- und Kosinusfunktionen mit anderen Funktionen verknüpft und verkettet sind, und bilden Sie gegebenenfalls die Ableitung.

● $f\colon f(x)=\sin^n x;\ D(f)=\mathbb{R};\ n\in\mathbb{N}^*$

Die Funktion f kann als Verkettung $f=g\circ h$ aufgefaßt werden.

Entsprechend dem im Kapitel „Potenzregel" beschriebenen Verfahren wird die Funktion f formal mit der Kettenregel abgeleitet. Man erhält dann für $f'(x)$ einen Term, der für $x\in\mathbb{R}$ definiert ist. Da $\mathbb{R}$ mit dem Definitionsbereich $D(f)=\mathbb{R}$ der Funktion f übereinstimmt, gilt:

$D'(f)=D(f)=\mathbb{R}\Rightarrow D(f')=\mathbb{R}.$

$f(x)=\sin^n x=(\sin x)^n=g[h(x)]$

▶ $g(z)=z^n\Rightarrow g'(z)=\underline{n\cdot z^{n-1}};\ z\in\mathbb{R}$

▶ $h(x)=\sin x\Rightarrow h'(x)=\underline{\cos x};\ x\in\mathbb{R}$

$$\begin{aligned}f'(x)&=g'(z)\cdot h'(x)\\&=n\cdot z^{n-1}\cdot\cos x \quad \blacktriangleright\ z=\sin x\\&=n\cdot\sin^{n-1}x\cdot\cos x;\ x\in\mathbb{R}\end{aligned}$$

$\underline{\underline{f'\colon f'(x)=n\cdot\sin^{n-1}x\cdot\cos x;\ D(f')=\mathbb{R};\ n\in\mathbb{N}^*}}$

● $f\colon f(x)=\sin x\cdot\cos x;\ D(f)=\mathbb{R}$

Nach formaler Ableitung der Funktion $f=u\cdot v$ mit der Produktregel erhält für $f'(x)$ einen Term, der für $x\in\mathbb{R}$ definiert ist.

Da dieser Definitionsbereich $\mathbb{R}$ mit dem Definitionsbereich $D(f)=\mathbb{R}$ der Funktion f übereinstimmt, gilt:

$D'(f)=D(f)=\mathbb{R}\Rightarrow D(f')=\mathbb{R}.$

Wegen $\cos^2 x-\sin^2 x=\cos(2x)$ läßt sich der Ableitungsterm vereinfachen.

$f(x)=\sin x\cdot\cos x=u(x)\cdot v(x)$

▶ $u(x)=\underline{\sin x}\Rightarrow u'(x)=\underline{\cos x};\ x\in\mathbb{R}$

▶ $v(x)=\underline{\cos x}\Rightarrow v'(x)=\underline{-\sin x};\ x\in\mathbb{R}$

$$\begin{aligned}f'(x)&=u'(x)\cdot v(x)+u(x)\cdot v'(x)\\&=\cos x\cdot\cos x+\sin x\cdot(-\sin x);\ x\in\mathbb{R}\\&=\cos^2 x-\sin^2 x\\&=\cos(2x);\ x\in\mathbb{R}\end{aligned}$$

$\underline{\underline{f'\colon f'(x)=\cos(2x);\ D(f')=\mathbb{R}}}$

● $f\colon f(x)=\dfrac{\ln x}{\sin x};\ D(f)=\mathbb{R}_+^*\setminus\{k\pi\,|\,k\in\mathbb{Z}\}$

Nach formaler Ableitung der Funktion $f=\dfrac{u}{v}$ mit der Quotientenregel ergibt sich für $f'(x)$ ein Term, der für alle $x\in\mathbb{R}_+^*\setminus\{k\pi\,|\,k\in\mathbb{Z}\}$ definiert ist.

Da diese Menge $\mathbb{R}_+^*\setminus\{k\pi\,|\,k\in\mathbb{Z}\}$ mit $D(f)=\mathbb{R}_+^*\setminus\{k\pi\,|\,k\in\mathbb{Z}\}$ der Funktion f übereinstimmt, gilt:

$D'(f)=D(f)=\mathbb{R}_+^*\setminus\{k\pi\,|\,k\in\mathbb{Z}\}$
$\Rightarrow D(f')=\mathbb{R}_+^*\setminus\{k\pi\,|\,k\in\mathbb{Z}\}.$

$f(x)=\dfrac{\ln x}{\sin x}=\dfrac{u(x)}{v(x)}$

▶ $u(x)=\underline{\ln x}\Rightarrow u'(x)=\dfrac{1}{x};\ x\in\mathbb{R}_+^*$

▶ $v(x)=\underline{\sin x}\Rightarrow v'(x)=\underline{\cos x};\ x\in\mathbb{R}$

$$\begin{aligned}f'(x)&=\frac{u'(x)\cdot v(x)-u(x)\cdot v'(x)}{[v(x)]^2}\\&=\frac{\frac{1}{x}\cdot\sin x-\ln x\cdot\cos x}{\sin^2 x}\\&=\frac{1}{x\cdot\sin x}-\frac{\ln x\cdot\cos x}{\sin^2 x};\ x\in\mathbb{R}_+^*\setminus\{k\pi\,|\,k\in\mathbb{Z}\}\end{aligned}$$

$\underline{\underline{f'\colon f'(x)=\dfrac{1}{x\cdot\sin x}-\dfrac{\ln x\cdot\cos x}{\sin^2 x};\ D'(f)=\mathbb{R}_+^*\setminus\{k\pi\,|\,k\in\mathbb{Z}\}}}$

● f: $f(x)=\ln(\cos x)$; $D(f)=?$

Die Funktion f ist wegen $g(z)=\ln z$ für $z\in\mathbb{R}_+^*$ und wegen $z=\cos x$ für $\cos x>0$ definiert. $D(f)$ ist daher die Vereinigung aller Intervalle $\left(-\frac{\pi}{2}+k\cdot 2\pi;\ \frac{\pi}{2}+k\cdot 2\pi\right)$ mit $k\in\mathbb{Z}$.

$f(x)=\ln(\cos x)$ ▶ $D(f)=?$

$\left(-\frac{\pi}{2}+k\cdot 2\pi;\ \frac{\pi}{2}+k\cdot 2\pi\right)$ mit $k\in\mathbb{Z}$

$$\Rightarrow \ldots\left(-\frac{\pi}{2};\frac{\pi}{2}\right)\cup\left(\frac{3}{2}\pi;\frac{5}{2}\pi\right)\cup\left(\frac{7}{2}\pi;\frac{9}{2}\pi\right)\ldots.$$

Dafür schreibt man abgekürzt:

$$D(f)=\bigcup_{k\in\mathbb{Z}}\left(-\frac{\pi}{2}+k\cdot 2\pi;\frac{\pi}{2}+k\cdot 2\pi\right).$$

f kann als Verkettung $g\circ h$ aufgefaßt werden. Nach formaler Ableitung mit der Kettenregel erhält man für $f'(x)$ einen Term, dessen Definitionsbereich mit $D(f)$ übereinstimmt. Daher gilt:

$$D'(f)=D(f)=\bigcup_{k\in\mathbb{Z}}\left(-\frac{\pi}{2}+k\cdot 2\pi;\frac{\pi}{2}+k\cdot 2\pi\right)$$

$$\Rightarrow D(f')=\bigcup_{k\in\mathbb{Z}}\left(-\frac{\pi}{2}+k\cdot 2\pi;\frac{\pi}{2}+k\cdot 2\pi\right).$$

$f(x)=\ln(\cos x)=g[h(x)]$

▶ $g(z)=\ln z \Rightarrow g'(z)=\underline{\frac{1}{z}}$; $z\in\mathbb{R}_+^*$

▶ $h(x)=\cos x \Rightarrow h'(x)=\underline{-\sin x}$; $x\in\mathbb{R}$

$$\begin{aligned} f'(x)&=g'(z)\cdot h'(x)\\ &=\frac{1}{z}\cdot(-\sin x) \quad ▶ \ z=\cos x\\ &=\frac{-\sin x}{\cos x};\ x\in\bigcup_{k\in\mathbb{Z}}\left(-\frac{\pi}{2}+k\cdot 2\pi;\frac{\pi}{2}+k\cdot 2\pi\right)\\ &=-\tan x \end{aligned}$$

$$\underline{\underline{f'\colon f'(x)=-\tan x;\ D(f')=\bigcup_{k\in\mathbb{Z}}\left(-\frac{\pi}{2}+k\cdot 2\pi;\frac{\pi}{2}+k\cdot 2\pi\right)}}$$

● f: $f(x)=\sin\sqrt{x^2-4}$; $D(f)=\mathbb{R}\setminus(-2;2)$

Die Funktion f kann als Verkettung $g\circ h\circ i$ aufgefaßt werden.

Nach formaler Ableitung mit der Kettenregel erhält man für $f'(x)$ einen Term, der für $x\in\mathbb{R}\setminus[-2;2]$ definiert ist. Da $\mathbb{R}\setminus[-2;2]$ nicht mit $D(f)=\mathbb{R}\setminus(-2;2)$ übereinstimmt, müssen die Stellen $x_1=-2$ und $x_2=2$ also noch gesondert auf Differenzierbarkeit untersucht werden.

f: $f(x)=\sin\sqrt{x^2-4}=g\{h[i(x)]\}$

▶ $g(z)=\sin z \Rightarrow g'(z)=\underline{\cos z}$; $z\in\mathbb{R}$

▶ $h(t)=\sqrt{t} \Rightarrow h'(t)=\underline{\frac{1}{2\sqrt{t}}}$; $t\in\mathbb{R}_+^*$

▶ $i(x)=x^2-4 \Rightarrow i'(x)=\underline{2x}$; $x\in\mathbb{R}$

$$\begin{aligned} f'(x)&=g'(z)\cdot h'(t)\cdot i'(x)\\ &=\cos z\cdot\frac{1}{2\sqrt{t}}\cdot 2x \quad ▶ \ z=\sqrt{x^2-4};\ t=x^2-4\\ &=\cos\sqrt{x^2-4}\cdot\frac{1}{2\sqrt{x^2-4}}\cdot 2x\\ &=\frac{x\cdot\cos\sqrt{x^2-4}}{\sqrt{x^2-4}};\ x\in\mathbb{R}\setminus[-2;2] \end{aligned}$$

$$\underline{\underline{f'\colon f'(x)=\frac{x\cdot\cos\sqrt{x^2-4}}{\sqrt{x^2-4}};\ D(f')=\mathbb{R}\setminus[-2;2]}}$$

Bei dieser komplizierten Funktion wird die Differenzierbarkeit an den Stellen -2 und 2 mit Hilfe der Graphen $G(f)$ und $G(f')$ im Bereich $\mathbb{R}\setminus[-2;2]$ ermittelt.

In den Punkten $P_1\langle -2|0\rangle$ und $P_2\langle 2|0\rangle$ verlaufen die Tangenten an den Graphen $G(f)$ offenbar senkrecht. Das wird auch durch den Graphen $G(f')$ im Bereich $\mathbb{R}\setminus[-2;2]$ bestätigt. $f'(x)$ strebt nämlich offensichtlich für $x\to -2$ mit $x<-2$ gegen $-\infty$ und für $x\to 2$ mit $x>2$ gegen ∞.
Die Funktion f ist somit an den Stellen $x_1=-2$ und $x_2=2$ nicht differenzierbar. Das würde eine Rechnung bestätigen. Damit gilt: $D=D'(f)=D(f')=\mathbb{R}\setminus[-2;2]$.

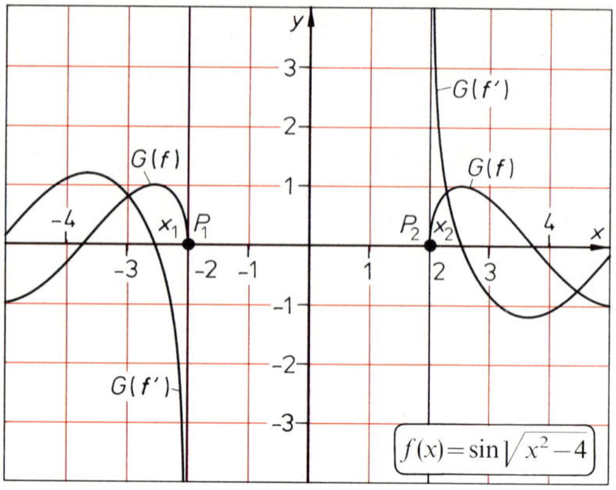

● f: $f(x)=x^3\cdot\cos\frac{1}{x^2}$; $D(f)=\mathbb{R}^*$

Die Funktion f kann als Verknüpfung $u\cdot v$ aufgefaßt werden, wobei die Teilfunktion v als Verkettung $g\circ h$ betrachtet wird.

Nach formaler Ableitung der Teilfunktion v mit der Kettenregel und der Funktion f mit der Produktregel erhält man für $f'(x)$ einen Term, der für $x\in\mathbb{R}^*$ definiert ist. Da die Menge $\mathbb{R}^*$ mit $D(f)=\mathbb{R}^*$ übereinstimmt, gilt für den Differenzierbarkeitsbereich der Funktion f:

$D'(f)=D(f)=\mathbb{R}^*\Rightarrow D(f')=\mathbb{R}^*$.

$f(x)=x^3\cdot\cos\frac{1}{x^2}=u(x)\cdot v(x)$

► $u(x)=\underline{x^3}\Rightarrow u'(x)=\underline{3x^2}$; $x\in\mathbb{R}$

► $v(x)=\underline{\cos\frac{1}{x^2}}=g[h(x)]$

► $g(z)=\cos z\Rightarrow g'(z)=\underline{-\sin z}$; $z\in\mathbb{R}$

► $h(x)=\frac{1}{x^2}\Rightarrow h'(x)=\underline{\frac{-2}{x^3}}$; $x\in\mathbb{R}^*$

$$\begin{aligned}v'(x)&=g'(z)\cdot h'(x)\\&=-\sin z\cdot\frac{-2}{x^3}\quad ►\ z=\frac{1}{x^2}\\&=\underline{\underline{\frac{2}{x^3}\sin\frac{1}{x^2}}};\ x\in\mathbb{R}^*\end{aligned}$$

$$\begin{aligned}f'(x)&=u'(x)\cdot v(x)+u(x)\cdot v'(x)\\&=3x^2\cdot\cos\frac{1}{x^2}+x^3\cdot\frac{2}{x^3}\sin\frac{1}{x^2};\ x\in\mathbb{R}^*\\&=\underline{\underline{3x^2\cdot\cos\frac{1}{x^2}+2\cdot\sin\frac{1}{x^2};\ D(f')=\mathbb{R}^*}}\end{aligned}$$

● f: $f(x)=e^{ax}\cdot\sin(bx)$; $D(f)=\mathbb{R}$

Die Funktion f kann man als Verknüpfung $u\cdot v$ betrachten, während die Teilfunktionen u und v jeweils als verkettete Funktionen aufgefaßt werden können. Nach formaler Ableitung mit der Kettenregel und mit der Produktregel erhält man für $f'(x)$ einen Term, der für $x\in\mathbb{R}$ definiert ist.

Da dieser Definitionsbereich $\mathbb{R}$ mit $D(f)$ übereinstimmt, gilt:

$D'(f)=D(f)=\mathbb{R}\Rightarrow D(f')=\mathbb{R}$.

$f(x)=e^{ax}\cdot\sin(bx)=u(x)\cdot v(x)$

► $u(x)=\underline{e^{ax}}\Rightarrow u'(x)=\underline{a\cdot e^{ax}}$; $x\in\mathbb{R}$

► $v(x)=\underline{\sin(bx)}\Rightarrow v'(x)=\underline{b\cdot\cos(bx)}$; $x\in\mathbb{R}$

$$\begin{aligned}f'(x)&=u'(x)\cdot v(x)+u(x)\cdot v'(x)\\&=a\cdot e^{ax}\cdot\sin(bx)+e^{ax}\cdot b\cdot\cos(bx);\ x\in\mathbb{R}\\&=\underline{\underline{e^{ax}[a\cdot\sin(bx)+b\cdot\cos(bx)];\ D(f')=\mathbb{R}}}\end{aligned}$$

● $f\colon f(x)=\dfrac{3x^2\cdot\sin x}{x^2+1}$; $D(f)=\mathbb{R}$

Die Funktion f wird als Verknüpfung $\frac{u}{v}$ betrachtet, wobei die Teilfunktion u als Verknüpfung $r\cdot t$ aufgefaßt wird.

Nach formaler Ableitung der Funktion u mit der Produktregel und anschließender Ableitung der Funktion f mit der Quotientenregel ergibt sich für $f'(x)$ einen Term, der für $x\in\mathbb{R}$ definiert ist.

Da die Menge $\mathbb{R}$ mit dem Definitionsbereich $D(f)=\mathbb{R}$ der Funktion f übereinstimmt, gilt für den Differenzierbarkeitsbereich:

$D'(f)=D(f)=\mathbb{R} \Rightarrow D(f')=\mathbb{R}$.

$$f(x)=\frac{3x^2\cdot\sin x}{x^2+1}=\frac{u(x)}{v(x)}$$

► $u(x)=\underline{3x^2\cdot\sin x}=r(x)\cdot t(x)$

► $r(x)=\underline{3x^2} \Rightarrow r'(x)=\underline{6x}$; $x\in\mathbb{R}$

► $t(x)=\underline{\sin x} \Rightarrow t'(x)=\underline{\cos x}$; $x\in\mathbb{R}$

$$\begin{aligned}u'(x)&=r'(x)\cdot t(x)+r(x)\cdot t'(x)\\&=\underline{6x\cdot\sin x+3x^2\cdot\cos x};\ x\in\mathbb{R}\end{aligned}$$

► $v(x)=\underline{x^2+1} \Rightarrow v'(x)=\underline{2x}$; $x\in\mathbb{R}$

$$\begin{aligned}f'(x)&=\frac{u'(x)\cdot v(x)-u(x)\cdot v'(x)}{[v(x)]^2}\\&=\frac{[6x\cdot\sin x+3x\cdot\cos x]\cdot(x^2+1)-3x^2\cdot\sin x\cdot 2x}{(x^2+1)^2}\\&=\underline{\underline{\frac{6x\cdot\sin x+3x^2(x^2+1)\cos x}{(x^2+1)^2};\ D(f')=\mathbb{R}}}\end{aligned}$$

Problem: Entwickeln Sie Regeln zur Differentiation der Tangensfunktion und der Kotangensfunktion.

● $f\colon f(x)=\tan x$; $D(f)=\mathbb{R}\setminus\left\{\frac{\pi}{2}+k\pi \,\middle|\, k\in\mathbb{Z}\right\}$

Man kann die Tangensfunktion als Quotient aus Sinusfunktion und Kosinusfunktion und damit als Verknüpfung $\frac{u}{v}$ auffassen.

Nach formaler Ableitung mit der Quotientenregel erhält für $f'(x)$ einen Term, der für $x\in\mathbb{R}\setminus\left\{\frac{\pi}{2}+k\pi \,\middle|\, k\in\mathbb{Z}\right\}$ definiert ist. Da die Menge $\mathbb{R}\setminus\left\{\frac{\pi}{2}+k\pi \,\middle|\, k\in\mathbb{Z}\right\}$ mit $D(f)=\mathbb{R}\setminus\left\{\frac{\pi}{2}+k\pi \,\middle|\, k\in\mathbb{Z}\right\}$ übereinstimmt, gilt:

$D'(f)=D(f)=\mathbb{R}\setminus\left\{\frac{\pi}{2}+k\pi \,\middle|\, k\in\mathbb{Z}\right\}$

$\Rightarrow D(f')=\mathbb{R}\setminus\left\{\frac{\pi}{2}+k\pi \,\middle|\, k\in\mathbb{Z}\right\}$.

$$f(x)=\tan x=\frac{\sin x}{\cos x}=\frac{u(x)}{v(x)}$$

► $u(x)=\underline{\sin x} \Rightarrow u'(x)=\underline{\cos x}$; $x\in\mathbb{R}$

► $v(x)=\underline{\cos x} \Rightarrow v'(x)=\underline{-\sin x}$; $x\in\mathbb{R}$

$$\begin{aligned}f'(x)&=\frac{u'(x)\cdot v(x)-u(x)\cdot v'(x)}{[v(x)]^2}\\&=\frac{\cos x\cdot\cos x-\sin x\cdot(-\sin x)}{\cos^2 x}\\&=\frac{\cos^2 x+\sin^2 x}{\cos^2 x}\end{aligned}$$

► $\cos^2 x+\sin^2 x=1$

► $\dfrac{\cos^2 x+\sin^2 x}{\cos^2 x}=\dfrac{\cos^2 x}{\cos^2 x}+\dfrac{\sin^2 x}{\cos^2 x}=1+\tan^2 x$

$$\begin{aligned}f'(x)&=\underline{\frac{1}{\cos^2 x};\ x\in\mathbb{R}\setminus\left\{\frac{\pi}{2}+k\pi \,\middle|\, k\in\mathbb{Z}\right\}}\\&=\underline{1+\tan^2 x;\ x\in\mathbb{R}\setminus\left\{\frac{\pi}{2}+k\pi \,\middle|\, k\in\mathbb{Z}\right\}}\end{aligned}$$

$$\underline{\underline{\Rightarrow f'\colon f'(x)=\frac{1}{\cos^2 x}=1+\tan^2 x;\ D(f')=\mathbb{R}\setminus\left\{\frac{\pi}{2}+k\pi \,\middle|\, k\in\mathbb{Z}\right\}}}$$

● f: $f(x) = \cot x$; $D(f) = \mathbb{R} \setminus \{k\pi \mid k \in \mathbb{Z}\}$

Die Kotangensfunktion kann als Quotient aus Kosinusfunktion und Sinusfunktion und damit ebenfalls als Verknüpfung $\frac{u}{v}$ aufgefaßt werden.

Nach formaler Ableitung von f mit der Quotientenregel erhält für $f'(x)$ einen Term, der für $x \in \mathbb{R} \setminus \{k\pi \mid k \in \mathbb{Z}\}$ definiert ist. Da die Menge $\mathbb{R} \setminus \{k\pi \mid k \in \mathbb{Z}\}$ mit $D(f) = \mathbb{R} \setminus \{k\pi \mid k \in \mathbb{Z}\}$ übereinstimmt, gilt für den Differenzierbarkeitsbereich der Funktion f:

$D'(f) = D(f) = \mathbb{R} \setminus \{k\pi \mid k \in \mathbb{Z}\}$
$\Rightarrow D(f') = \mathbb{R} \setminus \{k\pi \mid k \in \mathbb{Z}\}$.

$$f(x) = \cot x = \frac{\cos x}{\sin x} = \frac{u(x)}{v(x)}$$

▶ $u(x) = \underline{\cos x} \Rightarrow u'(x) = \underline{-\sin x}$; $x \in \mathbb{R}$

▶ $v(x) = \underline{\sin x} \Rightarrow v'(x) = \underline{\cos x}$; $x \in \mathbb{R}$

$$f'(x) = \frac{(-\sin x) \cdot \sin x - \cos x \cdot \cos x}{\sin^2 x} = \frac{-\sin^2 x - \cos^2 x}{\sin^2 x} = \frac{-(\sin^2 x + \cos^2 x)}{\sin^2 x}$$

▶ $\sin^2 x + \cos^2 x = 1$

▶ $\frac{-(\sin^2 x + \cos^2 x)}{\sin^2 x} = -\left(\frac{\sin^2 x}{\sin^2 x} + \frac{\cos^2 x}{\sin^2 x}\right) = -(1 + \cot^2 x)$.

$$f'(x) = -\frac{1}{\sin^2 x}; \; x \in \mathbb{R} \setminus \{k\pi \mid k \in \mathbb{Z}\}$$
$$= -(1 + \cot^2 x); \; x \in \mathbb{R} \setminus \{k\pi \mid k \in \mathbb{Z}\}$$

$$\Rightarrow f': f'(x) = -\frac{1}{\sin^2 x} = -(1 + \cot^2 x); \; D(f') = \mathbb{R} \setminus \{k\pi \mid k \in \mathbb{Z}\}$$

Merke:

$$f: f(x) = \tan x; \; D(f) = \mathbb{R} \setminus \left\{\frac{\pi}{2} + k\pi \,\middle|\, k \in \mathbb{Z}\right\}$$
$$\Rightarrow f': f'(x) = \frac{1}{\cos^2 x} = 1 + \tan^2 x; \; D(f') = \mathbb{R} \setminus \left\{\frac{\pi}{2} + k\pi \,\middle|\, k \in \mathbb{Z}\right\}$$

$$f: f(x) = \cot x; \; D(f) = \mathbb{R} \setminus \{k\pi \mid k \in \mathbb{Z}\}$$
$$\Rightarrow f': f'(x) = -\frac{1}{\sin^2 x} = -(1 + \cot^2 x); \; D(f') = \mathbb{R} \setminus \{k\pi \mid k \in \mathbb{Z}\}$$

Beispiele: Untersuchen Sie die Differenzierbarkeit der nachstehenden Funktionen, bei denen Tangens- und Kotangensfunktionen mit anderen Funktionen verknüpft und verkettet sind, und bilden Sie gegebenenfalls die Ableitung.

● f: $f(x) = \frac{x^2 \cdot \tan x}{1 - x}$ mit

$D(f) = \mathbb{R} \setminus \left\{1; \frac{\pi}{2} + k\pi \,\middle|\, k \in \mathbb{Z}\right\}$

Die Funktion f wird aufgefaßt als Verknüpfung $\frac{u}{v}$, wobei die Teilfunktion u wiederum als Verknüpfung $r \cdot t$ betrachtet wird.

Entsprechend dem im Kapitel „Potenzregel" beschriebenen Verfahren leitet man

$$f: f(x) = \frac{x^2 \cdot \tan x}{1 - x} = \frac{u(x)}{v(x)}$$

▶ $u(x) = x^2 \cdot \tan x = r(x) \cdot t(x)$

▶ $r(x) = \underline{x^2} \Rightarrow r'(x) = \underline{2x}$; $x \in \mathbb{R}$

▶ $t(x) = \underline{\tan x}$

$$\Rightarrow t'(x) = \frac{1}{\cos^2 x}; \; x \in \mathbb{R} \setminus \left\{\frac{\pi}{2} + k\pi \,\middle|\, k \in \mathbb{Z}\right\}$$

die Funktion f formal mit Hilfe der Produktregel und der Quotientenregel ab. Man erhält dann für $f'(x)$ einen Term, der für $x \in \mathbb{R} \setminus \left\{1; \frac{\pi}{2}+k\pi \middle| k \in \mathbb{Z}\right\}$ definiert ist. Da dieser Bereich mit dem Definitionsbereich der Funktion f übereinstimmt, gilt für den Differenzierbarkeitsbereich der Funktion f:

$$D'(f)=D(f)=\mathbb{R} \setminus \left\{1; \frac{\pi}{2}+k\pi \middle| k \in \mathbb{Z}\right\}$$

$$\Rightarrow D(f')=\mathbb{R} \setminus \left\{1; \frac{\pi}{2}+k\pi \middle| k \in \mathbb{Z}\right\}.$$

$$u'(x)=r'(x)\cdot t(x)+r(x)\cdot t'(x)$$

$$=2x\cdot \tan x+x^2\cdot\frac{1}{\cos^2 x} \quad ▶ \tan x=\frac{\sin x}{\cos x}$$

$$=\frac{2x\cdot\sin x\cdot\cos x+x^2}{\cos^2 x} \quad ▶ 2\cdot\sin x\cdot\cos x=\sin(2x)$$

$$=\underline{\frac{x\cdot\sin(2x)+x^2}{\cos^2 x}}; \; x\in\mathbb{R}\setminus\left\{\frac{\pi}{2}+k\pi \middle| k\in\mathbb{Z}\right\}$$

▶ $v(x)=\underline{1-x} \Rightarrow v'(x)=\underline{-1}; \; x\in\mathbb{R}$

$$f'(x)=\frac{u'(x)\cdot v(x)-u(x)\cdot v'(x)}{[v(x)]^2}$$

$$=\frac{\frac{x\cdot\sin(2x)+x^2}{\cos^2 x}\cdot(1-x)-x^2\cdot\tan x\cdot(-1)}{(1-x)^2}$$

$$=\frac{\frac{x\cdot\sin(2x)+x^2(1-x)+x^2\cdot\tan x\cdot\cos^2 x}{\cos^2 x}}{(1-x)^2\cdot\cos^2 x}$$

$$=\frac{x\cdot\sin(2x)+x^2-x^2\cdot\sin(2x)-x^3+x^2\cdot\sin x\cdot\cos x}{(1-x)^2\cdot\cos^2 x}$$

$$=\underline{\underline{\frac{x^2-x^3+\sin(2x)\cdot(x-0{,}5x^2)}{(1-x)^2\cdot\cos^2 x}}}$$

- $f\colon f(x)=\dfrac{\tan x-\sin x}{x^3}$ mit

  $D(f)=\mathbb{R}\setminus\left\{0; \frac{\pi}{2}+k\pi \middle| k\in\mathbb{Z}\right\}$

Die Funktion f wird als Verknüpfung $\frac{u}{v}$ aufgefaßt.

Nach formaler Ableitung der Funktion f mit der Quotientenregel erhält man für $f'(x)$ einen Term mit dem Definitionsbereich $\mathbb{R}\setminus\left\{0; \frac{\pi}{2}+k\pi \middle| k\in\mathbb{Z}\right\}$. Da dieser Bereich mit dem Definitionsbereich der Funktion f übereinstimmt, gilt für den Differenzierbarkeitsbereich der Funktion f:

$$D'(f)=D(f)\setminus\left\{0; \frac{\pi}{2}+k\pi \middle| k\in\mathbb{Z}\right\}$$

$$\Rightarrow D(f')=\mathbb{R}\setminus\left\{0; \frac{\pi}{2}+k\pi \middle| k\in\mathbb{Z}\right\}.$$

$$f(x)=\frac{\tan x-\sin x}{x^3}=\frac{u(x)}{v(x)}$$

▶ $u(x)=\underline{\tan x-\sin x} \Rightarrow u'(x)=\underline{1+\tan^2 x-\cos x}$

▶ $v(x)=\underline{x^3} \Rightarrow v'(x)=\underline{3x^2}; \; x\in\mathbb{R}$

$$f'(x)=\frac{u'(x)\cdot v(x)-u(x)\cdot v'(x)}{[v(x)]^2}$$

$$=\frac{(1+\tan^2 x-\cos x)\,x^3-(\tan x-\sin x)\,3x^2}{x^6}$$

$$=\frac{x^3+x^3\cdot\tan^2 x-x^3\cdot\cos x-3x^2\cdot\tan x+3x^2\cdot\sin x}{x^6}$$

$$=\frac{x^2(x+x\cdot\tan^2 x-x\cdot\cos x-3\cdot\tan x+3\cdot\sin x)}{x^6}$$

$$=\underline{\underline{\frac{x+x\cdot\tan^2 x-x\cdot\cos x-3\cdot\tan x+3\cdot\sin x}{x^4}}}$$

● $f\colon f(x)=\dfrac{\cot x}{\sqrt{x^3}}$; $D(f)=\mathbb{R}_+^*\setminus\{k\pi \mid k\in\mathbb{Z}\}$

Die Funktion f wird als Verknüpfung $\dfrac{u}{v}$ aufgefaßt und formal mit der Quotientenregel abgeleitet.

Man erhält dann für $f'(x)$ einen Term, der für $x\in\mathbb{R}_+^*\setminus\{k\pi \mid k\in\mathbb{Z}\}$ definiert ist. Da dieser Bereich mit $D(f)=\mathbb{R}_+^*\setminus\{k\pi \mid k\in\mathbb{Z}\}$ übereinstimmt, gilt für den Differenzierbarkeitsbereich der Funktion f:

$D'(f)=D(f)=\mathbb{R}_+^*\setminus\{k\pi \mid k\in\mathbb{Z}\}$
$\Rightarrow D(f')=\mathbb{R}_+^*\setminus\{k\pi \mid k\in\mathbb{Z}\}$.

$$f(x)=\frac{\cot x}{\sqrt{x^3}}=\frac{u(x)}{v(x)}$$

► $u(x)=\underline{\cot x} \Rightarrow u'(x)=\underline{-1-\cot^2 x}$; $x\in\mathbb{R}\setminus\{k\pi \mid k\in\mathbb{Z}\}$

► $v(x)=\underline{\sqrt{x^3}} \Rightarrow v'(x)=\underline{\frac{3}{2}\sqrt{x}}$; $x\in\mathbb{R}_+$

$$f'(x)=\frac{u'(x)\cdot v(x)-u(x)\cdot v'(x)}{[v(x)]^2}$$
$$=\frac{(-1-\cot^2 x)\cdot\sqrt{x^3}-\cot x\cdot 1{,}5\sqrt{x}}{(\sqrt{x^3})^2}$$
$$=\underline{\underline{\frac{-(1+\cot^2 x)}{\sqrt{x^3}}-\frac{1{,}5\cot x}{\sqrt{x^5}};\ D(f')=\mathbb{R}_+^*\setminus\{k\pi \mid k\in\mathbb{Z}\}}}$$

● $f\colon f(x)=e^x\cdot\tan x$ mit
$D(f)=\mathbb{R}\setminus\left\{\frac{\pi}{2}+k\pi \,\middle|\, k\in\mathbb{Z}\right\}$

Leitet man die Funktion $f=u\cdot v$ mit der Produktregel formal ab, so erhält man für $f'(x)$ einen Term, der für $x\in\mathbb{R}\setminus\left\{\frac{\pi}{2}+k\pi \,\middle|\, k\in\mathbb{Z}\right\}$ definiert ist. Da dieser Bereich mit dem Definitionsbereich $D(f)$ übereinstimmt, gilt:

$D'(f)=D(f)=\mathbb{R}\setminus\left\{\frac{\pi}{2}+k\pi \,\middle|\, k\in\mathbb{Z}\right\}$

$\Rightarrow D(f')=\mathbb{R}\setminus\left\{\frac{\pi}{2}+k\pi \,\middle|\, k\in\mathbb{Z}\right\}$.

$$f(x)=e^x\cdot\tan x=u(x)\cdot v(x)$$

► $u(x)=\underline{e^x} \Rightarrow u'(x)=\underline{e^x}$; $x\in\mathbb{R}$

► $v(x)=\underline{\tan x} \Rightarrow v'(x)=\underline{1+\tan^2 x}$; $x\in\mathbb{R}\setminus\left\{\frac{\pi}{2}+k\pi \,\middle|\, k\in\mathbb{Z}\right\}$

$$f'(x)=u'(x)\cdot v(x)+u(x)\cdot v'(x)$$
$$=e^x\cdot\tan x+e^x\cdot(1+\tan^2 x)$$
$$=\underline{\underline{e^x(\tan^2 x+\tan x+1);\ D(f')=\mathbb{R}\setminus\left\{\frac{\pi}{2}+k\pi \,\middle|\, k\in\mathbb{Z}\right\}}}$$

● $f\colon f(x)=\dfrac{\tan x}{\sin x\cdot\sqrt{9-x^2}}$ mit
$D(f)=(-3;3)\setminus\left\{-\frac{\pi}{2};\frac{\pi}{2}\right\}$

Die Funktion f wird als Kehrwertfunktion $\dfrac{1}{r}$, die Funktion r als Verknüpfung $u\cdot v$ und die Teilfunktion v als Verkettung $g\circ h$ aufgefaßt.

Um die Kehrwertregel $f'(x)=\dfrac{r'(x)}{[r(x)]^2}$ anwenden zu können, muß die Ableitung $r'(x)$ gebildet werden.

$$f(x)=\frac{\tan x}{\sin x\sqrt{9-x^2}} \quad ►\ \tan x=\frac{\sin x}{\cos x}$$
$$=\frac{1}{\cos x\cdot\sqrt{9-x^2}}=\frac{1}{r(x)}$$

► $r(x)=\cos x\cdot\sqrt{9-x^2}=u(x)\cdot v(x)$

► $u(x)=\underline{\cos x} \Rightarrow u'(x)=\underline{-\sin x}$; $x\in\mathbb{R}$

► $v(x)=\sqrt{9-x^2}=g[h(x)]$

► $g(z)=\underline{\sqrt{z}} \Rightarrow g'(z)=\underline{\frac{1}{2\sqrt{z}}}$; $z\in\mathbb{R}_+^*$

► $h(x)=9-x^2 \Rightarrow h'(x)=\underline{-2x}$; $x\in\mathbb{R}$

Dazu leitet man zunächst $v(x)=g[h(x)]$ mit der Kettenregel und danach $r(x)=u(x)\cdot v(x)$ mit der Produktregel formal ab.

$$v'(x)=g'(z)\cdot h'(x)$$

$$=\frac{1}{2\sqrt{z}}\cdot(-2x) \quad \blacktriangleright \; z=9-x^2$$

$$=\frac{-x}{\sqrt{9-x^2}};\; x\in(-3;3)$$

$$\blacktriangleright\; r'(x)=u'(x)\cdot v(x)+u(x)\cdot v'(x)$$

$$=-\sin x\cdot\sqrt{9-x^2}+\cos x\cdot\frac{-x}{\sqrt{9-x^2}}$$

$$=\frac{-x\cdot\cos x}{\sqrt{9-x^2}}-\sin x\cdot\sqrt{9-x^2};\; x\in(-3;3)$$

Nach dieser formalen Ableitung wendet man die Kehrwertregel an und erhält dann für $f'(x)$ einen Term, der für die Menge $(-3;3)\setminus\left\{-\frac{\pi}{2};\frac{\pi}{2}\right\}$ definiert ist.

Da diese Menge mit dem Definitionsbereich $D(f)$ der Funktion f übereinstimmt, gilt für den Differenzierbarkeitsbereich der Funktion f:

$$D'(f)=D(f)=(-3;3)\setminus\left\{-\frac{\pi}{2};\frac{\pi}{2}\right\}$$

$$\Rightarrow D(f')=(-3;3)\setminus\left\{-\frac{\pi}{2};\frac{\pi}{2}\right\}.$$

$$f'(x)=\frac{-r'(x)}{[r(x)]^2}$$

$$=\frac{-\left(\frac{-x\cdot\cos x}{\sqrt{9-x^2}}-\sin x\cdot\sqrt{9-x^2}\right)}{(\cos x\cdot\sqrt{9-x^2})^2} \text{ mit } x\in(-3;3)\setminus\left\{-\frac{\pi}{2};\frac{\pi}{2}\right\}$$

$$=\frac{x}{\cos x\sqrt{(9-x^2)^3}}+\frac{\sin x}{\cos^2 x\sqrt{9-x^2}} \text{ mit}$$

$$D(f')=(-3;3)\setminus\left\{-\frac{\pi}{2};\frac{\pi}{2}\right\}$$

2.2.11 Differentiation von Arkusfunktionen

Arkusfunktionen

Zu einer Funktion f gibt es eine Umkehrfunktion, wenn zu verschiedenen Argumenten auch verschiedene Funktionswerte gehören, wenn also für alle $x_1 \neq x_2$ und $x_1; x_2 \in D(f)$ gilt: $f(x_1) \neq f(x_2)$. Die trigonometrischen Funktionen sin, cos, tan und cot sind sämtlich periodische Funktionen vom Typ $f: f(x+p)=f(x)$ mit $p \neq 0$. Solche Funktionen können daher als Funktion nicht auf ihrer gesamten Definitionsmenge umkehrbar sein. Andererseits ist jede Funktion eine Relation, und zu jeder Relation gibt es eine Umkehrrelation. Die Umkehrung einer trigonometrischen Funktion ist deshalb eine Relation.

In den Definitionsmengen der trigonometrischen Funktionen gibt es beliebig viele Intervalle, innerhalb derer die Funktionen streng monoton sind. Beschränkt man daher die trigonometrischen Funktionen auf solche Intervalle, so sind sie dort (als Funktionen) umkehrbar, denn jede streng monotone Funktion erfüllt das oben genannte Umkehrkriterium.

Problem: Untersuchen Sie, in welchen Intervallen die Sinusfunktion $g\colon g(x)=\sin x$ umkehrbar ist. Bilden Sie gegebenenfalls die entsprechende Umkehrfunktion g^{-1}, und zeichnen Sie die zugehörigen Graphen.

Die Sinusfunktion $g\colon g(x)=\sin x$ steigt z.B. in den Intervallen $\left[-\frac{5}{2}\pi;\,-\frac{3}{2}\pi\right]$, $\left[-\frac{\pi}{2};\frac{\pi}{2}\right]$, $\left[\frac{3}{2}\pi;\,\frac{5}{2}\pi\right]$ streng monoton und fällt, z.B. in den Intervallen $\left[-\frac{3}{2}\pi;\,-\frac{\pi}{2}\right]$, $\left[\frac{\pi}{2};\,\frac{3}{2}\pi\right]$, $\left[\frac{5}{2}\pi;\,\frac{7}{2}\pi\right]$ streng monoton. In jedem dieser Intervalle kann man also eine entsprechende Umkehrfunktion bilden.

$g\colon g(x)=\sin x$ mit $D(g)=\left[-\frac{\pi}{2};\frac{\pi}{2}\right]$ und $W(g)=[-1;1]$

Dies geschieht, indem man für diese Einschränkungen, z.B. für das Intervall $\left[-\frac{\pi}{2};\frac{\pi}{2}\right]$, den Wertebereich $W(g)=[-1;1]$ zum Definitionsbereich $D(g^{-1})$ einer Funktion $z\mapsto g^{-1}(z)$ macht.

$g(x)=\sin x$

▶ $W(g)=D(g^{-1})$ ▶ $g(x)=z;\ x=g^{-1}(z)$

▶ $z=\sin[g^{-1}(z)]$ ▶ Umkehrfunktion ▶ $g^{-1}(z)=?$

$g^{-1}(z)=\operatorname{arc}_0\sin z$ ▶ $z=x;\ g^{-1}=f_0$

▶ $f_0\colon f_0(x)=\operatorname{arc}_0\sin x;\ D(f_0)=[-1;1];\ W(f_0)=\left[-\frac{\pi}{2};\frac{\pi}{2}\right]$

Diese Umkehrfunktionen der Sinusfunktion in den einzelnen Intervallen heißen **Arkussinusfunktionen**. Betrachtet man den gesamten Definitionsbereich $\mathbb{R}$ der Sinusfunktion, so heißt die Umkehrung **Arkussinusrelation**. Man verwendet für sie die spezielle Schreibweise: $g\colon g(x)=\sin x \Rightarrow R\colon R(x)=\arcsin x$ (gelesen: „arkussinus x").

Da die Sinusfunktion in beliebig vielen Intervallen streng monoton steigt bzw. streng monoton fällt, existieren also auch beliebig viele Arkussinusfunktionen f_k, die alle den Definitionsbereich $D(f_k)=[-1;1]$ haben, aber verschiedene Wertebereiche $W(f_k)=\left[-\frac{\pi}{2}+k\pi;\,\frac{\pi}{2}+k\pi\right]$ mit $k\in\mathbb{Z}$ besitzen.

Die Graphen der Arkussinusfunktionen erhält man aus der Spiegelung des Graphen der Sinusfunktion an der Geraden (Winkelhalbierenden) mit der Gleichung $h(x)=x$ als Teilgraphen der Arkussinusrelation.

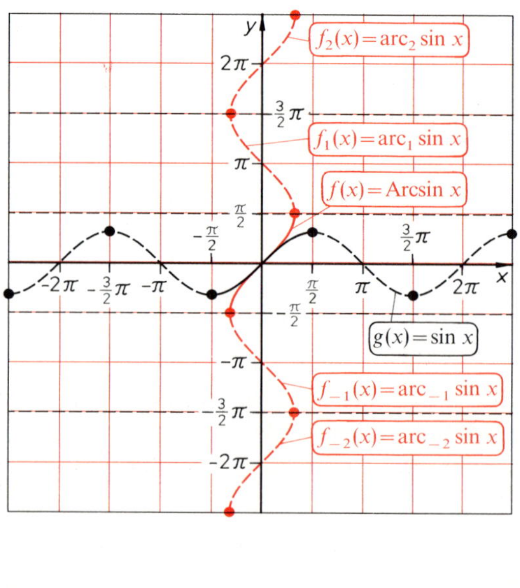

Es läßt sich zu jedem möglichen Wertebereich $W(f_k)=\left[-\frac{\pi}{2}+k\pi;\frac{\pi}{2}+k\pi\right]$ mit $k\in\mathbb{Z}$ eine besondere Arkussinusfunktion $f_k: f_k(x):=\operatorname{arc}_k \sin x$ angeben.

Für $k=0$, also für $W(f_0)=\left[-\frac{\pi}{2};\frac{\pi}{2}\right]$, gilt die besondere Schreibweise:

$f_0: f_0(x)=\operatorname{arc}_0 \sin x$ ► $f_0: f_0(x)=\operatorname{Arcsin} x$.

Die Funktionswerte der Arkussinusfunktion $f_0: f_0(x)=\operatorname{Arcsin} x$, also die Werte $f_0(x)\in\left[-\frac{\pi}{2};\frac{\pi}{2}\right]$, heißen **Hauptwerte**.

Alle anderen Funktionswerte

$f_k(x)\in\left[-\frac{\pi}{2}+k\pi;\frac{\pi}{2}+k\pi\right]$ mit $k\in\mathbb{Z}^*$

werden als **Nebenwerte** der Arkussinusrelation $R: R(x)=\arcsin x$ bezeichnet.

Hierbei ist $\operatorname{Arcsin} x$ der Winkel im Bogenmaß (Arkus) – also der Kreisbogen – dessen zugehöriger Sinuswert die Größe x hat ($\sin f_0(x)=x$).

Alle Funktionswerte der Funktionen $f_k: f_k(x)=\operatorname{arc}_k \sin x$ lassen sich auf entsprechende Funktionswerte der Funktion $f_0: f_0(x)=\operatorname{Arcsin} x$ zurückführen.

$W(f_{-2})=\left[-\frac{5}{2}\pi;-\frac{3}{2}\pi\right]$ ► $f_{-2}(x)=\operatorname{Arcsin} x-2\pi$
$=\operatorname{arc}_{-2} \sin x$

$W(f_{-1})=\left[-\frac{3}{2}\pi;-\frac{\pi}{2}\right]$ ► $f_{-1}(x)=-\operatorname{Arcsin} x-\pi$
$=\operatorname{arc}_{-1} \sin x$

$W(f_0)=\left[-\frac{\pi}{2};\frac{\pi}{2}\right]$ ► $f_0(x)=\operatorname{Arcsin} x$
$=\operatorname{arc}_0 \sin x$

$W(f_1)=\left[\frac{\pi}{2};\frac{3}{2}\pi\right]$ ► $f_1(x)=-\operatorname{Arcsin} x+\pi$
$=\operatorname{arc}_1 \sin x$

$W(f_2)=\left[\frac{3}{2}\pi;\frac{5}{2}\pi\right]$ ► $f_2(x)=\operatorname{Arcsin} x+2\pi$
$=\operatorname{arc}_2 \sin x$

$W(f_k)=\left[-\frac{\pi}{2}+k\pi;\frac{\pi}{2}+k\pi\right]$ und $x\in[-1;1]$

► $f_k(x)=\begin{cases} \operatorname{Arcsin} x+k\pi;\ k\in\mathbb{Z} \text{ und } k \text{ gerade} \\ -\operatorname{Arcsin} x+k\pi;\ k\in\mathbb{Z} \text{ und } k \text{ ungerade}\end{cases}$

$=\operatorname{arc}_k \sin x$

$k=0$ ► $W(f_0)=\left[-\frac{\pi}{2};\frac{\pi}{2}\right]$
$\Rightarrow f_0(x)=\operatorname{arc}_0 \sin x=\operatorname{Arcsin} x$
$\Rightarrow f_0(x)\in\left[-\frac{\pi}{2};\frac{\pi}{2}\right]$ ► Hauptwerte von $\arcsin x$
$k\in\mathbb{Z}^*$ ► $W(f_k)=\left[-\frac{\pi}{2}+k\pi;\frac{\pi}{2}+k\pi\right]$
$\Rightarrow f_k(x)=\operatorname{arc}_k \sin x$
$\Rightarrow f_k(x)\in\left[-\frac{\pi}{2}+k\pi;\frac{\pi}{2}+k\pi\right]$ ► Nebenwerte von $\arcsin x$

Problem: Prüfen Sie, in welchen Intervallen die Funktionen $g: g(x)=\cos x$, $g: g(x)=\tan x$ und $g: g(x)=\cot x$ als Funktionen umkehrbar sind, und bilden Sie gegebenenfalls entsprechende Umkehrfunktionen. Bestimmen Sie Definitions- sowie Wertebereiche, und zeichnen Sie die Graphen.

- $g: g(x)=\cos x$ mit $D(g)=[0;\pi]$ und $W(g)=[-1;1]$

Wie die Sinusfunktion hat auch die Kosinusfunktion $g: g(x)=\cos x$ beliebig viele Intervalle, in denen sie streng monoton steigt (z. B. in den Intervallen $[-\pi;0]$ und $[\pi;2\pi]$)

$g(x)=\cos x$
► $W(g)=D(g^{-1})$ ► $g(x)=z;\ x=g^{-1}(z)$
► $z=\cos[g^{-1}(z)]$ ► Umkehrfunktion ► $g^{-1}(z)=?$
$g^{-1}(z)=\operatorname{arc}_0 \cos z$ ► $z=x;\ g^{-1}=f_0$
► $f_0: f_0(x)=\operatorname{arc}_0 \cos x;\ D(f_0)=[-1;1];\ W(f_0)=[0;\pi]$

oder streng monoton fällt (z. B. in den Intervallen $[-2\pi; -\pi]$ und $[0; \pi]$). Zu jedem dieser Intervalle kann man daher eine entsprechende Umkehrfunktion bilden, wenn der Wertebereich $W(g)=[-1; 1]$ jeweils zum Definitionsbereich $D(g^{-1})$ einer neuen Funktion g^{-1} gemacht wird.

Diese Umkehrfunktionen der Kosinusfunktion in den einzelnen Intervallen heißen **Arkuskosinusfunktionen**. Betrachtet man den gesamten Definitionsbereich $\mathbb{R}$ der Kosinusfunktion, so handelt es sich bei der Umkehrung um die **Arkuskosinusrelation**.

Man verwendet für sie die spezielle Schreibweise:

$g: g(x)=\cos x \Rightarrow R: R(x)=\arccos x$

(gelesen: „arkuskosinus x").

Da die Kosinusfunktion in beliebig vielen Intervallen streng monoton steigt bzw. streng monoton fällt, existieren also auch beliebig viele Arkuskosinusfunktionen f_k, die den Definitionsbereich $D(f_k)=[-1; 1]$ haben, jedoch verschiedene Wertebereiche besitzen, nämlich $W(f_k)=[k\pi; \pi+k\pi]$ mit $k \in \mathbb{Z}$. Zu jedem möglichen Wertebereich läßt sich eine besondere Arkuskosinusfunktion $f_k: f_k(x):=\mathrm{arc}_k \cos x$ angeben.

Für $k=0$, also für $W(f_k)=[0; \pi]$, gilt die besondere Schreibweise:

$f_0: f_0(x)=\mathrm{arc}_0 \cos x$ ► $f_0: f_0(x)=\mathrm{Arccos}\, x$.

Die Funktionswerte $f_0(x) \in [0; \pi]$ der Arkuskosinusfunktion $f_0: f_0(x)=\mathrm{Arccos}\, x$ heißen **Hauptwerte**. Alle anderen Funktionswerte $f_k(x) \in [k\pi; \pi+k\pi]$ mit $k \in \mathbb{Z}^*$ werden als **Nebenwerte** der Arkuskosinusrelation $R: R(x)=\arccos x$ bezeichnet.

Hierbei ist $\mathrm{Arccos}\, x$ der Winkel im Bogenmaß (Arkus), also der Kreisbogen, dessen zugehöriger Kosinuswert die Größe x hat ($\cos f_0(x)=x$).

Alle Funktionswerte der Funktionen $f_k: f_k(x)=\mathrm{arc}_k \cos x$ lassen sich auf entsprechende Funktionswerte der Funktion $f_0: f_0(x)=\mathrm{Arccos}\, x$ zurückführen.

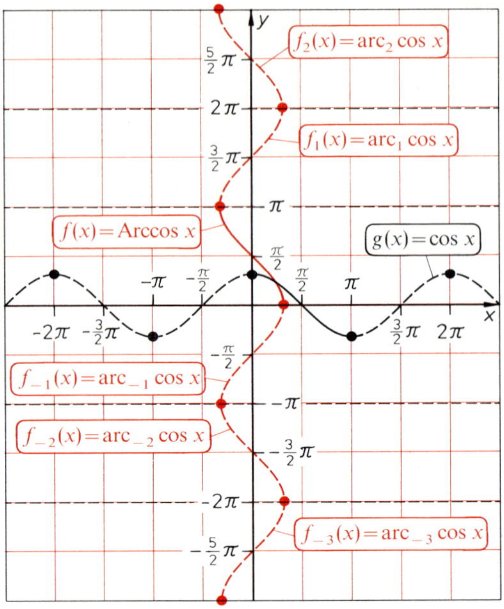

$W(f_{-2})=[-2\pi; -\pi]$ ► $f_{-2}(x)=\mathrm{Arccos}\, x-2\pi$
$=\mathrm{arc}_{-2} \cos x$

$W(f_{-1})=[-\pi; 0]$ ► $f_{-1}(x) = -\mathrm{Arccos}\, x$
$=\mathrm{arc}_{-1} \cos x$

$W(f_0)=[0; \pi]$ ► $f_0(x) = \mathrm{Arccos}\, x$
$=\mathrm{arc}_0 \cos x$

$W(f_1)=[\pi; 2\pi]$ ► $f_1(x) = -\mathrm{Arccos}\, x+2\pi$
$=\mathrm{arc}_1 \cos x$

$W(f_2)=[2\pi; 3\pi]$ ► $f_2(x) = \mathrm{Arccos}\, x+2\pi$
$=\mathrm{arc}_2 \cos x$

$W(f_k)=[k\pi; \pi+k\pi]$ und $x \in [-1; 1]$

$$\blacktriangleright\ f_k(x)=\begin{cases} \mathrm{Arccos}\, x+k\pi;\ k \in \mathbb{Z} \text{ und } k \text{ gerade} \\ -\mathrm{Arccos}\, x+(k+1)\pi;\ k \in \mathbb{Z} \text{ und } k \text{ ungerade} \end{cases}$$

$=\mathrm{arc}_k \cos x$

$k=0$ ► $W(f_0)=[0; \pi]$
$\Rightarrow f_0(x)=\mathrm{arc}_0 \cos x=\mathrm{Arccos}\, x$
$\Rightarrow f_0(x) \in [0; \pi]$ ► Hauptwerte von $\arccos x$

$k \in \mathbb{Z}^*$ ► $W(f_k)=[k\pi; \pi+k\pi]$
$\Rightarrow f_k(x)=\mathrm{arc}_k \cos x$
$\Rightarrow f_k(x) \in [k\pi; \pi+k\pi]$ ► Nebenwerte von $\arccos x$

- $g\colon g(x)=\tan x$ mit $D(g)=\left(-\frac{\pi}{2};\frac{\pi}{2}\right)$ und $W(g)=\mathbb{R}$

Die Tangensfunktion ist in beliebig vielen Intervallen $\left(-\frac{\pi}{2}+k\pi;\frac{\pi}{2}+k\pi\right)$ mit $k\in\mathbb{Z}$ definiert, in denen sie stets streng monoton steigt. Für jedes dieser Intervalle kann man daher eine Umkehrfunktion bilden, indem man den zum Intervall gehörenden Wertebereich $W(g)=\mathbb{R}$ zum Definitionsbereich $D(g^{-1})$ einer Umkehrfunktion g^{-1} macht.

Die Umkehrfunktionen der Tangensfunktion in den einzelnen Intervallen heißen **Arkustangensfunktionen**. Betrachtet man dagegen den gesamten Definitionsbereich der Tangensfunktion, so ist die Umkehrung eine Relation (**Arkustangensrelation**), für die eine spezielle Schreibweise verwendet wird:

$g\colon g(x)=\tan x \Rightarrow R\colon R(x)=\arctan x$

(gelesen: „arkustangens x").

Da die Tangensfunktion in beliebig vielen Intervallen streng monoton steigt, existieren also auch beliebig viele Arkustangensfunktionen f_k, die alle den Definitionsbereich $D(f_k)=\mathbb{R}$ haben, aber verschiedene Wertebereiche $W(f_k)=\left(-\frac{\pi}{2}+k\pi;\ \frac{\pi}{2}+k\pi\right)$ mit $k\in\mathbb{Z}$ besitzen. Zu jedem möglichen Wertebereich läßt sich eine besondere Arkustangensfunktion $f_k\colon f_k(x){:=}\operatorname{arc}_k \tan x$ angeben. Für $k=0$, also für $W(f_0)=\left(-\frac{\pi}{2};\frac{\pi}{2}\right)$, gilt die besondere Schreibweise:

$f_0\colon f_0(x)=\operatorname{arc}_0\tan x$ ► $f_0\colon f_0(x)=\operatorname{Arctan} x$.

Die Funktionswerte $f_0(x)\in\left(-\frac{\pi}{2};\frac{\pi}{2}\right)$ der Arkustangensfunktion $f_0\colon f_0(x)=\operatorname{Arctan} x$ heißen **Hauptwerte**. Alle anderen Funktionswerte $f_k(x)\in\left(-\frac{\pi}{2}+k\pi;\frac{\pi}{2}+k\pi\right)$ mit $k\in\mathbb{Z}^*$ werden als **Nebenwerte** der Arkustangensrelation $R\colon R(x)=\arctan x$ bezeichnet. Hierbei ist $\operatorname{Arctan} x$ der Winkel im Bogenmaß (Arkus) – also der Kreisbogen – des-

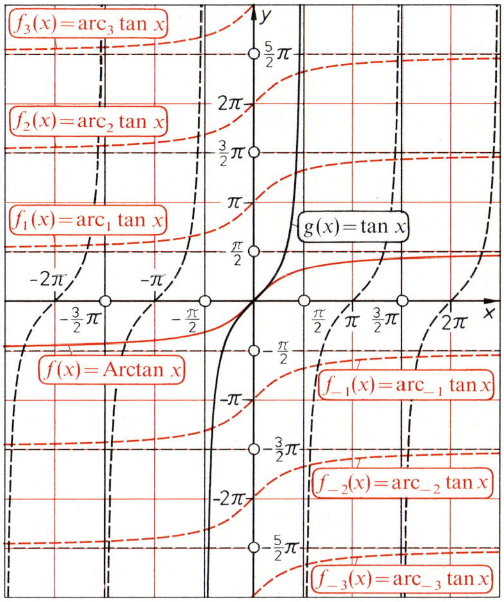

$g\colon g(x)=\tan x;\ D(g)=\left(-\frac{\pi}{2};\frac{\pi}{2}\right);\ W(g)=\mathbb{R}$

$\Rightarrow f_0\colon f_0(x)=\operatorname{arc}_0\tan x;\ D(f_0)=\mathbb{R};\ W(f_0)=\left(-\frac{\pi}{2};\frac{\pi}{2}\right)$

$W(f_{-2})=\left(-\frac{5}{2}\pi;\ -\frac{3}{2}\pi\right)$ ► $f_{-2}(x)=\operatorname{Arctan} x-2\pi$
$=\operatorname{arc}_{-2}\tan x$

$W(f_{-1})=\left(-\frac{3}{2}\pi;\ -\frac{\pi}{2}\right)$ ► $f_{-1}(x)=\operatorname{Arctan} x-\pi$
$=\operatorname{arc}_{-1}\tan x$

$W(f_0)=\left(-\frac{\pi}{2};\frac{\pi}{2}\right)$ ► $f_0(x)=\operatorname{Arctan} x$
$=\operatorname{arc}_0\tan x$

$W(f_1)=\left(\frac{\pi}{2};\frac{3}{2}\right)$ ► $f_2(x)=\operatorname{Arctan} x+\pi$
$=\operatorname{arc}_1\tan x$

$W(f_2)=\left(\frac{3}{2}\pi;\frac{5}{2}\pi\right)$ ► $f_2(x)=\operatorname{Arctan} x+2\pi$
$=\operatorname{arc}_2\tan x$

$W(f_k)=\left(-\frac{\pi}{2}+k\pi;\frac{\pi}{2}+k\pi\right)$ und $x\in\mathbb{R}$

► $f_k(x)=\operatorname{Arctan} x+k\pi;\ k\in\mathbb{Z}$
$=\operatorname{arc}_k\tan x$

sen zugehöriger Tangenswert die Größe x hat ($\tan f_0(x) = x$).

Alle Funktionswerte der Funktionen $f_k: f_k(x) = \text{arc}_k \tan x$ lassen sich auf entsprechende Funktionswerte der Funktion $f_0: f_0(x) = \text{Arctan } x$ zurückführen.

● $g: g(x) = \cot x$; $D(g) = (0; \pi)$; $W(g) = \mathbb{R}$

Die Kotangensfunktion ist in beliebig vielen offenen Intervallen $(k\pi; \pi + k\pi)$ mit $k \in \mathbb{Z}$ definiert, in denen sie stets streng monoton fällt und in denen man jeweils eine Umkehrfunktion bilden kann. Dazu macht man den zum Intervall gehörenden Wertebereich $W(g) = \mathbb{R}$ zum Definitionsbereich $D(g^{-1})$ einer Umkehrfunktion g^{-1}.

Die Umkehrfunktionen der Kotangensfunktion in den einzelnen Intervallen heißen **Arkuskotangensfunktionen**. Betrachtet man dagegen den gesamten Definitionsbereich der Kotangensfunktion, so ist die Umkehrung eine Relation (**Arkuskotangensrelation**), für die eine spezielle Schreibweise:

$g: g(x) = \cot x \Rightarrow R: R(x) = \text{arccot } x$

(gelesen: „arkuskotangens x") verwendet wird.

Da die Kotangensfunktion in beliebig vielen Intervallen streng monoton fällt, existieren also auch beliebig viele Arkuskotangensfunktionen f_k, die alle den Definitionsbereich $D(f_k) = \mathbb{R}$ haben, jedoch verschiedene Wertebereiche $W(f_k) = (k\pi; \pi + k\pi)$ für $k \in \mathbb{Z}$ besitzen. Zu jedem möglichen Wertebereich läßt sich eine besondere Arkuskotangensfunktion $f_k: f_k(x) := \text{arc}_k \cot x$ angeben.

Für $k = 0$, also für $W(f_0) = (0; \pi)$, gilt die besondere Schreibweise:

$f_0: f_0(x) = \text{arc}_0 \cot x$ ► $f_0: f_0(x) = \text{Arccot } x$.

$k = 0$ ► $W(f_0) = \left(-\frac{\pi}{2}; \frac{\pi}{2}\right)$

$\Rightarrow f_0(x) = \text{arc}_0 \tan x = \text{Arctan } x$

$\Rightarrow f_0(x) \in \left(-\frac{\pi}{2}; \frac{\pi}{2}\right)$ ► Hauptwerte von arctan x

$k \in \mathbb{Z}^*$ ► $W(f_k) = \left(-\frac{\pi}{2} + k\pi; \frac{\pi}{2} + k\pi\right)$

$\Rightarrow f_k(x) = \text{arc}_k \tan x$

$\Rightarrow f_k(x) \in \left(-\frac{\pi}{2} + k\pi; \frac{\pi}{2} + k\pi\right)$ ► Nebenwerte von arctan x

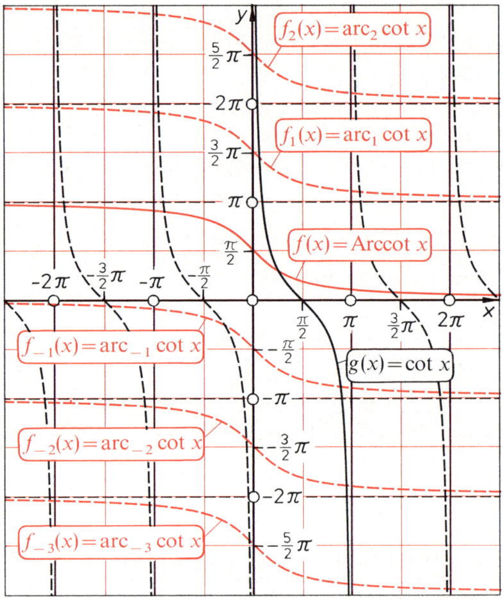

$g: g(x) = \cot x$; $D(g) = (0; \pi)$; $W(g) = \mathbb{R}$

$\Rightarrow f_0: f_0(x) = \text{arc}_0 \cot x$; $D(f_0) = \mathbb{R}$; $W(f_0) = (0; \pi)$

$W(f_{-2}) = (-2\pi; -\pi)$ ► $f_{-2}(x) = \text{Arccot } x - 2\pi = \text{arc}_{-2} \cot x$

$W(f_{-1}) = (-\pi; 0)$ ► $f_{-1}(x) = \text{Arccot } x - \pi = \text{arc}_{-1} \cot x$

$W(f_0) = (0; \pi)$ ► $f_0(x) = \text{Arccot } x = \text{arc}_0 \cot x$

$W(f_1) = (\pi; 2\pi)$ ► $f_1(x) = \text{Arccot } x + \pi = \text{arc}_1 \cot x$

$W(f_2) = (2\pi; 3\pi)$ ► $f_2(x) = \text{Arccot } x + 2\pi = \text{arc}_2 \cot x$

Die Funktionswerte $f_0(x) \in (0; \pi)$ der Arkuskotangensfunktion $f_0: f_0(x) = \text{Arccot}\, x$ heißen **Hauptwerte**. Alle anderen Funktionswerte $f_k(x) \in (k\pi;\ \pi + k\pi)$ mit $k \in \mathbb{Z}^*$ werden als **Nebenwerte** der Arkuskotangensrelation $R: R(x) = \text{arccot}\, x$ bezeichnet.

Hierbei ist arccot x der Winkel im Bogenmaß (Arkus) – also der Kreisbogen – dessen zugehöriger Kotangenswert die Größe x hat ($\cot f_0(x) = x$).

Alle Funktionswerte der Funktionen $f_k: f_k(x) = \text{arc}_k \cot x$ lassen sich auf entsprechende Funktionswerte der Funktion $f_0: f_0(x) = \text{Arccot}\, x$ zurückführen.

$W(f_k) = (k\pi; \pi + k\pi)$ und $x \in \mathbb{R}$

▶ $f_k(x) = \text{Arccot}\, x + k\pi;\ k \in \mathbb{Z}$

$= \text{arc}_k \cot x$

$k = 0$ ▶ $W(f_0) = (0; \pi)$
$\Rightarrow f_0(x) = \text{arc}_0 \cot x = \text{Arccot}\, x$
$\Rightarrow f_0(x) \in (0; \pi)$ ▶ Hauptwerte von arccot x

$k \in \mathbb{Z}^*$ ▶ $W(f_k) = (k\pi; \pi + k\pi)$
$\Rightarrow f_k(x) = \text{arc}_k \cot x$
$\Rightarrow f_k(x) \in (k\pi; \pi + k\pi)$ ▶ Nebenwerte von arccot x

Merke:

Unter den Hauptwerten und den Nebenwerten der Arkusrelationen werden die folgenden Funktionswerte verstanden:

- Hauptwerte der Arkusrelationen:

$f_0: f_0(x) = \text{arc}_0 \sin x = \text{Arcsin}\, x;\ D(f_0) = [-1; 1];\ W(f_0) = \left[-\frac{\pi}{2}; \frac{\pi}{2}\right]$

$f_0: f_0(x) = \text{arc}_0 \cos x = \text{Arccos}\, x;\ D(f_0) = [-1; 1];\ W(f_0) = [0; \pi]$

$f_0: f_0(x) = \text{arc}_0 \tan x = \text{Arctan}\, x;\ D(f_0) = \mathbb{R};\ W(f_0) = \left(-\frac{\pi}{2}; \frac{\pi}{2}\right)$

$f_0: f_0(x) = \text{arc}_0 \cot x = \text{Arccot}\, x;\ D(f_0) = \mathbb{R};\ W(f_0) = (0; \pi)$

- Nebenwerte der Arkusrelationen:

$$f_k: f_k(x) = \text{arc}_k \sin x = \begin{cases} \text{Arcsin}\, x + k\pi;\ k \in \mathbb{Z}^* \text{ und } k \text{ gerade} \\ -\text{Arcsin}\, x + k\pi;\ k \in \mathbb{Z}^* \text{ und } k \text{ ungerade} \end{cases};\ D(f_k) = [-1; 1] \text{ und } W(f_k) = \left[-\frac{\pi}{2} + k\pi; \frac{\pi}{2} + k\pi\right]$$

$$f_k: f_k(x) = \text{arc}_k \cos x = \begin{cases} \text{Arccos}\, x + k\pi;\ k \in \mathbb{Z}^* \text{ und } k \text{ gerade} \\ -\text{Arcsin}\, x + (k+1)\pi;\ k \in \mathbb{Z}^* \text{ und } k \text{ ungerade} \end{cases};\ D(f_k) = [-1; 1] \text{ und } W(f_k) = [k\pi; \pi + k\pi]$$

$f_k: f_k(x) = \text{arc}_k \tan x = \text{Arctan}\, x + k\pi;\ k \in \mathbb{Z}^*;\ D(f_k) = \mathbb{R};\ W(f_k) = \left(-\frac{\pi}{2} + k\pi; \frac{\pi}{2} + k\pi\right)$

$f_k: f_k(x) = \text{arc}_k \cot x = \text{Arccot}\, x + k\pi;\ k \in \mathbb{Z}^*;\ D(f_k) = \mathbb{R};\ W(f_k) = (k\pi; \pi + k\pi)$

Anmerkung:

- Die Funktionswerte der Arkusfunktionen lassen sich aus zugehörigen unendlichen Reihen, Tabellen oder mit Computerprogrammen ermitteln. Taschenrechner enthalten die Hauptwerte der Arkusfunktionen in der Regel festprogrammiert mit den Bezeichnungen „$\sin^{-1}$", „$\cos^{-1}$" und „$\tan^{-1}$". Die Arkuskotangensfunktion ist meistens nicht verfügbar, so daß deren Funktionswerte aus der Beziehung $\operatorname{Arccot} x = \frac{\pi}{2} - \operatorname{Arctan} x$ ermittelt werden müssen.
- Auch bei Funktionen der Typen $f: f(x) = \operatorname{Arcsin} g(x)$ und $f: f(x) = \operatorname{Arccos} g(x)$ bzw. $f: f(x) = \operatorname{Arctan} g(x)$ und $f: f(x) = \operatorname{Arccot} g(x)$ spricht man häufig noch von Arkusfunktionen (im weiteren Sinne), obwohl es sich dabei genauer um die Verkettung einer Funktion g mit einer Arkusfunktion (im engeren Sinne) handelt.

Wegen der zwischen den trigonometrischen Funktionen und den Arkusfunktionen bestehenden Beziehungen kann man mit Hilfe der Arkusfunktionen oft Gleichungen, die trigonometrische Funktionen enthalten, nach der gesuchten Größe umstellen und lösen.

Gegeben: $z \in [-1; 1]$ ▶ Gesucht: Lösung für x

- $\sin x = z$ und $x \in [0; 0{,}5\pi] \Rightarrow x_0 = \operatorname{Arcsin} z$

Beispiel: $\sin x = 0{,}81$ und $x \in [0; 0{,}5\pi]$

$$\Rightarrow x_0 = \operatorname{Arcsin} 0{,}81 = \underline{\underline{0{,}9442}}$$

- $\cos x = z$ und $x \in [\pi; 1{,}5\pi] \Rightarrow x_0 = \operatorname{arc}_1 \cos z$

Beispiel: $\cos x = 0{,}345$ und $x \in [\pi; 1{,}5\pi]$

$$\Rightarrow x_0 = \operatorname{arc}_1 \cos 0{,}345 = -\operatorname{Arccos} 0{,}345 + 2\pi = 5{,}0646$$

$\Rightarrow 5{,}0646 \notin [\pi; 1{,}5\pi]$ ▶ keine Lösung

Gegeben: $z \in \mathbb{R}$ ▶ Gesucht: Lösung für x

- $\tan x = z$ und $x \in (-0{,}5\pi; 1{,}5\pi)$

$$\Rightarrow x_0 = \operatorname{Arctan} z$$
$$x_1 = \operatorname{arc}_1 \tan z$$

Beispiel: $\tan x = 247$ und $x \in (-0{,}5\pi; 1{,}5\pi)$

$$\Rightarrow x_0 = \operatorname{Arctan} 247 = \underline{\underline{1{,}5667}}$$

$$x_1 = \operatorname{arc}_1 \tan 247 = \operatorname{Arctan} 247 + \pi = \underline{\underline{4{,}7083}}$$

- $\cot x = z$ und $x \in (0; \pi) \Rightarrow x_0 = \operatorname{Arccot} z$

Beispiel: $\cot x = 0{,}93$ und $x \in (0; \pi)$

$$\Rightarrow x_0 = \operatorname{Arccot} 0{,}93 = 0{,}5\pi - \operatorname{Arctan} 0{,}93 = \underline{\underline{0{,}8217}}$$

Zwischen den Hauptwerten der Arkusfunktionen bestehen mathematische Zusammenhänge. Oft benötigte Beziehungen sind in der nachstehenden Aufstellung zusammengefaßt.

$\text{Arcsin}(-x) = -\text{Arcsin}\, x$	$\text{Arccos}(-x) = \pi - \text{Arccos}\, x$
$\text{Arctan}(-x) = -\text{Arctan}\, x$	$\text{Arccot}(-x) = \pi - \text{Arccot}\, x$

$\text{Arcsin}\, x =$	$\text{Arccos}\, x =$	$\text{Arctan}\, x =$	$\text{Arccot}\, x =$
$\frac{\pi}{2} - \text{Arccos}\, x$	$\frac{\pi}{2} - \text{Arcsin}\, x$	$\frac{\pi}{2} - \text{Arccot}\, x$	$\frac{\pi}{2} - \text{Arctan}\, x$
$\text{Arccos}\sqrt{1-x^2};\ x \in [0;\, 1]$	$\text{Arcsin}\sqrt{1-x^2};\ x \in [0;\, 1]$	$\text{Arcsin}\frac{x}{\sqrt{1+x^2}};\ x \in \mathbb{R}$	$\text{Arcsin}\frac{1}{\sqrt{1+x^2}};\ x \in \mathbb{R}_+$
$\text{Arctan}\frac{x}{\sqrt{1-x^2}};\ x \in (-1;\, 1)$	$\text{Arctan}\frac{\sqrt{1-x^2}}{x};\ x \in (0;\, 1]$	$\text{Arccos}\frac{1}{\sqrt{1+x^2}};\ x \in \mathbb{R}_+$	$\text{Arccos}\frac{x}{\sqrt{1+x^2}};\ x \in \mathbb{R}$
$\text{Arccot}\frac{\sqrt{1-x^2}}{x};\ x \in (0;\, 1]$	$\text{Arccot}\frac{x}{\sqrt{1-x^2}};\ x \in (-1;\, 1)$	$\text{Arccot}\frac{1}{x};\ x \in \mathbb{R}_+^*$	$\text{Arctan}\frac{1}{x};\ x \in \mathbb{R}_+^*$

Beispiel: Bestimmen Sie für die Funktion $f: f(x) = 0{,}5 \cdot \text{Arctan}(20x - 5) + 2 \cdot \cos(x+2)$ im Intervall $(-2{,}5 \cdot \pi;\ 2{,}5 \cdot \pi)$ die Schnittpunkte des Graphen mit den Achsen, und zeichnen Sie den Graphen.

Zur Berechnung des Schnittpunktes mit der y-Achse setzt man in der Funktionsgleichung für x den Wert Null und berechnet den zugehörigen $f(x)$-Wert. Man erhält dann den Schnittpunkt $P\langle 0 | -1{,}51899\rangle$.

$f(x) = 0{,}5 \cdot \text{Arctan}(20x - 5) + 2 \cdot \cos(x+2)$ ► 0 für x

$$f(x) = 0{,}5 \cdot \text{Arctan}(-5) + 2 \cdot \cos 2 = \underline{\underline{-1{,}51899}}$$

► $P\langle 0 | -1{,}51899\rangle$ ► Schnittpunkt mit der y-Achse

Nullstellen einer Funktion werden berechnet, indem man in der Funktionsgleichung für $f(x)$ den Wert Null setzt und die Gleichung löst. Das geschieht in diesem Falle mit Hilfe eines Computerprogramms zur Bestimmung von Nullstellen. Man erhält die Nullstellen x_1 bis x_5.

$f(x) = 0{,}5 \cdot \text{Arctan}(20x - 5) + 2 \cdot \cos(x+2)$ ► $f(x) = 0$

$$0 = 0{,}5 \cdot \text{Arctan}(20x - 5) + 2 \cdot \cos(x+2)$$

$$\Rightarrow x_1 = \underline{\underline{-7{,}11411}} \qquad x_2 = \underline{\underline{-3{,}17120}}$$

$$x_3 = \underline{\underline{-0{,}82011}} \qquad x_4 = \underline{\underline{2{,}31540}}$$

$$x_5 = \underline{\underline{6{,}25528}}$$

Der Graph der Funktion wird mit Hilfe einer Wertetabelle oder mit einem Computerprogramm gezeichnet.

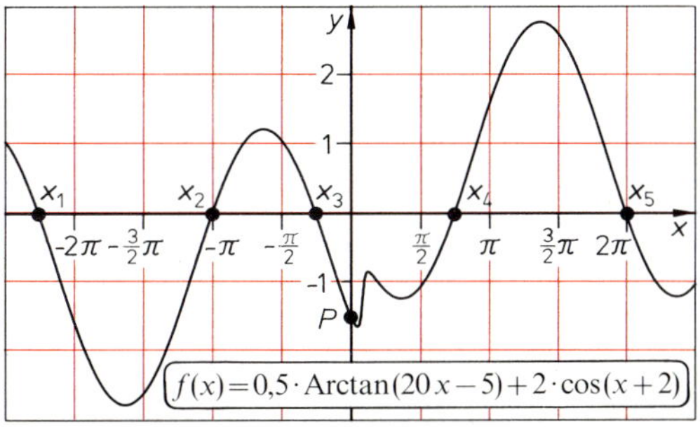

Differentiationsregeln

Problem: Entwickeln Sie aus den Ableitungsregeln für die Sinus- und Kosinusfunktionen entsprechende Regeln für die Differentiation der Funktionen $f: f(x) = \text{Arcsin}\, x$; $D(f) = [-1; 1]$ und $f: f(x) = \text{Arccos}\, x$; $D(f) = [-1; 1]$.

• $f: f(x) = \text{Arcsin}\, x$; $D(f) = [-1; 1]$;

Arkusfunktionen sind Umkehrfunktionen von trigonometrischen Funktionen und umgekehrt. Sie lassen sich daher mit Hilfe der Umkehrregel differenzieren.

Um den Term für $[f^{-1}]'(z)$ zu ermitteln, wird aus $f: f(x) = \text{Arcsin}\, x$ die Umkehrfunktion $f^{-1}: f^{-1}(z) = \sin z$ und deren Ableitung $[f^{-1}]'(z) = \cos z$ gebildet.

Nach Einsetzen von $\cos z$ für $[f^{-1}]'(z)$ ist es zweckmäßig, $\cos z$ durch $\sqrt{1-\sin^2 z}$ zu ersetzen. Man erhält dann den Term $[\sin(\text{Arcsin}\, x)]^2$, der aufgrund der Beziehungen zwischen Funktion und Umkehrfunktion vereinfacht werden kann:

$$f(x) = \text{Arcsin}\, x \Leftrightarrow x = \sin f(x)$$
$$x = \sin(\text{Arcsin}\, x)$$
$$\Rightarrow \sin^2(\text{Arcsin}\, x) = x^2.$$

$f: f(x) = \text{Arcsin}\, x$ ► Ausgangsfunktion

$f^{-1}: f^{-1}(x) = \sin z$ ► Umkehrfunktion

$[f^{-1}]'(z_0) = \dfrac{1}{f'(x_0)}$; $z_0 = f(x_0)$ ► Umkehrregel

$\Rightarrow f'(x_0) = \dfrac{1}{[f^{-1}]'(z_0)}$; $[f^{-1}]'(z_0) \neq 0$

$f^{-1}(z) = \sin z \Rightarrow [f^{-1}]'(z) = \cos z$; $z \in \mathbb{R}$

$f'(x) = \dfrac{1}{\cos z}$ ► $\cos z = \sqrt{1-\sin^2 z}$

$= \dfrac{1}{\sqrt{1-\sin^2 z}}$ ► $z = f(x) = \text{Arcsin}\, x$

$= \dfrac{1}{\sqrt{1-\sin^2(\text{Arcsin}\, x)}}$ ► $\sin^2(\text{Arcsin}\, x) = x^2$

$= \dfrac{1}{\sqrt{1-x^2}}$; $x \in (-1; 1)$

► $f': f'(x) = \dfrac{1}{\sqrt{1-x^2}}$; $D(f') = (-1; 1)$

Nach formaler Ableitung der Funktion f erhält man für $f'(x)$ einen Term, der für $x \in (-1; 1)$ definiert ist. Da $(-1; 1)$ nicht mit $D(f) = [-1; 1]$ übereinstimmt, müssen noch die Stellen $x_1 = -1$ und $x_2 = 1$ auf Differenzierbarkeit untersucht werden.

Mit Hilfe eines Computerprogramms stellt man fest, daß die Differenzenquotientenfunktionen s_{x_1} und s_{x_2} an der jeweiligen Stelle den uneigentlichen Grenzwert ∞ besitzen, d. h. die Funktion f ist dort nicht differenzierbar, und es gilt somit $D'(f) = D(f') = (-1; 1)$.

• $f: f(x) = \text{Arccos}\, x$; $D(f) = [-1; 1]$;

Die Arkuskosinusfunktion kann wie die Arkussinusfunktion mit der Umkehrregel abgeleitet werden.

Einfacher ergibt sich die Lösung aus der Beziehung: $\text{Arccos}\, x = \dfrac{\pi}{2} - \text{Arcsin}\, x$.

Mit Hilfe der Ableitungsregel für $\text{Arcsin}\, x$ läßt sich damit die Ableitungsregel für $\text{Arccos}\, x$ bilden.

$f(x) = \text{Arccos}\, x$ ► $\text{Arccos}\, x = \dfrac{\pi}{2} - \text{Arcsin}\, x$

$= \dfrac{\pi}{2} - \text{Arcsin}\, x$

$\Rightarrow f'(x) = 0 - \dfrac{1}{\sqrt{1-x^2}}$ $x \in (-1; 1)$

$= \dfrac{-1}{\sqrt{1-x^2}}$

► $f': f'(x) = \dfrac{-1}{\sqrt{1-x^2}}$; $D(f') = (-1; 1)$

Merke:

$$f: f(x) = \operatorname{Arcsin} x;\ D(f) = [-1;\ 1] \Rightarrow f': f'(x) = \frac{1}{\sqrt{1-x^2}};\ D(f') = (-1;\ 1)$$

$$f: f(x) = \operatorname{Arccos} x;\ D(f) = [-1;\ 1] \Rightarrow f': f'(x) = \frac{-1}{\sqrt{1-x^2}};\ D(f') = (-1;\ 1)$$

Beispiele: Häufig sind Arkusfunktionen mit anderen Funktionen verknüpft bzw. verkettet. Untersuchen Sie die Differenzierbarkeit der nachstehenden Funktionen, und bilden Sie gegebenenfalls die Ableitung.

- $f: f(x) = \operatorname{Arccos}\frac{2}{x};\ D(f) = \mathbb{R}\setminus(-2;\ 2)$

Da $\operatorname{Arccos} x$ das Definitionsintervall $[-1; 1]$ hat, muß der Term $\frac{2}{x}$ zwischen -1 und 1 liegen, und man erhält $x \in \mathbb{R}\setminus(-2;\ 2)$

Die Funktion f wird als Verkettung $g \circ h$ aufgefaßt und entsprechend dem im Kapitel „Potenzregel“ erläuterten Verfahren formal mit der Kettenregel abgeleitet. Man erhält dann für $f'(x)$ einen Term, der für $x \in \mathbb{R}\setminus[-2;\ 2]$ definiert ist. Da $\mathbb{R}\setminus[-2;\ 2]$ nicht mit dem Definitionsbereich $D(f) = \mathbb{R}\setminus(-2;\ 2)$ der Funktion f übereinstimmt, müssen die Randstellen $x \in \{-2;\ 2\}$ noch auf Differenzierbarkeit untersucht werden.

Verwendet in der Differenzenquotientenfunktion s_{x_0} für $f(x)$ den Funktionsterm $\operatorname{Arccos}\frac{2}{x}$, so erhält man mit Hilfe eines Computerprogramms an den Randstellen -2 und 2 jeweils den uneigentlichen Grenzwert ∞, d.h. die Funktion f ist dort nicht differenzierbar, und es gilt somit $D'(f) = D(f') = \mathbb{R}\setminus[-2;\ 2]$.

$$-1 \le \frac{2}{x} \le 1 \Rightarrow -1 \ge \frac{x}{2} \ge 1 \Rightarrow \frac{x}{2} \le -1$$

$$\Rightarrow x \le -2 \text{ und } \frac{x}{2} \ge 1 \Rightarrow x \ge 2$$

$$\Rightarrow x \in (-\infty;\ -2] \cup [2;\ \infty) \Rightarrow x \in \mathbb{R}\setminus(-2;\ 2).$$

$$f(x) = \operatorname{Arccos}\frac{2}{x} = g[h(x)]$$

► $g(z) = \operatorname{Arccos} z \Rightarrow g'(z) = \underline{\frac{-1}{\sqrt{1-z^2}}};\ z \in (-1;\ 1)$

► $h(x) = \frac{2}{x} \Rightarrow h'(x) = \underline{\frac{-2}{x^2}};\ x \in \mathbb{R}^*$

$$f'(x) = g'(z) \cdot h'(x)$$

$$= \frac{-1}{\sqrt{1-z^2}} \cdot \frac{-2}{x^2} \quad ► \ z = \frac{2}{x}$$

$$= \frac{2}{x^2 \cdot \sqrt{1 - \frac{4}{x^2}}}$$

$$= \frac{2}{\frac{x^2}{|x|}\sqrt{x^2-4}}$$

$$= \frac{2}{|x| \cdot \sqrt{x^2-4}};\ x \in \mathbb{R}\setminus[-2;\ 2]$$

► $f': f'(x) = \frac{2}{|x| \cdot \sqrt{x^2-4}};\ D(f') = \mathbb{R}\setminus[-2;\ 2]$

- $f: f(x) = \operatorname{Arcsin}\sqrt{x^3};\ D(f) = [0;\ 1]$

Die Funktion f wird als Verkettung $g \circ h$ aufgefaßt und formal mit der Kettenregel abgeleitet. Man erhält dann für $f'(x)$ einen Term, der für $x \in [0;\ 1)$ definiert ist. Da $[0;\ 1)$

$$f(x) = \operatorname{Arcsin}\sqrt{x^3} = g[h(x)]$$

► $g(z) = \operatorname{Arcsin} z \Rightarrow g'(z) = \underline{\frac{1}{\sqrt{1-z^2}}};\ z \in (-1;\ 1)$

► $h(x) = \sqrt{x^3} = x^{\frac{3}{2}} \Rightarrow h'(x) = \underline{\frac{3}{2}\sqrt{x}};\ x \in \mathbb{R}_+$

nicht mit $D(f)=[0;\,1]$ übereinstimmt, muß die Stelle $x_0=1$ gesondert auf Differenzierbarkeit untersucht werden.

Dazu verwendet man in der Differenzenquotientenfunktion für $f(x)$ den Funktionsterm Arcsin $\sqrt{x^3}$ und ermittelt mit einem Computerprogramm den linksseitigen Grenzwert an der Randstelle $x_0=1$. Da die Differenzenquotientenfunktion s_{x_0} dort den uneigentlichen Grenzwert ∞ besitzt, ist die Funktion f dort nicht differenzierbar, und es gilt somit $D'(f)=D(f')=[0;\,1)$.

$$f'(x)=g'(z)\cdot h'(x)$$
$$=\frac{1}{\sqrt{1-z^2}}\cdot\frac{3}{2}\sqrt{x} \quad ▶ \; z=\sqrt{x^3}$$
$$=\frac{3\sqrt{x}}{2\sqrt{1-(\sqrt{x^3})^2}}$$
$$=\frac{3\sqrt{x}}{2\sqrt{1-x^3}};\; x\in[0;\,1)$$

▶ $f'\colon f'(x)=\dfrac{3\sqrt{x}}{2\sqrt{1-x^3}};\; D(f')=[0;\,1)$

● $f\colon f(x)=\sin x\cdot\ln x\cdot\operatorname{Arcsin} x;\; D(f)=(0;\,1]$

Die Funktion f wird formal mit der Produktregel abgeleitet. Man erhält für $f'(x)$ einen Term, der für $x\in(0;\,1)$ definiert ist. Der Bereich $(0;\,1)$ stimmt nicht mit $D(f)=(0;\,1]$ überein, so daß die Stelle $x_0=1$ gesondert auf Differenzierbarkeit zu untersuchen ist.

Verwendet man in der Differenzenquotientenfunktion für $f(x)$ den Funktionsterm $\sin x\cdot\ln x\cdot\operatorname{Arcsin} x$, so erhält man mit einem Computerprogramm an der Randstelle $x_0=1$ den linksseitigen uneigentlichen Grenzwert $u_L=\infty$. Die Funktion f ist also dort nicht differenzierbar, und es gilt somit $D'(f)=D(f')=(0;\,1)$.

$$f(x)=\sin x\cdot\ln x\cdot\operatorname{Arcsin} x=u(x)\cdot v(x)\cdot w(x)$$

▶ $u(x)=\sin x \Rightarrow u'(x)=\cos x;\; x\in\mathbb{R}$

▶ $v(x)=\ln x \Rightarrow v'(x)=\dfrac{1}{x};\; x\in\mathbb{R}^*_+$

▶ $w(x)=\operatorname{Arcsin} x \Rightarrow w'(x)=\dfrac{1}{\sqrt{1-x^2}};\; x\in(-1;\,1)$

$$f'(x)=u'(x)\cdot v(x)\cdot w(x)+u(x)\cdot v'(x)\cdot w(x)+u(x)\cdot v(x)\cdot w'(x)$$
$$=\cos x\cdot\ln x\cdot\operatorname{Arcsin} x+\sin x\cdot\frac{1}{x}\cdot\operatorname{Arcsin} x+ +\sin x\cdot\ln x\cdot\frac{1}{\sqrt{1-x^2}}$$
$$=\cos x\cdot\ln x\cdot\operatorname{Arcsin} x+\frac{\sin x\cdot\operatorname{Arcsin} x}{x}+\frac{\sin x\cdot\ln x}{\sqrt{1-x^2}}$$

$$f'\colon f'(x)=\operatorname{Arcsin} x\left(\cos x\cdot\ln x+\frac{\sin x}{x}\right)+\frac{\sin x\cdot\ln x}{\sqrt{1-x^2}}$$

● $f\colon f(x)=\operatorname{Arcsin}\dfrac{x^2-1}{x^2+1};\; D(f)=\mathbb{R}$

Da Arcsin x das Definitionsintervall $[-1;\,1]$ hat, muß der Wert des Terms $\dfrac{x^2-1}{x^2+1}$ zwischen -1 und 1 liegen. Daraus folgt:

▶ $\dfrac{x^2-1}{x^2+1}\geq -1 \Rightarrow x^2-1\geq -x^2-1 \Rightarrow x^2\geq 0 \Rightarrow x\in\mathbb{R}$

▶ $\dfrac{x^2-1}{x^2+1}\leq 1 \Rightarrow x^2-1\leq x^2+1 \Rightarrow x\in\mathbb{R}$

Die Funktion f wird als Verkettung $g\circ h$ und die Teilfunktion h als Quotient $\dfrac{u}{v}$ aufgefaßt.

$$f\colon f(x)=\operatorname{Arcsin}\frac{x^2-1}{x^2+1}=g[h(x)]$$

▶ $g(z)=\operatorname{Arcsin} z \Rightarrow g'(z)=\dfrac{1}{\sqrt{1-z^2}};\; z\in(-1;\,1)$

▶ $h(x)=\dfrac{x^2-1}{x^2+1}=\dfrac{u(x)}{v(x)}$

▶ $u(x)=x^2-1 \Rightarrow u'(x)=2x;\; x\in\mathbb{R}$

▶ $v(x)=x^2+1 \Rightarrow v'(x)=2x;\; x\in\mathbb{R}$

$$h'(x)=\frac{u'(x)\cdot v(x)-u(x)\cdot v'(x)}{[v(x)]^2}$$
$$=\frac{2x(x^2+1)-(x^2-1)\cdot 2x}{(x^2+1)^2}$$
$$=\frac{4x}{(x^2+1)^2};\; x\in\mathbb{R}$$

Nach formaler Ableitung mit der Quotientenregel und mit der Kettenregel erhält man für $f'(x)$ einen Term, der für $x \in \mathbb{R}^*$ definiert ist. Da dieser Bereich $\mathbb{R}^*$ nicht mit $D(f)=\mathbb{R}$ übereinstimmt, muß man die Stelle $x_0=0$ gesondert auf Differenzierbarkeit untersuchen.

Man verwendet in der Differenzenquotientenfunktion für $f(x)$ den Funktionsterm $\operatorname{Arcsin} \frac{x^2-1}{x^2+1}$ und ermittelt mit einem Computerprogramm den linksseitigen und den rechtsseitigen Grenzwert an der Stelle $x_0=0$. Die Differenzenquotientenfunktion s_{x_0} hat dort den linksseitigen Grenzwert $g_L=-2$ und den rechtsseitigen Grenzwert $g_R=2$, d.h. an der Stelle $x_0=0$ liegt eine endliche Sprungstelle vor.

Die Funktion f ist dort also nicht differenzierbar, es gilt somit der Differenzierbarkeitsbereich $D'(f)=\mathbb{R}^* \Rightarrow D(f')=\mathbb{R}^*$.

Die Graphen $G(f)$ und $G(f')$ bestätigen diese Berechnungen.

$$f'(x)=g'(z)\cdot h'(x)$$

$$=\frac{1}{\sqrt{1-z^2}}\cdot\frac{4x}{(x^2+1)^2} \quad ▶ \; z=\frac{x^2-1}{x^2+1}$$

$$=\frac{4x}{(x^2+1)^2\cdot\sqrt{1-\left(\frac{x^2-1}{x^2+1}\right)^2}}$$

$$=\frac{4x}{(x^2+1)^2\sqrt{\frac{(x^2+1)^2-(x^2-1)^2}{(x^2+1)^2}}}$$

$$=\frac{4x}{(x^2+1)^2\cdot\sqrt{\frac{4x^2}{(x^2+1)^2}}}$$

$$=\frac{4x}{2(x^2+1)^2\cdot\frac{|x|}{|x^2+1|}} \quad ▶ \; |x^2+1|=x^2+1$$

$$=\frac{2x}{|x|\cdot(x^2+1)};\; x\in\mathbb{R}^* \quad ▶ \; \frac{x}{|x|}=\operatorname{sgn} x$$

$$=\frac{2\cdot\operatorname{sgn} x}{x^2+1};\; D(f')=\mathbb{R}^*$$

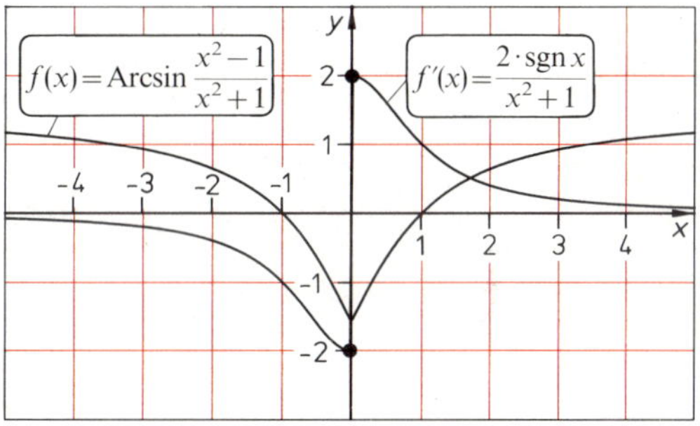

Problem: Entwickeln Sie mit Hilfe der Ableitungsregel für die Tangensfunktion entsprechende Regeln für die Differentiation der Funktionen $f\colon f(x)=\operatorname{Arctan} x;\; D(f)=\mathbb{R}$ sowie $f\colon f(x)=\operatorname{Arccot} x;\; D(f)=\mathbb{R}$.

- $f\colon f(x)=\operatorname{Arctan} x;\; D(f)=\mathbb{R}$

Die Funktionen $f\colon f(x)=\operatorname{Arctan} x$ bzw. $f\colon f(x)=\operatorname{Arccot} x$ sind Umkehrfunktionen der Tangensfunktion bzw. der Kotangensfunktion und umgekehrt. Sie lassen sich daher mit Hilfe der Umkehrregel differenzieren. Um $[f^{-1}]'(z)$ zu ermitteln, wird aus $f\colon f(x)=\operatorname{Arctan} x$ die Umkehrfunktion $f^{-1}\colon f^{-1}(z)=\tan z$ und deren Ableitung $[f^{-1}]'(z)=1+\tan^2 z$ gebildet.

$f\colon f(x)=\operatorname{Arctan} x$ ▶ Ausgangsfunktion

$f^{-1}\colon f^{-1}(z)=\tan z$ ▶ Umkehrfunktion

$[f^{-1}]'(z_0)=\frac{1}{f'(x_0)};\; z_0=f(x_0)$ ▶ Umkehrregel

$\Rightarrow f'(x_0)=\frac{1}{[f^{-1}]'(z_0)};\; [f^{-1}]'(z_0)\neq 0$

$f^{-1}(z)=\tan z \Rightarrow [f^{-1}]'(z)=1+\tan^2 z$

Nach Einsetzen von $1+\tan^2 z$ für $[f^{-1}]'(z)$ und Arctan x erhält man im Nenner den Term $\tan^2(\text{Arctan}\, x)$, der vereinfacht werden kann.

$$f'(x)=\frac{1}{1+\tan^2 z} \quad ▶ \; z=f(x)=\text{Arctan}\, x$$

$$=\frac{1}{1+\tan^2(\text{Arctan}\, x)}$$

Nach formaler Ableitung von f erhält man für $f'(x)$ einen Term, der für $x \in \mathbb{R}$ definiert ist. Da dieser Bereich $\mathbb{R}$ mit dem Definitionsbereich $D(f)=\mathbb{R}$ der Funktion f übereinstimmt, gilt:

$D'(f)=D(f)=\mathbb{R} \Rightarrow D(f')=\mathbb{R}$.

▶ $f(x)=\text{Arctan}\, x \Leftrightarrow x=\tan f(x)$

$$x=\tan(\text{Arctan}\, x)$$

$$\Rightarrow \tan^2(\text{Arctan}\, x)=x^2$$

$$f'(x)=\frac{1}{1+x^2};\; x \in \mathbb{R}$$

$$f' : f'(x)=\frac{1}{1+x^2};\; D(f')=\mathbb{R}$$

● $f : f(x)=\text{Arccot}\, x;\; D(f)=\mathbb{R}$

Die Arkuskotangensfunktion kann wie die Arkustangensfunktion mit der Umkehrregel abgeleitet werden. Einfacher ergibt sich die Ableitung aus der Beziehung:

Arccot $x=\frac{\pi}{2}-\text{Arctan}\, x$.

Aus der Ableitungsregel für Arctan x läßt sich damit die Ableitungsregel für Arccot x bilden.

$$f(x)=\text{Arccot}\, x \quad ▶ \; \text{Arccot}\, x=\frac{\pi}{2}-\text{Arctan}\, x$$

$$=\frac{\pi}{2}-\text{Arctan}\, x$$

$$\Rightarrow f'(x)=0-\frac{1}{1+x^2}$$

$$=\frac{1}{1+x^2};\; x \in \mathbb{R}$$

$$f' : f'(x)=\frac{1}{1+x^2};\; D(f')=\mathbb{R}$$

Merke:

$$f : f(x)=\text{Arctan}\, x;\; D(f)=\mathbb{R} \Rightarrow f' : f'(x)=\frac{1}{1+x^2};\; D(f')=\mathbb{R}$$

$$f : f(x)=\text{Arccot}\, x;\; D(f)=\mathbb{R} \Rightarrow f' : f'(x)=\frac{-1}{1-x^2};\; D(f')=\mathbb{R}$$

Beispiele: Untersuchen Sie die Differenzierbarkeit der nachstehenden Funktionen, und bilden Sie gegebenenfalls die Ableitung.

● $f : f(x)=\cos x \cdot \text{Arccot}\, x;\; D(f)=\mathbb{R}$

Die Funktion f kann als Verknüpfung $f=u \cdot v$ aufgefaßt werden. Nach formaler Ableitung der Funktion f mit der Produktregel erhält für $f'(x)$ einen Term, der für $x \in \mathbb{R}$ definiert ist. Da dieser Definitionsbereich $\mathbb{R}$ mit dem Definitionsbereich $D(f)=\mathbb{R}$ der Funktion f übereinstimmt, gilt:

$D'(f)=D(f)=\mathbb{R} \Rightarrow D(f')=\mathbb{R}$.

$$f(x)=\cos x \cdot \text{Arccot}\, x=u(x)\cdot v(x)$$

▶ $u(x)=\cos x \Rightarrow u'(x)=-\sin x;\; x \in \mathbb{R}$

▶ $v(x)=\text{Arccot}\, x \Rightarrow v'(x)=\frac{-1}{1+x^2};\; x \in \mathbb{R}$

$$f'(x)=u'(x)\cdot v(x)+u(x)\cdot v'(x)$$

$$=-\sin x \cdot \text{Arccot}\, x+\cos x \cdot \frac{-1}{1+x^2};\; x \in \mathbb{R}$$

$$=-\sin x \cdot \text{Arccot}\, x-\frac{\cos x}{1+x^2};\; D(f')=\mathbb{R}$$

● $f: f(x)=\frac{e^x}{\operatorname{Arctan} x}$; $D(f)=\mathbb{R}^*$

Wegen $\operatorname{Arctan} 0=0$ hat die Funktion f an der Stelle $x_0=0$ eine Definitionslücke, d.h. es gilt $D(f)=\mathbb{R}^*$.

f wird als Verknüpfung $\frac{u}{v}$ betrachtet und formal mit der Quotientenregel abgeleitet. Man erhält dann für $f'(x)$ einen Term, der für $x\in\mathbb{R}^*$ definiert ist. Da dieser Definitionsbereich $\mathbb{R}^*$ des Ableitungsterms mit dem Definitionsbereich $D(f)=\mathbb{R}^*$ der Funktion f übereinstimmt, gilt:

$D'(f)=D(f)=\mathbb{R}^* \Rightarrow D(f')=\mathbb{R}^*$.

$$f(x)=\frac{e^x}{\operatorname{Arctan} x}=\frac{u(x)}{v(x)}$$

► $u(x)=\underline{e^x} \Rightarrow u'(x)=\underline{e^x}$; $x\in\mathbb{R}$

► $v(x)=\underline{\operatorname{Arctan} x} \Rightarrow v'(x)=\underline{\frac{1}{1+x^2}}$; $x\in\mathbb{R}$

$$f'(x)=\frac{u'(x)\cdot v(x)-u(x)\cdot v'(x)}{[v(x)]^2}$$

$$=\frac{e^x\cdot\operatorname{Arctan} x-e^x\cdot\frac{1}{1+x^2}}{\operatorname{Arctan}^2 x};\ x\in\mathbb{R}^*$$

$$=\underline{\underline{\frac{e^x}{\operatorname{Arctan} x}-\frac{e^x}{(1+x^2)\cdot\operatorname{Arctan}^2 x};\ D(f')=\mathbb{R}^*}}$$

● $f: f(x)=\operatorname{Arctan}\frac{1+x}{1-x}$; $D(f)=\mathbb{R}\setminus\{1\}$

Da an der Stelle $x_0=1$ der Nennerterm im Argument $\frac{1+x}{1-x}$ der Funktion f Null ist, hat f an dieser Stelle eine Definitionslücke, und es gilt $D(f)=\mathbb{R}\setminus\{1\}$.

Die Funktion f kann als Verkettung $f=g\circ h$ und die Teilfunktion h wiederum als Verknüpfung $h=\frac{u}{v}$ aufgefaßt werden.

Man leitet die Teilfunktion h mit der Quotientenregel und die Funktion f mit der Kettenregel formal ab.

$$f(x)=\operatorname{Arctan}\frac{1+x}{1-x}=g[h(x)]$$

► $g(z)=\operatorname{Arctan} z \Rightarrow g'(z)=\underline{\frac{1}{1+z^2}}$; $z\in\mathbb{R}$

► $h(x)=\frac{1+x}{1-x}=\frac{u(x)}{v(x)}$

► $u(x)=\underline{1+x} \Rightarrow u'(x)=\underline{1}$; $x\in\mathbb{R}$

► $v(x)=\underline{1-x} \Rightarrow v'(x)=\underline{-1}$; $x\in\mathbb{R}$

$$h'(x)=\frac{u'(x)\cdot v(x)-u(x)\cdot v'(x)}{[v(x)]^2}$$

$$=\frac{1\cdot(1-x)-(1+x)\cdot(-1)}{(1-x)^2}$$

$$=\underline{\frac{2}{(1-x)^2}};\ x\in\mathbb{R}\setminus\{1\}$$

Nach dieser formalen Ableitung erhält man für $f'(x)$ einen Term, der sogar für $x\in\mathbb{R}$ definiert ist. Trotzdem stellt $\mathbb{R}$ nicht den Definitionsbereich der Ableitungsfunktion f' dar. Zum einen zeigt die Zwischenrechnung, daß die Stelle $x_0=1$ ausgeschlossen werden muß, zum anderen kann eine Funktion f nicht an einer Definitionslücke differenzierbar sein (siehe Kapitel „Differenzierbarkeit von Funktionen"). Es gilt daher $D(f')=\mathbb{R}\setminus\{1\}$.

$$f'(x)=g'(z)\cdot h'(x)$$

$$=\frac{1}{1+z^2}\cdot\frac{2}{(1-x)^2} \quad ► \ z=\frac{1+x}{1-x}$$

$$=\frac{2}{\left[1+\left(\frac{1+x}{1-x}\right)^2\right]\cdot(1-x)^2}$$

$$=\frac{2}{(1-x)^2+(1+x)^2};\ x\in\mathbb{R}\setminus\{1\}$$

$$=\underline{\underline{\frac{1}{1+x^2};\ D(f')=\mathbb{R}\setminus\{1\}}}$$

Anmerkung:

Die Funktionen $\operatorname{Arctan} x$ und $\operatorname{Arctan}\frac{1+x}{1-x}$ besitzen beide denselben Ableitungsterm $\frac{1}{1+x^2}$, jedoch mit unterschiedlichen Definitionsbereichen. Dieser Zusammenhang beider Funktionen wird erkennbar, wenn man die Funktion $\operatorname{Arctan}\frac{1+x}{1-x}$ als abschnittsweise definierte Funktion darstellt, und zwar gilt:

$$\operatorname{Arctan}\frac{1+x}{1-x} := \begin{cases} \operatorname{Arctan} x + \frac{\pi}{4}, & \text{wenn } x \in (-\infty; 1) \\ \operatorname{Arctan} x - \frac{3}{4}\pi, & \text{wenn } x \in (1; \infty) \end{cases}.$$

Aus dieser Darstellung läßt sich wegen $\operatorname{Arctan} 1 = \frac{\pi}{4}$ außerdem ablesen, daß die Definitionslücke $x_0 = 1$ der Funktion $\operatorname{Arctan}\frac{1+x}{1-x}$ eine endliche Sprungstelle ist.

● $f\colon f x) = \operatorname{Arctan}\sqrt{x^3-2x^2-5x+6}$

$f(x) = \operatorname{Arctan}\sqrt{x^3-2x^2-5x+6}$; $D(f) = ?$

Da eine Wurzel nur für nichtnegative Radikanden erklärt ist und $\operatorname{Arctan} x$ für $x \in \mathbb{R}$ definiert ist, läßt sich $D(f)$ nach Lösung der folgenden Ungleichung ermitteln:

$x^3-2x^2-5x+6 \geq 0$

$\Rightarrow (x-3)(x-1)(x+2) \geq 0.$

Um diese Ungleichung zu erfüllen, dürfen im Produkt $(x-3)(x-1)(x+2)$ genau zwei der Faktoren auch negative Werte annehmen. Damit lassen sich vier Fälle unterscheiden.

Fall A: $x-3 \geq 0$ und $x-1 \geq 0$ und $x+2 \geq 0$
$\Rightarrow x \geq 3$ und $x \geq 1$ und $x \geq -2$
$\Rightarrow \underline{x \geq 3}$

Fall B: $x-3 \leq 0$ und $x-1 \leq 0$ und $x+2 \geq 0$
$\Rightarrow x \leq 3$ und $x \geq 1$ und $x \geq -2$
$\Rightarrow \underline{-2 \leq x \leq 1}$

Fall C: $x-3 \leq 0$ und $x-1 \geq 0$ und $x+2 \leq 0$
$\Rightarrow x \leq 3$ und $x \geq 1$ und $x \leq -2$
$\Rightarrow$ nicht erfüllbar

Fall D: $x-3 \geq 0$ und $x-1 \leq 0$ und $x+2 \leq 0$
$\Rightarrow x \geq 3$ und $x \leq 1$ und $x \leq -2$
$\Rightarrow$ nicht erfüllbar

Nur die Fälle A und B liefern einen Beitrag zur Lösung der Ungleichung, so daß gilt: $D(f) = [-2; 1] \cup [3; \infty)$.

$\Rightarrow D(f) = [-2; 1] \cup [3; \infty)$

Die Funktion f wird als Verkettung $g \circ h \circ i$ aufgefaßt und formal mit der Kettenregel abgeleitet.

$f(x) = \operatorname{Arctan}\sqrt{x^3-2x^2-5x+6} = g\{h[i(x)]\}$

► $g(z) = \operatorname{Arctan} z \Rightarrow g'(z) = \frac{1}{1+z^2}$; $x \in \mathbb{R}$

► $h(y) = \sqrt{y} \Rightarrow h'(y) = \frac{1}{2\sqrt{y}}$; $y \in \mathbb{R}_+^*$

► $i(x) = x^3-2x^2-5x+6 \Rightarrow i'(x) = 3x^2-4x-5$; $x \in \mathbb{R}$

Man erhält dann für $f'(x)$ einen Term, der für $x \in (-2; 1) \cup (3; \infty)$ definiert ist. Da $(-2; 1) \cup (3; \infty)$ nicht mit dem Definitionsbereich $D(f) = [-2; 1] \cup [3; \infty)$ übereinstimmt, müssen noch weitere Differenzierbarkeitsuntersuchungen durchgeführt werden.

$$f'(x) = g'(z) \cdot h'(y) \cdot i'(x) = \frac{1}{1+z^2} \cdot \frac{1}{2\sqrt{y}} \cdot (3x^2-4x-5) = \frac{3x^2-4x-5}{2\sqrt{y}\cdot(1+z^2)}$$

► $y = x^3-2x^2-5x+6$ und $z = \sqrt{x^3-2x^2-5x+6}$

$((-2; 1) \cup (3; \infty)) \cap ([-2; 1] \cup [3; \infty)) = (-2; 1) \cup (3; \infty) = D$

► $D(f) \setminus D = ([-2; 1] \cup [3; \infty)) \setminus ((-2; 1) \cup (3; \infty)) = \{-2; 1; 3\}$

Die Funktion f ist also auf alle Fälle in $D=(-2;1)\cup(3;\infty)$ differenzierbar, und für $x\in\{-2;1;3\}$ müssen noch gesonderte Differenzierbarkeitsuntersuchungen durchgeführt werden.

$$f'(x)=\frac{3x^2-4x-5}{2\sqrt{x^3-2x^2-5x+6}\cdot(x^3-2x^2-5x+7)};$$

$$x\in(-2;1)\cup(3;\infty)$$

Man verwendet in der Differenzenquotientenfunktion für $f(x)$ den Funktionsterm $\operatorname{Arctan}\sqrt{x^3-2x^2-5x+6}$.

Mit einem geeigneten Computerprogramm lassen sich jeweils der linksseitige bzw. der rechtsseitige Grenzwert für $x\in\{-2;1;3\}$ schneller als durch Berechnung ermitteln.

$$\lim_{\substack{x\to-2\\x>-2}} f(x)=\lim_{\substack{x\to-2\\x>-2}}\frac{\operatorname{Arctan}\sqrt{x^3-2x^2-5x+6}-\operatorname{Arctan}0}{x-(-2)}=\infty$$

$$\lim_{\substack{x\to1\\x<1}} f(x)=\lim_{\substack{x\to1\\x<1}}\frac{\operatorname{Arctan}\sqrt{x^3-2x^2-5x+6}-\operatorname{Arctan}0}{x-1}=-\infty$$

$$\lim_{\substack{x\to3\\x>3}} f(x)=\lim_{\substack{x\to3\\x>3}}\frac{\operatorname{Arctan}\sqrt{x^3-2x^2-5x+6}-\operatorname{Arctan}0}{x-3}=\infty$$

Die Differenzenquotientenfunktionen haben an der Stelle $x_1=-2$ den uneigentlichen rechtsseitigen Grenzwert $u_R=\infty$, bei $x_2=1$ den uneigentlichen linksseitigen Grenzwert $u_L=-\infty$ und bei $x_3=3$ den uneigentlichen rechtsseitigen Grenzwert $u_R=\infty$.

Die Funktion f ist demnach an diesen Stellen nicht differenzierbar, und es gilt somit:

$D'(f)=D=(-2;1)\cup(3;\infty)$

$\Rightarrow D(f')=(-2;1)\cup(3;\infty)$.

Die Graphen $G(f)$ und $G(f')$ bestätigen diese Berechnungen.

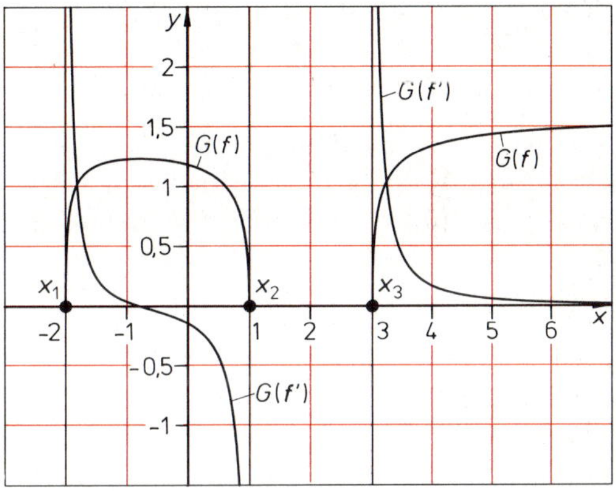

2.2.12 Differentiation von Hyperbelfunktionen

Hyperbelfunktionen

Problem: Verknüpfen Sie die Funktionen $g: g(x)=0{,}5\cdot e^x$ sowie $h: h(x)=0{,}5\cdot e^{-x}$ durch Addition und Subtraktion, und zeichnen Sie die Graphen der verknüpften Funktionen.

Verknüpft man die Funktionen g und h durch Addition, so erhält man eine neue Funktion $f: f(x)=0{,}5(e^x+e^{-x})$ mit dem Definitionsbereich $D(f)=\mathbb{R}$ und dem Wertebereich $W(f)=[1;\infty)$.

Diese Funktion wird als **Hyperbelkosinus-Funktion** $f: f(x)=\cosh x$ bezeichnet (gelesen: „Hyperbelkosinus x").

$g(x)=0{,}5\cdot e^x$; $h(x)=0{,}5\cdot e^{-x}$; $x\in\mathbb{R}$;

$$\begin{aligned}f(x)&=g(x)+h(x)\\&=0{,}5\cdot e^x+0{,}5\cdot e^{-x}\\&=0{,}5(e^x+e^{-x})\\&=\cosh x\end{aligned}$$ ▶ Hyperbelkosinus

$\Rightarrow f: f(x)=\cosh x$; $D(f)=\mathbb{R}$; $W(f)=[1;\infty)$

$f: f(x) = \cosh x = 0{,}5(e^x + e^{-x})$ ist im Intervall $(-\infty; 0)$ streng monoton fallend und im Intervall $(0; \infty)$ streng monoton steigend. Der Graph der Funktion verläuft symmetrisch zur y-Achse (Achsensymmetrie).

Die Hyperbelkosinusfunktion hat eine besondere technische Bedeutung, da Seile oder Ketten, die an zwei nicht senkrecht übereinanderliegenden Punkten befestigt sind, die Form des Graphen dieser Funktion annehmen.

Den Graphen der Hyperbelkosinusfunktion nennt man deshalb auch **Kettenlinie**.

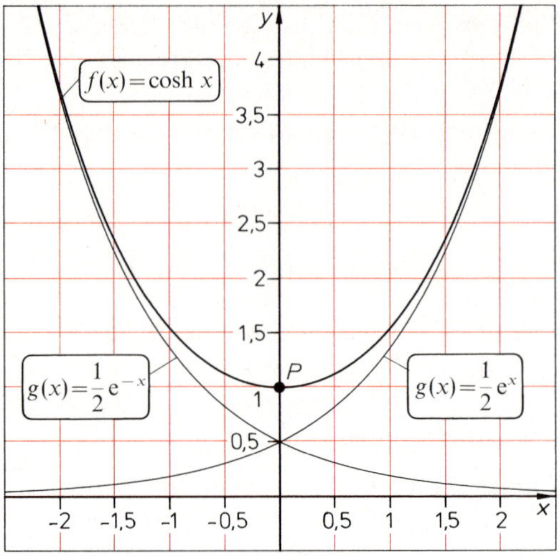

Verknüpft man die Funktionen f und g durch Subtraktion, so erhält man die Funktion $f: f(x) = 0{,}5(e^x - e^{-x})$ mit dem Definitionsbereich $D(f) = \mathbb{R}$ und dem Wertebereich $W(f) = \mathbb{R}$.

Diese Funktion bezeichnet man als **Hyperbelsinusfunkion** $f: f(x) = \sinh x$ (gelesen: „Hyperbelsinus x").

$f: f(x) = \sinh x$ ist im gesamten Definitionsbereich streng monoton steigend.

Der Graph der Hyperbelsinusfunktion verläuft punktsymmetrisch zum Ursprung des Koordinatensystems.

$g(x) = 0{,}5 \cdot e^x;\ h(x) = 0{,}5 \cdot e^{-x};\ x \in \mathbb{R}$

$$\begin{aligned} f(x) &= g(x) - h(x) \\ &= 0{,}5 \cdot e^x - 0{,}5 \cdot e^{-x} \\ &= 0{,}5(e^x - e^{-x}) \\ &= \underline{\underline{\sinh x}} \end{aligned}$$
▶ Hyperbelsinus

$\Rightarrow \underline{\underline{f: f(x) = \sinh x;\ D(f) = \mathbb{R};\ W(f) = \mathbb{R}}}$

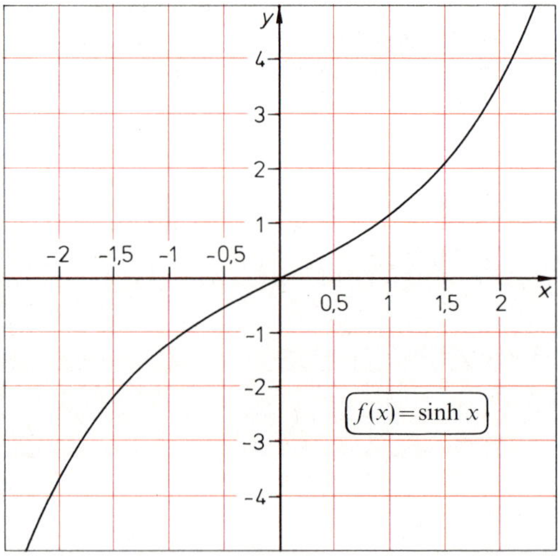

Die Bezeichnung **Hyperbelfunktionen** kann in Analogie zu der Bezeichnung „Kreisfunktionen" für die trigonometrischen Funktionen gesehen werden. Während die Kreisfunktionen am Einheitskreis dargestellt werden können (siehe Kapitel „Differentiation von trigonometrischen Funktionen"), lassen sich die Hyperbelfunktionen an der sogenannten „Einheitshyperbel" mit der Gleichung $x^2 - y^2 = 1$ erläutern.

Problem: Verknüpfen Sie die Hyperbelfunktionen $j: j(x) = \sinh x$ und $h: h(x) = \cosh x$ durch Division, und zeichnen Sie die Graphen der verknüpften Funktionen.

Verknüpft man die Funktionen g und h durch Division zur Funktion $f = \frac{j}{h}$, so erhält man die **Hyperbeltangensfunktion** $f: f(x) = \tanh x$ (gelesen: „Hyperbeltangens x"). Die Hyperbeltangensfunktion hat den Definitionsbereich $D(f) = \mathbb{R}$ und den Wertebereich $W(f) = (-1; 1)$.

$f: f(x) = \tanh x$ ist im gesamten Definitionsbereich streng monoton steigend. Der Graph der Funktion verläuft punktsymmetrisch zum Ursprung des Koordinatensystems und hat die waagerechten Asymptoten mit den Gleichungen $a_1(x) = -1$ und $a_2(x) = 1$.

Verknüpft man die Funktionen g und h durch Division zur Funktion $g = \frac{h}{j}$, so erhält man die **Hyperbelkotangensfunktion** $g: g(x) = \coth x$ (gelesen: „Hyperbelkotangens x"). Diese Funktion hat den Definitionsbereich $D(g) = \mathbb{R}^*$ und den Wertebereich $W(g) = \mathbb{R} \setminus [-1; 1]$. Die Definitionslücke bei $x_0 = 0$ ist eine Unendlichkeitsstelle mit Vorzeichenwechsel, und die y-Achse ist senkrechte Asymptote.

$g: g(x) = \coth x$ ist im gesamten Definitionsbereich streng monoton fallend. Der Graph der Funktion verläuft punktsymmetrisch zum Ursprung des Koordinatensystems und hat die waagerechten Asymptoten mit den Gleichungen $a_1(x) = -1$ und $a_2(x) = 1$.

$j(x) = \sinh x$; $h(x) = \cosh x$; $x \in \mathbb{R}$

$$f(x) = \frac{j(x)}{h(x)} = \frac{\sinh x}{\cosh x}$$ ▶ $\sinh x = 0{,}5(e^x - e^{-x})$ und $\cosh x = 0{,}5(e^x + e^{-x})$

$$= \frac{0{,}5(e^x - e^{-x})}{0{,}5(e^x + e^{-x})} = \frac{e^x - e^{-x}}{e^x + e^{-x}} = \underline{\underline{\tanh x}}$$ ▶ Hyperbeltangens

$\Rightarrow \underline{\underline{f: f(x) = \tanh x;\ D(f) = \mathbb{R};\ W(f) = (-1; 1)}}$

$$g(x) = \frac{h(x)}{j(x)} = \frac{\cosh x}{\sinh x} = \frac{e^x + e^{-x}}{e^x - e^{-x}} = \underline{\underline{\coth x}}$$ ▶ Hyperbelkotangens

$\Rightarrow \underline{\underline{g: g(x) = \coth x;\ D(g) = \mathbb{R}^*;\ W(g) = \mathbb{R} \setminus [-1; 1]}}$

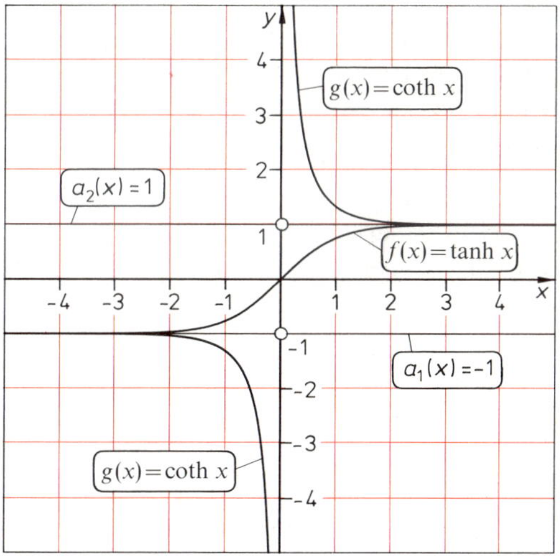

Merke:

$f: f(x) = 0{,}5(e^x - e^{-x}) = \sinh x$; $D(f) = \mathbb{R}$; $W(f) = \mathbb{R}$	▶ Hyperbelsinusfunktion
$f: f(x) = 0{,}5(e^x + e^{-x}) = \cosh x$; $D(f) = \mathbb{R}$; $W(f) = [1; \infty)$	▶ Hyperbelkosinusfunktion
$f: f(x) = \frac{e^x - e^{-x}}{e^x + e^{-x}} = \tanh x$; $D(f) = \mathbb{R}$; $W(f) = (-1; 1)$	▶ Hyperbeltangensfunktion
$f: f(x) = \frac{e^x - e^{-x}}{e^x - e^{-x}} = \coth x$; $D(f) = \mathbb{R}^*$; $W(f) = \mathbb{R} \setminus [-1; 1]$	▶ Hyperbelkotangensfunktion

Zwischen den Hyperbelfunktionen bestehen mathematische Zusammenhänge. Oft benötigte Beziehungen sind in der nachstehenden Aufstellung zusammengefaßt.

$\cosh^2 x - \sinh^2 = 1$	$\tanh x \cdot \coth x = 1$	$\cosh x + \sinh x = e^x$	$\cosh x - \sinh x = e^{-x}$

$\sinh x =$	$\cosh x =$	$\tanh x =$	$\coth x =$
$\sqrt{\cosh^2 x - 1}$	$\sqrt{1 + \sinh^2 x}$	$\frac{\sinh x}{\sqrt{1 + \sinh^2 x}}$	$\frac{\sqrt{1 + \sinh^2 x}}{\sinh x}$
$\frac{\tanh x}{\sqrt{1 - \tanh^2 x}}$	$\frac{1}{\sqrt{1 - \tanh^2 x}}$	$\frac{\sqrt{\cosh^2 x - 1}}{\cosh x}$	$\frac{\cosh x}{\sqrt{\cosh^2 x - 1}}$
$\frac{1}{\sqrt{\coth^2 x - 1}}$	$\frac{\coth x}{\sqrt{\coth^2 x - 1}}$	$\frac{1}{\coth x}$	$\frac{1}{\tanh x}$

Beispiel: Bestimmen Sie für die Funktion $f: f(x) = \cosh(0{,}5\,x) + \sin(4x) - 2{,}7$ im Intervall $(-5; 5)$ die Schnittpunkte des Graphen mit den Achsen, und zeichnen Sie den Graphen.

Zur Berechnung des Schnittpunktes mit der y-Achse setzt man in der Funktionsgleichung für x den Wert Null und berechnet den zugehörigen $f(0)$-Wert. Der Schnittpunkt liegt bei $P\langle 0 | -1{,}7 \rangle$.

$f(x) = \cosh(0{,}5\,x) + \sin(4x) - 2{,}7$ ▶ 0 für x

$\Rightarrow f(0) = \cosh 0 + \sin 0 - 2{,}7$

$= \underline{\underline{-1{,}7}}$

▶ $P\langle 0 | -1{,}7 \rangle$ ▶ Schnittpunkt mit der y-Achse

Nullstellen einer Funktion werden berechnet, indem man in der Funktionsgleichung für $f(x)$ den Wert Null setzt und die entstandene Gleichung löst. In diesem Falle ist die Gleichung mit algebraischen Methoden nicht so ohne weiteres lösbar. Die Lösung der Gleichung wird daher mit Hilfe eines Computerprogramms ermittelt. Man erhält die Nullstellen $x_1 \ldots x_4$.

$f(x) = \cosh(0{,}5\,x) + \sin(4x) - 2{,}7$ ▶ $f(x) = 0$

$\Rightarrow 0 = \cosh(0{,}5\,x) + \sin(4x) - 2{,}7$

$\Rightarrow x_1 = \underline{\underline{-3{,}7528}}$ $\quad x_2 = \underline{\underline{-3{,}0740}}$

$x_3 = \underline{\underline{-2{,}5699}}$ $\quad x_4 = \underline{\underline{3{,}1787}}$

Der Graph der Funktion hat die Form einer Parabel, die mit Sinus- bzw. Kosinuskurven überlagert ist.

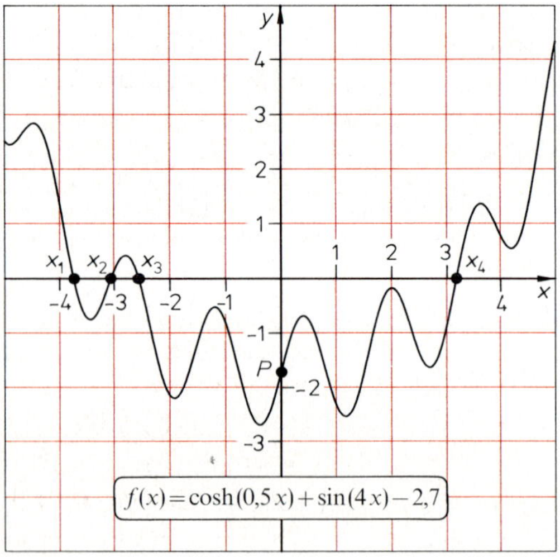

Differentiationsregeln

Problem: Entwickeln Sie die Ableitung der Hyperbelfunktionen $f: f(x)=\sinh x$, $D(f)=\mathbb{R}$ und $f: f(x)=\cosh x$, $D(f)=\mathbb{R}$.

Da sowohl die Hyperbelsinusfunktion als auch die Hyperbelkosinusfunktion als Summe von Exponentialfunktionen definiert sind, können sie als Verknüpfung $f=u+v$ bzw. $f=u-v$ aufgefaßt und mit der Summenregel abgeleitet werden. Die Teilfunktionen u und v sind als Exponentialfunktionen jeweils für alle $x\in\mathbb{R}$ differenzierbar, so daß auch die Funktionen $f: f(x)=\sinh x$ und $f: f(x)=\cosh x$ jeweils für alle $x\in\mathbb{R}$ differenzierbar sind, d.h. es gilt $D'(f)=\mathbb{R}$.

- $f: f(x)=\sinh x=0{,}5(e^x-e^{-x})$
  $=u(x)-v(x)$

  ▶ $u(x)=\underline{0{,}5e^x} \Rightarrow u'(x)=\underline{0{,}5e^x}$; $x\in\mathbb{R}$

  ▶ $v(x)=\underline{0{,}5e^{-x}} \Rightarrow v'(x)=\underline{-0{,}5e^{-x}}$; $x\in\mathbb{R}$

  $\Rightarrow f'(x)=u'(x)-v'(x)$
  $=0{,}5e^{-x}-(-0{,}5e^{-x})$
  $=0{,}5(e^x+e^{-x})$; $x\in\mathbb{R}$
  $=\underline{\underline{\cosh x;\ D(f')=\mathbb{R}}}$

- $f: f(x)=\cosh x=0{,}5(e^x+e^{-x})$
  $=u(x)+v(x)$

  ▶ $u(x)=\underline{0{,}5e^x} \Rightarrow u'(x)=\underline{0{,}5e^x}$; $x\in\mathbb{R}$

  ▶ $v(x)=\underline{0{,}5e^{-x}} \Rightarrow v'(x)=\underline{-0{,}5e^{-x}}$; $x\in\mathbb{R}$

  $\Rightarrow f'(x)=u'(x)+v'(x)$
  $=0{,}5e^x+(-0{,}5e^{-x})$
  $=0{,}5(e^x-e^{-x})$; $x\in\mathbb{R}$
  $=\underline{\underline{\sinh x;\ D(f')=\mathbb{R}}}$

Merke:

$$f: f(x)=\sinh x;\ D(f)=\mathbb{R} \Rightarrow f': f'(x)=\cosh x;\ D(f')=\mathbb{R}$$
$$f: f(x)=\cosh x;\ D(f)=\mathbb{R} \Rightarrow f': f'(x)=\sinh x;\ D(f')=\mathbb{R}$$

Beispiele: Untersuchen Sie die nachstehenden Hyperbelfunktionen, die mit anderen Funktionen verknüpft oder verkettet sind, auf Differenzierbarkeit, und bilden Sie gegebenenfalls die Ableitung.

- $f: f(x)=\sinh^n x$; $D(f)=\mathbb{R}$; $n\in\mathbb{N}^*$

Die Funktion f kann als Verkettung $g\circ h$ aufgefaßt werden.

Nach formaler Ableitung mit der Kettenregel ergibt sich für $f'(x)$ einen Term, der für alle $x\in\mathbb{R}$ definiert ist.

Da die Menge $\mathbb{R}$ mit dem Definitionsbereich $D(f)=\mathbb{R}$ der Funktion f übereinstimmt, gilt für den Differenzierbarkeitsbereich: $D'(f)=\mathbb{R} \Rightarrow D(f')=\mathbb{R}$.

$f(x)=\sinh^n x=g[h(x)]$

▶ $g(z)=z^n \Rightarrow g'(z)=\underline{n\cdot z^{n-1}}$; $z\in\mathbb{R}$

▶ $h(x)=\sinh x \Rightarrow h'(x)=\underline{\cosh x}$; $x\in\mathbb{R}$

$f'(x)=g'(z)\cdot h'(x)$
$=n\cdot z^{n-1}\cdot\cosh x$ ▶ $z=\sinh x$
$=n\cdot\sinh^{n-1}x\cdot\cosh x$; $x\in\mathbb{R}$

$\underline{\underline{f': f'(x)=n\cdot\sinh^{n-1}x\cdot\cosh x;\ D(f')=\mathbb{R};\ n\in\mathbb{N}^*}}$

- $f: f(x)=\sinh x\cdot\cosh x;\ D(f)=\mathbb{R}$

Die Funktion f kann als Verknüpfung $f=u\cdot v$ aufgefaßt werden, und die Ableitung erfolgt formal mit der Produktregel.

Wegen $\cosh^2 x=\sinh^2 x+1$ kann das Ergebnis vereinfacht werden.

Man erhält für $f'(x)$ einen Term, der für alle $x\in\mathbb{R}$ definiert ist. Da dieser Definitionsbereich $\mathbb{R}$ mit dem Definitionsbereich $D(f)=\mathbb{R}$ der Funktion f übereinstimmt, gilt: $D'(f)=D(f)=\mathbb{R}\Rightarrow D(f')=\mathbb{R}$.

$f(x)=\sinh x\cdot\cosh x=u(x)\cdot v(x)$

▶ $u(x)=\underline{\sinh x}\Rightarrow u'(x)=\underline{\cosh x};\ x\in\mathbb{R}$

▶ $v(x)=\underline{\cosh x}\Rightarrow v'(x)=\underline{\sinh x};\ x\in\mathbb{R}$

$$\begin{aligned}f'(x)&=u'(x)\cdot v(x)+u(x)\cdot v'(x)\\&=\cosh x\cdot\cosh x+\sinh x\cdot\sinh x\\&=\cosh^2 x+\sinh^2 x \quad ▶\ \cosh^2 x=\sinh^2+1\\&=\sinh^2 x+1+\sinh^2 x;\ x\in\mathbb{R}\\&=\underline{\underline{1+2\cdot\sinh^2 x;\ D(f')=\mathbb{R}}}\end{aligned}$$

- $f: f(x)=\dfrac{10\cdot\sinh(e^{x+1})}{\sqrt{9-x^2}};\ D(f)=(-3;\ 3)$

Die Funktion f kann als Verknüpfung $f=\dfrac{u}{v}$ aufgefaßt werden, wobei der Zähler als Verkettung $u=g\circ h$ und der Nenner als Verkettung $v=i\circ j$ betrachtet wird.

$f(x)=\dfrac{10\cdot\sinh(e^{x+1})}{\sqrt{9-x^2}}=\dfrac{u(x)}{v(x)}$

▶ $u(x)=10\cdot\sinh(e^{x+1})=g[h(x)]$

▶ $g(z)=10\cdot\sinh z\Rightarrow g'(z)=\underline{10\cdot\cosh z};\ z\in\mathbb{R}$

▶ $h(x)=e^{x+1}\Rightarrow h'(x)=\underline{e^{x+1}};\ x\in\mathbb{R}$

$$\begin{aligned}u'(x)&=g'(z)\cdot h'(x)\\&=10\cdot\cosh z\cdot e^{x+1} \quad ▶\ z=e^{x+1}\\&=\underline{10\cdot\cosh(e^{x+1})\cdot e^{x+1};\ x\in\mathbb{R}}\end{aligned}$$

Nach formaler Ableitung von $u=g[h(x)]$ und $v=i[j(x)]$ mit der Kettenregel und anschließender Ableitung von f mit der Quotientenregel ergibt sich für $f'(x)$ einen Term, der für alle $x\in(-3;\ 3)$ definiert ist.

Da das Intervall $(-3;\ 3)$ mit dem Definitionsbereich $D(f)=(-3;\ 3)$ der Funktion f übereinstimmt, gilt hier für den Differenzierbarkeitsbereich:

$D'(f)=D(f)=(-3;\ 3)\Rightarrow D(f')=(-3;\ 3)$.

▶ $v(x)=\sqrt{9-x^2}=i[j(x)]$

▶ $i(y)=\sqrt{y}\Rightarrow i'(y)=\underline{\dfrac{1}{2\sqrt{y}}};\ y\in\mathbb{R}^*_+$

▶ $j(x)=9-x^2\Rightarrow j'(x)=\underline{-2x};\ x\in\mathbb{R}$

$$\begin{aligned}v'(x)&=i'(y)\cdot j'(x)\\&=\frac{1}{2\sqrt{y}}\cdot(-2x) \quad ▶\ y=9-x^2\\&=\underline{\frac{-x}{\sqrt{9-x^2}};\ x\in(-3;\ 3)}\end{aligned}$$

$$f'(x)=\frac{u'(x)\cdot v(x)-u(x)\cdot v'(x)}{[v(x)]^2}=\frac{10\cdot\cosh(e^{x+1})\cdot e^{x+1}\cdot\sqrt{9-x^2}-10\cdot\sinh(e^{x+1})\cdot\dfrac{-x}{\sqrt{9-x^2}}}{(\sqrt{9-x^2})^2};\ x\in(-3;\ 3)$$

$$=\underline{\underline{\frac{10\cdot e^{x+1}\cdot\cos(e^{x+1})}{\sqrt{9-x^2}}+\frac{10x\cdot\sinh(e^{x+1})}{(\sqrt{9-x^2})^3};\ D(f')=(-3;\ 3)}}$$

- $f: f(x) = \ln\sqrt{\cosh x};\ D(f) = \mathbb{R}$

Die Funktion f wird als Verkettung $g \circ h \circ i$ aufgefaßt und formal mit der Kettenregel abgeleitet.

Man erhält dann für $f'(x)$ einen Term, der für alle $x \in \mathbb{R}$ definiert ist. Da dessen Definitionsbereich $\mathbb{R}$ mit dem Definitionsbereich $D(f) = \mathbb{R}$ der Funktion f übereinstimmt, gilt für den Differenzierbarkeitsbereich:

$D'(f) = D(f) = \mathbb{R} \Rightarrow D(f') = \mathbb{R}.$

$f(x) = \ln\sqrt{\cosh x} = g\{h[i(x)]\}$

► $g(z) = \ln z \Rightarrow g'(z) = \underline{\frac{1}{z}};\ z \in \mathbb{R}_+^*$

► $h(y) = \sqrt{y} \Rightarrow h'(y) = \underline{\frac{1}{2\sqrt{y}}};\ y \in \mathbb{R}_+^*$

► $i(x) = \cosh x \Rightarrow i'(x) = \underline{\sinh x};\ x \in \mathbb{R}$

$f'(x) = g'(z) \cdot h'(y) \cdot i'(x)$

$= \frac{1}{z} \cdot \frac{1}{2\sqrt{y}} \cdot \sinh x$ ► $y = \cosh x$ und $z = \sqrt{y} = \sqrt{\cosh x}$

$= \frac{1}{\sqrt{\cosh x}} \cdot \frac{1}{2\sqrt{\cosh x}} \cdot \sinh x$

$= \frac{\sinh x}{2\cosh x};\ x \in \mathbb{R}$ ► $\frac{\sinh x}{\cosh x} = \tanh x$

$= \frac{1}{2}\tanh x;\ D(f') = \mathbb{R}$

Problem: Entwickeln Sie die Ableitung der Hyperbelfunktionen $f: f(x) = \tanh x;\ D(f) = \mathbb{R}$ und $f: f(x) = \coth x;\ D(f) = \mathbb{R}^*$.

Die Ableitungen der Hyperbeltangensfunktion und der Hyperbelkotangensfunktion können aus der Hyperbelsinusfunktion und der Hyperbelkosinusfunktion gewonnen werden, indem man die Quotientenregel anwendet, denn es gilt:

$f: f(x) = \tanh x = \frac{\sinh x}{\cosh x};\ D(f) = \mathbb{R}$

$f: f(x) = \coth x = \frac{\cosh x}{\sinh x};\ D(f) = \mathbb{R}^*.$

Die Teilfunktionen $u: u(x) = \sinh x$ und $v: v(x) = \cosh x$ sind jeweils für alle $x \in \mathbb{R}$ differenzierbar, und $v(x) = \cosh x$ ist für alle $x \in \mathbb{R}$ stets ungleich Null. Daher kann die Quotientenregel angwendet werden.

Auch die Funktion $f: f(x) = \tanh x$ ist damit für alle $x \in \mathbb{R}$ differenzierbar, d.h. es gilt $D(f') = \mathbb{R}$.

- $f\,x) = \tanh x = \frac{\sinh x}{\cosh x} = \frac{u(x)}{v(x)};\ x \in \mathbb{R}$

► $u(x) = \underline{\sinh x} \Rightarrow u'(x) = \underline{\cosh x};\ x \in \mathbb{R}$

► $v(x) = \underline{\cosh x} \Rightarrow v'(x) = \underline{\sinh x};\ x \in \mathbb{R}$

$f'(x) = \frac{u'(x) \cdot v(x) - u(x) \cdot v'(x)}{[v(x)]^2}$

$= \frac{\cosh x \cdot \cosh x - \sinh x \cdot \sinh x}{\cosh^2 x}$

$= \frac{\cosh^2 x - \sinh^2 x}{\cosh^2 x}$ ► $\cosh^2 x - \sinh^2 x = 1$

$= \frac{1}{\cosh^2 x};\ x \in \mathbb{R}$

$= 1 - \tanh^2 x;\ x \in \mathbb{R}$

$f': f'(x) = \frac{1}{\cosh^2 x} = 1 - \tanh^2 x;\ D(f') = \mathbb{R}$

Die Teilfunktionen $u: u(x)=\cosh x$ und $v: v(x)=\sinh x$ sind jeweils für alle $x\in\mathbb{R}$ differenzierbar, und die Teilfunktion $v(x)=\sinh x$ ist für alle $x\in\mathbb{R}^*$ stets ungleich Null. Da auch die Hyperbelkotangensfunktion nur für $x\in\mathbb{R}^*$ definiert ist, kann für den Bereich $x\in\mathbb{R}^*$ die Quotientenregel angewendet werden.

Die Funktion $f: f(x)=\coth x$ ist damit für alle $x\in\mathbb{R}^*$, d.h. für $D'(f)=\mathbb{R}^*$ differenzierbar.

- $f(x)=\coth x=\dfrac{\cosh x}{\sinh x}=\dfrac{u(x)}{v(x)}$; $x\in\mathbb{R}^*$

► $u(x)=\underline{\cosh x} \Rightarrow u'(x)=\underline{\sinh x}$

► $v(x)=\underline{\sinh x} \Rightarrow v'(x)=\underline{\cosh x}$

$$f'(x)=\frac{u'(x)\cdot v(x)-u(x)\cdot v'(x)}{[v(x)]^2}$$

$$=\frac{\sinh x\cdot\sinh x-\cosh x\cdot\cosh x}{\sinh^2 x}$$

$$=\frac{\sinh^2 x-\cosh^2 x}{\sinh^2 x} \quad ► \sinh^2 x-\cosh^2 x=-1$$

$$=\frac{-1}{\sinh^2 x};\ x\in\mathbb{R}^*$$

$$=1-\coth^2 x;\ x\in\mathbb{R}^*$$

$$f': f'(x)=\frac{-1}{\sinh^2 x}=1-\coth^2 x;\ D(f')=\mathbb{R}^*$$

Merke:

$$f: f(x)=\tanh x;\ D(f)=\mathbb{R} \Rightarrow f': f'(x)=\frac{1}{\cosh^2 x}=1-\tanh^2 x;\ D(f')=\mathbb{R}$$

$$f: f(x)=\coth x;\ D(f)=\mathbb{R}^* \Rightarrow f': f'(x)=\frac{-1}{\sinh^2 x}=1-\coth^2 x;\ D(f')=\mathbb{R}^*$$

Beispiele: Untersuchen Sie die nachstehenden Hyperbelfunktionen, die mit anderen Funktionen verknüpft oder verkettet sind, auf Differenzierbarkeit, und bilden Sie gegebenenfalls die Ableitung.

- $f: f(x)=\cos x\cdot\coth x;\ D(f)=\mathbb{R}^*$

Die Funktion f kann als Verknüpfung $f=u\cdot v$ aufgefaßt werden.

Leitet man die Funktion f mit der Produktregel formal ab, so erhält man für $f'(x)$ einen Term, der für alle $x\in\mathbb{R}^*$ definiert ist. Da dieser Definitionsbereich $\mathbb{R}^*$ des Ableitungsterms mit dem Definitionsbereich $D(f)=\mathbb{R}^*$ der Funktion f übereinstimmt, gilt: $D'(f)=D(f)=\mathbb{R}^* \Rightarrow D(f')=\mathbb{R}^*$.

$f(x)=\cos x\cdot\coth x=u(x)\cdot v(x)$

► $u(x)=\underline{\cos x} \Rightarrow u'(x)=\underline{-\sin x};\ x\in\mathbb{R}$

► $v(x)=\underline{\coth x} \Rightarrow v'(x)=\underline{1-\coth^2 x};\ x\in\mathbb{R}^*$

$$f'(x)=u'(x)\cdot v(x)+u(x)\cdot v'(x)$$

$$=-\sin x\cdot\coth x+\cos x\cdot(1-\coth^2 x)$$

$$=-\sin x\cdot\coth x+\cos x-\cos x\cdot\coth^2 x$$

$$=\cos x-\coth x(\sin x+\cos x\cdot\coth x);\ D(f')=\mathbb{R}^*$$

- $f: f(x)=\frac{\coth x}{\sin x}$; $D(f)=\mathbb{R}\setminus\{k\pi \mid k\in\mathbb{Z}\}$

Die Funktion f kann als Verknüpfung $f=\frac{u}{v}$ aufgefaßt werden.

Nach formaler Ableitung der Funktion f mit der Quotientenregel ergibt sich für $f'(x)$ ein Ableitungsterm, der für alle $x\in\mathbb{R}\setminus\{k\pi \mid k\in\mathbb{Z}\}$ definiert ist.

Da $\mathbb{R}\setminus\{k\pi \mid k\in\mathbb{Z}\}$ mit dem Definitionsbereich $D(f)=\mathbb{R}\setminus\{k\pi \mid k\in\mathbb{Z}\}$ der Funktion f übereinstimmt, gilt für den Differenzierbarkeitsbereich:

$D'(f)=D(f)=\mathbb{R}\setminus\{k\pi \mid k\in\mathbb{Z}\}$
$\Rightarrow D(f')=\mathbb{R}\setminus\{k\pi \mid k\in\mathbb{Z}\}$.

$$f(x)=\frac{\coth x}{\sin x}=\frac{u(x)}{v(x)}$$

▶ $u(x)=\underline{\coth x} \Rightarrow u'(x)=\underline{1-\coth^2 x}$; $x\in\mathbb{R}^*$

▶ $v(x)=\underline{\sin x} \Rightarrow v'(x)=\underline{\cos x}$; $x\in\mathbb{R}$

$$f'(x)=\frac{u'(x)\cdot v(x)-u(x)\cdot v'(x)}{[v(x)]^2}$$

$$=\frac{(1-\coth^2 x)\cdot\sin x-\coth x\cdot\cos x}{\sin^2 x};\ x\in\mathbb{R}\setminus\{k\pi \mid k\in\mathbb{Z}\}$$

$$=\frac{\sin x-\coth^2 x\cdot\sin x-\coth x\cdot\cos x}{\sin^2 x}\ ▶\ \frac{\cos x}{\sin x}=\cot x$$

$$\underline{\underline{=\frac{1-\coth^2 x-\coth x\cdot\cot x}{\sin x};\ D(f')=\mathbb{R}\setminus\{k\pi \mid k\in\mathbb{Z}\}}}$$

- $f: f(x)=\tanh\sqrt{x^2-1}$; $D(f)=\mathbb{R}\setminus(-1;1)$

Die Funktion f kann als Verkettung $g\circ h\circ i$ aufgefaßt werden. Nach formaler Ableitung mit der Kettenregel erhält man für $f'(x)$ einen Term, der für alle $x\in\mathbb{R}\setminus[-1;1]$ definiert ist. Da $\mathbb{R}\setminus[-1;1]$ nicht mit $D(f)=\mathbb{R}\setminus(-1;1)$ übereinstimmt, müssen die Stellen $x_1=-1$ sowie $x_2=1$ noch gesondert auf Differenzierbarkeit untersucht werden. Mit einem Computerprogramm zum Beispiel stellt man fest, daß die jeweiligen Differenzenquotientenfunktionen an der Stelle $x_1=-1$ den uneigentlichen Grenzwert $-\infty$ und an der Stelle $x_2=1$ den uneigentlichen Grenzwert ∞ besitzen. Die Funktion f ist also dort nicht differenzierbar, und es gilt somit:

$D'(f)=\mathbb{R}\setminus[-1;1] \Rightarrow D(f')=\mathbb{R}\setminus[-1;1]$.

$$f(x)=\tanh\sqrt{x^2-1}=g\{h[i(x)]\}$$

▶ $g(z)=\tanh z \Rightarrow g'(z)=\underline{1-\tanh^2 z}$; $z\in\mathbb{R}$

▶ $h(y)=\sqrt{y} \Rightarrow h'(y)=\underline{\frac{1}{\sqrt{y}}}$; $y\in\mathbb{R}_+^*$

▶ $i(x)=x^2-1 \Rightarrow i'(x)=\underline{2x}$; $x\in\mathbb{R}$

$$f'(x)=g'(z)\cdot h'(y)\cdot i'(x)$$

$$=(1-\tanh^2 z)\cdot\frac{1}{2\sqrt{y}}\cdot 2x\ ▶\ y=x^2-1 \text{ und } z=\sqrt{y}=\sqrt{x^2-1}$$

$$=(1-\tanh^2\sqrt{x^2-1})\cdot\frac{1}{2\sqrt{x^2-1}}\cdot 2x;\ x\in\mathbb{R}\setminus[-1;1]$$

$$=\frac{x(1-\tanh^2\sqrt{x^2-1})}{\sqrt{x^2-1}};\ x\in\mathbb{R}\setminus[-1;1]$$

$$\underline{\underline{=\frac{x-x\cdot\tanh^2\sqrt{x^2-1}}{\sqrt{x^2-1}};\ D(f')=\mathbb{R}\setminus[-1;1]}}$$

- $f: f(x)=\tanh x\cdot\ln x\cdot\sqrt{8-x^3}$ mit $D(f)=(0;2]$

Die Funktion f kann als Verknüpfung $f=u\cdot v\cdot w$ aufgefaßt werden, wobei w als Verkettung $g\circ h$ betrachtet wird.

Nach formaler Ableitung mit der Kettenregel und mit der Produktregel erhält man für

$$f(x)=\tanh x\cdot\ln x\cdot\sqrt{8-x^3}=u(x)\cdot v(x)\cdot w(x)$$

▶ $u(x)=\underline{\tanh(x)} \Rightarrow u'(x)=\underline{\frac{1}{\cosh^2 x}}$; $x\in\mathbb{R}$

▶ $v(x)=\underline{\ln x} \Rightarrow v'(x)=\underline{\frac{1}{x}}$; $x\in\mathbb{R}_+^*$

▶ $w(x)=\sqrt{8-x^3}=g[h(x)]$

$f'(x)$ einen Term, der für alle $x \in (0; 2)$ definiert ist. Da $(0; 2)$ nicht mit $D(f) = (0; 2]$ übereinstimmt, muß die Randstelle $x_0 = 2$ gesondert auf Differenzierbarkeit untersucht werden.

► $g(z) = \sqrt{z} \Rightarrow g'(z) = \underline{\frac{1}{2\sqrt{z}}}$; $z \in \mathbb{R}_+^*$

► $h(x) = 8 - x^3 \Rightarrow h'(x) = \underline{-3x^2}$; $x \in \mathbb{R}$

$$w'(x) = g'(z) \cdot h'(x)$$

$$= \frac{1}{2\sqrt{z}} \cdot (-3x^2) \quad ► \quad z = 8 - x^3$$

$$= \underline{\frac{-3x^2}{2\sqrt{8 - x^3}}}; \; x \in [0; 2)$$

$$f'(x) = u'(x) \cdot v(x) \cdot w(x) + u(x) \cdot v'(x) \cdot w(x) + u(x) \cdot v(x) \cdot w'(x)$$

$$= \frac{1}{\cosh^2 x} \cdot \ln x \cdot \sqrt{8 - x^3} + \tanh x \cdot \frac{1}{x} \cdot \sqrt{8 - x^3} + \tanh x \cdot \ln x \cdot \frac{-3x^2}{2\sqrt{8 - x^3}}$$

$$= \underline{\underline{\frac{\ln x \cdot \sqrt{8 - x^3}}{\cosh^2 x} + \frac{\tanh x \cdot \sqrt{8 - x^3}}{x} - \frac{3x^2 \cdot \tanh x \cdot \ln x}{2\sqrt{8 - x^3}}; \; D(f') = (0; 2)}}$$

Bei dieser komplizierten Funktion wird die Differenzierbarkeit an der Stelle $x_0 = 2$ mit Hilfe der Graphen $G(f)$ und $G(f')$ untersucht.

Im Punkt $P\langle 2 | f(2) \rangle = P\langle 2 | 0 \rangle$ verläuft die Tangente an den Graphen $G(f)$ offenbar senkrecht. Das wird auch durch den Graphen $G(f')$ im Bereich $(0; 2)$ bestätigt, denn $f'(x)$ strebt offensichtlich für $x \to 2$ mit $x < 2$ gegen $-\infty$. Die Funktion f ist somit offenbar an der Stelle $x_0 = 2$ nicht differenzierbar. Das würde eine Rechnung auch bestätigen. Damit gilt:

$D'(f) = D(f') = (0; 2)$.

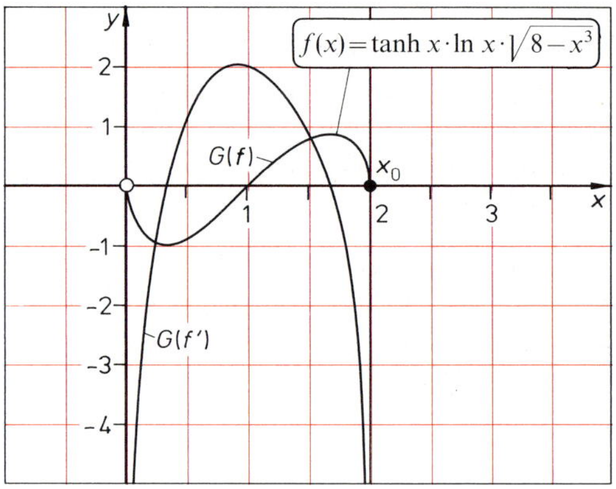

2.2.13 Differentiation von Areahyperbelfunktionen

Areahyperbelfunktionen

Problem: Untersuchen Sie die Umkehrbarkeit der Hyperbelsinusfunktion $g: g(x) = \sinh x$ sowie der Hyperbelkosinusfunktion $g: g(x) = \cosh x$, bilden Sie gegebenenfalls die entsprechenden Umkehrfunktionen, und zeichnen Sie die Graphen.

Da die Hyperbelsinusfunktion in ihrem gesamten Definitionsbereich streng monoton steigt, ist sie dort umkehrbar. Man bildet die Umkehrfunktion, indem man den Wertebereich $W(g) = \mathbb{R}$ zum Definitionsbereich $D(g^{-1})$ einer Funktion $z \to g^{-1}(z)$ macht.

- $g: g(x) = \sinh x = 0{,}5(e^x - e^{-x})$; $D(g) = \mathbb{R}$; $W(g) = \mathbb{R}$

$g(x) = 0{,}5(e^x - e^{-x})$

► $W(g) = D(g^{-1})$ ► $g(x) = z$; $x = g^{-1}(z)$

$z = 0{,}5[e^{g^{-1}(z)} - e^{-g^{-1}(z)}]$; $z \in \mathbb{R}$ ► g^{-1} ist Umkehrfunktion von g

Um die Funktionsgleichung nach $g^{-1}(z)$ auflösen zu können, multipliziert man mit $2 \cdot e^{g^{-1}(z)}$, substituiert $e^{g^{-1}(z)} = u$ und löst die quadratische Gleichung. Logarithmiert man dann beide Seiten, so kann nach $g^{-1}(z)$ aufgelöst werden. Da Logarithmen nur für positive Zahlen erklärt sind und der Term $z - \sqrt{z^2+1}$ stets kleiner als Null ist, ergibt nur $g^{-1}(z) = \ln(z + \sqrt{z^2+1})$ eine sinnvolle Lösung.

Die Umkehrfunktion g^{-1} hat den Definitionsbereich $D(g^{-1}) = \mathbb{R}$ sowie den Wertebereich $W(g^{-1}) = \mathbb{R}$ und heißt **Areahyperbelsinusfunktion.** Setzt man x für z und f für g^{-1}, so erhält man die übliche Schreibweise der Funktion:

$f\colon f(x) = \ln(x + \sqrt{x^2+1}) = \text{Arsinh}\, x$

(gelesen: „Areahyperbelsinus x“).

Die Bezeichnung „Area“ (Fläche) hängt mit der Parameterdarstellung von Hyperbeln zusammen, wobei der Parameter die Bedeutung eines Flächeninhaltes hat.

Die Areahyperbelsinusfunktion steigt streng monoton und hat bei $x_0 = 0$ eine Nullstelle. Ihr Graph verläuft punktsymmetrisch zum Koordinatenursprung.

$0 = 0{,}5 \cdot e^{g^{-1}(z)} - 0{,}5 \cdot e^{-g^{-1}(z)} - z$ ▶ $\cdot 2 \cdot e^{g^{-1}(z)}$

$0 = e^{2 \cdot g^{-1}(z)} - 1 - 2z \cdot e^{g^{-1}(z)}$ ▶ $e^{g^{-1}(z)} = u$

$0 = u^2 - 2z \cdot u - 1$

$\Rightarrow u_{1;2} = z \pm \sqrt{z^2+1}\,;\ z \in \mathbb{R}$ ▶ $u = e^{g^{-1}(z)}$

$e^{g^{-1}(z)} = z \pm \sqrt{z^2+1}$ ▶ logarithmieren

$\ln[e^{g^{-1}(z)}] = \ln(z + \sqrt{z^2+1})$ ▶ $\ln[e^{g^{-1}(z)}] = g^{-1}(z)$

$g^{-1}(z) = \ln(z + \sqrt{z^2+1})$ ▶ $z = x;\ g^{-1}(z) = f$

$f\colon f(x) = \ln(x + \sqrt{x^2+1});\ D(f) = \mathbb{R};\ W(f) = \mathbb{R}$

$= \text{Arsinh}\, x;\ D(f) = \mathbb{R};\ W(f) = \mathbb{R}$

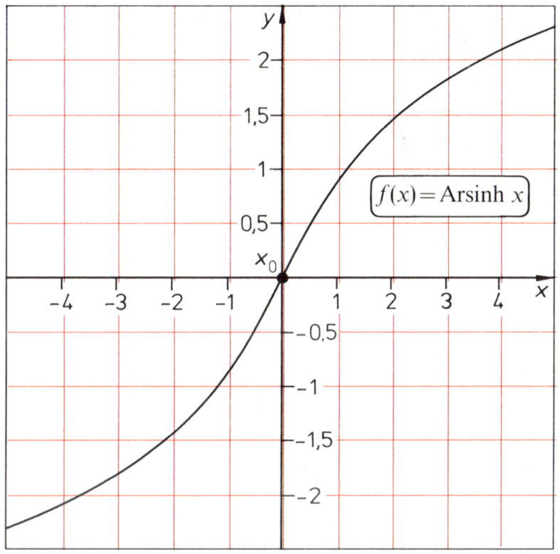

Die Hyperbelkosinusfunktion ist eine gerade Funktion, d.h. es gilt für alle $x \in \mathbb{R}$:

$\cosh x = \cosh(-x)$ ▶ $\cosh x = \dfrac{e^x - e^{-x}}{2}$.

Verschiedenen Argumenten für x kann also derselbe Funktionswert zugeordnet sein. Daher hat die Hyperbelkosinusfunktion keine Umkehrfunktion für ihren gesamten Definitionsbereich $\mathbb{R}$. Wird aber der Definitionsbereich der Hyperbelkosinusfunktion auf $(-\infty; 0] = \mathbb{R}_-$ bzw. auf $[0; \infty) = \mathbb{R}_+$ eingeschränkt, so ist sie im Intervall $(-\infty; 0]$ streng monoton fallend und im Intervall $[0; \infty)$ streng monoton steigend.

Man bildet die beiden Umkehrfunktionen, indem man den Wertebereich $W(g) = [1; \infty)$

● $g\colon g(x) = \cosh x = 0{,}5(e^x + e^{-x})$ mit $D(g) = \mathbb{R}_+;\ W(g) = [1; \infty)$

$g(x) = 0{,}5(e^x + e^{-x})$

▶ $W(g) = D(g^{-1})$ ▶ $g(x) = z;\ x = g^{-1}(z)$

$z = 0{,}5[e^{g^{-1}(z)} + e^{-g^{-1}(z)}];\ z \in [1; \infty)$ ▶ Umkehrfunktion

$0 = 0{,}5 \cdot e^{g^{-1}(z)} + 0{,}5 \cdot e^{-g^{-1}(z)} - z$ ▶ $\cdot 2 \cdot e^{g^{-1}(z)}$

$0 = e^{2 \cdot g^{-1}(z)} + 1 - 2z \cdot e^{g^{-1}(z)}$ ▶ $e^{g^{-1}(z)} = u$

$0 = u^2 - 2z \cdot u + 1$

$\Rightarrow u_{1;2} = z \pm \sqrt{z^2-1}\,;\ z \in [1; \infty)$ ▶ $u = e^{g^{-1}(z)}$

jeweils zum Definitionsbereich $D(g^{-1})$ einer Funktion $z \rightarrow g^{-1}(z)$ macht. Um die Funktionsgleichung nach $g^{-1}(z)$ auflösen zu können, multipliziert man mit $2 \cdot e^{g^{-1}(z)}$, substituiert $e^{g^{-1}(z)} = u$ und löst die quadratische Gleichung. Logarithmiert man dann beide Seiten, so kann jeweils nach $g^{-1}(z)$ aufgelöst werden.

Setzt man x für z und f für g^{-1}, so erhält man in $f\colon f(x) = \ln(x - \sqrt{x^2 - 1})$ die Umkehrfunktion der Funktion $g\colon g(x) = \cosh x$ mit dem Definitionsbereich $D(g) = (-\infty; 0]$ und in $f\colon f(x) = \ln(x + \sqrt{x^2 - 1})$ die Umkehrfunktion der Funktion $g\colon g(x) = \cosh x$ mit dem Definitionsbereich $D(g) = [0; \infty)$.

Die Umkehrfunktion der Funktion $g\colon g(x) = \cosh x$ mit $D(g) = [0; \infty)$ heißt nach DIN **Areahyperbelkosinusfunktion**, und man verwendet für sie die neue Schreibweise:

$f\colon f(x) = \ln(x + \sqrt{x^2 - 1}) = \operatorname{Arcosh} x$ mit $D(f) = [1; \infty)$ und $W(f) = \mathbb{R}_+$

(gelesen: „Areahyperbelkosinus x").

Die Areahyperbelkosinusfunktion steigt streng monoton und hat bei $x_0 = 1$ eine Randstelle, die zugleich Nullstelle ist.

$e^{g^{-1}(z)} = z \pm \sqrt{z^2 - 1}$ ► logarithmieren

$\ln[e^{g^{-1}(z)}] = \ln(z \pm \sqrt{z^2 - 1})$

$\Rightarrow g^{-1}(z) = \ln(z - \sqrt{z^2 - 1});\ z \in [1; \infty)$ ► $z = x;\ g^{-1} = f$

$g^{-1}(z) = \ln(z + \sqrt{z^2 - 1});\ z \in [1; \infty)$ ► $z = x;\ g^{-1} = f$

$\Rightarrow f\colon f(x) = \ln(x - \sqrt{x^2 - 1});\ D(f) = [1; \infty);\ W(f) = \mathbb{R}_-$

$f\colon f(x) = \ln(x + \sqrt{x^2 - 1});\ D(f) = [1; \infty);\ W(f) = \mathbb{R}_+$

$f\colon f(x) = \ln(x + \sqrt{x^2 - 1});\ D(f) = [1; \infty);\ W(f) = \mathbb{R}_+$

$= \operatorname{Arcosh} x;\ D(f) = [1; \infty);\ W(f) = \mathbb{R}_+$

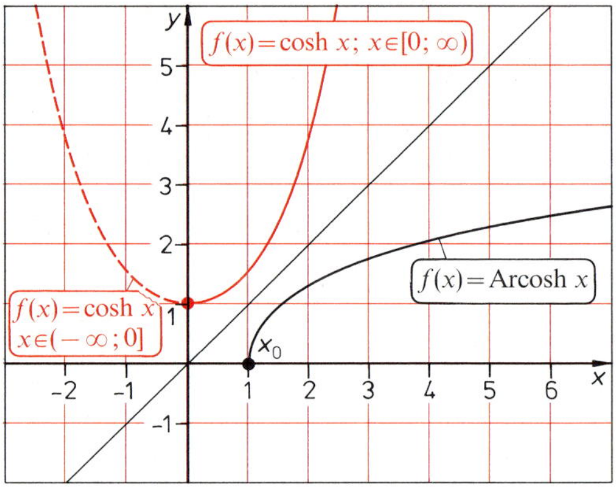

Problem: Untersuchen Sie die Umkehrbarkeit der Hyperbeltangensfunktion $g\colon g(x) = \tanh x$ sowie der Hyperbelkotangensfunktion $g\colon g(x) = \coth x$, bilden Sie gegebenenfalls die entsprechenden Umkehrfunktionen, und zeichnen Sie die Graphen.

Da die Hyperbeltangensfunktion in ihrem gesamten Definitionsbereich $\mathbb{R}$ streng monoton steigt, besitzt sie als ganzes eine Umkehrfunktion. Man bildet diese, indem man den Wertebereich $W(g) = (-1; 1)$ zum Definitionsbereich $D(g^{-1})$ einer Funktion $z \rightarrow g^{-1}(z)$ macht.

Um die Funktionsgleichung nach $g^{-1}(z)$ auflösen zu können, erweitert man mit $e^{g^{-1}(z)}$, löst dann die Gleichung nach $e^{2 \cdot g^{-1}(z)}$ auf, logarithmiert beide Seiten und stellt nach $g^{-1}(z)$ um. Die Umkehrfunktion $g^{-1}(z)$ hat den Definitionsbereich $D(g^{-1}) = (-1; 1)$ sowie den Wertebereich

- $g\colon g(x) = \tanh x = \dfrac{e^x - e^{-x}}{e^x + e^{-x}};\ D(g) = \mathbb{R};\ W(g) = (-1; 1)$

$g(x) = \dfrac{e^x - e^{-x}}{e^x + e^{-x}}$ ► $W(g) = D(g^{-1})$ ► $g(x) = z;\ x = g^{-1}(z)$

$z = \dfrac{e^{g^{-1}(z)} - e^{-g^{-1}(z)}}{e^{g^{-1}(z)} + e^{-g^{-1}(z)}}$ ► erweitern mit $e^{g^{-1}(z)}$

$= \dfrac{e^{2 \cdot g^{-1}(z)} - 1}{e^{2 \cdot g^{-1}(z)} + 1}$

$\Rightarrow z \cdot e^{2 \cdot g^{-1}(z)} + z = e^{2 \cdot g^{-1}(z)} - 1$

$e^{2 \cdot g^{-1}(z)}[1 - z] = 1 + z$ ► $z \in (-1; 1)$

$e^{2 \cdot g^{-1}(z)} = \dfrac{1 + z}{1 - z}$ ► logarithmieren

$W(g^{-1}) = \mathbb{R}$ und heißt **Areahyperbeltangensfunktion.** Setzt man x für z und f für g^{-1}, so erhält man die übliche Schreibweise der Funktion:

$$f\colon f(x) = 0{,}5 \cdot \ln \frac{1+x}{1-x} = \operatorname{Artanh} x$$

(gelesen: „Areahyperbeltangens x").

Die Hyperbelkotangensfunktion fällt in ihrem gesamten Definitionsbereich streng monoton und besitzt demzufolge (als ganzes) auch eine Umkehrfunktion. Man entwickelt ihre Umkehrfunktion wie bei der Hyperbeltangensfunktion und erhält dann die **Areahyperbelkotangensfunktion** mit $D(f) = \mathbb{R} \setminus [-1; 1]$ und $W(f) = \mathbb{R}^*$:

$$f\colon f(x) = 0{,}5 \cdot \ln \frac{x+1}{x-1} = \operatorname{Arcoth} x$$

(gelesen: „Areahyperbelkotangens x").

Die Areahyperbeltangensfunktion steigt streng monoton, hat bei $x_1 = 0$ eine Nullstelle und bei $x_2 = -1$ sowie $x_3 = 1$ einseitige Unendlichkeitsstellen. Ihr Graph verläuft punktsymmetrisch zum Koordinatenursprung und hat an den Stellen $x_2 = -1$ sowie $x_3 = 1$ senkrechte Asymptoten.

Die Areahyperbelkotangensfunktion fällt streng monoton und hat an den Stellen $x_2 = -1$ sowie $x_3 = 1$ einseitige Unendlichkeitsstellen. Ihr Graph verläuft punktsymmetrisch zum Koordinatenursprung, hat die x-Achse als waagerechte Asymptote und an den Stellen $x_2 = -1$ sowie $x_3 = 1$ senkrechte Asymptoten.

$$\Rightarrow g^{-1}(z) = \frac{1}{2} \ln \frac{1+z}{1-z};\ z \in (-1; 1) \ \blacktriangleright\ z = x;\ g^{-1} = f$$

$$\Rightarrow f\colon f(x) = 0{,}5 \cdot \ln \frac{1+x}{1-x};\ D(f) = (-1; 1);\ W(f) = \mathbb{R}$$

$$= \operatorname{Artanh} x;\ D(f) = (-1; 1);\ W(f) = \mathbb{R}$$

● $g\colon g(x) = \coth x = \dfrac{e^x + e^{-x}}{e^x - e^{-x}};\ D(g) = \mathbb{R}^*;\ W(g) = \mathbb{R} \setminus [-1; 1]$

$$g(x) = \frac{e^x + e^{-x}}{e^x - e^{-x}} \ \blacktriangleright\ W(g) = D(g^{-1}) \ \blacktriangleright\ g(x) = z;\ x = g^{-1}(z)$$

$$\Rightarrow g^{-1}(z) = \frac{1}{2} \ln \frac{z+1}{z-1};\ z \in \mathbb{R} \setminus [-1; 1] \ \blacktriangleright\ z = x;\ g^{-1} = f$$

$$\Rightarrow f\colon f(x) = 0{,}5 \cdot \ln \frac{x+1}{x-1};\ D(f) = \mathbb{R} \setminus [-1; 1];\ W(f) = \mathbb{R}^*$$

$$= \operatorname{Arcoth} x;\ D(f) = \mathbb{R} \setminus [-1; 1];\ W(f) = \mathbb{R}^*$$

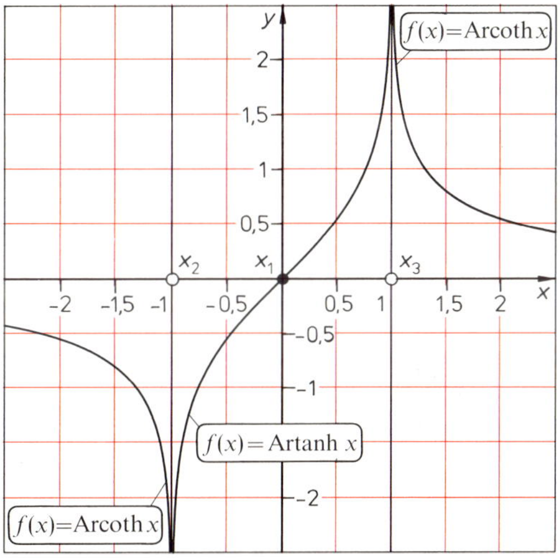

Merke:

$f\colon f(x) = \ln(x + \sqrt{x^2+1}) = \operatorname{Arsinh} x;\ D(f) = \mathbb{R};\ W(f) = \mathbb{R}$ ▶ Areahyperbelsinusfunktion

$f\colon f(x) = \ln(x + \sqrt{x^2-1}) = \operatorname{Arcosh} x;\ D(f) = [1; \infty);\ W(f) = \mathbb{R}_+$ ▶ Areahyperbelkosinusfunktion

$f\colon f(x) = 0{,}5 \cdot \ln \dfrac{1+x}{1-x} = \operatorname{Artanh} x;\ D(f) = (-1; 1);\ W(f) = \mathbb{R}$ ▶ Areahyperbeltangensfunktion

$f\colon f(x) = 0{,}5 \cdot \ln \dfrac{x+1}{x-1} = \operatorname{Arcoth} x;\ D(f) = \mathbb{R} \setminus [-1; 1];\ W(f) = \mathbb{R}^*$ ▶ Areahyperbelkotangensfunktion

Die Areahyperbelkosinusfunktion kann wie die Areahyperbelsinusfunktion mit der Umkehrregel nach dem vorstehenden Schema abgeleitet werden.

Um $[f^{-1}]'(z)$ zu bestimmen, wird zu $f\colon f(x)=\text{Arcosh}\,x$ die Umkehrfunktion $f^{-1}\colon f^{-1}(z)=\cosh z$ und deren Ableitung $[f^{-1}]'(z)=\sinh z$ gebildet, wobei $\cosh z$ wegen des eingeschränkten Definitionsbereiches $\mathbb{R}_+$ auch nur für $z\in\mathbb{R}_+$ differenzierbar sein kann. Nach Einsetzen von $\sinh z$ für $[f^{-1}]'(z)$ ist es zweckmäßig, $\sinh z$ durch $\sqrt{\cosh^2 z-1}$ zu ersetzen. Man erhält dann den Term $\cosh^2(\text{Arcosh}\,x)$, der wegen der Beziehungen zwischen Funktion und Umkehrfunktion vereinfacht werden kann.

Nach formaler Ableitung der Funktion f erhält man für $f'(x)$ einen Term, der für $x\in(1;\infty)$ definiert ist. Da $(1;\infty)$ nicht mit $D(f)=[1;\infty)$ übereinstimmt, muß die Randstelle $x_0=1$ noch gesondert auf Differenzierbarkeit untersucht werden.

Man verwendet in der Differenzenquotientenfunktion für $f(x)$ den Funktionsterm $\text{Arcosh}\,x$ und ermittelt den einseitigen Grenzwert an der Randstelle $x_0=1$ z.B. mit Hilfe eines Computerprogramms. Da die Differenzenquotientenfunktion s_{x_0} dort den uneigentlichen Grenzwert ∞ besitzt, ist f bei $x_0=1$ nicht differenzierbar, d.h. es gilt:

$D'(f)=D(f')=(1;\infty)$.

$f\colon f(x)=\text{Arcosh}\,x;\ D(f)=[1;\infty)$ ► Ausgangsfunktion

$f^{-1}\colon f^{-1}(z)=\cosh z;\ D(f^{-1})=\mathbb{R}_+$ ► Umkehrfunktion

$[f^{-1}]'(z_0)=\dfrac{1}{f'(x_0)};\ z_0=f(x_0)$ ► Umkehrregel

$$\Rightarrow f'(x_0)=\frac{1}{[f^{-1}]'(z_0)};\ [f^{-1}]'(z_0)\neq 0$$

$$f^{-1}(z)=\cosh z \Rightarrow [f^{-1}]'(z)=\sinh z;\ z\in\mathbb{R}_+$$

$f'(x)=\dfrac{1}{\sinh z};\ z\in(1;\infty)$ ► $\sinh z=\sqrt{\cosh^2 z-1}$

$=\dfrac{1}{\sqrt{\cosh^2 z-1}}$ ► $z=f(x)=\text{Arcosh}\,x$

$$=\frac{1}{\sqrt{\cosh^2(\text{Arcosh}\,x)-1}}$$

► $f(x)=\text{Arcosh}\,x \Leftrightarrow x=\cosh f(x)$

$$x=\cosh(\text{Arcosh}\,x)$$

$$\Rightarrow \cosh^2(\text{Arcosh}\,x)=x^2$$

$$f'(x)=\frac{1}{\sqrt{x^2-1}};\ x\in(1;\infty)$$

$\lim\limits_{\substack{x\to x_0\\ x>x_0}} s_{x_0}=\lim\limits_{\substack{x\to x_0\\ x>x_0}}\dfrac{\text{Arcosh}\,x-\text{Arcosh}\,x_0}{x-x_0}$ ► $x_0=1$

$=\lim\limits_{\substack{x\to 1\\ x>1}}\dfrac{\text{Arcosh}\,x-\text{Arcosh}\,1}{x-1}$ ► $\text{Arcosh}\,1=0$

$$=\lim_{\substack{x\to 1\\ x>1}}\frac{\text{Arcosh}\,x}{x-1}$$

$$=\infty$$

$$\Rightarrow f'\colon f'(x)=\frac{1}{\sqrt{x^2-1}};\ D(f')=(1;\infty)$$

Merke:

$$f\colon f(x)=\text{Arsinh}\,x;\ D(f)=\mathbb{R} \Rightarrow f'\colon f'(x)=\frac{1}{\sqrt{x^2+1}};\ D(f')=\mathbb{R}$$

$$f\colon f(x)=\text{Arcosh}\,x;\ D(f)=[1;\infty) \Rightarrow f'\colon f'(x)=\frac{1}{\sqrt{x^2-1}};\ D(f')=(1;\infty)$$

Beispiele: Untersuchen Sie die nachstehenden Funktionen auf Differenzierbarkeit, und bilden Sie gegebenenfalls die Ableitung.

- $f\colon f(x)=\operatorname{Arsinh} x\cdot\operatorname{Arcosh} x;\ D(f)=[1;\infty)$

Die Funktion f kann als Verknüpfung $f=u\cdot v$ aufgefaßt werden. Nach formaler Ableitung mit der Produktregel erhält man für $f'(x)$ einen Term, der für alle $x\in(1;\infty)$ definiert ist. Da $(1;\infty)$ nicht mit $D(f)=[1;\infty)$ übereinstimmt, muß die Stelle $x_0=1$ noch gesondert auf Differenzierbarkeit untersucht werden.

Da die Differenzenquotientenfunktion s_{x_0} an der Stelle $x_0=1$ den uneigentlichen Grenzwert ∞ besitzt, ist f dort nicht differenzierbar; es gilt: $D'(f)=D(f')=(1;\infty)$.

$f(x)=\operatorname{Arsinh} x\cdot\operatorname{Arcosh} x=u(x)\cdot v(x)$

► $u(x)=\underline{\operatorname{Arsinh} x}\Rightarrow u'(x)=\underline{\dfrac{1}{\sqrt{x^2+1}}};\ x\in\mathbb{R}$

► $v(x)=\underline{\operatorname{Arcosh} x}\Rightarrow v'(x)=\underline{\dfrac{1}{\sqrt{x^2-1}}};\ x\in(1;\infty)$

$$\begin{aligned}f'(x)&=u'(x)\cdot v(x)+u(x)\cdot v'(x)\\&=\frac{1}{\sqrt{x^2+1}}\cdot\operatorname{Arcosh} x+\operatorname{Arsinh} x\cdot\frac{1}{\sqrt{x^2-1}}\\&=\frac{\operatorname{Arcosh} x}{\sqrt{x^2+1}}+\frac{\operatorname{Arsinh} x}{\sqrt{x^2-1}};\ x\in(1;\infty)\end{aligned}$$

$$\Rightarrow f'\colon f'(x)=\frac{\operatorname{Arcosh} x}{\sqrt{x^2+1}}+\frac{\operatorname{Arsinh} x}{\sqrt{x^2-1}};\ D(f')=(1;\infty)$$

- $f\colon f(x)=\dfrac{\operatorname{Arcosh} x}{\sqrt{x^2-1}};\ D(f)=(1;\infty)$

Die Funktion f wird als Verknüpfung $f=\dfrac{u}{v}$ der Teilfunktionen u und v aufgefaßt, wobei die Teilfunktion v als Verkettung $v=g\circ h$ betrachtet wird.

Leitet man die Teilfunktion v zunächst mit der Kettenregel und dann anschließend die Funktion f mit der Quotientenregel ab, so ergibt sich für $f'(x)$ ein Term, der für alle $x\in(1;\infty)$ definiert ist. Da die Menge $(1;\infty)$ mit dem Definitionsbereich $D(f)=(1;\infty)$ der Funktion f übereinstimmt, gilt hier für den Differenzierbarkeitsbereich:

$D'(f)=D(f)=(1;\infty)\Rightarrow D(f')=(1;\infty)$.

$f(x)=\dfrac{\operatorname{Arcosh} x}{\sqrt{x^2-1}}=\dfrac{u(x)}{v(x)}$

► $u(x)=\underline{\operatorname{Arcosh} x}\Rightarrow u'(x)=\underline{\dfrac{1}{\sqrt{x^2-1}}};\ x\in(1;\infty)$

► $v(x)=\underline{\sqrt{x^2-1}}=g[h(x)]$

► $g(z)=\sqrt{z}\Rightarrow g'(z)=\underline{\dfrac{1}{2\sqrt{z}}};\ z\in\mathbb{R}^*_+$

► $h(x)=x^2-1\Rightarrow h'(x)=\underline{2x};\ x\in\mathbb{R}$

$$\begin{aligned}v'(x)&=g'(z)\cdot h'(x)\\&=\frac{1}{2\sqrt{z}}\cdot 2x \quad ►\ z=x^2-1\\&=\underline{\frac{x}{\sqrt{x^2-1}};\ x\in\mathbb{R}\setminus[-1;1]}\end{aligned}$$

$$\begin{aligned}f'(x)&=\frac{u'(x)\cdot v(x)-u(x)\cdot v'(x)}{[v(x)]^2}\\&=\frac{\dfrac{1}{\sqrt{x^2-1}}\cdot\sqrt{x^2-1}-\operatorname{Arcosh} x\cdot\dfrac{x}{\sqrt{x^2-1}}}{(\sqrt{x^2-1})^2}\\&=\frac{1-\dfrac{x\cdot\operatorname{Arcosh} x}{\sqrt{x^2-1}}}{x^2-1};\ x\in(1;\infty)\\&=\frac{\sqrt{x^2-1}-x\cdot\operatorname{Arcosh} x}{\sqrt{(x^2-1)^3}};\ D(f')=(1;\infty)\end{aligned}$$

● $f\colon f(x)=\operatorname{Arsinh}(x+\sqrt{x});\ D(f)=\mathbb{R}_+$

Die Funktion f kann als Verkettung $g\circ h$ der äußeren Funktion g mit der inneren Funktion h aufgefaßt werden.

Nach formaler Ableitung mit der Kettenregel erhält man für $f'(x)$ einen Term, der für alle $x\in\mathbb{R}_+^*$ definiert ist. Da $\mathbb{R}_+^*$ nicht mit $D(f)=\mathbb{R}_+$ übereinstimmt, muß die Stelle $x_0=0$ also noch gesondert auf Differenzierbarkeit untersucht werden.

Verwendet man im Term der Differenzenquotientenfunktion s_{x_0} den Funktionsterm von f, so erhält man, z. B. mit Hilfe eines Computerprogramms, an der Stelle $x_0=0$ den uneigentlichen Grenzwert ∞, d. h. die Funktion f ist dort nicht differenzierbar, und es gilt somit: $D'(f)=D(f')=\mathbb{R}_+^*$.

$f(x)=\operatorname{Arsinh}(x+\sqrt{x})=g[h(x)]$

▶ $g(z)=\operatorname{Arsinh} z \Rightarrow \underline{g'(z)=\dfrac{1}{\sqrt{z^2+1}}};\ z\in\mathbb{R}$

▶ $h(x)=x+\sqrt{x} \Rightarrow \underline{h'(x)=1+\dfrac{1}{2\sqrt{x}}};\ x\in\mathbb{R}_+^*$

$$\begin{aligned}
f'(x)&=g'(z)\cdot h'(x)\\
&=\frac{1}{\sqrt{z^2+1}}\cdot\left(1+\frac{1}{2\sqrt{x}}\right) \quad \blacktriangleright\ z=x+\sqrt{x}\\
&=\frac{1}{\sqrt{(x+\sqrt{x})^2+1}}+\frac{1}{2\sqrt{x}\sqrt{(x+\sqrt{x})^2+1}}\\
&=\frac{2\sqrt{x}+1}{2\sqrt{x}\cdot\sqrt{(x+\sqrt{x})^2+1}};\ x\in\mathbb{R}_+^*
\end{aligned}$$

$$\lim_{\substack{x\to 0\\ x>0}} s_{x_0}=\lim_{\substack{x\to 0\\ x>0}}\frac{\operatorname{Arsinh}(x+\sqrt{x})}{x}=\underline{\underline{\infty}}$$

$$\underline{\underline{\Rightarrow f'\colon f'(x)=\frac{2\sqrt{x}+1}{2\sqrt{x}\cdot\sqrt{(x+\sqrt{x})^2+1}};\ D(f')=\mathbb{R}_+^*}}$$

Problem: Entwickeln Sie für die Areahyperbeltangensfunktion $f\colon f(x)=\operatorname{Artanh} x$ mit $D(f)=(-1;1)$ und die Areahyperbelkotangensfunktion $f\colon(x)=\operatorname{Arcoth} x$ mit $D(f)=\mathbb{R}\setminus[-1;1]$ entsprechende Ableitungsregeln.

Der Funktionsterm für Artanh x wird mit Hilfe der Logarithmengesetze umgeformt. Man kann dann die Funktion f als Verknüpfung $u+v$ auffassen. Die Ableitung der Teilfunktionen u und v wurde schon früher einmal durchgeführt, und zwar:

$$u(x)=\ln(1+x)\Rightarrow u'(x)=\frac{1}{1+x};\ x\in(-1;\infty)$$

$$v(x)=-\ln(1-x)\Rightarrow v'(x)=\frac{1}{1-x};\ x\in(-\infty;1).$$

Nach formaler Ableitung der Funktion f mit der Summenregel erhält für $f'(x)$ einen Term, der für alle $x\in(-1;1)$ definiert ist. Da dieser Bereich $(-1;1)$ mit dem Definitionsbereich $D(f)=(-1;1)$ der Funktion f übereinstimmt, gilt:

$D'(f)=D(f)=(-1;1)\Rightarrow D(f')=(-1;1)$.

● $f(x)=\operatorname{Artanh} x;\ x\in(-1;1)$

$$\begin{aligned}
&=0{,}5\cdot\ln\frac{1+x}{1-x}\\
&=0{,}5\,[\ln(1+x)-\ln(1-x)]=0{,}5\,[u(x)+v(x)]
\end{aligned}$$

▶ $u(x)=\underline{\ln(1+x)} \Rightarrow u'(x)=\underline{\dfrac{1}{1+x}};\ x\in(-1;\infty)$

▶ $v(x)=\underline{\ln(1-x)} \Rightarrow v'(x)=\underline{\dfrac{1}{1-x}};\ x\in(-\infty;1)$

$$\begin{aligned}
f'(x)&=0{,}5\,[u'(x)+v'(x)]\\
&=0{,}5\left[\frac{1}{1+x}+\frac{1}{1-x}\right];\ x\in(-1;1)\\
&=0{,}5\cdot\frac{1-x+1+x}{(1+x)(1-x)}\\
&=\underline{\underline{\frac{1}{1-x^2};\ D(f')=(-1;1)}}
\end{aligned}$$

Auch der Funktionsterm für Arcoth x kann mit Hilfe der Logarithmengesetze umgeformt werden.

Man kann die Funktion f als Verknüpfung $u+v$ auffassen. Für die schon früher durchgeführten Ableitungen der Teilfunktionen u und v gilt:

$$u(x)=\ln(1+x) \Rightarrow u'(x)=\frac{1}{1+x};\ x\in(-1;\infty)$$

$$v(x)=-\ln(x-1) \Rightarrow v'(x)=\frac{-1}{x-1};\ x\in(1;\infty).$$

Nach formaler Ableitung der Funktion f mit der Summenregel erhält für $f'(x)$ einen Term, der für alle $x\in\mathbb{R}\setminus[-1;1]$ definiert ist. Da $\mathbb{R}\setminus[-1;1]$ mit dem Definitionsbereich $D(f)=\mathbb{R}\setminus[-1;1]$ der Funktion f übereinstimmt, gilt:

$$D'(f)=\mathbb{R}\setminus[-1;1] \Rightarrow D(f')=\mathbb{R}\setminus[-1;1].$$

● $f(x)=\text{Arcoth}\,x;\ x\in\mathbb{R}\setminus[-1;1]$

$$=0{,}5\cdot\ln\frac{x+1}{x-1}$$

$$=0{,}5\cdot[\ln(x+1)-\ln(x-1)]=0{,}5[u(x)+v(x)]$$

► $\underline{u(x)=\ln(x+1)} \Rightarrow u'(x)=\underline{\frac{1}{x+1}};\ x\in(-1;\infty)$

► $\underline{v(x)=-\ln(x-1)} \Rightarrow v'(x)=\underline{\frac{-1}{x-1}};\ x\in(1;\infty)$

$$\Rightarrow f'(x)=0{,}5[u'(x)+v'(x)]$$

$$=0{,}5\left(\frac{1}{x+1}+\frac{-1}{x-1}\right)$$

$$=0{,}5\left[\frac{x-1-(x+1)}{(x+1)(x-1)}\right];\ x\in\mathbb{R}\setminus[-1;1]$$

$$\underline{\underline{=\frac{1}{1-x^2};\ D(f')=\mathbb{R}\setminus-1;1]}}$$

Merke:

$$f\colon f(x)=\text{Artanh}\,x;\ D(f)=(-1;1) \Rightarrow f'\colon f'(x)=\frac{1}{1-x^2};\ D(f')=(-1;1)$$

$$f\colon f(x)=\text{Arcoth}\,x;\ D(f)=\mathbb{R}\setminus[-1;1] \Rightarrow f'\colon f'(x)=\frac{1}{1-x^2};\ D(f')=\mathbb{R}\setminus[-1;1]$$

Beispiele: Untersuchen Sie die nachstehenden Funktionen auf Differenzierbarkeit, und bilden Sie gegebenenfalls die Ableitung.

● $f\colon f(x)=\sqrt[3]{x}\cdot\text{Arcoth}\,x;\ D(f)=(1;\infty)$

Die Funktion f wird als Verknüpfung $f=u\cdot v$ aufgefaßt und mit der Produktregel formal differenziert.

Man erhält für $f'(x)$ einen Term, der für alle $x\in(1;\infty)$ definiert ist. Da dieser Definitionsbereich $(1;\infty)$ mit dem Definitionsbereich $D(f)=(1;\infty)$ der Funktion f übereinstimmt, gilt:

$$D'(f)=D(f)=(1;\infty) \Rightarrow D(f')=(1;\infty).$$

$$f(x)=\sqrt[3]{x}\cdot\text{Arcoth}\,x=u(x)\cdot v(x)$$

► $u(x)-\underline{\sqrt[3]{x}} \Rightarrow u'(x)=\underline{\frac{1}{3\sqrt[3]{x^2}}};\ x\subset\mathbb{R}_+^*$

► $v(x)=\underline{\text{Arcoth}\,x} \Rightarrow v'(x)=\underline{\frac{1}{1-x^2}};\ x\in\mathbb{R}\setminus[-1;1]$

$$f'(x)=u'(x)\cdot v(x)+u(x)\cdot v'(x)$$

$$=\frac{1}{3\sqrt[3]{x^2}}\cdot\text{Arcoth}\,x+\sqrt[3]{x}\cdot\frac{1}{1-x^2}$$

$$\underline{\underline{=\frac{\text{Arcoth}\,x}{3\cdot\sqrt[3]{x^2}}+\frac{\sqrt[3]{x}}{1-x^2};\ D(f')=(1;\infty)}}$$

● $f: f(x) = \text{Artanh}^3 x;\ D(f) = (-1;\ 1)$

Die Funktion f wird als Verkettung $f = g \circ h$ aufgefaßt und mit der Kettenregel formal differenziert.

Man erhält dann für $f'(x)$ einen Term, der für alle $x \in (-1; 1)$ definiert ist.

Da $(-1; 1)$ mit dem Definitionsbereich $D(f) = (-1; 1)$ der Funktion f übereinstimmt, gilt hier:

$D'(f) = D(f) = (-1; 1) \Rightarrow D(f') = (-1; 1).$

$f(x) = \text{Artanh}^3 x = g[h(x)]$

► $g(z) = z^3 \Rightarrow g'(z) = \underline{3z^2};\ z \in \mathbb{R}$

► $h(x) = \text{Artanh}\ x \Rightarrow h'(x) = \underline{\dfrac{1}{1-x^2}};\ x \in (-1; 1)$

$$\begin{aligned} f'(x) &= g'(z) \cdot h'(x) \\ &= 3z^2 \cdot \frac{1}{1-x^2} \quad ► z = \text{Artanh}\ x \\ &= \underline{\underline{\frac{3 \cdot \text{Artanh}^2 x}{1-x^2};\ D(f') = (-1; 1)}} \end{aligned}$$

● $f: f(x) = \dfrac{\ln(5-x)}{\text{Arcoth}\ x}$ mit

$D(f) = [-\infty; -1) \cup (1; 5)$

Die Funktion f wird als Verknüpfung $\dfrac{u}{v}$ aufgefaßt und der Zählerterm als Verkettung $u = g \circ h$ betrachtet.

Der Definitionsbereich von f ergibt sich als Schnittmenge $D(u) \cap D(v)$, und man erhält dann $D(f) = (-\infty; -1) \cup (1; 5)$.

Nach formaler Ableitung der Funktion u mit der Kettenregel und anschließender Ableitung von f mit der Quotientenregel erhält man für $f'(x)$ einen Term, der für alle $x \in (-\infty; -1) \cup (1; 5)$ definiert ist. Da diese Menge mit dem Definitionsbereich $D(f) = (-\infty; -1) \cup (1; 5)$ übereinstimmt, gilt hier für den Differenzierbarkeitsbereich:

$D'(f) = D(f) = (-\infty; -1) \cup (1; 5)$
$\Rightarrow D(f') = (-\infty; -1) \cup (1; 5).$

$f(x) = \dfrac{\ln(5-x)}{\text{Arcoth}\ x} = \dfrac{u(x)}{v(x)}$

$u(x) = \ln(5-x);\ D(u) = (-\infty; 5)$

$$\begin{aligned} v(x) &= \text{Arcoth}\ x;\ D(v) = \mathbb{R} \setminus [-1; 1] \\ &= (-\infty; -1) \cup (1; \infty) \end{aligned}$$

$$\begin{aligned} \Rightarrow D(f) &= D(u) \cap D(v) \\ &= (-\infty; 5) \cap [(-\infty; -1) \cup (1; \infty)] \\ &= \underline{\underline{(-\infty; -1) \cup (1; 5)}} \end{aligned}$$

► $u(x) = \underline{\ln(5-x)} = g[h(x)]$

► $g(z) = \ln z \Rightarrow g'(z) = \underline{\dfrac{1}{z}};\ z \in \mathbb{R}_+^*$

► $h(x) = 5 - x \Rightarrow h'(x) = \underline{-1};\ x \in \mathbb{R}$

$$\begin{aligned} u'(x) &= g'(z) \cdot h'(z) \\ &= \frac{1}{z} \cdot (-1) \quad ► z = 5 - x \\ &= \underline{\frac{1}{x-5}};\ x \in (-\infty; 5) \end{aligned}$$

► $v(x) = \underline{\text{Arcoth}\ x} \Rightarrow v'(x) = \underline{\dfrac{1}{1-x^2}};\ x \in \mathbb{R} \setminus [-1; 1]$

$$\begin{aligned} f'(x) &= \frac{u'(x) \cdot v(x) - u(x) \cdot v'(x)}{[v(x)]^2} \\ &= \frac{\frac{1}{x-5} \cdot \text{Arcoth}\ x - \ln(5-x) \cdot \frac{1}{1-x^2}}{\text{Arcoth}^2 x} \\ &= \underline{\underline{\frac{1}{(x-5) \cdot \text{Arcoth}\ x} - \frac{\ln(5-x)}{(1-x^2)\,\text{Arcoth}^2 x}}} \text{ mit} \end{aligned}$$

$\underline{\underline{D(f') = (-\infty; -1) \cup (1; 5)}}$

Übungen

2.2 Regeln zur Differentiation von Funktionen

2.2.1 Potenzregel

Bilden Sie die erste Ableitung der Funktionen mit den nachstehenden Funktionsgleichungen unter Anwendung der Potenzregel. Untersuchen Sie die Funktionen auf Differenzierbarkeit.

1. $f(x)=x^3$

2. $f(x)=x^7$

3. $f(x)=x^{15}$

4. $f(x)=x^a;\ a\in\mathbb{R}$

5. $f(x)=x^{3b};\ b\in\mathbb{R}$

6. $f(x)=x^{a+1};\ a\in\mathbb{R}$

7. $f(x)=x^{7u+2};\ u\in\mathbb{R}$

8. $f(x)=x^{4b-1};\ b\in\mathbb{R}$

9. $f(x)=x^{(a-1)};\ a\in\mathbb{R}$

10. $f(x)=x^{(1+a)(1-a)};\ a\in\mathbb{R}$

11. $f(x)=x^{a^2+4};\ a\in\mathbb{R}$

12. $f(x)=x^{(1+b)^2};\ b\in\mathbb{R}$

13. $f(x)=\frac{1}{x^3}$

14. $f(x)=\frac{1}{x^{3b}};\ b\in\mathbb{R}$

15. $f(x)=x^{-7}$

16. $f(x)=\frac{1}{x^a};\ a\in\mathbb{R}$

17. $f(x)=\frac{1}{x^{a-1}};\ a\in\mathbb{R}$

18. $f(x)=\frac{1}{x^{-b^2-1}};\ b\in\mathbb{R}$

19. $f(x)=\sqrt{x^7}$

20. $f(x)=\sqrt[4]{x^3}$

21. $f(x)=\sqrt[3]{x^2}$

22. $f(x)=\sqrt[a+1]{x^3};\ a\in\mathbb{N}$

23. $f(x)=\sqrt[b+4]{x^5};\ b\in\mathbb{N}$

24. $f(x)=\sqrt[r^2]{x^{(r+1)^2}};\ r\in\mathbb{Z}^*$

25. $f(x)=\sqrt[-a]{x^2};\ a\in\mathbb{Z}_-$

26. $f(x)=\sqrt[3a]{x^6};\ a\in\mathbb{N}$

27. $f(x)=x^{\frac{4}{5}n+2};\ n\in\mathbb{R}_+$

28. $f(x)=\frac{1}{\sqrt[3]{x^2}}$

29. $f(x)=\frac{1}{\sqrt[5]{x^3}}$

30. $f(x)=\frac{1}{\sqrt[7]{x^5}}$

31. $f(x)=\frac{1}{\sqrt[10]{x^{27}}}$

32. $f(x)=\frac{1}{\sqrt[8]{x}}$

33. $f(x)=\frac{1}{\sqrt[12]{x^7}}$

34. $f(x)=\frac{1}{\sqrt[4]{x^3}}$

35. $f(x)=\frac{1}{\sqrt[7]{x^2}}$

36. $f(x)=\frac{1}{\sqrt[1-a]{x^{a-1}}};\ a\in\mathbb{Z}_-$

37. $f(x)=\frac{\sqrt{x}}{\sqrt[3]{x^2}}$

38. $f(x)=\frac{\sqrt{x^5}}{\sqrt[5]{x^2}}$

39. $f(x)=\frac{\sqrt[n]{x}}{\sqrt[m]{x}};\ n;\ m\in\mathbb{N}$

40. $f(x)=\frac{\sqrt[7]{\sqrt[3]{x}}}{\sqrt[5]{\sqrt[3]{x}}}$

41. $f(x)=\frac{x^{-\frac{2}{5}}}{\sqrt[15]{x^{11}}}$

42. $f(x)=\frac{\sqrt[5]{x^6}}{\sqrt[3]{x^2}}$

43. $f(x)=\frac{x}{\sqrt{x^3}}$

44. $f(x)=\frac{x^{5+2a}}{\sqrt[a+1]{x^{a+3}}};\ a\in\mathbb{N}$

45. $f(x)=\sqrt[a]{\frac{x^{a+4}}{x^{2a-3}}};\ a\in\mathbb{N}^*$

46. $f(x)=x^3\cdot\sqrt{x}$

47. $f(x)=x^3\cdot\sqrt[4]{x^3}$

48. $f(x)=x^7\cdot\sqrt{x^3}$

49. $f(x)=x^2\cdot\sqrt{x\cdot\sqrt{x}}$

50. $f(x)=x^3\cdot\sqrt{x\cdot\sqrt{x^3}}$

51. $f(x)=x^5\cdot\sqrt[3]{x^2\cdot\sqrt{x}}$

52. $f(x)=x\cdot\sqrt[4]{x\cdot\sqrt[15]{x}}$

53. $f(x)=\frac{\sqrt[3]{x^2}}{x\cdot\sqrt{x}}$

54. $f(x)=\frac{x^3\cdot\sqrt[4]{x}}{\sqrt[6]{x^5}}$

55. $f(x)=\sqrt{x}\cdot\sqrt[3]{x}\cdot\sqrt[4]{x^3}$

56. $f(x)=x^4\cdot\sqrt[3]{x^2}\cdot\sqrt{\sqrt{x}}$

Berechnen Sie die Steigung der Tangenten des Graphen an den Stellen $x_1=0{,}5$; $x_2=1$; $x_3=2{,}5$; $x_4=7$ für die Funktionen mit den nachstehenden Funktionsgleichungen.

57. $f(x)=x^2$

58. $f(x)=x^3$

59. $f(x)=\sqrt[3]{x}$

60. $f(x)=\sqrt[5]{x^3}$

61. $f(x)=\frac{1}{x}$

62. $f(x)=\frac{1}{\sqrt{x}}$

63. $f(x)=\frac{1}{x^2}$

64. $f(x)=-\frac{1}{x^3}$

Ermitteln Sie die Koordinaten der Berührungspunkte, welche die Tangenten unter den Winkeln $\alpha_1=30°$; $\alpha_2=45°$; $\alpha_3=85°$ und $\alpha_4=120°$ mit den Graphen der folgenden Funktionen haben.

65. $f\colon f(x)=x^2$

66. $f\colon f(x)=x^3$

67. $f\colon f(x)=\sqrt{x}$

68. $f\colon f(x)=\sqrt[3]{x}$

2.2.2 Konstantenregel – Faktorregel

Bilden Sie die erste Ableitung der folgenden konstanten Funktionen.

1. $f: f(x)=9$ **2.** $f: f(x)=17a;\ a\in\mathbb{R}$ **3.** $f: f(x)=847$ **4.** $f: f(x)=-ab;\ a;\ b\in\mathbb{R}$

Differenzieren Sie nach Prüfung der Differenzierbarkeit die Funktionen mit den nachstehenden Funktionsgleichungen unter Anwendung von Faktorregel und Potenzregel.

5. $f(x)=ax^2;\ a\in\mathbb{R}$ **6.** $f(x)=a_2x^3;\ a_2\in\mathbb{R}$ **7.** $f(x)=mx^n;\ m;\ n\in\mathbb{R}_+$ **8.** $f(x)=3x^2$

9. $f(x)=4x^7$ **10.** $f(x)=19x^2$ **11.** $f(x)=3{,}2x^{1{,}5}$ **12.** $f(x)=x^2\cdot\sqrt{3}$

13. $f(x)=x^3\cdot\sqrt{7}$ **14.** $f(x)=3x\cdot\sqrt{3}$ **15.** $f(x)=\frac{x^2}{\sqrt{2}}$ **16.** $f(x)=\frac{2}{x}$

17. $f(x)=\frac{3}{x^2}$ **18.** $f(x)=\frac{21}{x^3}$ **19.** $f(x)=\frac{-3{,}5}{x^7}$ **20.** $f(x)=\frac{a^2}{x};\ a\in\mathbb{R}$

21. $f(x)=4x^ax;\ a\in\mathbb{R}_+$ **22.** $f(x)=\frac{3}{5}\sqrt[3]{x^5}$ **23.** $f(x)=\frac{4}{7}\sqrt[8]{x^7}$ **24.** $f(x)=\frac{4}{5x^3}$

25. $f(x)=\frac{3a}{16x};\ a\in\mathbb{R}$ **26.** $f(x)=\frac{-10a^2}{21\cdot\sqrt[7]{x}};\ a\in\mathbb{R}$ **27.** $f(x)=\frac{8}{2\cdot\sqrt[3]{x^2}}$ **28.** $f(x)=3x^{\frac{2}{3}}$

29. $f(x)=\frac{1}{\sqrt{2x}}$ **30.** $f(x)=b^2x^{\frac{3}{4}};\ b\in\mathbb{R}$ **31.** $f(x)=\frac{7a}{x^4\cdot\sqrt{x}}\ a\in\mathbb{R}$ **32.** $f(x)=\frac{x^2}{x^3\cdot\sqrt[3]{x^2}}$

33. $f(x)=-\frac{5}{6x\cdot\sqrt[6]{x^5}}$ **34.** $f(x)=-\frac{x^2(a-b)^3}{\sqrt{(a-b)^4x^7}};\ a;\ b\in\mathbb{R}$ **35.** $f(x)=\frac{\sqrt[3]{x^2(a^2-b^2)}}{\sqrt[3]{x^5(a+b)}};\ a;\ b\in\mathbb{R}$

2.2.3 Summenregel

Untersuchen Sie die folgenden Funktionen auf Differenzierbarkeit, und bilden Sie gegebenenfalls die erste Ableitung.

1. $f: f(x)=x^2+x^4$ **2.** $f: f(x)=x^3-x+7$ **3.** $f: f(x)=-x^3+12x-6$

4. $f: f(x)=7x^4-3$ **5.** $f: f(x)=x^2-1$ **6.** $f: f(x)=5x^2-3$

7. $f: f(x)=ax^4+21x;\ a\in\mathbb{R}$ **8.** $f: f(x)=a^3x^7-a^5$ **9.** $f: f(x)=a+2bx;\ a;\ b\in\mathbb{R}$

10. $f: f(x)=\frac{5}{8}x^{-2}+4$ **11.** $f: f(x)=-\frac{4}{\sqrt[7]{x^3}}+11$ **12.** $f: f(x)=\frac{7}{6}\cdot\sqrt[6]{\frac{x}{m^2}}+\sqrt{m};\ m\in\mathbb{R}$

13. $f: f(x)=(x^2+1)(x^2-1)$ **14.** $f: f(x)=(x^3+a)(x^3-a);\ a\in\mathbb{R}$ **15.** $f: f(x)=(x+3)(2x-4)$

16. $f: f(x)=x^{14}-4b^2;\ b\in\mathbb{R}$ **17.** $f: f(x)=(x+1)(x-3)^2$ **18.** $f: f(x)=(x^2+5)(x-1)^3$

19. $f: f(x)=(x^2-4)(x^2+2x-5)$ **20.** $f: f(x)=x^2+ax+b;\ a;\ b\in\mathbb{R}$ **21.** $f: f(x)=ax^2+ax^3;\ a\in\mathbb{R}$

22. $f: f(x)=1+x+x^2+x^3+x^4$ **23.** $f: f(x)=-10x^2+12x^3+5x^7$ **24.** $f: f(x)=10-2x+x^2$

25. $f: f(x)=3x+\frac{x^2}{4}+6x^4$ **26.** $f: f(x)=\frac{1}{x^2}+\frac{2}{x^3}-\frac{3}{x^4}+\frac{4}{x^5}$ **27.** $f: f(x)=7x^{-1}-9x^{-2}+5x^{-3}$

28. $f: f(x)=\frac{7}{8}x^{\frac{7}{8}}-\frac{3}{5}x^{\frac{10}{3}}+\frac{4}{13}x^{\frac{13}{8}}$ **29.** $f: f(x)=\frac{5}{x^3}+3\sqrt[3]{x^2}+5x^7$ **30.** $f: f(x)=\sqrt[36]{x}-\sqrt[48]{x}+\sqrt[3]{\sqrt[24]{x}}$

31. $f: f(x)=\frac{a}{\sqrt[3]{x}}+b\sqrt{x}-8;\ a;\ b\in\mathbb{R}$ **32.** $f: f(x)=5x^{\frac{13}{5}}+6x^{\frac{1}{3}}-16x^{\frac{3}{8}}$ **33.** $f: f(x)=\frac{4\sqrt[3]{x^7}}{3\sqrt[7]{x^3}}-\frac{1}{8\sqrt[6]{x^5}}+12x^{\frac{13}{7}}$

34. $f: f(x)=x^4\cdot\sqrt{x}-x^2\cdot\sqrt[3]{x}$ **35.** $f: f(x)=\sqrt[7]{x^3}-\frac{5}{\sqrt[4]{x^3}}$ **36.** $f: f(x)=x^n-\sqrt[n]{x^3};\ n\in\mathbb{N}^*$

2.2.4 Produktregel

1. Entwickeln Sie eine Ableitungsregel für eine Funktion, die als Produkt von vier Funktionen aufgefaßt werden kann. Benutzen Sie dazu die Produktregel für zwei Faktoren.

Untersuchen Sie die nachstehenden Funktionen auf Differenzierbarkeit, und bilden Sie gegebenenfalls die erste Ableitung.

2. $f: f(x)=x^5 x^6$

3. $f: f(x)=(3x^2+4)(2x^3-1)$

4. $f: f(x)=(x^4+1)(x^4-1)$

5. $f: f(x)=x^2 x^4 x^6$

6. $f: f(x)=(a+x)(a-x)(a^2-x^2);\ a\in\mathbb{R}$

7. $f: f(x)=\sqrt{x}\,\sqrt[3]{x}\,\sqrt[4]{x}$

8. $f: f(x)=(x^4+a)(4x^3+b);\ a;\ b\in\mathbb{R}$

9. $f: f(x)=(ax+b)(b-ax);\ a;\ b\in\mathbb{R}$

10. $f: f(x)=(x^2+x-2)^2$

11. $f: f(x)=(a+x)^3;\ a\in\mathbb{R}$

12. $f: f(x)=(x+x^2)^3$

13. $f: f(x)=(x^2-4)^2$

14. $f: f(x)=(x+b)^2$

15. $f: f(x)=(x^2+x^3)\,x$

16. $f: f(x)=(\sqrt{x}+\sqrt[3]{x})(\sqrt{x}-\sqrt[3]{x})$

17. $f: f(x)=(m+nx)(m-n\sqrt[3]{x^2});\ m;\ n\in\mathbb{R}$

18. $f: f(x)=(\sqrt{x}+a)(x^2+2ax)$

19. $f: f(x)=(5x^3-2x^2+x)\sqrt{x^3}$

20. $f: f(x)=(x+7)^3$

21. $f: f(x)=x^{\frac{7}{3}}x^{\frac{5}{2}}x^{\frac{3}{4}}$

22. $f: f(x)=(3x+2x^2+1)^2$

23. $f: f(x)=(2x-3x^4+5)^3$

24. $f: f(x)=(4x^2-x-10)^2$

25. $f: f(x)=(ax^2+bx+b)^3;\ a;\ b\in\mathbb{R}$

26. $f: f(x)=(x^2+px+q)(x^2-px-q);\ p;\ q\in\mathbb{R}$

27. $f: f(x)=(3+x)(2+2x)(1-x)$

28. $f: f(x)=(1+2x)(1+3x)(1+4x)$

29. $f: f(x)=(x+2)(x^2+x-3)(x^3-5x^2+2x)$

30. $f: f(x)=(x+1)(x^2+2)(x^3+3)(x^4+4)$

31. $f: f(x)=(x^2+\sqrt{x})(x+\sqrt[3]{x})(x^3+x)$

2.2.5 Quotientenregel – Kehrwertregel

Untersuchen Sie die nachstehenden Funktionen auf Differenzierbarkeit, und bilden Sie gegebenenfalls die erste Ableitung mit Hilfe der Quotientenregel oder, wenn möglich, mit Hilfe der Kehrwertregel.

1. $f: f(x)=\dfrac{1}{a+bx}$

2. $f: f(x)=\dfrac{1}{1+x}$

3. $f: f(x)=\dfrac{2x^3}{x^3-x^2}$

4. $f: f(x)=\dfrac{1-x^3}{1+x^3}$

5. $f: f(x)=\dfrac{1-x}{1+x}$

6. $f: f(x)=\dfrac{1-x^4}{1+x^4}$

7. $f: f(x)=\dfrac{3x^3+2}{x^2+1}$

8. $f: f(x)=\dfrac{x^7-3x^2}{7x^2-4x}$

9. $f: f(x)=\dfrac{2x^2-1}{x^2-2}$

10. $f: f(x)=\dfrac{x^5+4x^3-1}{x^5-4x^3+1}$

11. $f: f(x)=\dfrac{x^2-2x+4}{x^2+2x-4}$

12. $f: f(x)=\dfrac{3-2x^2+x^3}{3+2x^2-x^3}$

13. $f: f(x)=\dfrac{1}{1+\sqrt[4]{x}}$

14. $f: f(x)=\dfrac{1+\sqrt{x}}{1-\sqrt{x}}$

15. $f: f(x)=\dfrac{\sqrt[3]{x}}{1+x}$

16. $f: f(x)=\dfrac{1-3x^3}{1+3x^3}$

17. $f: f(x)=\dfrac{1+x^4}{1-x^4}$

18. $f: f(x)=\dfrac{1+x}{1-x^2}$

19. $f: f(x)=\dfrac{x^3-a^3}{x^2+a^2};\ a\in\mathbb{R}$

20. $f: f(x)=\dfrac{x^3-7}{x-5}$

21. $f: f(x)=\dfrac{3x^2+1}{1-x^2}$

22. $f: f(x)=\dfrac{7x+7x^3}{7x^2+7}$

23. $f: f(x)=\dfrac{7x+9}{11x+5}$

24. $f: f(x)=\dfrac{a+x}{b+x};\ a;\ b\in\mathbb{R}$

25. $f: f(x)=\frac{x^6-x^3}{x^2-x}$

26. $f: f(x)=\frac{x^5-1}{x-1}$

27. $f: f(x)=\frac{x^4-1}{x-1}$

28. $f: f(x)=\frac{a+\sqrt{x}}{a-\sqrt{x}}$; $a\in\mathbb{R}$

29. $f: f(x)=\frac{6+\sqrt{x}}{5x-1}$

30. $f: f(x)=\frac{x^3}{9+x}+\frac{9}{x-1}$

31. $f: f(x)=\frac{\sqrt{x}+2x}{x^3+x}$

32. $f: f(x)=\frac{(x^2+3x)}{\sqrt{x}}$

33. $f: f(x)=\frac{\sqrt{x}+\sqrt[3]{x}}{\sqrt[4]{x}-\sqrt[5]{x}}$

34. $f: f(x)=\frac{a^2-x^2}{\sqrt{x}\cdot(x-a)}$; $a\in\mathbb{R}$

35. $f: f(x)=\frac{1+x+x^2}{\sqrt{x}-\sqrt[3]{x}}$

36. $f: f(x)=\frac{ax+\sqrt{ax}}{\sqrt{x}}$; $a\in\mathbb{R}$

37. $f: f(x)=\frac{(x+3)^2\sqrt{x^3}}{\sqrt[3]{x}}$

38. $f: f(x)=\frac{x^8-x^7}{1+\sqrt[7]{x^3}}$

39. $f: f(x)=\frac{x^2-\sqrt{x}}{\sqrt{x}-\sqrt[3]{x}}$

40. $f: f(x)=\frac{a^2+\sqrt{x}}{a^2-\sqrt{x}}$; $a\in\mathbb{R}$

41. $f: f(x)=\frac{1}{1+x^2}$

42. $f: f(x)=x^{-7}$

43. $f: f(x)=\frac{5}{8}x^{-2}+4$

44. $f: f(x)=\frac{1}{x^2}+\frac{2}{x^3}-\frac{3}{x^4}$

45. $f: f(x)=\frac{\sqrt[3]{x}}{1+x}$

46. $f: f(x)=\frac{\sqrt{x}+\sqrt[3]{x}}{\sqrt[4]{x}-\sqrt{x}}$

47. $f: f(x)=\frac{6+\sqrt{x}}{5x-1}$

48. $f: f(x)=\frac{1}{1+\sqrt[4]{x}}$

49. $f: f(x)=\frac{x-1}{x^2-2x-3}$

50. $f: f(x)=\frac{x^2-2}{\sqrt[3]{x}}$

51. $f: f(x)=\frac{x^{-2}+x^{-3}}{1+x}$

2.2.6 Kettenregel

Stellen Sie den Definitionsbereich der nachfolgenden Funktionen fest, untersuchen Sie diese auf Differenzierbarkeit, und bilden Sie gegebenenfalls die erste Ableitung unter Anwendung der Kettenregel.

1. $f: f(x)=(x^2-10)^2$

2. $f: f(x)=(5-3x)^4$

3. $f: f(x)=(3+5x^3)^4$

4. $f: f(x)=(3x+6x^2-9)^4$

5. $f: f(x)=(x^5-x^2-2)^3$

6. $f: f(x)=\left(x-\frac{1}{x}\right)^2$

7. $f: f(x)=(x^4+x^3-x^2)^5$

8. $f: f(x)=\left(x^2+\frac{1}{x}\right)^{35}$

9. $f: f(x)=\left(x^5-\frac{1}{x^2}\right)^4$

10. $f: f(x)=\frac{1}{(2+3x^2)^9}$

11. $f: f(x)=\frac{1}{(3x+4)^8}$

12. $f: f(x)=\left(\frac{2x-3}{4x-7}\right)^6$

13. $f: f(x)=\sqrt{(2x+x^2)^4}$

14. $f: f(x)=\left(\frac{1}{x^2+1}\right)^{\frac{1}{6}}$

15. $f: f(x)=\sqrt{x^3-x^2}$

16. $f: f(x)=\frac{b}{a}\sqrt{a^2-x^2}$; $a;\ b\in\mathbb{R}$

17. $f: f(x)=\frac{b}{a}\sqrt{x^2-a^2}$; $a;\ b\in\mathbb{R}$

18. $f: f(x)=\frac{1}{\sqrt{1-4x^2}}$

19. $f: f(x)=(2x-5)\sqrt{5x-3}$

20. $f: f(x)=\sqrt[3]{x^5-x^4+x^3}$

21. $f: f(x)=\sqrt{x^3+x^2-1}$

22. $f: f(x)=\frac{1}{(\sqrt{x}-3)^{10}}$

23. $f: f(x)=\frac{x}{\sqrt{1-x}}$

24. $f: f(x)=\frac{x+1}{\sqrt{x-1}}$

25. $f: f(x)=(x+4)\sqrt{x-4}$

26. $f: f(x)=x^2\sqrt{x+1}$

27. $f: f(x)=x^2\sqrt{1-x}$

28. $f: f(x)=\frac{1}{x}\sqrt{1+x^2}$

29. $f: f(x)=\frac{1}{x}\sqrt{1-x^2}$

30. $f: f(x)=2x^3\sqrt{x-10}$

31. $f: f(x)=\frac{x\sqrt{1-x}}{(2x+1)\sqrt{1+x}}$

32. $f: f(x)=\frac{x^2}{\sqrt{a+bx}}$; $a;\ b\in\mathbb{R}$

33. $f: f(x)=\sqrt{\frac{9x^2+2x}{9x^2-2x}}$

34. $f: f(x)=\left(\frac{4-3x}{4+3x}\right)^2$ **35.** $f: f(x)=\frac{x^3}{\sqrt{(1+x^2)^5}}$ **36.** $f: f(x)=\left(\frac{x}{1+x}\right)^n;\ n\in\mathbb{R}_+^*$

37. $f: f(x)=\left(\frac{x^2+9}{x^2-16}\right)^3$ **38.** $f: f(x)=\frac{x}{(1+x)^3}$ **39.** $f: f(x)=\frac{x}{\sqrt{a^2-x^2}}$

40. $f: f(x)=\sqrt{\frac{x+1}{x-1}}$ **41.** $f: f(x)=\sqrt{\frac{x^2+4}{x^2-4}}$ **42.** $f: f(x)=\frac{x+\sqrt{x+1}}{x-\sqrt{x-1}}$

43. $f: f(x)=(x^2-\sqrt{x^2-1})$ **44.** $f: f(x)=\sqrt[3]{\left(\frac{a-x}{a^2+x^2}\right)^2};\ a\in\mathbb{R}$ **45.** $f: f(x)=\frac{\sqrt{x^3-4}\cdot(x^3+4)^2}{\sqrt{4-x^3}}$

2.2.7 Umkehrregel

Bilden Sie für die nachfolgenden Funktionen f die entsprechende Umkehrfunktion bzw. Umkehrrelation, und berechnen Sie die erste Ableitung mit Hilfe der Umkehrregel.

1. $f: f(x)=2\sqrt{x};\ x>0$ **2.** $f: f(x)=5\sqrt[3]{x};\ x>0$ **3.** $f: f(x)=\sqrt[3]{x+1};\ x>-1$

4. $f: f(x)=\sqrt[5]{x};\ x>0$ **5.** $f: f(x)=\sqrt[5]{2x+1};\ x<-\frac{1}{2}$ **6.** $f: f(x)=|\sqrt{-x}|;\ x<0$

7. $f: f(x)=x\sqrt{x}$ **8.** $f: f(x)=x^3\sqrt[3]{x}$ **9.** $f: f(x)=\sqrt{2-x};\ x<2$

10. $f: f(x)=\sqrt[7]{x};\ x>0$ **11.** $f: f(x)=\sqrt[3]{(x^2+1)};\ x>0$ **12.** $f: f(x)=\sqrt[7]{3x+4};\ x>-\frac{4}{3}$

13. $f: f(x)=\sqrt[4]{(x-1)(x+2)};\ x>1$ **14.** $f: f(x)=\sqrt[3]{(x+1)^2};\ x>0$ **15.** $f: f(x)=\sqrt{x}\sqrt[3]{x}$

2.2.8 Differentiation von Exponentialfunktionen

Exponentialfunktionen

Ermitteln Sie den Definitionsbereich der folgenden Funktionen, charakterisieren Sie vorhandene Definitionslücken, untersuchen Sie die Funktionen auf Monotonieverhalten und Symmetrie, bestimmen Sie Achsenschnittpunkte und Asymptoten des Graphen, und zeichnen Sie den Graphen.

1. $f: f(x)=e^x(2x-x^2)$ **2.** $f: f(x)=(\frac{3}{2})^x$ **3.** $f: f(x)=(\frac{1}{5})^x$

4. $f: f(x)=2^{-x}$ **5.** $f: f(x)=2^x-2^{-x}$ **6.** $f: f(x)=e^{\frac{2}{x}}$

7. $f: f(x)=e^{-x^2}$ **8.** $f: f(x)=e^{-\frac{1}{x^2}}$ **9.** $f: f(x)=e^{2\sqrt{x}}$

10. $f: f(x)=5^{3x}$ **11.** $f: f(x)=8^{2x^2+3}$ **12.** $f: f(x)=\frac{x^3}{3^x}$

Lösen Sie die folgenden Exponentialgleichungen näherungsweise graphisch.

13. $3^x=9x$ **14.** $x\cdot e^x=\frac{1}{x-1}$ **15.** $e^{\frac{1}{x}}=\sqrt{x}+2$

16. $2^x=x^2$ **17.** $e^{x^2}=4x$ **18.** $x\cdot e^{x^2}=2$

Differentiationsregeln

Untersuchen Sie die nachstehenden Funktionen auf Differenzierbarkeit, und bilden Sie gegebenenfalls die Ableitungsfunktion.

1. $f: f(x)=e^{ax};\ a\in\mathbb{R}$ **2.** $f: f(x)=b^{ax};\ a\in\mathbb{R}$ **3.** $f: f(x)=e^{10x}$

4. $f: f(x)=b^{10x}$ **5.** $f: f(x)=7^{5x}$ **6.** $f: f(x)=e^{x+2}$

7. $f: f(x)=b^{x+2}$ **8.** $f: f(x)=e^{ax+b};\ a;\ b\in\mathbb{R}$ **9.** $f: f(x)=3^{3x^2+x}$

10. $f: f(x)=5\cdot e^{\frac{x}{5}}$ **11.** $f: f(x)=x^3\cdot\sqrt[3]{e^x}$ **12.** $f: f(x)=x^4\cdot b^{\frac{x}{4}}$

13. $f: f(x)=x^n\cdot e^x;\ n\in\mathbb{R}_+$ **14.** $f: f(x)=b^x\cdot x^{\frac{1}{\ln b}}$ **15.** $f: f(x)=\frac{e^{3x}}{x^3}$

16. $f: f(x)=e^x(x-1)$ **17.** $f: f(x)=(x^2+2x-2)\ e^x$ **18.** $f: f(x)=e^x(4+5x+6x^2)$

19. $f: f(x)=e^x\cdot x^{-1}$ **20.** $f: f(x)=e^{-x}\cdot x^n;\ n\in\mathbb{R}_+$ **21.** $f: f(x)=e^x\cdot x$

22. $f: f(x)=b^x\cdot x^2$ **23.** $f: f(x)=\frac{e^x-1}{e^x+1}$ **24.** $f: f(x)=\sqrt{e^x}$

25. $f: f(x)=\frac{e^x+1}{e^x-1}$ **26.** $f: f(x)=\frac{1}{e^x+1}$ **27.** $f: f(x)=\frac{1}{\sqrt{e^x}}$

28. $f: f(x)=e^x\cdot\sqrt{\frac{x+1}{x-1}}$ **29.** $f: f(x)=\sqrt{x\cdot e^x+x}$ **30.** $f: f(x)=\sqrt{\frac{e^x+1}{e^x-1}}$

31. $f: f(x)=b^{x^2}$ **32.** $f: f(x)=b^{x^3}$ **33.** $f: f(x)=b^{yx}$

34. $f: f(x)=e^x\cdot e^{2x}$ **35.** $f: f(x)=e^{\sqrt[3]{x}}$ **36.** $f: f(x)=b^{\sqrt[3]{x}}$

37. $f: f(x)=e^{\sqrt[3]{x^2+1}}$ **38.** $f: f(x)=b^{\sqrt[3]{x^2-1}}$ **39.** $f: f(x)=\sqrt[3]{e^{2x}}$

40. $f: f(x)=\sqrt[3]{8^{2x}}$ **41.** $f: f(x)=e^x(x^4+x^5)$ **42.** $f: f(x)=e^{2x}(6x-3x^2+x^4)$

43. $f: f(x)=e^x(x^2-2x+2)$ **44.** $f: f(x)=a_2\,x^2\cdot e^{-\frac{4}{x}}$ **45.** $f: f(x)=e^{2x}\cdot e^{x^2}\cdot\sqrt{e^x}$

46. $f: f(x)=\frac{a^x}{e^x}$ **47.** $f: f(x)=\frac{e^{3x}}{(1-x^2)^2}$ **48.** $f: f(x)=\frac{\sqrt[3]{x}}{e^{2x}}$

49. $f: f(x)=\frac{e^x-e^{-x}}{e^x+e^{-x}}$ **50.** $f: f(x)=\frac{a}{2}(e^{\frac{x}{2}}+e^{-\frac{x}{2}})^2$ **51.** $f: f(x)=2x+\frac{e^{2x}-e^{-2x}}{2}$

52. $f: f(x)=\sqrt[3]{x^2}\cdot e^{5-x}$ **53.** $f: f(x)=e^{-x^2}\cdot\frac{1}{x}$ **54.** $f: f(x)=\frac{e^x-e^{-x}}{x}$

Berechnen Sie die **zweite** Ableitung für die nachstehenden Funktionen.

55. $f: f(x)=e^x+3$ **56.** $f: f(x)=a^x$ **57.** $f: f(x)=e^{2x}$ **58.** $f: f(x)=e^x\cdot e^{2x}$

2.2.9 Differentiation von Logarithmusfunktionen

Logarithmusfunktionen

Ermitteln Sie den Definitionsbereich der folgenden Funktionen, charakterisieren Sie vorhandene Definitionslücken, untersuchen Sie die Funktionen auf Monotonieverhalten und Symmetrie, bestimmen Sie Achsenschnittpunkte und Asymptoten des Graphen, und zeichnen Sie den Graphen.

1. $f: f(x)=\lg x$ **2.** $f: f(x)=\ln(1+x^2)$ **3.** $f: f(x)=\ln(16-x^2)$ **4.** $f: f(x)=\ln\frac{10+x}{10-x}$

5. $f: f(x)=x\cdot\ln x$ **6.** $f: f(x)=x^2\cdot\ln x$ **7.** $f: f(x)=\frac{\ln x}{x}$ **8.** $f: f(x)=\ln(1+x^3)$

9. $f: f(x)=\sqrt{\ln x}$ **10.** $f: f(x)=\mathrm{lb}(1-x)$ **11.** $f: f(x)=\frac{x}{\ln x}$ **12.** $f: f(x)=\mathrm{lb}(x^2-2)$

Lösen Sie die folgenden Gleichungen näherungsweise graphisch.

13. $\lg x=\ln x$ **14.** $\mathrm{lb}\,x=\log_x 2$ **15.** $e^x=\ln x$ **16.** $\frac{\ln x}{e^x}=2x-x^2$

Untersuchen Sie die Umkehrbarkeit der nachstehenden Funktionen, bilden Sie gegebenenfalls die erste und zweite Ableitung, und zeichnen Sie die Graphen in ein Schaubild.

17. $f: f(x)=x^2\cdot e^x$ **18.** $f: f(x)=x^3+3x$ **19.** $f: f(x)=x\cdot 2^x$ **20.** $f: f(x)=\frac{1-x}{e^x}$

Differentiationsregeln

Untersuchen Sie die folgenden Logarithmusfunktionen auf Differenzierbarkeit, und bilden Sie gegebenenfalls deren erste Ableitung.

1. $f: f(x)=\lg x^2$ **2.** $f: f(x)=\lg x^4 \cdot \ln x^5$ **3.** $f: f(x)=\log_b x^n;\ n\in\mathbb{R}_+^*$ **4.** $f: f(x)=\dfrac{4\ln x}{3\log x}$

5. $f: f(x)=\log\sqrt{3x^2+x}$ **6.** $f: f(x)=\log_7 x\cdot\dfrac{1}{3}\lg x^2$ **7.** $f: f(x)=\lg\sqrt[3]{(x+x^2+x^3)^2}$ **8.** $f: f(x)=\lg x^{-2}$

9. $f: f(x)=\lg x^{-3}$ **10.** $f: f(x)=\lg\left(1+\dfrac{2}{x}\right)$ **11.** $f: f(x)=\ln\left(1-\dfrac{2}{x}\right)$ **12.** $f: f(x)=\lg\dfrac{1+x}{1-x}$

13. $f: f(x)=\ln(1-x^2)$ **14.** $f: f(x)=\ln(1-x)$ **15.** $f: f(x)=\ln(1-x^4)$ **16.** $f: f(x)=\ln(x^4-1)$

17. $f: f(x)=\ln x^4$ **18.** $f: f(x)=\ln\dfrac{x^4}{4}$ **19.** $f: f(x)=\ln\dfrac{1}{x^2}$

20. $f: f(x)=\ln(5x)$ **21.** $f: f(x)=\ln\sqrt[3]{x}$ **22.** $f: f(x)=\ln\sqrt[n]{x};\ n\in\mathbb{N}^*$

23. $f: f(x)=\ln\dfrac{1}{\sqrt{x}}$ **24.** $f: f(x)=\ln\dfrac{a+x}{a-x};\ a\in\mathbb{R}_+$ **25.** $f: f(x)=\ln\sqrt{\dfrac{a^2+x}{a^2-x}};\ a\in\mathbb{R}$

26. $f: f(x)=\ln\dfrac{x}{\sqrt{1-x^2}}$ **27.** $f: f(x)=\ln(x+\sqrt{1+x^2})$ **28.** $f: f(x)=\ln\dfrac{(x+3)^2}{(x-4)^3}$

29. $f: f(x)=\dfrac{x^2-1}{\ln(x^2-1)}$ **30.** $f: f(x)=x^4\cdot\ln(x^3-1)$ **31.** $f: f(x)=\dfrac{\sqrt{x}\cdot\ln x}{e^x}$

32. $f: f(x)=\ln(x+\sqrt{x^3+1})$ **33.** $f: f(x)=\ln(\lg x)-\lg(\ln x)$ **34.** $f: f(x)=\dfrac{\frac{1}{3}(\ln x)^3}{x^3\cdot\ln x-\frac{1}{3}x^3}$

35. $f: f(x)=\sqrt{\ln\sqrt[3]{x}}$ **36.** $f: f(x)=\dfrac{2}{\mathrm{lb}(x^2)}$ **37.** $f: f(x)=\dfrac{\ln(x+1)+\mathrm{lb}(x+1)}{\log_4(x+1)}$

Berechnen Sie die **zweite** Ableitung der folgenden Logarithmusfunktionen.

38. $f: f(x)=\log_b x^3$ **39.** $f: f(x)=\lg x^n;\ n\in\mathbb{R}_+^*$ **40.** $f: f(x)=\ln x$

41. $f: f(x)=\lg\dfrac{1}{x}$ **42.** $f: f(x)=\ln(3x+7)$ **43.** $f: f(x)=\ln(\ln x)$

44. $f: f(x)=\ln\sqrt[n]{x};\ n\in\mathbb{N}^*$ **45.** $f: f(x)=\ln\dfrac{a+x}{a-x};\ a\in\mathbb{R}_+$ **46.** $f: f(x)=\log_7(x^2\cdot\sqrt{x+4})$

2.2.10 Differentiation von trigonometrischen Funktionen

Trigonometrische Funktionen

Ermitteln sie für die folgenden Funktionen Amplitude und Länge der Periode.

1. $f: f(x)=\dfrac{1}{2}\sin x$ **2.** $f: f(x)=\cos\left(\dfrac{x}{2}\right)$ **3.** $f: f(x)=3\cdot\sin\left(\dfrac{x}{3}\right)$

4. $f: f(x)=2\cdot\cos(3x+1)$ **5.** $f: f(x)=5\cdot e^{-3\pi\cdot x}\cdot\sin(2x-1)$ **6.** $f: f(x)=3\cdot e^{-\pi\cdot x}\cos(5x)$

7. $f: f(x)=\sin(x^2-2)$ **8.** $f: f(x)=\cos\left(\dfrac{x^2}{9}\right)$ **9.** $f: f(x)=\sin(2x)\cdot\cos(2+x)$

Ermitteln Sie den Definitionsbereich der folgenden Funktionen, und bestimmen Sie die Nullstellen. Zeichnen Sie den Graphen für das jeweils angegebene Intervall, und ermitteln Sie seine Schnittpunkte mit der y-Achse sowie seine Asymptoten.

10. $f: f(x)=0{,}5\cdot\sin x$, $I=[0;\ 2\pi]$ **11.** $f: f(x)=2\cdot\cos x$, $I=[0;\ 2\pi]$ **12.** $f: f(x)=2\cdot\sin\left(x-\dfrac{\pi}{2}\right)$, $I=[0;\ 2\pi]$

13. $f: f(x) = \frac{3}{5}\sin\left(x + \frac{\pi}{3}\right)$
$I = \left[-\frac{\pi}{3}; 2\pi\right]$

14. $f: f(x) = 10 \cdot \sin(3x - \pi)$
$I = \left[-\frac{\pi}{3}; \pi\right]$

15. $f: f(x) = \sin\left(\frac{2}{3}\pi x\right)$
$I = [0; 2\pi]$

16. $f: f(x) = \sin(2\pi x)$
$I = [0; 2\pi]$

17. $f: f(x) = \sin\left(\frac{2}{3}\pi x\right) + \sin(2\pi x)$
$I = [0; 2\pi]$

18. $f: f(x) = -2 \cdot \sin(2x)$
$I = [0; 2\pi]$

19. $f: f(x) = 4 \cdot \sin\left(\frac{x}{2} - \frac{\pi}{3}\right)$
$I = [0; 2\pi]$

20. $f: f(x) = = 4 \cdot \sin\left(\frac{x}{2} - \frac{\pi}{3}\right) - 2 \cdot \sin(2x)$
$I = [0; 2\pi]$

21. $f: f(x) = \frac{\cos(2x)}{\cos x}$
$I = \left[-\frac{\pi}{2}; \frac{3}{2}\pi\right]$

22. $f: f(x) = \sqrt{\sin x}$
$I = [0; \pi]$

23. $f: f(x) = \ln(\sin x)$
$I = [0; 10)$

24. $f: f(x) = \frac{\tan(2x)}{\tan x}$
$I = [-\pi; \pi]$

25. $f: f(x) = \frac{\sin x}{x}$
$I = [-2\pi; 2\pi]$

26. $f: f(x) = \frac{1}{\cos x}$
$I = [-2\pi; 2\pi]$

27. $f: f(x) = x \cdot \sin\frac{2}{x}$
$I = [-3; 3]$

28. $f: f(x) = e^x \cdot \sin x$
$I = [-2; 4]$

29. $f: f(x) = e^x \cdot \cos x$
$I = [0; 5)$

30. $f: f(x) = \sin^2 x - \sin x$
$I = [-\pi; 2\pi]$

31. $f: f(x) = \sin x + \cos(2x)$
$I = [-\pi; 2\pi]$

32. $f: f(x) = \tan\frac{x}{2} - 2 \cdot \sin x$
$I = \left[-\frac{\pi}{2}; \frac{5}{2}\pi\right]$

33. $f: f(x) = \cos x - \cot x$
$I = (0; 2\pi]$

Lösen Sie die nachfolgenden Gleichungen näherungsweise zeichnerisch.

33. $\sin x = \frac{1}{4}x^2$ **34.** $\sqrt{9 - x^2} = \tan x$ **35.** $\cos(2x) = e^x$ **36.** $\cot x = \frac{1}{4}\sqrt{1 - x^2}$

Differentiationsregeln

Untersuchen Sie die folgenden Funktionen auf Differenzierbarkeit, und bilden Sie gegebenenfalls deren erste Ableitung.

1. $f: f(x) = \cot\frac{x}{2}$
2. $f: f(x) = 3 \cdot \cos\frac{x}{3}$
3. $f: f(x) = 2 \cdot \sin\frac{x}{2}$
4. $f: f(x) = n \cdot \cos(mx)$
5. $f: f(x) = \tan(2x)$
6. $f: f(x) = \cos(2x)$
7. $f: f(x) = a \cdot \sin\left(\frac{2\pi}{p}x\right)$
8. $f: f(x) = \sin\left[\frac{2\pi}{p}(x - \varphi)\right]$
9. $f: f(x) = \sin^3 x$
10. $f: f(x) = \cos^4 x$
11. $f: f(x) = \tan^2 x$
12. $f: f(x) = \cot^4 x$
13. $f: f(x) = \frac{1}{\cos x}$
14. $f: f(x) = \ln(\cos x)$
15. $f: f(x) = \frac{1}{2}\ln[\sin(2x)]$
16. $f: f(x) = \ln(\tan x)$
17. $f: f(x) = x \cdot \sin x$
18. $f: f(x) = e^x \cdot \sin x$
19. $f: f(x) = e^{-x} \cdot \cos x$
20. $f: f(x) = \sin x \cdot \cos x$
21. $f: f(x) = \cos x + 2 \cdot \sin x \cdot \cos x$
22. $f: f(x) = \sin x \cdot \sin(1 - x)$
23. $f: f(x) = \sin x - x \cdot \cos x$
24. $f: f(x) = 3 \cdot \sin x - 5 \cdot \sin^4 x$
25. $f: f(x) = \tan\frac{x-2}{x+2}$
26. $f: f(x) = \frac{a_1 - a_2 \cdot \cos x}{a_1 + a_2 \cdot \cos x}$ $a_1;\ a_2 \in \mathbb{R}$
27. $f: f(x) = \tan\sqrt{x}$
28. $f: f(x) = \sqrt{\tan x}$
29. $f: f(x) = \sqrt[5]{(\sin x + \cos x)^2}$
30. $f: f(x) = \sin\sqrt{\cos(2x + 3)}$
31. $f: f(x) = \frac{1 + \cos x}{1 - \cos x}$
32. $f: f(x) = \frac{x}{4} - \frac{1}{2}\sin(2x)$
33. $f: f(x) = \frac{\sin x}{x}$

Berechnen Sie die zweite Ableitung der folgenden Funktionen.

34. $f: f(x)=\sin x$ **35.** $f: f(x)=-\sin x$ **36.** $f: f(x)=x^2\cdot\cos^2 x$ **37.** $f: f(x)=e^x\cdot\cos x$

38. $f: f(x)=\tan x$ **39.** $f: f(x)=\sin^2 x\cdot\cos x$ **40.** $f: f(x)=3\cdot\cos(3x)$ **41.** $f: f(x)=\cot x$

2.2.11 Differentiation von Arkusfunktionen

Arkusfunktionen

Lösen Sie die nachfolgenden Gleichungen.

1. $\sin(x+1)=0{,}9$, $x\in[-0{,}5\pi;\ 0{,}5\pi]$

2. $\sin\left(x^2-\frac{1}{x^2}\right)=0{,}5$, $x\in[-1{,}5\pi;\ 1{,}5\pi]$

3. $\cos(x^2-1)=0{,}8$, $x\in[-3;\ 3]$

4. $\cos(3x)=-0{,}8$, $x\in[-2;\ 2]$

5. $\tan\frac{x}{2}=2$, $x\in[0;\ 3]$

6. $\tan(0{,}5x-1)=3$, $x\in[-3;\ 5]$

7. $2\cdot\cot(0{,}1x^2+2)=-4$, $x\in[-6;\ 6]$

8. $\frac{1}{\cot(x-1)}=2$, $x\in[-3;\ 3]$

Ermitteln Sie die folgenden Werte mit dem Taschenrechner.

9. Arcsin 0,89 **10.** Arccos(−0,31) **11.** Arctan 270 **12.** Arccot(−30)

13. $\text{arc}_{-2}\sin(-0{,}4)$ **14.** $\text{arc}_2\cos(0{,}5)$ **15.** $\text{arc}_{-1}\tan(-4)$ **16.** $\text{arc}_3\cot 33$

Ermitteln Sie den Definitionsbereich der folgenden Funktionen, und bestimmen Sie die Nullstellen. Zeichnen Sie den Graphen für das jeweils angegebene Intervall, und ermitteln Sie seine Schnittpunkte mit der y-Achse sowie seine Asymptoten.

17. $f: f(x)=\text{Arctan}\,x$, $I=[-8;\ 8]$

18. $f: f(x)=\text{Arccot}\,x$, $I=[-6;\ 6]$

19. $f: f(x)=\text{Arctan}\,\frac{1}{x}$, $I=[-7;\ 7]$

20. $f: f(x)=\text{Arccot}\,\frac{1}{x}$, $I=[-6;\ 6]$

21. $f: f(x)=4\cdot\text{Arcsin}\,x+3\cdot\sin(10x-5)$, $I=(-1;\ 1)$

22. $f: f(x)=\text{Arctan}\,\frac{1}{x}-\sin(x-2)$, $I=[-5;\ 5]$

23. $f: f(x)=0{,}5\cdot\text{Arccos}\,x-2\cdot\tan x$, $I=(-1;\ 1)$

24. $f: f(x)=\text{Arctan}(10x-10)+3\cdot\sin(x+3)$, $I=[-5;\ 5]$

Differentiationsregeln

Differenzieren Sie die nachstehenden Funktionen unter Anwendung der entsprechenden Differentiationsregeln. Prüfen Sie jeweils die Differenzierbarkeit.

1. $f: f(x)=\text{Arcsin}(mx)$ **2.** $f: f(x)=\text{Arccos}(6x)$ **3.** $f: f(x)=\text{Arctan}(12x)$

4. $f: f(x)=\text{Arccot}(3x)$ **5.** $f: f(x)=\text{Arcsin}(1-x)$ **6.** $f: f(x)=x^3\cdot\text{Arcsin}\,x$

7. $f: f(x)=\text{Arcsin}\sqrt{1-x^2}$ **8.** $f: f(x)=\text{Arccos}\sqrt{x}$ **9.** $f: f(x)=\sqrt[4]{(\text{Arcsin}\,x)^3}$

10. $f: f(x)=\text{Arcsin}\,\frac{x}{m};\ m\in\mathbb{R}$ **11.** $f: f(x)=3\cdot\text{Arcsin}\,\frac{x}{3}$ **12.** $f: f(x)=\text{Arcsin}\sqrt{\frac{1-x}{1+x}}$

13. $f: f(x)=\text{Arccot}\left(\frac{1}{x}\right)$ **14.** $f: f(x)=\text{Arcsin}\,\frac{x}{\sqrt{1+x^2}}$ **15.** $f: f(x)=\text{Arcsin}\,\frac{9-x^2}{9+x^2}$

16. $f: f(x) = \operatorname{Arcsin}\left[\tan \frac{x^3 - x}{4 + x}\right]$ **17.** $f: f(x) = \operatorname{Arccos} \frac{-x}{x}$ **18.** $f: f(x) = \operatorname{Arccos} \frac{x^5 - 1}{x^5 + 1}$

19. $f: f(x) = \operatorname{Arctan}(9x)$ **20.** $f: f(x) = x^2 \cdot (\operatorname{Arctan} x)^{-1}$ **21.** $f: f(x) = x \cdot \operatorname{Arctan}(x^{-1})$

22. $f: f(x) = \operatorname{Arctan} \sqrt[3]{\frac{x}{x+9}}$ **23.** $f: f(x) = \operatorname{Arctan} \sqrt{\frac{1-x}{1+x}}$ **24.** $f: f(x) = \operatorname{Arctan}\,[\ln(4x)]$

25. $f: f(x) = \sqrt{\ln(\operatorname{Arctan} x)}$ **26.** $f: f(x) = \operatorname{Arctan}(e^{2x})$ **27.** $f: f(x) = e^{\operatorname{Arctan} x}$

28. $f: f(x) = \operatorname{Arccot} \frac{1}{\sqrt{x}}$ **29.** $f: f(x) = x^{3 \cdot \operatorname{Arccot}(3x)}$ **30.** $f: f(x) = \operatorname{Arcsin} \frac{1-x^2}{1+x^2}$

2.2.12 Differentiation von Hyperbelfunktionen

Hyperbelfunktionen

Berechnen Sie die folgenden Werte.

1. $\sinh 4{,}2$ **2.** $\sinh 0{,}5$ **3.** $\sinh(-4)$ **4.** $\cosh 6$

5. $\cosh 1$ **6.** $\cosh(-3)$ **7.** $\tanh 5$ **8.** $\tanh 0$

9. $\tanh(-2)$ **10.** $\coth 0$ **11.** $\coth 3$ **12.** $\coth(-5)$

Beweisen Sie die nachfolgenden Gleichungen.

13. $2 \cdot \cosh x \cdot \sinh x = \sinh(2x)$ **14.** $\sinh^2 x + \cosh^2 x = \cosh(2x)$ **15.** $\cosh x + \sinh x = e^x$

16. $\cosh x - \sinh x = e^{-x}$ **17.** $1 - \tanh^2 x = \frac{1}{\cosh^2 x}$ **18.** $\tanh(2x) = \frac{2 \cdot \tanh x}{1 + \tanh^2 x}$

Ermitteln Sie den Definitionsbereich der folgenden Funktionen und bestimmen Sie die Nullstellen. Zeichnen Sie den Graphen für das jeweils angegebene Intervall, und ermitteln Sie seine Schnittpunkte mit der y-Achse sowie seine Asymptoten.

19. $f: f(x) = \sinh\left(\frac{1}{x}\right)$ **20.** $f: f(x) = \cosh(x^2 - 1)$ **21.** $f: f(x) = \tanh(2x)$

$I = [-5; 5]$ $I = (-2; 2)$ $I = [-2; 2]$

22. $f: f(x) = \coth \frac{1}{x^2 - 1}$ **23.** $f: f(x) = 8 \cdot \tanh \frac{1}{1 + x^2} - \cos(2x)$ **24.** $f: f(x) = \cosh x + e^x - 6$

$I = [-2{,}5; 2{,}5]$ $I = (-5; 5)$ $I = (-4; 3)$

25. $f: f(x) = 0{,}1 \cdot \cosh x - \ln(x^2 - 1) - 3$ **26.** $f: f(x) = \sinh\left(\frac{1}{x}\right) + 2 \cdot \sin\left(\frac{x}{2}\right)$ **27.** $f: f(x) = e^{\sinh x} \cdot \ln|x|$

$I = (-4; 4)$ $I = (-10; 10)$ $I = [-2\pi; 2\pi]$

Differentiationsregeln

Differenzieren Sie die nachstehenden Funktionen unter Anwendung der entsprechenden Differentiationsregeln. Untersuchen Sie jeweils die Differenzierbarkeit.

1. $f: f(x) = \frac{1}{\cosh^2 x}$ **2.** $f: f(x) = \frac{1}{\sinh^2 x}$ **3.** $f: f(x) = \frac{1}{\sinh x \cdot \cosh x}$

4. $f: f(x) = \frac{1}{\sinh x}$ **5.** $f: f(x) = \frac{1}{\cosh x}$ **6.** $f: f(x) = \ln\left(\tanh \frac{x}{2}\right)$

7. $f: f(x) = \ln(\tanh x)$ **8.** $f: f(x) = \cosh^2 x$ **9.** $f: f(x) = \sinh^2 x$

10. $f: f(x)=x\cdot\sinh x$

11. $f: f(x)=x\cdot\cosh x$

12. $f: f(x)=\sinh x\cdot\cosh x+x$

13. $f: f(x)=\ln(\sinh x)$

14. $f: f(x)=e^{\sinh x}$

15. $f: f(x)=e^{\cosh x}$

16. $f: f(x)=e^{\tanh x}$

17. $f: f(x)=e^{\coth x}$

18. $f: f(x)=\sinh(2x)\cdot\cosh(2x)$

19. $f: f(x)=\ln[\sin(3x)]$

20. $f: f(x)=\sqrt{\frac{1+\cosh(2x)}{2}}$

21. $f: f(x)=\tan\sqrt{x}$

22. $f: f(x)=\operatorname{Arctan}(\tanh x)$

23. $f: f(x)=\sinh^2 x\cdot\cosh^2 x$

24. $f: f(x)=\tanh^2 x\cdot\coth^2 x$

25. $f: f(x)=\frac{1}{2}\sinh x\cdot\cosh x+\frac{x}{2}$

26. $f: f(x)=\frac{1}{2}\sinh x\cdot\cosh x-\frac{x}{2}$

27. $f: f(x)=x\cdot\cosh x-\sinh x$

28. $f: f(x)=x\cdot\sinh x-\cosh x$

29. $f: f(x)=2\cdot\operatorname{Arctan}(\sinh x+\cosh x)$

30. $f: f(x)=e^{2x}\cdot\coth(x+e^x)$

31. $f: f(x)=\cosh^n x;\ n\in\mathbb{N}^*$

32. $f: f(x)=\frac{5\cdot\cosh(e^{1-x})}{\sqrt{16-x^2}}$

33. $f: f(x)=\ln\sqrt{\sinh x}$

34. $f: f(x)=\frac{\tanh x}{\cos x}$

35. $f: f(x)=\cosh\sqrt{x^2-4}$

36. $f: f(x)=\sinh x\cdot\ln x\cdot\cos x$

2.2.13 Differentiation von Areahyperbelfunktion

Areahyperbelfunktionen

Ermitteln Sie die nachfolgenden Werte.

1. $\operatorname{Arsinh}\left(\frac{1}{2}\sqrt{2}\right)$

2. Arsinh 3

3. Arsinh(-4)

4. Arcosh 1

5. Arcosh 2

6. Arcosh 6

7. Artanh 0

8. Artanh 1

9. Artanh(-1)

10. $\operatorname{Artanh}\frac{1}{\sqrt{3}}$

11. Arcoth(-4)

12. Arcoth 6

Ermitteln Sie den Definitionsbereich der folgenden Funktionen, bestimmen Sie Achsenschnittpunkte und Asymptoten des Graphen, und zeichnen Sie den Graphen.

13. $f: f(x)=\operatorname{Arsinh}(x^2)$

14. $f: f(x)=\operatorname{Arcoth}(x-3)$

15. $f: f(x)=\operatorname{Arcosh}\frac{1}{x}$

16. $f: f(x)=\operatorname{Arcoth}\frac{1}{x^2-1}$

17. $f: f(x)=\operatorname{Artanh}\frac{1}{x^2}$

18. $f: f(x)=\operatorname{Artanh}(\sqrt{x}+4)$

Differentiationsregeln

Untersuchen Sie die nachstehenden Funktionen auf Differenzierbarkeit, und bilden Sie gegebenenfalls die Ableitung.

1. $f: f(x)=2\cdot\operatorname{Arsinh}\frac{x}{2}$

2. $f: f(x)=\operatorname{Arsinh}(\sqrt{x}-x^2)$

3. $f: f(x)=\operatorname{Arsinh}\sqrt{\frac{1-x}{1+x}}$

4. $f: f(x)=\operatorname{Arsinh}\frac{x^2-1}{2x}$

5. $f: f(x)=\operatorname{Arcosh}\frac{x^2+1}{2x}$

6. $f: f(x)=\operatorname{Artanh}\frac{x^2-1}{x^2+1}$

7. $f: f(x)=\operatorname{Artanh}\frac{\sqrt{x}}{x^2}$

8. $f: f(x)=\operatorname{Artanh}(\sqrt{x^3}+\sqrt{x})$

9. $f: f(x)=\operatorname{Arsinh}(e^x+e^{-x})$

10. $f: f(x)=\operatorname{Arcosh}(e^{2x}+4)$

11. $f: f(x)=\operatorname{Artanh}\sqrt{e^x-1}$

12. $f: f(x)=\operatorname{Arsinh} x\cdot\operatorname{Arcosh} x$

13. $f: f(x)=\ln x\cdot\operatorname{Arsinh} x$

14. $f: f(x)=\operatorname{Arcosh}\frac{1}{1-x^2}$

15. $f: f(x)=\operatorname{Arcoth}(x-4)^2$

16. $f: f(x)=e^x\cdot\operatorname{Arsinh} x$

17. $f: f(x)=\operatorname{Arcosh}(e^x)$

18. $f: f(x)=x\cdot\operatorname{Arsin}(x-\sqrt{x^2+1})$

2.3 Besondere Differentiationsregeln

2.3.1 Differentiation von abschnittsweise definierten Funktionen

Meistens läßt sich eine Funktion für ihren gesamten Definitionsbereich durch einen einheitlichen Funktionsterm beschreiben und allein mit Hilfe des Funktionsterms auf Differenzierbarkeit untersuchen.

Manchmal treten in der Praxis aber auch Funktionen auf, zu deren Beschreibung es mehrerer Funktionsterme bedarf (siehe Kapitel „Abschnittsweise definierte Funktionen"). Bei diesen Funktionen ist jeder dieser einzelnen Funktionsterme nur für einen bestimmten Abschnitt des jeweiligen Definitionsbereiches gültig, so daß auch die Untersuchung dieser Funktionen auf Differenzierbarkeit abschnittsweise erfolgen muß.

Von besonderem Interesse sind dabei solche Stellen (**Übergangsstellen, Nahtstellen**), an denen die einzelnen Definitionsabschnitte unmittelbar aneinanderstoßen.

Beispiel:

$$f: f(x)=|x^2-4|=\begin{cases} x^2-4, & \text{wenn } x\in(-\infty;2] \\ -x^2+4, & \text{wenn } x\in[-2;2] \\ x^2-4, & \text{wenn } x\in[2;\infty) \end{cases}$$

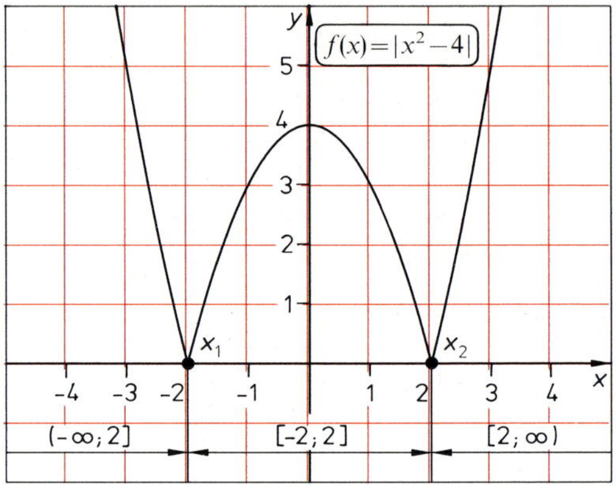

$x_1=-2$ und $x_2=2$ ► Übergangsstellen, Nahtstellen

Problem: Untersuchen Sie die Funktion $f: f(x)=|x|$ mit $D(f)=\mathbb{R}$ auf Differenzierbarkeit, und bilden Sie gegebenenfalls die Ableitung.

Die Funktion $f: f(x)=|x|$ mit $D(f)=\mathbb{R}$ ist durch die beiden Teilfunktionen (Funktionsabschnitte), f_1 mit $D(f_1)=\mathbb{R}_+$ und f_2 mit $D(f_2)=\mathbb{R}^*_-$ abschnittsweise definiert. Sie ist stetig, und der Graph hat an der Stelle $x_0=0$ eine Spitze.

Die Teilfunktionen f_1 und f_2 sind als ganze rationale Funktionen in $D(f_1)$ bzw. $D(f_2)$ differenzierbar. Obwohl die Funktion f auch an der Stelle $x_0=0$ stetig ist, muß f an dieser Nahtstelle für die Teilfunktionen f_1 und f_2 gesondert auf Differenzierbarkeit untersucht werden, denn Stetigkeit ist zwar eine notwendige, aber keine hinreichende Bedingung für die Differenzierbarkeit (siehe Kapitel „Differenzierbarkeit von Funktionen").

$f: f(x)=|x|;\ D(f)=\mathbb{R}$

$$\Rightarrow f: f(x):=\begin{cases} x, & \text{wenn } x\in\mathbb{R}_+ \ \blacktriangleright f_1 \\ -x, & \text{wenn } x\in\mathbb{R}^*_- \ \blacktriangleright f_2 \end{cases}$$

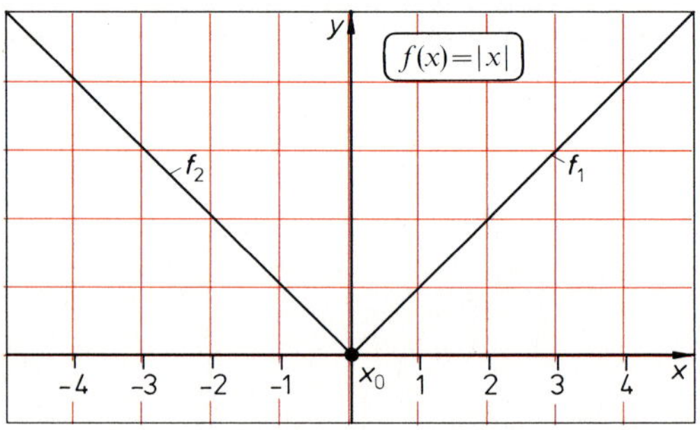

Um die Funktion f abzuleiten, bildet man zunächst die Ableitungen der beiden Teilfunktionen f_1 und f_2 für den jeweiligen Definitionsbereich.

$$f_1(x)=x;\ x\in\mathbb{R}_+ \quad \Rightarrow f_1'(x)=\underline{\underline{1}};\ x\in\mathbb{R}_+$$
$$f_2(x)=-x;\ x\in\mathbb{R}_-^* \quad \Rightarrow f_2'(x)=\underline{\underline{-1}};\ x\in\mathbb{R}_-^*$$

Dann ermittelt man an der Nahtstelle $x_0=0$ den (rechtsseitigen) Grenzwert von f_1' sowie den (linksseitigen) Grenzwert von f_2' und vergleicht diese.

$$\lim_{\substack{x\to 0\\ x>0}} f_1'(x)=\lim_{\substack{x\to 0\\ x>0}} 1 = \underline{\underline{1}}$$ ▶ rechtsseitiger Grenzwert

$$\lim_{\substack{x\to 0\\ x<0}} f_2'(x)=\lim_{\substack{x\to 0\\ x<0}} -1 = \underline{\underline{-1}}$$ ▶ linksseitiger Grenzwert

Dort hat f_1' den (rechtsseitigen) Grenzwert 1 und f_2' den (linksseitigen) Grenzwert -1. Beide Grenzwerte sind endlich aber verschieden, d.h. die Funktion f besitzt bei $x_0=0$ die rechtsseitige Ableitung $f_R'(0)=1$ und die linksseitige Ableitung $f_L'(0)=-1$. Da diese einseitigen Ableitungen ungleich sind, ist die Funktion f an der Stelle $x_0=0$ nicht differenzierbar.

$\Rightarrow f_R'(0)=1$ ▶ rechtsseitige Ableitung

$f_L'(0)=-1$ ▶ linksseitige Ableitung

$\Rightarrow f_R'(0)\neq f_L'(0)$ ▶ Ableitung $f'(0)$ existiert nicht

Die Ableitungen f_1' mit $D(f_1')=\mathbb{R}_+$ und f_2' mit $D(f_2')=\mathbb{R}^*$ können zur abschnittsweisen definierten Funktion f' zusammengefaßt werden.

$$\Rightarrow f':f'(x):=\begin{cases} 1, & \text{wenn } x\in\mathbb{R}_+^* \\ -1, & \text{wenn } x\in\mathbb{R}_-^* \end{cases}$$

Merke:

$$f:f(x)=|x|=f:f(x):=\begin{cases} x, & \text{wenn } x\in\mathbb{R}_+ \\ -x, & \text{wenn } x\in\mathbb{R}_-^* \end{cases} \quad\Rightarrow\quad f':f'(x):=\begin{cases} 1, & \text{wenn } x\in\mathbb{R}_+^* \\ -1, & \text{wenn } x\in\mathbb{R}_-^* \end{cases}$$

Problem: Untersuchen Sie die Signumfunktion $f:f(x)=\operatorname{sgn} x$ mit $D(f)=\mathbb{R}$ auf Differenzierbarkeit, und bilden Sie gegebenenfalls die Ableitung.

Die Signumfunktion ist abschnittsweise für alle $x\in\mathbb{R}$ definiert und besitzt an der Stelle $x_0=0$ eine (beidseitige) endliche Sprungstelle. An dieser Stelle ist somit die Funktion f unstetig und folglich nicht differenzierbar ($f'(0)$ existiert nicht).

$$f:f(x)=\operatorname{sgn} x=\begin{cases} -1, & \text{wenn } x<0 \\ 0, & \text{wenn } x=0 \\ 1, & \text{wenn } x>0 \end{cases}$$ ▶ f_1 (für $x<0$), ▶ f_2 (für $x>0$)

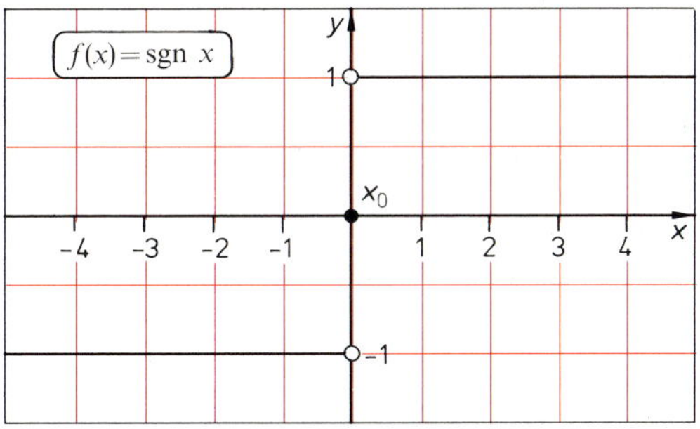

Die Funktion f wird für $x<0$ durch die Teilfunktion $f_1: f_1(x)=-1$ und für $x>0$ durch die Teilfunktion $f_2: f_2(x)=1$ beschrieben. Beide sind als konstante Funktionen in ihren Definitionsbereichen differenzierbar; ihre Ableitungen sind Nullfunktionen.

Die Teilableitungen f_1' und f_2' können zur Ableitungsfunktion f' zusammengefaßt werden.

$f_1(x)=-1;\ x\in\mathbb{R}^*_- \Rightarrow f_1'(x)=0;\ x\in\mathbb{R}^*_-$

$f'(0)$ existiert nicht

$f_2(x)=1;\ x\in\mathbb{R}^*_+ \Rightarrow f_2'(x)=0;\ x\in\mathbb{R}^*_+$

$$\Rightarrow f': f'(x) := \begin{cases} 0, & \text{wenn } x\in\mathbb{R}^*_- \\ 0, & \text{wenn } x\in\mathbb{R}^*_+ \end{cases}$$

$$\Rightarrow \underline{\underline{f': f'(x)=0;\ D(f')=\mathbb{R}^*}}$$

Merke:

$$f: f(x)=\operatorname{sgn} x := \begin{cases} -1, & \text{wenn } x\in\mathbb{R}^*_- \\ 0, & \text{wenn } x=0 \\ 1, & \text{wenn } x\in\mathbb{R}^*_+ \end{cases} \qquad \Rightarrow f': f'(x)=0;\ D(f')=\mathbb{R}^*$$

Merke:

Für die Differentiation abschnittsweise definierter Funktionen mit differenzierbaren Teilfunktionen (Funktionsabschnitten) empfiehlt sich folgende Vorgehensweise:

- Man stellt zunächst fest, welche Übergangsstellen (Nahtstellen) der abschnittsweise definierten Ausgangsfunktion zum Definitionsbereich der Funktion gehören, denn nur an solchen Stellen kann die Funktion überhaupt auf Differenzierbarkeit untersucht werden.
- Anschließend ermittelt man die Nahtstellen, an denen die Funktion stetig ist, denn nur an solchen Stellen kann die Funktion auch differenzierbar sein.
- Danach bildet man formal die Ableitung der einzelnen Teilfunktionen (Funktionsabschnitte) unter Beachtung der jeweiligen Differenzierbarkeitsbereiche.
- An allen verbliebenen Übergangsstellen zwischen den Teilfunktionen ermittelt man dann jeweils den (linksseitigen) Grenzwert einer links von der Übergangsstelle liegenden Teilableitungsfunktion und den (rechtsseitigen) Grenzwert einer rechts von der Übergangsstelle liegenden Teilableitungsfunktion. Sind diese einseitigen Grenzwerte an einer dieser Übergangsstellen gleich, so ist die Ausgangsfunktion dort differenzierbar, weil in diesem Falle die linksseitige und die rechtsseitige Ableitung der Ausgangsfunktion übereinstimmen. Sind dagegen diese Grenzwerte verschieden, so ist die Ausgangsfunktion an einer solchen Stetigkeitstelle nicht differenzierbar.
- Die Teilableitungen lassen sich unter Ausschluß der Unstetigkeitsstellen der Ausgangsfunktion zu einer abschnittsweise definierten Ableitungsfunktion zusammenfassen.

Beispiele: Untersuchen Sie die nachstehenden Funktionen auf Differenzierbarkeit, und bilden Sie gegebenenfalls die Ableitung.

- $f: f(x)=|\sin x|;\ D(f)=\mathbb{R}$

Die Funktion $f: f(x)=|\sin x|;\ D(f)=\mathbb{R}$ kann betragszeichenfrei als abschnittsweise

$$f: f(x) := \begin{cases} \sin x, & \text{wenn } x\in[2k\pi;\ \pi+2k\pi];\ k\in\mathbb{Z} \\ -\sin x, & \text{wenn } x\in(\pi+2k\pi;\ 2\pi+2k\pi);\ k\in\mathbb{Z} \end{cases}$$

definierte Funktion mit den Teilfunktionen (Funktionsabschnitten) $f_1 : f_1(x) = \sin x$ und $f_2 : f_2(x) = -\sin x$ dargestellt werden. An allen Nahtstellen $x \in \{k\pi \mid k \in \mathbb{Z}\}$ ist die Funktion stetig, und der Graph der Funktion f hat dort offensichtlich eine Spitze. An diesen Stellen ist die Funktion f vermutlich nicht differenzierbar.

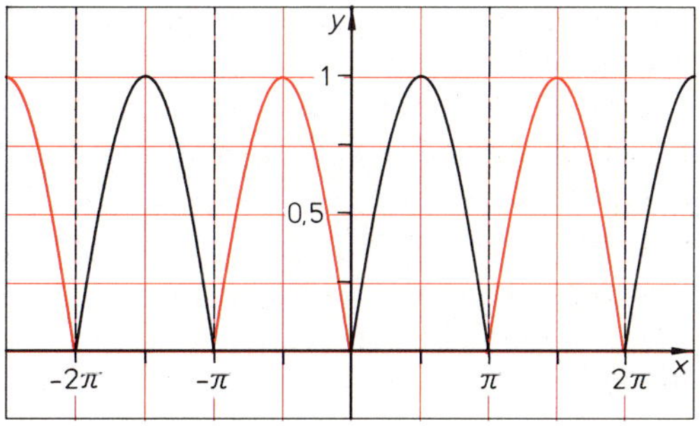

—— $f_1(x) = \sin x$ ▶ f_1 —— $f_2(x) = -\sin x$ ▶ f_2

Zur Ableitung der Funktion f differenziert man zunächst formal die Teilfunktionen f_1 und f_2 in ihrem jeweiligen Definitionsbereich. f_1 ist danach differenzierbar für alle $x \in [2k\pi; \pi + k\pi]$ mit $k \in \mathbb{Z}$, und f_2 kann für alle $x \in (\pi + 2k\pi; 2\pi + 2k\pi)$ mit $k \in \mathbb{Z}$ abgeleitet werden.

Für die Stellen $x \in \{k\pi \mid k \in \mathbb{Z}\}$ wird hier exemplarisch die Übergangsstelle $x_0 = \pi$ untersucht. Man ermittelt dort den (linksseitigen) Grenzwert der Teilableitung f_1' sowie den (rechtsseitigen) Grenzwert der Teilableitung f_2'. Da beide verschieden sind, stimmen bei $x_0 = \pi$ auch die linksseitige Ableitung $f_L'(\pi)$ und die rechtsseitige Ableitung $f_R'(\pi)$ der Ausgangsfunktion nicht überein, d.h. die Funktion f ist an der Stelle $x_0 = \pi$ nicht differenzierbar. Diese Untersuchung führt auch bei allen anderen $x \in \{k\pi \mid k \in \mathbb{Z}\}$ zum gleichen Ergebnis.

Die Teilableitungen f_1' und f_2' lassen sich unter Ausschluß der Stellen $x \in \{k\pi \mid k \in \mathbb{Z}\}$ zur abschnittsweise definierten Ableitungsfunktion f' zusammenfassen, die auch mit Betragszeichen als $f' : f'(x) = |\cos x|$ mit $D(f') = \mathbb{R} \setminus \{k\pi \mid k \in \mathbb{Z}\}$ geschrieben werden kann.

$f_1(x) = \sin x;\ x \in [2k\pi; \pi + 2k\pi];\ k \in \mathbb{Z}$

$\Rightarrow \underline{f_1'(x) = \cos x;\ x \in [2k\pi; \pi + 2k\pi];\ k \in \mathbb{Z}}$

$f_2(x) = -\sin x;\ x \in (\pi + 2k\pi; 2\pi + 2k\pi;\ k \in \mathbb{Z}$

$\Rightarrow \underline{f_2'(x) = -\cos x;\ x \in (\pi + 2k\pi; 2\pi + 2k\pi);\ k \in \mathbb{Z}}$

$x_0 = \pi$ ▶ $\lim\limits_{\substack{x \to \pi \\ x < \pi}} f_1'(x) = \lim\limits_{\substack{x \to \pi \\ x < \pi}} \cos x$

$= \underline{\underline{-1}}$ ▶ linksseitiger Grenzwert

▶ $\lim\limits_{\substack{x \to \pi \\ x > \pi}} f_2'(x) = \lim\limits_{\substack{x \to \pi \\ x > \pi}} (-\cos x)$

$= \underline{\underline{1}}$ ▶ rechtsseitiger Grenzwert

$\Rightarrow f_L'(\pi) = -1$ ▶ linksseitige Ableitung

$f_R'(\pi) = 1$ ▶ rechtsseitige Ableitung

$\Rightarrow f_L'(\pi) \neq f_R'(\pi)$ ▶ $f'(\pi)$ existiert nicht

$$f'(x) := \begin{cases} \cos x, & \text{wenn } x \in (2k\pi; \pi + 2k\pi);\ k \in \mathbb{Z} \\ -\cos x, & \text{wenn } x \in (\pi + 2k\pi; 2\pi + 2k\pi);\ k \in \mathbb{Z} \end{cases}$$

$\Rightarrow \underline{\underline{f' : f'(x) = |\cos x|;\ D(f') = \mathbb{R} \setminus \{k\pi \mid k \in \mathbb{Z}\}}}$

● $f : f(x) = (x^2 - 1) \cdot \operatorname{sgn} x;\ D(f) = \mathbb{R}$

Man faßt die Funktion f als abschnittsweise definierte Funktion mit der Übergangsstelle $x_0 = 0$ und den Teilfunktionen f_1 und f_2 auf. Sie ist für alle $x \in \mathbb{R}$ definiert und besitzt an der Stelle $x_0 = 0$ eine (beidseitige) endliche Sprungstelle.

$f(x) = (x^2 - 1) \cdot \operatorname{sgn} x$

$$\Rightarrow f(x) := \begin{cases} x^2 - 1, & \text{wenn } x > 0 \ \blacktriangleright f_1 \\ 0, & \text{wenn } x = 0 \\ -x^2 + 1, & \text{wenn } x < 0 \ \blacktriangleright f_2 \end{cases}$$

An dieser Stelle ist also die Funktion f unstetig und folglich nicht differenzierbar ($f'(0)$ existiert nicht).

Die Teilfunktionen f_1 und f_2 sind als ganze rationale Funktionen in ihren Definitionsbereichen differenzierbar. Die Teilableitungen können unter Ausschluß der Stelle $x_0=0$ zur Ableitungsfunktion f' zusammengefaßt werden.

$$\bullet\; f: f(x) := \begin{cases} \sqrt{-x}, & \text{wenn } x \in \mathbb{R}_- \quad \blacktriangleright f_1 \\ 3, & \text{wenn } x = 0{,}5 \\ \ln(x-1), & \text{wenn } x \in (1;\infty) \quad \blacktriangleright f_2 \end{cases}$$

Im Gegensatz zu den Funktionen in den bisherigen Beispielen hat diese abschnittsweise definierte Funktion keine Stellen, an denen die Graphen der einzelnen Funktionsabschnitte unmittelbar aneinanderstoßen, und in der unmittelbaren Nähe des isolierten Punktes $P\langle 0{,}5 | 3\rangle$ liegt kein weiterer Punkt des Graphen.

Trotz des isolierten Punktes bei $x_0=0{,}5$ ist die Funktion in ihrem gesamten Definitionsbereich stetig, denn an jeder Stelle $x \in D(f)$ stimmen Funktionswert und Grenzwert überein.

$f_1: f_1(x) = \sqrt{-x}$ mit $D(f_1) = \mathbb{R}_-$ ist für $x \in \mathbb{R}^*_-$, und $f_2: f_2(x) = \ln(x-1)$ mit $D(f_2) = (1;\infty)$ ist für $(1;\infty)$ differenzierbar. Da sich durch einen isolierten Punkt eines Graphen unendlich viele Geraden legen lassen, die sogar nur diesen einen Punkt mit dem Graphen gemeinsam haben, kann es unter ihnen auch keine eindeutig als Tangente festgelegte Gerade geben. Eine Funktion ist daher an einer „isolierten" Stelle ihres Definitionsbereiches nicht differenzierbar, d.h. an einer Stelle, zu der es eine Umgebung gibt, in welcher kein weiterer x-Wert zum Definitionsbereich der Funktion f gehört.

Die Teilableitungen f_1' und f_2' kann man zur abschnittsweise definierten Ableitungsfunktion f' zusammenfassen

$f_1(x) = x^2 - 1;\; x > 0 \Rightarrow f_1'(x) = 2x;\; x > 0$

$f'(0)$ existiert nicht

$f_2(x) = -x^2 + 1;\; x < 0 \Rightarrow f_2'(x) = -2x;\; x < 0$

$$\Rightarrow f': f'(x) := \begin{cases} 2x, & \text{wenn } x > 0 \\ -2x, & \text{wenn } x < 0 \end{cases}$$

$$\Rightarrow f': f'(x) = 2x \cdot \operatorname{sgn} x;\; D(f') = \mathbb{R}^*$$

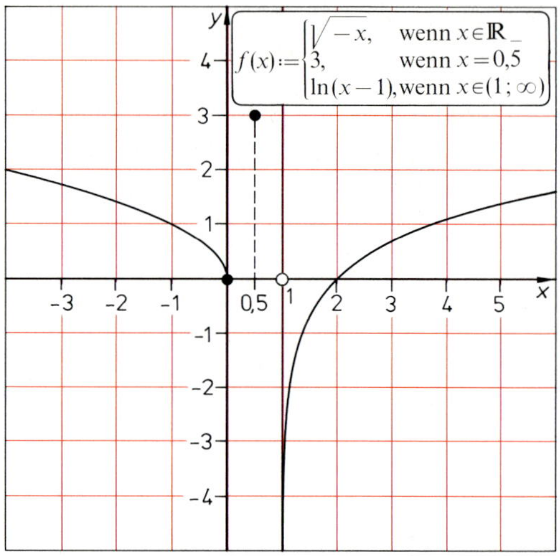

$\blacktriangleright$ $f_1(x) = \sqrt{-x};\; x \in \mathbb{R}_-$

$$\Rightarrow f_1'(x) = \frac{-1}{2\sqrt{-x}};\; x \in \mathbb{R}^*_-$$

$\blacktriangleright$ $f'(0{,}5)$ existiert nicht

$\blacktriangleright$ $f_2(x) = \ln(x-1);\; x \in (1;\infty)$

$$\Rightarrow f_2'(x) = \frac{1}{x-1};\; x \in (1;\infty)$$

$$\Rightarrow f'(x) := \begin{cases} \dfrac{-1}{2\sqrt{-x}}, & \text{wenn } x \in \mathbb{R}^*_- \\ \dfrac{1}{x-1}, & \text{wenn } x \in (1;\infty) \end{cases}$$

● $f: f(x) = |x+1| \cdot (x-3);\ D(f) = \mathbb{R}$

Stellt man $f: f(x) = |x+1| \cdot (x-3)$ betragszeichenfrei dar, so ergibt sich eine in zwei Abschnitten definierte stetige Funktion mit den Teilfunktionen (Funktionsabschnitten) f_1 und f_2.

$$f: f(x) := \begin{cases} -(x^2-2x-3), & \text{wenn } x \in (-\infty; 1) \blacktriangleright f_1 \\ x^2-2x-3, & \text{wenn } x \in [-1; \infty) \blacktriangleright f_2 \end{cases}$$

f_1 und f_2 sind als ganze rationale Funktionen in $(-\infty; -1)$ bzw. in $[-1; \infty)$ differenzierbar und werden dort abgeleitet.

$$\blacktriangleright\ f_1(x) = -(x^2-2x-3);\ x \in (-\infty; -1)$$
$$= -x^2+2x+3$$
$$\Rightarrow\ \underline{f_1'(x) = -2x+2;\ x \in (-\infty; 1)}$$

$$\blacktriangleright\ f_2(x) = x^2-2x-3;\ x \in [-1; \infty)$$
$$\Rightarrow\ \underline{f_2'(x) = 2x-2;\ x \in [-1; \infty)}$$

Die Stetigkeitsstelle $x_0 = -1$ muß gesondert auf Differenzierbarkeit untersucht werden. An dieser Stelle ermittelt man den (linksseitigen) Grenzwert von f_1' und den (rechtsseitigen) Grenzwert von f_2'. Da diese beiden (einseitigen) Grenzwerte nicht übereinstimmen, ist die Funktion f an der Stelle $x_0 = -1$ nicht differenzierbar.

$$x_0 = -1 \blacktriangleright \lim_{\substack{x \to -1 \\ x < -1}} f_1'(x) = \lim_{\substack{x \to -1 \\ x < -1}} (-2x+2)$$
$$= \underline{\underline{4}} \blacktriangleright \text{linksseitiger Grenzwert}$$

$$\blacktriangleright \lim_{\substack{x \to -1 \\ x > -1}} f_2'(x) = \lim_{\substack{x \to -1 \\ x > -1}} (2x-2)$$
$$= \underline{\underline{-4}} \blacktriangleright \text{rechtsseitiger Grenzwert}$$

Die Teilableitungen f_1' und f_2' können unter Ausschluß der Stelle $x_0 = -1$ zur abschnittsweise definierten Ableitungsfunktion f' zusammengefaßt werden.

$$\Rightarrow f_L'(-1) \neq f_R'(-1) \blacktriangleright f'(-1) \text{ existiert nicht}$$

$$\underline{\underline{f': f'(x) := \begin{cases} 2-2x, & \text{wenn } x \in (-\infty; -1) \\ 2x-2, & \text{wenn } x \in (-1; \infty) \end{cases}}}$$

2.3.2 Logarithmische Differentiation

Problem: Entwickeln Sie ein Verfahren zur Differentiation von Funktionen des Typs $f: f(x) = g(x)^{h(x)}$ mit differenzierbaren Funktionen g und h sowie $g(x) > 0$. Wenden Sie die Erkenntnisse auf die Funktion $f: f(x) = x^x$ mit $D(f) = \mathbb{R}_+^*$ an.

Um die Funktion f zu differenzieren, logarithmiert man zunächst die Funktionsgleichung $f(x) = g(x)^{h(x)}$ und differenziert dann beide Seiten der logarithmierten Gleichung.

$$f(x) = g(x)^{h(x)} \blacktriangleright \text{logarithmieren}$$
$$\Rightarrow \ln f(x) = h(x) \cdot \ln g(x) \blacktriangleright \text{differenzieren}$$
$$j[i(x)] = u(x) \cdot v(x)$$

Die linke Seite „$\ln f(x)$" wird als Verkettung $j[i(x)]$ aufgefaßt und mit der Kettenregel abgeleitet.

● **Linke Seite differenzieren**

$$j[i(x)] = \ln f(x)$$
$$\blacktriangleright\ j(z) = \ln z \Rightarrow j'(z) = \frac{1}{z}$$
$$\blacktriangleright\ i(x) = f(x) \Rightarrow i'(x) = f'(x)$$

Ist f eine differenzierbare Funktion mit $f(x) > 0$ für alle $x \in D(f)$, so wird die Ableitung der Funktion $F: F(x) = \ln f(x)$, also $(\ln f)' = \frac{f'}{f}$, als die **logarithmische Ableitung von f** bezeichnet.

$$(j[i(x)])' = j'(z) \cdot i'(x)$$
$$= \frac{1}{z} \cdot f'(x) \blacktriangleright z = f(x)$$
$$= \underline{\frac{f'(x)}{f(x)}} \blacktriangleright \text{logarithmische Ableitung von } f$$

Die rechte Seite „$h(x)\cdot\ln g(x)$" wird als Produkt $u\cdot v$ betrachtet, wobei man die Teilfunktion v als Verkettung $r[s(x)]$ auffaßt. Es wird zuerst mit der Kettenregel und dann mit der Produktregel differenziert.

● **Rechte Seite differenzieren**

$u(x)\cdot v(x)=h(x)\cdot\ln g(x)$

► $u(x)=h(x) \Rightarrow u'(x)=h'(x)$

► $v(x)=\ln g(x)=r[s(t)] \Rightarrow v'(x)=\dfrac{g'(x)}{g(x)}$

$$(u(x)\cdot v(x))'=u'(x)\cdot v(x)+u(x)\cdot v'(x)$$
$$=h'(x)\cdot\ln g(x)+h(x)\cdot\frac{g'(x)}{g(x)}$$

Anschließend faßt man die beiden differenzierten Seiten zusammen und stellt die Gleichung nach $f'(x)$ um.

Nach der formalen Ableitung wird dann festgestellt, für welche x-Werte aus dem Definitionsbereich $D(f)$ die einzelnen Teilableitungen existieren und der Differenzierbarkeitsbereich $D'(f)$ ermittelt.

● **Zusammenfassen und nach $f'(x)$ umstellen**

$$(j[i(x)])'=(u(x)\cdot v(x))'$$
$$\frac{f'(x)}{f(x)}=h'(x)\cdot\ln g(x)+h(x)\cdot\frac{g'(x)}{g(x)}$$
$$\Rightarrow f':f'(x)=f(x)\cdot\left[h'(x)\cdot\ln g(x)+h(x)\cdot\frac{g'(x)}{g(x)}\right];\ g(x)>0$$
$$=g(x)^{h(x)}\left[h'(x)\cdot\ln g(x)+h(x)\cdot\frac{g'(x)}{g(x)}\right];\ g(x)>0$$

Die Differentiation einer Funktion vom Typ $f:f(x)=g(x)^{h(x)}$ kann sowohl in den vorstehend gezeigten Schritten mit Hilfe der logarithmischen Ableitung von f als auch durch Berechnen der einzelnen Terme und Einsetzen in die entwickelte Formel erfolgen.

Die Ableitung von $f:f(x)=x^x=g(x)^{h(x)}$ ergibt sich, wenn man in der entwickelten Ableitungsformel x für $g(x)$ und x für $h(x)$ setzt. Nach formaler Ableitung der Funktion mit der Formel erhält man für $f'(x)$ einen Term, der für $x\in\mathbb{R}_+^*$ definiert ist. Da dieser Definitionsbereich $\mathbb{R}_+^*$ mit dem Definitionsbereich $D(f)=\mathbb{R}_+^*$ übereinstimmt, gilt: $D'(f)=D(f)=\mathbb{R}_+^* \Rightarrow D(f')=\mathbb{R}_+^*$.

$f(x)=x^x=g(x)^{h(x)}$

► $g(x)=\underline{x} \Rightarrow g'(x)=\underline{1};\ x\in\mathbb{R}_+^*$

► $h(x)=\underline{x} \Rightarrow h'(x)=\underline{1};\ x\in\mathbb{R}_+^*$

$$f'(x)=f(x)\cdot\left[h'(x)\cdot\ln g(x)+h(x)\cdot\frac{g'(x)}{g(x)}\right]$$
$$=x^x\cdot\left[1\cdot\ln x+x\cdot\frac{1}{x}\right];\ x>0$$
$$=x^x(\ln x+1);\ x\in\mathbb{R}_+^*$$

Merke:

Funktionen des Typs $f:f(x)=[g(x)]^{h(x)}$ mit $g(x)>0$ lassen sich mit dem Verfahren der logarithmischen Differentiation ableiten. Dabei geht man folgendermaßen vor:

1. Funktionsgleichung logarithmieren.
2. Logarithmierte Funktionsgleichung auf beiden Seiten formal differenzieren.
3. Differenzierte Funktionsgleichung nach $f'(x)$ umstellen.
4. Feststellen, für welche x-Werte aus $D(f)$ die verwendeten Ableitungen existieren.

Man kann solche Funktionen aber auch unter Anwendung der nachstehenden Formel formal ableiten. Anschließend muß dann der Differenzierbarkeitsbereich $D'(f)$ festgestellt werden.

$$f:f(x)=g(x)^{h(x)} \text{ mit } g(x)>0 \blacktriangleright f':f'(x)=f(x)\cdot\left[h'(x)\cdot\ln g(x)+h(x)\cdot\frac{g'(x)}{g(x)}\right] \text{ mit } g(x)>0$$

Beispiele: Bestimmen Sie die Ableitung der nachfolgenden Funktionen mit Hilfe der logarithmischen Differentiation.

- $f: f(x) = (9 - x^2)^{\sin x}$; $D(f) = (-3; 3)$

Da die Funktion f nur für $(9 - x^2) > 0$ definiert ist, gilt:

$(9 - x^2) > 0 \Rightarrow x^2 < 9 \Rightarrow |x| < 3$

$\Rightarrow x \in (-3; 3) \Rightarrow D(f) = (-3; 3)$.

Zur Ableitung werden beide Seiten der Funktionsgleichung $f(x) = (9 - x^2)^{\sin x}$ logarithmiert und dann differenziert.

Wie vorstehend gezeigt gilt für die Ableitung von $\ln f(x)$ stets:

$$[\ln f(x)]' = \frac{f'(x)}{f(x)}.$$

Die rechte Seite „$\sin x \cdot \ln(9 - x^2)$" wird als Produkt $u \cdot v$ aufgefaßt, wobei die Teilfunktion v als Verkettung $g[h(x)]$ betrachtet wird. Es wird formal mit der Kettenregel und der Produktregel abgeleitet.

$f(x) = (9 - x^2)^{\sin x}$ ▶ logarithmieren

$\Rightarrow \ln f(x) = \sin x \cdot \ln(9 - x^2)$ ▶ differenzieren

$$\frac{f'(x)}{f(x)} = [u(x) \cdot v(x)]'$$

$\Rightarrow f'(x) = f(x) \cdot [u(x) \cdot v(x)]'$

▶ $u(x) = \underline{\sin x} \Rightarrow u'(x) = \underline{\cos x}$

▶ $v(x) = \underline{\ln(9 - x^2)} = g[h(x)]$

▶ $g(z) = \ln z \Rightarrow g'(z) = \frac{1}{z}$

▶ $h(x) = 9 - x^2 \Rightarrow h'(x) = -2x$

$$v'(x) = g'(z) \cdot h'(x) = \frac{1}{z} \cdot (-2x) \quad ▶\ z = 9 - x^2$$

$$= \underline{\frac{-2x}{9 - x^2}}$$

Um die gesuchte Ableitung f' zu erhalten stellt man anschließend die Gleichung nach $f'(x)$ um.

$$[u(x) \cdot v(x)]' = u'(x) \cdot v(x) + u(x) \cdot v'(x) = \cos x \cdot \ln(9 - x^2) + \sin x \cdot \frac{-2x}{9 - x^2}$$

$$\Rightarrow \frac{f'(x)}{f(x)} = \cos x \cdot \ln(9 - x^2) - \frac{2x \cdot \sin x}{9 - x^2} \quad ▶\ f(x) = (9 - x^2)^{\sin x}$$

$$\Rightarrow \underline{\underline{f': f'(x) = (9 - x^2)^{\sin x} \left[\cos x \cdot \ln(9 - x^2) - \frac{2x \cdot \sin x}{9 - x^2}\right]}}$$

Nach formaler Ableitung der Funktion f ergibt sich für $f'(x)$ einen Term, der für alle $x \in (-3; 3)$ definiert ist. Da für diese x-Werte auch alle bei der Rechnung verwendeten Ableitungen existieren, folgt $D'(f) = D(f') = (-3; 3)$.

- $f: f(x) = x^{\sqrt{x}} \cdot \ln \sqrt{x}$; $D(f) = \mathbb{R}_+^*$

Man faßt die Funktion f als Verknüpfung $u \cdot v$ auf und ermittelt zunächst $u'(x)$ formal mit Hilfe der logarithmischen Differentiation. Dazu bildet man die Ableitungen $g'(x)$ sowie $h'(x)$ und setzt diese neben $f(x) = g(x)^{h(x)}$, $h(x)$ und $g(x)$ in die vorher entwickelte Formel ein.

$f(x) = x^{\sqrt{x}} \cdot \ln \sqrt{x} = u(x) \cdot v(x)$

▶ $u(x) = \underline{x^{\sqrt{x}}} = g(x)^{h(x)}$

▶ $g(x) = \underline{x} \Rightarrow g'(x) = \underline{1}$

▶ $h(x) = \underline{\sqrt{x}} \Rightarrow h'(x) = \underline{\frac{1}{2\sqrt{x}}}$

$$u'(x) = u(x)\left[h'(x) \cdot \ln g(x) + h(x) \cdot \frac{g'(x)}{g(x)}\right]$$

$$= x^{\sqrt{x}}\left[\frac{1}{2\sqrt{x}} \cdot \ln x + \sqrt{x} \cdot \frac{1}{x}\right]$$

$$= \underline{x^{\sqrt{x}}\left[\frac{\ln x}{2\sqrt{x}} + \frac{\sqrt{x}}{x}\right]}$$

Aus $v(x)=\ln\sqrt{x}=\frac{1}{2}\cdot\ln x$ ergibt sich die Ableitung $v'(x)=\frac{1}{2x}$.

► $v(x)=\ln\sqrt{x}=\frac{1}{2}\cdot\ln x \Rightarrow v'(x)=\frac{1}{2x}$

Die anschließende formale Anwendung der Produktregel führt dann auf die Ableitungsfunktion f'.

$$f'(x)=u'(x)\cdot v(x)+u(x)\cdot v(x)$$
$$=x^{\sqrt{x}}\left(\frac{\ln x}{2\sqrt{x}}+\frac{\sqrt{x}}{x}\right)\cdot\ln\sqrt{x}+x^{\sqrt{x}}\cdot\frac{1}{2x}$$

Nach dieser formalen Ableitung der Funktion f erhält man für $f'(x)$ einen Term, der für alle $x\in\mathbb{R}_+^*$ definiert ist. Da dieser Definitionsbereich $\mathbb{R}_+^*$ mit dem Definitionsbereich $D(f)=\mathbb{R}_+^*$ übereinstimmt, gilt:

$$\Rightarrow f': f'(x)=x^{\sqrt{x}}\left(\frac{\ln^2 x}{2\sqrt{x}}+\frac{\ln x}{2\sqrt{x}}+\frac{1}{2x}\right);\ D(f')=\mathbb{R}_+^*$$

$D'(f)=D(f)=\mathbb{R}_+^* \Rightarrow D(f')=\mathbb{R}_+^*$.

2.3.3 Differentiation von Funktionen in Polarkoordinatendarstellung

Im rechtwinkligen Koordinatensystem wird der Winkel, den die Tangente in einem Punkte $P\langle x_0|f(x_0)\rangle$ des Graphen $G(f)$ einer differenzierbaren Funktion mit der positiven Richtung der x-Achse bildet, als Steigungswinkel τ der Tangente bezeichnet. Zwischen dem Steigungswinkel τ und der Ableitung $f'(x_0)$ besteht folgender Zusammenhang: Die Ableitung $f'(x_0)$ gibt die Steigung $\tan\tau$ des Graphen $G(f)$ an, d.h. es gilt $f'(x_0)=\tan\tau$.

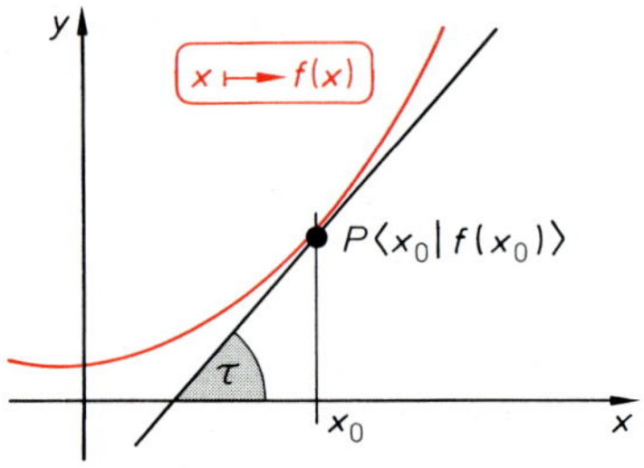

Funktionen in Polarkoordinatendarstellung wurden in den Kapiteln „Koordinatensysteme“ und „Funktionen in Polarkoordinatendarstellung“ behandelt. Zeichnet man die Tangente an den Graphen $G(r)$ in einem Punkte $P\langle r(\varphi)|\varphi\rangle$, so ergeben sich die Winkel τ und α. Der Winkel τ, den die Tangente mit der Polarachse bildet, wird auch hier als Steigungswinkel bezeichnet. α ist der Winkel, den die Tangente mit dem Polarradius $r(\varphi)$ einschließt.

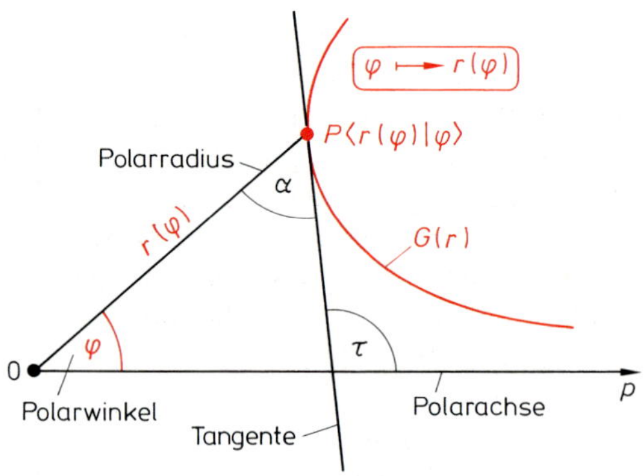

Die formale Ableitung einer in Polarkoordinatendarstellung vorliegenden Funktion $r\colon \varphi\mapsto r(\varphi)$ erfolgt nach den gleichen Regeln wie bei einer in rechtwinkligen Koordinaten gegebenen Funktion $f\colon x\mapsto f(x)$.

$f\colon f(x)=0{,}6x-2{,}6 \Rightarrow f'\colon f'(x)=0{,}6$
$r\colon r(\varphi)=0{,}6\varphi-2{,}6 \Rightarrow r'\colon r'(\varphi)=0{,}6$

$f(x)=0{,}6x-2{,}6 \Rightarrow f'(x)=0{,}6$ ► $f'(x_0)$ für jedes x_0 gleich
$\Rightarrow \tan\tau=0{,}6 \Rightarrow \tau=30{,}96°$

Im Unterschied zu der Ableitung $f'(x)$ einer in rechtwinkligen Koordinaten gegebenen Funktion, besitzt die Ableitung $r'(\varphi)$ einer in Polarkoordinaten vorliegenden Funktion nicht die gleiche geometrische Bedeutung. Insbesondere braucht die Ableitung $r'(\varphi)$ nicht die Steigung der Tangente in einem Punkte $P\langle r(\varphi_0)|\varphi_0\rangle$ des Graphen $G(\varphi)$ gegen die Polarachse anzugeben.

So ergibt sich zum Beispiel für die Funktion $f\colon(x)=0{,}6x-2{,}6$ aus der Ableitung $f'(x)=0{,}6$, daß für den Steigungswinkel τ der Tangente stets $\tan\tau=0{,}6 \Rightarrow \tau=30{,}96°$ gilt. Stellt man die Funktion f aber in Polarkoordinaten dar, so erhält man aus der Ableitung $r'(\varphi)$ für jeden Winkel φ einen anderen Wert. Die Unterschiede werden besonders deutlich, wenn man die Graphen einer Funktion in Polarkoordinaten und einer Funktion in rechtwinkligen Koordinaten vergleicht, die zwar beide die gleichen Zuordnungsvorschriften $x\mapsto 0{,}6x-2{,}6$ bzw. $\varphi\mapsto 0{,}6\varphi-2{,}6$ haben, deren Graphen jedoch völlig verschieden sind.

Die Bedeutung der Ableitung $r'(\varphi_0)$ ergibt sich aus folgender Betrachtung:

Der Winkel α zwischen dem Polarradius $r(\varphi_0)$ und der Tangente an den Graphen $G(r)$ im Punkte P_1 läßt sich aus einer Grenzwertüberlegung ermitteln.

Der Polarradius $r(\varphi_0+\varphi)$ hat mit der Polarachse den Polarwinkel $(\varphi_0+\varphi)$. Die Sekante durch die Punkte P_1 und P_2 bildet mit diesem Polarradius $r(\varphi_0+\varphi)$, der mit der Strecke $\overline{OP_2}=r(\varphi_0)+\Delta r(\varphi)$ übereinstimmt, den Winkel β. Läßt man den Punkt P_2 gegen den Punkt P_1 streben, so strebt der Winkel $(\varphi_0+\varphi)$ gegen φ_0 und der Winkel β gegen den gesuchten Winkel α, d.h. man kann $\tan\alpha$ als Grenzwert von $\tan\beta$ auffassen.

Das Dreieck P_1P_2A ist für sehr kleine Winkel (φ gegen Null) nahezu rechtwinklig, und die Strecke $\overline{AP_1}=r(\varphi_0)\cdot\tan\varphi$ kann gleich $r(\varphi_0)\cdot\varphi$ gesetzt werden, da für sehr kleine Winkel der Tangens eines Winkels etwa gleich dem Bogen ist ($\tan\varphi\approx\varphi$). Hierbei wird der Winkel im Bogenmaß gemessen. Damit kann $\tan\beta$ berechnet werden.

$$f(x)=0{,}6x-2{,}6 \;\blacktriangleright\; f(x)=r(\varphi)\cdot\sin\varphi;\quad x=r(\varphi)\cdot\cos\varphi$$

$$r(\varphi)\cdot\sin\varphi=0{,}6[r(\varphi)\cdot\cos\varphi]-2{,}6$$

$$\Rightarrow r(\varphi)=\frac{-2{,}6}{\sin\varphi-0{,}6\cdot\cos\varphi}$$

$$\Rightarrow r'(\varphi_0)=\frac{-2{,}6(\cos\varphi_0+0{,}6\cdot\sin\varphi_0)}{(\sin\varphi_0-0{,}6\cdot\cos\varphi_0)^2}$$

▶ $r'(\varphi)$ für jedes φ_0 verschieden

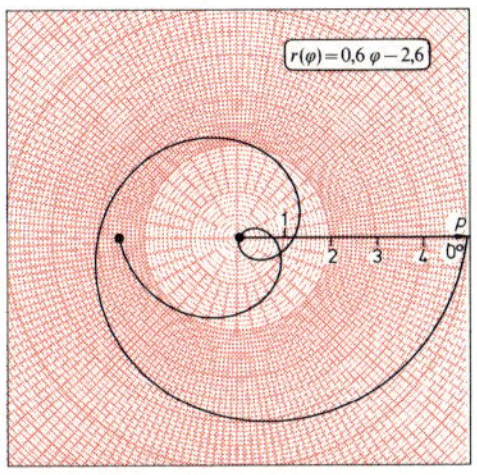

$r(\varphi)=0{,}6\varphi-2{,}6$
$D(r)=[0;4\pi)$

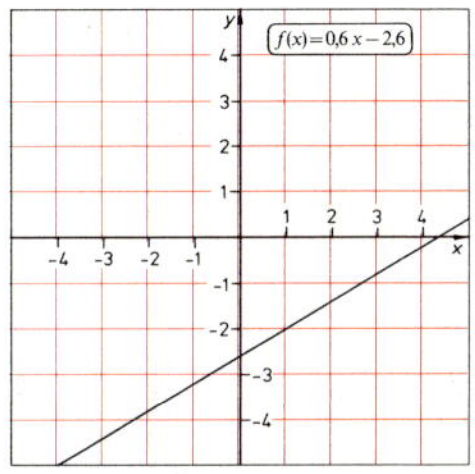

$f(x)=0{,}6x-2{,}6$
$D(f)=[-5;5]$

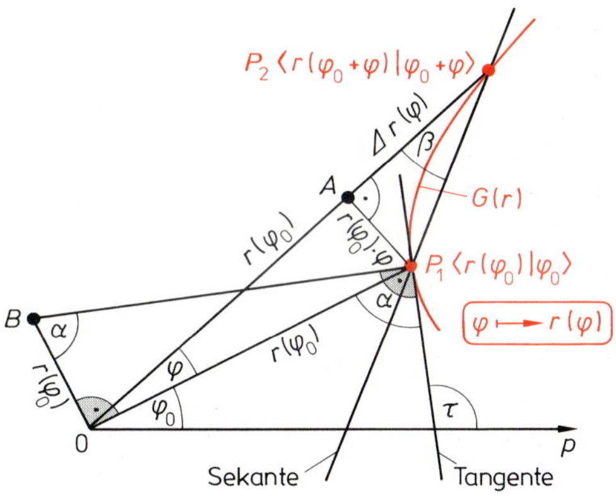

$$\tan\alpha=\lim_{\varphi\to 0}\tan\beta \;\blacktriangleright\; \tan\beta=\frac{\overline{AP_1}}{\overline{AP_2}}=\frac{r(\varphi_0)\cdot\varphi}{\Delta r(\varphi)}$$

$$=\lim_{\varphi\to 0}\frac{r(\varphi_0)\cdot\varphi}{\Delta r(\varphi)}$$

$$=\lim_{\varphi\to 0}\frac{r(\varphi_0)}{\frac{\Delta r(\varphi)}{\varphi}}$$

▶ $r(\varphi_0+\varphi)=r(\varphi_0)+\Delta r(\varphi)$

$$\Rightarrow \Delta r(\varphi)=r(\varphi_0+\varphi)-r(\varphi_0)$$

Für $\varphi \to 0$ wird die Sekante zur Tangente und man erhält den Grenzwert $\frac{r(\varphi_0)}{r'(\varphi_0)}$. Die Ableitung $r'(\varphi_0)$ entspricht der Strecke $\overline{OB}$. Sie hat im Gegensatz zur Ableitung $f'(x_0)$, der Steigung einer Funktion f an einer Stelle x_0, keine anschauliche Bedeutung.

$$\blacktriangleright\ \lim_{\varphi \to 0} \frac{\Delta r(\varphi)}{\varphi} = \lim_{\varphi \to 0} \frac{r(\varphi_0+\varphi)-r(\varphi_0)}{\varphi} = \underline{r'(\varphi_0)}$$

$$\Rightarrow \tan\alpha = \underline{\underline{\frac{r(\varphi_0)}{r'(\varphi_0)}}} \Rightarrow r'(\varphi_0) = \underline{\underline{\frac{r(\varphi_0)}{\tan\alpha}}} \quad \blacktriangleright\ \tan\alpha = \frac{\sin\alpha}{\cos\alpha}$$

$$= \underline{\underline{r(\varphi_0)\cdot\frac{\cos\alpha}{\sin\alpha}}}$$

Zur Berechnung des Winkels τ geht man von den Winkeln φ_0 und α aus. Im ersten Quadranten, in dem φ_0 zwischen 0° und 90° liegt, gilt nach dem Außenwinkelsatz die Beziehung $\tau = \varphi_0 + \alpha$. Das stimmt aber nicht mehr in den Quadranten II, III und IV, in denen $\varphi_0 > 90°$ ist. Für alle Quadranten gilt aber $\tan\tau = \tan(\varphi_0+\alpha)$. Damit kann man $\tan\tau$ und somit τ mit Hilfe des Additionstheorems der Tangensfunktion berechnen.

$$\tan\tau = \tan(\varphi_0+\alpha)$$

$$= \frac{\tan\varphi_0 + \tan\alpha}{1-\tan\varphi_0\cdot\tan\alpha} \quad \blacktriangleright\ \tan\alpha = \frac{r(\varphi_0)}{r'(\varphi_0)}$$

$$= \frac{\tan\varphi_0 + \frac{r(\varphi_0)}{r'(\varphi_0)}}{1 - \frac{r(\varphi_0)}{r'(\varphi_0)}\cdot\tan\varphi_0}$$

$$= \underline{\underline{\frac{r(\varphi_0)+r'(\varphi_0)\cdot\tan\varphi_0}{r'(\varphi_0)-r(\varphi_0)\cdot\tan\varphi_0}}} \quad \blacktriangleright\ \tan\varphi_0 = \frac{\sin\varphi_0}{\cos\varphi_0}$$

$$= \underline{\underline{\frac{r(\varphi_0)\cdot\cos\varphi_0+r'(\varphi_0)\cdot\sin\varphi_0}{r(\varphi_0)\cdot\sin\varphi_0+r'(\varphi_0)\cdot\cos\varphi_0}}}$$

Merke:

- $\varphi \mapsto r(\varphi) \Rightarrow \tan\alpha = \frac{r(\varphi_0)}{r'(\varphi_0)} \Rightarrow r'(\varphi_0) = \frac{r(\varphi_0)}{\tan\alpha} = r(\varphi_0)\cdot\frac{\cos\alpha}{\sin\alpha}$
- $\tan\tau = \tan(\varphi_0+\alpha) = \frac{\tan\varphi_0+\tan\alpha}{1-\tan\varphi_0\cdot\tan\alpha} = \frac{r(\varphi_0)+r'(\varphi_0)\cdot\tan\varphi_0}{r'(\varphi_0)-r(\varphi_0)\cdot\tan\varphi_0} = \frac{r(\varphi_0)\cdot\cos\varphi_0+r'(\varphi_0)\cdot\sin\varphi_0}{r(\varphi_0)\cdot\sin\varphi_0+r'(\varphi_0)\cdot\cos\varphi_0}$

Beispiel: Berechnen Sie für einen beliebigen Punkt $P\langle r(\varphi)|\varphi\rangle$ auf der logarithmischen Spirale mit der Gleichung $r(\varphi) = e^{\varphi}$ den Steigungswinkel τ der Tangente.

Für alle Punkte $P\langle r(\varphi)|\varphi\rangle$ des Graphen einer logarithmischen Spirale ist die Winkelgröße α gleich, und zwar $\alpha = 45°$, d.h. der Polarradius schneidet den Graphen stets unter $\alpha = 45°$. Diese Eigenschaft der logarithmischen Spirale wird bei der Konstruktion von Schneidwerkzeugen und deren Schneidwinkeln angewendet.

Den Steigungswinkel τ erhält man nach Einsetzen von $\tan\alpha = 1$ in die entsprechende Gleichung.

$$r(\varphi) = e^{\varphi} \Rightarrow r'(\varphi) = e^{\varphi}$$

$$\tan\alpha = \frac{r(\varphi)}{r'(\varphi)} = \frac{e^{\varphi}}{e^{\varphi}} = \underline{\underline{1}}$$

$$\Rightarrow \tan\alpha = 1 \Rightarrow \alpha = \underline{\underline{45°}} \mathrel{\hat=} \underline{\underline{\frac{\pi}{4}}}$$

$$\tan\tau = \frac{\tan\varphi + \tan\alpha}{1-\tan\varphi\cdot\tan\alpha} \quad \blacktriangleright\ \tan\alpha = 1$$

$$= \underline{\underline{\frac{1+\tan\varphi}{1-\tan\varphi}}}$$

Beispiel: Untersuchen Sie den Definitionsbereich und die Differenzierbarkeit der Funktion $r\colon r(\varphi)=4\cdot\sin(3\varphi)$ in Intervall $\varphi\in[0°;\,360°)$, und bilden Sie gegebenenfalls die Ableitung. Stellen Sie fest, für welche Punkte $P\langle r(\varphi)\,|\,\varphi\rangle$ die Tangente parallel oder senkrecht zur Polarachse verläuft und wo der Polarradius mit der Tangente einen rechten Winkel bildet.

Zunächst wird untersucht, ob $r(\varphi)$ für alle $\varphi\in[0°;\,360°)$ existiert. Da die Funktionswerte $r(\varphi)$ nur positiv oder Null sein können, gilt $r(\varphi)\geq 0$. Die Funktion r ist damit nur in den Intervallen $[0°;\,60°]$, $[120°;\,180°]$ und $[240°;\,300°]$ definiert.

$r(\varphi)=4\cdot\sin(3\varphi)$ ► $r(\varphi)\geq 0$

$\Rightarrow \varphi\in[0°;\,60°]\cup[120°;\,180°]\cup[240°;\,300°]$

$\Rightarrow D(r)=[0°;\,60°]\cup[120°;\,180°]\cup[240°;\,300°]$

Für die gegebene Aufgabenstellung sind drei Fälle zu untersuchen:

- Für welche φ-Werte verläuft die Tangente in einem Punkte des Graphen parallel zur Polarachse? Dort ist die Steigung der Tangente Null, d.h. es gilt $\tau=0°$ oder $\tau=180°$.
- Für welche φ-Werte steht die Tangente senkrecht auf der Polarachse? In dieser Grenzlage der Tangente, nähert sich τ immer mehr dem Winkel 90°, dessen Tangenswerte dann über alle Grenzen wachsen bzw. unter alle Grenzen fallen.
- Für welche φ-Werte steht die Tangente auf dem Polarradius senkrecht? In diesem Falle nähert sich α immer mehr dem Winkel 90°, dessen Tangenswerte dann über alle Grenzen wachsen bzw. unter alle Grenzen fallen.

Vor der Bearbeitung der einzelnen Aufgaben werden zunächst mit Hilfe der entwickelten Gleichungen und der gegebenen Funktion $r\colon r(\varphi)=4\cdot\sin(3\varphi)$ die Gleichungen für $\tan\alpha$ und $\tan\tau$ ermittelt. Dazu müssen $r(\varphi)$ und $r'(\varphi)$ berechnet werden.

Die Funktion r ist in $D(r)$ differenzierbar. Ihre Ableitung erfolgt mit der Kettenregel.

$$r(\varphi)=4\cdot\sin(3\varphi)\Rightarrow \underline{r'(\varphi)=12\cdot\cos(3\varphi)}$$

$\tan\alpha$ erhält man als Quotienten von $r(\varphi)$ und $r'(\varphi)$.

$$\tan\alpha=\frac{r(\varphi)}{r'(\varphi)}=\frac{4\cdot\sin(3\varphi)}{12\cdot\cos(3\varphi)}=\underline{\frac{\sin(3\varphi)}{3\cdot\cos(3\varphi)}}$$

$\tan\tau$ wird durch Einsetzen von $r(\varphi)$ und $r'(\varphi)$ in die entsprechende Gleichung ermittelt.

$$\tan\tau=\frac{r(\varphi)\cdot\cos\varphi+r'(\varphi)\cdot\sin\varphi}{r(\varphi)\cdot\sin\varphi+r'(\varphi)\cdot\cos\varphi} \quad ► \; r(\varphi)=4\cdot\sin(3\varphi),\; r'(\varphi)=12\cdot\cos(3\varphi)$$

$$=\underline{\frac{3\cdot\sin\varphi\cdot\cos(3\varphi)+\cos\varphi\cdot\sin(3\varphi)}{3\cdot\cos\varphi\cdot\cos(3\varphi)-\sin\varphi\cdot\sin(3\varphi)}}$$

Geht man von dem Bruchterm für $\tan\tau$ aus, so kann man feststellen, daß für Tangenten parallel zur Polarachse, also für den Fall $\tan\tau=0$, der Zählerterm $Z(\varphi)$ Null ist. Gesucht sind daher alle $\varphi\in D(r)$, für die $Z(\varphi)=0$ gilt. Dabei kann gleichzeitig nicht der Nennerterm $N(\varphi)=0$ sein.

Für senkrecht zur Polarachse liegende Tangenten werden die Tangenswerte des Winkels τ über alle Grenzen groß bzw. unter alle Grenzen klein, was bedeutet, daß $N(\varphi)$ gegen Null strebt. Gesucht sind hier also alle $\varphi\in D(r)$, für die $\lim\limits_{\substack{\tau\to 90°\\ \tau<90°}}(\tan\tau)=\infty$ oder $\lim\limits_{\substack{\tau\to 90°\\ \tau>90°}}(\tan\tau)=-\infty$ gilt.

Bei schwierig abzuschätzenden Ergebnissen sind graphische Darstellungen oft eine gute Hilfe. Stellt man die Graphen der Zählerfunktion Z: $Z(\varphi) = 3 \cdot \sin\varphi \cdot \cos(3\varphi) + \cos\varphi \cdot \sin(3\varphi)$ und der Nennerfunktion N: $N(\varphi) = 3 \cdot \cos\varphi \cdot \cos(3\varphi) - \sin\varphi \cdot \sin(3\varphi)$ sowie den Graphen der Funktion r: $r(\varphi) = 4 \cdot \sin(3\varphi)$ in einem Schaubild dar, so erkennt man, daß die x-Achse im Definitionsbereich $D(r)$ vom Graphen $G(Z)$ an fünf Stellen und vom Graphen $G(N)$ an vier davon verschiedenen Stellen geschnitten wird. Für $\varphi \in D(r)$ müßte es also fünf Graphenpunkte mit Tangenten parallel zur Polarachse und vier Graphenpunkte mit Tangenten senkrecht zur Polarachse geben.

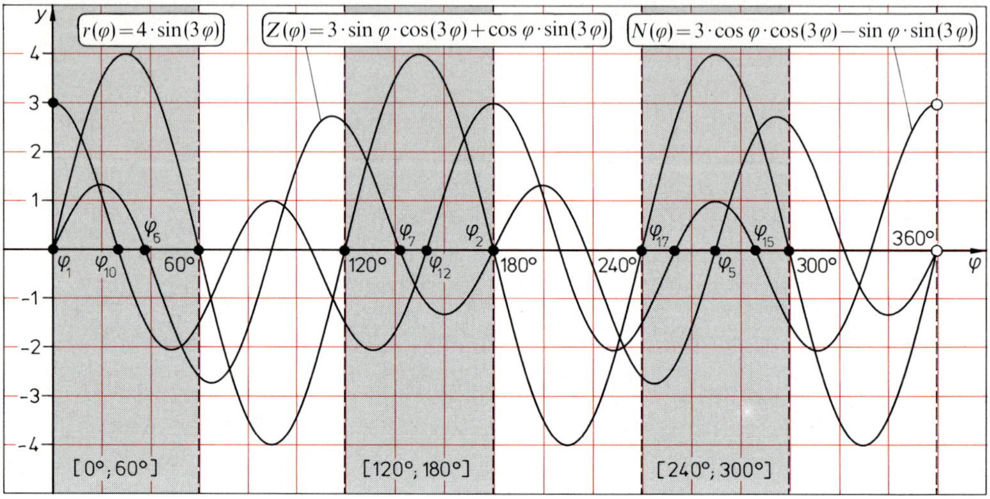

Punkte des Graphen mit Tangenten parallel zur Polarachse

Wie erläutert, verlaufen Tangenten parallel zur Polarachse, wenn $\tan\tau = 0$ gilt. Der Bruchterm für $\tan\tau$ ist dann gleich Null, wenn der Zählerterm $Z(\varphi)$ an einer Stelle φ_0 gleich Null und der Nennerterm an der gleichen Stelle ungleich Null ist.

Man setzt daher den Zählerterm Null und löst die Gleichung. Vorher werden $\sin(3\varphi)$ und $\cos(3\varphi)$ substituiert.

Klammert man $\sin\varphi \cdot \cos\varphi$ aus, so erhält man auf einer Seite der Gleichung drei Faktoren. Da ein Produkt Null ist, wenn wenigstens ein Faktor Null ist, werden die drei Faktoren nacheinander Null gesetzt und jeweils die Werte für φ bestimmt.

$$\tan\tau = \frac{3 \cdot \sin\varphi \cdot \cos(3\varphi) + \cos\varphi \cdot \sin(3\varphi)}{3 \cdot \cos\varphi \cdot \cos(3\varphi) - \sin\varphi \cdot \sin(3\varphi)} = \frac{Z(\varphi)}{N(\varphi)} \quad \blacktriangleright\ Z(\varphi) = 0$$

$$\Rightarrow 0 = 3 \cdot \sin\varphi \cdot \cos(3\varphi) + \cos\varphi \cdot \sin(3\varphi)$$

$$\blacktriangleright\ \sin(3\varphi) = 3 \cdot \sin\varphi - 4 \cdot \sin^3\varphi$$

$$\blacktriangleright\ \cos(3\varphi) = 4 \cdot \cos^3\varphi - 3 \cdot \cos\varphi$$

$$\Rightarrow 0 = 3 \cdot \sin\varphi(4 \cdot \cos^3\varphi - 3 \cdot \cos\varphi) + \cos\varphi(3 \cdot \sin\varphi - 4 \cdot \sin^3\varphi)$$

$$0 = 12 \cdot \sin\varphi \cos^3\varphi - 6 \cdot \sin\varphi \cos\varphi - 4 \cdot \sin^3\varphi \cdot \cos\varphi$$

$$0 = \sin\varphi \cdot \cos\varphi(6 \cdot \cos^2\varphi - 2 \cdot \sin^2\varphi - 3)$$

$$\Rightarrow \sin\varphi = 0 \text{ oder } \cos\varphi = 0 \text{ oder } 6 \cdot \cos^2\varphi - 2 \cdot \sin^2\varphi - 3 = 0$$

Für $\sin\varphi = 0$ erhält man $\varphi_1 = 0°$ und $\varphi_2 = 180°$ als gültige Lösungen, während $\varphi_3 = 360°$ kein Element von $D(r)$ ist.

$$\blacktriangleright\ \sin\varphi = 0 \Rightarrow \underline{\underline{\varphi_1 = 0°}} \Rightarrow \varphi_1 \in D(r)$$

$$\underline{\underline{\varphi_2 = 180°}} \Rightarrow \varphi_2 \in D(r)$$

$$\varphi_3 = 360° \Rightarrow \varphi_3 \notin D(r)$$

Für $\cos\varphi=0$ ergeben sich $\varphi_4=90°$, das nicht zu $D(r)$ gehört und $\varphi_5=270°$ aus dem Definitionsbereich $D(r)$.

▶ $\cos\varphi=0 \Rightarrow \varphi_4=90° \Rightarrow \varphi_4 \notin D(r)$

$\underline{\underline{\varphi_5=270°}} \Rightarrow \varphi_5 \in D(r)$

Setzt man den dritten Faktor Null, so erhält man als Lösungen der quadratischen Gleichung vier Winkel, und zwar $\varphi_6=37{,}76°$, $\varphi_7=142{,}24°$, $\varphi_8=217{,}76°$ und $\varphi_9=322{,}24°$. Davon gehören jedoch nur φ_6 und φ_7 zum Definitionsbereich.

▶ $6\cdot\cos^2\varphi-2\cdot\sin^2\varphi-3=0$ ▶ $\cos^2\varphi=1-\sin^2\varphi$

$\Rightarrow \sin^2\varphi=0{,}375 \Rightarrow |\sin\varphi|=\sqrt{0{,}375}$

▶ $\sin\varphi=\sqrt{0{,}375} \Rightarrow \underline{\underline{\varphi_6=37{,}76°}} \Rightarrow \varphi_6 \in D(r)$

$\underline{\underline{\varphi_7=142{,}24°}} \Rightarrow \varphi_7 \in D(r)$

▶ $\sin\varphi=-\sqrt{0{,}375} \Rightarrow \varphi_8=217{,}76° \Rightarrow \varphi_8 \notin D(r)$

$\varphi_9=322{,}24° \Rightarrow \varphi_9 \notin D(r)$

Da für φ_1, φ_2, φ_5, φ_6 und φ_7 auch die Bedingung $N(\varphi)\neq 0$ erfüllt ist, gibt es demnach fünf verschiedene Winkel für φ, für die die Tangente an den Graphen der Funktion r parallel zur Polarachse verläuft bzw. mit ihr übereinstimmt.

Die den fünf Winkeln entsprechenden Funktionswerte erhält man durch Einsetzen dieser Winkel in die Funktionsgleichung $r(\varphi)=4\cdot\sin(3\varphi)$. Aus $r(\varphi)$ und φ ergeben sich die Punkte $P_1 \ldots P_5$, durch die die Tangente parallel zur Polarachse verläuft.

$r(\varphi)=4\cdot\sin(3\varphi)$ ▶ $\varphi_1;\ \varphi_2;\ \varphi_3;\ \varphi_4;\ \varphi_5$

$\Rightarrow \varphi_1=0° \Rightarrow r(\varphi_1)=\underline{0}$ ▶ $\underline{\underline{P_1\langle 0|0°\rangle}}$

$\varphi_2=180° \Rightarrow r(\varphi_2)=\underline{0}$ ▶ $\underline{\underline{P_2\langle 0|180°\rangle}}$

$\varphi_5=270° \Rightarrow r(\varphi_5)=\underline{4}$ ▶ $\underline{\underline{P_3\langle 4|270°\rangle}}$

$\varphi_6=37{,}76° \Rightarrow r(\varphi_6)=\underline{3{,}67}$ ▶ $\underline{\underline{P_4\langle 3{,}67|37{,}76°\rangle}}$

$\varphi_7=142{,}24° \Rightarrow r(\varphi_7)=\underline{3{,}67}$ ▶ $\underline{\underline{P_5\langle 3{,}67|142{,}24°\rangle}}$

Punkte des Graphen mit Tangenten senkrecht zur Polarachse

Wie bereits vorher dargestellt, verlaufen Tangenten dann senkrecht zur Polarachse, wenn die Tangenswerte des Winkels τ über alle Grenzen wachsen bzw. unter alle Grenzen fallen, was bedeutet, daß der Nenner $N(\varphi)$ im Bruchterm für $\tan\tau$ gegen Null strebt. Um diese Stellen zu finden, setzt man den Nennerterm Null und löst die Gleichung.

Vorher werden $\sin(3\varphi)$, $\cos(3\varphi)$ und $\sin^2\varphi$ substituiert, und zwar gelten:

$\sin(3\varphi)=3\cdot\sin\varphi-4\cdot\sin^3\varphi$

$\cos(3\varphi)=4\cdot\cos^3\varphi-3\cdot\cos\varphi$

$\sin^2\varphi=1-\cos^2\varphi$.

$$\tan\tau=\frac{3\cdot\sin\varphi\cdot\cos(3\varphi)+\cos\varphi\cdot\sin(3\varphi)}{3\cdot\cos\varphi\cdot\cos(3\varphi)-\sin\varphi\cdot\sin(3\varphi)}=\frac{z(\varphi)}{N(\varphi)} \quad ▶ \ N(\varphi)=0$$

$$\Rightarrow 0=3\cdot\cos\varphi\cdot\cos(3\varphi)-\sin\varphi\cdot\sin(3\varphi)$$

$$0=3\cdot\cos\varphi(4\cdot\cos^3\varphi-3\cdot\cos\varphi)-\sin\varphi(3\cdot\sin\varphi-4\cdot\sin^3\varphi)$$

$$0=12\cdot\cos^4\varphi-9\cdot\cos^2\varphi-3\cdot\sin^2\varphi+4\cdot\sin^4\varphi$$

$$0=12\cdot\cos^4\varphi-9\cdot\cos^2\varphi-3+3\cdot\cos^2\varphi+4-8\cdot\cos^2\varphi+\\+4\cdot\cos^4\varphi$$

$$0=16\cdot\cos^4\varphi-14\cdot\cos^2\varphi+1 \quad ▶ \ \cos^2\varphi=z$$

$$\Rightarrow 16z^2-14z+1=0 \Rightarrow z^2-\frac{7}{8}z+\frac{1}{16}=0$$

$$\Rightarrow z=\frac{7}{16}+\sqrt{\frac{49}{256}-\frac{16}{256}} \text{ oder } z=\frac{7}{16}-\sqrt{\frac{49}{256}-\frac{16}{256}}$$

▶ $z=\cos^2\varphi$

$$\Rightarrow \cos^2\varphi=0{,}7965351 \text{ oder } \cos^2\varphi=0{,}0784648$$

Die sich ergebende Gleichung vierten Grades führt auf acht verschiedene Lösungen, von denen jedoch nur die Winkel φ_{10}, φ_{12}, φ_{15} und φ_{17} im Definitionsbereich $D(r)$ liegen.

Es gibt demnach fünf verschiedene Winkel für φ, für die die Tangente an den Graphen der Funktion r senkrecht zur Polarachse verläuft.

► $\cos\varphi = \sqrt{0{,}7965351}$
$= \underline{0{,}89249} \Rightarrow \underline{\underline{\varphi_{10} = 26{,}81°}} \Rightarrow \varphi_{10} \in D(r)$
$\Rightarrow \varphi_{11} = 333{,}19° \Rightarrow \varphi_{11} \notin D(r)$

► $\cos\varphi = -\sqrt{0{,}7965351}$
$= \underline{0{,}89249} \Rightarrow \underline{\underline{\varphi_{12} = 153{,}19°}} \Rightarrow \varphi_{12} \in D(r)$
$\Rightarrow \varphi_{13} = 206{,}81° \Rightarrow \varphi_{13} \notin D(r)$

► $\cos\varphi = \sqrt{0{,}0784648}$
$= \underline{0{,}28012} \Rightarrow \varphi_{14} = 73{,}73° \Rightarrow \varphi_{14} \notin D(r)$
$\Rightarrow \underline{\underline{\varphi_{15} = 286{,}27°}} \Rightarrow \varphi_{15} \in D(r)$

► $\cos\varphi = -\sqrt{0{,}0784648}$
$= \underline{-0{,}28012} \Rightarrow \varphi_{16} = 106{,}27° \Rightarrow \varphi_{16} \notin D(r)$
$\Rightarrow \underline{\underline{\varphi_{17} = 253{,}73°}} \Rightarrow \varphi_{17} \in D(r)$

Die den vier Winkeln entsprechenden Funktionswerte erhält man durch Einsetzen dieser Winkel in die Funktionsgleichung $r(\varphi) = 4 \cdot \sin(3\varphi)$. Aus $r(\varphi)$ und φ ergeben sich die Punkte $P_6 \ldots P_9$, durch die jeweils eine Tangente senkrecht zur Polarachse verläuft.

$r(\varphi) = 4 \cdot \sin(3\varphi)$ ► φ_{10}; φ_{12}; φ_{15}; φ_{17}

$\Rightarrow \varphi_{10} = 26{,}81° \Rightarrow r(\varphi_{10}) = \underline{3{,}94}$ ► $\underline{\underline{P_6\langle 3{,}94 \mid 26{,}81°\rangle}}$

$\varphi_{12} = 153{,}19° \Rightarrow r(\varphi_{12}) = \underline{3{,}94}$ ► $\underline{\underline{P_7\langle 3{,}94 \mid 153{,}19°\rangle}}$

$\varphi_{17} = 253{,}73° \Rightarrow r(\varphi_{17}) = \underline{2{,}63}$ ► $\underline{\underline{P_8\langle 2{,}63 \mid 253{,}73°\rangle}}$

$\varphi_{15} = 286{,}27° \Rightarrow r(\varphi_{15}) = \underline{2{,}63}$ ► $\underline{\underline{P_9\langle 2{,}63 \mid 286{,}27°\rangle}}$

Punkte des Graphen in denen Tangente und Polarradius einen Winkel von 90° bilden

Tangente und Polarradius bilden dann einen Winkel von 90°, wenn die Tangenswerte des Winkels α über alle Grenzen wachsen bzw. unter alle Grenzen fallen, wenn also der Nenner $N(\varphi)$ im Bruchterm für $\tan\alpha$ gegen Null strebt.

Um diese Stellen zu finden, setzt man daher den Nennerterm Null und löst die Gleichung. Im Intervall $[0°; 360°)$ ergeben sich sechs Lösungen, von denen jedoch nur die Winkel φ_{18}, φ_{20} und φ_{22} im Definitionsbereich $D(r)$ liegen.

Bei der Funktion r gibt es demnach drei verschiedene Winkel für φ, für die jeweils die Tangente an den Graphen $G(r)$ und der Polarradius einen Winkel von 90° bilden.

$\tan\alpha = \dfrac{\sin(3\varphi)}{3 \cdot \cos(3\varphi)} = \dfrac{Z(\varphi)}{N(\varphi)}$ ► $N(\varphi) = 0$

$\Rightarrow 3 \cdot \cos(3\varphi) = 0 \Rightarrow \cos(3\varphi) = 0;$

$\Rightarrow \varphi = 30° + k \cdot 60°;\ k \in \{1; 2; 3; 4; 5\}$

$\Rightarrow \underline{\underline{\varphi_{18} = 30°}} \Rightarrow \varphi_{18} \in D(r)$

$\varphi_{19} = 90° \Rightarrow \varphi_{19} \notin D(r)$

$\underline{\underline{\varphi_{20} = 150°}} \Rightarrow \varphi_{20} \in D(r)$

$\varphi_{21} = 210° \Rightarrow \varphi_{21} \notin D(r)$

$\underline{\underline{\varphi_{22} = 270°}} \Rightarrow \varphi_{22} \in D(r)$

$\varphi_{23} = 330° \Rightarrow \varphi_{23} \notin D(r)$

Die diesen Winkeln entsprechenden Funktionswerte erhält man durch Einsetzen der Winkel in die Funktionsgleichung. Aus $r(\varphi)$ und φ ergeben sich dann die Punkte $P_{10} \dots P_{12}$. Dort bilden Tangente und Polarradius einen Winkel von 90°.

Kennzeichnet man die ermittelten Punkte im Graphen $G(r)$, so findet man die Ergebnisse der Berechnungen bestätigt.

- Tangenten parallel zur Polarachse:
  $P_1\langle 0|0°\rangle$; $P_2\langle 0|180°\rangle$; $P_3\langle 4|270°\rangle$
  $P_4\langle 3{,}67|37{,}76°\rangle$; $P_5\langle 3{,}67|142{,}24°\rangle$
- Tangenten senkrecht zur Polarachse:
  $P_6\langle 3{,}94|26{,}81°\rangle$; $P_7\langle 3{,}94|153{,}19°\rangle$
  $P_8\langle 2{,}63|253{,}73°\rangle$; $P_9\langle 2{,}63|286{,}27°\rangle$
- Tangente und Polarradius bilden einen Winkel von 90°:
  $P_{10}\langle 4|30°\rangle$; $P_{11}\langle 4|150°\rangle$; $P_{12}\langle 4|270°\rangle$

$r(\varphi)=4\cdot\sin(3\varphi)$ ▶ φ_{18}; φ_{20}; φ_{22}

$\Rightarrow \varphi_{18}= 30° \Rightarrow r(\varphi_{18})=\underline{\underline{4}}$ ▶ $\underline{\underline{P_{10}\langle 4|30°\rangle}}$

$\varphi_{20}=150° \Rightarrow r(\varphi_{20})=\underline{\underline{4}}$ ▶ $\underline{\underline{P_{11}\langle 4|150°\rangle}}$

$\varphi_{22}=270° \Rightarrow r(\varphi_{22})=\underline{\underline{4}}$ ▶ $\underline{\underline{P_{12}\langle 4|270°\rangle}}$

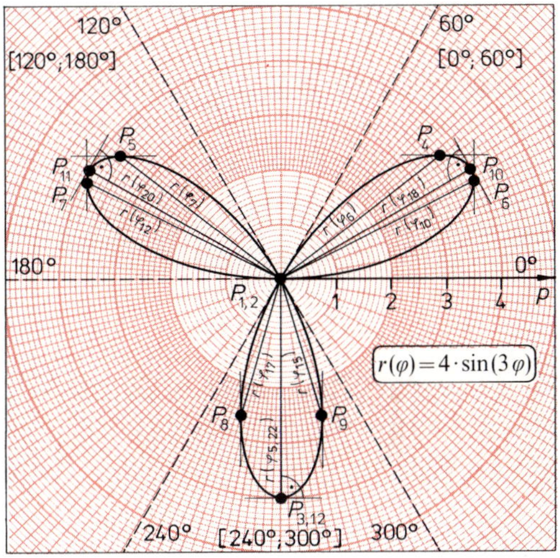

2.3.4 Differentiation von Funktionen in Parameterdarstellung

Lassen sich alle Koordinaten $\langle x|y\rangle$ von Punkten $P\langle x|y\rangle$ einer ebenen Kurve durch ein System von zwei Gleichungen $\begin{cases} x=f_1(t) \\ y=f_2(t) \end{cases}$ mit stetigen Funktionen $f_1\colon t\mapsto f_1(t)$ und $f_2\colon t\mapsto f_2(t)$ beschreiben, so wird die Veränderliche t als ein **Parameter** und das System als **Parameterdarstellung** der Kurve bezeichnet. Hierbei entstammt der Parameter t dem gemeinsamen Definitionsbereich der Funktionen f_1 und f_2: $t\in D(f_1)\cap D(f_2)$ (siehe Kapitel „Parameterdarstellung von Kurven").

Ist dabei die Kurve selbst Graph einer Funktion $f\colon x\mapsto f(x)$, so spricht man in diesem Falle vom System $\begin{cases} x=f_1(t) \\ y=f_2(t) \end{cases}$ (etwas ungenau) auch von der **in Parameterform gegebenen Funktion f.**

Problem: Entwickeln Sie eine Regel zur Ableitung einer in Parameterform gegebenen differenzierbaren Funktion $f\colon x\mapsto f(x)$.

Die Problemstellung verlangt, daß mit Hilfe des Systems $\begin{cases} x=f_1(t) \\ y=f_2(t) \end{cases}$ in jedem Punkt $P\langle x_0|y_0\rangle$ des Graphen der Funktion f der Anstieg $f'(x_0)$ der Tangenten angegeben wird. Zu diesem Zweck werden die gegebenen Beziehungen in der Definition von $f'(x_0)$ verwendet. Dabei läßt sich die Grenzwertbetrachtung $x\to x_0$ wegen der Stetigkeit der Funktion f_1 durch die Grenzwertbetrachtung $t\to t_0$ ersetzen.

Setzt man voraus, daß die gegebenen Funktionen f_1 und f_2 nicht nur stetig, sondern sogar differenzierbar sind, so erhält man, wenn man den Grenzwertsatz für die Division zweier Funktionen anwendet, die Ableitung $f'(x_0)$ als Quotient der Ableitungen von f_2 und f_1 nach dem Parameter t an der Stelle t_0.

$$f'(x_0) = \lim_{x \to x_0} \frac{f(x) - f(x_0)}{x - x_0} \quad \blacktriangleright \; f(x) = y$$

$$= \lim_{x \to x_0} \frac{y - y_0}{x - x_0} \quad \blacktriangleright \; \begin{cases} x = f_1(t) \\ y = f_2(t) \end{cases}$$

$$= \lim_{f_1(t) \to f_1(t_0)} \frac{f_2(t) - f_2(t_0)}{f_1(t) - f_1(t_0)}$$

$$= \lim_{t \to t_0} \frac{\dfrac{f_2(t) - f_2(t_0)}{t - t_0}}{\dfrac{f_1(t) - f_1(t_0)}{t - t_0}}$$

$$= \frac{\lim\limits_{t \to t_0} \dfrac{f_2(t) - f_2(t_0)}{t - t_0}}{\lim\limits_{t \to t_0} \dfrac{f_1(t) - f_1(t_0)}{t - t_0}}$$

$$= \underline{\underline{\frac{\dot{f}_2(t_0)}{\dot{f}_1(t_0)}}} \quad \blacktriangleright \; f_1(t_0) = x_0;\; f_2(t_0) = y_0$$

$$= \underline{\underline{\frac{\dot{y}_0}{\dot{x}_0}}}$$

Während man die Ableitung einer Funktion $f\colon x \mapsto f(x)$ nach x durch einen Strich kennzeichnet (f'), ist es üblich, die Ableitung von Funktionen, wie z.B. $f_1\colon t \mapsto f_1(t)$ oder $f_2\colon t \mapsto f_2(t)$ nach einem Parameter t durch einen Punkt zu kennzeichnen ($\dot{f}$).

Die zweite Ableitung $f''(x_0)$ und alle höheren Ableitungen erhält man durch Anwendung der Kettenregel.

$$f''(x_0) = \underline{\underline{\frac{\dot{f}_1(t_0) \cdot \ddot{f}_2(t_0) - \ddot{f}_1(t_0) \cdot \dot{f}_2(t_0)}{[\dot{f}_1(t_0)]^3}}}$$

Merke:

Ist eine Funktion $f\colon x \mapsto f(x)$ in der Parameterform $\begin{cases} x = f_1(t) \\ y = f_2(t) \end{cases}$ gegeben, so gelten für die Ableitungen:

$$f'(x) = \frac{\dot{f}_2(t)}{\dot{f}_1(t)} \quad \text{und} \quad f''(x) = \frac{\dot{f}_1(t) \cdot \ddot{f}_2(t) - \ddot{f}_1(t) \cdot \dot{f}_2(t)}{[\dot{f}_1(t)]^3}.$$

Hierbei wird vorausgesetzt, daß alle Ableitungen existieren und die Nennerterme ungleich Null sind. Die Ableitungen nach einem Parameter t werden durch einen Punkt gekennzeichnet.

Beispiele: Bilden Sie die erste und zweite Ableitung der folgenden in Parameterform gegebenen Funktionen $f\colon x \mapsto f(x)$. Geben Sie auch eine parameterfreie Darstellung dieser Funktionen an.

- $\begin{cases} x = t \\ y = f(t) \end{cases};\; t \in \mathbb{R}$

Die Anwendung der Differentiationsregel liefert $f'(x) = \dot{f}(t)$.

$$\begin{cases} x = t \\ y = f(t) \end{cases} = \begin{cases} f_1(t) = t \\ f_2(t) = f(t) \end{cases}$$

$$f_1(t) = t \Rightarrow \dot{f}_1(t) = \underline{1} \Rightarrow \ddot{f}_1(t) = 0$$

$$f_2(t) = f(t) \Rightarrow \dot{f}_2(t) = \dot{f}(t) \Rightarrow \ddot{f}_2(t) = \ddot{f}(t)$$

$$f'(x) = \frac{\dot{f}_2(t)}{\dot{f}_1(t)} = \frac{\dot{f}(t)}{1} = \underline{\underline{\dot{f}(t);\; t \in \mathbb{R}}}$$

Ersetzt man in $y=f(t)$ die Variable t durch die Variable x, so erhält man unmittelbar eine parameterfreie Darstellung der Funktion f mit der Funktionsgleichung $y=f(x)$.

$$f''(x)=\frac{\dot{f}_1(t)\cdot\ddot{f}_2(t)-\ddot{f}_1(t)\cdot\dot{f}_2(t)}{[\dot{f}_1(t)]^3}=\frac{1\cdot\ddot{f}(t)-0\cdot\dot{f}(t)}{1^3}=\underline{\underline{\ddot{f}(t)}}$$

$$y=f(t) \blacktriangleright t=x \Rightarrow \underline{\underline{y=f(x)}}$$

● $\begin{cases}x=a\cdot\cos t\\ y=b\cdot\sin t\end{cases}$; $t\in[0;\pi)$; $a;\ b\in\mathbb{R}^*$

$$\begin{cases}x=a\cdot\cos t\\ y=b\cdot\sin t\end{cases}=\begin{cases}f_1(t)=a\cdot\cos t\\ f_2(t)=b\cdot\sin t\end{cases}$$

Man bildet zunächst aus $f_1(t)=a\cdot\cos t$ und $f_2(t)=b\cdot\sin t$, die jeweils für $t\in[0;\pi)$ differenzierbar sind, die Ableitungen $\dot{f}_1(t)$, $\dot{f}_2(t)$, $\ddot{f}_1(t)$ und $\ddot{f}_2(t)$.

$$f_1(t)=a\cdot\cos t \Rightarrow \dot{f}_1(t)=\underline{-a\cdot\sin t} \Rightarrow \ddot{f}_1(t)=\underline{-a\cdot\cos t}$$

$$f_2(t)=b\cdot\sin t \Rightarrow \dot{f}_2(t)=\underline{b\cdot\cos t} \Rightarrow \ddot{f}_2(t)=\underline{-b\cdot\sin t}$$

Dann ermittelt man $f'(x)$, indem man in der Lösungsformel für $\dot{f}_1(t)$ und $\dot{f}_2(t)$ die gefundenen ersten Ableitungen setzt.

$$f'(x)=\frac{\dot{f}_2(t)}{\dot{f}_1(t)} \blacktriangleright \dot{f}_1(t)=-a\cdot\sin t;\ \dot{f}_2(t)=b\cdot\cos t$$

$$=\frac{b\cdot\cos t}{-a\cdot\sin t}=\underline{\underline{-\frac{b}{a}\cdot\cot t;\ t\in(0;\pi);\ a;\ b\in\mathbb{R}^*}}$$

Die zweite Ableitung $f''(x)$ ergibt sich analog aus $\dot{f}_1(t)$, $\dot{f}_2(t)$, $\ddot{f}_1(t)$ und $\ddot{f}_2(t)$ durch Verwendung der Lösungsformel für $f''(x)$.

$$f''(x)=\frac{\dot{f}_1(t)\cdot\ddot{f}_2(t)-\ddot{f}_1(t)\cdot\dot{f}_2(t)}{[\dot{f}_1(t)]^3}$$

$$=\frac{(-a\cdot\sin t)\cdot(-b\cdot\sin t)-(-a\cdot\cos t)\cdot b\cdot\cos t}{(-a\cdot\sin t)^3}$$

$$=\frac{ab(\sin^2 t+\cos^2 t)}{a^3\cdot\sin^3 t} \blacktriangleright \sin^2 t+\cos^2 t=1$$

$$=\underline{\underline{\frac{b}{a^2\cdot\sin^3 t};\ t\in(0;\pi);\ a;\ b\in\mathbb{R}^*}}$$

Eine parameterfreie Darstellung der Funktion f gewinnt man durch Verwendung der Beziehung $\sin^2 t+\cos^2 t=1$.

Bei der gefundenen Funktionsgleichung handelt es sich um die Gleichung des oberen Teils ($f(x)\geq 0$) einer Ellipse.

$$\sin^2 t+\cos^2 t=1 \blacktriangleright \sin^2 t=\frac{y^2}{b^2};\ \cos^2 t=\frac{x^2}{a^2}$$

$$\Rightarrow \frac{y^2}{b^2}+\frac{x^2}{a^2}=1 \blacktriangleright t\in[0;\pi) \Rightarrow \sin t\geq 0$$

$$\Rightarrow y=\frac{b}{a}\sqrt{a^2-x^2} \Rightarrow \underline{\underline{f(x)=\frac{b}{a}\sqrt{a^2-x^2}}}$$

- $\begin{cases} x=\sqrt{t} \\ y=\sin t \end{cases}$; $t\in[0;\pi)$

Um die Funktion f abzuleiten, bildet man aus $f_1(t)=\sqrt{t}$ und $f_2(t)=\sin t$, die jeweils für $t\in[0;\pi)$ differenzierbar sind, zuerst die Ableitungen $\dot{f}_1(t)$, $\dot{f}_2(t)$, $\ddot{f}_1(t)$ und $\ddot{f}_2(t)$.

$$\begin{cases} x=\sqrt{t} \\ y=\sin t \end{cases} = \begin{cases} f_1(t)=\sqrt{t} \\ f_2(t)=\sin t \end{cases}$$

$$f_1(t)=\sqrt{t} \Rightarrow \dot{f}_1(t)=\underline{\frac{1}{2\sqrt{t}}}$$

$$\Rightarrow \ddot{f}_1(t)=\underline{\frac{-1}{4\sqrt{t^3}}}$$

$$f_2(t)=\sin t \Rightarrow \dot{f}_2(t)=\underline{\cos t}$$

$$\Rightarrow \ddot{f}_2(t)=\underline{-\sin t}$$

Dann ermittelt man $f'(x)$, indem man in der Lösungsformel für $\dot{f}_1(t)$ und $\dot{f}_2(t)$ die gefundenen ersten Ableitungen setzt.

$$f'(x) = \frac{\dot{f}_2(t)}{\dot{f}_1(t)} \blacktriangleright \dot{f}_1(t)=\frac{1}{2\sqrt{t}};\ \dot{f}_2(t)=\cos t$$

$$=\underline{\underline{2\sqrt{t}\cdot\cos t;\ t\in[0;\pi)}}$$

Die zweite Ableitung $f''(x)$ ergibt sich analog aus $\dot{f}_1(t)$, $\dot{f}_2(t)$, $\ddot{f}_1(t)$ und $\ddot{f}_2(t)$ durch Verwendung der Ableitungsformel für $f''(x)$.

$$f''(x)=\frac{\dot{f}_1(t)\cdot\ddot{f}_2(t)-\ddot{f}_1(t)\cdot\dot{f}_2(t)}{[\dot{f}_1(t)]^3}$$

$$=\frac{\frac{1}{2\sqrt{t}}\cdot(-\sin t)-\left(\frac{-1}{4\sqrt{t^3}}\right)\cdot\cos t}{\left[\frac{1}{2\sqrt{t}}\right]^3}$$

$$=\underline{\underline{-4t\cdot\sin t+2\cdot\cos t;\ t\in[0;\pi)}}$$

Eine parameterfreie Darstellung der Funktion f erhält man, wenn man aus $x=\sqrt{t}$ die Variable t mit $t=x^2$ ermittelt, und dann x^2 für t in der Gleichung $y=\sin t$ setzt.

$$y=\sin t \blacktriangleright x=\sqrt{t} \Rightarrow t=x^2$$

$$\Rightarrow y=\sin x^2 \Rightarrow \underline{\underline{f(x)=\sin x^2}}$$

Übungen

2.3 Besondere Differentiationsregeln

2.3.1 Differentiation von abschnittsweise definierten Funktionen

Untersuchen Sie die Differenzierbarkeit der nachstehenden Funktionen, und bilden Sie gegebenenfalls die Ableitung. Geben Sie jeweils eine betragszeichenfreie Darstellung von Funktion und Ableitung an, und zeichnen sie die Graphen von f und f'.

1. $f: f(x) = |x+3|$ **2.** $f: f(x) = |-x+1|$ **3.** $f: f(x) = 0{,}5|x-2|-3$

4. $f: f(x) = |9-x^2|$ **5.** $f: f(x) = -|x^2|+2x$ **6.** $f: f(x) = |x(1-x)|$

7. $f: f(x) = \dfrac{x|x^2-9|}{|x|(x+3)}$ **8.** $f: f(x) = x^2-5|x|+4$ **9.** $f: f(x) = (x-1)|x-4|$

10. $f: f(x) = \dfrac{|x|^3-|x|}{x}$ **11.** $f: f(x) = |x|x^2-6x^2+9|x|-1$ **12.** $f: f(x) = \dfrac{0{,}3x^3-0{,}3x^2-2{,}5x+2{,}5}{|x-1|}$

13. $f: f(x) = 5\mathrm{e}^{-\sqrt{|x|}}$ **14.** $f: f(x) = |\sqrt{2}x|-(\mathrm{e}^{-x}+2)$ **15.** $f: f(x) = |\mathrm{e}-\mathrm{e}^{|x|}|$

16. $f: f(x) = |\ln(x-3)|$ **17.** $f: f(x) = |\ln(1-x)|+(x+1)$ **18.** $f: f(x) = |\ln x|-\dfrac{x-1}{x-2}$

19. $f: f(x) = |\sin x|$ **20.** $f: f(x) = \sin|x|$ **21.** $f: f(x) = \left|\cos\left(x-\dfrac{\pi}{4}\right)\right|$

22. $f: f(x) = 2\cos\left|x-\dfrac{\pi}{4}\right|$ **23.** $f: f(x) = 4\cdot\left|\sin\left(0{,}5x+\dfrac{\pi}{4}\right)\right|$ **24.** $f: f(x) = 2|\operatorname{Arsinh}(x-2)|$

2.3.2 Logarithmische Differentiation

Untersuchen Sie die nachstehenden Funktionen auf Differenzierbarkeit, und bilden Sie gegebenenfalls die Ableitung.

1. $f: f(x) = x^{\frac{1}{x}}$ **2.** $f: f(x) = \dfrac{x}{3}(1+\mathrm{e}^x)^{\frac{3}{x}}$ **3.** $f: f(x) = \left(\dfrac{1}{x}\right)^{\frac{1}{x}}$ **4.** $f: f(x) = x^{\frac{2+x}{2-x}}$

5. $f: f(x) = x^{\frac{1}{3x-1}}$ **6.** $f: f(x) = (x^{ax})^x$ **7.** $f: f(x) = (x^{3x})^{x^2}$ **8.** $f: f(x) = x^{(x^x)}$

9. $f: f(x) = (x^{x+1})^{x-1}$ **10.** $f: f(x) = \left(\dfrac{a}{x^2}\right)^x$ **11.** $f: f(x) = (8+8x)^x$ **12.** $f: f(x) = (\sin x+\cos x)^x$

13. $f: f(x) = \left(\dfrac{1+x}{1-x}\right)^{\frac{1}{2x}}$ **14.** $f: f(x) = \mathrm{e}^x\cdot\left(\dfrac{1+x}{1-x}\right)^x$ **15.** $f: f(x) = \ln\dfrac{1+ax^x}{1-ax^{-x}}$ **16.** $f: f(x) = x^{\sin x}$

17. $f: f(x) = (\sinh x)^{\sinh x}$ **18.** $f: f(x) = (\sin x)^{\ln x}$ **19.** $f: f(x) = \tan(x^{\cos x})$ **20.** $f: f(x) = (\operatorname{Arctan} x)^x$

2.3.3 Differentiation von Funktionen in Polarkoordinatendarstellung

Untersuchen Sie im Intervall $\varphi \in [0; 2\pi)$ den Definitionsbereich und die Differenzierbarkeit der nachfolgenden Funktionen, und bilden Sie gegebenenfalls die Ableitung.

Stellen Sie fest, für welche Punkte $P\langle r|\varphi\rangle$ die Tangente parallel oder senkrecht zur Polarachse verläuft und wo der Polarradius mit der Tangente einen rechten Winkel bildet.

1. $r: r(\varphi) = \sin(2\varphi)$ **2.** $r: r(\varphi) = \sin(4^{\varphi})$ **3.** $r: r(\varphi) = \sinh\varphi$ **4.** $r: r(\varphi) = \cosh\varphi$

5. $r: r(\varphi) = 2\cdot\mathrm{e}^{-\varphi}\cdot\cos(2\varphi)$ **6.** $r: r(\varphi) = \operatorname{Arsinh}\varphi$ **7.** $r: r(\varphi) = \mathrm{e}^{\varphi}\cdot\sin\varphi$ **8.** $r: r(\varphi) = \dfrac{2^{\varphi}}{\sin\varphi}$

2.3.4 Differentiation von Funktionen in Parameterdarstellung

Untersuchen Sie die Differenzierbarkeit der nachstehenden Funktionen in Parameterform und bilden Sie gegebenenfalls die erste und die zweite Ableitung. Geben Sie nach Möglichkeit eine parameterfreie Darstellung an.

1. $\begin{cases} x=t^2\cdot\sin t \\ y=t^2\cdot\cos t \end{cases};\ t\in\left[-\frac{2}{3}\pi;\frac{2}{3}\pi\right]$

2. $\begin{cases} x=t+\sin t \\ y=t-\cos t \end{cases};\ t\in[0;3\pi]$

3. $\begin{cases} x=\sqrt{2t} \\ y=\sin^2\sqrt{2t}-\cos(2t^2) \end{cases};\ t\in[0;\pi)$

4. $\begin{cases} x=2\cdot\sin(2t)-1 \\ y=4\cdot\cos(2t)+1 \end{cases};\ t\in\left[0;\frac{\pi}{4}\right]$

5. $\begin{cases} x=4\sqrt[3]{t^2} \\ y=5\cdot\sin t \end{cases};\ t\in[0;5\pi]$

6. $\begin{cases} x=t-2 \\ y=\sqrt{(t-2)^2} \end{cases};\ t\in[-5;5]$

7. $\begin{cases} x=8\cdot\sin^2(0{,}5t) \\ y=5\cdot\cos(5t) \end{cases};\ t\in(0;\pi)$

8. $\begin{cases} x=t^2\cdot\sinh t \\ y=t^2\cdot\cosh t \end{cases};\ t\in[-2;2]$

9. $\begin{cases} x=\sin\left(t+\frac{\pi}{2}\right) \\ y=\tan t \end{cases};\ t\in(0;\pi)$

10. $\begin{cases} x=3\cdot\sqrt{\sin t} \\ y=\sqrt{|\cos t|} \end{cases};\ t\in\left[0;\frac{\pi}{2}\right]$

11. $\begin{cases} x=\sqrt{0{,}5t} \\ y=\sqrt{4-t} \end{cases};\ t\in[0;4]$

12. $\begin{cases} x=\frac{t^2}{t^2-1} \\ y=t^2-3 \end{cases};\ t\in[-5;5]\setminus\{-1;1\}$

Führen Sie in den folgenden Funktionsgleichungen $f(x)$ den angegebenen Parameter t ein, und bestimmen Sie sowohl $f'(x)$ als auch die erste Ableitung aus der Parameterdarstellung.

13. $f(x)=\frac{\sin x}{x};\ t=\sin x$

14. $f(x)=\ln(\cos x);\ t=\cos x$

15. $f(x)=\ln\left(\cos\sqrt{\frac{1}{x}}\right);\ t=\sqrt{\frac{1}{x}}$

16. $f(x)=\frac{e^x-e^{-x}}{e^x+e^{-x}};\ t=e^x$

17. $f(x)=\frac{e^x}{x};\ t=e^x$

18. $f(x)=\frac{e^x}{x^2};\ t=e^x$

19. $f(x)=\frac{e^x}{\ln x};\ t=e^x$

20. $f(x)=\frac{1}{e^x+1};\ t=e^x$

21. $f(x)=x^3-\frac{2}{x^2}+x;\ t=\sqrt{x^3}$

3 Folgen und Reihen

3.1 Folgen

3.1.1 Folgen als besondere Funktionen

Problem: Zeichnen Sie die Graphen der beiden Funktionen $f_1\colon f_1(x)=0{,}25\,x^2$ mit $D(f_1)=\mathbb{R}$ sowie $f_2\colon f_2(x)=0{,}25\,x^2$ mit $D(f_2)=\mathbb{N}$ in ein rechtwinkliges Koordinatensystem, und stellen Sie die Unterschiede fest.

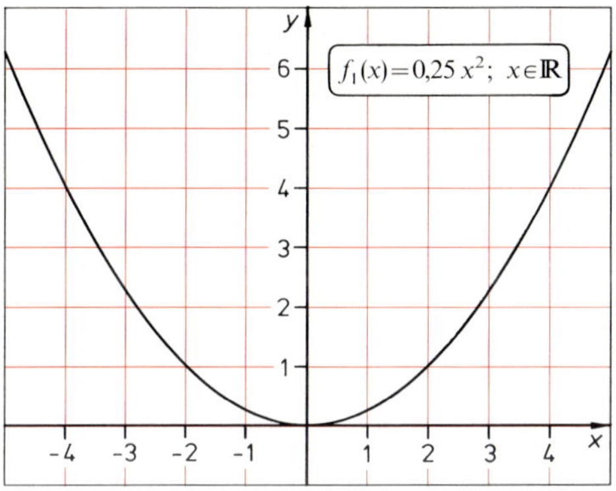

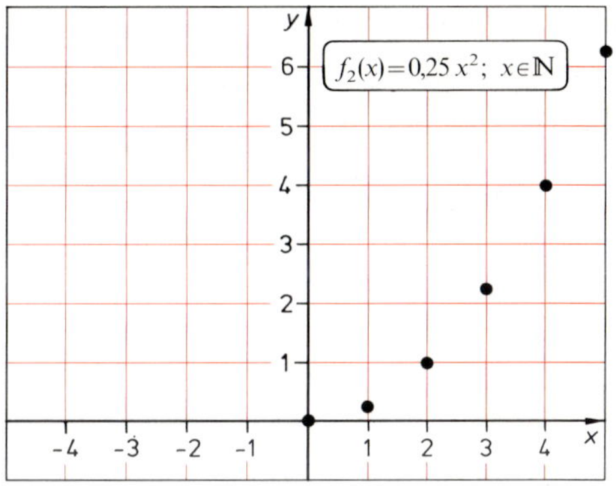

Der Graph $G(f_1)$ der Funktion f_1 ist eine Parabel. Der Graph $G(f_2)$ der Funktion f_2 besteht nur aus einzelnen Punkten, da der Definitionsbereich $D(f_2)$ die Menge der natürlichen Zahlen ist. Funktionen, deren Definitionsbereich nur aus den natürlichen Zahlen $\mathbb{N}$ oder $\mathbb{N}^*$ besteht, werden als unendliche **Zahlenfolgen** oder auch kurz als **Folgen** bezeichnet. Folgen sind demnach spezielle Funktionen. Da Folgen spezielle Funktionen sind, benutzt man für sie eine besondere Schreibweise.

So verwendet man als Variablennamen z. B. „n" statt „x" (n für natürliche Zahlen), als Bezeichnung für den Funktionsterm z. B. „a_n" [nicht $a(n)$] statt „$f(x)$" und als Funktionsnamen z. B. „$\langle a_n\rangle$" statt „f". Auch für die Schreibweise einer Folge gibt es verschiedene Möglichkeiten. In diesem Buch wird analog zu „$f\colon f(x)=x^2$ mit $x\in\mathbb{R}$" für Folgen die Darstellung „$\langle a_n\rangle\colon a_n=n^2$ mit $n\in\mathbb{N}^*$" (und in speziellen Fällen mit $n\in\mathbb{N}$) benutzt.

$f\colon x\mapsto x^2;\ x\in\mathbb{R}$
$f\colon f(x)=x^2;\ x\in\mathbb{R}$
$f\colon x\mapsto f(x)$
} Schreibweise von Funktionen im allgemeinen

$\langle a_n\rangle\colon n\mapsto n^2;\ n\in\mathbb{N}^*$
$\langle a_n\rangle\colon a_n=n^2;\ n\in\mathbb{N}^*$
$\langle a_n\rangle=\langle n^2\rangle;\ n\in\mathbb{N}^*$
$\langle a_n\rangle\colon n\mapsto a_n$
} Schreibweise von Folgen

Auch Folgen können häufig durch eine **Zuordnungsvorschrift** bzw. **Bildungsvorschrift** beschrieben werden. Der Funktionsgleichung entspricht das **Bildungsgesetz** bzw. die **Gleichung der Folge**. Mit einer solchen Rechenvorschrift kann man zu jedem Argument $n \in \mathbb{N}^*$ der Folge $\langle a_n \rangle$ die entsprechenden Funktionswerte a_n berechnen. Diese werden nach den zugrundeliegenden Argumenten $n=1, n=2, n=3$, usw. mit a_1, a_2, a_3, usw. bezeichnet und heißen **Glieder der Folge**. Dabei ist a_n das n-te Glied der Folge, falls $n \in \mathbb{N}^*$.

$n \mapsto n^2$ ► Bildungsvorschrift einer Folge

$a_n = n^2$ ► Gleichung oder Bildungsgesetz einer Folge

$$\langle a_n \rangle : n \mapsto a_n$$

$$\Rightarrow \langle a_n \rangle : \underbrace{a_1;\ a_2;\ a_3;\ a_4;\ \ldots;\ a_n;\ \ldots}_{\text{Glieder der Folge } \langle a_n \rangle}$$

Beispiele:

$a_n = n^2 \Rightarrow \langle a_n \rangle : 1;\ 4;\ 9;\ 16;\ 25;\ 36;\ 49;\ \ldots$

$b_n = 2n+1 \Rightarrow \langle b_n \rangle : 3;\ 5;\ 7;\ 9;\ 11;\ 13;\ \ldots$

$c_n = \dfrac{n^2}{n+1} \Rightarrow \langle c_n \rangle : \dfrac{1}{2};\ \dfrac{4}{3};\ \dfrac{9}{4};\ \dfrac{16}{5};\ \dfrac{25}{6};\ \dfrac{36}{7};\ \ldots$

Merke:

> Eine Funktion mit dem Definitionsbereich $\mathbb{N}^*$ wird als (unendliche) Folge bezeichnet.
>
> $\langle a_n \rangle : n \mapsto a_n$ mit $n \in \mathbb{N}^*$ ► $\langle a_n \rangle : a_1;\ a_2;\ a_3;\ a_4;\ a_5;\ a_6;\ \ldots$ ► Folge

Anmerkung:

Da alle Folgen bis auf weiteres auf $\mathbb{N}^*$ definiert sein sollen, wird ihr Definitionsbereich nicht in jedem Falle angegeben.

Beispiele: Geben Sie die ersten sieben Glieder der nachstehenden Folgen an, und charakterisieren Sie diese Folgen.

- $\langle a_n \rangle : a_n = 2n^2;\ n \in \{1;\ 2;\ 3;\ 4;\ 5;\ 6;\ 7\}$

Setzt man in der Gleichung $a_n = 2n^2$ für n die Zahlen von 1 bis 7, so erhält man die ersten sieben Glieder der Folge $\langle a_n \rangle$. Die Glieder werden mit wachsendem n immer größer.

$a_n = 2n^2$ ► $n \in \{1;\ 2;\ 3;\ 4;\ 5;\ 6;\ 7\}$

$\Rightarrow \langle a_n \rangle : 1;\ 8;\ 18;\ 32;\ 50;\ 72;\ 98;\ \ldots$

$\Rightarrow a_n < a_{n+1}$

- $\langle b_n \rangle : b_n = \dfrac{1}{n};\ n \in \{1;\ 2;\ 3;\ 4;\ 5;\ 6;\ 7\}$

Setzt man in der Gleichung $b_n = \dfrac{1}{n}$ für n die Zahlen von 1 bis 7, so erhält man die ersten sieben Glieder der Folge $\langle b_n \rangle$. Die Folgenglieder werden in diesem Falle immer kleiner.

$b_n = \dfrac{1}{n}$ ► $n \in \{1;\ 2;\ 3;\ 4;\ 5;\ 6;\ 7;\}$

$\Rightarrow \langle b_n \rangle : 1;\ \dfrac{1}{2};\ \dfrac{1}{3};\ \dfrac{1}{4};\ \dfrac{1}{5};\ \dfrac{1}{6};\ \dfrac{1}{7};\ \ldots$

$\Rightarrow b_n > b_{n+1}$

Beispiele: Bestimmen Sie die Werte der ersten sechs Glieder der nachstehenden Folgen, und tragen Sie diese Werte auf der Zahlengeraden ein.

Man ermittelt die Werte für a_n, b_n und c_n jeweils für $n \in \{1; 2; 3; 4; 5; 6\}$ und trägt sie als Punkte auf der Zahlengeraden ein. Die Benennungen der einzelnen Folgenglieder werden oberhalb der entsprechenden Punkte eingetragen.

- $\langle a_n \rangle$: $a_n = n^2$
  ▶ $n \in \{1; 2; 3; 4; 5; 6\}$

$a_n = n^2$ ▶ $n \in \{1; 2; 3; 4; 5; 6\}$

$\Rightarrow \langle a_n \rangle$: 1; 4; 9; 16; 25; 36; …

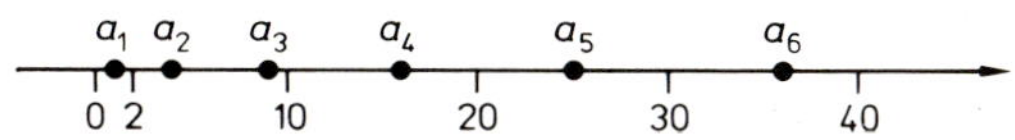

- $\langle b_n \rangle$: $b_n = \frac{1}{n}$
  ▶ $n \in \{1; 2; 3; 4; 5; 6\}$

$b_n = \frac{1}{n}$ ▶ $n \in \{1; 2; 3; 4; 5; 6\}$

$\Rightarrow \langle b_n \rangle$: $1; \frac{1}{2}; \frac{1}{3}; \frac{1}{4}; \frac{1}{5}; \frac{1}{6}; \ldots$

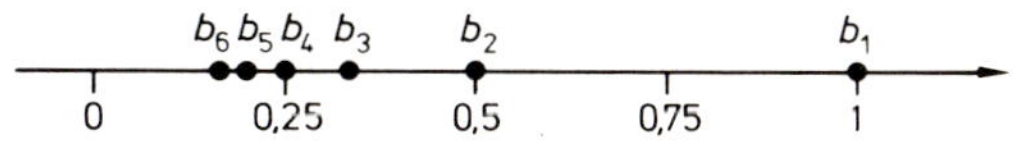

- $\langle c_n \rangle$: $c_n = (-1)^n \cdot n$
  ▶ $n \in \{1; 2; 3; 4; 5; 6\}$

$c_n = (-1)^n \cdot n$ ▶ $n \in \{1; 2; 3; 4; 5; 6\}$

$\Rightarrow \langle c_n \rangle$: $-1; 2; -3; 4; -5; 6; \ldots$

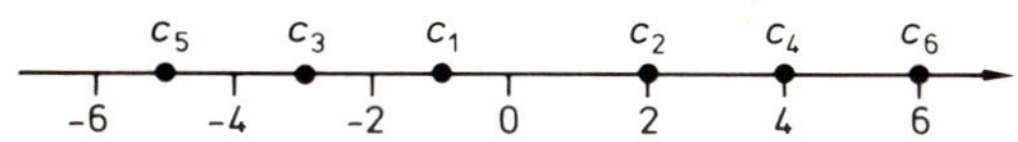

Problem: Bestimmen Sie die ersten sechs Glieder der Folgen, und untersuchen Sie die Folgen auf gemeinsame Eigenschaften.

- $\langle a_n \rangle$: $a_n = 3 + (n-1) \cdot 2$

$a_n = 3 + (n-1) \cdot 2$ ▶ $n \in \{1; 2; 3; 4; 5; 6\}$

$\Rightarrow \langle a_n \rangle$: 3; 5; 7; 9; 11; 13; …

▶ Anfangsglied: $a_1 = \underline{3}$

▶ Differenz: $d = a_{n+1} - a_n = \underline{2}$

- $\langle a_n \rangle$: $a_n = 8 - 3 \cdot n$

$a_n = 8 - 3 \cdot n$ ▶ $n \in \{1; 2; 3; 4; 5; 6\}$

$\Rightarrow \langle a_n \rangle$: $5; 2; -1; -4; -7; -10; \ldots$

▶ Anfangsglied: $a_1 = \underline{5}$

▶ Differenz: $d = a_{n+1} - a_n = \underline{-3}$

- $\langle a_n \rangle$: $a_n = -6 + \frac{n^2-4}{n+2}$

$a_n = -6 + \frac{n^2-4}{n+2}$ ▶ $n \in \{1; 2; 3, 4, 5, 6\}$

$\Rightarrow \langle a_n \rangle$: $-7; -6; -5; -4; -3; -2; \ldots$

▶ Anfangsglied: $a_1 = \underline{-7}$

▶ Differenz: $d = a_{n+1} - a_n = \underline{1}$

Merke:

Folgen, bei denen die Differenz zweier aufeinanderfolgender Glieder konstant ist, heißen arithmetische Folgen. Das Bildungsgesetz einer arithmetischen Folge kann auch in folgender Form geschrieben werden:

$$\langle a_n \rangle: a_n = a_1 + (n-1) \cdot d$$ ▶ arithmetische Folge.

Für $q=1$ sind alle Glieder von $\langle e_n \rangle$ gleich a_1. Da $\langle e_n \rangle$ dann auch den Grenzwert a_1 hat, handelt es sich um eine konvergente Folge.

Fall B: $q=1$

▶ Alle Glieder von $\langle e_n \rangle$ sind gleich a_1

$\lim\limits_{n \to \infty} (a_1 \cdot q^{n-1}) = a_1$ ▶ $\langle e_n \rangle$ ist konvergent

Für $0<q<1$ fällt $\langle e_n \rangle$ streng monoton und hat den Grenzwert Null. Es liegt also eine Nullfolge vor.

Fall C: $0<q<1$

▶ $\langle e_n \rangle$ fällt monoton

$\lim\limits_{n \to \infty} (a_1 \cdot q^{n-1}) = 0$ ▶ $\langle e_n \rangle$ ist eine Nullfolge

Für $q<0$ haben aufeinanderfolgende Glieder der Folge $\langle e_n \rangle$ stets unterschiedliche Vorzeichen. Solche Folgen haben keinen Grenzwert und heißen **alternierende Folgen**.

Fall D: $q<0$

▶ Aufeinanderfolgende Glieder von $\langle e_n \rangle$ haben unterschiedliche Vorzeichen

▶ $\langle e_n \rangle$ ist eine alternierende Folge

Beispiele: Wie viele Glieder der Folge $\langle a_n \rangle$: $a_n = \frac{10}{n}$ mit $n \in \mathbb{N}^*$ liegen für $\varepsilon = 10^{-3}$ außerhalb der ε-Umgebung des Grenzwertes g der Folge?

Zunächst wird der Grenzwert g bestimmt. Bei der Darstellung auf der Zahlengeraden liegen die Punkte um so dichter beeinander, je mehr man sich dem Grenzwert nähert.

$a_n = \frac{10}{n} \Rightarrow \langle a_n \rangle$: $10;\ 5;\ \frac{10}{3};\ 2{,}5;\ 2;\ \frac{5}{3};\ \ldots$

$g = \lim\limits_{n \to \infty} \frac{10}{n} = 0$ ▶ Nullfolge

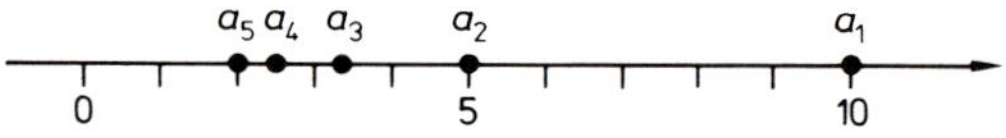

In der Ungleichung $|a_n - g| < \varepsilon$ wird für a_n der Term $\frac{10}{n}$ und für ε sowie für g der gegebene Wert eingesetzt. 10000 Folgeglieder liegen außerhalb der ε-Umgebung von g, alle anderen innerhalb.

$|a_n - g| < \varepsilon$ ▶ $a_n = \frac{10}{n}$; $g=0$; $\varepsilon = 10^{-3}$

$\left|\frac{10}{n} - 0\right| < 10^{-3} \Rightarrow \frac{10}{n} < 10^{-3} \Rightarrow \underline{\underline{n > 10^4}}$

▶ $a_1; \ldots; a_{10000}$ liegen außerhalb von $U_\varepsilon(g)$

Es gibt außerhalb jeder ε-Umgebung eines Grenzwertes immer nur endlich viele Folgeglieder, unabhängig davon, welcher Wert für $\varepsilon > 0$ gewählt wird. Deshalb kann man den Begriff des Grenzwertes einer Folge auch anders formulieren:

Merke:

$\lim\limits_{n \to \infty} a_n = g$ ist Grenzwert einer Folge $\langle a_n \rangle$, wenn außerhalb jeder ε-Umgebung $U_\varepsilon(g)$ des Grenzwertes g nur endlich viele Folgeglieder liegen. Unabhängig von der Wahl von $\varepsilon > 0$ liegen also fast alle Folgeglieder innerhalb von $U_\varepsilon(g)$.

3.1.3 Grenzwertsätze

Problem: Bilden Sie den Grenzwert der Summenfolge $\langle c_n \rangle$: $c_n = a_n + b_n$ durch gliedweise Addition der Folgen $\langle a_n \rangle$: $a_n = 2 + \frac{1}{n}$ und $\langle b_n \rangle$: $b_n = \frac{n+1}{n}$.

Da der Grenzwert $g_a = 2$ für die Folge $\langle a_n \rangle$ und der Grenzwert $g_b = 1$ für die Folge $\langle b_n \rangle$ existieren, sind beide Folgen konvergent.

$$a_n = 2 + \frac{1}{n} \Rightarrow \langle a_n \rangle: 3; \frac{5}{2}; \frac{7}{3}; \frac{9}{4}; \frac{11}{5}; \ldots$$

$$\Rightarrow \lim_{n \to \infty} \left(2 + \frac{1}{n}\right) = \lim_{n \to \infty} 2 + \lim_{n \to \infty} \frac{1}{n}$$

$$= \underline{\underline{2}} = g_a \quad \blacktriangleright \text{ Grenzwert von } \langle a_n \rangle$$

$$b_n = \frac{n+1}{n} \Rightarrow \langle b_n \rangle: 2; \frac{3}{2}; \frac{4}{3}; \frac{5}{4}; \frac{6}{5}; \ldots$$

$$\Rightarrow \lim_{n \to \infty} \left(\frac{n+1}{n}\right) = \lim_{n \to \infty} \left(1 + \frac{1}{n}\right)$$

$$= \underline{\underline{1}} = g_b \quad \blacktriangleright \text{ Grenzwert von } \langle b_n \rangle$$

Addiert man die Folgen $\langle a_n \rangle$ und $\langle b_n \rangle$ gliedweise, das heißt Glieder gleicher Platznummer werden addiert, so erhält man die **Summenfolge** $\langle c_n \rangle$.

$$\left.\begin{array}{l} \langle a_n \rangle: 3; \frac{5}{2}; \frac{7}{3}; \frac{9}{4}; \frac{11}{5}; \ldots \\ \langle b_n \rangle: 2; \frac{3}{2}; \frac{4}{3}; \frac{5}{4}; \frac{6}{5}; \ldots \end{array}\right\} +$$

$$\langle c_n \rangle: 5; 4; \frac{11}{3}; \frac{14}{4}; \frac{17}{5}; \ldots$$

$$\Rightarrow \langle c_n \rangle: 5; 4; 3{,}\overline{6}; 3{,}5; 3{,}4; \ldots$$

Die Berechnung einiger Glieder der Folge $\langle c_n \rangle$ legt die Vermutung nahe, daß $g_c = 3$ der Grenzwert der Folge $\langle c_n \rangle$ ist, wie man durch Nachrechnen auch leicht bestätigt. Auch $\langle c_n \rangle$ ist also eine konvergente Folge.

$$c_{100} = 2 + \frac{1}{100} + \frac{101}{100} = 2 + \frac{102}{100} = \underline{3{,}02}$$

$$c_{1000} = 2 + \frac{1}{1000} + \frac{1001}{1000} = 2 + \frac{1002}{1000} = \underline{3{,}002}$$

$$c_n = a_n + b_n = 2 + \frac{1}{n} + \frac{n+1}{n} = \frac{3n+2}{n} = \underline{\underline{3 + \frac{2}{n}}}$$

$$\lim_{n \to \infty} \left(3 + \frac{2}{n}\right) = \underline{\underline{3}} = g_c \quad \blacktriangleright \text{ Grenzwert von } \langle c_n \rangle$$

Da Folgen spezielle Funktionen sind, kann man die für Funktionen gewonnenen Ergebnisse auf Folgen übertragen.

Merke:

Sind $\langle a_n \rangle$ und $\langle b_n \rangle$ konvergente Folgen mit $\lim_{n \to \infty} a_n = g_a$ und $\lim_{n \to \infty} b_n = g_b$, dann ist die durch gliedweise Addition entstehende Summenfolge $\langle c_n \rangle$: $c_n = a_n + b_n$ eine Folge mit dem Grenzwert $g_c = \lim_{n \to \infty} c_n = \lim_{n \to \infty} (a_n + b_n) = \lim_{n \to \infty} a_n + \lim_{n \to \infty} b_n = g_a + g_b$.

Anmerkung:

Da bei Folgen nur der Grenzwert $n \to \infty$ von Interesse ist, wird im folgenden statt z.B. $\lim_{n \to \infty} a_n$ nur noch $\lim a_n$ geschrieben.

Beispiel: Übertragen Sie die Summenregel für konvergente Folgen auf die Summe von drei Folgen $\langle a_n \rangle$, $\langle b_n \rangle$ und $\langle c_n \rangle$.

Addiert man die Folgen paarweise, so läßt sich der für zwei konvergente Folgen formulierte Merksatz auf die Summe von endlich vielen Folgen erweitern.

$$\lim a_n = g_a;\ \lim b_n = g_b;\ \lim c_n = g_c$$

$$\langle d_n \rangle = \langle a_n + b_n \rangle$$

$$\Rightarrow \lim d_n = \lim a_n + \lim b_n = g_a + g_b = g_d$$

$$\langle e_n \rangle = \langle d_n + c_n \rangle = \langle a_n + b_n + c_n \rangle$$

$$\Rightarrow \lim e_n = \lim d_n + \lim c_n = g_a + g_b + g_c + g_e$$

Problem: Bestimmen Sie den Grenzwert der Produktfolge $\langle c_n \rangle$: $c_n = a_n \cdot b_n$ mit $\langle a_n \rangle$: $a_n = \frac{2n}{n+3}$ und $\langle b_n \rangle$: $b_n = \frac{n+6}{n}$.

Die Folgen $\langle a_n \rangle$ und $\langle b_n \rangle$ sind konvergent mit den Grenzwerten $g_a = 2$ und $g_b = 1$.

$$\lim a_n = \lim \frac{2 \cdot n}{n+3} = \lim \frac{2}{1 + \frac{3}{n}} = \frac{\lim 2}{\lim\left(1 + \frac{3}{n}\right)}$$

$$\Rightarrow \lim a_n = \underline{\underline{2}} = g_a$$ ► Grenzwert von $\langle a_n \rangle$

$$\lim b_n = \lim \frac{n+6}{n} = \lim \frac{1 + \frac{6}{n}}{1} = \frac{\lim\left(1 + \frac{6}{n}\right)}{\lim 1}$$

$$\Rightarrow \lim b_n = \underline{\underline{1}} = g_b$$ ► Grenzwert von $\langle b_n \rangle$

Multipliziert man die Folgen $\langle a_n \rangle$ und $\langle b_n \rangle$ gliedweise, also jeweils die Glieder mit gleicher Platznummer, so erhält man die **Produktfolge** $\langle c_n \rangle$.

$$\langle a_n \rangle\!: \ \frac{1}{2};\ \frac{4}{5};\ 1;\ \frac{8}{7};\ \frac{5}{4};\ \frac{4}{3};\ \ldots$$

$$\langle b_n \rangle\!: \ 7;\ 4;\ 3;\ \frac{5}{2};\ \frac{1}{5};\ 2;\ \ldots$$

$$\langle c_n \rangle\!: \ \frac{7}{2};\ \frac{16}{5};\ 3;\ \frac{20}{7};\ \frac{11}{4};\ \frac{8}{3};\ \ldots$$

$$\Rightarrow \langle c_n \rangle\!: \ 3{,}5;\ 3{,}2;\ 3;\ 2{,}86;\ 2{,}75;\ 2{,}67;\ \ldots$$

Durch Berechnung einiger Glieder der Produktfolge $\langle c_n \rangle$ kann man vermuten, daß $g_c = 2$ der Grenzwert diese Folge ist. Durch Nachrechnen läßt sich diese Vermutung bestätigen.

$$c_{100} = \frac{200}{103} \cdot \frac{106}{100} = \underline{2{,}06}$$

$$c_{1000} = \frac{2000}{1003} \cdot \frac{1006}{1000} = \underline{2{,}006}$$

$$c_n = a_n \cdot b_n = \frac{2n}{n+3} \cdot \frac{n+6}{n} = \underline{\underline{\frac{2n+12}{n+3}}}$$

$$\lim c_n = \lim \frac{2n+12}{n+3} = \lim \frac{2 + \frac{12}{n}}{1 + \frac{3}{n}}$$

$$\Rightarrow \lim c_n = \underline{\underline{2}} = g_c$$ ► Grenzwert von $\langle c_n \rangle$

Merke:

Sind $\langle a_n \rangle$ und $\langle b_n \rangle$ konvergente Folgen mit den Grenzwerten $\lim a_n = g_a$ und $\lim b_n = g_b$, dann ist die durch gliedweise Multiplikation entstandene Produktfolge $\langle c_n \rangle$: $c_n = a_n \cdot b_n$ ebenfalls eine konvergente Folge. Sie hat den Grenzwert: $g_c = \lim c_n = \lim(a_n \cdot b_n) = \lim a_n \cdot \lim b_n = g_a \cdot g_b$.

Auch diese Regel läßt sich leicht auf das Produkt von mehr als zwei konvergenten Folgen übertragen.

Problem: Bestimmen Sie den Grenzwert der Differenzenfolge $\langle c_n \rangle$: $c_n = a_n - b_n$ mit den Folgen $\langle a_n \rangle$: $a_n = 3 + \frac{5}{2n}$ und $\langle b_n \rangle$: $b_n = 1 + \frac{2}{3n}$.

Die Folge $\langle a_n \rangle$ hat den Grenzwert $g_a = 3$, die Folge $\langle b_n \rangle$ hat den Grenzwert $g_b = 1$.

$$\lim a_n = \lim\left(3 + \frac{5}{2n}\right) = \underline{\underline{3}} = g_a$$

$$\lim b_n = \lim\left(1 + \frac{2}{3n}\right) = \underline{\underline{1}} = g_b$$

Subtrahiert man die Folgen $\langle a_n \rangle$ und $\langle b_n \rangle$ gliedweise, also jeweils die Glieder mit gleicher Platznummer, so erhält man die **Differenzenfolge** $\langle c_n \rangle$.

$$c_n = a_n - b_a = 3 + \frac{5}{2n} - \left(1 + \frac{2}{3n}\right) = \frac{12n + 11}{6n} = \underline{\underline{2 + \frac{11}{6n}}}$$

Berechnet man $\lim c_n$, so erhält man den Grenzwert $g_c = 2$. Man kann also vermuten, daß sich g_s aus der Differenz $g_a - g_b$ ergibt.

$$\lim c_n = \lim\left(2 + \frac{11}{6n}\right) = \underline{\underline{2}} = g_c$$

Faßt man lim $(-b_n)$ als das Produkt der konstanten Folge $\langle d_n \rangle$: $d_n = -1$ mit der Folge $\langle b_n \rangle$ auf, so läßt sich die Vermutung mit Hilfe der Summenregel bestätigen.

Aus Produktregel und Summenregel folgt:

$$\lim(-b_n) = \lim[(-1)\cdot b_n] = \lim(-1)\cdot \lim b_n = -1\cdot g_b = -g_b$$

Die konstante Folge $\langle d_n \rangle$: $d_n = -1$ kann man zum Beispiel als geometrische Folge mit $a_1 = -1$ und $q = 1$ interpretieren.

► $$\lim c_n = \lim[a_n + (-1)\cdot b_n] = \lim a_n + \lim[(-1)\cdot b_n] = \underline{\underline{g_a - g_b}}$$

Merke:

Sind $\langle a_n \rangle$ und $\langle b_n \rangle$ konvergente Folgen mit den Grenzwerten $\lim a_n = g_a$ und $\lim b_n = g_b$, dann hat die Differenzenfolge $\langle c_n \rangle$: $c_n = a_n - b_n$ den Grenzwert $g_c = \lim c_n = \lim a_n - \lim b_n = g_a - g_b$.

Problem: Bestimmen Sie den Grenzwert der Folge $\langle c_n \rangle$: $c_n = \frac{a_n}{b_n}$ mit $\langle a_n \rangle$: $a_n = \frac{n+1}{n}$ und $\langle b_n \rangle$: $b_n = \frac{3n+3}{2n+1}$.

Die Folgen $\langle a_n \rangle$ und $\langle b_n \rangle$ sind konvergent mit den Grenzwerten $g_a = 1$ und $g_b = 1{,}5$.

$$\lim a_n = \lim \frac{n+1}{n} = \lim\left(1 + \frac{1}{n}\right) = \underline{\underline{1}} = g_a$$

$$\lim b_n = \lim \frac{3n+3}{2n+1} = \lim \frac{3n}{2n+1} + \lim \frac{3}{2n+1} = \lim \frac{3}{2 + \frac{1}{n}} + \lim \frac{3}{2n+1} = \underline{\underline{1{,}5}} = g_b$$

Dividiert man die Folgen $\langle a_n \rangle$ und $\langle b_n \rangle$ gliedweise, also jeweils die Glieder mit gleicher Platznummer, so erhält man die **Quotientenfolge** $\langle c_n \rangle$.

$$\left.\begin{array}{l}\langle a_n\rangle\colon\ 2;\ \frac{3}{2};\ \frac{4}{3};\ \frac{5}{4};\ \frac{6}{5};\ \ldots \\ \langle b_n\rangle\colon\ 2;\ \frac{9}{5};\ \frac{12}{7};\ \frac{5}{3};\ \frac{18}{11};\ \ldots\end{array}\right\}:$$

$$\langle c_n\rangle\colon\ 1;\ \frac{5}{6};\ \frac{7}{9};\ \frac{3}{4};\ \frac{11}{15};\ \ldots$$

$$\Rightarrow \langle c_n\rangle\colon\ 1;\ 0{,}83;\ 0{,}78;\ 0{,}75;\ 0{,}73;\ \ldots$$

Durch Berechnung einiger Glieder der Folge $\langle c_n \rangle$ kann man vermuten, daß $g_c = \frac{g_a}{g_b} = \frac{2}{3}$ der Grenzwert der Folge ist.

$$c_{100} = 0{,}670;\ c_{1000} = 0{,}667;\ c_{10000} = 0{,}6667$$

$$c_n = \frac{a_n}{b_n} = \frac{n+1}{n} : \frac{3n+3}{2n+1} = \frac{n+1}{n} \cdot \frac{2n+1}{3(n+1)} = \frac{2n+1}{3n} = \frac{2}{3} + \frac{1}{n}$$

Durch Berechnung des Grenzwertes von $\langle c_n \rangle = \left\langle \frac{a_n}{b_n} \right\rangle$ läßt sich die Vermutung bestätigen.

$$\lim c_n = \lim \left(\frac{2}{3} + \frac{1}{n} \right) = \frac{2}{3} = g_c$$

Merke:

Sind $\langle a_n \rangle$ und $\langle b_n \rangle$ konvergente Folgen mit den Grenzwerten $\lim a_n = g_a$ und $\lim b_n = g_b$ mit $g_b \neq 0$, dann hat die Quotientenfolge $\langle c_n \rangle$: $c_n = \frac{a_n}{b_n}$ den Grenzwert $g_c = \lim c_n = \frac{\lim a_n}{\lim b_n} = \frac{g_a}{g_b}$.

3.1.4 Konvergenzkriterium von Cauchy

Bei einer in $\mathbb{R}$ konvergenten Folge $\langle a_n \rangle$ nähern sich die Glieder a_n mit wachsender Platznummer n immer mehr dem Grenzwert der Folge. Das bedeutet aber, daß auch der Abstand direkt benachbarter Glieder $|a_{n+1} - a_n|$ mit wachsendem n immer kleiner wird, d.h. diese Abstände bilden eine Nullfolge. Dieser Sachverhalt gilt bei einer konvergenten Folge auch für solche Folgeglieder, die nicht direkt benachbart sind.

Dem Beweis dazu liegt folgender Gedanke zugrunde: Wenn sich die Glieder einer konvergenten Folge $\langle a_n \rangle$ mit wachsendem n beliebig wenig vom Grenzwert g unterscheiden, so müssen sie sich auch untereinander beliebig wenig unterschieden.

Das bedeutet: Zu jedem $\varepsilon > 0$ gibt es eine Platznummer N mit $N \in \mathbb{N}^*$, die im allgemeinen von ε abhängt und daher auch als $N(\varepsilon)$ geschrieben wird, so daß für alle Folgeglieder a_m und a_n mit einer höheren Platznummer als $N(\varepsilon)$ ihr Abstand $|a_m - a_n|$ kleiner ist als das beliebig gewählte ε.

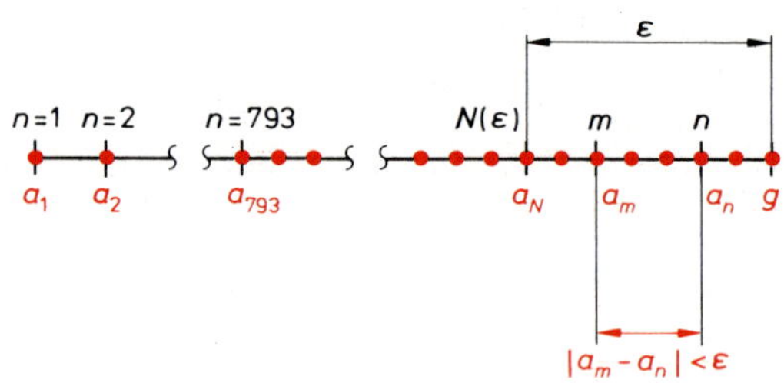

Das **Konvergenzkriterium von Cauchy** besagt nun, daß in $\mathbb{R}$ auch die Umkehrung gilt. Unterscheiden sich nämlich die Glieder einer Folge mit wachsendem n beliebig wenig voneinander, so muß die Folge einen Grenzwert haben und demnach konvergent sein.

Merke:

Konvergenzkriterium von Cauchy:

- Für jede konvergente Folge $\langle a_n \rangle$ in $\mathbb{R}$ gilt, daß es zu jedem $\varepsilon > 0$ ein $N(\varepsilon) \in \mathbb{N}^*$ gibt, so daß für alle $m > N(\varepsilon)$ und $n > N(\varepsilon)$ gilt: $|a_m - a_n| < \varepsilon$.
- Gilt umgekehrt für eine Folge $\langle a_n \rangle$ in $\mathbb{R}$, daß es zu jedem $\varepsilon > 0$ ein $N(\varepsilon) \in \mathbb{N}^*$ gibt, so daß für alle $m > N(\varepsilon)$ und $n > N(\varepsilon)$ gilt: $|a_m - a_n| < \varepsilon$, so ist die Folge konvergent.

Anmerkung:

- Der entscheidende Vorteil im zweiten Teil des Konvergenzkriteriums von Cauchy besteht darin, daß in ihm der Grenzwert einer Folge $\langle a_n \rangle$ selbst nicht vorkommt. Man kann also eine Aussage über die Konvergenz einer Folge $\langle a_n \rangle$ machen, ohne ihren Grenzwert zu kennen.
- Mit anderen Worten besagt das Konvergenzkriterium von Cauchy: Eine Folge $\langle a_n \rangle$ ist in $\mathbb{R}$ genau dann konvergent, wenn es zu jedem $\varepsilon > 0$ ein $N(\varepsilon) \in \mathbb{N}^*$ gibt, so daß für alle $m > N(\varepsilon)$ und $n > N(\varepsilon)$ gilt $|a_m - a_n| < \varepsilon$.

Beispiel: Zeigen Sie mit Hilfe des zweiten Teiles des Konvergenzkriteriums von Cauchy, daß die Folge $\langle a_n \rangle$: $a_n = \frac{1}{n}$ konvergent ist. Bestimmen Sie als Beispiel dazu ein $N(\varepsilon)$, so daß für alle $m > N(\varepsilon)$ und $n > N(\varepsilon)$ gilt: $|a_m - a_n| < 10^{-4}$.

Ist n größer als m, dann kann man n schreiben als $n = m + p$ mit $p \in \mathbb{N}^*$ und den Abstand der beiden Folgeglieder berechnen.

$$|a_m - a_n| = \left|\frac{1}{m} - \frac{1}{n}\right| \quad ► \; n = m + p;\; n > m$$

$$= \left|\frac{1}{m} - \frac{1}{m+p}\right| \quad ► \; \frac{1}{m} - \frac{1}{m+p} > 0$$

Für jedes p ist die Differenz $\frac{1}{m} - \frac{1}{m+p}$ kleiner als $\frac{1}{m}$. Soll diese Differenz daher kleiner als $\varepsilon > 0$ sein, so braucht man $N(\varepsilon)$ als natürliche Zahl nur so zu wählen, daß $\frac{1}{N(\varepsilon)} \leq \varepsilon$, d.h. $N(\varepsilon) \geq \frac{1}{\varepsilon}$ gilt.

$$= \frac{1}{m} - \frac{1}{m+p} \quad ► \; \frac{1}{m} - \frac{1}{m+p} < \frac{1}{m}$$

$$► \; \frac{1}{N(\varepsilon)} \leq \varepsilon \Rightarrow N(\varepsilon) \geq \frac{1}{\varepsilon} \quad ► \; \varepsilon = 10^{-4}$$

$$N(\varepsilon) \geq 10^4$$

z. B. $N(\varepsilon) = 10000;\; m = 10001;\; n = 10005$

Wählt man z. B. $\varepsilon = 10^{-4}$, so kann man $N(\varepsilon)$ als 10^4 wählen, d.h. für jedes $m > 10^4$ und jedes $n > 10^4$ gilt $|a_m - a_n| < 10^{-4}$.

$$\Rightarrow |a_m - a_n| < \frac{1}{m} \leq \varepsilon \quad ► \; \varepsilon = 10^{-4}$$

$$\Rightarrow \left|\frac{1}{10001} - \frac{1}{10005}\right| = 4{,}0 \cdot 10^{-8} \quad ► \; 4{,}0 \cdot 10^{-8} < 10^{-4}$$

$$\Rightarrow |a_m - a_n| < \varepsilon$$

Übungen

3. Folgen und Reihen

3.1 Folgen

3.1.1 Folgen als besondere Funktionen

Bestimmen Sie die ersten sechs Glieder der Folgen.

1. $\langle a_n \rangle$: $a_n = 3n - 2$

2. $\langle a_n \rangle$: $a_n = \dfrac{n^2+2}{3n-6}$

3. $\langle a_n \rangle$: $a_n = \dfrac{2-n^2}{n-7}$

4. $\langle a_n \rangle$: $a_n = 2n^2$

5. $\langle a_n \rangle$: $a_n = \dfrac{1}{n-12}$

6. $\langle a_n \rangle$: $a_n = 3 \cdot 2^{n-1}$

7. $\langle a_n \rangle$: $a_n = \dfrac{3}{2n}$

8. $\langle a_n \rangle$: $a_n = (-1)^n$

9. $\langle a_n \rangle$: $a_n = 2(n+2)+3$

10. $\langle a_n \rangle$: $a_n = \left(-\dfrac{1}{n}\right)^n$

11. $\langle a_n \rangle$: $a_n = \dfrac{n-1}{n+1}$

12. $\langle a_n \rangle$: $a_n = (-1)^n \cdot \dfrac{3-n}{n^2}$

3.1.2 Monotonieverhalten und Grenzwerte von Folgen

Untersuchen Sie das Monotonieverhalten der nachstehenden Folgen.

1. $\langle a_n \rangle$: $a_n = \dfrac{n^2-4}{2n+2}$

2. $\langle a_n \rangle$: $a_n = (-1)^n \cdot \dfrac{n+1}{2n-1}$

3. $\langle a_n \rangle$: $a_n = \dfrac{2n+4}{n+2}$

4. $\langle a_n \rangle$: $a_n = (-2)^n$

5. $\langle a_n \rangle$: $a_n = 4 + (-1)^n \cdot \dfrac{n-1}{n+1}$

6. $\langle a_n \rangle$: $a_n = \dfrac{3(-1)^n}{n}$

7. $\langle a_n \rangle$: $a_n = \dfrac{n^2}{n+2}$

8. $\langle a_n \rangle$: $a_n = \dfrac{1-n^2}{n+1}$

Untersuchen sie die nachstehenden Folgen auf Grenzwerte.

9. $\langle a_n \rangle$: $a_n = \dfrac{2n+1}{3n-1}$

10. $\langle a_n \rangle$: $a_n = \dfrac{2n}{n+2}$

11. $\langle a_n \rangle$: $a_n = \dfrac{1-2n}{1-n}$

12. $\langle a_n \rangle$: $a_n = \dfrac{1-n}{n+4}$

13. $\langle a_n \rangle$: $a_n = \dfrac{n^2+2}{n+1}$

14. $\langle a_n \rangle$: $a_n = \dfrac{n+10}{n^2+2}$

15. $\langle a_n \rangle$: $a_n = -\dfrac{1}{n}$

16. $\langle a_n \rangle$: $a_n = \dfrac{2n^2}{2n^2+1}$

17. $\langle a_n \rangle$: $a_n = \dfrac{4-4n}{2n+1}$

18. $\langle a_n \rangle$: $a_n = (-1)^n \cdot \dfrac{n+1}{2n-1}$

19. $\langle a_n \rangle$: $a_n = \dfrac{n+1}{2}$

20. $\langle a_n \rangle$: $a_n = \dfrac{4n+1}{2n+3}$

21. $\langle a_n \rangle$: $a_n = \dfrac{n^2-n}{n+2}$

22. $\langle a_n \rangle$: $a_n = 2n - n^2$

23. $\langle a_n \rangle$: $a_n = \dfrac{4n^2+n}{3n-10}$

24. $\langle a_n \rangle$: $a_n = n^2 \cdot \dfrac{2(-1)^n}{(-1)^{n+1}}$

3.1.3 Grenzwertsätze

Bilden Sie aus den nachstehenden Folgen die Summen- bzw. Differenzenfolgen. Untersuchen Sie diese Folgen auf Konvergenz.,

$\langle a_n \rangle$: $a_n = \dfrac{3}{2n} + n^3$; $\langle b_n \rangle$: $b_n = 7 - n^3$; $\langle c_n \rangle$: $c_n = \dfrac{1}{n} - n^2$; $\langle d_n \rangle$: $d_n = \dfrac{1}{2} - n^2$; $\langle e_n \rangle$: $e_n = \dfrac{3n-2}{2n+1}$;

$\langle f_n \rangle$: $f_n = \dfrac{n+3}{5n-2}$; $\langle g_n \rangle$: $g_n = \dfrac{n^2-1}{n+1}$

1. $\langle a_n + b_n \rangle$

2. $\langle a_n - b_n \rangle$

3. $\langle c_n + d_n \rangle$

4. $\langle c_n - d_n \rangle$

5. $\langle e_n - f_n \rangle$

6. $\langle f_n - e_n \rangle$

7. $\langle g_n + e_n \rangle$

8. $\langle f_n - g_n \rangle$

Bilden Sie mit Hilfe der gegebenen Folgen die angegebenen Produkt- bzw. Quotientenfolgen. Untersuchen Sie diese Folgen auf Konvergenz.

$\langle a_n \rangle$: $a_n = n^2$; $\langle b_n \rangle$: $b_n = \frac{1}{2n^2-1}$; $\langle c_n \rangle$: $c_n = \frac{n-1}{n^2+1}$; $\langle d_n \rangle$: $d_n = \frac{3n-2}{2n+1}$

9. $\left\langle \frac{a_n}{b_n} \right\rangle$ **10.** $\langle a_n \cdot b_n \rangle$ **11.** $\left\langle \frac{c_n}{d_n} \right\rangle$ **12.** $\left\langle \frac{d_n}{c_n} \right\rangle$

3.1.4 Konvergenzkriterium von Cauchy

Bestimmen Sie mit Hilfe des Konvergenzkriteriums von Cauchy für die untenstehenden Folgen ein $N(\varepsilon)$, so daß für alle $m > N(\varepsilon)$ und $n > N(\varepsilon)$ folgt:

a) $|a_m - a_n| < 0{,}1$; b) $|a_m - a_n| < 10^{-3}$; c) $|a_m - a_n| < 10^{-4}$

1. $\langle a_n \rangle$: $a_n = \frac{3}{n}$ **2.** $\langle a_n \rangle$: $a_n = \frac{1}{10n}$ **3.** $\langle a_n \rangle$: $a_n = \frac{1}{n+5}$ **4.** a_n: $a_n = \frac{4}{n^2-7}$

3.2 Funktionenreihen

3.2.1 Grundbegriffe

Addiert man die einzelnen Glieder einer Folge $\langle a_n \rangle$, so erhält man die Summen $s_1, s_2, s_3, s_4, s_5, \ldots, s_n, \ldots$. Diese werden als n-te **Teilsummen** oder n-te **Partialsummen** der Folge $\langle a_n \rangle$ bezeichnet. Oft findet man für solche Summen auch noch die ältere Bezeichnung **endliche Reihe**.

$\langle a_n \rangle$: $a_n = n^2 + 3 \Rightarrow \langle a_n \rangle$: 4; 7; 12; 19; 28; 39; …

$a_1 = \underline{\underline{4}}$ ► s_1 ► erste Teilsumme

$a_1 + a_2 = 4 + 7 = \underline{\underline{11}}$ ► s_2 ► zweite Teilsumme

$a_1 + a_2 + a_3 = 4 + 7 + 12 = \underline{\underline{23}}$ ► s_3 ► dritte Teilsumme

$a_1 + a_2 + a_3 + a_4 = 4 + 7 + 12 + 19 = \underline{\underline{42}}$ ► s_4 ► vierte Teilsumme

$a_1 + a_2 + a_3 + a_4 + a_5 = 4 + 7 + 12 + 19 + 28 = \underline{\underline{70}}$ ► s_5 ► fünfte Teilsumme

$a_1 + a_2 + a_3 + a_4 + a_5 + \ldots + a_n = \underline{\underline{s_n}}$ ► n-te Teilsumme

Für die Darstellung von Summen benutzt man eine abgekürzte Schreibweise unter Verwendung des Summenzeichens $\sum$ (Sigma). Die Kurzschreibweise sagt aus, daß entsprechend der **Summationsvorschrift**, also z. B. von $k=1$ bis $k=n$, in den Funktionsterm a_k einer Folge $\langle a_k \rangle$ alle natürlichen Zahlen von 1 bis n einzusetzen sind und aus den entstehenden Termen eine Summe zu bilden ist. Die Variable k heißt **Summationsindex**.

$s_5 = 4 + 7 + 12 + 19 + 28 = \sum_{k=1}^{5} (k^2 + 3)$ ► Summe

(gelesen: Summe über $k^2 + 3$ von $k = 1$ bis 5)

$s_n = a_1 + a_2 + a_3 + \ldots + a_n = \sum_{k=1}^{n} a_k$ ► Summe

Beispiele:

- $\sum_{k=3}^{7} \frac{k-1}{k^2} = \frac{2}{9} + \frac{3}{16} + \frac{4}{25} + \frac{5}{36} + \frac{6}{49} = \underline{\underline{0{,}8311}}$
- $\sum_{k=1}^{n} \frac{k+1}{\sqrt{k}} = 2 + \frac{3}{\sqrt{2}} + \frac{4}{\sqrt{3}} + \frac{5}{2} + \frac{6}{\sqrt{5}} + \ldots + \frac{n+1}{\sqrt{n}}$

Bei der Darstellung von Folgen und Summen wird oft das Formelzeichen „!" benutzt. Es kennzeichnet die abgekürzte Schreibweise für das Produkt der natürlichen Zahlen bis zu einer bestimmten Stelle.

So ist zum Beispiel 4! (gelesen: „Vier Fakultät") das Produkt aus den natürlichen Zahlen 1; 2; 3 und 4 und bedeutet: $4! = 1 \cdot 2 \cdot 3 \cdot 4 = 24$.

Verschiedene Beispiele zeigen, was die Fakultätsschreibweise bedeutet. Nach DIN wird u.a. definiert: $0! = 1$.

- $\sum_{k=1}^{5} \frac{2}{k!} = \frac{2}{1!} + \frac{2}{2!} + \frac{2}{3!} + \frac{2}{4!} + \frac{2}{5!}$

$$= \frac{2}{1} + \frac{2}{1 \cdot 2} + \frac{2}{1 \cdot 2 \cdot 3} + \frac{2}{1 \cdot 2 \cdot 3 \cdot 4} + \frac{2}{1 \cdot 2 \cdot 3 \cdot 4 \cdot 5}$$

$$= 2 + 1 + \frac{1}{3} + \frac{1}{12} + \frac{1}{60}$$

$$= \underline{\underline{3{,}4\overline{3}}}$$

$0! = 1$ ► gemäß Definition

$1! = 1$

$2! = 1 \cdot 2$

$3! = 1 \cdot 2 \cdot 3$

$k! = 1 \cdot 2 \cdot 3 \cdot 4 \cdot \ldots \cdot (k-1) \cdot k$

$(k+1)! = k!(k+1)$

Problem: Bilden Sie aus den Partialsummen der Folge $\langle a_n \rangle$: $a_n = \frac{2}{2^n}$ eine neue Folge $\langle s_n \rangle$, und untersuchen Sie deren Verhalten für n gegen ∞.

Man ermittelt zunächst durch Addition der entsprechenden Folgeglieder nacheinander die Partialsummen $s_1; s_2; s_3; s_4; \ldots; s_n; \ldots$ und erhält dadurch eine neue (unendliche) Folge. Die Partialsummen nähern sich mit steigendem Summationsindex offensichtlich immer mehr der Zahl 2.

Aus den einzelnen Partialsummen der Folge $\langle a_n \rangle$ kann man also wieder eine Folge $\langle s_n \rangle$, ihre sogenannte **Partialsummenfolge** bilden. Eine solche Folge $\langle s_n \rangle$ heißt **unendliche Reihe** oder kurz **Reihe**. Eine Reihe ist demnach eine besondere Folge.

In diesem Falle kann man vermuten und auch zeigen, daß die Reihe $\langle s_n \rangle$ den Grenzwert $\lim\limits_{n \to \infty} s_n = 2$ hat.

$$\sum_{k=1}^{n} \frac{2}{2^k} = \frac{2}{2^1} + \frac{2}{2^2} + \frac{2}{2^3} + \frac{2}{2^4} + \frac{2}{2^5} + \ldots + \frac{2}{2^n}$$

$$= 1 + \frac{1}{2} + \frac{1}{4} + \frac{1}{8} + \frac{1}{16} + \ldots + \frac{2}{2^{n-1}}$$

$s_1 = 1$

$s_2 = 1 + \frac{1}{2} = \underline{1{,}5}$

$s_3 = 1 + \frac{1}{2} + \frac{1}{4} = \underline{1{,}75}$

$s_4 = 1 + \frac{1}{2} + \frac{1}{4} + \frac{1}{8} = \underline{1{,}875}$

$s_5 = 1 + \frac{1}{2} + \frac{1}{4} + \frac{1}{8} + \frac{1}{16} = \underline{1{,}9375}$

$s_6 = 1 + \frac{1}{4} + \frac{1}{8} + \frac{1}{16} + \frac{1}{32} = \underline{1{,}96875}$

$\vdots$

$s_{10} = \underline{1{,}998047}$

$\vdots$

$s_{20} = \underline{1{,}999998}$ $\vdots$

$\lim\limits_{n \to \infty} s_n \overset{?}{=} \underline{2}$

$\Rightarrow \langle s_n \rangle$: 1; 1,5; 1,75; 1,875; 1,9375; 1,96875; …

$\langle s_n \rangle$: $s_1; s_2; s_3; s_4; \ldots; s_n; \ldots$ ► Partialsummenfolge von $\langle a_n \rangle$ oder Reihe

Merke:

Ist $\langle a_n \rangle$ eine Folge, dann nennt man die Folge $\langle s_n \rangle$ mit $s_n = a_1 + a_2 + a_3 + \ldots + a_n$ eine unendliche Reihe oder kurze Reihe.

Für eine Reihe $\langle s_n \rangle$ und deren eventuell existierenden Grenzwert benutzt man die abgekürzte Schreibweise $\sum_{k=1}^{\infty} a_k$. Da diese sowohl für die Reihe $\langle s_n \rangle$ selbst als auch für den eventuell existierenden Grenzwert s verwendet wird, ist auf mögliche Verwechslungen zu achten. Bei Benutzung dieser Schreibweise werden die „Summanden" a_k auch als **Glieder der Reihe** $\sum_{k=1}^{\infty} a_k$ bezeichnet.

$$\langle s_n \rangle = \left\langle \sum_{k=1}^{n} a_k \right\rangle := \sum_{k=1}^{\infty} a_k \quad ▶ \text{ Reihe}$$

$$s = \lim_{n \to \infty} s_n = \lim_{n \to \infty} \sum_{k=1}^{n} a_k = \sum_{k=1}^{\infty} a_k \quad ▶ \text{ Grenzwert von } \langle s_n \rangle$$

Beispiel:

$$\sum_{k=1}^{\infty} \frac{2}{2^k} = \underline{\underline{2}} = s \quad ▶ \text{ Grenzwert}$$

Da Reihen spezielle Folgen sind, kann man die für Folgen erklärten Begriffe auf Reihen übertragen.

Merke:

Eine Reihe $\langle s_n \rangle = \sum_{k=1}^{\infty} a_k$ heißt konvergent, wenn der Grenzwert $\lim_{n \to \infty} s_n = s$ mit $s \in \mathbb{R}$ existiert. In diesem Falle bezeichnet man den Grenzwert s auch als **Summe** oder **Wert** der Reihe und schreibt $\sum_{k=1}^{\infty} a_k = s$. Reihen, die nicht konvergieren heißen **divergent.**

$$\langle s_n \rangle = \sum_{k=1}^{\infty} a_k = \left\langle \sum_{k=1}^{n} a_k \right\rangle: s_1;\ s_2;\ s_3;\ s_4;\ \ldots;\ s_n;\ \ldots \quad ▶ \text{ Reihe (Partialsummenfolge von } \langle a_k \rangle)$$

$$s = \lim_{n \to \infty} s_n = \lim_{n \to \infty} \sum_{k=1}^{n} a_k = \sum_{k=1}^{\infty} a_k \quad ▶ \text{ Grenzwert (Summe) der Reihe } \langle s_n \rangle$$

Beispiele: Untersuchen Sie die nachstehend aufgeführten Reihen $\langle s_n \rangle$ auf Konvergenz.

• $\langle s_n \rangle = \sum_{k=1}^{\infty} \frac{1}{k(k+1)}$; $k \in \mathbb{N}^*$

Die Werte der Partialsummen nähern sich mit wachsenden Summationsindex offensichtlich immer mehr der Zahl 1. Es ist daher zu vermuten, daß die Partialsummenfolge konvergiert und die Reihe den Grenzwert $s = 1$ hat.

$$\langle a_k \rangle:\ a_k = \frac{1}{k(k+1)}$$

$$s_1 = \frac{1}{2}$$

$$s_2 = \frac{1}{2} + \frac{1}{6} = \underline{0{,}\overline{6}}$$

$$s_3 = \frac{1}{2} + \frac{1}{6} + \frac{1}{12} = \underline{0{,}75}$$

$$s_4 = \frac{1}{2} + \frac{1}{6} + \frac{1}{12} + \frac{1}{20} = \underline{0{,}8}$$

$$s_5 = \frac{1}{2} + \frac{1}{6} + \frac{1}{12} + \frac{1}{20} + \frac{1}{30} = \underline{0{,}8\overline{3}}$$

$$\vdots$$

$$s_{100} = \underline{0{,}9901}$$

$$\vdots$$

$$s_{1000} = \underline{0{,}999001} \quad ▶ \quad s_{10000} = \underline{0{,}99990001} \quad ▶ \quad s \overset{?}{=} \underline{1}$$

Diese Vermutung läßt sich durch Berechnung bestätigen. Dazu formt man den Summationsterm wie folgt um:

$$\frac{1}{k(k+1)}=\frac{1}{k}-\frac{1}{k+1}$$

Mit diesem Term kann dann der Grenzwert $s=1$ leicht rechnerisch bestimmt werden. Die Reihe ist also konvergent.

$$\sum_{k=1}^{n}\frac{1}{k(k+1)}=\sum_{k=1}^{n}\left(\frac{1}{k}-\frac{1}{k+1}\right)$$

$$=\left[1-\underbrace{\frac{1}{2}\right]+\left[\frac{1}{2}}_{0}-\underbrace{\frac{1}{3}\right]+\left[\frac{1}{3}}_{0}-\frac{1}{4}\right]+\ldots$$

$$\ldots\underbrace{+\left[\frac{1}{n}-\frac{1}{n-1}\right]}_{0}$$

$$=1-\frac{1}{n-1}$$

$$\Rightarrow s=\sum_{k=1}^{\infty}\frac{1}{k(k+1)}=\lim_{n\to\infty}\left(1-\frac{1}{n-1}\right)$$

$$=\underline{\underline{1}}$$ ▶ Grenzwert

● $\langle s_n\rangle=\sum_{k=1}^{\infty}a_1\cdot q^{k-1};\ a_1\neq 0$

$\langle a_k\rangle:\ a_k=a_1\cdot q^{k-1};\ k\in\mathbb{N}^*$ ▶ geometrische Folge

Eine Reihe der vorstehenden Form nennt man **geometrische Reihe**. Da die Konvergenz der geometrischen Reihe vom Wert q, dem Quotient der zugehörigen geometrischen Folge $\langle a_n\rangle$: $a_n=a_1\cdot q^{n-1}$, abhängt, ist es sinnvoll, eine Fallunterscheidung durchzuführen.

Für $q=1$ hat die Reihe den uneigentlichen Grenzwert ∞ oder $-\infty$, ist also divergent.

Fall A: $|q|=1$

● $q=1$

$$s_n=\underbrace{a_1+a_1+a_1+\ldots+a_1}_{n\text{-mal}}$$

$$=n\cdot a_1$$

$$\lim_{n\to\infty}s_n=\lim_{n\to\infty}(n\cdot a_1)=\underline{\underline{\infty}}\text{ für }a_1>0$$

(und $-\infty$ für $a_1<0$) ▶ Divergenz

Für $q=-1$ erhält man eine Partialsummenfolge, die abwechselnd a_1 und 0 annimmt. Die Reihe besitzt in diesem Fall also keinen Grenzwert. Diese Reihe ist ebenfalls divergent.

● $q=-1$

$s_1=a_1$

$s_2=a_1-a_1=0$

$s_3=a_1$

$s_4=0$

▶ $s_n=a_1$ für n ungerade
▶ $s_n=0$ für n gerade
} ▶ Divergenz

Für $|q|>1$ erhält man als Summe:

$s_n=a_1\cdot\frac{1-q^n}{1-q}$, die für $n\to\infty$ nur einen uneigentlichen Grenzwert besitzt.

Die geometrische Reihe ist also für alle $|q|\geq 1$ divergent.

Fall B: $|q|>1;\ a_1>0$

$|q|>1$

$s_1=a_1$

$s_2=a_1+a_1\cdot q$

$s_3=a_1+a_1\cdot q+a_1\cdot q^2$

$\vdots$

$s_n=a_1+a_1\cdot q+a_1\cdot q^2+\ldots+a_1\cdot q^{n-1}$

$=a_1\cdot(1+q+q^2+\ldots+q^{n-1})$

$$\lim_{n\to\infty}s_n=\lim_{n\to\infty}\left[a_1\cdot\left(\frac{1-q^n}{1-q}\right)\right]$$ ▶ Divergenz

Für $|q|<1$ gilt: $\lim\limits_{n\to\infty} q^n=0$. Die geometrische Reihe ist also konvergent und hat den Grenzwert $s=\frac{a_1}{1-q}$.

Fall C: $|q|<1$

$$s_n=a_1\cdot\left(\frac{1-q^n}{1-q}\right)$$

$$\lim_{n\to\infty} s_n=\lim_{n\to\infty}\left[a_1\cdot\left(\frac{1-q^n}{1-q}\right)\right]$$

$$=a_1\,\frac{1}{1-q}$$

$$=\underline{\underline{\frac{a_1}{1-q}}}=s \quad ▶ \text{ Konvergenz}$$

- $\langle s_n\rangle=\sum\limits_{k=1}^{\infty}[a_1+(k-1)\cdot d]$

Eine Reihe der vorstehenden Form nennt man **arithmetische Reihe**. Arithmetische Reihen haben nur die uneigentlichen Grenzwerte ∞ oder $-\infty$ und sind deshalb divergent.

$\langle a_k\rangle$: $a_k=a_1+(k-1)\cdot d$ ▶ arithmetische Folge

$$s_1=a_1$$

$$s_2=a_1+a_1+d=2\cdot a_1+d$$

$$s_3=2\cdot a_1+d+a_1+2\cdot d=3\cdot a_1+3\cdot d$$

$$\vdots$$

$$s_n=n\cdot a_1+\frac{n}{2}\cdot(n-1)\cdot d$$

$$\lim_{n\to\infty} s_n=\lim_{n\to\infty}\left[n\cdot a_1+\frac{n}{2}\cdot(n-1)\cdot d\right]$$

$=\underline{\underline{\infty}}$, falls $d>0$ (oder $-\infty$, falls $d<0$) ▶ Divergenz

Da Reihen spezielle Folgen sind, gelten für sie auch entsprechende Rechenregeln:

Merke:

- Konvergente Reihen kann man gliedweise addieren und subtrahieren. Man erhält dann wieder eine konvergente Reihe. Der Grenzwert der Summe (Differenz) von zwei konvergenten Reihen ist gleich der Summe (Differenz) der Grenzwerte der Ausgangsreihen.
- Multipliziert man jedes Glied s_n einer konvergenten Reihe $\langle s_n\rangle$ der Summe s mit einer Konstanten c, so erhält man wieder eine konvergente Reihe der Summe $c\cdot s$.

3.2.2 Konvergenzkriterien

Konvergenzkriterium von Cauchy

Da Reihen spezielle Folgen sind, läßt sich auf sie das Konvergenzkriterium von Cauchy anwenden.

Eine Reihe $\langle s_n\rangle$ ist in $\mathbb{R}$ genau dann konvergent, wenn es zu jedem $\varepsilon>0$ ein $N(\varepsilon)\in\mathbb{N}^*$ gibt, so daß für alle $m>N(\varepsilon)$ und $n>N(\varepsilon)$ gilt: $|s_m-s_n|<\varepsilon$.

Beachtet man, daß s_m und s_n Partialsummen einer Folge $\langle a_n\rangle$ sind, so lassen sich diese Partialsummen auch in der folgenden Form schreiben: $s_m=a_1+a_2+\ldots+a_m$ und

$s_n=a_1+a_2+\ldots+a_n$.

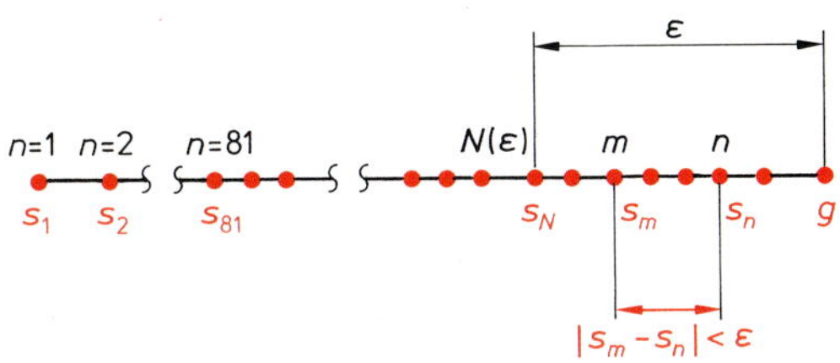

Hierbei darf man ohne Beschränkung der Allgemeinheit annehmen, daß $n>m$ gilt, also $n=m+p$ mit $p\in\mathbb{N}^*$. Dann ist $s_n=s_m+a_{m+1}+a_{m+2}+\ldots+a_{m+p}$. Für den Betrag $|s_m-s_n|$ gilt daher:

$|s_m-s_n|=|a_{m+1}+a_{m+2}+\ldots+a_{m+p}|$.

Die Reihe $\langle s_n\rangle=\sum\limits_{k=1}^{\infty} a_k$ ist daher in $\mathbb{R}$ genau dann konvergent, wenn es zu jedem $\varepsilon>0$ eine Zahl $N(\varepsilon)\in\mathbb{N}^*$ gibt, so daß für alle $m>N(\varepsilon)$ und $p\in\mathbb{N}^*$ gilt:

$|a_{m+1}+a_{m+2}+\ldots+a_{m+p}|<\varepsilon$.

$\langle s_n\rangle=\sum\limits_{k=1}^{\infty} a_k$

$s_m=a_1+a_2+\ldots+a_m$

$s_n=a_1+a_2+\ldots+a_n$ ▶ $n=m+p,\ p\in\mathbb{N}^*$

$\Rightarrow s_n=s_m+a_{m+1}+a_{m+2}+\ldots+a_{m+p}$

$\Rightarrow |s_m-s_n|=|a_{m+1}+a_{m+2}+\ldots+a_{m+p}|$

Ist $|s_m-s_n|<\varepsilon$ für alle $m>N(\varepsilon)$ und $n>N(\varepsilon)$, so folgt $|a_{m+1}+a_{m+2}+\ldots+a_{m+p}|<\varepsilon$ für alle $m>N(\varepsilon)$ und $p\in\mathbb{N}^*$ ▶ Cauchykriterium für Reihen

Merke:

Das Konvergenzkriterium von Cauchy für Reihen lautet:

Eine Reihe $\langle s_n\rangle=\sum\limits_{k=1}^{\infty} a_k$ ist in $\mathbb{R}$ genau dann konvergent, wenn es zu jedem $\varepsilon>0$ eine $N(\varepsilon)\in\mathbb{N}^*$ gibt, so daß für alle $m>N(\varepsilon)$ und $p\in\mathbb{N}^*$ gilt: $|a_{m+1}+a_{m+2}+a_{m+3}+\ldots+a_{m+p}|<\varepsilon$.

Das Konvergenzkriterium besagt also mit anderen Worten: Fügt man einer Partialsumme $s_m=a_1+a_2+\ldots+a_m$ eine noch so große aber endliche Anzahl weiterer Summanden a_{m+1}, $a_{m+2}, \ldots, a_{m+p}$ hinzu, so ändern diese die Partialsumme s_m für genügend großes m beliebig wenig, d.h. praktisch fast nicht. Insbesondere folgt hieraus, daß eine Reihe $\langle s_n\rangle=\sum\limits_{k=1}^{\infty} a_k$ nur dann in $\mathbb{R}$ konvergiert, wenn die Folge $\langle a_n\rangle$ eine Nullfolge ist.

Anmerkung:

Mit Hilfe des Konvergenzkriteriums von Cauchy läßt sich die Konvergenz oder Divergenz einer Reihe nur in wenigen Fällen unmittelbar angeben. Es ist nämlich meistens nicht möglich, den Term $|a_{m+1}+a_{m+2}+\ldots+a_{m+p}|$ so umzuformen, daß man entscheiden kann, ob die Ungleichung $|a_{m+1}+a_{m+2}+\ldots+a_{m+p}|<\varepsilon$ für jedes $\varepsilon>0$ und $p\in\mathbb{N}^*$ ab einer bestimmten Stelle für m erfüllt ist.

Beispiele: Untersuchen Sie die nachstehenden Reihen mit Hilfe des Konvergenzkriteriums von Cauchy auf Konvergenz.

- $\langle s_n\rangle=\sum\limits_{k=1}^{\infty}\frac{1}{k(k+1)}$

Zunächst bildet man den Betrag

$|s_m-s_n|=|a_{m+1}+a_{m+2}+\ldots+a_{m+p}|$

für $n=m+p$ mit $p\in\mathbb{N}^*$. Formt man diesen Betrag um, so reduziert er sich auf:

$\left|\frac{1}{m+1}-\frac{1}{m+p+1}\right|$.

$$s_n=\sum_{k=1}^{n}\frac{1}{k(k+1)}=\frac{1}{1\cdot 2}+\frac{1}{2\cdot 3}+\frac{1}{3\cdot 4}+\ldots+\frac{1}{n(n+1)}$$

$$|a_{m+1}+a_{m+2}+\ldots+a_{m+p}|=\left|\frac{1}{(m+1)(m+2)}+\frac{1}{(m+2)(m+3)}+\ldots+\frac{1}{(m+p)(m+p+1)}\right|$$

Faßt man beide Terme der Differenz zusammen, so erhält man für jedes $p \in \mathbb{N}^*$ und für $m \to \infty$ den Grenzwert Null. Daher gibt es zu jedem $\varepsilon > 0$ ein $N(\varepsilon) \in \mathbb{N}^*$, so daß für alle $m > N(\varepsilon)$ und $p \in \mathbb{N}^*$ gilt:

$|a_{m+1} + a_{m+2} + \ldots + a_{m+p+1}| < \varepsilon.$

Hierdurch ist gezeigt, daß die Reihe $\langle s_n \rangle$ konvergiert. Man hat aber noch keine Aussage darüber gewonnen, welche Zahl der Grenzwert der Reihe ist.

- $\langle s_n \rangle = \sum\limits_{k=1}^{\infty} \frac{1}{k}$

Diese Reihe heißt **harmonische Reihe**. Obwohl hier die Folge $\langle a_n \rangle$: $a_n = \frac{1}{n}$ eine Nullfolge ist, ist die harmonische Reihe dennoch divergent. Denn durch die Zusammenfassung von 2, 4, 8, …, 2^n, … Gliedern in ihr, kann man die Zahl $\frac{1}{2}$ jedesmal übertreffen. Hieraus folgt: $\lim\limits_{n \to \infty} s_n = \sum\limits_{k=1}^{\infty} = \infty.$

Die Partialsummen s_n übertreffen also für genügend großes $n \in \mathbb{N}^*$ jede noch so große reelle Zahl.

$$\begin{aligned}\frac{1}{(m+1)(m+2)} &= \frac{1+m-m+1-1}{(m+1)(m+2)} \\ &= \frac{(m+2)-(m+1)}{(m+1)(m+2)} \\ &= \frac{(m+2)}{(m+1)(m+2)} - \frac{(m+1)}{(m+1)(m+2)} \\ &= \underline{\frac{1}{m+1} - \frac{1}{m+2}}\end{aligned}$$

▶ $|a_{m+1} + \ldots + a_{m+p}|$

$$= \left| \frac{1}{m+1} \underbrace{- \frac{1}{m+2} + \frac{1}{m+2}}_{0} \underbrace{- \frac{1}{m+3} + \frac{1}{m+3}}_{0} + \underbrace{- \frac{1}{m+4} + \ldots + \frac{1}{m+p}}_{0} - \frac{1}{m+p+1} \right|$$

$$= \left| \frac{1}{m+1} - \frac{1}{m+p+1} \right|$$

$$= \left| \frac{p}{(m+1)(m+p+1)} \right|$$

▶ $\lim\limits_{m \to \infty} \left| \frac{p}{(m+1) \cdot (m+p+1)} \right| = \underline{\underline{0}}$ ▶ Konvergenz von $\langle s_n \rangle$

$$s_n = \sum_{k=1}^{n} \frac{1}{k} = 1 + \frac{1}{2} + \frac{1}{4} + \ldots + \frac{1}{n}$$

$$\begin{aligned}\langle s_n \rangle &= \sum_{k=1}^{\infty} \frac{1}{k} \\ &= 1 + \tfrac{1}{2} + \tfrac{1}{3} + \tfrac{1}{4} + \tfrac{1}{5} + \tfrac{1}{6} + \tfrac{1}{7} + \tfrac{1}{8} + \tfrac{1}{9} + \ldots + \tfrac{1}{15} + \tfrac{1}{16} + \tfrac{1}{17} + \ldots \\ &> 1 + \tfrac{1}{2} + \underbrace{\tfrac{1}{4} + \tfrac{1}{4}} + \underbrace{\tfrac{1}{8} + \tfrac{1}{8} + \tfrac{1}{8} + \tfrac{1}{8}} + \underbrace{\tfrac{1}{16} + \ldots + \tfrac{1}{16} + \tfrac{1}{16}} + \tfrac{1}{32} + \ldots \\ &= 1 + \tfrac{1}{2} + \tfrac{1}{2} + \tfrac{1}{2} + \tfrac{1}{2} + \ldots\end{aligned}$$

$$\begin{aligned}\Rightarrow \lim_{n \to \infty} s_n &= \lim_{n \to \infty} \sum_{k=1}^{n} \frac{1}{k} \\ &= \sum_{k=1}^{\infty} \frac{1}{k} \\ &= \underline{\underline{\infty}}\end{aligned}$$ ▶ Divergenz von $\langle s_n \rangle$

Majorantenkriterium — Minorantenkriterium

Um eine Aussage über die Konvergenz oder die Divergenz einer gegebenen Reihe $\langle s_n \rangle$ zu gewinnen, kann man sie oft mit „ähnlichen" Reihen vergleichen. Hier wird zum Beispiel die gegebene Reihe $\langle s_n \rangle$ mit den Reihen $\langle t_n \rangle$ und $\langle r_n \rangle$ verglichen, deren einzelne Glieder stets nicht negativ sind:

$$\langle s_n \rangle = \sum_{k=1}^{\infty} a_k = \sum_{k=1}^{\infty} \frac{2}{k^2+k} \Rightarrow s_n = a_1 + a_2 + a_3 + \ldots + a_n = 1 + \frac{1}{3} + \frac{1}{6} + \frac{1}{10} + \frac{1}{15} + \frac{1}{21} + \frac{1}{28} + \ldots + \frac{2}{n^2+n}$$

$$\langle t_n \rangle = \sum_{k=1}^{\infty} b_k = \sum_{k=1}^{\infty} \frac{2}{k^2+4} \Rightarrow t_n = b_1 + b_2 + b_3 + \ldots + b_n = \frac{2}{5} + \frac{1}{4} + \frac{2}{13} + \frac{1}{10} + \frac{2}{29} + \frac{1}{20} + \frac{2}{53} + \ldots + \frac{2}{n^2+4}$$

$$\langle r_n \rangle = \sum_{k=1}^{\infty} c_k = \sum_{k=1}^{\infty} \frac{4}{k^3} \Rightarrow r_n = c_1 + c_2 + c_3 + \ldots + c_n = 4 + \frac{1}{2} + \frac{4}{27} + \frac{1}{16} + \frac{4}{125} + \frac{1}{54} + \frac{4}{343} + \ldots + \frac{4}{n^3}$$

Alle Glieder b_k der Reihe $\langle t_n \rangle$ sind bei dem gewählten Beispiel vom fünften Glied ab stets größer als die entsprechenden Glieder a_k der Reihe $\langle s_n \rangle$, während die ersten drei Glieder von $\langle t_n \rangle$ kleiner und die vierten Glieder gleich sind. Gilt von einer bestimmten Stelle n ab $0 \leq a_k \leq b_k$ für alle $k \geq n$, so bezeichnet man die Reihe $\langle t_n \rangle$ als **Oberreihe** oder **Majorante** der Reihe $\langle s_n \rangle$.

Alle Glieder c_k der Reihe $\langle r_n \rangle$ sind bei dem gewählten Beispiel vom dritten Glied ab stets kleiner als die entsprechenden Glieder a_k der Reihe $\langle s_n \rangle$, während die ersten zwei Glieder von $\langle r_n \rangle$ größer sind. Gilt von einer bestimmten Stelle n ab $0 \leq c_k \leq a_k$ für alle $k \geq n$, so bezeichnet man die Reihe $\langle r_n \rangle$ als **Unterreihe** oder **Minorante** der Reihe $\langle s_n \rangle$.

Zur Untersuchung der Konvergenz bzw. der Divergenz von solcherart miteinander verbundenen Reihen kann man das sogenannte **Majorantenkriterium** oder das **Minorantenkriterium** verwenden.

Merke:

- Sind die Reihen $\langle s_n \rangle = \sum_{k=1}^{\infty} a_k$ und $\langle t_n \rangle = \sum_{k=1}^{\infty} b_k$ Reihen mit nichtnegativen Gliedern, und ist die Reihe $\langle t_n \rangle$ eine Majorante der Reihe $\langle s_n \rangle$, so folgt aus der Konvergenz der Reihe $\langle t_n \rangle$ auch die Konvergenz der Reihe $\langle s_n \rangle$ (Majorantenkriterium).
- Sind die Reihen $\langle s_n \rangle = \sum_{k=1}^{\infty} a_k$ und $\langle r_n \rangle = \sum_{k=1}^{\infty} c_k$ Reihen mit nichtnegativen Gliedern, und ist die Reihe $\langle r_n \rangle$ eine Minorante der Reihe $\langle s_n \rangle$, so folgt aus der Divergenz der Reihe $\langle r_n \rangle$ auch die Divergenz der Reihe $\langle s_n \rangle$ (Minorantenkriterium).

Beispiele: Untersuchen Sie die nachstehenden Reihen mit Hilfe des Majoranten- bzw. Minorantenkriteriums auf Konvergenz bzw. Divergenz.

• $\langle s_n \rangle = \sum_{k=1}^{\infty} \frac{k-1}{k^2(k+3)} = \sum_{k=1}^{\infty} a_k$

Wird der Zähler eines Bruches vergrößert oder der Nenner eines Bruches verkleinert, so wächst der Wert des Bruches.

Alle Glieder $a_k = \frac{k-1}{k^2(k+3)}$ der Reihe $\langle s_n \rangle$ sind kleiner als die Glieder $b_k = \frac{1}{k^2+k}$ der Reihe $\langle t_n \rangle$. Die Reihe $\langle t_n \rangle = \sum_{k=1}^{\infty} \frac{1}{k^2+k}$ ist daher Majorante der Reihe $\langle s_n \rangle$. Da die Reihe $\langle t_n \rangle$ konvergiert, wie vorstehend schon einmal gezeigt, ist auch die gegebene Reihe $\langle s_n \rangle$ konvergent.

$s_n = 0 + \frac{1}{20} + \frac{1}{27} + \frac{3}{112} + \frac{1}{50} + \ldots + \frac{n-1}{n^2(n+3)}$ ▶ $a_k \geq 0$

$\frac{k-1}{k^2(k+3)} < \frac{k}{k^2(k+3)} < \frac{k}{k^2(k+1)}$ ▶ $\frac{k}{k^2(k+1)} = \frac{1}{k^2+k}$

$\Rightarrow \frac{k-1}{k^2(k+3)} < \frac{1}{k^2+k} \Rightarrow 0 \leq a_k < b_k$ für $k \geq 1$

▶ $\langle t_n \rangle = \sum_{k=1}^{\infty} \frac{1}{k^2+k} = \sum_{k=1}^{\infty} b_k$ ▶ konvergente Majorante von $\langle s_n \rangle$

$\Rightarrow \langle s_n \rangle = \sum_{k=1}^{\infty} \frac{k-1}{k^2(k+3)}$ ist konvergent

• $\langle s_n \rangle = \sum_{k=1}^{\infty} \frac{2^k}{3^k+4} = \sum_{k=1}^{\infty} a_k$

Wird der Nenner des Bruches $\frac{2^k}{3^k+4}$ verkleinert, wächst der Wert des Bruches. Wird außerdem noch der Bruch $\frac{2}{3}$ durch 0,7 nach oben abgeschätzt, so erhält man als Majorante die Reihe $\langle t_n \rangle = \sum_{k=1}^{\infty} 0{,}7^k$, d.h. eine geometrische Reihe mit $b_1 = 0{,}7$ und dem Quotienten $q = 0{,}7$. Sie hat den Grenzwert $t = b_1 \cdot \frac{1}{1-q} = 0{,}7 \cdot \frac{1}{1-0{,}7} = \underline{\underline{2{,}\bar{3}}}$.

Da die Majorante $\langle t_n \rangle$ konvergiert, ist auch die gegebene Reihe $\langle s_n \rangle$ konvergent.

$s_n = \frac{2}{7} + \frac{4}{13} + \frac{8}{31} + \frac{16}{85} + \frac{32}{247} + \ldots + \frac{2^n}{3^n+4}$ ▶ $a_k > 0$

$a_k = \frac{2^k}{3^k+4}$ ▶ $\frac{2^k}{3^k+4} < \frac{2^k}{3^k}$

$\Rightarrow \frac{2^k}{3^k} = \left(\frac{2}{3}\right)^k = 0{,}667^k \Rightarrow \frac{2^k}{3^k} < 0{,}7^k$

$\Rightarrow \frac{2^k}{3^k+4} < 0{,}7^k \Rightarrow 0 < a_k < b_k$ für $k \geq 1$

▶ $\langle t_n \rangle = \sum_{k=1}^{\infty} 0{,}7^k$ ▶ konvergente Majorante von $\langle s_n \rangle$

$\Rightarrow \langle s_n \rangle = \sum_{k=1}^{\infty} \frac{2^k}{3^k+4}$ ist konvergent

• $\langle s_n \rangle = \sum_{k=1}^{\infty} \frac{1}{\sqrt{k}} = \sum_{k=1}^{\infty} a_k$

Um das Konvergenzverhalten der Reihe $\langle s_n \rangle$ mit dem Minorantenkriterium untersuchen zu können, wird eine Vergleichsreihe $\langle r_n \rangle$ verwendet. Hier bietet sich die harmonische Reihe $\langle r_n \rangle = \sum_{k=1}^{\infty} \frac{1}{k} = \sum_{k=1}^{\infty} c_k$ an, deren Divergenz bekannt ist. Es gilt $0 < c_k \leq a_k$ für $k \geq 1$.

Da die Reihe $\langle r_n \rangle$ divergiert, ist auch die Reihe $\langle s_n \rangle$ divergent.

$s_n = 1 + \frac{1}{\sqrt{2}} + \frac{1}{\sqrt{3}} + \frac{1}{2} + \ldots + \frac{1}{\sqrt{n}}$ ▶ $a_k > 0$

$r_n = 1 + \frac{1}{2} + \frac{1}{3} + \frac{1}{4} + \ldots + \frac{1}{n}$ ▶ $c_k > 0$

$\sqrt{k} \leq k \Rightarrow \frac{1}{k} \leq \frac{1}{\sqrt{k}} \Rightarrow c_k \leq a_k$ für $k \geq 1$

▶ $\langle r_n \rangle = \sum_{k=1}^{\infty} \frac{1}{k} = \sum_{k=1}^{\infty} c_k$ ▶ divergente Minorante von $\langle s_n \rangle$

$\Rightarrow \langle s_n \rangle = \sum_{k=1}^{\infty} \frac{1}{\sqrt{k}}$ ist divergent

Quotientenkriterium

Bei geometrischen Folgen gibt der Wert des Quotienten q zweier aufeinanderfolgender Glieder darüber Auskunft, ob die Folge konvergiert. Auch die Konvergenz einer geometrischen Reihe hängt vom Wert von q ab. Daher liegt es nahe, auch bei nichtgeometrischen Reihen die Quotienten aus den aufeinanderfolgenden Gliedern zu untersuchen, um daraus Schlüsse auf die Konvergenz der Reihe ziehen zu können.

Dazu bildet man den Betrag des Quotienten aus den aufeinanderfolgenden Gliedern a_{k+1} und a_k. Ist der Grenzwert dieses Betrages für $k \to \infty$ kleiner als 1, so ist die Reihe $\langle s_n \rangle$ konvergent, ist der Grenzwert größer als 1 oder ∞, so ist die Reihe $\langle s_n \rangle$ divergent. Hat der Grenzwert den Wert 1, so kann man über das Konvergenzverhalten der Reihe $\langle s_n \rangle$ keine Aussage machen. Dieses Konvergenzkriterium heißt **Quotientenkriterium**.

Merke:

$\langle s_n \rangle = \sum_{k=1}^{\infty} a_k$; $a_k > 0$ für fast alle $k \in \mathbb{N}^*$ ▶ $\lim_{k \to \infty} \left| \frac{a_{k+1}}{a_k} \right| < 1$ ▶ Reihe $\langle s_n \rangle$ ist konvergent

$\langle s_n \rangle = \sum_{k=1}^{\infty} a_k$; $a_k > 0$ für fast alle $k \in \mathbb{N}^*$ ▶ $\lim_{k \to \infty} \left| \frac{a_{k+1}}{a_k} \right| > 1$ oder $\lim_{k \to \infty} \left| \frac{a_{k+1}}{a_k} \right| = \infty$ ▶ Reihe $\langle s_n \rangle$ ist divergent

$\langle s_n \rangle = \sum_{k=1}^{\infty} a_k$; $a_k > 0$ für fast alle $k \in \mathbb{N}^*$ ▶ $\lim_{k \to \infty} \left| \frac{a_{k+1}}{a_k} \right| = 1$ ▶ Aussage über Konvergenz von $\langle s_n \rangle$ ist nicht möglich

Beispiele: Untersuchen Sie das Konvergenzverhalten der nachstehenden Reihen mit Hilfe des Quotientenkriteriums.

- $\langle s_n \rangle = \sum_{k=1}^{\infty} \left(\frac{8}{9}\right)^k \cdot k^3$

$$s_n = \frac{8}{9} + \frac{512}{81} + \frac{512}{27} + \frac{262\,144}{6561} + \ldots + \left(\frac{8}{9}\right)^n \cdot n^3 \quad ▶ \quad a_k > 0$$

Bildet man den Betrag des Quotienten von zwei aufeinanderfolgenden Gliedern a_{k+1} und a_k der Reihe, so ist dieser Quotient wegen $k \geq 1$ stets positiv, so daß man die Betragszeichen weglassen kann.

$$a_k = \left(\frac{8}{9}\right)^k \cdot k^3 \Rightarrow a_{k+1} = \left(\frac{8}{9}\right)^{k+1} \cdot (k+1)^3$$

$$\left| \frac{a_{k+1}}{a_k} \right| = \left| \frac{\left(\frac{8}{9}\right)^{k+1} \cdot (k+1)^3}{\left(\frac{8}{9}\right)^k \cdot k^3} \right|$$

$$= \frac{8}{9} \cdot \left| \frac{(k+1)^3}{k^3} \right| \quad ▶ \quad k \geq 1$$

$$= \frac{8}{9} \cdot \frac{(k+1)^3}{k^3}$$

$$= \frac{8}{9} \left(1 + \frac{1}{k}\right)^3$$

Man erhält den Grenzwert $g = \frac{8}{9}$, der kleiner als 1 ist. Daher ist die Reihe $\langle s_n \rangle$ aufgrund des Quotientenkriteriums konvergent.

$$\Rightarrow \lim_{k \to \infty} \left| \frac{a_{k+1}}{a_k} \right| = \lim_{k \to \infty} \left[\frac{8}{9} \cdot \left(1 + \frac{1}{k}\right)^3 \right]$$

$$= \underline{\underline{\frac{8}{9}}} \quad ▶ \quad \frac{8}{9} < 1 \quad ▶ \quad \langle s_n \rangle \text{ ist konvergent}$$

- $\langle s_n \rangle = \sum_{k=1}^{\infty} \frac{3^k}{k \cdot 2^k}$

$$s_n = \frac{3}{2} + \frac{9}{8} + \frac{27}{24} + \frac{81}{56} + \frac{243}{160} + \ldots + \frac{3^n}{n \cdot 2^n}$$

Bildet man den Betrag des Quotienten von zwei aufeinanderfolgenden Gliedern a_{k+1} und a_k der Reihe, so ist dieser Quotient wegen $k \geq 1$ stets positiv, so daß man die Betragszeichen weglassen kann.

$$a_k = \frac{3^k}{k \cdot 2^k} \Rightarrow a_{k+1} = \frac{3^{k+1}}{(k+1) \cdot 2^{k+1}}$$

$$\left|\frac{a_{k+1}}{a_k}\right| = \left|\frac{3^{k+1} \cdot k \cdot 2^k}{(k+1) \cdot 2^{k+1} \cdot 3^k}\right| \quad \blacktriangleright \; k \geq 1$$

$$= \frac{3^{k+1-k} \cdot k}{(k+1) \cdot 2^{k+1-k}}$$

$$= \frac{3}{2} \cdot \frac{k}{k+1}$$

$$= \frac{3}{2}\left(\frac{1}{1+\frac{1}{k}}\right)$$

Man erhält den Grenzwert $g = 1{,}5$, der größer als 1 ist. Daher ist die Reihe $\langle s_n \rangle$ aufgrund des Quotientenkriteriums divergent.

$$\Rightarrow \lim_{k \to \infty} \left[\frac{3}{2}\left(\frac{1}{1+\frac{1}{k}}\right)\right] = \frac{3}{2} \cdot 1 = \underline{\underline{1{,}5}}$$

$\blacktriangleright$ $1{,}5 > 1$ $\blacktriangleright$ $\langle s_n \rangle$ ist divergent

3.2.3 Folgen und Reihen von Funktionen

Problem: Vergleichen Sie die beiden Folgen $\langle a_n \rangle$: $a_n = 2^n$ und $\langle f_n \rangle$ mit f_n: $f_n(x) = x^n - 2x$.

Bei den bisher behandelten Folgen wird jeder natürlichen Zahl für $n \in \mathbb{N}^*$ eine reelle Zahl a_n zugeordnet. Man erhält also eine Zahlenfolge.

Wird jeder natürlichen Zahl für n nicht eine reelle Zahl, sondern eine reelle Funktion einer Variablen x zugeordnet, wobei alle Funktionen eine gemeinsame Definitionsmenge D besitzen, so erhält man eine **Folge von Funktionen** oder kurz: eine **Funktionenfolge**.

$\langle a_n \rangle$: $a_n = 2^n$

$\Rightarrow \langle 2^n \rangle$: 2^1; 2^2; 2^3; 2^4; 2^5; … $\blacktriangleright$ Zahlenfolge

$\langle f_n \rangle$ mit f_n: $f_n(x) = x^n - 2x$

$\Rightarrow \langle f_n \rangle$: f_1; f_2; f_3; f_4; f_5; … $\blacktriangleright$ Funktionenfolge mit $f_n(x) = x^n - 2x$

Die Menge aller Stellen x aus dem gemeinsamen Definitionsbereich D einer Funktionenfolge $\langle f_n \rangle$, für die die Folge $\langle f_n(x) \rangle$ konvergiert, nennt man den Konvergenzbereich K der Folge $\langle f_n \rangle$. Für jedes $x \in K$ existiert also $\lim_{n \to \infty} f_n(x)$. Daher wird durch die Festsetzung $f(x) := \lim_{n \to \infty} f_n(x)$ eine neue Funktion f auf dem Konvergenzbereich einer Funktionenfolge $\langle f_n \rangle$ definiert. Diese Funktion nennt man die **Grenzfunktion** der Funktionenfolge $\langle f_n \rangle$.

Beispiel: Bestimmen Sie die ersten Glieder der Funktionenfolge $\langle f_n \rangle$ mit f_n: $f_n(x) = \frac{x^n}{n^2} + 0{,}2$.

Tragen Sie diese Funktionen sowie die Grenzfunktion $f(x) := \lim_{n \to \infty} f_n(x)$ für $0 \leq x \leq 1$ in ein Koordinatensystem ein.

Setzt man für n den Wert 1 ein, so ergibt sich als Graph der Funktion f_1 eine Gerade.

Für $n=2$ erhält man eine Parabel und für $n=3$ eine Kurve dritter Ordnung.

f_n: $f_n(x)=\frac{x^n}{n^2}+0{,}2$ ► $n=1; 2; 3; 4; \ldots$

$f_1(x)=\frac{x}{1}+0{,}2=x+0{,}2$ ► $G(f_1)$ ► Gerade

$f_2(x)=\frac{x^2}{4}+0{,}2$ ► $G(f_2)$ ► Parabel

$f_3(x)=\frac{x^3}{9}+0{,}2$ ► $G(f_3)$ ► Kurve dritter Ordnung

$\vdots$

$f(x) = \lim\limits_{n\to\infty}\left(\frac{x^n}{n^2}+0{,}2\right)=0{,}2+\lim\limits_{n\to\infty}\frac{x^n}{n^2}$

Für alle $x\in[0; 1)$ gilt $\lim\limits_{n\to\infty} x^n=0$. An der Stelle $x_0=1$ ergibt sich der Grenzwert 1. Damit erhält man $\lim\limits_{n\to\infty}\frac{x^n}{n^2}=0$ und als Grenzfunktion f der Funktionenfolge $\langle f_n\rangle$ ergibt sich f: $f(x)=0{,}2$. Ihr Graph $G(f)$ ist eine Parallele zur x-Achse im Abstand 0,2.

► $0\leq x\leq 1 \Rightarrow \lim\limits_{n\to\infty}\frac{x^n}{n^2}=0$

$\Rightarrow f(x)=\lim\limits_{n\to\infty} f_n(x)=\underline{\underline{0{,}2}}$ ► f ist Grenzfunktion

Trägt man die Graphen der Funktionen f_1, f_2 und f_3 in ein Koordinatensystem ein, so sieht man, daß sich die Graphen mit wachsendem n immer enger an den Graphen der Grenzfunktion f: $f(x)=0{,}2$ anschmiegen.

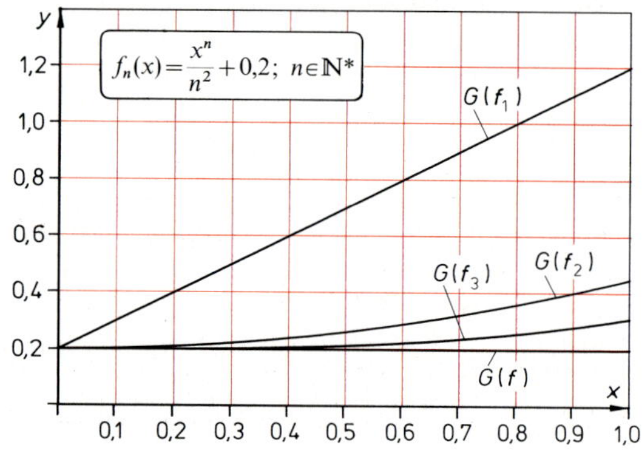

Vereinbarung

Um Funktionsfolgen von Zahlenfolgen $\langle a_n\rangle$ besser unterscheiden zu können, verwendet man für sie die Schreibweise $\langle f_n(x)\rangle$ statt der Schreibweise $\langle f_n\rangle$.

$\langle a_n\rangle$: $a_1; a_2; a_3; \ldots; a_n; \ldots$ ► Zahlenfolge

$\langle f_n(x)\rangle$: $f_1(x); f_2(x); f_3(x); \ldots; f_n(x); \ldots$ ► Funktionenfolge

Problem: Vergleichen Sie die Reihen $\langle s_n\rangle=\sum\limits_{k=1}^{\infty} 2^k$ und $\langle s_n(x)\rangle=\sum\limits_{k=1}^{\infty} f_k(x)=\sum\limits_{k=1}^{\infty} x^k$

Wie bei Folgen von reellen Zahlen lassen sich auch bei Funktionenfolgen Partialsummen bilden. Eine Folge von Partialsummen, die sich aus einer Funktionenfolge bilden läßt, nennt man **Funktionenreihe**.

$\langle s_n\rangle=\sum\limits_{k=1}^{\infty} 2^k$ ► Zahlenreihe

$s_1=2^1$

$s_2=2^1+2^2$

$\vdots$

$s_n=2^1+2^2+2^3+\ldots+2^n$

$\langle s_n(x)\rangle=\sum\limits_{k=1}^{\infty} f_k(x)$ ► Funktionenreihe

Als Definitionsmenge von Zahlenfolgen gilt im allgemeinen $\mathbb{N}^*$, das heißt, 0 gehört nicht zur Definitionsmenge. Bei Funktionenfolgen und Funktionenreihen ist es zweckmäßig, den Definitionsbereich um 0 zu erweitern, d.h. als Definitionsmenge $\mathbb{N}$ zu wählen. Wendet man die Erweiterung des Definitionsbereichs auf die Funktionenreihe $\langle s_n(x)\rangle$ an, so ergibt sich als erste Partialsumme: $s_0(x)=x^0$. Der Term x^0 ist zunächst nur für $x \neq 0$ erklärt, und zwar gilt hierfür $x^0=1$. Damit man aber immer auch das nullte Glied x^0 in der Reihe $\langle s_n(x)\rangle$ mit der Summenschreibweise $\sum\limits_{k=0}^{\infty} x^k$ erfassen kann, wird hier zusätzlich vereinbart, daß stets $x^0=1$ gelten soll.

$$s_1(x)=f_1(x)=x^1$$
$$s_2(x)=f_1(x)+f_2(x)=x^1+x^2$$
$$s_3(x)=f_1(x)+f_2(x)+f_3(x)=x^1+x^2+x^3$$
$$\vdots$$
$$s_n(x)=f_1(x)+f_2(x)+f_3(x)+\ldots+f_n(x)$$
$$=x^1+x^2+x^3+\ldots+x^n$$
$$\langle s_n(x)\rangle=\sum_{k=0}^{\infty} f_k(x)$$
$$s_0(x)=f_0(x)=x^0;\ x^0:=1$$
$$s_1(x)=1+x^1$$
$$s_2(x)=1+x^1+x^2$$
$$\vdots$$
$$s_n(x)=1+x^1+x^2+\ldots+x^n$$
$$\blacktriangleright\ \langle s_n(x)\rangle=\sum_{k=0}^{\infty} x^k$$

Merke:

- Folgen, deren Glieder, Funktionen sind, heißen Folgen von Funktionen oder Funktionenfolgen:
  $\langle f_n(x)\rangle$: $f_0(x); f_1(x); f_2(x); f_3(x); \ldots; f_n(x); \ldots$ ► Funktionenfolge
- Funktionenfolgen, deren Glieder Partialsummen des Typs $\langle s_n(x)\rangle=\sum\limits_{k=1}^{\infty} f_k(x)$ oder des Typs $\langle s_n(x)\rangle=\sum\limits_{k=0}^{\infty} f_k(x)$ sind, heißen Reihen von Funktionen oder Funktionenreihen:
  $\langle s_n(x)\rangle=\sum\limits_{k=0}^{\infty} f_k(x)$ ► Funktionenreihe

3.2.4 Potenzreihen

Problem: Entwickeln Sie eine Funktionenreihe $\langle s_n(x)\rangle=\sum\limits_{k=0}^{\infty} f_k(x)$ mit f_k: $f_k(x)=(k^2+1)\cdot x^k$.

Zur Entwicklung einer Funktionenreihe kann man für $f_k(x)$ verschiedene Funktionsterme einsetzen. Hier erhält man für $(k^2+1)\cdot x^k$ und $k\in\mathbb{N}$ eine Funktionenreihe vom Typ $\langle s_n(x)\rangle=\sum\limits_{k=0}^{\infty} c_k\cdot x^k$.

$$\langle s_n(x)\rangle=\sum_{k=0}^{\infty} f_k(x)\ \blacktriangleright\ f_k(x)=(k^2+1)\cdot x^k$$

Werden die Funktionsterme von Potenzfunktionen f_k: $f_k(x) = c_k \cdot x^k$ mit $k \in \mathbb{N}$ in eine Funktionenreihe eingesetzt, so heißt eine solche Reihe **Potenzreihe**. Damit man auch das nullte Glied $f_0(x)$ einer solchen Reihe mit dem Summenzeichen $\sum$ erfassen kann, muß hier allerdings zusätzlich vereinbart werden, daß stets $x^0 = 1$ gelten soll, d.h. es gilt $f_0(x) = c_0 \cdot x^0 = c_0$ für alle $x \in \mathbb{R}$. Mit anderen Worten: Obwohl der Term 0^0 nicht definiert ist, wird er bei der Summenschreibweise für Potenzreihen als Zeichen für die Zahl 1 aufgefaßt.

$$\Rightarrow s_0(x) = f_0(x) = (0^2+1) \cdot x^0 = \underline{1}$$

$$s_1(x) = f_0(x) + f_1(x) = 1 + (1^2+1) \cdot x^1 = \underline{1 + 2x}$$

$$s_2(x) = f_0(x) + f_1(x) + f_2(x) = 1 + 2x + (2^2+1) \cdot x^2 = \underline{1 + 2x + 5x^2}$$

$$s_3(x) = f_0(x) + f_1(x) + f_2(x) + f_3(x) = \underline{1 + 2x + 5x^2 + 10x^3}$$

$$s_4(x) = f_0(x) + f_1(x) + f_2(x) + f_3(x) + f_4(x) = \underline{1 + 2x + 5x^2 + 10x^3 + 17x^4}$$

$$\vdots$$

$$s_n(x) = 1 + 2x + 5x^2 + 10x^3 + 17x^4 + \ldots + (n^2+1) \cdot x^n$$

$$\Rightarrow \langle s_n(x) \rangle = \sum_{k=0}^{\infty} [(k^2+1) \cdot x^k] \quad \blacktriangleright \text{ Potenzreihe}$$

Potenzreihen haben eine große Bedeutung, da man mit ihrer Hilfe viele andere Funktionen angenähert bestimmen kann. Eine solche Annäherung bezeichnet man auch als **Approximation**.

Merke:

Funktionsreihen, in denen Partialsummen $s_n(x)$ durch Polynome n-ten Grades der Varablen x gebildet werden, heißen Potenzreihen:

$$\langle s_n(x) \rangle = c_0 + c_1 \cdot x^1 + c_2 \cdot x^2 + c_3 \cdot x^3 \ldots = \sum_{k=0}^{\infty} c_k \cdot x^k; \; c_k \in \mathbb{R} \text{ und nicht alle } c_k = 0 \quad \blacktriangleright \text{ Potenzreihe}$$

Konvergenz von Potenzreihen

Im Gegensatz zu Zahlenreihen hängt bei Potenzreihen das Konvergenzverhalten vom Wert für die Variable x ab. Das bedeutet, daß die gleiche Potenzreihe für unterschiedliche Werte für x einmal konvergent und einmal divergent sein kann.

Problem: Untersuchen Sie das Konvergenzverhalten der nachstehenden Potenzreihen in Abhängigkeit von den Werten der Variablen x.

- $\langle s_n(x) \rangle = \sum_{k=0}^{\infty} x^k; \; x \in \mathbb{R}$

In der gegebenen Potenzreihe gilt $c_k = 1$ für alle $k \in \mathbb{N}$, d.h. es handelt sich um eine geometrische Reihe mit $q = x$. Es gelten daher die Konvergenzregeln für geometrische Reihen. Die Potenzreihe ist für alle x aus dem Intervall $(-1; 1)$ konvergent. Für alle anderen Werte von x ist die Reihe divergent.

$$\langle s_n(x) \rangle = \sum_{k=0}^{\infty} x^k \quad \blacktriangleright \; c_k = 1 \text{ für alle } k \in \mathbb{N}$$

$$s_n(x) = 1 + x + x^2 + x^3 + \ldots + x^n \quad \blacktriangleright \text{ geometrische Reihe mit } q = x$$

$\Rightarrow |x| < 1; \; x \in \mathbb{R}$ ▶ $\langle s_n(x) \rangle$ konvergiert

$x = 1$ und $x = -1$ ▶ $\langle s_n(x) \rangle$ divergiert

$|x| > 1; \; x \in \mathbb{R}$ ▶ $\langle s_n(x) \rangle$ divergiert

• $\langle s_n(x)\rangle = \sum_{k=1}^{\infty} k^k \cdot x^k;\ x \in \mathbb{R}$

Die Glieder der Reihe haben die Form $a_k = k^k \cdot x^k = (kx)^k$. Man kann in diesem Falle einen beliebigen Wert, der ungleich Null ist, für die Variable x wählen, niemals stellt $\langle a_k\rangle$ eine Nullfolge dar. Die Reihe $\langle s_n(x)\rangle$ ist daher für alle $x \neq 0$ divergent.

Aus diesem Beispiel wird deutlich, daß es Potenzreihen gibt, die nur für die Stelle $x_0 = 0$ konvergent sind.

$\langle s_n(x)\rangle = \sum_{k=1}^{\infty} k^k \cdot x^k$ ► $a_k = k^k \cdot x^k = (kx)^k$

$$\Rightarrow s_1(x) = f_1(x) = (1 \cdot x)^1 = \underline{x}$$
$$s_2(x) = f_1(x) + f_2(x) = x + (2x)^2 = \underline{x + 4x^2}$$
$$s_3(x) = f_1(x) + f_2(x) + f_3(x) = \underline{x + 4x^2 + 27x^3}$$
$$\vdots$$
$$s_n(x) = x + 4x^2 + 27x^3 + \ldots + (nx)^n$$

$\langle a_k\rangle = \langle (kx)^k\rangle$ ► für $x \neq 0$ keine Nullfolge

$\Rightarrow \langle s_n(x)\rangle$ divergiert für alle $x \neq 0$

An der Stelle $x_0 = 0$ ist jede Potenzreihe konvergent, und zwar gilt $\langle s_n(0)\rangle = c_0$. Um Funktionen durch Potenzreihen approximieren zu können, interessieren diejenigen Potenzreihen, die nicht nur für $x_0 = 0$ konvergieren.

Merke:

Es gibt Potenzreihen $\langle s_n(x)\rangle = \sum_{k=0}^{\infty} c_k \cdot x^k$, die für alle $x \in \mathbb{R}$ konvergieren, solche die nur für die Stelle $x_0 = 0$ konvergieren und Potenzreihen, die dann konvergent sind, wenn x Werte aus einem bestimmten Intervall annimmt: $x \in (-r;\ r)$ mit $r \in \mathbb{R}_+^*$. Das Intervall $I = (-r;\ r)$ heißt **Konvergenzintervall** der Potenzreihe. Die Zahl für r, die den Rand des Intervalls angibt, heißt **Konvergenzradius**. Ob die Potenzreihe auch an den Randstellen für r oder $-r$ konvergiert, muß jeweils gesondert untersucht werden.

Anmerkung:

Die Potenzreihe $\langle s_n(x)\rangle = \sum_{k=0}^{\infty} x^k$ konvergiert für $|x| < 1$ bzw. für $x \in (-1;\ 1)$, ihr Konvergenzradius ist also $r = 1$. Die Potenzreihe $\langle s_n(x)\rangle = \sum_{k=1}^{\infty} k^k \cdot x^k$ konvergiert nur an der Stelle $x_0 = 0$.

Beispiele: Untersuchen Sie die nachstehenden Potenzreihen auf Konvergenz, und bestimmen Sie gegebenenfalls den Konvergenzradius.

• $\langle s_n(x)\rangle = \sum_{k=0}^{\infty} \frac{x^k}{k!}$

Bei der Untersuchung dieser Potenzreihe auf Konvergenz verwendet man zweckmäßigerweise das Quotientenkriterium.

$$a_k = \frac{x^k}{k!} \Rightarrow a_{k+1} = \frac{x^{k+1}}{(k+1)!} = \frac{x \cdot x^k}{(k+1) \cdot k!}$$

Bildet man den Quotienten $\left|\frac{a_{k+1}}{a_k}\right|$, so liest man ab, daß der Grenzwert dieses Quotienten Null ist, unabhängig davon wie groß man die Zahl für x wählt. Diese Potenzreihe konvergiert also für alle $x \in \mathbb{R}$.

$$\left|\frac{a_{k+1}}{a_k}\right| = \left|\frac{x \cdot x^k \cdot k!}{(k+1) \cdot k! \cdot x^k}\right|$$

$$= \left|\frac{x}{k+1}\right|$$ ▶ Quotientenkriterium

$$\lim_{k \to \infty} \left|\frac{a_{k+1}}{a_k}\right| = \lim_{k \to \infty} \left|\frac{x}{k+1}\right| = \underline{\underline{0}}$$

$$\Rightarrow \lim_{k \to \infty} \left|\frac{a_{k+1}}{a_k}\right| < 1$$ ▶ $\langle s_n(x) \rangle$ konvergiert

- $\langle s_n(x) \rangle = \sum_{k=0}^{\infty} (c_k \cdot x^k)$ mit $c_k \neq 0$ für fast alle $k \in \mathbb{N}$

Wendet man das Quotientenkriterium auf diese Potenzreihe an, so liest man ab, daß die Potenzreihe konvergent ist, wenn das Produkt aus $|x|$ und $\lim\limits_{k \to \infty} \left|\frac{c_{k+1}}{c_k}\right|$ kleiner als 1 ist. Diese Umformung ist möglich, da $|x|$ nicht mehr von k abhängig ist. Hierdurch wird also der Rand des Konvergenzintervalls I und damit auch der Konvergenzradius r festgelegt.

Potenzreihen vom Typ $\langle s_n(x) \rangle = \sum_{k=0}^{\infty} c_k \cdot x^k$ mit $c_k \neq 0$ für fast alle $k \in \mathbb{N}$ haben also den Konvergenzradius $r = \lim\limits_{k \to \infty} \left|\frac{c_k}{c_{k+1}}\right|$.

$$a_k = c_k \cdot x^k \Rightarrow a_{k+1} = c_{k+1} \cdot x^{k+1}$$

$$\lim_{k \to \infty} \left|\frac{a_{k+1}}{a_k}\right| = \lim_{k \to \infty} \left|\frac{c_{k+1} \cdot x^{k+1}}{c_k \cdot x^k}\right|$$

$$= \lim_{k \to \infty} \left|\frac{c_{k+1}}{c_k}\right| \cdot |x|$$

$$= |x| \cdot \lim_{k \to \infty} \left|\frac{c_{k+1}}{c_k}\right|$$

▶ Konvergenz für: $|x| \cdot \lim\limits_{k \to \infty} \left|\frac{c_{k+1}}{c_k}\right| < 1$

$$\Rightarrow |x| < \frac{1}{\lim\limits_{k \to \infty} \left|\frac{c_{k+1}}{c_k}\right|} = \lim_{k \to \infty} \left|\frac{c_k}{c_{k+1}}\right| = r$$ ▶ Konvergenzradius

▶ Konvergenz für: $-r < x < r$

$$\Rightarrow \underline{\underline{I = (-r;\, r);\ r = \lim_{k \to \infty} \left|\frac{c_k}{c_{k+1}}\right|}}$$ ▶ Konvergenzintervall

Rechenregeln für Potenzreihen

Jede Potenzreihe $\sum_{k=0}^{\infty} c_k \cdot x^k$ definiert auf ihrem Konvergenzbereich $(-r; r)$ eine Funktion $f\colon f(x) = \sum_{k=0}^{\infty} c_k \cdot x^k$, die jedem $x \in (-r; r)$ den Summenwert der Potenzreihe zuordnet. So wie man Funktionen mit demselben Definitionsbereich addieren, subtrahieren, multiplizieren und, mit Einschränkungen, auch dividieren kann, so ist das auch bei Potenzreihen möglich, vorausgesetzt, sie werden in einem gemeinsamen Konvergenzbereich betrachtet. Man kann zeigen, daß diese Rechnungen dem Rechnen mit Polynomfunktionen analog verlaufen, nur daß man es hier statt mit endlich vielen Summanden im Funktionsterm (Polynome) mit „unendlich vielen Summanden" zu tun hat. Insbesondere ergeben diese Rechenoperationen stets wieder Potenzreihen, die (in einem gewissen Intervall um 0) konvergieren. Dasselbe gilt auch für die Differentiation einer Potenzreihe. Genauer gilt:

Merke:

- Die Potenzreihen $\langle s_n(x)\rangle = \sum_{k=0}^{\infty} a_k \cdot x^k$ und $\langle t_n(x)\rangle = \sum_{k=0}^{\infty} b_k \cdot x^k$ können innerhalb eines gemeinsamen Konvergenzbereiches K ähnlich wie Polynome gliedweise addiert, subtrahiert und multipliziert werden. Die dadurch entstehenden Potenzreihen sind ebenfalls in K konvergent, und es gilt:

$$\sum_{k=0}^{\infty} a_k \cdot x^k + \sum_{k=0}^{\infty} b_k \cdot x^k = \sum_{k=0}^{\infty} (a_k + b_k)\, x^k$$

$$\sum_{k=0}^{\infty} a_k \cdot x^k - \sum_{k=0}^{\infty} b_k \cdot x^k = \sum_{k=0}^{\infty} (a_k - b_k)\, x^k$$

$$\left(\sum_{k=0}^{\infty} a_k \cdot x^k\right) \cdot \left(\sum_{k=0}^{\infty} b_k \cdot x^k\right) = \sum_{k=0}^{\infty} (a_0 \cdot b_k + a_1 \cdot b_{k-1} + \ldots + a_k \cdot b_0)\, x^k.$$

- Die Potenzreihen $\langle s_n(x)\rangle$ und $\langle t_n(x)\rangle$ können innerhalb eines gemeinsamen Konvergenzbereiches K auch dividiert werden, vorausgesetzt, das absolute Glied b_0 des Divisors ist verschieden von Null. Der Quotient $\frac{\langle s_n(x)\rangle}{\langle t_n(x)\rangle}$ läßt sich als Potenzreihe schreiben, die dann ebenfalls konvergent ist, aber nicht notwendig den Konvergenzbereich K haben muß.

- Eine Potenzreihe $\langle s_n(x)\rangle = \sum_{k=0}^{\infty} a_k \cdot x^k$ darf innerhalb ihres Konvergenzbereiches beliebig oft differenziert werden. Das geschieht, indem man sie gliedweise differenziert. Die durch Differentiation entstandene Potenzreihe $\langle s_n'(x)\rangle$ hat den gleichen Konvergenzradius wie die gegebene Potenzreihe $\langle s_n(x)\rangle$.

$$\langle s_n(x)\rangle = \sum_{k=0}^{\infty} a_k \cdot x^k = a_0 + a_1 \cdot x^1 + a_2 \cdot x^2 + a_3 \cdot x^3 + \ldots;\ a_k \in \mathbb{R}$$

$$\langle s_n'(x)\rangle = \left(\sum_{k=0}^{\infty} a_k \cdot x^k\right)' = \sum_{k=0}^{\infty} (a_k \cdot x^k)' = a_1 + 2 \cdot a_2 \cdot x^1 + 3 \cdot a_3 \cdot x^2 + \ldots;\ a_k \in \mathbb{R}$$

Beispiele: Bestimmen Sie für die Potenzreihen $\sum_{k=1}^{\infty} a_k \cdot x^k = \sum_{k=1}^{\infty} (k \cdot x^k)$ und $\sum_{k=1}^{\infty} b_k \cdot x^k = \sum_{k=1}^{\infty} \frac{x^k}{k}$ jeweils den Konvergenzradius sowie die ersten vier Glieder, und bilden Sie deren Summe, Produkt und Quotient.

Für die beiden Potenzreihen erhält man den Konvergenzradius r jeweils aus:

$$r = \lim_{k \to \infty} \left|\frac{a_k}{a_{k+1}}\right| \quad \text{bzw.} \quad r = \lim_{k \to \infty} \left|\frac{b_k}{b_{k+1}}\right|$$

Sie haben beide den Konvergenzradius 1.

$$\sum_{k=1}^{\infty} a_k \cdot x^k = \sum_{k=1}^{\infty} (k \cdot x^k) = x + 2x^2 + 3x^3 + 4x^4 + \ldots$$

$$\lim_{k \to \infty} \left|\frac{a_k}{a_{k+1}}\right| = \lim_{k \to \infty} \left|\frac{k}{k+1}\right| = \lim_{k \to \infty} \left|1 - \frac{1}{k+1}\right| = \underline{\underline{1}}$$

$\Rightarrow r = 1$ ► Konvergenzradius

$$\sum_{k=1}^{\infty} \frac{x^k}{k} = x + \frac{x^2}{2} + \frac{x^3}{3} + \frac{x^4}{4} + \ldots$$

$$\lim_{k\to\infty} \left|\frac{b_k}{b_{k+1}}\right| = \lim_{k\to\infty} \left|\frac{k+1}{k}\right| = \lim_{k\to\infty} \left|1+\frac{1}{k}\right| = \underline{\underline{1}}$$

$\Rightarrow r = 1$ ▶ Konvergenzradius

- $\sum_{k=1}^{\infty} (k \cdot x^k) + \sum_{k=1}^{\infty} \frac{x^k}{k}$

Zur Bildung der Summe beider Reihen kann man entweder zunächst die Funktionsterme addieren und dann die ersten vier Glieder durch Einsetzen des Summationsindex berechnen oder jedes Glied der einen Reihe zum entsprechenden Glied der anderen Reihe addieren. In beiden Fällen erhält man das gleiche Ergebnis.

$$\sum_{k=1}^{\infty} (k \cdot x^k) + \sum_{k=1}^{\infty} \frac{x^k}{k} = \sum_{k=1}^{\infty} \left(k + \frac{1}{k}\right) x^k$$

$$= \underline{\underline{2x + \frac{5}{2}x^2 + \frac{10}{3}x^3 + \frac{17}{4}x^4 + \ldots}}$$

oder bei gliedweiser Addition beider Reihen:

$$\sum_{k=1}^{\infty} (a_k + b_k)\, x^k = (x + x) + \left(2x^2 + \frac{x^2}{2}\right) + \left(3x^3 + \frac{x^3}{3}\right) + \left(4x^4 + \frac{x^4}{4}\right) + \ldots$$

$$= \underline{\underline{2x + \frac{5}{2}x^2 + \frac{10}{3}x^3 + \frac{17}{4}x^4 + \ldots}}$$

- $\sum_{k=1}^{\infty} (k \cdot x^k) \cdot \sum_{k=1}^{\infty} \frac{x^k}{k}$

Man erhält die ersten Glieder des Produktes der beiden mit je vier Gliedern beginnenden Reihen, indem man jedes Glied der einen Reihe mit jedem Glied der anderen Reihe multipliziert und Glieder mit gleichen Exponenten zusammenfaßt.

$$\sum_{k=1}^{\infty} (k \cdot x^k) \cdot \sum_{k=1}^{\infty} \frac{x^k}{k} = (x + 2x^2 + 3x^3 + 4x^4 + \ldots) \cdot \left(x + \frac{x^2}{2} + \frac{x^3}{3} + \frac{x^4}{4} + \ldots\right)$$

$$= \left(x^2 + \frac{x^3}{2} + \frac{x^4}{3} + \frac{x^5}{4}\right) + \left(2x^3 + x^4 + \frac{2x^5}{3} + \frac{x^6}{2}\right) + \left(3x^4 + \frac{3x^5}{2} + x^6 + \frac{3x^7}{4}\right) + \left(4x^5 + 2x^6 + \frac{4x^7}{3} + x^8\right) + \ldots$$

$$= \underline{\underline{x^2 + \frac{5}{2}x^3 + \frac{13}{3}x^4 + \frac{77}{12}x^5 + \frac{7}{2}x^6 + \frac{25}{12}x^7 + x^8 + \ldots}}$$

- $\sum_{k=1}^{\infty} (k \cdot x^k) : \sum_{k=1}^{\infty} \frac{x^k}{k}$

Durch Division wie bei einer Polynomdivision erhält man die ersten drei Glieder der gesuchten Potenzreihe.

Da anhand der berechneten Glieder ein Bildungsgesetz nicht erkennbar ist, kann über den Konvergenzradius dieser Potenzreihe auf herkömmliche Art keine Aussage gemacht werden.

$$\sum_{k=1}^{\infty} (k \cdot x^k) : \sum_{k=1}^{\infty} \frac{x^k}{k} =$$

$$= (x + 2x^2 + 3x^3 + 4x^4 + \ldots) : \left(x + \frac{x^2}{2} + \frac{x^3}{3} + \frac{x^4}{4} + \ldots\right) = 1 + \frac{3}{2}x + \frac{23}{12}x^2 + \ldots$$

$$\begin{array}{l}
-x - \frac{x^2}{2} - \frac{x^3}{3} - \frac{x^4}{4} - \ldots \\
\hline
\frac{3}{2}x^2 + \frac{8}{3}x^3 + \frac{15}{4}x^4 + \ldots \\
-\frac{3}{2}x^2 - \frac{3}{4}x^3 - \frac{3}{6}x^4 - \ldots \\
\hline
\frac{23}{12}x^3 + \frac{13}{4}x^4 + \ldots \\
-\frac{23}{12}x^3 - \frac{23}{24}x^4 - \ldots \\
\hline
\frac{55}{24}x^4 + \ldots
\end{array}$$

$$\Rightarrow \sum_{k=1}^{\infty} (k \cdot x^k) : \sum_{k=1}^{\infty} \frac{x^k}{k} = \underline{\underline{1 + \frac{3}{2}x + \frac{23}{12}x^2 + \ldots}}$$

Beispiel: Bilden Sie die erste bis dritte Ableitung der Potenzreihe $\langle s_n(x)\rangle = \sum_{k=1}^{\infty} \frac{x^k}{k}$.

Für diese Reihe wurde bereits der Konvergenzbereich mit $K=(-1;1)$ ermittelt. Dieser Bereich ist auch der Differenzierbarkeitsbereich, in dem die Reihe beliebig oft differenzierbar ist. Man erhält die erste Ableitung $\langle s_n'(x)\rangle$, indem man jedes Glied der Reihe differenziert. Die zweite und dritte Ableitung ergeben sich entsprechend.

$$\langle s_n(x)\rangle = \sum_{k=1}^{\infty} \frac{x^k}{k} = x + \frac{x^2}{2} + \frac{x^3}{3} + \frac{x^4}{4} + \frac{x^5}{5} + \frac{x^6}{6} + \ldots$$

$$\Rightarrow \langle s_n'(x)\rangle = \underline{\underline{1 + x + x^2 + x^3 + x^4 + x^5 + \ldots}}$$

$$\Rightarrow \langle s_n''(x)\rangle = \underline{\underline{1 + 2x + 3x^2 + 4x^3 + 5x^4 + \ldots}}$$

$$\Rightarrow \langle s_n'''(x)\rangle = \underline{\underline{2 + 6x + 12x^2 + 20x^3 + \ldots}}$$

3.2.5 MacLaurin-Reihe — Satz von Taylor

Ist $(-r;r)$ das Konvergenzintervall der Potenzreihe $\langle s_n(x)\rangle = \sum_{k=0}^{\infty} c_k \cdot x^k$, dann wird durch $f\colon x \mapsto \sum_{k=0}^{\infty} c_k \cdot x^k$ eine Funktion f auf $(-r;\, r)$ definiert. Umgekehrt kann man aber auch danach fragen, wann sich eine gegebene Funktion als Potenzreihe darstellen läßt.

Problem: Zeigen Sie: Wenn sich eine beliebig oft differenzierbare Funktion $f\colon x \mapsto f(x)$ in einer Umgebung der Stelle $x_0=0$ als Potenzreihe darstellen läßt, dann sind die Koeffizienten der Potenzreihe durch die Funktion f und ihre Ableitungen an der Stelle $x_0=0$ eindeutig bestimmt.

Für eine Umgebung der Stelle $x_0=0$ soll gelten: $f(x) = \sum_{k=0}^{\infty} c_k \cdot x^k$. Bildet man die Ableitungen der Funktion f, so lassen sich die Koeffizienten c_k der Potenzreihe dadurch bestimmen, daß man für x den Wert Null in den Funktionsterm der Funktion und den ihrer Ableitungen einsetzt.

Um die Koeffizienten berechnen zu können, müssen also die Funktion f und alle ihre Ableitungen an der Stelle $x_0=0$ definiert sein.

Setzt man nun die berechneten Werte der Koeffizienten c_k in die allgemeine Form der Potenzreihe ein, so erhält man eine Darstellung der Funktion f in einer Umgebung der Stelle $x_0=0$ als Potenzreihe, die **MacLaurin-Reihe** genannt wird.

$$\langle s_n(x)\rangle = f(x) = \sum_{k=0}^{\infty} c_k \cdot x^k$$

$$f(x) = c_0 + c_1 \cdot x^1 + c_2 \cdot x^2 + c_3 \cdot x^3 + c_4 \cdot x^4 + \ldots$$

$$f'(x) = 1 \cdot c_1 + 2 \cdot c_2 \cdot x + 3 \cdot c_3 \cdot x^2 + 4 \cdot c_4 \cdot x^3 + \ldots$$

$$f''(x) = 1 \cdot 2 \cdot c_2 + 2 \cdot 3 \cdot c_3 \cdot x + 3 \cdot 4 \cdot c_4 \cdot x^2 + \ldots$$

$$f'''(x) = 1 \cdot 2 \cdot 3 \cdot c_3 + 2 \cdot 3 \cdot 4 \cdot c_4 \cdot x + \ldots$$

$$\vdots$$

Für die Stelle $x_0=0$ folgt:

$$f(0) = c_0 \qquad \Rightarrow c_0 = f(0)$$

$$f'(0) = 1 \cdot c_1 \qquad \Rightarrow c_1 = \frac{f'(0)}{1} = \frac{f'(0)}{1!}$$

$$f''(0) = 1 \cdot 2 \cdot c_2 \qquad \Rightarrow c_2 = \frac{f''(0)}{1 \cdot 2} = \frac{f''(0)}{2!}$$

$$f'''(0) = 1 \cdot 2 \cdot 3 \cdot c_3 \Rightarrow c_3 = \frac{f'''(0)}{1 \cdot 2 \cdot 3} = \frac{f'''(0)}{3!}$$

$$\vdots$$

$$f^{(n)}(0) = 1 \cdot 2 \cdot 3 \cdot \ldots \cdot n \cdot c_n \Rightarrow c_n = \frac{f^{(n)}(0)}{1 \cdot 2 \cdot 3 \cdot \ldots \cdot n} = \frac{f^{(n)}(0)}{n!}$$

► $$f(x) = f(0) + \frac{f'(0)}{1!} \cdot x + \frac{f''(0)}{2!} \cdot x^2 + \frac{f'''(0)}{3!} \cdot x^3 + \ldots + \frac{f^{(n)}(0)}{n!} \cdot x^n + \ldots$$

Die MacLaurin-Reihe stimmt mit der Funktion f und ihren Ableitungen an der Stelle $x_0=0$ überein. Es kann nun aber vorkommen, daß diese formal gebildete Reihe für $x \neq 0$ dennoch nicht die Funktion f in einer Umgebung der Stelle $x_0=0$ darstellt.

Es läßt sich zum Beispiel zeigen, daß für die beliebig oft differenzierbare Funktion $f: f(x)=\begin{cases} e^{-\frac{1}{x^2}}, & \text{wenn } x\in\mathbb{R}^* \\ 0, & \text{wenn } x=0 \end{cases}$ mit $D(f)=\mathbb{R}$ und $f(0)=0$ auch alle Ableitungen an der Stelle $x_0=0$ verschwinden: $f^{(k)}(0)=0$ für alle $k\in\mathbb{N}$. Daher gilt für jedes $x\in\mathbb{R}$: $\sum_{k=0}^{\infty}\frac{f^{(k)}(0)}{k!}x^k=0$. Diese MacLaurin-Reihe stellt somit in keiner Umgebung der Stelle $x_0=0$ die Funktion f dar, denn diese Funktion hat ja für alle $x\in\mathbb{R}^*$ einen von Null verschiedenen Funktionswert.

Merke:

Ist eine Funktion $f: x\mapsto f(x)$ mit $0\in D(f)$ beliebig oft differenzierbar, so läßt sich die MacLaurin-Reihe $\sum_{k=0}^{\infty}\frac{f^{(k)}(0)}{k!}x^k$ bilden. Gilt hierbei nicht $f^k(0)=0$ für alle $k\in\mathbb{N}$ und besitzt diese Reihe einen von Null verschiedenen Konvergenzradius $r>0$, so stellt die MacLaurin-Reihe die Funktion f für alle $x\in(-r;r)$ dar. Es gilt dann:

$$f(x)=\sum_{k=0}^{\infty}\frac{f^{(k)}(0)}{k!}x^k=f(0)+\frac{f'(0)}{1!}x+\frac{f''(0)}{2!}x^2+\ldots;\ |x|<r$$ ▶ MacLaurin-Reihe

Beispiel: Bestimmen Sie die MacLaurin-Reihe für die Funktion $f: f(x)=\frac{1}{1-x}$. Untersuchen Sie, für welche Werte von x die Funktion f durch die MacLaurin-Reihe dargestellt wird, indem Sie den Konvergenzradius der Reihe ermitteln.

Die Funktion f ist beliebig oft differenzierbar. Bildet man ihre Ableitungen an der Stelle $x_0=0$, so erhält man die Koeffizienten der MacLaurin-Reihe mit $f(0)=1$; $f'(0)=1$; $f''(0)=2!$; $f'''(0)=3!$; usw. bis $f^n(0)=n!$.

$$f(x)=\frac{1}{1-x} \Rightarrow f(0)=\underline{1}$$

$$f'(x)=\frac{1}{(1-x)^2} \Rightarrow f'(0)=\underline{1}$$

$$f''(x)=\frac{1\cdot 2}{(1-x)^3} \Rightarrow f''(0)=\underline{2!}$$

$$f'''(x)=\frac{1\cdot 2\cdot 3}{(1-x)^4} \Rightarrow f'''(0)=\underline{3!}$$

$$\vdots$$

$$f^{(n)}(x)=\frac{1\cdot 2\cdot 3\cdot\ldots\cdot n}{(1-x)^{n+1}} \Rightarrow f^{(n)}(0)=n!$$

Setzt man diese Koeffizienten in die allgemeine MacLaurin-Reihe ein, so erhält man als Ergebnis die geometrische Reihe mit $q=x$ und $a=1$. Der Grenzwert dieser Reihe für $|x|<1$ ist $g=\frac{1}{1-x}$. Die geometrische Reihe und damit auch die MacLaurin-Reihe konvergiert für alle $x\in(-1;1)$. Das bedeutet, daß die Funktion f für alle $|x|<1$ durch die MacLaurin-Reihe dargestellt wird.

$$f(0)+\frac{f'(0)}{1!}x+\frac{f''(0)}{2!}x^2+\frac{f'''(0)}{3!}x^3+\ldots=$$

$$=1+\frac{1}{1!}x+\frac{2!}{2!}x^2+\frac{3!}{3!}x^3+\ldots$$ ▶ MacLaurin-Reihe

$$=1+x+x^2+x^3+\ldots+x^n+\ldots$$ ▶ geometrische Reihe mit $q=x$

$$\Rightarrow f(x)=\sum_{k=0}^{\infty}x^k;\ |x|<1.$$

Beispiel: Versuchen Sie, für die Funktionen $f: f(x)=\frac{1}{x}$, $g: g(x)=\ln x$ und $h: h(x)=\sqrt{x}$ jeweils eine MacLaurin-Reihe anzugeben.

Die Funktionen f und g sind in ihrem Definitionsbereich beliebig oft differenzierbar, die Funktion h nur im Intervall $(0;\ \infty)$.

Da aber die Funktionen f und g sowie ihre Ableitungen an der Stelle $x_0=0$ nicht definiert sind und die Funktion h an der Randstelle $x_0=0$ nicht (einseitig) differenzierbar ist, lassen sich für diese Funktionen keine MacLaurin-Reihen angeben.

- $f(x)=\frac{1}{x} \Rightarrow f'(x)=-\frac{1}{x^2}$

  ▶ $f(0)$, $f'(0)$, $f''(0)$, … sind nicht definiert, da Null nicht zum Definitionsbereich gehört.

- $g(x)=\ln x \Rightarrow g'(x)=\frac{1}{x}$

  ▶ $g(0)$, $g'(0)$, $g''(0)$, … sind nicht definiert, da Null nicht zum Definitionsbereich gehört.

- $h(x)=\sqrt{x} \Rightarrow h'(x)=\frac{1}{2\sqrt{x}}$

  ▶ $h'(0)$, $h''(0)$, … existieren nicht.

Beispiel: Untersuchen Sie, für welche Werte von x sich die Funktion $f: f(x)=\sqrt{1+x}$ mit Hilfe der Reihe von MacLaurin darstellen läßt, und bestimmen Sie die ersten vier Glieder der Reihe.

Die Funktion $f: f(x)=\sqrt{1+x}$ ist im Intervall $(-1;\ \infty)$ beliebig oft differenzierbar. Bildet man die erste, zweite, dritte, … Ableitung der Funktion an der Stelle $x_0=0$, so kann man die Koeffizienten der MacLaurin-Reihe berechnen.

$$f(x)=\sqrt{1+x} \qquad \Rightarrow f(0)=1$$

$$f'(x)=\frac{1}{2}(1+x)^{-\frac{1}{2}} \qquad \Rightarrow f'(0)=\frac{1}{2}$$

$$f''(x)=-\frac{1}{4}(1+x)^{-\frac{3}{2}} \Rightarrow f''(0)=-\frac{1}{4}$$

$$f'''(x)=\frac{3}{8}(1+x)^{-\frac{5}{2}} \qquad \Rightarrow f'''(0)=\frac{3}{8}=\frac{1\cdot 3}{2\cdot 4}$$

$$\Rightarrow 1+\frac{1}{2}x-\frac{1}{2\cdot 4}x^2+\frac{1\cdot 3}{2\cdot 4\cdot 6}x^3-+\ldots$$ ▶ MacLaurin-Reihe

Es ist nun zu prüfen, wann diese Potenzreihe konvergiert. Hierzu wird der Konvergenzradius der Potenzreihe bestimmt.

$$r=\lim_{k\to\infty}\left|\frac{c_k}{c_{k+1}}\right|$$ ▶ Konvergenzradius

$$\left|\frac{c_k}{c_{k+1}}\right|=\left|\frac{1\cdot 3\cdot 5\cdot 7\cdot\ldots\cdot(2k-3)\cdot 2\cdot 4\cdot 6\cdot 8\cdot\ldots\cdot 2k\cdot 2(k+1)}{2\cdot 4\cdot 6\cdot 8\cdot\ldots\cdot 2k\cdot 1\cdot 3\cdot 5\cdot 7\cdot\ldots\cdot(2k-3)\cdot(2k-1)}\right|$$

$$=\left|\frac{2(k+1)}{2k-1}\right|$$

$$=\underline{\left|\frac{2k+2}{2k-1}\right|}$$

$$\Rightarrow r=\lim_{k\to\infty}\left|\frac{2k+2}{2k-1}\right|=\lim_{k\to\infty}\left|\frac{2+\frac{2}{k}}{2-\frac{1}{k}}\right|=\underline{\underline{1}}$$

Man erhält den Konvergenzradius $r=1$, das bedeutet, daß sich die Funktion f für alle $|x|<1$ durch ihre MacLaurin-Reihe darstellen läßt.

▶ $r=1 \Rightarrow I=(-1;\ 1)$ ▶ Konvergenzintervall

$$\Rightarrow f(x)=1+\frac{1}{2}x-\frac{1}{2\cdot 4}x^2+\frac{1\cdot 3}{2\cdot 4\cdot 6}x^3-+\ldots;\ |x|<1.$$

Beispiel: Berechnen Sie $\sqrt{84}$ mit Hilfe der Potenzreihe für die Funktion $f: f(x)=\sqrt{1+x}$. Verwenden Sie die ersten zwei, drei, vier Glieder der MacLaurin-Reihe (MacLaurin-Polynom ersten, zweiten, dritten Grades), und vergleichen Sie jeweils mit dem genauen Wert.

Um die MacLaurin-Reihe für $\sqrt{1+x}$ auf die Berechnung von $\sqrt{84}$ anwenden zu können, muß der Term $\sqrt{84}$ so umgeformt werden, daß gilt: $\sqrt{84}=a\sqrt{1+x_0}$ mit $|x_0|<1$.

Es muß also eine möglichst große zweite Potenz a^2 aus $\sqrt{84}$ herausgezogen werden.

Bei Verwendung des MacLaurin-Polynoms ersten Grades stimmen die ersten drei Ziffern, bei Verwendung des Polynoms zweiten Grades die ersten fünf Ziffern und bei Verwendung des Polynoms dritten Grades die ersten sechs Ziffern mit dem exakten Ergebnis überein.

Die MacLaurin-Reihe läßt sich also zur angenäherten Berechnung von Quadratwurzeln verwenden. Häufig reichen bereits die beiden ersten Glieder der Reihe aus, um eine brauchbare Näherung für die Wurzel zu erreichen: $\sqrt{1+x}\approx 1+0{,}5\,x$ für $|x|<1$.

$$\sqrt{1+x}=1+\frac{1}{2}x-\frac{1}{2\cdot 4}x^2+\frac{1\cdot 3}{2\cdot 4\cdot 6}x^3-+\ldots;\ |x|<1$$

$\sqrt{84}=9{,}1651513899$ ▶ Genauigkeit auf 11 Ziffern

$\sqrt{84}=a\sqrt{1+x_0}$ mit $|x_0|<1$ ▶ $84=81+3$

$\sqrt{84}=\sqrt{81+3}=\sqrt{81(1+\frac{3}{81})}=9\sqrt{1+\frac{1}{27}}$ ▶ $x_0=\frac{1}{27}$

▶ $\sqrt{84}\approx 1+\frac{1}{2}x_0$ ▶ MacLaurin-Polynom an der Stelle x_0 ersten Grades

$\approx 9(1+\frac{1}{2}\cdot\frac{1}{27})$

$=\underline{\mathbf{9{,}16}}66666666$ ▶ Genauigkeit auf 3 Ziffern

▶ $\sqrt{84}\approx 1+\frac{1}{2}x_0-\frac{1}{8}x_0^2$ ▶ MacLaurin-Polynom an der Stelle x_0 zweiten Grades

$\approx 9\cdot[1+\frac{1}{2}\cdot\frac{1}{27}-\frac{1}{8}\cdot(\frac{1}{27})^2]$

$\approx\underline{\mathbf{9{,}1651}}234568$ ▶ Genauigkeit auf 5 Ziffern

▶ $\sqrt{84}\approx 1+\frac{1}{2}x_0-\frac{1}{8}x_0^2+\frac{1}{16}x_0^3$ ▶ MacLaurin-Polynom an der Stelle x_0 dritten Grades

$$\approx 9\cdot\left[1+\frac{1}{2\cdot 27}-\frac{1}{8\cdot 27\cdot 27}+\frac{1}{16}\cdot\left(\frac{1}{27}\right)^3\right]$$

$\approx\underline{\mathbf{9{,}16515}}20348$ ▶ Genauigkeit auf 6 Ziffern

Die MacLaurin-Reihe einer Funktion f ist eine Potenzreihe, die für die Stelle $x_0=0$ entwickelt worden ist. Statt Null als Entwicklungsstelle zu wählen, kann man an einer beliebigen Stelle $x_0\in D(f)$ die Potenzreihe einer Funktion f bilden. Man erhält dann eine Potenzreihe der Form: $\langle s_n(x)\rangle=\sum\limits_{k=0}^{\infty}c_k(x-x_0)^k$.

Problem: Bestimmen Sie mit Hilfe des Quotientenkriteriums das Konvergenzintervall der Potenzreihe $\langle s_n(x)\rangle=\sum\limits_{k=0}^{\infty}c_k(x-x_0)^k$ mit $c_k\neq 0$ für fast alle $k\in\mathbb{N}$.

Ersetzt man x durch $x-x_0$ in der Potenzreihe $\langle s_n(x)\rangle=\sum\limits_{k=0}^{\infty}c_k\,x^k$, so erhält man eine Potenzreihe der Form $\langle s_n(x)\rangle=\sum\limits_{k=0}^{\infty}c_k(x-x_0)^k$.

Durch einen Vergleich mit der Potenzreihe um die Stelle $x_0=0$, liest man ab, daß die Potenzreihe um eine beliebige Stelle x_0 in einem Intervall I um die Stelle x_0 konvergiert. Dieses Intervall hat die gleiche Länge wie das Intervall der entsprechenden Reihe um die Stelle $x_0=0$.

$$\langle s_n(x)\rangle=\sum_{k=0}^{\infty}c_k\,x^k$$

$\Rightarrow r=\lim\limits_{k\to\infty}\left|\frac{c_k}{c_{k+1}}\right|$ ▶ Konvergenz für $-r<x<r$

In $\sum\limits_{k=0}^{\infty}c_k\cdot x^k$ wird x durch $x-x_0$ ersetzt!

$\Rightarrow\langle s_n(x)\rangle=\sum\limits_{k=0}^{\infty}c_k(x-x_0)^k$

$\Rightarrow -r<x-x_0<r$

$\Rightarrow$ Konvergenz für $x_0-r<x<x_0+r$

$\Rightarrow I=(x_0-r;\ x_0+r)\Rightarrow r=\lim\limits_{k\to\infty}\left|\frac{c_k}{c_{k+1}}\right|$

Problem: Für die Polynomfunktion $f: f(x)=a_0+a_1(x-x_0)+a_2(x-x_0)^2+a_3(x-x_0)^3$ sind die Koeffizienten a_k aus den Ableitungen der Funktion f zu bestimmen.

Man bildet die Ableitungen für die Polynomfunktion f.

$$f(x)=a_0+a_1(x-x_0)+a_2(x-x_0)^2+a_3(x-x_0)^3$$
$$f'(x)=a_1+2a_2(x-x_0)+3a_3(x-x_0)^2$$
$$f''(x)=2a_2+6a_3(x-x_0)$$
$$f'''(x)=6a_3$$

Die Koeffizienten a_k der Funktion lassen sich dadurch bestimmen, daß man den Funktionswert und den der Ableitungen an der Stelle x_0 berechnet.

Für die Stelle x_0 gilt:

$$f(x_0)=a_0 \quad \Rightarrow a_0=f(x_0)$$
$$f'(x_0)=a_1 \quad \Rightarrow a_1=f'(x_0)=\frac{f'(x_0)}{1!}$$
$$f''(x_0)=2a_2 \Rightarrow a_2=\frac{f''(x_0)}{2!}$$
$$f'''(x_0)=6a_3 \Rightarrow a_3=\frac{f'''(x_0)}{3!}$$

Setzt man die berechneten Koeffizienten für a_k in den Term der Ausgangsfunktion, so erhält man eine andere Darstellung der Polynomfunktion dritten Grades in $x-x_0$.

$$\Rightarrow f(x)=f(x_0)+\frac{f'(x_0)}{1!}(x-x_0)+\frac{f''(x_0)}{2!}(x-x_0)^2+ +\frac{f'''(x_0)}{3!}(x-x_0)^3$$

Wählt man eine Polynomfunktion vierten, fünften, sechsten, ... Grades, so läßt sich das Ergebnis verallgemeinern, und man spricht dann vom **Taylor-Polynom** vierten, fünften, ... Grades.

$$f(x)=f(x_0)+\frac{f'(x_0)}{1!}(x-x_0)+\frac{f''(x_0)}{2!}(x-x_0)^2+\ldots+\frac{f^n(x_0)}{n!}(x-x_0)^n$$ ► Taylor-Polynom vom Grad n

Eine formal gebildete Reihe $\sum\limits_{k=0}^{\infty}\frac{f^{(k)}(x_0)}{k!}(x-x_0)^k$ heißt **Taylor-Reihe** einer Funktion f für die Entwicklungsstelle $x_0 \in D(f)$. Statt den Konvergenzradius r einer solchen Reihe zu bestimmen, um zu überprüfen, für welche Werte von x eine Funktion f durch eine Taylor-Reihe dargestellt wird, gibt es eine weitere Möglichkeit nach Taylor.

Von Taylor (englischer Mathematiker, 1685 – 1731) stammt der folgende Satz, der ohne Beweis wiedergegeben wird, da es hier mehr auf dessen Anwendung ankommt.

Merke:

Ist $f: x \mapsto f(x)$ eine $(n+1)$-mal stetig differenzierbare Funktion in einem Intervall I und x_0 ein innerer Punkt von I, dann gilt für alle $x \in I$:

$$f(x)=\sum_{k=0}^{n}\frac{f^k(x_0)}{k!}(x-x_0)^k+R_n(x) \text{ mit } R_n(x)=f^{(n+1)}(x_0+\vartheta(x-x_0))\,\frac{(x-x_0)^{n+1}}{(n+1)!} \text{ und } 0<\vartheta<1$$

Man nennt $\sum\limits_{k=0}^{n}\frac{f^{(k)}(x_0)}{k!}(x-x_0)^k$ das Taylor-Polynom von f vom Grad n an der Stelle x_0 und $R_n(x)$ das **Restglied**.

Anmerkung:

Stetig differenzierbar bedeutet, daß die Funktion f und alle ihre Ableitungen im Intervall I stetig sein müssen. Die Voraussetzung der Stetigkeit im Satz von Taylor ist nicht verwunderlich, da jede Potenzreihe in ihrem Konvergenzbereich beliebig oft differenzierbar ist und damit auch alle Ableitungen stetig sind. Soll sich also eine Funktion f in der Umgebung einer Stelle x_0 durch eine Potenzreihe darstellen lassen, so müssen die Funktion f und alle ihre Ableitungen stetig sein.

Aus dem Satz von Taylor folgt für das Restglied R_n: $R_n(x)=f(x)-\sum\limits_{k=0}^{n}\frac{f^{(k)}(0)}{k!}(x-x_0)^k$. Die Funktion $f\colon x\mapsto f(x)$ läßt sich also genau dann durch eine Potenzreihe darstellen, wenn gilt: $\lim\limits_{n\to\infty} R_n(x)=0$. Damit ergibt sich: $f(x)=\sum\limits_{k=0}^{\infty}\frac{f^{(k)}(x_0)}{k!}(x-x_0)^k$. Wählt man als Entwicklungsstelle die Stelle $x_0=0$, so erhält man aus der Taylor-Reihe die MacLaurin-Reihe.

Beispiel: Untersuchen Sie, für welche Werte von x sich die Funktion $f\colon f(x)=\mathrm{e}^x$ mit Hilfe der MacLaurin-Reihe durch eine Potenzreihe darstellen läßt.

Da alle Ableitungen der Funktion f mit der Funktion f selbst übereinstimmen, erhält man $f^{(k)}(0)=1$ für alle $k\in\mathbb{N}$.

$$f(x)=\mathrm{e}^x \Rightarrow f(0)=\underline{1}$$
$$f'(x)=\mathrm{e}^x \Rightarrow f'(0)=\underline{1}$$
$$\vdots$$
$$f^{(k)}(x)=\mathrm{e}^x \Rightarrow f^{(k)}(0)=\underline{1}$$
$$\Rightarrow 1+x+\frac{x^2}{2!}+\frac{x^3}{3!}+\ldots+\frac{x^n}{n!}+\ldots$$ ► MacLaurin-Reihe
$$R_n(x)=f^{(n+1)}(\vartheta x)\cdot\frac{x^{n+1}}{(n+1)!};\quad 0<\vartheta<1$$
$$=\mathrm{e}^{\vartheta x}\cdot\frac{x^{n+1}}{(n+1)!}$$

Für das Restgeld nach dem Taylorschen Satz $R_n(x)=\mathrm{e}^{\vartheta x}\cdot\frac{x^{n+1}}{(n+1)!}$ gilt wegen $0<\vartheta<1$ zunächst die Abschätzung $|R_n(x)|=\left|\mathrm{e}^{\vartheta x}\cdot\frac{x^{n+1}}{(n+1)!}\right|<\mathrm{e}^{|x|}\cdot\frac{|x|^{n+1}}{(n+1)!}$. Für jedes $x\in\mathbb{R}$ läßt sich dann eine natürliche Zahl für m so bestimmen, daß $m>2\cdot|x|$ gilt. Damit läßt sich das Restglied $R_n(x)$ weiter abschätzen:

$$\mathrm{e}^{|x|}\cdot\frac{|x|^{n+1}}{(n+1)!}=\mathrm{e}^{|x|}\cdot\frac{|x|^m}{m!}\cdot\frac{|x|}{m+1}\cdot\frac{|x|}{m+2}\cdot\ldots\cdot\frac{|x|}{n+1}<\mathrm{e}^{|x|}\cdot\frac{|x|^m}{m!}\cdot\left(\frac{1}{2}\right)^{n-m+1}.$$

Für jede Wahl von x stellt dann $\mathrm{e}^{|x|}\cdot\frac{|x|^m}{m!}$ eine feste Zahl dar, und wegen $\lim\limits_{n\to\infty}(\frac{1}{2})^{n-m+1}=0$ strebt also $R_n\to 0$ für $n\to\infty$. Die Funktion f wird also für alle $x\in\mathbb{R}$ durch ihre MacLaurin-Reihe dargestellt: $\lim\limits_{n\to\infty} R_n(x)=0 \Rightarrow \mathrm{e}^x=1+x+\frac{x^2}{2!}+\frac{x^3}{3!}+\ldots=\sum\limits_{k=0}^{\infty}\frac{x^k}{k!};\ x\in\mathbb{R}$.

Beispiel: Bestimmen Sie e auf sechs Stellen hinter dem Komma genau. Wie viele Glieder der Potenzreihendarstellung von e^x müssen Sie hierzu berücksichtigen?

Die Konstante e ergibt sich aus der Reihendarstellung von e^x für $x_0=1$. Soll das Ergebnis auf sechs Stellen hinter dem Komma genau sein, so muß der Fehler kleiner als 10^{-6} sein.

$$e^x=\sum_{k=0}^{\infty}\frac{x^k}{k!};\; R_n(x)=e^{\vartheta x}\frac{x^{n+1}}{(n+1)!}$$

Für $x_0=1$ und $0<\vartheta<1$ gilt:

$$R_n(1)=\frac{e^{\vartheta}}{(n+1)!}$$

Da für $0<\vartheta<1$ die Aussage $e^{\vartheta}<3$ gilt, erhält man aus dem Restglied eine Abschätzung für den Wert von n. Für $n=9$ ist der Fehler kleiner als 10^{-6}, das heißt, daß man die ersten zehn Glieder der Reihe berücksichtigen muß, um e auf sechs Stellen hinter dem Komma genau zu bestimmen.

▶ $\frac{e^{\vartheta}}{(n+1)!}<\frac{3}{(n+1)!}$ ▶ $\frac{3}{(n+1)!}<10^{-6}$

$$\Rightarrow (n+1)!>\frac{3}{10^{-6}}=3\,000\,000$$

▶ $9!=362\,880;\; 10!=3\,628\,800$

$$\Rightarrow 10!>3\,000\,000 \Rightarrow n=9$$

$$e\approx 1+1+\frac{1}{2!}+\frac{1}{3!}+\frac{1}{4!}+\frac{1}{5!}+\frac{1}{6!}+\frac{1}{7!}+\frac{1}{8!}+\frac{1}{9!}$$

$e\approx \underline{2{,}7182815}$ ▶ Genauigkeit auf 6 Stellen hinter dem Komma

Beispiel: Untersuchen Sie, für welche Werte von x sich die Funktion $f\colon f(x)=\sqrt[3]{1+x}$ mit Hilfe der Reihe von MacLaurin durch eine Potenzreihe darstellen läßt. Bestimmen Sie die ersten vier Glieder der Reihe.

Die Funktion $f\colon f(x)=\sqrt[3]{1+x}$ ist im Intervall $(-1;\,\infty)$ beliebig oft differenzierbar.

$$f(x)=\sqrt[3]{1+x}$$

$$f(0)=\sqrt[3]{1+0}=1 \Rightarrow f(0)=\underline{1}$$

Bildet man die erste, zweite, dritte, ... Ableitung der Funktion f an der Stelle $x_0=0$, so kann man die Koeffizienten der MacLaurin-Reihe berechnen.

$$f'(x)=\frac{1}{3}(1+x)^{-\frac{2}{3}}$$

$$\Rightarrow f'(0)=\frac{1}{3} \;▶\; \frac{f'(0)}{1!}=\frac{1}{3\cdot 1!}=\underline{\frac{1}{3}}$$

$$f''(x)=-\frac{2}{9}(1+x)^{-\frac{5}{3}}$$

$$\Rightarrow f''(0)=-\frac{2}{9} \;▶\; \frac{f''(0)}{2!}=-\frac{2}{9\cdot 2!}=-\underline{\frac{1\cdot 2}{3\cdot 6}}$$

$$f'''(x)=\frac{10}{27}(1-x)^{-\frac{8}{3}}$$

$$\Rightarrow f'''(0)=\frac{10}{27} \;▶\; \frac{f'''(0)}{3!}=\frac{1\cdot 2\cdot 5}{27\cdot 3!}=\frac{1\cdot 2\cdot 5}{27\cdot 1\cdot 2\cdot 3}=\frac{1\cdot 2\cdot 5}{3\cdot 6\cdot 9}$$

Setzt man diese Koeffizienten in die allgemeine Form der MacLaurin-Reihe ein, so erhält man die gesuchte Potenzreihe.

$$\Rightarrow 1+\frac{1}{3}x-\frac{1\cdot 2}{3\cdot 6}x^2+\frac{1\cdot 2\cdot 5}{3\cdot 6\cdot 9}x^3-+\dots$$

▶ MacLaurin-Reihe

Es ist nun zu prüfen, wann diese Potenzreihe konvergiert. Hierzu wird der Konvergenzradius r der Potenzreihe bestimmt.

$$r=\lim_{k\to\infty}\left|\frac{c_k}{c_{k+1}}\right|$$

$$\left|\frac{c_k}{c_{k+1}}\right|=\left|\frac{1\cdot 2\cdot 5\cdot 8\cdot\ldots\cdot(3k-4)\cdot 3\cdot 6\cdot 9\cdot 12\cdot\ldots\cdot 3k\cdot 3(k+1)}{3\cdot 6\cdot 9\cdot 12\cdot\ldots\cdot 3k\cdot 1\cdot 2\cdot 5\cdot 8\cdot\ldots\cdot(3k-4)\cdot(3k-1)}\right|$$

$$=\left|\frac{3(k+1)}{3k-1}\right|$$

$$=\left|\frac{3k+3}{3k-1}\right|$$

Man erhält für die Potenzreihe das Konvergenzintervall $I=(-1;\,1)$, das bedeutet, daß die Funktion f für alle $|x|<1$ durch die MacLaurin-Reihe dargestellt werden kann.

$$\Rightarrow r=\lim_{k\to\infty}\left|\frac{3k+3}{3k-1}\right|=\lim_{k\to\infty}\left|\frac{3+\frac{3}{k}}{3-\frac{1}{k}}\right|=1$$

$\Rightarrow$ Konvergenzintervall: $I=(-1;\,1)$

$$\Rightarrow f(x)=1+\frac{1}{3}x-\frac{1\cdot 2}{3\cdot 6}x^2+\frac{1\cdot 2\cdot 5}{3\cdot 6\cdot 9}x^3-+\ldots;\ |x|<1.$$

Beispiel: Berechnen Sie den Wert von $\sqrt[3]{17}$ mit Hilfe der Potenzreihendarstellung für die Funktion $f\colon f(x)=\sqrt[3]{1+x}$. Verwenden Sie die ersten vier Glieder der Reihe und schätzen Sie den Fehler durch das Restglied $R_n(x)$ ab.

Um die MacLaurin-Reihe für $\sqrt[3]{1+x}$ auf die Berechnung von $\sqrt[3]{17}$ anwenden zu können, muß der Term $\sqrt[3]{17}$ so umgeformt werden, daß gilt: $\sqrt[3]{17}=a\sqrt[3]{1+x_0}$ mit $|x_0|<1$. Es muß also eine möglichst große dritte Potenz a^3 aus $\sqrt[3]{17}$ herausgezogen werden.

$\sqrt[3]{17}=2{,}57128159066$ ▶ Genauigkeit auf 12 Ziffern

$$\sqrt[3]{1+x}=1+\frac{1}{3}x-\frac{1\cdot 2}{3\cdot 6}x^2+\frac{1\cdot 2\cdot 5}{3\cdot 6\cdot 9}x^3-\ldots;\ |x|<1$$

$\sqrt[3]{17}=a\sqrt[3]{1+x_0}$ mit $|x_0|<1$ ▶ $17=2{,}5^3+1{,}375$

$$\sqrt[3]{17}=\sqrt[3]{2{,}5^3+1{,}375}=2{,}5\cdot\sqrt[3]{1+\frac{1{,}375}{2{,}5^3}}$$

▶ $x_0=\frac{1{,}375}{2{,}5^3}=\underline{0{,}088}$

Verwendet man die ersten vier Glieder der Reihe an der Stelle x_0, so erhält man ein Ergebnis, daß den genauen Wert für $\sqrt[3]{17}$ auf sechs Ziffern genau approximiert.

$$\sqrt[3]{17}\approx 2{,}5\cdot\left(1+\frac{1}{3}x_0-\frac{1\cdot 2}{3\cdot 6}x_0^2+\frac{1\cdot 2\cdot 5}{3\cdot 6\cdot 9}x_0^3\right)$$ ▶ $x_0=0{,}088$

$$\approx 2{,}5\left(1+\frac{1}{3}\cdot 0{,}088-\frac{1}{9}\cdot 0{,}088^2+\frac{5}{81}\cdot 0{,}088^3\right)$$

$\approx \underline{\mathbf{2{,}57128}}738765$ ▶ Genauigkeit auf 6 Ziffern

Da für $\vartheta=0$ das Restglied den größten Wert annimmt, wird zur Fehlerabschätzung für ϑ der Wert Null eingesetzt. Man liest ab, daß ein Fehler auf der sechsten Stelle hinter dem Komma auftritt, das Ergebnis also bis auf fünf Ziffern hinter dem Komma genau ist.

$$R_n(x)=f^{(n+1)}(\vartheta x)\cdot\frac{x^{n+1}}{(n+1)!};\ 0<\vartheta<1$$

▶ $R_3(0{,}088)=\frac{0{,}088^4}{4!}\cdot\left(-\frac{80}{81}\right)(1+\vartheta\cdot 0{,}088)^{-\frac{11}{3}}$

▶ $\vartheta=0\Rightarrow R_3(0{,}088)\approx-\frac{0{,}088^4}{24}\cdot\frac{80}{81}$

$R_3(0{,}088)\approx\underline{-0{,}0000025}$

Beispiel: Zeigen Sie für die Funktion f: $f(x)=\sqrt[3]{1+x}$, daß sie für $|x|<1$ um so besser durch die MacLaurin-Reihe approximiert wird, je mehr Glieder dieser Reihe berücksichtigt werden. Stellen Sie hierzu die Funktion f sowie die durch die MacLaurin-Polynome gegebenen Polynomfunktionen ersten, zweiten und dritten Grades graphisch dar.

Die Funktion f läßt sich als MacLaurin-Reihe für $|x|<1$ darstellen.

$$f(x)=1+\frac{1}{3}x+\frac{1\cdot 2}{3\cdot 6}x^2+\frac{1\cdot 2\cdot 5}{3\cdot 6\cdot 9}x^3-+\ldots;\ |x|<1$$

Zeichnet man den Graphen $G(f)$ der Funktion f sowie die Graphen der Polynomfunktionen p_1, p_2 und p_3 in ein Koordinatensystem, so erkennt man, daß sich die Graphen der Polynomfunktionen um so mehr dem Graphen der Funktion f annähern, je mehr Glieder der Reihe berücksichtigt werden.

p_1: $p_1(x)=1+\frac{1}{3}x$ ▶ $G(p_1)$

p_2: $p_2(x)=1+\frac{1}{3}x-\frac{1}{9}x^2$ ▶ $G(p_2)$

p_3: $p_3(x)=1+\frac{1}{3}x-\frac{1}{9}x^2+\frac{5}{81}x^3$ ▶ $G(p_3)$

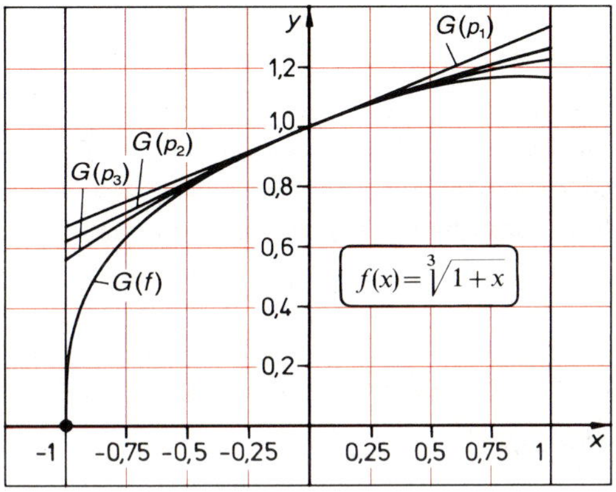

3.2.6 Reihen nichtrationaler Funktionen

Exponentialfunktionen

Problem: Bestimmen Sie eine Potenzreihendarstellung um $x_0=0$ für die Exponentialfunktion f: $f(x)=e^{ax}$.

Zur Bestimmung der Koeffizienten der MacLaurin-Reihe sind die Werte der Funktion f und ihrer Ableitungen an der Stelle $x_0=0$ zu berechnen.

$f(x)=e^{ax}$ mit a; $x\in\mathbb{R}$

$$f(0)+\frac{f'(0)}{1!}x+\frac{f''(0)}{2!}x^2+\frac{f'''(0)}{3!}x^3+\ldots$$ ▶ MacLaurin-Reihe

$$f(x)=e^{ax} \Rightarrow f(0)=\underline{1}$$
$$f'(x)=a\cdot e^{ax} \Rightarrow f'(0)=\underline{a}$$
$$f''(x)=a^2\cdot e^{ax} \Rightarrow f''(0)=\underline{a^2}$$
$$f'''(x)=a^3\cdot e^{ax} \Rightarrow f'''(0)=\underline{a^3}$$

Durch Ersetzen der Koeffizienten erhält man die MacLaurin-Reihe für e^{ax}. Es ist nun zu prüfen, für welche Werte von x die Funktion f durch die Reihe dargestellt wird. Hierzu wird der Grenzwert des Restgliedes des Taylorschen Satzes berechnet.

$$\Rightarrow e^{ax}\overset{?}{=}1+\frac{a}{1!}x+\frac{a^2}{2!}x^2+\frac{a^3}{3!}x^3+\ldots+\frac{a^n}{n!}x^n+\ldots$$

Mit einer analogen Abschätzung des Restgliedes wie bei der schon behandelten Reihe für e^x kann man zeigen, daß der Grenzwert des Restgliedes für $n\to\infty$ Null ist.

$$R_n(x)=f^{(n+1)}(\vartheta x)\frac{x^{n+1}}{(n+1)!}$$
$$=e^{a\vartheta x}\frac{a^{n+1}}{(n+1)!}x^{n+1}$$

Die Funktion f wird also für alle $x\in\mathbb{R}$ durch ihre MacLaurin-Reihe dargestellt.

$$\lim_{n\to\infty} R_n(x)=0 \Rightarrow \underline{\underline{e^{ax}=\sum_{k=0}^{\infty}\frac{a^k}{k!}x^k;\ x\in\mathbb{R}}}$$

Merke:

$$e^{ax}=1+\frac{a}{1!}x+\frac{a^2}{2!}x^2+\frac{a^3}{3!}x^3+\ldots+\frac{a^n}{n!}x^n+\ldots=\sum_{k=0}^{\infty}\frac{a^k}{k!}x^k;\; a, x\in\mathbb{R}$$

Problem: Bestimmen Sie eine Potenzreihendarstellung um $x_0=0$ für die Funktion f: $f(x)=c^x$.

Der Funktionsterm $f(x)=c^x$ läßt sich umformen in den Funktionsterm $e^{x\cdot\ln c}$. Hierdurch kann man die Reihe für die Exponentialfunktion e^{ax} zur Ermittlung der Reihe für die Funktion f: $f(x)=c^x$ verwenden.

Setzt man $a=\ln c$ in die Reihe für e^{ax} ein, so erhält man die MacLaurin-Reihe der Funktion f: $f(x)=c^x$.

Auch hier ist der Grenzwert des Restgliedes des Taylorschen Satzes wieder Null. Die Funktion f wird also für alle c, $x\in\mathbb{R}$ und $c>1$ durch ihre MacLaurin-Reihe dargestellt.

$$f(x)=c^x=e^{\ln c^x}=e^{x\cdot\ln c};\; c,\, x\in\mathbb{R},\, c>0$$

$$e^{ax}=1+\frac{a}{1!}x+\frac{a^2}{2!}x^2+\ldots+\frac{a^n}{n!}x^n+\ldots$$ ▶ MacLaurin-Reihe

▶ $c^x=e^{x\cdot\ln c}$ ▶ $a=\ln c$

$$1+\frac{\ln c}{1!}x+\frac{(\ln c)^2}{2!}x^2+\ldots+\frac{(\ln c)^n}{n!}x^n+\ldots$$ ▶ MacLaurin-Reihe

$$R_n(x)=f^{(n+1)}(\vartheta x)\frac{x^{n+1}}{(n+1)!}=e^{(\ln c)\vartheta x}\frac{(\ln c)^{n+1}}{(n+1)!}x^{n+1}$$

$$\lim_{n\to\infty}\frac{(\ln c)^{n+1}}{(n+1)!}x^{n+1}=0 \Rightarrow \lim_{n\to\infty}R_n(x)=0$$

$$\Rightarrow c^x=\sum_{k=0}^{\infty}\frac{(\ln c)^k}{k!}x^k;\; c,\, x\in\mathbb{R},\, c>1.$$

Merke:

$$c^x=1+\frac{\ln c}{1!}x+\frac{(\ln c)^2}{2!}x^2+\ldots+\frac{(\ln c)^n}{n!}x^n+\ldots=\sum_{k=0}^{\infty}\frac{(\ln c)^k}{k!}x^k;\; c,\, x\in\mathbb{R},\, c>1.$$

Weitere Reihen von Exponentialfunktionen finden Sie im Kapitel „Zusammenstellung wichtiger Funktionen, Ableitungen und Reihen".

Logarithmusfunktionen

Problem: Bestimmen Sie eine Potenzreihendarstellung um $x_0=0$ für die Funktion f: $f(x)=\ln(1+x)$.

Da die Funktion f: $f(x)=\ln x$ und ihre Ableitungen an der Stelle $x_0=0$ nicht definiert sind, wird eine Reihenentwicklung für die Funktion f: $f(x)=\ln(1+x)$ gesucht. Bestimmt man die Werte der Funktion und ihrer Ableitungen an der Stelle $x_0=0$, so erhält man die MacLaurin-Reihe für $\ln(1+x)$.

$$f(x)=\ln(1+x);\; D(f)=(-1;\,\infty)$$

$$f(0)+\frac{f'(0)}{1!}x+\frac{f''(0)}{2!}x^2+\ldots+\frac{f^{(n)}(0)}{n!}x^n+\ldots$$

$$f(x)=\ln(1+x) \Rightarrow f(0)=\ln 1=\underline{0}$$

$$f'(x)=\frac{1}{1+x} \Rightarrow f'(0)=\underline{1}$$

$$f''(x)=\frac{-1}{(1+x)^2} \Rightarrow f''(0)=\underline{-1}$$

$$f'''(x)=\frac{2}{(1+x)^3} \Rightarrow f'''(0)=\underline{2}$$

$$f^{(4)}(x)=\frac{-6}{(1+x)^4} \Rightarrow f^{(4)}(0)=\underline{-6}$$

▶ $x-\frac{x^2}{2}+\frac{x^3}{3}-\frac{x^4}{4}+-\ldots-+(-1)^{n+1}\frac{x^n}{n}+\ldots$ ▶ MacLaurin-Reihe

Überprüft man den Konvergenzradius der Reihe, so stellt man fest, daß sie den Konvergenzradius $r=1$ hat.

Die Reihe stellt also für alle $|x|<1$ die Funktion f dar.

$r=\lim\limits_{n\to\infty}\left|\frac{c_n}{c_{n+1}}\right|$ ▶ Konvergenzradius

▶ $|c_n|=\frac{1}{n}$; $|c_{n+1}|=\frac{1}{n+1}$

$\Rightarrow r=\lim\limits_{n\to\infty}\left|\frac{n+1}{n}\right|=1 \Rightarrow I=(-1;1)$

$$\Rightarrow \ln(1+x)=x-\frac{x^2}{2}+\frac{x^3}{3}-\frac{x^4}{4}+\frac{x^5}{5}-+\dots;\ |x|<1$$

Problem: Bestimmen Sie eine Potenzreihendarstellung um $x_0=0$ für die Funktion f: $f(x)=\ln(1-x)$.

Es werden wieder die Werte der Funktion f und ihrer Ableitungen an der Stelle $x_0=0$ berechnet.

Setzt man die für die Funktion und ihre Ableitungen an der Stelle $x_0=0$ berechneten Werte in die allgemeine Form der MacLaurin-Reihe ein, so erhält man die MacLaurin-Reihe für $\ln(1-x)$.

$f(x)=\ln(1-x)$; $D(f)=(-\infty;1)$

$f(x)=\ln(1-x) \Rightarrow f(0)=\ln 1=\underline{0}$

$f'(x)=\frac{-1}{1-x} \Rightarrow f'(0)=\underline{-1}$

$f''(x)=\frac{-1}{(1-x)^2} \Rightarrow f''(0)=\underline{-1}$

$f'''(x)=\frac{-2}{(1-x)^3} \Rightarrow f'''(0)=\underline{-2}$

$f^{(4)}(x)=\frac{-6}{(1-x)^4} \Rightarrow f^{(4)}(0)=\underline{-6}$

▶ $-x-\frac{x^2}{2}-\frac{x^3}{3}-\frac{x^4}{4}-\dots-\frac{x^n}{n}-\dots$ ▶ MacLaurin-Reihe

$r=\lim\limits_{n\to\infty}\left|\frac{c_n}{c_{n+1}}\right|$ ▶ Konvergenzradius

▶ $|c_n|=\frac{1}{n}$; $|c_{n+1}|=\frac{1}{n+1}$

Auch diese Reihe hat den Konvergenzradius $r=1$, das heißt, sie konvergiert für alle $|x|<1$ und stellt also dort die Funktion f dar.

$\Rightarrow r=\lim\limits_{n\to\infty}\left|\frac{n+1}{n}\right|=1 \Rightarrow I=(-1;1)$

$$\Rightarrow \ln(1-x)=-x-\frac{x^2}{2}-\frac{x^3}{3}-\frac{x^4}{4}-\dots;\ |x|<1.$$

Merke:

$$\left.\begin{aligned}\ln(1+x)&=\ \ x-\frac{x^2}{2}+\frac{x^3}{3}-\frac{x^4}{4}+-\dots=\sum_{k=1}^{\infty}(-1)^{k+1}\frac{x^k}{k}\\ \ln(1-x)&=-x-\frac{x^2}{2}-\frac{x^3}{3}-\frac{x^4}{4}-\dots=-\sum_{k=1}^{\infty}\frac{x^k}{k}\end{aligned}\right\}\ |x|<1$$

Anmerkung:

Mit Hilfe der entwickelten Potenzreihendarstellung für $\ln(1+x)$ und $\ln(1-x)$ kann man auch Werte der Logarithmusfunktion f: $f(x)=\ln x$; $D(f)=\mathbb{R}_+^*$ berechnen. Da beide Potenzreihen aber nur den Konvergenzradius $r=1$, also das Konvergenzintervall $I=(-1;\ 1)$ besitzen, lassen sich solche Werte nur für $x\in(0;2)$ ermitteln. Zum Beispiel gelten $\ln 1{,}5=\ln(1+0{,}5)$ und $\ln 0{,}4=\ln(1-0{,}6)$,

Problem: Bestimmen Sie eine Potenzreihendarstellung um $x_0=0$ für die Funktion $f\colon f(x)=\ln\frac{1+x}{1-x}$.

Da sich der Funktionsterm der Funktion f in die Differenz $f(x)=\ln(1+x)-\ln(1-x)$ umformen läßt, kann die gesuchte Potenzreihe mit Hilfe der Reihen für $\ln(1+x)$ und $\ln(1-x)$ bestimmt werden.

$$f(x)=\ln\frac{1+x}{1-x};\ D(f)=(-1;1)$$

$$\ln\frac{1+x}{1-x}=\ln(1+x)-\ln(1-x)$$

$$\ln(1+x)=x-\frac{x^2}{2}+\frac{x^3}{3}-\frac{x^4}{4}+\frac{x^5}{5}-+\ldots$$

$$\ln(1-x)=-x-\frac{x^2}{2}-\frac{x^3}{3}-\frac{x^4}{4}-\frac{x^5}{5}-\ldots$$

$$\ln\frac{1+x}{1-x}=2x+2\frac{x^3}{3}+2\frac{x^5}{5}+\ldots$$

$$\Rightarrow \ln\frac{1+x}{1-x}=2\left(x+\frac{x^3}{3}+\frac{x^5}{5}+\ldots+\frac{x^{2n+1}}{2n+1}+\ldots\right)$$

Auch diese Potenzreihe hat den Konvergenzradius $r=1$.

$$r=\lim_{n\to\infty}\left|\frac{c_n}{c_{n+1}}\right| \quad ▶ \text{ Konvergenzradius}$$

$$▶\ c_n=\frac{1}{2n+1};\ c_{n+1}=\frac{1}{2(n+1)+1}=\frac{1}{2n+3}$$

$$\Rightarrow r=\lim_{n\to\infty}\left|\frac{2n+3}{2n+1}\right|=\lim_{n\to\infty}\left|\frac{2+\frac{3}{n}}{2+\frac{1}{n}}\right|=\underline{\underline{1}}$$

Da sich jede positive Zahl durch den Bruchterm $\frac{1+x}{1-x}$ mit $-1<x<1$ darstellen läßt, können hiermit beliebige Werte der Logarithmusfunktion $f\colon f(x)=\ln x$ berechnet werden.

$$\Rightarrow \ln\frac{1+x}{1-x}=2\left(x+\frac{x^3}{3}+\frac{x^5}{5}+\frac{x^7}{7}+\ldots\right);\ |x|<1$$

Merke:

$$\ln\frac{1+x}{1-x}=2\left(x+\frac{x^3}{3}+\frac{x^5}{5}+\frac{x^7}{7}+\frac{x^9}{9}+\ldots\right)=2\cdot\sum_{k=0}^{\infty}\frac{x^{2k+1}}{2k+1};\quad |x|<1.$$

Beispiele: Berechnen Sie ln 2, ln 3 und ln 4,5 mit Hilfe der Potenzreihe für $\ln\frac{1+x}{1-x}$. Berücksichtigen Sie die ersten acht Glieder der Reihe.

$$\ln\frac{1+x}{1-x}=2\left(x+\frac{x^3}{3}+\frac{x^5}{5}+\frac{x^7}{7}+\frac{x^9}{9}+\frac{x^{11}}{11}+\frac{x^{13}}{13}+\frac{x^{15}}{15}+\ldots\right) \quad ▶ \text{ acht Glieder}$$

In dieser Reihe werden nun nacheinander für x solche Werte x_0 eingesetzt, so daß der Bruchterm $\frac{1+x}{1-x}$ die Werte 2; 3 und 4,5 annimmt. Dazu setzt man den Bruchterm gleich 2; 3 und 4,5 und berechnet jeweils x_0.

● $\ln 2 = ?$

Berechnet man ln 2 mit einem Taschenrechner, der eine 10stellige Anzeige hat, so erhält man $\ln 2 = 0{,}6931471816$. Das Rechenergebnis wird also für die ersten acht Ziffern bestätigt.

$$\frac{1+x}{1-x} = 2 \Rightarrow 1+x = 2(1-x) \Rightarrow x_0 = \underline{\frac{1}{3}}$$

► $\ln 2 \approx 2\left[\frac{1}{3} + \frac{1}{3}\left(\frac{1}{3}\right)^3 + \ldots + \frac{1}{15}\left(\frac{1}{3}\right)^{15}\right]$ ► 8 Glieder

$\ln 2 \approx \underline{\mathbf{0{,}6931471}}795$ ► Genauigkeit: 8 Ziffern

● $\ln 3 = ?$

Für ln 3 erhält man hier entsprechend $\ln 3 = 1{,}098612289$. Das Rechenergebnis wird also für die ersten sechs Ziffern bestätigt.

$$\frac{1+x}{1-x} = 3 \Rightarrow 1+x = 3(1-x) \Rightarrow x_0 = \underline{0{,}5}$$

► $\ln 3 \approx 2\left[0{,}5 + \frac{0{,}5}{3} + \ldots + \frac{0{,}5^{15}}{15}\right]$ ► 8 Glieder

$\ln 3 \approx \underline{\mathbf{1{,}09861}}11314$ ► Genauigkeit: 6 Ziffern

● $\ln 4{,}5 = ?$

Wird ln 4,5 mit dem Taschenrechner ermittelt, so gilt $\ln 4{,}5 = 1{,}504077397$, d.h. das Rechenergebnis wird für die ersten drei Ziffern bestätigt.

$$\frac{1+x}{1-x} = 4{,}5 \Rightarrow 1+x = 4{,}5(1-x) \Rightarrow x_0 = \underline{\frac{7}{11}}$$

► $\ln 4{,}5 \approx 2\left[\frac{7}{11} + \frac{1}{3}\left(\frac{7}{11}\right)^3 + \ldots + \frac{1}{15}\left(\frac{7}{11}\right)^{15}\right]$ ► 8 Glieder

$\ln 4{,}5 \approx \underline{\mathbf{1{,}50}}39921977$ ► Genauigkeit 3 Ziffern

Weitere Reihen von Logarithmusfunktionen finden Sie im Kapitel „Zusammenstellung wichtiger Funktionen, Ableitungen und Reihen“.

Trigonometrische Funktionen

Problem: Bestimmen Sie eine Potenzreihendarstellung um $x_0 = 0$ für die Funktion $f\colon f(x) = \sin x$.

Bildet man die Ableitungen der Funktion, so stellt man fest, daß die vierte Ableitung wieder mit der Ausgangsfunktion übereinstimmt. Damit stimmt die fünfte Ableitung mit der ersten überein, usw. Die Funktionswerte werden für die Stelle $x_0 = 0$ berechnet.

$f(x) = \sin x \Rightarrow f(0) = \underline{0}$

$f'(x) = \cos x \Rightarrow f'(0) = \underline{1}$

$f''(x) = -\sin x \Rightarrow f''(0) = \underline{0}$

$f'''(x) = -\cos x \Rightarrow f'''(0) = \underline{-1}$

$f^{(4)}(x) = f(x) = \sin x \Rightarrow f^{(4)}(0) = \underline{0}$

$\frac{x^1}{1!} - \frac{x^3}{3!} + \frac{x^5}{5!} + \ldots + (-1)^n \frac{x^{2n+1}}{(2n+1)!} + \ldots$ ► MacLaurin-Reihe

Mit Hilfe des Restgliedes aus dem Taylorschen Satz wird überprüft, für welche Werte von x die MacLaurin-Reihe die Funktion f darstellt.

$R_n(x)=[\sin(\vartheta x)]\cdot\frac{x^{n+1}}{(n+1)!}$ oder

$R_n(x)=[\cos(\vartheta x)]\cdot\frac{x^{n+1}}{(n+1)!}$

▶ $|\sin(\vartheta x)|\leq 1$ und $|\cos(\vartheta x)|\leq 1$

$\Rightarrow |R_n(x)|\leq\left|\frac{x^{n+1}}{(n+1)!}\right|$

▶ $\lim\limits_{n\to\infty}\frac{x^{n+1}}{(n+1)!}=0 \Rightarrow \lim\limits_{n\to\infty} R_n(x)=0$

Für alle $x\in\mathbb{R}$ wird die Sinusfunktion durch ihre MacLaurin-Reihe dargestellt; sie ist eine alternierende Reihe.

$$\Rightarrow \sin x=\sum_{k=0}^{\infty}(-1)^k\frac{x^{2k+1}}{(2k+1)!};\ x\in\mathbb{R}$$

Beispiel: Bestimmen Sie eine Potenzreihendarstellung um $x_0=0$ für die Funktion f: $f(x)=\cos x$.

Auch für diese Funktion stimmt die vierte Ableitung wieder mit der Ausgangsfunktion überein, so daß man die MacLaurin-Reihe leicht angeben kann.

$f(x)=\cos x \quad\Rightarrow f(0)=\underline{1}$

$f'(x)=-\sin x \quad\Rightarrow f'(0)=\underline{0}$

$f''(x)=-\cos x \quad\Rightarrow f''(0)=\underline{-1}$

$f'''(x)=\sin x \quad\Rightarrow f'''(0)=\underline{0}$

$f^{(4)}(x)=f(x)=\cos x \Rightarrow f^{(4)}(0)=\underline{1}$

In dieser Reihe für $\cos x$ treten nur geradzahlige Exponenten auf.

▶ $1-\frac{x^2}{2!}+\frac{x^4}{4!}+\ldots+(-1)^n\frac{x^{2n}}{(2n)!}+\ldots$ ▶ MacLaurin-Reihe

Mit Hilfe des Restgliedes aus dem Taylorschen Satz wird überprüft, für welche Werte von x die MacLaurin-Reihe die Funktion f darstellt.

$R_n(x)=[\cos(\vartheta x)]\cdot\frac{x^{n+1}}{(n+1)!}$ oder

$R_n(x)=[\sin(\vartheta x)]\cdot\frac{x^{n+1}}{(n+1)!}$

▶ $|\sin(\vartheta x)|\leq 1$ und $|\cos(\vartheta x)|\leq 1$

$\lim\limits_{n\to\infty}\frac{x^{n+1}}{(n+1)!}=0 \Rightarrow \lim\limits_{n\to\infty} R_n(x)=0$

Für alle $x\in\mathbb{R}$ wird die Kosusinfunktion durch ihre MacLaurin-Reihe dargestellt; sie ist eine alternierende Reihe.

$$\Rightarrow \cos x=\sum_{k=0}^{\infty}(-1)^k\frac{x^{2k}}{(2k)!};\ x\in\mathbb{R}$$

Merke:

$$\left.\begin{aligned}\sin x&=\sum_{k=0}^{\infty}(-1)^k\frac{x^{2k+1}}{(2k+1)!}=x-\frac{x^3}{3!}+\frac{x^5}{5!}-\frac{x^7}{7!}+-\ldots\\ \cos x&=\sum_{k=0}^{\infty}(-1)^k\frac{x^{2k}}{(2k)!}=1-\frac{x^2}{2!}+\frac{x^4}{4!}-\frac{x^6}{6!}+-\ldots\end{aligned}\right\}\ x\in\mathbb{R}$$

Anmerkung:

In die Potenzreihen für $\sin x$ und $\cos x$ muß x im Bogenmaß eingesetzt werden ($360°\triangleq 2\pi$).

Beispiel: Berechnen Sie $\sin\alpha$ und $\cos\alpha$ für $\alpha=10°$. Verwenden Sie für die Sinusfunktion die ersten zwei, für die Kosinusfunktion die ersten drei Glieder ihrer Potenzreihendarstellung.

Zunächst muß der Winkel von 10° in das Bogenmaß umgerechnet werden. Der Taschenrechner liefert: $x_0=0{,}1745329$.

Setzt man diesen Wert für x in die Potenzreihe für den Sinus ein, und berücksichtigt die ersten beiden Reihenglieder, so erhält man das Ergebnis auf fünf Stellen hinter dem Komma genau, wie der Vergleich mit dem Taschenrechner zeigt.

Die ersten drei Glieder der Kosinusreihe liefern ein Ergebnis, daß in allen Ziffern mit dem Taschenrechnerwert übereinstimmt.

$\alpha=10° \hat{=} x_0=0{,}1745329$

Taschenrechnerwert: $\sin 10°=0{,}1736482$

$\sin x=x-\frac{x^3}{3!}+\frac{x^5}{5!}-\frac{x^7}{7!}+-\ldots$ ▶ 2 Glieder

▶ $\sin 10°\approx 0{,}1745329-\frac{0{,}1745329^3}{3!}$

$\approx \underline{\mathbf{0{,}1736}}68$

Taschenrechnerwert: $\cos 10°=0{,}9848078$

$\cos x=1-\frac{x^2}{2!}+\frac{x^4}{4!}-\frac{x^6}{6!}+-\ldots$ ▶ 3 Glieder

▶ $\cos 10°\approx 1-\frac{0{,}1745329^2}{2!}+\frac{0{,}1745329^4}{4!}$

$\approx \underline{\mathbf{0{,}9848078}}$

Für kleine Winkel α oder kleine Werte für x genügt es also, die ersten Glieder der Potenzreihen zur annähernden Berechnung von $\sin x$ und $\cos x$ zu verwenden: $\sin x\approx x-\frac{x^3}{3!}$; $\cos x\approx 1-\frac{x^2}{2!}+\frac{x^4}{4!}$.

Problem: Bestimmen Sie die ersten vier Glieder der MacLaurin-Reihe für die Funktion $f\colon f(x)=\tan x$.

$f(x)=\tan x \Rightarrow f(0)=\underline{0}$

$f'(x)=\frac{1}{\cos^2 x} \Rightarrow f'(0)=\underline{1}$

$f''(x)=\frac{2\cdot\sin x}{\cos^3 x} \Rightarrow f''(0)=\underline{0}$

$f'''(x)=\frac{6\cdot\sin^2 x+2\cdot\cos^2 x}{\cos^4 x} \Rightarrow f'''(0)=\underline{2}$

$f^{(4)}(x)=\frac{24\cdot\sin^3 x+16\cdot\sin x\cdot\cos^2 x}{\cos^5 x} \Rightarrow f^{(4)}(0)=\underline{0}$

$f^{(5)}(x)=\frac{120\cdot\sin^4 x+120\cdot\sin^2 x\cdot\cos^2 x+16\cdot\cos^4 x}{\cos^6 x} \Rightarrow f^{(5)}(0)=\underline{16}$

$f^{(6)}(x)=\frac{720\cdot\sin^5 x+960\cdot\sin^3 x\cdot\cos^2 x+272\cdot\sin x\cdot\cos^4 x}{\cos^7 x} \Rightarrow f^{(6)}(0)=\underline{0}$

$f^{(7)}(x)=\frac{5040\cdot\sin^6 x+8400\cdot\sin^4 x\cdot\cos^2 x+3696\cdot\sin^2 x\cdot\cos^4 x+272\cdot\cos^6 x}{\cos^8 x} \Rightarrow f^{(7)}(0)=\underline{272}$

▶ $x+\frac{2}{3!}x^3+\frac{16}{5!}x^5+\frac{272}{7!}x^7+\ldots$ ▶ MacLaurin-Reihe

Aus den mit Hilfe der Ableitungen berechneten Koeffizienten von x kann man kein Bildungsgesetz für die MacLaurin-Reihe der Tangensfunktion erkennen. Berücksichtigt man höhere Ableitungen, so lassen sich weitere Glieder der Reihe ermitteln. Man kann zeigen, daß die entwickelte Reihe für alle $|x|<\frac{\pi}{2}$ konvergiert. Da diese relativ schnell konvergiert, reichen im allgemeinen die ermittelten Folgeglieder zur annähernden Berechnung von tan x aus.

Merke:

$$\tan x = x + \frac{1}{3}x^3 + \frac{2}{15}x^5 + \frac{17}{315}x^7 + \frac{62}{2835}x^9 + \ldots;\ |x|<\frac{\pi}{2}$$

Beispiel: Bestimmen Sie tan 20°. Verwenden Sie die ersten beiden Reihenglieder und vergleichen Sie mit dem Taschenrechnerwert: tan 20° = 0,3639702.

Durch die beiden ersten Reihenglieder wird tan 20° auf drei Ziffern genau bestimmt.

$$\alpha = 20° \mathrel{\hat{=}} x_0 = \frac{\pi}{9} \approx 0{,}3490659$$

$$\tan 20° \approx 0{,}3490659 + \frac{1}{3}\,0{,}3490659^3$$

$$\approx \underline{\mathbf{0{,}363}}24$$

Problem: Bestimmen Sie eine Reihendarstellung für die Funktion $f: f(x) = \cot x$. Verwenden Sie hierzu die MacLaurin-Reihen der Funktionen $g: g(x) = \sin x$ und $h: h(x) = \cos x$. Berechnen Sie die ersten vier Glieder.

Da sowohl $f(x) = \cot x = \frac{\cos x}{\sin x}$ als auch die Ableitung $f'(x) = -\frac{1}{\sin^2 x}$ an der Stelle $x_0 = 0$ nicht definiert sind, kann für die Kotangensfunktion keine MacLaurin-Reihe angegeben werden. Deshalb werden die ersten Glieder einer Reihendarstellung der Kotangensfunktion durch Division wie bei einer Polynomdivision ermittelt.

$$g(x) = \sin x = x - \frac{x^3}{3!} + \frac{x^5}{5!} - \frac{x^7}{7!} + - \ldots \quad \text{und} \quad h(x) = \cos x = 1 - \frac{x^2}{2!} + \frac{x^4}{4!} - \frac{x^6}{6!} + - \ldots$$

$$\cot x = \frac{\cos x}{\sin x} = \left(1 - \frac{x^2}{2!} + \frac{x^4}{4!} - \frac{x^6}{6!} + - \ldots\right) : \left(x - \frac{x^3}{3!} + \frac{x^5}{5!} - \frac{x^7}{7!} + - \ldots\right) = \frac{1}{x} - \frac{x}{3} - \frac{x^3}{45} - \frac{2x^5}{945} - \ldots$$

$$\begin{array}{l}
-1 + \frac{x^2}{3!} - \frac{x^4}{5!} + \frac{x^6}{7!} \\
\hline
-\frac{x^2}{3} + \frac{4x^4}{5!} - \frac{6x^6}{7!} \\
\frac{x^2}{3} - \frac{x^4}{18} + \frac{x^6}{3\cdot 5!} \\
\hline
-\frac{x^4}{45} + \frac{x^6}{630} \\
\frac{x^4}{45} - \frac{x^6}{3!\cdot 45} \\
\hline
-\frac{2}{945}x^6
\end{array}$$

Man kann zeigen, daß die Reihe für alle $0<|x|<\pi$ konvergiert und dort die Kotangensfunktion darstellt.

$$\cot x = \frac{1}{x} - \frac{1}{3}x - \frac{1}{45}x^3 - \frac{2}{945}x^5 - \ldots; \quad 0<|x|<\pi$$

Will man noch weitere Glieder dieser Reihe bestimmen, so müssen bei der Polynomdivision entsprechend mehr Glieder der Sinusreihe und der Kosinusreihe berücksichtigt werden.

Merke:

$$\cot x = \frac{1}{x} - \frac{1}{3}x - \frac{1}{45}x^3 - \frac{2}{945}x^5 - \frac{1}{4725}x^7 - \ldots; \quad 0<|x|<\pi$$

Anmerkung:

Die erhaltene Reihe ist keine Potenzreihe, da das erste Reihenglied $\frac{1}{x} = x^{-1}$ einen negativen Exponenten hat. Außerdem ist das Konvergenzintervall an der Stelle $x_0 = 0$ lückenhaft. Betrachtet man statt dessen die Funktion $f\colon f(x) = x \cdot \cot x$, dann erhält man als MacLaurin-Reihe: $1 - \frac{1}{3}x^2 - \frac{1}{45}x^4 - \frac{2}{945}x^6 - \ldots$, die für alle $|x|<\pi$ diese Funktion darstellt.

Beispiel: Bestimmen Sie cot 30° mit Hilfe der ersten vier Glieder der Reihe für $\cot x$. Auf wie viele Ziffern genau ist das Ergebnis? Vergleichen Sie mit dem Taschenrechnerwert: cot 30° = 1,7320508.

Der Winkel ist im Bogenmaß in die Reihe für die Kotangensfunktion einzusetzen.

$$\alpha = 30° \mathrel{\hat=} x_0 = \frac{\pi}{6} \approx 0{,}5235988$$

Benutzt man die ersten vier Glieder dieser Reihe, so läßt sich cot 30° auf fünf Stellen hinter dem Komma genau berechnen.

$$\cot x \approx \frac{1}{x} - \frac{x}{3} - \frac{x^3}{45} - \frac{2}{945}x^5$$

$$\cot 30° \approx 1{,}9098593 - 0{,}1745329 - 0{,}00319 - 0{,}0000833$$

$$\approx \underline{\mathbf{1{,}73205}}31$$

Weitere Reihen von trigonometrischen Funktionen finden Sie im Kapitel „Zusammenstellung wichtiger Funktionen, Ableitungen und Reihen".

Arkusfunktionen

Problem: Bestimmen Sie eine Potenzreihendarstellung um $x_0 = 0$ für die Funktion $f\colon f(x) = \operatorname{Arcsin} x$.

Es wird wieder der Wert der Funktion f und ihrer Ableitungen an der Stelle $x_0 = 0$ berechnet.

$$f(x) = \operatorname{Arcsin} x \qquad \Rightarrow f(0) = \underline{0}$$

$$f'(x) = \frac{1}{\sqrt{1-x^2}} = (1-x^2)^{-\frac{1}{2}} \qquad \Rightarrow f'(0) = \underline{1}$$

$$f''(x) = \frac{1}{2}(1-x^2)^{-\frac{3}{2}} \cdot 2x \qquad \Rightarrow f''(0) = \underline{0}$$

$$f'''(x) = 3x^2(1-x^2)^{-\frac{5}{2}} + (1-x^2)^{-\frac{3}{2}} \qquad \Rightarrow f'''(0) = \underline{1}$$

$$f^{(4)}(x) = 15x^3(1-x^2)^{-\frac{7}{2}} + 9x(1-x^2)^{-\frac{5}{2}} \Rightarrow f^{(4)}(0) = \underline{0}$$

Bei der fünften Ableitung wurde nur noch der Term notiert, der an der Stelle $x_0=0$ einen Wert ungleich Null liefert. Um zu prüfen, für welche x-Werte die MacLaurin-Reihe die Funktion f darstellt, wird der Konvergenzradius dieser Reihe berechnet.

$$f^{(5)}(x)=\ldots+9(1-x^2)^{-\frac{5}{2}} \Rightarrow f^{(5)}(0)=\underline{9}$$

$$\blacktriangleright\ x+\frac{1}{2\cdot 3}x^3+\frac{1\cdot 3}{2\cdot 4\cdot 5}x^5+\ldots+$$

$$\ldots+\frac{1\cdot 3\cdot 5\cdot\ldots\cdot(2n-1)}{2\cdot 4\cdot 6\cdot\ldots\cdot 2n(2n+1)}x^{2n+1}+\ldots$$

▶ MacLaurin-Reihe

Die MacLaurin-Reihe für die Arkussinusfunktion konvergiert für alle $|x|<1$.

$$r=\lim_{n\to\infty}\left|\frac{c_n}{c_{n+1}}\right| \quad \blacktriangleright \text{ Konvergenzradius}$$

$$\left|\frac{c_n}{c_{n+1}}\right|=\frac{1\cdot 3\cdot 5\cdot\ldots\cdot(2n-1)\cdot 2\cdot 4\cdot 6\cdot\ldots\cdot(2n+1)\cdot(2n+3)}{2\cdot 4\cdot 6\cdot\ldots\cdot(2n+1)\cdot 1\cdot 3\cdot 5\cdot\ldots\cdot(2n-1)\cdot(2n+1)}$$

$$=\frac{2n+3}{2n+1}$$

$$=\frac{2+\frac{3}{n}}{2+\frac{1}{n}}$$

$$\Rightarrow r=\lim_{n\to\infty}\left|\frac{c_n}{c_{n+1}}\right|=\lim_{n\to\infty}\left|\frac{2+\frac{3}{n}}{2+\frac{1}{n}}\right|=1$$

$$\Rightarrow \underline{\underline{\operatorname{Arcsin} x=x+\frac{1}{2\cdot 3}x^3+\frac{1\cdot 3}{2\cdot 4\cdot 5}x^5+\ldots;\ |x|<1}}$$

Merke:

$$\operatorname{Arcsin} x=x+\frac{1}{2\cdot 3}x^3+\frac{1\cdot 3}{2\cdot 4\cdot 5}x^5+\frac{1\cdot 3\cdot 5}{2\cdot 4\cdot 6\cdot 7}x^7+\ldots;\ |x|<1$$

Problem: Bestimmen Sie eine Potenzreihendarstellung um $x_0=0$ für die Funktion $f\colon f(x)=\operatorname{Arctan} x$.

Es werden die Werte der ersten fünf Ableitungen an der Stelle $x_0=0$ berechnet.

$$f(x)=\operatorname{Arctan} x \qquad \Rightarrow f(0)=\underline{0}$$

$$f'(x)=\frac{1}{1+x^2} \qquad \Rightarrow f'(0)=\underline{0}$$

$$f''(x)=-\frac{2x}{(1+x^2)^2} \qquad \Rightarrow f''(0)=\underline{0}$$

$$f'''(x)=\frac{6x^2-2}{(1+x^2)^3} \qquad \Rightarrow f'''(0)=\underline{-2}$$

$$f^{(4)}(x)=\frac{-24x^3+24x}{(1+x^2)^4} \qquad \Rightarrow f^{(4)}(0)=\underline{0}$$

$$f^{(5)}(x)=\frac{120x^4-240x^2+24}{(1+x^2)^5} \Rightarrow f^{(5)}(0)=\underline{24}$$

$$\blacktriangleright\ \frac{1}{1!}x-\frac{2}{3!}x^3+\frac{24}{5!}x^4-+\ldots=$$

$$=x-\frac{1}{3}x^3+\frac{1}{5}x^5-+\ldots+(-1)^n\frac{x^{2n+1}}{2n+1}+\ldots$$

▶ MacLaurin-Reihe

Mit Hilfe des Konvergenzradius wird überprüft, für welche x-Werte die Funktion f durch die MacLaurin-Reihe dargestellt wird. Die MacLaurin-Reihe konvergiert für alle $|x|<1$.

$$r=\lim_{n\to\infty}\left|\frac{c_n}{c_{n+1}}\right|$$ ► Konvergenzradius

$$\left|\frac{c_n}{c_{n+1}}\right|=\left|\frac{2(n+1)+1}{2n+1}\right|=\left|\frac{2n+3}{2n+1}\right|=\left|\frac{2+\frac{3}{n}}{2+\frac{1}{n}}\right|$$

$$\Rightarrow r=\lim_{n\to\infty}\left|\frac{2+\frac{3}{n}}{2+\frac{1}{n}}\right|=1$$

$$\Rightarrow \operatorname{Arctan} x=x-\frac{1}{3}x^3+\frac{1}{5}x^5-+\ldots;\ |x|<1$$

Merke:

$$\operatorname{Arctan} x=x-\frac{1}{3}x^3+\frac{1}{5}x^5-\frac{1}{7}x^7+\frac{1}{9}x^9-+\ldots;\ |x|<1$$

Weitere Reihen von Arkusfunktionen finden Sie im Kapitel „Zusammenstellung wichtiger Funktionen, Ableitungen und Reihen".

Hyperbelfunktionen

Problem: Bestimmen Sie eine Potenzreihendarstellung um $x_0=0$ für die Funktion f: $f(x)=\cosh x$.

Zur Herleitung der MacLaurin-Reihe wird die Hyperbelkosinusfunktion auf die Exponentialfunktion zurückgeführt. Da die Potenzreihe für die Exponentialfunktion für alle $x\in\mathbb{R}$ konvergiert, hat die Potenzreihe für die Hyperbelkosinusfunktion den gleichen Konvergenzbereich.

$$f(x)=\cosh x=\frac{1}{2}(e^x+e^{-x})$$

$$e^x=1+\frac{x}{1!}+\frac{x^2}{2!}+\frac{x^3}{3!}+\frac{x^4}{4!}+\ldots$$

$$e^{-x}=1-\frac{x}{1!}+\frac{x^2}{2!}-\frac{x^3}{3!}+\frac{x^4}{4!}-+\ldots$$

$$e^x+e^{-x}=2+2\frac{x^2}{2!}+2\frac{x^4}{4!}+\ldots$$

$$\frac{e^x+e^{-x}}{2}=\cosh x=1+\frac{x^2}{2!}+\frac{x^4}{4!}+\frac{x^6}{6!}+\ldots$$

$$=\sum_{k=0}^{\infty}\frac{x^{2k}}{(2k)!};\ x\in\mathbb{R}$$

Merke:

$$\cosh x=1+\frac{x^2}{2!}+\frac{x^4}{4!}+\frac{x^6}{6!}+\ldots=\sum_{k=0}^{\infty}\frac{x^{2k}}{(2k)!};\ x\in\mathbb{R}$$

Problem: Bestimmen Sie eine Potenzreihendarstellung um $x_0=0$ für die Funktion f: $f(x)=\tanh x$.

Der einfachste Weg zur Bestimmung der ersten Glieder der MacLaurin-Reihe ist auch hier das Zurückführen der Hyperbeltangensfunktion auf die Exponentialfunktion.

Durch die Division wie bei einer Polynomdivision erhält man die ersten Glieder einer Potenzreihe, von der man mit anderen Mitteln zeigen kann, daß sie die MacLaurin-Reihe von $\tanh x$ ist und für alle $|x|<\frac{\pi}{2}$ konvergiert. Anhand der berechneten Reihenglieder ist kein Bildungsgesetz zu erkennen. Da diese Reihe aber relativ schnell konvergiert, reichen im allgemeinen die ermittelten Glieder zur angenäherten Berechnung von $\tanh x$ aus.

$$\tanh x=\frac{\sinh x}{\cosh x}=\frac{e^x-e^{-x}}{e^x+e^{-x}}=\frac{x+\frac{x^3}{3!}+\frac{x^5}{5!}+\frac{x^7}{7!}+\frac{x^9}{9!}+\frac{x^{11}}{11!}+\ldots}{1+\frac{x^2}{2!}+\frac{x^4}{4!}+\frac{x^6}{6!}+\frac{x^8}{8!}+\frac{x^{10}}{10!}+\ldots}$$

$$\begin{array}{l}
\Rightarrow\left(x+\frac{x^3}{3!}+\frac{x^5}{5!}+\frac{x^7}{7!}+\ldots\right):\left(1+\frac{x^2}{2!}+\frac{x^4}{4!}+\frac{x^6}{6!}+\ldots\right)=x-\frac{2x^3}{3!}+\frac{16x^5}{5!}-\frac{272}{7!}x^7+-\ldots\\
\quad -x-\frac{x^3}{2!}-\frac{x^5}{4!}-\frac{x^7}{6!}\\
\hline
\quad -\frac{2x^3}{3!}-\frac{4x^5}{5!}-\frac{6x^7}{7!}\\
\quad \frac{2x^3}{3!}+\frac{2x^5}{2!\,3!}+\frac{2x^7}{3!\,4!}\\
\hline
\quad \frac{16x^5}{5!}+\frac{64x^7}{7!}\\
\quad -\frac{16x^5}{5!}-\frac{16x^7}{2!\,5!}\\
\hline
\quad -\frac{272x^7}{7!}
\end{array}$$

$$\Rightarrow \tanh x=x-\frac{2}{3!}x^3+\frac{16}{5!}x^5-\frac{272}{7!}x^7+-\ldots;\ |x|<\frac{\pi}{2}$$

Merke:

$$\tanh x=x-\frac{2}{3!}x^3+\frac{16}{5!}x^5-\frac{272}{7!}x^7+\frac{7936}{9!}x^9-+\ldots;\ |x|<\frac{\pi}{2}$$

Weitere Reihen von Hyperbelfunktionen finden sie im Kapitel „Zusammenstellung wichtiger Funktionen, Ableitungen und Reihen".

Areahyperbelfunktionen

Problem: Bestimmen Sie eine Potenzreihendarstellung um $x_0=0$ für die Funktion $f\colon f(x)=\operatorname{Arsinh} x$.

Vergleicht man die erste Ableitung der Areahyperbelsinusfunktion mit der ersten Ableitung der Arkussinusfunktion, so liest man ab, daß sich beide Terme nur im Vorzeichen von x unterscheiden. Man kann also eine ähnliche Potenzreihe erwarten.

$$f(x)=\operatorname{Arsinh} x=\ln\left(x+\sqrt{1+x^2}\right)\quad\Rightarrow f(0)=\underline{0}$$

$$f'(x)=\frac{1}{\sqrt{1+x^2}}\quad\Rightarrow f'(0)=\underline{1}$$

$$f''(x)=-x(1+x^2)^{-\frac{3}{2}}\quad\Rightarrow f''(0)=\underline{0}$$

$$f'''(x)=3x^2(1+x^2)^{-\frac{5}{2}}-(1+x^2)^{-\frac{3}{2}}\Rightarrow f'''(0)=\underline{-1}$$

$$f^{(4)}(x)=-15x^3(1+x^2)^{-\frac{7}{2}}+9x(1+x^2)^{-\frac{5}{2}}\Rightarrow f^{(4)}(0)=\underline{0}$$

$$f^{(5)}(x)=105x^4(1+x^2)^{-\frac{9}{2}}-90x^2(1+x^2)^{-\frac{7}{2}}+9(1+x^2)\quad\Rightarrow f^{(5)}(0)=\underline{9}$$

Als MacLaurin-Reihe erhält man eine alternierende Potenzreihe. Die Beträge der Koeffizienten c_k sind die gleichen wie bei der Arkussinusfunktion. Daher wird die Funktion f ebenfalls für alle $|x|<1$ durch ihre MacLaurin-Reihe dargestellt.

▶ $x-\frac{1}{3!}x^3+\frac{9}{5!}x^5-+\ldots=$

$=x-\frac{1}{2\cdot 3}x^3+\frac{1\cdot 3}{2\cdot 4\cdot 5}x^5-+\ldots$ ▶ MacLaurin-Reihe

$\Rightarrow \operatorname{Arsinh} x = x-\frac{1}{2\cdot 3}x^3+\frac{1\cdot 3}{2\cdot 4\cdot 5}x^5-+\ldots;\ |x|<1$

Merke:

$$\operatorname{Arsinh} x = x-\frac{1}{2\cdot 3}x^3+\frac{1\cdot 3}{2\cdot 4\cdot 5}x^6-\frac{1\cdot 3\cdot 5}{2\cdot 4\cdot 6\cdot 7}x^7+\ldots;\ |x|<1$$

Problem: Bestimmen Sie eine Potenzreihendarstellung um $x_0=0$ für die Funktion $f: f(x)=\operatorname{Artanh} x$.

Bildet man die ersten fünf Ableitungen der Funktion f und berechnet die Werte an der Stelle $x_0=0$, so erhält man die ersten drei Glieder der MacLaurin-Reihe.

$f(x)=\operatorname{Artanh} x=\frac{1}{2}\ln\frac{1+x}{1-x}$ $\Rightarrow f(0)=\underline{0}$

$f'(x)=\frac{1}{1-x^2}$ $\Rightarrow f'(0)=\underline{1}$

$f''(x)=\frac{2x}{(1-x^2)^2}$ $\Rightarrow f''(0)=\underline{0}$

$f'''(x)=\frac{6x^2+2}{(1-x^2)^3}$ $\Rightarrow f'''(0)=\underline{2}$

$f^{(4)}(x)=\frac{24x^3+24x}{(1-x^2)^4}$ $\Rightarrow f^{(4)}(0)=\underline{0}$

$f^{(5)}(x)=\frac{120x^4+240x^2+24}{(1-x^2)^5}$ $\Rightarrow f^{(5)}(0)=\underline{24}$

▶ $\frac{1}{1!}x+\frac{2}{3!}x^3+\frac{24}{5!}x^5+\ldots=$

$=x+\frac{1}{3}x^3+\frac{1}{5}+\ldots+\frac{x^{2n+1}}{2n+1}+\ldots$ ▶ MacLaurin-Reihe

$r=\lim\limits_{n\to\infty}\left|\frac{c_n}{c_{n+1}}\right|$ ▶ Konvergenzradius

$\left|\frac{c_n}{c_{n+1}}\right|=\frac{2n+3}{2n+1}=\frac{2+\frac{3}{n}}{2+\frac{1}{n}}$

Aus der Potenzreihe liest man ab, daß der Areahyperbeltangens eine ungerade Funktion ist. Mit Hilfe des Konvergenzradius wird überprüft, für welche x-Werte die Funktion f durch ihre MacLaurin-Reihe dargestellt wird. Die MacLaurin-Reihe konvergiert für alle $|x|<1$.

$\Rightarrow r=\lim\limits_{n\to\infty}\frac{2+\frac{3}{n}}{2+\frac{1}{n}}=\underline{1}$

$\Rightarrow \operatorname{Artanh} x = x+\frac{1}{3}x^3+\frac{1}{5}x^5+\ldots;\ |x|<1$

Merke:

$$\operatorname{Artanh} x = x+\frac{1}{3}x^3+\frac{1}{5}x^5+\frac{1}{7}x^7+\ldots=\sum_{k=0}^{\infty}\frac{x^{2k+1}}{2k+1};\ |x|<1.$$

Weitere Reihen von Areahyperbelfunktionen finden Sie im Kapitel „Zusammenstellung wichtiger Funktionen, Ableitungen und Reihen“.

Übungen

3.2 Funktionenreihen

3.2.1 Grundbegriffe

Untersuchen Sie die nachstehenden Reihen auf Konvergenz.

1. $\langle s_n \rangle = \sum_{k=1}^{\infty} \frac{1}{2k}$ **2.** $\langle s_n \rangle = \sum_{k=1} \frac{1}{k \cdot (k+1)}$ **3.** $\langle s_n \rangle = \sum_{k=1} \frac{1}{(2k-1) \cdot (2k+1)}$

3.2.2 Konvergenzkriterien

Konvergenzkriterium von Cauchy

Prüfen Sie, ob die folgenden Reihen konvergieren können. Stellen Sie hierzu fest, ob die Folge $\langle a_n \rangle = \langle s_n - s_{n-1} \rangle$ eine Nullfolge ist.

1. $s = \sum_{k=1}^{\infty} \frac{2}{3k+5}$ **2.** $s = \sum_{k=1}^{\infty} \frac{3k+2}{k+5}$ **3.** $s = \sum_{k=1}^{\infty} \frac{1}{k \cdot 3^k}$

Überprüfen Sie die Konvergenz der Reihen mit Hilfe des Cauchykriteriums.

4. $\langle s_n \rangle = \sum_{k=1}^{\infty} \frac{3}{k(k-1)}$ **5.** $\langle s_n \rangle = \sum_{k=1}^{\infty} \left(\frac{1}{5}\right)^{k-1}$ **6.** $\langle s_n \rangle = \sum_{k=1}^{\infty} \left(\frac{2}{3}\right)^{k}$

Majorantenkriterium — Minorantenkriterium

Wählen Sie eine geeignete Majorante, und zeigen Sie damit die Konvergenz der Reihen.

1. $\langle s_n \rangle = \sum_{k=1}^{\infty} \frac{3k}{5k+5}$ **2.** $\langle s_n \rangle = \sum_{k=1}^{\infty} \frac{1}{(k+1) \cdot (k+2)}$ **3.** $\langle s_n \rangle = \sum_{k=1}^{\infty} \frac{1}{7+k^2}$

Zeigen Sie mit Hilfe einer geeignet gewählten Minorante die Divergenz der Reihen.

4. $\langle s_n \rangle = \sum_{k=1}^{\infty} \frac{1}{5k}$ **5.** $\langle s_n \rangle = \sum_{k=5}^{\infty} \frac{3}{k-4}$ **6.** $\langle s_n \rangle = \sum_{k=2}^{\infty} \frac{1}{\ln k}$

7. $\langle s_n \rangle = \sum_{k=1}^{\infty} \frac{1}{\sqrt[3]{k}}$ **8.** $\langle s_n \rangle = \sum_{k=2}^{\infty} \frac{1}{\sqrt{k(k-1)}}$ **9.** $\langle s_n \rangle = \sum_{k=2}^{\infty} \frac{k^2}{3k \cdot (k-1)}$

Quotientenkriterium

Überprüfen Sie die Konvergenz der Reihen mit Hilfe des Quotientenkriteriums.

1. $\langle s_n \rangle = \sum_{k=1}^{\infty} \frac{1}{k!}$ **2.** $\langle s_n \rangle = \sum_{k=1}^{\infty} \left(\frac{3}{4}\right)^{k} \cdot k$ **3.** $\langle s_n \rangle = \sum_{k=1}^{\infty} \frac{1}{4^{k-1}}$

4. $\langle s_n \rangle = \sum_{k=1}^{\infty} \left(-\frac{1}{2}\right)^{k-1}$ **5.** $\langle s_n \rangle = \sum_{k=1}^{\infty} \frac{4}{3k+2}$ **6.** $\langle s_n \rangle = \sum_{k=1}^{\infty} \frac{100^k}{k!}$

3.2.3 Folgen und Reihen von Funktionen

Bestimmen Sie die ersten vier Glieder der Funktionenreihen.

1. $\langle s_n(x) \rangle = \sum_{k=1}^{\infty} 3k \cdot x$ **2.** $\langle s_n(x) \rangle = \sum_{k=1}^{\infty} \frac{2x}{k}$ **3.** $\langle s_n(x) \rangle = \sum_{k=1}^{\infty} x^{2k-1}$

4. $\langle s_n(x) \rangle = \sum_{k=1}^{\infty} \sin(k \cdot x)$ **5.** $\langle s_n(x) \rangle = \sum_{k=1}^{\infty} \tan\left(\frac{2x}{3k}\right)$ **6.** $\langle s_n(x) \rangle = \sum_{k=1}^{\infty} \operatorname{Arccos}\left(\frac{k \cdot x}{2}\right)$

3.2.4 Potenzreihen

Bestimmen Sie den Konvergenzradius für die folgenden Potenzreihen.

1. $\langle s_n(x)\rangle = \sum\limits_{k=1}^{\infty} k\cdot x^k$ **2.** $\langle s_n(x)\rangle = \sum\limits_{k=1}^{\infty} \frac{x^k}{k!}$ **3.** $\langle s_n(x)\rangle = \sum\limits_{k=1}^{\infty} \left(\frac{3}{5}\right)^k \cdot k\cdot x^k$

4. $\langle s_n(x)\rangle = \sum\limits_{k=0}^{\infty} 3^k\cdot x^k$ **5.** $\langle s_n(x)\rangle = \sum\limits_{k=0}^{\infty} (1,7)^k x^k$ **6.** $\langle s_n(x)\rangle = \sum\limits_{k=1}^{\infty} \frac{x^k}{k\cdot 5^k}$

7. $\langle s_n(x)\rangle = \sum\limits_{k=2}^{\infty} \frac{x^k}{k\cdot \ln k}$ **8.** $\langle s_n(x)\rangle = \sum\limits_{k=1}^{\infty} \frac{x^{2k}}{2k}$ **9.** $\langle s_n(x)\rangle = \sum\limits_{k=0}^{\infty} \frac{(-1)^k}{2k+1}\cdot x^{2k+1}$

10. Berechnen Sie das Konvergenzintervall für die Potenzreihe $\sum\limits_{k=1}^{\infty} \left(\frac{3}{4}\right)^k \cdot k\cdot (x+2)^k$.

11. Berechnen Sie die ersten vier Glieder der Summe der Potenzreihen $\sum\limits_{k=1}^{\infty} (k+1)\cdot x^k$ und $\sum\limits_{k=1}^{\infty} k^2\cdot x^k$. Welchen Konvergenzradius haben diese Potenzreihen?

12. Bestimmen Sie den Konvergenzradius der Potenzreihen $\sum\limits_{k=1}^{\infty} 3k\cdot x^k$ und $\sum\limits_{k=1}^{\infty} \frac{1}{3k} x^k$, und berechnen Sie die ersten vier Glieder des Produktes dieser Potenzreihen.

13. Differenzieren Sie die Potenzreihe $\langle s_n(x)\rangle = \sum\limits_{k=0}^{\infty} 3^k\cdot x^{k+2}$, und bestimmen Sie den Konvergenzradius der Potenzreihe und ihrer Ableitung.

3.2.5 MacLaurin-Reihe — Satz von Taylor

Die folgenden Funktionen lassen sich in einer Umgebung der Stelle $x_0=0$ in eine Potenzreihe entwickeln. Bestimmen Sie die ersten vier Glieder jeder Reihe.

1. $f\colon f(x)=\frac{2}{1-2x}$ **2.** $f\colon f(x)=\frac{1}{(1-2x)^2}$ **3.** $f\colon f(x)=\sqrt{9+x}$ **4.** $f\colon f(x)=\sqrt[3]{19+x}$

5. $f\colon f(x)=\sqrt[4]{1+x}$ **6.** $f\colon f(x)=\sqrt[5]{1+x}$ **7.** $f\colon f(x)=\sqrt[6]{1+x}$ **8.** $f\colon f(x)=\frac{1}{(1+x)^4}$

9. $f\colon f(x)=\sqrt{9+x^2}$ **10.** $f\colon f(x)=\frac{1}{2-x^2}$ **11.** $f\colon f(x)=\frac{1}{10+2x^2}$ **12.** $f\colon f(x)=\frac{1}{\sqrt{1-x^2}}$

Berechnen Sie die nachstehenden Wurzeln mit Hilfe der entwickelten Potenzreihen.

13. $\sqrt{3}$ **14.** $\sqrt{35}$ **15.** $\sqrt{534}$ **16.** $\sqrt{3078}$ **17.** $\sqrt[3]{21}$ **18.** $\sqrt[3]{460}$

19. $\sqrt[4]{4{,}3}$ **20.** $\sqrt[4]{20}$ **21.** $\sqrt[5]{10}$ **22.** $\sqrt[5]{100}$ **23.** $\sqrt[6]{10}$ **24.** $\sqrt[6]{100}$

3.2.6 Reihen nichtrationaler Funktionen

Exponentialfunktionen

Bestimmen Sie eine Potenzreihendarstellung um $x_0=0$ der Funktionen mit den folgenden Funktionstermen.

1. $e^{\frac{1}{x}}$ **2.** e^{2x} **3.** e^{-x^2} **4.** a^{-x}; $a\in\mathbb{R}^*$ **5.** $4^{\frac{1}{x}}$ **6.** 10^{-x} **7.** $x\cdot e^{-x}$ **8.** $a\cdot e^{x^2}$; $a\in\mathbb{R}^*$

Berechnen Sie mit Hilfe der Potenzreihen auf fünf Ziffern genau. Vergleichen Sie mit den Taschenrechnerwerten.

9. $\sqrt{e}$ **10.** $\sqrt[3]{e}$ **11.** e^{-2} **12.** $\frac{1}{e}$ **13.** $e^{0,1}$ **14.** $4^{\frac{1}{3}}$ **15.** $\frac{1}{\sqrt{e}}$ **16.** $e^{-0,1}$

Logarithmusfunktionen

Bestimmen Sie eine Potenzreihendarstellung um $x_0=0$ der Funktionen mit den folgenden Funktionstermen.

1. $\ln(7+x)$ **2.** $\ln(11-x)$ **3.** $\ln\frac{8+x}{8-x}$ **4.** $\ln\frac{1}{1-x}$

Bestimmen Sie die ersten drei Glieder der Potenzreihendarstellung um $x_0=0$ der Funktionen mit den folgenden Funktionstermen.

5. $\ln(1-x^2)$ **6.** $\ln\sqrt{4-x^2}$ **7.** $\ln\sin x$ **8.** $\ln\tan x$

Berechnen Sie mit Hilfe der Potenzreihen auf fünf Ziffern genau. Vergleichen Sie mit dem Taschenrechnerwert.

9. $\ln 4$ **10.** $\ln 27$ **11.** $\ln 6{,}2$ **12.** $\ln 0{,}9$ **13.** $\ln 344$

Trigonometrische Funktionen

Bestimmen Sie eine Potenzreihendarstellung um $x_0=0$ der Funktionen mit den folgenden Funktionstermen

1. $\sin(4x)$ **2.** $\cos(2x)$ **3.** $\cos^2 x$ **4.** $\cos\left(\frac{x}{2}\right)$

5. $\frac{1}{\cos x}$ **6.** $\cot\frac{x}{2}$ **7.** $\tan(2x)$ **8.** $\sin x^2$

Berechnen Sie mit Hilfe dieser Reihen auf fünf Ziffern genau. Vergleichen Sie mit dem Taschenrechnerwert.

9. $\sin 1°$ **10.** $\cos 8°$ **11.** $\cos 89°$ **12.** $\tan 3°$

13. $\sin\frac{\pi}{3}$ **14.** $\cos\frac{\pi}{4}$ **15.** $\tan 0{,}1$ **16.** $\cot 80°$

Arkusfunktionen

Bestimmen Sie eine Potenzreihendarstellung um $x_0=0$ für die folgenden Funktionen.

1. $f\colon f(x)=\operatorname{Arctan}\frac{x}{2}$ **2.** $f\colon f(x)=x\cdot\operatorname{Arctan} x$ **3.** $f\colon f(x)=\operatorname{Arcsin}(4x)$

Berechnen Sie π auf acht Ziffern genau. Vergleichen Sie mit dem Taschenrechnerwert.

4. $\frac{\pi}{4}=4\cdot\operatorname{Arctan}\frac{1}{5}-\operatorname{Arctan}\frac{1}{239}$ **5.** $\frac{\pi}{4}=\operatorname{Arctan}\frac{1}{2}+\operatorname{Arctan}\frac{1}{5}+\operatorname{Arctan}\frac{1}{8}$

Hyperbelfunktionen

Bestimmen Sie eine Potenzreihendarstellung um $x_0=0$ für die folgenden Funktionen.

1. $f\colon f(x)=\sinh x$ **2.** $f\colon f(x)=\coth x$ **3.** $f\colon f(x)=x\cdot\coth x$

4. $f\colon f(x)=\cosh^2 x$ **5.** $f\colon f(x)=\frac{x}{\sinh x}$ **6.** $f\colon f(x)=\sinh x\cdot\cosh x$

7. $f\colon f(x)=\frac{x}{\tanh x}$ **8.** $f\colon f(x)=\frac{1}{2}(\sinh x\cdot\cosh x+x)$ **9.** $f\colon f(x)=x\cdot\sinh(3x)$

Berechnen Sie mit Hilfe dieser Reihen auf fünf Ziffern genau. Vergleichen Sie mit dem Taschenrechnerwert.

10. $\sinh 1$ **11.** $\cosh 1$ **12.** $\tanh 0{,}7$ **13.** $\coth 0{,}5$ **14.** $\cosh\sqrt{2}$

Areahyperbelfunktionen

Bestimmen Sie eine Potenzreihendarstellung um $x_0=0$ für die folgenden Funktionen.

1. $f\colon f(x)=x\cdot\operatorname{Arsinh} x$ **2.** $f\colon f(x)=x\cdot\operatorname{Artanh} x$

3. $f\colon f(x)=x\cdot\operatorname{Arsinh}(x-\sqrt{x^2+1})$ **4.** $f\colon f(x)=x\cdot\operatorname{Artanh}(x+\ln\sqrt{1-x^2})$

Berechnen Sie mit Hilfe dieser Reihen auf fünf Ziffern genau. Vergleichen Sie mit dem Taschenrechnerwert.

5. $\operatorname{Arsinh} 0{,}2$ **6.** $\operatorname{Artanh} 0{,}3$ **7.** $\operatorname{Arsinh}\sqrt{2}$ **8.** $\operatorname{Artanh} 0{,}7$

4 Anwendungen der Differentialrechnung

4.1 Newtonsches Näherungsverfahren

Lineare und quadratische Gleichungen lassen sich nach einfachen algebraischen Regeln lösen. Auch bei Gleichungen dritten und vierten Grades ist das noch möglich, aber viel komplizierter. Bei algebraischen Gleichungen vom fünften Grad ab, ist die Suche nach allgemeinen Lösungsformeln hoffnungslos, weil solche Lösungsformeln – wie Mathematiker nachgewiesen haben – nicht existieren. Will man daher eine Gleichung wie z.B. $x^5+x+1=0$ lösen, so ist man auf **Näherungsverfahren** angewiesen. Eine Möglichkeit besteht in der zeichnerischen Methode: Man faßt den Term x^5+x+1 als Funktionsterm $f(x)=x^5+x+1$ auf, zeichnet den Graphen und bestimmt seine Schnittstellen mit der x-Achse. Da an diesen Schnittstellen $f(x)=0$ ist, findet man so die Lösungen der obigen Gleichung. Allerdings lassen sich aus einer Zeichnung die Schnittstellen nur sehr ungenau ablesen, dennoch kann man den Bereich, in denen sie liegen, grob abschätzen. Man hat nun Verfahren entwickelt, wie man diese Nullstellen mit jeder vorgeschriebenen Genauigkeit rechnerisch bestimmen kann. Diese Näherungsverfahren sind auch auf viel umfassendere Funktionsklassen anwendbar, als sie die Polynomfunktionen darstellen. Dabei werden die Lösungen einer vorgelegten Gleichung durch Zahlen angenähert, die jeweils nach der gleichen Rechenvorschrift berechnet werden. Derartige Rechenverfahren werden als **Iterationsverfahren**, d.h. als Verfahren der schrittweisen Näherung, bezeichnet.

Es wird angenommen, daß der Graph einer zweimal differenzierbaren Funktion f wie in nebenstehender Zeichnung verläuft und der Schnittpunkt P mit der x-Achse, und somit die Nullstelle x_0 der Funktion, zu bestimmen ist. Dazu wird von einem Punkt $P_1\langle x_1|y_1\rangle$ des Graphen ausgegangen, der möglichst nahe an der x-Achse liegt.

Die Tangente durch P_1 hat die Gleichung: $t_1(x)=f(x_1)+f'(x_1)\cdot(x-x_1)$.

Bringt man die Tangente mit der x-Achse zum Schnitt, bestimmt man also $t_1(x)=0$, so erhält man den Punkt B mit dem x-Wert x_2, der ein verbesserter Näherungswert von x_0 ist. Mit x_2 wiederholt man das Verfahren und erhält damit den Wert x_3. Dieses Verfahren heißt **Newtonsches Näherungsverfahren**. Man wendet es so oft an, bis die gewünschte Genauigkeit für die Nullstelle x_0 erreicht ist.

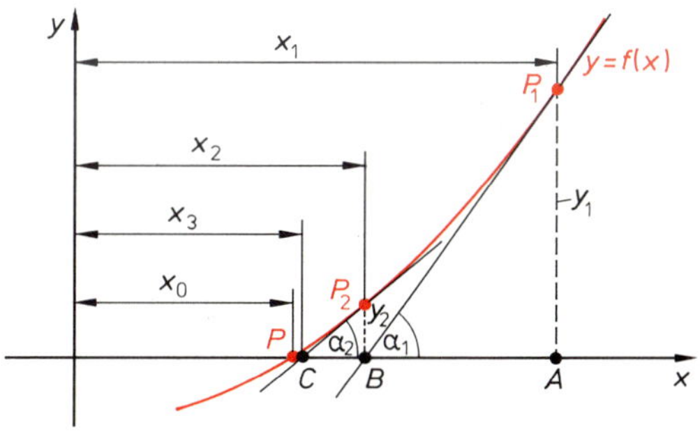

$P\langle x_1|y_1\rangle$ ▶ Ausgangspunkt

$t_1(x)\colon f(x_1)+f'(x_1)\cdot(x-x_1)$ ▶ Gleichung der Tangente in P_1

$t_1(x)=0 \Rightarrow x_2=x_1-\dfrac{f(x_1)}{f'(x_1)}$ ▶ Verbesserter Wert für x_0

$t_2(x)=f(x_2)+f'(x_2)\cdot(x-x_2)$ ▶ Gleichung der Tangente in P_2

$t_2(x)=0 \Rightarrow x_3=x_2-\dfrac{f(x_2)}{f'(x_2)}$ ▶ Verbesserter Wert für x_0

$\vdots$

Das Newtonsche Verfahren konvergiert bei Wiederholung aber nur dann, wenn der Ausgangswert x_1 die folgende Bedingung erfüllt:

$$|f(x_1) \cdot f''(x_1)| < |f'(x_1)|^2.$$

$|f(x_1) \cdot f''(x_1)| < |f'(x_1)|^2$ ▶ Bedingung, daß x_2 für x_0 besser ist als x_1

Merke:

$x_{k+1} = x_k - \frac{f(x_k)}{f'(x_k)}$; $k = 1, 2, 3, \ldots$ ▶ Rekursionsformel für das Newtonsche Näherungsverfahren

Anmerkung:

Das Newtonsche Näherungsverfahren versagt, wenn der Graph der Funktion an der Näherungsstelle nahezu parallel zur x-Achse verläuft. Das gilt auch, wenn zwischen der Näherungsstelle und der Nullstelle eine Extremstelle oder eine Wendestelle mit nahezu paralleler Wendetangente liegt. Außerdem darf die Nullstelle vom ersten angenommenen Näherungswert nicht zu weit entfernt sein.

Beispiele: Lösen Sie die nachstehenden Gleichungen mit Hilfe des Newtonschen Näherungsverfahrens.

● $x^3 - x + 1 = 0$

Um die Lösung der Gleichung zu bestimmen, muß man die Nullstellen der Funktion $f: f(x) = x^3 - x + 1$ ermitteln. Will man dazu das Newtonsche Näherungsverfahren benutzen, so muß man zunächst einen ersten Näherungswert finden, der möglichst nahe bei der gesuchten Nullstelle liegt.

x	-5	-4	-3	-2	-1	0	1	2	3	4	5
$f(x)$	-119	-59	-23	-5	1	1	1	7	25	61	121

x	-2	$-1{,}9$	$-1{,}8$	$-1{,}7$	$-1{,}6$	$-1{,}5$	$-1{,}4$	$-1{,}3$	$-1{,}2$	$-1{,}1$	-1
$f(x)$	-5	$-3{,}96$	$-3{,}03$	$-2{,}21$	$-1{,}50$	$-0{,}87$	$-0{,}34$	0,10	0,47	0,77	1

Das kann einmal mit Hilfe von Wertetabellen geschehen, mit denen man feststellt, zwischen welchen x-Werten das Vorzeichen von $f(x)$ wechselt. Zwischen diesen x-Werten muß nämlich die gesuchte Nullstelle liegen. In diesem Falle existiert diese zwischen $-1{,}4$ und $-1{,}3$.

Man kann den ersten Näherungswert aber auch mit Hilfe des Graphen von f ermitteln. Aufgrund der Schnittstelle des Graphen mit der x-Achse kann man hier vermuten, daß in der Umgebung von $-1{,}3$ eine Nullstelle x_0 liegt.

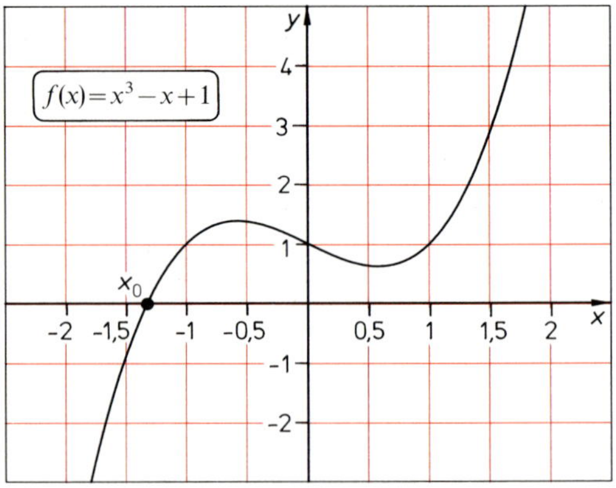

Man beginnt das Newtonsche Verfahren also zweckmäßig mit dem Wert $x_1 = -1{,}3$ und erhält daraus $x_2 = -1{,}32531$. Die zweite Anwendung ergibt dann den Wert $x_3 = -1{,}32471$. Auch dieser Wert ist noch ungenau, da man nicht weiß, welche Ziffern gültig sind. Das gilt auch dann, wenn man bei Fortsetzung des Verfahrens feststellen würde, daß sich keine Ziffer mehr verändert.

$f(x) = x^3 - x + 1 \Rightarrow f'(x) = 3x^2 - 1$

▶ $x_1 = \underline{-1{,}3}$ ▶ Erster Näherungswert

$\Rightarrow f(-1{,}3) = 0{,}103; \quad f'(-1{,}3) = 4{,}07$

▶ $x_2 = x_1 - \dfrac{f(x_1)}{f'(x_1)}$

$= -1{,}3 - \dfrac{0{,}103}{4{,}07}$

$= \underline{-1{,}32531}$ ▶ Zweiter Näherungswert

$\Rightarrow f(-1{,}32531) = 0{,}00253; f'(-1{,}32531) = 4{,}26934$

▶ $x_3 = x_2 - \dfrac{f(x_2)}{f'(x_2)}$

$= -1{,}32531 - \dfrac{-0{,}00253}{4{,}26934}$

$= \underline{-1{,}32471}$ ▶ Dritter Näherungswert

Man muß die Genauigkeit des Ergebnisses dadurch testen, daß man die letzte Ziffer um 1 erhöht bzw. um 1 erniedrigt und für diese neuen Werte die Funktionswerte $f(x)$ berechnet. Wenn das Vorzeichen wechselt, hat man die Nullstelle eingeschlossen.

$\Rightarrow$ $-1{,}32470$ für $x \Rightarrow f(x) = 0{,}0000766$ ▶ $f(x) > 0$
$-1{,}32471$ für $x \Rightarrow f(x) = 0{,}0000339$
$-1{,}32472$ für $x \Rightarrow f(x) = -0{,}0000087$ ▶ $f(x) < 0$

$\Rightarrow -1{,}32472 < x_0 < 1{,}32471$

Mit $-1{,}3247$ wird also die Nullstelle x_0 auf vier Stellen nach dem Komma genau angegeben.

$\Rightarrow x_0 = \underline{\underline{-1{,}3247}}$ ▶ Genauigkeit auf vier Stellen nach dem Komma

● $x^4 - 2x - 1 = 0$

Bei dieser Gleichung wird nur der Graph der Funktion f zugrunde gelegt. Er läßt zwei Lösungen vermuten, und zwar x_{01} in der Nähe von $-0{,}5$ sowie x_{02} in der Nähe von 1,4. Man beginnt das Newtonsche Verfahren also am besten jeweils mit diesen Werten.

$x^4 - 2x - 1 = 0$ ▶ $f\colon f(x) = x^4 - 2x - 1$

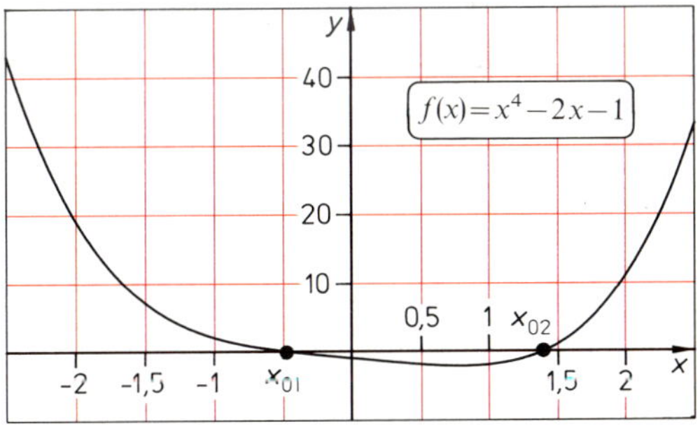

Aus dem ersten Näherungswert $x_1 = -0{,}5$ für x_{01} erhält man nach Anwendung der Newtonschen Näherungsgleichung den zweiten Näherungswert $x_2 = -0{,}475$.

$f(x) = x^4 - 2x - 1 \Rightarrow f'(x) = 4x^3 - 2$

▶ $x_1 = \underline{-0{,}5}$ ▶ Erster Näherungswert

$\Rightarrow f(-0{,}5) = 0{,}0625; \; f'(-0{,}5) = -2{,}5$

▶ $x_2 = x_1 - \dfrac{f(x_1)}{f'(x_1)}$

$= -0{,}5 - \dfrac{0{,}0625}{-2{,}5}$

$= \underline{-0{,}475}$ ▶ Zweiter Näherungswert

Testet man die Genauigkeit des Ergebnisses, indem man die letzte Ziffer um 1 erhöht bzw. um 1 erniedrigt und die zugehörigen Funktionswerte $f(x)$ berechnet, so wechselt das Vorzeichen von $f(x)$ zwischen $-0{,}474$ und $-0{,}475$.

$\Rightarrow -0{,}474$ für $x \Rightarrow f(x) = -0{,}0015207$ ► $f(x) < 0$

$-0{,}475$ für $x \Rightarrow f(x) = 0{,}0009066$

$-0{,}476$ für $x \Rightarrow f(x) = 0{,}0033367$ ► $f(x) > 0$

$\Rightarrow -0{,}475 < x_{01} < -0{,}474$

Mit $-0{,}47$ wird also die Nullstelle x_{01} auf zwei Stellen nach dem Komma genau angegeben.

$\Rightarrow x_{01} = \underline{\underline{-0{,}47}}$ ► Genauigkeit auf zwei Stellen nach dem Komma

Für die Berechnung der zweiten Nullstelle x_{02} beginnt man mit dem Näherungswert $x_3 = 1{,}4$ und erhält den zweiten Näherungswert $x_4 = 1{,}3954$.

► $x_3 = \underline{1{,}4}$ ► Erster Näherungswert

$\Rightarrow f(1{,}4) = 0{,}0416; \quad f'(1{,}4) = 8{,}976$

► $x_4 = x_3 - \dfrac{f(x_3)}{f'(x_3)}$

$= 1{,}4 - \dfrac{0{,}0416}{8{,}976}$

$= \underline{1{,}3954}$ ► Zweiter Näherungswert

Testet man die Genauigkeit dieses Ergebnisses, indem man die letzte Ziffer um 1 erhöht bzw. um 1 erniedrigt und die zugehörigen Funktionswerte $f(x)$ berechnet, so wechselt hier das Vorzeichen von $f(x)$ zwischen 1,3953 und 1,3954.

$\Rightarrow 1{,}3953$ für $x \Rightarrow f(x) = -0{,}000328$ ► $f(x) < 0$

$1{,}3954$ für $x \Rightarrow f(x) = 0{,}000559$

$1{,}3955$ für $x \Rightarrow f(x) = 0{,}001446$ ► $f(x) > 0$

$\Rightarrow 1{,}3953 < x_{02} < 1{,}3954$

Mit 1,395 wird demnach die zweite Nullstelle x_{02} auf drei Stellen nach dem Komma genau angeben.

$\Rightarrow x_{02} = \underline{\underline{1{,}395}}$ ► Genauigkeit auf drei Stellen nach dem Komma

● $3 \cdot \ln x + 0{,}4x^2 - x = 0$

Der erste Näherungswert der Gleichung wird aus der Schnittstelle des Graphen $G(f)$ mit der x-Achse ermittelt. Er liegt bei $x_1 = 1{,}2$.

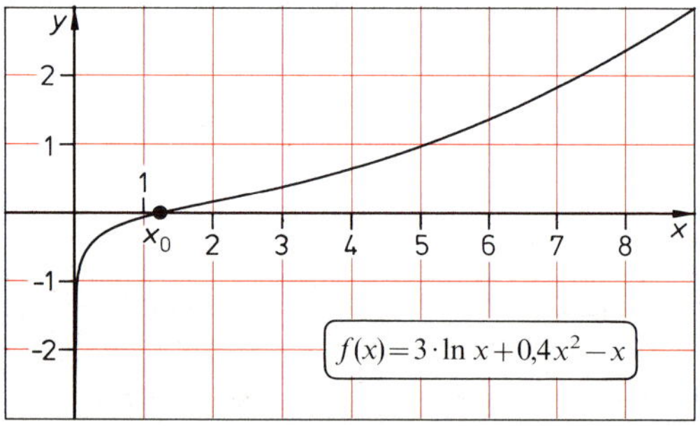

$f(x) = 3 \cdot \ln x + 0{,}4x^2 - x \Rightarrow f'(x) = \dfrac{3}{x} + 0{,}8x - 1$

► $x_1 = \underline{1{,}2}$ ► Erster Näherungswert

$\Rightarrow f(1{,}2) = -0{,}077035; \; f'(1{,}2) = 2{,}46$

Wendet man die Newtonsche Näherungsgleichung an, so erhält man den zweiten Näherungswert $x_2 = 1{,}23132$.

► $x_2 = x_1 - \dfrac{f(x_1)}{f'(x_1)}$

$= 1{,}2 - \dfrac{-0{,}77035}{2{,}46}$

$= \underline{1{,}23132}$ ► Zweiter Näherungswert

$\Rightarrow f(1{,}23132) = -0{,}00060; \; f'(1{,}23132) = 2{,}42147$

Eine nochmalige Verwendung des Verfahrens liefert den dritten Näherungswert $x_3 = 1{,}23157$.

Testet man die Genauigkeit des Ergebnisses, indem man die letzte Ziffer um 1 erhöht bzw. um 1 erniedrigt und die zugehörigen Funktionswerte $f(x)$ berechnet, so wechselt das Vorzeichen von $f(x)$ zwischen 1,23156 und 1,23157.
Mit $x_0 = 1{,}2315$ wird also die Nullstelle auf vier Stellen nach dem Komma genau angegeben.

▶ $x_3 = x_2 - \frac{f(x_2)}{f'(x_2)}$

$= 1{,}23132 - \frac{-0{,}0006}{2{,}42147}$

$= \underline{1{,}23157}$ ▶ Dritter Näherungswert

$\Rightarrow$ 1,23156 für $x \Rightarrow f(x) = -0{,}000019$ ▶ $f(x) < 0$

1,23157 für $x \Rightarrow f(x) = 0{,}000005$

1,23158 für $x \Rightarrow f(x) = 0{,}000029$ ▶ $f(x) > 0$

$\Rightarrow 1{,}23156 < x_0 < 1{,}23157$

$\Rightarrow x_0 = \underline{\underline{1{,}2315}}$ ▶ Genauigkeit auf vier Stellen nach dem Komma

Übungen

4 Anwendungen der Differentialrechnung

4.1 Newtonsches Näherungsverfahren

Bestimmen Sie die Lösungen nachstehender Gleichungen auf zwei Dezimalstellen genau:

1. $2x^3 - 24x + 10 = 0$ **2.** $\frac{x^3}{7} - 3x + 1 = 0$ **3.** $x^3 - 12x + 16 = 0$ **4.** $\frac{x^4}{2} + x^2 - 3x + 2 = 0$

5. $x^5 + 5x + 1 = 0$ **6.** $x^3 + 6x^2 + 6x - 7 = 0$ **7.** $3x^3 + 6x^2 + 16x + 20 = 0$ **8.** $\frac{x^3 + x^2 - 8x - 12}{x^2 - 2x - 1} = 0$

Berechnen Sie die Nullstellen der Funktionen mit folgenden Funktionsgleichungen:

9. $f(x) = \frac{x^3 + 7x + 5}{3x^2 - 4}$ **10.** $f(x) = \frac{x^4}{2} - \frac{x^3}{2} + 2x^2 + \frac{x}{2} - 2$ **11.** $f(x) = \frac{x^3 + 3x + 2}{4 - x^2}$

12. $f(x) = \frac{x^4 + 2x^3 + 6x^2 - 1}{x^4 + x^3 - 4}$ **13.** $f(x) = x^4 - 7x - 5$ **14.** $f(x) = x^3 - 5x + 1$

15. Wie tief taucht eine Hohlkugel aus Stahl ($\varrho - 7{,}8$ g/cm³) mit einem Außendurchmesser von 500 mm und einer Wandstärke von 5 mm in Quecksilber ein?

16. Der Ponton einer Schwimmbrücke hat die Maße 6 m × 2 m × 1 m, ist allseitig geschlossen und aus Stahlblech ($\varrho = 7{,}85$ g/cm³) gefertigt. Von seiner Höhe 1 m tauchen 209 mm ins Wasser ein. Wie groß ist die Blechstärke?

17. Ein Heizölbehälter hat die Form eines Zylinders mit zwei angesetzten Halbkugeln und soll 20000 l fassen. Das zylindrische Stück ist 6 m lang. Wie muß der Durchmesser gewählt werden, wenn die Wandstärke vernachlässigt wird?

18. Eine Kugel soll durch zwei parallele Schnitte in drei volumengleiche Teile zerlegt werden. Welche Höhe haben die einzelnen Kugelabschnitte?

19. EinKegelstumpf, dessen Höhe gleich dem großen Durchmesser ist, und dessen großer Durchmesser dreimal so groß wie der kleine Durchmesser ist, hat ein Volumen von 200 cm³. Berechnen Sie seine Maße!

4.2 Untersuchung von Funktionseigenschaften mit Hilfe der Differentialrechnung

Wichtige Punkte auf Funktionsgraphen

Will man den Verlauf des Graphen einer differenzierbaren Funktion in einem Koordinatensystem kennenlernen, so kann man eine Wertetabelle aufstellen und dann den Graphen zu zeichnen versuchen. Dieses Verfahren ist jedoch sehr zeitraubend und nicht immer durchführbar. Um den ungefähren Verlauf eines Funktionsgraphen zu zeichnen, genügen aber in der Regel einige charakteristische Punkte des Graphen.

Im Kapitel „Funktionen" wurden bereits Verfahren zur Ermittlung von Nullstellen, Schnittpunkten mit der y-Achse, Definitionslücken, Asymptoten und asymptotischen Kurven erläutert. Mit Hilfe der Differentialrechnung lassen sich nun weitere Stellen bzw. Punkte ermitteln, die das Bild eines Funktionsgraphen vervollständigen. Das nachfolgende Schaubild zeigt einige dieser charakteristischen Punkte eines Graphen in einem abgeschlossenen Intervall $[a; b]$.

P_1 ► absoluter Maximalpunkt
P_2 ► Wendepunkt
P_3 ► relativer Minimalpunkt
P_4 ► Wendepunkt
P_5 ► relativer Maximalpunkt
P_6 ► Wendepunkt
P_7 ► relativer Minimalpunkt
P_8 ► Wendepunkt
P_9 ► Wendepunkt mit waagerechter Wendetangente (Sattelpunkt)
P_{10} ► Randminimalpunkt und absoluter Minimalpunkt
P_{11} ► Randmaximalpunkt
$x_1; x_3; x_5; x_7$ ► Extremstellen
$x_2; x_4; x_6; x_8; x_9$ ► Wendestellen
a und b ► Randstellen

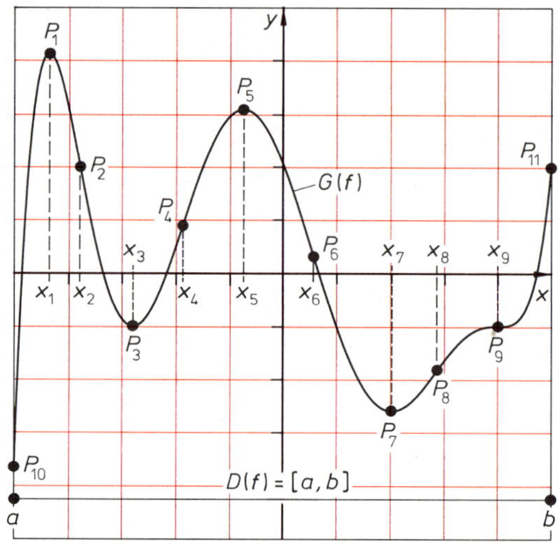

Merke:

- Der Punkt $P\langle x_0 | f(x_0)\rangle$ eines Graphen $G(f)$, dessen unmittelbar benachbarte Punkte auf dem Graphen links **und** rechts von ihm einen kleineren $f(x)$-Wert besitzen, heißt **relativer (lokaler) Maximalpunkt**. Ist $P\langle x_0 | f(x_0)\rangle$ ein relativer Maximalpunkt, so wird die Stelle x_0 als **relative Maximalstelle** und der zugehörige $f(x_0)$-Wert als **relativer Maximalwert** oder **relatives Maximum** (Plural: „Maxima") der Funktion f bezeichnet. In einer Umgebung $U(x_0) \in D(f)$ einer relativen Maximalstelle gilt also stets $f(x) < f(x_0)$ für alle $x \in U(x_0) \setminus \{x_0\}$. Die Tangente in einem relativen Maximalpunkt verläuft parallel zur x-Achse, d.h. ihre Steigung ist Null.

- Der Punkt $P\langle x_0|f(x_0)\rangle$ eines Graphen $G(f)$, dessen unmittelbar benachbarte Punkte auf dem Graphen links **und** rechts von ihm einen größeren $f(x)$-Wert besitzen, heißt **relativer (lokaler) Minimalpunkt**. Ist $P\langle x_0|f(x_0)\rangle$ ein relativer Minimalpunkt, so wird die Stelle x_0 als **relative Minimalstelle** und der zugehörige $f(x_0)$-Wert als **relativer Minimalwert** oder **relatives Minimum** (Plural: „Minima“) der Funktion f bezeichnet. In einer Umgebung $U(x_0) \in D(f)$ einer relativen Minimalstelle gilt also stets $f(x) > f(x_0)$ für alle $x \in U(x_0) \setminus \{x_0\}$. Die Tangente in einem relativen Minimalpunkt verläuft parallel zur x-Achse, d.h. ihre Steigung ist Null.
- Ist eine Funktion f in einem abgeschlossenen Intervall $[a, b]$ definiert, so heißen die Punkte $P\langle a|f(a)\rangle$ und $P\langle b|f(b)\rangle$ **Randpunkte** des Graphen $G(f)$ und die Stellen a und b **Randstellen** der Funktion. Zu einer Randstelle einer Funktion gehört stets nur eine einseitige Umgebung. Daher können an Randstellen keine relativen Maximal- oder Minimalstellen vorliegen. Gilt für einen Randpunkt $P\langle a|f(a)\rangle$ eines Graphen $G(f)$, daß in einer einseitigen Umgebung der Stelle a alle Funktionswerte kleiner als $f(a)$ sind, so bezeichnet man diesen Randpunkt als **Randmaximalpunkt**, gilt dort dagegen, daß alle Funktionswerte größer als $f(a)$ sind, so bezeichnet man ihn als **Randminimalpunkt**.
- Gilt für den Punkt $P\langle x_0|f(x_0)\rangle$ eines Graphen $G(f)$, daß $f(x) < f(x_0)$ nicht nur für eine Umgebung von x_0, sondern sogar für alle $x \in D(f) \setminus \{x_0\}$ zutrifft, so bezeichnet man ihn als **absoluten Maximalpunkt** und $f(x_0)$ als **absolutes Maximum**. Entsprechend nennt man ihn **absoluten Minimalpunkt** und $f(x_0)$ ein **absolutes Minimum**, wenn $f(x) > f(x_0)$ für alle $x \in D(f) \setminus \{x_0\}$ gilt. Ein absoluter Maximalpunkt ist demnach der größte relative Maximalpunkt oder ein Randmaximalpunkt in einem abgeschlossenen Intervall. Ein absoluter Minimalpunkt ist dann der kleinste relative Minimalpunkt oder ein Randminimalpunkt in einem abgeschlossenen Intervall.
- Relative Maximalpunkte und relative Minimalpunkte nennt man auch **relative Extrempunkte (Extremalpunkte)**. Die Stelle x_0 heißt entsprechend **relative Extremstelle (Extremalstelle)**, und der zugehörige Funktionswert $f(x_0)$ wird als **relativer Extremwert (Extremalwert, Extremum)** bezeichnet. Ist eine solche Stelle Randstelle einer Funktion, so spricht man genauer von einer **Randextremstelle**. Die zugehörigen Funktionswerte heißen **Randmaximum** bzw. **Randminimum**.

Merke:

Ein Punkt $P\langle x_0|f(x_0)\rangle$ eines Graphen $G(f)$, bei dem der Graph von einer **Rechtskrümmung** in eine **Linkskrümmung** oder von einer Linkskrümmung in eine Rechtskrümmung übergeht, heißt **Wendepunkt**. Die Stelle x_0 nennt man **Wendestelle**, und die Tangente in einem Wendepunkt wird als **Wendetangente** bezeichnet. Ein Wendepunkt, dessen Wendetangente parallel zur x-Achse verläuft, die also die Steigung Null hat, heißt **Sattelpunkt**.

Im folgenden werden Verfahren entwickelt, um charakteristische Stellen von Funktionen und Punkte auf Funktionsgraphen rechnerisch zu bestimmen.

Untersuchung von Funktionen auf Extremstellen

Problem: Bestimmen Sie für die Funktion $f: f(x)=0{,}4x^4-8x^2+10x+30$ mit $D(f)=\mathbb{R}$ die erste sowie die zweite Ableitung, und zeichnen Sie die Graphen $G(f)$, $G(f')$ sowie $G(f'')$. Welche Erkenntnisse lassen sich aus dem Verlauf der Graphen für die relativen Extremstellen der Funktion f gewinnen?

Aus dem Verlauf der Graphen $G(f)$, $G(f')$ und $G(f'')$ lassen sich folgende Erkenntnisse gewinnen:

- Die Funktion f hat an der Stelle x_1 ein relatives Minimum und der Graph $G(f)$ daher dort den relativen Minimalpunkt P_1. An dieser Stelle hat die erste Ableitung f' eine Nullstelle, und für die zweite Ableitung f'' gilt $f''(x_1)>0$.
- Die Funktion f hat an der Stelle x_2 ein relatives Maximum und der Graph $G(f)$ daher dort den relativen Maximalpunkt P_2. An dieser Stelle hat die erste Ableitung f' eine Nullstelle, und für die zweite Ableitung gilt $f''(x_2)<0$.
- An der Stelle x_3 hat die Funktion f ein relatives Minimum und der Graph $G(f)$ daher dort den relativen Minimalpunkt P_3. Auch an dieser Stelle hat die erste Ableitung f' eine Nullstelle, und für die zweite Ableitung gilt $f''(x_3)>0$.

Weitere relative Extremstellen der Funktion f können dem gewählten Zeichnungsausschnitt nicht entnommen werden. Randextremstellen können jedenfalls nicht auftreten, da die Funktion f in $\mathbb{R}$, also in einem offenen Intervall definiert ist. Ob P_1 sogar ein absoluter Minimalpunkt ist, hängt davon ab, wie der Graph $G(f)$ über den gewählten Zeichnungsausschnitt hinaus weiterverläuft.

$$f(x)=0{,}4x^4-8x^2+10x+30$$
$$\Rightarrow f'(x)=1{,}6x^3-16x+10$$
$$\Rightarrow f''(x)=4{,}8x^2-16$$

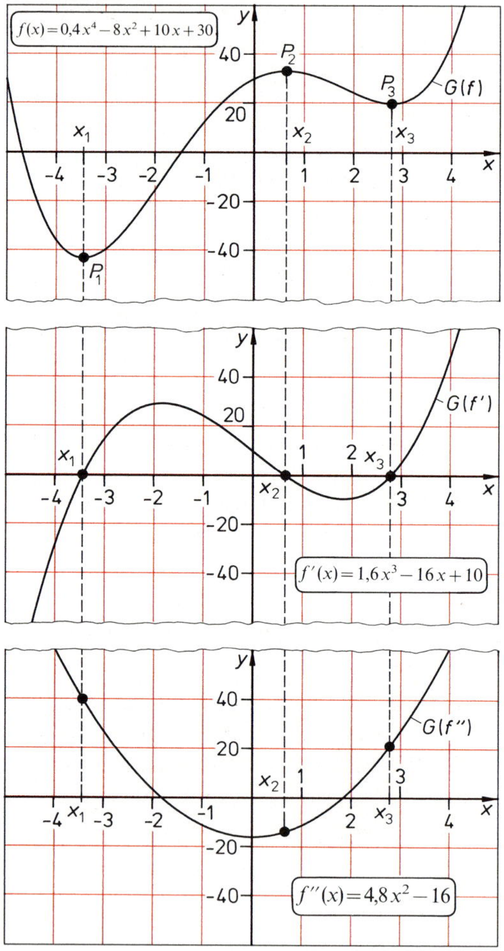

Aufgrund der vorstehenden Erkenntnisse kann man vermuten, daß an den relativen Extremstellen einer differenzierbaren Funktion die erste Ableitung Null und die zweite Ableitung ungleich Null ist. Bei einem Maximum gilt offensichtlich $f''(x_0)<0$, bei einem Minimum dagegen $f''(x_0)>0$.

Problem: Ermitteln Sie für die Funktion $f: f(x)=\cos(2x)+4\cdot\sin x$ mit $x\in[0;2\pi]$ die erste, zweite, dritte und vierte Ableitung. Zeichnen Sie die Graphen $G(f)$, $G(f')$, $G(f'')$, $G(f''')$ sowie $G(f^{(4)})$, und leiten Sie Erkenntnisse aus dem Verlauf der Graphen für die relativen Extremstellen der Funktion f ab.

$f(x)=-\cos(2x)+4\cdot\sin x$

$\Rightarrow f'(x)=2\cdot\sin(2x)+4\cdot\cos x$

$\Rightarrow f''(x)=4\cdot\cos(2x)-4\cdot\sin x$

$\Rightarrow f'''(x)=-8\cdot\sin(2x)-4\cdot\cos x$

$\Rightarrow f^{(4)}(x)=-16\cdot\cos(2x)+4\cdot\sin x$

Aus $G(f)$ sowie aus den Graphen der ersten bis vierten Ableitung im Intervall $[0;2\pi]$ lassen sich folgende Erkenntnisse gewinnen:

- Die Funktion f besitzt an der Stelle $x_1=\frac{\pi}{2}$ ein relatives Maximum, das in $[0;2\pi]$ sogar ein absolutes Maximum ist. Der Graph $G(f)$ besitzt daher dort einen absoluten Maximalpunkt P_1. An dieser Stelle hat die erste Ableitung eine Nullstelle, und für die zweite Ableitung gilt $f''(x_1)<0$.
- An der Stelle $x_2=\frac{3}{2}\pi$ besitzt die Funktion f ein relatives Minimum, das in $[0;2\pi]$ sogar ein absolutes Minimum ist. Der Graph $G(f)$ besitzt daher dort einen absoluten Minimalpunkt P_2. An dieser Stelle hat nicht nur die erste, sondern auch die zweite und dritte Ableitung eine Nullstelle, und erst für die vierte Ableitung gilt $f^{(4)}(x_2)>0$.

  An der Stelle $x_2=\frac{3}{2}\pi$ kann man also mit Hilfe der zweiten Ableitung nicht entscheiden, ob bei ihr ein Maximum oder ein Minimum vorliegt. Erst die vierte Ableitung zeigt, daß $f^{(4)}(x_2)>0$ gilt.

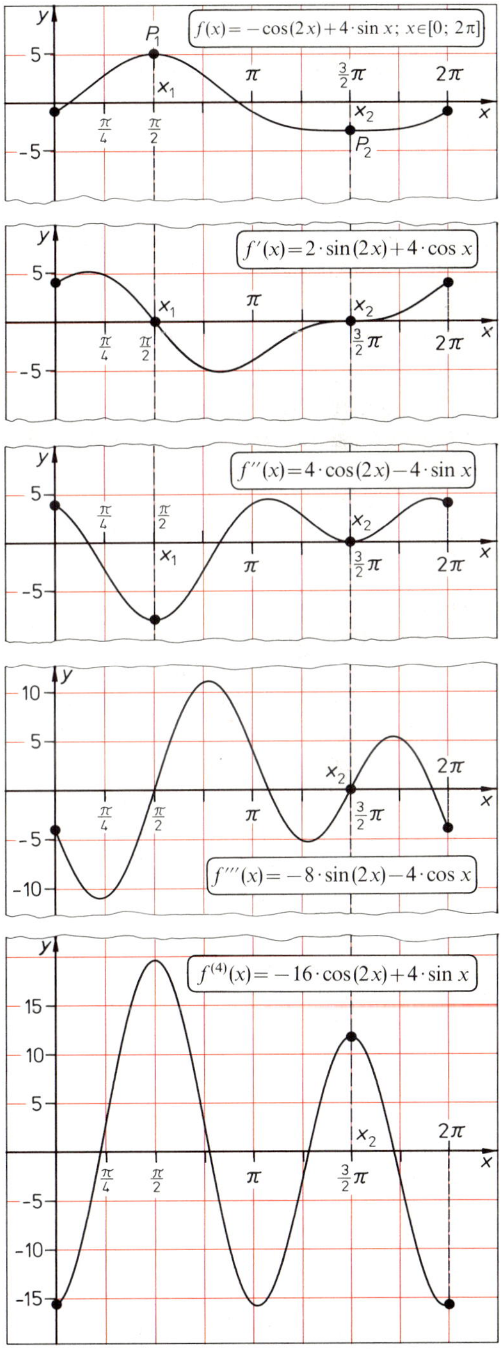

Die aus der vorausgegangenen Problemstellung gewonnenen Erkenntnisse müssen also ergänzt werden. Offensichtlich gilt, daß an den relativen Extremstellen einer mehrmals differenzierbaren Funktion die erste Ableitung Null ist. Ist auch die zweite Ableitung gleich Null, so müssen höhere Ableitungen gebildet und untersucht werden. Die nächstfolgende Ableitung, die an der Stelle x_0 ungleich Null und von gerader Ordnung ist, gibt dann Aufschluß über die Art der Extremstelle. Ist diese Ableitung kleiner als Null, so liegt eine relative Maximalstelle vor, ist diese Ableitung größer als Null, so handelt es sich um eine relative Minimalstelle.

Merke:

Für die Ermittlung der relativen Extremstellen einer genügend oft differenzierbaren Funktion f ist folgendes Berechnungsschema zweckmäßig:

- Den Funktionsterm $f'(x)$ der ersten Ableitung f' bilden.
- Aus $f'(x)=0$ die Nullstellen der ersten Ableitung berechnen. Diese Nullstellen sind mögliche relative Extremstellen der Funktion f und müssen weiter untersucht werden.
- Den Funktionsterm $f''(x)$ der zweiten Ableitung f'' bilden.
- Jede Nullstelle x_0 der ersten Ableitung f' in den Funktionsterm der zweiten Ableitung $f''(x)$ einsetzen und jeweils den Funktionswert $f''(x_0)$ bestimmen. Es gilt dann:

  $f'(x_0)=0$ und $f''(x_0)<0$ ► x_0 ist relative Maximalstelle, und $f(x_0)$ ist relativer Maximalwert (Maximum) von f,

  $f'(x_0)=0$ und $f''(x_0)>0$ ► x_0 ist relative Minimalstelle, und $f(x_0)$ ist relativer Minimalwert (Minimum) von f
- Hat auch die zweite Ableitung f'' an einer Nullstelle x_0 der ersten Ableitung f' eine Nullstelle, so müssen höhere Ableitungen von f gebildet werden. Die nächstfolgende höhere Ableitung, die an der Stelle x_0 ungleich Null und von gerader Ordnung ist, gibt Aufschluß über die Art der Extremstelle:

  Gilt $f'(x_0)=0; f''(x_0)=0; \ldots; f^{(n-1)}(x_0)=0$ und $f^{(n)}(x_0)<0$ für $n \in \mathbb{N}^*$ und n gerade, so ist x_0 eine relative Maximalstelle und $f(x_0)$ relativer Maximalwert (Maximum) von f.

  Gilt $f'(x_0)=0; f''(x_0)=0; \ldots; f^{(n-1)}(x_0)=0$ und $f^{(n)}(x_0)>0$ für $n \in \mathbb{N}^*$ und n gerade, so ist x_0 eine relative Minimalstelle und $f(x_0)$ relativer Minimalwert (Minimum) von f.
- Den relativen Maximal- bzw. Minimalwert $f(x_0)$ und damit die y-Koordinate des relativen Maximal- bzw. Minimalpunktes $P\langle x_0 | f(x_0)\rangle$ erhält man durch Einsetzen der entsprechenden Extremstelle x_0 in den Funktionsterm $f(x)$ und Berechnung von $f(x_0)$.

Anmerkung:

- Selbst bei beliebig oft differenzierbaren Funktionen lassen sich auf diese Weise nicht in allen Fällen vorhandene relative Extremstellen ermitteln. Es kann nämlich sein, daß alle Ableitungen gerader Ordnung an einer Nullstelle der ersten Ableitung Null sind und dort trotzdem eine relative Extremstelle existiert.
- Randextremstellen können auf diese Weise nur ermittelt werden, wenn die Aussage der Merkregel für die einseitigen Ableitungen gelten. Es kann aber an einer Randstelle einer Funktion ein absolutes Maximum oder Minimum vorliegen, ohne daß die einseitige Ableitung dort Null ist.
- Wenn im Folgenden anderes nicht ausdrücklich gesagt wird, werden Extremstellen nur als relative Extremstellen verstanden. Falls Randstellen einer Funktion vorliegen, müssen diese gesondert auf ihre Extremstelleneigenschaft hin untersucht werden.

Beispiel: Untersuchen Sie die Funktion $f: f(x)=\frac{x^6}{3}-0{,}2x^5-7x^4+450$ mit $D(f)=\mathbb{R}$ auf Extremstellen. Zeichnen Sie den Graphen von f und die Graphen der notwendigen Ableitungen.

Man geht entsprechend dem entwickelten Lösungsschema vor:

$f(x)=\frac{x^6}{3}-0{,}2x^5-7x^4+450$

- $f'(x)$ bilden.
- Aus $f'(x)=0$ die Nullstellen der ersten Ableitung berechnen.

  Man erhält $x_1=-3{,}5$, $x_2=0$ und $x_3=4$ als mögliche Extremstellen, die weiter untersucht werden müssen.

▶ $f'(x)=2x^5-x^4-28x^3$ ▶ $f'(x)=0$

$0=2x^5-x^4-28x^3$

$0=x^3(x^2-x-28)$

$\Rightarrow x^3=0$ oder $x^2-x-28=0$

▶ $x^3=0 \Rightarrow x=\underline{0}$

▶ $x^2-x-28=0$

$\Rightarrow x=\frac{1}{2}+\sqrt{\frac{1}{4}+28}$ oder $x=\frac{1}{2}-\sqrt{\frac{1}{4}+28}$

$\Rightarrow x=\underline{4}$ oder $x=\underline{-3{,}5}$

$\Rightarrow x_1=\underline{\underline{-3{,}5}};\ x_2=\underline{\underline{0}};\ x_3=\underline{\underline{4}}$ ▶ mögliche Extremstellen

- $f''(x)$ bilden.
- Jede Nullstelle der ersten Ableitung f' in den Funktionsterm der zweiten Ableitung $f''(x)$ einsetzen und die Funktionswerte $f''(x_1)$, $f''(x_2)$ sowie $f''(x_3)$ bestimmen. Da $f''(-3{,}5)>0$ und $f''(4)>0$ gelten, sind x_1 und x_3 Minimalstellen. Wegen $f''(0)=0$ ist eine Aussage für $x_2=0$ noch nicht möglich, und es müssen daher weitere Untersuchungen angestellt werden.

▶ $f''(x)=10x^4-4x^3-84x^2$ ▶ $x_1;\ x_2;\ x_3$

$f''(x_1)=f''(-3{,}5)=\underline{643{,}13}$

$\Rightarrow f''(-3{,}5)>0$ ▶ $x_1=-3{,}5$ ist Minimalstelle

$f''(x_2)=f''(0)=0$ ▶ noch keine Aussage möglich

$f''(x_3)=f''(4)=\underline{960}$

$\Rightarrow f''(4)>0$ ▶ $x_3=4$ ist Minimalstelle

- Da auch die zweite Ableitung f'' an der Nullstelle x_2 der ersten Ableitung f' eine Nullstelle hat, müssen die dritte und die vierte Ableitung von f bestimmt und $f^{(4)}(0)$ berechnet werden. Wegen $f^{(4)}<0$ ist die Stelle $x_2=0$ eine Maximalstelle.

▶ $f'''(x)=40x_3-12x^2-168x$

$f^{(4)}(x)=120x^2-24x-168$ ▶ $x_2=0$

$f^{(4)}(x_2)=f^{(4)}(0)=\underline{-168}$

$\Rightarrow f^{(4)}(0)<0$ ▶ $x_2=0$ ist Maximalstelle

- Den Maximalwert $f(0)$ und die Minimalwerte $f(-3{,}5)$ sowie $f(4)$ und damit die y-Koordinaten des Maximalpunktes P_2 und der Minimalpunkte P_1 und P_3 erhält man durch Einsetzen der entsprechenden Extremstellen in den Funktionsterm $f(x)$ und Berechnung der Funktionswerte.

▶ $f(x)=\frac{x^6}{3}-0{,}2x^5-7x^4+450$ ▶ $x_1;\ x_2;\ x_3$

$f(x_1)=f(-3{,}5)$

$=\frac{(-3{,}5)^6}{3}-0{,}2\cdot(-3{,}5)^5-7\cdot(-3{,}5)^4+450$

$=\underline{117{,}36}$ ▶ Minimalwert (Minimum)

$f(x_2)=f(0)=\underline{450}$ ▶ Maximalwert (Maximum)

$f(x_3)=f(4)=\underline{-181{,}47}$ ▶ Minimalwert (Minimum)

Die rechnerischen Ergebnisse stimmen mit dem Verlauf der Graphen $G(f)$, $G(f')$, $G(f'')$, $G(f''')$ und $G(f^{(4)})$ überein:

$x_1 = -3{,}5$ ▶ Minimalstelle
$x_2 = 0$ ▶ Maximalstelle
$x_3 = 4$ ▶ Minimalstelle

$f(-3{,}5) = 117{,}36$ ▶ Minimum
$f(0) = 450$ ▶ Maximum
$f(4) = -181{,}47$ ▶ Minimum

$P_1\langle -3{,}5 | 117{,}36\rangle$ ▶ Minimalpunkt
$P_2\langle 0 | 450\rangle$ ▶ Maximalpunkt
$P_3\langle 4 | -181{,}47\rangle$ ▶ Minimalpunkt

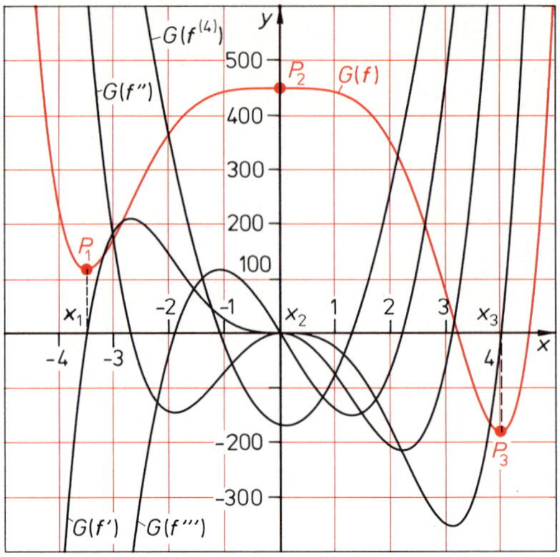

Beispiel: Stellen Sie fest, ob die Funktion $f: f(x) = 1{,}2 \cdot \sqrt{x^2 - 1} - 1{,}5$ im Intervall $[-4; 3]$ Extremstellen hat, und zeichnen Sie den Graphen der Funktion.

Der Definitionsbereich $D(f)$ ergibt sich aus der Bedingung $x^2 - 1 \geq 0$ und dem Intervall [4; 3].

$$x^2 - 1 \geq 0 \Rightarrow x^2 \geq 1 \Rightarrow |x| \geq 1$$
$$\Rightarrow x \geq 1 \text{ oder } x \leq -1$$
$$\Rightarrow D(f) = [-4; -1] \cup [1; 3]$$

Um Extremstellen zu bestimmen, ermittelt man zuerst die Nullstellen der ersten Ableitung. f' besitzt aber keine Nullstellen, da $x_0 = 0$ kein Element von $D(f)$ ist, und deshalb existieren auch keine lokalen Extremstellen. Das wird auch durch den Graphen der Funktion bestätigt.

$$f(x) = 1{,}2 \cdot \sqrt{x^2 - 1} - 1{,}5$$
$$\Rightarrow f'(x) = \frac{6x}{5\sqrt{x^2 - 1}} \quad ▶ \quad f'(x) = 0$$
$$0 = \frac{6x}{5\sqrt{x^2 - 1}} \Rightarrow x_0 = 0 \quad ▶ \quad x_0 \notin D(f)$$

Es liegen jedoch Randextremstellen vor, da die Funktion in zwei abgeschlossenen Intervallen definiert ist. Diese werden bestimmt, indem man die Funktionswerte an den Randstellen, also $f(x_1)$, $f(x_2)$, $f(x_3)$ und $f(x_4)$, berechnet.

$x_1 = -4$ ▶ $f(-4) = \underline{3{,}15}$ ▶ absolutes Maximum
$x_2 = -1$ ▶ $f(-1) = \underline{-1{,}5}$ ▶ absolutes Minimum
$x_3 = 1$ ▶ $f(1) = \underline{-1{,}5}$ ▶ absolutes Minimum
$x_4 = 3$ ▶ $f(3) = \underline{1{,}89}$ ▶ Randmaximum

$x_1; x_2; x_3; x_4$ ▶ Randstellen

$f(x_1) = 3{,}15$ ▶ absolutes Maximum
$f(x_2) = -1{,}5$ ▶ absolutes Minimum
$f(x_3) = -1{,}5$ ▶ absolutes Minimum
$f(x_4) = 1{,}89$ ▶ Randmaximum

$P_1\langle -4 | 3{,}15\rangle$ ▶ absoluter Maximalpunkt
$P_2\langle -1 | -1{,}5\rangle$ ▶ absoluter Minimalpunkt
$P_3\langle 1 | -1{,}5\rangle$ ▶ absoluter Minimalpunkt
$P_4\langle 3 | 1{,}89\rangle$ ▶ Randminimalpunkt

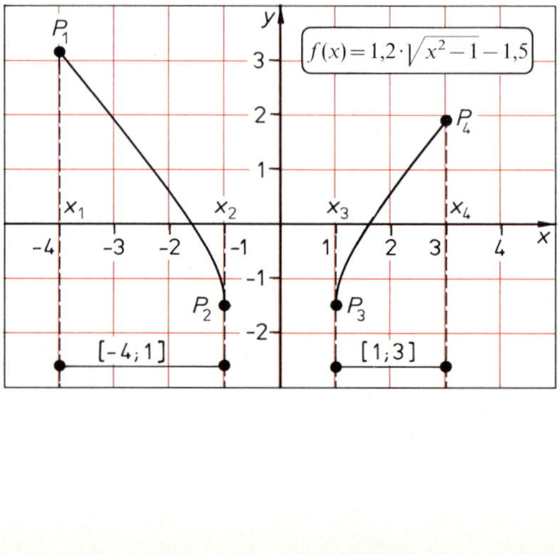

Anmerkung:

Da sich der Graph der Funktion f über zwei abgeschlossene Intervalle im Bereich $[-4;\ 3]$ erstreckt und die Funktionswerte an zwei Randstellen übereinstimmen und kleiner als alle anderen Funktionswerte sind, gibt es zwei absolute Minimalpunkte des Graphen.

Untersuchung von Funktionen auf Wendestellen

Problem: Die Funktion $f\colon f(x)=\frac{x^4}{12}+\frac{x^3}{6}-x^2-x$ mit $D(f)=\mathbb{R}$ hat bei $x_1=-2$ und $x_2=1$ Wendestellen. Bestimmen Sie die erste, die zweite sowie die dritte Ableitung, und zeichnen Sie die Graphen $G(f)$, $G(f')$, $G(f'')$ sowie $G(f''')$. Welche Erkenntnisse lassen sich aus dem Verlauf der Graphen für die Wendestellen der Funktion f gewinnen?

$$f(x)=\frac{x^4}{12}+\frac{x^3}{6}-x^2-x$$

$$\Rightarrow f'(x)=\frac{x^3}{3}+\frac{x^2}{2}-2x-1$$

$$\Rightarrow f''(x)=x^2+x-2$$

$$\Rightarrow f'''(x)=2x+1$$

Aus dem Verlauf der Graphen $G(f)$, $G(f')$, $G(f'')$ und $G(f''')$ lassen sich folgende Erkenntnisse gewinnen:

- Der Funktionsgraph $G(f)$ hat an der Stelle $x_1=-2$ eine Wendestelle und den Wendepunkt P_1. An dieser Stelle hat die erste Ableitung f' ein Maximum, und es gilt $f'(x_1)\neq 0$. Die zweite Ableitung f'' hat dort eine Nullstelle, und für die dritte Ableitung f''' gilt $f'''(x_1)\neq 0$.
- Der Graph der Funktion f hat an der Stelle $x_2=1$ eine Wendestelle und den Wendepunkt P_2. An dieser Stelle hat die erste Ableitung f' ein Minimum, und es gilt $f'(x_2)\neq 0$. Die zweite Ableitung f'' hat dort eine Nullstelle, und für die dritte Ableitung f''' gilt $f'''(x_2)\neq 0$.

Man kann daher vermuten, daß an Wendestellen einer genügend oft differenzierbaren Funktion die zweite Ableitung Null ist, während die erste und dritte Ableitung von Null verschieden sind.

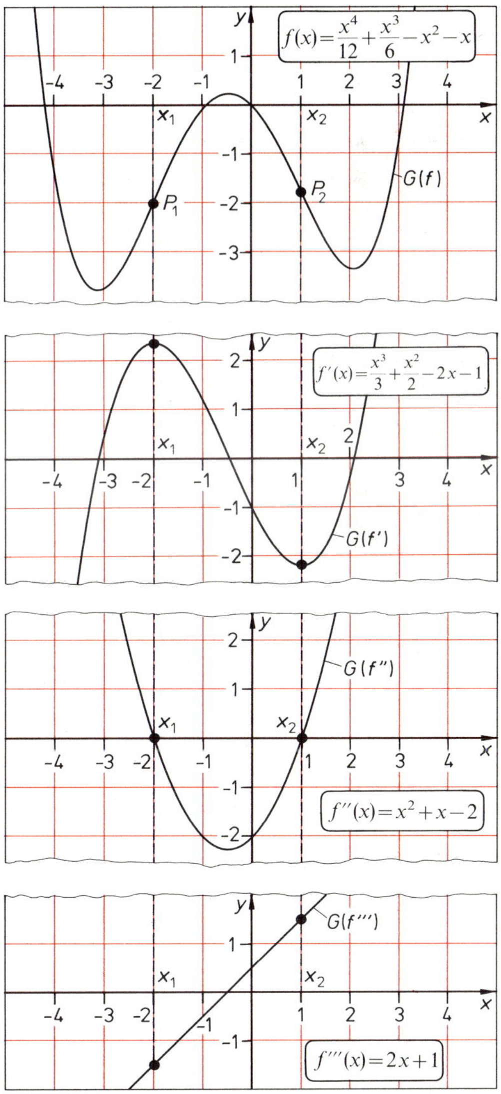

Problem: Die Funktion $f: f(x)=0{,}8x^3-0{,}2x^4-2$ mit $D(f)=\mathbb{R}$ hat bei $x_1=0$ und bei $x_2=2$ Wendestellen. Bestimmen Sie die erste, die zweite sowie die dritte Ableitung, und zeichnen Sie die Graphen $G(f)$, $G(f')$, $G(f'')$ sowie $G(f''')$. Charakterisieren Sie die Wendepunkte des Graphen, und leiten gegebenenfalls neue Erkenntnisse ab.

$f(x)=0{,}8x^3-0{,}2x^4-2$

$\Rightarrow f'(x)=2{,}4x^2-0{,}8x^3$

$\Rightarrow f''(x)=4{,}8x-2{,}4x^2$

$\Rightarrow f'''(x)=4{,}8-4{,}8x$

Aus den Graphen $G(f)$, $G(f')$, $G(f'')$ und $G(f''')$ lassen sich folgende Erkenntnisse gewinnen:

- Der Funktionsgraph $G(f)$ hat an der Stelle $x_1=0$ eine Wendestelle und den Wendepunkt P_1. Offensichtlich handelt es sich um einen Wendepunkt mit einer Wendetangente parallel zur x-Achse, also um einen sogenannten Sattelpunkt. An dieser Stelle gilt für die erste Ableitung $f'(x_1)=0$. Die zweite Ableitung f'' hat dort eine Nullstelle, und für die dritte Ableitung f''' gilt $f'''(x_1)\neq 0$.
- Der Graph der Funktion f hat an der Stelle $x_2=1$ eine Wendestelle und den „normalen" Wendepunkt P_2. An dieser Stelle gilt für die erste Ableitung $f'(x_2)\neq 0$. Die zweite Ableitung f'' hat dort eine Nullstelle, und für die dritte Ableitung f''' gilt $f'''(x_2)\neq 0$.

Besitzt eine genügend oft differenzierbare Funktion eine Wendestelle, an der der Funktionsgraph einen Sattelpunkt hat, also einen Wendepunkt mit parallel zur x-Achse verlaufender Wendetangente, so kann man vermuten, daß dort die erste und die zweite Ableitung gleich Null sind, während die dritte Ableitung von Null verschieden ist.

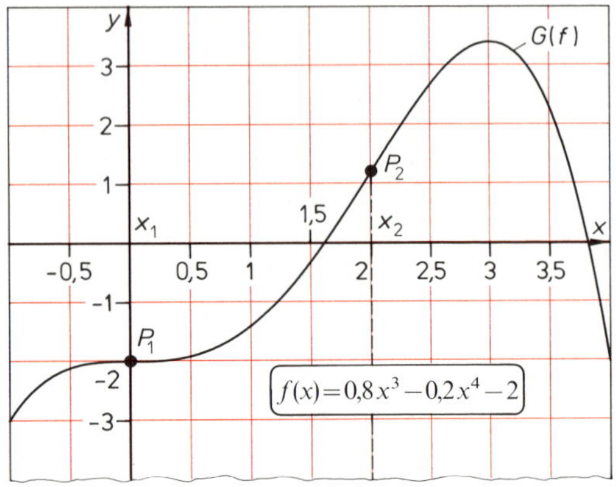

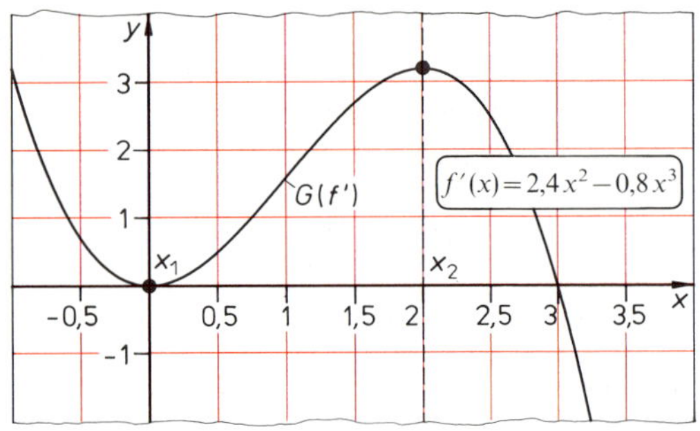

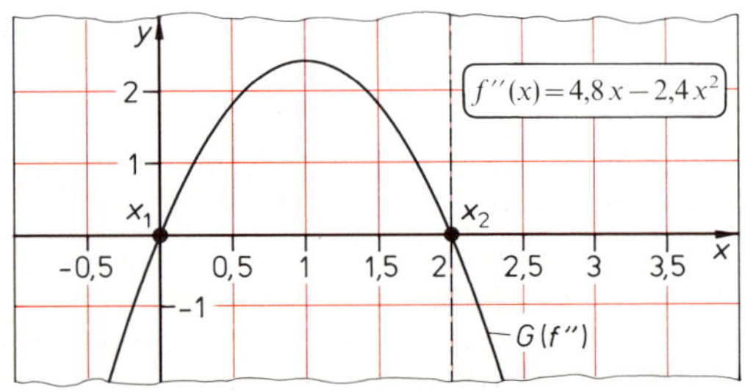

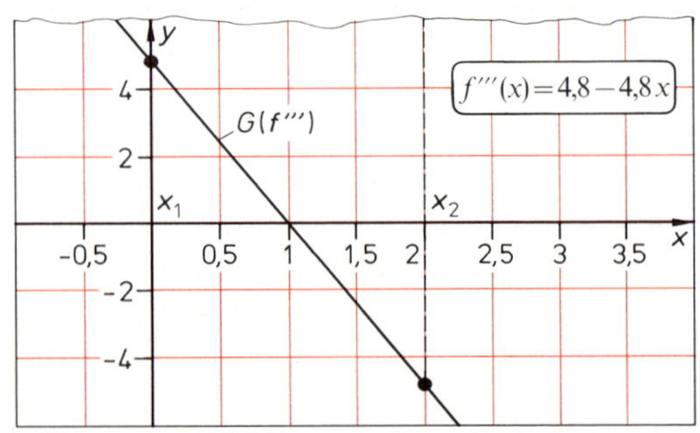

Problem: Die Funktion $f: f(x)=0{,}05x^5-x+4$ mit $D(f)=\mathbb{R}$ hat an der Wendestelle $x_0=0$ den Wendepunkt $P\langle 0|4\rangle$. Berechnen Sie die erste bis fünfte Ableitung, und zeichnen Sie alle Graphen in ein Schaubild. Welche Erkenntnisse kann man aus dem Verlauf der Graphen für die Wendestelle x_0 der Funktion f gewinnen?

$f(x)=0{,}05x^5-x+4 \Rightarrow f'(x)=0{,}25x^4-1$
$\Rightarrow f''(x)=x^3 \quad \Rightarrow f'''(x)=3x^2$
$\Rightarrow f^{(4)}(x)=6x \Rightarrow f^{(5)}(x)=6$

Aus dem Verlauf der Graphen lassen sich folgende Erkenntnisse gewinnen:
Der Graph der Funktion f hat an der Wendestelle $x_0=0$ den „normalen" Wendepunkt $P\langle 0|4\rangle$. An dieser Wendestelle gilt für die einzelnen Ableitungen:

erste Ableitung ► $f'(x_0) \neq 0$
zweite Ableitung ► $f''(x_0) = 0$
dritte Ableitung ► $f'''(x_0)=0$
vierte Ableitung ► $f^{(4)}(x_0)=0$
fünfte Ableitung ► $f^{(5)}(x_0) \neq 0.$

Hier ist also nicht, wie bei den vorausgegangenen Problemen, die dritte, sondern erst die fünfte Ableitung verschieden von Null.

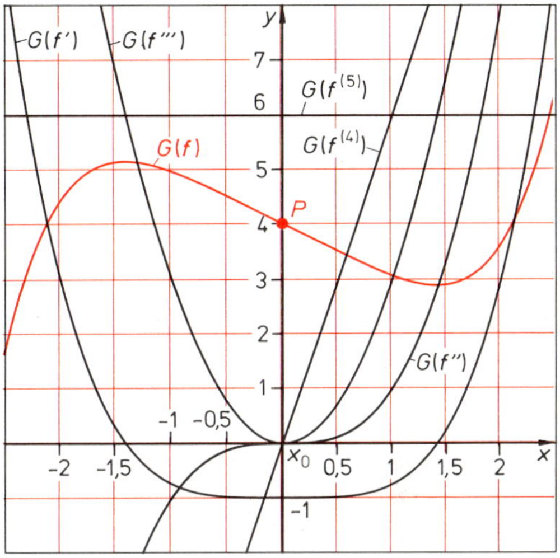

Bei einer genügend oft differenzierbaren Funktion liegt also offensichtlich dann eine Wendestelle vor, wenn für sie die zweite Ableitung Null und die nächstfolgende höhere ungerade Ableitung verschieden von Null ist.

Merke:

Für die Ermittlung der Wendestellen einer genügend oft differenzierbaren Funktion f ist folgendes Berechnungsschema zweckmäßig:

- Die Funktionsterme $f'(x)$ und $f''(x)$ bilden.
- Aus $f''(x)=0$ die Nullstellen der zweiten Ableitung berechnen. Diese Nullstellen sind mögliche Wendestellen der Funktion f und müssen weiter untersucht werden.
- Den Funktionsterm $f'''(x)$ der dritten Ableitung f''' bilden.
- Jede Nullstelle x_0 der zweiten Ableitung f'' in den Funktionsterm der dritten Ableitung $f'''(x)$ einsetzen und den Funktionswert $f'''(x_0)$ bestimmen. Erhält man dann $f'''(x_0)\neq 0$, so ist x_0 eine Wendestelle und $P\langle x_0|f(x_0)\rangle$ ein Wendepunkt des Funktionsgraphen $G(f)$.
- Hat auch die dritte Ableitung f''' an einer Nullstelle x_0 der zweiten Ableitung f'' eine Nullstelle, so müssen höhere Ableitungen von f gebildet werden. Ist die nächstfolgende höhere Ableitung ungleich Null und von ungerader Ordnung, so ist x_0 eine Wendestelle und $P\langle x_0|f(x_0)\rangle$ ein Wendepunkt des Funktionsgraphen $G(f)$. Die Stelle x_0 ist demnach eine Wendestelle, wenn allgemein gilt:
  $f''(x_0)=0;\ f'''(x_0)=0;\ \ldots;\ f^{(n-1)}(x_0)=0$ und $f^{(n)}(x_0)\neq 0$ für $n\in\mathbb{N}^*,\ n\geq 2,\ n$ ungerade.
- Um festzustellen, ob an einer Wendestelle x_0 ein Wendepunkt mit einer zur x-Achse parallelen Wendetangente (Sattelpunkt) vorliegt, setzt man x_0 in den Funktionsterm der ersten Ableitung f' ein. Gilt dann $f'(x_0)=0$, so handelt es sich um einen Sattelpunkt.
- Den Funktionswert $f(x_0)$ des Wendepunktes $P\langle x_0|f(x_0)\rangle$ erhält man durch Einsetzen der Wendestelle x_0 in den Funktionsterm $f(x)$ und Berechnung von $f(x_0)$.

Anmerkung:

Selbst bei beliebig oft differenzierbaren Funktionen lassen sich auf diese Weise nicht in allen Fällen vorhandene Wendestellen ermitteln. Es kann nämlich sein, daß alle Ableitungen ungerader Ordnung an einer Nullstelle der zweiten Ableitung Null sind und dort trotzdem eine Wendestelle existiert.

Beispiele: Untersuchen Sie die nachfolgenden Funktionen auf Wendestellen, und berechnen Sie gegebenenfalls die entsprechenden Wendepunkte.

- $f: f(x) = \sin(2x) + 2 \cdot \cos x;\ x \in [0; 2\pi]$

Man geht entsprechend dem entwickelten Lösungsschema vor:

- Erste und zweite Ableitung bilden.
- Zweite Ableitung Null setzen und aus $f''(x) = 0$ die Nullstellen der zweiten Ableitung berechnen. Die Nullstellen x_1, x_2, x_3 und x_4 sind mögliche Wendestellen der Funktion f und müssen weiter untersucht werden.

$f(x) = \sin(2x) + 2 \cdot \cos x$

$\Rightarrow f'(x) = 2 \cdot \cos(2x) - 2 \cdot \sin x$

$\Rightarrow f''(x) = -4 \cdot \sin(2x) - 2 \cdot \cos x$ ► $f''(x) = 0$

$0 = -4 \cdot \sin(2x) - 2 \cdot \cos x$

$0 = 2 \cdot \sin(2x) + \cos x$ ► $\sin(2x) = 2 \cdot \sin x \cdot \cos x$

$0 = 4 \cdot \sin x \cdot \cos x + \cos x$

$0 = \cos x (4 \cdot \sin x + 1)$

$\Rightarrow \cos x = 0$ oder $4 \cdot \sin x + 1 = 0$

► $\cos x = 0$ für $x \in [0; 2\pi]$

$\Rightarrow x_1 = \underline{0{,}5 \cdot \pi}$; $x_2 = \underline{1{,}5 \cdot \pi}$

► $4 \cdot \sin x + 1 = 0$ für $x \in [0; 2\pi]$

$\Rightarrow \sin x = -0{,}25 \Rightarrow x_3 = \underline{1{,}08\pi}$; $x_4 = \underline{1{,}92 \cdot \pi}$

- Dritte Ableitung f''' bilden.
- Die Nullstellen der zweiten Ableitung, also x_1, x_2, x_3 und x_4, in den Funktionsterm der dritten Ableitung $f'''(x)$ einsetzen und jeweils den Funktionswert bestimmen. Da alle diese Funktionswerte verschieden von Null sind, liegen Wendestellen der Funktion f vor.

$f'''(x) = -8 \cdot \cos(2x) + 2 \cdot \sin x$

► $x_1 = 0{,}5 \cdot \pi$ ► $f'''(0{,}5 \cdot \pi) = 8 \cdot \cos \pi + 2 \cdot \sin(0{,}5 \cdot \pi) = \underline{10}$

$\Rightarrow f'''(x_1) \neq 0$ ► x_1 ist Wendestelle von f

► $x_2 = 1{,}5 \cdot \pi$ ► $f'''(1{,}5 \cdot \pi) = \underline{6}$

$\Rightarrow f'''(x_2) \neq 0$ ► x_2 ist Wendestelle von f

► $x_3 = 1{,}08 \cdot \pi$ ► $f'''(1{,}08 \cdot \pi) = \underline{-7{,}51}$

$\Rightarrow f'''(x_3) \neq 0$ ► x_3 ist Wendestelle von f

► $x_4 = 1{,}92 \cdot \pi$ ► $f'''(1{,}92 \cdot \pi) = \underline{-7{,}51}$

$\Rightarrow f'''(x_4) \neq 0$ ► x_4 ist Wendestelle von f

- Um festzustellen, ob an einer Wendestelle ein Sattelpunkt existiert, setzt man die ermittelten Wendestellen in den Funktionsterm der ersten Ableitung f' ein.
  Bei diesem Beispiel liegt ein Sattelpunkt nur bei $x_2 = 1{,}5 \cdot \pi$ vor, denn dort gilt $f'(x_1) = f'(1{,}5 \cdot \pi) = 0$.

$f'(x) = 2 \cdot \cos(2x) - 2 \cdot \sin x$ ► x_1; x_2; x_3; x_4

► $x_1 = 0{,}5 \cdot \pi$ ► $f'(0{,}5 \cdot \pi) = 2 \cdot \cos \pi - 2 \cdot \sin(0{,}5 \cdot \pi) = \underline{-4}$

$\Rightarrow f'(x_1) \neq 0$ ► x_1 ist „normale“ Wendestelle

► $x_2 = 1{,}5 \cdot \pi$ ► $f'(1{,}5 \cdot \pi) = \underline{0}$

$\Rightarrow f'(x_2) = 0$ ► x_2 ist Wendestelle, an der ein Sattelpunkt vorliegt

► $x_3 = 1{,}08 \cdot \pi$ ► $f'(1{,}08 \cdot \pi) = \underline{2{,}25}$

$\Rightarrow f'(x_3) \neq 0$ ► x_3 ist „normale“ Wendestelle

► $x_4 = 1{,}92 \cdot \pi$ ► $f'(1{,}92 \cdot \pi) = \underline{2{,}25}$

$\Rightarrow f'(x_4) \neq 0$ ► x_4 ist „normale“ Wendestelle

– Die Funktionswerte an den Wendestellen und damit die y-Koordinaten der Wendepunkte berechnet man nach Einsetzen der Wendestellen in den Funktionsterm der Funktion f.

$f(x) = \sin(2x) + 2 \cdot \cos x$ ► x_1; x_2; x_3; x_4

► $x_1 = 0{,}5 \cdot \pi$ ► $f(0{,}5 \cdot \pi) = \sin \pi + 2 \cdot \cos(0{,}5 \cdot \pi) = \underline{0}$
$\Rightarrow P_1 \langle 0{,}5 \cdot \pi \,|\, 0 \rangle$ ► „normaler" Wendepunkt

► $x_2 = 1{,}5 \cdot \pi$ ► $f(1{,}5 \cdot \pi) = \underline{0}$
$\Rightarrow P_2 \langle 1{,}5 \cdot \pi \,|\, 0 \rangle$ ► Sattelpunkt

► $x_3 = 1{,}08 \cdot \pi$ ► $f(1{,}08 \cdot \pi) = \underline{-1{,}46}$
$\Rightarrow P_3 \langle 1{,}08 \cdot \pi \,|\, -1{,}46 \rangle$ ► „normaler" Wendepunkt

► $x_4 = 1{,}92 \cdot \pi$ ► $f(1{,}92 \cdot \pi) = \underline{1{,}46}$
$\Rightarrow P_4 \langle 1{,}92 \cdot \pi \,|\, 1{,}46 \rangle$ ► „normaler" Wendepunkt

Der Graph der Funktion f bestätigt die ermittelten Wendestellen und Wendepunkte.

$P_1 \langle 0{,}5 \cdot \pi \,|\, 0 \rangle$ ► „normaler" Wendepunkt
$P_2 \langle 1{,}5 \cdot \pi \,|\, 0 \rangle$ ► Sattelpunkt
$P_3 \langle 1{,}08 \cdot \pi \,|\, -1{,}46 \rangle$ ► „normaler" Wendepunkt
$P_4 \langle 1{,}92 \cdot \pi \,|\, 1{,}46 \rangle$ ► „normaler" Wendepunkt

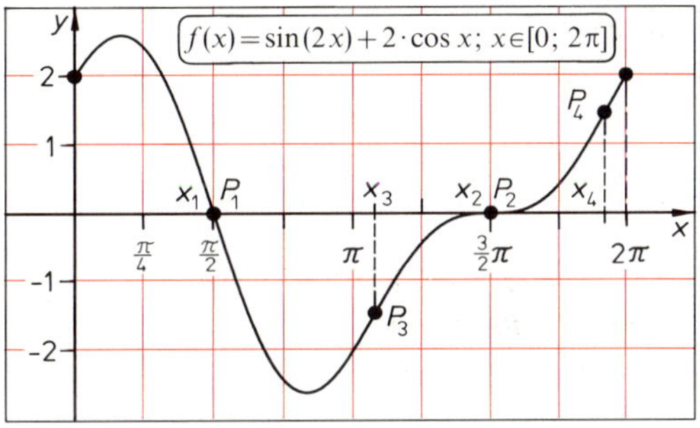

● $f: f(x) = x^4 + 2x + 10;\ D(f) = \mathbb{R}$

Zur Bestimmung der Wendepunkte verfährt man nach dem entwickelten Schema.

$f(x) = x^4 + 2x + 10$
$\Rightarrow f'(x) = 4x^3 + 2$
$\Rightarrow f''(x) = 12x^2$ ► $f''(x) = 0$

Wegen $f''(x_0) = 0$ und $f'''(x_0) = 0$ kann noch nicht entschieden werden, ob die Stelle $x_0 = 0$ eine Wendestelle ist. Es müssen deshalb höhere Ableitungen herangezogen werden.

$0 = 12x^2 \Rightarrow x_0 = \underline{0}$

$f'''(x) = 24x \Rightarrow f'''(0) = \underline{0}$
$\Rightarrow f'''(x_0) = \underline{0}$ ► noch keine Entscheidung möglich

$f^{(4)}(x) = \underline{24} \Rightarrow f^{(4)}(0) = \underline{24}$
$\Rightarrow f^{(4)}(x_0) \neq 0$ ► x_0 ist keine Wendestelle von f

Für die auf f''' folgende vierte Ableitung $f^{(4)}$ gilt $f^{(4)}(x) = 24$ für alle $x \in \mathbb{R}$, also auch $f^{(4)}(x_0) = 24$. Da dies nach der dritten Ableitung die erste Ableitung ist, die an der Stelle x_0 einen von Null verschiedenen Funktionswert besitzt, diese aber eine gerade Ordnung hat, ist die Stelle $x_0 = 0$ keine Wendestelle der Funktion f.

Die Graphen der Funktion und der Ableitungen bestätigen die Berechnungen.

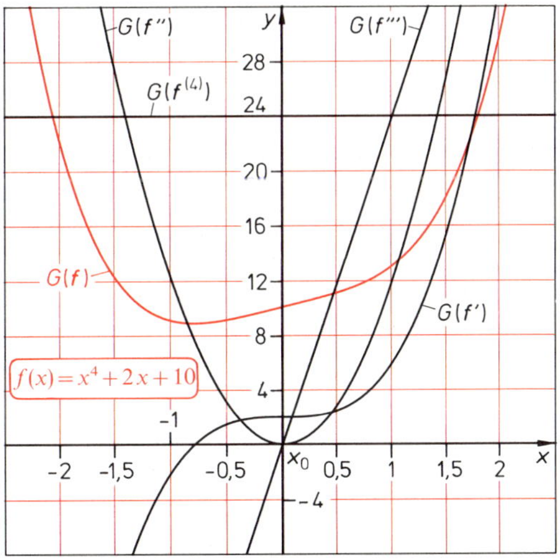

Untersuchung des Monotonieverhaltens von Funktionen

Problem: Bestimmen Sie vorhandene Extremstellen der Funktion $f\colon f(x)=\sin(2x)+2\cdot\cos x$ für $x\in(0;\,2\pi)$, zeichnen Sie für diesen Bereich die Graphen $G(f)$, $G(f')$ sowie $G(f'')$, und untersuchen Sie die Zusammenhänge zwischen dem Monotonieverhalten der Funktion f und dem Verlauf der Graphen.

Die Funktion f' hat im Intervall $(0;\,2\pi)$ die drei Nullstellen x_1, x_2 und x_3.

Die Stellen $x_1=0{,}52$ und $x_2=2{,}62$ sind Extremstellen der Funktion f, denn dort ist die erste Ableitung f' gleich Null und die zweite Ableitung f'' ungleich Null.

Die Stelle $x_3=4{,}71$, ist eine Wendestelle der Funktion f, an der die Wendetangente parallel zur x-Achse verläuft.

An Extremstellen einer Funktion f ändert sich offensichtlich ihr Monotonieverhalten, und diejenigen Nullstellen der ersten Ableitung, die Extremstellen von f sind, bilden dabei die Grenzen der Monotonieintervalle von f.

Aus dem Verlauf der Graphen $G(f)$ und $G(f')$ gewinnt man folgende Erkenntnisse:

- Im Intervall $I_1=(0;\,0{,}52)$ steigt die Funktion f monoton, und es gilt dort $f'(x)>0$.
- Im Intervall $I_2=(0{,}52;\,2{,}62)$ fällt die Funktion f monoton, und es gilt dort $f'(x)<0$.
- Im Intervall $I_3=(2{,}62;\,4{,}71)$ steigt die Funktion f monoton, und es gilt dort $f'(x)\geq 0$.

$f(x)=\sin(2x)+2\cdot\cos x;\ x\in(0;\,2\pi)$

$\Rightarrow f'(x)=2\cdot\cos(2x)-2\cdot\sin x$

$\Rightarrow f''(x)=-4\cdot\sin(2x)-2\cdot\cos x$

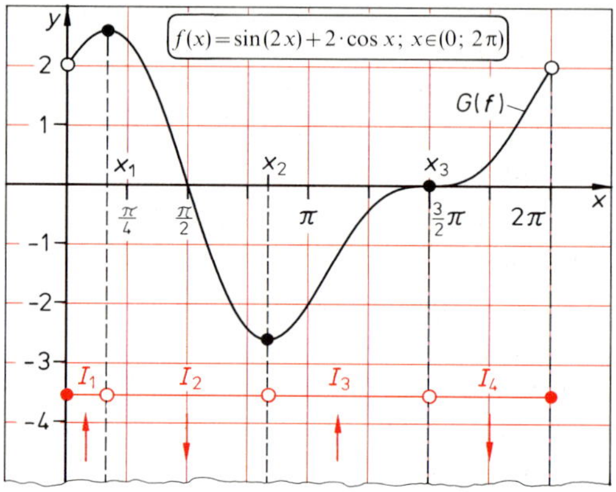

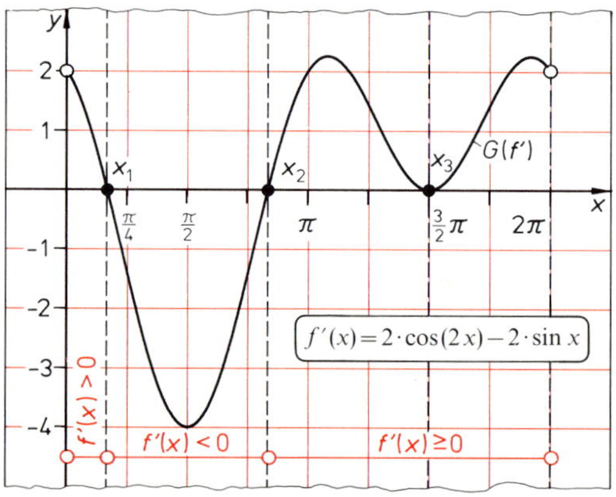

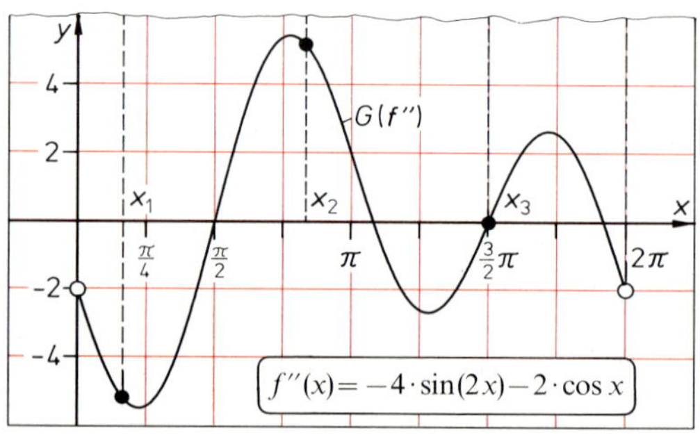

Problem: Untersuchen Sie bei der Funktion $f: f(x)=\frac{0{,}5}{(x+3)^2}-\frac{0{,}5}{x-1}+\frac{0{,}5}{x-3}$ den Einfluß der Definitionslücken auf ihr Monotonieverhalten.

Die Funktion f hat den Definitionsbereich $D(f)=\mathbb{R}\setminus\{-3;1;3\}$ und damit die Definitionslücken $x_1=-3$, $x_2=1$ und $x_3=3$.

Aus dem Graphen $G(f)$ erkennt man, daß die Funktion f ungefähr bei $x_4=-0{,}9$ und $x_5=2$ Extremstellen hat. Man erhält diese genauer mit $x_4=-0{,}892$ und $x_5=1{,}996$, wenn man den Funktionsterm der ersten Ableitung Null setzt und die Gleichung $-3x^4-6x^3-40x^2+78x+99=0$ mittels Computer löst.

An den Extremstellen x_4 und x_5 ändert sich das Monotonieverhalten der Funktion f.

Offensichtlich sind aber auch die Definitionslücken von f für das Monotonieverhalten von Bedeutung, und zwar ändert es sich an Unendlichkeitsstellen ohne Vorzeichenwechsel ($x_1=-3$), während Unendlichkeitsstellen mit Vorzeichenwechsel ($x_2=1$ und $x_3=3$) keinen Einfluß haben.

$$f(x)=\frac{0{,}5}{(x+3)^2}-\frac{0{,}5}{x-1}+\frac{0{,}5}{x-3};\quad x\in\mathbb{R}\setminus\{-3;1;3\}$$

$$\Rightarrow f'(x)=\frac{-3x^4-6x^3-40x^2+78x+99}{(x+3)^3\cdot(x-1)^2\cdot(x-3)^2}$$

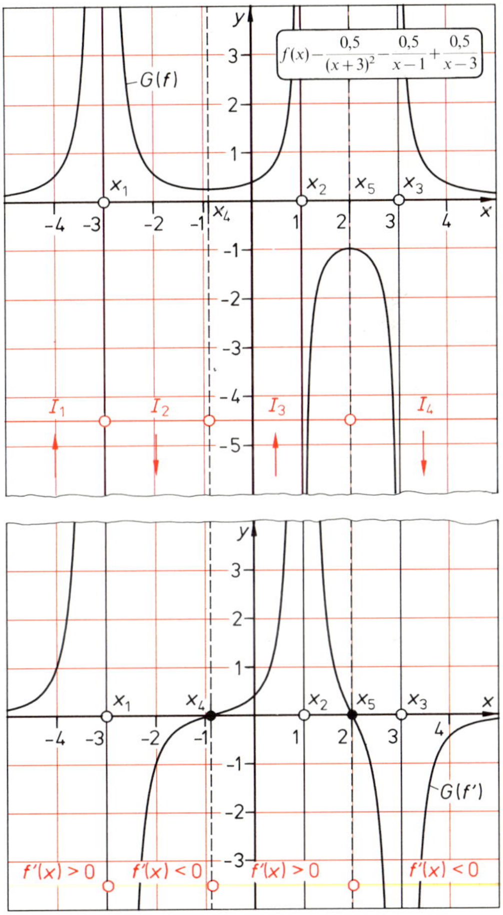

Es ergeben sich somit vier Monotonieintervalle, in denen für das Monotonieverhalten der Funktion f gilt:

- Im Intervall $I_1=(-\infty;\ -3)$ steigt die Funktion f monoton, und es gilt dort $f'(x)>0$.
- Im Intervall $I_2=(-3;\ -0{,}892)$ fällt die Funktion f monoton, und es gilt dort $f'(x)<0$.
- Im Intervall $I_3=(-0{,}892;\ 1{,}996)$ steigt die Funktion f monoton, und es gilt dort $f'(x)>0$.
- Im Intervall $I_4=(1{,}996;\ \infty)$ fällt die Funktion f monoton, und es gilt dort $f'(x)<0$.

Die beiden vorstehenden Probleme lassen erkennen, daß für eine in einem Intervall I differenzierbare Funktion f gilt:

f steigt im Intervall I monoton $\Rightarrow f'(x) \geq 0$ für alle $x \in I$
f fällt im Intervall I monoton $\Rightarrow f'(x) \leq 0$ für alle $x \in I$.

Man kann zeigen, daß hiervon auch die Umkehrung gilt:

$f'(x) \geq 0$ für alle $x \in I \Rightarrow f$ steigt im Intervall I monoton
$f'(x) \leq 0$ für alle $x \in I \Rightarrow f$ fällt im Intervall I monoton.

Denn ist zum Beispiel $f'(x) \geq 0$ für alle $x \in I$ und $x_0 \in I$ eine beliebige Stelle, so gilt $f'(x_0) \geq 0$ und $f'(x_0) = \lim\limits_{x \to x_0} \dfrac{f(x) - f(x_0)}{x - x_0}$. Hieraus kann man ablesen, daß für alle hinreichend nahe bei x_0 gelegenen Werte für x mit $x \neq x_0$, die Differenzen $f(x) - f(x_0)$ und $x - x_0$ das gleiche Vorzeichen haben müssen, oder es ist $f(x) - f(x_0) = 0$. Also gilt, falls $x < x_0$ auch $f(x) \leq f(x_0)$ und falls $x_0 < x$ auch $f(x_0) \leq f(x)$. Das heißt aber, daß die Funktion f an der Stelle x_0 monoton wächst. Da dies für jede Stelle $x_0 \in I$ gilt, ist f also in I monoton steigend. Entsprechendes kann man zeigen, wenn $f'(x) \leq 0$ für alle $x \in I$ gilt.

Merke:

Die Extremstellen einer differenzierbaren Funktion f sowie die gegebenenfalls vorhandenen Unendlichkeitsstellen ohne Vorzeichenwechsel bilden die Grenzen der Monotonieintervalle I dieser Funktion. Unendlichkeitsstellen mit Vorzeichenwechsel haben dagegen keinen Einfluß auf das Monotonieverhalten einer Funktion. Es gilt:

$f'(x) \geq 0$ für alle $x \in I$ ► f ist monoton steigend im Intervall I
$f'(x) \leq 0$ für alle $x \in I$ ► f ist monoton fallend im Intervall I

Anmerkung:

Hat die erste Ableitung einer Funktion f keine Nullstellen, so müssen unter Zuhilfenahme des Definitionsbereiches $D(f)$ besondere Falluntersuchungen durchgeführt werden.

Beispiel: Untersuchen Sie das Monotonieverhalten von $f: f(x) = 0{,}5x^4 - 2{,}4x^2 - 0{,}8x + 2$ mit $D(f) = \mathbb{R}$.

Hat eine Funktion Extremstellen sowie Unendlichkeitsstellen ohne Vorzeichenwechsel, so sind solche Stellen Grenzen von Monotonieintervallen.

Da die Funktion f keine Definitionslücken hat, bilden nur die Extremstellen die Grenzen der Monotonieintervalle. Um diese zu finden, berechnet man die Nullstellen der ersten Ableitung f' und stellt fest, ob an diesen Nullstellen die zweite Ableitung f'' ungleich Null ist.

$f(x) = 0{,}5x^4 - 2{,}4x^2 - 0{,}8x + 2;\ x \in \mathbb{R}$
$\Rightarrow f'(x) = 2x^3 - 4{,}8x - 0{,}8$ ► $f(x) = 0$
$0 = 2x^3 - 4{,}8x - 0{,}8$
$\Rightarrow x_1 = \underline{1{,}46};\ x_2 = \underline{-0{,}17};\ x_3 = \underline{1{,}63}$
$f''(x) = 6x^2 - 4{,}8$ ► $x_1;\ x_2;\ x_3$
$\Rightarrow f''(x_1) = f''(-1{,}46) = \underline{7{,}99} \Rightarrow f''(x_1) > 0$
$f''(x_2) = f''(-0{,}17) = \underline{-4{,}63} \Rightarrow f''(x_2) < 0$
$f''(x_3) = f''(1{,}63) = \underline{11{,}14} \Rightarrow f''(x_3) > 0$

Setzt man $f'(x)=0$ und löst die Gleichung dritten Grades, so erhält man drei Nullstellen. Bei $x_1=-1{,}46$ existiert ein Minimum, denn $f''(-1{,}46)>0$, bei $x_2=-0{,}17$ liegt ein Maximum vor, denn $f''(-0{,}17)<0$ und bei $x_3=1{,}63$ existiert wiederum ein Minimum, denn $f''(1{,}63)>0$.

Es ergeben sich somit vier Monotonieintervalle, in denen für das Monotonieverhalten der Funktion f gilt:

- Im Intervall $I_1=(-\infty;\ -1{,}46)$ fällt die Funktion f monoton, denn es gilt dort $f'(x)<0$.
- Im Intervall $I_2=(-1{,}46;\ -0{,}17)$ steigt die Funktion f monoton, denn es gilt dort $f'(x)>0$.
- Im Intervall $I_3=(-0{,}17;\ 1{,}63)$ fällt die Funktion f monoton, denn es gilt dort $f'(x)<0$.
- Im Intervall $I_4=(1{,}63;\ \infty)$ steigt die Funktion f monoton, denn es gilt dort $f'(x)>0$.

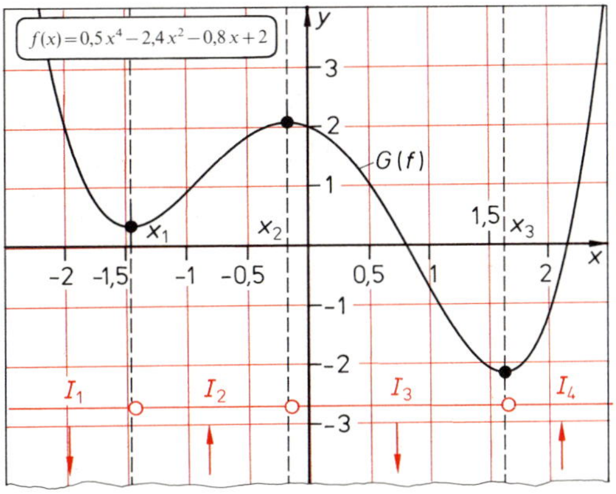

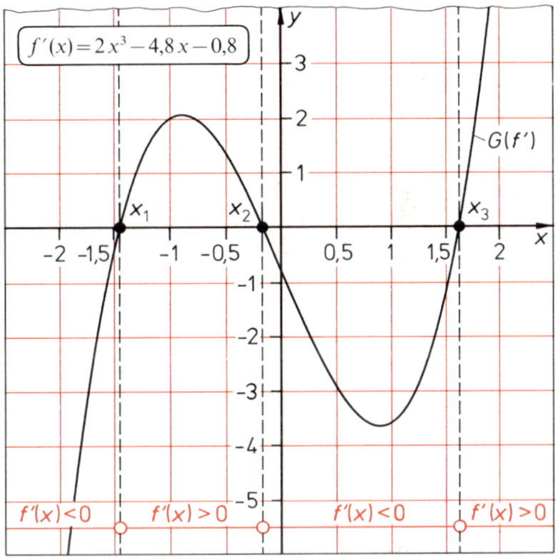

Untersuchung des Krümmungsverhaltens von Funktionsgraphen

Problem: Bilden Sie die erste und zweite Ableitung der Funktion $f\colon f(x)=x^4-6x^2+5$ mit $D(f)=\mathbb{R}$, und zeichnen Sie die Graphen $G(f)$, $G(f')$ sowie $G(f'')$. Untersuchen Sie die Zusammenhänge zwischen dem Verlauf der Graphen und dem Krümmungsverhalten von $G(f)$.

$f(x)=x^4-6x^2+5;\ x\in\mathbb{R}$

$\Rightarrow f'(x)=4x^3-12x$

$\Rightarrow f''(x)=12x^2-12$

$\Rightarrow f'''(x)=24x$

Die Funktion f hat bei $x_1=-1$ und $x_2=1$ Wendestellen, denn dort ist die zweite Ableitung f'' gleich Null und die dritte Ableitung f''' ungleich Null.

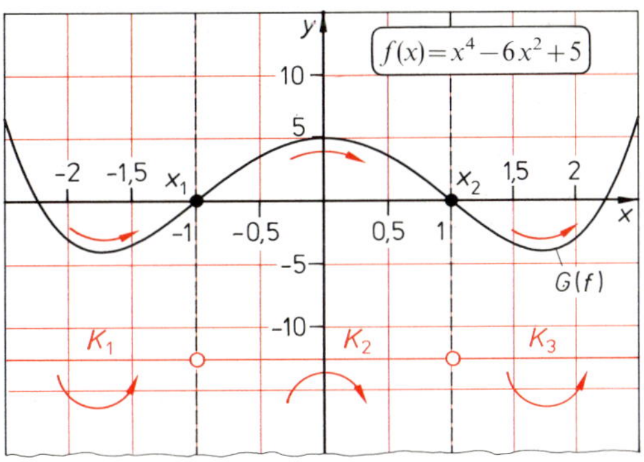

Wie aus den Graphen $G(f)$ und $G(f'')$ zu ersehen ist, ändert sich an den Wendestellen einer Funktion offensichtlich ihr **Krümmungsverhalten**, und diejenigen Nullstellen der zweiten Ableitung f'', die Wendestellen der Funktion f sind, bilden die Grenzen der **Krümmungsintervalle**.

Hier hat die Funktion f die Krümmungsintervalle K_1, K_2 und K_3, in denen der Graph der Funktion f nacheinander linksgekrümmt, rechtsgekrümmt und dann wieder linksgekrümmt verläuft, und es gilt:

- Im Intervall $K_1 = (-\infty; -1)$ ist der Graph von f linksgekrümmt und dort gilt: $f''(x) > 0$.
- Im Intervall $K_2 = (-1; 1)$ ist der Graph von f rechtsgekrümmt und dort gilt: $f''(x) < 0$.
- Im Intervall $K_3 = (1; \infty)$ ist der Graph von f linksgekrümmt und dort gilt: $f''(x) > 0$.

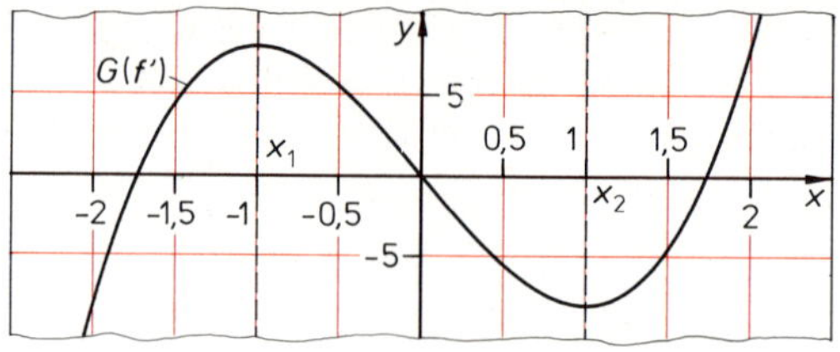

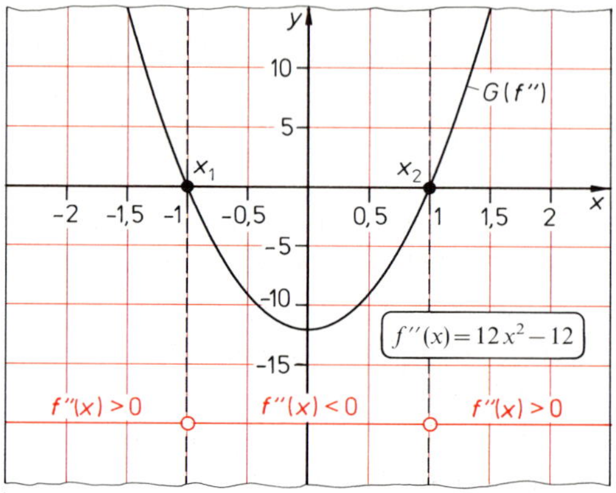

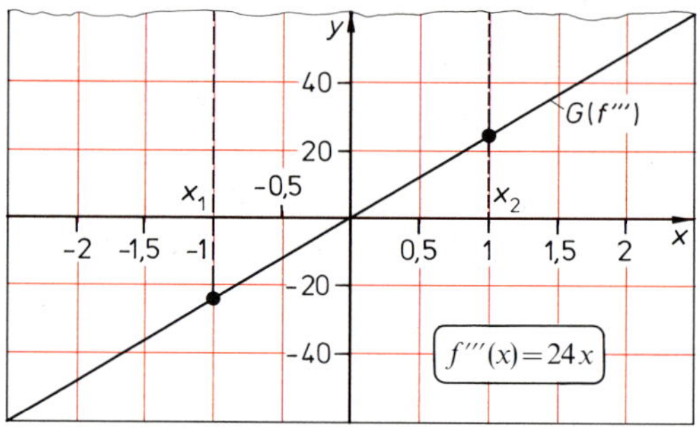

Problem: Untersuchen Sie bei der Funktion $f: f(x) = \frac{x^2+5x}{(x+3)\cdot(x-2)^2}$ den Einfluß der Definitionslücken auf das Krümmungsverhalten des Funktionsgraphen.

Die Funktion f hat den Definitionsbereich $D(f) = \mathbb{R} \setminus \{-3;\ 2\}$ und damit die Definitionslücken $x_1 = -3$ und $x_2 = 2$.

Aus dem Graphen $G(f)$ erkennt man, daß die Funktion f ungefähr bei $x_3 = -1{,}2$ eine Wendestelle besitzt. Man erhält diese genauer mit $x_3 = -1{,}2084$, wenn man den Funktionsterm der zweiten Ableitung Null setzt und die Gleichung vierten Grades $2x^4 + 38x^3 + 162x^2 + 402x + 312 = 0$ mittels Computer löst.

$$f(x) = \frac{x^2+5x}{(x+3)\cdot(x-2)^2};\quad x \in \mathbb{R} \setminus \{-3; 2\}$$

$$\Rightarrow f'(x) = \frac{-x^3-12x^2-27x-30}{(x+3)^2\cdot(x-2)^3}$$

$$\Rightarrow f''(x) = \frac{2x^4+38x^3+162x^2+402x+312}{(x+3)^3\cdot(x-2)^4}$$

An dieser Wendestelle x_3 ändert sich das Krümmungsverhalten des Funktionsgraphen $G(f)$.

Offensichtlich sind aber auch die Definitionslücken von f für das Krümmungsverhalten von Bedeutung, und zwar ändert es sich an der zweiseitigen Unendlichkeitsstelle mit Vorzeichenwechsel ($x_1 = -3$), während die zweiseitige Unendlichkeitsstelle ohne Vorzeichenwechsel ($x_2 = 2$) keinen Einfluß hat.

Es ergeben sich somit drei Krümmungsintervalle, in denen für das Krümmungsverhalten des Funktiongraphen $G(f)$ gilt:

- Im Intervall $K_1 = (-\infty; -3)$ ist der Funktionsgraph $G(f)$ linksgekrümmt, und dort gilt $f''(x) > 0$.
- Im Intervall $K_2 = (-3; -1{,}21)$ ist der Funktionsgraph $G(f)$ rechtsgekrümmt, und dort gilt $f''(x) < 0$.
- Im Intervall $K_3 = (-1{,}21; \infty)$ ist der Funktionsgraph $G(f)$ linksgekrümmt, und dort gilt $f'(x) > 0$.

Das Krümmungsverhalten von Funktionsgraphen ändert sich demnach nicht nur an Wendestellen, sondern auch an Unendlichkeitsstellen mit Vorzeichenwechsel.

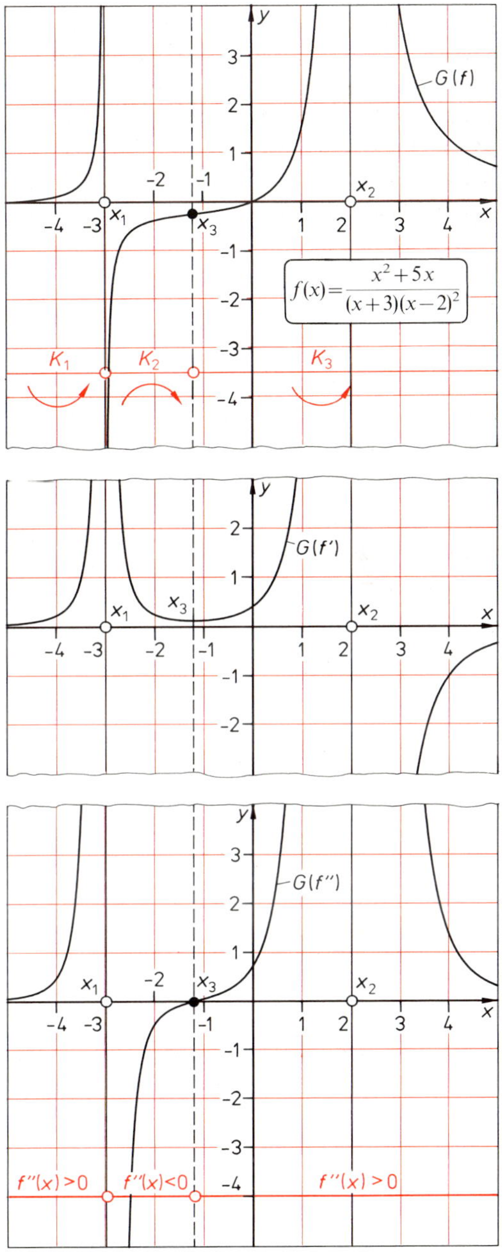

Die beiden vorstehenden Probleme lassen erkennen, daß für eine in einem Intervall K wenigstens zweimal differenzierbare Funktion f gilt:

$$G(f) \text{ ist im Intervall } K \text{ linksgekrümmt} \Rightarrow f''(x) > 0 \text{ für alle } x \in K,$$
$$G(f) \text{ ist im Intervall } K \text{ rechtsgekrümmt} \Rightarrow f''(x) < 0 \text{ für alle } x \in K.$$

Man kann zeigen, daß hiervon auch die Umkehrung gilt, worauf hier aber verzichtet wird.

Merke:

Die Wendestellen einer wenigstens zweimal differenzierbaren Funktion f sowie die gegebenenfalls vorhandenen Unendlichkeitsstellen mit Vorzeichenwechsel bilden die Grenzen der Krümmungsintervalle K dieser Funktion. An solchen Stellen geht der Graph $G(f)$ von einer Linkskrümmung in eine Rechtskrümmung über oder umgekehrt. Unendlichkeitsstellen ohne Vorzeichenwechsel haben dagegen keinen Einfluß auf das Krümmungsverhalten.

$f''(x)>0$ für alle $x \in K$ ▶ $G(f)$ ist im Intervall K linksgekrümmt
$f''(x)<0$ für alle $x \in K$ ▶ $G(f)$ ist im Intervall K rechtsgekrümmt

Anmerkung:

Hat die zweite Ableitung einer Funktion f keine Nullstellen, so müssen unter Zuhilfenahme des Definitionsbereiches $D(f)$ besondere Falluntersuchungen durchgeführt werden.

Beispiel: Untersuchen Sie das Krümmungsverhalten des Funktionsgraphen von $f\colon f(x)=\frac{4\cdot e^{-x^2}}{x-2}$.

$f\colon f(x)=\frac{4\cdot e^{-x^2}}{x-2}$; $D(f)=\mathbb{R}\setminus\{2\}$

Die Funktion f hat den Definitionsbereich $D(f)=\mathbb{R}\setminus\{2\}$ und damit an der Stelle $x_1=2$ eine Definitionslücke. Da es sich um eine Unendlichkeitsstelle mit Vorzeichenwechsel handelt, ändert sich dort das Krümmungsverhalten des Funktionsgraphen.

Dieses ändert sich auch an den Wendestellen einer Funktion. Zur Feststellung der Wendestellen bildet man die zweite und die dritte Ableitung, setzt $f''(x)=0$ und löst die Gleichung vierten Grades. Dann stellt man fest, ob die dritte Ableitung $f'''(x)$ an diesen Lösungen ungleich Null ist.

$f(x)=\frac{4\cdot e^{-x^2}}{x-2}$; $x\in\mathbb{R}\setminus\{2\}$

$\Rightarrow f'(x)=\frac{-4\cdot e^{-x^2}(2x^2-4x+1)}{(x-2)^2}$

$\Rightarrow f''(x)=\frac{8\cdot e^{-x^2}(2x^4-8x^3+9x^2-3)}{(x-2)^3}$ ▶ $f''(x)=0$

$0=\frac{8\cdot e^{-x^2}(2x^4-8x^3+9x^2-3)}{(x-2)^3}=\frac{Z(x)}{N(x)}$ ▶ $Z(x)=0$

$8\cdot e^{-x^2}(2x^4-8x^3+9x^2-3)=0$

$\Rightarrow 8\cdot e^{-x^2}=0$ oder $2x^4-8x^3+9x^2-3=0$

▶ $8\cdot e^{-x^2}=0$ ▶ keine Lösung

▶ $2x^4-8x^3+9x^2-3=0$

$\Rightarrow x_2=-0{,}48 \Rightarrow f'''(-0{,}48)\neq 0$ ▶ Wendestelle

$x_3=1 \Rightarrow f'''(1)\neq 0$ ▶ Wendestelle

Man erhält mit $x_2=-0{,}48$ und $x_3=1$ zwei Wendestellen, denn an diesen Stellen gilt:

$f'''(x_2)=f'''(-0{,}48)=6{,}21 \Rightarrow f'''(x_2)\neq 0$ und $f'''(x_3)=f'''(1)=-5{,}89 \Rightarrow f'''(x_3)\neq 0$.

Es ergeben sich somit vier Krümmungsintervalle, in denen für das Krümmungsverhalten des Funktionsgraphen $G(f)$ gilt:

- Im Intervall $K_1 = (-\infty; -0{,}48)$ ist der Funktionsgraph $G(f)$ rechtsgekrümmt, denn dort gilt $f''(x) < 0$.
- Im Intervall $K_2 = (-0{,}48; 1)$ ist der Funktionsgraph $G(f)$ linksgekrümmt, denn dort gilt $f''(x) > 0$.
- Im Intervall $K_3 = (1; 2)$ ist der Funktionsgraph $G(f)$ rechtsgekrümmt, denn dort gilt $f''(x) < 0$.
- Im Intervall $K_4 = (2; \infty)$ ist der Funktionsgraph $G(f)$ linksgekrümmt, denn dort gilt $f''(x) > 0$.

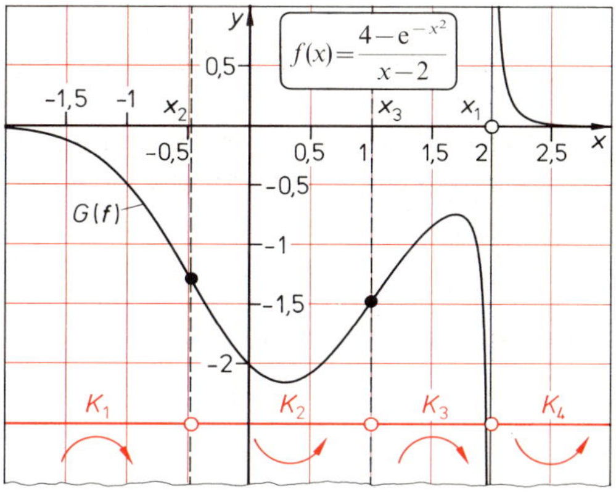

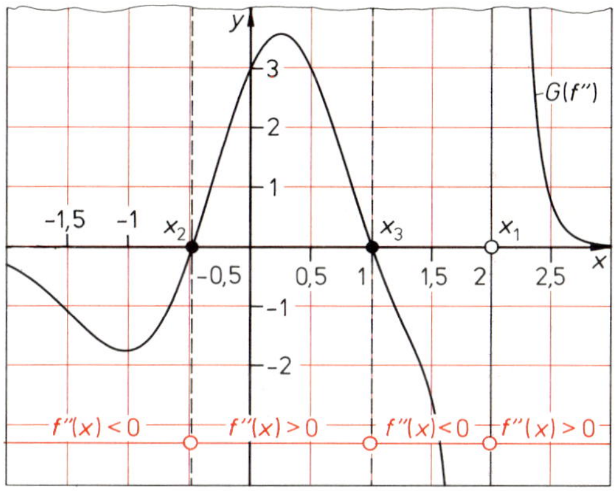

Übungen

4.2 Untersuchung von Funktionseigenschaften mit Hilfe der Differentialrechnung

Ermitteln Sie Extremstellen, Wendestellen und Monotonieverhalten der nachstehenden Funktionen sowie das Krümmungsverhalten des Funktionsgraphen.

1. $f: f(x) = x^3 - 9x$

2. $f: f(x) = x^4 + 3x^3 - x^2$

3. $f: f(x) = x^2 \cdot e^{-x^2} + x$

4. $f: f(x) = \frac{x^2}{x+1}$

5. $f: f(x) = \frac{x-1}{x^2+1}$

6. $f: f(x) = \frac{x^4}{\sqrt{x^2-4}}$

7. $f: f(x) = |0{,}1x^3 + 3| - 2$

8. $f: f(x) = |0{,}5x^2 - 2| - 1$

9. $f: f(x) = 2^{-x^3 + 2x}$

10. $f: f(x) = \frac{x^2-1}{x^2+1}$

11. $f: f(x) = \frac{x+3}{x^2 + 3x - 10}$

12. $f: f(x) = \frac{1}{2\sqrt{x+4}} + \frac{1}{2x-2}$

13. $f: f(x) = \frac{\sin x}{e^x}$; $x \in (-4; 4)$

14. $f: f(x) = \frac{e^x}{1+x^2} - 2$

15. $f: f(x) = \frac{1}{\sin x}$; $x \in (-2\pi; 2\pi)$

16. $f: f(x) = \cosh x - x^2$

17. $f: f(x) = \operatorname{Arctan} x + \sin x$; $x \in (-2\pi; 2\pi)$

18. $f: f(x) = \operatorname{Artanh}(0{,}2x) + \cos(2x)$

19. $f: f(x) = \sinh(x+1)$

20. $f: f(x) = \sqrt{x-4}$

21. $f: f(x) = 3 \cdot \sin(2x)$; $x \in (0; \pi)$

4.3 Diskussion von Funktionen

In den vorausgegangenen Kapiteln dieses Buches wurden nach und nach alle besonderen Eigenschaften von Funktionen und Relationen sowie ihrer Graphen dargestellt, und es wurde erklärt, wie man diese Eigenschaften ermittelt. Die Ermittlung von Funktionseigenschaften mit Hilfe der Differentialrechnung ohne die Anfertigung ausführlicher Wertetabellen und die Darstellung des Funktionsgraphen bezeichnet man als **Diskussion von Funktionen** oder auch kurz als **Kurvendiskussion**. In diesem Kapitel werden solche Kurvendiskussionen zusammenfassend behandelt, wobei auf die Erkenntnisse aus den anderen Kapiteln zurückgegriffen wird. Das nachfolgende Schema für Kurvendiskussionen hat sich als zweckmäßig erwiesen. Es wird bei den Beispielen dieses Kapitels zugrunde gelegt. Jedoch ist dabei zu beachten, daß es nicht immer notwendig und auch möglich ist, alle aufgeführten Punkte des Schemas zu verwenden.

Schema zur Diskussion von Funktionen

Definitionsbereich — Definitionslücken

- Definitionsbereich bestimmen.
- Definitionslücken feststellen und die Art der Definitionslücken charakterisieren:
  - Liegen (stetig) behebbare Definitionslücken vor?
  - Liegen nicht (stetig) behebbare Definitionslücken vor?
    - Einseitige (links- und rechtsseitige) Grenzwerte ermitteln.
    - Handelt es sich um endliche Sprungstellen?
    - Existieren einseitige oder zweiseitige Unendlichkeitsstellen mit und ohne Vorzeichenwechsel?

Nullstellen — Schnittpunkt mit der y-Achse

- Nullstellen der Funktion ermitteln.
- Schnittpunkt des Graphen mit der y-Achse berechnen.

Symmetrieeigenschaften des Graphen

- Achsensymmetrie zur y-Achse oder zu einer Parallelen zur y-Achse prüfen.
- Punktsymmetrie zum Koordinatenursprung oder zu einem anderen Punkt $P\langle a|b\rangle$ des Koordinatensystems prüfen.

Anmerkung:

In der Regel beschränkt man sich auf die Untersuchung der Achsensymmetrie zur y-Achse und der Punktsymmetrie zum Koordinatenursprung. Das geschieht auch bei den Beispielen dieses Kapitels. Dabei wird folgender Sachverhalt ausgenutzt: Ist f nicht die Nullfunktion und ist der Graph von f achsensymmetrisch zur y-Achse, so gilt $f(x)=f(-x)$ für alle $x\in D(f)$. Der Graph kann dann aber nicht gleichzeitig auch punktsymmetrisch zum Koordinatenursprung sein, so daß also auch $f(-x)=-f(x)$ für alle $x\in D(f)$ gilt. Dann müßte nämlich gleichzeitig $f(x)=f(-x)$ und $f(-x)=-f(x)$ für alle $x\in D(f)$ gelten. Daraus würde folgen: $f(x)=-f(x) \Rightarrow 2\cdot f(x)=0 \Rightarrow f(x)=0$, d.h. f wäre die Nullfunktion.

Verhalten für $x \to -\infty$ bzw. für $x \to \infty$ – Asymptoten – asymptotische Kurven

- Verhalten für $x \to -\infty$ bzw. $x \to \infty$ feststellen.
- Asymptoten charakterisieren:
  - Liegen Asymptoten parallel zur x-Achse vor?
  - Existieren schräge Asymptoten?
  - Gibt es asymptotische Kurven?

Extremstellen – Extremwerte

- Extremstellen ermitteln.
- Extremstellen charakterisieren:
  - Existieren relative (absolute) Maximalstellen und relative (absolute) Maxima?
  - Existieren relative (absolute) Minimalstellen und relative (absolute) Minima?
  - Liegen Randextremstellen und damit Randmaxima oder Randminima vor?

Wendestellen – Wendepunkte

- Wendestellen und Wendepunkte ermitteln.
- Wendestellen und Wendepunkte charakterisieren:
  - Liegt ein „normaler" Wendepunkt mit schräger Wendetangente vor?
  - Existieren Wendepunkte mit einer parallel zur x-Achse verlaufenden Wendetangente, gibt es also Sattelpunkte?

Monotonieverhalten

- Monotonieintervalle bestimmen.
- Monotonieverhalten in den Monotonieintervallen ermitteln.

Krümmungsverhalten

- Krümmungsintervalle bestimmen.
- Krümmungsverhalten in den Krümmungsintervallen ermitteln.

Graph der Funktion

- Charakteristische Punkte des Graphen und sein Verhalten in das rechtwinklige Koordinatensystem zeichnen.
- Falls notwendig, zusätzliche Graphenpunkte ermitteln und in einer Wertetabelle zusammenstellen.
- Punkte zum Graphen der Funktion verbinden.
- Gegebenenfalls Graph mit einem Computerprogramm erstellen.

Beispiele für Kurvendiskussionen

Beispiel: Führen Sie eine Kurvendiskussion der Funktion f: $f(x)=4x^2-x^4$ durch.

Definitionsbereich – Definitionslücken

Die Funktion f ist eine ganze rationale Funktion (Polynomfunktion) vierten Grades, hat also keine Definitionslücken und damit den Definitionsbereich $\mathbb{R}$ (siehe Kapitel „Polynomfunktionen – Ganze rationale Funktionen").

f: $f(x)=4x^2-x^4$; $x \in \mathbb{R}$ ► Polynomfunktion
$\qquad = x^2(4-x^2)$

$D(f)=\mathbb{R}$ ► Definitionsbereich

Nullstellen — Schnittpunkt mit der y-Achse

Zur Berechnung der Nullstellen setzt man in der Funktionsgleichung für $f(x)$ den Wert Null und ermittelt die Lösungsmenge der entstehenden Gleichung.

Ein Produkt ist Null, wenn mindestens einer der Faktoren Null ist. Hier erhält man drei Nullstellen, also auch drei Schnittpunkte des Graphen mit der x-Achse, und zwar an den Stellen $x_1=-2$, $x_2=0$ sowie $x_3=2$, also die Nullstellenmenge $N(f)=\{-2;0;2\}$.

$f(x)=x^2(4-x^2)$ ▶ $f(x)=0$

$\Rightarrow x^2=0$ oder $4-x^2=0$

▶ $x^2=0 \Rightarrow x=\underline{\underline{0}}$

▶ $4-x^2=0 \Rightarrow x^2=4 \Rightarrow x=\underline{\underline{-2}}$ oder $x=\underline{\underline{2}}$

$\Rightarrow x_1=-2;\ x_2=0;\ x_3=2$ ▶ Nullstellen

$\Rightarrow N(f)=\{-2;0;2\}$ ▶ Nullstellenmenge

▶ $P_1\langle -2|0\rangle;\ P_2\langle 0|0\rangle;\ P_3\langle 2|0\rangle$ ▶ Schnittpunkte mit der x-Achse

Der Schnittpunkt mit der y-Achse wird bestimmt, indem man in der Funktionsgleichung für x den Wert Null setzt und $f(0)$ bestimmt.

Hier schneidet der Graph die y-Achse im Punkt $P_4\langle 0|0\rangle$ (siehe Kapitel „Nullstellen-Achsenschnittpunkte").

$f(x)=4x^2-x^4$ ▶ 0 für x

$\Rightarrow f(0)=4\cdot 0-0=\underline{\underline{0}}$

▶ $P_4\langle 0|0\rangle$ ▶ Schnittpunkt mit der y-Achse

Symmetrieeigenschaften des Graphen

Bei der Funktion f handelt es sich um eine gerade Funktion, d.h. es gilt $f(-x)=f(x)$ für alle $x\in D(f)$. Bildet man $f(-x)$ mit dem Funktionsterm $4x^2-x^4$, so wird bestätigt, daß $f(-x)=f(x)$ gilt. Die y-Achse ist also Symmetrieachse des Funktionsgraphen (siehe Kapitel „Symmetrie von Funktionen").

$$f(x)=4x^2-x^4$$
$$\Rightarrow f(-x)=4(-x)^2-(-x)^4$$
$$=4x^2-x^4$$
$$=\underline{\underline{f(x)}}$$
$$\Rightarrow f(-x)=f(x) \text{ für alle } x\in\mathbb{R}$$

Verhalten für $x\to-\infty$ bzw. für $x\to\infty$ — Asymptoten — asymptotische Kurven

Es werden die Grenzwerte der Funktion f für $x\to-\infty$ bzw. $x\to\infty$ ermittelt. Man stellt fest, daß das Verhalten von ganzen rationalen Funktionen für sehr große bzw. sehr kleine x-Werte durch die höchste Potenz von x festgelegt wird (siehe Kapitel „Grenzwerte").

$$\lim_{x\to\infty} f(x)=\lim_{x\to\infty}(4x^2-x^4)$$
$$=\lim_{x\to\infty}\left[-x^4\left(1-\frac{4}{x^2}\right)\right]$$
$$=\lim_{x\to\infty} -x^4\cdot\lim_{x\to\infty}\left(1-\frac{4}{x^2}\right)$$
$$=\quad -\infty \quad\cdot\quad 1$$
$$=\underline{\underline{-\infty}}$$

$$\lim_{x\to\infty} f(x)=\lim_{x\to\infty}\left[-x^4\left(1-\frac{4}{x^2}\right)\right]=\underline{\underline{-\infty}}$$

Extremstellen — Extremwerte

Zur Bestimmung von Extremstellen bildet man den Funktionsterm $f'(x)$ der ersten Ableitung f' und erhält aus $f'(x)=0$ die Nullstellen der ersten Ableitung $x_5=-\sqrt{2}$, $x_6=0$ und $x_7=\sqrt{2}$. Diese Nullstellen sind mögliche relative Extremstellen der Funktion f und müssen weiter untersucht werden.

$f(x)=4x^2-x^4 \Rightarrow f'(x)=8x-4x^3$
$\qquad =\underline{4x(2-x^2)}$ ► $f'(x)=0$

$4x(2-x^2)=0$
$\Rightarrow 4x=0$ oder $2-x^2=0$
► $4x=0 \Rightarrow x=\underline{\underline{0}}$
► $2-x^2=0 \Rightarrow x^2=2 \Rightarrow x=\underline{\underline{-\sqrt{2}}}$ oder $x=\underline{\underline{\sqrt{2}}}$

$\Rightarrow x_5=-\sqrt{2};\ x_6=0;\ x_7=\sqrt{2}$ ► Nullstellen von f'

$\Rightarrow N(f')=\{-\sqrt{2};0;\sqrt{2}\}$ ► mögliche Extremstellen von f

Dazu ermittelt man den Funktionsterm $f''(x)$ der zweiten Ableitung f'', setzt die möglichen Extremstellen x_5, x_6 und x_7 in den Funktionsterm der zweiten Ableitung $f''(x)$ ein und bestimmt jeweils den Funktionswert. Daraus ergibt sich:

$f''(x_5)<0$ ► x_5 ist relative Maximalstelle
$f''(x_6)>0$ ► x_6 ist relative Minimalstelle
$f''(x_7)<0$ ► x_7 ist relative Maximalstelle

$f'(x)=8x-4x^3 \Rightarrow f''(x)=\underline{8-12x^2}$ ► $x_5; x_6; x_7$
► $f''(x_5)=f''(-\sqrt{2})=\underline{-16}$
$\Rightarrow f''(-\sqrt{2})<0$ ► $x_5=-\sqrt{2}$ ist relative Maximalstelle
► $f''(x_6)=f''(0)=\underline{8}$
$\Rightarrow f''(0)>0$ ► $x_6=0$ ist relative Minimalstelle
► $f''(x_7)=f''(\sqrt{2})=\underline{-16}$
$\Rightarrow f''(\sqrt{2})<0$ ► $x_7=\sqrt{2}$ ist relative Maximalstelle

Die zugehörigen relativen Maximal- bzw. Minimalwerte und damit die y-Koordinaten der entsprechenden relativen Maximal- bzw. Minimalpunkte erhält man nach Einsetzen der Extremstellen x_5, x_6 und x_7 in den Funtionsterm $f(x)$ mit $P_5\langle-\sqrt{2}|4\rangle$, $P_6\langle 0|0\rangle$ und $P_7\langle\sqrt{2}|4\rangle$ (siehe Kapitel „Untersuchung von Funktionseigenschaften mit Hilfe der Differentialrechnung").

$f(x)=4x^2-x^4$ ► $x_5; x_6; x_7$
► $f(x_5)=f(-\sqrt{2})=\underline{\underline{4}}$ ► Maximalwert
$\Rightarrow P_5\langle-\sqrt{2}|4\rangle$ ► Maximalpunkt
► $f(x_6)=f(0)=\underline{\underline{0}}$ ► Minimalwert
$\Rightarrow P_6\langle 0|0\rangle$ ► Minimalpunkt
► $f(x_7)=f(\sqrt{2})=\underline{\underline{4}}$ ► Maximalwert
$\Rightarrow P_7\langle\sqrt{2}|4\rangle$ ► Maximalpunkt

Wendestellen — Wendepunkte

Zur Feststellung von Wendestellen bestimmt man zunächst den Funktionsterm $f''(x)$ der zweiten Ableitung f'' und aus $f''(x)=0$ die Nullstellen der zweiten Ableitung. Man erhält mit $x_8=-0{,}817$ und $x_9=0{,}817$ mögliche Wendestellen der Funktion f, die weiter untersucht werden müssen. Dazu ermittelt man den Funktionsterm $f'''(x)$ der dritten Ableitung f''', setzt die möglichen Wendestellen x_8 und x_9 in $f'''(x)$ ein und bestimmt jeweils den Funktionswert. Daraus ergibt sich:

$f'''(x_8)\neq 0$ ► x_8 ist Wendestelle,
$f'''(x_9)\neq 0$ ► x_9 ist Wendestelle.

$f''(x)=8-12x^2$ ► $f''(x)=0$

$8-12x^2=0 \Rightarrow x^2=\frac{2}{3} \Rightarrow |x|=\sqrt{\frac{2}{3}}$

$\Rightarrow x_8=\underline{\underline{-0{,}817}};\ x_9=\underline{\underline{0{,}817}}$ ► Nullstellen von f''

$\Rightarrow N(f'')=\{-0{,}817;0{,}817\}$ ► mögliche Wendestellen von f

$f''(x)=8-12x^2$
$\Rightarrow f'''(x)=-24x$ ► $x_8; x_9$
► $f'''(x_8)=f'''(-0{,}817)=-24\cdot(-0{,}817)$
$\qquad =\underline{\underline{19{,}61}}$
$\Rightarrow f'''(-0{,}817)\neq 0$ ► $x_8=-0{,}817$ ist Wendestelle
► $f'''(x_9)=f'''(0{,}817)=-24\cdot 0{,}817$
$\qquad =\underline{\underline{-19{,}61}}$
$\Rightarrow f'''(0{,}817)\neq 0$ ► $x_9=0{,}817$ ist Wendestelle

Die zugehörigen Funktionswerte $f(x_8)$ sowie $f(x_9)$ und damit die y-Koordinaten der entsprechenden Wendepunkte erhält man nach Einsetzen der Wendestellen x_8 und x_9 in den Funktionsterm $f(x)$ mit $P_8\langle -0{,}817|2{,}22\rangle$ und $P_9\langle 0{,}817|2{,}22\rangle$ (siehe Kapitel „Untersuchung von Funktionseigenschaften mit Hilfe der Differentialrechnung“).

$f(x)=4x^2-x^4$ ► x_8; x_9

► $f(x_8)=f(-0{,}817)=4\cdot(-0{,}817)^2-(-0{,}817)^4 = \underline{\underline{2{,}22}}$

$\Rightarrow P_8\langle -0{,}817|2{,}22\rangle$ ► Wendepunkt

► $f(x_9)=f(0{,}817)=4\cdot 0{,}817^2-0{,}817^4 = \underline{\underline{2{,}22}}$

$\Rightarrow P_9\langle 0{,}817|2{,}22\rangle$ ► Wendepunkt

Monotonieverhalten

Relative Extremstellen einer Funktion sind Grenzen von Monotonieintervallen. Bei der Funktion f bilden also die schon festgestellten Extremstellen $x_5=-\sqrt{2}$, $x_6=0$ und $x_7=\sqrt{2}$ solche Grenzen, so daß sich insgesamt vier Monotonieintervalle ergeben, in denen sich die Funktion f wie folgt verhält:

- $I_1=(-\infty;-\sqrt{2})$ ► f steigt monoton, denn es gilt dort $f'(x)>0$.
- $I_2=(-\sqrt{2};0)$ ► f fällt monoton, denn es gilt dort $f'(x)<0$.
- $I_3=(0;\sqrt{2})$ ► f steigt monoton, denn es gilt dort $f'(x)>0$.
- $I_4=(\sqrt{2};\infty)$ ► f fällt monoton, denn es gilt dort $f'(x)<0$.

(Siehe Kapitel „Monotonieverhalten von Funktionen“ und „Untersuchung von Funktionseigenschaften mit Hilfe der Differentialrechnung“.)

Um den Graphen der Funktion leichter zeichnen zu können, werden die Monotonieintervalle und das Verhalten der Funktion in diesen Intervallen in das Koordinatensystem eingezeichnet.

$x_5=-\sqrt{2}$; $x_6=0$; $x_7=\sqrt{2}$ ► relative Extremstellen von f

$\Rightarrow I_1=(-\infty;-\sqrt{2})$; $I_2=(-\sqrt{2};0)$; $I_3=(0;\sqrt{2})$; $I_4=(\sqrt{2};\infty)$ ► Monotonieintervalle

$f'(x)=8x-4x^3$ ► x-Werte aus I_1; I_2; I_3 und I_4 einsetzen

► $I_1=(-\infty;-\sqrt{2})$ und $x_0=-2$
$f'(-2)=\underline{\underline{16}} \Rightarrow f'(-2)>0$ ► f steigt monoton in I_1

► $I_2=(-\sqrt{2};0)$ und $x_0=-0{,}5$
$f'(-0{,}5)=\underline{\underline{-3{,}5}} \Rightarrow f'(-0{,}5)<0$ ► f fällt monoton in I_2

► $I_3=(0;\sqrt{2})$ und $x_0=0{,}8$
$f'(0{,}8)=\underline{\underline{4{,}4}} \Rightarrow f'(0{,}8)>0$ ► f steigt monoton in I_3

► $I_4=(\sqrt{2};\infty)$ und $x_0=3$
$f'(3)=\underline{\underline{-84}} \Rightarrow f'(3)<0$ ► f fällt monoton in I_4

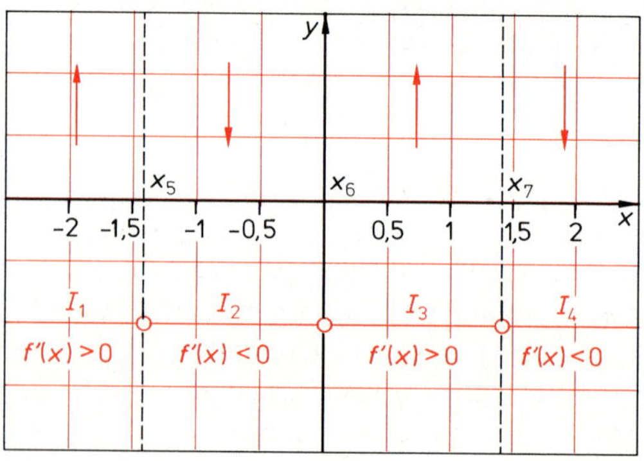

Krümmungsverhalten

Da sich das Krümmungsverhalten eines Funktionsgraphen an den Wendestellen einer Funktion ändert, ergeben sich aus den bereitsermittelten Wendestellen $x_8 = -0{,}817$ und $x_9 = 0{,}817$ die drei Krümmungsintervalle K_1, K_2 sowie K_3 und aus $f''(x_0)$ jeweils das Krümmungsverhalten des Graphen:

- Im Intervall $K_1 = (-\infty; -0{,}817)$ ist der Funktionsgraph $G(f)$ rechtsgekrümmt, denn dort gilt $f''(x) < 0$.
- Im Intervall $K_2 = (-0{,}817; 0{,}817)$ ist der Funktionsgraph $G(f)$ linksgekrümmt, denn dort gilt $f''(x) > 0$.
- Im Intervall $K_3 = (0{,}817; \infty)$ ist der Funktionsgraph $G(f)$ rechtsgekrümmt, denn dort gilt $f''(x) < 0$.

Auch die Krümmungsintervalle und das Krümmungsverhalten des Funktionsgraphen werden im Koordinatensystem vermerkt.

$x_8 = -0{,}817$; $x_9 = 0{,}817$ ▶ Wendestellen von f

$\Rightarrow K_1 = (-\infty; -0{,}817)$; $K_2 = (-0{,}817; 0{,}817)$; $K_3 = (0{,}817; \infty)$ ▶ Krümmungsintervalle

$f''(x) = 8 - 12x^2$ ▶ x-Werte aus K_1; K_2 und K_3 einsetzen

▶ $K_1 = (-\infty; -0{,}817)$ und $x_0 = -1$

$f''(-1) = \underline{\underline{-4}} \Rightarrow f''(-1) < 0$ ▶ Graph ist rechtsgekrümmt in K_1

▶ $K_2 = (-0{,}817; 0{,}817)$ und $x_0 = 0$

$f''(0) = \underline{\underline{8}} \Rightarrow f''(0) > 0$ ▶ Graph ist linksgekrümmt in K_2

▶ $K_3 = (0{,}817; \infty)$ und $x_0 = 1$

$f''(1) = \underline{\underline{-4}} \Rightarrow f''(1) < 0$ ▶ Graph ist rechtsgekrümmt in K_3

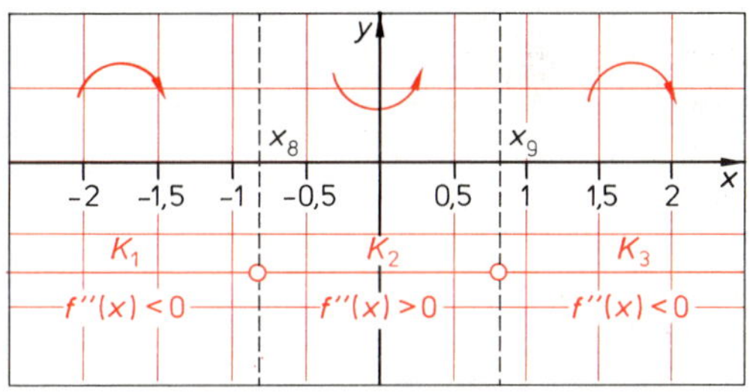

Graph der Funktion

Zunächst werden alle ermittelten Punkte in das Koordinatensystem eingezeichnet:

$P_1\langle -2|0\rangle$, $P_2\langle 0|0\rangle$, $P_3\langle 2|0\rangle$ } Schnittpunkte mit der x-Achse

$P_4\langle 0|0\rangle$ ▶ Schnittpunkt mit der y-Achse

$P_5\langle -\sqrt{2}|4\rangle$ ▶ Maximalpunkt

$P_6\langle 0|0\rangle$ ▶ Minimalpunkt

$P_7\langle \sqrt{2}|4\rangle$ ▶ Maximalpunkt

$P_8\langle -0{,}817|2{,}22\rangle$, $P_9\langle 0{,}817|2{,}22\rangle$ } Wendepunkte

Dann werden die Punkte unter Berücksichtigung des Monotonie- und Krümmungsverhaltens zum Graphen der Funktion verbunden. Dabei ist es gegebenenfalls notwendig, im Bereich von Krümmungen weitere Punkte des Funktionsgraphen mit Hilfe eine Wertetabelle zu berechnen.

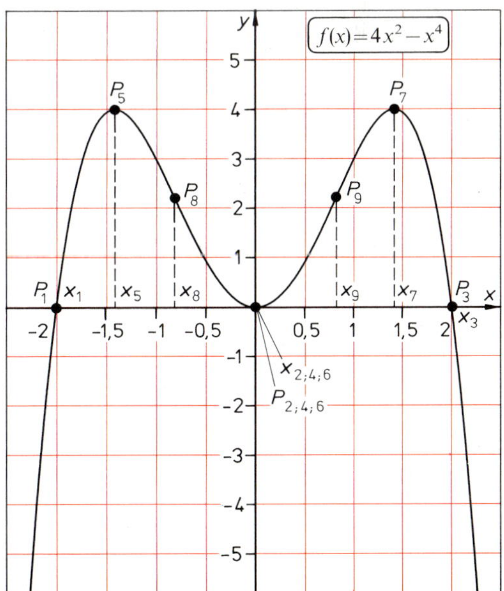

Beispiel: Bestimmen Sie die ganze rationale Funktion fünften Grades, deren Graph punktsymmetrisch zum Koordinatenursprung verläuft und die den Extrempunkt $P\langle 2|-3\rangle$ sowie den Sattelpunkt $P\langle 0|0\rangle$ besitzt. Führen Sie anschließend eine Diskussion dieser Funktion durch.

Bestimmung der Funktion

Man geht von der allgemeinen Funktionsgleichung einer ganzen rationalen Funktion fünften Grades aus. Da der Graph der gesuchten Funktion punktsymmetrisch zum Koordinatenursprung verlaufen soll, kann der Funktionsterm nur ungerade Exponenten von x enthalten (siehe Kapitel „Symmetrie von Funktionen" und „Polynomfunktionen — Ganze rationale Funktionen").

$f(x)=a_5 x^5+a_4 x^4+a_3 x^3+a_2 x^2+a_1 x+a_0$

▶ f ist ungerade

▶ $f(x)=a_5 x^5+a_3 x^3+a_1 x$

Zur Bestimmung von a_1 wird ausgenutzt, daß die Tangente in einem Sattelpunkt parallel zur x-Achse verläuft, d.h. im Sattelpunkt $P\langle 0|0\rangle$ gilt $f'(0)=0$ und somit $a_1=0$. Nun läßt sich die Funktionsgleichung weiter vereinfachen.

$\Rightarrow f'(x)=5a_5 x^4+3a_3 x^2+a_1$ ▶ 0 für x

$f'(0)=5a_5\cdot 0+3a_3\cdot 0+a_1$

$=a_1$ ▶ $f'(0)=0 \Rightarrow \underline{a_1=0}$

$\Rightarrow f(x)=a_5 x^5+a_3 x^3 \Rightarrow f'(x)=5a_5 x^4+3a_3 x^2$

Zur Bestimmung von a_5 und a_3 werden zwei Gleichungen benötigt. Durch den gegebenen Extrempunkt $P\langle 2|-3\rangle$ erhält man zwei Informationen, nämlich:

- Da der Extrempunkt ein Punkt des Graphen ist, gilt $f(2)=-3$.
- Da an einer Extremstelle die erste Ableitung Null ist, gilt $f'(2)=0$.

Mit Hilfe dieser Informationen kann man zwei Gleichungen aufstellen, deren Lösung die gesuchten Werte $a_5=\frac{9}{64}$ und $a_3=-\frac{15}{16}$ liefern. Durch Einsetzen dieser Werte für a_3 und a_5 erhält man die gesuchte Gleichung der Funktion f.

$f(2)=-3$ ▶ $-3=32a_5+8a_3$ ▶ $|\cdot(-3)$

$f'(2)=0$ ▶ $0=80a_5+12a_3$ ▶ $|\cdot 2$

$$\left.\begin{aligned} 9&=-96a_5-24a_3\\ 0&=160a_5+24a_3\end{aligned}\right\}+$$

$$9=64a_5 \Rightarrow \underline{a_5=\frac{9}{64}}$$

$$0=80a_5+12a_3=80\cdot\frac{9}{64}+12a_3 \Rightarrow \underline{a_3=-\frac{15}{16}}$$

▶ $a_5=\frac{9}{64};\ a_3=-\frac{15}{16};\ a_1=0$

$f(x)=a_5 x^5+a_3 x^3$

$$\Rightarrow \underline{\underline{f\colon f(x)=\frac{9}{64}x^5-\frac{15}{16}x^3}}$$ ▶ Funktion

Diskussion der Funktion

Definitionsbereich — Definitionslücken

Ganze rationale Funktionen haben den Definitionsbereich $D(f)=\mathbb{R}$ und damit keine Definitionslücken.

$$f\colon f(x)=\frac{9}{64}x^5-\frac{15}{16}x^3;\ D(f)=\mathbb{R}$$

Nullstellen — Schnittpunkt mit der y-Achse

Die Nullstellen der Funktion erhält man, indem man in der Funktionsgleichung für $f(x)$ den Wert Null setzt und die Lösungsmenge der Gleichung bestimmt. Ein Produkt ist Null, wenn mindestens einer der Faktoren Null ist.

Hier ergeben sich die Nullstellen $x_1 = -2{,}58$, $x_2 = 0$ sowie $x_3 = 2{,}58$ und damit die Schnittpunkte mit der x-Achse:
$P_1\langle -2{,}58|0\rangle$, $P_2\langle 0|0\rangle$, $P_3\langle 2{,}58|0\rangle$.

$f(x) = \frac{9}{64}x^5 - \frac{15}{16}x^3$ ► $f(x) = 0$

$0 = \frac{9}{64}x^5 - \frac{15}{16}x^3$

$0 = \frac{9}{64}x^3(x^2 - \frac{20}{3})$

$\Rightarrow \frac{9}{64}x^3 = 0$ oder $x^2 - \frac{20}{3} = 0$

► $\frac{9}{64}x^3 = 0 \Rightarrow x = 0$

► $x^2 - \frac{20}{3} = 0 \Rightarrow x^2 = \frac{20}{3} \Rightarrow x = -\sqrt{\frac{20}{3}}$ oder $x = \sqrt{\frac{20}{3}}$

$\Rightarrow x_1 = \underline{\underline{-2{,}58}};\ x_2 = \underline{\underline{0}};\ x_3 = \underline{\underline{2{,}58}}$ ► Nullstellen

Man erhält $P_4\langle 0|0\rangle$ als Schnittpunkt mit der y-Achse, wenn man in der Funktionsgleichung für x den Wert Null setzt und $f(0)$ bestimmt.

$f(x) = \frac{9}{64}x^5 - \frac{15}{16}x^3$ ► 0 für x

$f(0) = \frac{9}{64}\cdot 0^5 - \frac{15}{16}\cdot 0^3 = \underline{\underline{0}}$

$\Rightarrow P_4\langle 0|0\rangle$ ► Schnittpunkt mit der y-Achse

Symmetrieeigenschaften des Graphen

In diesem Falle verläuft der Funktionsgraph entsprechend der Aufgabenstellung punktsymmetrisch zum Koordinatenursprung, d.h. es gilt $f(-x) = -f(x)$ für alle $x \in D(f)$.

Verhalten für $x \to -\infty$ bzw. für $x \to \infty$ — Asymptoten — asymptotische Kurven

Es werden die Grenzwerte der Funktion f für $x \to -\infty$ bzw. für $x \to \infty$ ermittelt. Wie bereits im vorangegangenen Beispiel festgestellt, wird das Verhalten von ganzen rationalen Funktionen für sehr große bzw. sehr kleine x-Werte durch die höchste Potenz von x festgelegt.

$$\lim_{x\to\infty}\left(\frac{9}{64}x^5 - \frac{15}{16}x^3\right) = \lim_{x\to\infty} x^5\cdot\left(\frac{9}{64} - \frac{15}{16x^2}\right)$$
$$= \lim_{x\to\infty} x^5 \cdot \lim_{x\to\infty}\left(\frac{9}{64} - \frac{15}{16x^2}\right)$$
$$= \infty \cdot \frac{9}{64}$$
$$= \underline{\underline{\infty}}$$

$$\lim_{x\to\infty}\left(\frac{9}{64}x^5 - \frac{15}{16}x^3\right) = \lim_{x\to\infty} x^5 \cdot \lim_{x\to\infty}\left(\frac{9}{64} - \frac{15}{16x^2}\right)$$
$$= -\infty \cdot \frac{9}{64}$$
$$= \underline{\underline{-\infty}}$$

Für $x \to \infty$ strebt $f(x)$ gegen ∞, und für $x \to -\infty$ strebt auch $f(x)$ gegen $-\infty$.

Extremstellen — Extremwerte

Zur Bestimmung von Extremstellen bildet man den Funktionsterm $f'(x)$ der ersten Ableitung f' und erhält aus $f'(x) = 0$ die Nullstellen der ersten Ableitung $x_5 = -2$, $x_6 = 0$ und $x_7 = 2$. Diese Nullstellen sind mögliche relative Extremstellen der Funktion f und müssen weiter untersucht werden.

$f(x) = \frac{9}{64}x^5 - \frac{15}{16}x^3 \Rightarrow f'(x) = \frac{45}{64}x^4 - \frac{45}{16}x^2$

$= \underline{\frac{45}{64}x^2(x^2 - 4)}$ ► $f'(x) = 0$

$\frac{45}{64}x^2(x^2 - 4) = 0$

$\Rightarrow \frac{45}{64}x^2 = 0$ oder $x^2 - 4 = 0$

► $\frac{45}{64}x^2 = 0 \Rightarrow x = 0$

► $x^2 - 4 = 0 \Rightarrow x^2 = 4 \Rightarrow x = -2$ oder $x = 2$

$\Rightarrow x_5 = \underline{\underline{-2}};\ x_6 = \underline{\underline{0}};\ x_7 = \underline{\underline{2}}$ ► mögliche Extremstellen von f

Dazu ermittelt man den Funktionsterm $f''(x)$ der zweiten Ableitung f'', setzt die möglichen Extremstellen in den Funktionsterm der zweiten Ableitung $f''(x)$ ein und bestimmt jeweils den Funktionswert. Hier kommen jedoch nur die Stellen x_5 und x_7 in Frage, da $x_6=0$ eine vorgegebene Wendestelle (Sattelstelle) ist. Daraus ergibt sich:
$f''(x_5)<0$ ▶ x_5 ist relative Maximalstelle,
$f''(x_7)>0$ ▶ x_7 ist relative Minimalstelle.

$f'(x)=\frac{45}{64}x^4-\frac{45}{16}x^2 \Rightarrow f''(x)=\frac{45}{16}x^3-\frac{45}{8}x$

▶ x_5; x_6; x_7

▶ $f''(x_5)=f''(-2)=\frac{45}{16}\cdot(-2)^3-\frac{45}{8}\cdot(-2)=\underline{-\frac{45}{4}}$

$\Rightarrow f''(-2)<0$ ▶ $x_5=-2$ ist relative Maximalstelle

▶ $f''(x_6)=f''(0)=0$ ▶ gegebene Sattelstelle

▶ $f''(x_7)=f''(2)=\frac{45}{16}\cdot 2^3-\frac{45}{8}\cdot 2=\underline{\frac{45}{4}}$

$\Rightarrow f''(2)>0$ ▶ $x_7=2$ ist relative Minimalstelle

Die zugehörigen relativen Maximal- bzw. Minimalwerte und damit die y-Koordinaten der entsprechenden relativen Maximal- bzw. Minimalpunkte erhält man nach Einsetzen der Extremstellen x_5 und x_7 in den Funktionsterm $f(x)$ mit $P_5\langle -2|3\rangle$ und $P_7\langle 2|-3\rangle$.

$f(x)=\frac{9}{64}x^5-\frac{15}{16}x^3$ ▶ x_5; x_6; x_7

▶ $f(x_5)=f(-2)=\underline{\underline{3}}$ ▶ Maximalwert

$\Rightarrow P_5\langle -2|3\rangle$ ▶ Maximalpunkt

▶ $f(x_7)=f(2)=\underline{\underline{-3}}$ ▶ Minimalwert

$\Rightarrow P_7\langle 2|-3\rangle$ ▶ Minimalpunkt

Wendestellen — Wendepunkte

Zur Feststellung von Wendestellen bestimmt man zunächst den Funktionsterm $f''(x)$ der zweiten Ableitung f'' und aus $f''(x)=0$ die Nullstellen der zweiten Ableitung. Man erhält mit $x_8=-\sqrt{2}$, $x_9=0$ und $x_{10}=\sqrt{2}$ mögliche Wendestellen der Funktion f, die weiter untersucht werden müssen. Dazu ermittelt man den Funktionsterm $f'''(x)$ der dritten Ableitung f''', setzt hier aber nur die möglichen Wendestellen x_8 und x_{10} in $f'''(x)$ ein und bestimmt jeweils den Funktionswert. Daraus ergibt sich:
$f'''(x_8)\neq 0$ ▶ x_8 ist Wendestelle,
$f'''(x_{10})\neq 0$ ▶ x_{10} ist Wendestelle.

Auch die Stelle $x_9=0$ ist Wendestelle, und zwar eine Sattelstelle, wie es bereits durch die Aufgabenstellung festgelegt ist.

$f''(x)=\frac{45}{16}x^3-\frac{45}{8}x=\frac{45}{16}x(x^2-2)$ ▶ $f''(x)=0$

$\Rightarrow \frac{45}{8}x=0$ oder $x^2-2=0$

▶ $\frac{45}{8}x=0 \Rightarrow x=0$

▶ $x^2-2=0 \Rightarrow x^2=2 \Rightarrow x=-\sqrt{2}$ oder $x=\sqrt{2}$

$\Rightarrow x_8=\underline{\underline{-\sqrt{2}}}$; $x_9=\underline{\underline{0}}$; $x_{10}=\underline{\underline{\sqrt{2}}}$ ▶ mögliche Wendestellen

$f''(x)=\frac{45}{16}x^3-\frac{45}{8}x \Rightarrow f'''(x)=\frac{135}{16}x^2-\frac{45}{8}$ ▶ x_8; x_{10}

▶ $f'''(x_8)=f'''(-\sqrt{2})=\underline{11{,}25}$

$\Rightarrow f'''(-\sqrt{2})\neq 0$ ▶ $x_8=-\sqrt{2}$ ist Wendestelle

▶ $f'''(x_{10})=f'''(\sqrt{2})=\underline{11{,}25}$

$\Rightarrow f'''(\sqrt{2})\neq 0$ ▶ $x_{10}=\sqrt{2}$ ist Wendestelle

Die zugehörigen Funktionswerte $f(x_8)$ sowie $f(x_{10})$ und damit die y-Koordinaten der entsprechenden Wendepunkte erhält man nach Einsetzen der Wendestellen x_8 und x_{10} in den Funktionsterm $f(x)$ mit $P_8\langle -\sqrt{2}|1{,}86\rangle$ und $P_{10}\langle \sqrt{2}|-1{,}86\rangle$, während der Sattelpunkt $P_9\langle 0|0\rangle$ vorgegeben ist.

$f(x)=\frac{9}{64}x^5-\frac{15}{16}x^3$ ▶ x_8; x_{10}

▶ $f(x_8)=f(-\sqrt{2})=\frac{9}{64}\cdot(-\sqrt{2})^5-\frac{15}{16}\cdot(-\sqrt{2})^3=\underline{\underline{1{,}86}}$

$\Rightarrow P_8\langle -\sqrt{2}|1{,}86\rangle$ ▶ Wendepunkt

▶ $f(x_{10})=f(\sqrt{2})=\frac{9}{64}(\sqrt{2})^5-\frac{15}{16}(\sqrt{2})^3=\underline{\underline{-1{,}86}}$

$\Rightarrow P_{10}\langle \sqrt{2}|-1{,}86\rangle$ ▶ Wendepunkt

Monotonieverhalten

Die bereits ermittelten relativen Extremstellen $x_5 = -2$ und $x_7 = 2$ bilden die Grenzen der Monotonieintervalle I_1, I_2 und I_3, in denen für das Monotonieverhalten der Funktion f gilt:

- Im Intervall $I_1 = (-\infty; -2)$ steigt die Funktion f monoton, denn es gilt dort $f'(x) > 0$.
- Im Intervall $I_2 = (-2; 2)$ fällt die Funktion f monoton, denn es gilt dort $f'(x) \leq 0$.
- Im Intervall $I_3 = (2; \infty)$ steigt die Funktion f monoton, denn es gilt dort $f'(x) > 0$.

Das Monotonieverhalten wird im Koordinatensystem vermerkt und hilft so den Verlauf des Graphen zu bestimmen.

$x_5 = -2$ und $x_7 = 2$ ▶ relative Extremstellen von f

$\Rightarrow I_1 = (-\infty; -2); I_2 = (-2; 2); I_3 = (2; \infty)$ ▶ Monotonieintervalle

$f'(x) = \frac{45}{64}x^4 - \frac{45}{16}x^2$ ▶ x-Werte aus I_1; I_2 und I_3 einsetzen

▶ $I_1 = (-\infty; -2)$ und $x_0 = -4$

$f'(-4) = \underline{135} \Rightarrow f'(-4) > 0$ ▶ f steigt monoton in I_1

▶ $I_2 = (-2; 2)$ und $x_0 = -1$

$f'(-1) = \underline{-2{,}11} \Rightarrow f'(-1) < 0$ ▶ f fällt monoton in I_2

▶ $I_3 = (2; \infty)$ und $x_0 = 4$

$f'(4) = \underline{135} \Rightarrow f'(4) > 0$ ▶ f steigt monoton in I_3

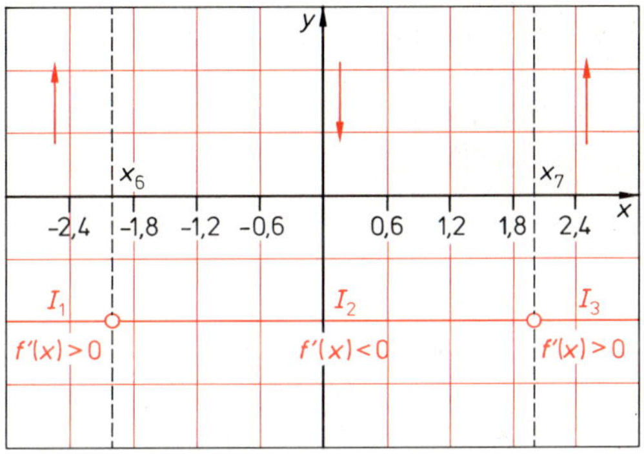

Krümmungsverhalten

Da sich das Krümmungsverhalten an den Wendestellen einer Funktion ändert, ergeben sich aus den bereits bekannten Wendestellen $x_8 = -\sqrt{2}$, $x_9 = 0$ und $x_{10} = \sqrt{2}$ die Krümmungsintervalle K_1, K_2, K_3 und K_4, in denen gilt:

- Im Intervall $K_1 = (-\infty; -\sqrt{2})$ ist der Funktionsgraph $G(f)$ rechtsgekrümmt, denn dort gilt $f''(x) < 0$.
- Im Intervall $K_2 = (-\sqrt{2}; 0)$ ist der Funktionsgraph $G(f)$ linksgekrümmt, denn dort gilt $f''(x) > 0$.
- Im Intervall $K_3 = (0; \sqrt{2})$ ist der Funktionsgraph $G(f)$ rechtsgekrümmt, denn dort gilt $f''(x) < 0$.
- Im Intervall $K_4 = (\sqrt{2}; \infty)$ ist der Funktionsgraph $G(f)$ linksgekrümmt, denn dort gilt $f''(x) > 0$.

$x_8 = -\sqrt{2}$; $x_9 = 0$; $x_{10} = \sqrt{2}$ ▶ Wendestellen von f

$\Rightarrow K_1 = (-\infty; -\sqrt{2}); K_2 = (-\sqrt{2}; 0); K_3 = (0; \sqrt{2}); K_4 = (\sqrt{2}; \infty)$ ▶ Krümmungsintervalle

$f''(x) = \frac{45}{8}x^3 - \frac{45}{8}x$ ▶ x-Werte aus K_1; K_2; K_3 und K_4 einsetzen

▶ $K_1 = (-\infty; -\sqrt{2})$ und $x_0 = -2$

$f''(-2) = \underline{-11{,}25} \Rightarrow f''(-2) < 0$ ▶ $G(f)$ ist rechtsgekrümmt in K_1

▶ $K_2 = (-\sqrt{2}; 0)$ und $x_0 = -1$

$f''(-1) = \underline{2{,}81} \Rightarrow f''(-1) > 0$ ▶ $G(f)$ ist linksgekrümmt in K_2

▶ $K_3 = (0; \sqrt{2})$ und $x_0 = 1$

$f''(1) = \underline{-2{,}81} \Rightarrow f''(1) < 0$ ▶ $G(f)$ ist rechtsgekrümmt in K_3

▶ $K_4 = (\sqrt{2}; \infty)$ und $x_0 = 2$

$f''(2) = \underline{11{,}25} \Rightarrow f''(2) > 0$ ▶ $G(f)$ ist linksgekrümmt in K_4

Auch die Krümmungsintervalle und das Krümmungsverhalten des Funktionsgraphen werden im Koordinatensystem vermerkt.

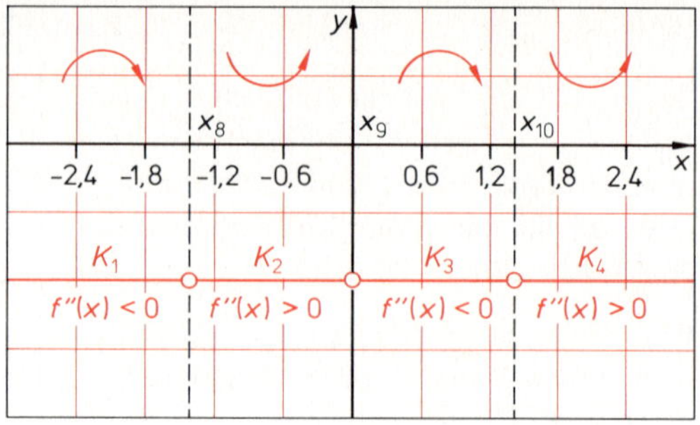

Graph der Funktion

Alle ermittelten Punkte werden in das Koordinatensystem eingezeichnet.

$P_1\langle -2{,}58|0\rangle$, $P_2\langle 0|0\rangle$, $P_3\langle 2{,}58|0\rangle$ ► Schnittpunkte mit der x-Achse

$P_4\langle 0|0\rangle$ ► Schnittpunkt mit der y-Achse

$P_5\langle -2|3\rangle$ ► Maximalpunkt

$P_7\langle 2|-3\rangle$ ► Minimalpunkt

$P_8\langle -\sqrt{2}|1{,}86\rangle$ ► Wendepunkt

$P_9\langle 0|0\rangle$ ► spezieller Wendepunkt (Sattelpunkt)

$P_{10}\langle \sqrt{2}|-1{,}86\rangle$ ► Wendepunkt

Dann werden die Punkte unter Berücksichtigung des Monotonie- und Krümmungsverhaltens zum Graphen der Funktion verbunden. Dabei ist es gegebenenfalls notwendig, im Bereich von Krümmungen weitere Punkte des Funktionsgraphen mit Hilfe einer Wertetabelle zu berechnen.

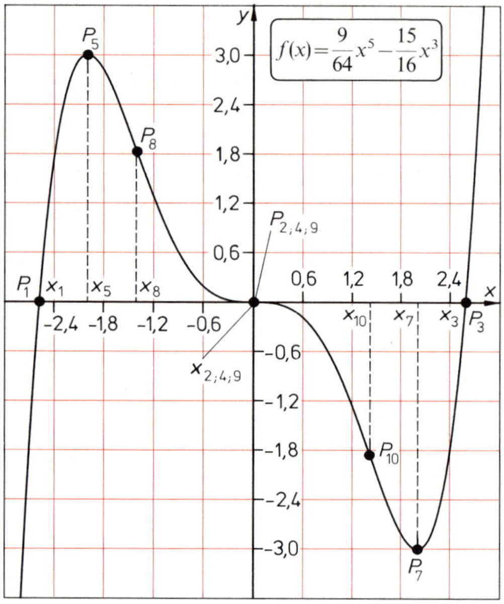

Beispiel: Führen Sie eine Kurvendiskussion der Funktion f: $f(x)=\dfrac{3x^3-9x}{2x^2-8}$ durch.

Definitionsbereich — Definitionslücken

Um Definitionslücken festzustellen, setzt man den Nennerterm $q_2(x)$ Null und bestimmt die Nullstellenmenge der Nennerpolynomfunktion q_2. Aus den Lösungen $x_1=-2$ sowie $x_2=2$ folgt der Definitionsbereich $D(f)=\mathbb{R}\setminus\{-2;2\}$.

$f(x)=\dfrac{3x^3-9x}{2x^2-8}=\dfrac{p_3(x)}{q_2(x)}$ ► $q_2(x)=0$

$2x^2-8=0 \Rightarrow x^2=4$

$\Rightarrow x_1=\underline{\underline{-2}};\ x_2=\underline{\underline{2}}$ ► Definitionslücken

► $D(f)=\mathbb{R}\setminus\{-2;2\}$ ► Definitionsbereich

Um festzustellen, von welcher Art die Definitionslücken x_1 und x_2 sind, wird die Funktion an diesen Stellen auf Grenzwerte untersucht.

Will man erreichen, daß die x-Werte in der Umgebung von $x_1=-2$ von links bzw. von rechts gegen x_1 streben, so substituiert man zweckmäßig $x=-2-\delta$ bzw. $x=-2+\delta$ mit $\delta>0$ und läßt dann nicht x gegen -2 sondern δ gegen 0 streben.

Mit Hilfe des Grenzwertsatzes für Produkte stellt man an der Definitionslücke $x_1=-2$ die uneigentlichen Grenzwerte $u_L=-\infty$ und $u_R=\infty$ fest, d.h. die Definitionslücke ist eine zweiseitige Unendlichkeitsstelle. Da die beiden uneigentlichen Grenzwerte verschieden sind, liegt eine zweiseitige Unendlichkeitsstelle mit Vorzeichenwechsel, also eine unendliche Sprungstelle vor.

$$\lim_{\substack{x\to-2\\x<-2}} f(x)=\lim_{\substack{x\to-2\\x<-2}}\frac{3x^3-9x}{2x^2-8} \quad \blacktriangleright\; x=-2-\delta;\ \delta>0$$

$$=\lim_{\delta\to 0}\frac{3(-2-\delta)^3-9(-2-\delta)}{2(-2-\delta)^2-8}$$

$$=\lim_{\delta\to 0}\frac{-3\delta^3-18\delta^2-27\delta-6}{\delta(2\delta+8)}$$

$$=\lim_{\delta\to 0}\frac{1}{\delta}\cdot\lim_{\delta\to 0}\frac{-3\delta^3-18\delta^2-27\delta-6}{2\delta+8}$$

$$=\infty\cdot\frac{-6}{8}$$

$$=\underline{\underline{-\infty}}=u_L \quad \blacktriangleright \text{ linksseitiger uneigentlicher Grenzwert bei } x_1=-2$$

$$\lim_{\substack{x\to2\\x>2}} f(x)=\lim_{\substack{x\to2\\x>2}}\frac{3x^2-9x}{2x^2-8} \quad \blacktriangleright\; x=-2+\delta;\ \delta>0$$

$$=\lim_{\delta\to 0}\frac{3(-2+\delta)^3-9(-2+\delta)}{2(-2+\delta)^2-8}$$

$$=\lim_{\delta\to 0}\frac{3\delta^3-18\delta^2+27\delta-6}{\delta(2\delta-8)}$$

$$=\lim_{\delta\to 0}\frac{1}{\delta}\cdot\lim_{\delta\to 0}\frac{3\delta^3-18\delta^2+27\delta-6}{2\delta-8}$$

$$=\infty\cdot\frac{-6}{-8}$$

$$=\underline{\underline{\infty}}=u_R \quad \blacktriangleright \text{ rechtsseitiger uneigentlicher Grenzwert bei } x_1=-2$$

An der Definitionslücke $x_2=2$ verfährt man entsprechend. Dort existieren die uneigentlichen Grenzwerte $u_L=-\infty$ und $u_R=\infty$, d.h. auch bei $x_2=2$ liegt eine zweiseitige Unendlichkeitsstelle mit Vorzeichenwechsel vor.

An den Stellen $x_1=-2$ und $x_2=2$ hat der Funktionsgraph demnach zwei vertikale Asymptoten mit den Gleichungen $x=-2$ sowie $x=2$ (siehe Kapitel „Grenzwerte“ und „Gebrochene rationale Funktionen“).

$$\lim_{\substack{x\to2\\x<2}} f(x)=\lim_{\substack{x\to2\\x<2}}\frac{3x^3-9x}{2x^2-8} \quad \blacktriangleright\; x=2-\delta;\ \delta>0$$

$$=\lim_{\delta\to 0}\frac{-3\delta^3+18\delta^2-27\delta+6}{\delta(2\delta-8)}$$

$$=\lim_{\delta\to 0}\frac{1}{\delta}\cdot\lim_{\delta\to 0}\frac{-\delta^3+18\delta^2-27\delta+6}{2\delta-8}$$

$$=\infty\cdot\frac{6}{-8}$$

$$=\underline{\underline{-\infty}}=u_L \quad \blacktriangleright \text{ linksseitiger uneigentlicher Grenzwert bei } x_2=2$$

$$\lim_{\substack{x\to2\\x>2}} f(x)=\lim_{\substack{x\to2\\x>2}}\frac{3x^3-9x}{2x^2-8} \quad \blacktriangleright\; x=2+\delta;\ \delta>0$$

$$=\lim_{\delta\to 0}\frac{-\delta^3+18\delta^2-27\delta+6}{\delta(2\delta+8)}$$

$$=\underline{\underline{\infty}}=u_R \quad \blacktriangleright \text{ rechtsseitiger uneigentlicher Grenzwert bei } x_2=2$$

Nullstellen — Schnittpunkt mit der y-Achse

Um Nullstellen festzustellen, setzt man den Zählerterm $p_3(x)$ Null und bestimmt die Nullstellenmenge der Zählerpolynomfunktion p_3. Die Lösungen $x_3 = -\sqrt{3}$, $x_4 = 0$ und $x_5 = \sqrt{3}$ bilden die Nullstellen der Funktion f, weil sie alle zum Definitionsbereich der Funktion gehören.

$$f(x) = \frac{3x^3 - 9x}{2x^2 - 8} = \frac{p_3(x)}{q_2(x)} \quad \blacktriangleright \; p_3(x) = 0$$

$$3x^3 - 9x = 3x(x^2 - 3) = 0$$

$$\Rightarrow 3x = 0 \text{ oder } x^2 - 3 = 0$$

$$\blacktriangleright \; 3x = 0 \Rightarrow x = 0$$

$$\blacktriangleright \; x^2 - 3 = 0 \Rightarrow x^2 = 3 \Rightarrow x = -\sqrt{3} \text{ oder } x = \sqrt{3}$$

$$\Rightarrow \underline{\underline{x_3 = -\sqrt{3}}};\; \underline{\underline{x_4 = 0}};\; \underline{\underline{x_5 = \sqrt{3}}} \quad \blacktriangleright \text{ Nullstellen}$$

Man erhält $P_4\langle 0|0\rangle$ als Schnittpunkt mit der y-Achse, wenn man in der Funktionsgleichung für x den Wert Null setzt und $f(0)$ bestimmt.

$$f(x) = \frac{3x^3 - 9x}{2x^2 - 8} \quad \blacktriangleright \; 0 \text{ für } x$$

$$f(0) = \frac{0}{-8} = \underline{\underline{0}} \quad \blacktriangleright \; 0 = x_4$$

$$\Rightarrow P_4\langle 0|0\rangle \quad \blacktriangleright \text{ Schnittpunkt mit der } y\text{-Achse}$$

Symmetrieeigenschaften des Graphen

Bei der Funktion f handelt es sich um eine ungerade Funktion, d.h. es gilt die Gleichung $f(-x) = -f(x)$ für alle $x \in D(f)$. Bildet man $f(-x)$ mit dem Funktionsterm der Funktion, so wird $f(-x) = -f(x)$ bestätigt. Der Koordinatenursprung ist also Symmetriepunkt des Funktionsgraphen (siehe Kapitel „Symmetrie von Funktionen").

$$f(x) = \frac{3x^3 - 9x}{2x^2 - 8}$$

$$\Rightarrow f(-x) = \frac{3(-x)^3 - 9\cdot(-x)}{2(-x)^2 - 8}$$

$$= \frac{-3x^3 + 9x}{2x^2 - 8}$$

$$= -\frac{3x^3 - 9x}{2x^2 - 8}$$

$$= \underline{\underline{-f(x)}}$$

$$\Rightarrow f(-x) = -f(x) \text{ für alle } x \in D(f)$$

Verhalten für $x \to -\infty$ bzw. für $x \to \infty$ — Asymptoten — asymptotische Kurven

Bei der Funktion f handelt es sich um eine unecht gebrochene rationale Funktion mit $m > n$ und $m - n = 1$, d.h. es ist eine schräge Asymptote vorhanden.

Um das zu bestätigen wird der Funktionsterm durch Polynomdivision in eine Summe, bestehend aus dem ganzen rationalen Term $1{,}5x$ und dem echt gebrochenen rationalen Term $\frac{3x}{2x^2 - 8}$ zerlegt.

$$f(x) = \frac{3x^3 - 9x}{2x^2 - 8} = \frac{p_m(x)}{q_n(x)} \quad \blacktriangleright \; m > n \text{ und } m - n = 1$$

$$(3x^3 - \;\; 9x) : (2x^2 - 8) = 1{,}5x + \frac{3x}{2x^2 - 8}$$

$$\frac{3x^3 - 12x}{0 \; + \; 3x} \quad \blacktriangleright \text{ Restpolynom}$$

$$f(x) = \underbrace{1{,}5x}_{f_A(x)} + \frac{3x}{2x^2 - 8}$$

Bildet man $\lim\limits_{x \to -\infty} f(x)$ sowie $\lim\limits_{x \to \infty} f(x)$, so nähert sich der Bruchterm sowohl für $x \to -\infty$ als auch für $x \to \infty$ immer mehr dem Wert Null, so daß der Unterschied zwischen den Funktionswerten $f_A(x) = 1{,}5x$ und $f(x)$ immer geringer wird.

Das bedeutet, daß sich der Graph $G(f)$ der Geraden $G(f_A)$ asymptotisch nähert. Die Gerade mit der Gleichung $f_A(x) = 1{,}5x$ ist also schräge Asymptote des Graphen $G(f)$ (siehe Abschnitt „Horizontale Asymptoten-schräge Asymptoten-asymptotische Kurven" im Kapitel „Gebrochene rationale Funktionen").

$$\lim_{x \to -\infty} f(x) = \lim_{x \to -\infty} 1{,}5x + \lim_{x \to -\infty} \frac{3x}{2x^2 - 8}$$

$$= \lim_{x \to -\infty} 1{,}5x + \lim_{x \to -\infty} \frac{\frac{3}{x}}{2 - \frac{8}{x^2}}$$

$$= -\infty \quad + \quad 0$$

$$= \underline{\underline{-\infty}}$$ ► uneigentlicher Grenzwert

$$\lim_{x \to \infty} f(x) = \lim_{x \to \infty} 1{,}5x + \lim_{x \to \infty} \frac{\frac{3}{x}}{2 - \frac{8}{x^2}}$$

$$= \underline{\underline{\infty}}$$ ► uneigentlicher Grenzwert

► f_A: $f_A(x) = 1{,}5x$; $x \in \mathbb{R}$ ► $G(f_A)$ ist schräge Asymptote

Extremstellen — Extremwerte

Nach formaler Bildung der ersten Ableitung der Funktion $f = \frac{u}{v}$ mit der Quotientenregel erhält man für $f'(x)$ einen Term, der für $x \in \mathbb{R} \setminus \{-2; 2\}$ definiert ist. Da $\mathbb{R} \setminus \{-2; 2\}$ mit dem Definitionsbereich $D(f) = \mathbb{R} \setminus \{-2; 2\}$ der Funktion f übereinstimmt, gilt für den Differenzierbarkeitsbereich: $D'(f) = D(f) = \mathbb{R} \setminus \{-2; 2\}$
$\Rightarrow D(f') = \mathbb{R} \setminus \{-2; 2\}$

(siehe Kapitel „Quotientenregel").

$$f(x) = \frac{3x^3 - 9x}{2x^2 - 8} = \frac{u(x)}{v(x)}$$

► $u(x) = 3x^3 - 9x \Rightarrow u'(x) = 9x^2 - 9$; $x \in \mathbb{R}$

► $v(x) = 2x^2 - 8 \Rightarrow v'(x) = 4x$; $x \in \mathbb{R}$

$$f'(x) = \frac{u'(x) \cdot v(x) - u(x) \cdot v'(x)}{[v(x)]^2}$$

$$= \frac{(9x^2 - 9)(2x^2 - 8) - (3x^3 - 9x) \cdot 4x}{(2x^2 - 8)^2}; \quad x \in \mathbb{R} \setminus \{-2; 2\}$$

$$= \underline{\underline{\frac{6x^4 - 54x^2 + 72}{(2x^2 - 8)^2}}}$$ ► $f'(x) = 0$

Dann berechnet man aus $f'(x) = 0$ die Nullstellen der ersten Ableitung zu $x_6 = -2{,}72$; $x_7 = -1{,}28$; $x_8 = 1{,}28$ und $x_9 = 2{,}72$. Diese Nullstellen sind mögliche relative Extremstellen der Funktion f und müssen weiter untersucht werden.

$$6x^4 - 54x^2 + 72 = 0$$

$$x^4 - 9x^2 + 12 = 0$$

$$\Rightarrow x^2 = 4{,}5 + \sqrt{4{,}5^2 - 12} \text{ oder } x^2 = 4{,}5 - \sqrt{4{,}5^2 - 12}$$

$$\Rightarrow x = \pm\sqrt{4{,}5 + \sqrt{4{,}5^2 - 12}} \text{ oder } x = \pm\sqrt{4{,}5 - \sqrt{4{,}5^2 - 12}}$$

$$\Rightarrow \underline{\underline{x_6 = -2{,}72}};\ \underline{\underline{x_7 = -1{,}28}};\ \underline{\underline{x_8 = 1{,}28}};\ \underline{\underline{x_9 = 2{,}72}}$$

► mögliche Extremstellen von f

Dazu ermittelt man mit der Quotientenregel den Funktionsterm $f''(x)$ der zweiten Ableitung f''. Auch hier ist der Differenzierbarkeitsbereich $\mathbb{R} \setminus \{-2; 2\}$.

$$f'(x) = \frac{3x^4 - 27x^2 + 36}{2x^4 - 16x^2 + 32} = \frac{u(x)}{v(x)}$$

► $u(x) = 3x^4 - 27x^2 + 36 \Rightarrow u'(x) = 12x^3 - 54x$; $x \in \mathbb{R}$

► $v(x) = 2x^4 - 16x^2 + 32 \Rightarrow v'(x) = 8x^3 - 32x$; $x \in \mathbb{R}$

$$f''(x) = \frac{(12x^3 - 54x)(2x^4 - 16x^2 + 32) - (3x^4 - 27x^2 + 36)(8x^3 - 32x)}{(2x^4 - 16x^2 + 32)^2}$$

$$= \underline{\underline{\frac{3x^3 + 36x}{(x^2 - 4)^3}}}$$ ► x_6; x_7; x_8; x_9

Dann setzt man die möglichen Extremstellen x_6, x_7, x_8 und x_9 in den Funktionsterm der zweiten Ableitung $f''(x)$ ein und bestimmt jeweils den Funktionswert. Daraus ergibt sich:
$f''(x_6)<0$ ► x_6 ist relative Maximalstelle,
$f''(x_7)>0$ ► x_7 ist relative Minimalstelle,
$f''(x_8)<0$ ► x_8 ist relative Maximalstelle,
$f''(x_9)>0$ ► x_9 ist relative Minimalstelle.

► $f''(x_6)=f''(-2{,}72)=\underline{-4{,}03}$
$\Rightarrow f''(-2{,}72)<0$ ► $x_6=-2{,}72$ ist relative Maximalstelle
► $f''(x_7)=f''(-1{,}28)=\underline{3{,}98}$
$\Rightarrow f''(-1{,}28)>0$ ► $x_7=-1{,}28$ ist relative Minimalstelle
► $f''(x_8)=f''(1{,}28)=\underline{-3{,}98}$
$\Rightarrow f''(1{,}28)<0$ ► $x_8=1{,}28$ ist relative Maximalstelle
► $f''(x_9)=f''(2{,}72)=\underline{4{,}03}$
$\Rightarrow f''(2{,}72)>0$ ► $x_9=2{,}72$ ist relative Minimalstelle

Es hätte hier ausgereicht, nur die Extremstellen x_6 und x_7 zu ermitteln, um dann aufgrund der Punktsymmetrie der Funktion f die punktsymmetrisch zum Koordinatenursprung liegenden Extremstellen x_8 und x_9 zu bestimmen.

Die zugehörigen relativen Maximal- bzw. Minimalwerte und damit die y-Koordinaten der entsprechenden relativen Maximal- bzw. Minimalpunkte erhält man nach Einsetzen der Extremstellen x_6, x_7, x_8 und x_9 in den Funktionsterm $f(x)$ mit $P_6\langle -2{,}72|-5{,}28\rangle$, $P_7\langle -1{,}28|-1{,}11\rangle$, $P_8\langle 1{,}28|1{,}11\rangle$ und $P_9\langle 2{,}72|5{,}28\rangle$. Auch hier wird die Punktsymmetrie der Funktion f zur Bestimmung von P_8 und P_9 ausgenutzt.

$f(x)=\dfrac{3x^3-9x}{2x^2-8}$ ► $x_6;\ x_7;\ x_8;\ x_9$
► $f(x_6)=f(-2{,}72)=\underline{-5{,}28}$ ► Maximalwert
$\Rightarrow P_6\langle -2{,}72|-5{,}28\rangle$ ► Maximalpunkt
► $f(x_7)=f(-1{,}28)=\underline{-1{,}11}$ ► Minimalwert
$\Rightarrow P_7\langle -1{,}28|-1{,}11\rangle$ ► Minimalpunkt
► $P_8\langle 1{,}28|1{,}11\rangle$ ► Maximalpunkt
► $P_9\langle 2{,}72|5{,}28\rangle$ ► Minimalpunkt

Wendestellen — Wendepunkte

Zur Feststellung von Wendestellen verwendet man den bereits ermittelten Funktionsterm $f''(x)$ der zweiten Ableitung f'' und bestimmt aus $f''(x)=0$ die Nullstellen der zweiten Ableitung. Mit $x_{10}=0$ ergibt sich eine mögliche Wendestelle der Funktion f, die weiter untersucht werden muß.

$f''(x)=\dfrac{3x^3+36x}{(x^2-4)^3}$ ► $f''(x)=0$
$3x^3+36x=0 \Rightarrow 3x(x^2+12)=0$
$\Rightarrow 3x=0$ oder $x^2+12=0$
► $3x=0 \Rightarrow x=0$
► $x^2+12=0 \Rightarrow x^2=-12$ ► keine Lösung
$\Rightarrow x_{10}=\underline{\underline{0}}$ ► mögliche Wendestelle von f

Dazu ermittelt man mit der Quotientenregel den Funktionsterm $f'''(x)$ der dritten Ableitung f''' und setzt die mögliche Wendestelle x_{10} in $f'''(x)$ ein. Da der Funktionswert $f'''(x_{10})$ ungleich Null ist, handelt es sich bei $x_{10}=0$ um eine Wendestelle.

$f''(x)=\dfrac{3x^3+36x}{(x^2-4)^3}$ ► Quotientenregel anwenden
$\Rightarrow f'''(x)=\dfrac{-9(x^4+24x^2+16)}{(x^2-4)^4}$ ► $x_{10}=0$
$\Rightarrow f'''(x_{10})=f'''(0)=\underline{0{,}56} \Rightarrow f'''(0)\neq 0$
$\Rightarrow x_{10}=0$ ist Wendestelle

Den zugehörigen Funktionswert $f(x_{10})$ und damit die y-Koordinate des entsprechenden Wendepunktes erhält man nach Einsetzen der Wendestelle x_{10} in den Funktionsterm $f(x)$ mit $P_{10}\langle 0|0\rangle$.

$f(x)=\dfrac{3x^3-9x}{2x^2-8}$ ► x_{10}
$\Rightarrow f(x_{10})=f(0)=\dfrac{0}{-8}=\underline{0}$
$\Rightarrow P_{10}\langle 0|0\rangle$ ► Wendepunkt

Monotonieverhalten

Hat eine Funktion relative Extremstellen sowie Unendlichkeitsstellen ohne Vorzeichenwechsel, so sind solche Stellen Grenzen von Monotonieintervallen. Da die Funktion f nur Unendlichkeitsstellen mit Vorzeichenwechsel hat, bilden hier also nur die bereits ermittelten relativen Extremstellen x_6, x_7, x_8 und x_9 die Grenzen der fünf Monotonieintervalle I_1, I_2, I_3, I_4 und I_5.

Man wählt in jedem Intervall einen Wert x_0 und bildet damit jeweils den Funktionswert $f'(x_0)$. Gilt $f'(x_0)>0$, so steigt f monoton im Intervall, für $f'(x_0)<0$ fällt f monoton.

$x_6=-2{,}72$; $x_7=-1{,}28$; $x_8=1{,}28$; $x_9=2{,}72$
► relative Extremstellen von f

$\Rightarrow I_1=(-\infty; -2{,}72)$; $I_2=(-2{,}72; -1{,}28)$;
$I_3=(-1{,}28; 1{,}28)$; $I_4=(1{,}28; 2{,}72)$;
$I_5=(2{,}72; \infty)$ ► Monotonieintervalle

$f'(x)=\dfrac{6x^4-54x^2+72}{(2x^2-8)^2}$ ► x-Werte aus I_1, I_2, I_3, I_4 und I_5 einsetzen

► $I_1=(-\infty; -2{,}72)$ und $x_0=-4$
$\Rightarrow f'(-4)=1{,}29 \Rightarrow f'(-4)>0$ ► f steigt monoton in I_1

► $I_2=(-2{,}72; -1{,}28)$ und $x_0=-2{,}5$
$\Rightarrow f'(-2{,}5)=-1{,}54 \Rightarrow f'(-2{,}5)<0$ ► f fällt monoton in I_2

► $I_3=(-1{,}28; 1{,}28)$ und $x_0=1$
$\Rightarrow f'(1)=0{,}67 \Rightarrow f'(1)>0$ ► f steigt monoton in I_3

► $I_4=(1{,}28; 2{,}72)$ und $x_0=2{,}5$
$\Rightarrow f'(2{,}5)=-1{,}54 \Rightarrow f'(2{,}5)<0$ ► f fällt monoton in I_4

► $I_5=(2{,}72; \infty)$ und $x_0=4$
$\Rightarrow f'(4)=1{,}29 \Rightarrow f'(4)>0$ ► f steigt monoton in I_5

Das Monotonieverhalten wird im Koordinatensystem vermerkt und hilft so den Verlauf des Graphen zu bestimmen.

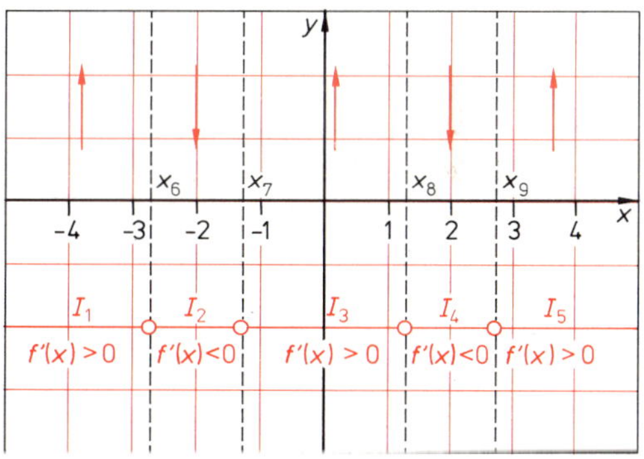

Krümmungsverhalten

Das Krümmungsverhalten des Funktionsgraphen ändert sich an der bereits ermittelten Wendestelle $x_{10}=0$.

Auch an den Unendlichkeitsstellen mit Vorzeichenwechsel $x_1=-2$ und $x_2=2$ ändert sich das Krümmungsverhalten des Funktionsgraphen.

$x_{10}=0$ ► Wendestelle von f

$x_1=-2$; $x_2=2$ ► Unendlichkeitsstellen mit Vorzeichenwechsel

$\Rightarrow K_1=(-\infty; -2)$; $K_2=(-2; 0)$; $K_3=(0; 2)$;
$K_4=(2; \infty)$ ► Krümmungsintervalle

$f''(x)=\dfrac{3x^3+36x}{(x^2-4)^3}$ ► x-Werte aus K_1; K_2; K_3 und K_4 einsetzen

Man erhält somit insgesamt vier Krümmungsintervalle, und zwar K_1, K_2, K_3 sowie K_4. In jedem Intervall wird ein Wert x_0 gewählt und damit jeweils der Funktionswert $f''(x_0)$ gebildet. Gilt dann $f''(x_0)>0$, so ist der Funktionsgraph im Intervall rechtsgekrümmt, für $f''(x_0)<0$ dagegen linksgekrümmt (siehe Kapitel „Untersuchung von Funktionseigenschaften mit Hilfe der Differentialrechnung").

Auch die Krümmungsintervalle und das Krümmungsverhalten des Funktionsgraphen werden im Koordinatensystem vermerkt.

▶ $K_1=(-\infty; -2)$ und $x_0=-3$
$\Rightarrow f''(-3)=-1{,}51 \Rightarrow f''(-3)<0$ ▶ $G(f)$ ist rechtsgekrümmt in K_1

▶ $K_2=(-2; 0)$ und $x_0=-1$
$\Rightarrow f''(-1)=1{,}44 \Rightarrow f''(-1)>0$ ▶ $G(f)$ ist linksgekrümmt in K_2

▶ $K_3=(0; 2)$ und $x_0=1$
$\Rightarrow f''(1)=-1{,}44 \Rightarrow f''(1)<0$ ▶ $G(f)$ ist rechtsgekrümmt in K_3

▶ $K_4=(2; \infty)$ und $x_0=3$
$\Rightarrow f''(3)=1{,}51 \Rightarrow f''(3)>0$ ▶ $G(f)$ ist linksgekrümmt in K_4

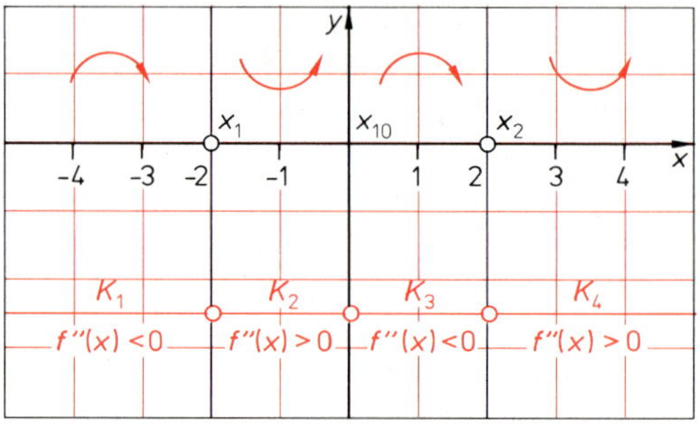

Graph der Funktion

Zunächst werden alle ermittelten Punkte und die Asymptoten in das Koordinatensystem eingezeichnet.

$x_1=-2$, $x_2=2$ } Unendlichkeitsstellen mit Vorzeichenwechsel (Asymptoten parallel zur y-Achse)

$f_A(x)=1{,}5x$ ▶ schräge Asymptote

$P_3\langle-\sqrt{3}|0\rangle$, $P_4\langle 0|0\rangle$, $P_5\langle\sqrt{3}|0\rangle$ } Schnittpunkte mit der x-Achse

$P_4\langle 0|0\rangle$ ▶ Schnittpunkt mit der y-Achse

$P_6\langle-2{,}72|-5{,}28\rangle$ ▶ Maximalpunkt

$P_7\langle-1{,}28|-1{,}11\rangle$ ▶ Minimalpunkt

$P_8\langle 1{,}28|1{,}11\rangle$ ▶ Maximalpunkt

$P_9\langle 2{,}72|5{,}28\rangle$ ▶ Minimalpunkt

$P_{10}\langle 0|0\rangle$ ▶ Wendepunkt

Dann werden die Punkte unter Berücksichtigung des Monotonie- und Krümmungsverhaltens zum Graphen der Funktion verbunden.

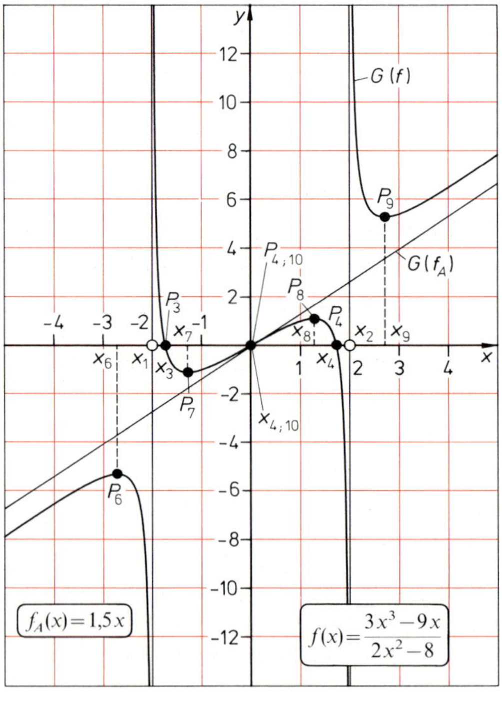

Beispiel: Führen Sie eine Kurvendiskussion der Funktion f: $f(x)=\frac{(x+3)(1-x^2)}{5x}$ durch.

Definitionsbereich — Definitionslücken

Um Definitionslücken festzustellen, setzt man den Nennerterm $q_1(x)$ Null und bestimmt die Nullstellenmenge der Nennerpolynomfunktion q_1. Aus der Lösung $x_1=0$ folgt der Definitionsbereich $D(f)=\mathbb{R}^*$.

Um festzustellen, von welcher Art die Definitionslücke x_1 ist, wird untersucht, ob die Funktion an dieser Stelle einen Grenzwert hat. Will man erreichen, daß die x-Werte in der Umgebung von $x_1=0$ von links bzw. von rechts gegen x_1 streben, so substituiert man zweckmäßig $x=0-\delta$ bzw. $x=0+\delta$ mit $\delta>0$ und läßt dann nicht x gegen 0, sondern δ gegen 0 streben. An der Definitionslücke $x_1=0$ ergeben sich dann die uneigentlichen Grenzwerte $u_L=-\infty$ und $u_R=\infty$, d.h. die Definitionslücke ist eine zweiseitige Unendlichkeitsstelle mit Vorzeichenwechsel, also eine unendliche Sprungstelle.

$$f(x)=\frac{(x+3)(1-x^2)}{5x}=\frac{-x^3-3x^2+x+3}{5x}=\frac{p_3(x)}{q_1(x)}$$

▶ $q_1(x)=0 \Rightarrow 5x=0 \Rightarrow x_1=\underline{\underline{0}}$ ▶ Definitionslücke

$\Rightarrow D(f)=\mathbb{R}\setminus\{0\}=\mathbb{R}^*$

$$\lim_{\substack{x\to 0\\ x<0}} f(x)=\lim_{\substack{x\to 0\\ x<0}}\frac{-x^3-3x^2+x+3}{5x} \quad ▶\ x=0-\delta;\ \delta>0$$

$$=\lim_{\delta\to 0}\frac{-(0-\delta)^3+3(0-\delta)^2+(0-\delta)+3}{5(0-\delta)}$$

$$=\lim_{\delta\to 0}\left(-\frac{\delta^2}{5}+\frac{3\delta}{5}+\frac{1}{5}-\frac{3}{5\delta}\right)$$

$=\underline{\underline{-\infty}}=u_L$ ▶ linksseitiger uneigentlicher Grenzwert bei $x_1=0$

$$\lim_{\substack{x\to 0\\ x>0}} f(x)=\lim_{\substack{x\to 0\\ x>0}}\frac{-x^3-3x^2+x+3}{5x} \quad ▶\ x=0+\delta;\ \delta>0$$

$$=\lim_{\delta\to 0}\left(-\frac{\delta^2}{5}-\frac{3\delta}{5}+\frac{1}{5}+\frac{3}{5\delta}\right)$$

$=\underline{\underline{\infty}}=u_R$ ▶ rechtsseitiger uneigentlicher Grenzwert bei $x_1=0$

Nullstellen — Schnittpunkt mit der y-Achse

Um Nullstellen festzustellen, setzt man den Zählerterm $p_3(x)$ Null und bestimmt die Nullstellenmenge der Zählerpolynomfunktion p_3. Die Lösungen $x_2=-3$, $x_3=-1$ und $x_4=1$ bilden die Nullstellen der Funktion f, weil sie alle zum Definitionsbereich der Funktion gehören.

Den Schnittpunkt mit der y-Achse erhält man, wenn man in der Funktionsgleichung für x den Wert Null setzt und $f(0)$ bestimmt. Da die Stelle $x_1=0$ eine Definitionslücke ist, existiert hier kein Schnittpunkt des Graphen mit der y-Achse.

$$f(x)=\frac{(x+3)(1-x^2)}{5x}=\frac{p_3(x)}{q_1(x)} \quad ▶\ p_3(x)=0$$

$(x+3)(1-x^2)=0 \Rightarrow x+3=0$ oder $1-x^2=0$

▶ $x+3\Rightarrow 0\Rightarrow x=-3$

▶ $1-x^2=0\Rightarrow x^2=1\Rightarrow |x|=1$

$\Rightarrow x=-1$ oder $x=1$

$\Rightarrow x_2=\underline{\underline{-3}};\ x_3=\underline{\underline{-1}};\ x_4=\underline{\underline{1}}$ ▶ Nullstellen

$$f(x)=\frac{(x+3)(1-x^2)}{5x} \quad ▶\ 0 \text{ für } x?$$

$\Rightarrow f(0)$ existiert nicht, da $x_1=0$ eine Definitionslücke ist.

Symmetrieeigenschaften des Graphen

Bildet man $f(-x)$ mit dem Funktionsterm der Funktion f, so wird weder $f(-x)=f(x)$ noch $f(-x)=-f(x)$ für alle $x\in D(f)$ bestätigt. Der Funktionsgraph $G(f)$ ist daher weder achsensymmetrisch zur y-Achse noch punktsymmetrisch zum Koordinatenursprung.

$$f(x)=\frac{(x+3)(1-x^2)}{5x}\Rightarrow f(-x)=-\frac{(3-x)(1-x^2)}{5x}$$

$$=\frac{(x-3)(1-x^2)}{5x}$$

$\Rightarrow f(-x)\neq -f(x)$ und $f(-x)\neq f(x)$

Verhalten für $x \to -\infty$ bzw. für $x \to \infty$ — Asymptoten — asymptotische Kurven

Bei der Funktion f handelt es sich um eine unecht gebrochene rationale Funktion mit $m>n$ und $m-n>1$, d.h. es ist eine asymptotische Kurve vorhanden.

Um diese zu bestätigen wird der Funktionsterm durch Polynomdivision in eine Summe, bestehend aus dem ganzen rationalen Term $-0{,}2x^2-0{,}6x+0{,}2$ und dem echt gebrochenen rationalen Term $\frac{3}{5x}$ zerlegt. Bildet man dann $\lim\limits_{x\to-\infty} f(x)$ sowie $\lim\limits_{x\to\infty} f(x)$, so nähert sich der Bruchterm sowohl für $x\to-\infty$ als auch für $x\to\infty$ immer mehr dem Wert Null, so daß der Unterschied zwischen den Funktionswerten $f_A(x)$ und $f(x)$ immer geringer wird. Der Graph $G(f)$ nähert sich also asymptotisch der Parabel $G(f_A)$, d.h. die Parabel mit der Gleichung $f_A(x)=-0{,}2x^2-0{,}6x+0{,}2$ ist asymptotische Kurve des Graphen $G(f)$.

$$f(x)=\frac{-x^3-3x^2+x+3}{5x}=\frac{p_m(x)}{q_n(x)}$$ ► $m>n$ und $m-n>1$

$$(-x^3-3x^2+x+3):5x=-0{,}2x^2-0{,}6x+0{,}2+\frac{3}{5x}$$
$$\frac{-x^3-3x^2+x\quad}{0\quad 0\quad 0+3}$$

$$f(x)=\underbrace{-0{,}2x^2-0{,}6x+0{,}2}_{f_A(x)}+\frac{3}{5x}$$

$$\lim_{x\to-\infty} f(x)=\lim_{x\to-\infty}(-0{,}2x^2-0{,}6x+0{,}2)+\lim_{x\to-\infty}\frac{3}{5x}$$
$$=\lim_{x\to-\infty}x^2\cdot\lim_{x\to-\infty}\left(-0{,}2-\frac{0{,}6}{x}+\frac{0{,}2}{x^2}\right)+\lim_{x\to-\infty}\frac{3}{5x}$$
$$=\infty\cdot(-0{,}2)+0$$
$$=\underline{\underline{-\infty}}$$ ► uneigentlicher Grenzwert

$$\lim_{x\to\infty} f(x)=\lim_{x\to\infty}(-0{,}2x^2-0{,}6x+0{,}2)+\lim_{x\to\infty}\frac{3}{5x}$$
$$=\underline{\underline{-\infty}}$$ ► uneigentlicher Grenzwert

$f_A(x)=-0{,}2x^2-0{,}6x+0{,}2$ ► $G(f_A)$ ist asymptotische Kurve

Extremstellen — Extremwerte

Zur Bestimmung von Extremstellen bildet mit der Quotientenregel den Funktionsterm $f'(x)$ der ersten Ableitung f'. Es ergibt sich für $f'(x)$ ein Term, der für $x\in\mathbb{R}^*$ definiert ist. Da dieser Definitionsbereich $\mathbb{R}^*$ des Ableitungsterms mit dem Definitionsbereich $D(f)=\mathbb{R}^*$ der Funktion f übereinstimmt, gilt:

$D'(f)=D(f)=\mathbb{R}^* \Rightarrow D(f')=\mathbb{R}^*$.

Aus $f'(x)=0$ erhält man nach Lösung der Gleichung dritten Grades mit Hilfe eines Computerprogramms die Nullstelle der ersten Ableitung $x_5=-1{,}91$, die eine mögliche relative Extremstelle ist und weiter untersucht werden muß.

$$f(x)=\frac{-x^3-3x^2+x+3}{5x}=\frac{u(x)}{v(x)}$$

► $u(x)=\underline{-x^3-3x^2+x+3} \Rightarrow u'(x)=\underline{-3x^2-6x+1}$; $x\in\mathbb{R}$

► $v(x)=\underline{5x} \Rightarrow v'(x)=\underline{5}$

$$f'(x)=\frac{u'(x)\cdot v(x)-u(x)\cdot v'(x)}{[v(x)]^2}$$
$$=\frac{(3x^2-6x+1)\cdot 5x-(-x^3-3x^2+x+3)\cdot 5}{25x^2};\ x\in\mathbb{R}^*$$
$$=\underline{\underline{\frac{2x^3+3x^2+3}{-5x^2}}}$$ ► $f'(x)=0$

$$2x^3+3x^2+3=0$$

$\Rightarrow x_5=\underline{\underline{-1{,}91}}$ ► mögliche Extremstelle von f

Dazu ermittelt man den Funktionsterm $f''(x)$ der zweiten Ableitung f'' mit der Quotientenregel. Auch hier gilt der Differenzierbarkeitsbereich $\mathbb{R}^*$.

$$f'(x)=\frac{2x^3+3x^2+3}{-5x^2}=\frac{u(x)}{v(x)}$$

► $u(x)=\underline{2x^3+3x^2+3} \Rightarrow u'(x)=\underline{6x^2+9x}$

► $v(x)=\underline{-5x^2} \Rightarrow v'(x)=\underline{-10x}$

Dann setzt man die mögliche Extremstelle x_5 in den Funktionsterm der zweiten Ableitung $f''(x)$ ein und bestimmt den Funktionswert $f''(-1{,}91)$. Wegen $f''(-1{,}91)<0$ ist $x_5=-1{,}91$ eine relative Maximalstelle der Funktion f.

$$f''(x)=\frac{(6x^2+9x)\cdot(-5x^2)-(2x^3+3x^2+3)\cdot(-10x)}{25x^4}$$

$$=\underline{\underline{\frac{2(x^3-3)}{-5x^3}}} \quad \blacktriangleright\ x_5=-1{,}91$$

$$f''(x_5)=f''(-1{,}91)=\underline{-0{,}57}$$

$\Rightarrow f''(-1{,}91)<0$ ▶ $x_5=-1{,}91$ ist relative Maximalstelle

Den zugehörigen relativen Maximalwert und damit die y-Koordinate des entsprechenden relativen Maximalpunktes erhält man nach Einsetzen der Extremstelle x_5 in den Funktionsterm $f(x)$ mit $P_5\langle -1{,}91\,|\,0{,}30\rangle$.

$$f(x)=\frac{-x^3-3x^2+x+3}{5x} \quad \blacktriangleright\ x_5=-1{,}91$$

▶ $f(x_5)=f(-1{,}91)=\underline{0{,}30}$ ▶ Maximalwert

$\Rightarrow P_5\langle -1{,}91\,|\,0{,}30\rangle$ ▶ Maximalpunkt

Wendestellen — Wendepunkte

Zur Feststellung von Wendestellen bestimmt man zunächst den Funktionsterm $f''(x)$ der zweiten Ableitung f'' und aus $f''(x)=0$ die Nullstellen der zweiten Ableitung. Man erhält hier $x_6=1{,}44$ und damit eine mögliche Wendestelle der Funktion f, die weiter untersucht werden muß. Dazu ermittelt man den Funktionsterm $f'''(x)$ der dritten Ableitung f''', setzt die mögliche Wendestelle x_6 in $f'''(x)$ ein und bestimmt den Funktionswert $f'''(1{,}44)$. Wegen $f'''(x_6)\neq 0$ ist x_6 Wendestelle der Funktion f.

$$f''(x)=\frac{2x^3-6}{-5x^3} \quad \blacktriangleright\ f''(x)=0$$

$$2x^3-6=0 \Rightarrow x^3=3 \Rightarrow x=\sqrt[3]{3}$$

$\Rightarrow x_6=\underline{\underline{1{,}44}}$ ▶ mögliche Wendestelle von f

$$f''(x)=\frac{2x^3-6}{-5x^3} \quad \blacktriangleright\ \text{Quotientenregel anwenden}$$

$$\Rightarrow f'''(x)=\frac{-3{,}6}{x^4} \quad \blacktriangleright\ x_6=1{,}44$$

$$\Rightarrow f'''(x_6)=f'''(1{,}44)=\underline{-0{,}84}$$

$\Rightarrow f'''(1{,}44)\neq 0$ ▶ $x_6=1{,}44$ ist Wendestelle

Den zugehörigen Funktionswert $f(x_6)$ und damit die y-Koordinate des entsprechenden Wendepunktes erhält man nach Einsetzen der Wendestelle x_6 in den Funktionsterm $f(x)$ mit $P_6\langle 1{,}44\,|\,-0{,}66\rangle$.

$$f(x)=\frac{-x^3-3x^2+x+3}{5x} \quad \blacktriangleright\ x_6=1{,}44$$

$$\Rightarrow f(x_6)=f(1{,}44)=\underline{-0{,}66}$$

$\Rightarrow P_6\langle 1{,}44\,|\,-0{,}66\rangle$ ▶ Wendepunkt

Monotonieverhalten

Die Funktion f hat die relative Extremstelle $x_5=-1{,}91$ und $x_1=0$ als Unendlichkeitsstelle ohne Vorzeichenwechsel. Hier ergeben sich also nur aus der bereits ermittelten relativen Extremstelle x_5 die Grenzen der Monotonieintervalle I_1 und I_2.

Man wählt in jedem Intervall einen Wert x_0 und bildet damit jeweils den Funktionswert $f'(x_0)$. Gilt $f'(x_0)>0$, so steigt f monoton im Intervall, für $f'(x_0)<0$ fällt f monoton.

$x_5=-1{,}91$ ▶ relative Extremstelle von f

$\Rightarrow I_1=(-\infty;\,-1{,}91)$; $I_2=(-1{,}91;\,\infty)$ ▶ Monotonieintervalle

$$f'(x)=\frac{2x^3+3x^2+3}{-5x^2} \quad \blacktriangleright\ x\text{-Werte aus } I_1 \text{ und } I_2 \text{ einsetzen}$$

▶ $I_1=(-\infty;\,-1{,}91)$ und $x_0=-4$

$\Rightarrow f'(-4)=0{,}96 \Rightarrow f'(-4)>0$ ▶ f steigt monoton in I_1

▶ $I_2=(-1{,}91;\,\infty)$ und $x_0=4$

$\Rightarrow f'(4)=-2{,}24 \Rightarrow f'(4)<0$ ▶ f fällt monoton in I_2

Krümmungsverhalten

Die Funktion f hat an der Stelle $x_1 = 0$ eine Definitionslücke, und zwar eine Unendlichkeitsstelle mit Vorzeichenwechsel, an der sich das Krümmungsverhalten des Funktionsgraphen ändert. Auch an der bereits ermittelten Wendestelle $x_6 = 1{,}44$ ändert sich das Krümmungsverhalten, so daß sich insgesamt die drei Krümmungsintervalle K_1, K_2 und K_3 ergeben.

In jedem Intervall wird ein Wert x_0 gewählt und damit jeweils der Funktionswert $f''(x_0)$ gebildet. Für $f''(x_0) > 0$ ist der Funktionsgraph im Krümmungsintervall rechtsgekrümmt, für $f''(x_0) < 0$ dagegen linksgekrümmt.

$x_6 = 1{,}44$ ► Wendestelle von f

$x_1 = 0$ ► Unendlichkeitsstelle mit Vorzeichenwechsel

$\Rightarrow K_1 = (-\infty; 0)$; $K_2 = (0; 1{,}44)$; $K_3 = (1{,}44; \infty)$
► Krümmungsintervalle

$f''(x) = \dfrac{2x^3 - 6}{-5x^3}$ ► x-Werte aus K_1; K_2 und K_3 einsetzen

► $K_1 = (-\infty; 0)$ und $x_0 = -2$

$\Rightarrow f''(-2) = -0{,}55$

$\Rightarrow f''(-2) < 0$ ► $G(f)$ ist rechtsgekrümmt in K_1

► $K_2 = (0; 1{,}44)$ und $x_0 = 1$

$\Rightarrow f''(1) = 0{,}8$

$\Rightarrow f''(1) > 0$ ► $G(f)$ ist linksgekrümmt in K_2

► $K_3 = (1{,}44; \infty)$ und $x_0 = 2$

$\Rightarrow f''(2) = -0{,}25$

$\Rightarrow f''(2) < 0$ ► $G(f)$ ist rechtsgekrümmt in K_3

Graph der Funktion

Es werden die Asymptote parallel zur y-Achse (Unendlichkeitsstelle), die asymptotische Kurve und alle ermittelten sowie zusätzlich notwendigen Punkte in das Koordinatensystem eingezeichnet und zum Graphen der Funktion verbunden.

$x_1 = 0$ ► Unendlichkeitsstelle mit Vorzeichenwechsel (senkrechte Asymptote)

$f_A(x) = -0{,}2x^2 - 0{,}6x + 0{,}2$
► Gleichung der Asymptote

$P_2\langle -3 | 0\rangle$, $P_3\langle -1 | 0\rangle$, $P_4\langle 1 | 0\rangle$ } Schnittpunkte mit der x-Achse

$P_5\langle -1{,}91 | 0{,}30\rangle$ ► Maximalpunkt

$P_6\langle 1{,}44 | -0{,}66\rangle$ ► Wendepunkt

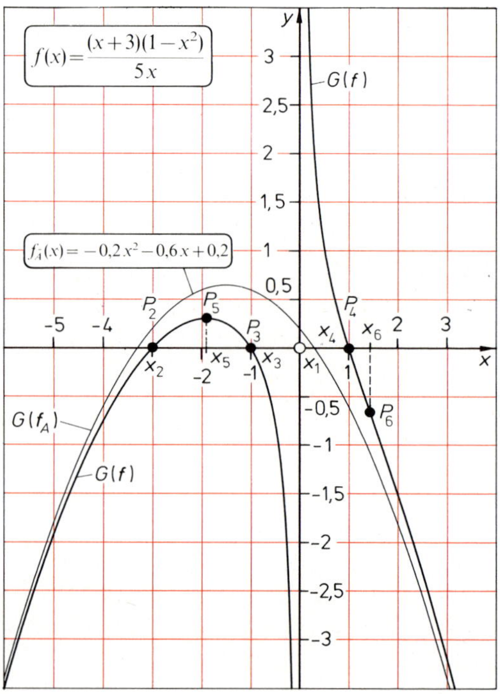

Beispiel: Führen Sie eine Kurvendiskussion der Funktion f: $f(x)=\sqrt{\frac{x+1}{x-1}}$ durch.

Definitionsbereich — Definitionslücken

Die Funktion f ist nur für nichtnegative Radikanden definiert, also in den Intervallen $(-\infty; -1]$ und $(1; \infty)$, d.h. es gilt also: $D(f)=\mathbb{R}\setminus(-1; 1]$.

$f(x)=\sqrt{\frac{x+1}{x-1}}$ ▶ $\frac{x+1}{x-1}\geq 0$

$\Rightarrow (x+1\geq 0$ und $x-1>0)$ oder $(x+1\leq 0$ und $x-1<0)$

$\Rightarrow (x\geq -1$ und $x>1)$ oder $(x\leq -1$ und $x<1)$

$\Rightarrow x>1$ oder $x\leq -1$

$\Rightarrow \underline{\underline{D(f)=\mathbb{R}\setminus(-1; 1]}}$ ▶ Definitionsbereich

An der Randstelle $x_1=1$ ist die Funktion f nicht definiert, wohl aber in jeder rechtsseitigen Umgebung davon. Um das Verhalten der Funktion f an dieser Randstelle näher zu untersuchen, wird der rechtsseitige Grenzwert an dieser Stelle gebildet. Nähert man sich dieser Randstelle von rechts, so wachsen die Funktionswerte über alle Grenzen, d.h. an der Stelle $x_1=1$ liegt eine rechtsseitige Unendlichkeitsstelle vor. Daher ist die Gerade mit der Gleichung $x=1$ eine senkrechte Asymptote des Graphen von f.

$$\lim_{\substack{x\to 1\\ x>1}} f(x)=\lim_{\substack{x\to 1\\ x>1}} \sqrt{\frac{x+1}{x-1}};\ x=1+\delta;\ \delta>0$$

$$=\lim_{\delta\to 0}\sqrt{\frac{1+\delta+1}{1+\delta-1}}$$

$$=\lim_{\delta\to 0}\sqrt{\frac{2+\delta}{\delta}}$$

$$=\lim_{\delta\to 0}\sqrt{1+\frac{2}{\delta}}$$

$=\underline{\underline{\infty}}=u_R$ ▶ rechtsseitiger uneigentlicher Grenzwert

$\Rightarrow x_1=\underline{\underline{1}}$ ▶ rechtsseitige Unendlichkeitsstelle

Nullstellen — Schnittpunkt mit der y-Achse

Die Funktion f hat an der Stelle $x_2=-1$ eine Nullstelle. Ihr Graph schneidet also die x-Achse im Punkt $P_2\langle -1|0\rangle$.

Ein Schnittpunkt mit der y-Achse existiert nicht, da f im Intervall $(-1; 1]$ nicht definiert ist.

$f(x)=\sqrt{\frac{x+1}{x-1}}$ ▶ $f(x)=0$

$\sqrt{\frac{x+1}{x-1}}=0 \Rightarrow \frac{x+1}{x-1}=0 \Rightarrow x+1=0$

$\Rightarrow x_2=\underline{\underline{-1}}$ ▶ Nullstelle

Symmetrieeigenschaften des Graphen

Wenn man für eine Stelle x_0 einer Funktion f feststellt — hier z.B. an der Stelle $x_0=3$ —, daß weder $f(-x_0)=f(x_0)$ noch $f(-x_0)=-f(x_0)$ gilt, so kann in einem solchen Fall weder Achsensymmetrie noch Punktsymmetrie des Graphen der Funktion vorliegen.

$f(x)=\sqrt{\frac{x+1}{x-1}}$ ▶ 3 für x

▶ $f(-3)=\sqrt{0{,}5}$ und $f(3)=\sqrt{2}$

$\Rightarrow f(-3)\neq f(3)$ ▶ keine Achsensymmetrie

▶ $f(-3)=\sqrt{0{,}5}$ und $-f(3)=-\sqrt{2}$

$\Rightarrow f(-3)\neq -f(3)$ ▶ keine Punktsymmetrie

Verhalten für $x \to -\infty$ bzw. für $x \to \infty$ — Asymptoten — asymptotische Kurven

Die Grenzwertbetrachtungen $\lim\limits_{x \to -\infty} f(x)$ und $\lim\limits_{x \to \infty} f(x)$ zeigen, daß die Funktion f für $x \to -\infty$ und für $x \to \infty$ den Grenzwert 1 hat. Es liegt damit die parallel zur x-Achse verlaufende Asymptote mit der Gleichung $f_A(x)=1$ vor.

Bereits ermittelt wurde die an der Unendlichkeitsstelle parallel zu y-Achse verlaufende Asymptote mit der Gleichung $x=1$.

$$\lim_{x \to -\infty} f(x) = \lim_{x \to -\infty} \sqrt{\frac{x+1}{x-1}}$$

$$= \lim_{x \to -\infty} \sqrt{\frac{1+\frac{1}{x}}{1-\frac{1}{x}}}$$

$$= \sqrt{\frac{\lim\limits_{x \to -\infty}\left(1+\frac{1}{x}\right)}{\lim\limits_{x \to -\infty}\left(1-\frac{1}{x}\right)}}$$

$=\underline{\underline{1}}$ ► Grenzwert

$\lim\limits_{x \to \infty} f(x) = \lim\limits_{x \to \infty} \sqrt{\frac{x+1}{x-1}} = \underline{\underline{1}}$ ► Grenzwert

$\Rightarrow f_A(x)=1$ ► Gleichung der Asymptote parallel zur x-Achse

Extremstellen — Extremwerte

Zur Bestimmung von Extremstellen ermittelt man zunächst den Funktionsterm $f'(x)$ der ersten Ableitung f'. Nach formaler Ableitung von f mit der Quotientenregel und der Kettenregel erhält man einen Term, der für $x \in \mathbb{R} \setminus [-1; 1]$ definiert ist. Da $\mathbb{R} \setminus [-1; 1]$ nicht mit $D(f) = \mathbb{R} \setminus (-1; 1]$ übereinstimmt, muß die Stelle $x_0 = -1$ noch gesondert auf Differenzierbarkeit untersucht werden. Dort gilt:

$s_{x_0}(x) = \frac{f(x)-f(x_0)}{x-x_0}$ ► $f(x) = \sqrt{\frac{x+1}{x-1}}$; $x_0 = -1$

$$= \frac{\sqrt{\frac{x+1}{x-1}} - 0}{x+1}$$

$\lim\limits_{\substack{x \to -1 \\ x > -1}} s_{x_0}(x) = \lim\limits_{\substack{x \to -1 \\ x > -1}} \frac{\sqrt{\frac{x+1}{x-1}}}{x+1}$ ► $x = -1+\delta$; $\delta > 0$

$$= \lim_{\delta \to 0} \frac{\sqrt{\frac{\delta}{\delta-2}}}{\delta}$$

$= \underline{\underline{\infty}}$ ► uneigentlicher Grenzwert

$f(x) = \sqrt{\frac{x+1}{x-1}} = g[h(x)]$

► $g(z) = \sqrt{z} \Rightarrow \underline{g'(z) = \frac{1}{2\sqrt{z}}}$; $z \in \mathbb{R}_+^*$

► $h(x) = \frac{x+1}{x-1} = \frac{u(x)}{v(x)}$

► $u(x) = x+1 \Rightarrow u'(x) = 1$

► $v(x) = x-1 \Rightarrow v'(x) = 1$

$$h'(x) = \frac{u'(x) \cdot v(x) - u(x) \cdot v'(x)}{[v(x)]^2}$$

$$= \frac{1 \cdot (x-1) - (x+1) \cdot 1}{(x-1)^2}$$

$= \underline{\frac{-2}{(x-1)^2}}$; $x \in \mathbb{R} \setminus \{1\}$

$f'(x) = g'(z) \cdot h'(x)$

$= \frac{1}{2\sqrt{z}} \cdot \frac{-2}{(x-1)^2}$ ► $z = \frac{x+1}{x-1}$

$= \frac{-1}{\sqrt{\frac{x+1}{x-1}} \cdot (x-1)^2}$; $x \in \mathbb{R} \setminus [-1; 1]$

$= \underline{\underline{\frac{-\sqrt{\frac{x+1}{x-1}}}{x^2-1}; \; D(f') = \mathbb{R} \setminus [-1; 1]}}$

Da die Differenzenquotientenfunktion s_{x_0} an der Stelle $x_0=-1$ den uneigentlichen Grenzwert ∞ besitzt, ist f dort nicht differenzierbar, und es gilt somit $D'(f)=D(f')=\mathbb{R}\setminus[-1;1]$.

Zur Feststellung von relativen Extremstellen muß man aus $f'(x)=0$ die Nullstellen der ersten Ableitung bestimmen. Da hier keine Lösung existiert, gibt es auch keine relativen Extremstellen.

$$f'(x)=\frac{-\sqrt{\frac{x+1}{x-1}}}{x^2-1} \quad \blacktriangleright\ f'(x)=0$$

$$-\sqrt{\frac{x+1}{x-1}}=0 \Rightarrow x=-1 \quad \blacktriangleright \text{ keine Lösung, da } -1\notin D(f')$$

Weitere Extremstellen können nur an den Randstellen des Definitionsbereiches von f auftreten, für die f definiert ist. Einzige Randstelle von f mit dieser Eigenschaft ist die Stelle -1. An dieser Stelle hat f den Funktionswert 0. Da $f(x)=\sqrt{\frac{x+1}{x-1}}>0$ für alle $x\in D(f)$ mit $x\neq -1$, liegt an der Randstelle -1 ein absolutes Minimum der Funktion f vor.

Wendestellen — Wendepunkte

Zur Bestimmung von Wendestellen ermittelt man zuerst den Funktionsterm $f''(x)$ der zweiten Ableitung f'' mit der Quotientenregel und der Kettenregel unter Berücksichtigung der Differenzierbarkeit von f'. Dann muß man aus $f''(x)=0$ die Nullstellen der zweiten Ableitung ermitteln. Da hier aber keine Lösung existiert, liegen auch keine Wendestellen vor.

$$f'(x)=\frac{-\sqrt{\frac{x+1}{x-1}}}{x^2-1}$$

$$\Rightarrow f''(x)=\frac{(2x+1)\cdot\sqrt{\frac{x+1}{x-1}}}{(x+1)^2\cdot(x-1)^2};\quad D(f'')=\mathbb{R}\setminus[-1;1]$$

$$f''(x)=0 \Rightarrow (2x+1)\cdot\sqrt{\frac{x+1}{x-1}}=0$$

$$\Rightarrow 2x+1=0 \text{ oder } \sqrt{\frac{x+1}{x-1}}=0$$

$\blacktriangleright$ $2x+1=0 \Rightarrow x=-0{,}5$ $\blacktriangleright$ $-0{,}5\notin D(f'')$ $\blacktriangleright$ keine Lösung

$\blacktriangleright$ $\sqrt{\frac{x+1}{x-1}}=0 \Rightarrow x=-1$ $\blacktriangleright$ $-1\notin D(f'')$ $\blacktriangleright$ keine Lösung

Monotonieverhalten

Da die Funktion f keine relativen Extremstellen und keine Unendlichkeitsstellen ohne Vorzeichenwechsel besitzt, ist das Monotonieverhalten nur in den beiden Definitionsintervallen $I_1=(-\infty;-1)$ und $I_2=(1;\infty)$ zu untersuchen.

Man wählt in jedem Intervall einen Wert x_0 und bildet damit jeweils den Funktionswert $f'(x_0)$. Gilt $f'(x_0)>0$, so steigt f monoton im Intervall, für $f'(x_0)<0$ fällt f monoton.

$x_1=1;\ x_2=-1$ $\blacktriangleright$ Randstellen von f

$\Rightarrow I_1=(-\infty;-1);\ I_2=(1;\infty)$ $\blacktriangleright$ Monotonieintervalle

$$f'(x)=\frac{-\sqrt{\frac{x+1}{x-1}}}{x^2-1} \quad \blacktriangleright\ x\text{-Werte aus } I_1 \text{ und } I_2 \text{ einsetzen}$$

$\blacktriangleright$ $I_1=(-\infty;-1)$ und $x_0=-2$
$\Rightarrow f'(-2)=-0{,}19 \Rightarrow f'(-2)<0$ $\blacktriangleright$ f fällt monoton in I_1

$\blacktriangleright$ $I_2=(1;\infty)$ und $x_0=2$
$\Rightarrow f'(2)=-0{,}58 \Rightarrow f'(2)<0$ $\blacktriangleright$ f fällt monoton in I_2

Krümmungsverhalten

Da die Funktion f weder Wendestellen noch Unendlichkeitsstellen mit Vorzeichenwechsel besitzt, ist das Krümmungsverhalten nur in den beiden Definitionsintervallen $K_1 = (-\infty; -1)$ und $K_2 = (1; \infty)$ zu untersuchen.

Man wählt in jedem Intervall einen Wert x_0 und bildet damit jeweils den Funktionswert $f''(x_0)$. Gilt $f''(x_0) < 0$, so ist der Funktionsgraph im Intervall rechtsgekrümmt, für $f''(x_0)$ ist er linksgekrümmt.

$x_1 = 1;\ x_2 = -1$ ▶ Randstellen von f

$\Rightarrow K_1 = (-\infty; -1);\ K_2 = (1; \infty)$ ▶ Krümmungsintervalle

$$f''(x) = \frac{(2x+1)\cdot\sqrt{\dfrac{x+1}{x-1}}}{(x+1)^2\cdot(x-1)^2}$$ ▶ x-Werte aus K_1 und K_2 einsetzen

▶ $K_1 = (-\infty; -1)$ und $x_0 = -2$

$\Rightarrow f''(-2) = -0{,}19 \Rightarrow f''(-2) < 0$ ▶ $G(f)$ ist rechtsgekrümmt in K_1

▶ $K_2 = (1; \infty)$ und $x_0 = 2$

$\Rightarrow f''(2) = 0{,}96 \Rightarrow f''(2) > 0$ ▶ $G(f)$ ist linksgekrümmt in K_2

Graph der Funktion

Es werden die Asymptote parallel zur y-Achse (Unendlichkeitsstelle), die Asymptote parallel zur x-Achse und alle ermittelten sowie zusätzlich notwendige Punkte in das Koordinatensystem eingezeichnet:

$x_1 = 1$ ▶ einseitige Unendlichkeitsstelle (senkrechte Asymptote)

$x_2 = -1$ ▶ Randstelle

$f_A(x) = 1$ ▶ Gleichung derAsymptote parallel zur x-Achse

$P_2\langle -1|0\rangle$ ▶ Schnittpunkt mit der x-Achse und Randpunkt

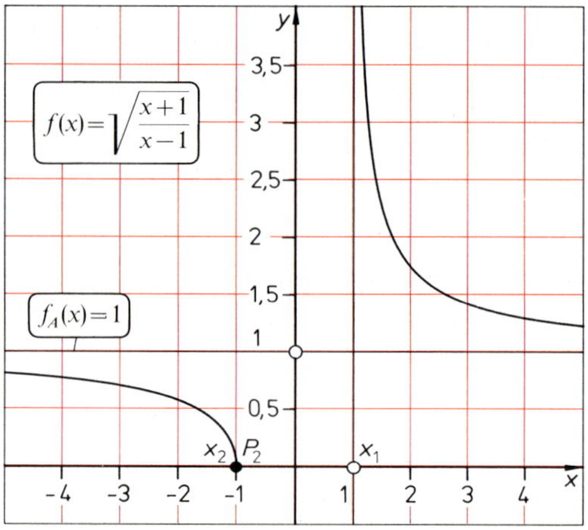

Beispiel: Diskutieren Sie die Relation R: $R(x) = x^2 \pm \sqrt{2-x^2}$ nach Zerlegung in die Teilfunktionen f_1: $f_1(x) = x^2 + \sqrt{2-x^2}$ und f_2: $f_2(x) = x^2 - \sqrt{2-x^2}$.

Definitionsbereich — Definitionslücken

Da ein Wurzelradikand stets nichtnegativ sein muß, gilt $2 - x^2 \geq 0$. Daraus ergibt sich der Definitionsbereich $D(R) = [-\sqrt{2}; \sqrt{2}]$, aus dem auch die Definitionsbereiche der Teilfunktionen f_1 und f_2 mit $D(f_1) = D(f_2) = [-\sqrt{2}; \sqrt{2}]$ folgen.

$R(x) = x^2 \pm \sqrt{2-x^2}$ ▶ $2 - x^2 \geq 0$

$2 - x^2 \geq 0 \Rightarrow x^2 \leq 2 \Rightarrow -\sqrt{2} \leq x \leq \sqrt{2}$

$\Rightarrow \underline{\underline{D(R) = [-\sqrt{2}; \sqrt{2}]}}$

$f_1(x) = x^2 + \sqrt{2-x^2}$, $\underline{\underline{D(f_1) = [-\sqrt{2}; \sqrt{2}]}}$

$f_2(x) = x^2 - \sqrt{2-x^2}$, $\underline{\underline{D(f_2) = [-\sqrt{2}; \sqrt{2}]}}$

Nullstellen — Schnittpunkt mit der y-Achse

Die Gleichung $x^2+\sqrt{2-x^2}=0$ läßt sich umformen zu $x^2=-\sqrt{2-x^2}$. Da die linke Seite der Gleichung immer nichtnegativ, die rechte Seite aber immer nichtpositiv ist und beide Seiten nicht gleichzeitig Null sein können, hat diese Gleichung keine Lösungen. Daher besitzt die Teilfunktion f_1 keine Nullstellen.

Bei der Teilfunktion f_2 führt die Lösung von $f_2(x)=0$ zunächst auf $x=-1$ oder $x=1$.

Die gefundenen Werte für x müssen zur Probe in die Ausgangsgleichung eingesetzt werden, da durch das Quadrieren möglicherweise Scheinlösungen entstanden sind. Die Probe bestätigt die gefundenen Werte $x_1=-1$ und $x_2=1$ als Nullstellen der Funktion f_2. Es ergeben sich daher die folgenden Schnittpunkte mit der x-Achse: $P_1\langle -1|0\rangle$ und $P_2\langle 1|0\rangle$.

Zur Bestimmung des Schnittpunktes mit der y-Achse wird 0 für x in $f_1(x)$ und $f_2(x)$ gesetzt.

Man erhält für f_1 den Schnittpunkt P_3, für f_2 den Schnittpunkt P_4 mit der y-Achse.

$f_1(x)=x^2+\sqrt{2-x^2}$ ► $f_1(x)=0$

$x^2+\sqrt{2-x^2}=0 \Rightarrow x^2=-\sqrt{2-x^2}$ ► $x^2\geq 0$

$\Rightarrow f_1$ hat keine Nullstellen

$f_2(x)=x^2-\sqrt{2-x^2}$ ► $f_2(x)=0$

$x^2-\sqrt{2-x^2}=0$

$x^2=\sqrt{2-x^2}$ ► quadrieren

$x^4=2-x^2$

$\Rightarrow x^4+x^2-2=0$

$\Rightarrow x^2=-0{,}5+\sqrt{0{,}5^2+2}$ oder $x^2=-0{,}5-\sqrt{0{,}5^2+2}$

► $x^2=-0{,}5+\sqrt{0{,}5^2+2} \Rightarrow |x|=-0{,}5+\sqrt{2{,}25}$

$\Rightarrow |x|=1 \Rightarrow x=\underline{-1}$ oder $x=\underline{1}$

► $x^2=-0{,}5-\sqrt{0{,}5^2+2} \Rightarrow x^2=-2$

► keine Lösungen

Probe: $f_2(-1)=0$ und $f_2(1)=0$

► $x_1=\underline{\underline{-1}}$; $x_2=\underline{\underline{1}}$ ► Nullstellen von f_2

$f_1(x)=x^2+\sqrt{2-x^2}$ ► 0 für x

$f_1(0)=\sqrt{2} \Rightarrow P_3\langle 0|\sqrt{2}\rangle$

$f_2(x)=x^2-\sqrt{2-x^2}$ ► 0 für x

$f_2(0)=-\sqrt{2} \Rightarrow P_4\langle 0|-\sqrt{2}\rangle$

Symmetrieeigenschaften des Graphen

Es gilt: $f_1(x)=f_1(-x)$ und $f_2(x)=f_2(-x)$ für alle $x\in D(R)$. Die Graphen von f_1 und f_2 sind daher achsensymmetrisch zur y-Achse.

Da sowohl f_1 als auch f_2 keine Nullfunktionen sind und ihre Graphen symmetrisch zur y-Achse verlaufen, können die Graphen nicht gleichzeitig punktsymmetrisch zum Koordinatenursprung sein.

$f_1(x)=x^2+\sqrt{2-x^2}$; $x\in D(R)$

$\Rightarrow f_1(-x)=(-x)^2+\sqrt{2-(-x)^2}=x^2+\sqrt{2-x^2}$

$\Rightarrow f_1(x)=f_1(-x)$ ► Graph von f_1 ist achsensymmetrisch zur y-Achse

$f_2(x)=x^2-\sqrt{2-x^2}$; $x\in D(R)$

$\Rightarrow f_2(-x)=x^2-\sqrt{2-x^2}$

$\Rightarrow f_2(x)=f_2(-x)$ ► Graph von f_2 ist achsensymmetrisch zur y-Achse

Verhalten für $x\to-\infty$ bzw. für $x\to\infty$ — Asymptoten — asymptotische Kurven

Wegen des nur beschränkten Definitionsbereiches $D(f_1)=D(f_2)=[-\sqrt{2};\sqrt{2}]$ existieren keine Grenzwerte für $x\to-\infty$ bzw. für $x\to\infty$.

Für die Randpunkte der Graphen gilt in beiden Fällen: $P_5\langle -\sqrt{2}|2\rangle$ und $P_6\langle\sqrt{2}|2\rangle$.

$f_1(x)=x^2+\sqrt{2-x^2}$ ► $-\sqrt{2}$ und $\sqrt{2}$ für x

$f_1(-\sqrt{2})=\underline{\underline{2}} \Rightarrow P_5\langle -\sqrt{2}|2\rangle$

$f_1(\sqrt{2})=\underline{\underline{2}} \Rightarrow P_6\langle\sqrt{2}|2\rangle$

$f_2(x)=x^2-\sqrt{2-x^2}$ ► $-\sqrt{2}$ und $\sqrt{2}$ für x

$f_2(-\sqrt{2})=f_2(\sqrt{2})=\underline{\underline{2}}$

Extremstellen — Extremwerte

An den Randstellen des Definitionsbereiches $x_5 = -\sqrt{2}$ und $x_6 = \sqrt{2}$ nimmt die Funktion f_1 jeweils einen Minimalwert an, wie man durch bloße Abschätzung des Funktionsterms erkennt.

$f_1(x) = x^2 + \sqrt{2-x^2}$ ► $x^2 + \sqrt{2-x^2} \geq x^2$ für $x \in D(f_1)$

$f_1(-\sqrt{2}) = x^2 + 0$; $f_1(\sqrt{2}) = x^2 + 0$

$\Rightarrow P_5\langle -\sqrt{2} | 2 \rangle$ und $P_6\langle \sqrt{2} | 2 \rangle$ ► Randminima von f_1

Die Funktion f_2 erreicht an diesen Randstellen mit derselben Begründung Maximalwerte.

$f_2(x) = x^2 - \sqrt{2-x^2}$ ► $x^2 - \sqrt{2-x^2} \leq x^2$ für $x \in D(f_2)$

$f_2(-\sqrt{2}) = x^2 - 0$; $f_2(\sqrt{2}) = x^2 - 0$

$\Rightarrow P_5\langle -\sqrt{2} | 2 \rangle$ und $P_6\langle \sqrt{2} | 2 \rangle$ ► Randmaxima von f_2

Es ist nun zu prüfen, ob die Funktionen f_1 und f_2 im offenen Intervall $(-\sqrt{2}; \sqrt{2})$ noch weitere Extremstellen besitzen. Hierzu wird zunächst die Funktion f_1 untersucht.

Dazu bildet man mit Hilfe der Kettenregel und der Summenregel zunächst formal den Funktionsterm $f_1'(x)$ der ersten Ableitung f_1'. Man erhält dann für $f_1'(x)$ einen Term, der für $x \in (-\sqrt{2}; \sqrt{2})$ definiert ist. Da dieser Bereich $(-\sqrt{2}; \sqrt{2})$ mit dem zu untersuchenden offenen Intervall $(-\sqrt{2}; \sqrt{2})$ der Funktion f übereinstimmt, gilt der Differenzierbarkeitsbereich:

$D'(f_1) = (-\sqrt{2}; \sqrt{2}) \Rightarrow D(f_1') = (-\sqrt{2}; \sqrt{2})$.

$f_1(x) = x^2 + \sqrt{2-x^2} = u(x) + v(x)$

► $u(x) = x^2 \Rightarrow u'(x) = \underline{2x}$; $x \in \mathbb{R}$

► $v(x) = \sqrt{2-x^2} = g[h(x)]$

► $g(z) = \sqrt{z} \Rightarrow g'(z) = \underline{\dfrac{1}{2\sqrt{z}}}$; $z \in \mathbb{R}_+^*$

► $h(x) = 2 - x^2 \Rightarrow h'(x) = \underline{-2x}$; $x \in \mathbb{R}$

$$v'(x) = g'(z) \cdot h'(x)$$
$$= \frac{1}{2\sqrt{z}} \cdot (-2x) \quad ► \; z = 2 - x^2$$
$$= \frac{-x}{\sqrt{2-x^2}}; \; x \in (-\sqrt{2}; \sqrt{2})$$

$$f'(x) = u'(x) + v'(x)$$
$$\underline{\underline{= 2x - \frac{x}{\sqrt{2-x^2}}; \; D(f_1') = (-\sqrt{2}; \sqrt{2})}}$$

Aus $f_1'(x) = 0$ werden dann die Nullstellen der ersten Ableitung $x_7 = -1{,}32$, $x_8 = 0$ und $x_9 = 1{,}32$ bestimmt. Diese Nullstellen sind mögliche relative Extremstellen der Funktion f_1 und müssen mit Hilfe der zweiten Ableitung weiter untersucht werden.

Durch eine Probe wird bestätigt, das $-\sqrt{1{,}75}$ und $\sqrt{1{,}75}$ Nullstellen von f' sind.

$$f_1'(x) = 2x - \frac{x}{\sqrt{2-x^2}} = x\left(2 - \frac{1}{\sqrt{2-x^2}}\right) \quad ► \; f_1'(x) = 0$$

► $x = 0$ oder

► $2 - \dfrac{1}{\sqrt{2-x^2}} = 0$

$$\sqrt{2-x^2} = 0{,}5 \quad ► \text{ quadrieren}$$
$$2 - x^2 = 0{,}25$$
$$x^2 = 1{,}75 \Rightarrow x = -\sqrt{1{,}75} \text{ oder } x = \sqrt{1{,}75}$$

$\Rightarrow x_7 = \underline{\underline{-1{,}32}}$; $x_8 = \underline{\underline{0}}$; $x_9 = \underline{\underline{1{,}32}}$ ► mögliche Extremstellen von f_1

Dann bildet man mit Hilfe der Kettenregel, der Quotientenregel und der Summenregel formal den Funktionsterm $f_1''(x)$ der zweiten Ableitung f_1''. Dabei ist die Ableitung von t: $t(x) = \sqrt{2-x^2}$ bereits aus der ersten Ableitung bekannt.

$$f_1'(x) = 2x - \frac{x}{\sqrt{2-x^2}} = u(x) + v(x)$$

► $u(x) = 2x \Rightarrow u'(x) = \underline{2}$

► $v(x) = \dfrac{-x}{\sqrt{2-x^2}} = \dfrac{r(x)}{t(x)}$

► $r(x) = \underline{-x} \Rightarrow r'(x) = \underline{-1}$

► $t(x) = \underline{\sqrt{2-x^2}} = t'(x) = \underline{\dfrac{-x}{\sqrt{2-x^2}}}$; $x \in (-\sqrt{2}; \sqrt{2})$

Man erhält dann für $f_1''(x)$ einen Term, der für $x \in (-\sqrt{2};\sqrt{2})$ definiert ist. Da dieser Bereich $(-\sqrt{2};\sqrt{2})$ mit dem zu untersuchenden offenen Intervall $(-\sqrt{2};\sqrt{2})$ der Ableitung f_1' übereinstimmt, gilt für den Differenzierbarkeitsbereich:

$$D'(f_1') = (-\sqrt{2};\sqrt{2}) \Rightarrow D(f_1'') = (-\sqrt{2};\sqrt{2}).$$

$$v'(x) = \frac{r'(x)\cdot t(x) - r(x)\cdot t'(x)}{[t(x)]^2}$$

$$= \frac{(-1)\cdot\sqrt{2-x^2} - (-x)\cdot\dfrac{-x}{\sqrt{2-x^2}}}{2-x^2}$$

$$= -\frac{2}{\sqrt{(2-x^2)^3}};\ x \in (-\sqrt{2};\sqrt{2})$$

$$f_1''(x) = 2 - \frac{2}{\sqrt{(2-x^2)^3}};\ D(f'') = (-\sqrt{2};\sqrt{2}) \blacktriangleright x_7; x_8; x_9$$

Dann setzt man in den Funktionsterm $f_1''(x)$ der zweiten Ableitung f_1'' die möglichen Extremstellen x_7, x_8 und x_9 ein und bestimmt jeweils den Funktionswert. Daraus ergibt sich:

$f_1''(x_7) < 0$ ▶ x_7 ist relative Maximalstelle,
$f_1''(x_8) > 0$ ▶ x_8 ist relative Minimalstelle,
$f_1''(x_9) < 0$ ▶ x_9 ist relative Maximalstelle.

$f_1''(x_7) = f_1''(-1{,}32) = \underline{-13{,}3}$

$\Rightarrow f_1''(-1{,}32) < 0$ ▶ $x_2 = -1{,}32$ ist relative Maximalstelle von f_1

$f_1''(x_8) = f_1''(0) = \underline{1{,}29}$

$\Rightarrow f_1''(0) > 0$ ▶ $x_8 = 0$ ist relative Minimalstelle von f_1

$f_1''(x_9) = f_1''(1{,}32) = \underline{-13{,}3}$

$\Rightarrow f_1''(1{,}32) < 0$ ▶ $x_9 = 1{,}32$ ist relative Maximalstelle von f_1

Die zugehörigen relativen Maximal- bzw. Minimalwerte und damit die y-Koordinaten der entsprechenden relativen Maximal- bzw. Minimalpunkte erhält man nach Einsetzen der Extremstellen x_7, x_8 und x_9 in den Funktionsterm $f_1(x)$, und zwar $P_7\langle -1{,}31 \mid 2{,}25\rangle$, $P_8\langle 0 \mid \sqrt{2}\rangle$ und $P_9\langle 1{,}32 \mid 2{,}25\rangle$.

$f_1(x) = x^2 + \sqrt{2-x^2}$ ▶ x_7; x_8; x_9

▶ $f_1(x_7) = f_1(-1{,}32) = \underline{\underline{2{,}25}}$ ▶ Maximalwert von f_1

$\Rightarrow P_7\langle -1{,}32 \mid 2{,}25\rangle$ ▶ Maximalpunkt von f_1

▶ $f_1(x_8) = f_1(0) = \underline{\underline{\sqrt{2}}}$ ▶ Minimalwert von f_1

$\Rightarrow P_8\langle 0 \mid \sqrt{2}\rangle$ ▶ Minimalpunkt von f_1

▶ $f_1(x_9) = f_1(1{,}32) = \underline{\underline{2{,}25}}$ ▶ Maximalwert von f_1

$\Rightarrow P_9\langle 1{,}32 \mid 2{,}25\rangle$ ▶ Maximalpunkt von f_1

Als nächstes muß die Funktion f_2 auf Extremstellen untersucht werden. Deren erste und zweite Ableitung lassen sich leicht aus den Ableitungen der Funktion f_1 ablesen, ohne erneut das gesamte Ableitungsverfahren durchführen zu müssen.

Aus $f_2'(x) = 0$ ergibt sich als mögliche relative Extremstelle der Funktion f_2 nur die Nullstelle $x_{10} = 0$. Diese muß mit Hilfe der zweiten Ableitung f_2'' weiter untersucht werden.

$f_2(x) = x^2 - \sqrt{2-x^2}$

$$\Rightarrow f_2'(x) = 2x - \frac{x}{\sqrt{2-x^2}} = x\left(2 - \frac{1}{\sqrt{2-x^2}}\right) \blacktriangleright f_2'(x) = 0$$

▶ $x = 0$ oder

▶ $2 - \dfrac{1}{\sqrt{2-x^2}} = 0$

$\sqrt{2-x^2} = -0{,}5$ ▶ keine Lösung

$\Rightarrow x_{10} = 0$ ▶ mögliche Extremstelle von f_2

Setzt man dann in den Funktionsterm $f_2''(x)$ der zweiten Ableitung f_2'' die mögliche Extremstelle x_{10} ein, so gilt $f_2''(x_{10}) > 0$, d.h. $x_{10} = 0$ ist relative Minimalstelle.

$$f_2''(x) = 2 + \frac{2}{\sqrt{(2-x^2)^3}} \blacktriangleright x_{10} = 0$$

$f_2''(x_{10}) = f_2''(0) = \underline{2{,}71}$

$\Rightarrow f_2''(0) > 0$ ▶ $x_{10} = 0$ ist relative Minimalstelle von f_2

Den zugehörigen relativen Minimalwert und damit auch den entsprechenden relativen Minimalpunkt $P_{10}\langle 0|-\sqrt{2}\rangle$ erhält man nach Einsetzen der Extremstelle x_{10} in den Funktionsterm $f_2(x)$.

$f_2(x)=x^2-\sqrt{2-x^2}$ ▶ $x_{10}=0$

▶ $f_2(x_{10})=f_2(0)=\underline{\underline{-\sqrt{2}}}$ ▶ Minimalwert von f_2

$\Rightarrow P_{10}\langle 0|-\sqrt{2}\rangle$ ▶ Minimalpunkt von f_2

Wendestellen — Wendepunkte

Zur Feststellung von Wendestellen verwendet man den bereits ermittelten Funktionsterm $f_1''(x)$ der zweiten Ableitung f_1'' und bestimmt aus $f_1''(x)=0$ die Nullstellen der zweiten Ableitung. Mit $x_{11}=-1$ und $x_{12}=1$ ergeben sich mögliche Wendestellen der Funktion f_1, die weiter untersucht werden müssen.

$f_1''(x)=2-\frac{2}{\sqrt{(2-x^2)^3}}$ ▶ $f_1''(x)=0$

$$2-\frac{2}{\sqrt{(2-x^2)^3}}=0$$

$$\sqrt{(2-x^2)^3}=1$$

$$2-x^2=1$$

$$x^2=1 \Rightarrow x=-1 \text{ oder } x=1$$

$\Rightarrow x_{11}=-1;\ x_{12}=1$ ▶ mögliche Wendestellen von f_1

Dazu ermittelt man mit der Kettenregel, der Quotientenregel und der Summenregel den Funktionsterm $f_1'''(x)$ der dritten Ableitung f_1''', setzt die möglichen Wendestellen x_{11} und x_{12} in $f_1'''(x)$ ein und bestimmt jeweils den Funktionswert.

$f_1'''(x)=\frac{-6x}{\sqrt{(2-x^2)^5}}$ ▶ $x_{11};\ x_{12}$

▶ $f_1'''(x_{11})=f'''(-1)=\underline{6}$

$\Rightarrow f_1'''(-1)\neq 0$ ▶ $x_{11}=-1$ ist Wendestelle von f_1

▶ $f_1'''(x_{12})=f'''(1)=\underline{-6}$

$\Rightarrow f_1'''(1)\neq 0$ ▶ $x_{12}=1$ ist Wendestelle von f_1

Die zugehörigen Funktionswerte $f_1(x_{11})$ sowie $f_1(x_{12})$ und damit die y-Koordinaten der entsprechenden Wendepunkte erhält man nach Einsetzen der Wendestellen x_{11} und x_{12} in den Funktionsterm $f_1(x)$ mit $P_{11}\langle -1|2\rangle$ und $P_{12}\langle 1|2\rangle$.

$f_1(x)=x^2+\sqrt{2-x^2}$ ▶ $x_{11};\ x_{12}$

▶ $f_1(x_{11})=f_1(-1)=\underline{\underline{2}}$

$\Rightarrow P_{11}\langle -1|2\rangle$ ▶ Wendepunkt von f_1

▶ $f_1(x_{12})=f_1(1)=\underline{\underline{2}}$

$\Rightarrow P_{12}\langle 1|2\rangle$ ▶ Wendepunkt von f_1

Anschließend wird die Funktion f_2 auf Wendestellen untersucht. Dazu wird die Gleichung $f_2''(x)=0$ gelöst.

Man erkennt, daß keine Lösungen und damit keine Wendestellen existieren.

$f_2(x)=x^2-\sqrt{2-x^2}$

$\Rightarrow f_2''(x)=2+\frac{2}{\sqrt{(2-x^2)^3}}$ ▶ $f_2''(x)=0$

$$2+\frac{2}{\sqrt{(2-x^2)^3}}=0$$

$\Rightarrow -1=\sqrt{(2-x^2)^3}$ ▶ keine Lösungen

Monotonieverhalten

Da die Teilfunktion f_1 keine Definitionslücken hat, bilden nur die bereits ermittelten relativen Extremstellen x_7, x_8 und x_9 die Grenzen der vier Monotonieintervalle I_1, I_2, I_3, und I_4.

$x_7=-1{,}32;\ x_8=0;\ x_9=1{,}32$ ▶ relative Extremstellen von f_1

$\Rightarrow I_1=(-\sqrt{2};\ -1{,}32);\ I_2=(-1{,}32;\ 0);\ I_3=(0;\ 1{,}32)$

$I_4=(1{,}32;\ \sqrt{2})$ ▶ Monotonieintervalle von f_1

Man wählt in jedem Intervall einen Wert x_0 und bestimmt damit jeweils den Funktionswert $f_1'(x_0)$. Gilt $f_1'(x_0)>0$, so steigt f_1 monoton im Intervall, für $f_1'(x_0)<0$ fällt f_1 monoton.

$f_1'(x)=2x-\frac{x}{\sqrt{2-x^2}}$ ► x-Werte aus I_1; I_2; I_3 und I_4 einsetzen

► $I_1=(-\sqrt{2}; -1{,}32)$ und $x_0=-1{,}4$
$\Rightarrow f_1'(-1{,}4)=4{,}2 \Rightarrow f_1'(-1{,}4)>0$ ► f_1 steigt monoton in I_1

► $I_2=(-1{,}32; 0)$ und $x_0=-1$
$\Rightarrow f_1'(-1)=-1 \Rightarrow f_1'(-1)<0$ ► f_1 fällt monoton in I_2

► $I_3=(0; 1{,}32)$ und $x_0=1$
$\Rightarrow f_1'(1)=1 \Rightarrow f_1'(1)>0$ ► f_1 steigt monoton in I_3

► $I_4=(1{,}32; \sqrt{2})$ und $x_0=1{,}4$
$\Rightarrow f_1'(1{,}4)=-4{,}2 \Rightarrow f_1'(1{,}4)<0$ ► f_1 fällt monoton in I_4

Da die Teilfunktion f_2 nur die relative Extremstelle $x_{10}=0$ hat, ergeben sich nur die beiden Monotonieintervalle I_5 und I_6.

$x_{10}=0$ ► relative Extremstelle von f_2
$\Rightarrow I_5=(-\sqrt{2}; 0)$; $I_6=(0; \sqrt{2})$ ► Monotonieintervalle von f_2

Auch hier wählt man in jedem Intervall einen beliebigen Wert x_0 und bestimmt damit jeweils den Funktionswert $f_2'(x_0)$. Im Intervall I_5 fällt f_2 monoton, im Intervall I_6 steigt f_2 monoton.

$f_2'(x)=2x+\frac{x}{\sqrt{2-x^2}}$ ► x-Werte aus I_5 und I_6 einsetzen

► $I_5=(-\sqrt{2}; 0)$ und $x_0=-1$
$\Rightarrow f_2'(-1)=-3 \Rightarrow f_2'(-1)<0$ ► f_2 fällt monoton in I_5

► $I_6=(0; \sqrt{2})$ und $x_0=1$
$\Rightarrow f_2'(1)=3 \Rightarrow f_2'(1)>0$ ► f_2 steigt monoton in I_6

Krümmungsverhalten

Da die Teilfunktion f_1 keine Definitionslücken hat, ändert sich das Krümmungsverhalten des Funktionsgraphen $G(f_1)$ nur an den bereits ermittelten Wendestellen $x_{11}=-1$ und $x_{12}=1$, so daß sich insgesamt die drei Krümmungsintervalle K_1, K_2 und K_3 ergeben.

$x_{11}=-1$; $x_{12}=1$ ► Wendestellen von f_1
$\Rightarrow K_1=(-\sqrt{2}; -1)$; $K_2=(-1; 1)$; $K_3=(1; \sqrt{2})$
► Krümmungsintervalle von f_1

$f_1''(x)=2-\frac{2}{\sqrt{(2-x^2)^3}}$ ► x-Werte aus K_1; K_2 und K_3 einsetzen

In jedem Krümmungsintervall wird ein Wert x_0 gewählt und damit jeweils der Funktionswert $f_1''(x_0)$ gebildet. Für $f_1''(x_0)>0$ ist der Funktionsgraph im Krümmungsintervall rechtsgekrümmt, für $f_1''(x_0)<0$ dagegen linksgekrümmt.

► $K_1=(-\sqrt{2}; 1)$ und $x_0=-1{,}2$
$\Rightarrow f_1''(-1{,}2)=-2{,}77 \Rightarrow f_1''(-1{,}2)<0$
► $G(f_1)$ ist rechtsgekrümmt in K_1

► $K_2=(-1; 1)$ und $x_0=0$
$\Rightarrow f_1''(0)=1{,}29 \Rightarrow f_1''(0)>0$ ► $G(f_1)$ ist linksgekrümmt in K_2

► $K_3=(1; \sqrt{2})$ und $x_0=1{,}2$
$\Rightarrow f_1''(1{,}2)=-2{,}77 \Rightarrow f_1''(1{,}2)<0$ ► $G(f_1)$ ist rechtsgekrümmt in K_3

Die Teilfunktion f_2 hat weder Definitionslücken noch Wendestellen. Daher läßt sich das Krümmungsverhalten des Funktionsgraphen $G(f_2)$ nur im Definitionsbereich $D(f_2)=[-\sqrt{2};\sqrt{2}]$ (Krümmungsintervall K_4) bestimmen. In K_4 wird ein Wert x_0 gewählt und damit der Funktionswert $f_2''(x_0)$ gebildet. Der Funktionsgraph $G(f_2)$ ist linksgekrümmt, da $f_2''(x_0)>0$ gilt.

$K_4=[-\sqrt{2};\sqrt{2}]$ ► Krümmungs- und Definitionsintervall von f_2

$f_2''(x)=2+\dfrac{2}{\sqrt{(2-x^2)^3}}$ ► x-Wert aus K_4 einsetzen

► $K_4=[-\sqrt{2};\sqrt{2}]$ und $x_0=1$

$\Rightarrow f_2''(1)=4 \Rightarrow f_2''(1)>0$ ► $G(f_2)$ ist linksgekrümmt in K_4

Graphen der Funktionen bzw. der Relation

Die ermittelten Punkte der Teilfunktionen f_1 und f_2 werden unter Berücksichtigung des Monotonie- und Krümmungsverhaltens zum Graphen der Relation R verbunden. Dabei ist es gegebenenfalls notwendig, im Bereich von Krümmungen weitere Punkte des Graphen mit Hilfe eine Wertetabelle zu berechnen.

$P_1\langle -1|0\rangle$, $P_2\langle 1|0\rangle$ } Schnittpunkte mit der x-Achse

$P_3\langle 0|\sqrt{2}\rangle$, $P_4\langle 0|-\sqrt{2}\rangle$ } Schnittpunkte mit der y-Achse

$P_5\langle -\sqrt{2}|2\rangle$, $P_6\langle \sqrt{2}|2\rangle$ } Randpunkte

$P_7\langle -1{,}32|2{,}25\rangle$, $P_9\langle 1{,}32|2{,}25\rangle$ } Maximalpunkte

$P_8\langle 0|\sqrt{2}\rangle$, $P_{10}\langle 0|-\sqrt{2}\rangle$ } Minimalpunkte

$P_{11}\langle -1|2\rangle$, $P_{12}\langle 1|2\rangle$ } Wendepunkte

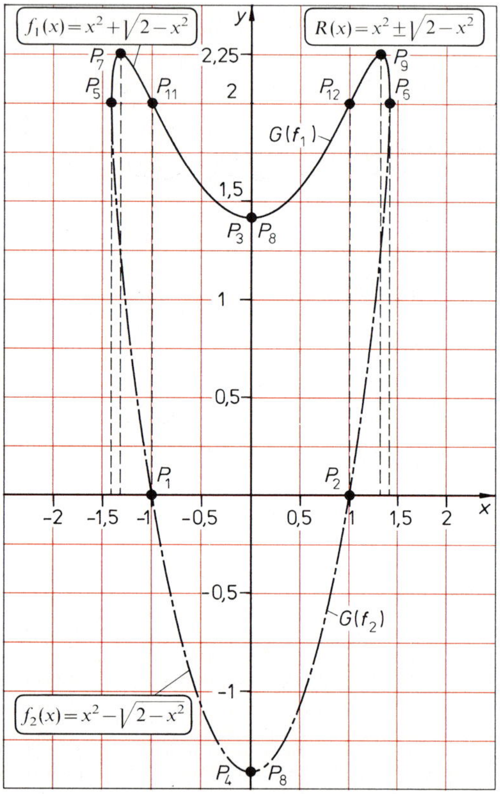

Beispiel: Diskutieren Sie die Exponentialfunktion f: $f(x)=e^{-2x^2}$.

Definitionsbereich — Definitionslücken

Als Exponentialfunktion ist f beliebig oft in $\mathbb{R}$ differenzierbar. Insbesondere ist f also stetig und besitzt keine Definitionslücken.

f: $f(x)=e^{-2x^2}=\dfrac{1}{e^{2x^2}}$ ► $D(f)=\mathbb{R}$

Nullstellen — Schnittpunkt mit der y-Achse

Als Exponentialfunktion besitzt die Funktion f keine Nullstellen.

$f(x)=\frac{1}{e^{2x^2}}$ ▶ $f(x)\neq 0$ für alle $x\in\mathbb{R}$

Wegen $f(0)=1$ erhält man als Schnittpunkt des Graphen von f mit der y-Achse den Punkt $P_1\langle 0|1\rangle$.

$f(x)=e^{-2x^2}$ ▶ 0 für x

$\Rightarrow f(0)=1 \Rightarrow P_1\langle 0|1\rangle$ ▶ Schnittpunkt mit der y-Achse

Symmetrieeigenschaften des Graphen

Wegen $f(x)=f(-x)$ für alle $x\in\mathbb{R}$ ist der Graph von f achsensymmetrisch zur y-Achse. Da f keine Nullfunktion ist, kann der Graph von f nicht gleichzeitig punktsymmetrisch zum Koordinatenursprung sein.

$f(x)=e^{-2x^2}$

$\Rightarrow f(-x)=e^{-2\cdot(-x)^2}=e^{-2x^2}$

$\Rightarrow f(x)=f(-x)$ für alle $x\in D(f)$

▶ $G(f)$ ist achsensymmetrisch zur y-Achse

Verhalten für $x\to-\infty$ bzw. für $x\to\infty$ — Asymptoten — asymptotische Kurven

Bildet man $\lim\limits_{x\to-\infty} f(x)$ sowie $\lim\limits_{x\to\infty} f(x)$, so erhält man in beiden Fällen den Grenzwert 0. Das bedeutet, daß sich $G(f)$ der Geraden mit der Gleichung $f_A(x)=0$, also der x-Achse, immer mehr nähert. Die x-Achse ist also Asymptote des Graphen $G(f)$.

$$\left.\begin{array}{l}\lim\limits_{x\to-\infty}\frac{1}{e^{2x^2}}=0\\ \lim\limits_{x\to\infty}\frac{1}{e^{2x^2}}=0\end{array}\right\}\Rightarrow f_A(x)=0$$ ▶ Gleichung der Asymptote

Extremstellen — Extremwerte

Zur Bestimmung von Extremstellen bildet man den Funktionsterm $f'(x)$ der ersten Ableitung f'. Leitet man die Funktion f mit der Kettenregel formal ab, so ergibt sich für $f'(x)$ ein Term, der für $x\in\mathbb{R}$ definiert ist. Da $\mathbb{R}$ mit $D(f)=\mathbb{R}$ übereinstimmt, gilt:

$D'(f)=D(f)=\mathbb{R} \Rightarrow D(f')=\mathbb{R}$.

$f(x)=e^{-2x^2}=g[h(x)]$

▶ $g(z)=e^z \Rightarrow g'(z)=e^z;\ z\in\mathbb{R}$

▶ $h(x)=-2x^2 \Rightarrow h'(x)=-4x;\ x\in\mathbb{R}$

$f'(x)=g'(z)\cdot h'(x)$

$=e^z\cdot(-4x)$ ▶ $z=-2x^2$

$=-4x\cdot e^{-2x^2};\ D(f')=\mathbb{R}$

Aus $f'(x)=0$ erhält man dann $x_2=0$. Diese Nullstelle der ersten Ableitung ist eine mögliche relative Extremstelle der Funktion f und muß weiter untersucht werden.

$f'(x)=-4x\cdot e^{-2x^2}$ ▶ $f'(x)=0$

$-4x\cdot e^{-2x^2}=0$

$\Rightarrow -4x=0$ oder $e^{-2x^2}=0$

▶ $-4x=0 \Rightarrow x=0$

▶ $e^{-2x^2}=0$ ▶ keine Lösung

$\Rightarrow x_2=0$ ▶ mögliche Extremstelle von f

Dazu ermittelt man mit der Kettenregel ($v'(x)$ ist schon aus der ersten Ableitung bekannt) sowie mit der Produktregel den Funktionsterm $f''(x)$ der zweiten Ableitung f'' und bestimmt den Funktionswert $f''(x_2)$. Wegen $f''(x_2)<0$ ist x_2 relative Maximalstelle.

$f'(x) = -4x \cdot e^{-2x^2} = u(x) \cdot v(x)$

► $u(x) = \underline{-4x} \Rightarrow u'(x) = \underline{-4}$

► $v(x) = \underline{e^{-2x^2}} \Rightarrow v'(x) = \underline{-4x \cdot e^{-2x^2}}$; $x \in \mathbb{R}$

$f''(x) = u'(x) \cdot v(x) + u(x) \cdot v'(x)$

$= -4 \cdot e^{-2x^2} + (-4x) \cdot (-4x \cdot e^{-2x^2})$

$= \dfrac{16x^2-4}{e^{2x^2}}$; $D(f'') = \mathbb{R}$ ► $x_2 = 0$

► $f''(x_2) = f''(0) = \underline{-4}$

$\Rightarrow f''(0) < 0$ ► $x_2 = 0$ ist relative Maximalstelle von f

Den zugehörigen relativen Maximalwert und damit die y-Koordinate des entsprechenden relativen Maximalpunktes erhält man nach Einsetzen der Extremstelle x_2 in den Funktionsterm $f(x)$ mit $P_2\langle 0|1\rangle$.

$f(x) = e^{-2x^2}$ ► x_2

► $f(x_2) = f(0) = 1$ ► Maximalwert

$\Rightarrow P_2\langle 0|1\rangle$ ► Maximalpunkt

Wendestellen — Wendepunkte

Dann verwendet man den bereits ermittelten Funktionsterm $f''(x)$ der zweiten Ableitung f'' und bestimmt aus $f''(x)=0$ die möglichen Wendestellen $x_3=-0{,}5$ sowie $x_4=0{,}5$ der Funktion f. Diese werden weiter untersucht.

Dazu ermittelt man mit der Kettenregel sowie mit der Quotientenregel den Funktionsterm $f'''(x)$ der dritten Ableitung f''', setzt die möglichen Wendestellen x_3 und x_4 in $f'''(x)$ ein, bestimmt jeweils den Funktionswert und erhält:

$f'''(x_3) \neq 0$ ► x_3 ist Wendestelle,

$f'''(x_4) \neq 0$ ► x_4 ist Wendestelle.

$f''(x) = \dfrac{16x^2-4}{e^{2x^2}}$ ► $f''(x) = 0$

$16x^2 - 4 = 0 \Rightarrow x^2 = 0{,}25 \Rightarrow |x| = 0{,}5$

$\Rightarrow x_3 = -0{,}5$; $x_4 = 0{,}5$ ► mögliche Wendestellen von f

$f'''(x) = \dfrac{48x - 64x^3}{e^{2x^2}}$ ► x_3; x_4

► $f'''(x_3) = f'''(-0{,}5) = \underline{-9{,}71}$

$\Rightarrow f'''(-0{,}5) \neq 0$ ► $x_3 = -0{,}5$ ist Wendestelle

► $f'''(x_4) = f'''(0{,}5) = \underline{9{,}71}$

$\Rightarrow f'''(0{,}5) \neq 0$ ► $x_4 = 0{,}5$ ist Wendestelle

Die zugehörigen Funktionswerte $f(x_3)$ sowie $f(x_4)$ und damit die y-Koordinaten der entsprechenden Wendepunkte erhält man nach Einsetzen der Wendestellen x_3 und x_4 in den Funktionsterm $f(x)$ mit $P_3\langle -0{,}5|0{,}61\rangle$ und $P_4\langle 0{,}5|0{,}61\rangle$.

$f(x) = e^{-2x^2}$ ► x_3; x_4

► $f(x_3) = f(-0{,}5) = \underline{\underline{0{,}61}}$

$\Rightarrow P_3\langle -0{,}5|0{,}61\rangle$ ► Wendepunkt

► $f(x_4) = f(0{,}5) = \underline{\underline{0{,}61}}$

$\Rightarrow P_4\langle 0{,}5|0{,}61\rangle$ ► Wendepunkt

Monotonieverhalten

Da die Funktion f keine Definitionslücken hat, ergeben sich nur aus der bereits ermittelten Maximalstelle $x_2=0$ die Grenzen der Monotonieintervalle I_1 und I_2.

$x_2 = 0$ ► relative Extremstelle von f

$\Rightarrow I_1 = (-\infty; 0)$; $I_2 = (0; \infty)$ ► Monotonieintervalle

$f'(x) = -4x \cdot e^{-2x^2}$ ► x-Werte aus I_1 und I_2 einsetzen

Man wählt in jedem Intervall einen Wert x_0 und bildet damit jeweils den Funktionswert $f'(x_0)$. Gilt $f'(x_0)>0$, so steigt f monoton im Intervall, für $f'(x_0)<0$ fällt f monoton.

► $I_1=(-\infty;0)$ und $x_0=-1$

$\Rightarrow f'(-1)=0{,}54 \Rightarrow f'(-1)>0$ ► f steigt monoton in I_1

► $I_2=(0;\infty)$ und $x_0=1$

$\Rightarrow f'(1)=-0{,}54 \Rightarrow f'(1)<0$ ► f fällt monoton in I_2

Krümmungsverhalten

Da die Funktion f keine Definitionslücken hat, ändert sich das Krümmungsverhalten nur an den bereits ermittelten Wendestellen $x_3=-0{,}5$ und $x_4=0{,}5$, so daß sich die drei Krümmungsintervalle K_1, K_2 und K_3 ergeben.
In jedem Intervall wird ein Wert x_0 gewählt und damit jeweils der Funktionswert $f''(x_0)$ gebildet. Für $f''(x_0)>0$ ist der Funktionsgraph im Krümmungsintervall rechtsgekrümmt, für $f''(x_0)<0$ dagegen linksgekrümmt.

$x_3=-0{,}5$; $x_4=0{,}5$ ► Wendestellen von f

$\Rightarrow K_1=(-\infty;-0{,}5)$; $K_2=(-0{,}5;0{,}5)$;
$K_3=(0{,}5;\infty)$ ► Krümmungsintervalle

$f''(x)=\dfrac{16x^2-4}{e^{2x^2}}$ ► x-Werte aus K_1; K_2 und K_3 einsetzen

► $K_1=(-\infty;-0{,}5)$ und $x_0=-1$

$\Rightarrow f''(-1)=1{,}62 \Rightarrow f''(-1)>0$ ► $G(f)$ ist linksgekrümmt in K_1

► $K_2=(-0{,}5;0{,}5)$ und $x_0=0$

$\Rightarrow f''(0)=-4 \Rightarrow f''(0)<0$ ► $G(f)$ ist rechtsgekrümmt in K_2

► $K_3=(0{,}5;\infty)$ und $x_0=1$

$\Rightarrow f''(1)=1{,}62 \Rightarrow f''(1)>0$ ► $G(f)$ ist linksgekrümmt in K_2

Graph der Funktion

Es werden alle ermittelten sowie zusätzlich notwendigen Punkte in das Koordinatensystem eingezeichnet. Die x-Achse ist Asymptote.

$f_A(x)=0$ ► Gleichung der Asymptote

$P_1\langle 0|1\rangle$ ► Schnittpunkt mit der y-Achse

$P_2\langle 0|1\rangle$ ► Maximalpunkt

$P_3\langle -0{,}5|0{,}61\rangle$, $P_4\langle 0{,}5|0{,}61\rangle$ } Wendepunkte

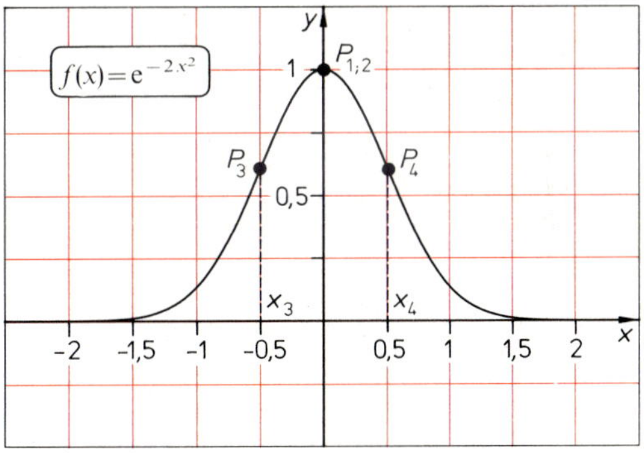

Beispiel: Diskutieren Sie die Funktion f: $f(x)=2\cdot\sin(2x)+4\cdot\cos x$ im offenen Intervall $(-2{,}5\pi;2{,}5\pi)$.

Definitionsbereich — Definitionslücken

f ist eine periodische Funktion der Periode 2π, die für alle $x\in\mathbb{R}$ definiert ist, hier aber nur im Intervall $(-2{,}5\pi;2{,}5\pi)$ diskutiert werden soll. Da f_1: $f_1(x)=2\cdot\sin(2x)$ und f_2: $f_2(x)=4\cdot\cos x$ in $\mathbb{R}$ differenzierbar sind, ist auch f in $\mathbb{R}$ differenzierbar und besitzt keine Definitionslücken.

f: $f(x)=2\cdot\sin(2x)+4\cdot\cos x$; $D(f)=\mathbb{R}$

$\Rightarrow f_1$: $f_1(x)=2\cdot\sin(2x)$

$\Rightarrow f_2$: $f_2(x)=4\cdot\cos x$

$f(x+2\pi)=2\cdot\sin[2(x+2\pi)]+4\cdot\cos(x+2\pi)$
$=2\cdot\sin(2x)+4\cdot\cos x$

Nullstellen — Schnittpunkt mit der y-Achse

Die Nullstellen von f im Intervall $(-2{,}5\pi; 2{,}5\pi)$ erhält man, indem man in der Funktionsgleichung für $f(x)$ den Wert Null setzt und die Lösungsmenge der Gleichung bestimmt. Ein Produkt ist Null, wenn mindestens einer der Faktoren Null ist. Aus $\cos x = 0$ ergeben sich die Nullstellen $x_1 = -1{,}5\pi$, $x_2 = -0{,}5\pi$, $x_3 = 0{,}5\pi$ und $x_4 = 1{,}5\pi$. Auch $\sin x = -1$ führt auf die Nullstellen $-0{,}5\pi = x_2$ und $1{,}5\pi = x_4$.

$f(x) = 2\cdot\sin(2x) + 4\cdot\cos x$ ► $\sin(2x) = 2\cdot\sin x\cdot\cos x$

$= 2\cdot 2\cdot\sin x\cdot\cos x + 4\cdot\cos x$

$= 4\cdot\cos x(\sin x + 1)$ ► $f(x) = 0$

$4\cdot\cos x = 0$ oder $\sin x + 1 = 0$

► $4\cdot\cos x = 0 \Rightarrow \cos x = 0$ ► $x\in(-2{,}5\pi; 2{,}5\pi)$

$\Rightarrow x_1 = \underline{\underline{-1{,}5\pi}};\ x_2 = \underline{\underline{-0{,}5\pi}};\ x_3 = \underline{\underline{0{,}5\pi}};\ x_4 = \underline{\underline{1{,}5\pi}}$

► $\sin x + 1 = 0 \Rightarrow \sin x = -1$ ► $x\in(-2{,}5\pi; 2{,}5\pi)$

$\Rightarrow x_2 = -0{,}5\pi$ und $x_4 = 1{,}5\pi$

$P_5\langle 0|4\rangle$ ergibt sich als Schnittpunkt mit der y-Achse, wenn man in der Funktionsgleichung für x der Wert Null setzt und $f(0)$ bestimmt.

$f(x) = 2\cdot\sin(2x) + 4\cdot\cos x$; ► 0 für x

$f(0) = 2\cdot\sin 0 + 4\cdot\cos 0$

$f(0) = 4$ ► $P_4\langle 0|4\rangle$ ► Schnittpunkt mit y-Achse

Symmetrieeigenschaften des Graphen

Wenn man für eine Stelle x_0 einer Funktion f feststellt, hier z.B. an der Stelle $x_0 = 5$, daß weder $f(-x_0) = f(x_0)$ noch $f(-x_0) = -f(x_0)$ gilt, so kann in einem solchen Fall weder Achsensymmetrie noch Punktsymmetrie der Funktion vorliegen.

$f(x) = 2\cdot\sin(2x) + 4\cdot\cos x$ ► -5 und 5 für x

$f(-5) = 2\cdot\sin(-10) + 4\cdot\cos(-5)$

$= \underline{2{,}223}$

$f(5) = 2\cdot\sin 10 + 4\cdot\cos 5$

$= \underline{0{,}047}$

$\Rightarrow f(-5) \neq f(5)$ ► keine Achsensymmetrie

$f(5) = 0{,}047 \Rightarrow -f(5) = \underline{-0{,}047}$

$\Rightarrow f(-5) \neq -f(5)$ ► keine Punktsymmetrie

Verhalten für $x \to -\infty$ bzw. für $x \to \infty$ — Asymptoten — asymptotische Kurven

Wegen des hier nur betrachteten beschränkten Intervalls $(-2{,}5\pi; 2{,}5\pi)$ existieren keine Grenzwerte für $x \to -\infty$ bzw. für $x \to \infty$.

Extremstellen — Extremwerte

Zur Bestimmung von Extremstellen bildet man mit der Kettenregel und der Summenregel den Funktionsterm $f'(x)$ der ersten Ableitung f'.

Da die Teilfunktionen u und v beliebig oft differenzierbar sind, ist auch f beliebig oft differenzierbar.

$f(x) = 2\cdot\sin(2x) + 4\cdot\cos x = u(x) + v(x)$

► $u(x) = 2\cdot\sin(2x) = g[h(x)]$

► $g(z) = 2\cdot\sin z \Rightarrow g'(z) = \underline{2\cdot\cos z}$

► $h(x) = 2x \Rightarrow h'(x) = \underline{2}$

$u'(x) = g'(z)\cdot h'(x)$

$= 2\cdot\cos z\cdot 2$ ► $z = 2x$

$= \underline{4\cdot\cos(2x)}$

► $v(x) = 4\cdot\cos x \Rightarrow v'(x) = \underline{-4\cdot\sin x}$

Substituiert man dann in $f'(x)$ zunächst $\cos(2x)=\cos^2 x-\sin^2 x$ und anschließend $\cos^2 x=1-\sin^2 x$, so ergibt sich ein quadratischer Funktionsterm, in dem nur noch der Sinus auftritt.

$$f'(x)=u'(x)+v'(x)$$
$$=4\cdot\cos(2x)-4\cdot\sin x \blacktriangleright \cos(2x)=\cos^2 x-\sin^2 x$$
$$=4(\cos^2 x-\sin^2 x)-4\cdot\sin x \blacktriangleright \cos^2 x=1-\sin^2 x$$
$$=4(1-\sin^2 x-\sin^2 x)-4\cdot\sin x$$
$$=\underline{\underline{4-8\cdot\sin^2 x-4\cdot\sin x}} \blacktriangleright f'(x)=0$$

Anschließend wird dann die Gleichung $f'(x)=0$ gelöst.

$$4-8\cdot\sin^2 x-4\cdot\sin x=0$$
$$\sin^2 x+0{,}5\cdot\sin x-0{,}5=0$$
$$(\sin x+0{,}25)^2=\frac{9}{16}$$
$$\Rightarrow \sin x=-0{,}75-0{,}25 \text{ oder } \sin x=0{,}75-0{,}25$$

Aus der Gleichung ergibt sich für $\sin x=-1$ eine Lösung, die wegen der Periodizität der Sinusfunktion im Intervall $(-2{,}5\pi; 2{,}5\pi)$ auf zwei Nullstellen der ersten Ableitung führt. Für $\sin x=0{,}5$ erhält man zwei Lösungen, die aufgrund der Periodizität der Sinusfunktion im Intervall $(-2{,}5\pi; 2{,}5\pi)$ fünf Nullstellen der ersten Ableitung ergeben. Die Lösungsmenge $N(f')$ besteht damit aus sieben Nullstellen.

$$\blacktriangleright \sin x=-1 \Rightarrow x=\frac{3}{2}\pi+2k\pi;\ k\in\mathbb{Z} \blacktriangleright x\in(-2{,}5\pi; 2{,}5\pi)$$
$$\Rightarrow x=-\frac{\pi}{2} \text{ oder } x=\frac{3}{2}\pi$$
$$\blacktriangleright \sin x=0{,}5 \Rightarrow x=\frac{\pi}{6}+2k\pi \text{ oder } x=\frac{5}{6}\pi+2k\pi$$
$$\text{mit } k\in\mathbb{Z} \blacktriangleright x\in(-2{,}5\pi; 2{,}5\pi)$$
$$\Rightarrow x=-\frac{11}{6}\pi \text{ oder } x=\frac{\pi}{6} \text{ oder } x=\frac{13}{6}\pi$$
$$\text{oder } x=-\frac{7}{6}\pi \text{ oder } x=\frac{5}{6}\pi$$
$$\underline{\underline{\Rightarrow N(f')=\left\{-\frac{11}{6}\pi; -\frac{7}{6}\pi; -\frac{\pi}{2}; \frac{\pi}{6}; \frac{5}{6}\pi; \frac{3}{2}\pi; \frac{13}{6}\pi\right\}}}$$

Diese Nullstellen der ersten Ableitung sind mögliche relative Extremstellen der Funktion f und müssen weiter untersucht werden.

Dazu ermittelt man den Funktionsterm $f''(x)$ der zweiten Ableitung f'', setzt die sieben möglichen Extremstellen in den Funktionsterm der zweiten Ableitung $f''(x)$ ein und bestimmt jeweils den Funktionswert. Wegen der Periodizität der Sinusfunktion kann man hier die Rechnung vereinfachen, indem man $f''\left(\frac{\pi}{6}\right)$ sowie $f''\left(\frac{5}{6}\pi\right)$ bildet und die Ergebnisse auf das Definitionsintervall $(-2{,}5\pi; 2{,}5\pi)$ überträgt. Man erhält dann die Maximalstellen x_6, x_7 und x_8 sowie die Minimalstellen x_9 und x_{10}.

$$f'(x)=4-8\cdot\sin^2 x-4\cdot\sin x$$
$$\Rightarrow f''(x)=-8\cdot\sin(2x)-4\cdot\cos x \blacktriangleright N(f')$$
$$\blacktriangleright x=\frac{\pi}{6} \blacktriangleright f''\left(\frac{\pi}{6}\right)=\underline{-10{,}39}$$
$$\Rightarrow f''\left(\frac{\pi}{6}\right)<0 \blacktriangleright x=\frac{\pi}{6} \text{ ist relative Maximalstelle}$$
$$x=\frac{\pi}{6}+2k\pi;\ k\in\mathbb{Z} \text{ und } x\in(-2{,}5\pi; 2{,}5\pi)$$
$$\underline{\underline{\Rightarrow x_6=-\frac{11}{6}\pi; x_7=\frac{\pi}{6}; x_8=\frac{13}{6}\pi}} \blacktriangleright \text{relative Maximalstellen}$$
$$\blacktriangleright x=\frac{5}{6}\pi \blacktriangleright f''\left(\frac{5}{6}\pi\right)=\underline{10{,}39}$$
$$\Rightarrow f''\left(\frac{5}{6}\pi\right)>0 \blacktriangleright x=\frac{5}{6}\pi \text{ ist relative Minimalstelle}$$
$$x=\frac{5}{6}\pi+2k\pi;\ k\in\mathbb{Z} \text{ und } x\in(-2{,}5\pi; 2{,}5\pi)$$
$$\underline{\underline{\Rightarrow x_9=-\frac{7}{6}\pi; x_{10}=\frac{5}{6}\pi}} \blacktriangleright \text{relative Minimalstellen}$$

Für die Stellen $-0{,}5\pi$ und $1{,}5\pi$ wird der Funktionswert der zweiten Ableitung Null, so daß noch keine Aussage über das Vorliegen von Extremstellen gemacht werden kann. Deshalb wird die dritte Ableitung f''' berechnet und zur Untersuchung der beiden Stellen herangezogen.

▶ $x=-0{,}5\pi$ und $x=1{,}5\pi$

$$\left.\begin{array}{l} f''(-0{,}5\pi)=0 \\ f''(1{,}5\pi)=0 \end{array}\right\} \text{keine Aussage möglich}$$

$f'''(x)=4\cdot\sin x-16\cdot\cos(2x)$ ▶ $x=-0{,}5\pi;\ x=1{,}5\pi$

$$\left.\begin{array}{l} ▶\ f'''(-0{,}5\pi)=12 \Rightarrow f'''(-0{,}5\pi)\neq 0 \\ ▶\ f'''(1{,}5\pi)=12 \Rightarrow f'''(1{,}5\pi)\neq 0 \end{array}\right\} \text{keine Extremstellen}$$

Da der Funktionswert der dritten Ableitung an beiden Stellen von Null verschieden ist und f''' eine Ableitung ungerader Ordnung ist, handelt es sich hier nicht um Extremstellen. Es könnten aber Wendestellen mit Tangenten parallel zur x-Achse vorliegen (siehe Kapitel „Untersuchung von Funktionseigenschaften mit Hilfe der Differentialrechnung“).

Die zu den Extremstellen gehörenden relativen Maximal- bzw. Minimalwerte und damit die y-Koordinaten der entsprechenden relativen Maximal- bzw. Minimalpunkte erhält man nach Einsetzen der Extremstellen x_6 bis x_{10} in den Funktionsterm $f(x)$. Auch hier kann man sich die Arbeit erleichtern, indem man die Periodizität der trigonometrischen Funktionen ausnutzt.

$f(x)=2\cdot\sin(2x)+4\cdot\cos x$ ▶ x_6 bis x_{10}

▶ $f(x_6)=f\left(-\frac{11}{6}\pi\right)=\underline{\underline{5{,}20}}$ ▶ Maximalwert

$\Rightarrow P_6\left\langle-\frac{11}{6}\pi\,\middle|\,5{,}20\right\rangle;\ P_7\left\langle\frac{\pi}{6}\,\middle|\,5{,}20\right\rangle;\ P_8\left\langle\frac{13}{6}\pi\,\middle|\,5{,}20\right\rangle$ ▶ Maximalpunkte

▶ $f(x_9)=f\left(-\frac{7}{6}\pi\right)=\underline{\underline{-5{,}20}}$ ▶ Minimalwert

$\Rightarrow P_9\left\langle-\frac{7}{6}\pi\,\middle|\,-5{,}20\right\rangle;\ P_{10}\left\langle\frac{5}{6}\pi\,\middle|\,-5{,}20\right\rangle$ ▶ Minimalpunkte

Wendestellen — Wendepunkte

Zur Feststellung von Wendestellen verwendet man den bereits ermittelten Funktionsterm $f''(x)$ der zweiten Ableitung f'' und bestimmt aus $f''(x)=0$ die Nullstellen der zweiten Ableitung. Bevor man die Gleichung $f''(x)=0$ löst, ist es zweckmäßig, zunächst wieder $\sin(2x)$ durch $2\cdot\sin x\cdot\cos x$ zu ersetzen und $-4\cdot\cos(x)$ auszuklammern.

$f''(x)=-8\cdot\sin(2x)-4\cdot\cos x$ ▶ $\sin(2x)=2\cdot\sin x\cdot\cos x$

$=-8\cdot 2\cdot\sin x\cdot\cos x-4\cdot\cos x$

$=-4\cdot\cos x(4\cdot\sin x+1)$ ▶ $f''(x)=0$

$-4\cdot\cos x(4\cdot\sin x+1)=0$

$\Rightarrow -4\cdot\cos x=0$ oder $4\cdot\sin x+1=0$

$\Rightarrow \cos x=0$ oder $\sin x=-0{,}25$

Es ergeben sich für $\cos x=0$ zwei Lösungen, die wegen der Periodizität der Kosinusfunktion im Intervall $(-2{,}5\pi;2{,}5\pi)$ auf vier Nullstellen der ersten Ableitung führen.

▶ $\cos x=0 \Rightarrow x=\frac{\pi}{2}+2k\pi$ oder $x=\frac{3}{2}\pi+2k\pi$

mit $k\in\mathbb{Z}$ ▶ $x\in(-2{,}5\pi;2{,}5\pi)$

$\Rightarrow x=-1{,}5\pi$ oder $x=-0{,}5\pi$ oder $x=0{,}5\pi$

oder $x=1{,}5\pi$ ▶ mögliche Wendestellen

Für sin $x=-0{,}25$ erhält man ebenfalls zwei Lösungen, die aufgrund der Periodizität der Sinusfunktion im Intervall $(-2{,}5\pi; 2{,}5\pi)$ fünf Nullstellen der ersten Ableitung ergeben. Die Lösungsmenge besteht damit aus neun Nullstellen der ersten Ableitung, die mögliche Wendestellen der Funktion f sind und weiter untersucht werden müssen.

▶ $\sin x=-0{,}25 \Rightarrow x=-0{,}253+2k\pi$ oder $x=3{,}395+2k\pi$

mit $k\in\mathbb{Z}$ ▶ $x\in(-2{,}5\pi; 2{,}5\pi)$

$\Rightarrow x=-6{,}536$ oder $x=-2{,}889$ oder $x=-0{,}253$

oder $x=3{,}395$ oder $x=6{,}030$ ▶ mögliche Wendestellen

Dazu verwendet man den bereits ermittelten Funktionsterm $f'''(x)$ der dritten Ableitung f''', setzt die neun möglichen Wendestellen in $f'''(x)$ ein und bestimmt jeweils den Funktionswert.

Wegen der Periodizität der Sinusfunktion und der Kosinusfunktion kann man hier die Rechnung vereinfachen, indem man $f'''(0{,}5\pi)$, $f'''(1{,}5\pi)$, $f'''(-0{,}253)$ sowie $f'''(3{,}395)$ bildet und die Ergebnisse auf das Intervall $(-2{,}5\pi; 2{,}5\pi)$ überträgt. Man erhält dann insgesamt die neun Wendestellen x_{11} bis x_{19}.

Aus der Extremstellenberechnung ist bekannt, daß an den Stellen $x_{13}=-0{,}5\pi$ und $x_{14}=1{,}5\pi$ auch die erste Ableitung f' Null ist. Deshalb handelt es sich bei diesen Stellen um Wendestellen mit Tangenten parallel zur x-Achse, also um Sattelstellen.

$f'''(x)=4\cdot\sin x-16\cdot\cos(2x)$ ▶ $N(f'')$

▶ $x=0{,}5\pi$ ▶ $f'''(0{,}5\pi)=\underline{20}$

$\Rightarrow f'''(0{,}5\pi)\neq 0$ ▶ $x=0{,}5\pi$ ist Wendestelle

$x=0{,}5\pi+2k\pi;\ k\in\mathbb{Z}$ und $x\in(-2{,}5\pi; 2{,}5\pi)$

$\Rightarrow x_{11}=-1{,}5\pi;\ x_{12}=0{,}5\pi$ ▶ Wendestellen

▶ $x=1{,}5\pi$ ▶ $f'''(1{,}5\pi)=\underline{12}$

$\Rightarrow f'''(1{,}5\pi)\neq 0$ ▶ $x=1{,}5\pi$ ist Wendestelle

$x=1{,}5\pi+2k\pi;\ k\in\mathbb{Z}$ und $x\in(-2{,}5\pi; 2{,}5\pi)$

$\Rightarrow x_{13}=-0{,}5\pi;\ x_{14}=1{,}5\pi$ ▶ Sattelstellen

▶ $x=-0{,}253$ ▶ $f'''(-0{,}253)=\underline{-15}$

$\Rightarrow f'''(-0{,}253)\neq 0$ ▶ $x=-0{,}253$ ist Wendestelle

$x=-0{,}253+2k\pi;\ k\in\mathbb{Z}$ und $x\in(-2{,}5\pi; 2{,}5\pi)$

$\Rightarrow x_{15}=-6{,}536;\ x_{16}=-0{,}253;$

$x_{17}=6{,}030$ ▶ Wendestellen

▶ $x=3{,}395$ ▶ $f'''(3{,}395)=\underline{-15}$

$\Rightarrow f'''(3{,}395)\neq 0$ ▶ $x=3{,}395$ ist Wendestelle

$x=3{,}395+2k\pi;\ k\in\mathbb{Z}$ und $x\in(-2{,}5\pi; 2{,}5\pi)$

$\Rightarrow x_{18}=-2{,}889;\ x_{19}=3{,}395$ ▶ Wendestellen

Die zu den Wendestellen gehörenden Funktionswerte und damit die y-Koordinaten der entsprechenden Wendepunkte erhält man nach Einsetzen der Wendestellen x_{11} bis x_{19} in den Funktionsterm $f(x)$.

Auch hier kann man sich die Arbeit erleichtern, indem man die Periodizität der trigonometrischen Funktionen ausnutzt.

$f(x)=2\cdot\sin(2x)+4\cdot\cos x$ ▶ x_{11} bis x_{19}

▶ $f(x_{11})=f(-1{,}5\pi)=\underline{\underline{0}}$

$\left.\begin{array}{l}\Rightarrow P_{11}\langle -1{,}5\pi\,|\,0\rangle\\ P_{12}\langle 0{,}5\pi\,|\,0\rangle\end{array}\right\}$ Wendepunkte

▶ $f(x_{13})=f(-0{,}5\pi)=\underline{\underline{0}}$

$\left.\begin{array}{l}\Rightarrow P_{13}\langle -0{,}5\pi\,|\,0\rangle\\ P_{14}\langle 1{,}5\pi\,|\,0\rangle\end{array}\right\}$ Sattelpunkte

▶ $f(x_{15})=f(-6{,}536)=\underline{\underline{2{,}904}}$

$\left.\begin{array}{l}\Rightarrow P_{15}\langle -6{,}536\,|\,2{,}904\rangle\\ P_{16}\langle -0{,}253\,|\,2{,}904\rangle\\ P_{17}\langle 6{,}030\,|\,2{,}904\rangle\end{array}\right\}$ Wendepunkte

Man erhält die Wendepunkte P_{11} bis P_{19}, wobei es sich bei den Punkten P_{13} und P_{14} um Wendepunkte mit Tangenten parallel zur x-Achse, also um Sattelpunkte, handelt.

▶ $f(x_{18})=f(-2{,}889)=\underline{\underline{-2{,}904}}$

$\left.\begin{array}{l}\Rightarrow P_{18}\langle -2{,}889\,|\,-2{,}904\rangle\\ P_{19}\langle 3{,}395\,|\,-2{,}904\rangle\end{array}\right\}$ Wendepunkte

Monotonieverhalten

Die bereits ermittelten relativen Extremstellen x_6 bis x_{10} bilden die Grenzen der Monotonieintervalle I_1 bis I_6. Man wählt in jedem Intervall einen Wert x_0 und bildet damit jeweils den Funktionswert $f'(x_0)$. Gilt $f'(x_0)>0$, so steigt f monoton im Intervall, für $f'(x_0)<0$ fällt f monoton.

Aufgrund der Periodizität der trigonometrischen Funktionen muß hier nur der Bereich $(-2{,}5\pi;\ -0{,}5\pi)$, das sind die Intervalle I_1 bis I_3, untersucht werden, da sich dann das Monotonieverhalten wiederholt.

$x_6 \dots x_{10}$ ▶ relative Extremstellen von f

$\Rightarrow I_1 \dots I_6$ ▶ Monotonieintervalle

$f'(x)=4-8\cdot\sin^2 x-4\cdot\sin x$ ▶ x-Werte aus I_1 bis I_3 einsetzen

▶ $I_1=\left(-2{,}5\pi;\ -\frac{11}{6}\pi\right)$ und $x_0=-6$

$\Rightarrow f'(-6)=2{,}26 \Rightarrow f'(-6)>0$ ▶ f steigt monoton in I_1

▶ $I_2=\left(-\frac{11}{6}\pi;\ -\frac{7}{6}\pi\right)$ und $x_0=-4$

$\Rightarrow f'(-4)=-3{,}61 \Rightarrow f'(-4)<0$ ▶ f fällt monoton in I_2

▶ $I_3=\left(-\frac{7}{6}\pi;\frac{\pi}{6}\right)$ und $x_0=0$

$\Rightarrow f'(0)=4 \Rightarrow f'(0)>0$ ▶ f steigt monoton in I_3

▶ $I_4=\left(\frac{\pi}{6};\frac{5}{6}\pi\right)$ ▶ wie I_2 ▶ f fällt monoton in I_4

▶ $I_5=\left(\frac{5}{6}\pi;\frac{13}{6}\pi\right)$ ▶ wie I_3 ▶ f steigt monoton in I_5

▶ $I_6=\left(\frac{13}{6}\pi;2{,}5\pi\right)$ ▶ wie I_4 ▶ f fällt monoton in I_6

Krümmungsverhalten

Bei der Funktion f ändert sich das Krümmungsverhalten an den bereits ermittelten Wendestellen x_{11} bis x_{19}, so daß sich insgesamt die zehn Krümmungsintervalle K_1 bis K_{10} ergeben.

In jedem Intervall wird ein Wert x_0 gewählt und damit jeweils der Funktionswert $f''(x_0)$ gebildet. Für $f''(x_0)>0$ ist der Funktionsgraph im Krümmungsintervall rechtsgekrümmt, für $f''(x_0)<0$ dagegen linksgekrümmt.

Aufgrund der Periodizität der trigonometrischen Funktionen muß hier nur der Bereich $(-2{,}5\pi;\ -0{,}5\pi)$, das sind die Intervalle K_1 bis K_4, untersucht werden, da sich in den Intervallen K_5 bis K_{10} dann das Krümmungsverhalten des Funktionsgraphen wiederholt.

$x_{11} \dots x_{19}$ ▶ Wendestellen von f

$\Rightarrow K_1 \dots K_{10}$ ▶ Krümmungsintervalle

$f''(x)=-8\cdot\sin(2x)-4\cdot\cos x$ ▶ x-Werte aus K_1 bis K_4 einsetzen

▶ $K_1=(-2{,}5\pi;\ -6{,}536)$ und $x_0=-7$

$\Rightarrow f''(-7)=4{,}91 \Rightarrow f''(-7)>0$ ▶ $G(f)$ ist linksgekrümmt in K_1

▶ $K_2=(-6{,}536;\ -1{,}5\pi)$ und $x_0=-5$

$\Rightarrow f''(-5)=-5{,}49 \Rightarrow f''(-5)<0$ ▶ $G(f)$ ist rechtsgekrümmt in K_2

▶ $K_3=(-1{,}5\pi;\ -2{,}889)$ und $x_0=-3$

$\Rightarrow f''(-3)=1{,}72 \Rightarrow f''(-3)>0$ ▶ $G(f)$ ist linksgekrümmt in K_3

▶ $K_4=(-2{,}889;\ -0{,}5\pi)$ und $x_0=-2$

$\Rightarrow f''(-2)=-4{,}39 \Rightarrow f''(-2)<0$ ▶ $G(f)$ ist rechtsgekrümmt in K_4

▶ $K_5=(-0{,}5\pi;\ -0{,}253)$ ▶ $G(f)$ ist linksgekrümmt in K_5

▶ $K_6=(-0{,}253;0{,}5\pi)$ ▶ $G(f)$ ist rechtsgekrümmt in K_6

▶ $K_7=(0{,}5\pi;3{,}395)$ ▶ $G(f)$ ist linksgekrümmt in K_7

▶ $K_8=(3{,}395;1{,}5\pi)$ ▶ $G(f)$ ist rechtsgekrümmt in K_8

▶ $K_9=(1{,}5\pi;6{,}030)$ ▶ $G(f)$ ist linksgekrümmt in K_9

▶ $K_{10}=(6{,}030;2{,}5\pi)$ ▶ $G(f)$ ist rechtsgekrümmt in K_{10}

Graph der Funktion

Alle Punkte werden unter Berücksichtigung des Monotonie- und Krümmungsverhaltens zum Graphen der Funktion verbunden. Dabei ist es gegebenenfalls notwendig, im Bereich von Krümmungen weitere Punkte des Funktionsgraphen mit Hilfe einer Wertetabelle zu berechnen.

$x_1 \dots x_4$ ► Nullstellen
$P_5\langle 0|4\rangle$ ► Schnittpunkt mit der y-Achse
$P_6 \dots P_8$ ► Maximalpunkte
P_9 und P_{10} ► Minimalpunkte
$P_{11} \dots P_{19}$ ► Wendepunkte
davon P_{13} und P_{14} ► Sattelpunkte

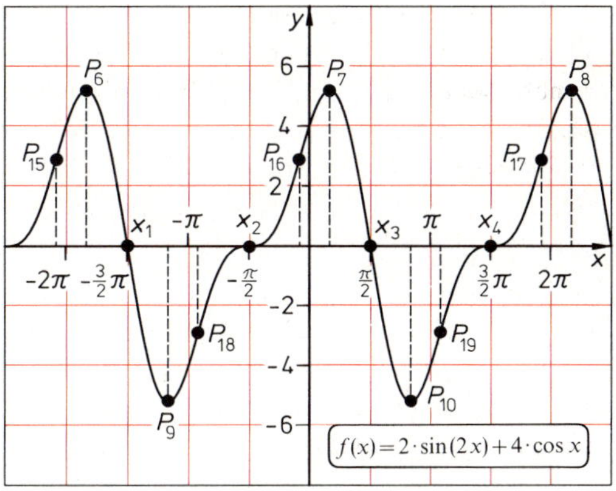

Übungen

4.3 Diskussion von Funktionen

Diskutieren Sie die Funktionen mit nachstehenden Funktionsgleichungen.

1. $f(x)=x^3-4x$ **2.** $f(x)=x^3-3x^2+6x+7$ **3.** $f(x)=\frac{2x^2}{1+x^2}$ **4.** $f(x)=\frac{x^2}{2x^4-8}$

5. $f(x)=\frac{x-4}{\sqrt{x^2+1}}$ **6.** $f(x)=\sqrt{\frac{x-1}{x+1}}$ **7.** $f(x)=\frac{x}{\ln x}$ **8.** $f(x)=x^2\cdot e^{-x}$

9. $f(x)=x^x$ **10.** $f(x)=e^x+e^{x^2}$ **11.** $f(x)=\ln\frac{1+x}{1-x}$ **12.** $f(x)=x\cdot\ln x$

13. $f(x)=e^{-\frac{1}{x^2}}$ **14.** $f(x)=\sin x+\cos x$ **15.** $f(x)=\cos x^2$ **16.** $f(x)=e^x\cdot\cos x$

17. $f(x)=2x-\tan x$ **18.** $f(x)=\frac{\cos x}{\cos(2x)}$ **19.** $f(x)=x\cdot\sin\frac{1}{x}$ **20.** $f(x)=\operatorname{Arctan}\frac{1}{x}$

21. $f(x)=e^{-x}\cdot\sin(2x)$ **22.** $f(x)=\sin x^2$ **23.** $f(x)=x+\sin x$ **24.** $f(x)=x\cdot\cos x$

25. $f(x)=\ln(\sin x)$ **26.** $f(x)=\frac{e^x}{\cos x}$ **27.** $f(x)=\sqrt{1-\sin x}$ **28.** $f(x)=e^{\sin x}$

29. $f(x)=\operatorname{Arctan}(x^2-1)$ **30.** $f(x)=\operatorname{Arcsin}(2x+1)$ **31.** $f(x)=x^2+\sinh x$ **32.** $f(x)=\cosh(1-x^2)$

33. $f(x)=\tanh\frac{x+1}{x-1}$ **34.** $f(x)=\operatorname{Arsinh} x^2$ **35.** $f(x)=\operatorname{Artanh}\frac{x}{x+1}$ **36.** $f(x)=\frac{\cosh x}{x^2-4}$

37. Welche ganze rationale Funktion vierten Grades besitzt einen Graphen mit dem Wendepunkt $\langle 0|0\rangle$, dessen Wendetangente die Steigung 1 besitzt, und der durch die Punkte $\langle 1|1\rangle$ sowie $\langle 2|0\rangle$ verläuft? Diskutieren Sie die Funktion!

38. Die Koeffizienten a, b der Funktion vom Typ f: $f(x)=ax^5+bx^3+x$ sind so zu bestimmen, daß der Graph von f den Extrempunkt $\langle -1|1\rangle$ besitzt. Diskutieren Sie die Funktion f.

39. Eine ganze rationale Funktion vierten Grades besitzt die Nullstellenmenge $N(f)=\{-3; 2\}$, wobei es sich jeweils um doppelte Nullstellen handelt. Der Graph von f verläuft durch den Punkt $\langle 0|1\rangle$. Wie heißt die Funktion f? Führen Sie eine Kurvendiskussion durch.

40. Eine ganze rationale Funktion besitzt die zweite Ableitung $f''(x)=6x$. Wie lautet die Funktion f, wenn $\langle 2|1\rangle$ ein Extrempunkt des Graphen von f ist? Diskutieren Sie die Funktion f.

4.4 Maxima-Minima-Probleme

Viele Probleme technischer, naturwissenschaftlicher und mathematischer Art bestehen darin, für gewisse Variablen eine maximale oder minimale Größe zu bestimmen. Erfolgt diese Bestimmung mit Hilfe der Differentialrechnung, so spricht man von Extremwertaufgaben. Dabei können oft vereinfachte Verfahren für die Berechnung der relativen Extremstellen angewendet und Rechenvorteile ausgenutzt werden.

Problem: Bestimmen Sie die relativen Extremstellen der Funktion g: $g(x)=2x^3-3x^2-36x$ und einer Funktion f vom Typ f: $f(x)=a(2x^3-3x^2-36x)+b$ mit $a\in\mathbb{R}^*$ sowie $b\in\mathbb{R}$, und vergleichen Sie diese Extremstellen miteinander.

Zur Bestimmung von Extremstellen bildet man den Funktionsterm $g'(x)$ der ersten Ableitung g' und erhält aus $g'(x)=0$ die Nullstellen der ersten Ableitung $x_1=-2$ und $x_2=3$. Diese Nullstellen sind mögliche relative Extremstellen der Funktion g und müssen weiter untersucht werden.

Dazu ermittelt man den Funktionsterm $g''(x)$ der zweiten Ableitung g'', setzt die möglichen Extremstellen x_1 und x_2 in den Funktionsterm der zweiten Ableitung $g''(x)$ ein und bestimmt jeweils den Funktionswert. Wegen $g''(x_1)\neq 0$ und $g''(x_2)\neq 0$ sind die Stellen x_1 und x_2 relative Extremstellen der Funktion g. Da insbesondere $g''(x_1)<0$ und $g''(x_2)>0$ gilt, ist x_1 Maximalstelle und x_2 Minimalstelle.

$g(x)=2x^3-3x^2-36x$

$\Rightarrow g'(x)=6x^2-6x$

$\Rightarrow g''(x)=12x-6$

$g'(x)=6x^2-6x$ ► $g'(x)=0$

$6x^2-6x-36=0$

$x^2-x-6=0$

$\Rightarrow x_1=-2;\ x_2=3$ ► mögliche Extremstellen von g

$g''(x)=12x-6$ ► $x_1;\ x_2$

► $g''(x_1)=g''(-2)=\underline{-30}$

$\Rightarrow g''(-2)\neq 0$ ► $x_1=-2$ ist relative Extremstelle

► $g''(x_2)=g'(3)=\underline{30}$

$\Rightarrow g''(3)\neq 0$ ► $x_2=3$ ist relative Extremstelle

Verfährt man mit f in der gleichen Weise, so erhält man auch hier die Extremstellen $x_1=-2$ und $x_2=3$, weil $a\neq 0$ gilt.

Für $a>0$ ergibt sich an der Stelle $x_1=-2$ eine Maximalstelle und an der Stelle $x_2=3$ eine Minimalstelle. Für $a<0$ ergibt sich an der Stelle $x_1=-2$ eine Minimalstelle und an der Stelle $x_2=3$ eine Maximalstelle.

Besitzt die Funktion g relative Extremstellen und ist $a>0$, so haben g und f Extremstellen gleicher Art. Ist $a<0$, so haben g und f Extremstellen entgegengesetzter Art.

$f(x)=a(2x^3-3x^2-36x)+b;\ a\in\mathbb{R}^*,\ b\in\mathbb{R}$

$=2ax^3-3ax^2-36ax+b$

$\Rightarrow f'(x)=6ax^2-6ax-36a$

$\Rightarrow f''(x)=12ax-6a$

$f'(x)=6ax^2-6ax-36a$ ► $f'(x)=0;\ a\neq 0$

$6ax^2-6ax-36a=0$

$x^2-x-6=0$

$\Rightarrow x_1=-2;\ x_2=3$ ► mögliche Extremstellen von f

$f''(x)=12ax-6a$ ► $x_1;\ x_2$

► $f''(x_1)=f''(-2)=\underline{-30a}$

$\Rightarrow f''(-2)\neq 0$ ► $x_1=-2$ ist relative Extremstelle

► $f''(x_2)=f''(3)=\underline{30a}$

$\Rightarrow f''(3)\neq 0$ ► $x_2=3$ ist relative Extremstelle

Die Rechnung zeigt, daß die Parameter a und b keinen Einfluß auf die Lage der relativen Extremstellen einer Funktion vom Typ $f\colon f(x)=a(2x^3-3x^2-36)+b$ mit $a\in\mathbb{R}^*$ und $b\in\mathbb{R}$ haben. Die Parameter beeinflussen höchstens die Art der Extremstellen.

Merke:

Gilt $f\colon f(x)=a\cdot g(x)+b$ mit $a\in\mathbb{R}^*$ und $b\in\mathbb{R}$, so haben f und g die gleichen relativen Extremstellen, falls solche existieren. Besitzt g relative Extremstellen und ist $a>0$, so haben g und f Extremstellen gleicher Art. Ist $a<0$, so haben g und f Extremstellen entgegengesetzter Art. Konstante Summanden und konstante Faktoren haben also keinen Einfluß auf die Lage der relativen Extremstellen einer Funktion. Sie können deshalb zur Vereinfachung der Rechnung vor Bildung der ersten Ableitung weggelassen werden, wenn nur relative Extremstellen bestimmt werden sollen.

Problem: Bestimmen Sie die relativen Extremstellen von $f\colon f(x)=\sqrt{2x^3-9x^2+12x}$ mit $D(f)=\mathbb{R}_+$, von $g\colon g(x)=\sqrt[3]{2x^3-9x^2+12x}$ mit $D(g)=\mathbb{R}_+$ sowie von $h\colon h(x)=2x^3-9x^2+12x$ mit $D(f)=\mathbb{R}$, und vergleichen Sie diese miteinander.

● $f\colon f(x)=\sqrt{2x^3-9x^2+12x};\ D(f)=\mathbb{R}_+$

Da an der Randstelle $x_0=0$ keine relative Extremstelle vorkommen kann, genügt es, die Funktion f im eingeschränkten Definitionsintervall $(0;\infty)$ zu betrachten. Zur Bestimmung von relativen Extremstellen bildet man mit der Kettenregel formal den Funktionsterm $f'(x)$ der ersten Ableitung f' und erhält dann für $f'(x)$ einen Term, der für $x\in\mathbb{R}_+^*$ definiert ist. Da $\mathbb{R}_+^*$ mit dem offenen Intervall $(0;\infty)$ übereinstimmt, ist f in $\mathbb{R}_+^*$ differenzierbar.

$f(x)=\sqrt{2x^3-9x^2+12x}=g[h(x)]$

► $g(z)=\sqrt{z}\Rightarrow g'(z)=\dfrac{1}{2\sqrt{z}};\ z\in\mathbb{R}_+^*$

► $h(x)=2x^3-9x^2+12x\Rightarrow h'(x)=\underline{6x^2-18x+12};\ x\in\mathbb{R}$

$$f'(x)=g'(z)\cdot h'(x)$$
$$=\frac{1}{2\sqrt{z}}\cdot(6x^2-18x+12) \quad ►\ z=2x^3-9x^2+12x$$
$$=\underline{\underline{\frac{3x^2-9x+6}{\sqrt{2x^3-9x^2+12x}}}};\ x\in\mathbb{R}_+^* \quad ►\ f'(x)=0$$

Notwendige Bedingung für eine relative Extremstelle von f ist, daß $f'(x)=0$ gilt. Da $f'(x)$ ein Bruchterm ist, muß der Zählerterm $Z(x)$ Null und der Nennerterm $N(x)$ an den Nullstellen der Zählerfunktion von Null verschieden sein.

Da der Nennerterm an den Nullstellen x_1 und x_2 der Zählerfunktion von Null verschieden ist, kann an diesen Stellen jeweils eine Extremstelle vorliegen.

$$\frac{3x^2-9x+6}{\sqrt{2x^3-9x^2+12}}=\frac{Z(x)}{N(x)}=0$$

$\Rightarrow Z(x)=3x^2-9x+6=0$

$\Rightarrow x^2-3x+2=0\Rightarrow x_1=1;\ x_2=2$

► $N(x)=\sqrt{2x^3-9x^2+12x}$ ► $x_1=1$

$\sqrt{2-9+12}=\underline{\sqrt{5}}\Rightarrow\sqrt{5}\neq 0$

► $N(x)=\sqrt{2x^3-9x^2+12x}$ ► $x_2=2$

$\sqrt{16-36+24}=\underline{2}\Rightarrow 2\neq 0$

$\Rightarrow x_1=1;\ x_2=2$ ► mögliche Extremstellen von f

Diese möglichen relativen Extremstellen der Funktion f und müssen weiter untersucht werden. Dazu ermittelt man mit der Kettenregel und der Quotientenregel den Funktionsterm $f''(x)$ der zweiten Ableitung f'', setzt die möglichen Extremstellen x_1 und x_2 in den Funktionsterm der zweiten Ableitung $f''(x)$ ein und bestimmt jeweils den Funktionswert.

$$f''(x)=\frac{3x^4-18x^3+36x^2-36}{\sqrt{(2x^3-9x^2+12x)^3}} \blacktriangleright x_1=1;\ x_2=2$$

$\blacktriangleright$ $f''(x_1)=f''(1)=\underline{-1{,}34}$

$\Rightarrow f''(1)\neq 0$ $\blacktriangleright$ $x_1=1$ ist relative Extremstelle

$\blacktriangleright$ $f''(x_2)=f''(2)=\underline{1{,}5}$

$\Rightarrow f''(2)\neq 0$ $\blacktriangleright$ $x_2=2$ ist relative Extremstelle

Wegen $g''(x_1)\neq 0$ und $g''(x_2)\neq 0$ sind die Stellen x_1 und x_2 relative Extremstellen der Funktion g. Da insbesondere $g''(x_1)<0$ und $g''(x_2)>0$ gilt, ist x_1 Maximalstelle und x_2 Minimalstelle.

● $g\colon g(x)=\sqrt[3]{2x^3-9x^2+12x};\ D(g)=\mathbb{R}_+$

Da an der Randstelle $x_0=0$ keine relative Extremstelle vorkommen kann, genügt es, die Funktion g im eingeschränkten Definitionsintervall $(0;\infty)$ zu betrachten. Zur Bestimmung von relativen Extremstellen bildet man mit der Kettenregel formal den Funktionsterm $g'(x)$ der ersten Ableitung g' und erhält dann für $g'(x)$ einen Term, der für $x\in\mathbb{R}_+^*$ definiert ist. Da $\mathbb{R}_+^*$ mit dem offenen Intervall $(0;\infty)$ übereinstimmt, ist g in $\mathbb{R}_+^*$ differenzierbar.

$$g(x)=\sqrt[3]{2x^3-9x^2+12x}=r[s(x)]$$

$\blacktriangleright$ $r(z)=\sqrt[3]{z} \Rightarrow r'(z)=\dfrac{1}{3\sqrt[3]{z^2}};\ z\in\mathbb{R}_+^*$

$\blacktriangleright$ $s(x)=2x^3-9x^2+12x \Rightarrow s'(x)=6x^2-18x+12;\ x\in\mathbb{R}$

$$g'(x)=r'(z)\cdot s'(x)$$

$$=\frac{1}{3\sqrt[3]{z^2}}\cdot(6x^2-18x+12) \blacktriangleright z=2x^3-9x^2+12x$$

$$=\underline{\underline{\frac{2x^2-6x+4}{\sqrt[3]{(2x^3-9x^2+12x)^2}}}};\ x\in\mathbb{R}_+^* \blacktriangleright f'(x)=0$$

Aus $g'(x)=0$ erhält man dann die Nullstellen der ersten Ableitung $x_1=1$ und $x_2=2$.

Da die erste Ableitung ein Bruchterm ist, können Extremstellen nur an den Nullstellen der Zählerfunktion auftreten, für die der Nennerterm ungleich Null ist.

x_1 und x_2 sind mögliche relative Extremstellen und müssen weiter untersucht werden. Dazu ermittelt man mit der Kettenregel und der Quotientenregel den Funktionsterm $g''(x)$ der zweiten Ableitung g'', setzt x_1 und x_2 in den Funktionsterm der zweiten Ableitung $g''(x)$ ein und bestimmt jeweils den Funktionswert. Wegen $g''(x_1)\neq 0$ und $g''(x_2)\neq 0$ sind die Stellen x_1 und x_2 relative Extremstellen der Funktion g. Da insbesondere $g''(x_1)<0$ und $g''(x_2)>0$ gilt, ist x_1 Maximalstelle und x_2 Minimalstelle.

$$\frac{2x^2-6x+4}{\sqrt[3]{(2x^3-9x^2+12x)^2}}=\frac{Z(x)}{N(x)}=0$$

$\Rightarrow Z(x)=2x^2-6x+4=0$

$\Rightarrow x^2-3x+2=0 \Rightarrow x_1=1;\ x_2=2$

$\blacktriangleright$ $N(x)=\sqrt[3]{(2x^3-9x^2+12x)^2}$ $\blacktriangleright$ $x_1=1$

$\sqrt[3]{(2-9+12)^2}=\sqrt[3]{25} \Rightarrow \sqrt[3]{25}\neq 0$

$\blacktriangleright$ $N(x)=\sqrt[3]{(2x^3-9x^2+12x)^2}$ $\blacktriangleright$ $x_2=2$

$\sqrt[3]{(16-36+24)^2}=\sqrt[3]{16} \Rightarrow \sqrt[3]{16}\neq 0$

$\Rightarrow x_1=1;\ x_2=2$ $\blacktriangleright$ mögliche Extremstellen von g

$$g''(x)=\frac{-2x^2+24x-32}{\sqrt[3]{(2x^3-9x^2+12x)^5}} \blacktriangleright x_1=1;\ x_2=2$$

$\blacktriangleright$ $g''(x_1)=g''(1)=\underline{-0{,}68}$

$\Rightarrow g''(1)\neq 0$ $\blacktriangleright$ $x_1=1$ ist relative Extremstelle

$\blacktriangleright$ $g''(x_2)=g''(2)=\underline{0{,}79}$

$\Rightarrow g''(2)\neq 0$ $\blacktriangleright$ $x_2=2$ ist relative Extremstelle

● h: $h(x)=2x^3-9x^2+12x$; $D(h)=\mathbb{R}$

Als ganze rationale Funktion ist h für alle $x \in \mathbb{R}$ definiert und differenzierbar.

Zur Bestimmung von relativen Extremstellen ermittelt man den Funktionsterm $h'(x)$ der ersten Ableitung h' und erhält dann aus $h'(x)=0$ mit $x_1=1$ und $x_2=2$ mögliche relative Extremstellen, die weiter untersucht werden. Dazu bildet man den Funktionsterm $h''(x)$ der zweiten Ableitung h'', setzt x_1 und x_2 in $h''(x)$ ein und bestimmt jeweils den Funktionswert.

$h(x)=2x^3-9x^2+12x$

$\Rightarrow h'(x)=6x^2-18x+12$ ▶ $h'(x)=0$

$6x^2-18x+12=0$

$x^2-3x+2=0$

$\Rightarrow x_1=1;\ x_2=2$ ▶ mögliche Extremstellen von h

$h''(x)=12x-18$ ▶ $x_1=1;\ x_2=2$

▶ $h''(x_1)=h''(1)=\underline{-6}$

$\Rightarrow h''(1)\neq 0$ ▶ $x_1=1$ ist relative Extremstelle

▶ $h''(x_2)=h''(2)=\underline{6}$

$\Rightarrow h''(2)\neq 0$ ▶ $x_2=2$ ist relative Extremstelle

Wegen $h''(x_1)\neq 0$ und $h''(x_2)\neq 0$ sind die Stellen x_1 und x_2 relative Extremstellen der Funktion h. Da insbesondere $h''(x_1)<0$ und $h''(x_2)>0$ gilt, ist x_1 Maximalstelle und x_2 Minimalstelle.

Alle drei Funktionen haben an der Stelle $x_1=1$ eine relative Minimalstelle und an der Stelle $x_2=2$ eine relative Maximalstelle. Diese Übereinstimmung gilt ganz allgemein, denn ist f: $f(x)=\sqrt[n]{g(x)}$ mit $n \in \mathbb{N}^*$, so besitzt die Funktion f den Definitionsbereich $D(f)=\{x \in \mathbb{R} \mid g(x)\geq 0\}$ und die Ableitung $f'(x)=\dfrac{g'(x)}{n\sqrt[n]{g(x)^{n-1}}}$. Die Funktion f ist also mindestens für alle $x \in \mathbb{R}$ differenzierbar, für die auch die Funktion g differenzierbar ist und für die außerdem $g(x)>0$ gilt. Daher folgt für solche x-Werte aus $f'(x)=0$ die Gleichung $g'(x)=0$ und umgekehrt. Das heißt aber, daß die Funktionen f und g an den gleichen Stellen relative Extremstellen besitzen. Man kann zeigen, daß diese Extremstellen sogar von gleicher Art sind. Ob die Funktion f auch noch an den Nullstellen der Funktion g differenzierbar ist oder nicht, oder ob dort Randextrema der Funktion f vorliegen, hängt sowohl von g als auch vom Wurzelexponenten n ab und muß im Einzelfall überprüft werden.

Merke:

Gilt f: $f(x)=\sqrt[n]{g(x)}$ mit $n \in \mathbb{N}^*$ und $g(x)\geq 0$, so haben die Funktionen f und g für $g(x)>0$ an den gleichen Stellen relative Extremstellen, und zwar Extremstellen von gleicher Art. Eine Radizierung hat also keinen Einfluß auf die Lage und die Art der relativen Extremstellen einer Funktion, so daß Wurzeln zur Vereinfachung der Rechnung vor Bildung der ersten Ableitung weggelassen werden können, wenn man nur die Extremstellen bestimmen will.

Problem: Bestimmen Sie die relativen Extremstellen der Funktionen $f\colon f(x)-\dfrac{x}{x^2+1}$ sowie g: $g(x)=\dfrac{x^2+1}{x}$, und vergleichen Sie diese Extremstellen miteinander.

● f: $f(x)=\dfrac{x}{x^2+1}$; $D(f)=\mathbb{R}$

Zur Bestimmung von relativen Extremstellen ermittelt man den Funktionsterm $f'(x)$ der ersten Ableitung f' und erhält dann aus $f'(x)=0$ mit $x_1=-1$ und $x_2=1$ mögliche relative Extremstellen, die weiter untersucht werden.

$f(x)=\dfrac{x}{x^2+1} \Rightarrow f'(x)=\dfrac{1-x^2}{(x^2+1)^2}$ ▶ $f'(x)=0$

$1-x^2=0 \Rightarrow x^2=1 \Rightarrow |x|=1$

$\Rightarrow x_1=\underline{\underline{-1}};\ x_2=\underline{\underline{1}}$ ▶ mögliche Extremstellen von f

Dazu bildet man den Funktionsterm $f''(x)$ der zweiten Ableitung f'', setzt x_1 und x_2 in $f''(x)$ ein und bestimmt jeweils den Funktionswert.

$f''(x) = \frac{2x^3 - 6x}{(x^2+1)^3}$ ▶ $x_1 = -1;\ x_2 = 1$

▶ $f''(x_1) = f''(-1) = \underline{0{,}5}$

$\Rightarrow f''(-1) > 0$ ▶ $x_1 = -1$ ist relative Minimalstelle

▶ $f''(x_2) = f''(1) = \underline{-0{,}5}$

$\Rightarrow f''(1) < 0$ ▶ $x_2 = 1$ ist relative Maximalstelle

Wegen $f''(x_1) \neq 0$ und $f''(x_2) \neq 0$ sind die Stellen x_1 und x_2 relative Extremstellen der Funktion f. Da insbesondere $f''(x_1) > 0$ und $f''(x_2) < 0$ gilt, ist x_1 Minimalstelle und x_2 Maximalstelle.

● g: $g(x) = \frac{x^2+1}{x}$; $D(g) = \mathbb{R}^*$

Auch für die Funktion g ermittelt man die möglichen relativen Extremstellen nach Bildung der ersten Ableitung g' aus $g'(x) = 0$ mit $x_1 = -1$ und $x_2 = 1$. Dann bildet man $g''(x)$, setzt x_1 und x_2 in $g''(x)$ ein und bestimmt jeweils den Funktionswert.

$g(x) = \frac{x^2+1}{x} \Rightarrow g'(x) = \frac{x^2-1}{x^2}$ ▶ $g'(x) = 0$

$x^2 - 1 = 0 \Rightarrow x^2 = 1 \Rightarrow |x| = 1$

$\Rightarrow x_1 = \underline{\underline{-1}};\ x_2 = \underline{\underline{1}}$ ▶ mögliche Extremstellen von g

$g''(x) = \frac{2}{x^3}$ ▶ $x_1 = -1;\ x_2 = 1$

▶ $g''(x_1) = g''(-1) = \underline{-2}$

$\Rightarrow g''(-2) < 0$ ▶ $x_1 = -1$ ist relative Maximalstelle

▶ $g''(x_2) = g''(1) = \underline{2}$

$\Rightarrow g''(1) > 0$ ▶ $x_2 = 1$ ist relative Minimalstelle

Wegen $g''(x_1) \neq 0$ und $g''(x_2) \neq 0$ sind die Stellen x_1 und x_2 relative Extremstellen der Funktion g. Da insbesondere $g''(x_1) < 0$ und $g''(x_2) > 0$ gilt, ist x_1 Maximalstelle und x_2 Minimalstelle.

Aus dem Vergleich der berechneten Extremstellen von f und g ergibt sich, daß die Funktion f dort eine Maximalstelle hat, wo die Funktion g eine Minimalstelle besitzt und umgekehrt.

Merke:

Ist die Stelle x_0 einer Funktion f eine relative Maximalstelle (Minimalstelle), so hat ihre Kehrwertfunktion $\frac{1}{f}$ an der gleichen Stelle eine relative Minimalstelle (Maximalstelle). Diese Eigenschaft wird bei der Ableitung solcher Funktionen ausgenutzt, bei denen die Kehrwertfunktion einfacher zu differenzieren ist.

$x \mapsto f(x)$ ▶ x_1 ist Maximalstelle und x_2 ist Minimalstelle
$x \mapsto \frac{1}{f(x)}$ ▶ x_1 ist Minimalstelle und x_2 ist Maximalstelle
für $f(x_1) \neq 0$ und $f(x_2) \neq 0$

Ermittlung von relativen Extremstellen mit vereinfachter zweiter Ableitung

Um festzustellen, ob für eine Funktion f an einer Nullstelle x_0 der ersten Ableitung von f ein Maximum oder Minimum vorliegt, betrachtet man in der Regel die zweite Ableitung von f an dieser Stelle. Zur Bestimmung von $f''(x_0)$ sind dabei oft umfangreiche Rechnungen notwendig. Diese Rechnungen können wesentlich abgekürzt werden, wenn der Funktionsterm für f' die Form eines Bruchterms besitzt.

Liegt der Funktionsterm der ersten Ableitung einer Funktion f als Bruchterm $\frac{u(x)}{v(x)}$ vor, so erhält man die zweite Ableitung f'' mit Hilfe der Quotientenregel.

Zur Bestimmung der Extremwerte wird die Gleichung $f'(x)=0$ gelöst. Mögliche Extremwerte liegen an den Nullstellen der Zählerfunktion u vor, die nicht zugleich auch Nullstellen der Nennerfunktion v sind. Ist x_0 eine Nullstelle von f', so ist x_0 auch eine Nullstelle von u und es gilt: $f''(x_0)=\frac{u'(x_0)}{v(x_0)}$.

$$f'(x)=\frac{u(x)}{v(x)}$$

$$\Rightarrow f''(x)=\frac{u'(x)\cdot v(x)-v'(x)\cdot u(x)}{[v(x)]^2}$$

$$f'(x)=\frac{u(x)}{v(x)}=0 \Rightarrow u(x)=0 \text{ mit } v(x)\neq 0$$

$$f'(x_0)=0 \Rightarrow u(x_0)=0$$

$$\Rightarrow f''(x_0)=\frac{u'(x_0)\cdot v(x_0)-v'(x_0)\cdot 0}{[v(x_0)]^2}$$

$$\Rightarrow f''(x_0)=\frac{u'(x_0)}{v(x_0)}$$

Merke:

$$f'(x)=\frac{u(x)}{v(x)} \quad \text{und} \quad f'(x_0)=0 \Rightarrow f''(x_0)=\frac{u'(x_0)}{v(x_0)}$$

Beispiel: Bestimmen Sie die relativen Extremstellen von f: $f(x)=\sqrt{2x^3-9x^2+12x}$ mit dem gewöhnlichen Verfahren und mit Hilfe der vereinfachten Regel für die zweite Ableitung.

Die Funktion f ist für alle $x\in\mathbb{R}$ differenzierbar, für die der Radikand $2x^2-9x^2+12x$ größer als Null ist, also im offenen Intervall $(0;\infty)$.
Der Funktionsterm der ersten Ableitung ist ein Bruchterm. Die Gleichung $f'(x)=0$ wird gelöst. Man erhält zwei Nullstellen der ersten Ableitung, die mögliche Extremstellen von f sind.

$$f(x)=\sqrt{2x^3-9x^2+12x};\ D(f)=\mathbb{R}_+$$

$$\Rightarrow f'(x)=\frac{3x^2-9x+6}{\sqrt{2x^3-9x^2+12x}}=\frac{u(x)}{v(x)}$$ ▶ $f'(x)=0$

$$f'(x)=0 \Rightarrow u(x)=0$$

$$\Rightarrow 3x^2-9x+6=0 \Rightarrow x^2-3x+2=0$$

$\Rightarrow x_1=1;\ x_2=2$ ▶ mögliche relative Extremstellen von f

Ob Extremstellen vorliegen und von welcher Art diese sind, wird mit Hilfe der zweiten Ableitung überprüft.

- **Überprüfung mit dem üblichen Verfahren**

$$f'(x)=\frac{3x^2-9x+6}{\sqrt{2x^3-9x^2+12x}}=\frac{u(x)}{v(x)} \quad \begin{array}{l} \blacktriangleright\ u(x)=3x^2-9x+6 \Rightarrow u'(x)=6x-9;\ x\in\mathbb{R} \\ \blacktriangleright\ v(x)=\sqrt{2x^3-9x^2+12x} \Rightarrow v'(x)=\dfrac{3x^2-9x+6}{\sqrt{2x^3-9x^2+12x}};\ x\in\mathbb{R}^*_+ \end{array}$$

$$\Rightarrow f''(x)=\frac{u'(x)\cdot v(x)-v'(x)\cdot u(x)}{[v(x)]^2}$$

$$=\frac{(6x-9)\sqrt{2x^3-9x^2+12x}-\dfrac{3x^2-9x+6}{\sqrt{2x^3-9x^2+12x}}\cdot(3x^2-9x+6)}{2x^3-9x^2+12x}$$

$$=\frac{3x^4-18x^3+36x^2-36}{\sqrt{(2x^3-9x^2+12x)^3}} \quad \blacktriangleright\ x_1=1;\ x_2=2$$

▶ $f''(x_1)=f''(1)=\underline{-1{,}34} \Rightarrow f''(1)<0$ ▶ $x_1=1$ ist relative Maximalstelle

▶ $f''(x_2)=f''(2)=\underline{1{,}5} \Rightarrow f''(2)>0$ ▶ $x_2=2$ ist relative Minimalstelle

- **Überprüfung mit dem vereinfachten Verfahren**

Bei Anwendung dieses Verfahrens werden die möglichen Extremstellen $x_1=1$ und $x_2=2$ in den nur für eine Nullstelle x_0 der ersten Ableitung f' geltenden vereinfachten Term $f''(x_0)$ eingesetzt und berechnet. Wegen $f''(x_1)<0$ ist $x_1=1$ relative Maximalstelle, wegen $f(x_2)>0$ ist $x_2=2$ relative Minimalstelle.

Nach der vereinfachten Berechnung von f'' an den Nullstellen der ersten Ableitung von f erhält man die gleichen Ergebnisse ohne großen Rechenaufwand.

$$f''(x_0)=\frac{u'(x_0)}{v(x_0)} \quad \blacktriangleright\ x_0 \text{ Nullstelle von } f'$$

▶ $u'(x)=6x-9;\ v(x)=\sqrt{2x^3-9x^2+12x}$

$$f''(x_0)=\frac{6x_0-9}{\sqrt{2x_0^3-9x_0^2+12x_0}} \quad \blacktriangleright\ x_1=1;\ x_2=2$$

▶ $f''(x_1)=f''(1)\dfrac{6\cdot 1-9}{\sqrt{2\cdot 1^3-9\cdot 1^2+12\cdot 1}}=\underline{-1{,}34}$

$\Rightarrow f''(1)<0$ ▶ $x_1=1$ ist relative Maximalstelle

▶ $f''(x_2)=f''(2)=\underline{1{,}5}$

$\Rightarrow f''(2)>0$ ▶ $x_2=2$ ist relative Minimalstelle

Problem: Eine rechteckige Fläche, die an einer Seite durch eine Mauer abgegrenzt ist, soll an den anderen drei Seiten so mit einem 40 m langen Zaun umgeben werden, daß ihr Flächeninhalt möglichst groß wird.

Der Flächeninhalt A soll ein Maximum werden. Da A von zwei Variablen abhängt, muß versucht werden, eine der beiden unabhängigen Variablen durch die andere auszudrücken.

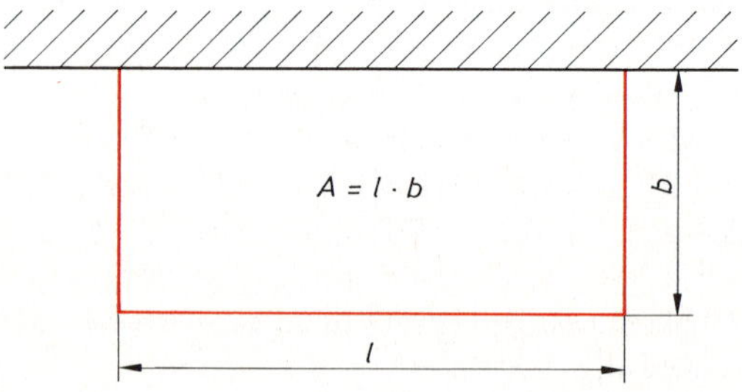

Zur Problemlösung ist das nachfolgende Schema zweckmäßig.

- Die Variablen A, l und b sowie die gegebene Größe 40 m aus der Zeichnung bzw. aus der Problemstellung entnehmen.

A ▶ Flächeninhalt
l ▶ Länge
b ▶ Breite

- Das Problem, also die Beziehungen der Variablen und Größen zueinander, in einer Ausgangsgleichung darstellen.

$A = l \cdot b$ ▶ Ausgangsgleichung

- Die Nebenbedingung aus der Problemstellung entnehmen, als Gleichung formulieren und die Gleichung nach der zweckmäßigsten Variablen umstellen.

$l + 2b = 40\ \text{m}$ ▶ Nebenbedingung
$\Rightarrow l = 40\ \text{m} - 2b$

- Mit Hilfe der Nebenbedingung die Ausgangsgleichung so zu einer Funktionsgleichung umformen, daß in ihr nur noch eine Variable vorkommt.

$A = l \cdot b$ ▶ $l = 40\ \text{m} - 2b$
$A(b) = (40\ \text{m} - 2b) \cdot b$
$= 40\ \text{m} \cdot b - 2b^2$ ▶ Funktionsgleichung

- Aus der Problemstellung den technisch möglichen Bereich dieser Variablen ermitteln.

b liegt zwischen 0 m und 40 m

- Die relativen Extremstellen der Funktion bestimmen.
  Man bildet $A'(b)$, setzt diesen Term gleich Null und löst die Gleichung. Anschließend kontrolliert man mit Hilfe der zweiten Ableitung A'', ob an der Nullstelle b_0 der ersten Ableitung eine Maximalstelle vorliegt. $b_0 = 10$ m ist die Breite, bei der der Flächeninhalt A am größten ist.

$A(b) = 40\ \text{m} \cdot b - 2b^2$
$\Rightarrow A'(b) = 40\ \text{m} - 4b$ ▶ $A'(b) = 0$
$40\ \text{m} - 4b = 0 \Rightarrow 40\ \text{m} = 4b$
$\Rightarrow \underline{\underline{b_0 = 10\ \text{m}}}$ ▶ mögliche relative Extremstelle
$A''(b) = -4$
$\Rightarrow A''(10\ \text{m}) < 0$ ▶ $b_0 = 10$ m ist relative Maximalstelle

- Aus den relativen Extremstellen und der Gleichung für die Nebenbedingung die Werte der übrigen Variablen berechnen. Man erhält die Länge $l_0 = 20$ m.

$l_0 = 40\ \text{m} \quad 2b_0$ ▶ $b_0 = 10\ \text{m}$
$= 40\ \text{m} - 2 \cdot 10\ \text{m}$
$= \underline{\underline{20\ \text{m}}}$ ▶ gesuchte Länge l_0

- Den gesuchten Extremwert aus der Ausgangsgleichung berechnen.
  Mit den Seitenlängen $b_0 = 10$ m und $l_0 = 20$ m erhält man aus der Ausgangsgleichung für den maximalen Flächeninhalt $A_{max} = 200\ \text{m}^2$.

$A_{max} = l_0 \cdot b_0$
$= 20\ \text{m} \cdot 10\ \text{m}$
$= \underline{\underline{200\ \text{m}^2}}$ ▶ maximaler Flächeninhalt

Merke:

Zur Lösung von Maxima-Minima-Problemen empfiehlt sich folgender Lösungsweg:

- Die Variablen sowie die gegebenen Größen aus der Problemstellung entnehmen oder festlegen.
- Das Problem, also die Beziehungen der Variablen und Größen zueinander, in einer Ausgangsgleichung darstellen.
- Die Nebenbedingungen aus der Problemstellung entnehmen, als Gleichung formulieren und die Gleichung nach der zweckmäßigsten Variablen umstellen.
- Mit Hilfe der Nebenbedingung die Ausgangsgleichung so zu einer Funktionsgleichung umformen, daß in ihr nur noch eine Variable vorkommt.
- Aus der Problemstellung den (technisch) möglichen Bereich dieser Variablen ermitteln.
- Die relativen Extremstellen der Funktion bestimmen.
- Aus den relativen Extremstellen und der Gleichung für die Nebenbedingungen die Werte der übrigen Variablen berechnen.
- Den gesuchten Maximal- bzw. Minimalwert aus der Ausgangsgleichung berechnen.

Beispiel: Die Zahl 100 soll derart in zwei Summanden zerlegt werden, daß die Summe der Quadrate der beiden Summanden möglichst klein wird.

Man geht nach dem entwickelten Lösungsschema vor.

- Die Variablen x, y und s werden festgelegt.

x ► erster Summand
y ► zweiter Summand
s ► Summe
} Variablen

- Die Beziehungen zwischen den Variablen stellt man in einer Ausgangsgleichung dar.

$s = x^2 + y^2$ ► Ausgangsgleichung

- Die Nebenbedingung läßt sich aus der Problemstellung entnehmen und als Gleichung formulieren. Dann wird die Gleichung nach der Variablen y umgestellt.

$x + y = 100$ ► Nebenbedingung

$\Rightarrow y = 100 - x$

- Mit Hilfe der Nebenbedingung wird die Ausgangsgleichung so zu einer Funktionsgleichung umgeformt, daß in ihr nur noch die Variable x vorkommt.

$s = x^2 + y^2$ ► $y = 100 - x$

$$\begin{aligned} s(x) &= x^2 + (100 - x)^2 \\ &= x^2 + 10000 - 200x + x^2 \\ &= 2x^2 - 200x + 10000 \end{aligned}$$
► Funktionsgleichung

- Aus der Problemstellung geht hervor, daß für die Variable x nur der Bereich [0; 100] in Frage kommt.

x liegt zwischen 0 und 100

- Die relativen Extremstellen der Funktion werden bestimmt. Hier liegt an der Stelle $x_0 = 50$ eine relative Minimalstelle vor.

$s(x) = 2x^2 - 200x + 10000$

$\Rightarrow s'(x) = 4x - 200$ ▶ $s'(x) = 0$

$4x - 200 = 0 \Rightarrow x_0 = 50$

$\Rightarrow x_0 = 50$ ▶ mögliche relative Extremstelle

$s''(x) = 4$

$\Rightarrow s''(x) > 0$ ▶ $x_0 = 50$ ist relative Minimalstelle

- Aus der relativen Minimalstelle $x_0 = 50$ und der Gleichung für die Nebenbedingung ermittelt man den Wert y_0.

$y_0 = 100 - x_0$ ▶ $x_0 = 50$

$\Rightarrow y_0 = \underline{\underline{50}}$

- Dann berechnet man den gesuchten Minimalwert s_0 aus der Ausgangsgleichung.

$s_0 = x_0^2 + y_0^2$

$= 50^2 + 50^2 = \underline{\underline{5000}}$ ▶ Minimalwert für s

Beispiel: Aus Blechtafeln 500 mm × 800 mm sollen durch Ausschneiden, Biegen und Schweißen nach Skizze allseitig geschlossene quaderförmige Kanister mit möglichst großem Volumen hergestellt werden. Es sind Maße und Volumen des Quaders zu berechnen.

Das Volumen soll ein Maximum werden. Da die Größe des Volumens eine Funktion von drei Variablen ist, versucht man, zwei dieser Variablen mit Hilfe der dritten Variablen auszudrücken. Die Nebenbedingungen ergeben sich aus der Skizze der Abwicklung. Folgende Größen sind bekannt:

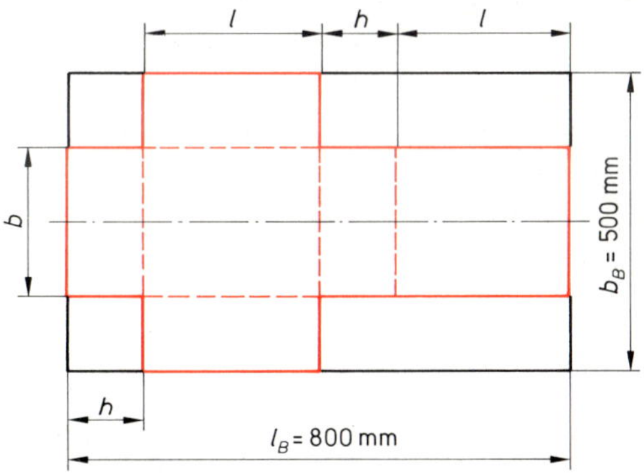

$\left.\begin{array}{l} l_B = 800\text{ mm} \\ b_B = 500\text{ mm} \end{array}\right\}$ Maße der Blechtafeln

Man geht nach dem entwickelten Lösungsschema vor.

- Die Variablen l, b, h und V werden der Zeichnung bzw. aus der Problemstellung entnommen.

l, b, h ▶ Länge, Breite und Höhe des Kanisters

V ▶ Volumen des Kanisters

- Die Beziehungen zwischen den Variablen werden durch die Ausgangsgleichung dargestellt.

$V = l \cdot b \cdot h$ ▶ Ausgangsgleichung

- Die Nebenbedingungen für l und b lassen sich aus der Problemstellung entnehmen und als Gleichung formulieren.

$l = \frac{l_B}{2} - h$ und $b = b_B - 2h$ ▶ Nebenbedingungen

- Aus der Ausgangsgleichung und den Nebenbedingungen wird eine Funktionsgleichung gebildet, in der nur noch die Variable h auftritt.

$$V=l\cdot b\cdot h \blacktriangleright l=\frac{l_B}{2}-h;\ b=b_B-2h$$

$$\Rightarrow V(h)=\left(\frac{l_B}{2}-h\right)(b_B-2h)\,h$$

$$=2h^3-(l_B+b_B)\,h^2+\frac{l_B\,b_B}{2}\,h \blacktriangleright \text{Funktionsgleichung}$$

- Aus der Problemstellung geht hervor, daß für die Variable h nur der Bereich $\left(0\text{ m};\frac{b_B}{2}\right)$ in Frage kommt.

▶ h kann nur zwischen 0 m und $\frac{b_B}{2}$ liegen

- Die relativen Extremstellen der Funktion V werden aus $V'(h)=0$ bestimmt. Man erhält die Nullstellen der ersten Ableitung h_1 und h_2, von denen jedoch nur h_2 ein Element aus $\left(0\text{ m};\frac{b_B}{2}\right)$ und damit eine mögliche relative Extremstelle ist. Die Untersuchung mit der zweiten Ableitung ergibt, daß $h_2=100$ mm eine relative Maximalstelle ist.

$$V'(h)=6h^2-2(l_B+b_B)\,h+\frac{l_B\,b_B}{2} \blacktriangleright V'(h)=0$$

$$\Rightarrow h^2-\left(\frac{l_B+b_B}{3}\right)h+\frac{l_B\,b_B}{12}=0$$

$$\Rightarrow h_1=\frac{l_B+b_B}{6}+\sqrt{\left(\frac{l_B+b_B}{6}\right)^2-\frac{l_B\,b_B}{12}}$$

$$=\frac{l_B+b_B}{6}+\frac{1}{6}\sqrt{l_B^2-l_B\cdot b_B+b_B^2}$$

$$h_2=\frac{l_B+b_B}{6}-\frac{1}{6}\sqrt{l_B^2-l_B\cdot b_B+b_B^2}$$

$$\blacktriangleright l_B=800\text{ mm};\ b_B=500\text{ mm}$$

$$\Rightarrow h_1=\frac{1300\text{ mm}}{6}+\frac{1}{6}\sqrt{490000\text{ mm}^2}$$

$$=\underline{333{,}3\text{ mm}} \blacktriangleright h_1\notin\left(0\text{ m};\frac{b_B}{2}\right) \blacktriangleright \text{keine Lösung}$$

$$h_2=\frac{1300\text{ mm}}{6}-\frac{1}{6}\sqrt{490000\text{ mm}^2}$$

$$=\underline{\underline{100\text{ mm}}} \blacktriangleright \text{mögliche relative Extremstelle von } V$$

$$V''(h)=12h-2(l_B+b_B) \blacktriangleright h_2=100\text{ mm}$$

$$\Rightarrow V''(h_2)=1200\text{ mm}-2600\text{ mm}=\underline{-1400\text{ mm}}$$

$$\Rightarrow V''(h_2)<0 \blacktriangleright h_2=100\text{ mm ist relative Maximalstelle}$$

- Mit $h_2=100$ mm und den Gleichungen für die Nebenbedingung werden l_2 und b_2 berechnet.

$$l=\frac{l_B}{2}-h \blacktriangleright h_2=100\text{ mm}$$

$$\blacktriangleright l_2=\frac{800\text{ mm}}{2}-100\text{ mm}\Rightarrow l_2=\underline{\underline{300\text{ mm}}}$$

$$b=b_B-2h \blacktriangleright h_2=100\text{ mm};\ b_B=500\text{ mm}$$

$$\blacktriangleright b_2=500\text{ mm}-200\text{ mm}\Rightarrow b_2=\underline{\underline{300\text{ mm}}}$$

- Der gesuchte Maximalwert V_{max} wird aus der Ausgangsgleichung berechnet. Es ergibt sich ein Quader mit quadratischer Grundfläche und einer Höhe von 1 dm, der ein Volumen von 9 dm³ hat.

$$V_{max}=l_2\cdot b_2\cdot h_2 \blacktriangleright l_2=3\text{ dm};\ b_2=3\text{ dm};\ h_2=1\text{ dm}$$

$$=3\text{ dm}\cdot 3\text{ dm}\cdot 1\text{ dm}$$

$$=\underline{\underline{9\text{ dm}^3}} \blacktriangleright \text{Maximalwert}$$

Beispiel: Eine rechteckige Generatorgasleitung muß zur Vermeidung von Wärmeverlusten mit Isoliermaterial umwickelt werden. Welche Maße muß die Leitung haben, wenn möglichst wenig Isoliermaterial verwendet werden soll und die beförderte Gasmenge 18000 m³ pro Stunde bei einer Gasgeschwindigkeit von 20 $\frac{m}{s}$ beträgt?

Da möglichst wenig Isoliermaterial verbraucht werden soll, muß der Umfang l_U des rechteckigen Querschnitts ein Minimum werden.

Folgende Größen sind bekannt:

$Q = 18000\ m^3$ ► Gasmenge

$t = 1\ h$ ► Zeit

$v = 20\ \frac{m}{s}$ ► Gasgeschwindigkeit

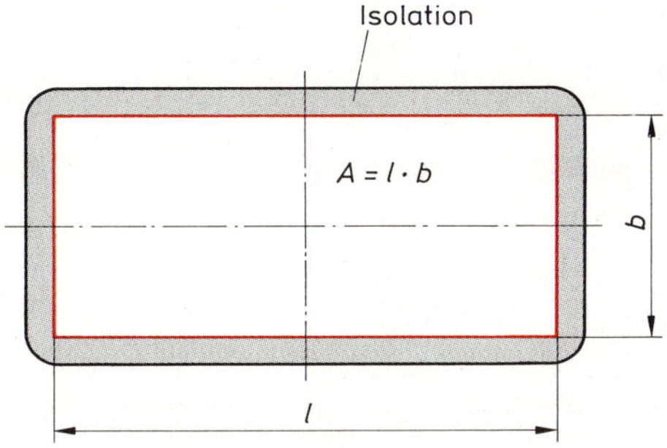

Man geht nach dem entwickelten Lösungsschema vor.

- Die Variablen l, b, l_U und A sind der Zeichnung bzw. der Problemstellung zu entnehmen.

l, b ► Länge und Breite der Gasleitung

l_U ► Umfang des Querschnitts

A ► Flächeninhalt des Querschnitts

- Die Beziehungen zwischen den Variablen werden durch die Ausgangsgleichung dargestellt.

$l_U = 2 \cdot l + 2 \cdot b$ ► Ausgangsgleichung

- Die Nebenbedingungen für Q und A lassen sich aus der Problemstellung entnehmen und als Gleichung formulieren.

$Q = A \cdot v \cdot t$ und $A = l \cdot b$ ► Nebenbedingungen

$Q = l \cdot b \cdot v \cdot t \Rightarrow l = \frac{Q}{b \cdot v \cdot t}$

- Mit Hilfe der Nebenbedingung wird die Ausgangsgleichung so zu einer Funktionsgleichung umgeformt, daß in ihr nur noch die Variable b vorkommt.

$l_U = 2 \cdot l + 2 \cdot b$ ► $l = \frac{Q}{b \cdot v \cdot t}$

$\Rightarrow l_U(b) = \frac{2 \cdot Q}{b \cdot v \cdot t} + 2b$ ► Funktionsgleichung

- Aus der Problemstellung ergibt sich, daß $b > 0$ m gelten muß.

► b muß größer als 0 m sein

- Die relativen Extremstellen der Funktion l_U werden aus $l'_U(b) = 0$ bestimmt. Man erhält zwei Nullstellen der ersten Ableitung, von denen wegen $b > 0$ m nur $b_0 = 0{,}5$ m eine mögliche relative Extremstelle ist. Die Untersuchung mit der zweiten Ableitung ergibt, daß $b_0 = 0{,}5$ m eine relative Minimalstelle ist.

$l'_U(b) = -\frac{2Q}{v \cdot b^2 \cdot t} + 2$ ► $l'_U(b) = 0$

$-\frac{2Q}{v \cdot b^2 \cdot t} + 2 = 0$

$\Rightarrow b = \sqrt{\frac{Q}{v \cdot t}}$ oder $b = -\sqrt{\frac{Q}{v \cdot t}}$ ► $b > 0$ m

$\Rightarrow b_0 = \sqrt{\frac{Q}{v \cdot t}}$ ► mögliche relative Extremstelle

$l''_U(b) = \frac{4 \cdot Q}{v \cdot t \cdot b^3}$ ► $b_0 = \sqrt{\frac{Q}{v \cdot t}}$

$\Rightarrow l''_U(b_0) = 4\sqrt{\frac{v \cdot t}{Q}}$

$\Rightarrow l''_U(b_0) > 0$ ► b_0 ist relative Minimalstelle

- Mit Hilfe der berechneten Minimalstelle b_0 wird der Wert für l_0 aus der Gleichung der Nebenbedingung berechnet.

$b_0 = \sqrt{\frac{Q}{v \cdot t}}$ ► $Q = 18000\ m^3$; $v = 20\ \frac{m}{s}$; $t = 3600$ s

- Der gesuchte Minimalwert für den Umfang l_U wird aus der Ausgangsgleichung mit den errechneten Werten l_0 und b_0 ermittelt. Der Querschnitt mit dem kleinsten Umfang bildet ein Quadrat der Seitenlänge 0,5 m.

$$b_0 = \sqrt{\frac{18000\ \text{m}^3}{20\ \text{ms}^{-1} \cdot 3600\ \text{s}}} = \sqrt{\frac{18\ \text{m}^2}{2 \cdot 36}} = \underline{\underline{0{,}5\ \text{m}}}$$

$$l_0 = \frac{Q}{b_0 \cdot v \cdot t} = \frac{18000\ \text{m}^3}{0{,}5\ \text{m} \cdot 20\ \text{ms}^{-1} \cdot 3600\ \text{s}} = \underline{\underline{0{,}5\ \text{m}}}$$

$$l_{U0} = 2 \cdot 0{,}5\ \text{m} + 2 \cdot 0{,}5\ \text{m} = \underline{\underline{2\ \text{m}}}$$

Beispiel: Ein offener Bewässerungskanal dessen Querschnitt ein gleichschenkliges Dreieck ist, soll 28 800 m³ Wasser stündlich bei einer Strömungsgeschwindigkeit von 3,6 $\frac{\text{km}}{\text{h}}$ befördern. Wie müssen die Maße gewählt werden, damit die benetzte Fläche, d. h. der Betonverbrauch, möglichst klein wird?

Der benetzte Umfang l_U soll bei konstantem Querschnitt ein Minimum werden.

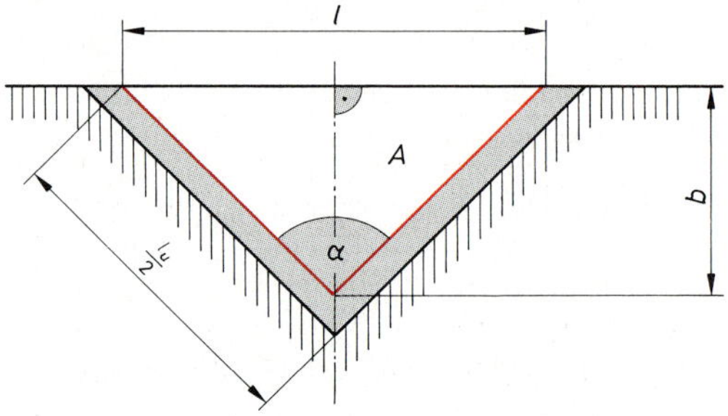

Folgende Größen sind bekannt:

$Q = 28\,800\ \text{m}^3$ ► Wassermenge

$t = 1\ \text{h}$ ► Zeit

$v = 3{,}6\ \frac{\text{km}}{\text{h}}$ ► Wasserströmungsgeschwindigkeit

Man geht nach dem entwickelten Lösungsschema vor.

- Die Variablen l, b, A, l_U und α sind der Zeichnung zu entnehmen.

l_U ► benetzter Umfang

b ► Tiefe des Kanals

A ► Querschnitt des Kanals

l ► Länge der offenen Seite

α ► Öffnungwinkel

- Die Beziehungen zwischen den Variablen werden als Ausgangsgleichung dargestellt und nach l_U aufgelöst.

$$\left(\frac{l_U}{2}\right)^2 = \left(\frac{l}{2}\right)^2 + b^2 \ ►\ l_U > 0\ ►\ \text{Ausgangsgleichung}$$

$$\Rightarrow l_U = 2\sqrt{\left(\frac{l}{2}\right)^2 + b^2}$$

- Die Nebenbedingungen für Q und A lassen sich aus der Problemstellung entnehmen und mit Hilfe des Lehrsatzes des Pythagoras als Gleichung formulieren.

$$Q = A \cdot v \cdot t \text{ und } A = \frac{l \cdot b}{2}\ ►\ \text{Nebenbedingungen}$$

$$\Rightarrow Q = \frac{l \cdot b}{2} \cdot v \cdot t \Rightarrow l = \frac{2 \cdot Q}{v \cdot b \cdot t}$$

- Mit Hilfe der Nebenbedingung wird die Ausgangsgleichung so zu einer Funktionsgleichung umgeformt, daß in ihr nur noch die Variable b vorkommt. Läßt man im Funktionsterm den konstanten Faktor 2 und die Wurzel weg, so erhält man die Ersatzfunktion $\bar{l}_U$. Ihre Extremstellen stimmen mit denen der Funktion l_U überein und sind von gleicher Art.

$$l_U = 2 \cdot \sqrt{\left(\frac{l}{2}\right)^2 + b^2}\ ►\ l = \frac{2 \cdot Q}{v \cdot b \cdot t}$$

$$\Rightarrow l_U(b) = 2 \cdot \sqrt{\left(\frac{Q}{v \cdot b \cdot t}\right)^2 + b^2}\ ►\ \text{Funktionsgleichung}$$

$$\Rightarrow \bar{l}_U(b) = \frac{Q^2}{v^2 \cdot b^2 \cdot t^2} + b^2\ ►\ \text{vereinfachte Funktionsgleichung}$$

- Aus der Problemstellung ergibt sich, daß $b > 0$ m gelten muß.

► b muß größer als 0 m sein.

- Die relativen Extremstellen der Funktion l_U werden aus $\bar{l}'_U(b)=0$ bestimmt. Man erhält zwei Nullstellen der ersten Ableitung, von denen wegen $b>0$ m nur $b_0=\sqrt{\frac{\alpha}{v\cdot t}}$ eine mögliche relative Extremstelle ist.

$$\bar{l}'_U(b)=\frac{-2\cdot Q^2}{v^2\cdot b^3\cdot t^2}+2b \blacktriangleright \bar{l}'_U(b)=0$$

$$\frac{-2Q^2}{v^2\cdot b^3\cdot t^2}+2b=0$$

$$\Rightarrow b=\sqrt[4]{\frac{Q^2}{v^2\cdot t^2}}=\sqrt{\frac{Q}{v\cdot t}} \text{ oder } b=-\sqrt{\frac{Q}{v\cdot t}} \blacktriangleright b>0\text{ m}$$

$$\Rightarrow \underline{\underline{b_0=\sqrt{\frac{Q}{v\cdot t}}}} \blacktriangleright \text{mögliche relative Extremstelle}$$

Die Untersuchung mit der zweiten Ableitung ergibt, daß b_0 eine relative Minimalstelle ist.

$$\bar{l}''_U(b)=\frac{6Q^2}{v^2\cdot t^2\cdot b^4}+2 \blacktriangleright b_0=\sqrt{\frac{Q}{v\cdot t}}$$

$$\Rightarrow \bar{l}''_U(b_0)=\frac{6Q^2}{v^2\cdot t^2\left(\sqrt{\frac{Q}{v\cdot t}}\right)^4}+2=6+2=\underline{8}$$

$$\Rightarrow \bar{l}''(b_0)>0 \blacktriangleright b_0 \text{ ist relative Minimalstelle}$$

Mit $Q=28\,800\text{ m}^3$, $v=3600\,\frac{\text{m}}{\text{h}}$ und $t=1$ h ergibt sich $b_0=2{,}828$ m.

$$b_0=\sqrt{\frac{Q}{v\cdot t}}=\sqrt{\frac{28\,800\text{ m}^3}{3600\text{ m}\cdot\text{h}^{-1}\cdot 1\cdot\text{h}}}=\underline{\underline{2{,}828\text{ m}}}$$

- Mit Hilfe der berechneten Minimalstelle b_0 wird der Wert für l_0 aus der Gleichung der Nebenbedingung berechnet.

$$l=\frac{2Q}{v\cdot b_0\cdot t} \blacktriangleright b_0=\sqrt{\frac{Q}{v\cdot t}} \Rightarrow b_0^2=\frac{Q}{v\cdot t}$$

$$\Rightarrow l_0=\frac{2}{b_0}\cdot\frac{Q}{v\cdot t}=\frac{2b_0^2}{b_0}=2b_0 \blacktriangleright b_0=2{,}828\text{ m}$$

$$\Rightarrow l_0=\underline{\underline{5{,}656\text{ m}}} \blacktriangleright l_0=2\cdot b_0$$

- Der gesuchte Minimalwert für den benetzten Umfang l_U wird aus der Ausgangsgleichung mit den berechneten Werten l_0 und b_0 ermittelt.

$$l_U=2\sqrt{\left(\frac{l}{2}\right)^2+b^2}$$

$$\Rightarrow l_{U0}=2\sqrt{b_0^2+b_0^2}$$
$$=2b_0\sqrt{2} \blacktriangleright b_0=2{,}828\text{ m}$$
$$=\underline{\underline{8{,}0\text{ m}}}$$

Zum Bau des Kanals ist es noch wichtig, den Wert des Öffnungswinkels α zu bestimmen.

$$\tan\frac{\alpha}{2}=\frac{l_0}{2b_0}=\frac{2b_0}{2b_0}=1 \Rightarrow \frac{\alpha}{2}=45° \Rightarrow \alpha=\underline{\underline{90°}}$$

Beispiel: Es sind die Maße eines ellipsenförmigen Autotunnels zu berechnen, der eine Fahrbahn von 8 m Breite bei einer lichten Höhe von 4 m aufnehmen soll. Bei der Konstruktion ist darauf zu achten, daß der ungenutzte Tunnelquerschnitt möglichst klein wird. Berechnen Sie die Durchmesser der Ellipse und den prozentualen Verlustquerschnitt.

Die Differenz zwischen der Ellipsenfläche und dem rechteckigen Nutzquerschnitt soll ein Minimum werden.

Folgende Größen sind bekannt:

$2x = 8$ m; $2y = 4$ m ► Seitenlängen des Rechtecks

$A_R = 32$ m² ► Flächeninhalt des Rechtecks

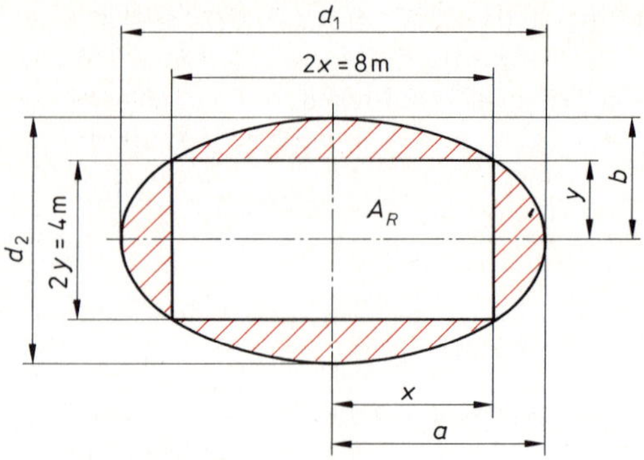

Man geht nach dem entwickelten Lösungsschema vor.

- Die Variablen a, b und A_E sind der Zeichnung bzw. der Problemstellung zu entnehmen.

a, b ► Halbmesser der Ellipse

A_E ► Flächeninhalt der Ellipse

- Die Beziehungen zwischen den Variablen werden in Form der Ausgangsgleichung dargestellt.

$A = A_E - A_R$ ► $A_E = a \cdot b \cdot \pi$; $A_R = 2x \cdot 2y$

$= a \cdot b \cdot \pi - 2x \cdot 2y$

$= a \cdot b \cdot \pi - 4xy$ ► Ausgangsgleichung

- Da die Eckpunkte des genutzten Tunnelquerschnitts die Ellipsengleichung erfüllen müssen, erhält man eine Nebenbedingung für die Halbmesser der Ellipse. Diese wird nach a aufgelöst. Da $a > 0$ m sein muß, kommt nur die nichtnegative Lösung in Betracht.

$\frac{x^2}{a^2} + \frac{y^2}{b^2} = 1$ ► Nebenbedingung

$\Rightarrow a = \sqrt{\frac{x^2 \cdot b^2}{b^2 - y^2}}$

- Mit Hilfe der Nebenbedingung wird die Ausgangsgleichung so zu einer Funktionsgleichung umgeformt, daß in ihr nur noch die Variable b vorkommt.

$A = a \cdot b \cdot \pi - 4xy$ ► $a = \sqrt{\frac{x^2 \cdot b^2}{b^2 - y^2}}$

$\Rightarrow A(b) = \sqrt{\frac{x^2 \cdot b^2}{b^2 - y^2}} \cdot b \cdot \pi - 4xy$

$= x \cdot \pi \cdot \sqrt{\frac{b^4}{b^2 - y^2}} - 4xy$ ► Funktionsgleichung

- Aus der Problemstellung ergibt sich, daß $b > 0$ m gelten muß.

► b muß größer als 0 m sein.

- Die relativen Extremstellen der Funktion A werden aus der Ersatzfunktion $\bar{A}$ ermittelt, die man erhält, wenn im Funktionsterm der konstante Faktor $x\pi$, die Wurzel und der konstante Summand $4xy$ weggelassen werden. Ihre Extremstellen stimmen mit denen der Funktion A überein und sind von gleicher Art.

  Dann bildet man $\bar{A}'(b)$ und erhält aus $\bar{A}'(b) = 0$ drei Nullstellen der ersten Ableitung. Wegen $b > 0$ m ist jedoch nur die Nullstelle $b_0 = x \cdot \sqrt{2} = 2 \cdot \sqrt{2}$ m eine mögliche relative Extremstelle.

$\bar{A}(b) = \frac{b^4}{b^2 - y^2}$ ► vereinfachte Funktionsgleichung

$\bar{A}'(b) = \frac{2b^5 - 4y^2b^3}{(b^2 - y^2)^2}$ ► $\bar{A}'(b) = 0$

$\Rightarrow 2b^5 - 4y^2b^3 = 0 \Rightarrow 2b^3(b^2 - 2y^2) = 0$

$\Rightarrow 2b^3 = 0$ oder $b^2 - 2y^2 = 0$

$\Rightarrow b = 0$ m oder $b = -y \cdot \sqrt{2}$ oder $b = y \cdot \sqrt{2}$ ► $b > 0$ m

$\Rightarrow b_0 = y \cdot \sqrt{2}$ ► $2y = 4$ m $\Rightarrow y = 2$ m

$\Rightarrow b_0 = 2\sqrt{2}$ m ► mögliche relative Extremstelle von A

Mit Hilfe der zweiten Ableitung wird geprüft, ob an der Stelle $b_0 = 2\sqrt{2}$ m eine Minimalstelle der Funktion $\bar{A}$ vorliegt. Hierbei wird für die zweite Ableitung an der Nullstelle b_0 der ersten Ableitung $\bar{A}'$ das vereinfachte Verfahren verwandt.

$$\bar{A}'(b) = \frac{2b^5 - 4y^2b^3}{(b^2 - y^2)^2} = \frac{u(b)}{v(b)}$$

$$\bar{A}'(b) = \frac{u(b)}{v(b)} \text{ und } \bar{A}'(b_0) = 0$$

$$\Rightarrow \bar{A}''(b_0) = \frac{u'(b_0)}{v(b_0)} = \frac{10b_0^4 - 12y^2b_0^2}{(b_0^2 - y^2)^2} \blacktriangleright b_0 = 2\sqrt{2}\text{ m}, \; y = 2\text{ m}$$

$$\Rightarrow \bar{A}''(b_0) = \underline{16}$$

$$\Rightarrow \bar{A}''(b_0) > 0 \blacktriangleright b_0 = 2\sqrt{2}\text{ m ist relative Minimalstelle}$$

- Mit der berechneten Minimalstelle $b_0 = 2\sqrt{2}$ m wird der zugehörige Wert a_0 aus der Gleichung der Nebenbedingung berechnet.

$$a = \sqrt{\frac{x^2 \cdot b^2}{b^2 - y^2}} \blacktriangleright b_0 = 2 \cdot \sqrt{2}\text{ m}; \; x = 4\text{ m}; \; y = 2\text{ m}$$

$$\Rightarrow a_0 = \sqrt{\frac{16\text{ m}^2 \cdot 8\text{ m}^2}{8\text{ m}^2 - 4\text{ m}^2}} = \underline{4 \cdot \sqrt{2}\text{ m}}$$

- Die gesuchten Minimalwerte der Ellipsendurchmesser werden mit Hilfe von a_0, b_0 und den gegebenen Werten für die Seitenlängen des Rechtecks bestimmt.

$$d_1 = 2a_0 \blacktriangleright a_0 = 4 \cdot \sqrt{2}\text{ m}$$

$$d_1 = 2 \cdot 4 \cdot \sqrt{2}\text{ m} = \underline{\underline{11{,}31\text{ m}}}$$

$$d_2 = 2 \cdot b_0 \blacktriangleright b_0 = 2 \cdot \sqrt{2}\text{ m}$$

$$d_2 = 2 \cdot 2 \cdot \sqrt{2}\text{ m} = \underline{\underline{5{,}66\text{ m}}}$$

- Der prozentuale Verlustquerschnitt errechnet sich aus dem Verhältnis $\frac{A}{A_E} = \frac{(A_E - A_R)}{A_E}$.

$$A_E = a_0 \cdot b_0\,\pi = 4\sqrt{2}\text{ m} \cdot 2\sqrt{2}\text{ m} \cdot \pi = \underline{\underline{50{,}27\text{ m}^2}}$$

$$A = A_E - A_R$$

$$= 50{,}27\text{ m}^2 - 32\text{ m}^2$$

$$= \underline{\underline{18{,}27\text{ m}^2}}$$

$$\frac{A}{A_E} = \frac{18{,}27\text{ m}^2}{50{,}27\text{ m}^2} = \underline{\underline{0{,}3634}}$$

▶ Verlustquerschnitt: 36,34%

Beispiel: Ein Sportflugzeug fliegt von A nach B und zurück nach C. Bei welcher Windgeschwindigkeit v_W legt das Flugzeug den Weg $\overline{ABC}$ in kürzester Zeit zurück, wenn seine Eigengeschwindigkeit $v_E = 420\,\frac{\text{km}}{\text{m}}$ beträgt? (Windgeschwindigkeit von A nach B.)

Damit das Flugzeug die Strecke $\overline{BC}$ überhaupt zurücklegen kann, muß $v_E > v_W$ gelten.

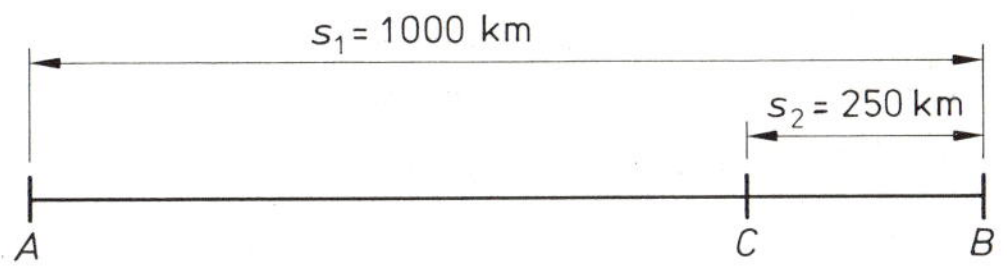

Folgende Größen sind bekannt:

$v_E = 420\,\frac{\text{km}}{\text{h}}$ ▶ Eigengeschwindigkeit

$s_1 = 1000$ km ▶ Länge der Strecke $\overline{AB}$

$s_2 = 250$ km ▶ Länge der Strecke $\overline{BC}$

- Die Variablen t, t_1, t_2 und v_W werden aus der Problemstellung entnommen.

t ▶ Gesamtzeit

t_1 ▶ Zeit für Strecke $\overline{AB}$

t_2 ▶ Zeit für Strecke $\overline{BC}$

v_W ▶ Windgeschwindigkeit

- Die Beziehungen zwischen den Variablen werden in Form der Ausgangsgleichung dargestellt.

$t = t_1 + t_2$ ▶ Ausgangsgleichung

- Die Nebenbedingungen für t_1 und t_2 lassen sich aus dem Weg-Zeit-Gesetz entwickeln und als Gleichung allgemein formulieren.

$t_1 = \frac{s_1}{v_E + v_W}$; $t_2 = \frac{s_2}{v_E - v_W}$ ▶ Nebenbedingungen

- Mit Hilfe der Nebenbedingungen wird die Ausgangsgleichung so zu einer Funktionsgleichung umgeformt, daß in ihr nur noch die Variable v_W vorkommt. Aus der Problemstellung ergibt sich, daß $v_W < 420\,\frac{\text{km}}{\text{h}}$ gelten muß.

$$t(v_W) = \frac{s_1}{v_E + v_W} + \frac{s_2}{v_E - v_W}$$ ▶ $s_1 = 1000\,\text{km}$; $s_2 = 250\,\text{km}$; $v_E = 420\,\frac{\text{km}}{\text{h}}$

$$\Rightarrow t(v_W) = \frac{1000\,\text{km}}{420\,\frac{\text{km}}{\text{h}} + v_W} + \frac{250\,\text{km}}{420\,\frac{\text{km}}{\text{h}} - v_W}$$ ▶ Funktionsgleichung

▶ v_W muß kleiner als $v_E = 420\,\frac{\text{km}}{\text{h}}$ sein.

- Um die relativen Extremstellen der Funktion t zu ermitteln, bildet man den Funktionsterm $t'(v_W)$ der ersten Ableitung t' und erhält aus $t'(v_W) = 0$ zwei Nullstellen der ersten Ableitung. Wegen der Bedingung $v_W < 420\,\frac{\text{km}}{\text{h}}$ ist jedoch nur die Nullstelle $v_W = 140\,\frac{\text{km}}{\text{h}}$ eine mögliche relative Extremstelle. Aus Gründen der Übersichtlichkeit wurden bei den Ableitungen die Einheiten weggelassen.

$$t'(v_W) = \frac{-1000}{(420 + v_W)^2} + \frac{250}{(420 - v_W)^2}$$ ▶ $t'(v_W) = 0$

$$\Rightarrow \frac{-1000}{(420 + v_W)^2} + \frac{250}{(420 - v_W)^2} = 0$$

$$\Rightarrow -1000(420 - v_W)^2 + 250(420 + v_W)^2 = 0$$

$$v_W^2 - 1400\,v_W + 176\,400 = 0$$

$\Rightarrow v_W = 1260\,\frac{\text{km}}{\text{h}}$ oder $v_W = 140\,\frac{\text{km}}{\text{h}}$ ▶ $v_W < 420\,\frac{\text{km}}{\text{h}}$

$\Rightarrow \underline{v_{W_0} = 140\,\frac{\text{km}}{\text{h}}}$ ▶ mögliche relative Extremstelle von t

Die erste Ableitung wird als Bruchterm geschrieben, um die zweite Ableitung an der Stelle v_{W_0} vereinfacht berechnen zu können.

$$t'(v_W) = \frac{-1000(420 - v_W)^2 + 250(420 + v_W)^2}{(420 + v_W)^2 \cdot (420 - v_W)^2}$$

$$= \frac{1\,050\,000\,v_W - 750\,v_W^2 - 132\,300\,000}{(420^2 - v_W^2)^2}$$

$$= \frac{u(v_W)}{v(v_W)}$$ ▶ $t'(v_{W_0}) = 0$

$$\Rightarrow t''(v_{W_0}) = \frac{u'(v_{W_0})}{v(v_{W_0})}$$

$$= \frac{1\,050\,000 - 1500 \cdot v_{W_0}}{(420^2 - v_{W_0}^2)^2}$$ ▶ $v_{W_0} = 140\,\frac{\text{km}}{\text{h}}$

$$\Rightarrow t''(v_{W_0}) = \frac{840\,000}{(420^2 - 140^2)^2} = \underline{0{,}000034}$$

Die kürzeste Flugzeit ergibt sich bei einer Windgeschwindigkeit $v_{W_0} = 140\,\frac{\text{km}}{\text{h}}$.

$\Rightarrow t''(v_{W_0}) > 0$ ▶ $v_{W_0} = 140\,\frac{\text{km}}{\text{h}}$ ist relative Minimalstelle

- Aus dem Minimalwert für die Windgeschwindigkeit wird die kürzeste Flugzeit aus der Funktionsgleichung bestimmt. Die kürzeste Flugzeit beträgt 2,68 Stunden bei einer Windgeschwindigkeit von $140\,\frac{\text{km}}{\text{h}}$.

$$t_0 = \frac{1000\,\text{km}}{420\,\frac{\text{km}}{\text{h}} + 140\,\frac{\text{km}}{\text{h}}} + \frac{250\,\text{km}}{420\,\frac{\text{km}}{\text{h}} - 140\,\frac{\text{km}}{\text{h}}}$$

$= \underline{\underline{2{,}68\,\text{h}}}$ ▶ $2{,}68\,\text{h} \mathrel{\hat=} \underline{\underline{2\,\text{h}\;40'\;48''}}$

Beispiel: Ein Tanker T_1, der mit einer Geschwindigkeit von $v_1 = 30\,\frac{\text{km}}{\text{h}}$ von A nach B fährt, peilt um 10 Uhr einen anderen Tanker T_2 an, der mit $v_2 = 20\,\frac{\text{km}}{\text{h}}$ von C in Richtung A fährt, und zwar unter einem Winkel von $\alpha = 60°$. Zu diesem Zeitpunkt beträgt die Entfernung beider Schiffe $l = 8$ km. Um wieviel Uhr ist der Abstand beider Schiffe am geringsten und wie groß ist er? Die Strömungsgeschwindigkeit des Wassers wird vernachlässigt.

Der Abstand a soll ein Minimum werden.

Folgende Größen sind bekannt:

$v_1 = 30\,\frac{\text{km}}{\text{h}}$ ▶ Geschwindigkeit von Tanker T_1

$v_2 = 20\,\frac{\text{km}}{\text{h}}$ ▶ Geschwindigkeit von Tanker T_2

$l = 8$ km ▶ Schiffsabstand um 10 Uhr

$\alpha = 60°$ ▶ Peilwinkel um 10 Uhr

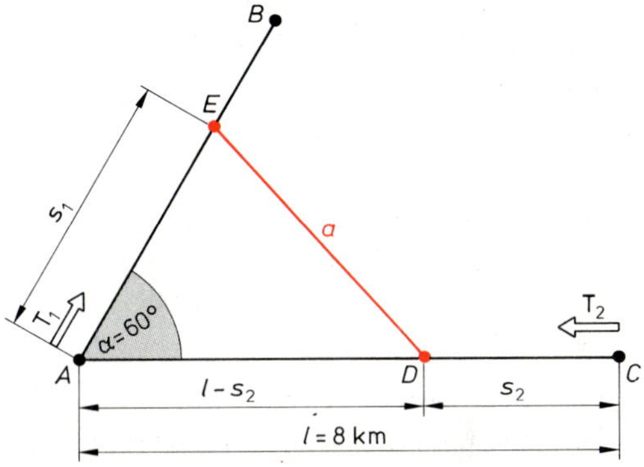

- Die Variablen s_1, s_2, a und t werden aus der Zeichnung bzw. der Problemstellung entnommen.

s_1 ▶ Weg von Tanker T_1 in der Zeit t

s_2 ▶ Weg von Tanker T_2 in der Zeit t

a ▶ Abstand beider Tanker

t ▶ Fahrzeit

- Die Beziehungen zwischen den Variablen werden als Ausgangsgleichung formuliert. Mit dem Kosinussatz kann der Abstand a der beiden Tanker zu jedem beliebigen Zeitpunkt berechnet werden.

$a^2 = (l - s_2)^2 + s_1^2 - 2 s_1 (l - s_2) \cos\alpha$ ▶ Ausgangsgleichung

▶ $a > 0$ ▶ $a = \sqrt{(l - s_2)^2 + s_1^2 - 2 s_1 (l - s_2) \cos\alpha}$

- Die Nebenbedingungen lassen sich aus dem Weg-Zeit-Gesetz entwickeln und als Gleichungen allgemein formulieren.

$s = v \cdot t$ ▶ $s_1 = v_1 \cdot t$; $s_2 = v_2 \cdot t$ ▶ Nebenbedingungen

▶ $\overline{AD} = l - s_2 = l - v_2 \cdot t$

- Mit Hilfe der Nebenbedingungen wird die Ausgangsgleichung so zu einer Funktionsgleichung umgeformt, daß in ihr nur noch die Variable t vorkommt. Die Variable t muß dabei stets größer als 0 Stunden sein. Durch Weglassen der Wurzel erhält man den Funktionsterm der Ersatzfunktion $\bar{a}$. Ihre Extremstellen stimmen mit denen der Funktion a überein und sind von gleicher Art.

$a = \sqrt{(l - s_2)^2 + s_1^2 - 2 s_1 (l - s_2) \cdot \cos\alpha}$ ▶ $l - s_2 = l - v_2 \cdot t$

$\Rightarrow a(t) = \sqrt{(l - v_2 \cdot t)^2 + (v_1 \cdot t)^2 - 2 (v_1 \cdot t)(l - v_2 \cdot t) \cdot \cos\alpha}$

▶ Funktionsgleichung

▶ t muß größer als 0 h sein.

$\Rightarrow \bar{a}(t) = (l - v_2\, t)^2 + (v_1\, t)^2 - 2\,(l - v_2\, t)(v_1\, t)\,\cos\alpha$

$= t^2 (v_1^2 + v_2^2 + 2 \cdot v_1 \cdot v_2 \cdot \cos\alpha) - 2 \cdot l \cdot t (v_2 + v_1 \cdot \cos\alpha) + l^2$

- Die relativen Extremstellen der Funktion a werden aus der Ersatzfunktion $\bar{a}$ ermittelt. Dazu bildet man den Funktionsterm $\bar{a}'(t)$ der ersten Ableitung $\bar{a}'$ und erhält aus $\bar{a}'(t) = 0$ mit t_0 eine mögliche relative Extremstelle.

$\Rightarrow \bar{a}'(t) = 2t(v_1^2 + v_2^2 + 2 \cdot v_1 \cdot v_2 \cdot \cos\alpha) - 2l(v_2 + v_1 \cdot \cos\alpha)$ ▶ $\bar{a}'(t) = 0$

$$\Rightarrow t_0 = \frac{l(v_2 + v_1 \cdot \cos\alpha)}{v_1^2 + v_2^2 + 2 \cdot v_1 \cdot v_2 \cdot \cos\alpha}$$ ▶ mögliche relative Extremstelle

Die zweite Ableitung ist für jedes t eine positive Konstante, d.h. für das berechnete t_0 ist der Abstand $a(t_0)$ ein Minimum. Als Minimalwert für die Zeit t ergibt sich $t_0 = 0{,}1474$ h.

$\bar{a}''(t) = 2(v_1^2 + v_2^2 + 2 \cdot v_1 \cdot v_2 \cdot \cos\alpha)$

$\Rightarrow \bar{a}''(t) > 0$ für alle $t \in \mathbb{R}_+$ ▶ t_0 ist relative Minimalstelle

- Der gesuchte Minimalwert für den Abstand a wird aus der Funktionsgleichung berechnet. Hier wurden bei der Rechnung die Einheiten aus Platzgründen weggelassen. Um 10 Uhr 8 min 51 s ist der Abstand beider Tanker mit 4,768 km am geringsten.

$$t_0 = \frac{8\,\text{km}(20\,\frac{\text{km}}{\text{h}} + 30\,\frac{\text{km}}{\text{h}} \cdot \cos 60°)}{900\,\frac{\text{km}^2}{\text{h}^2} + 400\,\frac{\text{km}^2}{\text{h}^2} + 2 \cdot 30\,\frac{\text{km}}{\text{h}} \cdot 20\,\frac{\text{km}}{\text{h}} \cdot \cos 60°}$$

$= \underline{\underline{0{,}1474\,\text{h}}}$ ▶ $0{,}1474\,\text{h} \mathrel{\hat{=}} \underline{\underline{8\,\text{min}\ 51\,\text{s}}}$

$$a(t_0) = \sqrt{(l - v_2 \cdot t_0)^2 + (v_1 \cdot t_0)^2 - 2(v_1 \cdot t_0)(l - v_2 \cdot t_0) \cdot \cos\alpha}$$

$$= \sqrt{(8 - 20 \cdot 0{,}1474)^2 + (30 \cdot 0{,}1474)^2 - 2(30 \cdot 0{,}1474)(8 - 20 \cdot 0{,}1474) \cdot \cos 60°}$$

$= 4{,}768$ ▶ $a(t_0) = \underline{\underline{4{,}768\,\text{km}}}$

Beispiel: Die Ortschaft A soll mit dem Kraftwerk C, das laut Zeichnung 2 km von der Ortschaft B entfernt ist, durch eine unter der Erde verlegte Leitung verbunden werden. Die Kosten betragen 600 DM pro lfd. Meter bei Verlegung neben der Straße und 1000 DM pro lfd. Meter im Gelände. In welcher Entfernung von der Ortschaft A muß die Leitung abzweigen, damit die Kosten möglichst niedrig gehalten werden.

Die Gesamtkosten sollen minimal sein. Folgende Größen sind bekannt:

$K_1 = 600$ DM ▶ Kosten pro lfd. Meter im Abschnitt $\overline{AD}$

$K_2 = 1000$ DM ▶ Kosten pro lfd. Meter im Abschnitt $\overline{DC}$

$l = 8$ km ▶ Länge der Strecke $\overline{AB}$

$b = 2$ km ▶ Länge der Strecke $\overline{BC}$

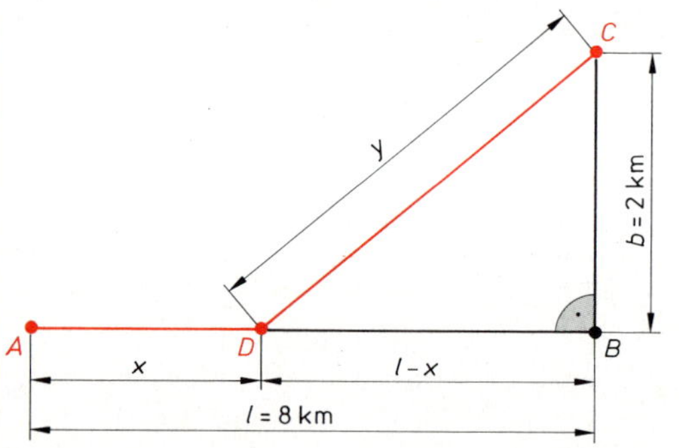

- Die Variablen K, x und y werden aus der Skizze bzw. aus der Problemstellung entnommen.

K ▶ Gesamtkosten

x ▶ Streckenlänge neben der Straße

y ▶ Streckenlänge durchs Gelände

- Die Beziehungen zwischen den Variablen werden als Ausgangsgleichung formuliert.

$K = K_1 \cdot x + K_2 \cdot y$ ▶ Ausgangsgleichung

- Die Nebenbedingung läßt sich mit Hilfe des Lehrsatzes des Pythagoras entwickeln.

$y^2 = (l - x)^2 + b^2$ ▶ Nebenbedingung

▶ $y \geq 0$ ▶ $y = \sqrt{(l - x)^2 + b^2}$

- Mit Hilfe der Nebenbedingung wird die Ausgangsgleichung so zu einer Funktionsgleichung umgeformt, daß in ihr nur noch die Variable x vorkommt. Dabei muß x stets kleiner/gleich l sein.

$K=K_1\cdot x+K_2\cdot y$ ► $y=\sqrt{(l-x^2)+b^2}$

$\Rightarrow K(x)=K_1\cdot x+K_2\cdot\sqrt{(l-x)^2+b^2}$ ► Funktionsgleichung

► x muß kleiner/gleich 8 km sein ► $x\leq 8$ km

- Zur Bestimmung der relativen Extremstellen der Funktion K wird der Funktionsterm $K'(x)$ der ersten Ableitung K' gebildet.

$$K'(x)=K_1-\frac{K_2(l-x)}{\sqrt{(l-x)^2+b^2}} \quad ► \quad K'(x)=0$$

$$\Rightarrow K_1\sqrt{(l-x)^2+b^2}-K_2(l-x)=0$$

$$\Rightarrow K_2(l-x)=K_1\cdot\sqrt{(l-x)^2+b^2}$$

$$K_2^2\cdot(l-x)^2=K_1^2\cdot[(l-x)^2+b^2]$$

$$\frac{K_1^2\cdot b^2}{K_2^2-K_1^2}=(l-x)^2$$

$$\Rightarrow x^2-2\cdot l\cdot x+\left[l^2-\frac{K_1^2\cdot b^2}{K_2^2-K_1^2}\right]=0$$

$$\Rightarrow x=l+\sqrt{l^2-\left(l^2-\frac{K_1^2\cdot b^2}{K_2^2-K_1^2}\right)} \text{ oder}$$

$$x=l-\sqrt{l^2-\left(l^2-\frac{K_1^2\cdot b^2}{K_2^2-K_1^2}\right)}$$

$$\Rightarrow x_0=l-\frac{K_1\cdot b}{\sqrt{K_2^2-K_1^2}} \quad ► \text{ mögliche relative Extremstelle}$$

Man erhält aus $K'(x)=0$ zwei Nullstellen der ersten Ableitung. Es ist aber nur die Lösung $l-\sqrt{\ldots}$ gültig, da x stets kleiner/gleich l sein muß. $x_0=6500$ m ist damit mögliche relative Extremstelle.

$$x_0=l-\frac{K_1\cdot b}{\sqrt{K_2^2-K_1^2}} \quad ► \quad K_1=600\text{ DM};\ K_2=1000\text{ DM};\ b=2000\text{ m};\ l=8000\text{ m}$$

$$=8000\text{ m}-\frac{600\text{ DM}\cdot 2000\text{ m}}{\sqrt{1000000\text{ DM}^2-360000\text{ DM}^2}}=\underline{\underline{6500\text{ m}}}$$

Dann ermittelt man den Funktionsterm $K''(x)$ der zweiten Ableitung K'', setzt die mögliche Extremstelle $x_0=6500$ m in den Funktionsterm der zweiten Ableitung $K''(x)$ ein und bestimmt den Funktionswert $K''(x_0)$. Wegen $K''(x_0)>0$ ist x_0 relative Minimalstelle von K.

$$K''(x)=\frac{K_2\cdot b^2}{\sqrt{[(l-x)^2+b^2]^3}} \quad ► \quad x_0=6500\text{ m}$$

$K''(x_0)=\underline{1{,}18}$

$\Rightarrow K''(x_0)>0$ ► $x_0=6500$ m ist relative Minimalstelle

- Minimale Kosten ergeben sich demnach, wenn 6500 m der Leitung neben der Straße verlegt werden. Mit Hilfe von $x_0=6500$ m wird der zugehörige Wert y_0 aus der Gleichung für die Nebenbedingung berechnet.

$y=\sqrt{(l-x)^2+b^2}$ ► $l=8000$ m; $b=2000$ m; $x_0=6500$ m

$$y_0=\sqrt{(8000\text{ m}-6500\text{ m})^2+(2000\text{ m})^2}=\underline{\underline{2500\text{ m}}}$$

- Den gesuchten Minimalwert für die Gesamtkosten erhält man aus der Ausgangsgleichung.

$$K=600\,\tfrac{\text{DM}}{\text{m}}\cdot 6500\text{ m}+1000\,\tfrac{\text{DM}}{\text{m}}\cdot 2500\text{ m}=\underline{\underline{6400000\text{ DM}}}$$

Beispiel: Für eine Bewässerungsanlage soll ein oben offener Kanal mit trapezförmigem Querschnitt aus drei gleich breiten Betonfertigplatten der Breite $l_2 = 2{,}5$ m gebaut werden. Die Platten sind so anzuordnen, daß möglichst viel Wasser transportiert werden kann. Wie groß ist der günstigste Böschungswinkel?

Der Kanalquerschnitt A soll maximal sein.

Folgende Größe ist bekannt:

$l_2 = 2{,}5$ m ► Breite der Betonplatten

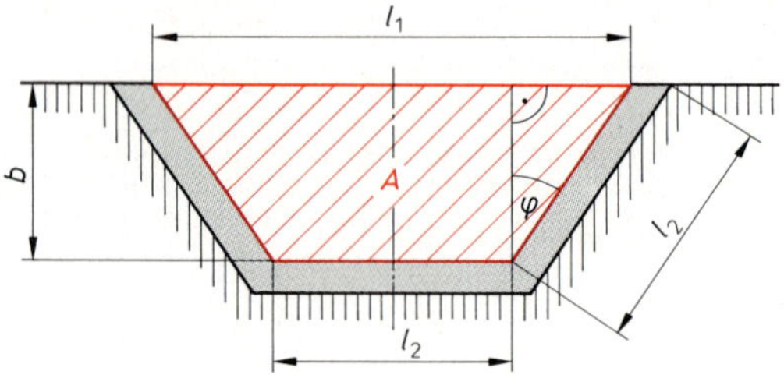

- Die Variablen b, l_1, φ und A werden aus der Skizze entnommen.

b ► Kanaltiefe
l_1 ► obere Breite des Kanals
φ ► Böschungswinkel
A ► Kanalquerschnitt

- Die Beziehungen zwischen den Variablen werden als Ausgangsgleichung formuliert.

$$A = \frac{l_1 + l_2}{2} \cdot b \quad \blacktriangleright \text{ Ausgangsgleichung}$$

- Nebenbedingungen lassen sich mit Hilfe der Definitionen von Sinus und Kosinus im rechtwinkligen Dreieck entwickeln.

$$\left.\begin{aligned} \cos\varphi &= \frac{b}{l_2} \quad \blacktriangleright\ b = l_2 \cdot \cos\varphi \\ \sin\varphi &= \frac{l_1 - l_2}{2 l_2} \quad \blacktriangleright\ l_1 = l_2(2 \cdot \sin\varphi + 1) \end{aligned}\right\} \text{Nebenbedingungen}$$

- Mit Hilfe der Nebenbedingung wird die Ausgangsgleichung so zu einer Funktionsgleichung umgeformt, daß in ihr nur noch die Variable φ vorkommt. Dabei muß φ stets zwischen 0° und 90° liegen. Durch Weglassen des konstanten Faktors erhält man den Funktionsterm der Ersatzfunktion $\bar{A}$. Ihre Extremstellen stimmen mit denen der Funktion A überein und sind von gleicher Art.

$$A = \frac{l_1 + l_2}{2} \cdot b \quad \blacktriangleright\ l_1 = l_2(2 \cdot \sin\varphi + 1);\ b = l_2 \cdot \cos\varphi$$

$$= \frac{l_2(2 \cdot \sin\varphi + 1) + l_2}{2} \cdot l_2 \cdot \cos\varphi$$

$$= \frac{l_2^2}{2}(2 \cdot \sin\varphi \cdot \cos\varphi + 2 \cdot \cos\varphi) \quad \blacktriangleright\ 2 \cdot \sin\varphi \cdot \cos\varphi = \sin(2\varphi)$$

$$\Rightarrow A(\varphi) = \frac{l_2^2}{2}[\sin(2\varphi) + 2 \cdot \cos\varphi] \quad \blacktriangleright \text{ Funktionsgleichung}$$

► φ muß zwischen 0° und 90° liegen

$$\Rightarrow \bar{A}(\varphi) = \sin(2\varphi) + 2 \cdot \cos\varphi$$

- Zur Bestimmung der relativen Extremstellen der Funktion $\bar{A}$ wird der Funktionsterm $\bar{A}'(\varphi)$ der ersten Ableitung $\bar{A}'$ gebildet. Man erhält dann aus $\bar{A}'(\varphi) = 0$ zwei Nullstellen der ersten Ableitung. Es ist aber nur die Lösung $\varphi = 30°$ gültig, da $\varphi \in (0°; 90°)$ gelten muß. $\varphi_0 = 30°$ ist damit mögliche relative Extremstelle.

$$\Rightarrow \bar{A}'(\varphi) = 2 \cdot \cos(2\varphi) - 2 \cdot \sin\varphi \quad \blacktriangleright\ 2 \cdot \cos(2\varphi) = 1 - 2 \cdot \sin^2\varphi$$

$$= 2(1 - 2 \cdot \sin^2\varphi) - 2\sin\varphi \quad \blacktriangleright\ \bar{A}'(\varphi) = 0$$

$$\Rightarrow \sin^2\varphi + \frac{1}{2}\sin\varphi - \frac{1}{2} = 0$$

$$\Rightarrow \sin\varphi = -\frac{1}{4} + \sqrt{\frac{1}{16} + \frac{8}{16}} = \underline{0{,}5} \Rightarrow \varphi = 30° \text{ oder}$$

$$\sin\varphi = -\frac{1}{4} - \sqrt{\frac{1}{16} + \frac{8}{16}} = \underline{-1} \Rightarrow \varphi = 270°$$

$\Rightarrow \varphi_0 = 30°$ ► mögliche relative Extremstelle von A

Durch Verwendung der zweiten Ableitung $\bar{A}''$ stellt man fest, daß der Winkel $\varphi_0 = 30°$ einen Maximalwert liefert.

$\bar{A}''(\varphi) = -4 \cdot \sin(2\varphi) - 2 \cdot \cos\varphi$ ▶ $\varphi_0 = 30°$

$\bar{A}''(\varphi_0) = -4 \cdot \frac{\sqrt{3}}{2} - 2 \cdot \frac{\sqrt{3}}{2} = \underline{-6 \cdot \frac{\sqrt{3}}{2}}$

$\Rightarrow \bar{A}''(\varphi_0) < 0$ ▶ $\varphi_0 = 30°$ ist relative Maximalstelle

- Der Maximalwert des Kanalquerschnitts wird aus der Funktionsgleichung ermittelt.

  Bei einer Plattenbreite $l_2 = 2{,}5$ m ergibt sich damit ein maximaler Kanalquerschnitt von 8,12 m².

$A(\varphi) = \frac{l_2^2}{2}[\sin(2\varphi) + 2 \cdot \cos\varphi]$ ▶ $\varphi_0 = 30°$

$A(30°) = \frac{l_2^2}{2}(\sin 60° + 2 \cdot \cos 30°)$

$= \frac{l_2^2}{2}\left(\frac{\sqrt{3}}{2} + 2 \cdot \frac{\sqrt{3}}{2}\right) = \underline{\underline{1{,}299\, l_2^2}}$ ▶ $l_2 = 2{,}5$ m

$A_{max} = 1{,}299 \cdot (2{,}5\text{ m})^2 = \underline{\underline{8{,}12\text{ m}^2}}$

Beispiel: In welcher Höhe *h* muß eine punktförmige Lichtquelle über einer Straße mit der Breite $b = 12$ m angebracht werden, damit die Fahrbahnränder noch möglichst stark ausgeleuchtet werden?

Bei der Aufgabe müssen zwei physikalische Gesetze beachtet werden, und zwar:

- Die Beleuchtungsstärke *E* auf eine senkrecht bestrahlte Fläche nimmt mit dem Quadrat ihrer Entfernung von der Lichtquelle ab: $E = c \cdot \frac{\Phi}{r^2}$.
- Die Beleuchtungsstärke hängt vom Einfallswinkel ab, unter dem die Lichtstrahlen auf eine beleuchtete Fläche auftreffen: $E_1 = E \cdot \cos\varphi$.

Folgende Größen sind bekannt:

$b = 12$ m ▶ Breite der Straße

$c = \frac{1}{\omega}$ ▶ Kehrwert des Raumwinkels

Φ ▶ Lichtstrom der bei senkrechtem Einfall auf eine Fläche treffen würde, deren Breite $\frac{b}{2}$ ist.

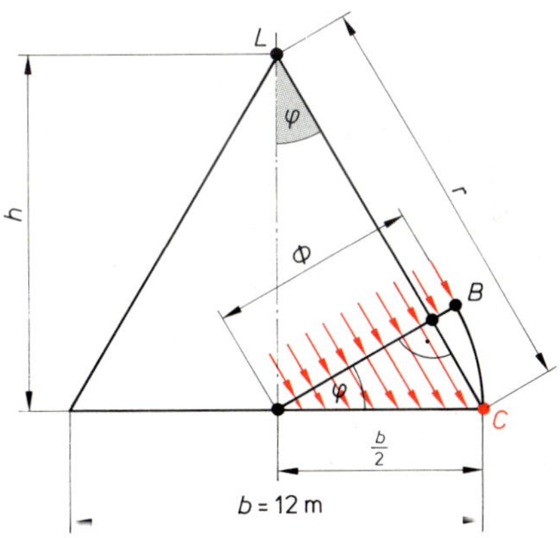

- Die Variablen *h*, *r*, *E* sowie E_1 werden der Skizze und der Problemstellung entnommen.

h ▶ Höhe der Lichtquelle über der Straße
r ▶ Entfernung der Lichtquelle vom Straßenrand
E ▶ Beleuchtungsstärke im Punkt *C* bei senkrechtem Lichteinfall.
E_1 ▶ Beleuchtungsstärke im Punkt *C* bei schrägem Lichteinfall unter φ.

- Die Beziehungen zwischen den Variablen werden als Ausgangsgleichung formuliert.

$E_1 = c \cdot \frac{\Phi}{r^2} \cdot \cos\varphi$ ▶ Ausgangsgleichung

- Nebenbedingungen lassen sich mit Hilfe der Beziehungen im rechtwinkligen Dreieck entwickeln.

$$\cos\varphi = \frac{h}{r} \text{ und } r^2 = h^2 + \frac{b^2}{4}$$ ► Nebenbedingungen

- Mit Hilfe der Nebenbedingung wird die Ausgangsgleichung so zu einer Funktionsgleichung umgeformt, daß in ihr nur noch die Variable h vorkommt. Dabei muß h stets größer als 0 m sein.

$$E_1 = c \cdot \frac{\Phi}{r^2} \cdot \cos\varphi \quad ► \quad \cos\varphi = \frac{h}{r}$$

$$= c \cdot \frac{\Phi}{r^2} \cdot \frac{h}{r}$$

$$= \frac{c \cdot \Phi \cdot h}{r^3} \quad ► \quad r^2 = h^2 + \frac{b^2}{4} \Rightarrow r = \sqrt{h^2 + \frac{b^2}{4}}$$

$$= \frac{c \cdot \Phi \cdot h}{\sqrt{\left(h^2 + \frac{b^2}{4}\right)^3}}$$

$$\Rightarrow E_1(h) = \frac{c \cdot \Phi \cdot h}{\sqrt{\left(h^2 + \frac{b^2}{4}\right)^3}}$$ ► Funktionsgleichung

► h muß größer als 0 m sein

- Die relativen Extremstellen der Funktion E_1 werden aus dem Funktionsterm der Ersatzfunktion $\bar{E}_1$ ermittelt, den man erhält, wenn man den konstanten Faktor $c \cdot \Phi$ wegläßt. Ihre Extremstellen stimmen mit denen der Funktion E_1 überein und sind von gleicher Art. Dazu bildet man den Funktionsterm $\bar{E}_1'(h)$ der ersten Ableitung. Aus $\bar{E}_1'(h) = 0$ erhält man dann zwei Nullstellen der ersten Ableitung. Es ist aber nur die positive Lösung brauchbar, so daß $h_0 = 0{,}25 \cdot \sqrt{2} \cdot b$ mögliche relative Extremstelle ist.

$$\Rightarrow \bar{E}_1(h) = \frac{h}{\sqrt{\left(h^2 + \frac{b^2}{4}\right)^3}}$$

$$\bar{E}_1'(h) = \frac{\frac{b^2}{4} - 2h^2}{\sqrt{\left(h^2 + \frac{b^2}{4}\right)^5}} = \frac{u(h)}{v(h)} \quad ► \quad \bar{E}_1'(h) = 0$$

$$\Rightarrow \frac{b^2}{4} - 2h^2 = 0 \Rightarrow h = \frac{b}{4}\sqrt{2} \text{ oder } h = -\frac{b}{4}\sqrt{2}$$

$$\Rightarrow h_0 = \frac{b}{4}\sqrt{2} = 0{,}25 \cdot \sqrt{2} \cdot b$$ ► mögliche relative Extremstelle von E_1

Da $\bar{E}_1'(h)$ ein Bruchterm ist, kann die zweite Ableitung $\bar{E}_1''(h_0)$ vereinfacht berechnet werden.

$$\bar{E}_1''(h_0) = \frac{u'(h_0)}{v(h_0)} = \frac{-4h_0}{\sqrt{\left(h_0^2 + \frac{b^2}{4}\right)^5}} \quad ► \quad h_0 = \frac{b}{4}\sqrt{2}$$

$$\bar{E}_1''(h_0) = \frac{-b\sqrt{2}}{\sqrt{\left(\frac{b^2}{8} + \frac{b^2}{4}\right)^5}}$$

Wegen $\bar{E}_1''(h_0) < 0$ ist h_0 relative Minimalstelle von E_1.

$$\Rightarrow \bar{E}''(h_0) < 0$$ ► h_0 ist relative Maximalstelle

- Bei einer Straßenbreite von 12 m ergibt sich damit für die Lichtquelle eine optimale Montagehöhe von 4,24 m über der Straße.

$$h_0 = 0{,}25 \cdot \sqrt{2} \cdot b \quad ► \quad b = 12 \text{ m}$$

$$= 0{,}25 \cdot \sqrt{2} \cdot 12 \text{ m}$$

$$= \underline{\underline{4{,}24 \text{ m}}}$$ ► optimale Leuchtenhöhe

Beispiel: Wie muß sich bei einer geschlossenen zylindrischen Konservendose die Höhe zum Durchmesser verhalten, damit bei gegebenem Volumen möglichst wenig Blech verbraucht wird?

Folgende Größe ist bekannt:

V ▶ Volumen der Dose

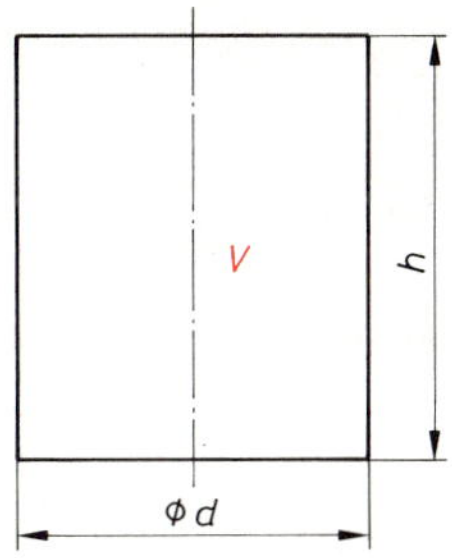

- Die Variablen d, h und A entnimmt man aus der Problemstellung und aus der Skizze.

d ▶ Durchmesser der Konservendose
h ▶ Höhe der Dose
A ▶ Oberfläche der Dose

- Die Beziehungen zwischen den Variablen werden als Ausgangsgleichung formuliert. Der geringste Blechbedarf liegt dann vor, wenn die Oberfläche A der Dose (Mantel und zwei Kreisflächen) ein Minimum wird.

$$A = d \cdot \pi \cdot h + 2 \cdot \frac{d^2 \cdot \pi}{4}$$ ▶ Ausgangsgleichung

- Die Nebenbedingung ergibt sich aus der Gleichung für das Zylindervolumen.

$$V = \frac{d^2 \cdot \pi \cdot h}{4} \blacktriangleright h = \frac{4 \cdot V}{d^2 \cdot \pi}$$ ▶ Nebenbedingung

- Mit Hilfe der Nebenbedingung wird die Ausgangsgleichung so zu einer Funktionsgleichung umgeformt, daß in ihr nur noch die Variable d vorkommt. Dabei muß d stets größer als Null sein.

$$A = d \cdot \pi \cdot h + \frac{d^2 \cdot \pi}{2} \blacktriangleright h = \frac{4 \cdot V}{d^2 \cdot \pi}$$

$$\Rightarrow A(d) = \frac{4 \cdot V}{d} + \frac{d^2 \cdot \pi}{2}$$ ▶ Funktionsgleichung

- Die relativen Extremstellen der Funktion A werden aus $A'(d) = 0$ bestimmt. Man erhält die Nullstelle der ersten Ableitung d_0 als mögliche relative Extremstelle. Die Untersuchung mit der zweiten Ableitung ergibt, daß d_0 eine relative Minimalstelle ist.

$$\Rightarrow A'(d) = -\frac{4 \cdot V}{d^2} + d \cdot \pi \blacktriangleright A'(d) = 0$$

$$\Rightarrow d \cdot \pi - \frac{4 \cdot V}{d^2} = 0 \Rightarrow d^3 = \frac{4 \cdot V}{\pi} \Rightarrow d_0 = \sqrt[3]{\frac{4 \cdot V}{\pi}}$$

▶ mögliche relative Extremstelle von A

$$A''(d) = \pi + \frac{8 \cdot V}{d^3} \blacktriangleright d_0 = \sqrt[3]{\frac{4 \cdot V}{\pi}}$$

$$\Rightarrow A''(d_0) = \pi + 2\pi = 3\pi$$

$$\Rightarrow A''(d_0) > 0$$ ▶ d_0 ist relative Minimalstelle

- Mit Hilfe der berechneten Minimalstelle d_0 wird der zugehörige Wert h_0 aus der Nebenbedingung berechnet.

  Der geringste Blechverbrauch liegt also dann vor, wenn man Durchmesser und Höhe der Konservendose gleich groß macht, wenn also $d:h = 1:1$ gilt.

$$h = \frac{4 \cdot V}{d^2 \cdot \pi} \blacktriangleright d_0 = \sqrt[3]{\frac{4 \cdot V}{\pi}}$$

$$h_0 = \frac{4 \cdot V \cdot \sqrt[3]{\frac{4 \cdot V}{\pi}}}{\pi \sqrt[3]{\left(\frac{4 \cdot V}{\pi}\right)^2} \cdot \sqrt[3]{\frac{4 \cdot V}{\pi}}} = \frac{4 \cdot V \cdot \sqrt[3]{\frac{4 \cdot V}{\pi}}}{\frac{\pi \cdot 4 \cdot V}{\pi}} = \underline{\underline{\sqrt[3]{\frac{4 \cdot V}{\pi}}}}$$

▶ $h_0 = d_0 \Rightarrow \frac{h_0}{d_0} = \underline{\underline{1}}$

Beispiel: In die kegelförmige Spitze eines Turmes (gerader Kreiskegel) soll ein zylindrischer Wasserbehälter mit möglichst großem Volumen eingebaut werden. Wie müssen die Maße des Behälters bei gegebenem Turmvolumen V_K gewählt werden? Wieviel Prozent der Turmspitze werden ausgenutzt?

Folgende Größen sind bekannt:

d_K ► Durchmesser der Turmspitze
h_K ► Höhe der Turmspitze

$V_K = \frac{d_K^2 \cdot \pi \cdot h_K}{12}$ ► Volumen der Turmspitze

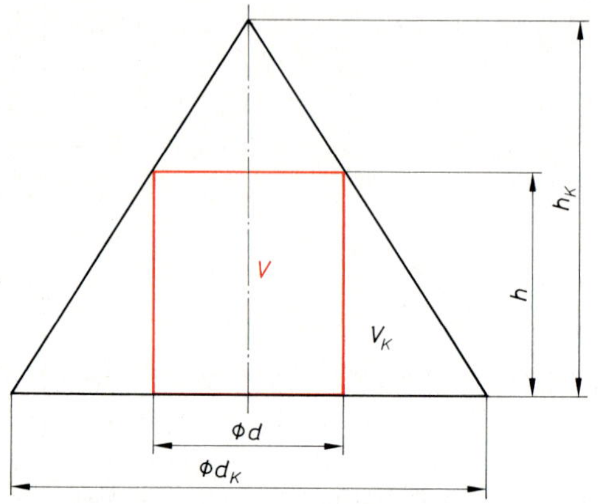

- Die Variablen d, h und V entnimmt man aus der Skizze.

d ► Durchmesser des Zylinders
h ► Höhe des Zylinders
V ► Volumen des Zylinders

- Die Beziehungen zwischen den Variablen werden als Ausgangsgleichung formuliert.

$V = \frac{d^2 \cdot \pi \cdot h}{4}$ ► Ausgangsgleichung

- Die Nebenbedingung erhält man mit Hilfe des Strahlensatzes.

$\frac{h_K}{d_K} = \frac{h_K - h}{d}$ ► $h = h_K\left(1 - \frac{d}{d_K}\right)$ ► Nebenbedingung

- Mit Hilfe der Nebenbedingung wird die Ausgangsgleichung so zu einer Funktionsgleichung umgeformt, daß in ihr nur noch die Variable d vorkommt. Dabei muß d im Intervall $(0; d_K)$ liegen. Durch Weglassen des konstanten Faktors erhält man die Ersatzfunktion $\bar{V}$. Ihre Extremstellen stimmen mit denen der Funktion V überein und sind von gleicher Art.

$V = \frac{d^2 \cdot \pi \cdot h}{4}$ ► $h = h_K\left(1 - \frac{d}{d_K}\right)$

$\Rightarrow V(d) = \frac{h_K \cdot \pi}{4}\left(d^2 - \frac{d^3}{d_K}\right)$; $d \in (0; d_K)$ ► Funktionsgleichung

$\Rightarrow \bar{V}(d) = d^2 - \frac{d^3}{d_K}$

- Um relative Extremstellen zu finden, wird $\bar{V}'(d) = 0$ gebildet. Es ergeben sich zwei Nullstellen der ersten Ableitung. Nur die Lösung, die im Intervall $(0; d_K)$ liegt, ist brauchbar, d.h. $d_0 = \frac{2}{3}d_K$ ist mögliche relative Extremstelle. Dann bildet man $\bar{V}''(d)$, setzt die mögliche Extremstelle d_0 in $\bar{V}''(d)$ ein und bestimmt $\bar{V}''(d_0)$. Wegen $V''(d_0) < 0$ ist d_0 relative Minimalstelle von V.

$\Rightarrow \bar{V}'(d) = 2d - 3\frac{d^2}{d_K}$ ► $\bar{V}'(d) = 0$

$\Rightarrow d\left(2 - 3\frac{d}{d_K}\right) = 0$

$\Rightarrow d = 0$ oder $2 - 3 \cdot \frac{d}{d_K} = 0$ ► $0 \notin (0; d_K)$

$\Rightarrow d_0 = \frac{2}{3}d_K$ ► mögliche relative Extremstelle von V

$\bar{V}''(d) = 2 - 6\frac{d}{d_K}$ ► $d_0 = \frac{2}{3}d_K$

$\Rightarrow \bar{V}''(d_0) = 2 - 4 \Rightarrow \bar{V}''(d_0) < 0$

$\Rightarrow d_0 = \frac{2}{3}d_K$ ist relative Maximalstelle

- Mit Hilfe der Maximalstelle d_0 wird der zugehörige Wert h_0 aus der Nebenbedingung berechnet.

$h = h_K\left(1 - \frac{d}{d_K}\right)$ ▶ $d_0 = \frac{2}{3}\,d_K$

$\Rightarrow h_0 = \frac{1}{3}\,h_K$

- Das maximale Zylindervolumen wird aus der Ausgangsgleichung bestimmt. Das größte Zylindervolumen ergibt sich für $d_0 = \frac{2}{3}d_K$ und $h_0 = \frac{1}{3}h_K$. Die Ausnutzung des Turmvolumens beträgt 44,4%.

$V = \frac{1}{4}\,d^2 \cdot \pi \cdot h$ ▶ $d_0 = \frac{2}{3}\,d_K,\ h_0 = \frac{1}{3}\,h_K$

$\Rightarrow V_{max} = \frac{d_K^2 \cdot \pi \cdot h_K}{27}$

$V_K = \frac{d_K^2 \cdot \pi \cdot h_K}{12}$ ▶ Volumen der Turmspitze

$\frac{V_{max}}{V_K} = \frac{d_K^2 \cdot \pi \cdot h_K \cdot 12}{27 \cdot d_K^2 \cdot \pi \cdot h_K} = \frac{4}{9} = 0{,}444 = 44{,}44\%$

Beispiel: In eine Kugel ist ein gerader Kreiskegel mit größtem Volumen einzubeschreiben. Wieviel Prozent des Kugelvolumens werden von diesem Kegel eingenommen?

Folgende Größen sind bekannt:

d_K ▶ Durchmesser der Kugel

$V_K = \frac{\pi \cdot d_K^3}{6}$ ▶ Volumen der Kugel

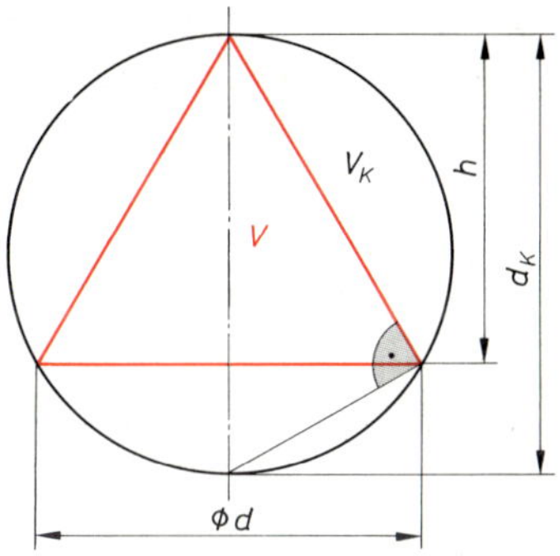

- Die Variablen d, h und V entnimmt man aus der Skizze und der Problemstellung.

d ▶ Durchmesser des Kegels
h ▶ Höhe des Kegels
V ▶ Volumen des Kegels

- Die Beziehungen zwischen den Variablen werden als Ausgangsgleichung formuliert.

$V = \frac{d^2 \cdot \pi \cdot h}{12}$ ▶ Ausgangsgleichung

- Die Nebenbedingung erhält man mit Hilfe des Höhensatzes.

$\left(\frac{d}{2}\right)^2 = h(d_K - h)$ ▶ $d^2 = 4 \cdot h(d_K - h)$ ▶ Nebenbedingung

- Mit Hilfe der Nebenbedingung wird die Ausgangsgleichung so zu einer Funktionsgleichung umgeformt, daß in ihr nur noch die Variable h vorkommt. Dabei muß h im Intervall $(0; d_K)$ liegen. Durch Weglassen des konstanten Faktors erhält man den Funktionsterm der Ersatzfunktion $\bar{V}$. Ihre Extremstellen stimmen mit denen der Funktion V überein und sind von gleicher Art.

$V = \frac{d^2 \cdot \pi \cdot h}{12}$ ▶ $d^2 = 4 \cdot h(d_K - h)$

$\Rightarrow V(h) = \frac{4 \cdot \pi}{12}\,h^2(d_K - h);\ h \in (0; d_K)$ ▶ Funktionsgleichung

$\Rightarrow \bar{V}(h) = h^2 \cdot d_K - h^3$

$\Rightarrow \bar{V}'(h) = 2 \cdot h \cdot d_K - 3 \cdot h^2$ ▶ $\bar{V}'(h) = 0$

$\Rightarrow h(2 \cdot d_K - 3 \cdot h) = 0$

$\Rightarrow h = 0$ oder $2d_K - 3h = 0$ ▶ $0 \notin (0; d_K)$

- Um relative Extremstellen zu finden, wird $\bar{V}'(h)=0$ gebildet. Es ergeben sich zwei Nullstellen der ersten Ableitung. Nur die Lösung, die im Intervall $(0; d_K)$ liegt, ist brauchbar, d.h. $h_0=\frac{2}{3}d_K$ ist mögliche relative Extremstelle. Dann bildet man $\bar{V}''(h)$, setzt die mögliche Extremstelle h_0 in $\bar{V}''(h)$ ein und bestimmt $\bar{V}''(h_0)$. Wegen $\bar{V}''(h_0)<0$ ist h_0 relative Maximalstelle von V.

$\Rightarrow h_0=\dfrac{2}{3}\,d_K$ ► mögliche relative Extremstelle von V

$\bar{V}''(h)=2\cdot d_K-6\cdot h$ ► $h_0=\dfrac{2}{3}\,d_K$

$\Rightarrow \bar{V}''(h_0)=-2\cdot d_K$

$\Rightarrow \bar{V}''(h_0)<0$ ► h_0 ist relative Maximalstelle

- Mit Hilfe der Maximalstelle h_0 wird der zugehörige Wert d_0 aus der Nebenbedingung berechnet und anschließend das Volumen V bestimmt.

$d=\sqrt{4\cdot h\cdot(d_K-h)}$ ► $h_0=\dfrac{2}{3}\,d_K$

$\Rightarrow \underline{\underline{d_0=\dfrac{2}{3}\,d_K\cdot\sqrt{2}}}$

- Das gesuchte Verhältnis der Volumina wird berechnet. Das größtmögliche Kegelvolumen beträgt 29,63% vom Kugelvolumen.

$V=\dfrac{\pi\cdot d^2\cdot h}{12}$ ► $h_0=\dfrac{2}{3}d_K,\ d_0=\dfrac{2}{3}d_K\cdot\sqrt{2}$

$\Rightarrow V_{max}=\dfrac{\pi\cdot 8\cdot d_K^2\cdot 2\cdot d_K}{12\cdot 9\cdot 3}=\underline{\underline{\dfrac{4}{81}\,\pi\cdot d_K^3}}$

$\dfrac{V_{max}}{V_K}=\dfrac{\frac{4}{81}\cdot\pi\cdot d_K^3}{\frac{1}{6}\cdot\pi\cdot d_K^3}=\dfrac{8}{27}=0{,}2963=\underline{\underline{29{,}63\%}}$

Beispiel: Ein kugelförmiger Gasbehälter ist so mit einem kegelförmigen Schutzmantel (gerader Kreiskegel) abzudecken, daß möglichst wenig Material benötigt wird.

Folgende Größe ist bekannt:

d_K ► Durchmesser der Kugel

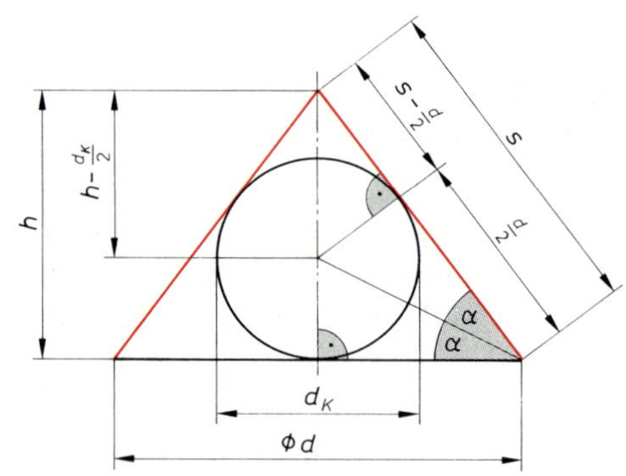

- Die Variablen d, h, s, A und α entnimmt man aus der Problemstellung und aus der Skizze.

d ► Durchmesser des Kegels
h ► Höhe des Kegels
s ► Mantellinie des Kegels
A ► Kegelmantel
α ► Basiswinkel des Kegels

- Die Beziehungen zwischen den Variablen werden als Ausgangsgleichung formuliert.

$$A=\frac{\pi\cdot d\cdot s}{2}$$ ▶ Ausgangsgleichung (Kegelmantel)

- Die Nebenbedingungen gewinnt man aus der Skizze und den Beziehungen am rechtwinkligen Dreieck.

$$\left.\begin{array}{l}\tan\alpha=\dfrac{\frac{d_K}{2}}{\frac{d}{2}}=\dfrac{d_K}{d} \;\blacktriangleright\; d=\dfrac{d_K}{\tan\alpha}\\[2ex] \cos(2\alpha)=\dfrac{\frac{d}{2}}{s} \;\blacktriangleright\; s=\dfrac{d}{2\cdot\cos(2\alpha)}\end{array}\right\}\text{Nebenbedingungen}$$

$$s=\frac{d}{2\cdot\cos(2\alpha)} \;\blacktriangleright\; d=\frac{d_K}{\tan\alpha}$$

$$=\frac{d_K}{2\cdot\tan\alpha\cdot\cos(2\alpha)}$$

- Mit Hilfe der Nebenbedingungen wird die Ausgangsgleichung so zu einer Funktionsgleichung umgeformt, daß in ihr nur noch die Variable α vorkommt. Dabei muß α im Intervall (0°; 45°) liegen. Durch Weglassen des konstanten Faktors erhält man den Funktionsterm der Ersatzfunktion $\bar{A}$. Ihre Extremstellen stimmen mit denen der Funktion A überein und sind von gleicher Art. Mit Hilfe der folgenden trigonometrischen Beziehungen wird der Zähler im Funktionsterm $\bar{A}(\alpha)$ umgeformt:

$$\sin(2\alpha)=2\cdot\sin\alpha\cdot\cos\alpha$$
$$\cos(2\alpha)=1-2\sin^2\alpha$$
$$\cos^2\alpha=1-\sin^2\alpha.$$

Dann bildet man den Funktionsterm $\bar{A}'(\alpha)$ der ersten Ableitung $\bar{A}'$ und erhält aus $\bar{A}'(\alpha)=0$ zwei Nullstellen der ersten Ableitung. Es ist aber nur die Lösung brauchbar, die im Intervall (0°; 45°) liegt, und zwar $\alpha_0=32{,}8°$.

$$A=\frac{\pi\cdot d\cdot s}{2} \;\blacktriangleright\; d=\frac{d_K}{\tan\alpha};\; s=\frac{d_K}{2\cdot\tan\alpha\cdot\cos(2\alpha)}$$

$$=\frac{\pi}{2}\cdot\frac{d_K}{\tan\alpha}\cdot\frac{d_K}{2\cdot\tan\alpha\cdot\cos(2\alpha)}$$

$$\Rightarrow A(\alpha)=\frac{\pi\cdot d_K^2}{4\cdot\tan^2\alpha\cdot\cos(2\alpha)};\; \alpha\in(0°;45°)$$ ▶ Funktionsgleichung

$$\Rightarrow \bar{A}(\alpha)=\frac{1}{\tan^2\alpha\cdot\cos(2\alpha)}$$

$$\Rightarrow \bar{A}'(\alpha)=-\frac{\frac{2\cdot\tan\alpha}{\cos^2\alpha}\cdot\cos(2\alpha)+\tan^2\alpha\cdot[-2\cdot\sin(2\alpha)]}{\tan^4\alpha\cdot\cos^2(2\alpha)}$$

$$=-\frac{2\cdot\cos(2\alpha)-\cos^2\alpha\cdot\tan\alpha\cdot 2\cdot\sin(2\alpha)}{\cos^2\alpha\cdot\tan^3\alpha\cdot\cos^2(2\alpha)}$$

$$=-\frac{2-8\cdot\sin^2\alpha+4\cdot\sin^4\alpha}{\cos^2\alpha\cdot\tan^3\alpha\cdot\cos^2(2\alpha)}=\frac{u(\alpha)}{v(\alpha)} \;\blacktriangleright\; \bar{A}'(\alpha)=0$$

$$\Rightarrow 2-8\cdot\sin^2\alpha+4\cdot\sin^4\alpha=0 \;\blacktriangleright\; \sin^2\alpha=z$$

$$2-8z+4z^2=0$$

$$z^2-2z+0{,}5=0$$

$$\Rightarrow z=1+\sqrt{0{,}5} \text{ oder } z=1-\sqrt{0{,}5} \;\blacktriangleright\; z=\sin^2\alpha$$

$$\Rightarrow \sin^2\alpha=1+\sqrt{0{,}5}$$ ▶ keine Lösung, weil $\sin^2\alpha\le 1$

$$\Rightarrow \sin^2\alpha=1-\sqrt{0{,}5} \Rightarrow |\sin\alpha|=0{,}5417$$

$$\Rightarrow \sin\alpha=-0{,}5412 \text{ oder } \sin\alpha=0{,}5417$$

$$\Rightarrow \alpha=-32{,}8° \text{ oder } \alpha=32{,}8° \;\blacktriangleright\; \alpha\in(0°;45°)$$

$$\Rightarrow \alpha_0=\underline{\underline{32{,}8°}}$$ ▶ mögliche relative Extremstelle von A

- Da $\bar{A}'(\alpha)$ ein Bruchterm ist, kann die zweite Ableitung $\bar{A}''(\alpha_0)$ vereinfacht berechnet werden. Wegen $\bar{A}''(\alpha_0) > 0$ ist α_0 relative Minimalstelle von A.

$$\bar{A}''(\alpha_0) = \frac{u'(\alpha_0)}{v(\alpha_0)} = \frac{8 \cdot \sin(2\alpha_0) \cdot \cos^2 \alpha_0}{\cos^2 \alpha_0 \cdot \tan^3 \alpha_0 \cdot \cos^2(2\alpha_0)}$$

$$= \frac{8 \cdot \sin(2\alpha_0)}{\tan^3 \alpha_0 \cdot \cos^2(2\alpha_0)} \blacktriangleright \alpha_0 = 32{,}8°$$

$$\Rightarrow \bar{A}''(\alpha_0) = \frac{8 \cdot 0{,}9107}{0{,}6445^3 \cdot 0{,}4131^2} = \underline{\underline{159{,}5}}$$

$\Rightarrow \bar{A}''(\alpha_0) > 0$ ► $\alpha_0 = 32{,}8°$ ist relative Minimalstelle

- Mit Hilfe der Minimalstelle α_0 werden die zugehörigen Werte d_0 und s_0 aus den Nebenbedingungen berechnet.

$$d = \frac{d_K}{\tan \alpha} \blacktriangleright \alpha_0 = 32{,}8°$$

$$\Rightarrow d_0 = \frac{d_K}{\tan 32{,}8°} = \underline{\underline{1{,}55\, d_K}}$$

$$s = \frac{d_K}{\tan \alpha \cdot 2 \cdot \cos(2\alpha)} \blacktriangleright \alpha_0 = 32{,}8°$$

$$\Rightarrow s_0 = \frac{d_K}{2 \cdot \tan 32{,}8° \cdot \cos 65{,}6°} = \underline{\underline{1{,}88\, d_K}}$$

Der Wert mit dem geringsten Materialverbrauch des Schutzmantels wird aus der Ausgangsgleichung berechnet. Die kleinstmögliche Mantelfläche des Schutzmantels beträgt $A = 4{,}58\, d_K^2$.

$$A = \frac{\pi}{2} \cdot d \cdot s \blacktriangleright d_0 = 1{,}55\, d_K,\ s_0 = 1{,}88\, d_K$$

$$\Rightarrow A_{min} = \frac{\pi}{2} \cdot 1{,}55\, d_K \cdot 1{,}88\, d_K = \underline{\underline{4{,}58\, d_K^2}}$$

Beispiel: Wie müssen sich bei einem Balken mit rechteckigem Querschnitt die Höhe zur Breite verhalten, damit er möglichst hoch auf Biegung beansprucht werden kann? Der Balken soll aus einem kreisrunden Baumstamm geschnitten werden.

Folgende Größe ist bekannt:

d ► Durchmesser des Baumstamms

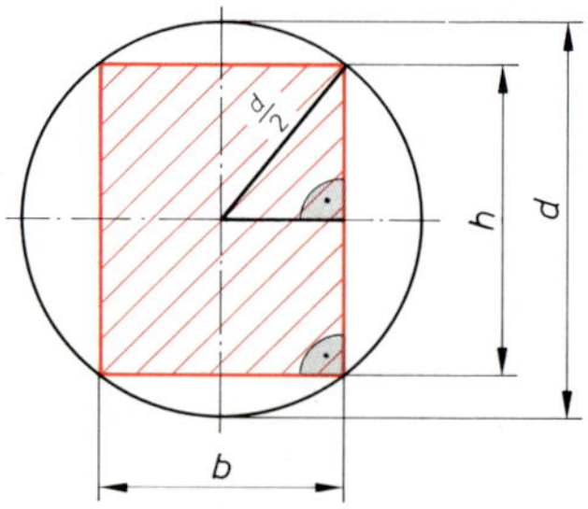

- Die Variablen b und h entnimmt man der Skizze.

b ► Breite des Trägers
h ► Höhe des Trägers

- Die Beziehungen zwischen den Variablen werden als Ausgangsgleichung formuliert. Die Biegefestigkeit eines Trägers ist von der Größe des Widerstandsmomentes W abhängig. Im vorliegenden Fall muß daher das Widerstandsmoment ein Maximum werden. Für das Widerstandsmoment eines rechteckigen Querschnitts gilt die Ausgangsgleichung $W = \frac{b \cdot h^2}{6}$.

- Die Nebenbedingung gewinnt man aus der Skizze und den Beziehungen am rechtwinkligen Dreieck (Pythagoras).

$$\left(\frac{h}{2}\right)^2 = \left(\frac{d}{2}\right)^2 - \left(\frac{b}{2}\right)^2 \blacktriangleright \text{Nebenbedingung}$$

$$\Rightarrow h^2 = d^2 - b^2$$

- Mit Hilfe der Nebenbedingung wird die Ausgangsgleichung so zu einer Funktionsgleichung umgeformt, daß in ihr nur noch die Variable b vorkommt. Dabei muß b im Intervall $(0; d)$ liegen.

$W = \frac{b \cdot h^2}{6}$ ► $h^2 = d^2 - b^2$

$\Rightarrow W(b) = \frac{1}{6}(b \cdot d^2 - b^3);\ b \in (0; d)$ ► Funktionsgleichung

- Durch Weglassen des konstanten Faktors erhält man den Funktionsterm der Ersatzfunktion $\bar{W}$. Ihre Extremstellen stimmen mit denen der Funktion W überein und sind von gleicher Art.
  Um relative Extremstellen zu finden, wird dann $\bar{W}'(b) = 0$ gebildet. Es ergeben sich zwei Nullstellen der ersten Ableitung. Davon ist aber nur die Lösung brauchbar, die im Intervall $(0; d)$ liegt.

$W(b) = \frac{1}{6}(b \cdot d^2 - b^3)$

$\Rightarrow \bar{W}(b) = b \cdot d^2 - b^3$

$\Rightarrow \bar{W}'(b) = d^2 - 3b^2$ ► $\bar{W}'(b) = 0$

$\Rightarrow d^2 - 3b^2 = 0$

$\Rightarrow b = \frac{d}{\sqrt{3}}$ oder $b = -\frac{d}{\sqrt{3}}$ ► $b \in (0; d)$

$\Rightarrow b_0 = \frac{d}{\sqrt{3}}$ ► mögliche relative Extremstellen von W

- Dann bildet man $\bar{W}''(b)$, setzt die mögliche Extremstelle b_0 in $\bar{W}''(b)$ ein und bestimmt $\bar{W}''(b_0)$. Wegen $\bar{W}''(b_0) > 0$ ist b_0 relative Minimalstelle von W.

$\bar{W}''(b) = -6b$ ► $b_0 = \frac{d}{\sqrt{3}}$

$\bar{W}''(b_0) = -\frac{6d}{\sqrt{3}} \Rightarrow \bar{W}''(b_0) < 0$

$\Rightarrow b_0 = \frac{d}{\sqrt{3}}$ ist relative Maximalstelle

- Mit Hilfe der Maximalstelle b_0 wird der zugehörige Wert h_0 aus der Nebenbedingung berechnet. Bei einem Verhältnis $\frac{h_0}{b_0} = \sqrt{2}$ hat ein rechteckiger Balken die größte Biegefestigkeit.

$h = \sqrt{d^2 - b^2}$ ► $b_0 = \frac{d}{\sqrt{3}}$

$\Rightarrow h_0 = \sqrt{d^2 - \frac{d^2}{3}} = \underline{\underline{\sqrt{\frac{2}{3}}\,d}}$

$\frac{h_0}{b_0} = \frac{\sqrt{\frac{2}{3}}\,d}{\frac{d}{\sqrt{3}}} = \frac{\sqrt{6}}{\sqrt{3}} \Rightarrow \underline{\underline{\frac{h_0}{b_0} = \sqrt{2}}}$

Beispiel: Berechnen Sie für einen Träger, der in den Auflagern A und B unterstützt wird und auf dem die Last gleichmäßig verteilt ist, das größte Biegemoment.

Folgende Größen sind bekannt:

m ► Belastung pro lfd. Meter in $\frac{\text{kg}}{\text{m}}$

$q = m \cdot g$ ► Last pro lfd. Meter in $\frac{\text{N}}{\text{m}}$

$g = 9{,}81\,\frac{\text{N}}{\text{kg}}$ ► Ortsfaktor

l ► Länge des Trägers in m

$F = q \cdot l$ ► Gesamtlast des Trägers in N

$F_A = F_B = \frac{q \cdot l}{2}$ ► Auflagekräfte in den Auflagern A bzw. B in N

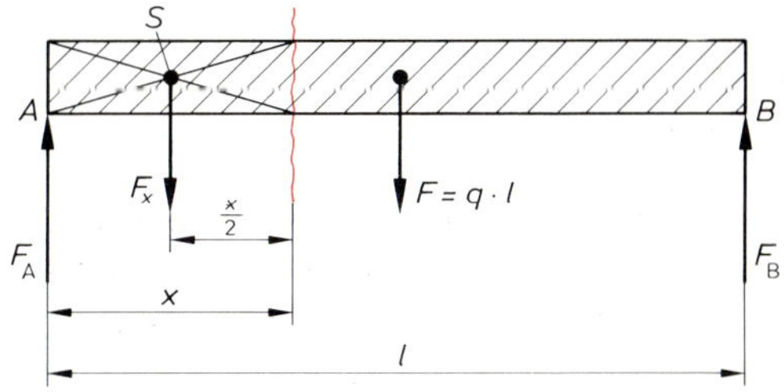

- Die Variablen x und F_x entnimmt man der Skizze.

x ► Abstand des betrachteten Querschnitts von Auflager A in m

- Die Ausgangsgleichung wird bestimmt. Das Biegemoment für einen beliebigen Querschnitt ist die algebraische Summe der statischen Momente aller links vom Querschnitt angreifenden äußeren Kräfte.

F_x ► Gewichtskraft des Trägerstückes links vom betrachteten Querschnitt

$M = F_A \cdot x - F_x \cdot \frac{x}{2}$ ► Ausgangsgleichung (Biegemoment im Abstand x vom Auflager A)

- Dann wird die Nebenbedingung formuliert. Da die Trägerlast gleichmäßig verteilt ist, gilt $F_x = q \cdot x$, und man kann sich die Gewichtskraft F_x im Schwerpunkt S des Trägerstückes links vom betrachteten Querschnitt angreifend denken.

$F_x = q \cdot x$ ► Nebenbedingung (Gewichtskraft des Trägerstückes links vom betrachteten Querschnitt)

- Mit Hilfe der Nebenbedingung wird die Ausgangsgleichung so zu einer Funktionsgleichung umgeformt, daß in ihr nur noch die Variable x vorkommt. Dabei muß x im Intervall $[0; l]$ liegen.

$M = F_A \cdot x - F_x \cdot \frac{x}{2}$ ► $F_A = \frac{q \cdot l}{2}$; $F_x = q \cdot x$

$= \frac{q \cdot l}{2} \cdot x - q \cdot x \cdot \frac{x}{2}$

$\Rightarrow M(x) = \frac{q}{2}(l \cdot x - x^2)$; $x \in [0; l]$ ► Funktionsgleichung

- Durch Weglassen des konstanten Faktors erhält man den Funktionsterm der Ersatzfunktion $\bar{M}$. Ihre Extremstellen stimmen mit denen der Funktion M überein und sind von gleicher Art. Aus $\bar{M}'(x) = 0$ erhält man die Nullstelle $x_0 = \frac{l}{2}$ als mögliche Extremstelle der Funktion M. Wegen $\bar{M}''(x) = -2$ ist $\bar{M}''(x_0) < 0$, also ist x_0 relative Maximalstelle von M.

$\Rightarrow \bar{M}(x) = l \cdot x - x^2$

$\Rightarrow \bar{M}'(x) = l - 2x$ ► $\bar{M}'(x) = 0$

$\Rightarrow l - 2x = 0 \Rightarrow l = 2x$

$\Rightarrow x_0 = \frac{l}{2}$ ► mögliche relative Extremstelle von M

$\bar{M}''(x_0) = -2$

$\Rightarrow \bar{M}''(x_0) < 0$ ► $x_0 = \frac{l}{2}$ ist relative Maximalstelle

- Der Maximalwert des Biegemoments wird aus der Funktionsgleichung berechnet.

  Das maximale Biegemoment $M = \frac{1}{8} \cdot F \cdot l$ liegt, wie zu erwarten war, an der Stelle $x_0 = \frac{l}{2}$ vor.

$M(x) = \frac{q}{2}(l \cdot x - x^2)$ ► $x_0 = \frac{l}{2}$

$M(x_0) = \frac{q}{2}\left(\frac{l^2}{2} - \frac{l^2}{4}\right)$

$= \frac{q \cdot l^2}{8}$ ► $q \cdot l = F$

$= \frac{1}{8} F \cdot l$ ► maximales Biegemoment

Beispiel: Eine Kranbrücke mit der Stützweite $l=16$ m wird von einer Laufkatze mit dem Radabstand $r=2$ m befahren. Die Kraft verteilt sich auf alle Räder gleichmäßig. An welcher Stelle der Kranbrücke liegt unter dem markierten Rad (siehe Skizze) ein maximales Biegemoment und wie groß ist es?

Folgende Größen sind bekannt:

F ► Gesamtkraft in N
$r=2$ m ► Radabstand
$l=16$ m ► Stützweite

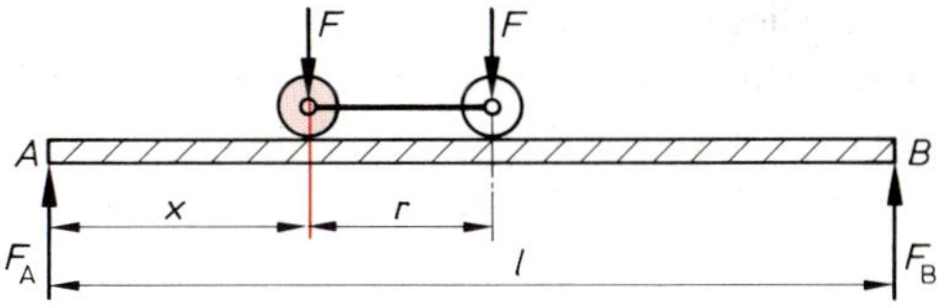

- Die Variablen x und F_A werden aus Skizze entnommen.

x ► Abstand des Rades der Laufkatze von Auflager A in m

F_A ► Auflagekraft in Auflager A

- Das Problem wird durch eine Ausgangsgleichung dargestellt, wobei das Biegemoment für eine beliebige Stelle die algebraische Summe der statischen Momente aller links von dieser Stelle angreifenden äußeren Kräfte ist.

$M=F_A \cdot x$ ► Ausgangsgleichung (Biegemoment unter dem Rad vom Auflager A aus gesehen)

- Nebenbedingung ist die Momentengleichung bezogen auf das Auflager B. Sie wird nach der Auflagerkraft F_A umgestellt.

$F_A \cdot l - F(l-x) - F(l-x-r) = 0$ ► Nebenbedingung (Momentengleichung)

$$\Rightarrow F_A = \frac{2F}{l}\left(l-x-\frac{r}{2}\right)$$

- Mit Hilfe der Nebenbedingung wird die Ausgangsgleichung so zu einer Funktionsgleichung umgeformt, daß in ihr nur noch die Variable x vorkommt. Dabei muß x im Intervall $[0; l-r]$ liegen.

$M=F_A \cdot x$ ► $F_A = \frac{2 \cdot F}{l}\left(l-x-\frac{r}{2}\right)$

$$= \frac{2 \cdot F}{l} \cdot \left(l-x-\frac{r}{2}\right) \cdot x$$

$$\Rightarrow M(x) = \frac{2F}{l}\left(l-x-\frac{r}{2}\right) \cdot x;\ x \in [0; l-r]$$ ► Funktionsgleichung

- Durch Weglassen des konstanten Faktors erhält man den Funktionsterm der Ersatzfunktion $\bar{M}$. Ihre Extremstellen stimmen mit denen der Funktion M überein und sind von gleicher Art. Aus $\bar{M}'(x)=0$ erhält man die Nullstelle $x_0 = \frac{l}{2} - \frac{r}{4}$ als mögliche Extremstelle der Funktion M.

$$\Rightarrow \bar{M}(x) = \left(l-x-\frac{r}{2}\right) \cdot x$$

$$= l \cdot x - \frac{r}{2} \cdot x - x^2$$

$\Rightarrow \bar{M}'(x) = l \quad \frac{r}{2} \quad 2x$ ► $\bar{M}'(x) = 0$

$$\Rightarrow l - \frac{r}{2} - 2x = 0$$

$\Rightarrow x_0 = \frac{l}{2} - \frac{r}{4}$ ► mögliche Extremstelle von M

Wegen $\bar{M}''(x) = -2$ ist $\bar{M}''(x_0) < 0$, also ist x_0 relative Maximalstelle. Im Abstand $x_0 = 7{,}5$ m von A liegt also ein maximales Biegemoment unter dem Rad, das für die Dimensionierung des Trägers mit maßgebend ist.

$\bar{M}''(x) = -2$

$\Rightarrow \bar{M}''(x_0) < 0$ ► x_0 ist relative Maximalstelle

$x_0 = \frac{l}{2} - \frac{r}{4}$ ► $l = 16$ m; $r = 2$ m

$$\Rightarrow x_0 = 8 \text{ m} - 0{,}5 \text{ m} = \underline{\underline{7{,}5 \text{ m}}}$$

- Das maximale Biegemoment wird aus der Funktionsgleichung bestimmt.

$$M(x) = \frac{2 \cdot F}{l}\left(l - x - \frac{r}{2}\right)x \quad ► \quad x_0 = \frac{l}{2} - \frac{r}{4}$$

$$\Rightarrow M(x_0) = \frac{2 \cdot F}{l}\left(l - \frac{l}{2} + \frac{r}{4} - \frac{r}{2}\right)\left(\frac{l}{2} - \frac{r}{4}\right)$$

$$= \frac{2F}{l}\left(\frac{l}{2} - \frac{r}{4}\right)^2$$

$$= \underline{\underline{\frac{F}{2 \cdot l}\left(l - \frac{r}{2}\right)^2}} \quad ► \text{ maximales Biegemoment}$$

Für die gegebenen Werte $l = 16$ m und $r = 2$ m ergibt sich ein maximales Biegemoment von $M(x_0) = 7{,}03 \cdot F\,\text{m}$.

$$M(x_0) = \frac{F}{2 \cdot l}\left(l - \frac{r}{2}\right)^2 \quad ► \quad l = 16\text{ m};\ r = 2\text{ m}$$

$$= \frac{F}{32\text{ m}}(16\text{ m} - 1\text{ m})^2$$

$$= \underline{\underline{7{,}03 \cdot F\,\text{m}}} \quad ► \text{ maximales Biegemoment}$$

Anmerkung:

Aus Symmetriegründen tritt auch unter dem nicht markierten Rad der Laufkatze das gleiche maximale Biegemoment auf, und zwar im Abstand 7,5 m vom Auflager B aus gesehen. Man kann zeigen, daß auf der Kranbrücke maximale Biegemomente nur unter den Rädern auftreten können.

Beispiel: Beim Kugelstoßen hat die Kugel eine Anfangsgeschwindigkeit v_0. Bei welchem Winkel hat die Kugel die größte Steighöhe und bei welchem Winkel wird die Wurfweite ein Maximum? Der Luftwiderstand soll vernachlässigt werden.

Folgende Größe ist bekannt:

v_0 ► Anfangsgeschwindigkeit

$g = 9{,}81 \frac{\text{N}}{\text{kg}}$ ► Ortsfaktor

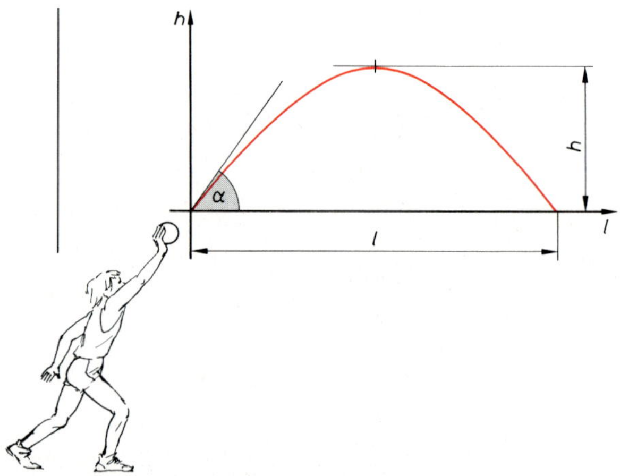

- Die Variablen α, h und l werden der Problemstellung und der Skizze entnommen.

α ► Abstoßwinkel

h ► Steighöhe

l ► Stoßweite

Berechnung der größten Steighöhe

- Die Funktionsgleichung für die Steighöhe beim schiefen Wurf ist aus der Physik bekannt. Sie gilt für $\alpha \in (0°; 90°]$, denn bei einem Stoßwinkel von 0° wird die Kugel gar nicht in die Höhe gestoßen. Dieser Wert ist daher auszuschließen.

$h(\alpha) = \frac{v_0^2 \cdot \sin^2 \alpha}{2 \cdot g}$; $\alpha \in (0°; 90°]$ ► Funktionsgleichung

- Es genügt die Funktion $\alpha \mapsto \bar{h}(\alpha)$ als Ersatzfunktion anstelle von $\alpha \mapsto h(\alpha)$ auf Extremstellen zu untersuchen. Ihre Extremstellen stimmen mit denen der Funktion h überein und sind von gleicher Art.

  Aus $\bar{h}'(\alpha) = 0$ ergeben sich zwei Nullstellen der ersten Ableitung. Es liegt aber nur die Lösung $\alpha_0 = 90°$ im Intervall $(0°; 90°]$. Dann bildet man $\bar{h}''(\alpha)$ und bestimmt $\bar{h}''(\alpha_0)$. Wegen $\bar{h}''(\alpha_0) < 0$ ist α_0 relative Maximalstelle von h.

$\Rightarrow \bar{h}(\alpha) = \sin^2 \alpha$

$\Rightarrow \bar{h}'(\alpha) = 2 \cdot \sin \alpha \cdot \cos \alpha = \sin(2\alpha)$ ► $\bar{h}'(\alpha) = 0$

$\Rightarrow 2\alpha = 0°$ oder $2\alpha = 180°$

$\Rightarrow \alpha = 0°$ oder $\alpha = 90°$ ► $0° \notin (0°; 90°]$

$\Rightarrow \underline{\underline{\alpha_0 = 90°}}$ ► mögliche relative Extremstelle von h

$\bar{h}''(\alpha) = 2 \cdot \cos(2\alpha)$ ► $\alpha_0 = 90°$

$\Rightarrow \bar{h}''(\alpha_0) = 2 \cdot \cos 180° = -2$

$\bar{h}''(\alpha_0) < 0$ ► $\alpha_0 = 90°$ ist relative Maximalstelle

- Mit Hilfe der Maximalstelle α_0 wird der Maximalwert der Steighöhe aus der Funktionsgleichung berechnet. Die maximale Steighöhe ergibt sich, wie erwartet, beim senkrechten Stoß.

$h = \frac{v_0^2 \cdot \sin^2 \alpha}{2 \cdot g}$ ► $\alpha_0 = 90° \Rightarrow \sin^2 90° = 1$

$\Rightarrow h_0 = \underline{\underline{\frac{v_0^2}{2g}}}$ ► maximale Steighöhe

Berechnung der größten Stoßweite

- Die Funktionsgleichung für die Stoßweite beim schiefen Wurf ist aus der Physik bekannt. Sie gilt für $\alpha \in [0°; 90°)$, denn bei einem Stoßwinkel von 90° würde keine Stoßweite erreicht.

$l(\alpha) = \frac{v_0^2 \cdot \sin(2\alpha)}{g}$; $\alpha \in [0°; 90°)$ ► Funktionsgleichung

- Es genügt die Funktion $\alpha \mapsto \bar{l}(\alpha)$ als Ersatzfunktion anstelle von $\alpha \mapsto l(\alpha)$ auf Extremstellen zu untersuchen. Ihre Extremstellen stimmen mit denen der Funktion l überein und sind von gleicher Art.

  Aus $\bar{l}'(\alpha) = 0$ erhält man die Nullstelle $\alpha_0 = 45°$ der ersten Ableitung. Dann bildet man $\bar{l}''(\alpha)$ und bestimmt $\bar{l}''(\alpha_0)$. Wegen $\bar{l}''(\alpha_0) < 0$ ist α_0 relative Maximalstelle von l.

$\bar{l}(\alpha) = \sin(2\alpha)$

$\Rightarrow \bar{l}'(\alpha) = 2 \cdot \cos(2\alpha)$ ► $\bar{l}'(\alpha) = 0$

$\Rightarrow 2 \cdot \cos(2\alpha) = 0$

$\Rightarrow 2\alpha = 90° \Rightarrow \underline{\alpha_0 = 45°}$ ► mögliche relative Extremstelle von l

$\bar{l}''(\alpha) = -4 \cdot \sin(2\alpha)$ ► $\alpha_0 = 45°$

$\Rightarrow \bar{l}''(\alpha_0) = -4 \cdot \sin 90° = -4$

$\Rightarrow \bar{l}''(\alpha_0) < 0$ ► $\alpha_0 = 45°$ ist relative Maximalstelle

- Mit Hilfe der Maximalstelle $\alpha_0 = 45°$ wird der Maximalwert der Stoßweite aus der Funktionsgleichung berechnet.

$l = \frac{v_0^2 \cdot \sin(2\alpha)}{g}$ ► $\alpha_0 = 45° \Rightarrow \sin(2 \cdot 45°) = 1$

$\Rightarrow l_0 = \underline{\underline{\frac{v_0^2}{g}}}$ ► maximale Stoßweite

Beispiel: Wie muß der äußere Widerstand gewählt werden, damit bei Akkumulatoren oder galvanischen Elementen bei gegebenem inneren Widerstand größer Null die Nutzleistung ein Maximum wird.

- Als bekannt werden der innere Widerstand R_i, die Stromstärke I und die Spannung U vorausgesetzt, während der äußere Widerstand R_a und die Nutzleistung P Variable sind.

R_i ► innerer Widerstand, I ► Stromstärke, U ► Spannung } bekannte Größen

R_a ► äußerer Widerstand, P ► Nutzleistung } Variable

- Die gesetzmäßige Beziehung zwischen P, I und R_a ist aus der Elektrotechnik bekannt und ergibt die Ausgangsgleichung.

$P = I^2 \cdot R_a$ ► Ausgangsgleichung

- Das Ohmsche Gesetz liefert einen Zusammenhang zwischen U, I, R_i und R_a und damit die Nebenbedingung.

$I = \frac{U}{R_i + R_a}$ ► Nebenbedingung

- Mit Hilfe der Nebenbedingung wird die Ausgangsgleichung so zu einer Funktionsgleichung umgeformt, daß in ihr nur noch die Variable R_a vorkommt. Dabei muß R_a im Intervall $[0; \infty)$ liegen, da ein negativer Widerstand physikalisch nicht sinnvoll ist.

$P = I^2 \cdot R_a$ ► $I = \frac{U}{R_i \cdot R_a} \Rightarrow I^2 = \frac{U^2}{(R_i + R_a)^2}$

$\Rightarrow P(R_a) = \frac{U^2 \cdot R_a}{(R_i + R_a)^2}$; $R_a \in [0; \infty)$ ► Funktionsgleichung

- Es genügt, die vereinfachte Kehrwertfunktion $R_a \mapsto \bar{P}(R_a)$ als Ersatzfunktion anstelle von $R_a \mapsto P(R_a)$ auf Extremstellen zu untersuchen. Ihre Extremstellen stimmen mit denen der Funktion P überein, sind aber von entgegengesetzter Art. Aus $\bar{P}'(R_a) = 0$ ergeben sich zwei Nullstellen der ersten Ableitung. Es liegt aber nur die Lösung $R_{a_0} = R_i$ im Intervall $[0; \infty)$.

$$\Rightarrow \bar{P}(R_a) = \frac{R_i^2 + 2 \cdot R_i \cdot R_a + R_a^2}{R_a} = \frac{R_i^2}{R_a} + 2 \cdot R_i + R_a$$

$\Rightarrow \bar{P}'(R_a) = -\frac{R_i^2}{R_a^2} + 1$ ► $\bar{P}'(R_a) = 0$

$\Rightarrow 1 - \frac{R_i^2}{R_a^2} = 0$

$\Rightarrow R_a = R_i$ oder $R_a = -R_i$ ► $-R_i \notin [0; \infty)$

$\Rightarrow R_{a_0} = R_i$ ► mögliche Extremstelle von $\bar{P}$

- Dann bildet man $\bar{P}''(R_a)$ und bestimmt $\bar{P}''(R_{a_0})$. Wegen $\bar{P}''(R_{a_0}) > 0$ ist R_{a_0} relative Minimalstelle von $\bar{P}$.

$\bar{P}''(R_a) = \frac{2 \cdot R_i^2}{R_a^3}$ ► $R_{a_0} = R_i$

$\bar{P}''(R_{a_0}) = \frac{2}{R_i}$

$\Rightarrow \bar{P}''(R_{a_0}) > 0$ ► R_{a_0} ist relative Minimalstelle von $\bar{P}$

- Die Minimalstelle der vereinfachten Kehrwertfunktion $R_a \mapsto \bar{P}(R_a)$ ist Maximalstelle der ursprünglichen Funktion $R_a \mapsto P(R_a)$.

► $R_{a_0} = R_i$ ► relative Minimalstelle von $R_a \mapsto \bar{P}(R_a)$

$\Rightarrow \underline{\underline{R_{a_0} = R_i}}$ ► relative Maximalstelle von $R_a \mapsto P(R_a)$

Das Maximum der Nutzleistung liegt also dann vor, wenn man die Elemente so schaltet, daß ihr äußerer Widerstand R_a gleich dem inneren Widerstand R_i wird.

Beispiel: Für eine Präzisionsmaschine ist eine Schraube mit möglichst gutem Wirkungsgrad zu konstruieren. Wie groß muß der Steigungswinkel α bei konstantem Reibungswinkel $\varrho > 0°$ sein?

Folgende Größe ist bekannt:

ϱ ▶ Reibungswinkel ($\varrho > 0°$)

Variable:

α ▶ Steigungswinkel der Schraube

η ▶ Wirkungsgrad der Schraube

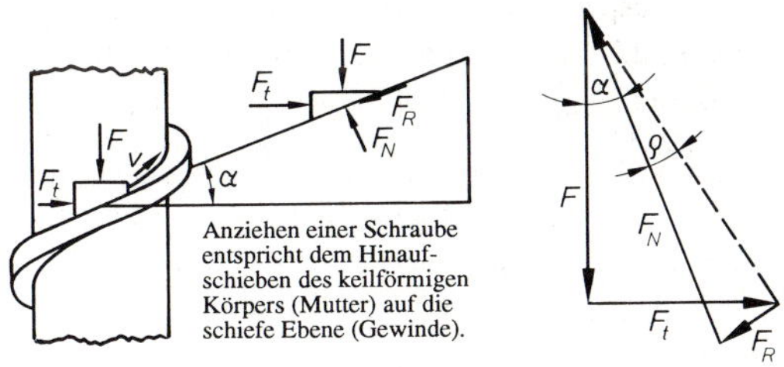

Kräfte beim Anziehen einer Schraube

- Die Funktionsgleichung für den Wirkungsgrad η einer Schraube ist aus der Mechanik bekannt. Für ein technisches Gewinde gilt hierbei $0° < \alpha < 45°$ und für die Reibung von Stahl auf Stahl $0° < \varrho < 5°$.

$$\eta(\alpha) = \frac{\tan\alpha}{\tan(\alpha+\varrho)};\ \alpha \in (0°; 45°)$$ ▶ Funktionsgleichung

$$\eta(\alpha) = \frac{\tan\alpha}{\tan(\alpha+\varrho)} = \frac{u(\alpha)}{v(\alpha)}$$

▶ $u(\alpha) = \tan\alpha = \dfrac{\sin\alpha}{\cos\alpha} \Rightarrow u'(\alpha) = \dfrac{1}{\cos^2\alpha}$

- Die erste Ableitung η' wird mit Hilfe der Quotientenregel gebildet. Hierbei wird $\tan\alpha$ durch $\dfrac{\sin\alpha}{\cos\alpha}$ ersetzt. Zur Umformung des Funktionsterms wird die trigonometrische Formel $\sin\alpha \cdot \cos\alpha = \frac{1}{2}\sin(2\alpha)$ verwandt.

▶ $v(\alpha) = \tan(\alpha+\varrho) = \dfrac{\sin(\alpha+\varrho)}{\cos(\alpha+\varrho)}$

$$\Rightarrow v'(\alpha) = \frac{1}{\cos^2(\alpha+\varrho)}$$

$$\eta'(\alpha) = \frac{u'(\alpha)\cdot v(\alpha) - u(\alpha)\cdot v'(\alpha)}{[v(\alpha)]^2}$$

$$= \frac{\dfrac{1}{\cos^2\alpha}\cdot\dfrac{\sin(\alpha+\varrho)}{\cos(\alpha+\varrho)} - \dfrac{\sin\alpha}{\cos\alpha}\cdot\dfrac{1}{\cos^2(\alpha+\varrho)}}{\tan^2(\alpha+\varrho)}$$

$$= \frac{\sin(\alpha+\varrho)\cdot\cos(\alpha+\varrho) - \sin\alpha\cdot\cos\alpha}{\cos^2\alpha\cdot\tan^2(\alpha+\varrho)\cdot\cos^2(\alpha+\varrho)}$$

$$= \frac{\sin[2(\alpha+\varrho)] - \sin(2\alpha)}{2\cdot\cos^2\alpha\cdot\sin^2(\alpha+\varrho)} = \frac{Z(\alpha)}{N(\alpha)}$$ ▶ $\eta'(\alpha) = 0$

Aus $\eta'(\alpha) = 0$ werden die Nullstellen der ersten Ableitung bestimmt. Das sind die Nullstellen der Zählerfunktion Z, da hier der Nennerterm $N(\alpha)$ stets größer als Null ist.

$\Rightarrow Z(\alpha) = 0$, weil $N(\alpha) > 0$ für $\alpha \in (0°; 45°)$ und $\varrho \in (0°; 5°)$

$\Rightarrow \sin[2(\alpha+\varrho)] - \sin(2\alpha) = 0$

$\Rightarrow \sin[2(\alpha+\varrho)] = \sin(2\alpha)$

Wegen $\varrho > 0°$ sind die Argumente $2(\alpha+\varrho)$ und 2α der Sinusfunktion verschieden. Aus Symmetriegründen ihres Graphen kann sie für $\alpha \in (0°; 45°)$ und $\varrho \in (0°; 5°)$ nur dann gleiche Funktionswerte haben, wenn gilt: $2(\alpha+\varrho) = 180° - 2\alpha$.

$\Rightarrow 2(\alpha+\varrho) = 180° - 2\alpha$

$\Rightarrow \alpha + \varrho = 90° - \alpha$

$2\alpha = 90° - \varrho$

$\Rightarrow \alpha_0 = 45° - \dfrac{\varrho}{2}$ ▶ mögliche relative Extremstelle von η

Da die erste Ableitung als Bruchterm vorliegt, wird die zweite Ableitung an der Nullstelle α_0 der ersten Ableitung η' mit Hilfe des vereinfachten Verfahrens berechnet. Da der Nennerterm immer positiv ist, wird nur der Zählerterm für $\alpha_0 = 45° - \frac{\varrho}{2}$ näher untersucht. Zur Umformung werden die trigonometrischen Formeln $\cos(90° + \alpha) = -\sin\alpha$ und $\cos(90° - \alpha) = \sin\alpha$ benutzt.

$$\eta'(\alpha) = \frac{\sin[2(\alpha+\varrho)] - \sin(2\alpha)}{2\cdot\cos^2\alpha\cdot\sin^2(\alpha+\varrho)} = \frac{r(\alpha)}{s(\alpha)} \quad \blacktriangleright \ \bar{\eta}'(\alpha_0) = 0$$

$$\Rightarrow \eta''(\alpha_0) = \frac{\cos[2(\alpha_0+\varrho)] - \cos(2\alpha_0)}{\cos^2\alpha_0\cdot\sin^2(\alpha_0+\varrho)} \quad \blacktriangleright \ \alpha_0 = 45° - \frac{\varrho}{2}$$

$$= \frac{\cos(90° - \varrho + 2\varrho) - \cos(90° - \varrho)}{\cos^2\alpha_0\cdot\sin^2(\alpha_0+\varrho)}$$

$$= \frac{-\sin\varrho - \sin\varrho}{\cos^2\alpha_0\cdot\sin^2(\alpha_0+\varrho)}$$

$$\Rightarrow \eta''(\alpha_0) < 0, \text{ da } \sin\varrho > 0$$

Aus $0° < \varrho < 5°$, folgt $\sin\varrho > 0$. Der günstigste Steigungswinkel liebt bei $\alpha_0 = 45° - \frac{\varrho}{2}$.

$$\Rightarrow \alpha_0 = 45° - \frac{\varrho}{2} \text{ ist relative Maximalstelle}$$

Mit Hilfe der Maximalstelle α_0 wird der beste Wirkungsgrad berechnet.

$$\eta(\alpha) = \frac{\tan\alpha}{\tan(\alpha+\varrho)} \quad \blacktriangleright \ \alpha_0 = 45° - \frac{\varrho}{2}$$

$$\Rightarrow \eta(\alpha_0) = \frac{\tan\left(45° - \frac{\varrho}{2}\right)}{\tan\left(45° + \frac{\varrho}{2}\right)} = \underline{\underline{\frac{\left(1 - \tan\frac{\varrho}{2}\right)^2}{\left(1 + \tan\frac{\varrho}{2}\right)^2}}}$$

Beispiel: Eine Elektrofirma kann täglich höchstens 500 Kompaktanlagen herstellen. Die Herstellungskosten für n Kompaktanlagen belaufen sich dann nach Erfahrungswerten auf täglich $(\frac{1}{4}n^2 + 350n + 25)$ DM. Der Verkaufspreis je Kompaktanlage ist von der Anzahl der hergestellten Anlagen abhängig und wird von der Firma gemäß $(500 - \frac{1}{2}n)$ DM kalkuliert. Bei welcher täglich hergestellten Stückzahl läßt sich der größte Gewinn erzielen?

Variable sind der Gewinn G und die täglich produzierbare Stückzahl n.

Der Gewinn ergibt sich aus dem zu erzielenden Verkaufspreis für n Kompaktanlagen abzüglich ihrer Herstellungskosten.

$$G(n) = n\left(500 - \frac{1}{2}n\right) - \left(\frac{1}{4}n^2 + 350n + 25\right) \quad \blacktriangleright \ \text{Funktionsgleichung}$$

$$= -\frac{3}{4}n^2 + 150n - 25;\ n \in (0;\, 500]$$

Aus $G'(n) = 0$ erhält man die Nullstelle $n_0 = 100$ der ersten Ableitung. Dann bildet man $G''(n)$ und bestimmt $G''(n_0)$. Wegen $G''(n_0) < 0$ ist $n_0 = 100$ relative Maximalstelle von G.

$$\Rightarrow G'(n) = -\frac{3}{2}n + 150 \quad \blacktriangleright \ G'(n) = 0$$

$$\Rightarrow -\frac{3}{2}n + 150 = 0$$

$$\Rightarrow n_0 = \underline{100} \quad \blacktriangleright \ \text{mögliche relative Extremstelle von } G$$

$$G''(n) = -\frac{3}{2} \Rightarrow G''(n_0) < 0$$

$$\Rightarrow n_0 = \underline{\underline{100}} \quad \blacktriangleright \ \text{relative Maximalstelle von } G$$

Der größte Gewinn läßt sich erzielen, wenn 100 Kompaktanlagen täglich hergestellt werden. Mit Hilfe der Maximalstelle n_0 wird der größtmögliche Gewinn berechnet. Er beläuft sich auf $G(n_0) = 7475$ DM.

$$G(n) = -\frac{3}{4}n^2 + 150n - 25 \quad \blacktriangleright \ n_0 = 100$$

$$\Rightarrow G(n_0) = 7475$$

$$\Rightarrow G(n_0) = \underline{\underline{7475 \text{ DM}}} \quad \blacktriangleright \ \text{maximaler Gewinn}$$

Übungen

4.4 Maxima-Minima-Probleme

Berechnen Sie die Extremstellen nachstehender Funktionen, und untersuchen Sie, ob es sich dabei um Minimal- oder Maximalstellen handelt.

1. $f\colon f(x)=x^3-2x^2+4$ **2.** $f\colon f(x)=\dfrac{2x}{(x-1)^3}$ **3.** $f\colon f(x)=\dfrac{6x}{x^2+8}$ **4.** $f\colon f(x)=\dfrac{2x^2-10x+18}{x-5}$

5. $f\colon f(x)=\sqrt{(x+2)^3}$ **6.** $f\colon f(x)=\dfrac{x+4}{\sqrt{x}}$ **7.** $f\colon f(x)=\dfrac{x^2-1}{\sqrt{x^2+1}}$ **8.** $f\colon f(x)=\dfrac{\ln x}{x}$

9. $f\colon f(x)=x^2\cdot e^{x^2}$ **10.** $f\colon f(x)=\dfrac{x}{e^{2x}}$ **11.** $f\colon f(x)=x^2\cdot\ln\dfrac{1}{x}$ **12.** $f\colon f(x)=e^x\cdot\cos(2x)$

13. $f\colon f(x)=\sqrt{\sin^2 x+1}$ **14.** $f\colon f(x)=x^2\cdot\sin^4 x$ **15.** $f\colon f(x)=\sin x\cdot\tan x$ **16.** $f\colon f(x)=\sqrt[3]{\dfrac{1}{x^3-2x^2+x}}$

17. Die Zahl 60 ist so in zwei Summanden zu zerlegen, daß das Produkt dieser Summanden möglichst groß wird.

18. Wie muß man die Zahl 100 in zwei Faktoren zerlegen, damit die Summe der Faktoren bzw. die Summe der Quadrate der Faktoren ein Minimum wird?

19. Aus Blechtafeln von 1 m Breite soll ein rechteckiger Warmluftkanal gebogen werden. Wie müssen die Maße sein, damit möglichst viel Luft transportiert werden kann?

20. Wie groß muß man den Winkel α eines Dreiecks machen, der die Seiten $a=10$ cm und $b=6$ cm als Schenkel hat, wenn der Flächeninhalt möglichst groß werden soll?

21. Welches von allen gleichschenkligen Dreiecken, die man einem Kreis umschreiben kann, hat den kleinsten Umfang?

22. Wie groß müssen die Katheten eines rechtwinkligen Dreiecks mit konstantem Umfang gewählt werden, damit die Hypotenuse möglichst klein wird?

23. Einer Parabel mit der Relationsgleichung $R(x)=\pm\sqrt{2\cdot p\cdot x}$ soll ein gleichschenkliges Dreieck einbeschrieben werden. Die Spitze liegt im Brennpunkt, die Basis zwischen Brennpunkt und Scheitel. Wie sind die Maße zu wählen, damit die Dreiecksfläche ein Maximum wird?

24. Welcher Punkt des Graphen von $f\colon f(x)=\dfrac{x^2+1}{x}$ liegt dem Koordinatenursprung am nächsten?

25. Bestimmen Sie die kürzeste Entfernung zwischen den Graphen mit den Gleichungen $f(x)=x^2+1$ und $f(x)=x-4$!

26. Einer Ellipse ist ein gleichschenkliges Dreieck mit möglichst großem Flächeninhalt einzubeschreiben. Wie sind die Maße zu wählen, wenn die Dreiecksspitze im Scheitel der Ellipse liegen soll?

27. Von einer rechteckigen Scheibe 1000 mm × 600 mm ist eine Ecke mit der Form eines rechtwinkligen Dreiecks abgesprungen. Die Katheten dieses Dreiecks sind 100 mm und 150 mm groß. Aus dem Rest soll eine neue rechteckige Scheibe mit möglichst großem Flächeninhalt geschnitten werden. Bestimmen Sie die Maße!

28. In einen Aufzugschacht mit den Innenmaßen 3 m × 3 m sollen Stahlschienen von 5 m Länge gebracht werden. Wie hoch muß die Öffnung in der Mauer sein, wenn die Dicke der Schienen vernachlässigt wird?

29. Zwei Schiffahrtskanäle von 10 m und 16 m Breite stoßen im Winkel von 90° aufeinander. Wie lang dürfen Schiffe von 3 m Breite höchstens sein, damit sie in den Seitenkanal abzweigen können?

30. Ein Leuchtturm A liegt 6 km von der Küste entfernt. Seine Entfernung vom nächsten Ort B, der direkt an der Küste liegt, beträgt 14 km Luftlinie. In welcher Entfernung vom Ort B muß man an Land gehen, wenn die Geschwindigkeit zu Wasser 5 km/h, die auf der Küstenstraße 8 km/h beträgt und der Ort B in möglichst kurzer Zeit erreicht werden soll? Nach wieviel Minuten wird der Ort erreicht?

31. Auf zwei sich unter 90° schneidenden Straßen bewegen sich die Kraftfahrzeuge A und B in Richtung auf die Kreuzung. A fährt mit 80 km/h und ist 800 m von der Kreuzung entfernt, B hat die Geschwindigkeit 60 km/h und ist 400 m von der Kreuzung entfernt. Wieviel Meter beträgt der kleinste Abstand zwischen beiden Fahrzeugen?

32. Von einer Hauptstraße, die vom Ort A nach der Ortschaft B führt, zweigen in C, 6 km von A entfernt, zwei Straßen im Winkel von 90° ab und führen zu den Dörfern D bzw. E. Die Entfernung von der Hauptstraße beträgt 800 m bzw. 1400 m.
Vom Ort A soll zu den Dörfern D und E eine Wasserleitung unter möglichst geringem Kostenaufwand gelegt werden. In welcher Entfernung vom Ort A müssen die Einzelleitungen zu den Dörfern D und E von der gemeinsamen Leitung auf der Hauptstraße abzweigen, wenn die Kosten der Hauptleitung 120 DM pro lfd. Meter, die der Zweigleitungen 80 DM pro lfd. Meter betragen?

33. Ein Grundstück hat die Form eines rechtwinkligen Dreiecks und liegt an einer Straßenkreuzung, wobei die Katheten des Dreiecks gleichzeitig die Straßenfront mit 80 m und 60 m bilden. Welche Maße muß der rechteckige Grundriß eines Hauses haben, wenn die Straßenfront bzw. die bebaute Fläche möglichst groß werden soll?

34. Zwischen den Punkten A und B einer geradlinig verlaufenden Eisenbahnstrecke von $\overline{AB} = 8$ km soll ein Bahnhof für die Orte C und D errichtet werden, die 2 km ($\overline{CA} \perp \overline{AB}$) bzw. 5 km ($\overline{DB} \perp \overline{AB}$) von A bzw. B entfernt liegen. In welcher Entfernung vom Streckenpunkt A muß der Bahnhof E gebaut werden, damit die Gesamtlänge des Weges von Ort C nach E und von Ort D nach E möglichst gering ist? Wie lang sind die Wege von C bzw. D zum Bahnhof E, wenn die Orte C und D auf derselben Seite der Eisenbahnstrecke liegen?

35. Die Unterkante eines 80 cm hohen Bildes ist vom Fußboden 2 m entfernt. In welcher waagerechten Entfernung vom Bild muß sich ein Beobachter (Augenhöhe 170 cm) aufstellen, damit er das Bild möglichst günstig sieht?

36. Ein Kanal mit einem trapezförmigen Querschnitt von 60 m² hat einen Böschungswinkel von 30°. Wie groß muß die Kanaltiefe gewählt werden, damit die Reibung an den Kanalwänden möglichst gering ist, d.h. der benetzte Umfang möglichst klein ist?

37. Für eine Bewässerungsanlage sollen Kanäle aus 4 Fertigbetonplatten von je 30 cm Breite zusammengefügt werden, so daß der Boden des Kanals aus zwei Platten zu einem dreieckigen Querschnitt zusammengesetzt wird und die Wände aus je einer senkrecht gestellten Platte gebildet werden. Dadurch ist bei niedrigem Wasserstand eine kleine Wasseroberfläche gegeben. Unter welchem Winkel müssen die Bodenplatten zusammengesetzt werden, damit der Kanalquerschnitt möglichst groß wird? Welche Wassermenge kann bei einer Strömungsgeschwindigkeit von 2 m/s befördert werden?

38. Der Querschnitt eines unterirdischen Abwasserkanals von 4 m² hat die Form eines Rechtecks mit aufgesetztem Halbkreis. Wie sind die Maße zu wählen, damit der benetzte Umfang, d.h. die Reibung, möglichst klein wird?

39. Ein zylindrisches Gefäß von 2 m Durchmesser und 4 m Höhe ist mit Wasser gefüllt. In welcher Höhe über dem Boden muß man eine Öffnung anbringen, damit der austretende Wasserstrahl möglichst weit reicht?

40. An einem einarmigen Hebel wirkt im Abstand 30 cm vom Drehpunkt eine Kraft F_1 von 800 N. In welchem Abstand vom Drehpunkt muß eine Kraft F_2 angreifen, die den Hebel im Gleichgewicht halten soll? Die Kraft F_2 soll möglichst gering sein bei einer Hebelmasse von 0,2 kg/cm. Die Hebellänge ist gleich dem zu errechnenden Abstand x der Kraft F_2 vom Drehpunkt.

41. Ein Balken auf zwei Stützen mit dem Abstand 1 Einheit trägt eine Dreieckslast in Form eines rechtwinkligen Dreiecks. Die Auflagerkräfte greifen in den Endpunkten einer Kathete an. Berechnen Sie das maximale Biegemoment!

42. Aus rechteckigen Blechplatinen von 400 mm × 200 mm sollen durch Ausschneiden der Ecken und Hochbiegen der Ränder offene Kästen mit möglichst großem Volumen hergestellt werden. Wie sind die Maße zu wählen?

43. Eine Zündholzschachtel soll 5 cm Länge haben bei einem Volumen von 20 cm^3. Wie müssen Breite und Höhe gewählt werden, damit möglichst wenig Material verbraucht wird, wobei die Hülle eine doppelte Seitenwand und das Innenteil eine doppelte Vorderwand erhält?

44. Welche Abmessungen muß ein offenes zylindrisches Gefäß von 1 Liter Inhalt erhalten, wenn man zu seiner Herstellung möglichst wenig Blech verbrauchen will?

45. Ein Draht von 20 cm Länge soll so zu einem Rechteck gebogen werden, daß bei der Rotation dieses Rechtecks um eine Seite ein Zylinder mit möglichst großem Volumen und möglichst großem Mantel entsteht.

46. Welcher von allen Zylindern, den man einer Kugel einbeschreiben kann, hat das größte Volumen und den größten Mantel?

47. In eine Halbkugel ist der Kegelstumpf größten Volumens einzubeschreiben, der den Querschnitt der Kugel als große Grundfläche hat.

48. Aus vier Stangen von 2 m Länge ist ein Zelt von der Form einer Pyramide mit quadratischer Grundfläche und möglichst großem Volumen aufzustellen. Welche Höhe hat es?

49. Welche Maße muß eine Packung mit der Höhe h und einer quadratischen Grundfläche der Länge a bei einem Volumen von 2000 cm^3 haben, wenn man möglichst wenig Papier zum Einwickeln $(2a^2+4ah)$ und möglichst wenig Bindfaden zum Verschnüren $(6a+2h)$ verbrauchen will?

50. Ein Zementsilo hat die Form eines Zylinders mit angesetztem Kegel. Wie müssen bei einem Volumen von 20 m^3 und einem Kegelwinkel von 90° die Maße des Silos gewählt werden, damit zu seiner Herstellung möglichst wenig Blech verbraucht wird?

51. Wie müssen sich Höhe und Durchmesser eines Kegels zueinander verhalten, den man einer Kugel einbeschreiben kann, wenn der Mantel des Kegels ein Maximum werden soll?

52. Einer Kugel ist eine Pyramide mit möglichst großem Volumen einzubeschreiben. Die Grundfläche der Pyramide sei ein gleichseitiges Dreieck. Wie groß ist der Quotient aus der Höhe h und der Seitenlänge a der Grundfläche?

53. Einer Kugel ist ein Doppelkegel mit möglichst kleinem Volumen zu umschreiben. Wie müssen Durchmesser und Höhe der Kegel gewählt werden?

54. Aus einer kreisförmigen Blechplatine soll durch Ausschneiden eines Segments ein kegelförmiger Trichter hergestellt werden. Wieviel Grad muß der Ausschnitt betragen, wenn das Volumen des Trichters ein Maximum werden soll?

55. Eine Spule von 200 mm Durchmesser soll durch einen Eisenkern mit symmetrischem, kreuzförmigem Querschnitt möglichst weitgehend ausgefüllt werden. Wie sind die Maße des Kreuzes zu wählen?

56. Ein Land kann x Tonnen Kaffee pro Monat verkaufen. Der Preis, der dafür auf dem Weltmarkt zu erzielen ist, beträgt $\left(600-\frac{x}{550}\right)$ DM je Tonne. Für das Verschiffen von x Tonnen müssen 2500 DM feste Kosten und zusätzlich 45 DM je Tonne gezahlt werden. Wieviel Tonnen Kaffee müssen exportiert werden, damit das Land die größtmöglichen Einnahmen dafür erzielt?

57. Eine Firma für Innenausbau benötigt pro Jahr 2500 Holzpaneele, die pro Stück 12 DM kosten. Bei jeder Lieferung wird die gleiche Anzahl Paneele transportiert. Hierfür sind Transportkosten in Höhe von 400 DM zu zahlen. Für die Lagerhaltung der gelieferten Paneele kalkuliert die Firma mit 4 DM je Stück. In wie vielen Teillieferungen sollte die Firma die Paneele transportieren lassen, damit die Gesamtkosten möglichst niedrig sind?

58. Ein LKW soll Güter zu einem Ort transportieren, der 280 km entfernt ist. Der LKW soll möglichst mit konstanter Geschwindigkeit $v \leq 80\,\frac{\text{km}}{\text{h}}$ fahren. Der LKW verbraucht $\left(2+\frac{v^2}{95}\right)\frac{\text{l}}{\text{h}}$ Treibstoff. Die Treibstoffkosten betragen $1{,}05\,\frac{\text{DM}}{\text{l}}$. Für den Fahrer sind Kosten von $45\,\frac{\text{DM}}{\text{h}}$ zu berücksichtigen. Mit welcher Geschwindigkeit sollte der LKW fahren, damit die Gesamtkosten möglichst niedrig sind? Wie hoch sind die Kosten für den gesamten Transport?

4.5 Regeln von de L'Hospital

Problem: Befindet sich in einem Stromkreis eine Gleichspannungsquelle mit der Spannung U Volt ein Widerstand von R Ohm und beträgt seine Selbstinduktion L Henry, so gilt für die Stromstärke I als Funktion der Zeit t: $I{:}\,I(t)=\frac{U}{R}(1-e^{-\frac{R}{L}\cdot t})$ mit $t\in[0;\infty)$.

Welche Gesetzmäßigkeit für die Stromstärke I würde gelten, wenn der Widerstand R des Stromkreises Null wäre,

Da eine direkte Einsetzung des Wertes 0 für R in die angegebene Funktionsgleichung nicht zulässig ist (durch Null darf man nicht dividieren!), muß untersucht werden, ob der einseitige Grenzwert $\lim\limits_{\substack{R\to 0\\ R>0}} I(t)$ existiert.

Faßt man I als Funktion von R auf, dann läßt sich die Funktion I als Quotient zweier Funktionen f und g deuten.

$$\lim_{\substack{R\to 0\\ R>0}}\left[\frac{U}{R}(1-e^{-\frac{R}{L}\cdot t})\right]=?$$

$$I{:}\ I(R)=\frac{U}{R}(1-e^{-\frac{R}{L}\cdot t});\ R\in[0;\infty)$$

Es liegt nahe, auf diesen Quotienten den Grenzwertsatz für Funktionen anzuwenden.

$$I(R)=\frac{U(1-e^{-\frac{R}{L}\cdot t})}{R}=\frac{f(R)}{g(R)}$$

mit $f{:}\ f(R)=U(1-e^{-\frac{R}{L}\cdot t})$ und $g{:}\ g(R)=R$

Aber auch diese Anwendung ist nicht erlaubt, weil $\lim\limits_{\substack{R\to 0\\ R>0}} g(R)=0$ gilt und außerdem die formale Anwendung auf den unbestimmten Ausdruck $\frac{0}{0}$ führt.

$$\lim_{\substack{R\to 0\\ R>0}}\frac{f(R)}{g(R)}\stackrel{?}{=}\frac{\lim\limits_{\substack{R\to 0\\ R>0}} f(R)}{\lim\limits_{\substack{R\to 0\\ R>0}} g(R)}\stackrel{?}{=}\frac{0}{0}$$

Dieses Kapitel stellt Regeln bereit, wie man solche Grenzwerte, die auf unbestimmte Ausdrücke führen, rechnerisch behandeln kann.

Die im Problem gestellte Frage läßt sich auch auf andere Weise beantworten. Das nebenstehende Schaubild zeigt, daß die Stromstärke beim Einschalten des Stromkreises mit einer Anstiegsgeschwindigkeit $I'(0)=\frac{U}{L}$ steigt. Dieser Wert ist vom Widerstand R unabhängig.

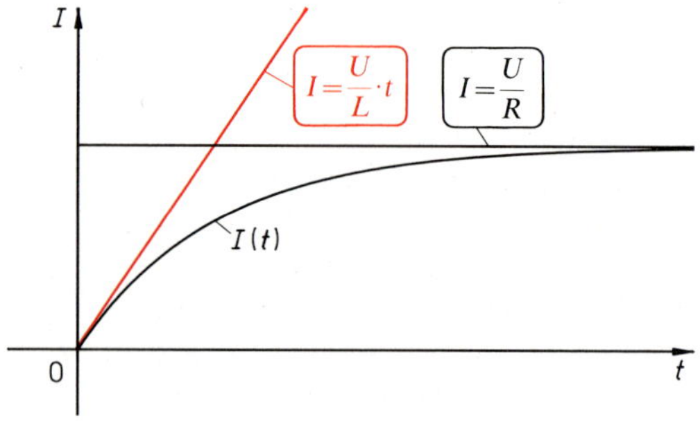

Wäre der Widerstand R des Stromkreises Null, so würde dieser Anstieg unverändert andauern, also $I=\frac{U}{L}\cdot t$ gelten. Der Widerstand R des Stromkreises bewirkt, daß sich für $t\to\infty$ der nach dem Ohmschen Gesetz geltende konstante Wert $\frac{U}{R}$ einstellt.

$$I{:}\ I(t)=\frac{U}{R}(1-e^{-\frac{R}{L}\cdot t})$$

$\Rightarrow I'{:}\ I'(t)=\frac{U}{L}\cdot e^{-\frac{R}{L}\cdot t}$ ► 0 für t

$\Rightarrow I'(0)=\frac{U}{L}$ ► Tangentensteigung zum Zeitpunkt 0

$$t\to\infty \Rightarrow \lim_{t\to\infty} I(t)=\frac{U}{R}$$

Das folgende Problem führt auf eine Regel von de L'Hospital, nach der man die Gesetzmäßigkeit für die Stromstärke bei einem Widerstand von Null Ohm rechnerisch auch wie folgt behandeln kann:

$$\lim_{\substack{R\to 0\\ R>0}} I(R) = \lim_{\substack{R\to 0\\ R>0}} \frac{f(R)}{g(R)} = \lim_{\substack{R\to 0\\ R>0}} \frac{f'(R)}{g'(R)} = \lim_{\substack{R\to 0\\ R>0}} \frac{\frac{U}{L}\cdot e^{-\frac{R}{L}\cdot t}\cdot t}{1} = \lim_{\substack{R\to 0\\ R>0}} \frac{U}{L}\cdot e^{-\frac{R}{L}\cdot t}\cdot t = \frac{U}{L}\cdot t.$$

Man kann also über die Ableitungen von f und g den bei formaler Anwendung des Grenzwertsatzes erhaltenen unbestimmten Ausdruck $\frac{0}{0}$ für $\lim\limits_{\substack{R\to 0\\ R>0}} \frac{f(R)}{g(R)}$ umgehen.

Die Bestimmung eines Grenzwertes $\lim\limits_{x\to x_0} \frac{f(x)}{g(x)}$ kann große Schwierigkeiten bereiten, wenn der Zählerterm und der Nennerterm für $x \to x_0$ gegen Null streben. Dann erhielte man formal den unbestimmten Ausdruck $\frac{0}{0}$. Die Bestimmung dieses Grenzwertes ist jedoch einfach, wenn $f'(x_0)$ und $g'(x_0)$ existieren und außerdem $g'(x_0) \neq 0$ ist.

Problem: Von zwei Funktionen f: $f(x)$ und g: $g(x)$ sind folgende Eigenschaften bekannt:

- Sie sind im Intervall $[a; b]$ stetig und im Intervall $I=(a; b)$ differenzierbar.
- Die Ableitungen f' und g' sind in I stetig und es gilt $g'(x) \neq 0$ im Intervall I.

Zeigen Sie: Gilt $\lim\limits_{x\to x_0} f(x)=0$ und $\lim\limits_{x\to x_0} g(x)=0$ für eine Stelle $x_0 \in (a; b)$ und existiert $\lim\limits_{x\to x_0} \frac{f'(x)}{g'(x)}$ als eigentlicher oder uneigentlicher Grenzwert, so folgt: $\lim\limits_{x\to x_0} \frac{f(x)}{g(x)} = \lim\limits_{x\to x_0} \frac{f'(x)}{g'(x)} = \frac{f'(x_0)}{g'(x_0)}$.

Da $f(x_0)=0$ und $g(x_0)=0$ gelten, wird der Bruchterm $\frac{f(x)}{g(x)}$ durch die Umformung zu $\frac{f(x)-f(x_0)}{g(x)-g(x_0)}$ nicht verändert. Dann wird der Bruchterm mit $\frac{1}{x-x_0}$ erweitert und der Grenzwertsatz für den Quotienten zweier Funktionen angewandt. Diese Anwendung ist möglich, weil $g'(x) \neq 0$ im Intervall I gelten soll. Hierdurch erhält man die Ableitung der Funktionen f und g an der Stelle x_0. Da auch die Ableitungsfunktionen f' und g' in I stetig sind, läßt sich der Term $\frac{f'(x_0)}{g'(x_0)}$ in $\frac{\lim\limits_{x\to x_0} f'(x)}{\lim\limits_{x\to x_0} g'(x)}$ umformen, was nach demselben Grenzwertsatz $\lim\limits_{x\to x_0} \frac{f'(x)}{g'(x)}$ liefert.

$$\lim_{x\to x_0} \frac{f(x)}{g(x)} = \lim_{x\to x_0} \frac{f(x)-f(x_0)}{g(x)-g(x_0)}$$

$$= \lim_{x\to x_0} \frac{\frac{f(x)-f(x_0)}{x-x_0}}{\frac{g(x)-g(x_0)}{x-x_0}}$$

$$= \frac{f'(x_0)}{g'(x_0)}$$

$$= \frac{\lim\limits_{x\to x_0} f'(x)}{\lim\limits_{x\to x_0} g'(x)}$$

$$= \lim_{x\to x_0} \frac{f'(x)}{g'(x)}$$

$$\Rightarrow \lim_{x\to x_0} \frac{f(x)}{g(x)} = \frac{f'(x_0)}{g'(x_0)} = \lim_{x\to x_0} \frac{f'(x)}{g'(x)}$$

Anmerkung: Diese Regel gilt auch unter der schwächeren Voraussetzung, daß f' und g' nicht stetig sind. Der Beweis hierfür setzt aber mathematische Mittel voraus, die in diesem Buch nicht zur Verfügung stehen.

Erste Regel von de L'Hospital

Merke:

Sind die Funktionen $f: f(x)$ und $g: g(x)$ im abgeschlossenen Intervall $[a; b]$ stetig und im offenen Intervall $(a; b)$ differenzierbar und ist $f(x_0) = g(x_0) = 0$ für $x_0 \in (a; b)$ und $g'(x) \neq 0$ für alle $x \in (a; b)$, so gilt für den Grenzwert $\lim\limits_{x \to x_0} \frac{f(x)}{g(x)} = \lim\limits_{x \to x_0} \frac{f'(x)}{g'(x)}$.

Anmerkung:

Führt der Grenzwert $\lim\limits_{x \to x_0} \frac{f(x)}{g(x)}$ bei formaler Anwendung des Grenzwertsatzes für den Quotienten zweier Funktionen auf den unbestimmten Ausdruck $\frac{0}{0}$, so läßt sich dieser Grenzwert aus $\lim\limits_{x \to x_0} \frac{f'(x)}{g'(x)}$ bestimmen, sofern $\lim\limits_{x \to x_0} g'(x) \neq 0$ gilt. Eine entsprechende Regel gilt auch für einseitige Grenzwerte.

Beispiele: Überprüfen Sie, ob Zähler- oder Nennerterm bei den durchzuführenden Grenzwertbetrachtungen gegen Null streben, und bestimmen Sie dann die Grenzwerte mit Hilfe der ersten Regel von de L'Hospital.

- $\lim\limits_{x \to 0} \frac{\sin x}{x}$
  - ▶ $\lim\limits_{x \to 0} \sin x = 0$ und
  - ▶ $\lim\limits_{x \to 0} x = 0$

$\lim\limits_{x \to 0} \frac{\sin x}{x} = \lim\limits_{x \to 0} \frac{f(x)}{g(x)} = \lim\limits_{x \to 0} \frac{f'(x)}{g'(x)}$

▶ $f(x) = \sin x \Rightarrow f'(x) = \underline{\cos x}$

▶ $g(x) = x \Rightarrow g'(x) = \underline{1}$

$\Rightarrow \lim\limits_{x \to 0} \frac{\sin x}{x} = \lim\limits_{x \to 0} \frac{\cos x}{1} = \frac{1}{1} = \underline{\underline{1}}$ ▶ Grenzwert

- $\lim\limits_{x \to 1} \frac{\ln x}{x-1}$
  - ▶ $\lim\limits_{x \to 1} \ln x = 0$ und
  - ▶ $\lim\limits_{x \to 1} (x-1) = 0$

$\lim\limits_{x \to 1} \frac{\ln x}{x-1} = \lim\limits_{x \to 1} \frac{f(x)}{g(x)} = \lim\limits_{x \to 1} \frac{f'(x)}{g'(x)}$

▶ $f(x) = \ln x \Rightarrow f'(x) = \underline{\frac{1}{x}}$

▶ $g(x) = x - 1 \Rightarrow g'(x) = \underline{1}$

$\Rightarrow \lim\limits_{x \to 1} \frac{\ln x}{x-1} = \lim\limits_{x \to 1} \frac{\frac{1}{x}}{1} = \underline{\underline{1}}$ ▶ Grenzwert

- $\lim\limits_{x \to 0} \frac{e^x - e^{-x}}{\ln(e-x) + x - 1}$
  - ▶ $\lim\limits_{x \to 0} (e^x - e^{-x}) = 0$ und
  - ▶ $\lim\limits_{x \to 0} [\ln(e-x) + x - 1] = 0$

$\lim\limits_{x \to 0} \frac{e^x - e^{-x}}{\ln(e-x) + x + 1} = \lim\limits_{x \to 0} \frac{f(x)}{g(x)} = \lim\limits_{x \to 0} \frac{f'(x)}{g'(x)}$

▶ $f(x) = e^x - e^{-x} \Rightarrow f'(x) = \underline{e^x + e^{-x}}$

▶ $g(x) = \ln(e-x) + x - 1 \Rightarrow g'(x) = \underline{\frac{e-x-1}{e-x}}$

$\Rightarrow \lim\limits_{x \to 0} \frac{e^x - e^{-x}}{\ln(e-x) + x - 1} = \lim\limits_{x \to 0} \frac{e^x + e^{-x}}{\frac{e-x-1}{e-x}}$

$\Rightarrow \lim\limits_{x \to 0} \frac{(e^x + e^{-x})(e-x)}{e-x-1} = \underline{\underline{\frac{2 \cdot e}{e-1}}}$ ▶ Grenzwert

● $\lim\limits_{x\to 1}\frac{\sqrt{2x-x^4}-\sqrt[3]{x}}{1-\sqrt[4]{x^3}}$

▶ $\lim\limits_{x\to 1}(\sqrt{2x-x^4}-\sqrt[3]{x})=0$ und

▶ $\lim\limits_{x\to 1}(1-\sqrt[4]{x^3})=0$

$$\lim_{x\to 1}\frac{\sqrt{2x-x^4}-\sqrt[3]{x}}{1-\sqrt[4]{x^3}}=\lim_{x\to 1}\frac{f(x)}{g(x)}=\lim_{x\to 1}\frac{f'(x)}{g'(x)}$$

▶ $f(x)=\sqrt{2x-x^4}-\sqrt[3]{x}$

$$\Rightarrow f'(x)=\frac{1-2x^3}{\sqrt{2x-x^4}}-\frac{1}{3\sqrt[3]{x^2}}$$

▶ $g(x)=1-\sqrt[4]{x^3}\Rightarrow g'(x)=\underline{\frac{-3}{4\cdot\sqrt[4]{x}}}$

$$\Rightarrow \lim_{x\to 1}\frac{f'(x)}{g'(x)}=\lim_{x\to 1}\frac{\frac{1-2x^3}{\sqrt{2x-x^4}}-\frac{1}{3\sqrt[3]{x^2}}}{-\frac{3}{4\sqrt[4]{x}}}$$

$$=\frac{\frac{-1}{1}-\frac{1}{3}}{-\frac{3}{4}}=\underline{\underline{\frac{16}{9}}}$$ ▶ Grenzwert

Problem: Die Funktionen $f\colon f(x)$ und $g\colon g(x)$ sind im Intervall $[a;\infty)$, $a\in\mathbb{R}_+^*$ differenzierbar, und es ist $\lim\limits_{x\to\infty} f(x)=\lim\limits_{x\to\infty} g(x)=0$ sowie $g'(x)\neq 0$. Außerdem existiert $\lim\limits_{x\to\infty}\frac{f'(x)}{g'(x)}$ als eigentlicher oder uneigentlicher Grenzwert. Zeigen Sie, daß dann gilt: $\lim\limits_{x\to\infty}\frac{f(x)}{g(x)}=\lim\limits_{x\to\infty}\frac{f'(x)}{g'(x)}$.

Ersetzt man x durch $\frac{1}{z}$, so ist anstelle des Grenzwertes für $x\to\infty$ der rechtsseitige Grenzwert für $z\to 0$ mit $z\in\left(0;\frac{1}{a}\right]$ zu bilden. Auf diesen wird die erste Regel von de L'Hospital angewendet.

Die Ableitung der Funktion $f\colon z\mapsto f\left(\frac{1}{z}\right)$ wird mit Hilfe der Kettenregel bestimmt.

$$\lim_{x\to\infty}\frac{f(x)}{g(x)}=\lim_{\substack{z\to 0\\ z>0}}\frac{f\left(\frac{1}{z}\right)}{g\left(\frac{1}{z}\right)}$$

$$=\lim_{\substack{z\to 0\\ z>0}}\frac{-\frac{1}{z^2}\cdot f'\left(\frac{1}{z}\right)}{-\frac{1}{z^2}\cdot g'\left(\frac{1}{z}\right)}$$

$$=\lim_{\substack{z\to 0\\ z>0}}\frac{f'\left(\frac{1}{z}\right)}{g'\left(\frac{1}{z}\right)}$$

$$=\underline{\lim_{x\to\infty}\frac{f'(x)}{g'(x)}}$$

Anmerkung:
Führt der Grenzwert $\lim\limits_{x\to\infty}\frac{f(x)}{g(x)}$ bei formaler Anwendung des Grenzwertsatzes für den Quotienten zweier Funktionen auf den unbestimmten Ausdruck $\frac{0}{0}$, so läßt sich dieser Grenzwert aus $\lim\limits_{x\to\infty}\frac{f'(x)}{g'(x)}$ bestimmen, sofern $\lim\limits_{x\to\infty} g'(x)\neq 0$ gilt. Eine entsprechende Regel gilt auch für den Fall $x\to-\infty$.

Beispiele: Überprüfen Sie, ob Zähler- und Nennerterm bei den durchzuführenden Grenzwertbetrachtungen gegen Null streben und bestimmen Sie dann die Grenzwerte mit Hilfe der ersten Regel von de L'Hospital.

- $\lim\limits_{x\to\infty} \dfrac{\operatorname{Arctan} x - \frac{\pi}{2}}{\frac{1}{x}}$

  ▶ $\lim\limits_{x\to\infty}\left(\operatorname{Arctan} x - \frac{\pi}{2}\right) = 0$ und

  ▶ $\lim\limits_{x\to\infty}\frac{1}{x} = 0$

$$\lim_{x\to\infty} \frac{\operatorname{Arctan} x - \frac{\pi}{2}}{\frac{1}{x}} = \lim_{x\to\infty}\frac{f(x)}{g(x)} = \lim_{x\to\infty}\frac{f'(x)}{g'(x)}$$

▶ $f(x) = \operatorname{Arctan} x - \frac{\pi}{2} \Rightarrow f'(x) = \underline{\frac{1}{1+x^2}}$

▶ $g(x) = \frac{1}{x} \Rightarrow g'(x) = \underline{\frac{-1}{x^2}}$

$$\Rightarrow \lim_{x\to\infty} \frac{\operatorname{Arctan} x - \frac{\pi}{2}}{\frac{1}{x}} = \lim_{x\to\infty}\frac{\frac{1}{1+x^2}}{-\frac{1}{x^2}} = \lim_{x\to\infty}\frac{-x^2}{1+x^2}$$

$$\Rightarrow \lim_{x\to\infty}\frac{-1}{\frac{1}{x^2}+1} = \underline{\underline{-1}}$$ ▶ Grenzwert

- $\lim\limits_{x\to\infty} \dfrac{\frac{1}{x}}{\operatorname{Arccot} x - \pi}$

  ▶ $\lim\limits_{x\to\infty}\frac{1}{x} = 0$ und

  ▶ $\lim\limits_{x\to\infty}(\operatorname{Arccot} x - \pi) = 0$

$$\lim_{x\to\infty} \frac{\frac{1}{x}}{\operatorname{Arccot} x - \pi} = \lim_{x\to\infty}\frac{f(x)}{g(x)} = \lim_{x\to\infty}\frac{f'(x)}{g'(x)}$$

▶ $f(x) = \frac{1}{x} \Rightarrow f'(x) = \underline{\frac{-1}{x^2}}$

▶ $g(x) = \operatorname{Arccot} x - \pi \Rightarrow g'(x) = \underline{\frac{-1}{1+x^2}}$

$$\Rightarrow \lim_{x\to\infty} \frac{\frac{1}{x}}{\operatorname{Arccot} x - \pi} = \lim_{x\to\infty}\frac{-\frac{1}{x^2}}{-\frac{1}{1+x^2}} = \lim_{x\to\infty}\frac{1+x^2}{x^2}$$

$$\Rightarrow \lim_{x\to\infty}\frac{\frac{1}{x^2}+1}{1} = \underline{\underline{1}}$$ ▶ Grenzwert

Problem: Bestimmen Sie den Grenzwert $\lim\limits_{x\to\infty}\frac{x}{e^x}$.

Da der Grenzwert bei formaler Anwendung des Grenzwertsatzes für den Quotienten zweier Funktionen den unbestimmten Ausdruck $\frac{\infty}{\infty}$ liefert, kann die Regel von de L'Hospital hierauf zunächst nicht angewendet werden.

$\lim\limits_{x\to\infty}\frac{x}{e^x} = ?$

▶ $\lim\limits_{x\to\infty} x = \infty \Rightarrow \lim\limits_{x\to\infty} x \neq 0$

▶ $\lim\limits_{x\to\infty} e^x = \infty \Rightarrow \lim\limits_{x\to\infty} e^x \neq 0$

▶ Voraussetzung für die Anwendung der ersten de L'Hospitalschen Regel ist nicht erfüllt

Ersetzt man aber die Exponentialfunktion durch ihre Reihenentwicklung und kürzt den Bruchterm durch x $(x>0)$, so läßt sich der Grenzwert leicht zu Null bestimmen, da im Nennerterm der erste Summand gegen Null geht, der zweite Summand konstant ist und alle andern Summanden gegen ∞ streben. Wendet man andererseits die Regel von de L'Hospital formal auf den gegebenen Ausdruck an, so erhält man ebenfalls den Grenzwert Null.

▶ $e^x = 1 + \frac{x}{1!} + \frac{x^2}{2!} + \ldots + \frac{x^n}{n!} + \ldots$

$$\lim_{x\to\infty} \frac{x}{e^x} = \lim_{x\to\infty} \frac{x}{1+\frac{x}{1!}+\frac{x^2}{2!}+\frac{x^3}{3!}+\ldots}$$

$$\Rightarrow \lim_{x\to\infty} \frac{1}{\frac{1}{x}+1+\frac{x}{2!}+\frac{x^2}{3!}+\ldots} \underline{\underline{=0}}$$ ▶ Grenzwert

$$\lim_{x\to\infty} \frac{x}{e^x} = \lim_{x\to\infty} \frac{1}{e^x} \underline{\underline{=0}}$$ ▶ formale Anwendung der Regel von L'Hospital

Man kann mit anderen mathematischen Hilfsmitteln zeigen, daß sich eine entsprechende Regel von de L'Hospital auch auf den Fall anwenden läßt, daß $\lim\limits_{x\to x_0} f(x) = \lim\limits_{x\to x_0} g(x) = \infty$ (bzw. $-\infty$) gilt.

Zweite Regel von de L'Hospital

Merke:

Sind die Funktionen f: $f(x)$ und g: $g(x)$ im offenen Intervall $I=(a;b)$ differenzierbar und ist dort $g'(x) \neq 0$ und $\lim\limits_{x\to x_0} f(x) = \lim\limits_{x\to x_0} g(x) = \infty$ oder $\lim\limits_{x\to x_0} f(x) = \lim\limits_{x\to x_0} g(x) = -\infty$ für eine Stelle $x_0 \in (a;b)$ und existiert außerdem $\lim\limits_{x\to x_0} \frac{f'(x)}{g'(x)}$ als eigentlicher oder uneigentlicher Grenzwert, dann gilt:

$$\lim_{x\to x_0} \frac{f(x)}{g(x)} = \lim_{x\to x_0} \frac{f'(x)}{g'(x)}.$$

Beispiele: Überprüfen Sie, ob Zähler- oder Nennerterm bei den durchzuführenden Grenzwertbetrachtungen gegen ∞ streben und bestimmen Sie dann die Grenzwerte mit Hilfe der zweiten Regel von de L'Hospital.

● $\lim\limits_{x\to\infty} \frac{\ln x}{x^n}$; $n>0$

▶ $\lim\limits_{x\to\infty} \ln x = \infty$ und

▶ $\lim\limits_{x\to\infty} x^n = \infty$

$$\lim_{x\to\infty} \frac{\ln x}{x^n} = \lim_{x\to\infty} \frac{f(x)}{g(x)} = \lim_{x\to\infty} \frac{f'(x)}{g'(x)}$$

▶ $f(x) = \ln x \Rightarrow f'(x) = \underline{\frac{1}{x}}$

▶ $g(x) = x^n \Rightarrow g'(x) = \underline{n \cdot x^{n-1}}$

$$\Rightarrow \lim_{x\to\infty} \frac{\ln x}{x^n} = \lim_{x\to\infty} \frac{\frac{1}{x}}{n\cdot x^{n-1}} = \lim_{x\to\infty} \frac{1}{n\cdot x^n} \underline{\underline{=0}}$$ ▶ Grenzwert

● $\lim\limits_{x\to\infty} \frac{\sqrt{x}}{x-1}$

▶ $\lim\limits_{x\to\infty} \sqrt{x} = \infty$ und

▶ $\lim\limits_{x\to\infty} (x-1) = \infty$

$$\lim_{x\to\infty} \frac{\sqrt{x}}{x-1} = \lim_{x\to\infty} \frac{f(x)}{g(x)} = \lim_{x\to\infty} \frac{f'(x)}{g'(x)}$$

▶ $f(x) = \sqrt{x} \Rightarrow f'(x) = \underline{\frac{1}{2\sqrt{x}}}$

▶ $g(x) = x-1 \Rightarrow g'(x) = \underline{1}$

$$\Rightarrow \lim_{x\to\infty} \frac{\sqrt{x}}{x-1} = \lim_{x\to\infty} \frac{1}{2\sqrt{x}} \underline{\underline{=0}}$$ ▶ Grenzwert

Anmerkung: Liefert der Grenzwert eines Quotienten zweier Funktionen f und g bei formaler Anwendung des Grenzwertsatzes auch bei einmaliger Anwendung der Regeln von de L'Hospital noch einen unbestimmten Ausdruck, so kann man diese Regeln mehrfach anwenden, falls man schließlich einen eigentlichen oder uneigentlichen Grenzwert erhält.

Beispiele: Überprüfen Sie, ob die gegebenen Funktionsterme bei den durchzuführenden Grenzwertbetrachtungen gegen einen unbestimmten Ausdruck streben und bestimmen Sie dann die Grenzwerte durch mehrfache Anwendung der Regeln von de L'Hospital.

● $\lim\limits_{x \to \infty} \frac{e^x}{x^2}$

▶ $\lim\limits_{x \to \infty} e^x = \infty$ und

▶ $\lim\limits_{x \to \infty} x^2 = \infty$

Nach zweimaliger Anwendung der zweiten Regel von de L'Hospital ergibt sich: $\lim\limits_{x \to \infty} \frac{e^x}{x^2} = \infty$.

$$\lim_{x \to \infty} \frac{e^x}{x^2} = \lim_{x \to \infty} \frac{f(x)}{g(x)} = \lim_{x \to \infty} \frac{f'(x)}{g(x)}$$

▶ $f(x) = e^x \Rightarrow f'(x) = \underline{e^x}$

▶ $g(x) = x^2 \Rightarrow g'(x) = \underline{2x}$

$$\Rightarrow \lim_{x \to \infty} \frac{e^x}{x^2} = \lim_{x \to \infty} \frac{e^x}{2x}$$

▶ $\lim\limits_{x \to \infty} e^x = \infty$ und $\lim\limits_{x \to \infty} 2x = \infty$

▶ $u(x) = e^x \Rightarrow u'(x) = \underline{e^x}$

▶ $v(x) = 2x \Rightarrow v'(x) = \underline{2}$

$$\Rightarrow \lim_{x \to \infty} \frac{e^x}{2x} = \lim_{x \to \infty} \frac{u'(x)}{v'(x)} = \lim_{x \to \infty} \frac{e^x}{2}$$

$= \underline{\underline{\infty}}$ ▶ uneigentlicher Grenzwert

● $\lim\limits_{x \to 0} \frac{e^x - e^{-x} - 2x}{x - \sin x}$

▶ $\lim\limits_{x \to 0} (e^x - e^{-x} - 2x) = 0$ und

▶ $\lim\limits_{x \to 0} (x - \sin x) = 0$

Nach dreimaliger Anwendung der ersten Regel von de L'Hospital ergibt sich: $\lim\limits_{x \to 0} \frac{e^x - e^{-x} - 2x}{x - \sin x} = 2$.

$$\lim_{x \to 0} \frac{e^x - e^{-x} - 2x}{x - \sin x} = \lim_{x \to 0} \frac{e^x + e^{-x} - 2}{1 - \cos x}$$

▶ $\lim\limits_{x \to 0} (e^x + e^{-x} - 2) = 0$ und $\lim\limits_{x \to 0} (1 - \cos x) = 0$

$$\Rightarrow \lim_{x \to 0} \frac{e^x + e^{-x} - 2}{1 - \cos x} = \lim_{x \to 0} \frac{e^x - e^{-x}}{\sin x}$$

▶ $\lim\limits_{x \to 0} (e^x - e^{-x}) = 0$ und $\lim\limits_{x \to 0} \sin x = 0$

$$\Rightarrow \lim_{x \to 0} \frac{e^x - e^{-x}}{\sin x} = \lim_{x \to 0} \frac{e^x + e^{-x}}{\cos x} = \frac{2}{1}$$

$= \underline{\underline{2}}$ ▶ Grenzwert

● $\lim\limits_{x \to 0} \frac{\tan x - x}{x - \sin x}$

▶ $\lim\limits_{x \to 0} (\tan x - x) = 0$ und

▶ $\lim\limits_{x \to 0} (x - \sin x) = 0$

Nach dreimaliger Anwendung der ersten Regel von de L'Hospital ergibt sich: $\lim\limits_{x \to 0} \frac{\tan x - x}{x - \sin x} = 2$.

$$\lim_{x \to 0} \frac{\tan x - x}{x - \sin x} = \lim_{x \to 0} \frac{\frac{1}{\cos^2 x} - 1}{1 - \cos x}$$

▶ $\lim\limits_{x \to 0} \left(\frac{1}{\cos^2 x} - 1\right) = 0$ und $\lim\limits_{x \to 0} (1 - \cos x) = 0$

$$\Rightarrow \lim_{x \to 0} \frac{\frac{1}{\cos^2 x} - 1}{1 - \cos x} = \lim_{x \to 0} \frac{-\frac{2 \cdot \sin x}{\cos^3 x}}{\sin x}$$

▶ $\lim\limits_{x \to 0} -\frac{2 \cdot \sin x}{\cos^3 x} = 0$ und $\lim\limits_{x \to 0} \sin x = 0$

$$\Rightarrow \lim_{x \to 0} \frac{-\frac{2 \cdot \sin x}{\cos^3 x}}{\sin x} = \lim_{x \to 0} \frac{\frac{6 \cdot \sin^2 x + 2 \cdot \cos^2 x}{\cos^4 x}}{\cos x}$$

$$= \frac{2}{1}$$

$= \underline{\underline{2}}$ ▶ Grenzwert

- $\lim\limits_{x \to \infty} (x^n \cdot e^{-x})$

  ► $\lim\limits_{x \to \infty} x^n = \infty$ und

  ► $\lim\limits_{x \to \infty} e^{-x} = 0$

Durch Umformung des Terms $x^n \cdot e^{-x}$ erhält man den Term $\frac{x^n}{e^x}$, auf den man die zweite Regel von de L'Hospital anwenden kann.

Auf diesen Ausdruck muß man die zweite Regel von de L'Hospital n-mal anwenden. Man erhält den Grenzwert $\lim\limits_{x \to \infty} (x^n \cdot e^{-x}) = 0$.

$$\lim_{x \to \infty} (x^n \cdot e^{-x}) = \lim_{x \to \infty} \frac{x^n}{e^x}$$

► $\lim\limits_{x \to \infty} x^n = \infty$ und $\lim\limits_{x \to \infty} e^x = \infty$

$$\Rightarrow \lim_{x \to \infty} \frac{x^n}{e^x} = \lim_{x \to \infty} \frac{n \cdot x^{n-1}}{e^x}$$

► $\lim\limits_{x \to \infty} (n \cdot x^{n-1}) = \infty$ und $\lim\limits_{x \to \infty} e^x = \infty$

$$\Rightarrow \lim_{x \to \infty} \frac{n \cdot x^{n-1}}{e^x} = \lim_{x \to \infty} \frac{n(n-1)\, x^{n-2}}{e^x}$$

► $\lim\limits_{x \to \infty} [n(n-1)\, x^{n-2}] = \infty$ und $\lim\limits_{x \to \infty} e^x = \infty$

$\vdots$

$$\Rightarrow \lim_{x \to \infty} \frac{n(n-1)\, x^{n-2}}{e^x} = \lim_{x \to \infty} \frac{n \cdot (n-1) \cdot (n-2) \cdot \ldots \cdot 2 \cdot 1}{e^x}$$

$$= \underline{\underline{0}}$$ ► Grenzwert

Beispiele: Überprüfen Sie, ob die gegebenen Funktionsterme bei den durchzuführenden Grenzwertbetrachtungen gegen einen unbestimmten Ausdruck streben, formen Sie die Funktionsterme so um, daß sich eine der Regeln von de L'Hospital anwenden läßt und bestimmen Sie dann die Grenzwerte mit Hilfe dieser Regel.

- $\lim\limits_{x \to 0} (x \cdot \ln x)$

  ► $\lim\limits_{x \to 0} x = 0$ und $\lim\limits_{x \to 0} \ln x = -\infty$

Der Grenzwert liefert einen unbestimmten Ausdruck. Da kein Ausdruck der Form $\frac{f(x)}{g(x)}$ vorliegt, kann man die Regel von de L'Hospital auf den gegebenen Term nicht direkt anwenden. Man kann jedoch den Term $x \cdot \ln x$ in $\frac{\ln x}{\frac{1}{x}}$ umformen und dann für diesen Term den Grenzwert bestimmen. Man erhält: $\lim\limits_{x \to 0} (x \cdot \ln x) = 0$.

$$\lim_{x \to 0} (x \cdot \ln x) = \lim_{x \to 0} \frac{\ln x}{\frac{1}{x}}$$

► $\lim\limits_{x \to 0} \ln x = -\infty$ und $\lim\limits_{x \to 0} \frac{1}{x} = \infty$

$$\Rightarrow \lim_{x \to 0} \frac{\ln x}{\frac{1}{x}} = \lim_{x \to 0} \frac{\frac{1}{x}}{-\frac{1}{x^2}}$$

$$= \lim_{x \to 0} -\frac{x^2}{x}$$

$$= \lim_{x \to 0} (-x)$$

$$= \underline{\underline{0}}$$ ► Grenzwert

- $\lim\limits_{x \to 0} (x \cdot \cot x)$

  ► $\lim\limits_{x \to 0} x = 0$ und $\lim\limits_{x \to 0} \cot x = \infty$

Um eine der Regeln von de L'Hospital anwenden zu können, kann man den Term $x \cdot \cot x$ in den Term $\cos x \frac{x}{\sin x}$ umformen. Da nur der Term $\frac{x}{\sin x}$ bei der Grenzwertbildung einen unbestimmten Ausdruck liefert, muß nur dieser Term mit Hilfe der ersten Regel von de L'Hospital näher untersucht werden. Man erhält $\lim\limits_{x \to 0} (x \cdot \cot x) = 1$.

$$\lim_{x \to 0} (x \cdot \cot x) = \lim_{x \to 0} \left(\cos x \cdot \frac{x}{\sin x}\right)$$

$$= \lim_{x \to 0} \cos x \cdot \lim_{x \to 0} \frac{x}{\sin x}$$

► $\lim\limits_{x \to 0} x = 0$ und $\lim\limits_{x \to 0} \sin x = 0$

$$\lim_{x \to 0} \frac{x}{\sin x} = \lim_{x \to 0} \frac{1}{\cos x} = 1$$

$$\Rightarrow \lim_{x \to 0} (x \cdot \cot x) = \lim_{x \to 0} \cos x \cdot \lim_{x \to 0} \frac{x}{\sin x}$$

$$= 1 \cdot 1$$

$$= \underline{\underline{1}}$$ ► Grenzwert

Unbestimmte Ausdrücke der Form $0\cdot\infty$, $\infty-\infty$ oder 0^0, 1^∞ und ∞^0 lassen sich so umformen, daß man die Regeln von de L'Hospital anwenden kann.

- Führt die formale Anwendung des Grenzwertsatzes auf das Produkt $f(x)\cdot g(x)$ von Funktionen auf den unbestimmten Ausdruck $0\cdot\infty$, so läßt sich durch die Umformung $f(x)\cdot g(x)=\frac{f(x)}{\frac{1}{g(x)}}$ das Problem mit Hilfe der ersten Regel von de L'Hospital lösen.

- Erhält man entsprechend für die Differenz der Funktionen $f(x)-g(x)$ den unbestimmen Ausdruck $\infty-\infty$, so kann man nach der Umformung $f(x)-g(x)=\frac{\frac{1}{g(x)}-\frac{1}{f(x)}}{\frac{1}{g(x)}\cdot\frac{1}{f(x)}}$ das Problem ebenfalls mit Hilfe der ersten Regel von de L'Hospital lösen.

- Erhält man entsprechend für die Potenz der Funktionen $f(x)^{g(x)}$ einen der unbestimmten Ausdrücke 0^0, 1^∞ oder ∞^0, so läßt sich diese Potenz umformen zu: $f(x)^{g(x)}=e^{g(x)\cdot\ln f(x)}$. Der Exponent der Exponentialfunktion läßt sich dann mit einer der schon bekannten Umformungen so schreiben, daß sich eine der beiden Regeln von de L'Hospital anwenden läßt.

5 Zusammenstellung wichtiger Funktionen, Ableitungen und Reihen

5.1 Funktionen

Algebraische Funktionen und Relationen	
Ganze rationale Funktion n-ten Grades	$f\colon f(x)=a_m\cdot x^m+a_{m-1}\cdot x^{m-1}+\ldots+a_2\cdot x^2+a_1\cdot x+a_0$; $D(f)=\mathbb{R}$; $m\in\mathbb{N}$; $a_i\in\mathbb{R}$; $a_m\neq 0$
Ganze rationale Funktion ersten Grades (Lineare Funktion)	$f\colon f(x)=a_1\,x+a_0$; $D(f)=\mathbb{R}$; $a_1\neq 0$ ▶ $a_1=\tan\alpha=\frac{f(x)-a_0}{x}$; $f(0)=a_0$
Gleichung der Geraden	$f(x)=a_1\cdot x+a_0$ ▶ a_1: Steigung der Geraden ▶ a_0: Schnittstelle mit der y-Achse
Normalform der Geraden	$y=m\cdot x+b$ ▶ $m=\tan\alpha$: Steigung der Geraden ▶ b: Schnittstelle mit der y-Achse
Abschnittsform der Geraden	$\frac{x}{a}+\frac{y}{b}=1$ ▶ a: Schnittstelle mit der x-Achse ▶ b: Schnittstelle mit der y-Achse
Punkt-Steigungsform der Geraden	$y-y_1=m(x-x_1)$
Zwei-Punkte-Form der Geraden	$\frac{y-y_1}{x-x_1}=\frac{y_2-y_1}{x_2-x_1}$
Ganze rationale Funktion zweiten Grades	$f\colon f(x)=a_2\cdot x^2+a_1\cdot x+a_0$; $D(f)=\mathbb{R}$; $a_2\neq 0$
Gleichung der Parabel	$f(x)=a_2\cdot x^2+a_1\cdot x+a_0$; $a_2\neq 0$ ▶ a_0: Schnittstelle mit der y-Achse
Scheitelpunktsgleichung	$f(x)=a_2\left(x+\frac{a_1}{2a_2}\right)^2+\frac{4a_0a_2-a_1^2}{4a_2}$
Scheitelpunkt	$P_S\left\langle -\frac{a_1}{2a_2}\middle|\frac{4a_0a_2-a_1^2}{4a_2}\right\rangle$
Nullstellen	$x_{1;2}=-\frac{a_1}{2a_2}\pm\sqrt{\frac{a_1^2-4a_0a_2}{4a_2^2}}$
Satz von Viëta	$-\frac{a_1}{a_2}=x_1+x_2$; $\frac{a_0}{a_2}=x_1\cdot x_2 \Rightarrow f(x)=a_2(x-x_1)(x-x_2)$; $a_2\neq 0$
Spezielle Potenzfunktion	$f\colon f(x)=c\cdot x^m$; $D(f)=\mathbb{R}$; $c\in\mathbb{R}^*$; $m\in\mathbb{N}^*$
Gebrochene rationale Funktion	$f\colon f(x)=\frac{a_m\cdot x^m+a_{m-1}\cdot x^{m-1}+\ldots+a_2\cdot x^2+a_1\cdot x+a_0}{b_n\cdot x^n+b_{n-1}\cdot x^{n-1}+\ldots+b_2\cdot x^2+b_1\cdot x+b_0}=\frac{p_m(x)}{q_n(x)}$ ▶ a_i; $b_k\in\mathbb{R}$; a_m; $b_n\neq 0$; $m\in\mathbb{N}$; $n\in\mathbb{N}^*$; ▶ $m<n$ ▶ echt gebrochen $m\geq n$ ▶ unecht gebrochen
zweiseitige Unendlichkeitsstellen mit Vorzeichenwechsel (vertikale Asymptoten)	$\lim\limits_{\substack{x\to x_0\\x<x_0}} f(x)=-\infty$ und $\lim\limits_{\substack{x\to x_0\\x>x_0}} f(x)=\infty$; $\lim\limits_{\substack{x\to x_0\\x<x_0}} f(x)=\infty$ und $\lim\limits_{\substack{x\to x_0\\x>x_0}} f(x)=-\infty$
zweiseitige Unendlichkeitsstellen ohne Vorzeichenwechsel (vertikale Asymptoten)	$\lim\limits_{\substack{x\to x_0\\x<x_0}} f(x)=-\infty$ und $\lim\limits_{\substack{x\to x_0\\x>x_0}} f(x)=-\infty$; $\lim\limits_{\substack{x\to x_0\\x<x_0}} f(x)=\infty$ und $\lim\limits_{\substack{x\to x_0\\x>x_0}} f(x)=\infty$
stetig behebbare Definitionslücke	$\lim\limits_{\substack{x\to x_0\\x<x_0}} f(x)=g_L$ und $\lim\limits_{\substack{x\to x_0\\x>x_0}} f(x)=g_R$ und $g_L=g_R=g$, $g\in\mathbb{R}$, und $x_0\notin D(f)$

Algebraische Funktionen und Relationen	
Nullstellen	$f\colon f(x)=\dfrac{p_m(x)}{q_n(x)}$ ► $p_m(x_0)=0$ ► Nullstelle von f, wenn $x_0\in D(f)$, d.h. $q_n(x_0)\neq 0$
Asymptoten	$f(x)=f_A(x)+\dfrac{r(x)}{q_n(x)}$ ► $m<n$ ► $f_A(x)=0$ ► $G(f_A)$, d.h. die x-Achse, ist horizontale Asymptote ► $m=n$ ► $G(f_A)$ ist horizontale Asymptote parallel zur x-Achse ► $m>n$ und $m-n=1$ ► $G(f_A)$ ist schräge Asymptote ► $m>n$ und $m-n>1$ ► $G(f_A)$ ist asymptotische Kurve
Wurzelfunktion	● Für gerade Wurzelexponenten $n\in\mathbb{N}^*$ gilt: $f\colon f(x)=\sqrt[n]{x}=x^{\frac{1}{n}};\ D(f)=\mathbb{R}_+;\ W(f)=\mathbb{R}_+$ $f\colon f(x)=-\sqrt[n]{x}=-x^{\frac{1}{n}};\ D(f)=\mathbb{R}_+;\ W(f)=\mathbb{R}_-$ ● Für ungerade Wurzelexponenten $n\in\mathbb{N}^*$ gilt: $f\colon f(x):=\begin{cases}-\sqrt[n]{-x}, & \text{wenn } x\in\mathbb{R}^*_-\\ \sqrt[n]{x}, & \text{wenn } x\in\mathbb{R}_+\end{cases};\ W(f)=\mathbb{R}$
Gleichung des Kreises	$x^2+y^2=r^2 \Rightarrow y=\pm\sqrt{r^2-x^2}$ ► $r^2-x^2\geq 0$ $(x-a)^2+(y-b)^2=r^2 \Rightarrow y=b\pm\sqrt{r^2-(x-a)^2}$ ► $r^2-(x-a)^2\geq 0$
Gleichung der Ellipse	$\dfrac{x^2}{a^2}+\dfrac{y^2}{b^2}=1 \Rightarrow y=\pm\dfrac{b}{a}\sqrt{a^2-x^2}$ ► $(a^2-x^2)\geq 0$
Gleichung der Hyperbel	$\dfrac{x^2}{a^2}-\dfrac{y^2}{b^2}=1 \Rightarrow y=\pm\dfrac{b}{a}\sqrt{x^2-a^2}$ ► $(x^2-a^2)\geq 0$
Potenzfunktion	$f\colon f(x)=x^r;\ D(f)=\mathbb{R}^*_+;\ r\in\mathbb{R}$

Abschnittsweise definierte Funktionen	
Betragsfunktion, Absolutfunktion	$f\colon f(x)=\lvert x\rvert=\mathrm{ABS}(x);\ D(f)=\mathbb{R} \Leftrightarrow f\colon f(x):=\begin{cases}x, & \text{wenn } x\geq 0\\ -x, & \text{wenn } x<0\end{cases}$
Signumfunktion, Vorzeichenfunktion	$f\colon f(x)=\operatorname{sgn} x:=\begin{cases}-1, & \text{wenn } x<1\\ 0, & \text{wenn } x=0\\ 1, & \text{wenn } x>1\end{cases} \Leftrightarrow \operatorname{sgn} x:=\begin{cases}\dfrac{x}{\lvert x\rvert}, & \text{wenn } x\in\mathbb{R}^*\\ 0, & \text{wenn } x=0\end{cases}$
Gaußklammerfunktion, Integerfunktion, Ganzzahlfunktion	$f\colon f(x)=[x]=\mathrm{INT}(x)=\mathrm{ent}(x);\ D(f)=\mathbb{R};\ W(f)=\mathbb{Z}$ Beispiel: $f(x)=[x]$ ► $-2\leq x<3$ ► $f(x):=\begin{cases}-2, & \text{wenn } -2\leq x<-1\\ -1, & \text{wenn } -1\leq x<0\\ 0, & \text{wenn } 0\leq x<1\\ 1, & \text{wenn } 1\leq x<2\\ 2, & \text{wenn } 2\leq x<3\end{cases}$
Vorkommateil-Funktion	$f\colon f(x)=[\lvert x\rvert]\cdot\operatorname{sgn} x;\ D(f)=\mathbb{R}$
Nachkommateil-Funktion	$f\colon f(x)=x-[\lvert x\rvert]\cdot\operatorname{sgn} x;\ D(f)=\mathbb{R}$
Rundungsfunktion	$r_n\colon r_n(x)=10^{-n}\cdot[\lvert x_0\cdot 10^n\rvert+0{,}5]\cdot\operatorname{sgn} x;\ D(r_n)=\mathbb{R};\ n\in\mathbb{N}^*$ ► n: Stellenzahl hinter dem Komma
Heavyside-Funktion	$H\colon H(x):=\begin{cases}0, & \text{wenn } x\leq 0\\ 1, & \text{wenn } x>0\end{cases}=\begin{cases}0, & \text{wenn } x\in\mathbb{R}_-\\ 1, & \text{wenn } x\in\mathbb{R}^*_+\end{cases}$

Exponentialfunktionen	
Exponentialfunktion mit der Basis b	$f\colon f(x)=b^x;\ D(f)=\mathbb{R};\ b\in\mathbb{R}_+^*$
Exponentialfunktion mit der Basis e	$f\colon f(x)=\mathrm{e}^x=\exp(x);\ D(f)=\mathbb{R}$
Eulersche Zahl e	$\mathrm{e}=2{,}718281828459\ldots$

Logarithmusfunktionen	
Logarithmusfunktion	$f\colon f(x)=\log_b x;\ D(f)=\mathbb{R}_+^*;\ b\in\mathbb{R}_+^*\setminus\{1\}$
binäre Logarithmusfunktion	$b=2$ ► $f\colon f(x)=\log_2 x:=\operatorname{lb} x$
natürliche Logarithmusfunktion	$b=\mathrm{e}$ ► $f\colon f(x)=\log_\mathrm{e} x:=\ln x$
dekadische Logarithmusfunktion	$b=10$ ► $f\colon f(x)=\log_{10} x:=\lg x$
Beziehung zwischen Exponential- und Logarithmusfunktion	$y=\log_b x \Leftrightarrow x=b^y$ ► $y=\operatorname{lb} x \Leftrightarrow x=2^y$ $y=\ln x \Leftrightarrow x=\mathrm{e}^y$ $y=\lg x \Leftrightarrow x=10^y$
Zusammenhänge zwischen Logarithmen unterschiedlicher Basen	$\log_b x=\dfrac{\ln x}{\ln b}$ bzw. $\log_b x=\dfrac{\lg x}{\lg b}$ $\log_{b_2} x=\log_{b_1} x\cdot\dfrac{\ln b_1}{\ln b_2}$ bzw. $\log_{b_2} x=\log_{b_2} b_1\cdot\log_{b_1} x$
Logarithmengesetze	$\log_b(u\cdot v)=\log_b u+\log_b v;\ u\in\mathbb{R}_+^*;\ v\in\mathbb{R}_+^*$ $\log_b\dfrac{u}{v}=\log_b u-\log_b v;\ u\in\mathbb{R}_+^*;\ v\in\mathbb{R}_+^*$ $\log_b u^r=r\cdot\log_b u;\ u\in\mathbb{R}_+^*;\ r\in\mathbb{R}$ $\log_b\sqrt[n]{z^m}=\log_b(z^m)^{\frac{1}{n}}=\dfrac{1}{n}\log_b z^m=\dfrac{m}{n}\log_b z;\ z\in\mathbb{R}_+^*;\ z^m\in\mathbb{R}_+;\ n\in\mathbb{N}^*$

Trigonometrische Funktionen	
Sinusfunktion	$f\colon f(x)=\sin x;\ D(f)=\mathbb{R};\ W(f)=[-1;1]$
Kosinusfunktion	$f\colon f(x)=\cos x;\ D(f)=\mathbb{R};\ W(f)=[-1;1]$
Tangensfunktion	$f\colon f(x)=\tan x;\ D(f)=\mathbb{R}\setminus\left\{\dfrac{\pi}{2}+k\cdot\pi\,\middle|\,k\in\mathbb{Z}\right\};\ W(f)=\mathbb{R}$
Kotangensfunktion	$f\colon f(x)=\cot x;\ D(f)=\mathbb{R}\setminus\{k\cdot\pi\mid k\in\mathbb{Z}\};\ W(f)=\mathbb{R}$

Vorzeichen der trigonometrischen Funktionswerte in den Quadranten I…IV

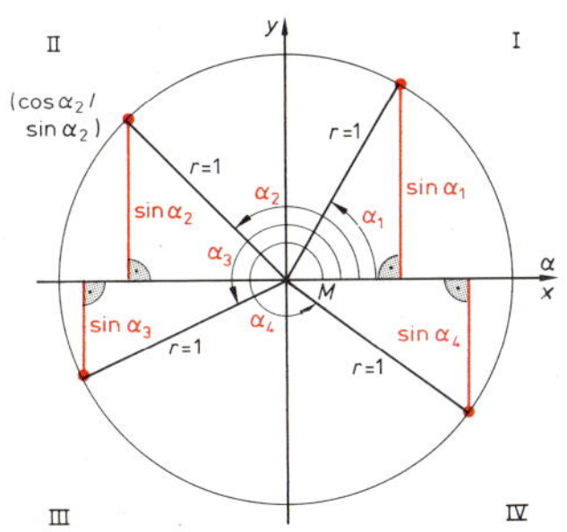

Funktion	Quadrant I	II	III	IV
$\sin x$	+	+	−	−
$\cos x$	+	−	−	+
$\tan x$	+	−	+	−
$\cot x$	+	−	+	−

Funktionswerte negativer Winkel			
$\sin(-x) = -\sin x$	$\cos(-x) = +\cos x$	$\tan(-x) = -\tan x$	$\cot(-x) = -\cot x$

Umrechnung von Winkeln: Gradmaß ⇄ Bogenmaß

$\frac{b}{r} = x \Rightarrow b = r \cdot x$	$\operatorname{arc} \alpha = x = \frac{\pi}{180°} \cdot \alpha$	$\alpha = \frac{180°}{\pi} \cdot x$

α	360°	270°	180°	90°	60°	57,29578°	45°	30°	22,5°	20°	15°	10°	1°
x	2π	$\frac{3}{2}\pi$	π	$\frac{\pi}{2}$	$\frac{\pi}{3}$	1	$\frac{\pi}{4}$	$\frac{\pi}{6}$	$\frac{\pi}{8}$	$\frac{\pi}{9}$	$\frac{\pi}{12}$	$\frac{\pi}{18}$	$\frac{\pi}{180}$

Verhalten von Funktionen bei den Übergängen zwischen den Quadranten

Winkelgröße α	0°	90°	180°	270°	360°
	0	$\frac{\pi}{2}$	π	$\frac{3\pi}{2}$	2π
$\sin \alpha$	0	1	0	-1	0
$\cos \alpha$	1	0	-1	0	1
$\tan \alpha$	0	–	0	–	0
$\cot \alpha$	–	0	–	0	–

Funktionswerte der trigonometrischen Funktionen in den Quadranten

Quadrant	I	II		III		IV	
	$z = \frac{\pi}{2} - x$	$z = \frac{\pi}{2} + x$	$z = \pi - x$	$z = \pi + x$	$z = \frac{3}{2}\pi - x$	$z = \frac{3}{2}\pi + x$	$z = 2\pi - x$
$\sin z =$	$\cos x$	$\cos x$	$\sin x$	$-\sin x$	$-\cos x$	$-\cos x$	$-\sin x$
$\cos z =$	$\sin x$	$-\sin x$	$-\cos x$	$-\cos x$	$-\sin x$	$\sin x$	$\cos x$
$\tan z =$	$\cot x$	$-\cot x$	$-\tan x$	$\tan x$	$\cot x$	$-\cot x$	$-\tan x$
$\cot z =$	$\tan x$	$-\tan x$	$-\cot x$	$\cot x$	$\tan x$	$-\tan x$	$-\cot x$

Beziehungen zwischen Funktionswerten trigonometrischer Funktionen

$\tan x = \frac{\sin x}{\cos x}$	$\frac{1}{\sin^2 x} = 1 + \cot^2 x$	$\sin^2 x + \cos^2 x = 1$
$\cot x = \frac{\cos x}{\sin x}$	$\frac{1}{\cos^2 x} = 1 + \tan^2 x$	$\tan x \cdot \cot x = 1$

$\sin x =$	$\cos x =$	$\tan x =$	$\cot x =$
$\sqrt{1-\cos^2 x}$	$\sqrt{1-\sin^2 x}$	$\frac{\sin x}{\sqrt{1-\sin^2 x}}$	$\frac{\sqrt{1-\sin^2 x}}{\sin x}$
$\frac{\tan x}{\sqrt{1+\tan^2 x}}$	$\frac{1}{\sqrt{1+\tan^2 x}}$	$\frac{\sqrt{1-\cos^2 x}}{\cos x}$	$\frac{\cos x}{\sqrt{1-\cos^2 x}}$
$\frac{1}{\sqrt{1+\cot^2 x}}$	$\frac{\cot x}{\sqrt{1+\cot^2 x}}$	$\frac{1}{\cot x}$	$\frac{1}{\tan x}$

Beziehungen zwischen Funktionswerten trigonometrischer Funktionen			
$\sin^2 x =$	$\cos^2 x =$	$\tan^2 x =$	$\cot^2 x =$
$1-\cos^2 x$	$1-\sin^2 x$	$\frac{\sin^2 x}{1-\sin^2 x}$	$\frac{1-\sin^2 x}{\sin^2 x}$
$\frac{\tan^2 x}{1+\tan^2 x}$	$\frac{1}{1+\tan^2 x}$	$\frac{1-\cos^2 x}{\cos^2 x}$	$\frac{\cos^2 x}{1-\cos^2 x}$
$\frac{1}{1+\cot^2 x}$	$\frac{\cot^2 x}{1+\cot^2 x}$	$\frac{1}{\cot^2 x}$	$\frac{1}{\tan^2 x}$

Funktionswerte von Vielfachen eines Winkels	
$\sin(2x)=2\cdot\sin x\cdot\cos x=\frac{2\cdot\tan x}{1+\tan^2 x}$ $\sin(3x)=3\cdot\sin x-4\cdot\sin^3 x$ $\sin(4x)=8\cdot\sin x\cdot\cos^3 x-4\cdot\sin x\cdot\cos x$	$\tan(2x)=\frac{2\cdot\tan x}{1-\tan^2 x}=\frac{2}{\cot x-\tan x}$ $\tan(3x)=\frac{3\cdot\tan x-\tan^3 x}{1-3\cdot\tan^2 x}$ $\tan(4x)=\frac{4\cdot\tan x-4\cdot\tan^3 x}{1-6\cdot\tan^2 x+\tan^4 x}$
$\cos(2x)=\cos^2 x-\sin^2 x=2\cdot\cos^2 x-1=1-2\cdot\sin^2 x$ $\cos(2x)=\frac{1-\tan^2 x}{1+\tan^2 x}$ $\cos(3x)=4\cdot\cos^3 x-3\cdot\cos x$ $\cos(4x)=8\cdot\cos^4 x-8\cdot\cos^2 x+1$	$\cot(2x)=\frac{\cot^2 x-1}{2\cdot\cot x}=\frac{\cot x-\tan x}{2}$ $\cot(3x)=\frac{\cot^3 x-3\cdot\cot x}{3\cdot\cot^2 x-1}$ $\cot(4x)=\frac{\cot^4 x-6\cdot\cot^2 x+1}{4\cdot\cot^3 x-4\cdot\cot x}$

Funktionswerte von Teilen eines Winkels Die Vorzeichen „+“ oder „−“ müssen entsprechend der Größe von $\frac{x}{2}$ gewählt werden			
$\sin\frac{x}{2}=\pm\sqrt{\frac{1-\cos x}{2}}$		$\tan\frac{x}{2}=\pm\sqrt{\frac{1-\cos x}{1+\cos x}}=\frac{\sin x}{1+\cos x}=\frac{1-\cos x}{\sin x}$	
$\cos\frac{x}{2}\pm\sqrt{\frac{1+\cos x}{2}}$		$\cot\frac{x}{2}=\pm\sqrt{\frac{1+\cos x}{1-\cos x}}=\frac{\sin x}{1-\cos x}=\frac{1+\cos x}{\sin x}$	
$\sin x=2\cdot\sin\frac{x}{2}\cos\frac{x}{2}$	$\cos x=\cos^2\frac{x}{2}-\sin^2\frac{x}{2}$	$\tan x=\frac{2\cdot\tan\frac{x}{2}}{1-\tan^2\frac{x}{2}}$	$\cot x=\frac{\cot^2\frac{x}{2}-1}{2\cdot\cot\frac{x}{2}}$

Beziehungen für zwei Winkel	
$\sin(\alpha\pm\beta)=\sin\alpha\cdot\cos\beta\pm\cos\alpha\cdot\sin\beta$	$\tan(\alpha\pm\beta)=\frac{\tan\alpha\pm\tan\beta}{1\mp\tan\alpha\cdot\tan\beta}$
$\cos(\alpha\pm\beta)=\cos\alpha\cdot\cos\beta\mp\sin\alpha\cdot\sin\beta$	$\cot(\alpha\pm\beta)=\frac{\cot\alpha\cdot\cot\beta\mp 1}{\cot\beta\pm\cot\alpha}$
$\sin\alpha+\sin\beta=2\cdot\sin\frac{\alpha+\beta}{2}\cdot\cos\frac{\alpha-\beta}{2}$ $\sin\alpha-\sin\beta=2\cdot\cos\frac{\alpha+\beta}{2}\cdot\sin\frac{\alpha-\beta}{2}$	$\tan\alpha+\tan\beta=\frac{\sin(\alpha+\beta)}{\cos\alpha\cdot\cos\beta}$ $\tan\alpha-\tan\beta=\frac{\sin(\alpha-\beta)}{\cos\alpha\cdot\cos\beta}$
$\cos\alpha+\cos\beta=2\cdot\cos\frac{\alpha+\beta}{2}\cdot\cos\frac{\alpha-\beta}{2}$ $\cos\alpha-\cos\beta=-2\cdot\sin\frac{\alpha+\beta}{2}\cdot\sin\frac{\alpha-\beta}{2}$	$\cot\alpha+\cot\beta=\frac{\sin(\alpha+\beta)}{\sin\alpha\cdot\sin\beta}$ $\cot\alpha-\cot\beta=-\frac{\sin(\alpha-\beta)}{\sin\alpha\cdot\sin\beta}$

Arkusfunktionen
Hauptwerte der Arkusfunktionen
f_0: $f_0(x) = \operatorname{arc}_0 \sin x = \operatorname{Arcsin} x$; $D(f_0) = [-1; 1]$; $W(f_0) = \left[-\frac{\pi}{2}; \frac{\pi}{2}\right]$ f_0: $f_0(x) = \operatorname{arc}_0 \cos x = \operatorname{Arccos} x$; $D(f_0) = [-1; 1]$; $W(f_0) = [0; \pi]$ f_0: $f_0(x) = \operatorname{arc}_0 \tan x = \operatorname{Arctan} x$; $D(f_0) = \mathbb{R}$; $W(f_0) = \left(-\frac{\pi}{2}; \frac{\pi}{2}\right)$ f_0: $f_0(x) = \operatorname{arc}_0 \cot x = \operatorname{Arccot} x$; $D(f_0) = \mathbb{R}$; $W(f_0) = (0; \pi)$

Nebenwerte der Arkusfunktionen	
Arkussinusfunktion	f_k: $f_k(x) = \operatorname{arc}_k \sin x = \begin{cases} \operatorname{Arcsin} x + k\pi; \ k \in \mathbb{Z}^* \text{ und } k \text{ gerade} \\ -\operatorname{Arcsin} x + k\pi; \ k \in \mathbb{Z}^* \text{ und } k \text{ ungerade} \end{cases}$ ▶ $D(f_k) = [-1; 1]$; $W(f_k) = \left[-\frac{\pi}{2} + k\pi; \frac{\pi}{2} + k\pi\right]$
Arkuskosinusfunktion	f_k: $f_k(x) = \operatorname{arc}_k \cos x = \begin{cases} \operatorname{Arccos} x + k\pi; \ k \in \mathbb{Z}^* \text{ und } k \text{ gerade} \\ -\operatorname{Arcsin} x + (k+1)\pi; \ k \in \mathbb{Z}^* \text{ und } k \text{ ungerade} \end{cases}$ ▶ $D(f_k) = [-1; 1]$; $W(f_k) = [k\pi; \pi + k\pi]$
Arkustangensfunktion	f_k: $f_k(x) = \operatorname{arc}_k \tan x = \operatorname{Arctan} x + k\pi$; $k \in \mathbb{Z}^*$ ▶ $D(f_k) = \mathbb{R}$; $W(f_k) = \left(-\frac{\pi}{2} + k\pi; \frac{\pi}{2} + k\pi\right)$
Arkuskotangesfunktion	f_k: $f_k(x) = \operatorname{arc}_k \cot x = \operatorname{Arccot} x + k\pi$; $k \in \mathbb{Z}^*$; $D(f_k) = \mathbb{R}$; $W(f_k) = (k\pi; \pi + k\pi)$

Beziehungen zwischen Funktionswerten der Arkusfunktionen	
$\operatorname{Arcsin}(-x) = -\operatorname{Arcsin} x$	$\operatorname{Arccos}(-x) = \pi - \operatorname{Arccos} x$
$\operatorname{Arctan}(-x) = -\operatorname{Arctan} x$	$\operatorname{Arccot}(-x) = \pi - \operatorname{Arccot} x$

$\operatorname{Arcsin} x =$	$\operatorname{Arccos} x =$	$\operatorname{Arctan} x =$	$\operatorname{Arccot} x =$
$\frac{\pi}{2} - \operatorname{Arccos} x$	$\frac{\pi}{2} - \operatorname{Arcsin} x$	$\frac{\pi}{2} - \operatorname{Arccot} x$	$\frac{\pi}{2} - \operatorname{Arctan} x$
$\operatorname{Arccos} \sqrt{1-x^2}$; $x \in [0; 1]$	$\operatorname{Arcsin} \sqrt{1-x^2}$; $x \in [0; 1]$	$\operatorname{Arcsin} \frac{x}{\sqrt{1+x^2}}$; $x \in \mathbb{R}$	$\operatorname{Arcsin} \frac{1}{\sqrt{1+x^2}}$; $x \in \mathbb{R}_+$
$\operatorname{Arctan} \frac{x}{\sqrt{1-x^2}}$; $x \in (-1; 1)$	$\operatorname{Arctan} \frac{\sqrt{1-x^2}}{x}$; $x \in (0; 1]$	$\operatorname{Arccos} \frac{1}{\sqrt{1+x^2}}$; $x \in \mathbb{R}_+$	$\operatorname{Arccos} \frac{x}{\sqrt{1+x^2}}$; $x \in \mathbb{R}$
$\operatorname{Arccot} \frac{\sqrt{1-x^2}}{x}$; $x \in (0; 1]$	$\operatorname{Arccot} \frac{x}{\sqrt{1-x^2}}$; $x \in (-1; 1)$	$\operatorname{Arccot} \frac{1}{x}$; $x \in \mathbb{R}_+^*$	$\operatorname{Arctan} \frac{1}{x}$; $x \in \mathbb{R}_+^*$

Hyperbelfunktionen	
Hyperbelsinusfunktion	f: $f(x) = 0{,}5(e^x - e^{-x}) = \sinh x$; $D(f) = \mathbb{R}$; $W(f) = \mathbb{R}$
Hyperbelkosinusfunktion	f: $f(x) = 0{,}5(e^x + e^{-x}) = \cosh x$; $D(f) = \mathbb{R}$; $W(f) = [1; \infty)$
Hyperbeltangensfunktion	f: $f(x) = \frac{e^x - e^{-x}}{e^x + e^{-x}} = \tanh x$; $D(f) = \mathbb{R}$; $W(f) = (-1; 1)$
Hyperbelkotangensfunktion	f: $f(x) = \frac{e^x + e^{-x}}{e^x - e^{-x}} = \coth x$; $D(f) = \mathbb{R}^*$; $W(f) = \mathbb{R} \setminus [-1; 1]$

Beziehungen zwischen Hyperbelfunktionen			
$\cosh^2 x - \sinh^2 x = 1$	$\tanh x \cdot \coth x = 1$	$\cosh x + \sinh x = e^x$	$\cosh x - \sinh x = e^{-x}$

$\sinh x =$	$\cosh x =$	$\tanh x =$	$\coth x =$
$\sqrt{\cosh^2 x - 1}$	$\sqrt{1 + \sinh^2 x}$	$\frac{\sinh x}{\sqrt{1 + \sinh^2 x}}$	$\frac{\sqrt{1 + \sinh^2 x}}{\sinh x}$
$\frac{\tanh x}{\sqrt{1 - \tanh^2 x}}$	$\frac{1}{\sqrt{1 - \tanh^2 x}}$	$\frac{\sqrt{\cosh^2 x - 1}}{\cosh x}$	$\frac{\cosh x}{\cosh^2 x - 1}$
$\frac{1}{\sqrt{\coth^2 x - 1}}$	$\frac{\coth x}{\sqrt{\coth^2 x - 1}}$	$\frac{\sinh x}{\cosh x} = \frac{1}{\coth x}$	$\frac{\cosh x}{\sinh x} = \frac{1}{\tanh x}$
$\sinh(2x) = 2 \cdot \sinh x \cdot \cosh x$ $\cosh(2x) = \sinh^2 x + \cosh^2 x$		$\tanh(2x) = \frac{2 \cdot \tanh x}{1 + \tanh^2 x}$ $\coth(2x) = \frac{1 + \coth^2 x}{2 \cdot \coth x}$	
$\sinh \frac{x}{2} = \sqrt{\frac{\cosh x - 1}{2}} = \frac{\sinh x}{\sqrt{2(\cosh x + 1)}}$ $\cosh \frac{x}{2} = \sqrt{\frac{\cosh x + 1}{2}} = \frac{\sinh x}{\sqrt{2(\cosh x - 1)}}$		$\tanh \frac{x}{2} = \frac{\sinh x}{\cosh x + 1} = \frac{\cosh x - 1}{\sinh x} = \sqrt{\frac{\cosh x - 1}{\cosh x + 1}}$ $\coth \frac{x}{2} = \frac{\sinh x}{\cosh x - 1} = \frac{\cosh x + 1}{\sinh x} = \sqrt{\frac{\cosh x + 1}{\cosh x - 1}}$	

Areahyperbelfunktionen	
Areahyperbelsinusfunktion	$f\colon f(x) = \ln(x + \sqrt{x^2 + 1}) = \text{Arsinh } x$; $D(f) = \mathbb{R}$; $W(f) = \mathbb{R}$
Areahyperbelkosinusfunktion	$f\colon f(x) = \ln(x + \sqrt{x^2 - 1}) = \text{Arcosh } x$; $D(f) = [1; \infty)$; $W(f) = \mathbb{R}_+$
Areahyperbeltangensfunktion	$f\colon f(x) = 0{,}5 \cdot \ln \frac{1 + x}{1 - x} = \text{Artanh } x$; $D(f) = (-1; 1)$; $W(f) = \mathbb{R}$
Areahyperbelkotangensfunktion	$f\colon f(x) = 0{,}5 \cdot \ln \frac{x + 1}{x - 1} = \text{Arcoth } x$; $D(f) = \mathbb{R} \setminus [-1; 1]$; $W(f) = \mathbb{R}^*$

Beziehungen zwischen Areahyperbelfunktionen

Tritt in der Tabelle „±“ auf, so gilt „+“ für $x > 0$ und „−“ für $x < 0$

$\text{Arsinh } x =$	$\text{Arcosh } x =$	$\text{Artanh } x =$	$\text{Arcoth } x =$
$\pm \text{Arcosh} \sqrt{x^2 + 1}$	$\text{Arsinh} \sqrt{x^2 - 1}$	$\text{Arsinh} \frac{x}{\sqrt{1 - x^2}}$	$\text{Arsinh} \frac{1}{\sqrt{x^2 - 1}}$
$\text{Artanh} \frac{x}{\sqrt{x^2 + 1}}$	$\text{Artanh} \frac{\sqrt{x^2 - 1}}{x}$	$\pm \text{Arcosh} \frac{1}{\sqrt{1 - x^2}}$	$\pm \text{Arcosh} \frac{x}{\sqrt{x^2 - 1}}$
$\text{Arcoth} \frac{\sqrt{x^2 + 1}}{x}$	$\text{Arcoth} \frac{x}{\sqrt{x^2 - 1}}$	$\text{Arcoth} \frac{1}{x}$	$\text{Artanh} \frac{1}{x}$

5.2 Ableitungen von Funktionen

	$f(x)$	$f'(x)$
Potenzregel	x^r; ▶ $r\in\mathbb{N}^*$; $D(f)=\mathbb{R}$ x^r; ▶ $r\in\mathbb{Z}^*_-$; $D(f)=\mathbb{R}^*$ x^r; ▶ $r\in(-\infty;0]$ mit $r\notin\mathbb{Z}$ und $D(f)=\mathbb{R}^*_+$ x^r; ▶ $r\in(0;1]$ mit $r\notin\mathbb{Z}$ und $D(f)=\mathbb{R}_+$ x^r; ▶ $r\in[1;\infty)$ mit $r\notin\mathbb{Z}$ und $D(f)=\mathbb{R}_+$	$r\cdot x^{r-1}$; $D'(f)=\mathbb{R}$ $r\cdot x^{r-1}$; $D'(f)=\mathbb{R}^*$ $r\cdot x^{r-1}$; $D'(f)=\mathbb{R}^*_+$ $r\cdot x^{r-1}$; $D'(f)=\mathbb{R}^*_+$ $r\cdot x^{r-1}$; $D'(f)=\mathbb{R}_+$
Konstantenregel (Faktorregel)	$c\cdot g(x)$	$c\cdot g'(x_0)$
	k	0
Summenregel	$u(x)+v(x)+\ldots$	$u'(x_0)+v'(x_0)+\ldots$
Produktregel	$u(x)\cdot v(x)$ $u(x)\cdot v(x)\cdot w(x)$	$u'(x_0)\cdot v(x_0)+u(x_0)\cdot v'(x_0)$ $u'(x_0)\cdot v(x_0)\cdot w(x_0)+u(x_0)\cdot v'(x_0)\cdot w(x_0)+$ $+u(x_0)\cdot v(x_0)\cdot w'(x_0)$ $u(x_0)\cdot v(x_0)\cdot w(x_0)\cdot\left[\frac{u'(x_0)}{u(x_0)}+\frac{v'(x_0)}{v(x_0)}+\frac{w'(x_0)}{w(x_0)}\right]$
Quotientenregel	$\frac{u(x)}{v(x)}$	$\frac{u'(x_0)\cdot v(x_0)-u(x_0)\cdot v'(x_0)}{[v(x_0)]^2}$; $v(x_0)\neq 0$
Kehrwertregel	$\frac{1}{g(x)}$	$-\frac{g'(x_0)}{[g(x_0)]^2}$; $g(x_0)\neq 0$
Kettenregel	$g[h(x)]$ $g\{h[i(x)]\}$	$g'(z_0)\cdot h'(x_0)$; $z_0=h(x_0)$ $g'\{h[i(x_0)]\}\cdot h'[i(x_0)]\cdot i'(x_0)$
Umkehrregel	$f(x)$ ▶ Funktion f $f^{-1}(x)$ ▶ Umkehrfunktion f^{-1}	$[f^{-1}]'(z_0)=\frac{1}{f'(x_0)}$; $z_0=f(x_0)$; $f'(x_0)\neq 0$ $f'(x_0)=\frac{1}{[f^{-1}]'(z_0)}$; $z_0=f(x_0)$; $[f^{-1}]'(z_0)\neq 0$
Exponentialfunktionen $x\in\mathbb{R}$; $b\in\mathbb{R}^*_+$; $a\in\mathbb{R}^*$	b^x b^{ax} e^x e^{ax}	$b^x\cdot\ln b$ $a\cdot b^{ax}\cdot\ln b$ e^x $a\cdot e^{ax}$
Logarithmusfunktionen $x\in\mathbb{R}^*_+$; $b\in\mathbb{R}^*_+\setminus\{1\}$; $a\in\mathbb{R}^*_+$	$\log_b x$ $\log_b(ax)$ $\ln x$ $\ln(ax)$	$\frac{1}{x\cdot\ln b}$ $\frac{1}{x\cdot\ln b}$ $\frac{1}{x}$ $\frac{1}{x}$
Trigonometrische Funktionen	$\sin x$ $\cos x$ $\tan x$	$\cos x$; $x\in\mathbb{R}$ $-\sin x$; $x\in\mathbb{R}$ $\frac{1}{\cos^2 x}=1+\tan^2 x$; $x\in\mathbb{R}\setminus\left\{\frac{\pi}{2}+k\pi \middle\vert k\in\mathbb{Z}\right\}$

	$f(x)$	$f'(x)$
Trigonometrische Funktionen	$\cot x$	$-\frac{1}{\sin^2 x} = -(1+\cot^2 x);\ x \in \mathbb{R} \setminus \{k\pi \mid k \in \mathbb{Z}\}$
	$a \cdot \sin(bx)$	$ab \cdot \cos(bx)$
	$a \cdot \cos(bx)$	$-ab \cdot \sin(bx)$
	$a \cdot \tan(bx)$	$\frac{ab}{\cos^2(bx)} = ab \cdot [1+\tan^2(bx)]$
	$a \cdot \cot(bx)$	$-\frac{ab}{\sin^2(bx)} = -ab \cdot [1+\cot^2(bx)]$
	$\sin^n x$	$n \cdot \sin^{n-1} x \cdot \cos x$
	$\cos^n x$	$(-n) \cdot \cos^{n-1} x \cdot \sin x$
	$\tan^n x$	$n \cdot \tan^{n-1} x \cdot (1+\tan^2 x)$
	$\cot^n x$	$(-n) \cdot \cot^{n-1} x \cdot (1+\cot^2 x)$
Arkusfunktionen	$\operatorname{Arcsin} x$	$\frac{1}{\sqrt{1-x^2}};\ x \in (-1;\ 1)$
	$\operatorname{Arccos} x$	$\frac{-1}{\sqrt{1-x^2}};\ x \in (-1;\ 1)$
	$\operatorname{Arctan} x$	$\frac{1}{1+x^2};\ x \in \mathbb{R}$
	$\operatorname{Arccot} x$	$\frac{-1}{1-x^2};\ x \in \mathbb{R}$
Hyperbelfunktionen	$\sinh x$	$\cosh x;\ x \in \mathbb{R}$
	$\cosh x$	$\sinh x;\ x \in \mathbb{R}$
	$\tanh x$	$1-\tanh^2 x = \frac{1}{\cosh^2 x};\ x \in \mathbb{R}$
	$\coth x$	$1-\coth^2 x = \frac{-1}{\sinh^2 x};\ x \in \mathbb{R}^*$
Areahyperbelfunktionen	$\operatorname{Arsinh} x$	$\frac{1}{\sqrt{x^2+1}};\ x \in \mathbb{R}$
	$\operatorname{Arcosh} x$	$\frac{1}{\sqrt{x^2-1}};\ x \in (1;\ \infty)$
	$\operatorname{Artanh} x$	$\frac{1}{1-x^2};\ x \in (-1;\ 1)$
	$\operatorname{Arcoth} x$	$\frac{1}{1-x^2};\ x \in \mathbb{R} \setminus [-1;\ 1]$
Logarithmische Differentiation	$g(x)^{h(x)};\ g(x) > 0$	$f(x) \cdot \left[h'(x) \cdot \ln g(x) + h(x) \cdot \frac{g'(x)}{g(x)}\right]$

Funktionen in Polarkoordinatendarstellung
$\varphi \mapsto r(\varphi) \Rightarrow \tan\alpha = \frac{r(\varphi_0)}{r'(\varphi_0)}$ ► $r'(\varphi_0) = \frac{r(\varphi_0)}{\tan\alpha} = r(\varphi_0) \cdot \frac{\cos\alpha}{\sin\alpha}$
$\tan(\varphi_0+\alpha) = \tan\tau = \frac{\tan\varphi_0 + \tan\alpha}{1-\tan\varphi_0 \cdot \tan\alpha} = \frac{r(\varphi_0) + r'(\varphi_0) \cdot \tan\varphi_0}{r'(\varphi_0) - r(\varphi_0) \cdot \tan\varphi_0} = \frac{r(\varphi_0) \cdot \cos\varphi_0 + r'(\varphi_0) \cdot \sin\varphi_0}{r(\varphi_0) \cdot \sin\varphi_0 + r'(\varphi_0) \cdot \cos\varphi_0}$

Funktionen $f\colon x \mapsto f(x)$ in Parameterdarstellung
$\left.\begin{array}{l} x = f_1(t) \\ y = f_2(t) \end{array}\right\} t \in D(f_1) \cap D(f_2) \Rightarrow f'(x) = \frac{\dot f_2(t)}{\dot f_1(t)} \Rightarrow f''(x) = \frac{\dot f_1(t) \cdot \ddot f_2(t) - \ddot f_1(t) \cdot \dot f_2(t)}{[\dot f_1(t)]^3}$

5.3 Reihen

Reihen von algebraischen Funktionen		
$f(x)$	Reihen	Konvergenzbereich
$(1\pm x)^n$	$1\pm\binom{n}{1}\cdot x+\binom{n}{2}\cdot x^2\pm\binom{n}{3}\cdot x^3+\binom{n}{4}\cdot x^4\pm\binom{n}{5}\cdot x^5+\ldots$	$\|x\|<1;\ n\in\mathbb{R}$
$(a\pm x)^n$	Durch Umformen auf $a^n\cdot\left(1\pm\frac{x}{a}\right)^n$ gewinnt man die Binomischen	$\|x\|\leq a;\ n\in\mathbb{R}^*_+$
	Reihen, indem man im Term $(1+x)^n$ die Variable x durch $\frac{x}{a}$ ersetzt.	$\|x\|<a;\ n\in\mathbb{R}^*_-$
$(1\pm x)^{\frac{1}{2}}$	$1\pm\frac{1}{2}x-\frac{1\cdot 1}{2\cdot 4}x^2\pm\frac{1\cdot 1\cdot 3}{2\cdot 4\cdot 6}x^3-\frac{1\cdot 1\cdot 3\cdot 5}{2\cdot 4\cdot 6\cdot 8}x^4\pm\frac{1\cdot 1\cdot 3\cdot 5\cdot 7}{2\cdot 4\cdot 6\cdot 8\cdot 10}x^5-\ldots$	$\|x\|\leq 1$
$(1\pm x)^{\frac{1}{3}}$	$1\pm\frac{1}{3}x-\frac{1\cdot 2}{3\cdot 6}x^2\pm\frac{1\cdot 2\cdot 5}{3\cdot 6\cdot 9}x^3-\frac{1\cdot 2\cdot 5\cdot 8}{3\cdot 6\cdot 9\cdot 12}x^4\pm\frac{1\cdot 2\cdot 5\cdot 8\cdot 11}{3\cdot 6\cdot 9\cdot 12\cdot 15}x^5-\ldots$	$\|x\|\leq 1$
$(1\pm x)^{\frac{1}{4}}$	$1\pm\frac{1}{4}x-\frac{1\cdot 3}{4\cdot 8}x^2\pm\frac{1\cdot 3\cdot 7}{4\cdot 8\cdot 12}x^3-\frac{1\cdot 3\cdot 7\cdot 11}{4\cdot 8\cdot 12\cdot 16}x^4\pm\frac{1\cdot 3\cdot 7\cdot 11\cdot 15}{4\cdot 8\cdot 12\cdot 16\cdot 20}x^5-\ldots$	$\|x\|\leq 1$
$(1+x)^{\frac{3}{2}}$	$1\pm\frac{3}{2}x+\frac{3\cdot 1}{2\cdot 4}x^2\mp\frac{3\cdot 1\cdot 1}{2\cdot 4\cdot 6}x^3+\frac{3\cdot 1\cdot 1\cdot 3}{2\cdot 4\cdot 6\cdot 8}x^4\mp\frac{3\cdot 1\cdot 1\cdot 3\cdot 5}{2\cdot 4\cdot 6\cdot 8\cdot 10}x^5+\ldots$	$\|x\|\leq 1$
$(1\pm x)^{\frac{5}{2}}$	$1\pm\frac{5}{2}x+\frac{5\cdot 3}{2\cdot 4}x^2\pm\frac{5\cdot 3\cdot 1}{2\cdot 4\cdot 6}x^3-\frac{5\cdot 3\cdot 1\cdot 1}{2\cdot 4\cdot 6\cdot 8}x^4\mp\frac{5\cdot 3\cdot 1\cdot 1\cdot 3}{2\cdot 4\cdot 6\cdot 8\cdot 10}x^5-\ldots$	$\|x\|\leq 1$
$(1\pm x)^{-1}$	$1\mp x+x^2\mp x^3+x^4\mp x^5+x^6\mp x^7+\ldots$	$\|x\|<1$
$(1\pm x)^{-\frac{1}{2}}$	$1\mp\frac{1}{2}x+\frac{1\cdot 3}{2\cdot 4}x^2\mp\frac{1\cdot 3\cdot 5}{2\cdot 4\cdot 6}x^3+\frac{1\cdot 3\cdot 5\cdot 7}{2\cdot 4\cdot 6\cdot 8}x^4\mp\frac{1\cdot 3\cdot 5\cdot 7\cdot 9}{2\cdot 4\cdot 6\cdot 8\cdot 10}x^5+\ldots$	$\|x\|<1$
$(1\pm x)^{-\frac{1}{3}}$	$1\mp\frac{1}{3}x+\frac{1\cdot 4}{3\cdot 6}x^2\mp\frac{1\cdot 4\cdot 7}{3\cdot 6\cdot 9}x^3+\frac{1\cdot 4\cdot 7\cdot 10}{3\cdot 6\cdot 9\cdot 12}x^4\mp\frac{1\cdot 4\cdot 7\cdot 10\cdot 13}{3\cdot 6\cdot 9\cdot 12\cdot 15}x^5+\ldots$	$\|x\|<1$
$(1\pm x)^{-\frac{1}{4}}$	$1\mp\frac{1}{4}x+\frac{1\cdot 5}{4\cdot 8}x^2\mp\frac{1\cdot 5\cdot 9}{4\cdot 8\cdot 12}x^3+\frac{1\cdot 5\cdot 9\cdot 13}{4\cdot 8\cdot 12\cdot 16}x^4\mp\frac{1\cdot 5\cdot 9\cdot 13\cdot 17}{4\cdot 8\cdot 12\cdot 16\cdot 20}x^5+\ldots$	$\|x\|<1$
$(1\pm x)^{-\frac{3}{2}}$	$1\mp\frac{3}{2}x+\frac{3\cdot 5}{2\cdot 4}x^2\mp\frac{3\cdot 5\cdot 7}{2\cdot 4\cdot 6}x^3+\frac{3\cdot 5\cdot 7\cdot 9}{2\cdot 4\cdot 6\cdot 8}x^4\mp\frac{3\cdot 5\cdot 7\cdot 9\cdot 11}{2\cdot 4\cdot 6\cdot 8\cdot 10}x^5+\ldots$	$\|x\|<1$
$(1\pm x)^{-2}$	$1\mp 2x+3x^2\mp 4x^3+5x^4\mp 6x^5+7x^6\mp 8x^7+\ldots$	$\|x\|<1$
$(1\pm x)^{-\frac{5}{2}}$	$1\mp\frac{5}{2}x+\frac{5\cdot 7}{2\cdot 4}x^2\mp\frac{5\cdot 7\cdot 9}{2\cdot 4\cdot 6}x^3+\frac{5\cdot 7\cdot 9\cdot 11}{2\cdot 4\cdot 6\cdot 8}x^4\mp\frac{5\cdot 7\cdot 9\cdot 11\cdot 13}{2\cdot 4\cdot 6\cdot 8\cdot 10}x^5+\ldots$	$\|x\|<1$
$(1\pm x)^{-3}$	$1\mp\frac{1}{1\cdot 2}(2\cdot 3x\mp 3\cdot 4x^2+4\cdot 5x^3\mp 5\cdot 6x^4+6\cdot 7x^5\mp\ldots)$	$\|x\|<1$
$(1\pm x)^{-4}$	$1\mp\frac{1}{1\cdot 2\cdot 3}(2\cdot 3\cdot 4x\mp 3\cdot 4\cdot 5x^2+4\cdot 5\cdot 6x^3\mp 5\cdot 6\cdot 7x^4+6\cdot 7\cdot 8x^4\mp\ldots)$	$\|x\|<1$
$(1\pm x)^{-5}$	$1\mp\frac{1}{1\cdot 2\cdot 3\cdot 4}(2\cdot 3\cdot 4\cdot 5x\mp 3\cdot 4\cdot 5\cdot 6x^2+4\cdot 5\cdot 6\cdot 7x^3\mp 5\cdot 6\cdot 7\cdot 8x^4+\ldots)$	$\|x\|<1$

Reihen von Exponentialfunktionen		
$f(x)$	Reihen	Konvergenzbereich
e^x	$1+\frac{x}{1!}+\frac{x^2}{2!}+\frac{x^3}{3!}+\frac{x^4}{4!}+\frac{x^5}{5!}+\frac{x^6}{6!}+\ldots+\frac{x^n}{n!}+\ldots$	$x\in\mathbb{R}$
e^{ax}	$1+\frac{a}{1!}x+\frac{a^2}{2!}x^2+\frac{a^3}{3!}x^3+\frac{a^4}{4!}x^4+\ldots+\frac{a^n}{n!}x^n+\ldots$	$a;\ x\in\mathbb{R}$
$a^x=e^{x\cdot\ln a}$	$1+\frac{\ln a}{1!}x+\frac{\ln^2 a}{2!}x^2+\frac{\ln^3 a}{3!}x^3+\ldots+\frac{\ln^n a}{n!}x^n+\ldots$	$a, x\in\mathbb{R};\ a>1$

Reihen von Exponentialfunktionen		
$f(x)$	Reihen	Konvergenzbereich
$\frac{1}{2}(e^x+e^{-x})$	$1+\frac{x^2}{2!}+\frac{x^4}{4!}+\frac{x^6}{6!}+\frac{x^8}{8!}+\frac{x^{10}}{10!}+\frac{x^{12}}{12!}+\ldots$	$x\in\mathbb{R}$
$\frac{1}{2}(e^x-e^{-x})$	$x+\frac{x^3}{3!}+\frac{x^5}{5!}+\frac{x^7}{7!}+\frac{x^9}{9!}+\frac{x^{11}}{11!}+\frac{x^{13}}{13!}+\ldots$	$x\in\mathbb{R}$
$e^{i\cdot x}$	$1+\frac{i\cdot x}{1!}-\frac{x^2}{2!}-\frac{i\cdot x^3}{3!}+\frac{x^4}{4!}+\frac{i\cdot x^5}{5!}-\frac{x^6}{6!}-\frac{i\cdot x^7}{7!}+\ldots$	$x\in\mathbb{R}$
$e^{-i\cdot x}$	$1-\frac{i\cdot x}{1!}-\frac{x^2}{2!}+\frac{i\cdot x^3}{3!}+\frac{x^4}{4!}-\frac{i\cdot x^5}{5!}-\frac{x^6}{6!}+\frac{i\cdot x^7}{7!}+\ldots$	$x\in\mathbb{R}$
e	$1+\frac{1}{1!}+\frac{1}{2!}+\frac{1}{3!}+\ldots+\frac{1}{n!}+\ldots$	

Reihen von logarithmischen Funktionen		
$f(x)$	Reihen	Konvergenzbereich
$\ln x$	$2\left[\frac{x-1}{x+1}+\frac{(x-1)^3}{3(x+1)^3}+\frac{(x-1)^5}{5(x+1)^5}+\ldots+\frac{(x-1)^{2n+1}}{(2n+1)(x+1)^{2n+1}}+\ldots\right]$	$x>0$
$\ln x$	$(x-1)-\frac{(x-1)^2}{2}+\frac{(x-1)^3}{3}-\frac{(x-1)^4}{4}+\ldots+(-1)^{n+1}\cdot\frac{(x-1)^n}{n}\pm\ldots$	$0<x\leq 2$
$\ln x$	$\frac{x-1}{x}+\frac{(x-1)^2}{2x^2}+\frac{(x-1)^3}{3x^3}+\ldots+\frac{(x-1)^n}{nx^n}+\ldots$	$x>\frac{1}{2}$
$\ln(a+x)$	$\ln a+\frac{x}{2a+x}+\frac{1}{3}\left(\frac{x}{2a+x}\right)^3+\frac{1}{5}\left(\frac{x}{2a+x}\right)^5+\frac{1}{7}\left(\frac{x}{2a+x}\right)^7+\ldots$	$x>-a;\ a>0$
$\ln(1+x)$	$x-\frac{x^2}{2}+\frac{x^3}{3}-\frac{x^4}{4}+\ldots+(-1)^{n+1}\cdot\frac{x^n}{n}\pm\ldots$	$\|x\|<1$
$\ln(1-x)$	$-\left(x+\frac{x^2}{2}+\frac{x^3}{3}+\frac{x^4}{4}+\frac{x^5}{5}+\ldots+\frac{x^n}{n}+\ldots\right)$	$\|x\|<1$
$\ln\frac{1+x}{1-x}$	$2\left(x+\frac{x^3}{3}+\frac{x^5}{5}+\frac{x^7}{7}+\ldots+\frac{x^{2n+1}}{2n+1}+\ldots\right)$	$\|x\|<1$
$\ln\frac{x+1}{x-1}$	$2\left(\frac{1}{x}+\frac{1}{3x^3}+\frac{1}{5x^5}+\frac{1}{7x^7}+\ldots+\frac{1}{(2n+1)\,x^{2n+1}}+\ldots\right)$	$\|x\|>1$
$\ln(\sin x)$	$\ln x-\frac{x^2}{6}-\frac{x^4}{180}-\frac{x^6}{2835}-\ldots$	$0<\|x\|<\pi$
$\ln(\cos x)$	$-\frac{x^2}{2}-\frac{x^4}{12}-\frac{x^6}{45}-\frac{17}{2520}x^8-\ldots$	$\|x\|<\frac{\pi}{2}$
$\ln(\tan x)$	$\ln x+\frac{1}{3}x^2+\frac{7}{90}x^4+\frac{62}{2835}x^6+\ldots$	$0<\|x\|<\frac{\pi}{2}$
$\ln 2$	$1-\frac{1}{2}+\frac{1}{3}-\frac{1}{4}+\ldots\pm\frac{1}{n}\mp\ldots$	

Reihen von trigonometrischen Funktionen		
$f(x)$	Reihen	Konvergenzbereich
$\sin x$	$x-\frac{x^3}{3!}+\frac{x^5}{5!}-\ldots+(-1)^n\cdot\frac{x^{2n+1}}{(2n+1)!}\pm\ldots$	$x\in\mathbb{R}$
$\sin(x+a)$	$\sin a+x\cdot\cos a-\frac{x^2\cdot\sin a}{2!}-\frac{x^3\cdot\cos a}{3!}+\frac{x^4\cdot\sin a}{4!}+\ldots+\frac{x^n\cdot\sin\left(a+\frac{n\pi}{2}\right)}{n!}+\ldots$	$x\in\mathbb{R}$
$\cos x$	$1-\frac{x^2}{2!}+\frac{x^4}{4!}-\frac{x^6}{6!}+\ldots+(-1)^n\cdot\frac{x^{2n}}{(2n)!}\pm\ldots$	$x\in\mathbb{R}$
$\cos(x+a)$	$\cos a+x\cdot\sin a-\frac{x^2\cdot\cos a}{2!}+\frac{x^3\cdot\sin a}{3!}+\frac{x^4\cdot\cos a}{4!}-\ldots+\frac{x^n\cdot\cos\left(a+\frac{n\pi}{2}\right)}{n!}\pm\ldots$	$x\in\mathbb{R}$

Reihen von trigonometrischen Funktionen		
$f(x)$	Reihen	Konvergenzbereich
$\tan x$	$x+\frac{1}{3}x^3+\frac{2}{15}x^5+\frac{17}{315}x^7+\frac{62}{2835}x^9+\ldots$	$\lvert x\rvert<\frac{\pi}{2}$
$\cot x$	$\frac{1}{x}-\frac{x}{3}-\frac{x^3}{45}-\frac{2x^5}{945}-\frac{x^7}{4725}-\ldots$	$0<\lvert x\rvert<\pi$
$\frac{1}{\cos x}$	$1+\frac{1}{2}x^2+\frac{5}{24}x^4+\frac{61}{720}x^6+\frac{277}{8064}x^8+\ldots$	$\lvert x\rvert<\frac{\pi}{2}$
$\frac{1}{\sin x}$	$\frac{1}{x}+\frac{1}{6}x+\frac{7}{360}x^3+\frac{31}{15120}x^5+\frac{127}{604800}x^7+\ldots$	$0<\lvert x\rvert<\pi$

Reihen von Arkusfunktionen		
$f(x)$	Reihen	Konvergenzbereich
Arcsin x	$x+\frac{1}{2\cdot 3}x^3+\frac{1\cdot 3}{2\cdot 4\cdot 5}x^5+\frac{1\cdot 3\cdot 5}{2\cdot 4\cdot 6\cdot 7}x^7+\ldots+\frac{1\cdot 3\cdot 5\cdot\ldots(2n-1)\,x^{2n+1}}{2\cdot 4\cdot 6\cdot\ldots(2n)\,(2n+1)}+\ldots$	$\lvert x\rvert<1$
Arccos x	$\frac{\pi}{2}-\left(x+\frac{1}{2\cdot 3}x^3+\frac{1\cdot 3}{2\cdot 4\cdot 5}x^5+\frac{1\cdot 3\cdot 5}{2\cdot 4\cdot 6\cdot 7}x^7+\ldots+\frac{1\cdot 3\cdot 5\cdot\ldots(2n-1)\,x^{2n+1}}{2\cdot 4\cdot 6\cdot\ldots(2n)\,(2n+1)}+\ldots\right)$	$\lvert x\rvert<1$
Arctan x	$x-\frac{x^3}{3}+\frac{x^5}{5}-\frac{x^7}{7}+\ldots+(-1)^n\cdot\frac{x^{2n+1}}{2n+1}\pm\ldots$	$\lvert x\rvert<1$
Arccot x	$\frac{\pi}{2}-\left(x-\frac{x^3}{3}+\frac{x^5}{5}-\frac{x^7}{7}+\ldots+(-1)^n\cdot\frac{x^{2n+1}}{2n+1}\pm\ldots\right)$	$\lvert x\rvert<1$

Reihen von Hyperbelfunktionen		
$f(x)$	Reihen	Konvergenzbereich
$\sinh x$	$x+\frac{x^3}{3!}+\frac{x^5}{5!}+\frac{x^7}{7!}+\ldots+\frac{x^{2n+1}}{(2n+1)!}+\ldots$	$x\in\mathbb{R}$
$\cosh x$	$1+\frac{x^2}{2!}+\frac{x^4}{4!}+\frac{x^6}{6!}+\ldots+\frac{x^{2n}}{(2n)!}+\ldots$	$x\in\mathbb{R}$
$\tanh x$	$x-\frac{1}{3}x^3+\frac{2}{15}x^5-\frac{17}{315}x^7+\frac{62}{2835}x^9-\ldots$	$\lvert x\rvert<\frac{\pi}{2}$
$\coth x$	$\frac{1}{x}+\frac{x}{3}-\frac{x^3}{45}+\frac{2x^5}{945}-\frac{x^7}{4725}+\ldots$	$0<\lvert x\rvert<\pi$
$\frac{\pi}{4}$	$1-\frac{1}{3}+\frac{1}{5}-\frac{1}{7}+\frac{1}{9}-\ldots\pm\frac{1}{2n-1}\mp\ldots$	

Reihen von Areahyperbelfunktionen		
$f(x)$	Reihen	Konvergenzbereich
Arsinh x	$x-\frac{1}{2\cdot 3}x^3+\frac{1\cdot 3}{2\cdot 4\cdot 5}x^5-\frac{1\cdot 3\cdot 5}{2\cdot 4\cdot 6\cdot 7}x^7+\ldots+(-1)^n\cdot\frac{1\cdot 3\cdot 5\cdot\ldots(2n-1)}{2\cdot 4\cdot 6\cdot\ldots 2n(2n+1)}x^{2n+1}\pm\ldots$	$\lvert x\rvert<1$
Arcosh x	$\ln(2x)-\frac{1}{2\cdot 2x^2}-\frac{1\cdot 3}{2\cdot 4\cdot 4x^4}-\frac{1\cdot 3\cdot 5}{2\cdot 4\cdot 6\cdot 6x^6}-\ldots$	$x>1$
Artanh x	$x+\frac{x^3}{3}+\frac{x^5}{5}+\frac{x^7}{7}+\ldots+\frac{x^{2n+1}}{2n+1}+\ldots$	$\lvert x\rvert<1$
Arcoth x	$\frac{1}{x}+\frac{1}{3x^3}+\frac{1}{5x^5}+\frac{1}{7x^7}+\ldots+\frac{1}{(2n+1)\,x^{2n+1}}+\ldots$	$\lvert x\rvert>1$

Stichwortverzeichnis

A

Abbildung 20
Abgeschlossenes Intervall 11
Abhängige Variable 21
Ableiten 210
Ableitung 210
Ableitung ...
- einer Funktion 205, 228, 544
- erster Ordnung 223
- zweiter Ordnung 223
- dritter Ordnung 223
- vierter Ordnung 224
- höherer Ordnung 223, 229

Ableitungsfunktion 216
Abschnittsweise definierte Funktionen 29, 186, 201, 538
Abschnittsweise definierte Relation 29
Absoluter Maximalpunkt 428
Absoluter Minimalpunkt 428
Absolutes Maximum 429
Absolutes Minimum 429
Absolutfunktion 187
Abszisse 12
Abzissenachse 12
Achsenkreuz 12
Achsenschnittpunkt 35, 79, 162
Achsensymmetrie 41
Algebraische Funktionen 183, 537
Alternierende Folge 374
Amplitude 282
Ankathete 278
Anwendungen der Differentialrechnung 423
Approximation 394
Archimedische Spirale 65
Areahyperbelfunktionen 326, 347, 422, 543
Areahyperbelkosinusfunktion 328
Areahyperbelkotangensfunktion 329
Areahyperbelsinusfunktion 327
Areahyperbeltangensfunktion 329
Argument 20
Arithmetische Folge 371
Arithmetische Reihe 385
Arkusfunktionen 301, 345, 422, 542
Arkuskosinusfunktion 304
Arkuskosinusrelation 304
Arkuskotangensfunktion 306
Arkuskotangensrelation 306
Arkussinusfunktion 302
Arkussinusrelation 302
Arkustangensfunktion 305
Arkustangensrelation 305
Asymptote 449
Asymptotische Kurve 168, 449
Ausgangsgleichung 495
Äußere Ableitung 248
Äußere Funktion 47

B

Basis 261
Beschränktes Intervall 11
Besondere Differentiationsregeln 348, 367
Betragsfunktion 187
Bildungsgesetz 370
Bildungsvorschrift 370
Binäre Logarithmusfunktion 268
Binärsystem 9
Binärzahlen 9
Biquadratische Gleichung 105
Bogenmaß 279

C

Cauchykriterium für Folgen 420
Cauchykriterium für Reihen 385

D

Definitionsbereich 20, 156, 180, 253, 448
Definitionslücke 27, 156, 448
Definitionsmenge 20
Dekadische Logarithmusfunktion 268
Dekadisches Additionssystem 9
Dekadisches Positionssystem 9
Dezimalsystem 9
Dezimalzahlen 9
Differentialrechnung 202, 488
Differentiation von ...
- Abschnittsweise definierten Funktionen 348, 367
- Areahyperbelfunktionen 326, 331, 347
- Arkusfunktionen 301, 310, 345
- Exponentialfunktionen 261, 265, 341
- Funktionen 337
- Funktionen in Parameterdarstellung 363
- Funktionen in Polarkoordinatendarstellung 356, 367
- Hyperbelfunktionen 317, 346
- Logarithmusfunktionen 268, 342
- Trigonometrischen Funktionen 278, 293, 343

Differentiationsregeln 230, 273
Differenzenfolge 377
Differenzenquotient 204
Differenzenquotientenfunktion 206
Differenzierbarkeit 213
Differenzierbarkeitsbereich 217, 250
Differenzierbarkeit an einer Stelle 213
Differenzierbarkeit einer Funktion 213, 229
Differenzieren 210
Diskriminante 98
Diskussion von Funktionen 448
Divergente Folge 373
Divergenz 372
Dualsystem 9
Dualzahlen 9

E

Ebene Koordinatensysteme 12
Echt gebrochene rationale Funktion 155
Echter Polynombruch 83
Eindeutige Funktion 33
Einheitskreis 278
Einseitige Umgebung 128
Einseitige Unendlichkeitsstelle 138
Einseitiger Grenzwert 128
Endliche Reihe 381
Endliche Sprungstelle 130
Endpunkt 10
Epsilon-Umgebung einer Zahl 117
Ergänzungsfunktion 131
Erste Ableitung 223
Erste Regel von de L'Hospital 530
Eulersche Zahl 261
Explizit definierte Funktion 71
Explizite Funktion 71
Exponentialfunktionen 261, 341, 539
Extremalpunkt 429
Extremalstelle 429
Extremalwert 429
Extremstelle 428, 448
Extremum 429
Extremwert 449, 495
Extremwertaufgaben 488

F

Faktorregel 235, 338
Folgeglied 370
Folgen 20, 369, 380, 391
Folgen als besondere Funktionen 369, 380
Folgen und Reihen 369, 380
Folgen und Reihen von Funktionen 420
Frequenz 282
Fundamentalsatz der Algebra 105
Funktionen 9, 19, 77, 537
Funktionen ...
- nullten Grades 86
- ersten Grades 86
- zweiten Grades 91
- dritten Grades 104
- höheren Grades 104
- der Form $c \cdot x^m$ 113
- in Polarkoordinatendarstellung 59, 80
- mit mehreren Variablen 52, 80
Funktionen und Relationen in ...
- impliziter Darstellung 71, 81
- Tabellenform 23
Funktionenfolge 391
Funktionenreihe 381, 392, 420
Funktionsarten 82, 196
Funktionsbildungsoperator 22
Funktionseigenschaften 82, 196
Funktionsgleichung 22, 495
Funktionsgraph 24, 449
Funktionsterm 22
Funktionstypen 170
Funktionswert 20

G

Ganze rationale Funktionen 85, 196
Ganzzahlfunktion 191
Gaußklammerfunktion 191
Gebrochene rationale Funktionen 155, 199
Geordnetes Paar 12, 21
Gegenkathete 278
Geometrische Folge 372
Geometrische Reihe 384
Gerade Funktion 41
Glied einer Folge 370
Grad von Polynomen 82
Gradmaß 279
Graph 24, 449
Graphenschar 86
Grenzfunktion 391
Grenzwert 115, 198
Grenzwert einer ...
- Folge 372, 380
- Funktion für $x \to x_0$ 116
- Funktion für $x \to -\infty$ bzw. $x \to \infty$ 139
Grenzwertsätze für ...
- Folgen 375, 380
- Funktionen 122

H

Harmonische Reihe 387
Hauptwert 303
Hauptwerte der Arkusrelationen 307
Heavyside-Funktion 195
Hexadezimalcode 10
Hexadezimalsystem 9
Hexadezimalzahl 10
Hilfsvariable 66
Horizontale Asymptote 140, 164
Hyperbel 170
Hyperbelfunktionen 317, 422, 346, 543
Hyperbelkosinusfunktion 317
Hyperbelkotangensfunktion 319
Hyperbelsinusfunktion 318
Hyperbeltangensfunktion 319

I

Identische Funktion 51
Imaginäre Einheit 11
Imaginäre Zahl 11
Imaginärteil 11
Infinitesimalrechnung 202
Innere Ableitung 248
Innere Funktion 47
Integerfunktion 191
Intervall 10
Intervallänge 10
Intervallsteigung 205
Iterationsverfahren 423

K

Kardinalzahl 10
Kartesisches Koordinatensystem 12
Kartesisches Produkt 53
Kehrwertfunktion 492
Kehrtwertregel 243, 339
Kettenregel 247, 340
Koeffizient 82
Komplexe Zahl 11
Konstante Faktoren 489
Konstante Summanden 489
Konstantenregel 235, 338
Konvergente Folge 373
Konvergenz 372
Konvergenz von Potenzreihen 394
Konvergenzintervall 395
Konvergenzkriterien 420
- für Folgen 372
- für Reihen 385
Konvergenzkriterium von Cauchy 378, 381
Konvergenzradius 395
Koordinate 12
Koordinatenachsen 12
Koordinatensysteme 12, 78
Koordinatenursprung 12
Kosinus 278
Kosinusfunktion 282
Kotangens 278
Kotangensfunktion 289
Kreisfunktion 279
Krümmung 24
Krümmungsintervall 444
Krümmungsverhalten 444
Kugelkoordinatensystem 17
Kurvendiskussion 104, 448
Kürzungsverfahren 220

L

Leitstrahl 15
Lineare Funktion 86
Lineare Teilung 15
Linearfaktoren 98
Linkskrümmung 429
Linksseitig differenzierbar 214
Linksseitige Ableitung 213
Linksseitige Umgebung 128
Linksseitiger Grenzwert 127
Logarithmen unterschiedlicher Basen 269
Logarithmische ...
- Ableitung 353, 367
- Differentiation 353, 367
- Teilung 15
Logarithmischer Maßstab 15
Logarithmusfunktionen 268, 273, 342, 422, 539
Lokale Steigung 210
Lokaler Maximalpunkt 428
Lokaler Minimalpunkt 429
Lückenhafte Umgebung 119

M

MacLaurin-Reihe 399, 421
Majorante 388
Majorantenkriterium 388, 420
Maxima-Minima-Probleme 488, 525
Maximalstelle 429
Maximalwert 429, 496
Mehrfache Nullstelle 109
Minimalstelle 429
Minimalwert 429, 496
Minorantenkriterium 388, 420

Monoton fallend 39
Monoton steigend 39
Monotonieintervall 440
Monotonieverhalten 38, 88, 372, 380, 440

N
Nachkommateil-Funktion 193
Näherungsverfahren 423
Nahtstelle 348
Natürliche Zahlen 10
Natürliche Logarithmusfunktion 268
Nebenbedingung 495
Nebenwert 303
Nebenwerte der Arkusrelationen 307
Newtonsches Näherungsverfahren 423
Nichtalgebraische Funktionen 183
Normalparabel 91
Nullfolge 373
Nullfunktion 86
Nullpolynom 82
Nullpunkt 12
Nullstelle 35, 79, 162, 448
Nullstellenmenge 36
Nullstellensatz für Polynome 105
Nullstellensatz von Bolzano 153
Numerus 268

O
Oberreihe 388
Offenes Intervall 11
Ordinate 12
Ordinatenachse 12
Oszillationspunkt 286
Oszillationsstelle 286

P
Parabel 91
Parabelschar 91
Parallelverschiebung 13
Parameter 66, 336
Parameterdarstellung 66, 81, 363
Parameterform 363
Parameterfreie Darstellung 67
Partialsumme 381
Partialsummenfolge 382
Periode 282
Pfeildiagramm 20
Polabstand 15
Polarachse 15, 360
Polarkoordinate 15
Polarkoordinatendarstellung 59
Polarkoordinatenpapier 15
Polarkoordinatensystem 15
Polarradius 15, 362
Polarwinkel 15
Polstelle 133
Polynome 82, 162
Polynomfunktionen 85, 196
Polynomgleichung dritten Grades 104
Potenzfunktionen 113, 183
Potenzregel 230, 337, 393
Potenzreihen 421
Produktfolge 376
Produktmenge 53
Produktpolynom 83
Produktregel 239, 339
Proportionalitätsfaktor 87
Punkte auf Funktionsgraphen 428
Punktmenge 24
Punktsymmetrie 41, 88

Q
Quadratische Funktion 91
Quadratische Ergänzung 95
Quotientenfolge 378
Quotientenkriterium 390, 420
Quotientenregel 243, 339

R
Radiant 279
Radikand 172
Radiusvektor 15
Radizierung 491
Randextremstelle 429
Randmaximalpunkt 428
Randmaximum 429
Randminimalpunkt 429
Randminimum 429
Randpunkt 10, 28, 429
Randstelle 28, 429
Räumliches Koordinatensystem 12, 17
Räumliches Polarkoordinatensystem 17
Räumliches Zylinderkoordinatensystem 18
Realteil 11
Rechenregeln für Potenzreihen 396
Rechnen mit Grenzwerten 122
Rechnen mit Logarithmen 269
Rechtskrümmung 429
Rechtsseitig differenzierbar 214
Rechtsseitige Ableitung 213
Rechtsseitige Umgebung 128
Rechtsseitiger Grenzwert 128
Rechtwinklig-ebenes Koordinatensystem 12
Rechtwinklig-räumliches Koordinatensystem 17
Regeln von de L'Hospital 528
Reihen 369, 380, 546
Reihen von ...
- algebraischen Funktionen 546
- Areahyperbelfunktionen 418, 548
- Arkusfunktionen 415, 548
- Exponentialfunktionen 407, 546
- Funktionen 391
- Hyperbelfunktionen 417, 548
- Logarithmusfunktionen 408, 547
- nichtrationalen Funktionen 407, 421
- trigonometrischen Funktionen 411, 547
Rekursionsformel 424
Relationen 19, 78
Relative Extremstelle 429, 495
Relative Maximalstelle 428
Relative Minimalstelle 428
Relativer Extrempunkt 429
Relativer Extremwert 429
Relativer Maximalpunkt 428
Relativer Maximalwert 428
Relativer Minimalpunkt 428
Relativer Minimalwert 429
Relatives Maximum 428
Relatives Minimum 429
Restglied 403
Römisches Zahlensystem 9
Rundungsfunktion 194

S
Sattelpunkt 428
Satz von Taylor 399, 421
Scharfunktion 86
Scheitelpunkt 91
Scheitelpunktsgleichung 97
Schiefwinkliges Koordinatensystem 14
Schnittpunkt mit der y-Achse 88, 448
Schräge Asymptote 164
Schreibweise von Funktionen und Relationen 22
Sechzehnersystem 9
Sekantensteigung 205
Sekantensteigungsfunktion 206

Signumfunktion 189, 349
Sinus 278
Sinusfunktion 282
Steigung von Geraden 87
Steigung von Graphen 89
Steigungsfaktor 87
Stellenwertsystem 9
Stetig behebbare Definitionslücke 131, 159
Stetig ergänzbare Definitionslücke 131
Stetige Fortsetzung 119, 131
Stetigkeit 144, 199
Stetigkeit von Funktionen an einer Stelle x_0 144
Stetigkeit von Funktionen in einem Intervall 150
Streng monoton fallend 39
Streng monoton steigend 38
Summationsindex 381
Summationsvorschrift 381
Summe 383
Summenfolge 375
Summenregel 237, 338
Symmetrie von Funktionen 41, 79
Symmetrieachse 41
Symmetrieeigenschaften 448
Symmetriepunkt 41

T
Tangens 278
Tangensfunktion 289
Tangentenfunktion 211
Taylor-Polynom 403
Taylor-Reihe 403
Teilsumme 381
Translation 13
Treppenfunktion 191
Trigonometrische Funktionen 278, 343, 422, 539
TRUNC-Funktion 193

U
Übergangsstelle 348
Umgebung einer Zahl 116
Umkehrfunktion 31, 79
Umkehrregel 259, 341
Umkehrrelation 31, 79
Unabhängige Variable 21
Unecht gebrochene rationale Funktion 155
Unechter Polynombruch 83
Uneigentliche Grenzwerte für $x \to -\infty$ bzw. $x \to \infty$ 133, 143
Uneigentliche Grenzwerte für $x \to x_0$ 132
Uneigentlicher linksseitiger Grenzwert 133
Uneigentlicher rechtsseitiger Grenzwert 133
Unendliche Reihe 382
Unendliche Sprungstelle 133
Unendlichkeitsstelle mit Vorzeichenwechsel 133
Unendlichkeitsstelle ohne Vorzeichenwechsel 133
Ungerade Funktion 41
Unstetig 147
Unterreihe 388
Untersuchung von Funktionseigenschaften 428, 447
Urbild 20

V
Variablen 495
Vereinfachte zweite Ableitung 493
Verkettung von Funktionen 47
Verknüpfung von Funktionen 44, 79
Vertikale Asymptote 133, 164
Vielfache Nullstelle 109
Vielfachheit einer Nullstelle 109
Vierte Ableitung 224
Vorkommateil-Funktion 193
Vorzeichenfunktion 189

W
Wendepunkt 428, 449
Wendepunkt mit waagerechter Wendetangente 428
Wendestelle 429, 435, 449
Wendetangente 429
Wert der Reihe 383
Wertebereich 20, 26
Wertemenge 20
Winkelfunktionen 279
Wurzelexponent 174
Wurzelfunktionen 172, 200
Wurzelrelationen 172, 200

X
x-Achse 12
x-Koordinate 12

Y
y-Achse 12
y-Koordinate 12

Z
Zahlenfolge 369
Zahlenmenge 9, 77
Zahlensysteme 9, 77
Zentralsymmetrisch 41
Zuordnungsvorschrift 20, 370
Zweiseitige Unendlichkeitsstelle 133
Zweiseitige Unendlichkeitsstelle mit Vorzeichenwechsel 133, 159
Zweiseitige Unendlichkeitsstelle ohne Vorzeichenwechsel 134, 159
Zweite Ableitung 223
Zweite Regel von de l'Hospital 533
Zwischenwertsatz 154